U0897666

市政基础设施工程

施工技术文件应用指南

王立信　主编

中国建筑工业出版社

图书在版编目（CIP）数据

市政基础设施工程施工技术文件应用指南/王立信主编．—北京：中国建筑工业出版社，2007
ISBN 978-7-112-08815-7

Ⅰ．市… Ⅱ．王… Ⅲ．基础设施-市政工程-工程施工-文件-编制-指南 Ⅳ．TU99-62

中国版本图书馆 CIP 数据核字（2007）第 045487 号

市政基础设施工程施工技术文件应用指南
王立信 主编
*
中国建筑工业出版社出版、发行（北京西郊百万庄）
新 华 书 店 经 销
北京密云红光制版公司制版
北京蓝海印刷有限公司印刷
*
开本：787×1092 毫米 1/16 印张：56¾ 字数：1415 千字
2007 年 4 月第一版 2007 年 4 月第一次印刷
印数：1—3000 册 定价：**98.00** 元
ISBN 978-7-112-08815-7
(15479)

本社网址：http：//www.cabp.com.cn
网上书店：http：//www.china-building.com.cn

市政基础设施是城市建设中最基本的基础设施，要保证市政基础设施工程质量，必须有一套完整准确的施工技术文件，这也是施工企业技术管理的基础业务之一。

为便于工程质量管理，本书将施工技术资料分为四部分：工程质量检验评定（验收）技术文件；质量保证技术文件；市政基础设施工程竣工图；市政基础设施工程管理技术文件。第1～4章分别介绍这四部分内容，非常清晰易懂，便于操作。第5章为施工技术文件的组卷与验收移交。

书中还有很多附表、附录，为读者进行施工技术文件管理提供方便。

本书可供市政基础设施工程施工技术人员、资料员参考阅读，包括城市道路、桥梁、广场、公共交通、隧道、水厂、供排水管网、燃气管网、污水处理厂站、垃圾处理处置等工程。

* * *

责任编辑：封　毅
责任设计：赵明霞
责任校对：邵鸣军　安　东

《市政基础设施工程施工技术文件应用指南》

编 委 会

主　　编　王立信

编写人员　王立信　赵和平　吕秀玲　张　敏

付长宏　王花英　徐金峰　王春娟

郭晓冰　张国旺　闫彬彬　闫会明

王　薇　李　飞　王　倩　冯　娟

吕永刚　张菊花　贾晓滢　黎　云

写在前面

市政基础设施是城市建设中最基本的基础设施。任何一个城市只有完成了城市最基本的基础设施后才能显示其功能。它是城市建设中的重要组成部分，是城市建设发展水平的重要标志之一。城市建设必须重视市政基础设施的建设，必须保证市政基础设施的工程项目质量（决策、计划、勘察、设计、施工）。保证市政基础设施工程质量在其工程实施中必须具有完整的施工技术文件，才能为保证工程质量提供真实依据。

市政基础设施工程施工技术文件的管理，是施工企业技术管理的基础业务之一，是确保工程质量和完善施工管理的一项重要工作。施工技术文件的建立、提出、传递、检查、汇集整理工作应当从施工准备到单位工程交工止贯穿于施工的全过程中。施工技术资料的完整程度体现了一个施工企业的管理水平，它为确保工程质量提供了数据分析依据，同时为竣工工程的扩建、改建、维修提供重要的分析或应用依据。

1. 什么是施工技术文件

施工技术文件一词国家没有详尽的定义，一般指施工企业对承建建设工程应提供的施工技术文件，应包括：

(1) 施工通过文件形式表现确立企业的管理能力和技术能力，证明其质量保证体系具有适用性的技术文件（即通常指的施工管理方面的技术文件如：施工组织设计、技术交底、预检、验收等）。

(2) 工程实施过程中按标准要求进行的工程质量验收方面的技术文件。

(3) 建设工程竣工后需要作为依据备存，施工过程中必须用文件形式记录下来的质量保证体系方面规定的技术记录、试验、核查与检验、认证、纠正措施、录音、录像、竣工图等，证明其质量保证体系有效性方面的技术文件（即通常讲的质量保证方面的技术文件）。

综上，作为质量保证的证实文件，保证所承担的工程质量达到了规范规定的标准和合同规定的内容要求所形成的上述技术文件，就是施工技术文件。

施工技术文件是建设工程实施过程中形成的技术文件中的重要组成部分，是工程技术文件的核心组成内容之一。

2. 本书的应用范围

市政基础设施泛指城市范围内的城市道路、桥梁、广场、公共交通、隧道、水厂、供水管网、排雨水管网、供热管网、燃气管网、污水处理厂站、垃圾处理处置等工程。上述市政工程施工技术文件的管理内容即为本书的应用范围。

3. 市政基础设施施工技术文件编制存在的问题

市政基础设施施工技术文件编制存在的问题主要有：执行规范不统一、提供资料不齐全和形成资料不真实。

(1) 执行规范不统一：主要表现为市政基础设施工程应用规范较乱，有建设部的、交通部的、铁道部的、民航总局等，由于行业标准都具有各自的特点，要求不尽统一，执行起来困难比较大。

(2) 提供资料不齐全：主要表现为各专业工程的质量验收资料和质量保证技术资料提供的数量不足，难以满足工程实施内容及其代表数量要求，有的欠缺程度甚至对评价工程质量造成了困难。

(3) 形成的资料不真实：主要表现为不是施工过程中真实记录形成的资料，而是人为编制的资料，这是当前资料形成中最大问题之一，可能对工程质量造成隐患。

4. 关于市政基础设施标准或规范修订的思考与建议

(1) 市政基础设施工程项目大都位于某城区和公路交接的城市段的范围内，工程从总体上讲应当算较为集中，但对具体工程而言，工程规模差异较大，位置相对分散，分布在城市的各个角落，而单位工程规模又相对较小，类别较多诸如道路、桥梁、给水、排水、燃气、热力等，构成了既集中，又分散，管理困难的特点。根据这一特点，市政基础设施工程规范应用的实施应以统一、简明原则为好。

(2) 规范应用

1) 建议市政基础设施工程质量检验评定（验收）规范中均应明确规定执行的相应标准名称。

2) 市政基础设施工程所用材料、设备，凡是“国标”有规定的均按“国标”要求执行。对个别材料、设备有特殊要求时，可在工程质量验收文件中明确需要加试的项目外，其他均执行现行的建筑类材料的国家标准。这样对建设工程的试验室在进行协作时工作较为熟悉，不易出现错误。

3) 对施工试验应用标准建议：混凝土工程、砌体工程、钢结构工程、桩基测试、材料试验等，总体上均执行现行建筑类的质量评定与试验标准。从加强管理工作的角度分析，原则上不作补充或增减子项，对个别材料有特殊要求时，可在设计文件中明确需要加试的项目。

5. 关于施工技术文件执行中有关责任制的说明

市政基础设施工程的质量检验评定（验收），截止目前为止，道路、桥梁、排水管渠等仍分别执行 CJJ1—90、CJJ2—90、CJJ3—90 标准。鉴于自 1988 年开始我国在建设领域实行了建设工程监理制度，并于 2000 年 12 月 7 日发布《建设工程监理规范》(GB 50319—2000) 规范，2001 年 5 月 1 日正式实施。

本书根据这一制度性改变，为了保证工程质量，满足工作需要，对工程质量检验评定（验收）及施工技术文件实施的责任制作了全面修订。这一修订根据近年来的实践，可以满足正常使用要求，也与正常工程质量管理工作相协调。

6. 市政基础设施工程施工技术文件的编制依据和编制方法

(1) 编制依据

1) 相关专业（如道路、桥梁、排水管渠、热力、燃气等）质量检验评定标准；

2) 国家标准《建设工程文件归档整理规范》(GB/T 50328—2001) 中的市政基础设施工程部分；

3) 建设部《市政基础设施工程施工技术文件管理规定》（建城［2002］221 号）。

(2) 编制方法

按相关专业规范、《建设工程文件归档整理规范》（GB/T 50328—2001）和建设部颁发的《市政基础设施工程施工技术文件管理规定》（建城［2002］221号）为主要依据，将资料分为综合类和各专业规范类。综合类按《建设工程文件归档整理规范》（GB/T 50328—2001）排序；各专业规范类按《建设工程文件归档整理规范》（GB/T 50328—2001）中的相关内容及专业规范质量验收评定要求应提供的资料经尽量细化后排序。形成目录名称的子目，分别按**资料表式**、**资料要求**、**实施要点**对其实施中的有关问题予以简释。对不同专业规范分别列出施工技术文件组排目录表，以此作为报送依据（合理缺项除外）。

7. 市政基础设施工程施工技术文件组成

"……从工程质量管理出发可将技术资料分为：工程质量验收资料、工程质量保证技术资料、施工技术管理资料和竣工图等。"

作者编写的这本《市政基础设施工程施工技术文件应用指南》就是根据这一"组成"编整的，作者认为这样编目清晰易懂，操作方便。应用指南将施工技术资料分为：

（1）工程质量检验评定（验收）技术文件

1）市政道路工程质量检验评定（验收）技术文件；

2）市政桥梁工程质量检验评定（验收）技术文件；

3）市政排水管渠单位工程质量检验评定（验收）技术文件；

4）其他专业的质量检验评定（验收）技术文件等。

（2）工程质量保证技术文件

1）施工技术准备；

2）工程定位测量资料；

3）设计变更、洽商记录；

4）原材料、成品、半成品、构配件、设备出厂质量合格证及试验报告；

5）施工试验记录；

6）施工记录；

7）预检记录；

8）隐蔽工程检查（验收）记录；

9）功能性试验记录；

10）质量事故及处理记录；

11）竣工测量资料；

12）市政基础设施工程质量竣工验收与备案文件；

13）财务文件；

14）声像、缩微、电子档案。

（3）竣工图

竣工图是指市政基础设施工程在施工过程中和工程完成后，由建设单位组织设计、施工单位，在监理单位协助下，按照市政基础设施工程完成后的实貌编制的工程施工竣工图纸。

（4）市政基础设施工程施工管理技术文件

市政基础设施工程施工技术管理资料是施工企业在施工过程的管理中，从施工准备到工程交付使用的全过程中，为保证和提高工程质量所进行的各项组织与管理的工作，是在实施中制定和实施中形成的有关资料。诸如：工程开工报审、施工组织设计、技术交底、施工日志、工程预检、施工现场质量管理检查等等。

8. 竣工图编制方法与说明

当前，需要强调的是竣工图的编制，现在有不少设计、施工单位在单位工程竣工后不做或不认真按施工图设计、设计变更、洽商记录等施工实际，按已经修改的部分认真绘制竣工图，给今后的工作带来难以克服的困难，因此，必须强调单位工程竣工后应及时编制竣工图。编制竣工图可根据不同情况区别对待（当地城建档案部门有规定时，应按档案部门的要求办），城建档案部门无要求时，一般可按以下方法进行：

（1）凡按图施工没有变动的，则由施工单位（包括分包施工单位）在原施工图上加盖"竣工图"标志后，即作为竣工图。

（2）凡在施工中，虽有一般性设计变更，但能将原有施工图加以修改补充作为竣工图的，可不重新绘制，由施工单位负责在原施工图上注明修改的部分，并附加设计变更通知单复印本和施工说明，加盖竣工图标志后，即作为竣工图。

（3）凡结构形式改变、工艺改变、平面布置改变、项目以及其他重大改变，不宜再在原施工图上修改、补充时，应重新绘制改变后的竣工图。由于设计原因造成的，由设计单位负责重新绘图，由于施工原因造成的，由施工单位负责重新绘制；由于其他原因造成的，由建设单位自行绘图或委托设计单位绘制；施工单位负责在新绘制的图纸上加盖"竣工图"标志并附以记录和说明，作为竣工图。

（4）重大的改建、扩建工程涉及原有工程项目变更时，应将相关项目的竣工图资料统一整理归档。

竣工图应当在施工过程中及时编制，不要等工程全部竣工后才编制。竣工图由建设单位组织施工、设计单位在施工过程中及时编制，在工程验收时应作为验收条件之一，并要切实保证质量，凡竣工图不准确、不完整的，不能交工验收。

9. 对施工技术文件的总体要求

（1）施工技术文件（资料）的编制范围以单位工程施工图设计为单位，即每一个单位工程的施工技术文件都必须单独编报、备审、归档。

（2）资料的收集、整理必须及时，资料来源必须真实、可信，资料填报必须子项齐全，应填子项不得缺漏。

（3）工程技术文件（资料）的收集、编制应与工程进度同步进行，工程技术文件（资料）的核查验收应与工程验收同步进行。

（4）检查验收资料应是在按要求内容进行自检的基础上，根据法定程序经有权单位审核签章后的方为有效资料。

（5）材料、半成品、构配件等以及工程实体的检验。材料必须先试后用，工程实体必须先检后交或先检后用，违背此规定需对已用材料、已交（用）的工程实行重新检测，确定是否满足设计要求，否则应为资料不符合要求。

（6）国家标准或地方法规规定，实行见证取样的材料、构配件、工程实体检验等均必须实行见证取样、送样并签字及盖章。

（7）专业标准或规范对某项试验提出的试验要求，其试验方法必须按专业标准或规范提出的试验方法进行，否则该项检（试）验应为无效试（检）验。

（8）资料表式中规定的责任制度，必须按规定要求该加盖公章的加盖公章，该本人签字的本人签字。签字一律不准代签，否则可视为虚假资料或无效资料。

（9）对工程资料进行涂改、伪造、随意抽撤或损毁、丢失的，应按有关法规予以处罚，情节严重的，依法追究法律责任。

（10）对各项技术文件评定的定性要求是：

1）技术资料达到真实、准确、齐全，符合有关标准与规定，填报规范化，评为符合要求；

2）技术文件达到真实、准确、齐全程度基本符合有关标准与规定，填报规范化，不足部分的资料不影响结构安全和使用功能，评为基本符合要求；

3）技术文件不齐或出现一项不符合有关标准与规定，内容失真，评为不符合要求；

4）合格等级的单位工程，技术文件评定必须符合要求或基本符合要求。技术文件评为不符合要求的单位工程，其质量等级判为不合格工程，单位工程应进行检查和处理。

（11）工程技术文件（资料）不符合要求，不得进行竣工验收。

（12）施工技术文件和施工图设计文件均应经建设、设计、监理、施工企业技术负责人审查签章后，按其确认的表格形式或经当地建设行政主管部门核定的表格形式按《建设工程文件归档整理规范》（GB/T 50328—2001）要求依序归存。

10. 保证施工技术文件编审正确必须做好的几项工作

（1）施工技术文件的见证取样、送样必须严格按有关要求执行，严格执行取、送样签字制度。

1）见证人员应由建设单位或项目监理机构书面通知施工、检测单位和负责该项工程的质量监督机构。

2）施工过程中，见证人员应按照见证取样和送检计划，对施工现场的取样和送检进行见证，并由见证人、取样人签字。见证人应制作见证记录，并归入工程档案。

3）涉及结构安全的试块、试件和材料见证取样和送检的比例不得低于有关技术标准中规定应取样数量的30%。

注：见证取样及送检的监督管理一般有当地建设行政主管部门委托的质量监督机构办理。

4）见证取样必须采取相应措施以保证见证取样、送样具有公证性、真实性，应做到：

①严格按照建设部建建［2000］211号文确定的见证取样项目及数量执行。项目不超过该文规定，数量按规定取样数量执行；

②按规定确定见证人员，见证人员应为建设单位或监理单位具备建筑施工试验知识的专业技术人员担任，并通知施工、检测单位和工程质量监督机构；

③见证人员应在试件或包装上做好标识、封志、标明工程名称、取样日期、样品名称、数量及见证人签名；

④见证人应保证取样具有代表性和真实性并对其负责。见证人应作见证记录并归档；

⑤检测单位应保证严格按上述要求对其试件确认无误后进行检测，其报告应科学、真实、准确，应签章齐全。

（2）管理好进场材料的验收、使用与管理形成的技术文件。

1）进场材料质量控制主要包括：进场材料的质量执行标准；进场材料的品种、规格、数量应符合进料单上标明的有关要求。

2）进口材料、设备应会同商检局检验，如核对凭证中发现问题，应取得供方商检人员签署的商物记录。

（3）做好地基验槽记录和钎探记录的分析与核定。

（4）保证施工试验报告正确无误，砂浆、混凝土等的试验评定结论符合标准规定要求。

（5）认真做好地基基础、主体结构、隐蔽验收及其他验收工作。认真做好混凝土工程的结构实体检验并做好记录（混凝土强度等级评定、钢筋保护层厚度测试）。

（6）施工企业具有完善的施工管理制度和质量保证体系。严格按规范要求做好施工过程的自检、互检、质量验收、施工试验和工程报验工作。

（7）施工企业内有一支经过培训、认真负责、素质过硬的信息员队伍。这支队伍最好由施工企业的质量部门专门管理，这对施工技术文件形成的正确、真实是有好处的。

11. 施工技术文件的保存期限

施工技术文件的档案保存期限按国家规定分为短期、长期、永久。短期可自行规定，一般为3～15年；长期为16～50年；永久及永远保存。施工技术文件属长期保存范围。

目　录

1　工程质量检验评定（验收）技术文件

2　质量保证技术文件

3　市政基础设施工程竣工图

4　市政基础设施工程管理技术文件

5　施工技术文件的组卷与验收移交

附　录

1 工程质量检验评定（验收）技术文件

市政基础设施工程中不同专业的独立核算项目的道路、桥梁、给水、排水、燃气、供热等，均可按单位工程、部位（不宜划分部位时可按两段）、工序进行工程质量检验评定（验收）。

1.1　单位工程质量检验评定（验收）

1.1.1　市政道路单位工程质量评定

1. 资料表式

单位工程质量评定表

工程名称：____________　部位名称：____________

<table>
<tr><td>序号</td><td colspan="3">部位（工序）名称</td><td>合格率（%）</td><td>质量等级</td><td>备　注</td></tr>
<tr><td></td><td colspan="3"></td><td></td><td></td><td></td></tr>
<tr><td></td><td colspan="3"></td><td></td><td></td><td></td></tr>
<tr><td></td><td colspan="3"></td><td></td><td></td><td></td></tr>
<tr><td></td><td colspan="3"></td><td></td><td></td><td></td></tr>
<tr><td></td><td colspan="3"></td><td></td><td></td><td></td></tr>
<tr><td></td><td colspan="3"></td><td></td><td></td><td></td></tr>
<tr><td></td><td colspan="3"></td><td></td><td></td><td></td></tr>
<tr><td colspan="7">平均合格率（%）：</td></tr>
<tr><td>评定意见</td><td colspan="3"></td><td>评定等级</td><td colspan="2"></td></tr>
<tr><td rowspan="2">参加验收单位</td><td>建设单位</td><td>监理单位</td><td>施工单位</td><td colspan="3">设计单位</td></tr>
<tr><td>（公章）
单位（项目）负责人
年　月　日</td><td>（公章）
总监理工程师
年　月　日</td><td>（公章）
单位负责人
年　月　日</td><td colspan="3">（公章）
单位（项目）负责人
年　月　日</td></tr>
</table>

2. 资料要求

（1）部位（工序）工程数量计算正确，应参加验收的部位、工序质量符合相应专业规范要求。

（2）质量保证技术资料应完整齐全且必须符合相应标准要求。

（3）单位工程技术负责人等相关人员分别签字，不盖章。

（4）责任制栏分别由建设、设计、施工和监理单位的单位（项目）负责人和总监理工程师本人签字。

3. 实施要点

（1）基本说明

1）市政道路工程的质量检验评定执行中华人民共和国行业标准《市政道路工程质量检验评定标准》（CJJ1—90）。

2）《市政道路工程质量检验评定标准》适用于新建、扩建、改建的市政道路工程。有特殊要求的市政道路工程，除特殊要求部分外，应按该标准执行。

工业厂区内的市政道路工程，城市市区范围外的远郊区及县（旗）的市政道路工程，可参照该标准执行。

（2）检验评定方法和等级标准

1）市政道路工程的质量评定，分为“合格”与“优良”两个等级。

2）市政道路工程的工序、部位、单位工程应按以下要求划分：

①工序：工序划分为：路基、基层、面层、附属构筑物等。

②部位：市政道路工程不宜划分部位，但也可按长度划分为若干个部位。

③单位工程：市政道路工程中的独立核算项目，应是一个单位工程。采用分期单独核算的同一市政道路工程，应是若干个单位工程。

3）检验评定必须经外观项目检查合格后，才能进行允许偏差项目的检验。

4）进行抽检检验时，应使抽样取点能反映工程的实际情况（凡检验范围为长度者，应按规定间距抽样选取较大偏差点；其他则可在规定范围内选取较大偏差点）。

5）市政道路工程质量的检验及评定应按工序、部位及单位工程三级进行，当该工程不划分部位时，可按工序、单位工程两级进行。市政道路工程质量的检验及评定其评定标准的主要依据为合格率：

$$\text{合格率}=\frac{\text{同一检查项目中的合格点（组）数}}{\text{同一检查项目中的应检点（组）数}}\times 100\%$$

（标准规定市政桥梁工程、市政排水管渠工程等的工序质量评定方法及标准均相同，其评定标准的主要依据为合格率。）

6）市政道路工程质量检验及评定必须符合下列规定：

①工序交接检验。在施工班组自检互检的基础上，由检验人员（专职或兼职）进行工序交接检验，评定工序质量等级。

②部位交接检验。检验人员在工序交接的基础上进行部位交接检验，评定部位质量等级。

③单位工程交接检验。检验人员在部位或工序交接检验的基础上进行单位工程交接检验，评定单位工程质量等级。

（3）单位工程质量应符合下列要求：

1）合格：所有部位的工序均为合格，则该单位工程应评为“合格”。

2）优良：在评定合格的基础上，全部部位（工序）检验项目合格率的平均值达到85%，则该单位工程应评为“优良”。

（4）工序的质量如不符合本标准规定，应及时进行处理。返工重做的工程，应重新评定其质量等级。加固补强后改变结构外形或造成永久缺陷（但不影响使用效果）的工程，一律不得评为优良。

（5）表列子项

1）工程名称：按施工企业和建设单位签订的施工合同的工程名称或图注的工程名称，照实际填写。

2）部位名称：指工程部位质量评定所在工程部位的名称。

3）序号：指工程部位质量评定的序号。

4）部位（工序）名称：指工程部位（工序）质量评定的名称。

5）合格率（%）：指工程部位（工序）质量评定的合格率。

6）质量等级：指工程部位（工序）质量评定的质量等级。

7）备注：填写需要说明的其他事宜。

8）平均合格率（%）：指工程部位（工序）质量评定的平均合格率。

9）评定意见：指工程部位（工序）质量评定的评定意见。应对被检工程验收中的质量状况填写结论性意见。

10）评定等级：指工程部位（工序）质量评定的评定等级，评定必须实事求是。

11）责任制：

①单位工程技术负责人：指负责该单位工程项目经理部级的技术负责人，本人签字有效。

②质检员：负责该单位工程项目经理部级的专职质检员，本人签字有效。

4. 单位工程质量评定统计计算举例

×××道路工程质量检验评定

一、工程概况

×××全长627m，修建7m，宽路面，共计4389m²，两侧安装侧石。路面结构为15c石灰土类（炉渣石灰土）基层，7cm沥青稳定碎石基层，5cm中粒式沥青混凝土面层。

二、工程工序、部位划分

1. 工序划分：

工序划分为路床、炉渣石灰土基层、沥青稳定碎石基层、沥青混凝土面层、侧石五项。

2. 由于本工程道路长度较短、不划分部位。

三、工序施工质量检验评定（见表1.1.1-1）

1. 路床工序：主要检查项目合格率：100%

非主要检查项目合格率：86.1%

评定：优良

2. 炉渣石灰土基层：主要检查项目合格率：100%

非主要检查项目合格率：85.5%

评定：优良

3. 沥青稳定碎石基层：主要检查项目合格率：100%

非主要检查项目合格率：86.8%

评定：优良

4. 沥青混凝土面层：主要检查项目合格率：100%

非主要检查项目合格率：89.8%

评定：优良

5. 侧石　　　　合格率：80.5%

评定：合格

6. 单位工程质量评定（见表1.1.1-2）

主要检查项目合格率（平均值）：100%

非主要检查项目合格率（平均值）：85.74%

评定：优良

工序施工质量检验评定表

单位（部位）工程名称：×××道路工程　　工序名称：沥青混凝土面层　　表 1.1.1-1

主要工程数量		627m×7m=4389m²（路面）　627m×2=1254m²侧石
序号	检查项目	质量情况
1	第4−2−1条	没有脱落、掉渣、裂缝、推挤、烂边、粗细料集中等情况
2	第4−2−2条	碾压后无明显轮迹
3	第4−2−3条	接槎符合本条要求
4	第4−2−4条	面层无积水

序号	实测项目	允许偏差	各实测点偏差值																				应检查点数	合格点数	合格率(%)
			1	2	3	4	5	6	7	8	9	10	11	12	13	14	15	16	17	18	19	20			
1	△压实度	≥95%	96	95.2	95.1																		3	3	100
2	△厚度	+20mm−5mm	+5	−2	+3																		3	3	100
3	平整度	5mm	4	6	7	3	2	0	4	2	1	0	3	6	5	0	2	1	6	4	3	2			
			2	1	3	5	0	7	0	1	2	3	5	1									32	27	84.4
4	宽度	−20mm	0	+20	−10	0	−35	+30	+50	+20	+40	0	+10	20	+40	+20	+10	−10					16	16	100
5	中线高程	±20mm	−21	+6	−23	−9	−22	−15	+6	+21	0	+7	+10	+9	−1	−8	+24	−12	+7	+8	+8	0			
			+12	−13	−9	+6	−10	−13	−7	+10	−9	−23	−6	−9									32	26	81.3
6	横坡	±10mm且横坡差≤0.3%	−7	+14	0	−8	−6	+7	−9	−10	+10	−6	0	+14	+7	−9	−8	+6	−7	+11	+5	−3			
			−6	+8	−13	−7	0	−1	−1	+3	+12	−2	+6	−3	−1	+9	−11	+6	+8	−4	−2	−6			
			−8	−2	−4	+12	0	−8	+7	−1	−2	−12	+3	+5	+7	+9	−10	−6	−13	−8	+3	+7			
			+9	0	−3	−11																	64	54	84.4
7	井框与路面高差	5mm	4	3	2	4	3	4	2	4	3	3											10	10	100
8	弯沉	<设计值	（见另外附表“弯沉测定表”）																				64	54	84.4
交方班组								接方班组															平均合格率		91.81
																							评定等级		优良

工程技术负责人：　　质检员：　　施工员：

年　月　日

单位（部位）工程质量评定表

工程（部位）名称：　　　　　　　　施工队：　　　　　　　　**表 1.1.1-2**

<table>
<tr><th rowspan="2">序号</th><th rowspan="2">部位（工序）名称</th><th colspan="2">合格率（%）</th><th rowspan="2">质量等级</th><th rowspan="2">备　注</th></tr>
<tr><th>划△项</th><th>其他项</th></tr>
<tr><td>1</td><td>路床</td><td>100</td><td>86.1</td><td>优良</td><td></td></tr>
<tr><td>2</td><td>炉渣石灰土基层</td><td>100</td><td>85.5</td><td>优良</td><td></td></tr>
<tr><td>3</td><td>沥青稳定碎石基层</td><td>100</td><td>86.8</td><td>优良</td><td></td></tr>
<tr><td>4</td><td>沥青混凝土面层</td><td>100</td><td>89.8</td><td>优良</td><td>见表 1.1.1.1A</td></tr>
<tr><td>5</td><td>侧石</td><td></td><td>80.5</td><td>合格</td><td></td></tr>
<tr><td></td><td></td><td></td><td></td><td></td><td></td></tr>
<tr><td></td><td></td><td></td><td></td><td></td><td></td></tr>
<tr><td></td><td></td><td></td><td></td><td></td><td></td></tr>
<tr><td></td><td>平均合格率</td><td colspan="2">92.08</td><td>优良</td><td></td></tr>
<tr><td colspan="2">质量评定意见</td><td colspan="2">主要检查项目均达到质量标准
主干道路面质量较好</td><td>评定等级</td><td>优良</td></tr>
<tr><td rowspan="2">参加验收单位</td><td>建设单位</td><td colspan="2">监理单位</td><td>施工单位</td><td>设计单位</td></tr>
<tr><td>（公章）
单位（项目）负责人
年　月　日</td><td colspan="2">（公章）
总监理工程师
年　月　日</td><td>（公章）
单位负责人
年　月　日</td><td>（公章）
单位（项目）负责人
年　月　日</td></tr>
</table>

1.1.2　市政桥梁单位工程质量评定

1. 实施要点

（1）市政桥梁工程中的独立核算项目，应是一个单位工程。执行标准为《市政桥梁工程质量检验评定标准》（CJJ2—90）。

（2）其他资料表式、资料要求、实施要点除将市政道路工程改为市政桥梁单位工程外，其他均按市政道路单位工程质量评定要求办理。

2. 质量检查评定统计计算举例

（1）假设：某桥上部构造 T 梁四根。其工序水泥混凝土构件各序号实测项目的合格率（合格点数/应检查点数）如表 1.1.2，该分项工程的平均合格率为：

主要项目合格率：序号合格率/序号数　$\frac{①}{1}=100\%$

其他项目合格率：序号合格率/序号数　$\frac{②+③+④+⑤+⑥+⑦}{6}=76.5\%$

该评定等级为：合格。

如果，水泥混凝土抗压强度未达到附录三的规定，即为不合格产品。

如果，水泥混凝土抗压强度符合标准，而其他六个实测项目中的某一项合格率未达到 70%，亦为不合格品。

如果，某一不合格点的实测偏差值超过允许偏差值的 1.5 倍，且影响下道工序施工，工程结构和使用功能，亦为不合格品。

工序施工质量检验评定表

单位（部位）工程名称：×××桥梁工程　　部位名称：上部结构1#～4#T型梁　　工序名称：水泥混凝土构件　　**表1.1.2**

主要工程数量				强度为C28的水泥混凝土39.2m³																	
序号	检查项目			质量情况																	
1	第8.0.1条			配合比符合规定；强度符合设计要求																	
2	第8.0.2条			符合规定。无蜂窝、无露筋，有掉角已修补完好																	
3	第8.0.6条			支座板质量见实测点偏差值																	
序号	实测项目		允许偏差	各实测点偏差值															应检查点数	合格点数	合格率(%)
				1	2	3	4	5	6	7	8	9	10	11	12	13	14	15			
1	△混凝土抗压强度		必须符合附录三	见试验报告																	100
2	断面尺寸	宽	0 −10	−4	−5	−2	−4	−12	−7	−11	−11	−3	−7	−11	0	−6	−6	−2	30	22	73.3
		高	+10 −5	+10	−4	+11	+11	+3	−4	+1	+7	−4	+3	+11	+7	−6	−2	+10			
		±5																			
3	长度		0 −10	−8	−11	−7	−11	−2	−1	−11	0	−2	−4	−5	−11	0	−4	−5	15	11	73.3
4	侧向弯曲		L/1000≯10	2	5	0	11	11	5	7	8								8	6	75.0
5	麻面		每侧不得超过该侧面积的1%	0.3	1.3	0.5	0												4	3	75.0
6	平整度		8	3	6	13	3	7	6	2	4								8	7	87.5
7	支座板	平面高差	±5	+3	+2	−4	−6												8	6	75.0
		位置	10	11	8	2	3														
交方班组							接方班组													平均合格率	79.9
																				评定等级	优良

工程技术负责人：　　　　质检员：　　　　施工员：　　　　年　月　日

注：1. 实际检查点数必须等于、小于应检查点数，如超过应检查点数，其超过的点数应从合格点数中减去。

2. 表内“必须符合附录三”是指《市政桥梁工程质量检验评定标准》(CJJ2—90)附录三混凝土强度验收的评定标准。

如果，主要检查项目的合格率达到100%，其他检查项目的合格率达到70%，且不符合本标准要求的点的最大偏差在允许偏差的1.5倍之内，为合格。

如果，最大偏差超过允许偏差的1.5倍，但不影响下道工序施工、工程结构和使用功能，仍可评为合格。

（2）假设：某桥上部构造各工序的合格率为：

①钢筋　90%；

②水泥混凝土构筑物（构件）　86.2%；

③水泥混凝土构件安装　86%。

则该部位平均合格率：$\frac{①+②+③}{3}=87.4\%$

该评定等级为：优良。

1.1.3　市政排水管渠单位工程质量评定

1. 实施要点

（1）市政排水管渠工程的独立核算项目，应是一个单位工程。采用分期单独核算的同一市政工程，应是若干个单位工程。执行标准为《市政排水管渠工程质量检验评定标准》（CJJ3—90）。

（2）其他资料表式、资料要求、实施要点除将市政道路工程改为市政排水管渠单位工程外，其他均按市政道路单位工程质量评定要求办理。

2. 单位工程质量评定统计计算举例

（1）假设，某污水管道全长200m，管径700mm，每节管长2m，检查井5座，由1号井至5号井每个井段50m，平基的宽度0.996m，厚度0.12m；180°管座的肩高0.408mm，肩宽0.09mm，其平基、管座各序号实测项目的合格率（合格点数/应检查点数）见表1.1.3。

则该工序的平均合格率为：

序号合格/序号数：$\frac{①+②+③+④+⑤+⑥+⑦+⑧}{8}=84.4\%$

则该工序评定等级为：合格。

说明：

①水泥混凝土抗压强度必须符合附录三的规定，否则，即为不合格品。

②若水泥混凝土抗压强度符合标准，而其他七个实测项目中的某一项合格率未达到70%，亦为不合格品。

③若所有实测项目的合格率均符合合格标准，但某一不合格点的实测偏差值超过允许偏差值的1.5倍，如管座的肩宽允许偏差为+10mm，而某一点实测偏差为16mm，但不影响下道工序、工程结构、使用功能，则该分项工程质量仍可评为合格。

（2）假设，某污水管道1号井至5号井段全长200m，由于长度较短，不再划分部位，其各工序的合格率（%）为：

①沟槽　86

②平基、管座　84.4

工序施工质量检验评定表

单位（部位）工程名称：×××污水管道工程　　部位名称：　　工序名称：平基、管座　　**表 1.1.3**

主要工程数量			管径700mm的管道长度200m；内径1.5m的检查井5座，每个井段的长度50m，垫层的长度200m，宽度1.096m；平基的长度200m，宽度0.996m，厚度0.12m；管座的长度192m，肩宽0.09m，肩高0.408m																							
序号	检查项目			质量情况																						
1																										
2																										
3																										
4																										
5																										
序号	实测项目		允许偏差	各实测点偏差值																				应检查点数	合格点数	合格率（%）
				1	2	3	4	5	6	7	8	9	10	11	12	13	14	15	16	17	18	19	20			
1	△混凝土抗压强度		必须符合附录三的规定	见试验报告书																						100
2	垫层	中线每侧宽度	不小于设计规定（mm）	550 554	552 556	553 555	550 551	552 553	554 554	556 552	553 548	552 548	552 551	554 553	552 556	554 553	555 552	553 552	553 552	551 554	550 556	552 552	554 550	40	40	100
3	垫层	高程	0 −15	−4	−2	0	−5	−10	−22	−16	−8	−4	0	−2	−4	−10	−16	−18	−15	0	−8	0	−3	20	16	80
4	平基	中线每侧宽度	+10mm 0	+5 +13	+3 +11	+6 +8	+8 +5	+11 +7	+12 +6	+7 +6	+4 +4	+2 +3	+3 +2	0 +3	+2 +2	+5 0	+8 +4	+6 +8	+4 +10	+5 +15	+7 +13	+9 +8	+10 +6	40	34	85
5	平基	高程	0 −15mm	−4	−5	−17	−3	−16	−10	−14	−18	−16	−12	−13	−10	−8	−6	−2	0	−4	−6	−4	—	20	15	75
6	管座	肩宽	+10mm −5mm	+4 +6	+6 +8	+8 +7	+10 +9	+11 +10	+16 +8	+8 +8	+6 +10	+4 +12	+2 +14	0 +8	−3 +6	−6 +2	−8 0	−5 −2	−3 −4	0 −6	+2 −7	+4 −5	+4 −2	40	32	80
7	管座	肩高	±20mm	+8 +12	+12 +16	+16 +14	+20 +18	+22 +20	+23 +18	+16 +16	+12 +20	+8 +23	+4 +25	−2 +16	−12 +12	−24 +4	−26 −2	−15 −6	−9 −12	−2 −21	+4 −22	+8 −15	+8 −6	40	32	80
8	蜂窝面积		≤1%	0.5	0.7	2.1	2.2	0.9	0.8	0.5	0.4													8	6	75
交方班组								接方班组																平均合格率		84.4
																								评定等级		优良

工程技术负责人：　　质检员：　　施工员：　　年　月　日

③安管　　96
④接口　　90
⑤检查井　75
⑥闭水　　100
⑦回填　　80

则该单位工程平均合格率（%）为：$\frac{①+②+③+④+⑤+⑥+⑦}{7}=87.3$

该评定等级为：优良。

1.2 工程部位质量评定

1.2.1 市政道路工程部位质量评定

1. 资料表式

部位质量评定表

单位工程名称：　　　　　　部位名称：

序号	工序名称	合格率（%）	质量等级	备注
平均合格（%）				
评定意见		评定等级		
验收单位	分包单位		项目经理	年 月 日
	施工单位		项目经理	年 月 日
	勘察单位		项目负责人	年 月 日
	设计单位		项目负责人	年 月 日
	监理（建设）单位	总监理工程师 （建设单位项目专业负责人）		年 月 日

2. 资料要求

（1）工序工程数量计算正确，应参加验收的部位、工序质量符合相应专业规范要求。

（2）质量保证技术资料应完整齐全且必须符合相应标准要求。

（3）工程技术负责人、专职质检员、施工员分别本人签字，不盖章。

（4）根据各自的验收阶段，施工单位为预验阶段，监理单位为初验阶段。

3. 实施要点

（1）部位的质量评定，应在其所含工序质量检验评定合格后进行。

（2）市政道路工程不宜划分部位，但也可按长度划分为若干个部位。

（3）部位的质量等级应符合下列要求：

合格：所有工序合格，则该部位应评为“合格”。

优良：在评定为合格的基础上，全部工序检查项目合格率的平均值达到85%，则该部位应评为“优良”（在评定部位时，模板工序不参加评定）。

(4) 部位的交接检验。检验人员在工序交接的基础上进行部位交接检验，评定部位的质量等级。

1.2.2　市政桥梁工程部位质量评定

实施要点

(1) 部位按主要部位划分为：基础、下部构造、上部构造、桥面及附属工程等四个部位。

(2) 其他资料表式、资料要求、实施要点除将市政道路工程改为市政桥梁工程外，其他均按市政道路部位工程质量评定要求办理。

1.2.3　市政排水管渠工程部位质量评定

实施要点

(1) 市政排水管渠工程不宜划分部位，但也可按长度划分为若干部位。

(2) 其他资料表式、资料要求、实施要点除将市政道路工程改为市政排水管渠单位工程外，其他均按市政道路部位工程质量评定要求办理。

1.3 工程工序质量评定

1.3.1 市政道路工程工序质量评定

1. 资料表式

工序质量评定表

单位工程名称： 部位名称： 工序名称：

<table>
<tr><td colspan="21">主要工程数量</td></tr>
<tr><td>序号</td><td colspan="2">检查项目</td><td colspan="18">质量情况</td></tr>
<tr><td>1</td><td colspan="2"></td><td colspan="18"></td></tr>
<tr><td>2</td><td colspan="2"></td><td colspan="18"></td></tr>
<tr><td>3</td><td colspan="2"></td><td colspan="18"></td></tr>
<tr><td rowspan="2">序号</td><td rowspan="2">实测项目</td><td rowspan="2">允许偏差（mm）</td><td colspan="15">各实测点偏差（mm）</td><td rowspan="2">应检查点数</td><td rowspan="2">合格点数</td><td rowspan="2">合格率（%）</td></tr>
<tr><td>1</td><td>2</td><td>3</td><td>4</td><td>5</td><td>6</td><td>7</td><td>8</td><td>9</td><td>10</td><td>11</td><td>12</td><td>13</td><td>14</td><td>15</td></tr>
<tr><td>1</td><td></td><td></td><td></td><td></td><td></td><td></td><td></td><td></td><td></td><td></td><td></td><td></td><td></td><td></td><td></td><td></td><td></td><td></td><td></td><td></td></tr>
<tr><td>2</td><td></td><td></td><td></td><td></td><td></td><td></td><td></td><td></td><td></td><td></td><td></td><td></td><td></td><td></td><td></td><td></td><td></td><td></td><td></td><td></td></tr>
<tr><td>3</td><td></td><td></td><td></td><td></td><td></td><td></td><td></td><td></td><td></td><td></td><td></td><td></td><td></td><td></td><td></td><td></td><td></td><td></td><td></td><td></td></tr>
<tr><td>4</td><td></td><td></td><td></td><td></td><td></td><td></td><td></td><td></td><td></td><td></td><td></td><td></td><td></td><td></td><td></td><td></td><td></td><td></td><td></td><td></td></tr>
<tr><td>5</td><td></td><td></td><td></td><td></td><td></td><td></td><td></td><td></td><td></td><td></td><td></td><td></td><td></td><td></td><td></td><td></td><td></td><td></td><td></td><td></td></tr>
<tr><td>6</td><td></td><td></td><td></td><td></td><td></td><td></td><td></td><td></td><td></td><td></td><td></td><td></td><td></td><td></td><td></td><td></td><td></td><td></td><td></td><td></td></tr>
<tr><td>7</td><td></td><td></td><td></td><td></td><td></td><td></td><td></td><td></td><td></td><td></td><td></td><td></td><td></td><td></td><td></td><td></td><td></td><td></td><td></td><td></td></tr>
<tr><td>8</td><td></td><td></td><td></td><td></td><td></td><td></td><td></td><td></td><td></td><td></td><td></td><td></td><td></td><td></td><td></td><td></td><td></td><td></td><td></td><td></td></tr>
<tr><td rowspan="2">施工单位检查评定结果</td><td colspan="2">项目质量检查员</td><td colspan="4">交方班组长</td><td colspan="4">接方班组长</td><td colspan="4">主控项目合格率</td><td colspan="3">一般项目合格率</td><td colspan="3">评定质量等级</td></tr>
<tr><td colspan="2"></td><td colspan="4"></td><td colspan="4"></td><td colspan="4"></td><td colspan="3"></td><td colspan="3">年 月 日</td></tr>
<tr><td rowspan="2">监理（建设）单位验收结论</td><td colspan="5">专业监理工程师（建设单位）项目技术负责人</td><td colspan="7">验收结论意见</td><td colspan="8">核定质量等级</td></tr>
<tr><td colspan="5"></td><td colspan="7"></td><td colspan="8">年 月 日</td></tr>
</table>

注：1. 实际检查点数必须等于、小于应检查点数，如超过应检查点数，其超过的点数应从合格点数中减去。

2. 鉴于《建设工程监理规范》（GB 50319—2000）规定建设工程监理实行总监理工程师负责制。因此为适应监理工作需要，建议将工序质量评定表的责任制按上述内容修订。

2. 资料要求

（1）质量保证技术资料应完整齐全且必须符合相应标准要求。

（2）工程技术负责人等相关人员分别本人签字，不盖章。

（3）根据各自的验收阶段，施工单位为预验阶段，监理单位为初验阶段。

3. 实施要点

（1）市政道路工程质量检验评定标准共8章，将工序划分为：路基、基层、面层、附属构筑物、道路半成品、测量共计28项工序。

（2）工序的质量等级应符合下列要求：

1）合格：符合下列要求者，应评为“合格”。

①主要检查项目（在项目栏列有△者）的合格率应达到100%；

②非主要检查项目的合格率均应达到70%，且不符合本标准要求的点，其最大偏差应在允许偏差的1.5倍之内。在特殊情况下如最大偏差超过允许偏差1.5倍，但不影响下道工序施工、工程结构和使用功能，仍可评为合格。

2）优良：符合下列要求者应评为“优良”。

①符合合格标准的条件。

②全部检查项目合格率的平均值，应达到85%。

（3）工序的质量如不符合《市政道路工程质量检验评定标准》（CJJ1—90）的标准规定，应及时进行处理。返工重做的工程，应重新评定其质量等级。加固补强后改变结构外形或造成永久缺陷（但不影响使用效果）的工程，一律不得评为优良。

（4）工序质量的评定，应先对外观项目进行检验评定且质量等级达到合格后，才能进行允许偏差项目的检测。允许偏差项目抽样检验时，抽检点应具有代表性同时能够反映工程的实际情况。对于检测范围为长度的，应按规定间距抽样，选取偏差点较大者为检测点，其他的在规定范围选取较大偏差点为检测点。实测点数必须等于或小于应检点数，如超过应检点数，其超过点数应从合格的点数中减去。

1.3.2　市政桥梁工程工序质量评定

实施要点

（1）工序：按主要工序划分为：土石方、模板、钢筋、预应力筋、水泥混凝土、桩基、沉井基础、钢结构、构件安装、砌体、装饰、其他工程等。

（2）其他资料表式、资料要求、实施要点除将市政道路工程改为市政桥梁工程外，其他均按市政道路部位工程质量评定要求办理。

1.3.3　市政排水管渠工程工序质量评定

实施要点

（1）工序：工序划分为：沟槽、平基、管座、安管、接口、顶管、检查井、闭水、回填、渠道、泵站沉井、模板、钢筋、现场浇筑水泥混凝土结构、砌筑结构、构件安装、水电设备安装、铸铁管安装、钢管安装等。

（2）其他资料表式、资料要求、实施要点均按市政道路工程部位质量评定要求办理。

附：市政基础设施工程工序质量评定表

见附1～附3。

市政道路工程质量检验评定标准（CJJ1—90）

附 1 市政道路工程工序质量评定表

附 1-1 路基——土方

工 序 质 量 评 定 表

表 CJJ1—90-1

单位工程名称：________ 部位名称：________ 工序名称：________

工程数量		
序号	检查项目	质量标准	质量实况
1	填土碾压	填土经碾压夯实后，不得有翻浆、“弹簧”现象	
2	填料	填土中不得含有淤泥、腐植土及有机物质等	

序号	项目				压实度（%）轻型击实/重型击实	各实测点偏差值																		检验频率		应检点数	实检点数	合格点数	合格率（%）	检查方法
						1	2	3	4	5	6	7	8	9	10	11	12	13	14	15	16	17	18	范围	点数					
1	路床以下深度（cm）	填方	0～80	快速路和主干路	95/98																			$1000m^2$	每层一组（三点）					用环刀法检验
				次干路	93/95																									
				支 路	90/92																									
2			80～150	快速路和主干路	93/95																									
				次干路	90/92																									
				支 路	87/90																									
3			>150	快速路和主干路	87/90																									
				次干路	87/90																									
				支 路	87/90																									
4		挖方	0～30	快速路和主干路	93/95																									
				次干路	93/95																									
				支 路	90/92																									

施工单位检查评定结果	项目质量检查员	交方班组长	接方班组长	主控项目合格率	一般项目合格率	评定质量等级	年 月 日
监理（建设）单位验收结论	专业监理工程师（建设单位项目技术负责人）	验收结论意见		核定质量等级			年 月 日

注：1. 实际检查点数必须等于、小于应检查点数，如超过应检查点数，其超过的点数应从合格点数中减去。
2. 填方高度小于 80cm 及不填不挖路段，原地面以下 0～30cm 范围内的压实度不低于表中挖方的要求。
3. 道路的类型应根据设计要求确定。分期扩建的道路需按永久规划的道路类型设计。

附 1-2　路基——石方

工　序　质　量　评　定　表

表 CJJ1—90-2

单位工程名称：________　部位名称：________　工序名称：________

工　程　数　量		
序号	检查项目	质　量　标　准
1	边　坡	上边坡必须稳定，严禁有松石、险石

序号	实测项目		允许偏差(mm)	各实测点偏差值 1	2	3	4	5	6	7	8	9	10	11	12	13	14	15	16	检验频率 范围	检验频率 点数	应检点数	实检点数	合格点数	合格率(%)	检查方法
1	高　程		+50 −200																	20	3					用水准仪沿横断面测量
2	路基宽(m)	路堑挖深≤3	+100 0																	20	2					用尺量（沿横断面由路中心向两边各量1点）
2	路基宽(m)	路堑挖深>3	+200 −50																	20	2					用尺量（沿横断面由路中心向两边各量1点）
2	路基宽(m)	填　方	不小于设计规定																	20	2					用尺量（沿横断面由路中心向两边各量1点）
3	边　坡		不陡于设计规定																	20	2					用坡度尺量，每侧各计1点

施工单位检查评定结果	项目质量检查员	交方班组长	接方班组长	主控项目合格率	一般项目合格率	评定质量等级	
							年　月　日

监理（建设）单位验收结论	专业监理工程师（建设单位项目技术负责人）	验收结论意见	核定质量等级	
				年　月　日

注：实际检查点数必须等于、小于应检查点数，如超过应检查点数，其超过的点数应从合格点数中减去。

附 1-3 路基——路床

工 序 质 量 评 定 表

表 CJJ1—90-3

单位工程名称：________ 部位名称：________ 工序名称：________

工程数量			
序号	检查项目	质量标准	质量实况
1	表面	路床不得有翻浆、弹簧、起皮、波浪、积水等现象	
2	碾压	用 12～15t 压路机碾压后，轮迹深度不得大于 5mm	

序号	实测项目		压实度(%)及允许偏差(mm)		各实测点偏差值																检验频率			应检点数	实检点数	合格点数	合格率(%)	检查方法
			土路床	石路床	1	2	3	4	5	6	7	8	9	10	11	12	13	14	15	16	范围	点数						
1	△压实度(深度 0～30cm)	快速路和主干路	轻型击实 98																		1000m²		3					用环刀法检验
			重型击实 95																				3					
		次干路	轻型击实 95																				3					
			重型击实 93																				3					
		次路	轻型击实 92																				3					
			重型击实 90																				3					
2	中线高程		±20	±20																	20		1					用水准仪具测量
3	平整度		20	30																	20	路宽(m) <9	1					用 3m 直尺和楔形塞尺量取最大值
																						9～15	2					
																						>15	3					
4	宽度		+200 0	+100 0																	40		1					用尺量
5	横坡		±20 且不大于 ±0.3%	±0.5%																	20	路宽(m) <9	2					用水准仪具测量
																						9～15	4					
																						>15	6					

施工单位检查评定结果	项目质量检查员	交方班组长	接方班组长	主控项目合格率	一般项目合格率	评定质量等级	年 月 日
监理(建设)单位验收结论	专业监理工程师(建设单位项目技术负责人)		验收结论意见		核定质量等级		年 月 日

注：1. 实际检查点数必须等于、小于应检查点数，如超过应检查点数，其超过的点数应从合格点数中减去。

2. 快速路和主干路挖方地段重型击实压实度为 93%。

附 1-4 路基——路肩

工序质量评定表

表 CJJ1—90-4

单位工程名称：________ 部位名称：________ 工序名称：________

工程数量																					
序号	检查项目	外观质量标准													质量实况						
1	顺直	肩线必须直顺，表面必须平整，不得有阻水现象																			
2																					
序号	实测项目	允许偏差（mm）	各实测点偏差值												检验频率		应检点数	实检点数	合格点数	合格率（%）	检验方法
			1	2	3	4	5	6	7	8	9	10	11	12	范围	点数					
1	压实度（轻型击实）	压实度≥90													100mm	2					用环刀法，每侧计1点
2	宽度	不小于设计规定													40m	2					用尺量，每侧计1点
3	横坡	+1%													40m	2					用水准仪测量，每侧计1点
4																					
5																					
施工单位检查评定结果	项目质量检查员		交方班组长				接方班组长				主控项目合格率				一般项目合格率		评定质量等级			年 月 日	
监理（建设）单位验收结论	专业监理工程师（建设单位项目技术负责人）						验收结论意见								核定质量等级					年 月 日	

注：1. 实际检查点数必须等于、小于应检查点数，如超过应检查点数，其超过的点数应从合格点数中减去。
2. 硬质路肩应补充相应的检查项目。

附 1-5 路基——边沟、边坡

工 序 质 量 评 定 表

表 CJJ1—90-5

单位工程名称：________ 部位名称：________ 工序名称：________

主要工程数量：

工 程 数 量		
序号	检查项目	外 观 质 量 标 准	质 量 实 况
1	边 坡	边坡必须平整、坚实、稳定，严禁贴坡	
2	边 沟	边沟上口线应整齐、直顺，沟底应平整，边沟排水应畅通	

序号	实测项目	允许偏差 (mm)	各实测点总偏差值														检验频率		应检点数	实检点数	合格点数	合格率 (%)	检验方法
			1	2	3	4	5	6	7	8	9	10	11	12	13	14	范围	点数					
1	边坡坡度	不陡于设计规定															20m	2					用坡度尺量，每侧计 1 点
2	沟底高程	0 —30															20m	2					用水准仪测量，每侧计 1 点
3	沟底宽	不小于设计规定															20m	2					用尺量，每侧计 1 点
4																							
5																							

施工单位检查评定结果	项目质量检查员	交方班组长	接方班组长	主控项目合格率	一般项目合格率	评定质量等级	年 月 日
监理（建设）单位验收结论	专业监理工程师（建设单位项目技术负责人）		验收结论意见		核定质量等级		年 月 日

注：实际检查点数必须等于、小于应检查点数，如超过应检查点数，其超过的点数应从合格点数中减去。

附 1-6　基层——砂石基层

工　序　质　量　评　定　表　　　　表 CJJ1—90-6

单位工程名称：________　部位名称：________　工序名称：________

工程数量		
序号	检查项目	外观质量标准	质量实况
1	表　面	表面应坚实、平整，不得有浮石、粗细料集中等现象	
2	碾　压	用 12t 以上压路机碾压后，轮迹深度不得大于 5mm	

序号	实测项目	允许偏差（mm）	1	2	3	4	5	6	7	8	9	10	11	12	13	14	15	16	17	18	检验频率 范围	检验频率 点数		应检点数	实检点数	合格点数	合格率（%）	检查方法
1	厚　度	+20 −10%																			1000m²	1						用尺量
2	平整度	15																			20m	路宽（m）<9	1					用 3m 直尺和楔形塞尺量取最大值
																						9～15	2					
																						>15	3					
3	宽　度	不小于设计规定																			40m	1						用尺量
4	△中线高程	±20																			20m	1						用水准仪测量
5	横　坡	±20 且横坡差不大于±0.3%																			20m	路宽（m）<9	2					用水准仪测量
																						9～15	4					
																						>15	6					
6	压实密度	≥2.3t/m³																			1000m²	1						灌砂法

施工单位检查评定结果	项目质量检查员	交方班组长	接方班组长	主控项目合格率	一般项目合格率	评定质量等级	年　月　日
监理（建设）单位验收结论	专业监理工程师（建设单位项目技术负责人）		验收结论意见		核定质量等级		年　月　日

注：实际检查点数必须等于、小于应检查点数，如超过应检查点数，其超过的点数应从合格点数中减去。

附 1-7 基层——碎石基层

工序质量评定表

表 CJJ1—90-7

单位工程名称：________ 部位名称：________ 工序名称：________

工程数量			
序号	检查项目	外观质量标准	质量实况
1	表面	表面应坚实、平整，嵌缝料不得浮于表面或聚集形成一层	
2	碾压	用 12t 以上压路机碾压后，轮迹深度不得大于 5mm	

序号	实测项目	允许偏差	各实测点偏差值 1	2	3	4	5	6	7	8	9	10	11	12	13	14	15	16	检验频率 范围	点数			应检点数	实检点数	合格点数	合格率（%）	检查方法
1	厚度	±10%																	1000m²	路宽（m）	<9	1					用尺量
																					9~15	2					
																					>15	3					
2	平整度	15mm																	20m								用 3m 直尺和楔形塞尺量取最大值
3	宽度	不小于设计规定																	40m								用尺量
4	中线高程	±20mm																	20m								用水准仪测量
5	横坡	±20 且不大于±0.3%																	20	路宽（m）	<9	2					用水准仪测量
																					9~15	4					
																					>15	6					
6	压实密度	嵌缝≥2.1t/m³ 不嵌缝≥2.0t/m³																	1000m²	1							灌砂法

施工单位检查评定结果	项目质量检查员	交方班组长	接方班组长	主控项目合格率	一般项目合格率	评定质量等级	
							年 月 日
监理（建设）单位验收结论	专业监理工程师（建设单位项目技术负责人）		验收结论意见		核定质量等级		
							年 月 日

注：1. 实际检查点数必须等于、小于应检查点数，如超过应检查点数，其超过的点数应从合格点数中减去。

2. 本表也用于工业废渣铺筑的基层。

附 1-8　基层——沥青贯入式碎石基层

工 序 质 量 评 定 表

表 CJJ1—90-8

单位工程名称：________　部位名称：________　工序名称：________

工程数量			
序号	检查项目	外观质量标准	质量实况
1	表　面	(1)表面应坚实、平整，嵌缝料不得浮于表面或聚集形成一层 (2)表面无积油、漏浇现象，并不得污染其他构筑物	
2	碾　压	用 12t 以上压路机碾压后，轮迹深度不得大于 5mm	

序号	实测项目	允许偏差(mm)	1	2	3	4	5	6	7	8	9	10	11	12	13	14	15	16	检验频率 范围(m)	点数			应检点数	实检点数	合格点数	合格率(%)	检查方法
1	厚　度	+20 −10%																	1000m²	1							用尺量
2	平整度	10																	20	路宽(m)	<9	1					用 3m 直尺和楔形塞尺量取最大值
																					9～15	2					
																					>15	3					
3	宽　度	不小于设计规定																	40	1							用尺量
4	中线高程	±20																	20	1							用水准仪具测量
5	横　坡	±20 且不大于 ±0.3%																	20	路宽(m)	<9	2					用水准仪具测量
																					9～15	4					
																					>15	6					
6	压实密度	嵌缝 2.1t/m³ 不嵌缝 2.0t/m³																	1000m²	1							灌砂法

施工单位检查评定结果	项目质量检查员	交方班组长	接方班组长	主控项目合格率	一般项目合格率	评定质量等级	
							年　月　日
监理（建设）单位验收结论	专业监理工程师（建设单位项目技术负责人）	验收结论意见		核定质量等级			
							年　月　日

注：实际检查点数必须等于、小于应检查点数，如超过应检查点数，其超过的点数应从合格点数中减去。

附 1-9 基层——石灰土类基层

工 序 质 量 评 定 表 表 CJJ1—90-9

单位工程名称：________ 部位名称：________ 工序名称：________

工程数量			
序号	检查项目	外观质量标准	质量实况
1	灰　土	灰土中粒径大于 20mm 的土块不得超过 10%，但最大的土块粒径不得大于 50mm。灰土应拌合均匀，色泽调和，石灰中严禁含有未消解的颗粒	
2	碾　压	用 12t 以上压路机碾压后，轮迹深度不得大于 5mm	
3	表　面	表面不得有浮土、脱皮、松散现象	

序号	实测项目	压实度(%)及允许偏差(mm)	1	2	3	4	5	6	7	8	9	10	11	12	13	14	15	16	检验频率 范围(m)	检验频率 点数		应检点数	实检点数	合格点数	合格率(%)	检查方法
1	△压实度	重型击实 95 轻型击实 98																	1000m^2	1						用环刀法测定
2	厚　度	+20 −10%																	1000m^2	1						用尺量
3	平整度	10																	20	1						用 3m 直尺与楔形塞尺量取最大值
4	宽　度	不小于设计规定																	40	1						用量尺
5	中线高程	±20																	20	1						用水准仪具测量
6	横　坡	±20 且不大于 ±0.3%																	20	路宽(m) <9	2					用水准仪具测量
																				9~15	4					
																				>15	6					

施工单位检查评定结果	项目质量检查员	交方班组长	接方班组长	主控项目合格率	一般项目合格率	评定质量等级	年　月　日
监理（建设）单位验收结论	专业监理工程师（建设单位项目技术负责人）	验收结论意见		核定质量等级			年　月　日

注：1. 实际检查点数必须等于、小于应检查点数，如超过应检查点数，其超过的点数应从合格点数中减去。

2. 本表包括掺入一定比例的碎（砾）石、天然砂砾或工业废渣等材料铺筑的路基。

附 1-10　基层——块石基层

工 序 质 量 评 定 表　　表 CJJ1—90-10

单位工程名称：＿＿＿＿　　部位名称：＿＿＿＿　　工序名称：＿＿＿＿

工程数量																					
序号	检查项目	外观质量标准														质量实况					
1	组砌	块石必须直立紧靠，大面朝下，嵌锲密实，不得有叠铺现象																			
2																					
序号	实测项目	允许偏差（mm）	各实测点偏差值											检验频率		应检点数	实检点数	合格点数	合格率（%）	检验方法
			1	2	3	4	5	6	7	8	9	10	11	12	范围	点数					
1	厚度	−10%													1000m²	1					尺量
2	宽度	不小于设计规定													40m	1					尺量
3	中线高程	±30mm													20m	1					水准仪具测量
4	横坡	±30mm，且不大于 1%													20m	4					水准仪具测量
5																					
6																					
施工单位检查评定结果	项目质量检查员		交方班组长					接方班组长					主控项目合格率			一般项目合格率			评定质量等级		年 月 日
监理（建设）单位验收结论	专业监理工程师（建设单位项目技术负责人）							验收结论意见								核定质量等级					年 月 日

注：实际检查点数必须等于、小于应检查点数，如超过应检查点数，其超过的点数应从合格点数中减去。

附 1-11 基层——石灰、粉煤灰类混合料基层

工 序 质 量 评 定 表 表 CJJ1—90-11

单位工程名称：________ 部位名称：________ 工序名称：________

工程数量			
序号	检查项目	外观质量标准	质量实况
1	混合料	石灰、粉煤灰类混合料应拌合均匀，色泽调和一致。砂砾（碎石）最大粒径不大于 50mm，大于 20mm 的灰块不得超过 10%，石灰中严禁含有未消解的颗粒	
2	摊铺层	摊铺层无明显的粗细颗粒离析现象	
3	碾压及表面	用 12t 以上压路机碾压后，轮迹深度不得大于 5mm，并不得有浮料、脱皮、松散现象	

序号	实测项目	压实度（%）及允许偏差（mm）	各实测点偏差值 1	2	3	4	5	6	7	8	9	10	11	12	13	14	15	16	检验频率 范围（m）	点数	应检点数	实检点数	合格点数	合格率（%）	检查方法
1	△压实度	重型击实 95																	1000m²	1					灌砂法
		轻型击实 98																							
2	平整度	10																	20	1					用 3m 直尺与楔形塞尺量取最大值
3	厚度	±10																	50	1					用尺量
4	宽度	不小于设计规定																	40	1					用尺量
5	中线高程	±20																	20	1					用水准仪具测量
6	横坡	±20 且不大于 ±0.3%																	20	1					用水准仪具测量

施工单位检查评定结果	项目质量检查员	交方班组长	接方班组长	主控项目合格率	一般项目合格率	评定质量等级	年 月 日
监理（建设）单位验收结论	专业监理工程师（建设单位项目技术负责人）	验收结论意见			核定质量等级		年 月 日

注：实际检查点数必须等于、小于应检查点数，如超过应检查点数，其超过的点数应从合格点数中减去。

附 1-12　面层——水泥混凝土面层

工　序　质　量　评　定　表

表 CJJ1—90-12

单位工程名称：________　部位名称：________　工序名称：________

工程数量			
序号	检查项目	外　观　质　量　标　准	质　量　实　况
1	模　板	模板必须支立牢固，不得倾斜、漏浆	
2	板　面	板面边角应整齐，不得有大于 0.3mm 的裂缝，并不得有石子外露和浮浆、脱皮、积水等现象	
3	伸缩缝	伸宿缝必须平直，缝内不得有杂物。伸缩缝必须全部贯通，传力杆必须与缝面垂直	
4	切　缝	切缝直线段应线直，曲线段应弯顺，不得有杂缝，灌缝不得漏缝	

序号	实测项目		允许偏差(mm)	各实测点偏差值 1	2	3	4	5	6	7	8	9	10	11	12	13	14	15	16	检验频率 范围(m)	点数	应检点数	实检点数	合格点数	合格率(%)	检查方法
1	支模	直顺度	5																	50m	1					拉 20m 线量取最大值
		高　程	±5																	20m	1					用水准仪测量
2	△抗压强度		不低于设计规定																	每台班	1组					检查试块试压报告
3	△抗折强度		不低于设计规定																	每台班	1组					检查试块试压报告
4	△厚度		+20，−5																	每块	2					用尺量
5	平整度		5																	块	1					用 3m 直尺量取最大值
6	相邻板高差		3																	每缝	1					用尺量
7	宽　度		−20																	40m	1					用尺量
8	中线高程		±20																	20m	1					用水准仪具测量
9	横　坡		±10，且不大于±0.3%																	20m	路宽(m)：≤9　2；9～15　4；>15　6					用水准仪具测量
10	纵缝直顺		10																	100m	1					拉 20m 线量取最大值
11	横缝直顺		10																	40m	1					沿路宽拉线量取最大值
12	蜂窝麻面面积		≤2%																	每块每侧面	1					用尺量蜂窝总面积
13	井框与路面高差		3																	每座	1					用尺量取最大值

施工单位检查评定结果	项目质量检查员	交方班组长	接方班组长	主控项目合格率	一般项目合格率	评定质量等级	年　月　日
监理(建设)单位验收结论	专业监理工程师(建设单位项目技术负责人)	验收结论意见		核定质量等级			年　月　日

注：实际检查点数必须等于、小于应检查点数，如超过应检查点数，其超过的点数应从合格点数中减去。

附 1-13　面层——沥青混凝土面层

工 序 质 量 评 定 表

表 CJJ1—90-13

单位工程名称：＿＿＿＿＿＿　部位名称：＿＿＿＿＿＿　工序名称：＿＿＿＿＿＿

工程数量			
序号	检查项目	外观质量标准	质量实况
1	表面	表面应坚实、平整，不得有脱落、掉渣、裂缝、推挤、烂边、粗细料集中等现象	
2	碾压	用 10t 以上压路机碾压后，不得有明显轮迹	
3	连接	(1)接茬应紧密、平顺，烫缝不应枯焦 (2)面层与路缘石及其他构筑物应接顺，不得有积水现象	

序号	实测项目	压实度(%)及允许偏差(mm)	1	2	3	4	5	6	7	8	9	10	11	12	13	14	15	16	检验频率 范围(m)	检验频率 点数			应检点数	实检点数	合格点数	合格率(%)	检查方法
1	△压实度	≥95%																	2000m²	1							用蜡封称质量法
2	△厚度	+20 −5																	2000m²	1							用尺量
3	弯沉值	小于设计规定																		路宽(m)	<9	2					用弯沉仪具测量
																					9～15	4					
																					>15	6					
4	平整度	≤2.6																	20	路宽(m)	≤20	2					用测平仪具检测
																					>20	4					
		5																	20	路宽(m)	<9	1					用 3m 直尺和楔形塞尺量取最大值
																					9～15	2					
																					>15	3					
5	宽度	−20																	40	1							用尺量
6	△中线高程	±20																	20	1							用水准仪具测量
7	横坡	±10 且不大于±0.3%																	20	路宽(m)	<9	2					用水准仪具测量
																					9～15	4					
																					>15	6					
8	井框与路面的高差	5																	每座	1							用尺量取最大值

施工单位检查评定结果	项目质量检查员	交方班组长	接方班组长	主控项目合格率	一般项目合格率	评定质量等级	
							年　月　日
监理(建设)单位验收结论	专业监理工程师(建设单位项目技术负责人)		验收结论意见		核定质量等级		
							年　月　日

注：1. 实际检查点数必须等于、小于应检查点数，如超过应检查点数，其超过的点数应从合格点数中减去。
2. 标准质量密度采用马歇尔稳定仪或 30MPa(300kg/cm²)成型法测定。
3. 弯沉值单位：mm/100。

附 1-14 面层——黑色碎(砾)石面层

工序质量评定表

表 CJJ1—90-14

单位工程名称：________ 部位名称：________ 工序名称：________

工程数量			
序号	检查项目	外观质量标准	质量实况
1	表面	表面应坚实、平整，不得有脱落、掉渣、裂缝、推挤、烂边、粗细料集中等现象	
2	碾压	用 10t 以上压路机碾压后，不得有明显轮迹	
3	连接	(1)接茬应紧密、平顺，烫缝不应枯焦 (2)面层与路缘石及其他构筑物应接顺，不得有积水现象	

序号	实测项目	允许偏差(mm)	1	2	3	4	5	6	7	8	9	10	11	12	13	14	15	16	检验频率 范围(m)	点数		应检点数	实检点数	合格点数	合格率(%)	检查方法
1	△压实度	≥93%																	2000m²	1						用蜡封称质量法
2	△厚度	+20 −5																	2000m²	1						用尺量
3	弯沉值	小于设计规定																	20	路宽 m <9	2					用弯沉仪具测量
																				9～15	4					
																				>15	6					
4	平整度	5																	20	路宽 m <9	1					用 3m 直尺和楔形塞尺量取最大值
																				9～15	2					
																				>15	3					
5	宽度	−20																	40	1						用尺量
6	△中线高程	±20																	20	1						用水准仪具测量
7	横坡	±20 且不大于±0.3%																	20	路宽 m <9	2					用水准仪具测量
																				9～15	4					
																				>15	6					
8	井框与路面的高差	5																	每座	1						用尺量取最大值

施工单位检查评定结果	项目质量检查员	交方班组长	接方班组长	主控项目合格率	一般项目合格率	评定质量等级	
							年 月 日
监理(建设)单位验收结论	专业监理工程师(建设单位项目技术负责人)	验收结论意见		核定质量等级			
							年 月 日

注：1. 实际检查点数必须等于、小于应检查点数，如超过应检查点数，其超过的点数应从合格点数中减去。
2. 标准质量密度采用马歇尔稳定仪或 30MPa(300kg/cm²)成型法测定。
3. 黑色碎(砾)石作基层，其厚度、高度按基层要求取点评定。
4. 弯沉值单位：mm/100。

附 1-15 面层——沥青贯入式面层

工 序 质 量 评 定 表

表 CJJ1—90-15

单位工程名称：＿＿＿＿＿＿ 部位名称：＿＿＿＿＿＿ 工序名称：＿＿＿＿＿＿

工程数量

序号	检查项目	外观质量标准	质量实况
1	表　面	表面应平整、密实，不得松散、裂缝、油包、油丁、波浪、泛油等现象	
2	碾　压	用 12t 以上压路机碾压后，不得有明显轮迹	
3	浇　贯	沥青贯入应深透，浇洒应均匀，不得污染其他构筑物	
4	嵌　缝	嵌缝料必须扫墁均匀，不得有重叠现象	
5	连　接	面层与路缘石及其他构筑物应接顺，不得有积水现象	
6	用　量	沥青用量应满足有关规范要求	

序号	实测项目	允许偏差(mm)	各实测点偏差值 1	2	3	4	5	6	7	8	9	10	11	12	13	14	15	16	检验频率 范围(m)	点数			应检点数	实检点数	合格点数	合格率(%)	检查方法
1	△压实度	≥21.5t/m³																	2000m²	1							用灌砂法
2	△厚　度	+20 −5																	2000m²	1							用尺量
3	弯沉值	小于设计规定																	20	路宽(m)	<9	2					用弯沉仪具测量
																					9～15	4					
																					>15	6					
4	平整度	7																	20	路宽(m)	<9	1					用 3m 直尺和楔形塞尺量取最大值
																					9～15	2					
																					>15	3					
5	宽　度	−20																	40	1							用尺量
6	△中线高程	±20																	20	1							用水准仪具测量
7	横　坡	±10 且不大于±0.3%																	20	路宽(m)	<9	1					用水准仪具测量
																					9～15	2					
																					>15	3					
8	井框与路面的高差	5																	每座	1							用尺量取最大值

施工单位检查评定结果	项目质量检查员	交方班组长	接方班组长	主控项目合格率	一般项目合格率	评定质量等级	年　月　日
监理(建设)单位验收结论	专业监理工程师(建设单位项目技术负责人)		验收结论意见		核定质量等级		年　月　日

注：1. 实际检查点数必须等于、小于应检查点数，如超过应检查点数，其超过的点数应从合格点数中减去。
2. 沥青贯入式作基层时，其厚度和中线高程允许偏差按基层要求取值。
3. 弯沉值单位：mm/100。

附 1-16　面层——沥青表面处治面层

工　序　质　量　评　定　表

表 CJJ1—90-16

单位工程名称：______　部位名称：______　工序名称：______

工程数量		
序号	检查项目	外观质量标准	质量实况
1	表　面	表面应平整、密实，不得松散、裂缝、油包、油丁、波浪、泛油等现象	
2	浇　洒	沥青浇洒应均匀，不得污染其他构筑物	
3	嵌　缝	嵌缝料必须扫墁均匀，不得有重叠现象	
4	用　量	沥青用量应满足有关规范要求	

序号	实测项目	允许偏差（mm）	各实测点偏差值																检验频率				应检点数	实检点数	合格点数	合格率（%）	检查方法
			1	2	3	4	5	6	7	8	9	10	11	12	13	14	15	16	范围（m）	点数							
1	平整度	10																	20	路宽（m）	<9	1					3m 直尺和楔形塞尺量取最大值
																					9～15	2					
																					>15	3					
2	宽　度	−20																	40	1							用尺量
3	中线高程	±20																	20	1							用水准仪具测量
4	横　坡	±20 且不大于±1%																	20	路宽（m）	<9	2					用水准仪具测量
																					9～15	4					
																					>15	6					

施工单位检查评定结果	项目质量检查员	交方班组长	接方班组长	主控项目合格率	一般项目合格率	评定质量等级	
							年　月　日
监理（建设）单位验收结论	专业监理工程师（建设单位项目技术负责人）		验收结论意见		核定质量等级		
							年　月　日

注：1. 实际检查点数必须等于、小于应检查点数，如超过应检查点数，其超过的点数应从合格点数中减去。
2. 在旧路上进行表面处治，可不检查 3、4 项。

附 1-17 面层——泥结碎石面层

工 序 质 量 评 定 表

表 CJJ1—90-17

单位工程名称:________ 部位名称:________ 工序名称:________

<table>
<tr><td colspan="2">工程数量</td><td colspan="25"></td></tr>
<tr><td>序号</td><td>检查项目</td><td colspan="15">外观质量标准</td><td colspan="10">质量实况</td></tr>
<tr><td>1</td><td>表面</td><td colspan="15">泥浆必须浇灌均匀,表面应平整、坚实,不得有松散、弹簧等现象</td><td colspan="10"></td></tr>
<tr><td>2</td><td>碾压</td><td colspan="15">用 10t 以上压路机碾压后,不得有明显轮迹</td><td colspan="10"></td></tr>
<tr><td>3</td><td>连接</td><td colspan="15">面层与其他构筑物接顺,不得有积水现象</td><td colspan="10"></td></tr>
<tr><td rowspan="2">序号</td><td rowspan="2">实测项目</td><td rowspan="2">允许偏差(mm)</td><td colspan="16">各实测点偏差值</td><td colspan="3">检验频率</td><td rowspan="2">应检点数</td><td rowspan="2">实检点数</td><td rowspan="2">合格点数</td><td rowspan="2">合格率(%)</td><td rowspan="2">检查方法</td></tr>
<tr><td>1</td><td>2</td><td>3</td><td>4</td><td>5</td><td>6</td><td>7</td><td>8</td><td>9</td><td>10</td><td>11</td><td>12</td><td>13</td><td>14</td><td>15</td><td>16</td><td>范围(m)</td><td colspan="2">点数</td></tr>
<tr><td>1</td><td>厚度</td><td>+20
−10</td><td></td><td></td><td></td><td></td><td></td><td></td><td></td><td></td><td></td><td></td><td></td><td></td><td></td><td></td><td></td><td></td><td>1000m²</td><td colspan="2">1</td><td></td><td></td><td></td><td></td><td>用尺量</td></tr>
<tr><td>2</td><td>平整度</td><td>15</td><td></td><td></td><td></td><td></td><td></td><td></td><td></td><td></td><td></td><td></td><td></td><td></td><td></td><td></td><td></td><td></td><td>20</td><td colspan="2">1</td><td></td><td></td><td></td><td></td><td>3m 直尺和楔形塞尺量取最大值</td></tr>
<tr><td>3</td><td>宽度</td><td>−20</td><td></td><td></td><td></td><td></td><td></td><td></td><td></td><td></td><td></td><td></td><td></td><td></td><td></td><td></td><td></td><td></td><td>40</td><td colspan="2">1</td><td></td><td></td><td></td><td></td><td>用尺量</td></tr>
<tr><td>4</td><td>中线高程</td><td>±20</td><td></td><td></td><td></td><td></td><td></td><td></td><td></td><td></td><td></td><td></td><td></td><td></td><td></td><td></td><td></td><td></td><td>20</td><td colspan="2">1</td><td></td><td></td><td></td><td></td><td>用水准仪具测量</td></tr>
<tr><td rowspan="3">5</td><td rowspan="3">横坡</td><td rowspan="3">±20 且不大于±1%</td><td rowspan="3"></td><td rowspan="3"></td><td rowspan="3"></td><td rowspan="3"></td><td rowspan="3"></td><td rowspan="3"></td><td rowspan="3"></td><td rowspan="3"></td><td rowspan="3"></td><td rowspan="3"></td><td rowspan="3"></td><td rowspan="3"></td><td rowspan="3"></td><td rowspan="3"></td><td rowspan="3"></td><td rowspan="3"></td><td rowspan="3">20</td><td>路宽(m) <9</td><td>2</td><td rowspan="3"></td><td rowspan="3"></td><td rowspan="3"></td><td rowspan="3"></td><td rowspan="3">用水准仪具测量</td></tr>
<tr><td>9~15</td><td>4</td></tr>
<tr><td>>15</td><td>6</td></tr>
<tr><td colspan="3" rowspan="2">施工单位检查评定结果</td><td colspan="4">项目质量检查员</td><td colspan="4">交方班组长</td><td colspan="4">接方班组长</td><td colspan="4">主控项目合格率</td><td colspan="4">一般项目合格率</td><td colspan="3">评定质量等级</td><td rowspan="2">年 月 日</td></tr>
<tr><td colspan="4"></td><td colspan="4"></td><td colspan="4"></td><td colspan="4"></td><td colspan="4"></td><td colspan="3"></td></tr>
<tr><td colspan="3" rowspan="2">监理(建设)单位验收结论</td><td colspan="8">专业监理工程师(建设单位项目技术负责人)</td><td colspan="8">验收结论意见</td><td colspan="7">核定质量等级</td><td rowspan="2">年 月 日</td></tr>
<tr><td colspan="8"></td><td colspan="8"></td><td colspan="7"></td></tr>
</table>

注:实际检查点数必须等于、小于应检查点数,如超过应检查点数,其超过的点数应从合格点数中减去。

附 1-18　面层——级配砾石面层

工 序 质 量 评 定 表　　　　表 CJJ1—90-18

单位工程名称：＿＿＿＿＿＿　　部位名称：＿＿＿＿＿＿　　工序名称：＿＿＿＿＿＿

<table>
<tr><td colspan="2">工程数量</td><td colspan="26"></td></tr>
<tr><td>序号</td><td>检查项目</td><td colspan="18">外观质量标准</td><td colspan="8">质量实况</td></tr>
<tr><td>1</td><td>配比</td><td colspan="18">混合料配比必须符合级配曲线范围，拌合应均匀</td><td colspan="8"></td></tr>
<tr><td>2</td><td>表面</td><td colspan="18">表面应平整、坚实，不得有松散、粗细料集中、波浪等现象</td><td colspan="8"></td></tr>
<tr><td>3</td><td>碾压</td><td colspan="18">用 10t 以上压路机碾压后，不得有明显轮迹</td><td colspan="8"></td></tr>
<tr><td>4</td><td>连接</td><td colspan="18">面层与其他构筑物接顺，不得有积水现象</td><td colspan="8"></td></tr>
<tr><td rowspan="2">序号</td><td rowspan="2">实测项目</td><td rowspan="2">允许偏差（mm）</td><td colspan="16">各实测点偏差值</td><td colspan="4">检验频率</td><td rowspan="2">应检点数</td><td rowspan="2">实检点数</td><td rowspan="2">合格点数</td><td rowspan="2">合格率（%）</td><td rowspan="2">检查方法</td></tr>
<tr><td>1</td><td>2</td><td>3</td><td>4</td><td>5</td><td>6</td><td>7</td><td>8</td><td>9</td><td>10</td><td>11</td><td>12</td><td>13</td><td>14</td><td>15</td><td>16</td><td>范围（m）</td><td colspan="3">点数</td></tr>
<tr><td>1</td><td>厚度</td><td>+20
−10</td><td></td><td></td><td></td><td></td><td></td><td></td><td></td><td></td><td></td><td></td><td></td><td></td><td></td><td></td><td></td><td></td><td>1000m²</td><td colspan="3">1</td><td></td><td></td><td></td><td></td><td>用尺量</td></tr>
<tr><td>2</td><td>平整度</td><td>15</td><td></td><td></td><td></td><td></td><td></td><td></td><td></td><td></td><td></td><td></td><td></td><td></td><td></td><td></td><td></td><td></td><td>20</td><td colspan="3">1</td><td></td><td></td><td></td><td></td><td>3m 直尺和楔形塞尺量取最大值</td></tr>
<tr><td>3</td><td>宽度</td><td>−20</td><td></td><td></td><td></td><td></td><td></td><td></td><td></td><td></td><td></td><td></td><td></td><td></td><td></td><td></td><td></td><td></td><td>40</td><td colspan="3">1</td><td></td><td></td><td></td><td></td><td>用尺量</td></tr>
<tr><td>4</td><td>中线高程</td><td>±20</td><td></td><td></td><td></td><td></td><td></td><td></td><td></td><td></td><td></td><td></td><td></td><td></td><td></td><td></td><td></td><td></td><td>20</td><td colspan="3">1</td><td></td><td></td><td></td><td></td><td>用水准仪具测量</td></tr>
<tr><td rowspan="3">5</td><td rowspan="3">横坡</td><td rowspan="3">±20 且不大于±1%</td><td rowspan="3"></td><td rowspan="3"></td><td rowspan="3"></td><td rowspan="3"></td><td rowspan="3"></td><td rowspan="3"></td><td rowspan="3"></td><td rowspan="3"></td><td rowspan="3"></td><td rowspan="3"></td><td rowspan="3"></td><td rowspan="3"></td><td rowspan="3"></td><td rowspan="3"></td><td rowspan="3"></td><td rowspan="3"></td><td rowspan="3">20</td><td rowspan="3">路宽（m）</td><td><9</td><td>2</td><td rowspan="3"></td><td rowspan="3"></td><td rowspan="3"></td><td rowspan="3"></td><td rowspan="3">用水准仪具测量</td></tr>
<tr><td>9～15</td><td>4</td></tr>
<tr><td>>15</td><td>6</td></tr>
<tr><td rowspan="2" colspan="3">施工单位检查评定结果</td><td colspan="5">项目质量检查员</td><td colspan="5">交方班组长</td><td colspan="5">接方班组长</td><td colspan="4">主控项目合格率</td><td colspan="3">一般项目合格率</td><td colspan="2">评定质量等级</td><td rowspan="2">年　月　日</td></tr>
<tr><td colspan="5"></td><td colspan="5"></td><td colspan="5"></td><td colspan="4"></td><td colspan="3"></td><td colspan="2"></td></tr>
<tr><td rowspan="2" colspan="3">监理（建设）单位验收结论</td><td colspan="10">专业监理工程师（建设单位项目技术负责人）</td><td colspan="9">验收结论意见</td><td colspan="5">核定质量等级</td><td rowspan="2">年　月　日</td></tr>
<tr><td colspan="10"></td><td colspan="9"></td><td colspan="5"></td></tr>
</table>

注：1. 实际检查点数必须等于、小于应检查点数，如超过应检查点数，其超过的点数应从合格点数中减去。

2. 级配砾石如作为基层，1、4 项允许偏差应按基层要求取值。

附 1-19 附属构筑物——侧石、缘石

工 序 质 量 评 定 表

表 CJJ1—90-19

单位工程名称：________ 部位名称：________ 工序名称：________

工程数量			
序号	检查项目	外观质量标准	质量实况
1	安砌	侧石、缘石必须稳固，并应线直、弯顺、无折角、顶面平整无错牙，侧石勾缝应严密，缘石不得阻水	
2	回填	侧石背后面回填必须密实	

序号	实测项目	允许偏差 (mm)	各实测点总偏差值 1	2	3	4	5	6	7	8	9	10	11	12	13	14	检验频率 范围	检验频率 点数	应检点数	实检点数	合格点数	合格率 (%)	检验方法
1	直顺度	10															100m	1					拉 20m 小线量取最大值
2	相邻块高差	3															20m	1					尺量
3	缝宽	±3															20m	1					尺量
4	侧石顶面高程	±10															20m	1					用水准仪具测量
5																							

施工单位检查评定结果	项目质量检查员	交方班组长	接方班组长	主控项目合格率	一般项目合格率	评定质量等级	年 月 日
监理(建设)单位验收结论	专业监理工程师(建设单位项目技术负责人)	验收结论意见		核定质量等级			年 月 日

注：1. 粗料石缝宽允许偏差±5mm。

2. 实际检查点数必须等于、小于应检查点数，如超过应检查点数，其超过的点数应从合格点数中减去。

附1-20 附属构筑物——预制块人行道

工序质量评定表

表 CJJ1—90-20

单位工程名称：________ 部位名称：________ 工序名称：________

工程数量			
序号	检查项目	外观质量标准	质量实况
1	铺砌	铺砌必须平整稳定，灌缝应饱满，不得有翘动现象	
2	与其他构筑物连接	人行道面层与其他构筑物应接顺，不得有积水现象	

序号	实测项目		允许偏差（mm）	各实测点总偏差值													检验频率		应检点数	实检点数	合格点数	合格率（%）	检验方法
				1	2	3	4	5	6	7	8	9	10	11	12	13	范围	点数					
1	压实度	路床	≥90%														100m	2					环刀法或灌砂法检验
		基层	≥95%														100m	2					
2	平整度		5														20m	1					3m 直尺和楔形塞尺量取最大值
3	相邻块高差		3														20m	1					用尺量取最大值
4	横坡		±0.3%														20m	1					用水准仪具测量
5	纵缝直顺		10														40m	1					拉 20m 小线量取最大值
6	横缝直顺		10														20m	1					沿路宽拉小线量取最大值
7	井框与路面高差		5														每座	1					用尺量

施工单位检查评定结果	项目质量检查员	交方班组长	接方班组长	主控项目合格率	一般项目合格率	评定质量等级
						年 月 日
监理（建设）单位验收结论	专业监理工程师（建设单位项目技术负责人）	验收结论意见		核定质量等级		
						年 月 日

注：1. 实际检查点数必须等于、小于应检查点数，如超过应检查点数，其超过的点数应从合格点数中减去。

2. 本表压实度数值采用轻型击实标准。

3. 应增加检验高程指标，允许偏差应符合规定。

附1-21 附属构筑物——现浇水泥混凝土人行道

工 序 质 量 评 定 表 表 CJJ1—90-21

单位工程名称：________ 部位名称：________ 工序名称：________

工程数量			
序号	检查项目	外观质量标准	质量实况
1	板面	板面边角应整齐，不得有大于0.3mm的裂缝，并不得有石子外露、浮浆、印痕、脱皮等现象	
2	线格	表面线格必须清晰、整齐	
3	连接	面层与其他构筑物应接顺，不得有积水现象	

序号	实测项目	压实度(%)及允许偏差(mm)		各实测点偏差值 1	2	3	4	5	6	7	8	9	10	11	12	13	14	15	16	检验频率 范围(m)	检验频率 点数	应检点数	实检点数	合格点数	合格率(%)	检查方法
1	压实度	路床	≥80																	100	2					用环刀法或灌砂法去检验
		基层	≥95																							
2	抗压强度	不低于设计规定																		每台班	1组					符合《混凝土强度检验评定标准》的规定
3	厚度	±5																		20	1					用尺量
4	平整度	5																		20	1					用3m直尺与楔形塞尺量取最大值
5	宽度	−20																		40	1					用尺量
6	横坡	±0.3%																		40	1					用水准仪具测量
7	井框与路面高差	5																		每座	1					用尺量

施工单位检查评定结果	项目质量检查员	交方班组长	接方班组长	主控项目合格率	一般项目合格率	评定质量等级
						年 月 日

监理(建设)单位验收结论	专业监理工程师(建设单位项目技术负责人)	验收结论意见	核定质量等级
			年 月 日

注：1. 实际检查点数必须等于、小于应检查点数，如超过应检查点数，其超过的点数应从合格点数中减去。
2. 本表压实度系采用轻型击实指标。

附 1-22　附属构筑物——沥青类人行道

工 序 质 量 评 定 表

表 CJJ1—90-22

单位工程名称：＿＿＿＿＿＿　部位名称：＿＿＿＿＿＿　工序名称：＿＿＿＿＿＿

工程数量			
序号	检查项目	外观质量标准	质量实况
1	表　面	沥青人行道表面应平整、坚实，不得有脱落掉渣、裂缝、推挤、烂边、粗细料集中等现象	
2	连　接	(1)接槎应紧密、平顺，烫边不应枯焦 (2)面层与其他构筑物应接顺，不得有积水现象	
3	浇　洒	沥青贯入应深透，浇洒应均匀，不得污染其他构筑物	

序号	实测项目	压实度(%)及允许偏差(mm)		各实测点偏差值 1	2	3	4	5	6	7	8	9	10	11	12	13	14	15	16	检验频率 范围(m)	点数	应检点数	实检点数	合格点数	合格率(%)	检查方法
1	压实度	路床	≥90																	100	2					用环刀法或灌砂法去检验
		基层	≥95																							
2	厚　度	±5																		20	1					用尺量
3	平整度	沥青混凝土	5																	20	1					用 3m 直尺与楔形塞尺量取最大值
		其　他	7																							
4	宽　度	−20																		40	1					用尺量
5	横　坡	±0.3%																		20	1					用水准仪具测量
6	井框与路面高差	5																		每座	1					用尺量

施工单位检查评定结果	项目质量检查员	交方班组长	接方班组长	主控项目合格率	一般项目合格率	评定质量等级	
							年　月　日
监理（建设）单位验收结论	专业监理工程师（建设单位项目技术负责人）	验收结论意见			核定质量等级		
							年　月　日

注：1. 实际检查点数必须等于、小于应检查点数，如超过应检查点数，其超过的点数应从合格点数中减去。
2. 本表压实度系采用轻型击实标准。

附 1-23　附属构筑物——涵洞、倒虹管

工 序 质 量 评 定 表

表 CJJ1—90-23

单位工程名称：________　部位名称：________　工序名称：________

工程数量			
序号	检查项目	外观质量标准	质量实况
1	砌体	砌体必须咬扣紧密，砂浆饱满密实，灰缝整齐，不得有空鼓，墙面应平齐	
2	混凝土	盖板、基底混凝土应浇捣密实，座浆，安装稳固	
3	流水道	流水道必须畅通，不得阻水	

序号	实测项目	压实度(%)及允许偏差(mm)	各实测点偏差值																检验频率		应检点数	实检点数	合格点数	合格率(%)	检查方法
			1	2	3	4	5	6	7	8	9	10	11	12	13	14	15	16	范围	点数					
1	轴线位移	50																		2					挂线用尺量
2	底面高程	±30																		4					用水准仪具测量
3	泄水断面尺寸	不小于设计规定																	道	2					用尺量
4	涵管长度	+100 −10																		1					用尺量
5	倒虹管闭水试验	不大于表 6.5.5 渗水量																	每井段	1					灌水并计算渗水量

施工单位检查评定结果	项目质量检查员	交方班组长	接方班组长	主控项目合格率	一般项目合格率	评定质量等级	
							年　月　日
监理(建设)单位验收结论	专业监理工程师(建设单位项目技术负责人)	验收结论意见		核定质量等级			
							年　月　日

注：1. 实际检查点数必须等于、小于应检查点数，如超过应检查点数，其超过的点数应从合格点数中减去。
2. 回填土应符合现行的《市政排水管渠工程质量检验评定标准》(CJJ3—90)第三章第八节的规定。
3. 序号 5 中"不大于表 6.5.5 渗水量"指《市政道路工程质量检验评定标准》(CJJ1—90)第六章第五节的表 6.5.5。

附 1-24 附属构筑物——收水井、支管

工 序 质 量 评 定 表

表 CJJ1—90-24

单位工程名称：________ 部位名称：________ 工序名称：________

工程数量			
序号	检查项目	外观质量标准	质量实况
1	收水井内壁	收水井内壁抹面必须平整，不得起壳裂缝	
2	井框、井篦	井框、井篦必须完整无损，安装应平稳	
3	井内及支管回填	井内严禁有垃圾等杂物，井周及支管必须满足路基要求	
4	支　管	支管必须直顺，不得有错口，管头应与井壁齐平	

序号	实测项目	允许偏差 (mm)	各实测点总偏差值														检验频率		应检点数	实检点数	合格点数	合格率 (%)	检验方法
			1	2	3	4	5	6	7	8	9	10	11	12	13	14	范围	点数					
1	井框与井壁吻合	10															座	1					用尺量
2	井框高程	+10，−30																1					与井周路面比
3	井位与路边线吻合	20																1					用尺量
4	井内尺寸	+20，0																1					用尺量

施工单位检查评定结果	项目质量检查员	交方班组长	接方班组长	主控项目合格率	一般项目合格率	评定质量等级	年　月　日
监理（建设）单位验收结论	专业监理工程师（建设单位项目技术负责人）	验收结论意见		核定质量等级			年　月　日

注：实际检查点数必须等于、小于应检查点数，如超过应检查点数，其超过的点数应从合格点数中减去。

附1-25 附属构筑物——护底、护坡、重力式挡土墙

工 序 质 量 评 定 表 **表 CJJ1—90-25**

单位工程名称：________ 部位名称：________ 工序名称：________

工程数量			
序号	检查项目	外观质量标准	质量实况
1	砂浆	砌体的砂浆必须嵌填饱满、密实	
2	灰缝	灰缝应整齐均匀，缝宽符合要求，勾缝不得空鼓、脱落	
3	组砌	砌体分层砌筑必须错缝，咬口必须紧密	
4	沉降缝	沉降缝必须顺直、贯通	
5	泄水孔等	预埋件、泄水孔、反滤层、防水设施等必须符合设计规定	
6	干砌石	干砌石不得有松动、叠砌和浮塞现象	

序号	实测项目	允许偏差(mm) 浆砌粗料石、砖、砌块、挡土墙	浆砌块石 挡土墙	浆砌块石 护底、护坡	干砌块石 护底、护坡	1	2	3	4	5	6	7	8	9	10	11	12	13	14	检验频率 范围	检验频率 点数	应检点数	实检点数	合格点数	合格率(%)	检查方法
1	△砂浆抗压强度	平均值不低于设计规定																								平均不低于设计规定，最小一组不低于设计规定85%
2	断面尺寸	+10 0	不小于设计规定																	20	2					用尺量宽度，上下各计1点
3	基底高程 土方	±30	±30																	20	2					用水准仪具测量
	基底高程 石方	±100	±100																							
4	顶面高程	±10	±15																	20	2					用水准仪具测量
5	轴线位移	10	15																	20	2					用经纬仪测量
6	墙面垂直度	0.5%H，且≤20	0.5%H，且≤30																	20	2					用垂线检验
7	平整度 料石	20	30	30	30															20	2					用2m直尺和楔形塞形量取最大值
	平整度 砖、砌块	10	30	30	30																					
8	水平缝平直	10																		20	2					拉20m小线量取最大值
9	墙面坡度	不陡于设计规定																		20	1					用坡度尺检验

施工单位检查评定结果	项目质量检查员	交方班组长	接方班组长	主控项目合格率	一般项目合格率	评定质量等级	年 月 日
监理(建设)单位验收结论	专业监理工程师(建设单位项目技术负责人)		验收结论意见		核定质量等级		年 月 日

注：1. 实际检查点数必须等于、小于应检查点数，如超过应检查点数，其超过的点数应从合格点数中减去；
2. 表中 H 为构筑物高度，单位：mm；
3. 各个构筑物或每 50m^3 砌体制作试块一组(六块)，如砂浆配合比变更时，也应制作试块；
4. 砂浆试块强度平均值不低于设计规定，任意一组试块强度不低于设计值的85%。

附 1-26　道路半成品——预制侧石、缘石

工 序 质 量 评 定 表

表 CJJ1—90-26

单位工程名称：________　部位名称：________　工序名称：________

工程数量			
序号	检查项目	外观质量标准	质量实况
1	外观质量	预制侧石、缘石表面不得有蜂窝、露石、脱皮、裂缝等现象	
2			

序号	实测项目	允许偏差（mm）	各实测点偏差值												检验频率		应检点数	实检点数	合格点数	合格率（%）	检验方法
			1	2	3	4	5	6	7	8	9	10	11	12	范围	点数					
1	混凝土抗压强度	平均值不得低于设计规定													台班	1组					检查试块试压报告
2	外形尺寸（长、宽、高）	±5													每块抽查10%	2					尺量
3	外露面缺边掉角长度	<20 且不多于1处														2					
4	外露面平整度	3														2					水平尺和楔型塞尺检查

施工单位检查评定结果	项目质量检查员	交方班组长	接方班组长	主控项目合格率	一般项目合格率	评定质量等级	
							年　月　日
监理（建设）单位验收结论	专业监理工程师（建设单位项目技术负责人）	验收结论意见		核定质量等级			
							年　月　日

注：实际检查点数必须等于、小于应检查点数，如超过应检查点数，其超过的点数应从合格点数中减去。

附 1-27 道路半成品——预制道板(大方砖、小方砖)

工 序 质 量 评 定 表

表 CJJ1—90-27

单位工程名称:________ 部位名称:________ 工序名称:________

工程数量		
序号	检查项目	外观质量标准	质量实况
1	预制道板	预制道板表面不得有蜂窝、脱皮、裂缝等现象	
2	彩色道板	彩色道板必须表面平整,色彩均匀,线路清晰和棱角整齐	
3			

序号	实测项目		允许偏差 (mm)	各实测点总偏差值 1	2	3	4	5	6	7	8	9	10	11	12	13	14	检验频率 范围	检验频率 点数	应检点数	实检点数	合格点数	合格率(%)	检验方法
1	混凝土抗压强度		平均值不小于设计规定															台班	1组					检查试块试压报告
2	两对角线长度差	大方砖	5																2					
		小方砖	3																2					
3	厚度	大方砖 小方砖	±5 ±3																2					
4	外露面缺边掉角	大方砖	<20															每100块抽查10%	2					尺量
		小方砖	<10 且不多于1处																2					
5	边长	大方砖 小方砖	±5 ±3																2					
6	外露面平整度		2																2					水平尺和横塞尺检查

施工单位检查评定结果	项目质量检查员	交方班组长	接方班组长	主控项目合格率	一般项目合格率	评定质量等级	
							年 月 日
监理(建设)单位验收结论	专业监理工程师(建设单位项目技术负责人)		验收结论意见		核定质量等级		
							年 月 日

注:1. 小方砖指边长小于 30cm×30cm 者,超过此值的为大方砖。
2. 实际检查点数必须等于、小于应检查点数,如超过应检查点数,其超过点数应从合格点数减去。

附 1-28　测量

工序质量评定表

表 CJJ1—90-28

单位工程名称：________　部位名称：________　工序名称：________

序号	检查项目	外观质量标准	质量实况
1	水准点闭合差	±12L(mm)(式中 L 为水准点之间的水平距离)	
2	导线方位角闭合差	±40$\sqrt{n}$ 秒(n 为测站数)	

序号	实测项目			允许偏差 (mm)	1	2	3	4	5	6	7	8	9	10	11	12	13	14	15	16	检验频率 范围	检验频率 点数	应检点数	实检点数	合格点数	合格率 (%)	检查方法
1	测量三角网的仪器型号、测回数及闭合差	桥梁长度<200m	3,DJ3;1,DJ2	30″																							
		桥梁长度200～500m	6,DJ2;2,DJ2	15″																							
		桥梁长度>500m	6,DJ3;4,DJ1	9″																							
2	直接丈量测距	固定测桩间或墩台间距离(m)	<200	1/5000																							
			200～500	1/10000																							
			>500	1/20000																							
3	基线丈量	桥梁长<200m		1/10000																							
		桥梁长 200～500m		1/25000																							
		桥梁长>500m		1/50000																							

施工单位检查评定结果	项目质量检查员	交方班组长	接方班组长	主控项目合格率	一般项目合格率	评定质量等级	
							年　月　日
监理(建设)单位验收结论	专业监理工程师(建设单位项目技术负责人)		验收结论意见		核定质量等级		
							年　月　日

注：实际检查点数必须等于、小于应检查点数，如超过应检查点数，其超过的点数应从合格点数中减去。

市政桥梁工程质量检验评定标准(CJJ2—90)

附 2 市政桥梁工程工序质量评定表

附 2-1 土、石方——基坑开挖

工 序 质 量 评 定 表

表 CJJ2—90-1

单位工程名称：________ 部位名称：________ 工序名称：________

<table>
<tr><td colspan="2">工程数量</td><td colspan="2"></td></tr>
<tr><td>序号</td><td>检查项目</td><td>质量标准</td><td>质量实况</td></tr>
<tr><td>1</td><td>开挖</td><td>基底开挖不得扰动基底土，如发生超挖，严禁用土回填</td><td></td></tr>
<tr><td>2</td><td>边坡</td><td>施工时应保证边坡稳定，防止塌方</td><td></td></tr>
<tr><td>3</td><td>基底</td><td>基底不得受泡或受冻，基底上的淤泥必须清除干净，其他不符合设计要求的杂物与旧桩必须处理</td><td></td></tr>
</table>

<table>
<tr><td rowspan="2">序号</td><td rowspan="2" colspan="2">项目</td><td rowspan="2">允许偏差(mm)</td><td colspan="14">各实测点偏差值</td><td colspan="2">检验频率</td><td rowspan="2">应检点数</td><td rowspan="2">实检点数</td><td rowspan="2">合格点数</td><td rowspan="2">合格率(%)</td><td rowspan="2">检查方法</td></tr>
<tr><td>1</td><td>2</td><td>3</td><td>4</td><td>5</td><td>6</td><td>7</td><td>8</td><td>9</td><td>10</td><td>11</td><td>12</td><td>13</td><td>14</td><td>范围</td><td>点数</td></tr>
<tr><td rowspan="2">1</td><td rowspan="2">坑底高程</td><td>土方</td><td>±30</td><td></td><td></td><td></td><td></td><td></td><td></td><td></td><td></td><td></td><td></td><td></td><td></td><td></td><td></td><td>每座</td><td>5</td><td></td><td></td><td></td><td></td><td rowspan="2">用水准仪具测量</td></tr>
<tr><td>石方</td><td>±100</td><td></td><td></td><td></td><td></td><td></td><td></td><td></td><td></td><td></td><td></td><td></td><td></td><td></td><td></td><td>每座</td><td>5</td><td></td><td></td><td></td><td></td></tr>
<tr><td>2</td><td colspan="2">轴线位移</td><td>50</td><td></td><td></td><td></td><td></td><td></td><td></td><td></td><td></td><td></td><td></td><td></td><td></td><td></td><td></td><td>每座</td><td>2</td><td></td><td></td><td></td><td></td><td>用经纬仪测量纵横各1点</td></tr>
<tr><td>3</td><td colspan="2">基坑尺寸</td><td>不小于规定</td><td></td><td></td><td></td><td></td><td></td><td></td><td></td><td></td><td></td><td></td><td></td><td></td><td></td><td></td><td>每座</td><td>4</td><td></td><td></td><td></td><td></td><td>用尺量，每边各1点</td></tr>
</table>

<table>
<tr><td rowspan="2">施工单位检查评定结果</td><td>项目质量检查员</td><td>交方班组长</td><td>接方班组长</td><td>主控项目合格率</td><td>一般项目合格率</td><td>评定质量等级</td><td rowspan="2">年 月 日</td></tr>
<tr><td></td><td></td><td></td><td></td><td></td><td></td></tr>
<tr><td rowspan="2">监理(建设)单位验收结论</td><td>专业监理工程师(建设单位项目技术负责人)</td><td colspan="2">验收结论意见</td><td colspan="3">核定质量等级</td><td rowspan="2">年 月 日</td></tr>
<tr><td></td><td colspan="2"></td><td colspan="3"></td></tr>
</table>

注：1. 实际检查点数必须等于、小于应检查点数，如超过应检查点数，其超过的点数应从合格点数中减去。
2. 桩基基础的基底土处理可参照本表检查项目 3，基底的处理执行。

附 2-2　土、石方——基坑填土

工 序 质 量 评 定 表

表 CJJ2—90-2

单位工程名称：＿＿＿＿＿＿　部位名称：＿＿＿＿＿＿　工序名称：＿＿＿＿＿＿

工 程 数 量			
序号	检查项目	外 观 质 量 标 准	质 量 实 况
1	每层表面	填土经碾压、夯实后不得有翻浆、“弹簧”现象	
2	填　料	填料中不得含有污泥、腐植土，有机物质不得超过 5%	

序号	项　目	压实度（%）（轻型击实法）	各实测点偏差值														检验频率		应检点数	实检点数	合格点数	合格率（%）	检查方法
			1	2	3	4	5	6	7	8	9	10	11	12	13	14	范 围	点 数					
1	压实度	≥90															每个构筑物	每层一组（三点）					用环刀法检验

施工单位检查评定结果	项目质量检查员	交方班组长	接方班组长	主控项目合格率	一般项目合格率	评定质量等级	年 月 日
监理（建设）单位验收结论	专业监理工程师（建设单位项目技术负责人）	验收结论意见		核定质量等级			年 月 日

注：实际检查点数必须等于、小于应检查点数，如超过应检查点数，其超过的点数应从合格点数中减去。

附 2-3 基础——沉入桩—1

工 序 质 量 评 定 表

表 CJJ2—90-3

单位工程名称：＿＿＿＿ 部位名称：＿＿＿＿ 工序名称：＿＿＿＿

工程数量			
序号	检查项目	外观质量标准	质量实况
1	桩身	桩沉入后，桩身不得有劈裂	
2	接桩	接桩必须牢固、顺直	
3	钢管桩	钢管桩现场接桩焊接的电焊质量应通过探伤检查，应符合设计要求或有关标准规定	

序号	项目				允许偏差(mm)	各实测点总偏差值 1	2	3	4	5	6	7	8	9	10	11	12	13	14	检验频率 范围	检验频率 点数	应检点数	实检点数	合格点数	合格率(%)	检验方法
1	桩位	基础桩	中间桩		$d/2$															每根桩	1					用尺量
			外缘桩		$d/4$																					
		排架桩	顺桥纵轴线方向	支架上	40																1					用尺量
				船上	50																					
			垂直桥纵轴线方向	支架上	50																					
				船上	100																					
		板桩	桩间距		不脱榫																1					观察
			桩与基础边线或中线		<30																					用尺量
2	△桩尖高程				±100																1					用水准仪量测桩顶高程后计算
3	△贯入度				不低于设计标准																1					查沉桩记录
4	斜桩倾斜度				±15% $\tan\theta$																1					用垂线测量计算
5	垂直桩垂直度				$L/100$																1					用垂线测量计算

施工单位检查评定结果	项目质量检查员	交方班组长	接方班组长	主控项目合格率	一般项目合格率	评定质量等级	年 月 日
监理(建设)单位验收结论	专业监理工程师(建设单位项目技术负责人)		验收结论意见		核定质量等级		年 月 日

注：1. 实际检查点数等于、小于应检查点数，如超过应检查点数，其超过点数应从合格点数减去。
2. 承受轴向荷载的摩擦桩，其控制入土深度应以高程为主，以贯入度作参考；端承桩的控制入土深度以贯入度为主，以高度为参考。
3. 表中 d 为桩的直径或短边尺寸。
4. 表中 θ 为斜桩设计纵轴线与铅垂线的夹角，单位：度(°)。
5. 表中 L 为桩的长度(mm)。

附 2-4　基础——沉入桩（钢管桩）—2

工　序　质　量　评　定　表

表 CJJ2—90-4

单位工程名称：＿＿＿＿＿　部位名称：＿＿＿＿＿　工序名称：＿＿＿＿＿

工　程　数　量			
序号	检查项目	外　观　质　量　标　准	质　量　实　况

序号	项　目		允许偏差 (mm)	各实测点总偏差值 1	2	3	4	5	6	7	8	9	10	11	12	13	14	检验频率 范围	检验频率 点数	应检点数	实检点数	合格点数	合格率 (%)	检　验　方　法
1	停打标准		应符合设计规定															每根桩	1					查沉桩记录
2	桩位	顺桥纵轴线方向	$d/10$																1					用经纬仪测量
		垂直桥纵轴线方向	$d/5$																1					
		垂直桩垂直度	$L/100$																1					用垂线测量计算
		斜桩倾斜度	$\pm 15\% \tan\theta$																1					
		切割时桩顶高程	±50																1					用水准仪具测量
		桩顶端面平整度	$d \leqslant 10$																1					用水平尺测量
3	焊接	接头间隙	2																2					用塞尺量，纵横各1点
		接头上、下管错口 $d<70$	2																1					用尺量
		接头上、下管错口 $d \geqslant 70$	3																1					
		咬肉深度	0.5																2					
		加强层高度	2																2					
		加强层厚度	盖过焊口，每边不大于 3mm																2					

施工单位检查评定结果	项目质量检查员	交方班组长	接方班组长	主控项目合格率	一般项目合格率	评定质量等级	
							年　月　日
监理（建设）单位验收结论	专业监理工程师（建设单位项目技术负责人）		验收结论意见		核定质量等级		
							年　月　日

注：1. 实际检查点数等于、小于应检查点数，如超过应检查点数，其超过点数应从合格点数减去。
2. 表中 d 为桩的直径(mm)。
3. 表中 L 为桩的长度。
4. 表中 θ 为斜桩设计纵轴线与铅垂线的夹角，单位：度(°)。

附 2-5 基础——灌注桩

工 序 质 量 评 定 表

表 CJJ2—90-5

单位工程名称：________ 部位名称：________ 工序名称：________

工程数量			
序号	检查项目	外观质量标准	质量实况
1	水下混凝土	水下混凝土严禁有夹层和松散层	
2	原材料	混凝土原材料质量必须符合设计和有关标准的规定	
3	原材料计量	混凝土原材料应按施工配合比盘盘称量，有记录	

序号	项目	允许偏差 (mm)	1	2	3	4	5	6	7	8	9	10	11	12	13	14	检验频率 范围	检验频率 点数	应检点数	实检点数	合格点数	合格率 (%)	检验方法
1	△混凝土抗压强度	符合 GBJ 107—87 规定															每根桩	1					符合 GBJ 107—87 规定
2	△孔径	不小于设计规定																1					用探孔器检查
3	△孔深	+500 0																1					用测绳测量
4	桩位 基础桩	100																1					用尺量
	桩位 排架桩 顺桥纵轴线方向	50																1					
	桩位 排架桩 垂直桥纵轴线方向	100																1					
5	斜桩倾斜度	±15% $\tan\theta$																1					用线垂测量计算
6	垂直桩垂直度	L/100																1					用线垂测量计算
7	沉渣厚度 摩擦桩	0.5d，且不大于 500mm																1					开始灌注混凝土前用测绳测量
	沉渣厚度 端承桩	50																1					

施工单位检查评定结果	项目质量检查员	交方班组长	接方班组长	主控项目合格率	一般项目合格率	评定质量等级	年 月 日
监理(建设)单位验收结论	专业监理工程师(建设单位项目技术负责人)	验收结论意见		核定质量等级			年 月 日

注：1. 实际检查点数必须等于、小于应检查点数，如超过应检查点数，其超过点数应从合格点数减去。
2. 表中 θ 为斜桩纵轴线与铅垂线间的夹角，单位：度(°)。
3. 表中 L 为桩的长度(mm)。
4. 表中 d 为桩的直径。

附 2-6　基础——沉井基础

工序质量评定表

表 CJJ2—90-6

单位工程名称：________　部位名称：________　工序名称：________

工程数量			
序号	检查项目	外观质量标准	质量实况
1	内壁	沉井下沉后，内壁不得有渗漏现象	
2	封底	封底混凝土表面应平整，整个封底不允许有渗漏现象	

序号	项目		允许偏差(mm)	各实测点总偏差值														检验频率		应检点数	实检点数	合格点数	合格率(%)	检验方法
				1	2	3	4	5	6	7	8	9	10	11	12	13	14	范围	点数					
1	△混凝土抗压强度		必须符合《混凝土强度检验评定标准》的规定																					必须符合《混凝土强度检验评定标准》的规定
2	轴线位移	顺桥纵轴线方向	1% H（$H \leqslant$ 10000mm 时，允许 100mm）															每根桩	2					用经纬仪测量
		垂直桥纵轴线方向	1.5% H（$H \leqslant$ 10000mm 时，允许 150mm）																2					
3	沉井高程		±100																4					用水准仪测量
4	垂直度		2%H																2					用垂线或经纬仪检验，纵、横向各计1点

施工单位检查评定结果	项目质量检查员	交方班组长	接方班组长	主控项目合格率	一般项目合格率	评定质量等级	
							年　月　日
监理（建设）单位验收结论	专业监理工程师（建设单位项目技术负责人）		验收结论意见		核定质量等级		
							年　月　日

注：1. 实际检查点数必须等于、小于应检查点数，如超过应检查点数，其超过点数应从合格点数减去。
2. 表中 H 为沉井下沉深度(mm)。

附 2-7 基础——垫层

工 序 质 量 评 定 表

表 CJJ2—90-7

单位工程名称：________ 部位名称：________ 工序名称：________

<table>
<tr><td colspan="2">工 程 数 量</td><td colspan="22"></td></tr>
<tr><td>序号</td><td>检查项目</td><td colspan="11">外 观 质 量 标 准</td><td colspan="11">质 量 实 况</td></tr>
<tr><td>1</td><td>铺 筑</td><td colspan="11">垫层必须铺筑均匀，整平拍实</td><td colspan="11"></td></tr>
<tr><td>2</td><td>基底表面</td><td colspan="11">混凝土浇筑前，基底表面必须保持干净，无淤泥、杂物</td><td colspan="11"></td></tr>
<tr><td rowspan="2">序号</td><td rowspan="2">项 目</td><td rowspan="2">允许偏差
(mm)</td><td colspan="14">各 实 测 点 总 偏 差 值</td><td colspan="2">检验频率</td><td rowspan="2">应检
点数</td><td rowspan="2">实检
点数</td><td rowspan="2">合格
点数</td><td rowspan="2">合格率
(%)</td><td rowspan="2">检 验 方 法</td></tr>
<tr><td>1</td><td>2</td><td>3</td><td>4</td><td>5</td><td>6</td><td>7</td><td>8</td><td>9</td><td>10</td><td>11</td><td>12</td><td>13</td><td>14</td><td>范围</td><td>点数</td></tr>
<tr><td>1</td><td>顶面高程</td><td>0
−20</td><td></td><td></td><td></td><td></td><td></td><td></td><td></td><td></td><td></td><td></td><td></td><td></td><td></td><td></td><td>每座</td><td>5</td><td></td><td></td><td></td><td></td><td>用水准仪测量</td></tr>
<tr><td>2</td><td>轴线位移</td><td>50</td><td></td><td></td><td></td><td></td><td></td><td></td><td></td><td></td><td></td><td></td><td></td><td></td><td></td><td></td><td>每座</td><td>2</td><td></td><td></td><td></td><td></td><td>用经纬仪测量纵、横向各计1点</td></tr>
<tr><td>3</td><td>平面尺寸</td><td>+100
0</td><td></td><td></td><td></td><td></td><td></td><td></td><td></td><td></td><td></td><td></td><td></td><td></td><td></td><td></td><td>每座</td><td>4</td><td></td><td></td><td></td><td></td><td>用尺量，每边各计1点</td></tr>
<tr><td colspan="3" rowspan="3">施工单位检查评定结果</td><td colspan="4">项目质量检查员</td><td colspan="5">交方班组长</td><td colspan="5">接方班组长</td><td colspan="4">主控项目合格率</td><td colspan="2">一般项目合格率</td><td>评定质量等级</td></tr>
<tr><td colspan="4"></td><td colspan="5"></td><td colspan="5"></td><td colspan="4"></td><td colspan="2"></td><td></td></tr>
<tr><td colspan="21">年 月 日</td></tr>
<tr><td colspan="3" rowspan="3">监理（建设）单位验收结论</td><td colspan="9">专业监理工程师（建设单位项目技术负责人）</td><td colspan="9">验收结论意见</td><td colspan="3">核定质量等级</td></tr>
<tr><td colspan="9"></td><td colspan="9"></td><td colspan="3"></td></tr>
<tr><td colspan="21">年 月 日</td></tr>
</table>

注：实际检查点数必须等于、小于应检查点数，如超过应检查点数，其超过点数应从合格点数减去。

附 2-8　砌体——浆、干砌块石

工 序 质 量 评 定 表　　　　表 CJJ2—90-8

单位工程名称：________　部位名称：________　工序名称：________

工程数量			
序号	检查项目	外观质量标准	质量实况
1	砂　浆	砌体砂浆必须嵌填饱满密实	
2	灰　缝	灰缝整齐均匀，缝宽符合要求，勾缝不得空鼓、脱落	
3	组　砌	砌体分层砌筑必须错缝，交接处咬口应紧密	
4	预埋件等	预埋件、泄水孔、滤层、防水设施等必须符合设计或规范的规定	

序号	实测项目	允许偏差（mm）					各实测点总偏差值														检验频率		应检点数	实检点数	合格点数	合格率（%）	检查方法
		基础	墩台、挡土墙	拱圈	护坡、护底	干砌块石 护坡、护底	1	2	3	4	5	6	7	8	9	10	11	12	13	14	范围	点数					
1	△砂浆抗压强度	平均值不低于设计规定																									符合表下注的规定
2	断面尺寸	+40 0	+20 −10	+30 0	不小于设计规定	不小于设计规定															每个构筑物	3					用尺量，长、宽、高各1点
3	顶面高程	±20	±15																			4					用水准仪测量
4	轴线位移		20	15																		2					用经纬仪测量，纵、横向各计1点
5	墙面垂直度		0.5%H，且不大于30																			3					用垂线检验
6	平整度		30	30	20	30																3					用2m直尺或小线量取最大值
7	平缝平直																					4					拉10m小线量取最大值
8	墙面坡度				不陡于设计规定	不陡于设计规定																2					用坡度板检验

施工单位检查评定结果	项目质量检查员	交方班组长	接方班组长	主控项目合格率	一般项目合格率	评定质量等级	年　月　日
监理（建设）单位验收结论	专业监理工程师（建设单位项目技术负责人）		验收结论意见		核定质量等级		年　月　日

注：1. 实际检查点数必须等于、小于应检查点数，如超过应检查点数，其超过点数应从合格点数减去。
2. 砂浆强度必须符合以下规定：①每个构筑物或每 $50m^3$ 砌体中制作中一组试块（6块），如砂浆配合比变更时，也应制作试块；②砂浆各组试块的平均强度不低于设计规定；③任意一组试块的强度最低值不低于设计规定的85%。
3. 表中 H 为构筑物高度（mm）。
4. 干砌块石不得有松动、叠砌和浮塞。

附 2-9 砌体——浆砌料石、砖、砖块

工 序 质 量 评 定 表

表 CJJ2—90-9

单位工程名称：________ 部位名称：________ 工序名称：________

工程数量			
序号	检查项目	外观质量标准	质量实况
1	砂浆	砌体砂浆必须嵌填饱满密实	
2	灰缝	灰缝整齐均匀，缝宽符合要求，勾缝不得空鼓、脱落	
3	组砌	砌体分层砌筑必须错缝，交接处咬口应紧密	
4	预埋件等	预埋件、泄水孔、滤层、防水设施等必须符合设计或规范的规定	

序号	实测项目	允许偏差(mm)			各实测点总偏差值														检验频率		应检点数	实检点数	合格点数	合格率(%)	检查方法
		基础	墩台、挡土墙	拱圈	1	2	3	4	5	6	7	8	9	10	11	12	13	14	范围	点数					
1	△砂浆抗压强度	不低于设计规定																							符合表下注 2 的规定
2	断面尺寸	+15 0	+10 0	±20 0															每个构筑物	3					用尺量，长、宽、高各计 1 点
3	顶面高程	±15	±10																	4					用水准仪测量
4	轴线位移	15	10																	2					用经纬仪测量，纵、横向各计 1 点
5	墙面垂直度		0.5%H，且不大于 20																	3					用垂线检验
6	平整度 砖、砌体		10	8																3					用 2m 直尺或小线量取最大值
	平整度 料石		20																	4					
7	平缝直顺		10																	2					拉 10m 小线量取最大值

施工单位检查评定结果	项目质量检查员	交方班组长	接方班组长	主控项目合格率	一般项目合格率	评定质量等级	
							年 月 日
监理（建设）单位验收结论	专业监理工程师（建设单位项目技术负责人）		验收结论意见		核定质量等级		
							年 月 日

注：1. 实际检查点数必须等于、小于应检查点数，如超过应检查点数，其超过点数应从合格点数减去。
2. 砂浆强度必须符合以下规定：①每个构筑物或每 $50m^3$ 砌体中制作中一组试块（6 块），如砂浆配合比变更时，也应制作试块；②砂浆各组试块的平均强度不低于设计规定；③任意一组试块的强度最低值不低于设计规定的 85%。
3. 表中 H 为构筑物高度（mm）。

附 2-10　模板——整体式—1

工 序 质 量 评 定 表

表 CJJ2—90-10

单位工程名称：________　部位名称：________　工序名称：________

工程数量			
序号	检查项目	外 观 质 量 标 准	质 量 实 况
1	模板支撑	模板及支撑不得有松动、跑模或下沉等现象	
2	严密性	模板必须拼缝严密，不得漏浆，内模必须洁净	
3	起　拱	凡需起拱的构件模板，其预留拱度应符合规定	

序号	项目		允许偏差(mm)	各实测点总偏差值 1	2	3	4	5	6	7	8	9	10	11	12	13	14	15	16	17	18	19	20	检验频率 范围	检验频率 点数	应检点数	实检点数	合格点数	合格率(%)	检查方法
1	相邻两板表面高低差	刨光模板	2																					每个构筑物或构件	4					用尺量
		不刨光模板	4																											
		钢模板	2																											
2	表面平整度	刨光模板	3																						4					用 2m 直尺检验
		不刨光模板	5																											
		钢模板	3																											
3	垂直度	墙、柱	0.1%H，且不大于 6																						2					用垂线或经纬仪测量
		墩、台	0.2%H，且不大于 20																											
		塔、柱	H/1500，且不大于 40																											
4	模内尺寸	基　础	+10 −20																						3					尺量，长、宽、高各计 1 点
		墩、台	+5 −10																											
		梁、板、墙 柱、拱、塔柱	+3 −8																											
5	轴线位移	基　础	15																						2					用经纬仪测量，纵、横向各计 1 点
		墩、台、墙	10																											
		梁、柱、模塔柱	8																											
		悬浇各梁段	8																											
6	支承面高程		+2 −5																					每个支承面	1					用水准仪测量
7	悬浇各梁段底面高程		+10 0																					每梁段	1					用水准仪测量
8	预埋件 支座板、锚垫板、连接板等	位　置	3																					每个预埋件	1					用尺量
		平面高差	2																						1					用水准仪测量
	预埋件 螺栓、锚筋等	位　置	10																						1					用尺量
		外露长度	±10																						1					
9	预留孔洞	预应力筋孔道位置	梁端 10																					每个预留孔洞	1					用尺量
	预留孔洞 其他	位　置	15																						1					
		高　程	±10																						1					用水准仪测量

施工单位检查评定结果	项目质量检查员	交方班组长	接方班组长	主控项目合格率	一般项目合格率	评定质量等级
						年　月　日
监理(建设)单位验收结论	专业监理工程师(建设单位项目技术负责人)	验收结论意见			核定质量等级	
						年　月　日

注：实际检查点数必须等于、小于应检查点数，如超过应检查点数，其超过点数应从合格点数减去。

附 2-11 模板——装配式—2

工 序 质 量 评 定 表

表 CJJ2—90-11

单位工程名称：________ 部位名称：________ 工序名称：________

工程数量			
序号	检查项目	外观质量标准	质量实况
1	模板及支撑	模板及支撑不得有松动、跑模或下沉等现象	
2	拼缝	模板必须拼缝严密，不得漏浆；模内必须洁净	

序号	实测项目		允许偏差（mm）	各实测点偏差值																检验频率		应检点数	实检点数	合格点数	合格率（%）	检查方法
				1	2	3	4	5	6	7	8	9	10	11	12	13	14	15	16	范围	点数					
1	相邻两板表面高低差	刨光模板	2																	每个构件	4					用尺量
		不刨光模板	4																							
		钢模板	2																							
2	表面平整度	刨光模板	3																		4					用2m直尺检验
		不刨光模板	5																							
		钢模板	3																							
3	模内尺寸 宽	柱、桩	±5																		1					用尺量
		梁、拱肋、桁架	0，−10																							
		板、拱波	0，−10																							
	模内尺寸 高	柱、桩	0，−5																							
		梁、拱肋、桁架	0，−5																							
		板、拱波	0，−5																							
	模内尺寸 长	柱、桩	0，−5																							
		梁、拱肋、桁架	0，−5																							
		板、拱波	0，−5																							
4	侧向弯曲	板、拱肋、桁架	$L/1500$																		1					沿构件全长拉线量取最大值
		柱、桩	$L/1000$，且不大于10																							
		梁	$L/2000$，且不大于10																							
5	轴线位移	横隔梁	±5																	每根梁	2					用经纬仪或样板测量
6	预留孔洞	预应力筋道	梁端 10																	每个洞	1					用尺量
		其他	10																							

施工单位检查评定结果	项目质量检查员	交方班组长	接方班组长	主控项目合格率	一般项目合格率	评定质量等级	年 月 日
监理（建设）单位验收结论	专业监理工程师（建设单位项目技术负责人）		验收结论意见		核定质量等级		年 月 日

注：表中 L 为构件长度（mm）；钢木混合模板的允许偏差可参照本表执行。

附 2-12　模板——小型预制构件—3

工 序 质 量 评 定 表

表 CJJ2—90-12

单位工程名称：＿＿＿＿　部位名称：＿＿＿＿　工序名称：＿＿＿＿

工程数量		
序号	检查项目	外 观 质 量 标 准	质 量 实 况
1	安　装	模板安装必须牢固，在施工荷载作用下不得有松动、跑模、下沉现象	
2	拼　缝	模板拼缝必须严密，不得漏浆，模内必须清洁	

序号	项　目		允许偏差（mm）	各实测点偏差值 1	2	3	4	5	6	7	8	9	10	11	12	13	14	15	16	检验频率 范围	检验频率 点数	应检点数	实检点数	合格点数	合格率（%）	检 查 方 法
1	断面尺寸		±5																	每件（每一类型构件抽查 10%，且不少于 5 件）	2					用尺量，宽、高各计 1 点
2	长　度		0 −5																		1					用尺量
3	榫头	断面尺寸	0 −3																		2					用尺量，宽、高各计 1 点
		长　度	0 −3																		1					用尺量
4	榫槽	断面尺寸	+3 0																		2					用尺量，宽、高各计 1 点
		深　度	+3 0																		1					用尺量

施工单位检查评定结果	项目质量检查员	交方班组长	接方班组长	主控项目合格率	一般项目合格率	评定质量等级	
							年　月　日
监理（建设）单位验收结论	专业监理工程师（建设单位项目技术负责人）	验收结论意见		核定质量等级			
							年　月　日

注：实际检查点数必须等于或小于应检查点数，如超过应检查点数，其超过的点数应从合格点数中减去。

附 2-13 钢筋加工

工序质量评定表

表 CJJ2—90-13

单位工程名称：______ 部位名称：______ 工序名称：______

工程数量			
序号	检查项目	外观质量标准	质量实况
1	钢筋规格及质量	钢筋的技术条件必须符合设计要求及有关标准的规定，表面应洁净，不得有锈皮、油渍、油漆等污垢	
2	外观质量	钢筋必须顺直，调直后表面伤痕及锈蚀不应使钢筋截面积减少	
3	弯曲成型质量	钢筋弯曲成型后，表面不得有裂纹、鳞落或断裂等现象	

序号	项目		允许偏差（mm）	各实测点偏差值 1	2	3	4	5	6	7	8	9	10	11	12	13	14	15	16	检验频率 范围	检验频率 点数	应检点数	实检点数	合格点数	合格率（%）	检查方法
1	冷拉率		不大于设计规定																	每根（每一类型抽查10%，且不少于5件）	1					用尺量
2	受力钢筋成型长度		+5 −10																		1					用尺量
3	弯起钢筋	弯起点位置	±20																		1					用尺量
		弯起高度	0 −10																		1					用尺量
4	箍筋尺寸		0 −5																		2					用尺量，宽、高各计1点

施工单位检查评定结果	项目质量检查员	交方班组长	接方班组长	主控项目合格率	一般项目合格率	评定质量等级	年 月 日
监理（建设）单位验收结论	专业监理工程师（建设单位项目技术负责人）		验收结论意见		核定质量等级		年 月 日

注：实际检查点数必须等于或小于应检查点数，如超过应检查点数，其超过的点数应从合格点数中减去。

附 2-14　钢筋焊接——闪光对焊

工 序 质 量 评 定 表

表 CJJ2—90-14

单位工程名称：__________　部位名称：__________　工序名称：__________

工程数量			
序号	检查项目	外观质量标准	质量实况
1	表面质量	焊接之前必须清除钢筋、钢丝或钢板焊接部位的铁锈、水锈和油污等；钢筋端部的扭曲、弯折应予以矫直或切除	
2	焊接质量	钢筋闪光对焊接头处不得有横向裂纹，与电极接触处的钢筋表面对于Ⅰ、Ⅱ、Ⅲ级钢筋不得有明显的烧伤；对于Ⅳ级钢筋不得有烧伤。低温对焊时，Ⅱ、Ⅲ、Ⅳ级钢筋均不得有烧伤	

序号	项目	允许偏差（mm）	各实测点偏差值																检验频率		应检点数	实检点数	合格点数	合格率（%）	检查方法
			1	2	3	4	5	6	7	8	9	10	11	12	13	14	15	16	范围	点数					
1	抗拉强度	符合材料性能指标																	每件（每批各抽查3件）	1					应按《金属拉力试验法》GB 228 执行
2	冷弯																			1					
3	接头弯折	不大于4°																	每件（每批抽查10%且不少于10件）	1					用刻槽直尺和楔形塞尺量
4	接头处钢筋轴线的偏移	≤0.1d且不大于2mm																							

施工单位检查评定结果	项目质量检查员	交方班组长	接方班组长	主控项目合格率	一般项目合格率	评定质量等级	
							年　月　日
监理（建设）单位验收结论	专业监理工程师（建设单位项目技术负责人）		验收结论意见		核定质量等级		
							年　月　日

注：1. 在同一班内，由同一焊工，按同一焊接参数完成的200个同类型接头作为一批，一周内连续焊接时，可以累计计算，一周内累计不足200个接头时，亦按一批计算。

Ⅳ级钢筋目前暂不考虑冷弯指标。

2. 实际检查点数必须等于或小于应检查点数，如超过应检查点数，其超过的点数应从合格点数中减去。

附 2-15 钢筋焊接——电弧焊

工 序 质 量 评 定 表

表 CJJ2—90-15

单位工程名称：________ 部位名称：________ 工序名称：________

工程数量			
序号	检查项目	外观质量标准	质量实况
1	钢筋外表	焊接之前必须清除钢筋、钢丝或钢板焊接部位的铁锈、水锈和油污等；钢筋端部的扭曲、弯折应予以矫直或切除	
2	焊接质量	钢筋电弧焊接头焊缝表面应平整，不得有较大的凹陷、焊瘤；接头处不得有裂纹；接头处用小锤敲击时，应发出与原钢筋同样的清脆声	

序号	项目		允许偏差（mm）	各实测点偏差值 1	2	3	4	5	6	7	8	9	10	11	12	13	14	15	16	检验频率 范围	检验频率 点数	应检点数	实检点数	合格点数	合格率（%）	检查方法
1	抗拉强度		符合材料性能指标																	每个接头（每批抽查 3 件）	1					应按现行的《金属拉力试验法》GB 228 执行
2	帮条沿接头中心线的纵向偏移		0.5d																	每个接头（每批抽查 10% 且不少于 10 件）	1					用尺量
3	接头处钢筋轴线弯折		4°																		1					
4	摘头处钢筋轴线的偏移		0.1d，且不大于 3mm																		1					
5	焊缝厚度		−0.05d																		2					用焊接工具尺和尺量
6	焊缝宽度		−0.1d																		2					
7	焊缝长度		−0.5d																		2					
8	横向咬边深度		0.05d，且不大于 1mm																		2					
9	焊缝表面上气孔及夹渣的数量及大小	在 2d 的长度上	不多于 2 个																		2					观察和用尺量
		直径	不大于 3mm																							

施工单位检查评定结果	项目质量检查员	交方班组长	接方班组长	主控项目合格率	一般项目合格率	评定质量等级	年 月 日
监理（建设）单位验收结论	专业监理工程师(建设单位项目技术负责人)	验收结论意见		核定质量等级			年 月 日

注：1. 表中 d 为钢筋直径。
2. 以 300 个接头（同钢筋级别，同接头型）为一批，一周内连续焊接时，可以累计计算。一周内累计不足 300 个接头时，亦按一批计算。
3. 实际检查点数必须等于或小于应检查点数，如超过应检查点数，其超过的点数应从合格点数中减去。

附 2-16 钢筋焊接——电阻点焊

工 序 质 量 评 定 表 表 CJJ2—90-16

单位工程名称：________ 部位名称：________ 工序名称：________

工程数量			
序号	检查项目	外观质量标准	质量实况
1	钢筋外表	焊接之前必须清除钢筋、钢丝或钢板接头处的铁锈、水锈和油污等；钢筋端部的扭曲、弯折应予以矫直或切除	
2	焊接质量	电阻点焊焊接骨架和焊接网片点焊处熔化金属应均匀，焊点无脱落、漏焊、裂缝、多孔性缺陷及明显的烧伤现象。压入深度应满足规定。对承重的焊接骨架和焊接网片除进行外观检查外，还应作强度检验。焊点的抗剪力指标尚应符合表下注 3 的规定	

序号	项目		允许偏差(mm)	各实测点偏差值																检验频率		应检点数	实检点数	合格点数	合格率(%)	检查方法
				1	2	3	4	5	6	7	8	9	10	11	12	13	14	15	16	范围	点数					
1	焊接网片	长度	±10																	每片网片或骨架（每一类型抽查10%，且不少于5件）	1					用尺量
		宽度	±10																		1					
		网格尺寸	±10																		3					
2	焊接骨架	长度	±10																		1					
		宽度	±5																		1					
		高度	±5																		1					
3	骨架箍筋间距		±10																		3					
4	网片对角线之差		10																		1					
5	受力主筋	间距	±10																		4					
		排距	±5																		2					

施工单位检查评定结果	项目质量检查员	交方班组长	接方班组长	主控项目合格率	一般项目合格率	评定质量等级	年 月 日
监理（建设）单位验收结论	专业监理工程师（建设单位项目技术负责人）	验收结论意见		核定质量等级			年 月 日

注：1. 凡钢筋级别、直径尺寸均相同的焊接制品，即为同一类型制品，每 200 件为一批，每批中抽查 3 件。一周内连续焊接时，可以累计计算。一周内累计不足 200 个接头时，亦按一批计算。

2. 实际检查点数必须等于或小于应检查点数，如超过应检查点数，其超过的点数应从合格点数中减去。

3. 根据《市政桥梁工程质量检验评定标准》CJJ2—90，钢筋焊点抗剪力指标如下：Ⅰ级：6/6.8，6.5/8.0，8/12.1，10/18.8，12/27.1，14/52.3；Ⅱ级：8/17.1，10/26.7，12/38.5，14/52.3；5 号钢 8/14.1，10/22.0，12/31.7，14/43.1；冷拔低碳钢丝 3/2.5，4/4.5，5/7.0[以上分子为较小一根钢筋直径，分母为抗剪力(kN)]。

附 2-17 钢筋焊接——T 形接头

工 序 质 量 评 定 表 **表 CJJ2—90-17**

单位工程名称：______ 部位名称：______ 工序名称：______

工程数量		
序号	检查项目	外观质量标准
1	钢筋外表	焊接之前必须清除钢筋、钢丝或钢板接头处的铁锈、水锈和油污等；钢筋端部的扭曲、弯折应予以矫直或切除
2	接　头	预埋件钢筋 T 形接头焊包应均匀，钢板无焊穿、凹陷现象

质量实况：

序号	项目		允许偏差（mm）	1	2	3	4	5	6	7	8	9	10	11	12	13	14	15	16	检验频率 范围	检验频率 点数	应检点数	实检点数	合格点数	合格率（%）	检查方法
1	抗拉强度	Ⅰ级钢筋	不大于 36kN/cm^2																	每个接头（每批抽查 5 件）	1					按现行的《金属拉力试验法》GB 228 执行
		Ⅱ级钢筋	不大于 50kN/cm^2																							
2	焊缝高度		≥0.6d																		1					用焊接工具尺和尺量
3	口交内深度		不大于 0.5mm																	每个接头（每批抽查 10%，且不少于 5 件）	1					
4	T形轴线偏差		不大于 4°																		1					
5	焊缝表面上气孔及夹渣的数量和尺寸	数量	不多于 3 个																		1					用尺量
		直径	不大于 1.5mm																		1					

施工单位检查评定结果	项目质量检查员	交方班组长	接方班组长	主控项目合格率	一般项目合格率	评定质量等级	
							年　月　日

监理（建设）单位验收结论	专业监理工程师（建设单位项目技术负责人）	验收结论意见	核定质量等级	
				年　月　日

注：1. 外观检查以同一台班内完成同一类型成品为一批；

2. 强度检查以 300 件同类产品为一批。一周内连续焊接时，可以累计计算。一周内累计不足 300 件成品时，亦按一批计算。

3. 实际检查点数必须等于或小于应检查点数，如超过应检查点数，其超过的点数应从合格点数中减去。

附 2-18 成型与安装——网片或骨架成型

工序质量评定表

表 CJJ2—90-18

单位工程名称：________ 部位名称：________ 工序名称：________

工程数量			
序号	检查项目	外观质量标准	质量实况
1	钢筋规格、根数等	成型前必须按设计要求配制钢筋的级别、钢种、根数、形状、直径等	
2	绑扎	绑扎成型时，铁丝必须扎紧，不得有滑动、折断、移位等情况	
3	骨架或网片	成型后的网片或骨架必须稳定牢固，在安装或浇筑混凝土时不得松动变形	
4	接头	受力钢筋同一截面内，同一根钢筋上，只准有一个接头（同一截面是指 $30d$ 区域内，且不得小于 500mm。d 为钢筋直径）	
5	接头与弯曲处间距	绑扎或焊接接头与钢筋弯曲处相距不应小于 10 倍主筋直径，也不宜位于最大弯矩处	

序号	项目		允许偏差(mm)	各实测点偏差值																检验频率		应检点数	实检点数	合格点数	合格率(%)	检查方法
				1	2	3	4	5	6	7	8	9	10	11	12	13	14	15	16	范围	点数					
1	网片	长度	±10																	每片网片或骨架	2					用尺量
		宽度	±10																		2					
		网格尺寸	±10																		4					用尺量，量取纵横方向各 3～5 个网格
		两网片对角线之差	10																		1					用尺量
2	骨架	长度	+5 −10																		3					用尺量
		宽度	+5 −10																		3					
		高度	+5 −10																		3					

施工单位检查评定结果	项目质量检查员	交方班组长	接方班组长	主控项目合格率	一般项目合格率	评定质量等级	
							年 月 日
监理（建设）单位验收结论	专业监理工程师（建设单位项目技术负责人）		验收结论意见		核定质量等级		
							年 月 日

注：1. 用直钢筋制成的网片和平面骨架其尺寸系指最外边两根钢筋中心线之间的距离；而钢筋末端有弯钩或弯曲时，系指弯钩或弯曲处切线间的距离。

2. 实际检查点数必须等于或小于应检查点数，如超过应检查点数，其超过的点数应从合格点数中减去。

附 2-19 成型与安装——钢筋成型与安装

工 序 质 量 评 定 表

表 CJJ2—90-19

单位工程名称：________ 部位名称：________ 工序名称：________

工程数量			
序号	检查项目	外观质量标准	质量实况
1	受力钢筋	受力钢筋同一截面内，同一根钢筋上，只准有一个接头	
2	接头与弯曲间距	绑扎或焊接接头与钢筋弯曲处相距不应小于10倍主筋直径，也不宜位于最大弯矩处	

序号	实测项			允许偏差(mm)	1	2	3	4	5	6	7	8	9	10	11	12	13	14	检验频率 范围	检验频率 点数	应检点数	实检点数	合格点数	合格率(%)	检查方法
1	受力钢筋	间距	梁、柱、板、墙	±10															每个构筑物或构件	4					在任意一个断面连续量取钢筋间（排）距，取其平均值1点
			基础、墩台	±20																4					
		顺高度方向配置两排以上的排距		±5																4					
2	箍筋及构造筋间距			±20																5					连续量取5档，其平均值计1点
3	同一截面内受拉钢筋接头截面积占钢筋总截面积	焊接		不大于50%																5					观　察
		绑扎		不大于25%																5					
4	保护层厚度	墩台、基础		±10																6					用尺量
		梁、柱、桩		±5																					
		板、墙		±3																					

施工单位检查评定结果	项目质量检查员	交方班组长	接方班组长	主控项目合格率	一般项目合格率	评定质量等级	年　月　日
监理（建设）单位验收结论	专业监理工程师（建设单位项目技术负责人）	验收结论意见		核定质量等级			年　月　日

注：1. 同一截面是指 $30d$（d 为钢筋直径）区域内，且不得小于500mm。
2. 实际检查点数必须等于或小于应检查点数，如超过应检查点数，其超过的点数应从合格点数中减去。

附 2-20　预应力筋制作

工 序 质 量 评 定 表　　　　表 CJJ2—90-20

单位工程名称：________　　部位名称：________　　工序名称：________

工程数量			
序号	检查项目	外观质量标准	质量实况
1	预应力筋	预应力筋规格符合设计要求，有出厂合格证和试验报告	
2	锚　具	有产品合格证和检验报告	
3	预应力筋外观	调直后的预应力筋不得有烧伤及发蓝现象。被筒模擦伤的表面伤痕不应使钢筋截面减小。预应力筋束必须确保直顺，不扭转，不松散	
4	预应力筋及锚具	预应力筋及锚具的质量必须符合设计要求	
5	墩头及热处理	预应力筋端部墩头及热处理工作必须在冷拉前进行。端部墩头及热处理后外观应周正，端面应与预应力筋轴线垂直，不得有烧伤、裂纹及缺损	
6	钢丝墩头	钢丝墩头外形尺寸应符合设计规定，外观应周正；端部应与钢丝轴线垂直，允许有宽度为 1.0mm 非贯通的裂纹。钢丝墩头强度不得低于钢丝标准抗拉强度的 98%	
7	预应力筋屈服强度	预应力筋冷拉后，其屈服强度必须达到设计要求，且表面不得有裂纹	
8	预应力筋闪光对焊	预应力筋当采用闪光对焊时，配置在同一截面的受拉区钢筋，其焊接接头的截面积不得超过该截面预应力筋总面积的 25%	

序号	实测项	允许偏差（mm）	各实测点偏差值														检验频率		应检点数	实检点数	合格点数	合格率（%）	检查方法
			1	2	3	4	5	6	7	8	9	10	11	12	13	14	范围	点数					
1	同速下料长度相对差值	L/1500，且不大于 5mm															每束	2					尺量

施工单位检查评定结果	项目质量检查员	交方班组长	接方班组长	主控项目合格率	一般项目合格率	评定质量等级
						年　月　日

监理（建设）单位验收结论	专业监理工程师（建设单位项目技术负责人）	验收结论意见	核定质量等级
			年　月　日

注：1. 实际检查点数必须等于或小于应检查点数，如超过应检查点数，其超过的点数应从合格点数中减去。
2. 预应力筋下料长度，单位：mm。

附 2-21 预应力钢筋张拉

工 序 质 量 评 定 表

表 CJJ2—90-21

单位工程名称：________ 部位名称：________ 工序名称：________

工程数量			
序号	检查项目	外观质量标准	质量实况
1	模 板	施加预应力前，应对混凝土构件进行检查，外观和尺寸应符合质量标准要求，张拉时混凝土强度不应低于设计规定，设计未规定时，不应低于设计强度的 70%	
2	预应力钢材	预应力钢材的各项技术性能必须符合国家现行标准和设计要求。必须有产品质量合格证，并有法定检测单位出具的检验报告单	
3	钢 束	预应力钢束应梳理顺直，不得有缠绞、扭麻花现象	
4	锚具、锚垫板	锚具、夹具和连接器应有出厂合格证，进场时应进行外观和硬度检查，并应进行静载锚固性能试验。锚垫板平面应与孔道轴线垂直	
5	机具及仪表	施加预应力所用的机具设备及仪表，应定期维护和检验。张拉设备应配套检验，有校验报告，以确定张拉力与仪表读数的关系曲线	
6	预埋管道、预留孔道	预埋管道及预留孔道必须符合设计要求，管道安装牢固，接头密合，不得堵塞，应畅通	

序号	实测项		允许偏差（mm）	各实测点偏差值 1	2	3	4	5	6	7	8	9	10	11	12	13	14	15	16	检验频率 范围	点数	应检点数	实检点数	合格点数	合格率（%）	检查方法
1	管道坐标（mm）	梁长方向	30																	抽查	30%，每根查 10 个点					查隐蔽验收记录
		梁高方向	10																							
2	管道间距（mm）	同 排	10																	抽查	30%，每根查 5 个点					查隐蔽验收记录
		上 下 层	10																							
3	张拉应力值		符合设计要求																	每束	1					压力表或查张拉记录
4	张拉伸长率		不低于设计规定																	每束	1					查张拉记录
5	断丝滑丝	钢 束	每束 1 根，且断面不超过钢丝总数的 1%																	每构件	1					查张拉记录
		钢 筋	不允许																							
6	锚固阶段预应力钢材回缩量	支承式锚具	1																	每束	1					查张拉记录
		锥塞式锚具	6																							
		夹片式锚具	5																							
		每块后加的锚具垫板	1																							

施工单位检查评定结果	项目质量检查员	交方班组长	接方班组长	主控项目合格率	一般项目合格率	评定质量等级	年 月 日
监理（建设）单位验收结论	专业监理工程师（建设单位项目技术负责人）		验收结论意见		核定质量等级		年 月 日

注：1. 实际检查点数必须等于或小于应检查点数，如超过应检查点数，其超过的点数应从合格点数中减去。

2. 张拉伸长率：国家标准和市政行业标准＋10，－5%，公路行业标准±6%，取国家标准值。

附 2-22　水泥混凝土预制构件—1

工 序 质 量 评 定 表　　　　表 CJJ2—90-22

单位工程名称：________　部位名称：________　工序名称：________

工程数量		
序号	检查项目	外观质量标准	质量实况
1	原材料配合比	水泥混凝土的原材料、配合比必须符合有关标准、规范的规定，强度必须符合设计要求。强度的检验应做抗压试验，设计要特殊要求时，还应做抗折、抗拉、弹性模量、抗冻、抗渗等试验	
2	外　观	不得有露筋、蜂窝等现象，如有损伤、掉角等缺陷均应修补完好	
3	孔　道	预应力筋的孔道必须畅通、洁净，张拉后压浆必须密实	
4	裂　缝	预应力混凝土构筑物（构件）中非预应力部分（如隔板、堵头等）允许有宽度 0.2mm 以下的收缩裂纹，其余部分不应出现裂纹	

序号	实测项目		允许偏差（mm） 基础	墩、台	柱	梁、板	墙	塔柱	悬臂现浇梁、板	扶手	各实测点偏差值 1	2	3	4	5	6	7	8	9	10	11	12	检验频率 范围	点数	应检点数	实检点数	合格点数	合格率（%）	检查方法
1	△混凝土抗压强度		符合《混凝土强度检验评定标准》的规定																										符合《混凝土强度检验评定标准》的规定
2	孔道压浆的水泥净浆强度		符合《混凝土强度检验评定标准》的规定																										
3	断面尺寸	宽	±20	±10	+5	+5	+5	±10	+5	±5													每个构筑物或构件（拱波、板、柱、桩等每一类型抽查10%，且不少于5件）	5					用尺量，沿全长端部，$L/4$ 处和中间各计1点
		高	±20	±10	−8	−8	−8	±20	−8	±5														5					
		壁厚	±15	+10 −8	±5	±5			±5															5					
4	长　度		±20	±20	+10 0	0 −10	±20	±10	±10	±10														4					用尺量，两侧上下各计1点
5	顶面高程		±10	±10	±10	±5	±5	±10	±20															4					用水准仪测量
6	侧向弯曲				$L/1000$ 且不大于10				$L/1500$，且不大于20															2					沿构件全长拉线，最大矢高左右各计1点
7	位置	纵（横）轴线	15	10	8	8	±10	10	15															1					用经纬仪和尺量
		横隔梁轴线				8			8															1					
8	垂直度			0.25%H 且不大于25	0.15%H 且不大于10		0.15%H 且不大于10	0.15%H 且不大于40																1					用垂线或经纬仪测量
9	间　距				±10	±10			±20															1					用尺量
10	麻　面		每侧不得超过该侧面积的1%																					1					用尺量麻面总面积
11	平整度		5	5	5	5	5	5	5	5														2/4					用2m直尺和楔形塞尺量取最大值

施工单位检查评定结果	项目质量检查员	交方班组长	接方班组长	主控项目合格率	一般项目合格率	评定质量等级
						年　月　日
监理（建设）单位验收结论	专业监理工程师（建设单位项目技术负责人）		验收结论意见		核定质量等级	
						年　月　日

注：1. 实际检查点数必须不大于应检查点数，如超过应检查点数，其超过的点数应从合格点数中减去。
2. 表中 L 为构筑物长度（mm）。
3. 表中 H 为构筑物高度（mm）。
4. 除桥面铺装及附属工程等部位作为一般结构，其他部位则均为重要结构。
5. 平整度检验频率：墩、台、沉井、地道柱、塔柱、坪为 2 点；拱肋、拱桁、拱坡、基础、梁、板、柱、桩为 4 点；平整度测量允许偏差当有铺装层及饰面者为 8mm。

附 2-23 水泥混凝土预制构件—2

工 序 质 量 评 定 表

表 CJJ2—90-23

单位工程名称：________ 部位名称：________ 工序名称：________

工程数量			
序号	检查项目	外观质量标准	质量实况
1	原材料配合比	混凝土的原材料、配合比必须符合有关标准、规范的规定，强度的检验应做抗压试验，设计要求特殊要求时，还应做抗折、抗拉、弹性模量、抗冻、抗渗等试验	
2	外观	不得有露筋、蜂窝等现象，如有损伤、掉角等缺陷均应修补完好	
3	孔道	预应力筋的孔道必须畅通、洁净，张拉后压浆必须密实	
4	裂缝	非预应力部分（隔板、堵头等）允许有宽度 0.2mm 以下的收缩裂缝，其余部分不应出现裂缝	

序号	实测项目		允许偏差(mm) 拱、肋拱桁、梁	拱波、板	柱、桩	沉井	地道桥	栏杆、人行道板	各实测点偏差值 1	2	3	4	5	6	7	8	9	10	11	12	13	14	检验频率 范围	点数	应检点数	实检点数	合格点数	合格率(%)	检查方法
1	△混凝土抗压强度		符合《混凝土强度检验评定标准》的规定																										符合《混凝土强度检验评定标准》的规定
2	孔道压浆的水泥净浆强度		符合《混凝土强度检验评定标准》的规定																										
3	断面尺寸	宽	0 −10	0 −10	±5	±50	±50	±5															每个构筑物或构件（拱、波、板、柱、桩等每一类型抽查10%，且不少于5件）	5					用尺量，沿全长端部，$L/4$ 处和中间各计 1 点
		高	+10 −5	±5	±5	±50	±50	±5																5					
		壁厚	±5		±5	±15	±15																	5					
4	长度		0 −10	0 −10	±10	±50	±50	0 −5																4					用尺量，两侧上下各计 1 点
5	侧向弯曲		$L/1000$ 且不大于10	$L/1000$	$L/750$		$L/1000$																	2					沿构件全长拉线最大矢高
6	垂直度					0.25%H，且不大于25	0.15%H，且不大于10																	2					用垂线或经纬仪测量
7	两对角线长度差			10		75	75	10																1					用尺量
8	麻面		每侧不得超过该侧面积的1%																					1					用尺量麻面总面积

施工单位检查评定结果	项目质量检查员	交方班组长	接方班组长	主控项目合格率	一般项目合格率	评定质量等级	
							年 月 日
监理（建设）单位验收结论	专业监理工程师（建设单位项目技术负责人）		验收结论意见		核定质量等级		
							年 月 日

注：1. 实际检查点数必须不大于应检查点数，如超过应检查点数，其超过的点数应从合格点数中减去。
2. 表中 L 为构件长度（mm）。
3. 表中 H 为构件高度（mm）。
4. 除桥面铺装及附属工程等部位作为一般结构，其他部位则均为重要结构。

附 2-24　孔道压浆

工序质量评定表

表 CJJ2—90-24

单位工程名称：________　部位名称：________　工序名称：________

工程数量			
序号	检查项目	外观质量标准	质量实况
1	压浆时间	预应力钢材张拉后，孔道应及时灌浆，当采用电热法时，孔道灌浆应在钢筋冷却后进行	
2	水泥浆材料	水泥浆宜采用硅酸盐水泥或普通水泥；采用矿渣水泥时，应加强检验，防止材性不稳定，水泥的强度等级不低于 32.5 级	
3	水灰比	水泥浆的水灰比宜采用 0.40～0.50，掺入适量减水剂时，水灰比可减少到 0.35。水及减水剂须对预应力钢材无腐蚀作用	
4	气温	压浆过程中及压浆后 48h 内，混凝土结构温度不得低于＋5°，否则应采取保温措施。当气温高于 35℃时，压浆宜在夜间进行	
5	水泥浆调度	水泥浆调度宜控制在 14～18s 之间。水泥浆自调制至灌入孔道的延续时间，一般不宜超过 30～45min，水泥浆在使用前和压注过程中应经常搅动	
6	孔道	压浆前，须将孔道冲洗洁净、湿润，如有积水应用吹风机排除。对曲线孔道和竖向孔道应由最低点的压浆孔压入，由最高点的排气孔排气和泌水	
7	压力	压浆的最大压力一般为 0.5～0.7MPa，当输浆管道较长或采用一次压浆时，应适当加大压力	

序号	实测项	允许偏差（mm）	各实测点偏差值 1	2	3	4	5	6	7	8	9	10	11	12	13	14	15	16	检验频率 范围	点数	应检点数	实检点数	合格点数	合格率（%）	检查方法
1	水泥浆强度	不低于设计规定																	每工作班	＞3 组					检查试验报告单
2	泌水率 3h	控制在 2%																	压浆前	一次					检查试验记录
	泌水率 24h	泌水全部被浆吸回																							
3	水泥浆膨胀率	不大于 10%																	压浆前	一次					检查试验报告

施工单位检查评定结果	项目质量检查员	交方班组长	接方班组长	主控项目合格率	一般项目合格率	评定质量等级	
							年　月　日
监理（建设）单位验收结论	专业监理工程师（建设单位项目技术负责人）		验收结论意见		核定质量等级		
							年　月　日

注：实际检查点数必须等于或小于应检查点数，如超过应检查点数，其超过的点数应从合格点数中减去。

附 2-25 预埋件、预留孔洞和预应力筋孔道

工 序 质 量 评 定 表

表 CJJ2—90-25

单位工程名称：________ 部位名称：________ 工序名称：________

工程数量																																	
序号	检查项目	质量标准											质量实况																				
序号	实测项目	允许偏差（mm）平面高差 锚锭板、支座板、连接板等			螺栓、锚筋等		预留孔洞				预应力孔道		各实测点偏差值														检验频率		应检点数	实检点数	合格点数	合格率（%）	
		位置	高程	平面高差	位置	外露长度	位置	孔径	孔深	高程	位置	孔径	1	2	3	4	5	6	7	8	9	10	11	12	13	14	范围	点数					
1	基础						15	+20 0	+20 0																								
2	墩台						15	+20 0	+20 0																								
3	柱																																
4	梁板						15	+20 0	+20 0		梁端 10	+3 0																					
5	墙						15	+20 0	+20 0																								
6	塔柱						15	+20 0	+20 0	±10 0																							
7	悬臂浇筑梁、板	10	±15	±5	10	±10	15	+20 0	+20 0		梁端 10	+3 0															每个预埋件、预留孔、预应力孔道（每一类型抽查10%，且不少于5件）	1					用尺或水准仪测量
8	扶手																																
9	预制件 梁						10	+20 0	+20 0		梁端 10	+3 0																					
	预制件 板							+20 0	+20 0																								
	预制件 桩、柱							±5	+30 0																								
	预制件 沉井							+20 0	+20 0																								
	预制件 地道桥							+20 0	+20 0																								
	预制件 栏杆、人行道板							+20 0	+20 0																								

施工单位检查评定结果	项目质量检查员	交方班组长	接方班组长	主控项目合格率	一般项目合格率	评定质量等级	年 月 日
监理（建设）单位验收结论	专业监理工程师（建设单位项目技术负责人）	验收结论意见		核定质量等级			年 月 日

注：实际检查点数必须不大于应检查点数，如超过应检查点数，其超过的点数应从合格点数中减去。

附 2-26 水泥混凝土构件安装——梁、板

工 序 质 量 评 定 表

表 CJJ2—90-26

单位工程名称：________ 部位名称：________ 工序名称：________

工程数量			
序号	检查项目	外 观 质 量 标 准	质 量 实 况
1	安　装	梁、板安装必须平稳，支点处必须接触严密、稳固	
2	缝　隙	相邻梁或板之间的缝隙必须用混凝土或砂浆嵌填密实	
3	伸缩缝	伸缩缝必须全部贯通，不得堵塞或变形	
4	活动支座	活动支座必须按设计要求上油润滑	
5	支座接触	支座接触必须严密，不得有空隙，位置必须符合设计要求	

序号	实测项目		允许偏差（mm）	各实测点偏差值 1	2	3	4	5	6	7	8	9	10	11	12	13	14	15	16	检验频率 范围	检验频率 点数	应检点数	实检点数	合格点数	合格率（%）	检查方法
1	平面位置	顺桥纵轴线方向	10																	每个构件	1					用经纬仪检查
		垂直桥纵轴线方向	5																		1					
2	焊接横隔梁相对位置		10																	每处	1					用尺量
3	湿接横隔梁相对位置		20																	每处	1					
4	伸缩缝宽度		+10 −5																	每个构件	1					用尺量
5	支座板	每块位置	5																		2					用尺量，纵、横各计1点
		每块边缘高差	1																		2					用水准仪测量，纵、横向各计1点
6	焊缝长度		+10 0																	每个构件（每孔抽查25%）	1					用尺量
7	梁间焊接板高差																				1					
8	梁间焊接板离缝		20																		2					

施工单位检查评定结果	项目质量检查员	交方班组长	接方班组长	主控项目合格率	一般项目合格率	评定质量等级	
							年 月 日
监理（建设）单位验收结论	专业监理工程师（建设单位项目技术负责人）		验收结论意见		核定质量等级		
							年 月 日

注：实际检查点数必须不大于应检查点数，如超过应检查点数，其超过的点数应从合格点数中减去。

附 2-27 水泥混凝土构件安装——悬臂拼装块体

工 序 质 量 评 定 表

表 CJJ2—90-27

单位工程名称：______ 部位名称：______ 工序名称：______

序号	检查项目	外观质量标准	质量实况
工程数量			
1	安 装	梁、板安装必须平稳，支点处必须接触严密、稳固	
2	缝 隙	相邻梁或板之间的缝隙必须用混凝土或砂浆嵌填密实	
3	伸缩缝	伸缩缝必须全部贯通，不得堵塞或变形	
4	活动支座	活动支座必须按设计要求上油润滑	
5	支座接触	支座接触必须严密，不得有空隙，位置必须符合设计要求	

序号	实测项目		允许偏差（mm）	各实测点偏差值																检验频率		应检点数	实检点数	合格点数	合格率（%）	检查方法
				1	2	3	4	5	6	7	8	9	10	11	12	13	14	15	16	范围	点数					
1	块件与桥纵轴线偏差	1号块件	不大于2，且与桥纵轴线平行																	每块	2					用经纬仪测量
		其他块件	不大于5																		2					
2	1号块件四角相对高差		不大于2																		4					用水准仪测量，四角各计1点
3	块件间连接缝高差	0号块件与1号块件	不大于2																		2					用尺量
		其他块件	不大于3																		2					
4	块件拼装立缝宽度		+10 −5																		2					
5	拼装完成后累计差	半跨端部块件高程差	±L/2000，且不大于−20和不大于+50																	每端部	1					用水准仪测量
		上、下游块件相对高程差	不大于25																		1					
		全跨端部块件相对高程差	不大于30																		1					

	项目质量检查员	交方班组长	接方班组长	主控项目合格率	一般项目合格率	评定质量等级	
施工单位检查评定结果							年 月 日
	专业监理工程师(建设单位项目技术负责人)		验收结论意见		核定质量等级		
监理(建设)单位验收结论							年 月 日

注：1. 实际检查点数必须不大于应检查点数，如超过应检查点数，其超过的点数应从合格点数中减去。
2. 表中 L 为悬臂拼装跨长度（mm）。

附 2-28　水泥混凝土构件安装——拱肋、拱桁、拱波

工　序　质　量　评　定　表

表 CJJ2—90-28

单位工程名称：＿＿＿＿＿＿　部位名称：＿＿＿＿＿＿　工序名称：＿＿＿＿＿＿

工程数量			
序号	检查项目	外观质量标准	质量实况
1	连　接	拱肋（桁）的各段连接必须牢固，并符合设计要求	
2	拱脚、拱座、拱波	拱肋（桁）的拱脚处必须与拱座接触严密、稳固，拱波的支点处必须用砂浆嵌填饱满密实	

序号	实测项目			允许偏差(mm)	各实测点偏差值 1	2	3	4	5	6	7	8	9	10	11	12	13	14	15	16	检验频率 范围	点数	应检点数	实检点数	合格点数	合格率(%)	检查方法
1	拱肋（桁）	△纵轴线平面位置		5																	每根肋或每片拱架	拱脚、拱顶接头处各计1点					用经纬仪测量
2		△纵轴线高程	拱　脚	+10 0																		每接头处各计1点					用水准仪测量
			其他接头点	+20 0																							
3		同跨各肋（桁）间距		±5																		3					用尺量
4		同跨各肋（桁）高差		10																		3					用水准仪测量
5	拱波	两波底面高差		5																	每跨每肋间	3					用尺量

施工单位检查评定结果	项目质量检查员	交方班组长	接方班组长	主控项目合格率	一般项目合格率	评定质量等级	
							年　月　日
监理（建设）单位验收结论	专业监理工程师（建设单位项目技术负责人）		验收结论意见		核定质量等级		
							年　月　日

注：实际检查点数必须不大于应检查点数，如超过应检查点数，其超过的点数应从合格点数中减去。

附 2-29 水泥混凝土构件安装——墩、柱

工 序 质 量 评 定 表

表 CJJ2—90-29

单位工程名称：________ 部位名称：________ 工序名称：________

工程数量			
序号	检查项目	外观质量标准	质量实况
1	连接	墩、柱与基础连接处必须接触严密，焊接牢固，混凝土浇筑密实，强度符合设计要求	

序号	实测项目	允许偏差 (mm)	各实测点偏差值 1	2	3	4	5	6	7	8	9	10	11	12	13	14	15	16	检验频率 范围	检验频率 点数	应检点数	实检点数	合格点数	合格率 (%)	检查方法
1	△平面位置	10																	每个构件	2					用经纬仪测量，纵、横向各计 1 点
2	埋入基础深度	不小于设计规定																		1					用尺量
3	相邻间距	±10																		1					用尺量
4	垂直度	0.5%H，且不大于 20																		2					用垂线或经纬仪检验，纵、横向各计 1 点
5	墩、柱顶高程	±10																		1					用水准仪测量

施工单位检查评定结果	项目质量检查员	交方班组长	接方班组长	主控项目合格率	一般项目合格率	评定质量等级	年 月 日

监理(建设)单位验收结论	专业监理工程师(建设单位项目技术负责人)	验收结论意见	核定质量等级	年 月 日

注：1. 实际检查点数必须不大于应检查点数，如超过应检查点数，其超过的点数应从合格点数中减去。

2. 表中 H 为墩、柱高度，(mm)。

附 2-30 水泥混凝土构件安装——栏杆、灯柱、人行道板

工 序 质 量 评 定 表

表 CJJ2—90-30

单位工程名称：________ 部位名称：________ 工序名称：________

工程数量			
序号	检查项目	外观质量标准	质量实况
1	栏杆、灯柱	栏杆、灯柱、人行道板安装必须牢固，线条直顺不应歪斜、扭曲	
2	砂浆	栏板与栏杆接缝处的填缝砂浆必须饱满，伸缩缝必须全部贯通	
3	人行道板	预制人行道板安装必须平整，打格线条要顺直，无裂缝，纵、横坡度要符合设计要求	

序号	实测项目		允许偏差（mm）	各实测点偏差值																检验频率		应检点数	实检点数	合格点数	合格率（%）	检查方法
				1	2	3	4	5	6	7	8	9	10	11	12	13	14	15	16	范围	点数					
1	直顺度	地梁	7																	每跨侧	1					接10m小线，量取最大值
1	直顺度	扶手	5																	每跨侧	1					接10m小线，量取最大值
2	垂直度（全高）	灯柱	20																	每跨侧	2					用经纬仪测量，纵横各计1点，用垂线检验
2	垂直度（全高）	栏杆柱	3																	每跨侧	抽查20%，每处各1点					用经纬仪测量，纵横各计1点，用垂线检验
3	相邻栏杆扶手高差	有柱	5																	每跨侧	抽查20%，每处各1点					用尺量
3	相邻栏杆扶手高差	无柱	1																	每跨侧	抽查20%，每处各1点					用尺量
4	灯柱平面位置	顺桥纵轴线方向	20																	每跨侧	1					用尺量
4	灯柱平面位置	垂直桥纵轴线方向	10																	每跨侧	1					用尺量
5	人行道板平面位置	顺桥纵轴线方向	10																	每跨侧	1					用尺量
5	人行道板平面位置	垂直桥纵轴线方向	5																	每跨侧	1					用尺量
6	人行道板顶面相邻高差		5																	每跨侧	抽查20%，每处各1点					用尺量

施工单位检查评定结果	项目质量检查员	交方班组长	接方班组长	主控项目合格率	一般项目合格率	评定质量等级	
							年 月 日
监理（建设）单位验收结论	专业监理工程师（建设单位项目技术负责人）	验收结论意见		核定质量等级			
							年 月 日

注：实际检查点数必须不大于应检查点数，如超过应检查点数，其超过的点数应从合格点数中减去。

附 2-31 水泥混凝土构件安装——地道桥顶进

工 序 质 量 评 定 表

表 CJJ2—90-31

单位工程名称：________ 部位名称：________ 工序名称：________

工程数量			
序号	检查项目	外观质量标准	质量实况
1	接缝	桥体顶进后，接缝处不应有渗漏现象	

序号	实测项目		允许偏差（mm）	各实测点偏差值																检验频率		应检点数	实检点数	合格点数	合格率（%）	检查方法
				1	2	3	4	5	6	7	8	9	10	11	12	13	14	15	16	范围	点数					
1	轴线位移	L<15m	100																	每座	2					用经纬仪测量，两端各计1点
		15m≤L≤30m	200																							
		L≥30m	300																							
2	△高程	L<15m	+20 −100																		2					用水准仪测量，两端各计1点
		15m≤L≤30m	+20 −150																							
		L≥30m	+20 −200																							
3	相邻两段高程		50																		每个接头处各计1点					用尺量

施工单位检查评定结果	项目质量检查员	交方班组长	接方班组长	主控项目合格率	一般项目合格率	评定质量等级	
							年 月 日
监理（建设）单位验收结论	专业监理工程师（建设单位项目技术负责人）	验收结论意见		核定质量等级			
							年 月 日

注：1. 实际检查点数必须不大于应检查点数，如超过应检查点数，其超过的点数应从合格点数中减去。
2. 表中 L 为地道桥的长度（m）。

附 2-32 钢结构——矫正、弯曲和边缘加工

工 序 质 量 评 定 表

表 CJJ2—90-32

单位工程名称：________ 部位名称：________ 工序名称：________

工程数量			
序号	检查项目	外观质量标准	质量实况
1	钢材切割矫正	矫正后的钢板表面无明显的凹面和损伤，表面划痕深度不大于 0.5mm；型钢不直度，每米范围内不超过 0.5mm，并无锐角；冷压弯折的部件边缘无裂纹	
2	铣平面	铣平面的表面粗糙度不得大于 0.03mm	
3	焊接坡口	焊接坡口加工尺寸的允许偏差应符合现行的《手工电弧焊接接头的基本型式与尺寸》（GB 985）和《焊剂层下自动与半自动焊接接头的基本型式与尺寸》（GB 986）中的有关规定	
4	边缘加工	刨（铣）加工的边缘，要求平直、光洁。	

序号	实测项目		允许偏差（mm）	各实测点偏差值 1	2	3	4	5	6	7	8	9	10	11	12	13	14	15	16	17	18	19	20	检验频率 范围	检验频率 点数	应检点数	实检点数	合格点数	合格率（%）	检查方法
1	钢板、扁钢的局部挠曲矢高 f（每 1m 范围内）	$\delta\leqslant$14mm	≤1.5																					每件（每批抽查 10%，且不少于 2 件）	2					用刀口尺或塞尺量
		$\delta>$14mm	≤1.0																						2					
2	角钢、槽钢、工字钢的挠曲矢高 f		L/1000，且不大于 5.0																						2					拉小线或用尺量
3	角钢肢不垂直度（q）		≤b/100，但双肢铆、栓连接角钢不得大于 90°																						2					用角尺量
4	槽钢、工字钢翼缘的倾斜度（q）		<b/80																						2					用角尺量

施工单位检查评定结果	项目质量检查员	交方班组长	接方班组长	主控项目合格率	一般项目合格率	评定质量等级	
							年 月 日
监理（建设）单位验收结论	专业监理工程师（建设单位项目技术负责人）		验收结论意见		核定质量等级		
							年 月 日

注：1. 实际检查点数必须不大于应检查点数，如超过应检查点数，其超过的点数应从合格点数中减去。
2. 表中 L 为角钢、槽钢、工字钢的长度（mm）。

附 2-33 钢结构——栓焊梁（板梁）刨（铣）范围及允许偏差

工 序 质 量 评 定 表

表 CJJ2—90-33

单位工程名称：__________ 部位名称：__________ 工序名称：__________

工程数量

序号	检查项目	外观质量标准	质量实况

序号	实测项目		刨边范围	允许偏差（mm）	1	2	3	4	5	6	7	8	9	10	11	12	13	14	检验频率 范围	检验频率 点数	应检点数	实检点数	合格点数	合格率（%）	检查方法
1	弦、斜、竖杆，纵、横梁，板梁，托架，平联杆件	盖板（Ⅰ型）	两边	±2.0															每件（每批抽查10%，且不少于2件）	2					用尺量
		竖板（箱型）	两边	±1.0																					
		腹板	两边	±0.5 −0 注2																					
2	主桁节点板孔边距		3边	±0.2																					
3	底板宽度		4边	±1.0																					
4	拼接板、鱼形板、桥门节点弯板的宽度		两边	±2.0																					
5	支承接点板、拼接板、支承角的孔边距		支承边端	+0.3 +0.5																					
6	填板宽度		按工艺要求（两边）	±2.0																					
7	焊接坡口		开口（B）	+1.0 0																					
			钝边（a）	±0.5																					
8	箱型杆件内隔板宽度		4边	+0.5 −0 注3																					
9	工型、槽型隔板的腹板宽度		两边	−0.5 −1.5																					
10	加劲肋宽度		焊接两边（端）及顶紧端	按工艺要求																					

施工单位检查评定结果	项目质量检查员	交方班组长	接方班组长	主控项目合格率	一般项目合格率	评定质量等级	
							年 月 日
监理（建设）单位验收结论	专业监理工程师（建设单位项目技术负责人）		验收结论意见		核定质量等级		
							年 月 日

注：1. 实际检查点数必须不大于应检查点数，如超过应检查点数，其超过的点数应从合格点数中减去。
2. 腹板加工公差系按盖板厚度偏正公差不大于 0.4mm 而定，如盖板厚度为负公差，则腹板加工公差必须随之相应改变。
3. 箱型杆件内隔板要求相互垂直。
4. 平联、横联结点板刨焊接边，公差±0.3mm。
5. 马刀形弯曲 10m 或 10m 以下允许偏差 2mm；10m 以上允许偏差 3mm，但不得有锐弯。

附 2-34 钢结构组装

工 序 质 量 评 定 表

表 CJJ2—90-34

单位工程名称：________ 部位名称：________ 工序名称：________

工程数量			
序号	检查项目	外观质量标准	质量实况
1	表面及焊缝	组装前，连接表面及沿焊缝每边 30～50mm 范围内的铁锈、毛刺和油污等必须清除干净	
2	轴线交点	用模架或大样组装的构件，其轴线交点的允许偏差不得大于 3mm	

焊接连接组装允许偏差

序号	实测项目		允许偏差（mm）	1	2	3	4	5	6	7	8	9	10	11	12	13	14	15	16	检验频率 范围	检验频率 点数	应检点数	实检点数	合格点数	合格率（%）	检查方法
1	间隙		±1.0																	每件（每批抽查10%，且不少于2件）	2					用尺量
2	边缘高度 S	4mm<δ≤8mm	1.0																							
		8mm<δ≤20mm	2.0																							
		δ>20mm	δ/10，但不大于 3.0																							
3	坡口	角度	±5°																							
		钝边	±1.0																							
4	搭接	长度 L	±5.0																							
		间隙 e	1.0																							
5	最大间隙		1.0																							
6	宽度		+1.0 −0																							
7	高度		有水平拼（接）时±1.0																							
8	竖板中线与水平板中线的偏移		≤1.0																							
9	两竖板中线偏差		≤2.0																							
10	盖板的倾斜		<0.5																							
11	板梁、纵横梁加劲肋间距	有横向连接关系者	±1.0																							
		无横向连接关系者	±3.0																							
12	纵、横梁腹板的局部不平度		<1.0																							

施工单位检查评定结果	项目质量检查员	交方班组长	接方班组长	主控项目合格率	一般项目合格率	评定质量等级	
							年 月 日
监理（建设）单位验收结论	专业监理工程师（建设单位项目技术负责人）	验收结论意见		核定质量等级			
							年 月 日

注：实际检查点数必须不大于应检查点数，如超过应检查点数，其超过的点数应从合格点数中减去。

附 2-35 钢结构——焊接——焊缝质量检查级别

工 序 质 量 评 定 表

表 CJJ2—90-35

单位工程名称：________ 部位名称：________ 工序名称：________

工程数量			
序号	检查项目	外观质量标准	质量实况
1	焊接质量	焊缝金属表面焊波均匀，无裂纹、沿边缘或角顶的未溶合、溢流、烧穿、未填满的火口和超出允许限度的气孔、夹渣、咬肉等缺陷；对接焊缝要求熔透者，咬合部分不小于 2mm，角焊缝（船型焊）正边尺寸允许偏差＋2.0mm 或－1.0mm；在双侧贴角焊缝时，焊缝不必将板全厚熔透，箱型组合构件用单侧焊缝连接时，其未溶透部分的厚度不大于 0.25 倍板厚，最大不大于 4.0mm；对所有焊缝都应进行外观检查，内部检查以超声波探伤为主	

序号	级别	检查项目	检查数量	各实测点偏差值														检验频率		应检点数	实检点数	合格点数	合格率（%）	检查方法
				1	2	3	4	5	6	7	8	9	10	11	12	13	14	范围	点数					
1	1	外观检查	全部																					检查外观缺陷及几何尺寸，有疑点时用磁粉复验
		超声波检查	全部																					
		X 射线检查	抽查焊缝长度的 2%，至少应有一张底片																					缺陷超出 X 射线检验质量标准规定时，应加倍透照，如不合格应 100%透照
2	2	外观检查	全部																					检查外观缺陷及几何尺寸
		超声波检查	抽查焊缝长度的 50%																					有疑点时，用 X 射线透照复验，如发现有超标缺陷，应用超声波全部检验
3	3	外观检查	全部																					检查外观缺陷及几何尺寸

施工单位检查评定结果	项目质量检查员	交方班组长	接方班组长	主控项目合格率	一般项目合格率	评定质量等级	年 月 日
监理（建设）单位验收结论	专业监理工程师（建设单位项目技术负责人）	验收结论意见			核定质量等级		年 月 日

注：实际检查点数必须不大于应检查点数，如超过应检查点数，其超过的点数应从合格点数中减去。

附 2-36　钢结构——焊接——焊缝外观检验

工 序 质 量 评 定 表

表 CJJ2—90-36

单位工程名称：________　部位名称：________　工序名称：________

序号	项目		质量标准 一级	质量标准 二级	质量标准 三级	质量情况
1	气孔		不允许	不允许	直径≤1.0mm 的气孔，在 1000mm 长度范围内不得超过 5 个	
2	咬边	不要求修磨的焊缝	不允许	深度不得超过 0.5mm，累计总长度不得超过焊缝长度的 10%	深度不得超过 0.5mm，累计总长度不得超过焊缝长度的 20%	
		要求修磨的焊缝	不允许	不允许	—	

施工单位检查评定结果	项目质量检查员	交方班组长	接方班组长	主控项目合格率	一般项目合格率	评定质量等级	
							年　月　日

监理（建设）单位验收结论	专业监理工程师（建设单位项目技术负责人）	验收结论意见	核定质量等级	
				年　月　日

附 2-37 钢结构——焊接——对接焊缝外形尺寸允许偏差

工 序 质 量 评 定 表 表 CJJ2—90-37

单位工程名称：________ 部位名称：________ 工序名称：________

工程数量				
序号	检查项目	外观质量标准		质量实况

序号	项目			允许偏差（mm）	各实测点偏差值 1	2	3	4	5	6	7	8	9	10	11	12	13	14	15	16	检验频率 范围	检验频率 点数	应检点数	实检点数	合格点数	合格率（%）	检查方法
1	焊缝余高 C	焊缝长度≤20mm	一级	$1.5^{+0.5}_{-1.0}$																	抽查焊缝长度累计的20%，且不少于2件	2					用焊缝卡尺量
			二级	1.5±1.0																							
			三级	2.0±1.0																							
		焊缝长度≥20mm	一级	$2.0^{+1.0}_{-1.5}$																							
			二级	2.0±1.5																							
			三级	$2.5^{+1.5}_{-2.0}$																							
2	焊缝凹面值 e		一级	0																							
			二级	0～1.5																							
			三级	0～1.5																							
3	焊缝错边 d		一级	$d<0.1\delta$，但不得大于2.0																							
			二级	$d<0.1\delta$，但不得大于2.0																							
			三级	$d<0.15\delta$，但不得大于3.0																							

施工单位检查评定结果	项目质量检查员	交方班组长	接方班组长	主控项目合格率	一般项目合格率	评定质量等级	
							年 月 日
监理（建设）单位验收结论	专业监理工程师（建设单位项目技术负责人）	验收结论意见		核定质量等级			
							年 月 日

注：1. 实际检查点数必须不大于应检查点数，如超过应检查点数，其超过的点数应从合格点数中减去。

2. 焊缝余高系指焊缝高于焊缝水平部分；焊缝凹面值系指焊缝低于焊缝水平处；焊缝错边系指焊缝与焊接钢材相交处于高于钢材之处。

附 2-38　钢结构——焊接——贴角焊缝外形尺寸允许偏差

工　序　质　量　评　定　表

表 CJJ2—90-38

单位工程名称：＿＿＿＿＿＿　部位名称：＿＿＿＿＿＿　工序名称：＿＿＿＿＿＿

工程数量		
序号	检查项目	外观质量标准	质量实况

序号	实测项目		允许偏差(mm)	1	2	3	4	5	6	7	8	9	10	11	12	13	14	15	16	检验频率 范围	检验频率 点数	应检点数	实检点数	合格点数	合格率(%)	检查方法
1	焊脚宽(B)	焊脚宽≤6	+1.5 0																	抽查累计焊缝长度的20%，且不少于2m	2					用焊缝卡尺量
		焊脚宽＞6	+3.0 0																							
2	焊缝余高(C)	焊缝余高≤6	+1.5 0																							
		焊缝余高＞6	+3.0 0																							

施工单位检查评定结果	项目质量检查员	交方班组长	接方班组长	主控项目合格率	一般项目合格率	评定质量等级	年　月　日
监理(建设)单位验收结论	专业监理工程师(建设单位项目技术负责人)	验收结论意见			核定质量等级		年　月　日

注：1. 实际检查点数必须不大于应检查点数，如超过应检查点数，其超过的点数应从合格点数中减去。
2. 焊脚宽度大于 8mm 贴角焊缝的局部焊脚尺寸，允许低于设计要求值的 1mm，但不得超过焊缝长度的 10%。
3. 焊接梁的腹板与翼缘板间焊缝的两端，在其两部翼缘板宽度范围内，焊缝的实际焊脚尺寸不允许低于设计要求值。

附 2-39　钢结构——焊接——T 形接头焊缝外形尺寸允许偏差

工　序　质　量　评　定　表

表 CJJ2—90-39

单位工程名称：＿＿＿＿＿＿　部位名称：＿＿＿＿＿＿　工序名称：＿＿＿＿＿＿

工程数量		
序号	检查项目	外观质量标准	质量实况

序号	实测项目	允许偏差(mm)	1	2	3	4	5	6	7	8	9	10	11	12	13	14	15	16	检验频率 范围	检验频率 点数	应检点数	实检点数	合格点数	合格率(%)	检查方法
1	接头焊缝 δ	+1.5 0																	抽查累计焊缝长度的 20%，且不少于 2 件	2					用焊缝卡尺量

施工单位检查评定结果	项目质量检查员	交方班组长	接方班组长	主控项目合格率	一般项目合格率	评定质量等级	年　月　日
监理(建设)单位验收结论	专业监理工程师(建设单位项目技术负责人)	验收结论意见			核定质量等级		年　月　日

注：实际检查点数必须不大于应检查点数，如超过应检查点数，其超过的点数应从合格点数中减去。

附 2-40 钢结构——焊接——X 射线检验质量标准

工 序 质 量 评 定 表 表 CJJ2—90-40

单位工程名称：________ 部位名称：________ 工序名称：________

工程数量					
序号	项目		外观质量标准		质量实况
			一级	二级	
1	裂缝		不允许	不允许	
2	未熔合		不允许	不允许	
3	未焊缝	对接焊缝及要求焊透的 K 型焊缝	不允许	不允许	
		管件单面焊	不允许	深度不大于 10%δ，但不得大于 1.5mm；长度不得大于条状夹渣总长度	
4	气孔和点状夹渣	母材厚度（mm）	点数	点数	
		5.0	4	6	
		10.0	6	9	
		20.0	8	12	
		50.0	12	18	
		120.0	18	24	
5	条状夹渣	单个条状夹渣	1/3δ	2/3δ	
		条状夹渣总长	在 12δ 的长度范围内，不得超过 δ	在 6δ 的长度内，不得超过 δ	
		条状夹渣间距	6L	3L	

注：1. 表中 δ 为母材厚度（mm）；

2. 表中 L 为相邻两夹渣中较长者，（mm）；

3. 点数是一个计数指数，是指 X 射线底片上任何 $10\times50\text{mm}^2$ 焊缝区域内（宽度小于 10mm 的焊缝，长度仍用 50mm）允许的气孔点数。母材厚度在表中所列厚度之间时，其允许气孔点数可用插入法计算取整数，各种不同直径的气孔应按下式计算：

气孔直径（mm）	<0.5	0.6－1.0	1.1－1.5	1.6－2.0	2.1－3.0	3.1－4.0	4.1－5.0	5.1－6.0	6.1－7.0
换算点数	0.5	1	2	3	5	8	12	16	20

附 2-41　钢结构——焊接——焊接后的杆件允许偏差

工 序 质 量 评 定 表

表 CJJ2—90-41

单位工程名称：________　部位名称：________　工序名称：________

工程数量																									
序号	检查项目	外观质量标准																	质量实况						
序号	实测项目	允许偏差（mm）	各实测点偏差值																检验频率		应检点数	实检点数	合格点数	合格率（%）	检查方法
			1	2	3	4	5	6	7	8	9	10	11	12	13	14	15	16	范围	点数					
1	工地孔部分	$q\leqslant0.5$																	每件（每批抽查10%，且不少于2件）	2					用尺量
	其余部分	$q\leqslant2.0$																							
2	工地孔部分	$q\leqslant0.5$																							
	其余部分	$q\leqslant2.0$																							
3	工地孔部分	$q\leqslant1.0$																							
	其余部分	$q\leqslant2.0$																							
4	工型、箱型杆件扭曲	$\leqslant3.0$																							
5	工地孔部分	$q\leqslant0.7$																							
	其余部分	$q\leqslant1.5$																							
6	工地孔范围内	$f\leqslant0.3$																							
	其余部分	$f\leqslant1.0$																							
7	板梁腹板纵、横梁腹板的不平度	$f<H/500$，且不大于50																							拉小线用尺量或用水准仪测量
8	工型、箱型杆件全长内弯曲	$f\leqslant3.0$																							
9	纵、横梁上拱	$f\leqslant2.0$ 且不允许下弯																							
10	纵、横梁旁弯	$f\leqslant3.0$																							

施工单位检查评定结果	项目质量检查员	交方班组长	接方班组长	主控项目合格率	一般项目合格率	评定质量等级	
							年　月　日
监理（建设）单位验收结论	专业监理工程师（建设单位项目技术负责人）	验收结论意见		核定质量等级			
							年　月　日

注：1. 实际检查点数必须不大于应检查点数，如超过应检查点数，其超过的点数应从合格点数中减去。
　　2. 表中 q 和 f，查阅《市政桥梁工程质量检验评定标准》的表 10.3.9 示意图。

附 2-42 钢结构——制孔——精制螺栓孔

工 序 质 量 评 定 表 **表 CJJ2—90-42**

单位工程名称：______ 部位名称：______ 工序名称：______

工程数量			
序号	检查项目	外观质量标准	质量实况
1	孔形	制成的孔应呈圆柱形并与料面垂直，孔壁光滑，孔缘无损伤不平	
2	板迭上螺栓孔	板迭上所有螺栓孔，均应采用量规检查，其通过率为：1. 用比孔的公称直径小 1.0mm 的量规检查，应通过每组孔数的 85%；2. 用比螺栓公称直径大 0.2～0.3mm 的量规检查应全部通过	
3	孔径	精制螺栓孔的直径应与螺栓公称直径相等，孔应具有 H_{12} 的精度	

序号	实测项目		允许偏差（mm）	各实测点偏差值 1	2	3	4	5	6	7	8	9	10	11	12	13	14	15	16	检验频率 范围	检验频率 点数	应检点数	实检点数	合格点数	合格率（%）	检查方法
1	螺栓杆公称直径	10～18mm	0 −0.18																	每件（每批抽查 10%，且不得少于 2 件）	2					用游标卡尺或量规量
	螺栓孔直径		+0.18 0																							
2	螺栓杆公称直径	10～30mm	0 −0.21																							
	螺栓孔直径		+0.21 0																							
3	螺栓杆公称直径	30～50mm	0 −0.25																							
	螺栓孔直径		+0.25 0																							

施工单位检查评定结果	项目质量检查员	交方班组长	接方班组长	主控项目合格率	一般项目合格率	评定质量等级
						年 月 日
监理（建设）单位验收结论	专业监理工程师（建设单位项目技术负责人）	验收结论意见		核定质量等级		
						年 月 日

注：实际检查点数必须不大于应检查点数，如超过应检查点数，其超过的点数应从合格点数中减去。

附 2-43 钢结构——制孔——高强度螺栓孔

工 序 质 量 评 定 表

表 CJJ2—90-43

单位工程名称：________ 部位名称：________ 工序名称：________

工程数量			
序号	检查项目	外观质量标准	质量实况
1	孔形	制成的孔应呈圆柱形并与斜面垂直，孔壁光滑，孔缘无损伤不平	
2	孔径	高强度螺栓（六角螺栓、扭剪型螺栓等）孔的直径应比螺栓杆公称直径大 1～3mm，螺栓孔应具有 $H_{14}H_{(15)}$ 的精度	

序号	实测项目			允许偏差（mm）	1	2	3	4	5	6	7	8	9	10	11	12	13	14	15	16	检验频率 范围	检验频率 点数	应检点数	实检点数	合格点数	合格率（%）	检查方法
1	螺栓	公称直径（mm）	12—16	±0.43																	每件（每批抽查10%，且不得少于2件）	2					用游标卡尺或量规量
			20—22—24	±0.52																							
			27、30	±0.84																							
2	螺栓孔	直径（mm）	13.5；17.5	+0.43 0																							
			22；（24）	+0.52 0																							
			26；（30）；33	+0.84 0																							
3	不圆度（最大和最小直径之差，mm）		12、16	1.0																							
			20、（22）、24、（27）、30	1.5																							
4	中心线倾斜度			应不大于板厚的3%，且单层板不得大于2.0mm，多层板迭加组合不得大于3.0mm																							用芯棒和框式水平尺检验

施工单位检查评定结果	项目质量检查员	交方班组长	接方班组长	主控项目合格率	一般项目合格率	评定质量等级	
							年 月 日
监理（建设）单位验收结论	专业监理工程师（建设单位项目技术负责人）	验收结论意见		核定质量等级			年 月 日

注：实际检查点数必须不大于应检查点数，如超过应检查点数，其超过的点数应从合格点数中减去。

附 2-44 钢结构——制孔——工制孔、冲孔

工 序 质 量 评 定 表

表 CJJ2—90-44

单位工程名称：________ 部位名称：________ 工序名称：________

工程数量																										
序号	检查项目		外观质量标准																	质量实况						
序号	实测项目		允许偏差（mm）	各实测点偏差值																检验频率		应检点数	实检点数	合格点数	合格率（%）	检查方法
				1	2	3	4	5	6	7	8	9	10	11	12	13	14	15	16	范围	点数					
1	工制孔	相邻两孔距	±0.35																	每件	2					用游标卡尺或量规量
		个别相邻孔距	±0.5																							
		板边孔距	±0.5																							
		两组孔群中心距	±0.5																							
		孔群中心线与杆件中心线	1.5																							
2	号孔钻孔（冲孔）	两相邻孔距	±0.5																							
		板边及对角线孔距	±1.0																							
		孔中心与孔中心线的横向偏差	<1.0																	每批抽查10%，且不得少于2件						

施工单位检查评定结果	项目质量检查员	交方班组长	接方班组长	主控项目合格率	一般项目合格率	评定质量等级	
							年 月 日
监理（建设）单位验收结论	专业监理工程师（建设单位项目技术负责人）	验收结论意见		核定质量等级			
							年 月 日

注：1. 实际检查点数必须不大于应检查点数，如超过应检查点数，其超过的点数应从合格点数中减去。

2. 工制孔——采用机器样板或精确划线法钻孔；冲孔——采用号孔钻孔。

附 2-45 钢结构——制孔——孔距

工 序 质 量 评 定 表 表 CJJ2—90-45

单位工程名称：__________ 部位名称：__________ 工序名称：__________

工程数量			
序号	检查项目	外观质量标准	质量实况
1	孔距	零件、部件上孔的位置度如设计无要求，成孔后任意两孔间距离的允许偏差应符合本表规定	

序号	实测项目		允许偏差（mm）	各实测点偏差值 1	2	3	4	5	6	7	8	9	10	11	12	13	14	15	16	检验频率 范围	点数	应检点数	实检点数	合格点数	合格率（%）	检查方法
1	同一组内相邻两孔距（mm）	≤500	±0.7																	每件（每批抽查 10%，且不少于 2 件）	2					用游标卡尺或尺量
2	同一组内任意两孔距（mm）	≤500	±1.0																							
		500—1200	±1.2																							
3	相邻两组的端孔距	≤500	±1.2																							
		500—1200	±1.5																							
		1200—3000	±2.0																							
		>3000	±3.0																							

施工单位检查评定结果	项目质量检查员	交方班组长	接方班组长	主控项目合格率	一般项目合格率	评定质量等级	
							年 月 日
监理（建设）单位验收结论	专业监理工程师（建设单位项目技术负责人）	验收结论意见		核定质量等级			
							年 月 日

注：1. 实际检查点数必须不大于应检查点数，如超过应检查点数，其超过的点数应从合格点数中减去。

2. 孔的分组规定：①在接点中接板与一根杆件相连的所有连接孔划为1组；②接头处的孔：通用接头——半个拼接板上的孔为1组；阶梯接头——两接头之间的孔为一组；③在相邻接点或接头间的连接孔为1组，但不包括注①、注②所指的孔；④受弯构件翼缘上，每1m长度内的孔为一组。

附 2-46 钢结构——端部铣平允许偏差

工 序 质 量 评 定 表

表 CJJ2—90-46

单位工程名称：________ 部位名称：________ 工序名称：________

工 程 数 量			
序号	检查项目	外 观 质 量 标 准	质 量 实 况

序号	实 测 项 目	允许偏差（mm）	各 实 测 点 偏 差 值																检验频率		应检点数	实检点数	合格点数	合格率（%）	检查方法
			1	2	3	4	5	6	7	8	9	10	11	12	13	14	15	16	范围	点数					
1	两端铣平时构件长度	±2.0																							用尺量
2	铣平面的不平直度	0.3																	每件（每批抽查 10%，且不少于 2 件）	2					用刀口尺、水准仪或平台千分表量
3	铣平面的倾斜度（正切值）	不大于 1/1500																							用框式水准仪或卡尺量
4	表面粗糙度	0.03																							用光洁度样板比较

施工单位检查评定结果	项目质量检查员	交方班组长	接方班组长	主控项目合格率	一般项目合格率	评定质量等级	年 月 日
监理（建设）单位验收结论	专业监理工程师（建设单位项目技术负责人）		验收结论意见		核定质量等级		年 月 日

注：实际检查点数必须不大于应检查点数，如超过应检查点数，其超过的点数应从合格点数中减去。

附 2-47　钢结构防护

工 序 质 量 评 定 表

表 CJJ2—90-47

单位工程名称：＿＿＿＿＿＿　部位名称：＿＿＿＿＿＿　工序名称：＿＿＿＿＿＿

工程数量			
序号	检查项目	外观质量标准	质量实况
1	表面	钢结构表面应进行除锈，将表面氧化铁皮或铁锈等清除干净	
2	涂层	涂层前钢材表面无锈，无氧化铁皮或无油污；油漆表面均匀，不得有缺漏、皱纹、流滴等现象；两度漆漆膜厚度不小于50μm	

序号	实测项目	允许偏差（mm）	各实测点偏差值																检验频率		应检点数	实检点数	合格点数	合格率（%）	检查方法
			1	2	3	4	5	6	7	8	9	10	11	12	13	14	15	16	范围	点数					

施工单位检查评定结果	项目质量检查员	交方班组长	接方班组长	主控项目合格率	一般项目合格率	评定质量等级	年　月　日

监理（建设）单位验收结论	专业监理工程师（建设单位项目技术负责人）	验收结论意见	核定质量等级	年　月　日

注：实际检查点数必须不大于应检查点数，如超过应检查点数，其超过的点数应从合格点数中减去。

附 2-48 钢结构构件验收——钢柱允许偏差

工 序 质 量 评 定 表

表 CJJ2—90-48

单位工程名称：________ 部位名称：________ 工序名称：________

工程数量																										
序号	实测项目		允许偏差（mm）	各实测点偏差值																检验频率		应检点数	实检点数	合格点数	合格率（%）	检查方法
				1	2	3	4	5	6	7	8	9	10	11	12	13	14	15	16	范围	点数					
1	柱底面到柱端与桁架连接的最上一个安装孔的距离	$L \leqslant 15m$	±10.0																	每件	2					用尺量
		$L > 15m$	±15.0																							
2	柱底面到牛腿支承面距离	$L_1 \leqslant 10m$	±0.5																							
		$L_2 > 10m$	±0.8																							
3	连接同一构件的安装孔，任意两组孔距（L_2）		±2.0																							
4	受力支托板表面到第一安装孔的距离（a）		±1.0																							
5	牛腿面的翘曲（q）		2.0																							用水平尺量
6	柱身挠曲矢高		L/1000，但不得大于 12.0																							拉小线或用尺量
7	柱身扭曲	牛腿处	3.0																							棱角拉小线量
		其他处	8.0																							
8	柱截面几何尺寸	牛腿处	±3.0																							用尺量
		其他处	±5.0																							
9	翼缘板倾斜度（q）	$b \leqslant 400mm$	$\leqslant b/100$																							
		$b > 400mm$	≤5.0																							
		接合部位	1.5																							用水平尺量
10	柱脚底板翘曲		3.0																							用尺量
11	柱脚螺栓孔对底板中心轴线的距离（d）		±1.5																							
12	腹板中心线（e）	接合部位	≤2.0																							
		其他部位	≤3.0																							

施工单位检查评定结果	项目质量检查员	交方班组长	接方班组长	主控项目合格率	一般项目合格率	评定质量等级	年 月 日
监理(建设)单位验收结论	专业监理工程师(建设单位项目技术负责人)		验收结论意见		核定质量等级		年 月 日

注：1. 实际检查点数必须不大于应检查点数，如超过应检查点数，其超过的点数应从合格点数中减去。

2. 表中所列 L、b、a、e 等字母含义见《市政桥梁工程质量验评标准》表 10.7.1-1 示意图。

附 2-49　钢结构构件验收——板梁允许偏差

工　序　质　量　评　定　表

表 CJJ2—90-49

单位工程名称：＿＿＿＿＿＿　部位名称：＿＿＿＿＿＿　工序名称：＿＿＿＿＿＿

工程数量																										
序号	实测项目		允许偏差（mm）	各实测点偏差值																检验频率		应检点数	实检点数	合格点数	合格率（%）	检查方法
				1	2	3	4	5	6	7	8	9	10	11	12	13	14	15	16	范围	点数					
1	△梁长度																			每件	2					用尺量
2	端部高度	$H \leqslant 2m$																								
		$H > 2m$																								
3	两端最外侧安装孔距（L_1）																									
4	起拱度	$L < 24m$																								沿全长拉线用尺量
		$L \geqslant 24m$																								
5	侧弯矢高（f_1）																									
6	扭曲																									棱角吊小线用尺量
7	腹板局部不平直度（f）	$\delta < 14mm$																								用尺量
		$\delta \geqslant 14mm$																								
8	翼缘板倾斜度（q）																									

施工单位检查评定结果	项目质量检查员	交方班组长	接方班组长	主控项目合格率	一般项目合格率	评定质量等级
						年　月　日
监理（建设）单位验收结论	专业监理工程师（建设单位项目技术负责人）	验收结论意见		核定质量等级		
						年　月　日

注：1. 实际检查点数必须不大于应检查点数，如超过应检查点数，其超过的点数应从合格点数中减去。
2. 表中所列 H 等字母含义见《市政桥梁工程质量验评标准》表 10.7.1-2 示意图。

附 2-50 钢结构构件验收——联结系构件允许偏差

工 序 质 量 评 定 表　　　　**表 CJJ2—90-50**

单位工程名称：________　部位名称：________　工序名称：________

工 程 数 量																									
序号	实 测 项 目	允许偏差（mm）	各 实 测 点 偏 差 值																检验频率		应检点数	实检点数	合格点数	合格率（%）	检查方法
			1	2	3	4	5	6	7	8	9	10	11	12	13	14	15	16	范围	点数					
1	构件两端最外侧安装孔	±3.0																	每件	2					用尺量
2	构件两组安装孔距离	±3.0																							
3	构件弯曲矢高	L/1000，不得大于 10.0																							

施工单位检查评定结果	项目质量检查员	交方班组长	接方班组长	主控项目合格率	一般项目合格率	评定质量等级	年 月 日

监理(建设)单位验收结论	专业监理工程师(建设单位项目技术负责人)	验收结论意见	核定质量等级	年 月 日

注：1. 实际检查点数必须不大于应检查点数，如超过应检查点数，其超过的点数应从合格点数中减去。
2. 表中 L 含义，见《市政桥梁工程质量验评标准》表 10.7.1-3 示意图。

附 2-51　钢结构构件验收——钢平台和钢梯允许偏差

工　序　质　量　评　定　表

表 CJJ2—90-51

单位工程名称：＿＿＿＿＿＿　部位名称：＿＿＿＿＿＿　工序名称：＿＿＿＿＿＿

工程数量																									
序号	实测项目	允许偏差(mm)	各实测点偏差值																检验频率		应检点数	实检点数	合格点数	合格率(%)	检查方法
			1	2	3	4	5	6	7	8	9	10	11	12	13	14	15	16	范围	点数					
1	平台长度和宽度	±4.0																							
2	平台两对角线	6.0																							
3	平台表面不平直度在 1m 范围内	3.0																							
4	梯子长度	±5.0																							
5	梯子宽度	±3.0																	每件	2					用尺量
6	梯子上安装孔距离	±3.0																							
7	梯子纵向挠曲矢高	$\leqslant L_r/1000$																							
8	梯子踏步间距	±5.0																							
9	梯子踏步板不平直度	$\leqslant 1/1000$																							

施工单位检查评定结果	项目质量检查员	交方班组长	接方班组长	主控项目合格率	一般项目合格率	评定质量等级	
							年　月　日
监理(建设)单位验收结论	专业监理工程师(建设单位项目技术负责人)		验收结论意见		核定质量等级		
							年　月　日

注：1. 实际检查点数必须不大于应检查点数，如超过应检查点数，其超过的点数应从合格点数中减去。

2. 表中"挠曲矢高"等名词，见《市政桥梁工程质量验评标准》表 10.7.1-4 示意图。

附 2-52 钢结构构件验收——桁梁杆件基本尺寸允许偏差

工 序 质 量 评 定 表

表 CJJ2—90-52

单位工程名称：________ 部位名称：________ 工序名称：________

工程数量																										
序号	实测项目		允许偏差(mm)	各实测点偏差值																检验频率		应检点数	实检点数	合格点数	合格率(%)	检查方法
				1	2	3	4	5	6	7	8	9	10	11	12	13	14	15	16	范围	点数					
1	△主桁杆件	宽（B）、高（H）	±1.0																	每件	2					
		长	±5.0																							
2	纵、横梁	宽（B）、高（H）	±1.0																		2					
		长（连接角背至背）	±1.0																							
3	联接系	宽（B）、高（H）	±1.0																		2					
		长	±5.0																							
4	隔板	宽（B）、高（H）	−1.0 −2.0																		2					
		长	±5.0																							

施工单位检查评定结果	项目质量检查员	交方班组长	接方班组长	主控项目合格率	一般项目合格率	评定质量等级	年 月 日
监理(建设)单位验收结论	专业监理工程师(建设单位项目技术负责人)	验收结论意见		核定质量等级			年 月 日

注：1. 实际检查点数必须不大于应检查点数，如超过应检查点数，其超过的点数应从合格点数中减去。

2. 表中 B、H 等字母含义见《市政桥梁工程质量验评标准》表 10.7.1-4 示意图。

附 2-53　钢结构构件安装——支承面、支座和地脚螺栓允许偏差

工 序 质 量 评 定 表

表 CJJ2—90-53

单位工程名称：＿＿＿＿＿＿　　部位名称：＿＿＿＿＿＿　　工序名称：＿＿＿＿＿＿

工程数量			
序号	检查项目	外观质量标准	质量实况
1	节点、平面	安装前应对支承面、支座和地脚螺栓位置标高等进行复核。设计要求顶紧的节点，相接触的两个平面必须保证有70%的紧贴，用0.3mm的塞尺检查，插入深度的面积之和不得大于总面积的30%，贴缘最大间隙不得大于0.8mm	
2	螺栓检验	拧紧构件螺栓后，应按下列要求检验：①用小锤逐个敲击，判断拧紧程度，以防漏拧；②扭短法施拧的螺栓，测量其扭矩，不得低于计算扭矩（或试验扭矩的90%）；③转角施拧的螺栓应检查终拧转动角度的数值，误差应符合设计要求或现行的《钢结构工程施工及验收规范》的规定；④至少应抽查50%的螺栓	

序号	实测项目		允许偏差(mm)	各实测点偏差值 1	2	3	4	5	6	7	8	9	10	11	12	13	14	15	16	检验频率 范围	检验频率 点数	应检点数	实检点数	合格点数	合格率(%)	检查方法
1	支承面	标高	±2.0mm																	每件	2					用水准仪测量
		不水平度	1/1000																							
2	支座表面	标高	±1.5mm																		2					
		不水平度	1/1500																							
3	地脚螺栓位置	在支座范围内	±5.0mm																		2					用尺量
		在支座范围外	±10mm																							
4	地脚螺栓伸出支在面长度		±20mm																		1					
5	地脚螺栓的螺纹长度		只许加长																		1					

施工单位检查评定结果	项目质量检查员	交方班组长	接方班组长	主控项目合格率	一般项目合格率	评定质量等级	
							年　月　日

监理（建设）单位验收结论	专业监理工程师（建设单位项目技术负责人）	验收结论意见	核定质量等级	
				年　月　日

注：实际检查点数必须不大于应检查点数，如超过应检查点数，其超过的点数应从合格点数中减去。

附 2-54 钢结构构件安装——钢柱安装允许偏差

工 序 质 量 评 定 表 表 CJJ2—90-54

单位工程名称：________ 部位名称：________ 工序名称：________

工程数量																										
序号	实测项目		允许偏差（mm）	各实测点偏差值																检验频率		应检点数	实检点数	合格点数	合格率（%）	检查方法
				1	2	3	4	5	6	7	8	9	10	11	12	13	14	15	16	范围	点数					
1	轴线对行、列定位轴线		≤5.0																	每件	2					用经纬仪测量，纵、横向各计1点
2	柱基标高	有行车梁的柱	+3.0 −5.0																		4					用水准仪测量，四周各计1点
		无行车梁的柱	+5.0 −8.0																							
3	挠曲矢度		$H/1000$，但不大于15.0																		4					拉小线和尺量，每侧面各计1点
4	钢柱轴线的不垂直度（q）	$H\leqslant 10m$	≤10.0																		2					用经纬仪或垂线测量，纵、横各计1点
		$H>10m$	$\leqslant H/1000$，但不大于25.0																							

施工单位检查评定结果	项目质量检查员	交方班组长	接方班组长	主控项目合格率	一般项目合格率	评定质量等级	年 月 日
监理（建设）单位验收结论	专业监理工程师（建设单位项目技术负责人）	验收结论意见		核定质量等级			年 月 日

注：1. 实际检查点数必须不大于应检查点数，如超过应检查点数，其超过的点数应从合格点数中减去。

2. 表中 q、H 中含义见《市政桥梁工程质量检验评定标准》表 10.8.5 示意图。

附 2-55 钢结构构件安装——钢梁和支座允许偏差

工 序 质 量 评 定 表

表 CJJ2—90-55

单位工程名称：__________ 部位名称：__________ 工序名称：__________

工程数量

序号		实测项目	允许偏差(mm)	1	2	3	4	5	6	7	8	9	10	11	12	13	14	15	16	检验频率 范围	检验频率 点数	应检点数	实检点数	合格点数	合格率(%)	检查方法
1	钢梁	墩、台处拱梁中线位移	±10.0																	每件	1					用经纬仪测量
		简支梁与连续梁间，两联（孔）间相邻横梁中线相对位移	±5.0																							
		墩、台处拱梁顶高程	±10.0																							用水准仪测量
		两联（孔）相邻横梁相对高差	±5.0																							
2	支座	支座十字线扭转值	±1.0																							用经纬仪测量
		固定支座十字线里程位置：连续梁或60m以上简支梁	±20.0																							用尺量
		固定支座十字线里程位置：60m以下简支梁	±10.0																							
		辊轴位置纵向位移	按气温安装，灌注定位前±3.0																							
		支座底板四角相对高差	2																		4					用水准仪测量，四周各计1点

施工单位检查评定结果	项目质量检查员	交方班组长	接方班组长	主控项目合格率	一般项目合格率	评定质量等级	
							年 月 日
监理（建设）单位验收结论	专业监理工程师（建设单位项目技术负责人）	验收结论意见		核定质量等级			
							年 月 日

注：实际检查点数必须不大于应检查点数，如超过应检查点数，其超过的点数应从合格点数中减去。

附 2-56 装饰——普通抹灰

工 序 质 量 评 定 表

表 CJJ2—90-56

单位工程名称：________ 部位名称：________ 工序名称：________

工程数量			
序号	检查项目	外观质量标准	质量实况
1	砂浆	抹灰砂浆配合比成分、稠度等必须符合设计要求或规范规定；使用外掺剂必须经试验室确定	
2	面层	抹灰层面层不得有裂纹，各抹灰层之间及抹灰层之间应粘结牢固，不得有脱层、空鼓现象	
3	分格条	抹灰分格条不得有错缝、掉棱或掉角，缝的宽度与深浅应一致	

序号	实测项目	允许偏差 (mm)	各实测点偏差值																检验频率		应检点数	实检点数	合格点数	合格率 (%)	检查方法
			1	2	3	4	5	6	7	8	9	10	11	12	13	14	15	16	范围	点数					
1	平整度	3																	每跨侧	4					用 2m 直尺或小线量取最大值
2	阴阳角方正	4																		2					用 20cm 方尺检验
3	墙面垂直度	5																		2					用垂线检验

施工单位检查评定结果	项目质量检查员	交方班组长	接方班组长	主控项目合格率	一般项目合格率	评定质量等级	年 月 日
监理(建设)单位验收结论	专业监理工程师(建设单位项目技术负责人)		验收结论意见		核定质量等级		年 月 日

注：实际检查点数必须不大于应检查点数，如超过应检查点数，其超过的点数应从合格点数中减去。

附 2-57　装饰——装饰抹灰

工　序　质　量　评　定　表　　　　表 CJJ2—90-57

单位工程名称：＿＿＿＿＿＿　　部位名称：＿＿＿＿＿＿　　工序名称：＿＿＿＿＿＿

工程数量			
序号	检查项目	外观质量标准	质量实况
1	颜色	装饰抹灰层的颜色必须符合设计要求，色泽一致	
2	水刷石	水刷石必须石粒清晰，分布均匀、平整、密实，不得有掉粒和接搓痕迹	
3	水磨石	水磨石必须表面平整、光滑，石子显露均匀，各条格位置正确，全部磨出，不得有砂眼、磨纹和漏磨处	
4	剁斧石	剁斧石必须剁纹均匀、深浅一致。不得有漏剁处留出的边条，其宽窄应一致，棱角不得有损坏	
5	干粘石	干粘石必须石粒分布均匀，粘结牢固，不漏浆、不漏粘。阳角处不得有明显的黑边	
6	拉毛石	拉毛灰必须花纹斑点分布均匀，同一平面上不显接槎	

序号	实测项目	允许偏差(mm)				各实测点偏差值														检验频率		应检点数	实检点数	合格点数	合格率(%)	检查方法
		水磨石	水刷石	剁斧石	干粘石	1	2	3	4	5	6	7	8	9	10	11	12	13	14	范围	点数					
1	平整度	2	3	3	5															每跨侧	4					用 2m 直尺或小线量取最大值
2	阴阳角方正	2	3	3	3																2					用 20cm 方尺检验
3	墙面垂直度	3	5	4	5																2					用垂线检验
4	分格条平直	2	3	3	3																2					用 2m 直尺或小线量取最大值，横、竖各计 1 点

施工单位检查评定结果	项目质量检查员	交方班组长	接方班组长	主控项目合格率	一般项目合格率	评定质量等级	年　月　日
监理(建设)单位验收结论	专业监理工程师(建设单位项目技术负责人)	验收结论意见		核定质量等级			年　月　日

注：实际检查点数必须不大于应检查点数，如超过应检查点数，其超过的点数应从合格点数中减去。

附 2-58 装饰——饰面

工 序 质 量 评 定 表 表 CJJ2—90-58

单位工程名称：________ 部位名称：________ 工序名称：________

工程数量			
序号	检查项目	外 观 质 量 标 准	质 量 实 况
1	材料	饰面所用材料的品种、规格、颜色、图案以及镶贴方法必须符合设计要求	
2	饰面板、砖	饰面板和饰面砖不得有歪斜、翘曲、空鼓等现象	
3	表　面	饰面板工程的表面不得有起碱、污点、砂浆、流痕和显著的光泽受损处	

序号	实测项目	允许偏差（mm）						各实测点偏差值														检验频率		应检点数	实检点数	合格点数	合格率（%）	检查方法
		天然石			人造石		饰面砖																					
		镜面光面	粗纹石麻面、条纹石	天然石	水磨石	水刷石		1	2	3	4	5	6	7	8	9	10	11	12	13	14	范围	点数					
1	平整度	1	3		2	4	2																4					用 2m 直尺或小线量取最大值
2	垂直度	2	3		2	4	2																2					用垂线检验
3	接缝平直	2	4	5	3	4	3															每跨侧	2					沿接缝 5m 拉线量取最大值，横、用竖各计 1 点
4	相邻板高差	0.3	3		0.5	3	1																2					用尺量
5	接缝宽度	0.5	1	2	0.5	2																	2					用尺量
6	阳角方正	2	4		2		2																2					用 20cm 方尺检验

施工单位检查评定结果	项目质量检查员	交方班组长	接方班组长	主控项目合格率	一般项目合格率	评定质量等级	
							年　月　日
监理(建设)单位验收结论	专业监理工程师(建设单位项目技术负责人)	验收结论意见		核定质量等级			
							年　月　日

注：1. 实际检查点数必须不大于应检查点数，如超过应检查点数，其超过的点数应从合格点数中减去。
2. 饰面板、砖的接缝宽度，如设计无要求时，应符合以下规定：①天然石：镜面、光面 1mm；粗磨石、麻面、条纹石 5mm；天然石 10mm；②人造石：水磨石 2mm；水刷石 10mm；③饰面砖：小于 20cm×20cm 的 1.5mm；大于 20cm×20cm 的 3mm。

附 2-59　装饰——涂层

工 序 质 量 评 定 表

表 CJJ2—90-59

单位工程名称：________　部位名称：________　工序名称：________

工程数量			
序号	检查项目	外观质量标准	质量实况
1	基体、基层	涂刷工程的基体或基层应坚实牢固，不得有起皮、裂缝等缺陷	
2	表面	表面无脱皮、漏刷、反锈、反碱；无透底、流坠、皱纹；平整光滑，颜色一致；涂刷整齐，不得污染相邻构件	

序号	实测项目	允许偏差（mm）	各实测点偏差值																检验频率		应检点数	实检点数	合格点数	合格率（%）	检查方法
			1	2	3	4	5	6	7	8	9	10	11	12	13	14	15	16	范围	点数					

施工单位检查评定结果	项目质量检查员	交方班组长	接方班组长	主控项目合格率	一般项目合格率	评定质量等级	年　月　日
监理（建设）单位验收结论	专业监理工程师（建设单位项目技术负责人）	验收结论意见		核定质量等级			年　月　日

注：实际检查点数必须不大于应检查点数，如超过应检查点数，其超过的点数应从合格点数中减去。

附 2-60 变形装置

工 序 质 量 评 定 表

表 CJJ2—90-60

单位工程名称：________ 部位名称：________ 工序名称：________

工程数量			
序号	检查项目	外 观 质 量 标 准	质 量 实 况
1	构造、宽度	变形装置其构造及宽度必须符合设计规定	
2	伸缩缝	伸缩装置缝面应平整，伸缩性能必须有效。不得有堵塞、渗漏、变形和开裂现象	
3	沉降缝	沉降装置必须垂直，接触面平整，混凝土基础、压顶与墙身的沉降装置必须在同一垂直线上，并使其缝在基桩间隙中通过	
4	止水装置	止水装置缝面应顺直、平整；填充料必须嵌填密实；不得有渗漏、变形和开裂等现象	

序号	实测项目	允许偏差（mm）	各实测点偏差值																检验频率		应检点数	实检点数	合格点数	合格率（%）	检查方法
			1	2	3	4	5	6	7	8	9	10	11	12	13	14	15	16	范围	点数					

施工单位检查评定结果	项目质量检查员	交方班组长	接方班组长	主控项目合格率	一般项目合格率	评定质量等级	年 月 日
监理（建设）单位验收结论	专业监理工程师（建设单位项目技术负责人）	验收结论意见			核定质量等级		年 月 日

注：实际检查点数必须不大于应检查点数，如超过应检查点数，其超过的点数应从合格点数中减去。

附 2-61 桥台、挡土墙泄水孔

工序质量评定表

表 CJJ2—90-61

单位工程名称：________ 部位名称：________ 工序名称：________

<table>
<tr><td colspan="3">工程数量</td><td colspan="25"></td></tr>
<tr><td>序号</td><td colspan="2">检查项目</td><td colspan="14">外观质量标准</td><td colspan="11">质量实况</td></tr>
<tr><td>1</td><td colspan="2">位置、间距</td><td colspan="14">泄水孔设置应符合设计规定。泄水孔必须畅通</td><td colspan="11"></td></tr>
<tr><td>2</td><td colspan="2">断面、坡度</td><td colspan="14">泄水断面及坡度不得小于设计规定</td><td colspan="11"></td></tr>
<tr><td>3</td><td colspan="2">反滤层</td><td colspan="14">反滤层的各种材料规格必须符合设计规定，各种材料不得混杂</td><td colspan="11"></td></tr>
<tr><td rowspan="2">序号</td><td colspan="2" rowspan="2">实测项目</td><td rowspan="2">允许偏差（mm）</td><td colspan="16">各实测点偏差值</td><td colspan="2">检验频率</td><td rowspan="2">应检点数</td><td rowspan="2">实检点数</td><td rowspan="2">合格点数</td><td rowspan="2">合格率（%）</td><td colspan="2" rowspan="2">检查方法</td></tr>
<tr><td>1</td><td>2</td><td>3</td><td>4</td><td>5</td><td>6</td><td>7</td><td>8</td><td>9</td><td>10</td><td>11</td><td>12</td><td>13</td><td>14</td><td>15</td><td>16</td><td>范围</td><td>点数</td></tr>
<tr><td rowspan="2">1</td><td rowspan="2">泄水孔进口</td><td>高程</td><td>±50</td><td></td><td></td><td></td><td></td><td></td><td></td><td></td><td></td><td></td><td></td><td></td><td></td><td></td><td></td><td></td><td></td><td rowspan="3">每道挡土墙</td><td rowspan="3">每口</td><td></td><td></td><td></td><td></td><td colspan="2"></td></tr>
<tr><td>间距</td><td>±200</td><td></td><td></td><td></td><td></td><td></td><td></td><td></td><td></td><td></td><td></td><td></td><td></td><td></td><td></td><td></td><td></td><td></td><td></td><td></td><td></td><td colspan="2"></td></tr>
<tr><td></td><td colspan="2"></td><td></td><td></td><td></td><td></td><td></td><td></td><td></td><td></td><td></td><td></td><td></td><td></td><td></td><td></td><td></td><td></td><td></td><td></td><td></td><td></td><td></td><td colspan="2"></td></tr>
<tr><td colspan="3" rowspan="2">施工单位检查评定结果</td><td colspan="4">项目质量检查员</td><td colspan="5">交方班组长</td><td colspan="5">接方班组长</td><td colspan="4">主控项目合格率</td><td colspan="3">一般项目合格率</td><td colspan="3">评定质量等级</td><td rowspan="2">年 月 日</td></tr>
<tr><td colspan="4"></td><td colspan="5"></td><td colspan="5"></td><td colspan="4"></td><td colspan="3"></td><td colspan="3"></td></tr>
<tr><td colspan="3" rowspan="2">监理(建设)单位验收结论</td><td colspan="10">专业监理工程师(建设单位项目技术负责人)</td><td colspan="8">验收结论意见</td><td colspan="6">核定质量等级</td><td rowspan="2">年 月 日</td></tr>
<tr><td colspan="10"></td><td colspan="8"></td><td colspan="6"></td></tr>
</table>

注：实际检查点数必须不大于应检查点数，如超过应检查点数，其超过的点数应从合格点数中减去。

附 2-62 测量

工 序 质 量 评 定 表 表 CJJ2—90-62

单位工程名称：______ 部位名称：______ 工序名称：______

序号	工程数量	外观质量标准	质量实况
1	水准点闭合差	±12 $\sqrt{L}$（mm）（式中 L 为水准点之间的水平距离）	
2	导线方位角闭合差	±40 $\sqrt{n}$（″）（n 为测点数）	

序号	实测项目			允许偏差（mm）	各实测点偏差值 1	2	3	4	5	6	7	8	9	10	11	12	13	14	15	16	检验频率 范围	检验频率 点数	应检点数	实检点数	合格点数	合格率（%）	检查方法
1	测量三角网的仪器型号测回数及闭合差	桥梁长度<200m	3，DJ3；1，DJ2	30″																							
		桥梁长度 200m～500m	6，DJ3；2，DJ2	15″																							
		桥梁长度>500m	6，DJ2；4，DJ1	9″																							
2	直接丈量测距	固定测桩间或墩台间距离（m）	<200m	1/5000																							
			200～500m	1/10000																							
			>500m	1/20000																							
3	基线丈量	桥梁长<200m		1/10000																							
		桥梁长 200～500m		1/25000																							
		桥梁长>500m		1/50000																							

施工单位检查评定结果	项目质量检查员	交方班组长	接方班组长	主控项目合格率	一般项目合格率	评定质量等级	
							年 月 日
监理（建设）单位验收结论	专业监理工程师（建设单位项目技术负责人）		验收结论意见		核定质量等级		
							年 月 日

注：实际检查点数必须不大于应检查点数，如超过应检查点数，其超过的点数应从合格点数中减去。

市政排水管渠工程质量检验评定标准（CJJ3-90）

附 3　市政排水管渠工程工序质量评定表

附 3-1　管道——沟槽

工　序　质　量　评　定　表　　　　表 CJJ3—90-1

单位工程名称：________　　部位名称：________　　工序名称：________

序号	工程数量	外观质量标准	质量实况
1	槽底土质	严禁扰动槽底土壤，如发生超挖，严禁用土回填	
2	槽　底	槽底不得受水浸泡或受冻	

序号	实测项目	允许偏差（mm）	各实测点偏差值 1	2	3	4	5	6	7	8	9	10	11	12	13	14	15	16	检验频率 范围	检验频率 点数	应检点数	实检点数	合格点数	合格率（%）	检查方法
1	槽底高程	0　−30																	两井之间			3			水准仪测量
2	槽底中线每侧宽度	不少于规定																	两井之间			6			挂中心线用尺量每侧计 3 点
3	沟槽边坡	不陡于规定																	两井之间			6			坡度尺检验，每侧计 3 点

施工单位检查评定结果	项目质量检查员	交方班组长	接方班组长	主控项目合格率	一般项目合格率	评定质量等级	年　月　日
监理(建设)单位验收结论	专业监理工程师(建设单位项目技术负责人)		验收结论意见		核定质量等级		年　月　日

注：实际检查点数必须不大于应检查点数，如超过应检查点数，其超过的点数应从合格点数中减去。

附 3-2 管道——平基、管座

工 序 质 量 评 定 表

表 CJJ3—90-2

单位工程名称：＿＿＿＿＿＿ 部位名称：＿＿＿＿＿＿ 工序名称：＿＿＿＿＿＿

工程数量																										
序号	检查项目		外观质量标准																	质量实况						
序号	实测项目		允许偏差（mm）	各实测点偏差值																检验频率		应检点数	实检点数	合格点数	合格率（%）	检查方法
				1	2	3	4	5	6	7	8	9	10	11	12	13	14	15	16	范围	点数					
1	△混凝土抗压强度		符合《混凝土强度检验评定标准》的规定																	100m	1组					符合《混凝土强度检验评定标准》的有关规定
2	垫层	中线每侧宽度	不小于设计规定																	10m	2					挂中心线用尺量，每侧计1点
		高 程	0 −15																	10m	1					用水准仪测量
3	平基	中线每侧宽度	+10 0																	10m	2					挂中心线用尺量，每侧计1点
		高 程	0 −15																	10m	1					用水准仪测量
		厚 度	不小于设计规定																	10m	1					用尺量
4	管座	肩 宽	+10 −5																	10m	2					挂中心线用尺量，每侧计1点
		肩 高	±20																	10m	2					用水准仪测量，每侧计1点
	蜂窝麻面面积		1%																	两井之间（每侧面）	1					用尺量蜂窝麻面总面积

施工单位检查评定结果	项目质量检查员	交方班组长	接方班组长	主控项目合格率	一般项目合格率	评定质量等级	年 月 日
监理(建设)单位验收结论	专业监理工程师(建设单位项目技术负责人)	验收结论意见		核定质量等级			年 月 日

注：实际检查点数必须不大于应检查点数，如超过应检查点数，其超过的点数应从合格点数中减去。

附 3-3　管道——安装

工　序　质　量　评　定　表　　　　表 CJJ3—90-3

单位工程名称：________　部位名称：________　工序名称：________

<table>
<tr><td colspan="3">工程数量</td><td colspan="24"></td></tr>
<tr><td>序号</td><td colspan="2">检查项目</td><td colspan="13">外观质量标准</td><td colspan="11">质量实况</td></tr>
<tr><td>1</td><td colspan="2">管道</td><td colspan="13">管道必须垫稳，管底坡度不得倒流水，缝宽应均匀，管道内不得有泥土砖石、砂浆、木块等杂物</td><td colspan="11"></td></tr>
<tr><td rowspan="2">序号</td><td colspan="2" rowspan="2">实测项目</td><td rowspan="2">允许偏差（mm）</td><td colspan="16">各实测点偏差值</td><td colspan="2">检验频率</td><td rowspan="2">应检点数</td><td rowspan="2">实检点数</td><td rowspan="2">合格点数</td><td rowspan="2">合格率（%）</td><td rowspan="2">检查方法</td></tr>
<tr><td>1</td><td>2</td><td>3</td><td>4</td><td>5</td><td>6</td><td>7</td><td>8</td><td>9</td><td>10</td><td>11</td><td>12</td><td>13</td><td>14</td><td>15</td><td>16</td><td>范围</td><td>点数</td></tr>
<tr><td>1</td><td colspan="2">中线位移</td><td>15</td><td></td><td></td><td></td><td></td><td></td><td></td><td></td><td></td><td></td><td></td><td></td><td></td><td></td><td></td><td></td><td></td><td rowspan="3">两井之间</td><td>2</td><td></td><td></td><td></td><td></td><td>挂中心线，用尺量</td></tr>
<tr><td rowspan="3">2</td><td rowspan="3">△管内底高程</td><td>$D\leqslant1000$mm</td><td>±10</td><td></td><td></td><td></td><td></td><td></td><td></td><td></td><td></td><td></td><td></td><td></td><td></td><td></td><td></td><td></td><td></td><td>2</td><td></td><td></td><td></td><td></td><td rowspan="3">用水准仪测量</td></tr>
<tr><td>$D>1000$mm</td><td>±15</td><td></td><td></td><td></td><td></td><td></td><td></td><td></td><td></td><td></td><td></td><td></td><td></td><td></td><td></td><td></td><td></td><td>2</td><td></td><td></td><td></td><td></td></tr>
<tr><td>倒虹吸管</td><td>±30</td><td></td><td></td><td></td><td></td><td></td><td></td><td></td><td></td><td></td><td></td><td></td><td></td><td></td><td></td><td></td><td></td><td>每道直管</td><td>4</td><td></td><td></td><td></td><td></td></tr>
<tr><td rowspan="2">3</td><td rowspan="2">相邻管内底错口</td><td>$D\leqslant1000$mm</td><td>3</td><td></td><td></td><td></td><td></td><td></td><td></td><td></td><td></td><td></td><td></td><td></td><td></td><td></td><td></td><td></td><td></td><td rowspan="2">两井之间</td><td>3</td><td></td><td></td><td></td><td></td><td rowspan="2">用尺量</td></tr>
<tr><td>$D>1000$mm</td><td>5</td><td></td><td></td><td></td><td></td><td></td><td></td><td></td><td></td><td></td><td></td><td></td><td></td><td></td><td></td><td></td><td></td><td>3</td><td></td><td></td><td></td><td></td></tr>
<tr><td colspan="3" rowspan="2">施工单位检查评定结果</td><td colspan="4">项目质量检查员</td><td colspan="4">交方班组长</td><td colspan="4">接方班组长</td><td colspan="4">主控项目合格率</td><td colspan="3">一般项目合格率</td><td colspan="3">评定质量等级</td><td colspan="2" rowspan="2">年　月　日</td></tr>
<tr><td colspan="4"></td><td colspan="4"></td><td colspan="4"></td><td colspan="4"></td><td colspan="3"></td><td colspan="3"></td></tr>
<tr><td colspan="3" rowspan="2">监理（建设）单位验收结论</td><td colspan="8">专业监理工程师（建设单位项目技术负责人）</td><td colspan="8">验收结论意见</td><td colspan="6">核定质量等级</td><td colspan="2" rowspan="2">年　月　日</td></tr>
<tr><td colspan="8"></td><td colspan="8"></td><td colspan="6"></td></tr>
</table>

注：1. $D>700$mm 时，其相邻管内底错口在施工中自检，不计点。

2. 表中 D 为管径。

3. 实际检查点数必须不大于应检查点数，如超过应检查点数，其超过的点数应从合格点数中减去。

附 3-4 管道——接口

工 序 质 量 评 定 表

表 CJJ3—90-4

单位工程名称：＿＿＿＿ 部位名称：＿＿＿＿ 工序名称：＿＿＿＿

<table>
<tr><td colspan="2">工程数量</td><td colspan="26"></td></tr>
<tr><td>序号</td><td>检查项目</td><td colspan="18">外观质量标准</td><td colspan="8">质量实况</td></tr>
<tr><td>1</td><td>承插口、企口</td><td colspan="18">承插口或企口多种接口应平直，环形间隙应均匀，灰口应整齐、密实、饱满，不得有裂缝、空鼓等现象</td><td colspan="8"></td></tr>
<tr><td>2</td><td>抹带口</td><td colspan="18">抹带接口应表面平整密实，不得有间断和裂缝、空鼓等现象</td><td colspan="8"></td></tr>
<tr><td rowspan="2">序号</td><td rowspan="2">实测项目</td><td rowspan="2">允许偏差(mm)</td><td colspan="16">各实测点偏差值</td><td colspan="2">检验频率</td><td rowspan="2">应检点数</td><td rowspan="2">实检点数</td><td rowspan="2">合格点数</td><td rowspan="2">合格率(%)</td><td rowspan="2" colspan="3">检查方法</td></tr>
<tr><td>1</td><td>2</td><td>3</td><td>4</td><td>5</td><td>6</td><td>7</td><td>8</td><td>9</td><td>10</td><td>11</td><td>12</td><td>13</td><td>14</td><td>15</td><td>16</td><td>范围</td><td>点数</td></tr>
<tr><td>1</td><td>宽度</td><td>+5
0</td><td></td><td></td><td></td><td></td><td></td><td></td><td></td><td></td><td></td><td></td><td></td><td></td><td></td><td></td><td></td><td></td><td rowspan="2">两井之间</td><td>2</td><td></td><td></td><td></td><td></td><td colspan="3">用尺量</td></tr>
<tr><td>2</td><td>厚度</td><td>+5
0</td><td></td><td></td><td></td><td></td><td></td><td></td><td></td><td></td><td></td><td></td><td></td><td></td><td></td><td></td><td></td><td></td><td>2</td><td></td><td></td><td></td><td></td><td colspan="3">用尺量</td></tr>
<tr><td></td><td></td><td></td><td></td><td></td><td></td><td></td><td></td><td></td><td></td><td></td><td></td><td></td><td></td><td></td><td></td><td></td><td></td><td></td><td></td><td></td><td></td><td></td><td></td><td></td><td colspan="3"></td></tr>
<tr><td colspan="2" rowspan="2">施工单位检查评定结果</td><td colspan="4">项目质量检查员</td><td colspan="4">交方班组长</td><td colspan="4">接方班组长</td><td colspan="4">主控项目合格率</td><td colspan="4">一般项目合格率</td><td colspan="3">评定质量等级</td><td rowspan="2" colspan="3">年 月 日</td></tr>
<tr><td colspan="4"></td><td colspan="4"></td><td colspan="4"></td><td colspan="4"></td><td colspan="4"></td><td colspan="3"></td></tr>
<tr><td colspan="2" rowspan="2">监理(建设)单位验收结论</td><td colspan="8">专业监理工程师(建设单位项目技术负责人)</td><td colspan="8">验收结论意见</td><td colspan="7">核定质量等级</td><td rowspan="2" colspan="3">年 月 日</td></tr>
<tr><td colspan="8"></td><td colspan="8"></td><td colspan="7"></td></tr>
</table>

注：实际检查点数必须不大于应检查点数，如超过应检查点数，其超过的点数应从合格点数中减去。

附 3-5　管道——顶管

工　序　质　量　评　定　表

表 CJJ3—90-5

单位工程名称：　　　　部位名称：　　　　工序名称：

工程数量			
序号	检查项目	外观质量标准	质量实况
1	接　口	接口必须密实、平顺、不脱落	
2	内涨圈	内涨圈中心应正对管缝、填料密实	
3	管　内	管内不得有泥土、石子、砂浆、砖块、木块等杂物	

序号	项目			允许偏差(mm)	各实测点偏差值 1	2	3	4	5	6	7	8	9	10	11	12	13	14	15	16	检验频率 范围	检验频率 点数	应检点数	实检点数	合格点数	合格率(%)	检查方法
1	管顶工作坑	工作坑每侧宽度、长度		不小于设计规定																	每座						挂中线用尺量
		后背	垂直度	0.1%H																							用垂线与角尺
			水平线与中心线的偏差	0.1%L																							
		导轨	高程	+3mm 0																							用水平仪测
			中线位移	左 3mm，右 3mm																							用经纬仪测
2	顶管	中线位移		50																	每节管						测量并查阅测量记录
		管内底高程	D<1500mm	+30 −40																							用水准测量
			D>1500mm	+40 −50																							
		相邻管间错口		15%管壁厚，且不大于 20																	每个接口						用尺量
		对顶时管子错口		50																	每个接口						用尺量

施工单位检查评定结果	项目质量检查员	交方班组长	接方班组长	主控项目合格率	一般项目合格率	评定质量等级	年　月　日
监理(建设)单位验收结论	专业监理工程师(建设单位项目技术负责人)	验收结论意见		核定质量等级			年　月　日

注：1. D 为管径。
2. 表内 H 为后背的垂直度（单位 mm），L 为后背的水平长度（单位 mm）。
3. 实际检查点数必须不大于应检查点数，如超过应检查点数，其超过的点数应从合格点数中减去。

附 3-6 管道——检查井

工 序 质 量 评 定 表

表 CJJ3—90-6

单位工程名称：________ 部位名称：________ 工序名称：________

工程数量		
序号	检查项目	外观质量标准	质量实况
1	井壁	井壁必须相互垂直，不得有通缝，砂浆饱满，灰缝平整，抹面压光，不得有空鼓、裂缝等现象	
2	井内	井内流槽平顺，踏步安装牢固，位置准确，不得有建筑垃圾等杂物	
3	井盖	井盖必须完整无缺，安装平稳，位置正确	

序号	项目		允许偏差（mm）	各实测点偏差值																检验频率		应检点数	实检点数	合格点数	合格率（%）	检查方法
				1	2	3	4	5	6	7	8	9	10	11	12	13	14	15	16	范围	点数					
1	井身尺寸	长、宽	±20																	每座	2					用尺量，长宽各一点
		直径	±20																	每座	2					用尺量
2	井盖高程	非路面	±20																	每座	1					用水准仪测量
		路面	与道路规定一致																	每座	1					用水准仪测量
3	井底高程	0≤1000mm	±10																	每座	1					用水准仪测量
		0>1000mm	±15																	每座	1					用水准仪测量

施工单位检查评定结果	项目质量检查员	交方班组长	接方班组长	主控项目合格率	一般项目合格率	评定质量等级	年 月 日
监理(建设)单位验收结论	专业监理工程师(建设单位项目技术负责人)	验收结论意见		核定质量等级			年 月 日

注：实际检查点数必须不大于应检查点数，如超过应检查点数，其超过的点数应从合格点数中减去。

附 3-7　管道——闭水

工 序 质 量 评 定 表

表 CJJ3—90-7

单位工程名称：＿＿＿＿＿＿　部位名称：＿＿＿＿＿＿　工序名称：＿＿＿＿＿＿

<table>
<tr><td colspan="3">工程数量</td><td colspan="24"></td></tr>
<tr><td>序号</td><td colspan="2">检查项目</td><td colspan="12">外观质量标准</td><td colspan="12">质量实况</td></tr>
<tr><td>1</td><td colspan="2">内容</td><td colspan="12">污水管道、雨污水合流管道、倒虹吸管，设计要求闭水的其他排水管道，必须作闭水试验</td><td colspan="12"></td></tr>
<tr><td rowspan="2">序号</td><td rowspan="2" colspan="2">项目</td><td rowspan="2">允许偏差（mm）</td><td colspan="16">各实测点偏差值</td><td colspan="2">检验频率</td><td rowspan="2">应检点数</td><td rowspan="2">实检点数</td><td rowspan="2">合格点数</td><td rowspan="2">合格率（%）</td><td rowspan="2">检查方法</td></tr>
<tr><td>1</td><td>2</td><td>3</td><td>4</td><td>5</td><td>6</td><td>7</td><td>8</td><td>9</td><td>10</td><td>11</td><td>12</td><td>13</td><td>14</td><td>15</td><td>16</td><td>范围</td><td>点数</td></tr>
<tr><td>1</td><td colspan="2">△倒虹吸管</td><td>不大于</td><td></td><td></td><td></td><td></td><td></td><td></td><td></td><td></td><td></td><td></td><td></td><td></td><td></td><td></td><td></td><td></td><td>每个井段</td><td>1</td><td></td><td></td><td></td><td></td><td>灌水</td></tr>
<tr><td rowspan="3">2</td><td rowspan="3">其他管道</td><td>△D<700mm</td><td>附表*规定</td><td></td><td></td><td></td><td></td><td></td><td></td><td></td><td></td><td></td><td></td><td></td><td></td><td></td><td></td><td></td><td></td><td>每个井段</td><td>1</td><td></td><td></td><td></td><td></td><td rowspan="3">计算渗水量</td></tr>
<tr><td>△D700～1500mm</td><td>附表*规定</td><td></td><td></td><td></td><td></td><td></td><td></td><td></td><td></td><td></td><td></td><td></td><td></td><td></td><td></td><td></td><td></td><td rowspan="2">每3个井段抽检一段</td><td>1</td><td></td><td></td><td></td><td></td></tr>
<tr><td>△D>1500mm</td><td>附表*规定</td><td></td><td></td><td></td><td></td><td></td><td></td><td></td><td></td><td></td><td></td><td></td><td></td><td></td><td></td><td></td><td></td><td>1</td><td></td><td></td><td></td><td></td></tr>
<tr><td rowspan="2" colspan="3">施工单位检查评定结果</td><td colspan="4">项目质量检查员</td><td colspan="5">交方班组长</td><td colspan="5">接方班组长</td><td colspan="4">主控项目合格率</td><td colspan="3">一般项目合格率</td><td colspan="3">评定质量等级</td></tr>
<tr><td colspan="4"></td><td colspan="5"></td><td colspan="5"></td><td colspan="4"></td><td colspan="3"></td><td colspan="3">年　月　日</td></tr>
<tr><td rowspan="2" colspan="3">监理（建设）单位验收结论</td><td colspan="9">专业监理工程师（建设单位项目技术负责人）</td><td colspan="9">验收结论意见</td><td colspan="6">核定质量等级</td></tr>
<tr><td colspan="9"></td><td colspan="9"></td><td colspan="6">年　月　日</td></tr>
</table>

*附表指《市政排水管渠工程质量检验评定标准》（CJJ 3-90）中的“排水管道闭水试验允许渗水量（表 3.7.2-2）”，此处略。

注：1. 实际检查点数必须等于或小于应检查点数，如超过应检查点数，其超过的点数应从合格点数中减去。
2. 闭水试验应在管道填土前进行。
3. 闭水试验应在管道灌满水后经 24h 后再进行。
4. 闭水试验的水位，应为试验段上游管道内顶以上 2m，如上游管道内顶至检查口的高度小于 2m 时，闭水试验水位可至井口为止。
5. 对渗水量的测定时间不少于 30min。
6. 表中 D 为管径。
7. 闭水试验允许渗水量见附表。
8. 污水渠道、雨污水合流渠道、闭水试验同管道。
9. 污水渠道、雨污水合流渠道应做闭水试验；渠道闭水试验方法及允许渗水量与管道闭水试验相同。

附 3-8 管道——回填

工 序 质 量 评 定 表

表 CJJ3—90-8

单位工程名称：________ 部位名称：________ 工序名称：________

工程数量			
序号	检查项目	外观质量标准	质量实况
1	管顶回填材料	在管顶上 500mm（山区 300mm）内，不得回填大于 100mm 的石块、砖块等杂物	
2	槽内回填料	回填时，槽内应无积水，不得回填污泥、腐植土、冻土及有机物	

序号	项目				压实度（%）（轻型击实试验法）	各实测点偏差值																检验频率		应检点数	实检点数	合格点数	合格率（%）	检查方法
						1	2	3	4	5	6	7	8	9	10	11	12	13	14	15	16	范围	点数					
1	胸腔部分				≥90																	两井之间	每层一组（三点）					用环刀法检测
2	管顶以上 500mm				≥85																							
3	管顶 500mm 以上至地面	当年修路（按路槽以下深度计）	0～800mm	高级路面	≥98																							
				次高级路面	≥95																							
				过渡式路面	≥90																							
			800～1500mm	高级路面	≥95																							
				次高级路面	≥90																							
				过渡式路面	≥90																							
			＞1500mm	高级路面	≥95																							
				次高级路面	≥90																							
				过渡式路面	≥85																							
4	当年不修路或农田				≥85																							

施工单位检查评定结果	项目质量检查员	交方班组长	接方班组长	主控项目合格率	一般项目合格率	评定质量等级	年 月 日
监理（建设）单位验收结论	专业监理工程师（建设单位项目技术负责人）		验收结论意见		核定质量等级		年 月 日

注：1. 实际检查点数必须等于或小于应检查点数，如超过应检查点数，其超过的点数应从合格点数中减去。

2. 本表系按道路结构形式分类确定回填土压实度标准。

3. 高级路面为水泥混凝土路面、沥青混凝土路面、水泥混凝土预制块等。次高级路面为沥青表面处理路面、沥青灌入式路面、黑色碎石路面等。过渡式路面为泥结碎石路面、级配砾石路面等。

4. 如遇到当年修路的快速路和主干路，不论采用何种结构形式，均应执行上列高级路面间的回填土压实度标准。

附 3-9　沟渠——土渠

工 序 质 量 评 定 表

表 CJJ3—90-9

单位工程名称：________　部位名称：________　工序名称：________

工程数量			
序号	检查项目	外观质量标准	质量实况
1	边坡	边坡必须平整、坚实、稳定，严禁贴坡	
2	渠内	渠内不得有松散土，渠底应平整，排水畅通	

序号	项目	允许偏差（mm）	各实测点偏差值																检验频率		应检点数	实检点数	合格点数	合格率（%）	检查方法
			1	2	3	4	5	6	7	8	9	10	11	12	13	14	15	16	范围	点数					
1	高程	0 −30mm																	20	1					用水准仪测量
2	渠底中线每侧宽度	不小于设计规定																	20	2					用尺量，每侧各计一点
3	边坡	不陡于设计规定																	40	每侧 1					用坡度尺量

施工单位检查评定结果	项目质量检查员	交方班组长	接方班组长	主控项目合格率	一般项目合格率	评定质量等级	年　月　日
监理(建设)单位验收结论	专业监理工程师(建设单位项目技术负责人)		验收结论意见		核定质量等级		年　月　日

注：实际检查点数必须等于或小于应检查点数，如超过应检查点数，其超过的点数应从合格点数中减去。

附 3-10　沟渠——基础、垫层

工　序　质　量　评　定　表

表 CJJ3—90-10

单位工程名称：________　部位名称：________　工序名称：________

工程数量			
序号	检查项目	外观质量标准	质量实况
1	混凝土	混凝土基础不得有石子外露、脱皮、裂缝等现象	
2	垫　层	垫层坡度及强度必须符合设计要求	
3	伸缩缝	伸缩缝位置正确、垂直、贯通	

序号	项目		压实度（%）及允许偏差（mm）	各实测点偏差值																检验频率		应检点数	实检点数	合格点数	合格率（%）	检查方法
				1	2	3	4	5	6	7	8	9	10	11	12	13	14	15	16	范围	点数					
1	垫层	灰土压实度	≥95																	100mm	1组					环刀法
		高　程	0 −15																	20mm	1					用水准仪测量
		中线每侧宽度	±10																	20mm	2					用尺量，每侧各计1点
		厚　度	±15																	20mm	1					用尺量
2	基础	△混凝土抗压强度	符合《混凝土强度检验评定标准》规定																	每台班	1组					符合《混凝土强度检验评定标准》规定
		高　程	±10																	20mm	1					用水准仪测量
		厚　度	−10																	20mm	1					用尺量
		中线每侧宽度	±10																	20mm	2					用尺量，每侧各计1点
		蜂窝麻面面积	1%																	20mm	1					用尺量蜂窝麻面总面积

施工单位检查评定结果	项目质量检查员	交方班组长	接方班组长	主控项目合格率	一般项目合格率	评定质量等级	
							年　月　日
监理（建设）单位验收结论	专业监理工程师（建设单位项目技术负责人）		验收结论意见		核定质量等级		
							年　月　日

注：实际检查点数必须等于或小于应检查点数，如超过应检查点数，其超过的点数应从合格点数中减去。

附 3-11 沟渠——水泥混凝土及钢筋混凝土渠

工 序 质 量 评 定 表 表 CJJ3—90-11

单位工程名称：________ 部位名称：________ 工序名称：________

工程数量			
序号	检查项目	外 观 质 量 标 准	质 量 实 况
1	墙面、板面	墙面、板面严禁有裂缝，并不得有蜂窝露筋等现象	
2	伸缩缝	墙和拱圈的伸缩缝与板底伸缩缝应对正	
3	构件安装	预制构件安装，必须位置准确、平稳，缝隙必须嵌实，不得有渗漏现象	
4	渠　底	渠底不得有建筑垃圾、砂浆、石子物等	

序号	项　目	允许偏差（mm）	各实测点偏差值																检验频率		应检点数	实检点数	合格点数	合格率（%）	检查方法
			1	2	3	4	5	6	7	8	9	10	11	12	13	14	15	16	范围	点数					
1	△混凝土抗压强度	符合《混凝土强度检验评定标准》的规定																	每台班	1组					符合《混凝土强度检验评定标准》的规定
2	渠底高程	±10																	20	1					用水准仪测量
3	拱圈断面尺寸	不小于设计规定																	20	2					用尺量，宽厚各计一点
4	盖板断面尺寸	不小于设计规定																	20	2					用尺量，宽厚各计一点
5	墙高	±20																	20	2					用尺量，每侧各计1点
6	梁底中线每侧宽度	±10																	20	2					用尺量，每侧各计1点
7	墙面垂直度	15																	20	2					用垂线检查，每侧各计1点
8	墙面平整度	10																	20	2					用2m直尺或小线量取最大值，每侧各计1点
9	墙厚	+10，0																	20	2					用尺量，每侧各计1点

施工单位检查评定结果	项目质量检查员	交方班组长	接方班组长	主控项目合格率	一般项目合格率	评定质量等级	
							年　月　日
监理（建设）单位验收结论	专业监理工程师（建设单位项目技术负责人）	验收结论意见			核定质量等级		
							年　月　日

注：实际检查点数必须等于或小于应检查点数，如超过应检查点数，其超过的点数应从合格点数中减去。

附 3-12 沟渠——石渠

工 序 质 量 评 定 表

表 CJJ3—90-12

单位工程名称：________ 部位名称：________ 工序名称：________

工程数量			
序号	检查项目	外观质量标准	质量实况
1	墙面组砌	墙面垂直，砂浆必须饱满，组砌正确，无通缝	
2	灰缝	嵌缝密实，勾缝整齐，不得有通径、裂缝等现象	
3	渠底	不得有建筑垃圾、砂浆、石块等杂物，墙的伸缩缝和底板伸缩缝应对正	

序号	项目	允许偏差（mm）		各实测点偏差值 1	2	3	4	5	6	7	8	9	10	11	12	13	14	15	16	检验频率 范围	检验频率 点数	应检点数	实检点数	合格点数	合格率（%）	检查方法
1	砂浆抗压强度	设计和标准符合要求																		100	1					
2	渠底高程	混凝土	±10																	20	1					用水准仪测量
		石	±20																							
3	拱圈断面尺寸	不小于设计规定																		20	2					用尺量，宽、厚各计一点
4	墙高	±10																		20	2					用尺量，宽、厚各计一点
5	渠底中线每侧宽度	料石、混凝土	±10																	20	2					用尺量，每侧计一点
		块石	±20																							
6	墙面垂直度	15																		20	2					用垂线检查，各计 1 点
7	墙面平整度	料石	20																	20	2					用 2m 直尺，每侧 1 点
		块石	30																							
8	墙厚	不少于设计厚度																		20	2					用尺量，每侧 1 点
9	盖板	不少于设计厚度																		20	2					用尺量，宽、厚各 1 点

施工单位检查评定结果	项目质量检查员	交方班组长	接方班组长	主控项目合格率	一般项目合格率	评定质量等级	
							年 月 日
监理（建设）单位验收结论	专业监理工程师（建设单位项目技术负责人）		验收结论意见		核定质量等级		
							年 月 日

附 3-13　沟渠——砖渠

工 序 质 量 评 定 表

表 CJJ3—90-13

单位工程名称：＿＿＿＿＿＿　部位名称：＿＿＿＿＿＿　工序名称：＿＿＿＿＿＿

工程数量			
序号	检查项目	外观质量标准	质量实况
1	墙面	墙面应平整垂直，砂浆必须饱满，抹面压光，不得有空鼓裂缝现象	
2	伸缩缝	砖墙和拱圈的伸缩缝与底板伸缩缝应对正，缝宽应符合设计要求，砖墙不得有通缝	
3	渠底	渠底不得有建筑垃圾、砂浆、石块等杂物	

序号	项目	允许偏差（mm）	各实测点偏差值																检验频率		应检点数	实检点数	合格点数	合格率（%）	检查方法
			1	2	3	4	5	6	7	8	9	10	11	12	13	14	15	16	范围	点数					
1	△砂浆抗压强度	符合表下注2要求																	100m，每一配合比	1组					符合表下注2要求
2	渠底高程	±10																	20	1					用水准仪测量
3	拱圈断面尺寸	不小于设计规定																	20	2					用尺量，宽、厚各计一点
4	墙高	20																	20	2					用尺量，每侧计一点
5	渠底中心每侧宽度	±10																	20	2					用尺量，每侧计1点
6	墙面垂直度	15																	20	2					用垂线检验，每侧计1点
7	墙面平整度	10																	20	2					用2m直尺量和楔形塞尺量取最大值，每侧计1点

施工单位检查评定结果	项目质量检查员	交方班组长	接方班组长	主控项目合格率	一般项目合格率	评定质量等级	年　月　日
监理（建设）单位验收结论	专业监理工程师（建设单位项目技术负责人）	验收结论意见		核定质量等级			年　月　日

注：1. 实际检查点数必须等于或小于应检查点数，如超过应检查点数，其超过的点数应从合格点数中减去。

2. 砂浆抗压强度：同标砂浆各组试块的平均强度≥设计强度；任意一组试块的强度最低值≥85%设计强度。

附 3-14 排水泵站——基坑开挖

工 序 质 量 评 定 表

表 CJJ3—90-14

单位工程名称：________ 部位名称：________ 工序名称：________

工程数量			
序号	检查项目	外观质量标准	质量实况
1	开挖	严禁扰动基底土壤，如发生超挖，严禁用土回填	
2	基底	基底不得受泡或受冻	

序号	项目		允许偏差(mm)	1	2	3	4	5	6	7	8	9	10	11	12	13	14	15	16	检验频率 范围	检验频率 点数	应检点数	实检点数	合格点数	合格率(%)	检查方法
1	轴线位移		50																	每座	4					用经纬仪测量纵横向，各计2点
2	基底高程	土方	±30																		5					用水准仪测量
		石方	±100																							
3	基坑尺寸		不小于设计规定																		4					用尺量，每边各计1点
4	基坑边坡		不陡于设计规定																		4					用坡度尺检验，每边各计1点

施工单位检查评定结果	项目质量检查员	交方班组长	接方班组长	主控项目合格率	一般项目合格率	评定质量等级	
							年 月 日

监理(建设)单位验收结论	专业监理工程师(建设单位项目技术负责人)	验收结论意见	核定质量等级	
				年 月 日

注：实际检查点数必须等于或小于应检查点数，如超过应检查点数，其超过的点数应从合格点数中减去。

附 3-15　排水泵站——回填

工 序 质 量 评 定 表

表 CJJ3—90-15

单位工程名称：________　部位名称：________　工序名称：________

工程数量			
序号	检查项目	外观质量标准	质量实况
1	夯实	填方经夯实后不得有翻浆、弹簧现象	
2	回填土料	填方中不得含有淤泥、腐植土及有机物质等	

序号	实测项目	压实度（%）（轻型击实试验法）	各实测点偏差值																检验频率		应检点数	实检点数	合格点数	合格率（%）	检查方法
			1	2	3	4	5	6	7	8	9	10	11	12	13	14	15	16	范围	点数					
1	压实度	≥90																	每一构筑物	每层一组（3点）					用环刀法检查

施工单位检查评定结果	项目质量检查员	交方班组长	接方班组长	主控项目合格率	一般项目合格率	评定质量等级	年　月　日

监理（建设）单位验收结论	专业监理工程师（建设单位项目技术负责人）	验收结论意见	核定质量等级	年　月　日

注：实际检查点数必须等于或小于应检查点数，如超过应检查点数，其超过的点数应从合格点数中减去。

附 3-16　排水泵站——泵站沉井

工 序 质 量 评 定 表

表 CJJ3—90-16

单位工程名称：________　部位名称：________　工序名称：________

工程数量			
序号	检查项目	外观质量标准	质量实况
1	内壁、板底	沉井下沉后内壁不得有渗漏现象，板底表面应平整，亦不得有渗漏现象	

序号	项目	允许偏差（mm）		各实测点偏差值																检验频率		应检点数	实检点数	合格点数	合格率（%）	检查方法
		小型	大型	1	2	3	4	5	6	7	8	9	10	11	12	13	14	15	16	范围	点数					
1	轴线位移	1%H																		每座	4					用经纬仪测量
2	底板高程	+40 −60	+40 −［60+10(H−10)］																		4					用水准仪测量
3	垂直度	0.7%H	1%H																		2					用垂线或经纬仪检验，纵、横向各取1点。

施工单位检查评定结果	项目质量检查员	交方班组长	接方班组长	主控项目合格率	一般项目合格率	评定质量等级	年　月　日
监理（建设）单位验收结论	专业监理工程师（建设单位项目技术负责人）	验收结论意见		核定质量等级			年　月　日

注：1. 实际检查点数必须等于或小于应检查点数，如超过应检查点数，其超过的点数应从合格点数中减去。
2. 表中 H 为沉井下沉深度，单位为毫米（mm），计算底板高程时，单位为米（m）。
3. 基础、垫层的质量标准可参照沟渠基础、垫层质量标准。
4. 沉井的外壁平面面积大于或等于 250m^2，且下沉深度 $H\geqslant$10m，按大型检验；不具备以上两个条件的，按小型检验。

附 3-17 排水泵站——模板（整体式）

工 序 质 量 评 定 表

表 CJJ3—90-17

单位工程名称：________ 部位名称：________ 工序名称：________

工程数量		
序号	检查项目	外观质量标准	质量实况
1	安装	模板安装必须牢固，在施工荷载作用下不得有松动、跑模、下沉现象	
2	拼缝	模板拼缝必须严密，不得漏浆，模内必须清洁	

序号	项目		允许偏差（mm）	各实测点偏差值 1	2	3	4	5	6	7	8	9	10	11	12	13	14	15	16	检验频率 范围	检验频率 点数	应检点数	实检点数	合格点数	合格率（%）	检查方法
1	相邻两板表面高低差	刨光模板、钢模	2																	每个构筑物或构件	4					用尺量
		不刨光模板	4																							
2	表面平整度	刨光模板、钢模	3																		4					用 2m 直尺和楔型塞尺检验
		不刨光模板	5																							
3	垂直度	墙、柱	0.1%且不大于 6																		2					用垂线或经纬仪检验
4	模内尺寸	基础	+10 −20																		3					用尺量，长、宽、高各计 1 点
		梁、板、墙、柱	+3 −8																							
5	轴线位移	基础	15																		4					用经纬仪测量，纵、横向各计 2 点
		墙	10																							
		梁、柱	8																							
6	预埋件、预留孔位移		10																	每件（孔）	1					用尺量

施工单位检查评定结果	项目质量检查员	交方班组长	接方班组长	主控项目合格率	一般项目合格率	评定质量等级	
							年 月 日
监理(建设)单位验收结论	专业监理工程师(建设单位项目技术负责人)	验收结论意见		核定质量等级			
							年 月 日

注：1. 实际检查点数必须等于或小于应检查点数，如超过应检查点数，其超过的点数应从合格点数中减去。

2. 表中 H 为构筑物高度（单位：mm）。

附 3-18-1 排水泵站——模板（小型预制构件）

工 序 质 量 评 定 表

表 CJJ3—90-18-1

单位工程名称：________ 部位名称：________ 工序名称：________

工程数量			
序号	检查项目	外观质量标准	质量实况
1	外表	预制沟盖板不得有缺角、露筋、裂缝等质量缺陷。现浇沟盖板不得有孔洞、露筋、裂缝等质量缺陷	

序号		实测项目	允许偏差（mm）	各实测点偏差值 1	2	3	4	5	6	7	8	9	10	11	12	13	14	15	16	检验频率 范围	检验频率 点数	应检点数	实检点数	合格点数	合格率（%）	检查方法
1	预制盖板	混凝土抗压强度	平均值不低于设计强度																		1组					符合《混凝土强度检验评定标准》规定
		长度	±10																	总数每20%	1块					尺量，每边各测1点
		宽度	±20																		1块					尺量，每边各测1点
		厚度	±5																		1块					尺量，上下各测1点
		对角线长度差	20																							每块计1点
2	现浇盖板	厚度	±5																							尺量，上下各测1点
		宽度	符合设计要求																							尺量，每边各测1点

施工单位检查评定结果	项目质量检查员	交方班组长	接方班组长	主控项目合格率	一般项目合格率	评定质量等级	年 月 日
监理（建设）单位验收结论	专业监理工程师（建设单位项目技术负责人）	验收结论意见		核定质量等级			年 月 日

注：1. 实际检查点数必须等于或小于应检查点数，如超过应检查点数，其超过的点数应从合格点数中减去。
2. 预制或现浇盖板均应作钢筋隐蔽验收记录，签证手续齐全。

附3-18-2 排水泵站——模板（小型构件）

工 序 质 量 评 定 表 表 CJJ3—90-18-2

单位工程名称：________ 部位名称：________ 工序名称：________

工程数量			
序号	检查项目	外观质量标准	质量实况
1	外表	预制沟盖板不得有缺角、露筋、裂缝等质量缺陷。现浇沟盖板不得有孔洞、露筋、裂缝等质量缺陷	

序号	实测项目	允许偏差（mm）	各实测点偏差值 1	2	3	4	5	6	7	8	9	10	11	12	13	14	15	16	检验频率 范围	检验频率 点数	应检点数	实检点数	合格点数	合格率（%）	检查方法
1	断面尺寸	±5																	每件（每一类型构件抽查10%，且不少于5件）	2					用尺量，宽、高各计1点
2	长度	0 −5																		1					用尺量
3	榫头 断面尺寸	0 −3																		2					用尺量，宽、高各计1点
	榫头 长度	0 −3																		1					用尺量
4	榫槽 断面尺寸	+3 0																		2					用尺量，宽、高各计1点
	榫槽 长度	+3 0																		1					用尺量

施工单位检查评定结果	项目质量检查员	交方班组长	接方班组长	主控项目合格率	一般项目合格率	评定质量等级	
							年 月 日
监理（建设）单位验收结论	专业监理工程师（建设单位项目技术负责人）	验收结论意见		核定质量等级			
							年 月 日

注：1. 实际检查点数必须等于或小于应检查点数，如超过应检查点数，其超过的点数应从合格点数中减去。
2. 预制或现浇盖板均应作钢筋隐蔽验收记录，签证手续齐全。

附 3-19 排水泵站——钢筋—1、钢筋加工

工 序 质 量 评 定 表

表 CJJ3—90-19

单位工程名称：________ 部位名称：________ 工序名称：________

工程数量			
序号	检查项目	外 观 质 量 标 准	质 量 实 况
1	级别种类	钢筋的级别、种类、根数、直径等必须符合设计要求	
2	表 面	钢筋表面应洁净，不得有锈皮、油渍、油漆等污垢	
3	调 直	钢筋必须平直，调直后表面伤痕及锈蚀不应使截面积减少	
4	弯曲成型	钢筋弯曲成型后，表面不得有裂纹、鳞落和断裂等现象	
5	绑扎成型	绑扎成型时，铁丝必须扎紧，其两头应向内。不得有滑动、折断、移位等情况	
6	焊接成型	焊接成型时，焊接前的焊接处不得有水锈、油渍等；焊接后的焊接处不得有缺口、裂纹及较大的金属焊瘤，用小锤轻击时应发出与原钢筋同样的清脆声	
7	网 片	绑扎或焊接成型的网片或骨架必须稳定、牢固，在安装及浇筑混凝土时不得松动或变形	

序号	项 目		允许偏差（mm）	各实测点偏差值 1	2	3	4	5	6	7	8	9	10	11	12	13	14	15	16	检验频率 范围	检验频率 点数	应检点数	实检点数	合格点数	合格率（%）	检查方法
1	冷拉率		不大于设计规定																	每根（每一类型抽查10%且不少于5根）	1					用尺量
2	受力钢筋成型长度		+5 −10																		1					用尺量
3	弯起钢筋	弯起点位置	±20																		1					用尺量
		弯起高度	0 −10																		1					用尺量
4	箍筋尺寸		0 −5																		2					用尺量，高、宽各计1点

施工单位检查评定结果	项目质量检查员	交方班组长	接方班组长	主控项目合格率	一般项目合格率	评定质量等级	
							年 月 日
监理(建设)单位验收结论	专业监理工程师(建设单位项目技术负责人)		验收结论意见		核定质量等级		
							年 月 日

注：实际检查点数必须等于或小于应检查点数，如超过应检查点数，其超过的点数应从合格点数中减去。

附 3-20 排水泵站——钢筋—2、用电弧焊接钢筋接头的缺陷和尺寸

工 序 质 量 评 定 表 表 CJJ3—90-20

单位工程名称：________ 部位名称：________ 工序名称：________

工程数量			
序号	检查项目	外观质量标准	质量实况

序号	项目	允许偏差(mm)	各实测点偏差值 1	2	3	4	5	6	7	8	9	10	11	12	13	14	15	16	检验频率 范围	检验频率 点数	应检点数	实检点数	合格点数	合格率(%)	检查方法
1	绑条对焊接头中心和纵向偏移	0.5d																							用尺量
2	钢模、铜模对焊接接头中心的纵向偏移	0.1d																							用尺量
3	接头处钢筋轴线的曲折	4°																							用尺量
4	接头处钢筋轴线的偏移	0.1d 且不大于 3mm																							用尺量
5	焊缝高度	−0.05d																							用尺量
6	焊缝宽度	−0.01d																							用尺量
7	焊缝长度	−0.5d																							用尺量
8	咬肉深度	0.05d 且不大于 1mm																							用尺量
9	焊缝表面上气孔及夹渣 在 2d 长度上	不多于 2 个																							用尺量
	焊缝表面上气孔及夹渣 直径	不大于 3mm																							用尺量

施工单位检查评定结果	项目质量检查员	交方班组长	接方班组长	主控项目合格率	一般项目合格率	评定质量等级	年 月 日
监理（建设）单位验收结论	专业监理工程师（建设单位项目技术负责人）		验收结论意见		核定质量等级		年 月 日

注：1. 实际检查点数必须等于或小于应检查点数，如超过应检查点数，其超过的点数应从合格点数中减去。

2. 表中 d 为钢筋直径（mm）。

3. 本表供抽查焊接接头质量时使用，不计点。

附 3-21 排水泵站——钢筋—3、钢筋网片和骨架成型

工 序 质 量 评 定 表

表 CJJ3—90-21

单位工程名称：________ 部位名称：________ 工序名称：________

工程数量			
序号	检查项目	外 观 质 量 标 准	质 量 实 况

序号	项目	允许偏差（mm）	各实测点偏差值 1	2	3	4	5	6	7	8	9	10	11	12	13	14	15	16	检验频率 范围	检验频率 点数	应检点数	实检点数	合格点数	合格率（%）	检查方法
1	网的长度	±10																	每片网或骨架	2					用尺量，长、宽各计1点
2	网架的长度	+5 −10																		3					用尺量，长、宽、高各计1点
3	骨架的宽、高度	0 −10																		3					用尺量，长、宽、高各计1点
4	网眼尺寸及骨架箍筋间距	±10																		3					用尺量

施工单位检查评定结果	项目质量检查员	交方班组长	接方班组长	主控项目合格率	一般项目合格率	评定质量等级	年 月 日
监理（建设）单位验收结论	专业监理工程师（建设单位项目技术负责人）	验收结论意见		核定质量等级			年 月 日

注：1. 实际检查点数必须等于或小于应检查点数，如超过应检查点数，其超过的点数应从合格点数中减去。

2. 用直钢筋制成的网和平面骨架，其尺寸系指最外边的两根钢筋中心线之间的距离；当钢筋末端有弯钩或弯曲时，系指弯钩或弯曲处切线间的距离。

附 3-22 泵站——钢筋—4、钢筋安装

工 序 质 量 评 定 表

表 CJJ3—90-22

单位工程名称：________ 部位名称：________ 工序名称：________

工程数量			
序号	检查项目	外观质量标准	质量实况
1	钢筋级别、数量等	所配置钢筋的级别、钢种、根数、直径等必须符合设计要求	

序号	项目		允许偏差（mm）	各实测点偏差值																检验频率		应检点数	实检点数	合格点数	合格率（%）	检查方法
				1	2	3	4	5	6	7	8	9	10	11	12	13	14	15	16	范围	点数					
1	顺高度方向配置两排以上受力钢筋时钢筋的排距		±5																	每个构件或构筑物	2					用尺量
2	受力钢筋间距	梁、柱	±10																		2					在任意一个断面量取每根钢筋间距最大偏差值，计1点
		板、墙	±10																		2					
		基础	±20																		4					
3	箍筋间距		±20																		5					用尺量
4	保护层厚度	梁、柱	±5																		5					用尺量
		板、墙	±3																		5					
		基础	±10																		5					

施工单位检查评定结果	项目质量检查员	交方班组长	接方班组长	主控项目合格率	一般项目合格率	评定质量等级	年 月 日
监理（建设）单位验收结论	专业监理工程师（建设单位项目技术负责人）		验收结论意见		核定质量等级		年 月 日

注：实际检查点数必须等于或小于应检查点数，如超过应检查点数，其超过的点数应从合格点数中减去。

附 3-23 排水泵站——混凝土结构（现场浇筑）

工 序 质 量 评 定 表

表 CJJ3—90-23

单位工程名称：________ 部位名称：________ 工序名称：________

工程数量		
序号	检查项目	外观质量标准
1	配合比	水泥混凝土配合比必须符合设计规定，构筑物不得有蜂窝、露筋现象

序号	项目		允许偏差(mm)	各实测点偏差值 1	2	3	4	5	6	7	8	9	10	11	12	13	14	15	16	检验频率 范围	检验频率 点数	应检点数	实检点数	合格点数	合格率(%)	检查方法
1	△混凝土抗压强度		必须符合《混凝土强度检验评定标准》的规定																	每台班	1组					必须符合《混凝土强度检验评定标准》的规定
2	△混凝土抗渗		必须符合 GBJ 82 的规定																		1组(6块)					必须符合 GBJ 82 的规定
3	轴线位移		20																		2					用经纬仪测量纵横向，各计1点
4	各部位高程		±20																		2					用水准仪测量
5	构筑物尺寸	长、宽或直径	长、宽或直径0.5%且不大于50																	每个构筑物	2					用尺量
6	构筑物厚度(mm)	<200	±5																		4					用尺量
		200～600	±10																		4					用尺量
		>600	±15																		4					用尺量
7	墙面垂直度		15																		4					垂线或经纬仪测量
8	蜂窝、麻面		每侧不得超过该面积的1%																		1					用尺量蜂窝、麻面总面积
9	预埋件、预留值位移		10																	每座	1					用尺量

施工单位检查评定结果	项目质量检查员	交方班组长	接方班组长	主控项目合格率	一般项目合格率	评定质量等级	
							年 月 日
监理(建设)单位验收结论	专业监理工程师(建设单位项目技术负责人)	验收结论意见		核定质量等级			
							年 月 日

注：1. 实际检查点数必须等于或小于应检查点数，如超过应检查点数，其超过的点数应从合格点数中减去。

2. 无抗渗要求的构筑物不检测第二项。

附 3-24　排水泵站——砖砌结构

工 序 质 量 评 定 表

表 CJJ3—90-24

单位工程名称：＿＿＿＿＿＿　部位名称：＿＿＿＿＿＿　工序名称：＿＿＿＿＿＿

工程数量			
序号	检查项目	外 观 质 量 标 准	质 量 实 况
1	砌　筑	砂浆必须饱满，砌筑平整、错缝，不应有通缝	
2	清水墙	清水墙面应保持清洁，刮缝深度应适宜，勾缝应密实，深浅一致，横竖缝交接处应平整	

序号	项　目	允许偏差（mm）	各实测点偏差值 1	2	3	4	5	6	7	8	9	10	11	12	13	14	15	16	检验频率 范围	点数	应检点数	实检点数	合格点数	合格率（%）	检查方法
1	△砂浆强度	见注 3																		1 组					见注 3
2	轴线位移	20																	每个构筑物	2					用经纬仪测量，纵、横向各计 1 点
3	室内地坪高程	±20																		2					水准仪测量
4	尺　寸	0.5%$L(D)$																		2					用尺量
5	墙面垂直度	5（每层）																	每个构筑物每层	4					用垂线检验
6	墙柱表面平整度	清水墙 5 混水墙 8																		4					用 2m 尺直尺和楔型塞尺量取最大值
7	预埋件、预留孔位移	5																	每件（孔）	1					用尺量
8	门、窗口宽度	±5																	樘	1					用尺量

施工单位检查评定结果	项目质量检查员	交方班组长	接方班组长	主控项目合格率	一般项目合格率	评定质量等级
						年　月　日

监理（建设）单位验收结论	专业监理工程师（建设单位项目技术负责人）	验收结论意见	核定质量等级
			年　月　日

注：1. 实际检查点数必须等于或小于应检查点数，如超过应检查点数，其超过的点数应从合格点数中减去。

2. 表中 L 为矩形构筑物边长（mm），D 为圆形构筑物直径（mm）；

3. 砂浆强度评定：同强度等级砂浆各组试块平均强度≥设计强度，任意一组试块强度最低值≥0.85 设计强度；

4. 门、窗工程及装饰工程质量标准参照《建筑工程施工质量验收规范》的有关规定。

附 3-25 排水泵站——构件安装

工 序 质 量 评 定 表

表 CJJ3—90-25

单位工程名称：________ 部位名称：________ 工序名称：________

工程数量			
序号	检查项目	外观质量标准	质量实况
1	板 缝	两板之间的缝隙必须用细石混凝土或水泥砂浆嵌填密实	

序号	项目		允许偏差（mm）	各实测点偏差值																检验频率		应检点数	实检点数	合格点数	合格率（%）	检查方法
				1	2	3	4	5	6	7	8	9	10	11	12	13	14	15	16	范围	点数					
1	平面位置		10																	每个构件	1					用经纬仪测量
2	相邻两构件支点处顶面高差		10																		2					用尺量
3	焊缝长度		不小于设计规定																							抽查焊缝10%，每处计1点
4	吊车梁	中线偏差	5																		1					用垂线或经纬仪测量
		顶面高程	0 −5																		1					用水准仪测量
		相邻两梁端顶面高差	0，−5																		1					用尺量

施工单位检查评定结果	项目质量检查员	交方班组长	接方班组长	主控项目合格率	一般项目合格率	评定质量等级	年 月 日
监理（建设）单位验收结论	专业监理工程师（建设单位项目技术负责人）	验收结论意见		核定质量等级			年 月 日

注：实际检查点数必须等于或小于应检查点数，如超过应检查点数，其超过的点数应从合格点数中减去。

附 3-26　排水泵站——水泵安装

工 序 质 量 评 定 表　　　　表 CJJ3—90-26

单位工程名称：＿＿＿＿＿＿　部位名称：＿＿＿＿＿＿　工序名称：＿＿＿＿＿＿

工程数量			
序号	检查项目	外观质量标准	质量实况
1	地脚螺栓	地脚螺栓必须埋设牢固	
2	泵座、机座	泵座与机座应接触严密，多台水泵并列时各种高程必须符合设计规定	
3	泵轴、电动机	水泵轴不得有弯曲，电动机应与水泵轴相符	

序号	项目			允许偏差（mm）	各实测点偏差值																检验频率		应检点数	实检点数	合格点数	合格率（%）	检查方法
					1	2	3	4	5	6	7	8	9	10	11	12	13	14	15	16	范围	点数					
1	基座水平度			±2																	每台	4					用水准仪测量
2	地脚螺栓位置			±2																	每台	1					用尺量
3	△泵体水平度			每米 0.1																	每台	2					用水准仪测量
4	联轴器同心度		轴向倾斜	每米 0.8																		2					在联轴器互相垂直四个位置上用水平仪、百分表、测微螺钉和塞尺检查
			径向位移	每米 0.1																		2					
5	皮带转动	轮宽中心	平皮带	1.5																		2					在主从动皮带轮两端拉线用尺量检查
		平面位移	三角皮带	1.0																		2					

施工单位检查评定结果	项目质量检查员	交方班组长	接方班组长	主控项目合格率	一般项目合格率	评定质量等级	年　月　日
监理（建设）单位验收结论	专业监理工程师（建设单位项目技术负责人）	验收结论意见		核定质量等级			年　月　日

注：实际检查点数必须等于或小于应检查点数，如超过应检查点数，其超过的点数应从合格点数中减去。

附 3-27 排水泵站——铸铁管安装

工 序 质 量 评 定 表

表 CJJ3—90-27

单位工程名称：＿＿＿＿＿＿ 部位名称：＿＿＿＿＿＿ 工序名称：＿＿＿＿＿＿

工程数量			
序号	检查项目	外观质量标准	质量实况
1	水压、注水试验	水压和注水试验必须符合设计规定，穿墙管埋塞处应不渗漏	
2	支托架	支、托架安装位置应正确，埋设平整牢固，砂浆饱满，但不应突出墙面，与管道接触应紧密	
3	承插式连接	承插式管道连接应平直，环形间隙应均匀，灰口应齐整、密实、饱满，凹进承口不大于5mm	
4	法兰式连接	法兰式管道连接应平整、紧密，螺栓应紧固，螺帽应在同一面，螺栓露出螺帽的长度不应大于螺栓直径的1/2	
5	阀门安装	阀门安装应紧固、严密，与管道中心线应垂直，操作机构应灵活、准确	

序号	项目	允许偏差(mm)	各实测点偏差值																检验频率		应检点数	实检点数	合格点数	合格率(%)	检查方法
			1	2	3	4	5	6	7	8	9	10	11	12	13	14	15	16	范围	点数					
1	△管道高程	±10																	每节管	2					用水准仪测量
2	中线位移	10																		2					用尺量
3	主管垂直度	每米2，且不大于10																		2					用垂线和尺检验

施工单位检查评定结果	项目质量检查员	交方班组长	接方班组长	主控项目合格率	一般项目合格率	评定质量等级	
							年 月 日
监理（建设）单位验收结论	专业监理工程师（建设单位项目技术负责人）	验收结论意见		核定质量等级			
							年 月 日

注：实际检查点数必须等于或小于应检查点数，如超过应检查点数，其超过的点数应从合格点数中减去。

附 3-28 排水泵站——钢管安装

工 序 质 量 评 定 表

表 CJJ3—90-28

单位工程名称：________ 部位名称：________ 工序名称：________

序号	检查项目	外观质量标准	质量实况
工程数量			
1	水压、气压	水压，气压试验必须符合设计规定	
2	支、吊、托架	支、吊、托架安装位置应正确，埋设平整、牢固，砂浆饱满，但不应突出墙面，与管道接触应紧密。滑动支座应灵活，滑托与滑槽间应留有 3～5mm 间隙，并留有一定的偏移量	
3	管道连接	①焊接：焊接表面不得有裂缝、烧穿、结瘤和较严重的夹渣、气孔等缺陷；钢板卷管或螺旋钢管对接，纵焊缝应相互错开 100mm 以上，直线管段相邻两环形焊缝之间距离不应小于 200mm；对口间隙尺寸，壁厚 5～9mm 者不大于 2mm，壁厚大于 9mm 者不大于 3mm。 ②丝口连接：丝口连接应紧固，管端应清洁，不得有毛刺或乱丝，并应留有 2～3 扣螺纹。 ③法兰连接：法兰盘对接应平行、紧密，垫片不应使用双层，与管道中心线应垂直。螺帽应在同一面，螺栓露出螺帽的长度应大于螺栓直径的 1/2	
4	阀　门	阀门安装应紧固、严密，与管道中心线应垂直，操作机构应灵活、准确	
5	管道穿墙	管道穿过墙或底板处应按设计和规范规定设置套管	
6	内壁及外表	铁锈、污垢应清除干净，油漆颜色和光泽应均匀，附着良好，不得有遗漏、脱皮、起折、起泡等现象	

序号	项目		允许偏差(mm)	各实测点偏差值																检验频率		应检点数	实检点数	合格点数	合格率(%)	检查方法
				1	2	3	4	5	6	7	8	9	10	11	12	13	14	15	16	范围	点数					
1	△管道高程		±10																	每节点	2					用水准仪测量
2	中线位移		10																		2					用尺量
3	立管垂直度		每米 2，且不大于 10																		2					用垂线和尺检验
4	对口错口壁厚(mm)	2.5～5	0.5																	每口	1					用尺量
		6～10	1																		1					用尺量
		12～14	1.5																		1					用尺量
		≥16	2																		1					用尺量

施工单位检查评定结果	项目质量检查员	交方班组长	接方班组长	主控项目合格率	一般项目合格率	评定质量等级
						年　月　日
监理（建设）单位验收结论	专业监理工程师（建设单位项目技术负责人）	验收结论意见			核定质量等级	
						年　月　日

注：实际检查点数必须等于或小于应检查点数，如超过应检查点数，其超过的点数应从合格点数中减去。

附 3-29 排水泵站——护底、护坡、挡土墙

工 序 质 量 评 定 表

表 CJJ3—90-29

单位工程名称：__________ 部位名称：__________ 工序名称：__________

工程数量			
序号	检查项目	外观质量标准	质量实况
1	砂浆	砌体的砂浆必须嵌填饱满密实	
2	灰缝	灰缝整齐均匀，缝宽符合要求，勾缝不得空鼓、脱落	
3	砌体	砌体分层砌筑，必须错缝，咬茬紧密	
4	沉降缝	沉降缝必须顺直，上下贯通	
5	预埋件等	预埋件、泄水孔、反滤层、防水设施等必须符合设计规定	
6	干砌石	干砌石不得松动、叠砌和浮塞	

序号	项目	允许偏差(mm) 浆砌料石、砖砌块	浆砌块石		干砌块石	各实测点偏差值 1	2	3	4	5	6	7	8	9	10	11	12	检验频率 范围	点数	应检点数	实检点数	合格点数	合格率(%)	检查方法
		挡土墙	挡土墙		护底护坡																			
1	△砂浆抗压强度	平均值不低于设计规定																						同强度等级砂浆的各组试块的平均强度不低于设计规定;任意一组试块强度不低于设计规定的85%
2	断面尺寸	±10 0	−20 −10	小于设计规定															3					用尺量，长宽、高各计1点
3	顶面高程	±10	±15															每个构筑物	4					用水准仪测量
4	中线位移	10	15																2					用经纬仪测量纵横各1点
5	墙面垂直度	0.5%H，且≤20	0.5%，且≤30																3					用垂线检查
6	平整度 料石	20	30	30	30														3					用2m直尺和楔形塞形量取最大值
	平整度 砖、砌块	10	30	30	30														3					
7	水平缝平直	10																	4					拉10m小线量取最大值
8	墙面坡度	不陡于设计规定																	2					用坡度尺检查

施工单位检查评定结果	项目质量检查员	交方班组长	接方班组长	主控项目合格率	一般项目合格率	评定质量等级	年 月 日
监理(建设)单位验收结论	专业监理工程师(建设单位项目技术负责人)		验收结论意见		核定质量等级		年 月 日

注：实际检查点数必须等于或小于应检查点数，如超过应检查点数，其超过的点数应从合格点数中减去。

附 3-30 排水泵站——测量—直接丈量测距

工 序 质 量 评 定 表 **表 CJJ3—90-30**

单位工程名称：________ 部位名称：________ 工序名称：________

工程数量		
序号	检查项目	外观质量标准	质量实况
1	水准点闭合差	水准点闭合差$\pm12\sqrt{L}$（mm），式中 L 为水准点之间的距离，单位为 km	
2	导线方位角闭合差	导线方位角闭合差：$\pm40\sqrt{n}$，式中 n 为测站数	

序号	项目		允许偏差（mm）	各实测点偏差值																检验频率		应检点数	实检点数	合格点数	合格率（%）	检查方法
				1	2	3	4	5	6	7	8	9	10	11	12	13	14	15	16	范围	点数					
1	固定测桩间距	<200	1/5000																	每测桩	2					经纬仪测量
		200～500	1/10000																							
		>500	1/2000																							

施工单位检查评定结果	项目质量检查员	交方班组长	接方班组长	主控项目合格率	一般项目合格率	评定质量等级	
							年 月 日

监理（建设）单位验收结论	专业监理工程师（建设单位项目技术负责人）	验收结论意见	核定质量等级	
				年 月 日

注：实际检查点数必须等于或小于应检查点数，如超过应检查点数，其超过的点数应从合格点数中减去。

1.4 工程质量核定资料

中华人民共和国建设部1992年2月19日以建设部城建司［1992］68号文“关于颁发《市政工程质量等级评定规定》的通知”，对市政工程质量等级评定的“质量等级及验评程序”、“评分办法”等做出规定，并于1995年1月12日以（95）建城市字第1号文“关于颁发《市政工程质量等级评定补充规定》的通知”，对市政工程质量“外观评定方法”、“实测实量评定方法和保证资料评定方法”等做出规定。

上述规定为核定市政工程的单位工程（即市政工程）质量等级的办法。

工程质量核定资料：应包括市政工程竣工验收鉴定书、市政工程质量竣工核定证书、市政道路工程外观评分表、市政道路工程实测实量评分表、市政桥梁工程外观评分表、市政桥梁工程实测实量评分表、市政排水管渠外观评分表、市政排水管渠工程实测实量评分表、市政工程质量保证资料评分表。

1.4.1 市政工程竣工验收鉴定

1. 资料表式

市政工程竣工验收鉴定表

工程名称		
工程地点		
工程数量		
工程造价		
开工日期		
竣工日期		
竣工验收日期		
工程质量等级	外观得分	
	实测合格率	
	资料得分	
	综合评分	
	评定等级	
有关部门（部门）鉴定意见	勘察单位	
	设计单位	
	监理单位	
	建设单位	

注：1. 企业自评工程质量等级，企业负责人署名，加盖公章。

2. 有关单位（部门）鉴定意见栏，各单位（部门）负责人署名，加盖公章。

2. 实施要点

（1）市政工程竣工验收鉴定表是市政单位竣工工程根据外观得分、实测合格率、资料得分、综合评分、评定等级等的验评结果进行的工程质量鉴定。确认评定的工程质量等级。

（2）表列子项

1）工程名称：按施工企业和建设单位签订的施工合同的工程名称或图注的工程名称，照实际填写。

2）工程地点：照实际的工程地址填写。

3）工程数量：指单位工程竣工验收的工程数量。

4）工程造价：按实际的工程竣工造价填写。

5）开工日期：按当地建设行政主管部门批准发给的施工许可证（开工证）的开工日期填写或按经项目监理机构核准的单位工程的开工日期。按年、月、日填写。

6）竣工日期：按施工合同约定的单位工程的竣工日期填写，或按经项目监理机构核准的竣工日期。按年、月、日填写。

7）竣工验收日期：指实际的竣工验收日期。按年、月、日填写。

8）工程质量等级：指按外观得分、实测合格率、资料得分、综合评分、评定等级等的验评结果的工程质量等级填写。

9）外观得分：分别按市政道路工程外观评分表、市政桥梁工程外观评分表和市政排水管渠工程外观评分表评定得分如实填写。外观评分表应由三人以上共同检查后填写。外观得分是外观评分表各单项得分的算术平均值。外观得分是评定市政单位工程质量等级的依据之一，70～84.9分为合格，85～100分为优良，小于70分为不合格。

10）实测合格率：分别按市政道路工程实测评分表、市政桥梁工程实测实量评分表和市政排水管渠工程实测实量评分表评定的合格率如实填写。实测项目的检验评定，应在外观得分合格后才能进行。实测合格率的计算，市政道路工程实测合格率＝车行道部分平均合格率×0.7＋人行道和侧石部分平均合格率×0.3；市政桥梁、市政排水管渠实测合格率＝各单项合格率平均值。

11）资料得分：按市政工程质量保证资料评分表评定得分如实填写。

12）综合评分：计算方法为：市政道路工程、桥梁工程综合评分＝外观项目评分×0.3＋实测项目合格率×0.4＋质量保证资料评分×0.3；市政排水管渠综合评分＝外观项目评分×0.25＋实测项目合格率×0.35＋质量保证资料评分×0.4。

13）评定等级：分为合格和优良。

合格：

①外观项目的评分70～84.9分；

②实测项目的主要检查项目（在项目栏列有△者）的合格率为100%，非主要检查项目合格率达70%；

③质量保证资料评分应达70分以上；

④综合评分应达70分以上。

优良：

①外观项目的评分应达85分以上；

②实测项目：在合格的基础上，全部检查项目（包括主要检查项目和非主要检查项目）的平均合格率达85%以上；

③质量保证资料评分应达 85 分以上；

④综合评分应达 85 分以上。

评定等级，应按合格和优良标准规定，如实评定填写。

有关部门（部门）鉴定意见：指勘察单位、设计单位、监理单位、建设单位等部门根据其验评结果填写各自的鉴定意见。

1.4.2　市政工程质量竣工核定证书

1. 资料表式

市政工程质量竣工核定证书

<table>
<tr><td colspan="2">工　程　名　称</td><td colspan="3"></td></tr>
<tr><td colspan="2">工　程　地　点</td><td colspan="3"></td></tr>
<tr><td colspan="2">主要工程数量</td><td></td><td>工程造价</td><td></td></tr>
<tr><td colspan="2">开　工　日　期</td><td></td><td>竣工日期</td><td></td></tr>
<tr><td colspan="2">竣工验收日期</td><td colspan="3"></td></tr>
<tr><td rowspan="3">竣工核定</td><td>外观得分</td><td></td><td>实测合格率</td><td></td></tr>
<tr><td>资料得分</td><td></td><td>综 合 评 分</td><td></td></tr>
<tr><td>核定质量等级</td><td colspan="3"></td></tr>
<tr><td colspan="2">核定意见</td><td colspan="3"></td></tr>
<tr><td colspan="2">核定负责人</td><td colspan="3"></td></tr>
</table>

2. 实施要点

（1）市政工程质量竣工核定证书是建设行政主管部门及其委托的工程质量监督机构，接到建设单位呈报的工程竣工验收报告后，按《市政工程质量等级评定补充规定》的要求，进行外观、实测、保证资料全项目验评的复检，核定单位工程质量等级的证明文件。

（2）表列子项

1）工程名称：按施工企业和建设单位签订的施工合同的工程名称或图注的工程名称，照实际填写。

2）工程地点：照实际的工程地址填写。

3）主要工程数量：指单位工程竣工验收的主要工程数量。

4）工程造价：按实际的工程竣工造价填写。

5）开工日期：按当地建设行政主管部门批准发给的施工许可证（开工证）的开工日期填写或按经项目监理机构核准的单位工程的开工日期。按年、月、日填写。

6）竣工日期：按施工合同约定的单位工程的竣工日期填写，或按经项目监理机构核准的竣工日期。按年、月、日填写。

7）竣工验收日期：指实际的竣工验收日期。按年、月、日填写。

8）竣工核定：分别对外观得分、实测合格率、资料得分、综合评分、核定质量等级等的验评结果的工程质量等级填写。

9）外观得分：分别按市政道路工程外观评分表、市政桥梁工程外观评分表和市政排水管渠工程外观评分表评定得分如实填写。外观评分表应由三人以上共同检查后填写。外观得分是外观评分表各单项得分的算术平均值。外观得分是评定市政单位工程质量等级的依据之一，70～84.9分为合格，85～100分为优良，小于70分为不合格。

10）实测合格率：分别按市政道路工程实测评分表、市政桥梁工程实测实量评分表和市政排水管渠工程实测实量评分表评定的合格率如实填写。实测项目的检验评定，应在外观得分合格后才能进行。实测合格率的计算，市政道路工程实测合格率＝车行道部分平均合格率×0.7＋人行道和侧石部分平均合格率×0.3；市政桥梁、市政排水管渠实测合格率＝各单项合格率平均值。

11）资料得分：按市政工程质量保证资料评分表评定得分如实填写。

12）综合评分：计算方法为：市政道路工程、桥梁工程综合评分＝外观项目评分×0.3＋实测项目合格率×0.4＋质量保证资料评分×0.3；市政排水管渠综合评分＝外观项目评分×0.25＋实测项目合格率×0.35＋质量保证资料评分×0.4。

13）评定等级：分为合格和优良。

合格：

①外观项目的评分70～84.9分；

②实测项目的主要检查项目（在项目栏列有△者）的合格率为100％，非主要检查项目合格率达70％；

③质量保证资料评分应达70分以上；

④综合评分应达70分以上。

优良：

①外观项目的评分应达85分以上；

②实测项目：在合格的基础上，全部检查项目（包括主要检查项目和非主要检查项目）的平均合格率达85％以上；

③质量保证资料评分应达85分以上；

④综合评分应达85分以上。

评定等级，应按合格和优良标准规定，如实评定填写。

有关部门（部门）鉴定意见：指勘察单位、设计单位、监理单位、建设单位等部门根据其验评结果填写各自的鉴定意见。

1.4.3 市政道路工程外观评分

1. 资料表式

市政道路工程外观评分表

ZB№：1（道路）-甲-

工程名称		工程地点		施工单位		施工负责人		
检查项目	外观要求			存在问题	应得分	实得分	加权系数	评分
沥青混凝土面层	1. 面层平整、坚实、无脱落、掉渣、裂缝、推挤、烂边、粗细料集中等现象				50		0.4	
	2. 10t 以上压路机碾压无明显轮迹				10			
	3. 接茬应紧密、平顺，灌缝不应枯焦				20			
	4. 面层与路缘石及其他构筑物应接顺，不得有积水现象				20			
侧缘石	1. 侧石、缘石必须稳固，线直弯顺，无折角，顶面应平整无错牙，侧石钩缝严密，缘石不得阻水				70		0.2	
	2. 侧石背后填土必须密实				30			
人行道	1. 铺砌必须平整稳定，灌缝应饱满，不得有翘动现象				60		0.2	
	2. 人行道面层应与其他构筑物接顺，不得有积水现象				40			
检查井与收水井	1. 路面与井接顺，无跳车现象				25		0.2	
	2. 收水井内壁抹面平整，不得起壳、裂缝				25			
	3. 井内无垃圾杂物，井圈及支管回填满足路面要求				25			
	4. 框盖完整无损，安装平稳、位置正确				25			

年　　月　　日　　检验人：

注：1. 如有护坡、挡墙、倒虹、涵洞等可根据行标增加项目，人行道和检查井与收水井的加权系数同改为 0.15，增加项目为 0.10。

2. 根据存在问题多少和产生程度，在应得分中酌情扣分。

市政道路工程外观评分表

ZB№：1（道路）-乙-

工程名称		工程地点		施工单位		施工负责人		

检查项目	外观要求	存在问题	应得分	实得分	加权系数	评分
水泥混凝土面层	1. 板面边角应平整，不得有大于0.3mm裂缝，不得有石子外露、浮浆、脱皮、印痕、积水等现象		60		0.4	
	2. 伸缩缝必须平直，缝内无杂物，伸缩缝全部贯通		20			
	3. 切缝线直弯顺，无夹缝，无漏灌缝		20			
侧缘石	1. 侧石、缘石必须稳固，线直弯顺，无折角，顶面应平整无错牙，侧石钩缝严密，缘石不得阻水		70		0.2	
	2. 侧石背后填土必须密实		30			
人行道	1. 铺砌必须平整稳定，灌缝应饱满，不得有翘动现象		60		0.2	
	2. 人行道面层应与其他构筑物接顺，不得有积水现象		40			
检查井与收水井	1. 路面与井接顺，无跳车现象		25		0.2	
	2. 收水井内壁抹面平整，不得起壳、裂缝		25			
	3. 井内无垃圾杂物，井圈及支管回填满足路面要求		25			
	4. 框盖完整无损，安装平稳、位置正确		25			

年　　月　　日　　检验人：

注：1. 如有护坡、挡墙、倒虹、涵洞等可根据行标增加项目，人行道和检查井与收水井的加权系数同改为0.15，增加项目为0.10。

2. 根据存在问题多少和产生程度，在应得分中酌情扣分。

2. 实施要点

(1) 沥青混凝土面层外观评分表

沥青混凝土面层外观评分表，外观检查项目有四项：一是沥青混凝土面层，包括4项外观检查标准，应得分依次为50、10、20、20，加权系数0.4；二是侧缘石，包括2项外观检查标准，应得分依次为70、30，加权系数0.2；三是人行道，包括2项外观检查标准，应得分依次为60、40，加权系数0.2；四是检查井与收水井，包括4项外观检查标准，应得分依次为25、25、25、25，加权系数0.2。

沥青混凝土面层外观评分表评分步骤及计算方法：

1) 逐项检查后，在“存在问题”栏如实填写存在问题；

2) 依次在“存在问题”栏目内用文字简要说明存在的问题，并扣减分，应得分减去扣减分，则为小项目实得分；

3) 依次计算4项检查项目的评分，合计各小项目实得分，乘加权系数，则为该检查项目评分；

4) 合计4项检查项目评分，则得沥青混凝土面层外观评分表的评分。“存在问题”栏目扣分，是定性的，扣分标准难以统一，各地区应制定定量扣分细则，才能准确地评定外观得分。

(2) 水泥混凝土面层外观评分表

水泥混凝土面层外观评分表，检查项目也有四项，除第一项的各小项外观检查标准及应得分不同外，其余3项及其小项外观标准、应得数、加权系数均与沥青混凝土面层外观评分表的检查项目及其各小项外观检查标准、应得分、加权系数均相同。

水泥混凝土面层外观评分步骤及其计算方法，与沥青混凝土面层外观评分表步骤及计算方法相同。

1.4.4　市政桥梁工程外观评分

1. 资料表式

市政桥梁工程外观评分表

ZB№：1（桥梁）-甲-

工程名称		工程地点		施工单位		施工负责人	

检查项目	外　观　要　求	存在问题	应得分	实得分	加权系数	评分
下部结构	1. 混凝土无缺边、掉角、裂缝、露筋、蜂麻、孔洞。线角挺拔，线形顺直，无凹凸，美观，接缝平顺		70		0.20	
	2. 沉降缝贯通、垂直，位置准确，边角整齐		15			
	3. 支座位置准确、平稳，接触严密		15			
上部结构	1. 梁板拱杆件直顺、一致，混凝土施工缝平顺，无蜂麻、露筋、缺边掉角，允许范围外的裂缝，接缝平顺		50		0.20	
	2. 各部位平行、垂直、对称关系准确无异常		15			
	3. 安装准确，梁、拱肋底高程一致，间距无异常		15			
	4. 地道无渗漏，装修无空鼓、脱落、裂缝、掉渣，颜色一致，美观，台阶步距一致，无缺边掉角。钢结构焊缝饱满直顺，无变形，颜色一致，防腐无遗漏。构件无变形		20			
桥面系	1. 铺装坚实、平整、无裂缝、离析，有足够粗糙度，沥青混凝土还不应有松散，油包现象		60		0.30	
	2. 伸缩缝安装牢固、直顺，不扭曲，缝宽符合要求，与保护带接顺，伸缩有效		40			

年　　月　　日　　检验人：

注：1. 上部构造如是钢结构或是地道桥，外观要求中4代1。
2. 侧墙、锥坡、护坡、台阶中，有台阶者，1，2，3小项应得分为40，40，20。
3. 依据存在问题多少、严重程度参照外观要求和应得分，酌情扣分。
4. 无锥坡、台阶、侧墙、护坡时，地袱、防撞墩、栏杆、人行道项目加权系数为0.30。

市政桥梁工程外观评分表

ZB№：1（桥梁）-乙-

工程名称		工程地点		施工单位		施工负责人	
检查项目	外　观　要　求	存 在 问 题	应得分	实得分	加权系数	评分	
地袱、防撞墩、栏杆、人行道	1. 安装牢固、线条直顺，无歪斜扭曲		40		0.20		
	2. 各部位接缝平直，无错台，灌缝砂浆饱满，伸缩缝处断开		30				
	3. 构件无破损、蜂麻，颜色一致，安装直顺，钢构件防腐无遗漏，美观		30				
锥坡、侧墙、台阶、护坡	1. 线形直顺、平整，外形正确		40		0.10		
	2. 砌筑表面平顺，无凹凸、下沉，缝均匀、饱满、美观		30				
	3. 台阶步距均匀，无缺边掉角	30					

年　　月　　日　　检验人：

注：1. 上部构造如是钢结构或是地道桥，外观要求中4代1。

2. 侧墙、锥坡、护坡、台阶中，有台阶者，1，2，3小项应得分为40，40，20。

3. 依据存在问题多少、严重程度参照外观要求和应得分，酌情扣分。

4. 无锥坡、台阶、侧墙、护坡时，地袱、防撞墩、栏杆、人行道项目加权系数为0.30。

2. 实施要点

（1）市政桥梁工程外观评分表的检查项目有五项：一是下部结构，包括3项外观检查标准，应得分依次为70、15、15，加权系数0.20；二是上部结构，包括4项外观检查标准，应得分依次为50、15、15、20，加权系数0.20；三是桥面系，包括2项外观检查标准，应得分依次为60、40，加权系数0.30；四是地袱防撞墩和栏杆、人行道，包括3项外观检查标准，应得分依次为40、30、30，加权系数0.20；五是锥坡台阶、侧墙护坡，包括3项外观检查标准，应得分依次为40、30、30，加权系数0.10。

（2）市政桥梁工程外观评分表评分步骤和方法与市政道路工程外观评分表评分步骤和方法相同。

1.4.5 市政排水工程外观评分

1. 资料表式

市政排水工程外观评分表

ZB№：1（排水）-甲-

工程名称		工程地点	施工单位	施工负责人		
填土认证	（分层压实，含水量、密度情况）			认证单位		
闭水认证				认证单位		
检查项目	外 观 要 求	存在问题	应得分	实得分	加权系数	评分
排管	1. 管道平稳、直顺，无倒流水，缝宽均匀		50		0.3	
	2. 接口平直，止水装置准确，抹槽密实，饱满，无裂缝，空鼓，不漏水		30			
	3. 构件质量符合要求		20			
顶管	1. 接口密实、平顺、不脱落。止水装置符合要求，内涨圈对中，不漏水		50			
	2. 线形直顺，坡度正确		30			
	3. 构件质量符合要求，无破损		20			
砖石渠	1. 墙面平直，砂浆饱满，错缝砌筑，无通缝、裂缝，坡度正确		50			
	2. 变形缝贯通、垂直，抹面无空鼓、裂缝，不漏水		50			
混凝土渠	1. 混凝土外光内实，墙、板面无裂缝，蜂麻、露筋，坡度正确		60			
	2. 变形缝贯通、垂直，预埋件准确		20			
	3. 渠底无垃圾、砂浆、杂物		20			

年　月　日　　检验人：

市政排水工程外观评分表

ZB№：1（排水）-乙-

<table>
<tr><td>工程名称</td><td colspan="2"></td><td>工程地点</td><td>施工单位</td><td></td><td>施工负责人</td></tr>
<tr><td>填土认证</td><td colspan="3">（分层压实，含水量、密度情况）</td><td>认证单位</td><td></td><td></td></tr>
<tr><td>闭水认证</td><td colspan="3"></td><td>认证单位</td><td></td><td></td></tr>
<tr><td>检查项目</td><td>外　观　要　求</td><td>存在问题</td><td>应得分</td><td>实得分</td><td>加权系数</td><td>评分</td></tr>
<tr><td rowspan="3">检查井</td><td>1. 井壁垂直，抹面压光无空鼓、裂缝</td><td></td><td>70</td><td></td><td rowspan="3">0.30</td><td rowspan="7"></td></tr>
<tr><td>2. 流槽平顺，无倒流水，踏步牢固，位置正确，无垃圾</td><td></td><td>10</td><td></td></tr>
<tr><td>3. 井框、井盖完整无损，配套严密，安装平稳，位置正确，高度符合规定</td><td></td><td>20</td><td></td></tr>
<tr><td rowspan="2">回填土</td><td>1. 分层填土，井边压实到位，填土到位，不带水回填</td><td></td><td>50</td><td></td><td rowspan="2">0.20</td></tr>
<tr><td>2. 管道顶，井周围无下沉迹象</td><td></td><td>50</td><td></td></tr>
<tr><td rowspan="2">护坡挡墙</td><td>1. 砌体材质合格，错缝砌筑，灰缝饱满密实，无裂缝、空鼓、脱落</td><td></td><td>60</td><td></td><td rowspan="2">0.20</td></tr>
<tr><td>2. 沉降缝垂直、贯通，预埋件、泄水孔、反滤层、防水设施正确</td><td></td><td>40</td><td></td></tr>
</table>

年　　月　　日　　检验人：

注：1. 如无护坡挡墙加权系数为排管 0.35，检查井 0.35，回填 0.3。

2. 某些项目是在施工过程中检查到的，应有足够数量。

3. 根据存在问题多少和严重程度，参照外观要求和应得分，酌情扣分。

2. 实施要点

（1）市政排水管渠工程外观评分表的检查项目有七项，一至四项为各自独立的项目，即管渠的种类，设计哪种项目，就检查哪种项目，其余的不必检查。五至七项是与一至四项之一独立项目的配套检查项目。七项检查项目，一是排管，包括 3 项外观检查标准，应得分依次为 50、30、20，加权系数 0.30；二是顶管，包括 3 项外观检查标准，应得分依次为 50、30、20，加权系数 0.30；三是砖、石渠，包括 2 项外观检查标准，应得分依次为 50、50，加权系数 0.30；四是混凝土渠，包括 3 项外观检查标准，应得分依次为 60、20、20，加权系数 0.30；五是检查井，包括 3 项外观检查标准，应得分依次为 70、10、20，加权系数 0.30；六是回填土，包括 2 项外观检查标准，应得分依次为 50、50，加权系数 0.20；七是护坡、挡墙，包括 2 项外观检查标准，应得分依次为 60、40，加权系数 0.20。

（2）市政排水管渠工程外观评分表评分步骤和方法与市政道路工程外观评分表评分步骤和方法相同。

1.4.6 市政道路工程实测实量评分

1. 资料表式

市政道路工程实测实量评定表　　ZB№：1(道路)-水泥-

工程名称		认证项目	应检点	合格点	合格率	认证单位
工程地点		面层抗压强度				
施工单位		面层抗折强度				
施工负责人		面层厚度				

序号	实测项目	允许偏差（mm）	实测频率 范围	点数			各实测点偏差值(mm) 1	2	3	4	5	6	7	8	9	10	11	12	13	14	15	16	应检点数	合格点数	合格率%
1	厚度	+20，−5	每工程	3																			3		
2	平整度	5	20m	路宽	<9	1																			
					9～15	2																			
					>15	3																			
3	相邻板之差	3	20m	路宽	<9	1																			
					9～15	2																			
					>15	3																			
4	宽度	−20	40m	1																					
5	中线高程	±20	20m	1																					
6	横坡	±10 且不大于 ±0.5%	20m	路宽	<9	2																			
					9～15	4																			
					>15	6																			
7	纵缝直顺	10	100m 缝长	1																					
8	横缝直顺	10	40m 缝长	1																					
9	井框与路面差	3	每座	1																					

年　　月　　日　　检查人：

市政道路工程实测实量评分表

ZB№:1(道路)-沥青-

工程名称		认证项目	应检点	合格点	合格率	认证单位
工程地点		面层压实度				
施工单位		面层厚度				
施工负责人		弯沉				

序号	实测项目	允许偏差(mm)	实测频率			各实测点偏差值(mm)																应检点数	合格点数	合格率%
			范围	点	数	1	2	3	4	5	6	7	8	9	10	11	12	13	14	15	16			
1	厚度	+20,−5	每工程	3																		3		
2	平整度	5	20m	路宽 <9	1																			
				路宽 9～15	2																			
				路宽 >15	3																			
3	宽度	−20	40m	1																				
4	中线高程	±20	20m	1																				
5	横坡	±10且≯0.3%	20m	路宽 <9	2																			
				路宽 9～15	4																			
				路宽 >15	6																			
6	井框差	5	每座	1																				

年　月　日　检查人：

市政道路工程实测实量评分表

ZB№：1（道路）-附属-

工程名称		工程地点		施工单位		施工负责人	

序号	实测项目		允许偏差（mm）	实测频率		各实测点偏差值（mm）																应检点数	合格点数	合格率%
				范围	点数	1	2	3	4	5	6	7	8	9	10	11	12	13	14	15	16			
1	侧缘石	直顺度	10	100m	1																			
2		相邻块高差	3	20	1																			
3		缝宽	±3	20	1																			
4		侧石顶高程	±10	20	1																			
5	人行道	平整度	5	20	1																			
6		相邻块高差	3	20	1																			
7		横坡	±0.3%	20	1																			
8		纵缝直顺	10	40	1																			
9		横缝直顺	10	20	1																			
10		井框与路面差	5	每座	1																			

注：如有其他附属工程可依据行标增加实测项目。　　年　　月　　日　　检查人：

2. 实施要点

(1) 沥青混凝土路面实测实量评分表

沥青混凝土路面实测实量评分表一至四横格栏包括的各项目应如实填写。五横格栏各项目有内在联系，通过实测实量、计算后填写。“ZB№：1（道路）-水泥-”有实测项目6项，“ZB№：1（道路）-附属-”有实测项目10项，沥青混凝土路面实测实量评分表共有实测项目16项。

沥青混凝土路面实测实量评分表的检测步骤和合格率计算方法：

1）用验评标准规定的检测工具，逐项实测实量；

2）根据表中实测实量频率栏目规定，确定每项目应检点数；

3）根据表中允许偏差值，如实填写各实测项目实检点数的实测偏差值；

4）计算各实测项目合格率：

$$合格率=\frac{实测项目合格点数}{实测项目应检点数}\times 100\%$$

5）分别计算“ZB№：1（道路）-水泥-”和“ZB№：1（道路）-附属-”平均合格率，平均合格率等于各实测率算术平均值；

6）计算沥青混凝土路面实测实量评分合格率，合格率等于“ZB№：1(道路)-水泥-”(车行道)合格率×0.7+“ZB№：1(道路)-附属-”合格率×0.3。

(2) 水泥混凝土路面实测实量评分表

水泥混凝土路面实测实量评分表一至四横格栏包括的各项目应如实填写。五横格栏各项目有内在联系，通过实测实量、计算后填写。ZB№：1（道路）-沥青- 有实测项目9项，ZB№：1（道路）-附属- 有实测项目10项，水泥混凝土路面实测实量评分表有实测项目19项。

水泥混凝土路面实测实量评分表检测步骤和合格率计算方法与沥青混凝土路面实测实量评分表的检测步骤和合格率计算方法相同。

1.4.7　市政桥梁工程实测实量评分

1. 资料表式

市政桥梁工程实测实量评分表

ZB№:1(桥梁)-甲-1

工程名称		认证项目	应测点	合格点	合格率	认证单位
工程地点		桩高程				
施工单位		桩强度				
施工负责人		梁强度				
		铺装强度(压实度)				

序号	实测项目		允许偏差(mm)	实测频率		各实测点偏差值(mm)																应检点数	合格点数	合格率%
				范围	点数	1	2	3	4	5	6	7	8	9	10	11	12	13	14	15	16			
△1	跨径		≥设计	每跨	3																			
△2	桥下净空		≥设计	每跨	3																			
3	砌筑墩台尺寸	长	+20,−10	每墩台	2																			
		宽	±10		2																			
4	砌筑墙面垂直度		≥0.5%H且不大于30	每墩台	1																			
5	砌筑墙面平整度		30	每墩台	1																			
6	混凝土墩台尺寸	长	±10	每墩台	2																			
		宽	+10,−8		2																			
7	混凝土墙面垂直度		0.2%H且≯25	每墩台	1																			
8	混凝土墙面平整度		5	每墩台	2																			
9	蜂　麻		≤1%总面积	每墩台	1																			
10	混凝土墩柱尺寸		±5	每根	2																			
11	混凝土墩柱垂直度		0.25%H且≯25	每根	2																			
12	混凝土墩柱平整度		5	每根	2																			

市政桥梁工程实测实量评分表

ZB№：1（桥梁）-甲-2

序号	实测项目		允许偏差（mm）	实测频率		各实测点偏差值（mm）																应检点数	合格点数	合格率%
				范围	点数	1	2	3	4	5	6	7	8	9	10	11	12	13	14	15	16			
13	蜂　麻		≤1%	每根	1																			
14	斜拉桥塔底纵横轴线偏差		±10	每塔	2																			
15	塔断面尺寸		±20	每塔	4																			
16	塔身扭转偏移		±30	每塔	4																			
17	塔身垂直度		$H/2500$	每塔	4																			
18	塔高		符合设计	每塔	1																			
19	塔锚固点高程		±10	每塔	5																			
20	孔道位置		±10	每塔	20%																			
21	钢索长度	$L \leqslant 100$m	±20	每种规格	20%																			
		$L > 100$m	$\pm L/500$																					
22	锚杯孔眼直径		>钢丝直径 <钢丝直径$+0.1d$	每塔	10%																			
23	锚头纵向裂纹宽度		0.1	每塔	10%																			
24	防护层厚度	$\delta < 7$	±0.1	每种规格	20%																			
		$\delta \geqslant 7$	±1.5																					
25	锚具附近密封处理（目测）		符合设计	每种规格	20%																			
26	悬臂拼装轴线偏位		10	每段	段数20% 2																			
27	悬臂拼装锚具轴线与孔道轴线		5	查25%	1																			

市政桥梁工程实测实量评分表

ZB№：1（桥梁）-甲-3

序号	实测项目		允许偏差（mm）	实测频率		各实测点偏差值（mm）																应检点数	合格点数	合格率%
				范围	点数	1	2	3	4	5	6	7	8	9	10	11	12	13	14	15	16			
28	悬臂拼装梁锚固点高程		±20	查20%	每锚固孔1点																			
29	悬臂拼装钢梁安装轴心偏位		10	每段	20%段2																			
30	悬臂拼装梁底标高		±10	每段	20%段4																			
31	混凝土梁板尺寸	宽	5	每孔	2																			
		高	5		2																			
		长	±10		2																			
32	板梁侧向弯曲		$L/1000 \ngtr 10$	每孔	2																			
33	板梁纵横轴线位置		10		2																			
34	拱桥拱座轴线		±10	每拱	2																			
35	拱座高程		±10	每拱	2																			
36	拱顶高程		+20，−10	每跨	1																			
37	$L/4$ 拱顶高程		+20，−10	每跨	2																			
38	拱桥外形尺寸		+10，−5	每跨	6																			
39	拱桥立柱或横墙垂直度		0.1%H	每跨	4																			
40	同跨各肋间距		±10	每跨	4																			
41	铺装中线高程		±10	每孔或每30米	1																			
42	铺装横坡		±10且$\ngtr$0.3%		4																			
43	铺装宽度		±20，0		1																			
44	铺装平整度		5		4																			

市政桥梁工程实测实量评分表

ZB№：1（桥梁）-甲-4

序号	实测项目		允许偏差（mm）	实测频率		各实测点偏差值（mm）																应检点数	合格点数	合格率%
				范围	点数	1	2	3	4	5	6	7	8	9	10	11	12	13	14	15	16			
45	桥头搭板与伸缩缝保护带板差		≤3	每条缝	1																			
46	水泥混凝土板差		3	30m或每孔	4																			
47	水泥混凝土纵缝直顺		5	40m缝长	1																			
48	水泥混凝土横缝直顺		5	30m	1																			
49	桥面变形缝直顺度		5	每缝	2																			
50	桥面变形缝顺桥平整度		5	每缝	2																			
51	桥面变形缝宽度		+5，−2	每缝	1																			
52	直顺	地袱	7	每跨	1																			
		扶手	5		1																			
53	垂直度	栏杆柱	3	每柱	2 查全																			
		栏心桩	3		2 数 $\frac{1}{10}$																			
54	直顺度	隔离墩	5	每孔或40m	1																			
		防撞墩	5																					
		缘　石	10																					
55	相邻高差	隔离墩	3	每孔或20m	1																			
		防撞墩			1																			
		缘　石			1																			

注：1. 斜拉桥桩标高、塔柱、桩的混凝土强度、拉索拉力、冷墩填料强度是认证项目。

2. 计算合格率单元：序号1～2、3～5、6～9、10～13、14～20、21～25、26～30、31～33、34～35、36～40、41～48、49～51、52～55，然后再计算平均合格率即为得分。

3. 有水桥桥下净空可用梁底标高代替。

2. 实施要点

（1）市政桥梁工程实测实量评分表一至五横格栏包括的各项目应如实填写。六横格栏各项项目有内在联系，通过实测实量、计算后填写。

市政桥梁工程实测实量评分表六横格的实测项目55项实测项目，分列于4张评分表，这55项实测项目，包含所有桥型可测项目，一座桥梁应按实际可测的项目进行实测实量，未有的实测项目可空格，不影响计算平均合格率。

（2）市政桥梁工程实测实量评分表的检测步骤和合格率计算方法，先按市政道路工程实测实量评分表的检查步骤和合格率计算方法的1～4项进行，再计算各项目的平均合格率。

1.4.8 市政排水工程实测实量评分

1. 资料表式

市政排水工程实测实量评分表

ZB№：1（排水）-甲-

工程名称				工程地点			施工单位			施工负责人	
认证项目	应测点	合格点	合格率	认证单位	认证项目		应测点	合格点	合格率	认证单位	
管内底高程					填土压实度	胸　　膛					
顶管中线位移						路槽 0～800mm					
排管中线位移						路槽 800～1500mm					
						路槽＞1500mm					

序号	实测项目		允许偏差（mm）	实测频率 范围	点数	各实测点偏差值（mm） 1	2	3	4	5	6	7	8	9	10	11	12	13	14	15	16	应测点数	合格点数	合格率%
1（排管）	△管内底高程	$D\leqslant1000$mm	±10	管内井口	2																			
		$D>1000$mm	±15	管内井口	2																			
		倒虹管	±30	井内管口	3																			
2（排管）	邻管错口	$D\leqslant1000$mm	3	两井间	3																			
		$D>1000$mm	5	两井间	3																			
3（顶管）	管内底高程	$D\leqslant1500$mm	＋30，－40	井内管口	2																			
		$D>1500$mm	＋40，－50	井内管口	2																			
4（检查井）	井身尺寸	长宽	±20	每座	2																			
		直径	±20	每座	2																			
5（高程）	井盖	井路面	±20	每座	1																			
	井底	$D\leqslant1000$mm	±10	每座	1																			
		$D>1000$mm	±15	每座	1																			

注：D 为管径，当 $D<700$mm 时邻管错口不检查。沟渠实测实量表可依据行标按此表替代。　　年　　月　　日　　检查人：

2. 实施要点

(1) 市政排水工程实测实量评分表一至六横格包括的各项目应如实填写。七横格栏各项目有内在联系，通过实测实量、计算后填写。

市政排水工程实测实量评分表的实测项目有五项共 12 子项。实测实量五项目全部检测，其中子项目应对实有的进行检测，未有的可空格，不影响计算平均合格率。

(2) 市政排水工程实测实量评分表的检测步骤和合格率计算方法与市政道路工程实测实量评分表的检测步骤和合格率计算方法相同。

1.4.9 市政工程质量保证资料评分

1. 资料表式

市政工程质量保证资料评分表

ZB№：1（质保）-甲-

工程名称		主要工作量（万元）	施工单位	开竣工日期	
序号	检查内容	检查重点	检查情况	标准分	实得分
1	主体结构技术质量试验资料	1. 道路各层密度（压实度）试验。2. 回填土压实度。3. 混凝土强度。4. 预应力张拉。5. 桩基质量要求齐全（含动载试验，无破损试验。）6. 沥青混凝土含油量试验		22	
2	原材料试验，各种预制件质量资料，合格证明	1. 水泥、钢材、砂、石、砖、石灰、石灰土中的土、沥青等原材料试验资料。2. 计量设备校核资料。3. 各种预制件合格证书及试验资料。4. 主要外购件合格证		22	
3	工程总体质量综合试验资料	1. 污水管道闭水试验，污水厂水满池试验。2. 道路弯沉试验。3. 桥梁静、动载试验等。4. 热力管道压力试验		12	
4	隐蔽工程验收单	凡下道工序复盖部分的重要项目都需要隐验手续		12	
5	工程质量评定单	分项、分部、单位（群体）工程质量评定资料		12	
6	质量事故处理	报告、处理、结案及时，有市政质监站认可		—（0～6）	
7	施工组织设计，技术交底	有质量目标、措施，落实情况，环保、文明施工安全、节约及专项方案设计，审批完备，设计交底，施工交底齐备。配比通知单，施工记录		6	
8	洽商记录竣工图	洽商、记要、变更齐全，有编号，手续完备。竣工图清晰完整，与实际相符		10	
9	测量复核记录	控制点、基准线，水准点，复核记录，有放必复		4	
10	合计			100	

一、扣分原则：1. 第一项主体结构资料：按质量检验评定标准要求的检验内容和频率，凡带“△”项目不合格，或漏检点数达到全部应检点数的1%扣3分，直到扣完，此项得分率不足70%（15.4分）资料评分定为不合格。

2. 第二项原材料试验及合格证：每缺一项或一项不合格视严重程度扣0.5～2分。合格证、质保单试验报告，原件可以复印，必须红、兰印章方为有效（图章复印无效）。

3. 第3～9项依资料完整，内容充实，手续完备等情况酌情打分。

二、凡发现质量保证资料有弄虚作假编造数据的情况，资料定为不合格

年　　月　　日　　检查人：

2. 实施要点

（1）市政工程质量保证资料评分表有序号、检查内容、检查重点、检查情况、标准分、实得分等六项。检查内容共9项，是市政工程施工质量、实体质量见证资料，检查重点是各项检查内容影响工程结构和使用功能的具体要点。检查情况，是对检查要点检查情况的说明及扣分。9项检查内容共有标准分100分，根据各检查内容及工程质量见证的重要性，各检查内容的标准分有多有少。实得分是各检查内容根据存在问题严重程序扣分后所得分数。

（2）市政工程质量保证资料评分表评分步骤及评分方法：

1）按序号逐项检查市政工程施工技术资料档案，查阅应检查重点内容。

2）将检查结果，符合要求或存在的问题情况用文字简要说明，填写在检查情况栏中，并根据ZB№：1（质保）-甲- 下扣分原则记录所扣分数。

3）逐项标准分减去扣减分数之和，填写实得分数。

4）合计各项总得分数。

1.4.10 燃气输配工程竣工验收说明

实施要点

（1）工程竣工验收应以批准的设计文件、国家现行有关标准、施工承包合同、工程施工许可文件和本规范为依据。

（2）工程竣工验收的基本条件应符合下列要求：

①完成工程设计和合同约定的各项内容。

②施工单位在工程完工后对工程质量自检合格，并提出《工程竣工报告》。

③工程资料齐全。

④有施工单位签署的工程质量保修书。

⑤监理单位对施工单位的工程质量自检结果予以确认并提出《工程质量评估报告》。

⑥工程施工中，工程质量检验合格，检验记录完整。

（3）竣工资料的收集、整理工作应与工程建设过程同步，工程完工后应及时做好整理和移交工作。整体工程竣工资料宜包括下列内容：

①工程依据文件：

a. 工程项目建议书、申请报告及审批文件、批准的设计任务书、初步设计、技术设计文件、施工图和其他建设文件；

b. 工程项目建设合同文件、招投标文件、设计变更通知单、工程量清单等；

c. 建设工程规划许可证、施工许可证、质量监督注册文件、报建审核书、报建图、竣工测量验收合格证、工程质量评估报告。

②交工技术文件：

a. 施工资质证书；

b. 图纸会审记录、技术交底记录、工程变更单（图）、施工组织设计等；

c. 开工报告、工程竣工报告、工程保修书等；

d. 重大质量事故分析、处理报告；

e. 材料、设备、仪表等的出厂的合格证明，材质书或检验报告；

f. 施工记录：隐蔽工程记录、焊接记录、管道吹（冲）洗试验记录、强度和严密性试验记录、阀门试验记录、电气仪表工程的安装调试记录等；

g. 竣工图纸：竣工图应反映隐蔽工程、实际安装定位、设计中未包含的项目、燃气管道与其他市政设施特殊处理的位置等。

③检验合格记录：

a. 测量记录；

b. 隐蔽工程验收记录；

c. 沟槽及回填合格记录；

d. 防腐绝缘合格记录；

e. 焊接外观检查记录和无损探伤检查记录；

f. 管道吹扫合格记录；

g. 强度和严密性试验合格记录；

h. 设备安装合格记录；

i. 储配与调压各项工程的程序验收及整体验收合格记录；

j. 电气、仪表安装测试合格记录；

k. 在施工中受检的其他合格记录。

④工程竣工验收应由建设单位主持，可按下列程序进行：

a. 工程完工后，施工单位按《城镇燃气输配工程施工及验收规范》（CJJ33—2005、J404—2005）规范的要求完成验收准备工作后，向监理部门提出验收申请。

b. 监理部门对施工单位提交的《工程竣工报告》、竣工资料及其他材料进行初审，合格后提出《工程质量评估报告》，并向建设单位提出验收申请。

c. 建设单位组织勘察、设计、监理及施工单位对工程进行验收。

d. 验收合格后，各部门签署验收纪要。建设单位及时将竣工资料、文件归档，然后办理工程移交手续。

e. 验收不合格应提出书面意见和整改内容，签发整改通知，限期完成。整改完成后重新验收。整改书面意见、整改内容和整改通知编入竣工资料文件中。

⑤工程验收应符合下列要求：

a. 审阅验收材料内容，应完整、准确、有效。

b. 按照设计、竣工图纸对工程进行现场检查。竣工图应真实、准确、路面标志符合要求。

c. 工程量符合合同的规定。

d. 设施和设备的安装符合设计的要求，无明显的外观质量缺陷，操作可靠，保养完善。

e. 对工程质量有争议、投诉和检验多次才合格的项目，应重点验收，必要时可开挖检验、复查。

1.5　工程竣工验收备案

注：鉴于当前多数建设单位对工程竣工验收备案技术文件的汇总整理不熟悉，特将建设单位对工程竣工验收备案技术文件相关内容附此，供参阅。

1.5.1　建设工程竣工验收备案组成

工程竣工验收与备案由建设单位负责组织实施。工程竣工验收及备案分三步进行：工程竣工验收前的准备工作→工程竣工验收→工程竣工验收备案。

我国多数建设单位，由于对基本建设程序与管理缺乏必须的竣工验收基本知识，工程竣工验收或实施备案时有一定困难，由于委托了工程监理，故一般情况下该项工作多由监理单位协助建设单位完成。因此，项目监理机构必须对工程竣工验收与备案工作十分熟悉，才能真正协助建设单位做好该项工作。

工程竣工验收与备案的技术文件属建设单位收集整理的文件内容，建设单位收集整理的文件内容包括：决策立项文件资料；建设用地、征地、拆迁文件；勘察、测绘、设计文件；招投标文件；开工审批文件；工程质量监督手续；财务文件；工程竣工验收与备案文件。

1. 建设工程竣工验收备案表

资料表式如下：

封页

建设工程竣工验收备案表

×××建设厅制

建设工程竣工验收备案表

编号：

<table>
<tr><td>工 程 名 称</td><td colspan="3"></td></tr>
<tr><td>建 设 单 位</td><td></td><td>申报人</td><td></td></tr>
<tr><td>施 工 单 位</td><td colspan="3"></td></tr>
<tr><td>设 计 单 位</td><td colspan="3"></td></tr>
<tr><td>施工图审查单位</td><td colspan="3"></td></tr>
<tr><td>监 理 单 位</td><td colspan="3"></td></tr>
<tr><td>规 划 许 可 证 号</td><td></td><td>施工许可证号</td><td></td></tr>
<tr><td>所需文件审核情况（并将资料原件附后）</td><td colspan="3"></td></tr>
<tr><td>文 件 名 称</td><td>编　　号</td><td colspan="2">核发机关、日期</td></tr>
<tr><td>竣工验收报告</td><td></td><td colspan="2"></td></tr>
<tr><td>规划验收认可文件</td><td></td><td colspan="2"></td></tr>
<tr><td>消防验收意见书</td><td></td><td colspan="2"></td></tr>
<tr><td>环保验收合格证</td><td></td><td colspan="2"></td></tr>
<tr><td>工程档案验收许可书</td><td></td><td colspan="2"></td></tr>
<tr><td>工程质量保修书</td><td></td><td colspan="2"></td></tr>
<tr><td>住宅使用说明书</td><td></td><td colspan="2"></td></tr>
<tr><td colspan="4">以下由建设行政主管部门填写</td></tr>
<tr><td>验收监督报告</td><td colspan="3"></td></tr>
<tr><td>备 案 情 况</td><td colspan="3">已备案：
经办人（签字）：　　　　负责人（签章）</td></tr>
</table>

建设工程竣工验收备案以本表格式或当地建设行政主管部门授权部门下发的表式归存。

2. 工程竣工验收备案的实施说明

建设工程竣工验收报告、竣工验收备案表式、竣工验收备案证明书，是指建设工程按设计要求经施工单位自检质量验收合格并经监理单位复验合格后由建设单位组织的建设工程竣工验收。

（1）建设单位应当在建设工程竣工验收合格后十五日内向建设工程所在地县级以上建设行政主管部门进行备案。省建设行政主管部门对备案机关另有规定的，从其规定。建设单位向建设行政主管部门申请备案应提交下列资料：

①备案表一份；

②建设工程竣工验收报告；

③规划部门出具的工程规划验收认可文件；

④公安消防部门出具的《建设工程消防验收意见书》；

⑤环保部门出具的建设工程环保验收认可文件；

⑥城建档案管理部门出具的建设工程档案验收认可文件；

⑦施工单位签署的工程质量保修书；

⑧法律、法规、规章规定的其他材料。

商品住宅还应提交《住宅质量保证书》和《住宅使用说明书》。

（2）建设工程竣工验收备案按照下列程序进行：

①建设单位向主管部门领取《建设工程竣工验收备案表》；

②建设单位持加盖单位公章和法定代表人签名的《建设工程竣工验收备案表》及工程竣工验收备案的实施说明规定的材料，向建设行政主管部门备案；

③建设行政主管部门在收齐、验证备案材料后十五日内出具《建设工程竣工验收备案证明书》。

（3）建设行政主管部门发现建设单位在竣工验收过程中有违反质量管理规定行为的，应当在收讫竣工验收备案文件 15 日内，责令建设单位停止使用，重新组织竣工验收，重新办理备案手续，并依法给予行政处罚。

（4）建设单位将未经验收的工程擅自交付使用，或将不合格的工程作为合格的工程擅自交付使用，或将备案机关责令停止使用，应重新组织竣工验收的工程擅自继续使用给他人造成损失的，由建设单位依法承担赔偿责任。

（5）建设工程竣工验收合格后建设单位应当在六个月之内向城建档案管理部门移交一套完整的工程建设档案。

（6）竣工验收备案文件齐全，备案机关及其工作人员不办理备案手续的，由有关机关责令改正，对直接责任人员给予行政处分。

（7）建设工程竣工验收备案应提交的资料，各方应分别签章齐全有效。

1.5.2　单位工程质量评定表及报验单

1. 实施要点

单位工程质量评定表及报验单见第一章工程质量检验评定（验收）有关部分。

2. 工程竣工总结

工程竣工总结以文字形式归存。

工程竣工总结指工程竣工验收后，由建设单位组织编制的工程竣工总结报告。

1.5.3 竣工验收证明书

1. 资料表式

建设工程竣工验收备案证明书

（正本）

根据国务院《建设工程质量管理条例》和建设部《房屋建筑工程和市政基础设施工程竣工验收备案管理暂行办法》，________________工程，经建设单位______________于____年____月____日组织设计、施工、工程监理和有关专业工程主管部门验收，并于____年____月____日备案。

特此证明。

备案机关：

日　　期：　　　　年　　　月　　　日

建设工程竣工验收备案证明书以本表格式直接归存。

2. 实施要点

（1）建设工程竣工验收备案证明书是当地建设行政主管部门为市政基础设施竣工工程经核查工程质量符合合格要求后开具的竣工验收备案证明书。

（2）工程竣工验收后5个工作日内未接到质量监督机构签发的责令整改通知书，即可进入验收备案程序。当建设单位已汇整齐全竣工验收备案所需的各种材料后，即可办理建设工程竣工验收备案证明书。

（3）开具的竣工验收备案证明书应提供的资料：竣工验收报告、竣工报告、质量评估报告；勘察、设计、施工图审查机构的工程质量检查报告；规划、公安消防、环保、档案等部门的验收认可文件；工程质量保修书，各地市建设行政主管部门规定的其他要求；工程质量监督报告，竣工验收备案表。

1.5.4 竣工验收报告

1. 建设工程竣工验收报告

（1）资料表式

封页

建设工程竣工验收报告

×××建设厅制

填　报　说　明

1. 竣工验收报告由建设单位负责填写。

2. 竣工验收报告一式四份，一律用钢笔书写，字迹要清晰工整。建设单位、施工单位、城建档案管理部门、建设行政主管部门或其他有关专业工程主管部门各存一份。

3. 报告内容必须真实可靠，如发现虚假情况，不予备案。

4. 报告须经建设、设计、施工图审查机构、施工、工程监理单位法定代表人或其委托代理人签字，并加盖单位公章后方为有效。

竣工项目审查

<table>
<tr><td>工程名称</td><td></td><td>工程地址</td><td colspan="3"></td></tr>
<tr><td>建设单位</td><td></td><td>结构形式</td><td colspan="3"></td></tr>
<tr><td>勘察单位</td><td></td><td>层　　数</td><td></td><td>栋数</td><td></td></tr>
<tr><td>设计单位</td><td></td><td>工程规模</td><td colspan="3"></td></tr>
<tr><td>施工图审查机构</td><td></td><td>开工日期</td><td colspan="3">年　　月　　日</td></tr>
<tr><td>监理单位</td><td></td><td>竣工日期</td><td colspan="3">年　　月　　日</td></tr>
<tr><td>施工单位</td><td></td><td>施工许可证号</td><td></td><td>总造价</td><td></td></tr>
<tr><td colspan="3">审查项目及内容</td><td colspan="3">审查情况</td></tr>
<tr><td colspan="3">一、完成设计项目情况
1. 基础、主体、室内外装饰工程
2. 给排水及采暖工程、燃气工程、消防工程
3. 建筑电气安装工程
4. 通风与空调工程
5. 电梯、自动扶梯安装工程
6. 室外工程</td><td colspan="3"></td></tr>
<tr><td colspan="3">二、完成合同约定情况
1. 总包合同约定
2. 分包合同约定
3. 专业承包合同约定</td><td colspan="3"></td></tr>
<tr><td colspan="3">三、技术档案和施工管理资料
1. 建设前期、施工图设计审查等技术档案
2. 监理技术档案和管理资料
3. 施工技术档案和管理资料</td><td colspan="3"></td></tr>
<tr><td colspan="3">四、试验报告
1. 主要建筑材料
2. 构配件
3. 设备</td><td colspan="3"></td></tr>
<tr><td colspan="3">五、质量合格文件
1. 勘察单位
2. 设计单位
3. 施工图审查单位
4. 施工单位
5. 监理单位</td><td colspan="3"></td></tr>
<tr><td colspan="3">六、工程质量保修书
1. 总、分包单位
2. 专业承包单位</td><td colspan="3"></td></tr>
<tr><td colspan="6">审查结论
建设单位工程负责人：
年　　月　　日</td></tr>
</table>

竣工项目审查填表说明

工程名称：应填写工程名称的全称，应与合同或招投标文件中的工程名称相一致。

工程地址：按施工总平面图标注的建设位置的地点填写。

建设单位：填写合同文件中的甲方，单位名称也应填写全称，与合同签章上的单位名称相同。

结构形式：按施工图设计标注的各单位工程的结构类型填写。如砖混、框架、框剪、框筒…等。

勘察单位：填写勘察合同中签章的勘察单位全称，其全称应与印章上的名称一致。

层　　数：按施工图设计标注的各单位工程的建筑层数填写。

栋　　数：按施工总平面图设计标注的各单位工程的建筑栋数的合计数填写。

设计单位：填写设计合同中签章的设计单位全称，其全称应与印章上的名称一致。

工程规模：按设计文件界定的建设工程规模填写。

施工图审查机构：指经省级建设行政主管部门批准的施工图审查机构。填写施工图审查机构全称。

开工日期：按当地建设行政主管部门批准发给的施工许可证（开工证）的开工日期填写或按经项目监理机构核准的单位工程的开工日期。按年、月、日填写。

监理单位：填写监理合同中签章的监理单位全称，应与合同或协议书中的名称一致。

竣工日期：按施工合同约定的单位工程的竣工日期填写，或按经项目监理机构核准的竣工日期。按年、月、日填写。

施工单位：填写施工合同中签章单位的全称，与签章上的名称一致。

施工许可证号：填写当地建设行政主管部门批准发给的施工许可证（开工证）的编号。

总造价：按施工图设计根据预算定额计算规定计算的单位工程或单项工程的总造价。

审查项目及内容：指表列一～六项所列的项目及内容。

审查情况：指表列一～六项所列内容的审查情况。

一、完成设计项目情况：指下列1～6项所列单位工程内的分部工程完成设计项目的情况。

1. 基础、主体、室内外装饰工程：按完成的基础、主体、装饰工程的实际填写。例如是全部完成还是有遗留项目等。

2. 给排水及采暖工程、燃气工程、消防工程：按完成的给排水及采暖工程、燃气工程、消防工程的实际填写。例如是全部完成还是有遗留项目等。

3. 建筑电气安装工程：按完成的建筑电气安装工程实际填写。例如是全部完成还是有遗留项目等。

4. 通风与空调工程：按完成的通风与空调工程实际填写。例如是全部完成还是有遗留项目等。

5. 电梯、自动扶梯安装工程：按完成的电梯、自动扶梯安装工程实际填写。例如是全部完成还是有遗留项目等。

6. 室外工程：按完成的室外工程实际填写。例如是全部完成还是有遗留项目等。

二、完成合同约定情况：指下列1～3项所列合同单位的完成合同约定情况。

1. 总包合同约定：指总包合同单位完成总包合同约定情况。

2. 分包合同约定：指分包合同单位完成的分包合同约定情况。

3. 专业承包合同约定：指专业承包合同单位完成专业承包合同约定情况。

应在审查情况栏内填写：已按合同约定期限完成了设计文件规定的内容。

三、技术档案和施工管理资料：指下列1～3项所列内容的技术档案和施工管理资料。

1. 建设前期、施工图设计审查等技术档案：指建设单位提交的建设前期、施工图设计审查等的技术档案。

2. 监理技术档案和管理资料：指监理单位提交的监理技术档案和管理资料。

3. 施工技术档案和管理资料：指承包单位提交的施工技术档案和管理资料。

应在审查情况栏内填写：建设单位、监理单位和承包单位已按标准要求提交了合格的技术档案和管理资料。

四、试验报告：指下列1～3项所列内容的试验报告。

1. 主要建筑材料：指承包单位提供的主要建筑材料的试验报告。

2. 构配件：指承包单位提供的构配件试验报告。

3. 设备：指承包单位提供的设备试验报告。

应在审查情况栏内填写：承包单位按标准要求提供了主要建筑材料试验报告______份；构配件的试验报告______份；设备的试验报告______份。

五、质量合格文件：指下列1～5项所列单位的质量合格文件。

1. 勘察单位：指勘察单位已经提交了质量检查合格文件。

2. 设计单位：指设计单位已经提交了质量检查合格文件。

3. 施工图审查单位：指施工图审查单位已经提交了质量检查合格文件。

4. 施工单位：指施工单位已经提交了竣工报告、自检质量合格文件。

5. 监理单位：指监理单位已经提交了质量评估报告，工程质量等级达到合格。

应在审查情况栏内填写：勘察、设计、施工图审查、施工、监理单位均已分别按要求提供了质量合格文件、竣工报告、质量评估报告。

工程质量评定（一）

分部工程评定	质量保证资料	观感质量评定
共　　分部 其中符合要求　　分部 地基与基础分部质量情况 主体分部质量情况 装饰分部质量情况 安装主要分部　　　项	共核查　　　　项 其中符合要求　　项 经鉴定符合要求　　项	好 一般 差
单位工程评定等级 建设单位负责人：　　　　（公章） 年　　月　　日		
存在问题：		

六、工程质量保修书：指下列1～2项所列单位的工程质量保修书。

1. 总、分包单位：指总包施工单位和与总包施工单位签订分包合同的分包单位均提交了工程质量保修书。

2. 专业承包单位：指专业承包施工单位提交了工程质量保修书。

应在审查情况栏内填写：总、分包单位、专业承包单位均已分别提交了各自的工程质量保修书。

审查结论：指竣工项目审查表中所列审查项目及内容的审查结论意见。

建设单位工程负责人：应填合同书上签字人或签字人以文字形式委托的代表——工程的项目负责人。工程完工后竣工验收备案表中的单位项目负责人应与此一致。

工程质量评定（一）填表说明

分部工程评定：指单位工程内的各分部工程的质量评定情况。

共____分部：指单位工程内的分部工程数量。

其中符合要求____分部：指单位工程内的分部工程数量内符合要求的分部数量。

地基与基础分部质量情况：指单位工程内的地基与基础分部工程验收的质量情况。

主体分部质量情况：指单位工程内的主体分部工程验收的质量情况。

装饰分部质量情况：指单位工程内的装饰分部工程验收的质量情况。

安装主要分部质量情况：指单位工程内的安装主要分部工程验收的质量情况。

质量保证资料：指单位工程内的质量保证资料（即工程质量控制资料核查和工程安全和功能检验资料核查及主要功能抽查记录）的评定情况。

共核查________项：指单位工程内的质量保证资料（即工程质量控制资料核查和工程安全和功能检验资料核查及主要功能抽查记录）总计核查的项数。

其中符合要求____项：指单位工程内的质量保证资料（即工程质量控制资料核查和工程安全和功能检验资料核查及主要功能抽查记录）总计核查项数中符合要求的项数。

经鉴定符合要求______项：指单位工程内的质量保证资料（即工程质量控制资料核查和工程安全和功能检验资料核查及主要功能抽查记录）总计核查项数中经鉴定符合要求的项数。

观感质量评定：指单位工程观感质量验收的评定情况。

单位工程评定等级：指被验收单位工程的质量评定等级。应达到合格等级及其以上。

建设单位负责人：应填合同书上签字人或签字人以文字形式委托的代表——工程的项目负责人。工程完工后竣工验收备案表中的单位项目负责人应与此一致。

存在问题：指被验收的单位工程质量存在的问题。

工程质量评定（二）

<table>
<tr><th>各专业工程名称</th><th>评定等级</th><th>质量保证资料</th><th>观感质量评定</th></tr>
<tr><td>道路工程</td><td></td><td rowspan="8">共核查　　　项，其中
符合要求　　　项，经
鉴定符合要求　　　项</td><td rowspan="8">好
一般
差</td></tr>
<tr><td>桥梁工程</td><td></td></tr>
<tr><td>给排水工程</td><td></td></tr>
<tr><td>电力工程</td><td></td></tr>
<tr><td>电信工程</td><td></td></tr>
<tr><td>路灯工程</td><td></td></tr>
<tr><td>燃气工程</td><td></td></tr>
<tr><td>灯光工程</td><td></td></tr>
<tr><td colspan="4">单位工程评定等级

（公章）
建设单位负责人：　　　年　　月　　日</td></tr>
<tr><td colspan="4">存在问题：</td></tr>
<tr><td rowspan="6">执行标准</td><td>道路工程</td><td colspan="2"></td></tr>
<tr><td>桥梁工程</td><td colspan="2"></td></tr>
<tr><td>给排水工程</td><td colspan="2"></td></tr>
<tr><td>电力、电信工程</td><td colspan="2"></td></tr>
<tr><td>路灯、灯光工程</td><td colspan="2"></td></tr>
<tr><td>燃气工程</td><td colspan="2"></td></tr>
</table>

工程质量评定（二）填表说明

各专业工程名称：指表列项下的道路、桥梁、给、排水、电力、电信、路灯、燃气、灯光等的工程名称。

评定等级：指表列项下的道路、桥梁、给排水、电力、电信、路灯、燃气、灯光等的工程质量的评定等级。

质量保证资料：指专业工程内的质量保证资料的评定情况。

共核查______项：指单位工程内的质量保证资料总计核查的项数。

其中符合要求____项：指单位工程内的质量保证资料总计核查项数中符合要求的项数。

经鉴定符合要求______项：指单位工程内的质量保证资料总计核查项数中经鉴定符合要求的项数。

观感质量评定：指专业工程观感质量验收的评定情况。

建设单位负责人：应填合同书上签字人或签字人以文字形式委托的代表——工程的项目负责人。工程完工后竣工验收备案表中的单位项目负责人应与此一致。

存在问题：指被验收的单位工程质量存在的问题。

执行标准：指被验收的道路、桥梁、给排水、电力、电信、路灯、灯光、燃气工程施工质量验收的执行标准。

竣 工 验 收 情 况

一、验收机构

1. 领导层

主　任	
副主任	
成　员	

2. 各专业组

验收专业组	组　长	组　员
建　筑　工　程		
给排水、燃气工程		
建筑电气安装工程		
通风与空调工程		
室　外　工　程		

注：建设、监理、设计、施工及施工图审查机构等单位的专业人员均必须参加相应的验收专业组

二、验收组织程序

1. 建设单位主持验收会议
2. 施工单位介绍施工情况
3. 监理单位介绍监理情况
4. 各验收专业组核查质保资料、并到现场检查
5. 各验收专业组总结发言，建设单位做好记录

竣工验收结论：				
建设单位法人： 项目负责人： （章） 20年　月　日	设计单位法人： 设计负责人： （章） 20　年　月　日	施工图审查 单位法人： 审查负责人： （章） 20　年　月　日	监理单位 法　　人： 总监理 工程师： （章） 20　年　月　日	施工单位法人： 技术负责人： （章） 20　年　月　日

竣工验收情况填表说明

一、验收机构：

1. 领导层：指竣工验收领导层成员主任、副主任、成员的人员姓名。应分别填写。

2. 各专业组：指竣工验收各专业组（验收专业组、建筑工程、给排水工程、燃气工程、建筑电气安装工程、通风与空调工程、室外工程）的组长和组员姓名。应分别填写。

二、验收组织程序：应按下列验收组织程序进行。

1. 建设单位主持验收会议

2. 施工单位介绍施工情况

3. 监理单位介绍监理情况

4. 各验收专业组核查质保资料、并到现场检查

5. 各验收专业组总结发言，建设单位做好记录

竣工验收结论：指验收机构按验收专业组的实际验收结果填写。结论应填写被验收工程是否合格。

建设单位法人：指建设单位与施工（或设计、监理）单位签订的施工合同中建设单位的法人姓名。

项目负责人：指建设单位与施工（或设计、监理）单位签订的施工合同中建设单位的项目负责人姓名。

设计单位法人：指建设单位与设计（或施工、监理）单位签订的设计合同中设计单位的法人姓名。

设计负责人：指建设单位与设计（或施工、监理）单位签订的设计合同中设计单位的设计负责人姓名。

施工图审查单位法人：指施工图审查单位的法人姓名。

审查负责人：指施工图审查单位的审查负责人姓名。

监理单位法人：指建设单位与监理（或设计、施工）单位签订的监理委托合同中监理单位的法人姓名。

总监理工程师：填写由监理单位法定代表人授权，全面负责委托监理合同的履行、主持项目监理机构工作的监理工程师的姓名。

施工单位法人：指施工单位与建设单位签订的施工合同中施工单位的法人姓名。

技术负责人：指施工单位与建设单位签订的施工合同中施工单位的技术负责人姓名。

2. 工程竣工验收文件的实施说明

（1）工程竣工验收与备案的实施

①县级以上建设行政主管部门负责本行政区域内建设工程竣工验收的监督及备案工作。

建设工程竣工验收工作由建设单位负责组织实施。

②建设行政主管部门可以委托工程质量监督机构对工程竣工验收实施监督。

（2）工程竣工验收应具备的条件

工程符合下列要求方可进行竣工验收：

①完成工程设计和合同约定的各项内容。

②承包单位在工程完工后对工程质量进行了检查，确认工程质量符合有关法律、法规

和工程建设强制性标准，符合设计文件及合同要求，并提出工程竣工报告。工程竣工报告应经项目经理和承包单位有关负责人审核签字。

③对于委托监理的项目，监理单位对工程进行了质量评估，具有完整的监理资料，并提出工程质量评估报告。工程质量评估报告应经总监理工程师和监理单位有关负责人审核签字。

④勘察、设计单位对勘察、设计文件及施工过程中由设计单位签署的设计变更通知书进行了检查，并提出质量检查报告。质量检查报告应经该项目勘察、设计负责人和勘察、设计单位有关负责人审核签字。

⑤有完整的技术档案和施工管理资料。

⑥有工程使用的主要建筑材料、建筑构配件和设备的进场试验报告。

⑦建设单位已按合同约定支付工程款。

⑧有施工单位签署的工程质量保修书。

⑨城乡规划行政主管部门对工程是否符合规划设计要求进行检查，并出具认可文件。

⑩由公安消防、环保等部门出具的认可文件或者准许使用文件。

⑪建设行政主管部门及其委托的工程质量监督机构等有关部门责令整改的问题全部整改完毕。

（3）建设工程竣工验收的程序

①施工单位完成设计图纸和合同约定的全部内容后，应先自行组织验收，并按国家有关技术标准自评质量等级，编制竣工报告，由施工单位法定代表人和技术负责人签字，并加盖单位公章，提交给监理单位，未委托监理的工程直接提交建设单位。

竣工报告应当包括工程情况、技术档案和施工管理资料情况、建筑设备安装调试情况、工程质量评定情况等内容。

②监理单位核查竣工报告，对工程质量等级作出评价。竣工报告经总监理工程师、监理单位法定代表人签字，并加盖监理单位公章后，由施工单位向建设单位申请竣工验收。

③建设单位提请规划、公安消防、环保、城建档案等有关部门进行专项验收（专项验收程序按各有关部门的规定执行），按专项验收部门提出的意见整改完毕，取得合格证明文件或准许使用文件。

④建设单位审查竣工报告，并组织设计、施工、监理和施工图审查机构等单位进行竣工验收。

⑤建设单位编制建设工程竣工验收报告。

建设工程竣工验收报告应当包括下列内容：工程概况，施工许可证号，施工图设计文件审查批准书号，工程质量情况以及建设、设计、施工图审查机构、施工、监理等单位签署的质量合格意见。

（4）工程竣工验收的监督

①建设单位组织工程竣工验收前，应提前三个工作日通知工程质量监督机构，并提交有关工程质量文件和质量保证资料，工程质量监督机构应派人员对验收工作进行监督。

②工程质量监督机构对验收工作中的组织形式、程序、验评标准的执行情况及评定结果进行监督，发现有违反国家有关建设工程质量管理规定的行为或工程质量不合格的，应责令建设单位进行整改，并签发责令整改通知书。建设单位应当立即进行整改，重新组织

竣工验收。竣工验收日期以最终通过验收的日期为准。

参加验收各方对工程质量验收结论意见不一致时，建设（监理）单位向负责该建设工程质量监督的机构申请仲裁。

③建设单位如在竣工验收通过后五个工作日内未收到质量监督机构签发的责令整改书，即可进入验收备案程序。

④质量监督机构应在工程竣工验收通过后五个工作日内向主管部门提交建设质量及竣工验收监督报告。

1.5.5　工程竣工专项验收鉴定书

1. 地质勘察、设计、施工图审查单位工程验收质量检查报告

A. 地质勘察单位工程验收质量检查报告

（1）资料表式

地质勘察单位工程验收质量检查报告

工程名称		工程地址	
建设单位			
勘察单位		地基承载力 标　准　值	
项目负责人（签字）： 技术负责人（签字）：		法定代表人（签字）： 地质勘察单位（章）： 日期：	

（2）实施目的

工程地质勘察单位工程质量检查报告是工程地质勘察单位收到建设单位的工程竣工验收通知后，依据工程地质勘察的法律、法规、工程建设强制性标准，对工程项目进行质量验收的书面意见书。

（3）资料要求

①本表由工程地质勘察单位填写，应加盖公章，填写验收意见。质量检查报告的结论必须真实。

②工程地质勘察单位必须加盖公章，不盖章无效。

③签章齐全为符合要求，否则为不符合要求。

（4）实施要点

1）地质勘察单位工程验收质量检查报告是工程地质勘察单位通过对已建成工程实际的验收，依据勘察技术文件提供的有关土工数据、土层描述及图示、地质剖面层示、内外业对工程地质的评价等，通过对比分析提出的工程验收质量检查报告。

2）地质勘察单位工程验收质量检查报告应说明验收的工程地质的地层状况、持力层

地质条件的选择是否正确、下卧层深度分析、工程地质是否存在质量隐患、地基承载力等状况如何。与原工程地质勘察报告结论是否一致。

3）地质勘察单位工程验收质量检查报告应有明确的结论，工程质量是否存在问题、合格还是不合格、施工结果符合还是不符合工程地质勘察技术文件的要求、同意还是不同意验收。

4）对地基验槽采取的手段及方法，验槽量测的有关数据进行评价。

5）当地基土需要处理时，处理结果的检测数据是否满足设计要求。

6）从工程地质勘察角度分析，工程的地基土或地基处理是否存在问题。

7）表列子项

①工程名称：填写工程名称的全称，应与合同或招投标文件中的工程名称相一致。

②工程地址：指委托工程地质勘察的工程所在地，按路、街名称及其方位填写。

③建设单位：填写合同文件中的甲方，建设单位名称也应填写全称，应与合同签章上的建设单位名称相同。

④勘察单位：填写勘察合同中签章单位的勘察单位名称，其全称应与印章上的名称一致。

⑤地基承载力标准值：指工程地质勘察报告给定的地基承载力标准值。

⑥项目负责人（签字）：应是勘察合同书中签字人或签字人以文字形式委托的该项目的负责人，工程完工后竣工验收备案表中的单位项目负责人也应与此一致，签字有效。

⑦法定代表人（签字）：应是勘察合同书中法人签字人或法人签字人以文字形式委托的该项目的负责人，工程完工后竣工验收备案表中的法定代表人也应与此一致，签字有效。

⑧技术负责人（签字）：是指勘察单位的技术负责人，签字有效。

⑨地质勘察单位（章）：加盖合同文件中的地质勘察单位名称章。

⑩日期：指报告签发日期。按实际日期填写。

B. 设计单位工程验收质量检查报告

（1）资料表式

设计单位工程验收质量检查报告

<table>
<tr><td>工程名称</td><td></td><td>工程地址</td><td></td></tr>
<tr><td>建设单位</td><td colspan="3"></td></tr>
<tr><td>设计单位</td><td></td><td>设计合理
使用年限</td><td></td></tr>
<tr><td colspan="4">

项目负责人（签字）： 法定代表人（签字）：
技术负责人（签字）： 设计单位（章）：
日期：</td></tr>
</table>

（2）资料要求

①本表由设计单位填写，应加盖公章，填写验收意见。质量检查报告的结论必须真实。

②设计单位必须加盖公章，不盖章无效。

③签章齐全为符合要求，否则为不符合要求。

（3）实施要点

1）设计单位工程验收质量检查报告是设计单位依据经过施工图审查单位审查要求修改后的施工图设计。依据设计技术文件提供的包括：建筑、结构、防火、抗震设防、水暖、通风与空调、建筑电气、电梯等设计技术文件与验收工程相应部分的有关技术要求及实施结果，根据对已建成工程实际的验收，通过对比分析提出的工程质量验收检查报告。

2）设计单位工程验收质量检查报告应说明验收的工程内容是否齐全、是否严格按设计文件施工、工程质量是否合格、质量控制资料核查、安全和主要使用功能核查及抽查结果、观感质量验收等是否满足设计要求。

3）设计单位工程验收质量检查报告应有明确的结论，工程质量是否存在问题、合格还是不合格、施工结果符合还是不符合设计技术文件的要求、同意还是不同意验收。

4）对设计文件进行的图纸会审记录的有关内容、设计变更等是否通过施工图审查单位的批准。

5）有无因施工图设计原因造成的工程质量问题。

6）表列子项

①工程名称：填写工程名称的全称，应与合同或招投标文件中的工程名称相一致。

②工程地址：指委托工程地质勘察的工程所在地，按路、街名称及其方位填写。

③建设单位：填写合同文件中的甲方，建设单位名称也应填写全称，应与合同签章上的建设单位名称相同。

④设计单位：填写设计合同中签章单位的设计单位名称，其全称应与印章上的名称一致。

⑤设计合理使用年限：指施工图设计文件按标准规定的设计使用年限填写。

⑥项目负责人（签字）：应是设计合同书中签字人或签字人以文字形式委托的该项目的负责人，工程完工后竣工验收备案表中的单位项目负责人也应与此一致，签字有效。

⑦法定代表人（签字）：应是设计合同书中法人签字人或法人签字人以文字形式委托的该项目的负责人，工程完工后竣工验收备案表中的法定代表人也应与此一致，签字有效。

⑧技术负责人（签字）：是指设计单位的技术负责人，签字有效。

⑨设计单位（章）：加盖合同文件中的设计单位名称章。

⑩日期：指报告签发日期。按实际日期填写。

C. 施工图审查机构工程验收质量检查报告

（1）资料表式

施工图审查机构工程验收质量检查报告

<table>
<tr><td>工程名称</td><td></td><td>工程地址</td><td></td></tr>
<tr><td>建设单位</td><td colspan="3"></td></tr>
<tr><td>勘察单位</td><td colspan="3"></td></tr>
<tr><td>设计单位</td><td colspan="3"></td></tr>
<tr><td>地基承载力
标　准　值</td><td></td><td>设计合理
使用年限</td><td></td></tr>
<tr><td colspan="4">项目负责人（签字）：　　　　法定代表人（签字）：
技术负责人（签字）：　　　　审查机构（章）：
日期：</td></tr>
</table>

（2）资料要求

①本表由施工图审查机构填写，应加盖公章，填写验收意见。质量检查报告的结论必须真实。

②施工图审查机构必须加盖公章，不盖章无效。

③签章齐全为符合要求，否则为不符合要求。

（3）实施要点

1）施工图审查机构工程验收质量检查报告是施工图审查机构对已审查的施工图设计的实施结果进行核查，对已建成的工程在实施中是否依据审查后的施工图设计进行施工，有无违背。该验收工程是否有违强制性标准、施工图设计、工程地质勘察报告的有关技术要求。

2）施工图审查机构工程验收质量检查报告应有明确的结论，工程质量是否存在问题、合格还是不合格、施工结果符合还是不符合经施工图审查机构批准的设计技术文件的要求、同意还是不同意验收。

3）按审查后施工图设计的实施结果，是否符合有关设计规范和工程建设强制性标准要求。

4）应检查是否有因施工图审查原因造成的工程质量问题。

5）表列子项

①工程名称：填写工程名称的全称，应与合同或招投标文件中的工程名称相一致。

②工程地址：指委托工程地质勘察的工程所在地，按路、街名称及其方位填写。

③建设单位：填写合同文件中的甲方，建设单位名称也应填写全称，应与合同签章上的建设单位名称相同。

④勘察单位：填写勘察合同中签章单位的勘察单位名称，其全称应与印章上的名称一致。

⑤设计单位：填写设计合同中签章单位的设计单位名称，其全称应与印章上的名称一致。

⑥地基承载力标准值：指工程地质勘察报告给定的地基承载力标准值。

⑦设计合理使用年限：指施工图设计文件按标准规定的设计使用年限填写。

⑧项目负责人（签字）：是指施工图审查单位的项目负责人，签字有效。

⑨法定代表人（签字）：应是施工图审查单位的法定代表人，签字有效。

⑩技术负责人（签字）：是指施工图审查单位的技术负责人，签字有效。

⑪审查机构（章）：加盖施工图审查单位名称章。

⑫日期：指报告签发日期。按实际日期填写。

2. 建设工程规划验收合格证

（1）资料表式

建设工程规划验收合格证

（封页）

（封页）（封页）

中华人民共和国

建设工程规划验收合格证

编号：

根据《中华人民共和国城市规划法》第三十二条规定，经审定，该建设工程符合城市规划要求。

特发此证

发证机关

日期：　　年　　月　　日

（内页）

建设单位	
建设项目名称	
建设位置	
建设规模	
附图及附件名称	

遵守事项：

1. 本证是城市规划区内，经城市规划行政主管部门审定，许可建设各类工程的法律凭证。

2. 凡未取得本证或不按本证规定建设，均属违法建设。

3. 本证附图与附件由发证机关依法确定，与本证具有同等法律效力。

4. 本证不得涂改。

（2）资料要求

①本证由城市规划行政主管部门签发，应加盖公章，填写验收意见。

②城市规划行政主管部门必须加盖公章，不盖章无效。

③签章齐全为符合要求，否则为不符合要求。

（3）实施要点

1）建设工程规划验收合格证签发必须符合《中华人民共和国城市规划法》第三十二条规定。

2）对规划验收结果存在问题及其处理意见应详尽具体，存在问题未按处理意见完成之前，不得签发建设工程规划验收合格证。

3）表列子项

①建设单位：填写施工合同文件中的甲方，建设单位名称应填写全称，应与合同签章上的建设单位名称相一致。

②建设项目名称：按建设单位与施工单位合同书中的工程名称或施工图设计图注的工程名称，按全称填写。

③建设位置：按施工图设计总平面图标注的建设位置的地点填写。

④建设规模：按可行性研究或初步设计或施工图设计标注的建设规模填写。

⑤附图及附件名称：指申报规划验收时必须的附图及附件名称。照实际填写。

3. 建设工程公安消防验收意见书

（1）资料表式

建设工程公安消防验收意见书

<table>
<tr><td>工程名称</td><td></td><td>工程地址</td><td></td></tr>
<tr><td>建设单位</td><td colspan="3"></td></tr>
<tr><td>设计单位</td><td colspan="3"></td></tr>
<tr><td>施工单位</td><td colspan="3"></td></tr>
<tr><td colspan="4">验收人（签字）：　　　　单　位（签字）：
技术负责人（签字）：　　法定代表人（章）：
日期：</td></tr>
</table>

（2）资料要求

①消防验收意见书应加盖公章，填写验收意见。消防验收必须符合国家消防技术标准。

②消防验收意见书必须加盖公章，不盖章无效。

③签章齐全为符合要求，否则为不符合要求。

（3）实施要点

1）建设工程公安消防验收意见书是公安消防审批机构对已审查批准的施工图设计的实施结果进行核查，对已建成的工程在实施中是否依据审查后的施工图设计中有关规定进行施工，有无违背。该验收工程是否有违消防强制性标准的有关技术要求。

2）验收结论意见必须明确说明是否符合消防设计要求，能否满足消防使用功能。

3）对消防验收不合格的，验收机构必须明确指出存在的问题和所依据的技术规范。并应提出复验要求。

4）建设工程公安消防验收意见书应有明确的结论，工程质量是否存在问题、合格还是不合格、施工结果符合还是不符合消防的有关要求、同意还是不同意验收。

5）表列子项

①工程名称：填写工程名称的全称，应与合同或招投标文件中的工程名称相一致。

②工程地址：指委托工程地质勘察的工程所在地，按路、街名称及其方位填写。

③建设单位：填写合同文件中的甲方，建设单位名称也应填写全称，应与合同签章上的建设单位名称相同。

④设计单位：填写设计合同中签章单位的设计单位名称，其全称应与印章上的名称一致。

⑤施工单位：填写合同书中的施工单位名称。照实际填写。

⑥验收人（签字）：是指公安消防审批单位参加消防验收人员姓名，签字有效。

⑦单位（章）：加盖公安消防审批单位章。

⑧技术负责人（签字）：是指公安消防审批单位的技术负责人，签字有效。

⑨法定代表人（签字）：是指公安消防审批单位的法定代表人，签字有效。

⑩日期：指报告签发日期。按实际日期填写。

4. 环保验收合格证

（1）资料表式

（封页）

市环境保护局

小型（非生产性）建设项目验收意见书

编号：　　　　　（内封）

项目名称				联系人	×××
建设单位				电　话	
建设地点				项目性质	新□改□扩□
项目总投资（万元）		建设面积（m^2）		占地面积（m^2）	
环评分类	报告书□ 报告表□ 登记表□			审批时间	
施工单位				申请验收时间	
工程情况概述：					
存在问题及整改措施：					
验收意见： 市环境保护局（章） 2001年10月20日 经办人（签字）：　　　负责人（签字）：					
备注					

本表只适用于小型填报环境影响登记表的非生产性建设项目，填报环境影响报告表和环境影响报告书的应另附环保设施监测报告和建设项目环境保护设施竣工验收申请报告。本表一式三份。

（2）资料要求

①环保验收合格证应加盖公章，填写验收意见。环保验收必须符合国家环保的有关技术标准。

②环保验收合格证必须加盖公章，不盖章无效。

③签章齐全为符合要求，否则为不符合要求。

（3）实施要点

1）环保验收合格证是环保监督管理部门对已审查批准的施工图设计的实施结果进行核查，对已建成的工程在实施中是否依据审查后的施工图设计中有关进行施工，有无违背。该验收工程是否有违环保强制性标准的有关技术要求。

2）环保验收的主要内容

①应填写内页表内的一般工程概况如建设地点、项目性质、项目总投资、建设面积、环评分类、施工单位、申请验收时间等。

②工程情况概述应说明环保工程的地点、规模、用途、环保名称、环保目标值等。

③存在问题及整改措施应说明验收后的环保工程存在的问题和整改建议及措施。

④验收意见应写明：

a. 工程项目对大气环境、水环境的影响情况；

b. 工程项目对水土流失、生态环境的影响情况；

c. 工程项目所产生的噪声对声环境的影响程度；

d. 工程项目使用后产生的固体垃圾对周围环境的影响程度。

⑤验收结论意见必须明确说明是否符合环保要求，能否满足环保使用功能。

⑥对消防验收不合格的，验收机构必须明确指出存在的问题和所依据的技术规范。并应提出复验要求。

⑦建设工程公安消防验收意见书应有明确的结论，工程质量是否存在问题、合格还是不合格、施工结果符合还是不符合消防的有关要求、同意还是不同意验收。

3）表列子项

①项目名称：指验收的环保项目的名称。

②建设单位：填写施工合同文件中的甲方，建设单位名称应填写全称，应与合同签章上的建设单位名称相一致。

③建设地点：指委托工程地质勘察的工程所在地，按路、街名称及其方位填写。

④项目性质：指验收的环保项目的使用类别。照实际填写。

⑤项目总投资（万元）：指验收的环保项目的项目总投资。

⑥建设面积（m^2）：指验收的环保项目的项目建设面积。

⑦占地面积（m^2）：指验收的环保项目的项目占地面积。

⑧环评分类（报告书□ 报告表□ 登记表□）：指验收的环保项目评议的类别，可在报告书、报告表、登记表处划✓。

⑨审批时间：指验收的环保项目的审批时间。

⑩施工单位：填写建筑工程施工合同书中的施工单位名称。照实际填写。

⑪申请验收时间：指验收的环保项目的申请验收时间。

⑫工程情况概述：是指环保工程的地点、规模、用途、环保名称、环保目标值等。

⑬存在问题及整改措施：是指验收后的环保工程存在的问题和整改建议及措施。

⑭验收意见：是指验收的环保项目的验收意见，应明确说明是否符合环保要求，能否满足环保使用功能。

⑮市环境保护局（章）：指环保验收单位加盖的公章。

⑯经办人（签字）：指验收环保项目时的具体经办人。填写经办人姓名，本人签字有效。

⑰负责人（签字）：指验收环保项目时的负责人。填写负责人姓名，本人签字有效。

⑱备注：指需要说明的其他事宜。

5. 人防工程验收报告

（1）资料表式

人防工程验收报告

工程名称		建设单位	
建设地点		施工单位	
建筑面积		设计单位	
工程类别		开工时间	
防护标准		竣工时间	
结构形式		验收时间	
战时用途		地面建筑面积	
平时用途		未建设原因	
出入口		验收情况	
工程总造价		存在问题	
人防工程验收情况			
存在的主要问题			
整改要求			
验收组意见		人防办公室意见	

（2）资料要求

①本表由人民防空主管部门填写，加盖公章。填写验收意见。

②人民防空主管部门必须加盖公章，不盖章无效。

③签章齐全为符合要求，否则为不符合要求。

（3）实施要点

1）人防工程验收报告的主要内容：

①应填写人防工程验收报告表内的工程名称、建设单位、建设地点、施工单位、建筑面积、设计单位、工程类别、开工时间、防护标准、竣工时间、结构形式、验收时间、战时用途、地面建筑面积、平时用途、未建设原因、出入口、验收情况、工程总造价、存在问题等。

②人防工程验收情况应说明：工程中人防部分的防护标准，结构形式是否符合设计及有关规定的要求；工程中的人防部分的防火、战时、平时用途、防水、通风、给排水、电

气、空调、采暖等是否符合设计及有关规定的要求。

③存在主要问题：应指出不符合人防要求的部分，违反了国家及有关部门规定的哪些具体条款。

④整改要求：应指出人防工程验收后需要整改的问题，应说明问题性质，提出整改要求。

⑤验收组意见：应有明确的结论，工程质量是否存在问题、合格还是不合格、施工结果符合还是不符合人防设计技术文件的要求、同意还是不同意验收。

⑥人防办公室意见：对发出的人防工程验收报告及验收意见是同意还是不同意，为什么。

2）表列子项

①工程名称：填写工程名称的全称，应与合同或招投标文件中的工程名称相一致。

②建设单位：填写合同文件中的甲方，建设单位名称也应填写全称，应与合同签章上的建设单位名称相同。

③建设地点：指委托工程的工程所在地，按路、街名称及其方位填写。

④施工单位：填写合同书中的施工单位名称。照实际填写。

⑤建筑面积：指人防工程实际施工的建筑面积。

⑥设计单位：填写设计合同中签章单位的设计单位名称，其全称应与印章上的名称一致。

⑦工程类别：指人防工程的建设用途。

⑧开工时间：指建设单位与承包单位签订的施工合同中确定的开工时间。

⑨防护标准：按人防工程设计标定的防护标准填写。

⑩竣工时间：指建设单位与承包单位签订的施工合同中确定的竣工时间或经专业监理工程师批准工程延期后的实际竣工时间。

⑪结构形式：指人防工程设计的结构形式。

⑫验收时间：按实际人防工程的验收时间填写（年、月、日）。

⑬战时用途：指人防工程设计标注的战时用途。

⑭地面建筑面积：指人防工程设计或经修改后的人防工程施工图的占地面积。

⑮平时用途：指人防工程设计标注的平时用途。

⑯未建设原因：（略）

⑰出入口：指人防工程设计的出入口数量或经修改后的人防工程建成的实际出入口。照实际填写。

⑱工程总造价：指人防工程建成后的工程总造价。

⑲存在问题：应指出不符合人防要求的部分，违反了国家及有关部门规定的哪些具体条款。

⑳人防工程验收情况：应说明工程中人防部分的防护标准，结构形式是否符合设计及有关规定的要求；工程中的人防部分的防火、战时、平时用途、防水、通风、给排水、电气、空调、采暖等是否符合设计及有关规定的要求。

㉑整改要求：应指出人防工程验收后需要整改的问题，应说明问题性质，提出整改要求。

㉒验收组意见：应有明确的结论，工程质量是否存在问题、合格还是不合格、施工结果符合还是不符合人防设计技术文件的要求、同意还是不同意验收。

㉓人防办公室意见：对发出的人防工程验收报告及验收意见是同意还是不同意，简扼说明原因。

6. 建筑节能专项验收报告

（1）资料表式

建筑节能专项验收报告

工程名称		工程地址	
建设单位		施工单位	
验收人（签字）：	单　位（签字）：		日期：

（2）资料要求

①建筑节能专项验收报告应加盖公章，填写验收意见。建筑节能验收必须符合国家有关法律、法规、强制性标准和建筑节能技术要求。

②建筑节能专项验收报告必须加盖公章，不盖章无效。

③签章齐全为符合要求，否则为不符合要求。

（3）实施要点

1）建筑节能专项验收报告是建筑节能审批单位对已审查批准的有关建筑节能部分的施工图设计的实施结果进行核查，对已建成的工程在实施中是否依据审查后的施工图设计进行施工，有无违背。该验收工程是否有违建筑节能的强制性标准的有关技术要求。

2）建筑节能专项验收报告应有明确的结论，建筑节能工程质量是否存在问题、合格还是不合格、施工结果符合还是不符合经建筑节能审查机构批准的设计技术文件的要求、同意还是不同意验收。

3）建筑节能的核查说明

①县级以上地方人民政府建设行政主管部门负责本行政区域内民用建筑节能的管理与监督；建设行政主管部门根据实际工作需要，可以委托建筑节能机构负责建筑节能的日常工作。

②建设行政主管部门或者其委托的设计审查单位，在进行施工图设计审查时，应当审查节能设计的内容，并签署意见。

③建筑节能设计是建筑工程施工图设计文件的一个不可分割的组成部分，建筑节能设计审查是建筑工程施工图设计文件审查的重要组成内容之一，建筑工程施工图设计文件审查已经包含了建筑节能设计审查。

④民用建筑节能审查与工程施工图设计文件审查一并进行。由建设行政主管部门委托具备有施工图设计文件审查资格的单位进行审查，审查结果须由审查负责人签字并加盖建筑节能设计审查专用章，未加盖建筑节能设计审查专用章的，不得出具建筑工程施工图设计文件审查报告。

4）施工单位应按照节能设计进行施工，保证工程施工质量。对未加盖节能审查专用章的施工设计图，施工单位应向建设单位提出，并向当地建设行政主管部门报告。

5）建设工程质量监督机构应将建筑节能纳入工程质量监督的必要内容，对工程项目执行节能设计标准的情况，应在质量监督文件中予以注明。

6）实行节能产品认证和淘汰制度。

7）表列子项

①工程名称：填写工程名称的全称，应与合同或招投标文件中的工程名称相一致。

②工程地址：指委托工程的工程所在地，按路、街名称及其方位填写。

③建设单位：填写合同文件中的甲方，建设单位名称也应填写全称，应与合同签章上的建设单位名称相同。

④施工单位：填写合同书中的施工单位名称。照实际填写。

⑤验收人（签字）：是指建筑节能办公室建筑节能专项验收时的参加建筑节能的验收人员姓名，签字有效。

⑥单位（章）：加盖建筑节能办公室建筑节能专项验收审批单位章。

⑦日期：指报告签发日期。按实际日期填写。

7. 建设工程档案专项验收认可书

建设工程档案专项验收申请表

封页

××× 建设厅制

申报单位（盖章）

内封

项目名称		工程地址	
单位工程名称		工程规模	
勘察单位		规划许可证号	
设计单位		施工许可证号	
施工单位		施工合同	
		监理合同	
监理单位		合同类别	
开工日期		竣工日期	
建设单位建设工程档案自验情况			

城建档案管理机构：

本建设工程档案经我单位自行验收，认为符合有关规定，报请进行工程档案专项验收。

城建档案员：×××　　工程技术负责人：×××

工程总监理师：×××

填报日期：　　年　　月　　日

档案总计数量	
综合文件 材料情况	
施工类文件 材料情况	
监理类文件 材料情况	
竣工图	

建设工程档案专项验收意见书

工程项目名称	
单位工程名称	
验收意见	
备　注	

验收单位：

验收人：

验收组长：

验收日期：　　　　年　　月　　日

填报说明

1. 建设工程档案专项验收申请表由建设单位负责填写，一式四份，建设单位、城建档案管理机构、建设工程竣工备案部门及有关部门各存一份。

2. 建设工程档案专项验收合格后，方可进行竣工验收。

3. 建设单位在工程竣工验收合格后，应在六个月内向城建档案管理机构移交一套完整、准确、齐全的建设工程档案。

4. 表列子项：

1）工程地址：指工程项目的建设地点或征地地址。应按区（县）、街道（乡、路）、门牌号填写；外地工程应填写省、市（县）、街道（路）名。

2）规划许可证号：是指当地城市规划主管部门对该建设工程核发的建设工程规划许可证的编号。

3）施工许可证号：是指当地建设行政主管部门对该建设工程项目核发的施工许可证号。

建设工程档案专项验收认可书

____________________：

你单位____________________建设工程档案经审查验收，符合国家、省有关工程档案规定，现予认可。

__________城建档案馆（处）
经办人：
核准人：
签发日期：　　　年　　月　　日

8. 电梯合格证

1. 资料要求

（1）电梯合格证应加盖公章，填写验收意见。颁发电梯运行合格证明必须符合国家有关法律、法规、强制性标准和施工图设计的有关技术要求。

（2）电梯合格证必须加盖公章，不盖章无效。签章齐全为符合要求，否则为不符合要求。

2. 实施要点

电梯合格证是电梯监管部门收到建设单位电梯分部（子分部）工程验收通知后，对电梯工程进行专项检验测试合格后颁发的书面认可文件。

电梯检验的主要内容有：

（1）电梯档案审查情况：应提供的电梯设备、安装技术文件资料应齐全、真实。

（2）机房布置情况：应满足施工图设计要求。

（3）电梯安全装置检查情况：应检查的电梯安全装置必须全数检查。

（4）电梯负荷运行试验情况：电梯负荷运行试验应达到运行平稳、制动可靠、连续运行无故障。不论是电力驱动电梯或液压电梯均必须按产品设计规定的每小时启动次数运行1000次（每天不少于8h）。

（5）电梯负荷运行试验曲线图（确定平衡系数）情况：各类电梯的平衡系数应为40％～50％。

（6）电梯噪声测试情况：电力驱动电梯或液压电梯均必须满足规范对噪声控制的要求。

（7）电梯加减速度和轿厢运行的垂直、水平振动速度试验情况：电梯加减速度和轿厢运行的垂直、水平振动速度应满足产品设计和规范的规定。

（8）曳引机检查与试验情况：曳引机检查与试验应满足产品设计和规范的规定。

（9）限速器试验情况：限速器检查与试验应满足产品设计和规范的规定。

（10）安全钳试验情况：安全钳必须与其型式试验证书相符；限时式安全钳或渐进式安全钳试验的检查与试验应满足产品设计和规范的规定。

（11）缓冲器试验情况：缓冲器必须与其型式试验证书相符；蓄能性（弹簧）缓冲器

或耗能式（液压）缓冲器的检查与试验应满足产品设计和规范的规定。

（12）层门和开门机械试验情况：不论是机械强度试验、门运行试验、滑动门保护装置试验均应满足规范规定的运行功能试验要求。

（13）门锁试验情况：门锁试验应满足层门强迫关门装置必须动作正常；层门锁钩必须动作灵活，在证实锁紧的电气安全装置动作之前，锁紧元件的最小啮合长度为7mm。

（14）绳头组合拉力试验情况：绳头组合拉力试验应满足产品设计和规范的规定。

（15）选层器钢带试验情况：选层器钢带试验应满足产品设计和规范的规定。

（16）轿厢试验情况：轿厢试验应进行轿厢顶刚度试验（记录变形情况和数据）和轿厢过载装置试验（记录过载信号在轿厢内加多载荷时产生）。

（17）控制屏试验情况：控制屏试验应进行绝缘试验、耐压试验和控制功能试验。控制柜屏的安装位置应符合电梯土建布置图中的要求。

（18）电源及布线情况：电源及布线应符合施工图设计的要求。

（19）井道复核情况：井道复核结果应满足电梯安装的需要。导轨及支架必须满足设计要求，保证安装结果符合 GB 7588—2003《电梯制造与安装安全规范》的有关规定。

9. 锅炉验收合格证

1. 资料要求

（1）锅炉合格证应加盖公章，填写验收意见。锅炉合格证必须符合国家有关法律、法规、强制性标准和锅炉合格证要求。

（2）锅炉合格证专项验收报告必须加盖公章，不盖章无效。

（3）签章齐全为符合要求，否则为不符合要求。

2. 实施要点

锅炉合格证是锅炉安全生产监管部门收到建设单位供热锅炉子分部工程验收通知后，对供热锅炉工程进行专项检验测试合格后颁发的书面认可文件。

（1）锅炉验收应由当地劳动局属的安全检查部门进行。

（2）锅炉在烘炉、煮炉合格后，应进行48h的带负荷连续试运行，同时应进行安全阀的热状态定压检验和调整。

（3）锅炉的工作压力、试验压力、烘炉时间、烘炉方法、煮炉时间、煮炉方法等均应符合锅炉试验等规范的有关规定。

2 质量保证技术文件

质量保证技术文件报送组排目录

序号	资 料 名 称	序列与编号	说 明
1	施工技术准备		
(1)	施工图设计文件会审记录	ZB№：4（　）—	
(2)	施工预算的编制和审查	ZB№：4（　）—	
2	施工现场准备		
(1)	导线点测设与复测记录	ZB№：4（　）—	
(2)	水准点测设与复测记录	ZB№：4（　）—	
(3)	工程定位测量与复测记录	ZB№：4（　）—	
3	设计变更，洽商记录		
(1)	设计变更通知单	ZB№：4（　）—	
(2)	洽商记录	ZB№：4（　）—	
4	原材料、成品、半成品、构配件、设备出厂质量合格证及试验报告		
(1)	砂、石、砌块、水泥、钢筋（材）、石灰、沥青、涂料、混凝土外加剂、防水材料、粘接材料、防腐保温材料等试验汇总表	ZB№：4（　）—	
1)	原材料试（检）验报告汇总表（通用）	ZB№：4（　）—	
2)	钢筋（材）焊接试（检）验报告、焊条（剂）合格证汇总表	ZB№：4（　）—	
(2)	砂、石、砌块、水泥、钢筋（材）、石灰、沥青、涂料、混凝土外加剂、防水材料、粘接材料、防腐保温材料、焊接材料等质量合格证书和出厂检（试）验报告及现场复试报告		
Ⅰ	质量合格证书及出厂检（试）验报告		
1)	原材料合格证粘贴表（通用）	ZB№：4（　）—	
Ⅱ	材料现场复试报告		
2)	砂现场复试报告	ZB№：4（　）—	
3)	石现场复试报告	ZB№：4（　）—	
4)	砖现场复试报告	ZB№：4（　）—	
5)	砌块现场复试报告	ZB№：4（　）—	
6)	水泥现场复试报告	ZB№：4（　）—	
7)	混凝土外加剂现场复试报告	ZB№：4（　）—	
8)	掺合料现场复试报告	ZB№：4（　）—	
9)	钢筋（材）、预应力钢筋（钢绞线）等现场复试报告	ZB№：4（　）—	
10)	预应力锚具、夹具和连接器合格证、出厂检验报告	ZB№：4（　）—	
11)	预应力锚具、夹具和连接器静载荷性能复试报告	ZB№：4（　）—	
12)	金属螺旋管复试报告	ZB№：4（　）—	
13)	石灰现场复试报告	ZB№：4（　）—	
14)	沥青现场复试报告	ZB№：4（　）—	
15)	沥青胶结材料现场复试报告	ZB№：4（　）—	
16)	防水卷材现场复试报告	ZB№：4（　）—	
17)	防水涂料现场复试报告	ZB№：4（　）—	

续表

序号	资 料 名 称	序列与编号	说 明
18)	环氧煤沥青涂料性能试验记录	ZB№：4（ ）—	
19)	粘接材料现场复试报告	ZB№：4（ ）—	
20)	防腐保温材料现场复试报告	ZB№：4（ ）—	
21)	混凝土拌和用水水质试验报告（有要求时）	ZB№：4（ ）—	
22)	其他材料现场复试报告	ZB№：4（ ）—	
(3)	水泥、石灰、粉煤灰混合料；沥青混合料试验汇总表		
1)	水泥、石灰、粉煤灰混合料试验汇总表	ZB№：4（ ）—	
2)	沥青混合料试验汇总表	ZB№：4（ ）—	
(4)	水泥、石灰、粉煤灰混合料；沥青混合料现场复试报告		
1)	水泥、石灰、粉煤灰混合料现场复试报告	ZB№：4（ ）—	
2)	水泥混凝土、工业废料或钢渣等混合料现场复试报告	ZB№：4（ ）—	
3)	沥青混合料现场复试报告	ZB№：4（ ）—	
(5)	混凝土预制构件、管材、管件、钢结构构件等试验汇总		
1)	混凝土预制构件试验汇总表	ZB№：4（ ）—	
2)	管材试验汇总表	ZB№：4（ ）—	
3)	管件试验汇总表	ZB№：4（ ）—	
4)	钢结构构件试验汇总表	ZB№：4（ ）—	
(6)	混凝土预制构件、管材、管件、钢结构构件等出厂合格证书和相应的施工技术文件		
1)	混凝土预制构件出厂合格证书和相应的施工技术文件	ZB№：4（ ）—	
2)	管材出厂合格证书和相应的施工技术文件	ZB№：4（ ）—	
3)	管件出厂合格证书和相应的施工技术文件	ZB№：4（ ）—	
4)	钢结构构件出厂合格证书和相应的施工技术文件	ZB№：4（ ）—	
5)	木构件（门窗）合格证	ZB№：4（ ）—	
(7)	厂站工程的成套设备、预应力混凝土张拉设备、各类地下管线井室设施、产品等汇总表		
1)	厂站工程的成套设备汇总表	ZB№：4（ ）—	
2)	预应力混凝土张拉设备汇总表	ZB№：4（ ）—	
3)	各类地下管线井室设施汇总表	ZB№：4（ ）—	
4)	产品汇总表	ZB№：4（ ）—	
(8)	厂站工程的成套设备、预应力混凝土张拉设备、各类地下管线井室设施、产品等出厂合格证书及安装使用说明		
1)	厂站工程的成套设备出厂合格证书及安装使用说明	ZB№：4（ ）—	
2)	预应力混凝土张拉设备出厂合格证书及安装使用说明	ZB№：4（ ）—	
3)	各类地下管线井室设施出厂合格证书及安装使用说明	ZB№：4（ ）—	
4)	产品出厂合格证书及安装使用说明	ZB№：4（ ）—	

续表

序号	资料名称	序列与编号	说明
(9)	设备开箱检验报告	ZB№：4（　）—	
5	施工试验记录		
(1)	砂浆、混凝土试块强度、钢筋（材）焊接连接、机械连接、填土、路基强度试验等汇总表		
1)	砂浆试块强度试验汇总表	ZB№：4（　）—	
2)	混凝土试块强度评定汇总表	ZB№：4（　）—	
3)	钢筋（材）焊接、机械连接汇总表		
①	钢筋（材）焊接连接试验汇总表	ZB№：4（　）—	
②	钢筋（材）机械连接试验汇总表	ZB№：4（　）—	
4)	填土类土壤压实记录汇总表	ZB№：4（　）—	
5)	路基强度试验汇总表	ZB№：4（　）—	
(2)	道路压实度、强度试验记录		
1)	回填土、路床压实度试验及土质的最大干密度和最佳含水量试验报告		
①	土壤压实度试验（环刀法）	ZB№：4（　）—	
②	土壤的最大干密度和最佳含水量试验报告	ZB№：4（　）—	
2)	土壤压实度（管沟类）试验记录	ZB№：4（　）—	
3)	压实度（灌砂法）试验记录	ZB№：4（　）—	
4)	石灰类、水泥类、二灰类等无机混合料中石灰剂量检验报告	ZB№：4（　）—	
5)	道路基层混合料强度试验记录	ZB№：4（　）—	
(3)	混凝土试块强度试验记录		
1)	混凝土试配及配合比通知单	ZB№：4（　）—	
2)	混凝土抗压强度试验报告	ZB№：4（　）—	
3)	混凝土抗折强度试验报告	ZB№：4（　）—	
4)	混凝土抗渗性能试验报告	ZB№：4（　）—	
5)	混凝土抗冻性试验报告单	ZB№：4（　）—	
6)	混凝土试块强度统计、评定记录	ZB№：4（　）—	
7)	预拌（商品）混凝土		
①	预拌（商品）混凝土出厂质量证书	ZB№：4（　）—	
②	预拌混凝土订货单与交货单	ZB№：4（　）—	
(4)	砂浆试块强度试验记录		
1)	砂浆试块强度试验汇总表	ZB№：4（　）—	
2)	砂浆配合比通知单	ZB№：4（　）—	
3)	砂浆抗压强度试验报告	ZB№：4（　）—	
4)	砂浆试块强度统计评定记录	ZB№：4（　）—	
(5)	钢筋（材）焊接、机械连接试验报告		

续表

序号	资 料 名 称	序列与编号	说 明
1)	钢筋（材）焊接试验报告	ZB№：4（　）—	
2)	钢筋（材）机械连接试验报告	ZB№：4（　）—	
(6)	钢管、钢结构安装及焊缝处理外观质量检查记录		
1)	焊缝射线探伤试验报告	ZB№：4（　）—	
2)	焊缝超声波探伤试验报告	ZB№：4（　）—	
3)	焊缝磁粉探伤试验报告	ZB№：4（　）—	
4)	金相试验报告	ZB№：4（　）—	
5)	焊缝质量综合评级汇总表	ZB№：4（　）—	
(7)	桩基础试（检）验报告		
1)	基桩检测报告实施说明	ZB№：4（　）—	
2)	基桩钻芯法试验检测报告	ZB№：4（　）—	
3)	单桩竖向抗压静载试验检测报告	ZB№：4（　）—	
4)	单桩竖向抗拔静载试验报告	ZB№：4（　）—	
5)	单桩水平静载试验检测报告	ZB№：4（　）—	
6)	基桩低应变法检测报告	ZB№：4（　）—	
7)	基桩高应变法检测报告	ZB№：4（　）—	
8)	基桩声波透射法检测报告	ZB№：4（　）—	
(8)	工程物质选样送审记录		
1)	见证取样	ZB№：4（　）—	
2)	工程物质进场验收记录	ZB№：4（　）—	
6	施工记录		
(1)	______施工记录（通用）	ZB№：4（　）—	
(2)	地基与基槽验收记录		
1)	地基钎探记录及钎探位置图	ZB№：4（　）—	
2)	地基与基槽验收记录	ZB№：4（　）—	
(3)	地基处理（复合地基）记录及示意图		
1)	换填垫层法	ZB№：4（　）—	
2)	垫层法施工记录表式与要求		
①	灰土地基施工记录	ZB№：4（　）—	
②	砂和砂石地基施工记录	ZB№：4（　）—	
③	土工合成材料地基施工记录	ZB№：4（　）—	
④	粉煤灰地基施工记录	ZB№：4（　）—	
3)	垫层法的质量检验报告单	ZB№：4（　）—	
(4)	强夯法		
1)	强夯置换法	ZB№：4（　）—	
2)	强夯的技术参数	ZB№：4（　）—	
3)	强夯施工	ZB№：4（　）—	

续表

序号	资 料 名 称	序列与编号	说 明
4)	强夯加固地基施工要点	ZB№：4（　　）—	
5)	强夯地基的施工记录用表		
①	强夯施工现场记录表	ZB№：4（　　）—	
②	强夯地基施工记录表	ZB№：4（　　）—	
③	强夯法的质量检验报告单	ZB№：4（　　）—	
(5)	水泥土搅拌法		
1)	水泥土搅拌桩施工用表		
①	水泥土搅拌桩地基施工记录	ZB№：4（　　）—	
②	水泥土搅拌桩供灰记录	ZB№：4（　　）—	
③	水泥土搅拌轻便触探检测记录	ZB№：4（　　）—	
④	水泥土搅拌法的质量检测报告单		
(6)	桩基施工记录		
1)	桩基位置平面示意图	ZB№：4（　　）—	
2)	打桩记录	ZB№：4（　　）—	
3)	钻孔桩记录汇总表	ZB№：4（　　）—	
4)	钻孔桩钻进记录（冲击钻）	ZB№：4（　　）—	
5)	钻孔桩钻进记录（旋转钻）	ZB№：4（　　）—	
6)	钻孔桩成孔质量检查记录	ZB№：4（　　）—	
7)	钻孔桩混凝土灌注记录	ZB№：4（　　）—	
(7)	构件设备安装和调试记录		
1)	钢筋混凝土预制构件、钢结构等吊装记录	ZB№：4（　　）—	
2)	设备安装记录	ZB№：4（　　）—	
3)	厂（场）、站工程设备安装调试记录	ZB№：4（　　）—	
(8)	混凝土施工记录		
1)	混凝土浇灌申请书	ZB№：4（　　）—	
2)	混凝土开盘鉴定	ZB№：4（　　）—	
3)	混凝土浇筑记录	ZB№：4（　　）—	
4)	混凝土后浇带施工检查记录	ZB№：4（　　）—	
5)	混凝土坍落度检查记录	ZB№：4（　　）—	
6)	冬期施工混凝土日报	ZB№：4（　　）—	
(9)	预应力张拉记录		
1)	预应力张拉记录（一）	ZB№：4（　　）—	
2)	预应力张拉记录（二）	ZB№：4（　　）—	
3)	预应力张拉记录（后张法一端张拉）	ZB№：4（　　）—	
4)	预应力张拉记录（后张法两端张拉）	ZB№：4（　　）—	
5)	预应力张拉孔道压浆记录	ZB№：4（　　）—	

续表

序号	资 料 名 称	序列与编号	说 明
(10)	施工测温记录		
1)	混凝土冬期测温记录	ZB№：4（ ）—	
2)	________混凝土养护测温记录	ZB№：4（ ）—	
3)	混凝土同条件养护测温记录	ZB№：4（ ）—	
4)	冬施混凝土搅拌测温记录	ZB№：4（ ）—	
(11)	沥青混合料施工测温记录		
1)	沥青混合料到场及摊铺测温记录	ZB№：4（ ）—	
2)	沥青混合料碾压温度检测记录	ZB№：4（ ）—	
(12)	防腐层质量检查记录	ZB№：4（ ）—	
(13)	预制安装水池壁板缠绕钢丝应力测定记录	ZB№：4（ ）—	
(14)	管道、箱涵等工程项目顶进记录		
1)	顶管工程顶进记录	ZB№：4（ ）—	
2)	箱涵顶（推）进记录	ZB№：4（ ）—	
(15)	沉井工程下沉观测记录	ZB№：4（ ）—	
(16)	明排水施工记录	ZB№：4（ ）—	
(17)	沥青路面热拌碾压及施工缝留设施工记录	ZB№：4（ ）—	
(18)	构（建）筑物沉降观测记录	ZB№：4（ ）—	
7	预检记录		
(1)	预检工程检查记录	ZB№：4（ ）—	
(2)	模板预检记录	ZB№：4（ ）—	
(3)	大型构件和设备安装前预检记录	ZB№：4（ ）—	
(4)	设备安装位置检查记录	ZB№：4（ ）—	
(5)	管道安装检查记录	ZB№：4（ ）—	
(6)	补偿器冷拉及安装情况记录		
1)	补偿器安装记录	ZB№：4（ ）—	
2)	补偿器冷拉记录	ZB№：4（ ）—	
(7)	支（吊）架位置、各部位连接方式等检查记录	ZB№：4（ ）—	
(8)	供水、供热、供气管道检查记录	ZB№：4（ ）—	
(9)	保湿、防腐、油漆等施工检查记录	ZB№：4（ ）—	
8	隐蔽工程检查（验收）记录		
(1)	隐蔽工程验收记录表	ZB№：4（ ）—	
(2)	垫层法地基处理隐蔽工程验收记录表	ZB№：4（ ）—	
(3)	钢筋隐蔽工程验收记录	ZB№：4（ ）—	
(4)	预应力钢筋隐蔽工程验收记录	ZB№：4（ ）—	
(5)	钢结构焊接隐蔽工程验收记录	ZB№：4（ ）—	
(6)	防水 转角处、变形缝、后浇带、埋设件、施工缝留槎位置、止水环与主管或翼环与套管等细部做法隐蔽工程验收记录	ZB№：4（ ）—	

续表

序号	资料名称	序列与编号	说明
(7)	盾构法隧道管片拼装接缝隐蔽工程验收记录	ZB№：4（　　）—	
(8)	渗排水、盲沟排水、复合式衬砌缓冲排水层隐蔽工程验收记录	ZB№：4（　　）—	
(9)	注浆工程的注浆孔、注浆控制压力、钻孔埋管等隐蔽工程验收记录	ZB№：4（　　）—	
(10)	卷材防水、涂膜防水、刚性防水的防水层基层；密封防水处理部位；防水层的搭接宽度和附加层；刚性保护层与卷材、涂膜防水层之间设置的隔离层等的隐蔽工程验收记录	ZB№：4（　　）—	
(11)	抹灰工程隐蔽工程验收记录	ZB№：4（　　）—	
9	功能性试验记录		
(1)	道路工程的弯沉试验记录	ZB№：4（　　）—	
(2)	桥梁工程的动、静载试验记录	ZB№：4（　　）—	
(3)	无压力管道的严密性试验记录		
1)	渠道闭水试验记录	ZB№：4（　　）—	
(4)	压力管道的强度试验、严密性试验、通球试验等记录		
1)	压力管道的强度、严密性试验记录	ZB№：4（　　）—	
2)	供热管道水压试验记录	ZB№：4（　　）—	
3)	排水管道通球试验记录	ZB№：4（　　）—	
(5)	阀门强度、严密性试验记录	ZB№：4（　　）—	
(6)	水池满水试验	ZB№：4（　　）—	
(7)	消化池气密性试验	ZB№：4（　　）—	
(8)	电气绝缘电阻、接地电阻测试记录		
1)	电气绝缘电阻测试记录	ZB№：4（　　）—	
2)	电气接地电阻测试记录	ZB№：4（　　）—	
(9)	电气动力试运行记录		
1)	电气照明全负荷试运行记录	ZB№：4（　　）—	
2)	电机试运行记录	ZB№：4（　　）—	
(10)	调试记录	ZB№：4（　　）—	
(11)	运转设备试运行记录		
1)	运转设备试运行记录（通用）	ZB№：4（　　）—	
2)	水泵试运行记录	ZB№：4（　　）—	
(12)	设备联动试运行记录	ZB№：4（　　）—	
(13)	供热管网、燃气管网等管网试运行记录		
1)	供热管网（场站）热运行记录	ZB№：4（　　）—	
2)	燃气管网等管网试运行记录	ZB№：4（　　）—	
(14)	燃气管道强度、严密性试验记录		
1)	燃气管道严密性试验记录（一）	ZB№：4（　　）—	
2)	燃气管道严密性试验记录（二）	ZB№：4（　　）—	

续表

序号	资 料 名 称	序列与编号	说 明
3)	燃气管道严密性试验验收单	ZB№：4（ ）—	
4)	燃气管道强度试验记录	ZB№：4（ ）—	
5)	户内燃气设施强度/严密性试验记录	ZB№：4（ ）—	
6)	燃气管道通球试验记录	ZB№：4（ ）—	
7)	燃气储罐总体试验记录	ZB№：4（ ）—	
(15)	供水、消防、供热管网冲洗记录	ZB№：4（ ）—	
(16)	管道系统吹洗（脱脂）记录	ZB№：4（ ）—	
(17)	煤气管网的吹扫试验记录	ZB№：4（ ）—	
10	质量事故及处理记录		
(1)	工程质量事故报告	ZB№：4（ ）—	
(2)	工程质量事故处理记录	ZB№：4（ ）—	
(3)	工程质量事故技术处理方案	ZB№：4（ ）—	
11	竣工测量资料		
(1)	建筑物、构筑物竣工测量记录及测量示意图	ZB№：4（ ）—	
(2)	地下管线工程竣工测量记录	ZB№：4（ ）—	
12	工程质量保修书	ZB№：4（ ）—	
13	财务文件		
(1)	工程施工图预算书	ZB№：4（ ）—	
(2)	工程决算书	ZB№：4（ ）—	
14	声像、缩微、电子档案	ZB№：4（ ）—	

注：1. 对于组排目录表中没有资料名称及表式的，而标准、规范要求必报的资料，报送资料时可排在各专业资料目录的后面接着编号。

2. 按专业报送资料合理缺项除外。

2.1　施工技术准备

2.1.1　施工图设计文件会审记录

1. 资料表式

施工图设计文件会审记录表

首页

<table>
<tr><td colspan="2">工程名称</td><td colspan="4"></td></tr>
<tr><td colspan="2">图纸会审部位</td><td colspan="2"></td><td>日　期</td><td></td></tr>
<tr><td colspan="6">会审中发现的问题：</td></tr>
<tr><td colspan="6">处理情况：</td></tr>
<tr><td colspan="6">参加会审单位及人员</td></tr>
<tr><td>单位名称</td><td>姓　　名</td><td>职　　务</td><td>单位名称</td><td>姓　　名</td><td>职　　务</td></tr>
<tr><td></td><td></td><td></td><td></td><td></td><td></td></tr>
<tr><td></td><td></td><td></td><td></td><td></td><td></td></tr>
<tr><td></td><td></td><td></td><td></td><td></td><td></td></tr>
<tr><td></td><td></td><td></td><td></td><td></td><td></td></tr>
</table>

填表人：

施工图设计文件会审记录表

续页

<table>
<tr><td>记录内容：

记录人：</td></tr>
</table>

2. 资料要求

(1) 应按要求组织施工图设计文件会审。必须先交底后会审，重点工程应有设计单位对施工单位的工程技术交底记录，应有对重要部位的技术要求和施工程序要求等技术交底资料。

(2) 要求参加人员签字齐全，日期、地点填写清楚。

(3) 有关专业均应有专人参加会审，会审记录整理完整成文，签字盖章齐全为正确。

(4) 会审记录内容不符合要求，与设计、施工规范有矛盾，且记录中没有说明原因；签章不全者均为不正确。

建设、设计、施工、监理单位：应分别盖章有效，不盖章无效。

3. 实施要点

施工图设计文件会审记录表是对已正式签署的设计文件进行交底、审查和会审，对提出的问题予以解决并予记录的技术文件。

(1) 工程开工前必须组织图纸会审。开工前图纸会审文件必须分发有关单位。施工图设计和有关设计技术文件资料，是施工单位赖以施工的、带根本性的技术文件，必须认真地组织学习和会审。由建设单位组织，设计单位、监理单位、施工单位参加共同进行的图纸会审，将施工图设计中将要遇到的问题提前予以解决。

(2) 会审的目的：

1) 通过事先认真的熟悉图纸和说明书，以达到了解设计意图、工程质量标准，及新结构、新技术、新材料、新工艺的技术要求，了解图纸间的尺寸关系、相互要求与配合等内在的联系，更能采取正确的施工方法去实现设计能力；

2) 在熟悉图纸、说明书的基础上，通过有设计、建设、监理施工单位土建、安装等专业人员参加的会审，将有关问题解决在施工之前，给施工创造良好的条件。

凡参加该工程的建设、施工、监理各单位均应参加图纸会审，在施工前均应对施工图设计进行学习（熟悉）；各工种间对施工图初审；各专业间对施工图设计进行会审；总分包单位之间按施工图要求进行专业间的协作、配合事项的会商的综合会审。

(3) 会审方法

1) 施工图设计文件会审应由建设单位组织，设计单位交底，施工、监理单位参加。

2) 会审分二个阶段进行，一是内部预审，由施工单位的有关人员负责在一定期限内完成。提出施工图纸中的问题，并进行整理归类，会审时侯一并提出；监理单位同时也应进行类似的工作，为正确开展监理工作奠定基础。二是会审，由建设单位组织、设计单位交底、施工及监理单位参加，对预审及会审中提出的问题要逐一解决。

3) 施工图设计文件会审是对已正式签署的设计文件进行交底和审查，对提出的问题应会签图纸、会审纪要。加盖各参加单位的公章，存档备查。

4) 对提出问题的处理，一般问题设计单位同意的，可在图纸会审记录中注释进行修改，并办理手续；较大的问题必须由建设（或监理）、设计和施工单位洽商，由设计单位修改，经监理单位同意后向施工单位签发设计变更图或设计变更通知单方为有效；如果设计变更影响了建设规模和投资方向，要报请原批准初步设计的单位同意方准修改。

(4) 施工图设计文件会审内容

1) 施工图设计文件是否齐全，手续是否完备；设计是否符合国家有关的经济和技术政策、规范规定，图纸总的做法说明（包括分项工程做法说明）是否齐全、清楚、明确，与平面、位置、线路，平面、立面、剖面、侧面，系统图、透视图、轴侧图、工艺流程图等各方之间有无矛盾；设计图纸（平、立、剖面、构件布置，节点大样）之间相互配合的尺寸是否符合，分尺寸与总尺寸，大、小样图、平、立、剖面与结构图，土建图与水电安装图之间互相配合的尺寸是否一致，有无错误和遗漏；设计图纸本身、建筑构造与结构构造、结构各构件之间，在立体空间上有无矛盾，预留孔洞、预埋件、大样图或采用标准构配件图的型号、尺寸有无错误与矛盾。

2）总图内的构（建）筑物座标位置与单位工程平面图是否一致；设计标高是否可行；地基与基础的设计与实际情况是否相符，结构性能如何；构（建）筑物、设备及管线之间有无矛盾。

3）主要结构的设计在强度、刚度、稳定性等方面有无问题，主要部位的建筑构造是否合理，设计能否保证工程质量和安全施工。

4）设计图纸的结构方案与施工单位的施工能力、技术水平、技术装备有无矛盾；采用新工艺、新技术，施工单位有无困难，所需特殊建筑材料的品种、规格、数量能否解决，专用机械设备能否保证。

5）设备、管架、钢结构立柱、金属结构平台、电缆、电线支架以及设备、基础是否与工艺图、电气图、设备安装图和到货的设备相一致；传动设备、随机到货图纸和出厂资料是否齐全，技术要求是否合理，是否与设计图纸及设计技术文件相一致，底座同土建基础是否一致，管口相对位置、接管规格、材质、坐标、标高是否与设计图纸一致；管道、设备及管件需防腐衬里、脱脂及特殊清洗时，设计结构是否合理，技术要求是否切实可行。

（5）几点说明

1）建设单位、施工单位、监理单位、设计单位，参加图纸会审的人员和单位，签字、盖章有效。

2）一般由建设单位主持或建设、设计单位共同主持，有几个人主持时可以分别签记姓名。

3）记录由设计、施工的任一方整理，可在会审时协商确定。

（6）表列子项

1）工程名称：按施工企业和建设单位签订的施工合同的工程名称或图注的工程名称，照实际填写。

2）图纸会审部位：照实际图纸会审的部位填写。

3）日期：指图纸会审的年、月、日，照实际填写。

4）会审中发现的问题：即记录会审中发现所有需要记录的内容。已解决的注明解决办法，未解决的注明解决时间及方式。

5）处理情况：即会审中对提出问题提出的解决办法，应详细记录与说明。

6）参加会审的单位和人员：指表列单位参加会审的人员，应分别签记参加人姓名。

7）填表人：指主持施工图设计文件会审单位的填表人姓名。

2.1.2 施工预算的编制和审查

基本要求如下：

(1) 施工预算编制应在工程开工前完成。

(2) 施工预算实施前应经专业技术负责人审查并签章，方可实施。

(3) 施工预算的总造价必须控制在计划批准造价或设计总预算造价内，如施工预算编制的总造价超过计划或设计总预算造价，应进行专项审查并经预算批准单位同意并签批后方可执行。

2.2 施工现场准备

2.2.1 导线点测设与复测记录

1. 资料表式

导线点复测记录

工程名称：　　　　施工单位：　　　　复测部位：　　　　日期：

测点	测角 (° ′ ″)	方位角 (° ′ ″)	距离 (mm)	纵坐标增量 ΔX (m)	横坐标增量 ΔY (m)	纵坐标 X (m)	横坐标 Y (m)	备注

计算（另附简图）：　　　　结论：

1. 角度闭合差：　$f_{测}=$　　$f_{容}=$
2. 坐标增量闭合差：　$f_X=$　　$f_Y=$
3. 导线相对闭合差：　$f=$　　$K=$

参加人员	监理（建设）单位	施工单位			
		施工项目技术负责人	专职质检员	测量	复测

2. 资料要求

(1) 工程定位测量放线、复测记录出具的有关资料，项目齐全且满足设计、标准要求的为符合要求。不符合设计要求及规范、标准的规定为不符合要求。

(2) 建设单位应提供测量定位近点的依据点、位置、数据，并应现场交底，如导线点、三角点、水准点和水准点级别。

(3) 测量定位、闭合差符合工程测量规范要求。

(4) 定向应取二个以上后视点（避免算错、测错）。

(5) 定位测量距离时，测量往返距离误差一般在万分之一内，或符合设计要求。

(6) 重点工程或大型工程应有测量原始记录。

(7) 责任制填写必须齐全且为本人签字，代签为无效资料。

3. 实施要点

(1) 导线点测设与复测记录是指建设工程根据当地建设行政主管部门给定总图范围内的构（建）筑物及其他建设物的位置、标高进行的测量与复测，以保证其标高、位置正确。

(2) 导线是在地面上布设的由若干段直线连成的折线，作为测量路线平面图或地形图的控制线。导线测量是测量导线长度、转角和高程、以及推算坐标等的作业。

(3) 市政工程应提供符合要求的施工图设计文件，市政工程线路的平面控制测量，应布设附合导线。

(4) 对施工测量、放线成果进行复验和确认。

1) 对交桩进行检查，交桩不论建设单位交桩，还是委托设计或监理单位交桩一定要确保承包单位复测无误才可认桩。如有问题须请建设单位处理。确认无误后由承包单位建立施工控制网，并妥善保管。

当由监理单位交桩时，对监理工程师而言，特别需要做好水准点与坐标控制点的交验。

2) 承包单位在测量放线完毕，应进行自检，合格后填写施工测量放线报验申请表，承建单位填报的《施工测量方案报审表》，应将施工测量方案，专职测量人员的岗位证书及测量设备鉴定证书报送项目监理机构审批认可。

3) 承包单位按《施工测量方案》对建设单位交给施工单位的红线桩、水准点进行校核复测，并在施工场地设置平面座标控制网（或控制导线）及高程控制网后，填写《施工测量放线报验申请表》并应附上相应放线的依据资料及测量放线成果表供项目监理机构审核查验。

4) 当施工单位对交验的桩位通过复测提出质疑时，应通过建设单位邀请当地建设行政主管部门认定的规划勘察部门或勘察设计单位复核红线桩及水准点引测的成果；最终完成交桩过程，并通过会议纪要的方式予以确认。

5) 签认施工测量报验申请表，专业监理工程师应实地查验放线精度是否符合规范及标准要求，施工轴线控制桩的位置、轴线和高程的控制标志是否牢靠、明显等。经审核、查验合格。

(5) 应注意平面位置定位的几个影响因素：仪器不均匀下沉对测角的影响；对中不准对测角的影响；水平度盘不水平对测角的影响；照准误差对测角的影响；视准轴不垂直横

轴和横轴不垂直竖轴对测角的影响；刻度盘刻划不均匀和游标盘偏心差对测角等的影响。

2.2.2 水准点测设与复测记录

1. 资料表式

水准点测设与复测记录

工程名称：　　　　施工单位：　　　　测设与复测部位：　　　　日期：

<table>
<tr><td rowspan="2">测点</td><td rowspan="2">后视
(1)</td><td rowspan="2">前视
(2)</td><td colspan="2">高差（3）</td><td rowspan="2">高程（m）
(4)</td><td rowspan="2">备　注</td></tr>
<tr><td>＋
(3) ＝ (1) － (2)</td><td>－
(3) ＝ (1) － (2)</td></tr>
<tr><td></td><td></td><td></td><td></td><td></td><td></td><td></td></tr>
<tr><td></td><td></td><td></td><td></td><td></td><td></td><td></td></tr>
<tr><td></td><td></td><td></td><td></td><td></td><td></td><td></td></tr>
<tr><td></td><td></td><td></td><td></td><td></td><td></td><td></td></tr>
<tr><td></td><td></td><td></td><td></td><td></td><td></td><td></td></tr>
<tr><td></td><td></td><td></td><td></td><td></td><td></td><td></td></tr>
<tr><td></td><td></td><td></td><td></td><td></td><td></td><td></td></tr>
<tr><td colspan="7">计算：
实测闭合差＝　　　　　　容许闭合差＝
结论：</td></tr>
</table>

<table>
<tr><td rowspan="3">参加人员</td><td rowspan="2">监理（建设）单位</td><td colspan="4">施　工　单　位</td></tr>
<tr><td>施工项目技术负责人</td><td>测　量</td><td>复　测</td><td>计　算</td></tr>
<tr><td></td><td></td><td></td><td></td><td></td></tr>
</table>

2. 资料要求

（1）水准点测设与复测记录出具的有关资料，子目应齐全且满足设计、标准要求的为符合要求。不符合设计要求及规范、标准的规定为不符合要求。

（2）建设单位应提供测量定位近点的依据点、位置、数据，并应现场交底，如导线点、三角点、水准点和水准点级别。

（3）应符合设计对座标、标高等精度的要求。

（4）重点工程或大型工程应有测量原始记录。

（5）责任制填写必须齐全且为本人签字，代签为无效资料。

3. 实施要点

（1）水准点测设与复测记录是指建设工程根据当地建设行政主管部门给定总图范围内的构（建）筑物及其他建设物的位置、标高进行的测设与复测，以保证其标高、位置。

为了统一全国高程测量系统和满足各种工程建设需要，国家在各地埋设的很多固定的标志，并按国家水准测量控制次序和施测精度及方法统一测出的它们的高程，这些高程控制点称为水准点。国家水准测量分为一、二、三、四个等级。一、二等水准测量是国家高程控制网的骨干，三、四等水准测量以一、二等水准测量为依据，进一步加密以直接提供各种工程建设需要的高程控制点的测量。一般普通建筑施工用的为等外水准点测量，也称普通水准点测量。

（2）水准测量是高程测量中精度高、用途广的一种方法。水准点是用水准测量方法，测定其高程达到一定精度的高程控制点。水准点是经测定高程的固定标点，作为水准测量的根据点。水准点测量是测量各点高程的作业。高程（标高）是某点沿铅垂线方向到绝对基面的距离，称为绝对高程，简称高程。某点沿铅垂线方向到某假定水准基面的距离，称假定高程。水准点复测是对已完成的水准测量进行校核的测量作业。

（3）市政工程线路水准测量应符合下列规定：

1）进行线路水准测量（即基平测量）时，每 300m 左右宜留设一临时水准点，桥梁、隧道两端以及较大构筑物等处应按需要留设水准点，水准点的位置应设在施工范围以外，标志应明显、牢固、使用方便。

2）市政工程的线路水准测量可采用水准测量方法或光电测距三角高程测量方法，其主要技术要求分别应符合表 2.2.2-1 和表 2.2.2-2 的规定

线路水准测量的主要技术要求　　表 2.2.2-1

仪器类型	标尺类型	视线长度（m）	观测方法	附合线路闭合差（mm）
DS_3	单面	100	单程后一前	$\leqslant\pm30\sqrt{L}$

注：L 为附合线路长度（km）。

3）对于精度要求较高的市政工程，其水准测量精度可按四等水准测量要求或根据需要另行设计施测。

线路光电测距三角高程测量的主要技术要求　　表 2.2.2-2

垂直观测仪器类型	对向观测测回数		垂直角较差与指标差较差（″）	测距仪器、方法与测回数	对向观测高差较差（mm）	附合路线闭合差（mm）
	三丝法	中丝法				
DJ_2	1	2	≤10	Ⅱ级、单程、1	$\leqslant\pm60\sqrt{D}$	$\leqslant\pm30\sqrt{L}$

注：1. D 为测距边长度（km）；

2. 仪器高度、反射棱镜高度或觇牌高度，应在观测前后各量测一次，取值应精确至 1mm，当较差不大于 4mm 时，取用平均值；

3. 计算时，应考虑地球曲率和折光差的影响。

4）当水准测量跨越河流、深沟，且视线长度超过 200m 时，应采用跨河水准测量方法，跨河水准应观测两个单测回，半测回中观测两组，两测回间较差不得超过$\pm 40\sqrt{s}$（mm）（s 为跨河视线长度，km）。

（4）应注意标高定位的影响因素：诸如水准仪本身的视准轴和水准管不平行；支架安设在非坚实土上；行人和震动影响；水准仪的位置应尽量安置在水准点与建筑物龙门桩的中间，减少或抵销前后视产生的误差；读数前定平水准管，读数后检查水准管气泡是否居中；读数前对光消除视差影响；扶尺者应保证测尺垂直。

（5）当施工单位对交验的桩位通过复测提出质疑时，应通过建设单位邀请当地建设行政主管部门认定的规划勘察部门或勘察设计单位复核红线桩及水准点引测的成果；最终完成交桩过程，并通过会议纪要的方式予以确认。

（6）监理签认施工测量报验申请表，专业监理工程师应实地查验放线精度是否符合规范及标准要求，施工轴线控制桩的位置、轴线和高程的控制标志是否牢靠、明显等。经审核、查验合格。

（7）线路测量视工程需要，应对起、终、转、交点与重要方向桩加固、绘点之记，或钉控制桩，以便施工时交桩或恢复中线。

（8）表列子项

1）工程名称：按施工企业和建设单位签订的施工合同的工程名称或图注的工程名称，照实际填写。

2）施工单位：指建设与施工单位合同书中的施工单位，填写合同书中定名的施工单位名称。

3）测设与复测部位：指测设与复测的水准点的部位。

4）日期：指测设与复测的水准点的复测日期。

5）测点：指水准点测设与复测的测点数量，按现场实际的测点数依序填写。

①后视（1）：填写某测点的后视水准点的复测高程值。

②前视（2）：填写某测点的前视水准点的复测高程值。

③高差（3）：填写某测点的水准点的复测高程的高差值，为正值（+）时，高差值为（3）＝（1）－（2）；为负值（－）时为（3）＝（1）－（2）。

④高程（m）（4）：填写某测点的水准点的复测高程值。

⑤备注：某测点的水准点测设与复测需要说明的事宜。

6）计算：按若干测点的水准点复测结果计算：

①实测闭合差＝　　；②容许闭合差＝　　。

7）结论：按表列各测点的计算结果是否满足规范要求确认其水准点测设与复测的结论，照确认的水准点复测结果填写合格或不合格的结论意见。

8）观测：指水准点复测的观测人，本人签字有效。

9）复测：指水准点复测的复测人，本人签字有效。

10）计算：指水准点复测的计算人，签字有效。

11）施工项目技术负责人：一般指施工单位项目经理部的技术负责人，签字有效。

2.2.3 工程定位测量与复测记录

1. 资料表式

工程定位测量与复测记录 **表 2.2.3**

<table>
<tr><td colspan="2">工程名称</td><td colspan="2"></td><td>施工单位</td><td></td></tr>
<tr><td colspan="2">复核部位</td><td colspan="2"></td><td>施测日期</td><td></td></tr>
<tr><td colspan="2">使用仪器</td><td colspan="2"></td><td>室外温度</td><td></td></tr>
<tr><td colspan="2">原施测人</td><td colspan="2"></td><td>测量复核人</td><td></td></tr>
<tr><td colspan="2">测量复核情况</td><td colspan="4"></td></tr>
<tr><td colspan="2">附　　图</td><td colspan="4"></td></tr>
<tr><td colspan="2">复核结论</td><td colspan="4"></td></tr>
<tr><td rowspan="3">参加人员</td><td>监理（建设）单位</td><td colspan="4">施　工　单　位</td></tr>
<tr><td rowspan="2"></td><td>施工项目技术负责人</td><td>测　量</td><td>复　测</td><td>计　算</td></tr>
<tr><td></td><td></td><td></td><td></td></tr>
</table>

2. 资料要求

（1）工程定位测量与复测记录出具的有关资料，项目齐全且满足设计、标准要求的为符合要求。不符合设计要求及规范、标准的规定为不符合要求。

（2）工程定位测量与复测记录凡属甲方定的相对标高应和城市提供的绝对标高相一致，由甲方认证盖章；无甲方提供的定位放线依据手续证明的为不符合要求；无城建部门核准的验线、定位、±0.00 标高签字的文件资料为不符合要求。

（3）建设单位应提供测量定位近点的依据点、位置、数据，并应现场交底，如导线点、三角点、水准点和水准点级别。

（4）测量定位、闭合差符合工程测量规范要求。

（5）应符合设计对坐标、标高等精度的要求。

(6) 重点工程或大型工程应有测量原始记录。

(7) 责任制填写必须齐全且为本人签字，代签为无效资料。

3. 实施要点

(1) 工程定位测量与复测记录是指建设工程根据当地建设行政主管部门给定总图范围内的构（建）筑物及其他建设物的位置、标高进行的测量与复测，以保证其标高、位置。

(2) 对某一工程而言，测量主要包括施工测量和竣工测量。施工测量是工程开工前及施工中，根据施工图设计在现场进行恢复道路中线、定出构造物位置等测量放样的作业；竣工测量是工程竣工后，为编制工程竣工文件，对实际完成的各项工程进行的一次全面测量的作业。

(3) 工程施工测量（在工程施工阶段进行的测量工作）贯穿于施工各个阶段，场地平整、土方开挖、基础及墙体砌筑、构件安装、烟囱、水塔、道路铺设、管道敷设、沉降观测等，并做好记录，鉴于工程测量的重要性，规定凡工程测量均必须进行复测，以确保工程测量正确无误。

(4) 测量与复测的内容要求：工程测量与复测记录包括平面位置定位、标高定位、测设点位和提供施工技术资料。

1) 工程平面位置定位：根据场地上构（建）筑物主轴线控制点或其他控制点，将其轴线的交点，用经纬仪投测至地面木桩顶面为标志的小钉上。

2) 工程的标高定位：根据施工现场水准控制点标高（或从附近引测的大地水准点标高），推算±0.000标高，或根据±0.000标高与某构（建）筑物、某处标高的相对关系，用水准仪和水准尺（或刨光的直木杆）在供放线用的龙门桩上标出标高的定位工作。

3) 测设点位：是将已经设计好的各种不同的构（建）筑物的几何尺寸和位置，按照设计要求，运用测量仪器和工具标定到地面及楼层上，并设置相应的标志，作为施工的依据，

4) 提供施工技术资料：是在工程竣工后，将施工中各项测量数据及建筑物的实际位置、尺寸和地下设施位置等资料，按规定格式，整理或编绘技术资料。

(5) 不论构（建）筑物，烟囱、水塔、道路、管道安装等均应提供由城建部门提供的永久水准点的位置与高度，以此测设单位工程的远控桩、引桩。

(6) 城市道路工程施工测量要点说明

1) 施工负责人应会同设计或勘测部门现场交接中线控制桩和设计水准点，并设置护桩。

临设水准点应与设计水准点复测闭合，允许闭合差：快速路、主、次干路为$\pm 12\sqrt{L}$ mm；支路为$\pm 20\sqrt{L}$ mm（L为水准线长度公里数）。

2) 恢复道路中心桩，桩距在直线地段宜为15～20m；曲线地段为10m。平、竖曲线起止点和地形点必须加桩。量距允许误差；小于200m为$\pm\frac{1}{5000}$；200～500m为$\pm\frac{1}{10000}$；大于500m为$\frac{1}{2000}$。

在不受施工影响的位置引测辅助基线，设平面控制桩，以便各施工过程中及时补桩。

定出路边线及上下边坡线桩，核对占地和拆迁是否满足施工需要，施工范围内尚存的

障碍应作明显标志。

3）临时设置的水准点距离应以测高不加转点为原则，平原不得大于200m，山区或丘陵宜为100m。

临时设置的水准点必须坚固稳定。对跨年度工程或怀疑被移动的水准点应复测校核后方可使用。

在中心桩两侧不受施工影响的位置设桩，定出路中心（或路肩边缘）标高。

4）工地测量人员应按中心桩位置复测原横断面，加桩处应补测横断面，并计算土石方量。

5）工地测量人员应复核原有桥涵和地下管线的位置和标高以及其他要求的有关测量。

6）施工过程中工地测量人员对平面和水准测量应准确及时，并应及时向施工人员提供测量数据并进行现场交桩。测量标志应坚固稳定，施工人员对测量标志应认真保护。

7）路基工程基本完工后，工地测量人员必须进行全线的竣工测量。竣工测量包括：中心线的位置、标高、横断面图式、附属结构和地下管线的实际位置和标高。测量成果应在竣工图中标明。

（7）测量允许偏差规定

1）导线方位角闭合差：$\pm 12\sqrt{n}$ 秒，式中 n 为测站数。

2）直接丈量测距的允许偏差见表2.2.3-1。

直接丈量测距允许偏差 **表2.2.3-1**

序号	固定测桩间距离（m）	允许偏差
1	＜200	1/5000
2	200～500	1/10000
3	＞500	1/20000

（8）给水排水工程施工测量应符合下列规定：

1）施工前，建设单位应组织有关单位向施工单位进行现场交桩；

2）临时水准点和管道轴线控制桩的设置应便于观测且必须牢固，并应采取保护措施。开槽铺设管道的沿线临时水准点，每200m不宜少于1个；

3）临时水准点、管道轴线控制桩、高程桩，应经过复核方可使用，并应经常校核；

4）已建管道、构（建）筑物等与本工程衔接的平面位置和高程，开工前应校测。

5）施工测量的允许偏差，应符合表2.2.3-2的规定。

施工测量允许偏差 **表2.2.3-2**

项目		允许偏差
水准测量高程闭合校	平地	$\pm 20\sqrt{L}$ (mm)
	山地	$\pm 6\sqrt{n}$ (mm)
导线测量方位角闭合差		$\pm 40\sqrt{n}$ (″)
导线测量相对闭合差		1/3000
直接丈量测距两次较差		1/5000

注：1. L 为水准测量闭合路线的长度（km）；
2. n 为水准成导线测量的测站数。

（9）管线工程施工测量的复核要点：场区管网与输配电线路定位测量、地下管线施工检测、架空管线施工检测、多种管线交汇点高程抽测。

工程测量既是施工准备阶段重要内容，又是贯彻在设计、施工、竣工交付使用的全过程，监理工程师必须把它当作保证质量一种重要的监控手段。

（10）工程测量放线应检查的内容

1）承包单位专职测量人员的岗位证书及测量设备的检定证书（应具有有资质的计量鉴定单位出具的检定证书）。

2）应对报审的控制桩成果、保护措施以及平面控制网、高程控制网和临时水准点测量成果进行校核。

3）检查基准点的设置（包括水准点的引进地点及其编号）。

（11）平面位置定位的影响因素应注意：仪器不均匀下沉对测角的影响；对中不准对测角的影响；水平度盘不水平对测角的影响；照准误差对测角的影响；视准轴不垂直横轴和横轴不垂直竖轴对测角的影响；刻度盘刻划不均匀和游标盘偏心差对测角的影响。

（12）标高定位的影响因素应注意：水准仪本身的视准轴和水准管不平行；支架安设在非坚实土上；行人和震动影响；水准仪的位置应尽量安置在水准点与建筑物龙门桩的中间，减少或抵销前后视产生的误差；读数前定平水准管，读数后检查水准管气泡是否居中；读数前对光消除视差影响；扶尺者应保证测尺垂直。

（13）对施工测量、放线成果进行复验和确认

1）对交桩进行检查，交桩不论建设单位交桩，还是委托设计或监理单位交桩一定要确保承包单位复测无误才可认桩。如有问题须请建设单位处理。确认无误后由承包单位建立施工控制网，并妥善保管。

当由监理单位交桩时，对工程师而言，特别需要做好水准点与坐标控制点的交验。

2）承包单位在测量放线完毕，应进行自检，合格后填写施工测量放线报验申请表，承建单位填报的《施工测量方案报审表》，应将施工测量方案，专职测量人员的岗位证书及测量设备鉴定证书报送项目监理机构审批认可。

3）承包单位按《施工测量方案》对建设单位交给施工单位的红线桩、水准点进行校核复测，并在施工场地设置平面坐标控制网（或控制导线）及高程控制网后，填写《施工测量放线报验申请表》并应附上相应放线的依据资料及测量放线成果表供项目监理机构审核查验。

4）当施工单位对交验的桩位通过复测提出质疑时，应通过建设单位邀请当地建设行政主管部门认定的规划勘察部门或勘察设计单位复核红线桩及水准点引测的成果；最终完成交桩过程，并通过会议纪要的方式予以确认。

5）专业监理工程师应实地查验放线精度是否符合规范及标准要求，施工轴线控制桩的位置、轴线和高程的控制标志是否牢靠、明显等。经审核、查验合格，签认施工测量报验申请表。

（14）对测量人员的要求：

1）要有三个精神：实事求是、认真负责的科学态度、勤勤恳恳一丝不苟的工作精神，不怕苦、不怕累的精神，合作、集体主义和相互配合的精神。

2）技术好、业务精：识图能力强；熟悉设备性能、维护保养好；懂得施工工艺过程。

注：1. 建筑施工的标高概念有两种：绝对标高与相对标高，绝对标高是国家测绘部门在全国统一测定的海拔标高（青岛黄海平均海平面定为绝对标高零点），并在适当地点设置标准水准点，城建部门提供的即此标高：相对标高一般以首层地面上皮为±0.00，施工单位定位放线应根据城建部门提供的绝对标高引出远控桩（即保险桩），一般设置在距建筑物1.5倍高度的距离处，以此为基准测设引桩。中心桩宜与引桩一起测设。远控桩、引桩、中心桩必须妥善保护。

2. 测量标记就是在地面上标定测量控制点位置的标石、觇标和其他标记的总称。测量标志以标石中心为基准，分永久性（天文点、三角点、导线点、军控点、水准点以及其他标石点等）和临时性两种。各城市根据需要均设有国家、军队和专业系统需要的永久性测量标志。基本建设施工单位根据工程需要可向当地城建主管部门申请建设项目的测量标志。

（15）表列子项：

1）工程名称：按施工企业和建设单位签订的施工合同的工程名称或图注的工程名称，照实际填写。

2）施工单位：指建设与施工单位合同书中的施工单位，填写合同书中定名的施工单位名称。

3）复核部位：指测量复核的复核部位，照实际的复核部位填写。

4）日期：指测量复核的复核日期，照实际的复核日期填写。

5）原施测人：指测量的原施测人，填写原施测人姓名。

6）测量复核人：指测量的测量复核人，签字有效。

7）测量复核情况（示意图）：绘制示意图即填写测量复核情况。

8）复核结论：按测量复核的结果是否满足规范要求确认其测量复核的结论，照确认的测量复核结果填写其合格或不合格的结论意见。

2.3　设计变更、洽商记录

2.3.1　设计变更通知单

1. 资料表式

设计变更的表式以设计单位签发的设计变更文件为准直接入卷。

2. 资料要求

（1）工程设计变更图纸内容明确、具体，办理及时。

（2）应先有设计变更然后施工。特殊情况需先施工后变更者，必须先征得设计单位同意，设计变更在一周内补上。

（3）设计变更无设计部门盖章者无效。

（4）先有设计变更后施工者为符合要求。

（5）先施工一周内后补设计变更者可为基本符合要求。

（6）无变更不按图纸施工者为不符合要求。

（7）建设单位对主体结构和电气安装等有损使用功能和人身安全的自行变更者，应为不符合要求。

3. 实施要点

设计变更是施工设施过程中，由于设计图纸本身差错，设计图纸与实际情况不符，施工条件变化，原材料的规格、品种、质量不符合设计要求，及职工提出合理化建议等原因，需要对设计，图纸部分内容进行修改而办理的变更设计文件。

（1）设计变更是施工图的补充和修改的记载，应及时办理，内容要求明确具体，必要时附图，不得任意涂改和后补。

（2）工程设计变更由施工单位提出：例如钢筋代换，细部尺寸修改等施工单位提出的重大技术问题，必须取得设计单位和建设、监理单位的同意。

（3）工程设计变更由设计单位提出：如设计计算错误，做法改变，尺寸矛盾，结构变更等问题，必须由设计单位提出变更设计联系单或设计变更图纸，由施工单位根据施工准备和工程进展情况，做出能否变更的决定。

（4）遇有下列情况之一时，必须由设计单位签发设计变更通知单（施工变更图纸）；

1）当决定对图纸进行较大修改时；

2）施工前及施工过程中发现图纸有差错、做法、尺寸矛盾、结构变更或与实际情况不符时；

3）由建设单位提出，对其使用功能等方面提出的修改意见，必须经过设计单位同意，并提出设计通知书或设计变更图纸。

由设计单位或建设单位提出的设计图纸修改，应由设计部门提出设计变更通知单；由施工单位提出的属于设计错误时，应由设计部门提供设计变更通知单。

2.3.2 洽商记录

1. 资料表式

工程洽商记录 **表 2.3.2**

<table>
<tr><td colspan="4">工程名称：</td></tr>
<tr><td colspan="4">洽商事项：</td></tr>
<tr><td>建设单位：
代表：</td><td>监理单位：
代表：</td><td>设计单位：
代表：</td><td>施工单位：
代表：
年 月 日</td></tr>
</table>

2. 资料要求

（1）洽商记录按签订日期先后顺序编号，要求责任制明确签字齐全。

（2）应先有洽商然后施工。特殊情况需先施工后变更者，必须先征得设计单位同意，洽商变更在一周内补上。

（3）先有洽商变更后施工者为符合要求。

（4）先施工一周内后补洽商变更者可为基本符合要求。

（5）无洽商变更不按图纸施工者为不符合要求。

（6）影响结构和使用功能的洽商记录，应及时办理，否则应为不符合要求。

（7）建设单位对主体结构和电气安装等有损使用功能和人身安全的自行变更者，应为不符合要求。

3. 实施要点

洽商记录是施工过程中，由于设计图纸本身差错，设计图纸与实际情况不符，施工条件变化，原材料的规格、品种、质量不符合设计要求，及职工提出合理化建议等原因，需要对设计图纸部分内容进行修改，上述问题由实施单位发现并提出需要办理的工程洽商记录文件。

（1）洽商记录是施工图的补充和修改的记载，应及时办理，应详细叙述洽商内容及达成的协议或结果，内容要求明确具体，必要时附图，不得任意涂改和后补。

（2）洽商记录由施工单位提出：例如钢筋代换，细部尺寸修改等施工单位提出的重大技术问题，必须取得设计单位和建设、监理单位的同意。洽商记录施工单位盖章，核查同意单位也应签章方为有效。

（3）遇有下列情况之一时，必须由设计单位签发设计变更通知单，不得以洽商记录办理。

1）当决定对图纸进行较大修改时；

2）施工前及施工过程中发现图纸有差错、做法、尺寸矛盾、结构变更或与实际情况不符时；

3）由建设单位提出，对建筑构造、细部做法、使用功能等方面提出的修改意见，必须经过设计单位同意，并提出设计通知书或设计变更图纸。

由施工单位的技术、材料等原因造成的洽商变更，由施工单位提出洽商，请求洽商变更，并经设计部门同意，以洽商记录作为变更设计的依据。

（4）当洽商与分包单位工作有关时，应及时通知分包单位参加洽商讨论，必要时（合同允许）参加会签。

注：施工单位在施工过程中遇到问题，请求洽商时，均需经过专业技术负责人核定后方准提出。

2.4　原材料、成品、半成品、构配件、设备出厂质量合格证及试验报告

2.4.1　砂、石、砌块、水泥、钢筋（材）、石灰、沥青、涂料、混凝土外加剂、防水材料、粘接材料、防腐保温材料等试验汇总表

2.4.1.1　原材料试（检）验报告汇总表（通用）

1. 资料表式

________原材料试（检）验报告汇总表（通用）

工程名称：

序号	名称规格品种	生产厂家	进场		合格证编号	复试报告日期	试验结论	主要使用部位及有关说明
			数量	时间				
填表单位： 审核：　制表：								

注：本表除有名称对象的合格证、试验报告汇总表外均用此表进行合格证、试验报告汇总。

2. 资料要求

（1）原材料试（检）验报告汇总表应按施工过程中依序形成的某原材料试（检）验报告按以上表式经核查后全部逐一汇总不得缺漏。

（2）各种不同材料的检验必须按相关现行标准要求进行。材料检验的试验单位必须具有相应的资质，不具备相应资质的试验室出具的材料试验报告无效。

（3）某种材料的品种、规格，应满足设计要求的品种、规格要求，否则为原材料试（检）验报告不全。由核查人判定是否符合该要求。

3. 实施要点

原材料试（检）验报告汇总表是指核查用于工程的各种材料的品种、规格、数量，通过汇总对某种乃至全部材料达到便于检查的目的。

（1）本表适用于砂、石、砌块、水泥、钢筋（材）、石灰、沥青、涂料、混凝土外加剂、防水材料、粘接材料、防腐保温材料等，上述材料均应进行整理汇总。

(2) 原材料试（检）验报告的整理按工程进度为序进行，如地基基础、主体工程等。

(3) 汇总时应对以下内容进行核查。核查结果应符合以下要求：

1) 有见证取样试验要求的必须进行见证取样、送样试验。实行见证取样和送样的，试验室必须在试验报告单的适当位置注明见证取样人的单位、姓名和见证资质证号。对必须实行见证取样、送样的试验报告单上不注有见证取样人单位、姓名和见证资质证号的试验报告单，按无效试验报告单处理。

2) 出厂合格证采用抄件或影印件时应加盖抄件（注明原件存放单位及钢材批量）或影印件单位章，经手人签字。抄（影）件不加盖公章和经手人不签字为不符合要求。

3) 凡执行见证取样、送样的材料均必须有出厂合格证和试验报告（双试）。材料使用以复试报告为准。试验内容必须齐全且均应在使用前取得。

4) 材料试验报告品种类别不全为不符合要求，材料应做而未做试验为不符合要求。试验结论与使用品种、强度等级等不符为不符合要求。使用材料与规范及设计要求不符为不符合要求。

(4) 表列子项

1) 出厂合格证编号：指应汇总批材料出厂合格证上的编号，照原合格证上的合格证编号名称填写。

2) 复试报告日期：指应汇总批抽样复试材料的复试报告的发出时间，照原复试报告上日期填写。

3) 主要使用部位及有关说明：指应汇总批材料主要使用在何处及需要说明的事宜。

2.4.1.2　钢筋（材）焊接试（检）验报告、焊条（剂）合格证汇总表

1. 资料表式

焊接试（检）验报告、焊条（剂）合格证汇总表

工程名称：　　　　　　　　　　　　　　　　　　　　　　　　年　　月　　日

序号	报告类别	焊接类型	钢材品种和规格	出厂合格证编号	焊接试验报告			主要使用部位
					日期	编号	结论	
填表单位：					审核：		制表：	

2. 实施要点

钢筋（材）焊接试（检）验报告、焊条（剂）合格证汇总表的资料要求及实施要点见2.4.1.1原材料试（检）验报告汇总表（通用）有关说明。

砂试验报告汇总表、石试验报告汇总表、砌块试验报告汇总表、砖试验报告汇总表、

水泥试验报告汇总表、混凝土外加剂试验报告汇总表、掺合料试验报告汇总表、钢筋（材）、预应力钢筋（钢绞线）等试验报告汇总表、石灰试验报告汇总表、沥青试验报告汇总表、卷材试验报告汇总表、涂料试验报告汇总表、防水材料试验报告汇总表、粘接材料试验报告汇总表、防腐保温材料试验报告汇总表、焊接试（检）验报告汇总表、其他材料试验报告汇总表的资料要求及实施要点均见2.4.1.1原材料试（检）验报告汇总表（通用）有关说明。

2.4.2 砂、石、砌块、水泥、钢筋（材）、石灰、沥青、涂料、混凝土外加剂、防水材料、粘接材料、防腐保温材料、焊接材料等质量合格证书和出厂检（试）验报告及现场复试报告

Ⅰ 质量合格证书和出厂检（试）验报告

2.4.2.1 原材料合格证粘贴表（通用）

1. 资料表式

原材料合格证粘贴表（通用）

审核： 整理： 年 月 日

2. 实施要点

合格证粘贴表是为整理不同厂家提供的出厂合格证，因规格不一，为统一规格而规定的表式。

(1) 本表适用于砂、石、砖、水泥、钢筋、防水材料、隔热保温材料、防腐材料、轻骨料等的出厂合格证的整理粘贴，上述材料的合格证均应进行整理粘贴。

(2) 合格证的整理粘贴应按工程进度为序，如地基基础、主体工程……应按品种分别整理粘贴。

(3) 某种材料合格证的整理粘贴，其品种、规格、数量，应满足设计要求。性能质量应满足相应标准质量要求。

砂质量合格证书粘贴表、砂出厂检（试）验报告；石质量合格证书粘贴表、石出厂检（试）验报告；石灰质量合格证书粘贴表、石灰出厂检（试）验报告；砌块质量合格证书粘贴表、砌块出厂检（试）验报告；砖质量合格证书粘贴表、砖出厂检（试）验报告；水泥质量合格证书粘贴表、水泥出厂检（试）验报告；混凝土外加剂质量合格证书粘贴表、混凝土

外加剂出厂检（试）验报告；掺合料质量合格证书粘贴表、掺合料出厂检（试）验报告；钢筋（材）、预应力钢筋（钢绞线）质量合格证书粘贴表、钢筋（材）、预应力钢筋（钢绞线）等出厂检（试）验报告；预应力锚具、夹具和连接器合格证粘贴表、预应力锚具、夹具和连接器出厂检验报告；金属螺旋管合格证粘贴表、金属螺旋管出厂检验报告；石灰质量合格证书粘贴表、石灰出厂检（试）验报告；沥青质量合格证书粘贴表、沥青出厂检（试）验报告；卷材质量合格证书粘贴表、卷材出厂检（试）验报告；涂料质量合格证书粘贴表、涂料出厂检（试）验报告；防水材料质量合格证书粘贴表、防水材料出厂检（试）验报告；粘接材料质量合格证书粘贴表、粘接材料出厂检（试）验报告；防腐保温材料质量合格证书粘贴表、防腐保温材料出厂检（试）验报告；焊接材料质量合格证书粘贴表、焊接材料出厂检（试）验报告；其他材料质量合格证书粘贴表、其他材料出厂检（试）验报告的资料要求及实施要点均见表 2.4.2.1 中原材料合格证粘贴表（通用）有关说明。

（4）各种地下管线的各类井室的井圈、井盖、踏步等应有生产单位的出厂质量合格证书。

（5）防腐、保温材料的出厂质量合格证应标明该产品的质量指标，使用性能。

Ⅱ　材料现场复试报告

2.4.2.2　砂现场复试报告

1. 资料表式

砂子试验报告

试验编号：＿＿＿＿＿＿

委托单位：＿＿＿＿＿＿试验委托人：＿＿＿＿＿工程名称：＿＿＿＿＿＿

砂子产地：＿＿＿＿＿＿收样日期：＿＿＿＿＿＿试验日期：＿＿＿＿＿

代表数量：＿＿＿＿＿＿

一、筛分析　1. M_x（μ_f）＿＿＿＿＿＿	2. 颗粒级配＿＿＿＿＿＿
二、表观密度＿＿＿＿＿＿g/cm³	三、紧密密度＿＿＿＿＿＿g/cm³
四、堆积密度＿＿＿＿＿＿g/cm³	五、含泥量＿＿＿＿＿＿%
六、泥块含量＿＿＿＿＿＿%	七、吸水率＿＿＿＿＿＿%
八、含水率＿＿＿＿＿＿%	九、轻物质含量＿＿＿＿＿＿%
十、坚固性（重量损失）＿＿＿＿＿＿%	十一、有机物含量＿＿＿＿＿＿%
十二、云母含量＿＿＿＿＿＿%	十三、碱活性＿＿＿＿＿＿%
结论	

试验单位：　　　　技术负责人：　　　　审核：　　　　试（检）验：

报告日期：　　年　　月　　日

2. 资料要求

(1) 细骨料（砂）试验报告必须是经项目监理机构审核同意的试验室出具的试验报告单。

(2) 按工程需要的品种、规格，先试后用且符合标准的质量要求为正确。

(3) 砂、石不进行现场复试的为不符合要求。

3. 实施要点

(1) 砂子试验报告是对用于工程中的砂子筛分以及含泥量、泥块含量等指标进行复试后由试验单位出具的质量证明文件

(2) 对重要工程混凝土使用的砂，应采用化学法和砂浆长度法进行骨料的碱活性检验

(3) 执行标准

《普通混凝土用砂质量标准及检验方法》(JGJ 52—92)；《建筑用砂》(GB/T 14684—2001)。

其中，JGJ 52—92 适用于一般工业和民用建筑和构筑物中混凝土用砂的质量检验，特细砂和山砂尚应遵照有关的专门标准执行。

砂厂产品质量、买卖交易或政府质量监督部门抽检时，执行 GB/T 14684—2001。

道路工程专用砂的质量标准按《沥青路面施工及验收规范》(GB 50092—96) 规定执行。

(4) 代表批量与取样数量规定

1) 代表批量

依据 JG J52—92，砂验收批规定如下：供货单位应提供产品合格证及质量检验报告。购货单位应按同产地同规格分批验收。用大型工具（如火车、货船、汽车）运输的，以 $400m^3$ 或 600t 为一验收批。用小型工具（如马车等）运输的，以 $200m^3$ 或 300t 为一验收批。不足上述数量者以一验收批论。

2) 取样数量

每一试验项目所需砂最少取样数量　　表 2.4.2.2-1

试验项目	最少取样数量（g）
筛分析	4400
表观密度	2600
吸水率	4000
紧密密度和堆积密度	5000
含水率	1000
含泥量	4400
泥块含量	10000
有机质含量	2000
云母含量	600
轻物质含量	3200
坚固性	分成 5.00～2.50、2.50～1.25、1.25～0.630、0.630～0.315mm 四个粒级，各需 100g
硫化物及硫酸盐含量	50
氯离子含量	2000
碱活性	7500

（5）结果评定

1）砂按细度模数 μ_f 分为粗、中、细砂三级，粗砂：μ_f＝3.1～3.7；中砂：μ_f＝2.3～3.0；细砂：μ_f＝1.6～2.2。

2）砂按 0.630mm 筛孔的累计筛余量（以重量百分率计，下同），分成三个级配区。砂的颗粒级配应处于表 2.4.2.2-2 中的任何一个区以内。

3）含泥量、泥块含量、坚固性（用硫酸钠溶液检验，试样经 5 次循环后其重量损失）、云母、轻物质、有机物、硫化物及硫酸盐等有害物质，含有时的含量均应符合相应表式的规定。

砂颗粒级配区　　表 2.4.2.2-2

筛孔尺寸（mm）＼累计筛余（%）＼级配区	Ⅰ区	Ⅱ区	Ⅲ区
10.0	0	0	0
5.00	0～10	0～10	0～10
2.50	5～35	0～25	0～15
1.25	35～65	10～50	0～25
0.630	71～85	41～70	16～40
0.315	80～95	70～92	55～85
0.160	90～100	90～100	90～100

砂中含泥量限值　　表 2.4.2.2-3

混凝土强度等级	大于或等于 C30	小于 C30
含泥量（按重量计%）	≤3.0	≤5.0

砂中的泥块含量　　表 2.4.2.2-4

混凝土强度等级	大于或等于 C30	小于 C30
含泥量（按重量计%）	≤1.0	≤2.0

砂的坚固性指标　　表 2.4.2.2-5

混凝土所处的环境条件	循环后的重量损失（%）
在严寒及寒冷地区室外使用并经常处于潮湿或干湿交替状态下的混凝土	≤8
其他条件下使用的混凝土	≤10

砂中的有害物质限值　　表 2.4.2.2-6

项　　目	质　量　指　标
云母含量（按重量计%）	≤2.0
轻物质含量（按重量计%）	≤1.0
硫化物及硫酸盐含量（折算成 SO_3 按质量计%）	≤1.0
有机物含量（用比色法试验）	颜色不应深于标准色，如深于标准色，则应按水泥胶砂强度试验法，进行强度对比试验，抗压强度比不应低于 0.95

有抗冻、抗渗要求的混凝土，砂中云母含量不应大于1.0%。

如发现含有颗粒状的硫酸盐或硫化物杂质，则要进行专门检验，确认能满足混凝土耐久性要求时，方能采用。

①对重要工程混凝土使用的砂，应采用化学法和砂浆长度法进行骨料的碱活性检验。经上述检验判断为有潜在危害时，应采取下列措施：使用含碱量小于0.60%的水泥或采用能抑制碱—骨料反应的掺合料；使用含锂、钠离子的外加剂时，必须进行专门试验。

②采用海砂配制混凝土时，其氯离子含量应符合下列规定：对素混凝土，海砂中氯离子含量不予限制；对钢筋混凝土，海砂中氯离子含量不应大于0.06%（以干砂重的百分率计，下同）；对预应力混凝土不宜用海砂。若必须使用海砂时，则应经淡水冲洗，其氯离子含量不得大于0.02%。

（6）表列子项

1）试验编号：指试验单位收作材料、成品、半成品、构配件、试块、试件等依序进行的编号。

2）委托单位：提请委托试验的单位，按全称填写。

3）试验委托人：提请委托试验单位的试验委托人，填写委托人姓名。

4）工程名称：按施工企业和建设单位签订的施工合同的工程名称或图注的工程名称，照实际填写。

5）砂子产地：注明产地省、市、县、乡、村的地名。

6）收样日期：指砂子试件的收样日期，按实际的收样日期填写。

7）试验日期：指砂子试件的试验日期，按实际的试验日期填写。

8）代表数量：指“试件”所能代表的用于某工程或部位的砂子数量。

9）筛分析：按其不同筛孔尺寸的筛余量进行颗粒级配分析，经计算得出细度模数。砂子颗粒级配应合理，颗粒级配不合理时应由技术负责人签注技术处理意见后方准使用。

①M_x（μ_f）（细度模数）：指砂子试验结果，经计算得出的细度模数。是判别粗、中、细、特细砂的标准。细度模数为1.6～3.7。3.1～3.7为粗砂、2.3～3.0为中砂、1.6～2.2为细砂、0.7～1.5为特细砂。

②颗粒级配：指各种粒径骨料所占的比例，一般用其在规定孔径的一组筛子上的筛余量表示。可分为：连续粒级、单粒级。

10）表观密度（g/cm^3）：指骨料颗粒单位体积（包括内部封闭空隙）的质量。照试验结果填写。

11）堆积密度（g/cm^3）：指骨料在自然堆积状态下单位体积的质量。照试验结果填写。

12）泥块含量（%）：指骨料中粒径大于5mm，经水洗、手捏后变成小于2.5mm的颗粒的含量。照试验结果填写。

13）含水率（%）：指骨料在自然堆放时所含水量与湿重或烘干重量之比。照试验结果填写。

14）坚固性（重量损失，%）：是指骨料经硫酸钠饱和溶液循环浸泡后的重量损失百分比。照试验结果填写。

15）云母含量（%）：指砂中云母的近似百分含量。照试验结果填写。

16）紧密密度：指骨料按规定方法颠实后单位体积的质量。照试验结果填写。

17）含泥量（%）：指砂中粒径小于 0.8mm 的尘屑、淤泥和黏土的总含量。照试验结果填写。

18）吸水率（%）：吸水率系指按规定方法测得的饱和面干状态下的吸水量与其烘干重量之比。照试验结果填写。

19）轻物质含量（%）：照试验结果填写。

20）有机物含量（%）：是指标准中规定的硫化物、硫酸盐及有机物的含量。照试验结果填写。

21）碱活性（%）：照试验结果填写。

22）结论：应全面、准确，核心是可用性及注意事项。

23）试验单位：指承接某项试验的具有相应资质的试验单位，加盖公章有效。

24）技术负责人：指试验单位的专业技术负责人，签字有效。

25）审核：指试验单位参与该试验的审核人，签字有效。

26）试（检）验：指试验单位的参与试验的人员。签字有效。

27）报告日期：指报告实际发出的日期，按年、月、日填写。

2.4.2.3　石现场复试报告

1. 资料表式

石子试验报告

试验编号：________

委托单位：________ 试验委托人：________ 工程名称：________

石子产地：________ 收 样 日 期：________ 试验日期：________

代表数量：________ 依 据 标 准：________

一、筛分析________	
三、堆积密度________ g/cm³	二、表观密度________ g/cm³
五、含泥量________%	四、紧密密度________ g/cm³
七、有机物含量________%	六、泥块含量________%
九、压碎指标值________%	八、针片状含量________%
十一、含水率________%	十、坚固性（重量损失）________%
十三、碱活性________%	十二、吸水率________%
结论	

试验单位：　　技术负责人：　　审核：　　试（检）验：

报告日期：　　年　　月　　日

2. 资料要求

(1) 粗骨试验报告必须是经项目监理机构审核同意的试验室出具的试验报告单。

(2) 按工程需要的品种、规格，先试后用且符合标准的质量要求为正确。

(3) 石子不进行现场复试的为不符合要求。

3. 实施要点

(1) 基本说明

1) 石子试验报告是对用于工程中的石子筛分以及含泥量、泥块含量、针片状含量、压碎指标等进行复试后由试验单位出具的质量证明文件。

用于工程的石子有碎石和卵石。碎石是指符合工程要求的岩石，经开采并按一定尺寸加工而成的有棱角的粒料。

2) 石子及其他骨料应有工地取样的试验报告单，应试项目齐全，试验编号必须填写，并应符合有关规范要求。

对重要工程混凝土使用的碎石或卵石应进行碱活性检验。

3) 必须是经批准的试验室出具的试验报告方为有效报告。

4) 当怀疑砂中因含有活性二氧化硅而可能引起碱—骨料反应时，应根据混凝土结构构件的使用条件进行专门试验，以确定其是否可用。

5) 混凝土工程所使用的石子按产地不同和批量要求进行试验，一般混凝土工程的石子必须试验项目为颗粒级配、含水率、密度、含泥量，对超过规定但仍可在某些部位使用的应由技术负责人签注，注明使用部位及处理方法。

6) 对 C30 及 C30 以上的混凝土、防水混凝土、特殊部位混凝土设计提出要求的或无可信质量证明依据的应加试有害杂质含量等。

7) 混凝土强度等级为 C40 及其以上混凝土或设计有要求时应对所用石子硬度进行试验。

(2) 用于市政基础设施工程的石子按通用卵、碎石质量标准和道路专用卵、碎石质量标准。

(3) 执行标准

1) 通用卵、碎石质量标准（指除道路工程及设计有特殊要求的石材料）。

《普通混凝土用卵石或碎石质量标准及检验方法》(JGJ 53—92)；《建筑用卵石、碎石》(GB/T 14685—2001)。

JGJ 53—92 适用于一般工业与民用建筑和构筑物中，制作普通混凝土用最大粒径不大于 80mm 的碎石或卵石质量检验。

石厂产品质量、买卖交易或政府质量监督部门抽检时，执行 GB/T 14685—2001 标准。

2) 道路专用石质量标准

道路专用卵、碎石质量标准按《沥青路面施工及验收规范》(GB 50092—96) 规定执行。

(4) 代表批量与取样数量规定

1) 代表批量

①通用卵、碎石质量标准（指除道路工程及设计有特殊要求的石材料）。

依据 JGJ 53—93，石验收批规定如下：供货单位应提供产品合格证及质量检验报告。购货单位应按同产地同规格分批验收。用大型工具（如火车、货船、汽车）运输的，以 400m³ 或 600t 为一验收批。用小型工具（如马车等）运输的，以 200m³ 或 300t 为一验收批。不足上述数量者以一验收批论。

②道路专用卵、碎石代表批量按《沥青路面施工及验收规范》（GB 50092—96）规定执行。

2）取样数量

①通用卵、碎石质量标准（指除道路工程及设计有特殊要求的石材料）。

每一试验项目所需碎石或卵石的最少取样数量（kg）　表 2.4.2.3-1

试验项目	最大粒径（mm）							
	10	16	20	25	31.5	40	63	80
筛分析	10	15	20	20	30	40	60	80
表观密度	8	8	8	8	12	16	24	24
含水率	2	2	2	2	3	3	4	6
吸水率	8	8	1	16	16	24	24	32
堆积密度、紧密密度	40	40	40	40	80	80	120	120
含泥量	8	8	24	24	40	40	80	80
泥块含量	8	8	24	24	40	40	80	80
针、片状含量	1.2	4	8	8	20	40		80
硫化物、硫酸盐	1.0							

卵石、碎石坚固性所需的各粒级试验取样数量　表 2.4.2.3-2

粒级（mm）	5～10	10～20	20～40	40～63	63～80
试样重（g）	500	1000	1500	3000	3000

注：1. 粒级为 10～20mm 试样中，应含有 10～16mm 颗粒 40%，16～20mm 颗粒 60%。
2. 粒及为 20～40mm 试样中，应含有 20～31.5mm 颗粒 40%，31.5～40mm 颗粒 60%。

②道路专用卵、碎石取样数量按《沥青路面施工及验收规范》（GB 50092—96）规定执行。

（5）结果评定

1）通用卵、碎石质量标准（指除道路工程及设计有特殊要求的石材料）。

碎石或卵石的颗粒级配制范围　表 2.4.2.3-3

级配情况	公称粒级（mm）	累计筛余　按重计（%）											
		筛孔尺寸（圆孔筛）（mm）											
		2.5	5.00	10.0	16.0	20.0	25.0	31.5	40.0	50.0	63.0	80.0	100
连续粒级	5～10	95～100	80～100	0～15	0	—	—	—	—	—	—	—	—
	5～16	95～100	90～100	30～60	0～10	0	—	—	—	—	—	—	—
	5～20	95～100	90～100	40～70	—	0～10	0	—	—	—	—	—	—
	5～25	95～100	90～100	—	30～70	—	0～5	0	—	—	—	—	—
	5～31.5	95～100	95～100	70～90	—	15～45	—	0～5	0	—	—	—	—
	5～40	—	95～100	75～90	—	30～65	—	—	0～5	0	—	—	—

续表

级配情况	公称粒级 (mm)	累计筛余 按重计 (%)											
		筛孔尺寸（圆孔筛）(mm)											
		2.5	5.00	10.0	16.0	20.0	25.0	31.5	40.0	50.0	63.0	80.0	100
单粒级	10～20	—	95～100	85～100	—	0～15	0	—	—	—	—	—	—
	16～31.5	—	95～100	—	85～100	—	—	0～10	0	—	—	—	—
	20～40	—	—	95～100	—	80～100	—	—	0～10	0	—	—	—
	31.5～63	—	—	—	95～100	—	—	75～100	45～75	—	0～10	0	—
	40～80	—	—	—	—	95～100	—	—	70～100	—	30～60	0～10	0

注：公称粒级的上限为该粒级的最大粒径。

针、片状颗粒含量 **表 2.4.2.3-4**

混凝土强度等级	大于或等于 C30	小于 C30
针、片状颗粒含量，按重量计（%）	≤15	≤25

碎石或卵石中的含泥量 **表 2.4.2.3-5**

混凝土强度等级	大于或等于 C30	小于 C30
含泥量按重量计（%）	≤1.0	≤2.0

碎石或卵石中的泥块含量 **表 2.4.2.3-6**

混凝土强度等级	大于或等于 C30	小于 C30
含泥量按重量计（%）	≤0.5	≤0.7

有抗冻、抗渗和其他特殊要求的混凝土，其所用碎石或卵石的泥块含量应不大于0.5%；对等于或小于 C10 的混凝土用碎石或卵石其泥块含量或可放宽到 1.0%。

工程中可采用压碎指标值进行质量控制，混凝土强度等级≥C60 时应进行岩石抗压强度检验。岩石的抗压强度与混凝土强度等级之比不应小于 1.5。火成岩强度不宜低于80MPa，变质岩不宜低于 60MPa，水成岩石不宜低于 30MPa。

碎石的压碎指标值 **表 2.4.2.3-7**

岩石品种	混凝土强度等级	碎石压碎指标值（%）
水成岩	C55～C40 ≤C35	≤10 ≤16
变质岩或深成的火成岩	C55～C40 ≤C35	≤12 ≤20
火成岩	C55～C40 ≤C35	≤13 ≤30

注：1. 水成岩包括石灰岩、砂岩等。变质岩包括片麻岩、石英岩等。深成的火成岩包括花岗岩、正长岩、闪长岩和橄榄岩等。喷出的火成岩包括玄武岩和辉绿岩等。

2. 压碎值是指按规定试验方法测得的被压碎碎屑的重量与试样重量之比，以百分率表示。

卵石的压碎指标值　　表 2.4.2.3-8

混凝土强度等级	C55～C40	≤C35
压碎指标值（%）	≤12	≤16

碎石或卵石的坚固性指标　　表 2.4.2.3-9

混凝土所处的环境条件	循环后的重量损失（%）
在严寒及寒冷地区室外使用并经常处于潮湿或干湿交替状态下的混凝土	≤8
其他条件下使用的混凝土	≤12

有腐蚀性介质作用或经常处于水位变化区的地下结构或有抗疲劳、耐磨、抗冲击等要求的混凝土用碎石或卵石，其重量损失应不大于8%。

碎石或卵石中的有害物质含量　　表 2.4.2.3-10

项　　目	质 量 要 求
硫化物及硫酸盐含量（折算成 SO_3 按重量计）（%）	≤1.0
卵石中有机质含量（用比色法试验）	颜色应不深于标准色。如深于标准色，则应配制成混凝土进行强度对比试验，抗压强度比应不低于0.95

注：有颗粒状硫酸盐或硫化物杂质的碎石或卵石，要求进行专门检验以确认是否能满足混凝土耐久性要求。

重要工程的混凝土所使用的碎石或卵石应进行碱活性检验。

碱活性检验首先应采用岩相法检验碱活性骨料的品种、类型和数量（也可由地质部门提供）；

当骨料中含有活性二氧化硅时，应采用化学法和砂浆长度法进行检验；

当含有活性碳酸盐骨料时，应采用岩石柱法进行检验。

骨料判定为有潜在危害时，属碱—碳酸盐反应的不宜作混凝土骨料，如必须使用，应以专门的混凝土试验结果作出最后评定。

潜在危害属碱—硅反应的，应遵守以下规定方可使用：

①使用含碱量小于0.6%的水泥或采用能抑制碱—骨料反应的掺合料；

②当使用含钾、钠离子的混凝土外加剂时，必须进行专门试验。

2）道路专用卵、碎石评定结果按《沥青路面施工及验收规范》（GB 50092—96）规定执行。

（6）表列子项

1）试验编号：指试验单位收作材料、成品、半成品、构配件、试块、试件等依序进行的编号。

2）委托单位：提请委托试验的单位，按全称填写。

3）试验委托人：提请委托试验单位的试验委托人，填写委托人姓名。

4）工程名称：按施工企业和建设单位签订的施工合同的工程名称或图注的工程名称，照实际填写。

5）石子产地：注明产地省、市、县、乡、村的地名。

6）收样日期：指砂子试件的收样日期，按实际的收样日期填写。

7）试验日期：指砂子试件的试验日期，按实际的试验日期填写。

8）代表数量：指“试件”所能代表的用于某工程或部位的砂子数量。

9）依据标准：指石子试验需要依据的标准，由试验室填写。

10）筛分析：按其不同筛孔尺寸的筛余量进行颗粒级配分析，经计算得出是连续粒级或单粒级。

11）表观密度（g/cm^3）：指骨料颗粒单位体积（包括内部封闭空隙）的质量。照试验结果填写。

12）堆积密度（g/cm^3）：指骨料在自然堆积状态下单位体积的质量。照试验结果填写。

13）紧密密度（g/cm^3）：指骨料按规定方法颠实后单位体积的质量。照试验结果填写。

14）含泥量（%）：指石子中粒径小于0.8mm的尘屑、淤泥和黏土的总含量。照试验结果填写。

15）泥块含量（%）：指骨料中粒径大于5mm，经水洗、手捏后变成小于2.5mm的颗粒的含量。照试验结果填写。

16）有机物含量（%）：是指标准中规定石子中硫化物、硫酸盐及有机物的含量。照试验结果填写。

17）针片状含量（%）：指针状颗粒系指长度大于2.4倍平均粒径者，片状颗粒系指厚度小于0.4倍平均粒径者。是指其针片状物在石子中的含量。

18）压碎指标值（%）：指碎石或卵石抵抗压碎的能力。照试验结果填写。

19）坚固性（重量损失,%）：是指以骨料经硫酸钠饱和溶液循环浸泡后的重量损失百分比。照试验结果填写。

20）含水率（%）：指骨料在自然堆放时所含水量与湿重或烘干重量之比。照试验结果填写。

21）吸水率（%）：吸水率系指按规定方法测得的饱和面干状态下的吸水量与其烘干重量之比。照试验结果填写。

22）碱活性（%）：照试验结果填写。

23）结论：应全面、准确，核心是可用性及注意事项。

24）试验单位：指承接某项试验的具有相应资质的试验单位，加盖公章有效。

25）技术负责人：指试验单位的专业技术负责人，签字有效。

26）审核：指试验单位参与该试验的审核人，签字有效。

27）试（检）验：指试验单位的参与试验的人员。签字有效。

28）报告日期：指报告实际发出的日期，按年、月、日填写。

2.4.2.4　砖现场复试报告

1. 资料表式

砖 试 验 报 告

试验编号：____________

委托单位：____________试验委托人：____________

工程名称：____________部　　位：____________

种　　类：____________强度等级：____________厂　　别：____________

代表数量：____________来样日期：____________试验日期：____________

试件处理日期	试压日期	抗压强度（N/mm^2）					
		单块值				平均值	标准值
		1		6			
		2		7			
		3		8			
		4		9			
		5		10			

其他试验：

____

结论：____________

____

____

____

试验单位：　　　　技术负责人：　　　　审核：　　　　试（检）验：

报告日期：　　年　　月　　日

2. 资料要求

（1）核实出厂合格证数量是否齐全，核实砖（或砌块）复试日期与实际使用日期确认是否有漏检。

（2）单位工程的砖（或砌块）复试批量与实际使用数量的批量构成应基本一致。

（3）必须实行见证取样，试验室应在见证取样人名单上加盖公章和经手人签字，随同试验报告单一并返送委托单位，并入技术资料内。

（4）砖（或砌块）试验报告不全，为不符合要求。砖（或砌块）不作试验为不符合要求。

（5）试验报告单后面必须有返送回的见证取样人名单，无返送人员的名单该试验报告单为无效试报单。

3. 实施要点

(1) 砖试验报告是对用于工程中的砖强度等指标进行复试后由试验单位出具的质量证明文件。

(2) 执行标准

1) 评定标准:《烧结普通砖》(GB/T 5101—2003);《烧结多孔砖》(GB 13544—2000);《水泥花砖》[JC 410—91 (96)];《混凝土路面砖》(JC 525—93)。

2) 检验标准

《砌墙砖试验方法》(GB/T 2542—2003);《砌墙砖检验规则》[JC 466—92 (1996)];《回弹仪评定烧结普通砖强度等级的方法》(JC/T 796—1999)。

(3) 检验项目

砌墙砖种类及检验项目　　表 2.4.2.4-1

序号	种　类	检 验 项 目
1	烧结普通砖	强度等级
2	蒸压灰砂砖	抗折强度、抗压强度
3	烧结多孔砖	抗折强度、抗压强度
4	烧结空心砖和空心砌块	密度、强度等级(大面抗压强度、条面抗压强度)
5	粉煤灰砖	抗折强度、抗压强度
6	非烧结普通砖	抗折强度、抗压强度
7	煤渣砖	抗折强度、抗压强度
8	蒸压灰砂空心砖	抗压强度、孔洞率
9	混凝土路面砖	抗压强度、抗折强度(人行道砖根据砖型检验抗压、抗折强度的一项)
10	水泥花砖	抗折破坏荷载
11	耐酸耐温砖	压缩强度、吸水率、耐急冷急热性、耐酸度
12	耐酸砖	耐急冷急热性、弯曲强度、吸水率、耐酸度

(4) 取样规定

1) 烧结普通砖

批量规定:验收批的批量在 3.5 万～15 万块的范围内,不足 3.5 万块按一批计。

抽样数量:抽样数量如表 2.4.2.4-2。

烧结普通砖抽样数量　　表 2.4.2.4-2

序　号	检验项目	抽样数量(块)
1	外观质量	50 ($n_1=n_2=50$)
2	尺寸偏差	20
3	强度等级	10
4	泛　霜	5
5	石灰爆裂	5
6	冻　融	5
7	吸水率和饱和系数	5

注:外观质量检验的样品用随机法在每一检验批的产品堆垛中抽取,尺寸偏差检验的样品用随机法从外观质量检验后的样品中抽取,其他项目的样品用随机法从外观质量和尺寸偏差检验后的样品中抽取。

2) 烧结多孔砖

批量规定:每 5 万块为一批,不足该数量时,仍按一批计。

抽样数量：尺寸偏差、外观质量检查采用随机抽样法在每批产品堆垛中抽取 200 块。强度、物理性能试验的砖样从尺寸偏差和外观质量检查合格的砖样中用随机抽样法抽取，共需 35 块。其中，抗压强度、抗折荷重、冻融、泛霜、石灰爆裂、吸水率试验各 5 块，备用 5 块。

(5) 注意事项

1) 烧结普通砖做试验时，试样应以外观检查合格的砖中随机抽取；

2) 烧结普通砖强度等级评定时，按委托单位提供的强度等级评定，当不符合原等级时按实测结果值评定等级，委托单位不能提供原强度等级时，也按实测结果评定砖的强度等级；

3) 测定砖的石灰爆裂试样，不得用雨淋或浇过水的砖样；

4) 混凝土路面砖、水泥花砖物理性能检验用的试样成型后达 28d 才能进行检验。

(6) 结果评定

1) 烧结普通砖（GB 5101—2003）。

烧结普通砖尺寸允许偏差　　**表 2.4.2.4-3**

公称尺寸	优等品		一等品		合格品	
	样本平均偏差	样本极差≤	样本平均偏差	样本极差≤	样本平均偏差	样本极差≤
240	±2.0	8	±2.5	7	±3.0	8
115	±1.5	6	±2.0	6	±2.5	7
53	±1.5	4	±1.6	5	±2.0	6

烧结普通砖外观质量、泛霜、石灰爆裂（mm）　　**表 2.4.2.4-4**

项目		优等品	一等品	合格品
外观质量	两条面高度差　不大于	2	3	4
	弯曲　不大于	2	3	4
	杂质凸出高度　不大于	2	3	4
	缺棱掉角的三个破坏尺寸不得同时大于	5	20	30
	裂纹长度　不大于			
	a. 表面上宽度方向及其延伸至条面的长度	30	60	80
	b. 大面上长度方向及其延伸至顶面的长度或条顶面水平裂纹的长度	50	80	100
	完整面不得少于	二条面和二顶面	一条面和一顶面	—
	颜色	基本一致	—	—
泛霜		无泛霜	不允许出现中等泛霜	不允许严重泛霜
石灰爆裂		不允许出现最大破坏尺寸大于 2mm 爆裂区域。	a. 最大破坏尺寸大于 2mm 且小于 10mm 的爆裂区域，每组砖样不得多于 15 处。	a. 最大破坏尺寸大于 2mm 且小于等于 15mm 爆裂区域，每组砖样不得多于 15 处，其中大于 10mm 不得多于 7 处。
			b. 不允许出现最大破坏尺寸大于 10mm 的爆裂区域。	b. 不允许出现最大破坏尺寸大于 15mm 的爆裂区域

注：1. 为装饰面施加的色差、凹凸纹、拉毛、压花等不算作缺陷。

2. 凡有下列缺陷之一者，不得称为完整面。

①缺损在条面或顶面上造成的破坏面尺寸同时大于 10mm×10mm。

②条面或顶面上裂纹宽度大于 1mm，其长度超过 30mm。

③压陷、粘底、焦花在条面或顶面上的凹陷或凸出超过 2mm，区域尺寸同时大于 10mm×10mm。

烧结普通砖强度等级（MPa） **表 2.4.2.4-5**

强度等级	抗压强度平均值	变异系数 $\delta \leqslant 0.21$	变异系数 $\delta > 0.21$
	$\overline{f} \geqslant$	强度标准值 $f_k \geqslant$	单块最小抗压强值 $f_{min} \geqslant$
MU30	30.0	22.0	25.0
MU25	25.0	18.0	22.0
MU20	20.0	14.0	16.0
MU15	15.0	10.0	12.0
MU10	10.0	6.5	7.5

属严重风化区，其砖样抗风化性能符合表 2.4.2.4-6 规定时可不做冻融试验，否则必须做冻融试验。冻融试验后，每块砖样不允许出现裂纹、分层、掉皮、缺棱、掉角等冻坏现象，质量损失不得大于 2%。

烧结普通砖抗风化性能 **表 2.4.2.4-6**

砖种类	严重风化区				非严重风化区			
	5h 沸煮吸水率（%）≤		饱和系数≤		5h 沸煮吸水率（%）≤		饱和系数≤	
	平均值	单块最大值	平均值	单块最大值	平均值	单块最大值	平均值	单块最大值
黏土砖	18	20	0.85	0.87	19	20	0.88	0.90
粉煤灰砖①	21	23			23	25		
页岩砖	16	18	0.74	0.77	18	20	0.78	0.80
煤矸石砖								

① 粉煤灰掺入量（体积比）小于 30%时，按黏土砖规定判定。

结果判定：

强度等级、抗风化性能按技术要求判定，否则判为不合格。若上述二项合格，按尺寸偏差、外观质量、石灰爆裂、泛霜中最低的质量等级判定。其中有一项不合格则判为不合格。

外观检验中如有欠火砖、酥砖或螺旋砖则判该批产品不合格。

2）烧结多孔砖（GB 13544—2000）。

尺寸允许偏差（mm） **表 2.4.2.4-7**

尺 寸	优等品		一等品		合格品	
	样本平均偏差	样本极差≤	样本平均偏差	样本极差≤	样本平均偏差	样本极差≤
290、240	±2.0	6	±2.5	7	±3.0	8
190、180、175、140、115	±1.5	5	±2.0	6	±2.5	7
90	±1.5	4	±1.7	5	±2.0	6

外　观　质　量（mm）　　**表 2.4.2.4-8**

项　　目	优等品	一等品	合格品
1. 颜色（一条面和一顶面）	一致	基本一致	—
2. 完整面　不得少于	一条面和一顶面	一条面和一顶面	—
3. 缺棱掉角的三个破坏尺寸不得同时大于	15	20	30
4. 裂纹长度　不大于			
a. 大面上深入孔壁 15mm 以上宽度方向及其延伸到条面的长度	60	80	100
b. 大面上深入孔壁 15mm 以上长度方向及其延伸到顶面的长度	60	100	120
c. 条顶面上的水平裂纹	80	100	120
5. 杂质在砖面上造成的凸出高度　不大于	3	4	5

烧结多孔砖强度等级规定（MPa）　　**表 2.4.2.4-9**

强度等级	抗压强度平均值 $\bar{f}\geqslant$	变异系数 $\delta\leqslant0.21$	变异系数 $\delta>0.21$
		强度标准值 $f_k\geqslant$	单块最小抗压强度值 $f_{min}\geqslant$
MU30	30.0	22.0	25.0
MU25	25.0	18.0	22.0
MU20	20.0	14.0	16.0
MU15	15.0	10.0	12.0
MU10	10.0	6.5	7.5

烧结多孔砖物理性能规定　　**表 2.4.2.4-10**

项目	鉴　别　指　标
冻融	1. 干质量损失不大于 2% 2. 冻裂长度不大于表 7-19 中合格品规定
泛霜	1. 优等品：无泛霜 2. 一等品：不允许出现中等泛霜 3. 合格品：不允许出现严重泛霜
石灰爆裂	试验后的每块砖样应符合表　　的规定，同时每组砖样必须符合下列要求： 1. 优等品：a. 最大直径为 2～5mm 的爆裂区域不超过两处的砖样不得多于 2 块，且爆裂区域不得在同一条面或顶面上出现。 b. 最大直径大于 5mm，不大于 10mm 的爆裂区域一处的砖样不得多于 1 块 c. 在各面上不得出现最大直径大于 10mm 的爆裂区域 2. 一等品：a. 最大直径 5mm，不大于 10mm 爆裂区域不超过两处的砖样不得多于 2 块，且爆裂区域不得在同一条面或顶面上出现。 b. 在各面上不得出现最大直径大于 10mm 的爆裂区域 3. 合格品：在条面和顶面上不得出现最大直径大于 10mm 的爆裂区域
吸水率	1. 优等品：不大于 22% 2. 一等品：不大于 25% 3. 合格品：不要求

结果判定：

烧结多孔砖尺寸偏差、外观质量判定（块）　　**表 2.4.2.4-11**

项　　目	合格判定数		
	优等品	一等品	合格品
尺寸偏差和外观质量	10	20	30

强度等级不符合指标规定，可降级使用，低于7.5级时判为不合格；物理性能按指标规定判定，达不到合格品要求判为不合格；每批砖质量等级按上述指标最低等级判定。

2.4.2.5 砌块现场复试报告

1. 资料表式

砌 块 试 验 报 告

试验编号：

委托单位：＿＿＿＿＿＿＿＿ 试验委托人：＿＿＿＿＿＿＿＿

工程名称：＿＿＿＿＿＿＿＿ 部位：＿＿＿＿＿＿＿＿

种类：＿＿＿＿ 强度等级：＿＿＿＿ 厂别：＿＿＿＿

代表数量：＿＿＿＿ 来样日期：＿＿＿＿ 试验日期：＿＿＿＿

试件处理日　期	试压日期	抗压强度（N/mm²）				平均值	标准值
		单 块 值					
		1		6			
		2		7			
		3		8			
		4		9			
		5		10			

其他试验：

＿＿＿＿＿＿＿＿＿＿＿＿＿＿＿＿

结论：＿＿＿＿＿＿＿＿＿＿＿＿＿＿＿＿

＿＿＿＿＿＿＿＿＿＿＿＿＿＿＿＿

＿＿＿＿＿＿＿＿＿＿＿＿＿＿＿＿

＿＿＿＿＿＿＿＿＿＿＿＿＿＿＿＿

试验单位： 技术负责人： 审核： 试（检）验：

报告日期： 年 月 日

2. 资料要求

（1）核实出厂合格证数量是否齐全，核实砌块（或砖）复试日期与实际使用日期确认是否有漏检。

（2）单位工程的砌块（或砖）复试批量与实际使用数量的批量构成应基本一致。

（3）必须实行见证取样，试验室应在见证取样人名单上加盖公章和经手人签字，随同试验报告单一并返送委托单位，并入技术资料内。

（4）砌块试验报告不全，为不符合要求。砌块不作试验为不符合要求。

（5）试验报告单后面必须有返送回的见证取样人名单，无返送人员的名单该试验报告单为无效试报单。

3. 实施要点

（1）砌块试验报告是对用于工程中的砌块强度等指标进行复试后由试验单位出具的质量证明文件。

（2）执行标准

《粉煤灰小型空心砌块》（JC 862—2000）；《普通混凝土小型空心砌块》（GB 8239—1997），规格尺寸为：长 390mm，宽 190mm，高 190mm；《蒸压加气混凝土砌块》（GB/T 11968—1997），规格尺寸为：长 600mm，高 200mm、250mm、300mm，厚 75mm、100mm、125mm、150mm、175mm、200mm、250mm；《粉煤灰砌块》［JC 238—91（96）］，主要规格为：长 880mm、1180mm；高 380mm；厚 180mm、190mm、200mm、240mm。

（3）检验标准

《加气混凝土性能试验方法总则》（GB/T 11969—1997）；《加气混凝土体积密度、含水率和吸水率试验方法》（GB/T 11970—1997）；《加气混凝土力学性能试验方法》（GB/T 11971—1997）；《加气混凝土干燥收缩试验方法》（GB/T 11972—1997）；《加气混凝土抗冻性试验方法》（GB/T 11973—1997）；《加气混凝土碳化试验方法》（GB/T 11974—1997）；《加气混凝土干湿循环试验方法》（GB/T 11975—1997）；《加气混凝土导热系数试验方法》［JC 275—80（96）］；《混凝土小型空心砌块试验方法》（GB/T 4111—1997）；《砖和砌块名词术语》［JC/T 790—85（96）］。

（4）砌块的取样要求

1）普通混凝土小型空心砌块

批量规定：按外观质量等级和强度等级分批验收。以同一种原材料配制的相同外观质量等级、强度等级和同一工艺生产的 1 万块砌块为一批，块数不足 1 万块者亦为一批。

抽样数量：每批随机抽取 32 块做尺寸偏差和外观质量检验。

从尺寸偏差和外观质量合格的砌块中抽取如下数量进行其他项目检验。

强度等级：5 块；相对含水率：3 块；

抗渗性：3 块；抗冻性：10 块；

空心率：3 块。

2）粉煤灰砌块

批量规定：以 200m^3 为一批，或同一蒸养池为一批，抽样检测。

抽样数量：外观和尺寸偏差，按随机抽样法抽取 50 块砌块。

砌块的立方体抗压强度，碳化后强度，干缩值和抗冻性的检验，有二种方法：

①立方体抗压强度每池留 3 块试样，碳化后强度、干缩值、抗冻性在每次型式检验时，留取与型式检验数量相同的试件，在所留的试件上注明成型日期，试样保存半年。

②从外观检验合格的砌块中随机抽取，按要求切割成所需试件，进行相应的试验。

3）蒸压加气混凝土砌块

批量规定：同品种、同规格的砌块，以1万块为一批，不足1万块亦为一批。

抽样数量：随抽取50块砌块，进行尺寸偏差和外观检验，从外观与尺寸偏差检验合格的砌块中，随机抽取砌块，进行如下项目检验：

体积密度：3组9块；强度级别：3组9块；

干燥收缩：3组9块；抗冻性：3组9块。

导热系数：1组2块；

4）粉煤灰空心砌块

批量规定：同品种、同规格的砌块，以1万块为一批，不足1万块亦为一批。

抽样数量：随机抽取32块，进行尺寸偏差和外观检验，从外观与尺寸偏差检验合格的砌块中，随机抽取砌块，进行如下项目检验：

5）常用砌块的检验项目

常用砌块的检验项目 **表 2.4.2.5-1**

序号	种　类	检　验　项　目
1	普通混凝土小型空心砌块	强度等级、抗渗性（用于清水墙的砌块必检）
2	轻骨料混凝土小型空心砌块	抗压强度、密度等级、吸水率
3	烧结空心砌块	同烧结空心砖
4	粉煤灰砌块	抗压强度、密度
5	蒸压加气混凝土砌块	立方体抗压强度、干体积密度
6	粉煤灰小型空心砌块	抗压强度

（5）结果评定

1）普通混凝土小型空心砌块（GB 8239—1997）。

普通混凝土小型空心砌块尺寸允许偏差及外观质量表（mm） **表 2.4.2.5-2**

	项目名称		优等品（A）	一等品（B）	合格品（C）
尺寸偏差	长　度		±2	±3	±3
	宽　度		±2	±3	±3
	高　度		±2	±3	+3，−4
外观质量	弯曲，不大于		2	2	3
	掉角缺棱	个数，不多于	0	2	2
		三个方向投影尺寸的最小值，不大于	0	20	30
	裂纹延伸的投影尺寸累计，不大于		0	20	30

普通混凝土小型空心砌块强度等级表 **表 2.4.2.5-3**

强　度　等　级	砌块抗压强度（MPa）	
	平均值不小于	单块最小值不小于
MU3.5	3.5	2.8
MU5.0	5.0	4.0
MU7.5	7.5	6.0
MU10.0	10.0	8.0
MU15.0	15.0	12.0
MU20.0	20.0	16.0

普通混凝土小型空心砌块相对含水率表　　表 2.4.2.5-4

使用地区	潮　湿	中　等	干　燥
相对含水率不大于	45	40	35

注：1. 潮湿—系指年平均相对湿度大于 75%的地区；
2. 中等—系指年平均相对湿度 50%～75%的地区；
3. 干燥—系指年平均相对湿度小于 50%的地区。

普通混凝土小型空心砌块抗渗性表（清水墙抗渗性）　　表 2.4.2.5-5

项目名称	指　标
水面下降高度	三块中任一块不大于 10mm

普通混凝土小型空心砌块抗冻性表　　表 2.4.2.5-6

使用环境条件		抗冻等级	指　标
非采暖地区		不规定	—
采暖地区	一般环境	F15	强度损失≤25%
	干湿交替环境	F25	质量损失≤5%

注：1. 非采暖地区指最冷月份平均气温高于－5℃的地区；
2. 采暖地区指最冷月份平均气温低于或等于－5℃的地区。

结果判定：

尺寸偏差及外观质量检验的不合格数不超过 7 块时，则判该批砌块符合相应等级。当所有项目的检验结果均符合表 2.4.2.5-2～表 2.4.2.5-6 各项技术要求时，则判该批砌块为相应等级。

2）粉煤灰砌块［JC 238—91（96）］。

粉煤灰砌块外观质量及尺寸允许偏差表（mm）　　表 2.4.2.5-7

项　目			指标：一等品（B）	指标：合格品（C）
外观质量	表面疏松		不允许	
	贯穿面棱的裂缝		不允许	
	任一面上的裂缝长度，不得大于裂缝方向砌块尺寸的		1/3	
	石灰团、石膏团		直径大于 5 的，不允许	
	粉煤灰团、空洞和爆裂		直径＞30 不允许	直径＞50 不允许
	局部突起高度　≤		10	15
	翘曲　≤		6	8
	缺棱掉角在长、宽、高三个方向上投影的最大值≤		30	50
	高低差	长度方向	6	8
		宽度方向	4	6
尺寸允许偏差		长　度	＋4，－6	＋5，－10
		宽　度	＋4，－6	＋5，－10
		宽　度	±3	±6

粉煤灰砌块立方体抗压强度、碳化后强度、抗冻性和密度表　　表 2.4.2.5-8

项　　目	指　　标	
	10 级	
抗压强度（MPa）	3 块试件平均值不小于 10.0 单块最小值 8.0	3 块试件平均值不小于 13.0 单块最小值 10.5
人工碳化后强度（MPa）	不小于 6.0	不小于 7.5
抗　冻　性	冻融循环结束后，外观无明显疏松，剥落或裂缝；强度损失≤20%	
密　度（kg/m^3）	不超过设计密度 10%	

粉煤灰砌块干缩值表（mm/m）　　表 2.4.2.5-9

一等品（B）	合格品（C）
≤0.75	≤0.90

结果判定

外观质量及尺寸偏差检验不合格判定数为 5 块，不合格数超过 5 块，则该相应等级不合格。其他各项性能应符合表 2.4.2.5-13～表 2.4.2.5-14 的各项规定，否则判该项不合格。

3）蒸压加气混凝土砌块（GB/T 11968—1997）。

蒸压加气混凝土砌块尺寸偏差及外观质量表　　表 2.4.2.5-10

项　　目			指　　标		
			优等品（A）	一等品（B）	合格品（C）
尺寸允许偏差（mm）	长　度	L_1	±3	±4	±5
	宽　度	B_1	±2	±3	+3，−4
	宽　度	H_1	±2	±3	+3，−4
外观质量	缺棱掉角	个数，不得多于（个）	0	1	2
		最大尺寸不得大于，（mm）	0	70	70
		最小尺寸不得大于，（mm）	0	30	30
	平面弯曲不得大于，（mm）		0	3	5
	裂纹	条数，不得多于（条）	0	1	2
		任一面上的裂纹长度不得大于裂纹方向尺寸的	0	1/3	1/2
		最小尺寸不得大于，（mm）	0	1/3	1/3
	爆裂、粘模和损坏深度不得大于，（mm）		10	20	30
	表面疏松、层裂		不允许		
	表面油污		不允许		

蒸压加气混凝土砌块抗压强度表　　表 2.4.2.5-11

强度等级	立方体抗压强度	
	平均值不小于	单块最小值不小于
A1.0	1.0	0.8
A2.0	2.0	1.6
A2.5	2.5	2.0

续表

强度等级	立方体抗压强度	
	平均值不小于	单块最小值不小于
A3.5	3.5	2.8
A5.0	5.0	4.0
A7.5	7.5	6.0
A10.0	10.0	8.0

蒸压加气混凝土砌块强度级别表　**表 2.4.2.5-12**

体积密度级别		B03	B04	B05	B06	B07	B08
强度级别	优等品（A）	A1.0	A2.0	A3.5	A5.0	A7.5	A10.0
	一等品（B）			A3.5	A5.0	A7.5	A10.0
	合格品（C）			A2.5	A5.0	A5.0	A7.5

蒸压加气混凝土砌块干体积密度表（kg/m³）　**表 2.4.2.5-13**

密度级别		B03	B04	B05	B06	B07	B08
体积密度	优等品（A）≤	300	400	500	600	700	800
	优等品（B）≤	330	430	530	630	730	830
	合格品（C）≤	350	450	550	650	750	850

蒸压加气混凝土砌块干燥收缩、抗冻性和导热系数　**表 2.4.2.5-14**

体积密度级别			B03	B04	B05	B06	B07	B08
干燥收缩值	标准法≤	(mm/m)	0.50					
	快速法≤		0.80					
抗冻性	质量损失（%）≤		0.50					
	冻后强度（MPa）≥		0.8	1.6	2.9	2.8	4.0	6.0
导热系数（干态）[W/（m·k）]≤			0.10	0.12	0.14	0.16	—	—

注：1. 规定采用标准法，快速法测定砌块干燥收缩值，若测定结果发生矛盾不能判定时，则以标准法测定的结果为准。

2. 用于墙体的砌块，允许不测导热系数。

结果判定

尺寸偏差及外观质量检验的不合格判定数为 5 块，超过 5 块时，则相应等级判为不合格。其他各项性能应符合表 2.4.2.5-15～表 2.4.2.5-19 规定，则该批产品符合相应的级别与等级。每批砌块应根据尺寸偏差与外观、干体积密度和抗压强度三项检验结果判定等级，其中一项不符合技术要求则降等或判为不合格。

（6）砌块出厂合格证、试验报告核查要点

用于工程各种品种、强度等级的砌块，进场后不论有无出厂合格证均必须按（在工地取样）规定批量进行复试。“必试”项目为抗压，设计有要求时进行抗折强度。合格证应注明砖的分等（特等、一等、二等）指标和砖的强度等级和耐久性能试验、砖的代表数量。有冻融要求时，冬期施工正温条件下均应浇水或洒水并进行浸水试验，合格证不包括上述内容时，复试时应加试。

（7）砌块进场的外观检查：检查砌块的规格、尺寸、长、宽、厚；检查缺棱掉角程度、数量；检查砌块的煅烧程度。

（8）进入施工现场的砌块应按品种、规格堆放整齐，堆置高度不易超过 2m。

（9）表列子项

1）试验编号：指试验单位收作材料、成品、半成品、构配件、试块、试件等依序进行的编号。

2）委托单位：提请委托试验的单位，按全称填写。

3）试验委托人：提请委托试验单位的试验委托人，填写委托人姓名。

4）工程名称：按施工企业和建设单位签订的施工合同的工程名称或图注的工程名称，照实际填写。

5）部位：按委托单上提供的使用部位填写。

6）种类：是指砖的品种、类别，按委托单的砖的种类填写。

7）强度等级：例如（GB/T 5101—2003）标准规定烧结普通砖强度等级为 5 级，即 MU10～MU30，按设计要求的强度等级填写。

8）厂别：填写砖生产厂的厂名，应填写全称。

9）代表数量：指试样所能代表用于工程的砖的数量。

10）来样日期：指砌块试件的收样日期，按实际的收样日期填写。

11）试验日期：指砌块试件的试验日期，按实际的试验日期填写。

12）试件处理日期：指试件试压前需进行试件处理时的日期，按实际的处理日期填写。

13）试压日期：指试件试压的日期，按实际的试压日期填写。

14）抗压强度（N/mm^2）：是砌块的“必试”项目之一。每组试验 5 块，按每块砌块的实际长度、宽度计算得出承压面积、破坏荷载、极限强度和平均值，并分别填写。

①单块值：指单块砌块的实际试验的强度值，照单块实际的试验结果填写。

②平均值：指每组砌块的试件的实际试验的强度的平均值，照每组实际的试验结果的平均值填写。

③标准值：指标准规定砌块的强度值，照实际的试验结果的填写。

15）其他试验：指当设计或特殊需要时进行的除抗压强度以外的试验，照实际试验的结果填写。

16）结论：应全面、准确，核心是可用性及注意事项。

17）试验单位：指承接某项试验的具有相应资质的试验单位，加盖公章有效。

18）技术负责人：指试验单位的专业技术负责人，签字有效。

19）审核：指试验单位参与该试验的审核人，签字有效。

20）试（检）验：指试验单位的参与试验的人员。签字有效。

21）报告日期：指报告实际发出的日期，按年、月、日填写。

2.4.2.6　水泥现场复试报告

1. 资料表式

水 泥 试 验 报 告

试验编号：__________　　　　　　　　试验日期：　　年　　月　　日

委托单位：__________　工程名称：__________

水泥品种及强度等级：__________厂别及牌号：__________出厂日期：__________取样日期：__________

出厂编号：__________代表数量：__________试验委托人：__________

（一）细度：0.08mm 筛余__________%　（二）标准稠度：__________ mm

（三）凝结时间　　初凝__________ h __________ min

终凝__________ h __________ min

（四）安定性：沸煮法

（五）胶砂流动度：__________

（六）其他

（七）强度

类　别 ＼ 龄期	3天	28天	快　测	备　注
抗折强度（MPa）				
抗压强度（MPa）				

结论：__________

____

试验单位：　　　　技术负责人：　　　　　　　审核：　　　　　　　试（检）验：

报告日期：　　年　　月　　日

2. 资料要求

（1）所有牌号、强度等级、品种的水泥应有合格证和试验报告。水泥使用以复试报告为准。试验内容必须齐全且均应在使用前取得。

（2）水泥出厂合格证内容应包括：水泥牌号、厂标、水泥品种、强度等级、出厂日期、批号、合格证编号、抗压强度、抗折强度、安定性、凝结时间。

（3）从出厂日期起3个月内为有效期，超过3个月（快硬硅酸盐水泥超过一个月）另做试验。水泥进场日期超3个月没复试，为不符合要求。

（4）提供水泥的合格试验单应满足工程使用水泥的数量、品种、强度等级等要求，且水泥的必试项目不得缺漏。

（5）进口水泥使用前必须复试，按国产水泥做一般试验，同时应对其水泥的有害成分含量根据要求另做试验。

（6）重点工程和设计有要求的水泥品种必须符合设计要求。

（7）合格证中应有3d、7d、28d抗压、抗折强度和安定性试验结果。水泥复试可以提出7d强度以适应施工需要，但必须在28d后补充28d水泥强度报告。应注意出厂编号、出厂日期应一致。

（8）试验报告单的试验编号必须填写。这是防止弄虚作假、备查试验室、核实报告试验数据正确性的重要依据。

（9）水泥试验报告单必须和配合比通知单、试块强度试验报告单上的水泥品种、强度等级、厂牌相一致。如不符合即为水泥试验报告单不全；水泥复试单和混凝土、砂浆试验报告上的时间进行对比可鉴别水泥是否有先用后试现象（水泥严禁先用后试）；

（10）核实出厂合格证是否齐全，核实水泥复试日期与实际使用日期确认是否有超期漏检。

（11）单位工程的水泥复试批量与实际使用数量的批量构成应基本一致。

（12）必须实行见证取样，试验室应在见证取样人名单上加盖公章和经手人签字。

（13）水泥出厂合格证或试验报告不齐，为不符合要求。水泥先用后试或不做复试，为不符合要求。

3. 实施要点

水泥试验报告是为保证建筑工程质量，对用于工程中的水泥的强度、安定性和凝结时间等指标进行测试后由试验单位出具的质量证明文件。

（1）执行标准

1）评定标准：《硅酸盐水泥、普通硅酸盐水泥》（GB 175—1999）；《矿渣硅酸盐水泥、火山灰质硅酸盐水泥及粉煤灰硅酸盐水泥》（GB 1344—1999）；《复合硅酸盐水泥》（GB 12958—1999）；

2）检验标准

《水泥取样方法》（GB 12573—1990）；《水泥细度检验方法筛析法》（GB 1345—2005）；《水泥标准稠度用水量、凝结时间、安定性检验方法》（GB 1346—2001）；《水泥胶砂强度检验方法（ISO法）》（GB/T 17671—1999）；《水泥胶砂流动度测定方法》（GB 2419—2005）；《水泥化学分析方法》（GB 176—1996）；《水泥强度快速检验方法》（JC/T 738—86（96））；《混凝土及预制混凝土构件质量控制规程》（CECS 40：92）；《水泥胶砂强度检验方法》（GB 177—85）。

（2）取样规定

1）散装水泥

对同一水泥厂生产的同期出厂的同品种、同强度等级的水泥，以一次进厂（场）的同一出厂编号的水泥为一批。但一批的总量不得超过500t。随机地从不少于3个车罐中各采取等量水泥，经混拌均匀后，再从中称取不少于12kg水泥作为检验试样。

2）袋装水泥

对同一水泥厂生产的同期出厂的同品种、同强度等级的水泥，以一次进厂（场）的同一出厂编号的水泥为一批。但一批总量不得超过200t。随机地从不少于20袋中各采取等量水泥，经混拌均匀后，再从中称取不少于 12kg 水泥作为检验试样。

3）注意事项

水泥出厂时间超过三个月以上时，必须进行检验，重新确定强度，按实际强度使用。

（3）结果评定

1）细度：硅酸盐水泥比表面大于 300m²/kg，普通水泥、矿渣水泥、火山灰水泥、复合水泥用 80μm 方孔筛筛余不得超过 10.0％。

2）凝结时间：硅酸盐水泥初凝不得早于 45min，终凝不得迟于 6.5h，普通水泥、矿渣水泥、火山灰水泥、复合水泥初凝不得早于 45min，终凝不得迟于 10h。

3）安定性：用沸煮法检验必须合格。

4）强度：各强度等级的水泥各龄期强度不得低于表 2.4.2.6-1～2.4.2.6-3 中的数值：

硅酸盐水泥、普通水泥规定龄期的强度最低值（MPa）　**表 2.4.2.6-1**

品　种	强度等级	抗压强度		抗折强度	
		3d	28d	3d	28d
硅酸盐水泥	42.5	17.0	42.5	3.5	6.5
	42.5R	22.0	42.5	4.0	6.5
	52.5	23.0	52.5	4.0	7.0
	52.5R	27.0	52.5	5.0	7.0
	62.5	28.0	62.5	5.0	8.0
	62.5R	32.0	62.5	5.5	8.0
普通水泥	32.5	11.0	32.5	2.5	5.5
	32.5R	16.0	32.5	3.5	5.5
	42.5	16.0	42.5	3.5	6.5
	42.5R	21.0	42.5	4.0	6.5
	52.5	22.0	52.5	4.0	7.0
	52.5R	26.0	52.5	5.0	7.0

注：本表摘自《硅酸盐水泥、普通硅酸盐水泥》GB 175—1999。

矿渣水泥、火山灰水泥、粉煤灰水泥规定龄期强度最低值（MPa）　**表 2.4.2.6-2**

强度等级	抗压强度		抗折强度	
	3d	28d	3d	28d
32.5	10.0	32.5	2.5	5.5
32.5R	15.0	32.5	3.5	5.5
42.5	15.0	42.5	3.5	5.5
42.5R	19.0	42.5	4.0	6.5
52.5	21.0	52.5	4.0	7.0
52.5R	23.0	52.5	4.5	7.0

注：本表摘自《矿渣硅酸盐水泥、火山灰质硅酸盐水泥、粉煤灰硅酸盐水泥》GB 1344—1999。

复合硅酸盐水泥规定龄期强度最低值（MPa）　**表 2.4.2.6-3**

强度等级	抗压强度		抗折强度	
	3d	28d	3d	28d
32.5	11.0	32.5	2.5	5.5
32.5R	16.0	32.5	3.5	5.5
42.5	16.0	42.5	3.5	6.5
42.5R	21.0	42.5	4.0	6.5
52.5	22.0	52.5	4.0	7.0
52.5R	26.0	52.5	5.0	7.0

注：本表摘自《复合硅酸盐水泥》GB 12958—1999。

（4）核查注意事项

1）所有进场水泥均必须有出厂合格证。水泥出厂合格证应具有标准规定天数的抗压、抗折强度和安定性试验结果。抗折、抗压强度、安定性试验均必须满足该强度等级之标准要求。

2）水泥进场时应对其品种、级别、包装或散装仓号、出厂日期等进行检查，并应对其强度、安定性及其他必要的性能指标进行复验，其质量必须符合现行国家相关标准等的规定。

3）水泥的品种、数量、强度等级、立窑还是回转窑生产应核查清楚，水泥进场日期不应超期，超期应复试，出厂合格证试验项目必须齐全，并符合标准等要求。

4）无出厂合格证的水泥、有合格证但已过期水泥、进口水泥、立窑水泥或对材质有怀疑的水泥，应按规定取样做二次试验，其试验结果必须符合标准规定。

5）核查是否有主要结构部位所使用水泥品种、强度等级与设计要求不符，或过期而未进行复试，或试验内容少“必试”项目之一或进口或立窑水泥未做试验等。

6）重点工程或设计有要求必须使用某品种、强度等级水泥时，应核查实际使用是否保证设计要求。

7）水泥应入库堆放，水泥库底部应架空，保证通风防潮，并应分品种、按进厂批量设置标牌分垛堆放。贮存时间一般不应超过3个月（按出厂日期算起，在正常干燥环境中，存放3个月，强度约降低10%～20%，存放6个月，强度约降低15%～30%，存放一年强度约降低20%～40%）。为此，水泥出厂时间在超过3个月以上时，必须进行检验，重新确定强度等级，按实际强度使用。对于水泥品种的贮存期规定如表2.4.2.6-4所示。

水泥的贮存期规定 **表 2.4.2.6-4**

水　泥　品　种	贮存期规定	过期水泥处理
快硬硅酸盐水泥	1个月	必须复试，按复试强度等级使用
高铝水泥	2个月	必须复试，按复试强度等级使用
硫铝酸盐早强水泥	2个月	必须复试，按复试强度等级使用

8）出厂合格证与试验报告核查注意事项：

①凡氧化镁、三氧化硫、初凝时间、安定性中的任一项不符合标准规定或强度低于该品种水泥最低强度等级规定的指标者均为废品，废品不得在工程中使用；

②凡细度、终凝时间、烧失量和混合材料掺加量中的任一项不符合标准规定或强度低于商品强度等级规定的指标者称为不合格品，不合格品可以企业技术负责人签章确定是否使用。

③水泥进场必须按品种、强度等级、出厂日期分别堆放挂牌，并对照出厂合格证进行核查检验。

④水泥试验内容：必须试验项目为抗压强度、抗折强度、安定性、凝结时间（初凝和终凝），必要时做密度、细度、标准稠度（含相应用水量说明）等项目的试验。

⑤水泥试验单的子目应填写齐全，要有品种、强度等级、结论等。水泥质量有问题时，在可使用条件下，由项目或相当于项目一级的技术负责人签注使用意见，并在报告单上注明使用工程项目的部位。安定性不合格时，不准在工程上使用。

⑥混凝土、砂浆试块试验报告单上注明的水泥品种、强度等级应与水泥出厂证明或复验单上的一致。

9）当核查出厂合格证或试验报告时，除强度指标应符合标准规定外，应特别注意水泥中有害物质含量是否超标。如氧化镁（MgO）、三氧化硫（SO_3）、碱含量等。

水泥中含有氧化镁会增加水泥在凝结硬化后期的体积膨胀，可能使水泥石产生有害的内应力而引起破坏。这是因为水化过程中含有氧化镁的水泥，颗粒表面会产生Mg（OH）$_2$，它的溶解度较小，阻碍水浸透入颗粒内部，减慢了水硬化过程。在水泥的其他成分已经水化硬化之后，Mg（OH)$_2$ 还会在有水的条件下长期进行水化，并使体积膨胀，容易引起水泥石的破坏。标准规定水泥中氧化镁含量不得超过 5.00%，水泥经压、蒸安定性合格允许放宽到 6.0%。

粉磨水泥时，加入一定量的石膏，当加入的石膏超过一定量之后，水泥的一系列性能尤其是强度和抗冻性就会显著变坏，严重时会使水泥石开裂，混凝土结构破坏。因此，水泥标准中，都对水泥中的最大石膏含量有所限制，如标准规定，硫酸盐、普通硅酸盐、火山灰、粉煤灰水泥三氧化硫含量不超过 3.5%，矿渣水泥三氧化硫含量不超过 4.0%。水泥中的碱含量，标准规定按 $Na_2O+0.658K_2O$ 计算值来表示，若使用活性骨料（目前已被确定的有蛋白石、玉髓、鳞石英和方石英等，一般规定含量不超过 1%），用户要求提供低碱水泥时，水泥中碱含量不得大于 0.60%或由供需双方商定。

10）水泥煅烧是水泥生产过程的中心环节，煅烧水泥熟料的窑有立窑和回转窑两种，大中型水泥厂均采用回转窑，回转窑煅烧水泥熟料物料的运动条件较好，在高温下受热较均匀，有助于形成颗粒均匀的熟料；立窑煅烧水泥熟料也是在高温下进行的，窑内整个空间充满物料，物料自上而下的运动，气流则自下而上的通过物料层，立窑煅烧的水泥熟料，物料的运动条件不如回转窑好，熟料的质量也不如回转窑煅烧的好。熟料中的游离氧化钙含量较高，容易引起安定性不良或强度偏低。立窑水泥配制混凝土的抗冻性一般较低，对立窑生产的水泥（统称为小窑水泥）使用前应加强检验。

11）水泥标准规定：出厂水泥应保证出厂强度等级，其余品质应符合相应标准技术要求条目中的有关要求。同时规定了不合格品和废品的条件，通用水泥的废品和不合格品条件见表 2.4.2.6-5。

通用水泥的废品和不合格品条件　　表 2.4.2.6-5

水泥名称	废　　品	不　合　格　品
硅酸盐水泥、普通硅酸盐水泥（GB 175—1999）	凡氧化镁、三氧化硫、初凝时间、安定性中的任一项不符合相应标准规定均为废品	凡细度、终凝时间、不溶物和烧失量中的任一项不符合相应标准规定或混合材料掺加量超过最大限量和强度低于强度等级规定的指标时称为不合格。水泥包装标志中水泥品种、强度等级、工厂名称和出厂编号不全的也属于不合格品
火山灰质硅酸盐水泥、矿渣硅酸盐水泥、粉煤灰硅酸盐水泥（GB 1344—1999）	凡氧化镁、三氧化硫、初凝时间、安定性中的任一项不符合相应标准规定，均为废品	凡细度、终凝时间中的任一项不符合相应标准规定或混合材料掺量超过最大限量和强度低于商品等级规定的指标时称为不合格品。水泥包装标志中水泥品种、等级、工厂名称和出厂编号不全的也属于不合格品
复合水泥（GB 12958—1999）	凡氧化镁、三氧化硫、初凝时间、安定性中的任一项不符相允标准规定时，均为废品	凡细度、终凝时间和混合材料掺量中的任一项不符合相应标准规定或强度低于商品等级规定的指标时，均为不合格品

值得注意的是废品不得用于工程，不合格品可由企业技术负责人签注处理意见，可用于工程的某些部位。

12）通用水泥的强度不得低于 GB 175—1999、GB 1344—1999 和 GB 12958—1999 标准规定的数值。标准规定硅酸盐水泥、普通硅酸盐水泥的抗压和抗折强度只进行 3d 和 28d 的强度试验，而矿渣硅酸盐水泥、火山灰质硅酸盐水泥、粉煤灰硅酸盐水泥、复合硅酸盐水泥需进行 3d、7d、28d 的强度试验。不应超越标准规定，要求施工企业进行标准要求以外的强度试验，如硅酸盐水泥、普通硅酸盐水泥不应要求进行 7d 的强度试验等。

13）对于安定性不合格的水泥，不得用于工程。经验证明，有的水泥安定性不合格，可以采取“存放一段时间”的办法，使游离氧化钙继续消解，再经试验如果安定性合格，其他指标均符合标准规定时，仍可用于工程，但应有企业技术负责人签认。

(5) 表列子项

1) 试验编号：指试验单位收作材料、成品、半成品、构配件、试块、试件等依序进行的编号。

2) 委托单位：提请委托试验的单位，按全称填写。

3) 工程名称：按施工企业和建设单位签订的施工合同的工程名称或图注的工程名称，照实际填写。

4) 水泥品种及强度等级：如普通水泥、矿渣水泥、火山灰水泥等，照实际送试的水泥品种和水泥强度等级填写。

5) 厂别及牌号：水泥生产厂的厂名，如：邯郸水泥厂等。

6) 出厂日期：指水泥实际的出厂时间，按年、月、日填写。

7) 取样日期：指水泥实际的取样时间，按年、月、日填写。

8) 出厂编号：指水泥生产厂对该批水泥出厂时的依序编号。

9) 代表数量：指试件所能代表的且用于某一工程的水泥的数量。

10) 试验委托人：提请委托试验单位的试验委托人，填写委托人姓名。

11) 细度：指水泥的颗粒量度，是水泥的重要质量指标，直接影响水泥的水化速度和强度。由试验室按试验结果填写。

12) 标准稠度：即标准稠度用水量，由试验室照标稠用水量的试验结果填写。

13) 凝结时间初凝 (h/min)：从水泥加水拌和起到维卡仪试针沉入净浆中，距底板 0.5～1mm 的时间，为初凝时间，照实际试验的初凝时间填写。

14) 凝结时间终凝 (h/min)：试针深入净浆不超过 1mm 时的时间为终凝时间，照实际试验的终凝时间填写。

15) 安定性：是反应水泥浆硬化后，体积膨胀不均匀产生变形的重要质量指标，用沸煮法测定。照实际试验安定性的结果填写，安定性不合格的水泥为废品。

16) 胶砂流动度：是表示水泥胶砂流动性的一种量度。在一定加水量下，流动度取决于水泥的需水性。流动度以水泥胶砂在流动桌上扩展的平均直径(mm)表示。照试验室试验结果填写。

17) 强度：指水泥试验结果的抗压、抗折强度等，照试验室试验结果填写。分别按实际试验的 3d、28d 或快测填写。

18) 龄期：指施工单位委托试件的实际龄期。

19) 类别：指水泥试验的抗折、抗压强度。

①抗折强度 (MPa)：指水泥抵抗折断的强度，照实际试验结果填写。

②抗压强度 (MPa)：指水泥抵抗压力的强度，照实际试验结果填写。

20) 结论：指对水泥试件的试验结果所下的结论性意见。

21) 试验单位：指承接某项试验的具有相应资质的试验单位，加盖公章有效。

22) 技术负责人：指试验单位的专业技术负责人，签字有效。

23) 审核：指试验单位参与该试验的审核人，签字有效。

24) 试 (检) 验：指试验单位的参与试验的人员。签字有效。

25) 报告日期：指报告实际发出的日期，按年、月、日填写。

2.4.2.7　混凝土外加剂现场复试报告

1. 资料要求

外加剂试验报告单按试验室提供的外加剂试验报告表式入卷。

2. 资料要求

按混凝土试块试验报告资料要求办理。

3. 实施要点

(1) 外加剂试验报告单是指承包单位根据设计要求的混凝土强度等级需掺加外加剂，由于外加剂质量或其他原因需要提请试验单位进行试验并出具质量证明文件时进行的试验。

(2) 外加剂必须有质量证明书或合格证。提请试验单位进行试验的试验室应具有相应资质等级。

(3) 执行标准

外加剂执行标准　　　　表 2.4.2.7-1

序号	名称	评定标准	检　验　标　准
1	减水剂	GB 8076—1997	GB/T 14684—5—93　GB/T 14684—5—93　GB/T 50080—2002　GB/T 50081—2002　JGJ/T 55—2000　JGJ 63—99
2	早强剂		
3	缓凝剂		
4	引气剂		
5	防水剂	JC 474—1999	GB 751—81　GB 1346—2991　GB 8076—1997　GBJ 82—85　GB/T 2419—94
6	泵送剂	JC 473—2001	GB 8076—1997　GB/T 50080—2002　JGJ/T 55—2000
7	防冻剂	JC 475—92 (96)	GB 8076—1997　GB/T 50080—2002
8	膨胀剂	JC 476—2001	GB/T 1761—1999　GB 8076—1997　GB 1346—2001

(4) 检验项目

各种外加剂检验项目　　　　表 2.4.2.7-2

序　号	名　称	检　验　项　目
1	减水剂	减水率、抗压强度比、钢筋锈蚀、氯离子含量
2	早强剂	凝结时间差、抗压强度比、钢筋锈蚀、氯离子含量
3	缓凝剂	同早强剂
4	引气剂	含气量、抗压强度比、钢筋锈蚀、氯离子含量
5	泵送剂	稠度增加值、稠度保留值、抗压强度比、钢筋锈蚀、氯离子含量、压力泌水率比。
6	防冻剂	冻融强度失率比，其他项同减水剂（负温抗压强度比）
7	防水剂	抗压强度比、渗透高度比、钢筋锈蚀、氯离子含量
8	膨胀剂	细度、限制膨胀率、抗压、抗折强度

(5) 取样规定、取样方法和代表数量

1) 取样数量

减水剂、早强剂、缓凝剂、引气剂、防水剂、泵送剂、防冻剂、膨胀剂等常用外加剂的试样应均匀一致，且具有代表性。液体外加剂取样前应充分搅拌或采取其他办法使之均匀一致。

每批外加剂的取样数量一般按其最大掺量不少于 0.5t 水泥所需外加剂量，但膨胀剂的取样数量不应少于 10kg。

2) 取样方法

每批外加剂的取样应从 10 个以上的不同部位取等量样品，混合均匀分成两等份并密封保存。一份对其检验项目按相应标准进行试验，另一份封存半年以备有疑问时交国家指定的检验机构进行复验或仲裁。

3）代表批量

外加剂取样代表批量　　表 2.4.2.7-3

序　号	名　称	代表批量
1	减水剂、早强剂、缓凝剂、引气剂	50t
2	泵　送　剂	50t
3	防　冻　剂	50t
4	防　水　剂	50t
5	膨　胀　剂	60t

（6）外加剂使用注意事项

1）混凝土工程掺用外加剂，应根据不同的工程工艺和环境等特点及外加剂生产厂家出厂说明书中规定的性能、主要技术指标、应用范围、使用要点等予以应用。

2）计量和搅拌：减水剂的掺量很小，对减水剂溶液的掺量和混凝土的用水量必须严加控制。尤其减水剂的掺量，应严格遵守厂家的规定，通过试验确定最佳掺量。

减水剂为干粉末时，可按每盘水泥掺入量称量，随拌合水将干粉直接加入搅拌机拌合物内，并适当延长搅拌时间。

粉末受潮结块应筛除颗粒。干粉末减水剂也可预先装入小桶内，用定量水稀释后掺入。

减水剂为液状或结晶状使用时，宜先溶解稀释成为一定浓度的溶液，掺入混凝土拌合物内，并根据溶液的浓度，计算出每盘混凝土用水量。

3）混凝土从出机到入模，其间隔时间应尽量缩短，一般不应超过以下规定：

当混凝土温度为 20～30℃时，不超过 1h；

当混凝土温度为 10～19℃时，不超过 1.5h；

当混凝土温度为 5～9℃时，不超过 2h；用特殊水泥拌制的混凝土，其间隔时间应通过试验确定。

混凝土装入运输车料斗内，不应装得过满，否则车辆颠簸，混凝土沿途流淌严重。此外，高强混凝土单位重量比一般混凝土重 0.1～0.2t，模板制作安装时应考虑这一因素。

高强泵送混凝土的捣固应采用高频振动器。混凝土流动性和粘性大，振动时间长，难免产生分离现象，对大流动性混凝土，不宜强烈振动，以免造成泌水和分层离析。

4）掺有减水剂的混凝土养护，要注重早期浇水。构件拆模后应立即捆上草包或麻袋，喷水养护，养护时间应按规范要求执行，一般不少于 7 昼夜。蒸养构件则应通过试验确定蒸养制度。

5）两种或两种以上外加剂复合使用，在配制溶液时，如产生絮凝或沉淀现象，应分别配制溶液并分别加入搅拌机内。

6）在用硬石膏或工业废料石膏作调凝剂的水泥中，掺用木质磺酸盐类减水剂或糖密类缓凝剂时，使用前需先做水泥适应性试验，合格后方可使用。

7）外加剂因受潮结块时，粉状外加剂应再粉碎并通过 0.63mm 筛子方能使用，液体外加剂存放过久，应重新测定外加剂的固体含量。

（7）结果评定

1）混凝土外加剂（GB 8076—97）

掺外加剂混凝土性能指标 表 2.4.2.7-4

试验项目		外加剂品种																	
		普通减水剂		高效减水剂		早强减水剂		缓凝高效减水剂		缓凝减水剂		引气减水剂		早强剂		缓凝剂		引气剂	
		一等品	合格品	一等品	合格品	一等品	合格品	一等品	合格品	一等品	合格品	一等品	合格品	一等品	合格品	一等品	合格品	一等品	合格品
减水率(%)不小于		8	5	12	10	8	5	12	10	8	5	10	10	—	—	—	—	6	6
泌水率比(%)不大于		95	100	90	95	95	100	100	100	100		70	80	100		100	110	70	80
含气量(%)		≤3.0	≤4.0	≤3.0	≤4.0	≤3.0	≤4.0	<4.5		<5.5		>3.0		—		—		>3.0	
凝结时间之差(min)	初凝	−90～+120		−90～+120		−90～+120		>+90		>+90		−90～+120		−90～+90		>+90		−90～+120	
	终凝							—		—						—			
抗压强度比(%)不小于	1d	—	—	140	130	140	130	—		—		—		135	125	—		—	
	3d	115	110	130	120	130	120	125	120	100	100	115	110	130	120	100	90	95	80
	7d	115	110	125	115	115	110	125	115	110	110	110	110	110	105	100	90	96	80
	28d	110	105	120	110	105	100	120	110	110	105	100	100	100	95	100	90	90	80
收缩率比(%)不大于	28d	135	135	135	135	135	135	135	135	135	135	135		135		135		135	
相对耐久性指标(%)200次,不小于		—		—		—		—		—		80	60	—		—		80	60
对钢筋锈蚀作用		应说明对钢筋有无锈蚀作用																	

注:1. 除含气量外,表中所列数据为掺外加剂混凝土与基准混凝土的差值或比值。

2. 凝结时间指标,“−”号表示提前,“+”号表示延缓。

3. 相对耐久性指标一栏中,“200 次≥80 和 60”表示将 28d 龄期的掺外加剂混凝土试件冻融循环 200 次后,动弹性模量保留值≥80%;或≥60%。

4. 对于可以用高频振捣排除的,由外加剂所引入的气泡的产品,允许用高频振捣,达到某类型性能指标要求的外加剂,可按本表进行命名分类,但须在产品说明书和包装上注明“用于高频振捣的××剂。”

2）混凝土泵送剂（JC 473—2001）

掺泵送剂混凝土性能指标　　表 2.4.2.7-5

项　　目	性能指标	一等品	合格品
坍落度增加值（mm）≥		100	80
常压泌水率比（%）≤		90	100
压力泌水率比（%）≤		90	95
含气量（%）≤		4.5	5.5
坍落度保留值（mm）≥	30min	150	120
	60mm	120	100
抗压强度比（%）≥	3d	90	85
	7d	90	85
	28d	90	85
收缩率比（%）≤	28d	135	135
对钢筋锈蚀作用		应说明对钢筋有无锈蚀作用	

3）混凝土防冻剂（JC 475—2004）

掺防冻剂混凝土性能指标　　表 2.4.2.7-6

试　验　项　目		性　能　指　标					
		一等品			合格品		
减水率（%）≥		10			—		
泌水率比（%）≤		80			100		
含气量（%）≥		2.5			2.0		
凝结时间差（min）	初　凝	－150～＋150			－210～＋210		
	终　凝						
抗压强度比（%）不小于	规定温度（℃）	－5	－10	－15	－5	－10	－15
	R_{-7}	20	12	10	20	10	8
	R_{28}	100		95	95		90
	R_{-7+28}	95	90	85	90	85	80
	R_{-7+56}	100			100		
28d 收缩率比（%）≤		135					
渗透高度比（%）≤		100					
50 次冻融强度损失率比（%）≤		100					
对钢筋锈蚀作用		应说明对钢筋有无锈蚀作用					

4）砂浆、混凝土防水剂（JC 474—1999）

掺防水剂砂浆性能指标　　表 2.4.2.7-7

试　验　项　目		性　能　指　标	
		一等品	合格品
安　定　性		合　格	合　格
凝结时间差	初凝（min）不早于	45	45
	终凝（min）不迟于	10	10
抗压强度比（%）不小于	7d	100	85
	28d	90	80
透水压力比（%）不大于		300	200
48h 吸水量（%）不大于		65	75
28d 收缩率比（%）不大于		125	135
对钢筋的锈蚀作用		应说明对钢筋有无锈蚀作用	

掺防水剂混凝土性能指标　　表 2.4.2.7-8

试验项目		性能指标	
		一等品	合格品
净浆安定性		合格	合格
凝结时间差（min）	初凝	−90	−90
	终凝	—	—
泌水率比（%）不大于		50	70
抗压强度比（%）不小于	3d	100	90
	7d	110	100
	28d	100	90
渗透高度比（%）不大于		30	40
48h 吸水量（%）不大于		65	75
28d 收缩率比（%）不大于		125	135
对钢筋的锈蚀作用		应说明对钢筋有无锈蚀作用	

5）混凝土膨胀剂（JC 476—2001）

混凝土膨胀剂性能及掺膨胀砂浆性能指标　　表 2.4.2.7-9

项目					指标值
化学成分	氧化镁（%）			≤	5.0
	含水率（%）			≤	3.0
	总碱量（%）			≤	0.75
	氯离子（%）			≤	0.05
物理性能	细度	比表面积（m^2/kg）		≥	250
		0.08mm 筛筛余（%）		≤	12
		1.25mm 筛筛余（%）		≤	0.5
	凝结时间	初凝（min）		≥	45
		终凝（h）		≤	10
	限制膨胀率（%）	水中	7d	≥	0.025
			28d	≤	0.10
		空气中	28d	≥	−0.020
	抗压强度（MPa）≥		7d		25.0
			28d		45.0
			7d		4.5
			28d		6.5

注：细度用比表面积和 1.25mm 筛筛余或 0.08mm 筛筛余和 1.25mm 筛筛余表示，仲裁检验则采用比表面积和 1.25mm 筛筛余。

(8) 检验结论

1) 减水剂，早强剂，缓凝剂，引气剂，泵送剂，防冻剂，防水剂，膨胀剂经检验各项指标应全部符合相应混凝土（砂浆）技术性能标准要求，否则作为不合格品。

2) 各类外加剂原则上应不含氯离子，或含微量氯离子否则判为不合格。

3) 检验结论中，应有外加剂的名称规格、等级、掺量，防冻剂还应说明使用温度及掺量。

4) 检验报告中，应注明检验条件，依据标准等。

2.4.2.8 掺合料现场复试报告

1. 资料表式

掺合料试验报告单按试验室提供的掺合料试验报告表式直接汇整入卷。

2. 资料要求

按混凝土试块试验报告资料要求办理。

3. 实施要点

(1) 掺合料试验报告单是指承包单位根据设计要求的混凝土强度等级需掺加掺合料，由于掺合料质量或其他原因需要提请试验单位进行试验并出具质量证明文件时进行的试验。

(2) 掺合料必须有质量证明书或合格证。提请试验单位进行试验的试验室应具有相应资质等级。

(3) 执行标准见表 2.4.2.8-1。

评定与检验标准 **表 2.4.2.8-1**

评定标准	检验标准
建筑生石灰 JC/T 479—92 建筑生石灰粉 JC/T 480—92 建筑消石灰粉 JC/T 481—92 用于水泥和混凝土中的粉煤灰 GB1 596—91 粉煤灰混凝土应用技术规范 GBJ 146—90	建筑石灰试验方法物理试验方法 JC/T 478.1—92 建筑石灰试验方法化学分析方法 JC/T 478.2—92 石灰取样方法 JC/T 620—1996

(4) 掺合料技术指标见表 2.4.2.8-2。

1) 石灰作为掺合料时的技术指标见石灰现场试验报告的石灰有关技术指标。

2) 粉煤灰（拌制水泥混凝土和砂浆时，作掺合料的粉煤灰成品）。

粉煤灰技术指标 **表 2.4.2.8-2**

序号	指标		级别		
			Ⅰ	Ⅱ	Ⅲ
1	细度（0.045mm 方孔筛的筛余）（%）	不大于	12	20	45
2	需水量比（%）	不大于	95	105	115
3	烧矢量（%）	不大于	5	8	15
4	含水量（%）	不大于	1	1	不规定
5	三氧化硫（%）	不大于	3	3	3

结果判定

符合表 2.4.2.8-2 各级技术要求的为等级品，若其中任何一项不符合要求的应重新加倍取样，进行复检。复检不合格的需降级处理。

凡低于表 2.4.2.8-2 要求中最低级别技术要求的粉煤灰为不合格品。

2.4.2.9　钢筋（材）、预应力钢筋（钢绞线）等现场复试报告

1. 资料表式

钢材试验报告

试验编号：____________

委托单位：________________________试验委托人：____________

工程名称：________________________部　　位：____________

钢材种类：__________级别规格：__________牌号：__________产地：________

试件代表数量：__________来样日期：__________试验日期：__________

一、力学试验结果：

试件编号	规格	截面积（mm^2）	屈服点（N/mm^2）	极限强度（N/mm^2）	伸长率（%）	冷弯试验		
						弯心直径（mm）	角度	评定

二、化学分析结果：

试件编号	分析编号	化学成分分析					
		C%（碳）	S%（硫）	P%（磷）	Mn%（锰）	Si%（硅）	

注：用于结构时，根据规范及设计要求计算 σ_b/σ_s，和 σ_s/σ_s 标。

结论：____

____

试验单位：　　　　技术负责人：　　　　审核：　　　　试（检）验：

报告日期：　　年　　月　　日

2. 资料要求

(1) 工程中所用受力钢筋及钢材应有出厂合格证和复试报告。凡用于工程的钢材，第一次复试不符合标准要求的，应为双倍试件数量。对加工中出现的异常现象，应进行化学成分检验，或依据设计要求进行其他专项检验；

(2) 无出厂合格证时，应做机械性能试验和化学成分检验；

(3) 凡使用进口钢筋，均应做机械性能试验及化学成分检验，如需焊接、应做焊接性

能试验；

(4) 出厂合格证采用抄件或影印件时应加盖抄件（注明原件存放单位及钢材批量）或影印件单位章，经手人签字。

(5) 必须实行见证取样，试验室应在见证取样人名单上加盖公章和经手人签字。

(6) 钢材试验内容不符合要求（如钢筋未作冷弯试验或弯心距不对等，为不符合要求）；钢材无合格证、未试验，为不符合要求；

(7) 钢材合格证经检查不符合有关规定的，为不符合要求。抄（影）件不加盖公章和经手人不签字为不符合要求。出厂质量证明书上批量不清的视为基本符合要求；

(8) 应当试验的项目，如主要受力钢筋未进行试验，不符合质量标准又无处理结论者，本项应定为不符合要求。试验不符合要求，经处理（降级使用、有鉴定结论等）能满足设计和使用要求者，如其结论准确、处理时间在使用之前，可定为符合要求项目。

3. 实施要点

钢筋机械性能试验报告是指为保证用于建筑工程的钢筋机械性能（屈服强度、抗拉强度、伸长率、弯曲条件）满足设计或标准要求而进行的试验项目。

(1) 钢材执行标准

1) 评定标准

《碳素结构钢》(GB 700—1988)；《低碳钢热轧圆盘条》(GB/T 701—1997)；《钢筋混凝土用热轧带助钢筋》(GB 1499—1998)；《钢筋混凝土用热轧光圆钢筋》(GB 13013—1991)；《冷轧带肋钢筋》(GB 13788—2000)；《冷拔钢丝预应力混凝土构件设计与施工规程》(JGJ 19—1992)；《冷轧带肋钢筋混凝土结构技术规程》(JGJ 95—2003)；《冷轧扭钢筋》(JG 3046—1998)。

2) 检验标准

《金属拉伸试验方法》(GB/T 228—2002)；《金属弯曲试验方法》(GB/T 232—1999)；《金属材料线材反复弯曲试验方法》(GB/T 238—2002)；《型钢验收、包装、标志及质量证明书的一般规定》(GB/T 2101—1989)；《钢丝验收、包装、标志及质量证明书的一般规定》(GB/T 2103—1988)；《钢及钢产品力学性能试验取样位置及试样制备》(GB/T 2975—1998)；《金属拉伸试验试样》(GB/T 6397—1986)；《热轧盘条尺寸、外形、重量及允许偏差》(GB/T 14981—1994)。

(2) 检验项目

1) 钢筋混凝土用热轧带肋钢筋 (GB 1499—1998)

钢筋的力学性能 **表 2.4.2.9-1**

编号	公称直径	σ_K 或 $\sigma_{P0.2}$ (MPa)	σ_b (MPa)	δ_S (%)
		不小于		
HRB335	6～25 28～50	335	490	16
HRB400	6～25 28～50	400	570	14
HRB500	6～25 28～50	500	630	12

钢筋的弯曲性能　表 2.4.2.9-2

牌号	公称直径 a (mm)	弯曲试验弯心直径
HRB335	6～25	3a
	28～50	4a
HRB400	6～25	4a
	28～50	5a
HRB500	6～25	6a
	28～50	7a

钢筋的牌号和化学成分　表 2.4.2.9-3

牌号	化学成分（%）					
	C	Si	Mn	P	S	Ceq
HRB335	0.25	0.80	1.60	0.045	0.045	0.52
HRB400	0.25	0.80	1.60	0.045	0.045	0.54
HRB500	0.25	0.80	1.60	0.045	0.045	0.55

钢筋的牌号和化学成分及其范围　表 2.4.2.9-4

牌号	原牌号	化学成分（%）						
		C	Si	Mn	V	Nb	Ti	P 不大于	S 不大于
HRB335	20MnSi	0.17～0.25	0.40～0.80	1.20～1.60	—		—0.045	0.045	
HRB	20MnSiV	0.17～0.25	0.20～0.80	1.20～1.60	0.04～0.12		—0.045	0.045	
	20MnSiNb	0.17～0.25	0.40～0.80	1.20～1.60		0.02～0.04		0.045	0.045
	20MnTi	0.17～0.25	0.17～0.37	1.20～1.60	—		0.02～0.05	0.045	0.045

2）冷轧带肋钢筋（GB 13788—2000）

冷轧带肋钢筋的试验项目、取样方法及试验方法　表 2.4.2.9-5

序号	试验项目	试验数量	取样方法	试验方法
1	拉伸试验	每盘 1 个	在每（任）盘中随机切取	GB/T 228 GB/T6397
2	弯曲试验	每批 2 个		GB/T 232
3	反复弯曲试验	每批 2 个		GB/T 228
4	应力松驰试验	定期 1 个		GB/T 10120 GB/T 13788—2000 第 7.3
5	尺　寸	逐　盘		GB/T 13788—2000 第 7.4
6	表　面	逐　盘		目　视
7	重量偏差	每盘 1 个		GB/T 13788—2000 第 7.5

注：1. 供方在保证 $\sigma_{P0.2}$ 合格的条件下，可逐盘进行 $\sigma_{P0.2}$ 的试验。

2. 表中试验数量栏中的“盘”指生产钢筋“原料盘”。

冷轧带肋钢筋力学性能和工艺性能　　表 2.4.2.9-6

牌　号	σ_b (MPa) 不小于	伸长率（%）		弯曲试验 180°	反复弯曲次数	松驰率 初始应力 $\sigma_{con}=0.7\sigma_b$	
		δ_{10}	δ_{100}			1000h（%）不小于	10h（%）不大于
CRB550	550	8.0	—	$D=3d$	—	—	—
CRB650	650	—	4.0	—	3	8	5
CRB800	800	—	4.0	—	3	8	5
CRB970	970	—	4.0	—	3	8	5
CRB1170	1170	—	4.0	—	3	8	5

注：1. 表中 D 为弯心直径，d 为钢筋公称直径；
2. 本表摘自《冷轧带肋钢筋》GB 13788—2000。

冷轧带肋钢筋用盘条的参考牌号和化学成分　　表 2.4.2.9-7

钢筋牌号	盘条牌号	化学成分（%）					
		C	Si	Mn	V、Ti	S	P
CRB550	Q215	0.09～0.15	≤0.03	0.25～0.55	—	≤0.050	≤0.045
CRB650	Q235	0.14～0.22	≤0.03	0.30～0.65		≤0.050	≤0.045
CRB800	24MnTi	0.19～0.27	0.17～0.37	1.20～1.60	Ti：0.01～0.05	≤0.045	≤0.045
	20MnSi	0.17～0.25	0.40～0.80	1.20～1.60	—	≤0.045	≤0.045
CRB970	41MnSiV	0.37～0.45	0.60～1.10	1.00～1.40	V：0.05～0.12	≤0.045	≤0.045
	60	0.57～0.25	0.17～0.37	0.50～0.80	—	≤0.035	≤0.035
CRB1170	70Ti	0.66～0.70	0.17～0.37	0.60～1.00	Ti：0.01～0.05	≤0.045	≤0.045
	70	0.67～0.75	0.17～0.37	0.50～0.80	—	≤0.035	≤0.035

注：本表摘自《冷轧带肋钢筋》GB 13788—2000。

3）冷轧扭钢筋（GB 3046—1998）

检验项目、取样数量和试验方法　　表 2.4.2.9-8

序　号	检验项目	取样数量		试验方法
		出厂检验	型式检验	
1	外观质量	逐　根	逐　根	目　测
2	轧扁厚度	每批三个	每批三个	GB 3046—98. 6. 1. 1
3	节　距	每批三个	每批三个	GB 3046—98. 6. 1. 2
4	定尺长度	—	每批三个	GB 3046—98. 6. 1. 3
5	重　量	每批三个	每批三个	GB 3046—98. 6. 2
6	化学成分	—	每批三个	GB 3046—98. 6. 3
7	拉伸试验	每批三个	每批三个	GB 3046—98. 6. 4
8	冷弯试验	每批三个	每批三个	GB 3046—98. 6. 5

注：拉伸试验中伸长率测定的原始标距为 10d（d 为冷轧钢筋标志直径）。

力　学　性　能　　　表 2.4.2.9-9

抗拉强度 σ_b（N/mm^2）	伸长率 δ_{10}（%）	冷弯 180°（弯心直径＝3d）
≥580	≥4.5	受弯曲部位表面不得产生裂纹

注：1. d 为冷轧扭钢筋标志直径。

2. δ_{10} 为以标距为 10 倍标志直径的试样拉断伸长率。

4）热轧盘条、碳素结构钢、冷拉钢筋

热轧盘条、碳素结构钢、冷拉钢筋力学性能表　　　表 2.4.2.9-10

钢材种类	钢筋牌号或级别	公称直径及规格（mm）	拉伸　不小于 屈服点（MPa）	抗拉强度（MPa）	伸长率（%）	冷弯 D：弯心直径 d：钢材直径	
热轧盘条	建筑用 Q/235	5.5～30	235	410	23	180°	D＝0.5d
	建筑用 Q/215		215	375	27		D＝0
碳素结构钢	Q215	≤16 16～40 40～60	215 205 195	335～450	31 30 29	180°	D＝0.5d 纵 D＝0.5d 横
	Q235	≤16 16～40 40～60	235 225 215	375～500	26 25 24	180°	D＝d 纵 D＝1.5d 横
冷拉钢筋	Ⅰ	≤12	280	370	11	180°	D＝3d
	Ⅱ	≤25 28～40	450 430	520 500	10	90°	D＝3d D＝4d
	Ⅲ	8～25 28～40	500	580	8	90°	D＝5d D＝6d
	Ⅳ	10～25 28	700	850	6	90°	D＝5d D＝6d

注：本表选自《碳素结构钢》（GB 700—1988）、《冷轧带肋钢筋混凝土结构技术规程》（JGJ 95—2003）。

热轧光圆钢筋的化学成分要求　　　表 2.4.2.9-11

表面形状	钢筋级别	强度代号	牌号	化学成分（%） C	Si	Mn	P（不大于）	S（不大于）
光圆	Ⅰ	R235	Q234	0.14～0.22	0.12～0.30	0.30～0.65	0.045	0.050

注：本表选自《钢筋混凝土热轧光圆钢筋》（GB 13013—91）。

余热处理钢筋的化学成分要求 **表 2.4.2.9-12**

表面形状	钢筋级别	强度代号	牌号	化学成分（%）				
				C	Si	Mn	P	S
							不大于	
月牙肋	Ⅲ	KL400	20MnSi	0.17～0.25	0.40～0.80	1.20～1.60	0.045	0.045

注：本表选自《钢筋混凝土用余热处理钢筋》（GB 13014—1991）。

低碳钢热轧圆盘条的化学成分要求 **表 2.4.2.9-13**

牌号	化学成分（%）					脱氧方法
	C	Mn	Si	S	P	
			不大于			
Q215A	0.09～0.15	0.25～0.55	0.30	0.050	0.045	F.b.Z
Q215B				0.045		
Q215C	0.10～0.15	0.30～0.60		0.040	0.04	
Q235A	0.14～0.22	0.30～0.65	0.30	0.050	0.045	F.b.Z
Q235B	0.12～0.20	0.30～0.70		0.045		
Q235C	0.13～0.18	0.30～0.60		0.040	0.04	

注：本表选自《低碳钢热轧圆盘条》（GB/T 701—1997）。

碳素结构钢化学成分要求 **表 2.4.2.9-14**

牌号	等级	化学成分（%）					脱氧方法
		C	Mn	Si	S	P	
				不大于			
Q215	A	0.09～0.15	0.25～0.55	0.30	0.050	0.045	F.b.Z
	B				0.045		
Q235	A	0.14～0.22	0.30～0.65[1]	0.30	0.050	0.045	F.b.Z
	B	0.12～0.20	0.30～0.70[1]		0.045		
	C	≤0.18	0.35～0.80		0.040	0.040	Z
	D	≤0.17			0.035	0.035	TZ
Q225	A	0.18～0.28	0.40～0.70	0.30	0.050	0.045	Z
	B				0.045		
Q275	—	0.28～0.38	0.50～0.80	0.35	0.050	0.045	Z

注：1. Q235A、B级沸腾钢锰含量上限为0.60%。
碳素结构钢中沸腾钢硅含量不大于0.07%；半镇静钢硅含量不大于0.17%；镇静钢硅含量下限值为0.12%。
2. 本表选自《碳素结构钢》（GB 700—1988）。

5）进口热轧变形钢筋

①进口钢筋进场后，其机械性能的检验应按国家现行标准或规范要求进行复试。当检验结果符合国产钢筋的机械性能要求时，可按国家对进口钢筋应用范围的有关规定执行。

②当进口钢筋需要焊接施工时，应进行化学成分检验，热轧钢筋变形的化学成分可按表 2.4.2.9-15、表 2.4.2.9-16 执行。

③特种进口钢筋应按国家相应的技术规定进行复试和应用。

进口热轧变形钢筋的化学成分要求　　表 2.4.2.9-15

国别	日本	日本	日本	日本	日本　澳大利亚 阿根廷 新加坡	墨西哥	巴西
材料标准	JISG 3112	JISG 3112	JISG 3112	JISG 3112	JISG A615～75	ASTM A615～75	ASTM
钢筋代号	SD30	SD40	SD550	特殊 35	SD35	60 级	60 级
化学成分（%） 碳（C）	—	<0.29	<0.32	0.12～0.22	<0.27	0.35～0.44	0.25～0.35
化学成分（%） 锰（Mn）	—	<1.80	<1.80	1.20～1.60	<1.60	>1.0	>1.0
化学成分（%） 磷（P）	<0.05	<0.05	<0.05	<0.05	<0.05	0.03	0.05
化学成分（%） 硫（S）	<0.05	<0.05	<0.05	<0.05	<0.05	0.044	0.05
化学成分（%） 硅（Si）	—	—	—	—			
化学成分（%） 铝（Al）	—	—	—	—			
化学成分（%） 铌（Nb）	—	—	—	—			
碳当量 C+Mn/6	—	<0.50	<0.60	—	<0.50		

注：表内的化学成分是外贸订货时的协议规定供参考。

进口热轧变形钢筋化学成分要求　　表 2.4.2.9-16

国别	荷兰		德国		西班牙	意大利	法国	比利时
材料标准	DIN 488	DIN 488	DIN 488	DIN 488	DIN 488	DIN 488	DIN 488	DIN 488
钢筋代号	BSt42/ 50RU	BSt42/ 50RU	BSt42/ 50RU	BSt42/ 50RU	BSt42/ 50RU	BSt42/ 50RU	BSt42/ 50RU	BSt42/ 50RU
化学成分（%） 碳(C)	0.15～0.30	0.15～0.28	0.32～0.43	0.41～0.45	0.15～0.27	0.30～0.40	0.12～0.25	0.12～0.25
化学成分（%） 锰(Mn)	0.45～1.60	0.45～1.60	0.9～1.20	1.0～1.2	0.8～1.6	0.8～1.6	0.8～1.6	0.8～1.6
化学成分（%） 磷(P)	⩽0.05	⩽0.05	⩽0.05	⩽0.04	⩽0.05	⩽0.05	⩽0.05	⩽0.05
化学成分（%） 硫(S)	⩽0.05	⩽0.05	⩽0.05	⩽0.04	⩽0.05	⩽0.05	⩽0.05	⩽0.05
化学成分（%） 硅(Si)	0.02～0.07	0.02～0.07	0.2～0.4	0.15～0.35	0.2～0.4	0.3～0.5	—	—
化学成分（%） 铝(Al)	—	—	—	0.025～0.07	—	—	—	—
化学成分（%） 铌(Nb)	<0.04	<0.04	—	—	—	—	—	—
碳当量	—	—	—	—	—	—	—	—

注：表内的化学成分是外贸订货时的协议规定供参考。

6）普通质量、优质质量非合金钢化学成分允许偏差

普通质量非合金钢化学成分允许偏差表　　表 2.4.2.9-17

元　素	规定化学成分范围（%）	允许偏差（%）	
		上偏差	下偏差
C		0.03 0.02	0.02
Mn	＜0.80 ＞0.80	0.05 0.10	0.03 0.08
Si	＜0.35 ＞0.35	0.03 0.05	0.03 0.05
S	＜0.050	0.005	
P	＜0.050 规定范围时 0.05～0.15	0.005 0.01	0.01

注：本表摘自《钢的化学分析用试样取样法及成品化学成分允许偏差》（GB 222—1984）。

优质非合金钢化学成分允许偏差　　表 2.4.2.9-18

元　素	规定化学成分范围（%）	允许偏差（%）	
		上偏差	下偏差
C	＜0.50 ＞0.50	0.01 0.02	0.01 0.02
Mn	＜1.00 1.00～2.00 ＞2.00	0.03 0.04 0.05	0.03 0.04 0.05
Si	＜0.37 0.37～1.50 ＞1.50	0.03 0.04 0.05	0.03 0.04 0.05
S	规定范围时 0.05～0.35	0.005 0.02	0.01
P	规定范围时 0.05～0.15	0.005 0.01	0.01

注：本表摘自《钢的化学分析用试样取样法及成品化学成分允许偏差》（GB 222—1984）。

7）低合金高强度结构钢

低合金高强度结构钢化学成分表　　**表 2.4.2.9-19**

牌号	质量等级	化学成分（%）					
		碳≤	锰	硅≤	磷≥	硫≥	铝≥
Q295	A	0.16	0.80～1.50	0.55	0.045	0.045	—
	B	0.16	0.80～1.50	0.55	0.040	0.040	—
Q345	A	0.20	1.00～1.60	0.55	0.045	0.045	—
	B	0.20	1.00～1.60	0.55	0.040	0.040	—
	C	0.20	1.00～1.60	0.55	0.035	0.035	0.015
	D	0.18	1.00～1.60	0.55	0.030	0.030	0.015
	E	0.18	1.00～1.60	0.55	0.025	0.025	0.015
Q390	A	0.20	1.00～1.60	0.55	0.045	0.045	—
	B	0.20	1.00～1.60	0.55	0.040	0.040	—
	C	0.20	1.00～1.60	0.55	0.035	0.035	0.015
	D	0.18	1.00～1.60	0.55	0.030	0.030	0.015
	E	0.18	1.00～1.60	0.55	0.025	0.025	0.015
Q420	A	0.20	1.00～1.70	0.55	0.045	0.045	—
	B	0.20	1.00～1.70	0.55	0.040	0.040	—
	C	0.20	1.00～1.70	0.55	0.035	0.035	0.015
	D	0.18	1.00～1.70	0.55	0.030	0.030	0.015
	E	0.18	1.00～1.70	0.55	0.025	0.025	0.015
Q460	C	0.20	1.00～1.70	0.55	0.035	0.035	0.015
	D	0.20	1.00～1.70	0.55	0.030	0.030	0.015
	E	0.20	1.00～1.70	0.55	0.025	0.025	0.015

牌号	质量等级	化学成分（%）				
		钒	铌	钛	铬≤	镍≤
Q295	A	0.02～0.15	0.015～0.060	0.02～0.20	—	—
	B	0.02～1.50	0.015～0.060	0.02～0.20	—	—
Q345	A	0.02～0.15	0.015～0.060	0.02～0.20	—	—
	B	0.02～1.50	0.015～0.060	0.02～0.20	—	—
	C	0.02～1.50	0.015～0.060	0.02～0.20	—	—
	D	0.02～1.50	0.015～0.060	0.02～0.20	—	—
	E	0.02～1.50	0.015～0.060	0.02～0.20	—	—
Q390	A	0.02～0.15	0.015～0.060	0.02～0.20	0.30	0.70
	B	0.02～1.50	0.015～0.060	0.02～0.20	0.30	0.70
	C	0.02～1.50	0.015～0.060	0.02～0.20	0.30	0.70
	D	0.02～1.50	0.015～0.060	0.02～0.20	0.30	0.70
	E	0.02～1.50	0.015～0.060	0.02～0.20	0.30	0.70
Q420	A	0.02～0.20	0.015～0.060	0.02～0.20	0.40	0.70
	B	0.02～0.20	0.015～0.060	0.02～0.20	0.40	0.70
	C	0.02～0.20	0.015～0.060	0.02～0.20	0.40	0.70
	D	0.02～0.20	0.015～0.060	0.02～0.20	0.40	0.70
	E	0.02～0.20	0.015～0.060	0.02～0.20	0.40	0.70
Q460	C	0.02～0.20	0.015～0.060	0.02～0.20	0.70	0.70
	D	0.02～0.20	0.015～0.060	0.02～0.20	0.70	0.70
	E	0.02～0.20	0.015～0.060	0.02～0.20	0.70	0.70

注：1. 铝为全铝含量，如化验酸溶铝，其含量≥0.010%；2. Q295 钢的碳含量到 0.18%也可交货；3. Q345 钢的锰含量的上限可到 1.70%；4. 不加钒、铌、钛的 Q295 钢，当碳含量≤0.12%时，锰含量下限可到 1.80%；5. 厚度≤6mm 的钢板（带）和厚度≤16mm 的热连轧钢板（带）的锰含量下限可到 0.20%；6. 在保证钢材力学性能符合规定的情况下，用铌作细化晶粒元素时，Q345、Q390 钢的锰含量下限可低于规定的下限含量；7. 除各牌号 A、B 级钢外，表中规定的细化晶粒元素（钒、铌、钛、铝），钢中至少含有其中的一种，如这些元素同时使用，则至少应有一种元素的含量不低于规定的最小值；8. 为改善钢的性能，各牌号 A、B 级钢，可加入钒或铌等细化晶粒元素，其含量应符合规定。如不做合金元素加入时，其下限含量不受限制；9. 当钢中不加入细化晶粒元素时，不进行该元素含量的分析，也不予保证；10. 型钢和棒钢的铌含量下限为 0.005%；11. 各牌号钢中的铬、镍、铜残余元素含量均小于或等于 0.30%，供方如能保证可不做分析；12. 为改善钢的性能，各牌号钢可加入稀土元素，其加入量按 0.02%～0.20%计算；对 Q390、Q420、Q460 钢，可加入少量铝元素；13. 供应商品钢锭、连铸坯、钢坯时，为保证钢材力学性能符合规定，其碳、硅元素含量的下限，可根据需方要求，另订协议。

低合金高强度结构钢物理性能表　　表 2.4.2.9-20

牌号	质量等级	厚度（直径、边长）（mm）				抗拉强度 σ_b（MPa）
		≤16	>16～35	>35～50	50～100	
		屈服点 σ（MPa）				
Q295	A	295	275	255	235	390～570
	B	295	275	255	235	390～570
Q345	A	345	325	295	275	470～630
	B	345	325	295	275	470～630
	C	345	325	295	275	470～630
	D	345	325	295	275	470～630
	E	345	325	295	275	470～630
Q395	A	390	370	350	330	490～650
	B	390	370	350	330	490～650
	C	390	370	350	330	490～650
	D	390	370	350	330	490～650
	E	390	370	350	330	490～650
Q395	A	420	400	380	360	520～680
	B	420	400	380	360	520～680
	C	420	400	380	360	520～680
	D	420	400	380	360	520～680
	E	420	400	380	360	520～680
Q395	C	460	440	420	400	550～720
	D	460	440	420	400	550～720
	E	460	440	420	400	550～720

牌号	质量等级	伸长率 δ_s	试验温度（℃）				180°弯曲试验［d=弯心直径，α=试样厚度（直径）］	
			+20	0	−20	−40	钢材厚度（直径）（mm）	
			冲击吸收功 A_{kv}（纵向）（J）≥				≤16	>16～100
Q295	A	23	—	—	—	—	$d=2\alpha$	$d=3\alpha$
	B	23	34	—	—	—	$d=2\alpha$	$d=3\alpha$
Q345	A	21	—	—	—	—	$d=2\alpha$	$d=3\alpha$
	B	21	34	—	—	—	$d=2\alpha$	$d=3\alpha$
	C	22	—	34	—	—	$d=2\alpha$	$d=3\alpha$
	D	22	—	—	34	—	$d=2\alpha$	$d=3\alpha$
	E	22	—	—	—	27	$d=2\alpha$	$d=3\alpha$
Q390	A	19	—	—	—	—	$d=2\alpha$	$d=3\alpha$
	B	19	34	—	—	—	$d=2\alpha$	$d=3\alpha$
	C	20	—	34	—	—	$d=2\alpha$	$d=3\alpha$
	D	20	—	—	34	—	$d=2\alpha$	$d=3\alpha$
	E	20	—	—	—	27	$d=2\alpha$	$d=3\alpha$
Q420	A	18	—	—	—	—	$d=2\alpha$	$d=3\alpha$
	B	18	34	—	—	—	$d=2\alpha$	$d=3\alpha$
	C	19	—	34	—	—	$d=2\alpha$	$d=3\alpha$
	D	19	—	—	34	—	$d=2\alpha$	$d=3\alpha$
	E	19	—	—	—	27	$d=2\alpha$	$d=3\alpha$
Q460	C	17	—	34	—	—	$d=2\alpha$	$d=3\alpha$
	D	17	—	—	34	—	$d=2\alpha$	$d=3\alpha$
	E	17	—	—	—	27	$d=2\alpha$	$d=3\alpha$

注：1. 进行拉伸和弯曲试验时，钢板（带）应取横向试样；宽度<600mm 的钢带、型钢和棒钢应取纵向试样；2. 钢板（带）的伸长率允许比表中规定低 1 个单位；3. Q345 钢其厚度>35mm 的钢板的伸长率允许比表中规定低 1 个单位；4. 边长或直径>50～100mm 的方、圆钢其伸长率允许比表中规定低 1 个单位；5. 宽钢带（卷状）的抗拉强度上限值不作交货条件；6. A 级钢应进行弯曲试验。其他质量等级钢，如供方能保证弯曲试验结果符合表中规定，可不做检验；7. 夏比（V 型缺口）冲击试验的冲击吸收功和试验温度应符合表中规定。冲击吸收功按一组三个试样算术平均值计算，允许其中一个试样单值低于表中规定值，但不得低于规定值的 70%；8. 当采用 5×10×55（mm）小尺寸试样做冲击试验时，其试验结果应不小于规定值的 50%；9. 表例牌号以外的钢材性能，由供需双方协商确定；10. Q460 和各牌号 D、E 级钢一般不供应型钢、棒钢；11. 钢一般应以热轧、控轧、正火及正火加回火状态交货，Q420、Q460 钢的 C、D、E 级钢也可按淬火加回火状态交货。

8）钢结构用铸造碳钢件和高强度螺栓

铸造碳钢件的化学成分表　　表 2.4.2.9-21

牌　号	化学成分（%）≤					
	碳	硅	锰	硫	磷	残余元素
ZG200-400	0.20	0.50	0.80	0.040	0.040	镍 0.30
ZG230-450	0.30	0.50	0.90	0.040	0.040	铬 0.35
ZG270-500	0.40	0.50	0.90	0.040	0.040	铜 0.30
ZG310-570	0.50	0.60	0.90	0.040	0.040	钼 0.20
ZG340-640	0.60	0.60	0.90	0.040	0.040	钒 0.05

注：1. 残余元素总和≤1.00；　2. 对上限每减少 0.01%碳，允许增加 0.04%锰。对 ZG200-400，锰含量最高至 1.00%，其余四个牌号锰含量最高至 1.20%。

铸造碳钢件的力学性能表　　表 2.4.2.9-22

牌　号	室温下试样力学性能≥				
	屈服点或屈服强度	抗拉强度	伸长率	收缩率	（V 形）冲击吸收功* A_{kv}（J）
	（MPa）		（%）		
ZG200-400	200	400	25	40	30
ZG230-450	230	450	22	32	25
ZG270-500	270	500	18	25	22
ZG310-570	310	570	15	21	15
ZG340-640	340	640	10	18	10

注：1. 表列数值适用于小于或等于 100mm 的铸件；对于厚度＞100mm 的铸件，仅屈服强度数值可供设计用。如需从经热处理的铸件上或从代表铸件的大型试块上切取试样时，其数值须由供需双方协商确定；　2. * 对收缩率和冲击吸收功，如需方无要求，即由制造厂选择保证其中一项。

高强度螺栓的性能等级和机械性能表　　表 2.4.2.9-23

螺栓种类	性能等级	采用的钢号	屈服强度		抗拉强度	
			N/mm²	N/mm²	N/mm²	N/mm²
			≥			
大六角头高强度螺栓	8.8 级	45 号钢、35 号钢	630	660	850～1050	830～1030
大六角头高强度螺栓	10.9 级	20MnTiB 钢	950	940	1060～1260	1040～1240
大六角头高强度螺栓	10.9 级	40B 钢	950	940		
扭剪型高强度螺栓	10.9 级	20MnTiB 钢	950	940	1060～1260	1040～1240

注：1. 对高强度螺栓（即高强度大六角头螺栓连接副、扭剪型高强度螺栓连接副和钢网架用高强度螺栓共 3 种）的进场检验按包装箱配套供货，包装箱上应标明批号、规格、数量及生产日期。按包装箱数检查 5%，且不应少于 3 箱。　2. 对高强度大六角头螺栓连接副按 GB 50205—2001 规范附录 B 检验其扭矩系数，每批随机抽取 8 套连接副进行复验。　3. 对扭剪型高强度螺栓连接副按 GB 50205—2001 规范附录 B 检验其预拉力，每批随机抽取 8 套连接副进行复验。　4. 对钢网架用高强度螺栓：（对建筑结构安全等级为一级，跨度 40m 及以上的螺栓球节点钢网架结构）进行表面硬度试验（按规格检查 8 只）：对 8.8 级高强度螺栓，硬度应为 HRC21～29；对 10.9 级高强度螺栓，硬度应为 HRC32～36；表面不能有裂纹或损伤。　5. 对螺栓、螺母、垫圈等外观表面应涂油保护，不应出现生锈和沾染脏物，螺纹不应损伤。

（3）代表批量及取样数量

常用钢材的代表批量及取样数量 表 2.4.2.9-24

钢材种类	验收批组成	每批数量	取样数量
热轧钢筋	每批由同牌号、同炉罐号、同规格的组成。冶炼炉容量不大于 30t 的不同炉罐号可组成混合批，每批不应大于 6 个炉罐号	≤60t	任选两根钢筋，每根钢筋切取拉伸、冷弯试样各 1 个
热轧盘条	每批由同牌号、同炉罐号、同尺寸的组成。同冶炼浇筑方法的不同炉罐号可组成混合批，每批不得多于 6 个炉罐号	≤60t	任取 1 根，切取拉伸试样 1 个；任取 2 根，每根切取冷弯试样 1 个
冷轧带肋钢筋	每批由同牌号、同规格、同级别的组成	10t	拉伸、冷弯试样各 1 个
碳素结构钢	每批由同牌号、同炉罐号、同等级、同品种、同尺寸的组成。冶炼炉容量不大于 30t 的，不同炉罐号的 A 或 B 级钢可组成混合批，每批不得多于 6 个炉罐号	≤60t	拉伸、冷弯试样各 1 个
冷拉钢筋	每批由不大于 20t 的同级别、同直径冷拉钢筋组成	≤20t	任选两根钢筋，每根钢筋切取拉伸，冷弯试样各 1 个
冷轧扭钢筋	每批由同牌号、同规格尺寸、同轧机、同台班组的组成	≤10t	任取拉伸试样 2 个，冷变试样 1 个

(4) 结果评定

钢材机械性能检验评定方法 表 2.4.2.9-25

钢材种类	评定方法
热轧钢筋 热轧圆盘条 型钢 冷拉钢筋	若有一个项目（拉伸或冷弯）不符合标准要求，则应从同一批中再任取双倍数量的试样进行该不合格项目的复验。复验时若仍有一个指标不合格，则该批钢材为不合格品
冷轧带肋钢筋	若有一个项目（拉伸或冷弯）不符合标准要求，则该批为不合格品
冷轧扭钢筋	若有一个项目（拉伸或冷弯）不符合标准要求，则应从同一批中再任取双倍数量的试样进行该不合格项目的复验。当轧扁厚度或节距复验时小于或大于标准要求，仍可评为合格，但需降直径规格使用

(5) 钢材标准应用

1) 标准应用应和出厂合格证上钢材生产厂家提供的应用标准相一致。对合格证上没有应用标准说明时，应根据提供试件的钢种，分别按实际使用的钢材执行《碳素结构钢》(GB 700—1988)、《优质碳素结构钢技术条件》(GB 699—1998)、《低合金高强度结构钢》(GB 1591—1994) 和《合金结构钢技术条件》(GB 3077) 标准。

2) 应检查标准应用是否符合某标准规定的使用范围，如果钢材试件应用标准的使用范围不符合某标准的使用要求时，该批钢材应予查明，否则该批钢材不能用于工程。

3)《低碳钢热轧圆盘条》(GB/T 701—1997) 标准，适用于普通质量的低碳热轧圆盘条（ϕ5.5～ϕ14）的钢筋，建筑工程中用钢筋强度均在 Q235 以上，其力学性能及化学成分与 GB 700—1988 标准相一致。主要应用于需要二次加工的小断面（ϕ14 以下）的钢材，经冷加工（冷拉、冷拔或冷轧）后提高强度而使用的钢材。这类产品在有关的结构设计、施工规范中规定了技术条件，验收规则和设计、施工要求。

4）《钢筋混凝土用热轧带肋钢筋》（GB 1499—1998）等标准中规定本标准不适用于由成品钢再次轧制成的再生钢筋。再生钢筋的材质成分比较复杂。必须严格控制。可按以下办法处理：对于用成品钢再次轧制的ϕ12 以上的圆钢，不论出厂合格证上有无化学成分分析指标，均应进行化学成分检验，当化学成分符合钢材有关标准规定时可以用于工程，否则不能用于工程；对于用成品钢再次轧制的ϕ12 以下的圆钢，当物理性能试验的拉伸、延伸率、冷弯均符合相应标准规定时，可以不进行化学成分试验，可以用于工程；对于ϕ16 以上螺纹钢，一般为Ⅱ级钢以上的钢种，大都用于主要构件的主要部位，用成品钢再次轧制的再生钢筋，不应执行《钢筋混凝土用热轧带肋钢筋》标准，由技术负责人专项处理。

（6）钢材的检验项目规定

1）优质碳素结构钢（GB 699）：包括：化学成分、低倍组织、断口、硬度、拉伸试验、冲击试验、脱碳、晶粒度、非金属夹杂物、显微组织、顶锻试验、尺寸检验、表面质量；

2）碳素结构钢（GB 700）：包括：化学成分、拉伸、冷弯、常温冲击、低温冲击；

3）低合金结构钢（GB 1591）：包括：化学成分、拉伸、冷弯、常温冲击、低温冲击；

4）钢筋混凝土用热轧带肋钢筋（GB 1499）：包括：化学成分、拉伸、弯曲、反向弯曲、尺寸检验、表面质量、重量偏差；

5）钢筋混凝土用余热处理钢筋（GB 13014）包括：化学成分、拉伸、冷弯、尺寸检验、表面质量、重量偏差；

6）光圆钢筋（GB 13013）包括：化学成分、拉伸、冷弯、尺寸检验、表面质量、重量偏差；

（7）冷拉钢筋检验要点

1）冷拉钢筋应分批验收，当直径在 12mm 或小于 12mm 时，每批数量不得大于 10t，直径在 14mm 或大于 14mm 时，不得大于 20t；每批钢筋的直径和钢筋级别均应相同。

2）每批冷拉钢筋均应分别取样作拉力试验和冷弯性能。试样应从三根钢筋上各取一套。试样形状、尺寸以及试验方法均与热轧钢筋相同。

3）作拉力试验和冷弯试验的三套试样中，如有一个指标不符合相应标准合格的规定时，则另取双倍数量的试样重做试验，如仍有一根试样不合格，则该批钢筋不合格品。

注：1. 计算冷拉钢筋的屈服点和抗压强度时应采用冷拉前的公称截面面积。

2. 试样可不进行人工时效处理；可在试验机上以总图法总出应力与应变（P-ΔL）曲线；取值线后的拐点为屈服点（σ_s）。

（8）冷拔低碳钢丝的检验要点

冷拔低碳钢丝分为甲、乙两级。甲级钢丝适用于作预应力筋；乙级钢丝适用作焊接网、焊接骨架、箍筋和构造钢筋。

1）冷拔低碳钢丝以 5t 为一批进行验收（每批是指用相同材料的钢筋冷拔成相同直径的钢丝）；

2）先从每批冷拔低碳钢丝中选取 5%（但不少于 5 盘），作外观检查，合格后，任选

3盘，在每盘上一处（至少距端部50cm）截取一套试样，以一根作拉力试验，一根作弯曲试验；

3）试验结果如有一根试样不合格时，允许在未经截取试样的钢丝盘中另取双倍数量的试件作全部各项试验；如再有一根试样不合格，则该批冷拔低碳钢丝需逐盘截取试样，每盘作拉力和弯曲试验，合格者方可使用；否则，该盘冷拔低碳钢丝作为不合格品。

4）标准中规定的力学性能指标为该品种钢材强度的最低值，当提供钢试样试验结果的强度值不满足该品种钢标准规定的强度值时，应为不合格品（那怕是相差0.1N/mm²）；化学成份分析时，钢材化学元素含量允许有（GB 222）标准规定的允许偏差值，超过规定允许偏差值即为化学成分不符合标准要求。出现这类问题时应由企业技术负责人作出专题处理。

（9）钢筋试（检）验报告核查要点。

1）钢筋进场时应有包括炉号、型号、规格、机械性能、化学成分、数量（指每批的代表数量）、生产厂家名称、出厂日期等内容的出厂合格证，又要在施工现场取样进行复试，提供机械性能试验报告。合格证必须包括机械性能、化学成分，二者缺一不可。无出厂合格证时，使用国产钢材均应增加化学成分试验，主要受力钢筋若只有物理性能试验即为不符合要求。国产钢筋在加工中发现脆断、焊接性能不良或机械性能显著不正常现象，应进行化学成分检验或其他专项性能检验。使用进口钢筋应复试机械性能及化学成分，有焊接要求的应做可焊接试验。冷拉钢筋通过试验确定冷拉率，符合国产二级钢筋要求的日本SD35和荷兰、西班牙、西德BST42/50RU（35/50RU、35/50RU）钢筋，作非预应力筋时，可代替国产二级钢筋使用，经冷拉加工后可作预应力钢筋使用。

注：质量证明文件的抄件（复印件）应保留原件的所有内容，并注明原件存放处。

钢材进场后，应根据国家标准和订货协议进行检查，对要求不很严格的产品可用抽查的方法进行，对重要的产品应进行普查。对任何一种钢材都应用卡尺、千分尺、塞尺和各种形状的极限样板进行表面缺陷、几何形状和尺寸公差检查。应经工地技术负责人，确认检查合格后，明确使用该批钢材的单位工程名称和部位后方可使用。

2）钢材复试的品种、规格必须齐全，钢材试验报告单的品种、规格是否和图纸上的品种、规格相一致，并应满足批量要求；钢材试验报告单上的试验项目，子目应齐全，应将试验结果与标准数据相对比，检查其是否符合要求。

3）钢材必须先试验后使用，对复试不合格的钢材，在使用前企业技术负责人应签署处理意见，并注明使用部位，必要时应征得设计单位同意；

4）钢筋集中加工，应将钢筋复验单及钢筋加工出厂证明抄送施工单位（钢筋出厂证明及复验单原件由钢筋加工厂保存）

直接发到现场或构件厂的钢筋，复验由使用单位负责；

5）当钢材出厂合格证为抄件时，抄件应注明原件存放单位、抄件人（应有技术职称）和抄件单位，签字盖公章后方为有效。

6）检查试验编号是否填写。检查钢材试验单的试验数据是否准确无误，各项签字和报告日期是否齐全。这是防止弄虚作假，备查试验室台帐、核实报告试验数据的正确性的重要依据。

7）钢筋的强度变异主要影响因素是：钢筋直径；试验时的加速度；钢筋截面面积的

正负公差。检查钢筋的出厂合格证和试验报告、现场外观检查时均应注意验查这些内容。

注：没有出厂合格证又无现场抽样试验报告时，钢材不得盲目使用；钢材出厂合格证本身不符合要求，填写混乱，该批钢材不得用于工程。

(10) 钢材试（检）验报告核查要点

1) 连接材料（焊条、焊丝、焊剂、高强螺栓、普通螺栓及铆钉等）和涂料（底漆及面漆等）均应附有出厂合格证，并符合设计文件的要求和国家规定的标准。

2) 钢结构的连接采用高强度螺栓时必须对构件摩擦面进行加工处理，处理后的摩擦系数应符合设计要求，有摩擦系数要求的构件，出厂时必须附有三组同材质、同处理方法的试件，以供复验摩擦系数。抗滑移系数检验的最小值必须等于或大于设计值，否则即为构件摩擦面没有处理好，即不符合设计要求。

3) 钢结构构件不论在加工厂或在施工现场制作，制作单位应提交出厂合格证和下列技术文件：钢结构施工图有设计变更时，要提交设计更改文件，并在图中注明修改部位；制作中对问题处理的协议文件；所用钢材和其他材料的质量证明书和试验报告（如高强螺栓拉力试验、材料机械性能试验）；高强度螺栓连接摩擦系数实测资料；外观几何尺寸设计有要求时的结构性能检验资料。

(11) 表列子项

1) 试验编号：指试验单位收作材料、成品、半成品、构配件、试块、试件等依序进行的编号

2) 委托单位：提请委托试验的单位，按全称填写。

3) 试验委托人：提请委托试验单位的试验委托人，填写委托人姓名。

4) 工程名称：按施工企业和建设单位签订的施工合同的工程名称或图注的工程名称，照实际填写。

5) 部位：按委托单上的使用部位填写。

6) 钢材种类：是指钢材的品种、类别，按委托单的钢材种类填写。

7) 级别规格：是指钢材品种类别中的钢材级别规格，按委托单的钢材级别规格填写。

8) 牌号：是指钢材品种类别中的钢材级别规格的牌号，按委托单的钢材级别规格牌号填写。

9) 产地：是指钢材的生产地，照实际填写。

10) 试件代表数量：指“试件”所能代表的用于某工程或部位的钢材数量。

11) 来样日期：指钢材试件的收样日期，按实际的收样日期填写。

12) 试验日期：指钢材试件的试验日期，按实际的试验日期填写。

13) 力学试验结果：按试验室实际的力学试验结果填写。

14) 试件编号：由试验室按收作试件的时间依序编号。

15) 规格：指复试钢材的规格，照实际填写。

16) 截面积（mm^2）：指被试钢材的截面积。

17) 屈服点（N/mm^2）：必检项目之一，试验室按实测的屈服点强度填写。

18) 极限强度（N/mm^2）：必检项目之一，试验室按实测的抗拉强度填写。

19) 伸长率（%）：必检项目之一，试验室按实测的伸长率填写。

20) 冷弯试验：必检项目之一，试验室按反复弯曲试验的结果填写。

21）弯心直径（mm）：必检项目之一，由试验室按冷弯的弯心直径填写。

22）角度：必检项目之一，由试验室按冷弯角度的实际试验角度填写。

23）评定：由试验室按实际试验结果填写评定结论。

24）化学分析结果：是指金属的化学性能或称为金属的腐蚀性能，照实际试验结果填写。

25）试件编号：由试验室按收作试件的时间依序编号。

26）分析编号：指试验室钢材化学分析的编号。

27）化学成分分析：由试验室按化学成分分析的试验结果填写。

①C%（碳）：由试验室按化学成分分析碳含量的试验结果填写。

②S%（硫）：由试验室按化学成分分析硫含量的试验结果填写。

③P%（磷）：由试验室按化学成分分析磷含量的试验结果填写。

④Mn%（锰）：由试验室按化学成分分析锰含量的试验结果填写。

⑤Si%（硅）：由试验室按化学成分分析硅含量的试验结果填写。

28）结论：应全面、准确，核心是可用性及注意事项。

29）试验单位：指承接某项试验的具有相应资质的试验单位，加盖公章有效。

30）技术负责人：指试验单位的专业技术负责人，签字有效。

31）审核：指试验单位参与该试验的审核人，签字有效。

32）试（检）验：指试验单位的参与试验的人员。签字有效。

33）报告日期：指报告实际发出的日期，按年、月、日填写。

2.4.2.10 预应力锚具、夹具和连接器合格证、出厂检验报告

实施要点

（1）预应力锚具、夹具和连接器合格证、出厂检验报告按原材料合格证粘贴表（通用）2.4.2.1表式办理。

（2）合格证、出厂检验报告应按施工过程中依序整理形成的合格证、出厂检验报告，经核查符合要求后全部粘贴表内，不得缺漏。

2.4.2.11 预应力锚具、夹具和连接器静载荷性能复试报告

1. 实施要点

（1）预应力锚具、夹具和连接器静载荷性能试验报告按当地建设行政主管部门批准的试验室出具的试验报告表式执行。

（2）预应力锚具、夹具和连接器静载荷性能试验报告应由具有相应资质等级的实验单位提供。

（3）预应力锚具、夹具和连接器静载荷性能试验结果必须符合《预应力锚具、夹具和连接器》(GB/T 14370）的规定。

（4）取样批量：以同一材料和同一生产工艺、不超过200套为一批。

（5）静载锚固性能试验应测量下列项目：

1）试件的实测极限拉力 F_{apu}（F_{gpu}）；

2）达到实测极限拉力时的总应变 ε_{gpu}。

3）试验过程中，还应观测下列项目：

①各根预应力筋与锚具、夹具或连接器之间的相对位移；

②锚具、夹具或连接器各零件之间的相对位移；

③在达到预应力钢材抗拉强度标准值的80％以后，持荷1h时间内，锚具、夹具或连接器的变形；

④试件的破坏部位与破坏形式。

全部试验结果均应作出记录，并据此确定锚具、夹具或连接器的锚固效率系数 η_a 和 η_g。

（6）锚固性能检验：从同一批中抽取6套锚具，将锚具装在预应力筋的两端，组成3个预应力筋锚具组装体；锚具的锚固能力不得低于预应力筋标准抗拉强度的90％，锚固时预应力筋的内缩量，不超过锚具设计要求的数值，螺丝端杆锚具的强度，不得低于预应力筋的实际抗拉强度。如有一套不合格，则取双倍数量的锚具重新检验；再不合格，则该批锚具为不合格。

（7）使用要求

1）预应力筋用锚具、夹具或连接器应有专人保管。贮存、运输及使用期间均应妥善维护，避免锈蚀、沾污、遭受机械损伤和混淆、散失。保管期间的临时性维护措施，应不影响使用性能和永久性防锈措施的实施。

2）预应力筋用锚具、夹具或连接器安装前必须清洗干净。凡按设计规定需要在锚固零件上涂抹改善锚固性能的物质，应在安装时涂抹。

3）为保证锚具和连接器安装时与孔道对中，锚垫板上宜设置对中止口或对中标志。

4）预应力筋张拉前施工单位应组织技术培训，负责张拉的技术人员和操作工作应严格执行本规程和其他有关规定，以确保张拉工作顺利进行。

5）张拉过程中必须严格执行各项安全措施，以确保人身及设备安全。

6）当用超张拉方法补偿预应力筋的松弛损失和孔道摩擦损失时，预应力筋的张拉应符合现行国家标准《混凝土结构工程施工质量验收规范》（GB 50204—2002）的有关规定。

7）利用螺母锚固的支承式锚具，安装前应逐个检查螺纹的配合情况。对于大直径螺纹的表面应涂润滑脂，以确保张拉或锚固过程中顺利旋合。

8）夹片式、锥塞式等具有自锚性能的锚具，在预应力筋张拉和锚固过程中以及锚固以后，均不得大力敲击或振动，防止因锚固失效导致预应力筋飞出伤人。

9）预应力筋锚固后，如因故必须放松时，对于支承式锚具可用张拉设备松开锚具，将预应力逐渐缓慢地卸除；对于夹片式、锥塞式等具有自锚性能的锚具，宜用专门的放松设备将锚具松开，不宜直接将锚具切去。

10）预应力筋张拉锚固完毕后，应尽快灌浆。切割外露于锚具的预应力筋必须用砂轮锯或氧气乙炔焰，严禁使用电弧。当用氧气乙炔焰切割时，火焰不得接触锚具，切割过程中还应用水冷却锚具，切割后预应力筋的外露长度不应小于30mm。

11）预应力筋张拉锚固及灌浆完毕后，对暴露于结构外部的锚具或连接器必须尽快实施永久性防护措施，防止水分和其他有害介质侵入。防护措施还应具有符合设计要求的防水隔热功能。

(8) 预应力筋端部锚具的制作质量应符合下列要求

1) 挤压锚具制作时压力表油压应符合操作说明书的规定，挤压后预应力筋外端应露出挤压套筒 1～5mm；

2) 钢绞线压花锚成形时，表面应清洁、无油污，梨形头尺寸和直线段长度应符合设计要求；

3) 钢丝镦头的强度不得低于钢丝强度标准值的 98%。

2.4.2.12 金属螺旋管复试报告

1. 资料表式

金属螺旋管复试报告按具有相应资质等级的实验单位提供试（检）验技术文件办理入卷。

2. 实施要点

(1) 预应力混凝土用金属螺旋管的尺寸和性能应符合国家现行标准《预应力混凝土用金属螺旋管》(JG/T 3013) 的规定。

注：对金属螺旋管用量较小的一般工程，当有可靠依据时，可不作径向刚度、抗渗漏性能的进场复验。

(2) 预应力混凝土用金属螺旋管在使用前应进行外观检查，其内外表面应清洁，无锈蚀，不应有油污、孔洞和不规则的褶皱，咬口不应有开裂或脱扣。

2.4.2.13 石灰现场复试报告

1. 资料表式

石灰现场复试报告按其具有相应资质试验室提供的技术文件办理入卷。

2. 实施要点

(1) 石灰试验报告是为保证工程质量，对用于工程中石灰的有关技术指标进行测试后由试验单位出具的质量证明文件。石灰在使用前应按批次取样，检测石灰的氧化钙和氧化镁含量。

(2) 检验项目

检　验　项　目　　　　表 2.4.2.13-1

序号	种类	检验项目
1	建筑生石灰	CaO+MgO 含量，未消化残渣含量
2	建筑生石灰粉	CaO+MgO 含量
3	建筑消石灰粉	CaO+MgO 含量
4	用于水泥和混凝土中的粉煤灰	细度、需水量比、烧失量、含水量、三氧化硫

(3) 取样要求

1) 建筑生石灰

批量：同一厂家、同一类别、同一等级不超过 100t 为一批。

取样：从整批材料的不同部位选取，取样点不少于 25 个，每个点的取样量不少于 2kg，缩分至 4kg 装入密封容器内。

2）建筑生石灰粉

批量：同一厂家、同一类别、同一等级不超过100t为一批。

取样：散装生石灰粉可随机取样或使用自动取样器取样。袋装生石粉应从本批产品中随机抽取10袋，样品总量不少于3kg。试样在采集过程中应贮存于密封容器内。

3）建筑消石灰粉

批量：检验批按生产规模划分。100t为一批量，小于100t仍作一批量。

取样：从每一批量的产品中抽取10袋样品，从每袋不同位置抽取100g样品，总数量不小于1kg，混合均匀，用四分法缩取，最后250g样品供检验用。

4）粉煤灰

批量：以连续供应的200t相同等级的粉煤灰为一批，不足200t者按一批论，粉煤灰的数量按干灰（含水量小于10%）的重量计算。

取样：散装灰从运输工具、贮灰库或料堆中的不同部位取15份试样，每份试样2kg，混合拌匀。袋装灰从每批任抽10袋，从每袋中分取试样不小于1kg，按散装灰取样方法混合缩取均匀试样。

（4）结果评定

1）建筑生石灰

建筑生石灰技术要求　　　**表 2.4.2.13-2**

项　　目		钙质生石灰			镁质生石灰		
		优等品	一等品	合格品	优等品	一等品	合格品
CaO+MgO含量（%）	不小于	90	85	80	85	80	75
未消化残渣含量（5mm圆孔筛余）%	不大于	5	10	15	5	10	15
CO_2（%）	不大于	5	7	9	6	8	10
产浆量（l/kg）	不大于	2.8	2.3	2.0	2.8	2.3	2.0

结果判定：

产品技术指标均达到表2.4.2.13-2技术要求中相应等级时判定为该等级，如有一项指标低于合格品要求时，判为不合格品。用户对产品质量发生异议时，可以复检物理项目，按要求取样，送交质量监督部门进行复验。

注：道路工程用生石灰当石灰的CaO+MgO含量在30%～50%时，应通过试验选用较高石灰剂量，但剂量不宜超过30%。石灰的CaO+MgO含量小于30%时，不得采用。

2）建筑生石灰粉

建筑生石灰粉技术指标　　　**表 2.4.2.13-3**

项　　目			钙质生石灰			镁质生石灰		
			优等品	一等品	合格品	优等品	一等品	合格品
CaO+MgO含量（%）		不小于	85	80	75	80	75	70
CO_2（%）		不大于	7	9	11	8	10	12
细度	0.90mm筛的筛余（%）	不大于	0.2	0.5	1.5	0.2	0.5	1.5
	0.125mm筛的筛余（%）	不大于	7.0	12.0	18.0	7.0	12.0	18.0

结果判定：

产品技术指标均达到表 2.4.2.13-3 中技术要求相应等级时，判定为该等级，如不符合技术指标时，应重新取两个样品复验，经复验，两个样品全部符合标准，则判为合格品，如仍有一项指标低于合格品的要求时，则判为不合格品。对产品质量发生异议时，经协商，可以共同取样复验。

3）建筑消石灰粉

建筑消石灰粉技术指标 **表 2.4.2.13-4**

项目		钙质生石灰			镁质生石灰			白云石消石灰粉		
		优等品	一等品	合格品	优等品	一等品	合格品	优等品	一等品	合格品
CaO+MgO 含量（%） 不小于		70	65	60	65	60	55	65	60	55
游离水（%）		0.4～2	0.4～2	0.4～2	0.4～2	0.4～2	0.4～2	0.4～2	0.4～2	0.4～2
体积安定性		合格	合格	—	合格	合格	—	合格	合格	—
细度	0.90mm 筛的筛余（%）不大于	0	0	0.5	0	0	0.5	0	0	0.5
	0.125mm 筛的筛余（%）不大于	3	10	15	3	10	15	3	10	15

结果判定：

产品技术指标均达到表 2.4.2.13-4 中技术要求相应等级时，判定为该等级，如有一项指标低于合格品要求时，判为不合格品。对产品质量发生异议时，经协商，可以共同取样复检。

2.4.2.14 沥青现场复试报告

1. 资料表式

沥青试验报告

试验编号：________

委托单位：________ 试验委托人：________ 收样日期：________

工程名称：________ 部位：________

品种及标号：________ 产地：________

代表数量：________ 试样编号：________ 试验日期：________

试验结果：

1. 软化点℃（环球法）________
2. 延度（cm）15℃________ 25℃________
3. 25℃针入度（1/10mm）________
4. 其他________

结论：________

试验单位： 技术负责人： 审核： 试（检）验：

报告日期： 年 月 日

建筑石油沥青物理性能　　表 2.4.2.14-1

项　目	质量指标			试验方法
	10 号	30 号	40 号	
针入度（25℃，100g，5s），1/10mm	10～25	26～35	36～50	GB/T 4509
延度（25℃，5cm/min），cm 不小于	1.5	2.5	3.5	GB/T 4508
软化点（环球法），℃不小于	95	75	60	GB/T 4507
溶解度（三氯甲烷、三氯乙烯、四氯化碳或苯），%不小于	99.5			GB/T 11148
蒸发损失（163℃，5h）%不大于	1			GB/T 11964
蒸发后针入度比，%不小于	65			1)
闪点（开口），℃不低于	230			GB/T 267
脆点，℃	报告			GB/T 4510

注：1. 测定蒸发损失后样品的针入度与原针入度之比乘以 100 后，所得的百分比，称为蒸发后针入度比。

2. 本表选自《建筑石油沥青》（GB/T 494—1998）。

2. 资料要求

（1）沥青材料必须有出厂合格证和在工地取样的试验报告，试验单子项填写齐全，不得漏填或错填，复试单试验编号必须填写。不合格的沥青材料不得用于工程并必须通过技术负责人专项处理，签署退场处理意见。

（2）试验结论要明确，责任制签字要齐全，不得漏签或代签。

（3）委托单上的工程名称、部位、品种、强度等级等与试验报告单上应对应一致。

（4）要填写报告日期，以检查是否为先试验后施工，先用后试应视为不符合要求。

（5）试验的代表批量和使用数量的代表批量应相一致。

（6）沥青材料必试项目：针入度、软化点和延伸度；玛琋脂由试验室确定配合比，必试项目：耐热度、柔韧性和粘结力。

（7）必须实行见证取样，试验室应在见证取样人名单上加盖公章和经手人签字。

（8）有合格证无复试报告为不符合要求；无合格证有试验报告，必试项目齐全且满足标准要求，可视为符合要求。主要的沥青材料试验缺项、漏项或品种强度等级、技术性能不符合设计要求及规范、标准的规定为不符合要求；使用材料与规范及设计要求不符为不符合要求。

（9）各种拌合物如玛琋脂、聚氯乙烯胶泥、拌合物不经试验室试配，在熬制和使用过程中无现场取样复试为不符合要求。

（10）试验结论与使用品种、强度等级不符为不符合要求。

3. 实施要点

沥青材料试验报告是对用于工程中的沥青材料的针入度、软化点和延伸度等指标进行复试后由试验单位出具的质量证明文件。

（1）执行标准

1）市政基础设施用沥青材料应分别执行：

①《沥青路面施工及验收规范》（GB 50092—1996）；

②《热拌再生沥青混合料路面施工及验收规程》（CJJ 43—1991）；

③《建筑石油沥青》（GB/T 494—1998）。

2）《沥青路面施工及验收规范》（GB 50092—96）；

3）《热拌再生沥青混合料路面施工及验收规程》（CJJ 43—1991）；

4）通用建筑石油沥青（指除道路工程及设计有特殊要求的沥青材料）。

《建筑石油沥青》（GB/T 494—1998）。

5）道路工程专用沥青材料

《沥青路面施工及验收规范》（GB 50092—96）规定：

①沥青面层所采用的沥青标号，宜根据气候分区、沥青路面类型和沥青种类等按表2.4.2.14-2选用。沥青路面施工气候分区应符合《沥青路面施工及验收规范》（GB 50092—96）附录A的规定。

②当沥青标号不符合使用要求时，可采用几种不同标号掺配的混合沥青，其掺配比例应由试验决定。掺配时应混合均匀，掺配后的混合沥青应符合表2.4.2.14-3的要求。

沥青标号的选择 **表2.4.2.14-2**

气候分区	沥青种类	沥青路面类型			
		沥青表面处治	沥青贯入式	沥青碎石	沥青混凝土
寒区	石油沥青	A—140 A—180 A—200	A—140 A—180 A—200	AH—90 AH—110 AH—130 A—100 A—140	AH—90 AH—110 AH—130 A—100 A—140
	煤沥青	T—5 T—6	T—6 T—7	T—6 T—7	T—7 T—8
温区	石油沥青	A—100 A—140 A—180	A—100 A—140 A—180	AH—90 AH—110 A—100 A—140	AH—70 AH—90 AH—60 A—100
	煤沥青	T—6 T—7	T—6 T—7	T—7 T—8	T—7 T—8
热区	石油沥青	A—60 A—100 A—140	A—60 A—100 A—140	AH—50 AH—70 AH—90 A—100 A—60	AH—50 AH—70 A—60 A—100
	煤沥青	T—6 T—7	T—7	T—7 T—8	T—7 T—8 T—9

重交通道路石油沥青质量要求　　　　表 2.4.2.14-3

试验项目		AH—130	AH—110	AH—90	AH—70	AH—50
针入度（25℃，100g，5s），（0.1mm）		120～140	100～120	80～100	60～80	40～60
延度（5cm/min，15℃）不小于（cm）		100	100	100	100	80
软化点（环球法）（℃）		40～50	41～51	42～52	44～54	45～55
闪点（COC）不小于（℃）		230				
含蜡量（蒸馏法）不大于（%）		3				
密度（15℃）（g/cm³）		实测记录				
溶解度（三氯乙烯）不小于（%）		99.0				
薄膜加热试验 163℃ 5h	质量损失　不大于（%）	1.3	1.2	1.0	0.8	0.6
	针入度比　不小于（%）	45	48	50	55	58
	延度（25℃）不小于（cm）	75	75	75	50	40
	延度（15℃）（cm）	实测记录				

注：1. 有条件时，应测定沥青 60℃温度的动力黏度（Pa·s）及 135℃温度的运动黏度（mm²/s），并在检验报告中注明；

2. 对高速公路、一级公路和城市快速路、主干路的沥青路面，如有需要，用户可对薄膜加热试验后的 15℃延度、黏度等指标向供方提出要求。

3. 含蜡量试验为必试项目。含蜡量试验是测定沥青材料在－20℃时结晶的烷径类含量的试验。

中、轻交通道路石油沥青质量要求　　　　表 2.4.2.14-4

试验项目 ＼ 标号		A—200	A—180	A—140	A—100 甲	A—100 乙	A—60 甲	A—60 乙
针入度(25℃,100g,5s)（0.1mm）		200～300	160～200	120～160	90～120	80～120	50～80	40～80
延度(25℃,5cm/min)不小于（cm）		—	100	100	90	60	70	40
软化点（环球法）（℃）		30～45	35～45	38～48	42～52	42～52	45～55	45～55
溶解度（三氯乙烯）不小于（%）		99.0	99.0	99.0	99.0	99.0	99.0	99.0
蒸发损失试验 163℃ 5h	质量损失　不大于（%）	1	1	1	1	1	1	1
	针入度比　不小于（%）	50	60	60	65	65	70	70
闪点（COC）不小于（℃）		180	200	230	230	230	230	230

注：当 25℃延度达不到 100cm 时，如 15℃延度不小于 100cm，也认为是合格的。

道路用乳化石油沥青质量要求　　　　表 2.4.2.14-5

试验项目 ＼ 种类		PC—1 PA—1	PC—2 PA—2	PC—3 PA—3	BC—1 BA—1	BC—2 BA—2	BC—3 BA—3
筛上剩余量　不大于（%）		0.3					
电　荷		阳离子带正电（+）、阴离子带负电（－）					
破乳速度试验		快裂	慢裂	快裂	中或慢裂		慢裂
黏度	沥青标准黏度计 $C_{25.3}$（s）	12～45	8～20		12～100		40～100
	恩格拉度 E_{25}	3～15	1～6		3～40		15～40
蒸发残留物含量　不小于（%）		60	50		55		60

续表

试验项目		种类 PC—1 PA—1	PC—2 PA—2	PC—3 PA—3	BC—1 BA—1	BC—2 BA—2	BC—3 BA—3
蒸发残留物性质	针入度（100g，25℃，5s）（0.1mm）	80～200	80～300	60～160	60～200	60～300	80～200
	残留延度比（25℃）不小于（%）	80					
	溶解度（三氯乙烯）不小于（%）	97.5					
贮存稳定性	5d 不大于（%）	5					
	1d 不大于（%）	1					
与矿料的粘附性，裹复面积不小于		2/3					
粗粒式骨料拌合试验		—			均匀	—	
细粒式骨料拌合试验		—				均匀	
水泥拌合试验，1.18mm 筛上剩余量 不大于（%）		—				5	
低温贮存稳定度（−5℃）		无粗颗粒或结块					
用途		表面处治及贯入式洒布用	透层油用	粘层油用	拌制粗粒式沥青混合料	拌制中粒式及细粒式沥青混合料	拌制砂粒式沥青混合料及稀浆封层

注：1. 乳液黏度可选沥青标准黏度计或恩格拉黏度计测定，$C_{25.3}$表示测试温度 25℃、黏度计孔径 3mm，E_{25}表示在 25℃时测定；

2. 贮存稳定性一般用 5d 的，如时间紧迫也可用 1d 的稳定性；

3. PC、PA、BC、BA 分别表示洒布型阳离子、洒布型阴离子、拌合型阳离子、拌合型阴离子乳化沥青；

4. 用于稀浆封层的阴离子乳化沥青 BA-3 型的蒸发残留物含量可放宽至 55%。

5. 乳化石油沥青的质量要求应符合表 2.4.2.14-3 的规定。

6. 乳化沥青适用于沥青表面处治路面、沥青贯入式路面、常温沥青混合料路面，以及透层、粘层与封层。

道路用液体石油沥青质量要求 表 2.4.2.14-6

试验项目		快凝 AL(R)−1	快凝 AL(R)−2	中凝 AL(M)−1	中凝 AL(M)−2	中凝 AL(M)−3	中凝 AL(M)−4	中凝 AL(M)−5	中凝 AL(M)−6	慢凝 AL(S)−1	慢凝 AL(S)−2	慢凝 AL(S)−3	慢凝 AL(S)−4	慢凝 AL(S)−5	慢凝 AL(S)−6
黏度(s)	$C_{25.5}$	<20		<20						<20					
	$C_{60.5}$		5～15		5～15	16～25	26～40	41～100	101～200		5～15	16～25	26～40	41～100	101～200
蒸馏体积(%)	225℃前	>20	>15	<10	<7	<3	<2	0	0						
	315℃前	>35	>30	<35	<25	<17	<14	<8	<5						
	360℃前	>45	>35	<50	<35	<30	<25	<20	<15	<40	<35	<25	<20	<15	<5

续表

试验项目		快凝 AL(R)-1	快凝 AL(R)-2	中凝 AL(M)-1	中凝 AL(M)-2	中凝 AL(M)-3	中凝 AL(M)-4	中凝 AL(M)-5	中凝 AL(M)-6	慢凝 AL(S)-1	慢凝 AL(S)-2	慢凝 AL(S)-3	慢凝 AL(S)-4	慢凝 AL(S)-5	慢凝 AL(S)-6
蒸馏后残留物	针入度(25℃，100g,5s)(0.1mm)	60～200	60～200	100～300	100～300	100～300	100～300	100～300	100～300						
	延度(25℃ 5cm/min(cm)	>60	>60	>60	>60	>60	>60	>60	>60						
	浮漂度(50℃)(s)									<20	>20	>30	>40	>45	>50
闪点(TOC法)℃		>30	>30	>65	>65	>65	>65	>65	>65	>70	>70	>100	>100	>120	>120
含水量　不大于(%)		0.2		0.2						2.0					

注：黏度使用道路沥青黏度计测定，C脚标第1个数字代表测试温度（℃），第2个数字代表黏度计孔径（mm）。

道路用煤沥青质量要求　　　　表 2.4.2.14-7

试验项目			T-1	T-2	T-3	T-4	T-5	T-6	T-7	T-8	T-9
黏度（s）	$C_{30,5}$		5～25	26～70							
	$C_{30,10}$				5～20	21～50	51～120	121～200			
	$C_{50,10}$								10～75	76～200	
	$C_{60,10}$										35～65
蒸馏试验馏出量（%）	170℃前	不大于	3	3	3	2	1.5	1.5	1.0	1.0	1.0
	270℃前	不大于	20	20	20	15	15	15	10	10	10
	300℃前	不大于	15～35	15～35	30	30	25	25	20	20	15
300℃蒸馏残渣软化点（环球法）（℃）			30～45	30～45	35～65	35～65	35～65	35～65	40～70	40～70	40～70
水分（%）		不大于	1.0	1.0	1.0	1.0	1.0	0.5	0.5	0.5	0.5
甲苯不溶物（%）		不大于	20	20	20	20	20	20	20	20	20
含苯量（%）		不大于	5	5	5	4	4	3.5	3	2	2
焦油含量（%）		不大于	4	4	3	3	2.5	2.5	1.5	1.5	1.5

注：黏度使用道路沥青黏度计测定，C脚标第1个数字代表测试温度（℃），第2个数字代表黏度计孔径（mm）。

（2）表列子项：

1）试验编号：指试验单位收作材料、成品、半成品、构配件、试块、试件等依序进行的编号。

2）委托单位：提请委托试验的单位，按全称填写。

3）试验委托人：提请委托试验单位的试验委托人，填写委托人姓名。

4）收样日期：指沥青试件的收样日期，按实际的收样日期填写。

5）工程名称：按施工企业和建设单位签订的施工合同的工程名称或图注的工程名称，照实际填写。

6）部位：按委托单上提供的使用部位填写。

7）品种及标号：指沥青的品种和标号，按委托单的品种和标号填写。

8）产地：指沥青实际的产地。

9）代表数量：指试样所能代表用于工程的沥青的数量。

10）试样编号：由试验室按收作试件的时间依序编号。

11）试验日期：指沥青试件的试验日期，按实际的试验日期填写。

12）试验结果：按试验室的试验结果填写。

①软化点℃（环球法）：由试验室按软化点的测试结果填写。

②延度（cm）15℃、25℃：由试验室按延度的测试结果填写，分别测试 15℃、25℃条件下的延度值。

③25℃针入度（1/10mm）：由试验室按针入度的测试结果填写。按 25℃针入度的条件试验。

④其他：指设计或工程特殊需要试验其他项目时进行。

13）结论：应全面、准确，核心是可用性及注意事项。

14）试验单位：指承接某项试验的具有相应资质的试验单位，加盖公章有效。

15）技术负责人：指试验单位的专业技术负责人，签字有效。

16）审核：指试验单位参与该试验的审核人，签字有效。

17）试（检）验：指试验单位的参与试验的人员。签字有效。

18）报告日期：指报告实际发出的日期，按年、月、日填写。

2.4.2.15 沥青胶结材料现场复试报告

1. 资料表式

沥青胶结材料试验报告

试验编号：________

委托单位：________________试验委托人：________________

工程名称：________________部位：________________

沥青品种：__________胶结材料标号：__________掺合料：__________

试样编号：____________取样日期：______年____月____日____时

胶结材料配合比通知单编号：________________试验日期：__________

施工配合比：

材料名称							
每次熬制用量 （kg）							

试验结果：

粘结力	柔韧性	耐热度（℃）	备　注

结论：

试验单位：　　　　技术负责人：　　　　审核：　　　　试（检）验：

报告日期：　　年　　月　　日

2. 资料要求

（1）沥青胶结材料必须有出厂合格证和在工地取样的试验报告，试验单子项填写齐全，不得漏填或错填，复试单试验编号必须填写。不合格的沥青胶结材料不得用于工程并必须通过技术负责人专项处理或签署退场处理意见。

（2）试验结论要明确，责任制签字要齐全，不得漏签或代签。

（3）委托单上的工程名称、部位、品种、质量要求等与试验报告单上应对应一致。

（4）要填写报告日期，以检查是否为先试验后施工，先用后试应视为不符合要求；试验的代表批量和使用数量的代表批量应相一致。

（5）沥青胶结材料必试项目：耐热度、柔韧性和粘结力。

（6）必须实行见证取样，试验室应在见证取样人名单上加盖公章和经手人签字。

（7）有合格证无复试报告为不符合要求。无合格证有试验报告，必试项目齐全且满足标准要求，可视为符合要求。主要的防水材料试验缺项、漏项或品种强度等级、技术性能不符合设计要求及规范、标准的规定为不符合要求。

（8）使用材料与规范及设计要求不符为不符合要求。试验结论与使用品种、强度等级不符为不符合要求。

（9）各种拌合物不经试验室试配，在熬制和使用过程中无现场取样复试为不符合要求。

3. 实施要点

（1）沥青胶结材料是指用以结合松散材料使其成为整体的有机结合料。是具有良好交结材料的有机化合物，应用于道路工程中，主要是指沥青材料

（2）几点说明

1）粘接性：胶结料的测试项目之一，在 20℃±2℃温度下，用 8 字模法测抗拉强度不小于 0.2MPa，照实际试验结果填写。

2）耐热度：胶结料的测试项目之一，在 80℃±2℃温度下，恒温 2h 时，无皱纹，起泡现象，照实际试验结果填写。

3）柔韧性：胶结料的测试项目之一，在－10℃温度下通过 ϕ10mm 圆棒，无裂纹、裂缝、剥落现象为合格，照实际试验结果填写。

4）结论：由试验室按试验结果填写，结论应明确：合格或不合格。

（3）沥青面层用材料规格、用量

沥青面层用粗骨料规格（方孔筛） 表 2.4.2.15-1

规格	公称粒径（mm）	通过下列筛孔（方孔筛，mm）的质量百分率（%）												
		106	75	63	53	37.5	31.5	26.5	19.0	13.2	9.5	4.75	2.36	0.6
S1	40～75	100	90～100	—	—	0～15	—	0～5						
S2	40～60		100	90～100	—	0～15	—	0～5						
S3	30～60		100	90～100	—	—	0～15	—	0～5					
S4	25～50			100	90～100	—	—	0～15	—	0～5				
S5	20～40				100	90～100	—	—	0～15	—	0～5			
S6	15～30					100	90～100	—	—	0～15	—	0～5		
S7	10～30					100	90～100	—	—	—	0～15	0～5		
S8	15～25						100	95～100	—	0～15	—	0～5		
S9	10～20							100	95～100	—	0～15	0～5		
S10	10～15								100	95～100	0～15	0～5		
S11	5～15								100	95～100	40～70	0～15	0～5	
S12	5～10									100	95～100	0～10	0～5	
S13	5～10									100	95～100	40～70	0～15	0～5
S14	5～10										100	85～100	0～25	0～5

沥青面层用粗骨料规格（圆孔筛） 表 2.4.2.15-2

规格	公称粒径（mm）	通过下列筛孔（圆孔筛，mm）的质量百分率（%）														
		130	90	75	60	50	40	35	30	25	20	15	10	5	2.5	0.6
S1	40～90	100	90～100	—	—	—	0～15	—	0～5							
S2	40～75		100	90～100	—	—	0～15	—	0～5							
S3	40～60			100	90～100	—	0～15	—	0～5							
S4	30～60			100	90～100	—	—	—	0～15	—	—	0～5				
S5	25～50				100	90～100	—	—	—	0～15	—	0～5				
S6	20～40					100	90～100	—	—	—	0～15	—	0～5			
S7	10～40					100	90～100	—	—	—	—	—	0～15	0～5		
S8	10～40						100	90～100	—	—	—	0～15	—	0～5		
S9	10～30							100	90～100	—	—	—	0～15	0～5		
S10	10～20									100	90～100	—	0～15	0～5		
S11	5～15										100	90～100	40～70	0～15	0～5	
S12	5～10											100	90～100	0～10	0～5	
S13	3～10											100	90～100	40～70	0～15	0～5
S14	3～5												100	85～100	0～25	0～5

沥青面层用粗骨料质量要求　　表 2.4.2.15-3

指　　标	高速公路、一级公路 城市快速路、主干路	其他等级公路 与城市道路
石粒压碎值　不大于　（%）	28	30
洛杉矶磨耗损失不大于　（%）	30	40
视密度不小于　（t/m^3）	2.50	2.45
吸水率不大于　（%）	2.0	3.0
对沥青的粘附性不小于	4 级	3 级
坚固性不大于　（%）	12	—
细长扁平颗粒含量不大于　（%）	15	20
水洗法＜0.075mm 颗粒含量不大于　（%）	1	1
软石含量不大于　（%）	5	5
石料磨光值不小于　（BPN）	42	实测
石料冲击值不大于　（%）	28	实测
破碎砾石的破碎面积不小于　（%）		
拌合的沥青混合料路面表面层	90	40
中下面层	50	40
贯入式路面	—	40

注：1. 坚固性试验可根据需要进行；

2. 当粗骨料用于高速公路、一级公路和城市快速路、主干路时，多孔玄武岩的视密度可放宽至 $2.45t/m^3$，吸水率可放宽至 3%，并应得到主管部门的批准；

3. 石料磨光值是为高速公路、一级公路和城市快速路、主干路的表层抗滑需要而试验的指标，石料冲击值可根据需要进行，其他公路与城市道路如需要时，可提出相应的指标值；

4. 钢渣的游离氧化钙的含量不应大于 3%，浸水后的膨胀率不应大于 2%。

沥青面层用天然砂规格　　表 2.4.2.15-4

方孔筛（mm）	圆孔筛（mm）	通过各筛孔的质量百分率（%）		
		粗　砂	中　砂	细　砂
9.5	10	100	100	100
4.75	5	90～100	90～100	90～100
2.36	2.5	65～95	75～100	85～100
1.18	1.2	35～65	50～90	75～100
0.6		15～29	30～59	60～84
0.3		5～20	8～30	15～45
0.15		0～10	0～10	0～10
0.075		0～5	0～5	0～5
细度模数 Mx		3.7～3.1	3.0～2.3	2.2～1.6

沥青面层用石屑规格 **表 2.4.2.15-5**

规格	公称粒径 (mm)	通过下列筛孔的质量百分率（%）					
		方孔筛（mm）	9.5	4.75	2.36	0.6	0.075
		圆孔筛（mm）	10	5	2.5		
S15	0～5		100	85～100	40～70	—	0～15
S16	0～3			100	85～100	20～50	0～15

注：石屑是指轧制并筛分碎石所得的粒径为 2～10mm 的粒料。

沥青面层用细骨料质量要求 **表 2.4.2.15-6**

指标		高速公路、一级公路 城市快速路、主干路	其他等级公路 与城市道路
视密度	不小于（t/m³）	2.50	2.45
坚固性（>0.3mm 部分）	不大于（%）	12	—
砂当量	不小于（%）	60	50

注：1. 坚固性试验可根据需要进行；

2. 当进行砂量试验有困难时，也可用水洗法测定小于 0.075mm 部分的含量（仅适用于天然砂），对高速公路、一级公路和城市快速路、主干路要求该含量不大于 3%，对其他公路与城市道路要求该含量不大于 5%。

沥青面层用矿粉质量要求 **表 2.4.2.15-7**

指标			高速公路、一级公路 城市快速路、主干路	其他等级公路 与城市道路
视密度	不小于	（t/m³）	2.50	2.45
含水量	不大于	（%）	1	1
粒度范围	<0.6mm	（%）	100	100
	<0.15mm	（%）	90～100	90～100
	<0.075mm	（%）	75～100	70～100
外观			无团粒结块	
亲水系数			<1	

（4）沥青表面处治材料规格和用量

沥青表面处治材料规格和用量（方孔筛） **表 2.4.2.15-8**

沥青种类	类型	厚度 (cm)	骨料（m³/1000m²）						沥青或孔液用量（kg/m³）			
			第一层		第二层		第三层		第一次	第二次	第三次	合计用量
			粒径规格	用量	粒径规格	用量	粒径规格	用量				
石油沥青	单层	1.0	S12	7～9					1.0～1.2			1.0～1.2
		1.5	S10	12～14					1.4～1.6			1.4～1.6
	双层	1.0*	S12	10～12	S14	5～7			1.2～1.4	0.8～1.0		2.0～2.4
		1.5	S10	12～14	S12	7～8			1.4～1.6	1.0～1.2		2.4～2.8
		2.0	S9	16～18	S12	7～8			1.6～1.8	1.0～1.2		2.6～3.0
		2.5	S8	18～20	S12	7～8			1.8～2.0	1.0～1.2		2.8～3.2

续表

沥青种类	类型	厚度(cm)	骨料(m³/1000m²) 第一层 粒径规格	第一层 用量	第二层 粒径规格	第二层 用量	第三层 粒径规格	第三层 用量	沥青或孔液用量(kg/m³) 第一次	第二次	第三次	合计用量
石油沥青	三层	2.5 *	S9	18～20	S11	9～11	S14	5～7	1.6～1.8	1.1～1.3	0.8～1.0	3.5～4.1
		2.5	S8	18～20	S10	12～14	S12	7～8	1.6～1.8	1.2～1.4	1.0～1.2	3.8～4.4
		3.0	S6	20～22	S10	12～14	S12	7～8	1.8～2.0	1.2～1.4	1.0～1.2	4.0～4.6
乳化沥青	单层	0.5	S14	7～9					0.9～1.0			0.9～1.0
	双层	1.0	S12	9～11	S14	4～6			1.8～2.0	1.0～1.2		2.8～3.2
	三层	3.0	S6	20～22	S10	9～11	S12	4～6	2.0～2.2	1.8～2.0	1.0～1.2	4.8～5.4
							S14	3.5～4.5				

注：1. 煤沥青表面处治的沥青用量可比石油沥青用量增加 15%～20%；

2. 有 * 符号的规格和用量只适用于城市道路，最后一层骨料中已包括了 2～3m³/1000m² 养护料；

3. 表中乳化沥青的乳液用量适用于乳液中沥青用量约为 60%的情况；

4. 在高寒地区及干旱风沙大的地区，可超出高限 5%～10%。

沥青表面处治材料规格和用量（圆孔筛）　　表 2.4.2.15-9

沥青种类	类型	厚度(cm)	骨料(m³/1000m²) 第一层 粒径规格	第一层 用量	第二层 粒径规格	第二层 用量	第三层 粒径规格	第三层 用量	沥青或孔液用量(kg/m²) 第一次	第二次	第三次	合计用量
石油沥青	单层	1.0	S12	7～9					1.0～1.2			1.0～1.2
		1.5	S10	12～14					1.4～1.6			1.4～1.6
	双层	1.0 *	S12	10～12	S14	5～7			1.2～1.4	0.8～1.0		2.0～2.4
		1.5	S11	12～14	S12	7～8			1.4～1.6	1.0～1.2		2.4～2.8
		2.0	S10	16～18	S12	7～8			1.6～1.8	1.0～1.2		2.6～3.0
		2.5	S9	18～20	S12	7～8			1.8～2.0	1.0～1.2		2.8～3.2
	三层	2.5 *	S9	18～20	S11	9～11	S14	5～7	1.6～1.8	1.1～1.3	0.8～1.0	3.5～4.1
		2.5	S9	18～20	S11	12～14	S13(S14)	7～8	1.6～1.8	1.2～1.4	1.0～1.2	3.8～4.4
		3.0	S8	20～22	S11	12～14	S13(S14)	7～8	1.8～2.0	1.2～1.4	1.0～1.2	4.0～4.6
乳化沥青	单层	0.5	S14	7～9					0.9～1.0			0.9～1.0
	双层	1.0	S12	9～11	S14	4～6			1.8～2.0	1.0～1.2		2.8～3.2
	三层	3.0	S8	20～22	S10	9～11	S12	4～6	2.0～2.2	1.8～2.0	1.0～1.2	4.8～5.4
			(S9)		(S11)		S14	3.5～4.5				

注：1. 煤沥青表面处治的沥青用量可比石油沥青用量增加 15%～20%；

2. 有 * 符号的规格和用量只适用于城市道路，最后一层骨料中已包括了 2～3m³/1000m² 养护料；

3. 表中乳化沥青的乳液用量适用于乳液中沥青用量约为 60%的情况；

4. 在高寒地区及干旱风沙大的地区，可超出高限 5%～10%。

沥青贯入式面层材料规格和用量（方孔筛）

（用量单位：骨料：m³/1000m²；沥青及沥青乳液：kg/m²）

表 2.4.2.15-10

沥青品种	石油沥青					
厚度（cm）	4		5		6	
规格和用量	规格	用量	规格	用量	规格	用量
封层料	S14	3～5	S14	3～5	S13（S14）	4～6
第三遍沥青		1.0～1.2		1.0～1.2		1.0～1.2
第二遍嵌缝料	S12	6～7	S11(S10)	10～12	S11(S10)	10～12
第二遍沥青		1.6～1.8		1.8～2.0		2.0～2.2
第一遍嵌缝料	S10（S9）	12～14	S8	16～18	S8（S6）	16～18
第一遍沥青		1.8～2.1		2.4～2.6		2.8～3.0
主层石料	S5	45～50	S4	55～60	S3（S2）	66～76
沥青总用量		4.4～5.1		5.2～5.8		5.8～6.4

沥青品种	石油沥青				乳化沥青			
厚度（cm）	7		8		4		5	
规格和用量	规格	用量	规格	用量	规格	用量	规格	用量
封层料	S13（S14）	4～6	S13（S14）	4～6	S13	4～6	S13	4～6
第五遍沥青								0.8～1.0
第四遍嵌缝料							S14	5～6
第四遍沥青						0.8～1.0		1.2～1.4
第三遍嵌缝料					S14	5～6	S12	7～9
第三遍沥青		1.0～1.2		1.0～1.2		1.4～1.6		1.5～1.7
第二遍嵌缝料	S10（S11）	11～13	S10(S11)	11～13	S12	7～8	S10	9～11
第二遍沥青		2.4～2.6		2.6～2.8		1.6～1.8		1.6～1.8
第一遍嵌缝料	S6（S8）	18～20	S6（S8）	20～22	S9	12～14	S8	10～12
第一遍沥青		3.3～3.5		4.0～4.2		2.2～2.4		2.6～2.8
主层石料	S3	80～90	S1（S2）	95～100	S5	40～45	S4	50～55
沥青总用量		6.7～7.3		7.6～8.2		6.0～6.8		7.5～8.5

注：1. 煤沥青贯入式的沥青用量可比石油沥青用量增加 15%～20%；

2. 表中乳化沥青用量是指乳液的用量，并适用于乳液浓度约为 60%的情况；

3. 在高寒地区及干旱风砂大的地区，可超出高限 5%～10%。

沥青贯入式面层材料规格和用量（圆孔筛）

（用量单位：骨料：m³/1000m²；沥青及沥青乳液：kg/m²）

表 2.4.2.15-11

沥青品种	石油沥青					
厚度（cm）	4		5		6	
规格和用量	规格	用量	规格	用量	规格	用量
封层料	S14	3～5	S14	3～5	S13（S14）	4～6
第三遍沥青		1.0～1.2		1.0～1.2		1.0～1.2
第二遍嵌缝料	S12	6～7	S11	10～12	S11（S10）	10～12
第二遍沥青		1.6～1.8		1.8～2.0		2.0～2.2
第一遍嵌缝料	S10	12～14	S9	16～18	S9	16～18
第一遍沥青		1.8～2.1		2.4～2.6		2.8～3.0
主层石料	S6	45～50	S5	55～60	S4（S3）	66～76
沥青总用量		4.4～5.1		5.2～5.8		5.8～6.4

沥青品种	石油沥青				乳化沥青			
厚度（cm）	7		8		4		5	
规格和用量	规格	用量	规格	用量	规格	用量	规格	用量
封层料	S13（S14）	4～6	S13（S14）	4～6	S14	4～6	S14	4～6
第五遍沥青								0.8～1.0
第四遍嵌缝料							S14	5～6
第四遍沥青						0.8～1.0		1.2～1.4
第三遍嵌缝料					S14	5～6	S12	7～9
第三遍沥青		1.0～1.2		1.0～1.2		1.4～1.6		1.5～1.7
第二遍嵌缝料	S10（S11）	11～13	S10(S11)	11～13	S12	7～8	S10	9～11
第二遍沥青		2.4～2.6		2.6～2.8		1.6～1.8		1.6～1.8
第一遍嵌缝料	S6（S8）	18～20	S9（S8）	20～22	S9	12～14	S7	10～12
第一遍沥青		3.3～3.5		4.0～4.2		2.2～2.4		2.6～2.8
主层石料	S2	80～90	S2	95～100	S6	40～45	S5	50～55
沥青总用量		6.7～7.3		7.6～8.2		6.0～6.8		7.5～8.5

注：1. 煤沥青贯入式的沥青用量可比石油沥青用量增加 15%～20%；

2. 表中乳化沥青用量是指乳液的用量，并适用于乳液浓度约为 60%的情况；

3. 在高寒地区及干旱风砂大的地区，可超出高限 5%～10%。

表面加铺拌合层时贯入层部分的材料规格和用量（方孔筛）

（用量单位：骨料：$m^3/1000m^2$；沥青及沥青乳液：kg/m^2）

表 2.4.2.15-12

沥青品种	石油沥青					
贯入层厚度（cm）	4		5		6	
规格和用量	规格	用量	规格	用量	规格	用量
第二遍嵌缝料	S12	5～6	S12（S11）	7～9	S12（S11）	7～9
第二遍沥青		1.4～1.6		1.6～1.8		1.6～1.8
第一遍嵌缝料	S10（S9）	12～14	S8	16～18	S8（S7）	16～18
第一遍沥青		2.0～2.3		2.6～2.8		3.2～3.4
主层石料	S5	45～50	S4	55～60	S3（S2）	66～76
沥青总用量		3.4～3.8		4.2～4.6		4.8～5.2
沥青品种	石油沥青		乳化沥青			
贯入层厚度（cm）	7		5		6	
规格和用量	规格	用量	规格	用量	规格	用量
第四遍嵌缝料					S14	4～6
第四遍沥青						1.3～1.5
第三遍嵌缝料			S14	4～6	S12	8～10
第三遍沥青				1.4～1.6		1.4～1.6
第二遍嵌缝料	S10（S11）	8～10	S12	9～10	S9	8～12
第二遍沥青		1.7～1.9		1.8～2.0		1.5～1.7
第一遍嵌缝料	S6（S8）	18～20	S8	15～17	S6	24～26
第一遍沥青		4.0～4.2		2.5～2.7		2.4～2.6
主层石料	S2（S3）	80～90	S4	50～55	S3	50～55
沥青总用量		5.7～6.1		5.9～6.2		6.7～7.2

注：1. 煤沥青贯入式的沥青用量可比石油沥青用量增加15%～20%；

2. 表中乳化沥青用量是指乳液的用量，并适用于乳液浓度约为60%的情况；

3. 在高寒地区及干旱风砂大的地区，可超出高限5%～10%。

4. 表面加铺拌合层部分的材料规格及沥青（或乳化沥青）用量按热拌沥青混合料（或常温沥青碎石混合料路面）的有关规定执行。

表面加铺拌合层时贯入层部分的材料规格和用量（圆孔筛）

（用量单位：骨料：$m^3/1000m^2$；沥青及沥青乳液：kg/m^2）

表 2.4.2.15-13

沥青品种	石油沥青					
贯入层厚度（cm）	4		5		6	
规格和用量	规格	用量	规格	用量	规格	用量
第二遍嵌缝料	S12	5～6	S12（S11）	7～9	S12（S11）	7～9
第二遍沥青		1.4～1.6		1.6～1.8		1.6～1.8
第一遍嵌缝料	S10（S11）	12～14	S9	16～18	S9	16～18
第一遍沥青		2.0～2.3		2.6～2.8		3.2～3.4
主层石料	S6	45～50	S5	55～60	S4	66～76
沥青总用量		3.4～3.9		4.2～4.6		4.8～5.2

沥青品种	石油沥青		乳化沥青			
贯入层厚度（cm）	7		5		6	
规格和用量	规格	用量	规格	用量	规格	用量
第四遍嵌缝料					S14	4～6
第四遍沥青						1.3～1.5
第三遍嵌缝料			S14	4～6	S12	8～10
第三遍沥青				1.4～1.6		1.4～1.6
第二遍嵌缝料	S10（S11）	8～10	S12	9～10	S10	8～12
第二遍沥青		1.7～1.9		1.8～2.0		1.5～1.7
第一遍嵌缝料	S9（S8）	18～20	S9	15～17	S8（S9）	24～26
第一遍沥青		4.0～4.2		2.5～2.7		2.4～2.6
主层石料	S4（S2）	80～90	S5	50～55	S4	50～55
沥青总用量		5.7～6.1		5.9～6.2		6.7～7.2

注：1. 煤沥青贯入式的沥青用量可比石油沥青用量增加 15%～20%；

2. 表中乳化沥青用量是指乳液的用量，并适用于乳液浓度约为 60%的情况；

3. 在高寒地区及干旱风砂大的地区，可超出高限 5%～10%。

4. 表面加铺拌合层部分的材料规格及沥青（或乳化沥青）用量按热拌沥青混合料（或常温沥青碎石混合料路面）的有关规定执行。

沥青混合料矿料级配及沥青用量范围（方孔筛） **表 2.4.2.15-14**

级配类型			通过下列筛孔（方孔筛，mm）的质量百分率（%）															沥青用量（%）
			53.0	37.5	31.5	26.5	19.0	16.0	13.2	9.5	4.75	2.36	1.18	0.6	0.3	0.15	0.075	
沥青混凝土	粗粒	AC-30 Ⅰ		100	90~100	79~92	66~82	59~77	52~72	43~63	32~52	25~42	18~32	13~25	8~18	5~13	3~7	4.0~6.0
		Ⅱ		100	90~100	65~85	52~70	45~65	38~58	30~50	18~38	12~28	8~20	4~14	3~11	2~7	1~5	3.0~5.0
		AC-25 Ⅰ			100	90~100	75~90	62~80	53~73	43~63	32~52	25~42	18~32	13~25	8~18	5~13	3~7	4.0~6.0
	中粒	Ⅱ			100	90~100	65~85	52~70	42~62	32~52	20~40	13~30	9~23	6~16	4~12	3~8	2~5	3.0~5.0
		AC-20 Ⅰ				100	95~100	75~90	62~80	52~72	38~58	28~46	20~34	15~27	10~20	6~14	4~8	4.0~6.0
		Ⅱ				100	90~100	65~85	52~70	40~60	26~45	16~33	11~25	7~18	4~13	3~9	2~5	3.5~5.5
		AC-16 Ⅰ					100	95~100	75~90	58~78	42~63	32~50	22~37	16~28	11~21	7~15	4~8	4.0~6.0
	细粒	Ⅱ					100	90~100	65~85	50~70	30~50	18~35	12~26	7~19	4~14	3~9	2~5	3.5~5.5
		AC-13 Ⅰ						100	95~100	70~88	48~68	36~53	24~41	18~30	12~22	8~16	4~8	4.5~6.5
		Ⅱ						100	90~100	60~80	34~52	22~38	14~28	8~20	5~14	3~10	2~6	4.0~6.0
	砂粒	AC-10 Ⅰ							100	95~100	55~75	38~58	26~43	17~33	10~24	6~16	4~9	5.0~7.0
		Ⅱ							100	90~100	40~60	24~42	15~30	9~22	6~15	4~10	2~6	4.5~6.5
		AC-5 Ⅰ								100	95~100	55~75	35~55	20~40	12~28	7~18	5~10	6.0~8.0
沥青碎石	特粗	AM-40	100	90~100	50~80	40~65	30~54	25~50	20~45	13~38	5~25	2~15	0~10	0~8	0~6	0~5	0~4	2.5~4.0
	粗粒	AM-30		100	90~100	50~80	38~65	32~57	25~50	17~42	8~30	2~20	0~15	0~10	0~8	0~5	0~4	2.5~4.0
		AM-25			100	90~100	50~80	43~73	38~65	25~55	10~32	2~20	0~14	0~10	0~8	0~6	0~5	3.0~4.5
	中粒	AM-20				100	90~100	60~85	50~75	40~65	15~40	5~22	2~16	0~12	0~10	0~8	0~5	3.0~4.5
		AM-16					100	90~100	60~85	45~68	18~42	6~25	3~18	1~14	0~10	0~8	0~5	3.0~4.5
	细粒	AM-13						100	90~100	50~80	20~45	8~28	4~20	2~16	0~10	0~8	0~6	3.0~4.5
		AM-10							100	85~100	35~65	10~35	5~22	2~16	0~12	0~9	0~6	3.0~4.5
抗滑表层		AK-13A						100	90~100	60~80	30~53	20~40	15~30	10~23	7~18	5~12	4~8	3.5~5.5
		AK-13B						100	85~100	50~70	18~40	10~30	8~22	5~15	3~12	3~9	2~6	3.5~5.5
		AK-16					100	90~100	60~82	45~70	25~45	15~35	10~25	8~18	6~13	4~40	3~7	3.5~5.5

沥青混合料矿料级配及沥青用量范围（圆孔筛） **表 2.4.2.15-15**

级配类型			通过下列筛孔（方孔筛，mm）的质量百分率（%）															沥青用量（%）
			50	40	35	30	25	20	15	10	5	2.5	1.2	0.6	0.3	0.15	0.075	
沥青混凝土	粗粒	LH-40 Ⅰ	100	90~100	84~94	77~89	68~85	58~78	48~69	41~61	30~50	25~41	18~32	13~25	8~18	5~13	3~7	3.5~5.5
		LH-40 Ⅱ	100	90~100	85~100	78~93	60~78	43~64	36~56	28~48	18~38	12~28	8~20	4~14	3~11	2~7	1~5	3.0~5.0
		LH-35 Ⅰ		100	90~100	82~95	70~88	59~79	50~70	41~60	30~50	25~41	18~32	13~25	8~18	5~13	3~7	4.0~6.0
		LH-35 Ⅱ		100	90~100	78~93	60~78	43~64	36~56	28~48	18~38	12~28	8~20	4~14	3~11	2~7	1~5	3.0~5.0
	中粒	LH-30 Ⅰ			100	95~100	75~90	60~80	52~72	41~61	30~50	25~42	18~32	13~25	8~18	5~13	3~7	4.0~6.0
		LH-30 Ⅱ			100	90~100	65~85	50~70	40~60	30~50	18~40	13~30	9~23	6~16	4~12	3~8	2~5	3.0~5.0
		LH-25 Ⅰ				100	95~100	75~90	60~80	50~70	36~56	28~46	20~34	15~27	10~20	6~14	4~8	4.0~6.0
		LH-25 Ⅱ				100	90~100	65~85	50~70	38~58	24~45	16~33	11~25	7~18	4~13	3~9	2~5	3.5~5.5
	细粒	LH-20 Ⅰ					100	95~100	75~90	56~76	40~60	30~50	22~38	16~29	11~21	7~15	4~8	4.0~6.0
		LH-20 Ⅱ					100	90~100	65~85	50~70	28~50	18~35	12~26	7~19	4~14	3~9	2~5	3.5~5.5
		LH-15 Ⅰ						100	95~100	70~88	48~68	36~53	24~41	18~30	12~22	8~16	4~8	4.5~6.5
		LH-15 Ⅱ						100	90~100	60~80	34~54	22~38	14~28	8~20	5~14	3~10	2~6	4.0~6.0
	砂粒	LH-10 Ⅰ							100	95~100	55~75	38~58	26~43	17~33	10~24	6~16	4~9	5.0~7.0
		LH-10 Ⅱ							100	90~100	40~60	24~42	15~30	9~22	6~15	4~10	2~6	4.5~6.5
		LH-5 Ⅰ								100	95~100	55~75	35~55	20~40	12~28	7~18	5~10	6.0~8.0

续表

级配类型			通过下列筛孔（方孔筛，mm）的质量百分率（%）															沥青用量（%）
			50	40	35	30	25	20	15	10	5	2.5	1.2	0.6	0.3	0.15	0.075	
沥青碎石	特粗	LS-50	90～100	50～80	45～73	39～65	31～59	25～50	18～40	13～32	5～23	2～16	0～12	0～8	0～6	0～5	0～4	2.5～4.0
	粗粒	LS-40	100	90～100	70～88	50～78	40～70	40～70	32～60	20～48	15～40	7～30	0～14	0～10	0～8	0～5	0～4	2.5～4.0
		LS-35		100	90～100	70～90	48～75	38～65	28～51	20～42	8～31	2～20	0～14	0～10	0～8	0～5	0～4	2.5～4.5
	中粒	LS-30			100	90～100	55～80	45～69	35～55	25～45	10～32	2～20	0～14	0～10	0～8	0～6	0～5	3.0～4.5
		LS-25				100	90～100	55～85	40～70	28～55	12～36	5～22	2～16	1～12	0～10	0～8	0～5	3.0～4.5
	细粒	LS-20					100	90～100	55～80	36～62	18～42	6～26	3～18	0～14	0～10	0～8	0～5	3.0～4.5
		LS-15						100	90～100	40～65	20～45	8～28	4～20	2～15	0～10	0～8	0～6	3.0～4.5
		LS-10							100	85～100	40～65	10～35	5～22	2～16	0～12	0～9	0～6	3.0～4.5
抗滑表层		LK-15A						100	90～100	55～75	30～55	20～40	15～30	10～23	7～18	5～12	4～8	3.5～5.5
		LK-15B						100	90～100	45～65	18～40	10～30	8～22	5～15	4～12	3～9	2～6	3.5～5.5
		LK-20					100	90～100	55～80	40～68	25～45	15～34	10～26	8～18	6～13	4～10	3～7	3.5～5.5

沥青路面透层及粘层材料的规格和用量　　**表 2.4.2.15-16**

用途		乳化沥青		液体石油沥青		煤沥青	
		规格	用量（L/m²）	规格	用量（L/m²）	规格	用量（L/m²）
透层	粒料基层	PC-2 PA-2	1.1～1.6	AL（M）-1或2 AL（S）-1或2	0.9～1.2	T-1 T-2	1.0～1.3
	半刚性基层	PC-2 PA-2	0.7～1.1	AL（M）-1或2 AL（S）-1或2	0.6～1.0	T-1 T-2	0.7～1.0
粘层	沥青层	PC-3 PA-3	0.3～0.6	AL（R）-1或2 AL（M）-1或2	0.3～0.5	T-3、T-4 T-5	0.3～0.6
	水泥混凝土	PC-3 PA-3	0.3～0.5	AL（R）-1或2 AL（M）-1或2	0.2～0.4	T-3、T-4 T-5	0.3～0.5

乳化沥青稀浆封层的矿料级配及沥青用量范围　　**表 2.4.2.15-17**

	筛孔（mm）		级配类型		
	方孔筛	圆孔筛	ES-1	ES-2	ES-3
通过筛孔的质量百分率（%）	9.5	10	100	100	
	4.75	5	100	90～100	70～90
	2.36	2.5	90～100	65～90	45～70
	1.18	1.2	65～90	45～70	28～50
	0.3		40～60	30～50	19～34
	0.3		25～42	18～30	12～25
	0.15		15～30	10～21	7～18
	0.075		10～20	5～15	5～15

续表

筛孔（mm）		级配类型		
方孔筛	圆孔筛	ES-1	ES-2	ES-3
沥青用量（油石比）（%）		10～16	7.5～13.5	6.5～12
适宜的稀浆封层平均厚度（mm）		2～3	3～5	4～6
稀浆混合料用量（kg/m²）		3～5.5	5.5～8	>8

注：1. 表中沥青用量指乳化沥青中水分蒸发后的沥青数量，乳化沥青用量可按其浓度计算；
2. ES-1 型适用于较大裂缝的封缝或中、轻交道路的薄层罩面处理；
ES-2 型是铺筑中等粗糙度磨耗层最常用的级配，也可适用于旧路修复罩面；
ES-3 型适用于高速公路、一级公路和城市快速路、主干路的表层抗滑处理，铺筑高粗糙度的磨耗层。

（5）表列子项

1）试验编号：指沥青胶结材料试验报告依序进行的编号。

2）委托单位：提请委托试验的单位，按全称填写。

3）试验委托人：提请委托试验单位的试验委托人，填写委托人姓名。

4）工程名称：按施工企业和建设单位签订的施工合同的工程名称或图注的工程名称，照实际填写。

5）部位：按委托单上提供的使用部位填写。

6）沥青品种：按委托单的沥青品种填写。

7）胶结材料标号：指实际采用的胶结材料的标号。照实际填写。

8）掺合料：指掺入的掺合料名称。照实际掺合料名称填写。

9）试样编号：指施工单位按制作的项目、进行的编号。

10）取样日期：即施工单位按委托规定收取试样时间、年、月、日填写。

11）胶结材料配合比通知单编号：指实验要根据委托方要求进行试配后确定、取材配比发出通知样编号。

12）试验日期：指实验要根据委托方要求进行试配的时间。

13）施工配合比：施工配合比要按试配确定的配比分别填写材料每次熬制用量。

14）材料名称：指施工配合比按试配确定的材料名称填写。

15）每次熬制用量（kg）：指按施工配合比要求确定的配比的材料名称的每次熬制用量。

16）试验结果：按试验室的试验结果填写。

17）粘结力：按试验室的粘结力试验结果填写。

18）柔韧性：按试验室的柔韧性试验结果填写。

19）耐热度（℃）：按试验室的耐热度试验结果填写。

20）备注：填写需要说明的其他事宜。

21）结论：应全面、准确，核心是可用性及注意事项。

22）试验单位：指承接某项试验的具有相应资质的试验单位，加盖公章有效。

23）技术负责人：指试验单位的专业技术负责人，签字有效。

24）审核：指试验单位参与该试验的审核人，签字有效。

25）试（检）验：指试验单位的参与试验的人员。签字有效。

26）报告日期：指报告实际发出的日期，按年、月、日填写。

2.4.2.16　防水卷材现场复试报告

1. 资料表式

防水卷材试验报告

试验编号：________

委托单位：________试验委托人：________试样编号：________

工程名称：________部位：________

种类牌号、标号：________生产厂：________

代表数量：________来样日期：________试验日期：________

结果：

一、拉伸 拉力________N 拉伸强度________N/mm²	五、柔韧性 { 低温柔性 / 低温弯折性 } 温度________℃
二、断裂伸长率（延伸率）________%	
三、耐热度________℃	
四、不透水性（抗渗透性）________	六、其他

结论：________

____

____

____

试验单位：　　技术负责人：　　审核：　　试（检）验：

报告日期：　　年　　月　　日

2. 资料要求

（1）防水材料必须有出厂合格证和在工地取样的试验报告，试验单子项填写齐全，不得漏填或错填，复试单试验编号必须填写，以防弄虚作假，防水材料的试验单中的各试验项目、数据应和检验标准对照，必须符合专项规定或标准要求，不合格的防水材料不得用于工程并必须通过技术负责人专项处理，签署退场处理意见。

防水卷材必须在使用前进行检验，并符合设计及有关规范、标准的质量要求。试样来源及名称应填写清楚。

(2) 试验结论要明确，责任制签字要齐全，不得漏签或代签。

(3) 委托单上的工程名称、部位、品种、强度等级等与试验报告单上应对应一致。

(4) 要填写报告日期，以检查是否为先试验后施工，先用后试应视为不符合要求。

(5) 试验的代表批量和使用数量的代表批量应相一致。

(6) 防水卷材必试项目：不透水性、吸水性、耐热度、纵向拉力和柔度。

(7) 必须实行见证取样，试验室应在见证取样人名单上加盖公章和经手人签字。

(8) 有合格证无复试报告为不符合要求。无合格证有试验报告，必试项目齐全且满足标准要求，为经鉴定符合要求。主要的防水材料试验缺项、漏项或品种强度等级、技术性能不符合设计要求及规范、标准的规定为不符合要求。

(9) 使用材料与规范及设计要求不符为不符合要求。试验结论与使用品种、强度等级不符为不符合要求。

3. 实施要点

防水卷材试验报告是对用于工程中的防水卷材的耐热度、不透水性、拉力、柔度等指标进行复试后由试验单位出具的质量证明文件。

(1) 屋面防水用卷材厚度应符合表 2.4.2.16-1 规定。

卷材厚度选用表 **表 2.4.2.16-1**

层面防水等级	设防道数	合成高分子防水卷材	高聚物改性沥青防水卷材	沥青防水卷材
Ⅰ级	三道或三道以上设防	不应小于 1.5mm	不应小于 3mm	—
Ⅱ级	二道设防	不应小于 1.2mm	不应小于 3mm	—
Ⅲ级	一道设防	不应小于 1.2mm	不应小于 4mm	三毡四油
Ⅳ级	一道设防	—	—	二毡三油

(2) 新型防水材料性能必须符合设计要求并应有合格证和有效鉴定材料，进场后必须复试。

(3) 防水材料的进场检查：

1) 防水材料品种繁多，性能各异，应按各自标准要求进行外观检查，并应符合相应标准的规定。

2) 检查出厂合格证，与进场材料分别对照检查商标品种、强度等级、各项技术指标。

3) 检查不合格的防水材料应由专业技术负责人签发不合格防水材料处理使用意见书，提出降级使用或作他用退货等技术措施，确认必须退换的材料不得用于工程。

4) 按规定在现场进行抽样复检，对试件进行编号后按见证取样规定送试验室复试。

(4) 卷材防水层应采用高聚物改性沥青防水卷材、合成高分子防水卷材或沥青防水卷材。所选用的基层处理剂、接缝胶粘剂、密封材料等配套材料应与铺贴的卷材材性相容，使之粘结良好。

(5) 依据标准见表 2.4.2.16-2。

各类防水材料依据标准　　表 2.4.2.16-2

序号	类别	名　称	评定标准	检验标准
1	卷材	石油沥青纸胎油毡、油纸	GB 326—1989	GB 328.1～7—89
2		弹性体沥青改性防水卷材	GB 18242—2000	GB 328—89、GB/T 18244—2000
3		塑性体沥青改性防水卷材	GB 18242—2000	
4		改性沥青聚乙烯胎防水卷材	GB 18967—2003	GB 328—89
5		聚氯乙烯防水卷材	GB 12952—2003	GB 328—89
6		氯化聚乙烯防水卷材	GB 12953—2003	
7		三元丁橡胶防水卷材	JC/T 645—96	GB 328—89、GB/T 528—1998、GB 12952—91、GB/T 14686—93
8		三元乙丙片材	GB 18173.1—2000	GB 328—89、GB/T 528—1998 GB/T 529—1999、GB/T 1682—94、GB 1690—92、GB/T 2491—91、GB 3512—83（89）、GB 7762—87、HG/T 2198—91

（6）检验项目见表 2.4.2.16-3。

各类防水材料检验项目　　表 2.4.2.16-3

序号	名　称	检　验　项　目
1	石油沥青纸胎油毡、油纸	拉力、延伸率、不透水性、耐热度、柔度
2	弹性体改性沥青防水卷材	
3	塑性体改性沥青防水卷材	
4	改性沥青聚乙烯胎防水卷材	
5	聚氯乙烯防水卷材	拉伸强度、断裂伸长率、低温弯折性、热处理尺寸变化率、热老化处理、不透水性
6	氯化聚乙烯防水卷材	
7	三元丁橡胶防水卷材	纵向拉伸强度、不透水性、热老化处理、低温弯折性、纵向断裂伸长率
8	三元乙丙片材	拉伸强度、不透水性、加热伸缩量、热空气老化、扯断伸长率、直角形撕裂强度

（7）取样要求（方法、数量、批量）见表 2.4.2.16-4。

各类防水材料的取样方法、数量、代表批量　　表 2.4.2.16-4

序号	名　称	方 法 及 数 量	代 表 批 量
1	石油沥青纸胎油毡、油纸	在重量检查合格的10卷中取重量最轻的，外观、面积合格的无接头的一卷作为物理性能试样，若最轻的一卷不符合抽样条件时，可取次轻的一卷，切除距外层卷头 2.5m 后顺纵向截取 0.5m 长的全幅卷材两块	同品种、标号、等级 1500 卷。

续表

序号	名称	方法及数量	代表批量
2	弹性体改沥青防水卷材	在卷重检查合格的样品中取重量最轻的，外观、面积、厚度合格的，无接头的一卷作为物理性能试验样品，若最轻的一卷不符合抽样条件时，可取次轻的一卷，切除距外层卷头2.5m后，顺纵向截取长度0.5m的全幅卷材两块	同品种、标号、等级1000卷
3	塑性体改沥青防水卷材		
4	改性沥青聚乙烯胎防水卷材	从卷重、外观、尺寸偏差均合格的产品中任取一卷，在距端部2m处顺纵向取长度1m的全幅卷材两块	
5	聚氯乙烯防水卷材	外观、表面质量检验合格的卷材，任取一卷，在距端部0.3m处截取长度3m的全幅卷材两块	同类型、同规格5000m²
6	氯化聚乙烯防水卷材		
7	三元丁橡胶防水卷材	从规格尺寸、外观合格的卷材中任取一卷，在距端部3m处，顺纵向截取长度0.5m的全幅卷材两块	同规格、等级300卷
8	三元乙丙片材	从规格尺寸、外观合格的卷材中任取一卷，在距端部0.3m处，顺纵向截取长度1.5m的全幅卷材两块	同规格、等级3000m
9	水性沥青基防水涂料	任取一桶，使之均匀，按上、中、下三个位置，用取样器取出4kg，等分两等份，分别置于洁净的瓶内，并密封置于5℃至35℃的室内	5t
10	水性聚氯乙烯焦油防水涂料		5t
11	聚氨酯防水涂料	取样方法同上，取样数量为甲、乙组分总量2kg两份	甲组分5t，乙组分按与甲组分质量比
12	沥青	取样时从每个取样单位的不同部位分五处取数量大致相等的洁净试样，共2kg，混合均匀等分成两等份	20t

(8) 结果评定见表2.4.2.16-5～表2.4.2.16-15。

石油沥青纸胎油毡的物理性能 **表2.4.2.16-5**

标号 / 等级 / 指标名称		200号			350号			500号		
		合格	一等	优等	合格	一等	优等	合格	一等	优等
单位面积浸涂材料总量（g/m²）不小于		600	700	800	1000	1050	1110	1400	1450	1500
不透水性	压力不小于（MPa）	0.05			0.10			30		
	保持时间不小于（min）	15	20	30	30		45	15		
吸水率（真空法）不大于（%）	粉毡	1.0			1.0			1.5		
	片毡	3.0			3.0			3.0		
耐热度（℃）		85±2		90±2	85±2		90±2	85±2		90±2
		受热2h涂盖层应无滑动和集中性气泡								

续表

指标名称＼等级＼标号	200号			350号			500号		
	合格	一等	优等	合格	一等	优等	合格	一等	优等
拉力 25±2℃时纵向 不小于（N）	240	270		340	370		440	470	
柔　度	18±2℃			18±2℃	16±2℃	14±2℃	18±2℃		14±2℃
	绕 φ20mm 圆棒或弯板无裂纹						绕 φ25mm 圆棒或弯板无裂纹		

注：1. 本表选自《石油沥青纸胎油毡、油纸》(GB 326—1989)。

2. 沥青防水卷材是传统防水材料，验收标准执行《石油沥青纸胎油毡、油纸》(GB 326—1989)。

石油沥青纸胎油纸的物理性能　　表 2.4.2.16-6

指标名称＼标号		200号	350号
浸渍材料占干原纸重量　不小于	%	100	
吸水率（真空法）　不大于	%	25	
拉力 25±2℃时纵向　不小于	N	100	240
弯度在 18±2℃时		围绕 φ10mm 圆棒或弯板无裂纹	

注：1. 本表选自《石油沥青纸胎油毡、油纸》(GB 326—89)。

2. 沥青防水卷材是传统防水材料，验收标准执行《石油沥青纸胎油毡、油纸》(GB 326—1989)。

弹性体改性沥青防水卷材物理性能　　表 2.4.2.16-7

序号	胎基／型号			PY Ⅰ	PY Ⅱ	G Ⅰ	G Ⅱ
1	可溶物含量 g/m² ≥		2mm	—		1300	
			3mm	2100			
			4mm	2900			
2	不透水性	压力，MPa≥		0.3		0.2	0.3
		保持时间，min≥		30			
3	耐热度，℃			90	105	90	105
				无滑动、流淌、滴落			
4	拉力，N/50mm ≥		纵向	450	800	350	500
			横向			250	300
5	最大拉力时延伸率，% ≥		纵向	30	40	—	
			横向				
6	低温柔度，℃			−18	−25	−18	−25
				无裂纹			
7	撕裂强度，N≥		纵向	250	350	250	350
			横向			170	200

续表

序号	胎基			PY		G	
	型号			Ⅰ	Ⅱ	Ⅰ	Ⅱ
8	人工气候加速老化	外　观		1级	1级	1级	1级
				无滑动、流淌、滴落	无滑动、流淌、滴落	无滑动、流淌、滴落	无滑动、流淌、滴落
		拉力保持率%≥	纵向	80	80	80	80
		低温柔度,℃		−10	−20	−10	−20
				无裂纹	无裂纹	无裂纹	无裂纹
注：表中1～6项为强制性项目							

注：1. 本表选自《弹性体改性沥青防水卷材》(GB 18242—2000)。

2. 高聚物改性沥青防水卷材应符合国标《弹性体改性沥青防水卷材》(GB 18242—2000) 标准、《塑性改体沥青防水卷材》(GB 18243—2000) 与《改性沥青聚乙烯胎防水卷材》(GB 18967—2003) 标准。如 SBS、APP、APAO、APO 等。

塑性改性沥青防水卷材物理性能　　**表 2.4.2.16-8**

序号	胎基			PY		G	
	型号			Ⅰ	Ⅱ	Ⅰ	Ⅱ
1	可溶物含量 g/m² ≥		2mm	—	—	1300	1300
			3mm	2100	2100	2100	2100
			4mm	2900	2900	2900	2900
2	不透水性	压力，MPa≥		0.3	0.3	0.2	0.3
		保持时间，min≥		30	30	30	30
3	耐热度,℃			110	130	110	130
				无滑动、流淌、滴落	无滑动、流淌、滴落	无滑动、流淌、滴落	无滑动、流淌、滴落
4	拉力，N/50mm ≥		纵向	400	800	350	500
			横向	400	800	250	300
5	最大拉力时延伸率,% ≥		纵向	25	40	—	—
			横向	25	40	—	—
6	低温柔度,℃			−5	−15	−5	−15
				无　裂　纹	无　裂　纹	无　裂　纹	无　裂　纹
7	撕裂强度，N≥		纵向	250	350	250	350
			横向	250	350	170	200
8	人工气候加速老化	外　观		1级	1级	1级	1级
				无滑动、流淌、滴落	无滑动、流淌、滴落	无滑动、流淌、滴落	无滑动、流淌、滴落
		拉力保持率%≥	纵向	80	80	80	80
		低温柔度,℃		3	−10	3	−10
				无裂纹	无裂纹	无裂纹	无裂纹
注：表中1～6项为强制性项目							
1. 当需要耐热度超过130℃卷材时，该指标可由供需双方协商确定							

注：1. 本表选自《塑性改体沥青防水卷材》(GB 18243—2000)。

2. 高聚物改性沥青防水卷材应符合国标《弹性体改性沥青防水卷材》(GB 18242—2000) 标准、《塑性改体沥青防水卷材》(GB 18243—2000) 与《改性沥青聚乙烯胎防水卷材》(GB 18967—2003) 标准。如 SBS、APP、APAO、APO 等。

改性沥青聚乙烯胎防水卷材性能　　表 2.4.2.16-9

<table>
<tr><td rowspan="3">序号</td><td colspan="3">上表面覆盖材料</td><td colspan="6">E</td><td colspan="4">AL</td></tr>
<tr><td colspan="3">基　料</td><td colspan="2">O</td><td colspan="2">M</td><td colspan="2">P</td><td colspan="2">M</td><td colspan="2">P</td></tr>
<tr><td colspan="3">型　号</td><td>Ⅰ</td><td>Ⅱ</td><td>Ⅰ</td><td>Ⅱ</td><td>Ⅰ</td><td>Ⅱ</td><td>Ⅰ</td><td>Ⅱ</td><td>Ⅰ</td><td>Ⅱ</td></tr>
<tr><td rowspan="2">1</td><td colspan="3" rowspan="2">不透水性/MPa，≥</td><td colspan="10">0.3</td></tr>
<tr><td colspan="10">不透水</td></tr>
<tr><td rowspan="2">2</td><td colspan="3" rowspan="2">耐热度/℃</td><td colspan="2">85</td><td>85</td><td>90</td><td>90</td><td>95</td><td>85</td><td>90</td><td>90</td><td>95</td></tr>
<tr><td colspan="10">无流淌，无起泡</td></tr>
<tr><td rowspan="2">3</td><td colspan="2" rowspan="2">拉力/（N/50mm）≥</td><td>纵向</td><td rowspan="2">100</td><td>140</td><td rowspan="2">100</td><td>140</td><td rowspan="2">100</td><td>140</td><td rowspan="2">200</td><td rowspan="2">220</td><td rowspan="2">200</td><td rowspan="2">220</td></tr>
<tr><td>横向</td><td>120</td><td>120</td><td>120</td></tr>
<tr><td rowspan="2">4</td><td colspan="2" rowspan="2">断裂延伸率/%≥</td><td>纵向</td><td rowspan="2">200</td><td rowspan="2">250</td><td rowspan="2">200</td><td rowspan="2">250</td><td rowspan="2">200</td><td rowspan="2">250</td><td colspan="4" rowspan="2">—</td></tr>
<tr><td>横向</td></tr>
<tr><td rowspan="2">5</td><td colspan="3" rowspan="2">低温柔度/℃</td><td colspan="2">0</td><td colspan="2">−5</td><td>−10</td><td>−15</td><td colspan="2">−5</td><td>−10</td><td>−15</td></tr>
<tr><td colspan="10">无裂纹</td></tr>
<tr><td rowspan="2">6</td><td colspan="2" rowspan="2">尺寸稳定性</td><td>℃</td><td colspan="2">85</td><td>85</td><td>90</td><td>90</td><td>95</td><td>85</td><td>90</td><td>90</td><td>85</td></tr>
<tr><td>%，≤</td><td colspan="10">2.5</td></tr>
<tr><td rowspan="3">7</td><td rowspan="3">热空气老化</td><td colspan="2">外观</td><td colspan="6">无流淌，无起泡</td><td colspan="4" rowspan="3">—</td></tr>
<tr><td colspan="2">拉力保持率/%≥，纵向</td><td colspan="6">80</td></tr>
<tr><td colspan="2">低温柔度/℃</td><td colspan="2">8</td><td colspan="2">3</td><td>−2</td><td>−7</td></tr>
<tr><td rowspan="3">8</td><td rowspan="3">人工气候加速老化</td><td colspan="2">外观</td><td colspan="6" rowspan="3">无裂纹
—</td><td colspan="4">无流淌，无起泡</td></tr>
<tr><td colspan="2">拉力保持率/%≥，纵向</td><td colspan="4">80</td></tr>
<tr><td colspan="2">低温柔度/℃</td><td colspan="2">3</td><td>−2</td><td>−7</td></tr>
<tr><td colspan="9">注：表中 1～5 项为强制性的。</td><td colspan="4">无裂纹</td></tr>
</table>

注：1. 本表选自《改性沥青聚乙烯胎防水卷材》（GB 18967—2003）。2. 高聚物改性沥青防水卷材应符合国标《弹性体体改性沥青防水卷材》（GB 18242—2000）标准、《塑性体改性沥青防水卷材》（GB 18243—2000）与《改性沥青聚乙烯胎防水卷材》（GB 18967—2003）标准。如 SBS、APP、APAO、APO 等。

N 类卷材理化性能　　表 2.4.2.16-10

序号	项　　目		Ⅰ型	Ⅱ型
1	拉伸强度/MPa	≥	8.0	12.0
2	断裂伸长率/%	≥	200	250
3	热处理尺寸变化率/%	≤	3.0	2.0
4	低温弯折性		−20℃无裂纹	−25℃无裂纹

续表

序号	项目			Ⅰ型	Ⅱ型
5	抗穿孔性			不渗水	
6	不透水性			不透水	
7	剪切状态下的粘合性/（N/mm）		≥	3.0或卷材破坏	
8	热老化处理	外观		无起泡、裂纹、粘结和孔洞	
		拉伸强度变化率/%		±25	±20
		断裂伸长率变化率%			
		低温弯折性		−15℃无裂纹	−20℃无裂纹
9	耐化学侵蚀	拉伸强度变化率/%		±25	±20
		断裂伸长率变化率%			
		低温弯折性		−15℃无裂纹	−20℃无裂纹
10	人工气候加速老化	拉伸强度变化率/%		±25	±20
		断裂伸长率变化率%			
		低温弯折性		−15℃无裂纹	−20℃无裂纹

注：非外露使用可以不考核人工气候加速老化性能。

注：1. 本表选自：《聚氯乙烯防水卷材》（GB 12952—2003）。

2. 合成高分子防水卷材应符合国标《高分子防水材料》（第一部分片材）（GB 18173.1—2000）。如三元乙丙、氯化聚乙烯橡胶共混、聚氯乙烯、氯化聚乙烯和纤维增强氯化聚乙烯等。

L类及W类卷材理化性能 **表2.4.2.16-11**

序号	项目			Ⅰ型	Ⅱ型
1	拉力（N/cm）		≥	100	160
2	断裂伸长率/%		≥	150	200
3	热处理尺寸变化率/%		≤	1.5	1.0
4	低温弯折性			−20℃无裂纹	−25℃无裂纹
5	抗穿孔性			不渗水	
6	不透水性			不透水	
7	剪切状态下的粘合性/（N/mm）	≥	L类	3.0或卷材破坏	
			W类	6.0或卷材破坏	
8	热老化处理	外观		无起泡、裂纹、粘结和孔洞	
		拉力变化率/%		±25	±20
		断裂伸长率变化率%			
		低温弯折性		−15℃无裂纹	−20℃无裂纹
9	耐化学侵蚀	拉力变化率/%		±25	±20
		断裂伸长率变化率%			
		低温弯折性		−15℃无裂纹	−20℃无裂纹
10	人工气候加速老化	拉力变化率/%		±25	±20
		断裂伸长率变化率%			
		低温弯折性		−15℃无裂纹	−20℃无裂纹

注：非外露使用可以不考核人工气候加速老化性能。

注：1. 本表选自：《聚氯乙烯防水卷材》（GB 12952—2003）。

2. 合成高分子防水卷材应符合国标《高分子防水材料》（第一部分片材）（GB 18173.1—2000）。如三元乙丙、氯化聚乙烯橡胶共混、聚氯乙烯、氯化聚乙烯和纤维增强氯化聚乙烯等。

N类卷材理化性能　　　　表 2.4.2.16-12

序号	项目			Ⅰ型	Ⅱ型
1	拉伸强度/MPa		≥	5.0	8.0
2	断裂伸长率/%		≥	200	300
3	热处理尺寸变化率/%		≤	3.0	纵向 2.5 横向 1.5
4	低温弯折性			−20℃无裂纹	−25℃无裂纹
5	抗穿孔性			不渗水	
6	不透水性			不透水	
7	剪切状态下的粘合性/（N/mm）		≥	3.0或卷材破坏	
8	热老化处理	外观		无起泡、裂纹、粘结和孔洞	
		拉伸强度变化率/%		+25 −20	±20
		断裂伸长率变化率%		±50 −30	±20
		低温弯折性		−15℃无裂纹	−20℃无裂纹
9	耐化学侵蚀	拉伸强度变化率/%		+25 −20	±20
		断裂伸长率变化率%		±50 −30	±20
		低温弯折性		−15℃无裂纹	−20℃无裂纹
10	人工气候加速老化	拉伸强度变化率/%		+25 −20	±20
		断裂伸长率变化率%		±50 −30	±20
		低温弯折性		−15℃无裂纹	−20℃无裂纹
注：非外露使用可以不考核人工气候加速老化性能。					

注：1. 本表选自《氯化聚乙烯防水卷材》（GB 12953—2003）。

2. 合成高分子防水卷材应符合国标《高分子防水材料》（第一部分片材）（GB 18173.1—2000）。如三元乙丙、氯化聚乙烯橡胶共混、聚氯乙烯、氯化聚乙烯和纤维增强氯化聚乙烯等。

L类及W类卷材理化性能　　　　表 2.4.2.16-13

序号	项目			Ⅰ型	Ⅱ型
1	拉力（N/cm）		≥	70	120
2	断裂伸长率/%		≥	125	250
3	热处理尺寸变化率/%		≤	1.0	
4	低温弯折性			−20℃无裂纹	−25℃无裂纹
5	抗穿孔性			不渗水	
6	不透水性			不透水	
7	剪切状态下的粘合性/（N/mm）≥	L类		3.0或卷材破坏	
		W类		6.0或卷材破坏	
8	热老化处理	外观		无起泡、裂纹、粘结和孔洞	
		拉力/（N/cm）	≥	55	100
		断裂伸长/%	≥	100	200
		低温弯折性		−15℃无裂纹	−20℃无裂纹
9	耐化学侵蚀	拉力/（N/cm）	≥	55	100
		断裂伸长/%	≥	100	200
		低温弯折性		−15℃无裂纹	−20℃无裂纹
10	人工气候加速老化	拉力/（N/cm）	≥	55	100
		断裂伸长/%	≥	100	200
		低温弯折性		−15℃无裂纹	−20℃无裂纹
注：非外露使用可以不考核人工气候加速老化性能。					

注：1. 本表选自《氯化聚乙烯防水卷材》（GB 12953—2003）。

2. 合成高分子防水卷材应符合国标《高分子防水材料》（第一部分片材）（GB 18173.1—2000）。如三元乙丙、氯化聚乙烯橡胶共混、聚氯乙烯、氯化聚乙烯和纤维增强氯化聚乙烯等。

均质片的物理性能　　**表 2.4.2.16-14**

项目		指标										适用试验条目
		硫化橡胶类				非硫化橡胶类			树脂类			
		JL1	JL2	JL3	JL4	JF1	JF2	JF3	JS1	JS2	JS3	
断裂拉伸强度 MPa	常温 ≥	7.5	6.0	6.0	2.2	4.0	3.0	5.0	10	16	14	5.3.2
	60℃ ≥	2.3	2.1	1.8	0.7	0.8	0.4	1.0	4	6	5	
扯断伸长率,%	常温 ≥	450	400	300	200	450	200	200	200	550	500	
	-20℃ ≥	200	200	170	100	200	100	100	15	350	300	
撕裂强度,kN/m ≥		25	24	23	15	18	10	10	40	60	60	5.3.3
不透水性①,30min 无渗漏		0.3MPa	0.3MPa	0.2MPa	0.2MPa	0.3MPa	0.2MPa	0.2MPa	0.3MPa	0.3MPa	0.3MPa	5.3.4
低温弯折②,℃ ≤		-40	-30	-30	-20	-30	-20	-20	-20	-35	-35	5.3.5
加热伸缩量,mm	延伸 <	2	2	2	2	2	4	4	2	2	2	5.3.6
	收缩 <	4	4	4	4	4	6	10	6	6	6	
热空气老化(80℃×168h)	断裂拉伸强度保持率,%≥	80	80	80	80	90	60	80	80	80	80	5.3.7
	扯断伸长率保持率,%≥	70	70	70	70	70	70	70	70	70	70	
	100%伸长率外观	无裂纹	无裂纹	无裂纹	无裂纹	无裂纹	无裂纹	无裂纹	无裂纹	无裂纹	无裂纹	5.3.8
耐碱性〔10%$Ca(OH)_2$ 常温×168h〕	断裂拉伸强度保持率,%≥	80	80	80	80	80	70	70	80	80	80	5.3.9
	扯断伸长率保持率,%≥	80	80	80	80	90	80	70	80	90	90	
臭氧老化③(40℃×168h)	伸长率40%,500pphm	无裂纹	—	—	—	无裂纹	—	—	—	—	—	5.3.10
	伸长率20%,500pphm	—	无裂纹	—	—	—	—	—	—	—	—	
	伸长率20%,200pphm	—	—	无裂纹	—	—	—	—	无裂纹	无裂纹	无裂纹	
	伸长率20%,100pphm	—	—	—	无裂纹	—	无裂纹	无裂纹	—	—	—	
人工候化	断裂拉伸强度保持率,%≥	80	80	80	80	80	70	80	80	80	80	5.3.11
	扯断伸长率保持率,%≥	70	70	70	70	70	70	70	70	70	70	
	100%伸长率外观	无裂纹	无裂纹	无裂纹	无裂纹	无裂纹	无裂纹	无裂纹	无裂纹	无裂纹	无裂纹	
粘合性能	无处理	自基准线的偏移及剥离长度在 5mm 以下,且无有害偏移及异状点										5.3.12
	热处理											
	碱处理											

注:人工候化和粘合性能项目为推荐项目

注:1. 本表选自《高分子防水材料》(GB 181731—2000)。

2. 合成高分子防水卷材应符合国标《高分子防水材料》(第一部分片材)(GB 18173.1—2000)。如三元乙丙、氯化聚乙烯橡胶共混、聚氯乙烯、氯化聚乙烯和纤维增强氯化聚乙烯等。

3. 采用说明:①日本标准无此项;②日本标准无此项;③日本标准中规定臭氧浓度为 75pphm。

复合片的物理性能　　表 2.4.2.16-15

项目			种类				适用试验条目
			硫化橡胶类	非硫化橡胶类	树脂类		
					FS1	FS2	
断裂拉伸强度 N/cm	常温	≥	80	60	100	60	5.3.2
	60℃	≥	30	20	40	30	
胶断伸长率，%	常温	≥	300	250	150	400	
	−20℃	≥	150	50	10	10	
撕裂强度 *N*		≥	40	20	20	20	5.3.3
不透水性①，30min 无渗漏			0.3MPa	0.3MPa	0.3MPa	0.3MPa	5.3.4
低温弯折②，℃≤			−35	−20	−30	−20	5.3.5
加热伸缩量，mm	延伸	<	2	2	2	2	5.3.6
	收缩	<	4	4	2	4	
热空气老化（80℃×168h）	断裂拉伸强度保持率，%≥		80	80	80	80	5.3.7
	胶断伸长率保持率，%≥		70	70	70	70	
耐碱性〔10%$Ca(OH)_2$ 常温×168h〕	断裂拉伸强度保持率，%≥		80	60	80	80	5.3.9
	胶断伸长率保持率，%≥		80	60	80	80	
臭氧老化③（40℃×168h），200pphm			无裂纹	无裂纹	无裂纹	无裂纹	5.3.10
人工候化	断裂拉伸强度保持率，%≥		80	70	80	80	5.3.11
	胶断伸长率保持率，%≥		70	70	70	70	
粘合性能	无处理		自基准线的偏移及剥离长度在 5mm 以下，且无有害偏移及异状点				5.3.12
	热处理						
	碱处理						

注：人工候化和粘合性能项目为推荐项目，带织物加强层的复合片不考核粘合性能

注：1. 本表选自《高分子防水材料》(GB 181731—2000)。

2. 合成高分子防水卷材应符合国标《高分子防水材料》(第一部分片材)(GB 18173.1—2000)。如三元乙丙、氯化聚乙烯橡胶共混、聚氯乙烯、氯化聚乙烯和纤维增强氯化聚乙烯等。

3. 采用说明：①日本标准无此项；②日本标准无此项；③日本标准中规定臭氧浓度为 75pphm。

三元乙丙卷材一等品应全部达到标准规定要求，不允许复检，合格品若有一项不合格可取双倍数量试样对不合格项复检，复检合格判定批合格；其他卷材和涂料，若有一项不合格可取双倍数量试样对不合格项复检，复检合格判该批合格，否则为不合格；沥青胶结材料所检项目应全部达到标准要求，有一项不合格则判为该批不合格。

(9) 表列子项

1) 试验编号：指防水卷材试验报告依序进行的编号。

2) 委托单位：提请委托试验的单位，按全称填写。

3) 试验委托人：指委托试验单位的具体办理委托试验的人，一般应为建设、施工或监理单位委托试验的人，填写委托试验人姓名。

4) 试样编号：指施工单位按制作的项目、进行的编号。

5) 工程名称：按施工企业和建设单位签订的施工合同的工程名称或图注的工程名称，照实际填写。

6) 部位：按委托单上提供的使用部位填写。

7) 种类牌号、标号：指防水卷材的种类牌号和标号。照实际填写。

8) 生产厂：指防水卷材的实际的产地。照实际填写。

9) 代表数量：指试样所代表的可用于工程的卷材数量。

10) 来样日期：指防水卷材试件的收样日期，按实际的收样日期填写。

11) 试验日期：指防水卷材试件的试验日期，按实际的试验日期填写。

12) 结果：应全面、准确，核心是可用性及注意事项。

①拉伸：指卷材的拉伸试验。

拉力（N）：试验室按拉力的试验结果填写。

拉伸强度（N/mm^2）：试验室按拉力的试验结果填写。

②断裂伸长率（延伸率，%）：试验室按断裂伸长率的试验结果填写。

③耐热度（℃）：试验室按耐热度的试验结果填写。

④不透水性（抗渗透性）：试验室按不透水性的试验结果填写。

⑤柔韧性：试验室按柔韧性的试验结果填写。

低温柔性：试验室按低温柔性的试验结果填写。

低温弯折性：试验室按低温弯折性的试验结果填写。

温度（℃）：试验室按柔韧性试验室的温度填写。

⑥其他：指设计或工程特殊需要试验其他项目时进行。

13) 试验单位：指承接某项试验的具有相应资质的试验单位，加盖公章有效。

14) 技术负责人：指试验单位的专业技术负责人，签字有效。

15) 审核：指试验单位参与该试验的审核人，签字有效。

16) 试（检）验：指试验单位的参与试验的人员。签字有效。

17) 报告日期：指报告实际发出的日期，按年、月、日填写。

2.4.2.17　防水涂料现场复试报告

1. 资料表式

防水涂料试验报告

试验编号：________

委托单位：________ 试验委托人：________ 试样编号：________

工程名称：________ 部位：________

厂别、牌号：________ 代表数量：________

生产日期：________ 到场日期：________ 来样日期：________

试验结果：

1. 延伸性________ mm；	6. 拉伸强度________ N/mm^2；
2. 固体含量________ ％	7. 断裂延伸率________ ％；
3. 耐热度________ ℃；	8. 抗冻性________；
4. 柔韧性________；	9. 其他________
5. 不透水性________；	。

结论：________

试验单位：　　技术负责人：　　审核：　　试（检）验：

报告日期：　　年　　月　　日

2. 资料要求

（1）防水涂料必须有出厂合格证和在工地取样的试验报告，试验单子项填写齐全，不得漏填或错填，复试单试验编号必须填写。不合格的防水涂料不得用于工程并必须通过技术负责人专项处理，签署退场处理意见。

（2）委托单上的工程名称、部位、品种、强度等级等与试验报告单上应对应一致。

（3）要填写报告日期，以检查是否为先试验后施工，先用后试应视为不符合要求。

（4）试验的代表批量和使用数量的代表批量应相一致。

（5）必须实行见证取样，试验室应在见证取样人名单上加盖公章和经手人签字。

（6）有合格证无复试报告为不符合要求。无合格证有试验报告，必试项目齐全且满足标准要求，可视为符合要求。

（7）使用材料与规范及设计要求不符为不符合要求。试验结论与使用品种、强度等级不符为不符合要求。

（8）试验结论要明确，责任制签字要齐全，不得漏签或代签。

3. 实施要点

防水涂料试验报告是对用于工程中的防水涂料的耐热度、不透水性、拉伸强度、柔度等指标进行复试后由试验单位出具的质量证明文件。

（1）新型防水材料性能必须符合设计要求并应有合格证和有效鉴定材料，进场后必须复试。

（2）防水材料的进场检查

1）防水材料品种繁多，性能各异，应按各自标准要求进行外观检查，并应符合相应标准的规定。

2）检查出厂合格证，与进场材料分别对照检查商标品种、强度等级、各项技术指标。

3）检查不合格的防水材料应由专业技术负责人签发不合格防水材料处理使用意见书，提出降级使用或作他用、退货等技术措施，确认必须退换的材料不得用于工程。

4）按规定在现场进行抽样复检，对试件进行编号后按见证取样规定送试验室复试。

（3）结果评定

水性沥青基防水涂料物理性能表　　表 2.4.2.17-1

<table>
<tr><th colspan="2" rowspan="3">项　目</th><th colspan="4">质　量　指　标</th></tr>
<tr><th colspan="2">AE-1 类</th><th colspan="2">AE-2 类</th></tr>
<tr><th>一等品</th><th>合格品</th><th>一等品</th><th>合格品</th></tr>
<tr><td colspan="2">外观</td><td>搅拌后为黑色或黑灰色均质膏体或粘稠体，搅匀和分散在水溶液中无沥青丝</td><td>搅拌后为黑色或黑灰色均质膏体或粘稠体，搅匀和分散在水溶液中无沥青丝</td><td>搅拌后为黑色或蓝褐色均质液体，搅拌棒上不粘附任何颗粒。</td><td>搅拌后为黑色或蓝褐色均质液体，搅拌棒上不粘附任何颗粒。</td></tr>
<tr><td colspan="2">固体含量（%）不小于</td><td colspan="2">50</td><td colspan="2">43</td></tr>
<tr><td rowspan="2">延伸性（mm）不小于</td><td>无处理</td><td>5.5</td><td>4.0</td><td>6.0</td><td>4.5</td></tr>
<tr><td>处理后</td><td>4.0</td><td>3.0</td><td>4.5</td><td>3.5</td></tr>
<tr><td colspan="2" rowspan="2">柔韧性</td><td>5±1℃</td><td>10±1℃</td><td>−15±1℃</td><td>−10±1℃</td></tr>
<tr><td colspan="4">无裂纹、断裂</td></tr>
<tr><td colspan="2">耐热性</td><td colspan="4">80℃，5h，无流淌、起泡和滑动</td></tr>
<tr><td colspan="2">粘结性（MPa）不小于</td><td colspan="4">0.2</td></tr>
<tr><td colspan="2">不透水性</td><td colspan="4">不渗水</td></tr>
<tr><td colspan="2">抗冻性</td><td colspan="4">20 次无开裂</td></tr>
</table>

注：1. 试件参考涂布量与工程施工用量相同：AE—1 类为 8kg/m²，AE—2 类为 2.5kg/m²。

2. 本表选自《水性沥青基防水涂料》（JC408—91）。

3. 高聚物改性沥青防水涂料应符合《水性沥青基防水涂料》（JC408—91）标准。如水乳型阳离子氯丁胶乳改性沥青防水涂料、溶剂型氯丁胶改性沥青防水涂料、再生胶改性沥青防水涂料、SBS（APP）改性沥青防水涂料等。

聚氨酯防水涂料物理性能表　　表 2.4.2.17-2

序号	试验项目		技术要求	
			一等品	合格品
1	拉伸强度（MPa）	无处理大于	2.45	1.65
		加热处理	无处理值的 80%～150%	不小于无处理值的 80%
		紫外线处理	无处理值的 80%～150%	不小于无处理值的 80%
		碱处理	无处理值的 60%～150%	不小于无处理值的 60%
		酸处理	无处理值的 80%～150%	不小于无处理值的 80%
2	断裂时的延伸率（%）大于	无处理	450	350
		加热处理	300	200
		紫外线处理	300	200
		碱处理	300	200
		酸处理	300	200
3	加热伸缩率（%）小于	伸长	1	
		缩短	4	6
4	拉伸时的老化	加热老化	无裂缝及变形	
		紫外线老化	无裂缝及变形	
5	低温柔性（℃）	无处理	−35 无裂纹	−30 无裂纹
		加热处理	−30 无裂纹	−25 无裂纹
		紫外线处理	−30 无裂纹	−25 无裂纹
		碱处理	−30 无裂纹	−25 无裂纹
		酸处理	−30 无裂纹	−25 无裂纹
6	不透水性（0.3MPa，30min）		不渗漏	
7	固体含量（%）		≥94	
8	适用时间（min）		≥20 粘度不大于 10^5mPa·s	
9	涂膜表干时间（h）		≤4 不粘手	
10	涂膜实干时间（h）		≤12 无粘着	

注：1. 本表选自《聚氨酯防水涂料》[JC/T500—92（96）]。

2. 合成高分子防水涂料应符合《聚氨酯防水涂料》[JC/T500—92（96）]、《聚合物乳液建筑防水涂料》（JC/T864—2000）和《聚合物水泥防水涂料》（JC/T894—2001）标准。

水性聚氯乙烯焦油防水涂料性能表 **表 2.4.2.17-3**

序号	试验项目		指标
1	延伸性（mm）≥（膜厚 4mm）	无处理	14.0
		热处理	8.0
		碱处理	12.0
		紫外线处理	8.0
2	不挥发物含量（%）≥		43
3	低温柔性		ϕ20mm，−10℃，无裂纹
4	耐热性		80±2℃，2h，无流淌、起泡
5	不透水性≥		0.10MPa，30min，无渗水
6	粘结强度（MPa）≥		0.20

注：本表选自《水性聚氯乙烯焦油防水涂料》(JC634—1996)。

（4）表列子项

1）试验编号：指试验单位收作材料、成品、半成品、构配件、试块、试件等依序进行的编号。

2）委托单位：提请委托试验的单位，按全称填写。

3）试验委托人：指委托试验单位的具体办理委托试验的人，一般应为建设、施工或监理单位委托试验的人，填写委托试验人姓名。

4）试样编号：指施工单位按制作的项目、进行的编号。

5）工程名称：按施工企业和建设单位签订的施工合同的工程名称或图注的工程名称，照实际填写。

6）部位：按委托单上提供的使用部位填写。

7）厂别、牌号：指防水涂料的生产厂家及该防水涂料的牌号。

8）代表数量：指试样所代表的可用于工程的卷材数量。

9）生产日期：指生产厂家的防水涂料的生产日期。

10）到场日期：指防水涂料的实际到场日期。

11）来样日期：指防水涂料试件的收样日期，按实际的收样日期填写。

12）试验结果：应全面、准确，核心是可用性及注意事项。

①延伸性（mm）：由试验室按延伸性的试验结果填写。

②固体含量（%）：试验室按固体含量的试验结果填写。

③耐热度（℃）：涂料的测试项目之一，在 80℃±2℃温度下，恒温无效时，无皱纹，起泡现象，试验室按耐热度的试验结果填写。

④柔韧性：涂料的测试项目之一，在−10℃温度下通过 ϕ10mm 圆棒，无裂纹、裂缝、剥落现象为合格，试验室按柔韧性的试验结果填写。

⑤不透水性：涂料的测试项目之一，在 20℃±2℃动水压法，0.1MPa 保持 30 分钟不透水。试验室按不透水性的试验结果填写。

⑥拉伸强度（N/mm^2）：涂料的测试项目之一，涂料作拉伸试验时的拉断时的强度

值，以 MPa 表示，由试验室按拉伸强度的试验结果填写。

⑦断裂延伸率（%）：指涂料在一定温度和外力作用下的变形能力，由试验室按断裂延伸率的试验结果填写。

⑧抗冻性：由试验室按抗冻性的试验结果填写。

⑨其他：指设计或工程特殊需要试验其他项目时进行。

13）结论：应全面、准确，核心是可用性及注意事项。

14）试验单位：指承接某项试验的具有相应资质的试验单位，加盖公章有效。

15）技术负责人：指试验单位的专业技术负责人，签字有效。

16）审核：指试验单位参与该试验的审核人，签字有效。

17）试（检）验：指试验单位的参与试验的人员。签字有效。

18）报告日期：指报告实际发出的日期，按年、月、日填写。

2.4.2.18　环氧煤沥青涂料性能试验记录

1. 资料表式

环氧煤沥青涂料性能试验记录

工程名称：　　　　　　　　　　　　　　　　试验编号：

工程部位：　　　　　　施工单位：　　　　　　　年　　月　　日

涂料生产厂名				生产时间	
面漆与固化剂配比		表干时间（小时）	实干时间（小时）	固化时间（小时）	天气情况
底漆与固化剂配比		表干时间（小时）	实干时间（小时）	固化时间（小时）	天气情况
防腐层等级及结构			厚度（mm）	电火花检查（kV）	粘结力检查
技术负责人：　　审核：			试（检）验：		

2. 资料要求

（1）环氧煤沥青涂料的基料必须有出厂合格证和在工地取样的试验报告，试验单子项填写齐全，不得漏填或错填，复试单试验编号必须填写。不合格的防水涂料不得用于工程并必须通过技术负责人专项处理，签署退场处理意见。

（2）委托单上的工程名称、部位、品种、强度等级等与试验报告单上应对应一致。

（3）要填写报告日期，以检查是否为先试验后施工，先用后试应视为不符合要求。

（4）试验的代表批量和使用数量的代表批量应相一致。

（5）必须实行见证取样，试验室应在见证取样人名单上加盖公章和经手人签字。

（6）有合格证无复试报告为不符合要求。无合格证有试验报告，必试项目齐全且满足标准要求，可视为符合要求。主要的防水材料试验缺项、漏项或品种强度等级、技术性能不符合设计要求及规范、标准的规定为不符合要求。

（7）使用材料与规范及设计要求不符为不符合要求。

（8）试验结论要明确，试验结论与使用品种、强度等级不符为不符合要求。责任制签字要齐全，不得漏签或代签。

3. 实施要点

（1）环氧煤沥青涂料性能试验应由有资质的试验单位进行，并应提供试验报告。

（2）环氧煤沥青防腐绝缘涂层的涂料所使用的底漆、面漆、稀释剂和固化剂应按设计配方由出厂厂家配套供应。

（3）涂层等级及结构应符合表 2.4.2.18 要求。

环氧煤沥青涂层等级及结构　　表 2.4.2.18

等　级	结　　构	总厚度（mm）
普　通	底漆—面漆—玻璃布—两层面漆	≥0.4
加　强	底漆—面漆—玻璃布—面漆—玻璃布—两层面漆	≥0.6
特加强	底漆—面漆—玻璃布—面漆—玻璃布—面漆—玻璃布—两层面漆	≥0.8

（4）环氧煤沥青涂层施工要求

1）除锈：钢管表面应进行喷砂（或抛丸）除锈达到 GB 3002 除锈标准>的 b_1 或 b_2 级。若限于条件，也可使用钢丝刷和纱布除锈，除去油污、锈蚀物等，露出金属本色。

2）涂料配制：涂料的配制应按设计规定，且由固定专人严格掌握规定配比。底漆使用前必须充分搅拌，使漆料混匀。加入固化剂应充分搅拌均匀，静置半小时后方可使用。在常温条件下，涂料使用期可达一天，施工中可根据需要用量配置，随用随配。

3）涂底漆：表面处理洁净的管子立即涂上底漆，底漆涂刷应均匀，不得漏涂。

4）涂面漆：底漆表干后即可涂面漆，涂刷各层面漆之间的间隙时间应以漆膜表干为准。

5）包扎玻璃布：包扎玻璃布应和面漆涂刷同时进行，使玻璃布浸透漆料。

6）涂层的质量检查

①外观：涂层应饱满、均匀、表面漆膜光亮，对皱褶、鼓包等应进行修复；

②厚度：按设计防腐等级要求，总厚度应符合规定。

③粘结力：涂层完全固化后，用小刀拉舌形刀口，用力断开玻璃布，只能断裂，不能大面积撕开，破坏处钢管表面应仍为漆层所覆盖者为合格。

④绝缘性：用电火花检漏仪检查，发现有漏处应立即涂漆补上。电压按防腐等级确定，普通级不得小于 2000V，加强级以上不得小于 5000V。

（5）表列子项

1）试验编号：指环氧煤沥青涂料性能试验记录依序进行的试验编号。

2）工程名称：按施工企业和建设单位签订的施工合同的工程名称或图注的工程名称，照实际填写。

3）工程部位：按委托单上提供的使用部位填写。

4）施工单位：指建设与施工单位合同书中的施工单位及其代表，签字有效。

5）涂料生产厂名：指提供被试涂料的生产厂家，填写生产厂家的名称。

6）生产时间：指提供被试涂料的生产时间。

7）面漆与固化剂配比：根据设计要求或施工需要确定的配合比。

①表干时间（h）：面漆与固化剂配合后的表干时间。

②实干时间（h）：面漆与固化剂配合后的实干时间。

③固化时间（h）：面漆与固化剂配合后的固化时间。

④天气情况：面漆与固化剂配合时的天气情况，应填写温度、湿度、晴、雨、阴、雾、雪等。

8）底漆与固化剂配比：根据设计要求或施工需要确定的配合比。

①表干时间（h）：底漆与固化剂配合后的表干时间。

②实干时间（h）：底漆与固化剂配合后的实干时间。

③固化时间（h）：底漆与固化剂配合后的固化时间。

④天气情况：底漆与固化剂配合时的天气情况，应填写温度、湿度、晴、雨、阴、雾、雪等。

9）防腐层等级及结构：按设计图注的防腐层等级及结构填写。

10）厚度（mm）：指防腐层的厚度，按设计要求或实际的防腐层厚度填写。

11）电火花检查（kV）：指试验室对防腐层电火花项目的检查，试验室按检查结果填写。

12）粘结力检查：指试验室对防腐层粘结力项目的检查，试验室按检查结果填写。

13）试验结论：指被试材料按标准要求的试验结果，应按实际试验结果填写。

2.4.2.19　粘接材料现场复试报告

1. 资料表式

粘接材料试（检）验报告表式按其他材料现场复试报告的材料检验报告表（通用）其他材料现场复试报告表 2.4.2.22 执行。

2. 实施要点

（1）粘接材料检验报告表是指为保证建筑工程质量而对用于工程的粘接材料，根据标准要求应用本表进行有关指标的测试，由试验单位出具试验证明文件。

（2）粘接材料质量的抽样数量和检验方法，要能反映该批材料质量的性能。

（3）粘接材料质量控制的内容主要有：粘接材料的质量标准、材料的性能、材料的取样、试验方法、材料的适用范围和施工要求。

2.4.2.20　防腐保温材料现场复试报告

1. 资料表式

防腐保温材料试（检）验报告表式按其他材料现场复试报告的材料检验报告表（通用）其他材料现场复试报告表 2.4.2.22 执行。

2. 实施要点

（1）防腐保温材料检验报告表是指为保证建筑工程质量而对用于工程的粘接材料，根据标准要求应用本表进行有关指标的测试，由试验单位出具试验证明文件。

（2）防腐保温材料质量的抽样数量和检验方法，要能反映该批材料质量的性能。

（3）防腐保温材料质量控制的内容主要有：粘接材料的质量标准、材料的性能、材料的取样、试验方法、材料的适用范围和施工要求。

（4）外防腐层的材料质量应符合下列规定：

1）沥青应采用建筑 10 号石油沥青。

2）玻璃布应采用干燥、脱腊、无捻、封边、网状平纹、中碱的玻璃布；当采用石油沥青涂料时，其经纬密度应根据施工环境温度选用 8×8 根/cm～12×12 根/cm 的玻璃布；

当采用环氧煤沥青涂料时，应选用经纬密度为10×12根/cm～12×12根/cm的玻璃布。

3）外包保护层应采用可适应环境温度变化的聚氯乙烯工业薄膜，其厚度应为0.2mm，拉伸强度应大于或等于14.7N/mm²，断裂伸长率应大于或等于200%。

4）环氧煤沥青涂料，宜采用双组份，常温固化型的涂料，其性能应符合国家现行标准《埋地钢质管道环氧煤沥青防腐层技术标准》中规定的指标。

（5）外防腐层质量应符合表2.4.2.20的规定。

外防腐层质量标准 **表2.4.2.20**

<table>
<tr><th rowspan="2">材料各类</th><th rowspan="2">构造</th><th colspan="5">检 查 项 目</th></tr>
<tr><th>厚度（mm）</th><th>外观</th><th colspan="2">电火花试验</th><th>粘 附 性</th></tr>
<tr><td rowspan="3">石油沥青涂料</td><td>三油二布</td><td>≥4.0</td><td rowspan="6">涂层均匀无摺皱、空泡、凝块</td><td>18kV</td><td rowspan="6">用电火花检漏仪检查无打火花现象</td><td rowspan="3">以夹角为45～60°边长40～50mm的切口，从角尖端撕开防腐层；首层沥青层应100%地粘附在管道的外表面</td></tr>
<tr><td>四油三布</td><td>≥5.5</td><td>22kV</td></tr>
<tr><td>五油三布</td><td>≥7.0</td><td>26kV</td></tr>
<tr><td rowspan="3">环氧煤沥青涂料</td><td>二 油</td><td>≥0.2</td><td>2kV</td><td rowspan="3">以小刀割开一舌形切口，用力撕开切口处的防腐层，管道表面仍为漆皮所履盖，不得露出金属表面</td></tr>
<tr><td>三油一布</td><td>≥0.4</td><td>3kV</td></tr>
<tr><td>四油二布</td><td>≥0.6</td><td>5kV</td></tr>
</table>

2.4.2.21 混凝土拌合用水水质试验报告（有要求时）

实施要点

（1）混凝土拌合用水水质试验报告表式以具有相应资质出具的试验报告表式办理入卷。

（2）混凝土拌合用水水质宜采用饮用水；当采用其他水源时，水质应符合国家现行标准《混凝土拌合用水标准》JGJ63的规定。

（3）混凝土拌合用水水质试验报告为设计有要求时提供。

2.4.2.22 其他材料现场复试报告

1. 资料表式

________材料检验报告表（通用） **表2.4.2.22**

委托单位： 试验编号：

<table>
<tr><td colspan="2">工程名称</td><td colspan="2"></td><td>委托日期</td><td></td></tr>
<tr><td colspan="2">使用部位</td><td colspan="2"></td><td>报告日期</td><td></td></tr>
<tr><td colspan="2">试样名称及规格型号</td><td colspan="2"></td><td>检验类别</td><td></td></tr>
<tr><td colspan="2">生产厂家</td><td colspan="2"></td><td>批 号</td><td></td></tr>
<tr><td>序 号</td><td colspan="2">检 验 项 目</td><td>标 准 要 求</td><td>实测结果</td><td>单项结论</td></tr>
<tr><td></td><td colspan="2"></td><td></td><td></td><td></td></tr>
<tr><td></td><td colspan="2"></td><td></td><td></td><td></td></tr>
<tr><td></td><td colspan="2"></td><td></td><td></td><td></td></tr>
<tr><td></td><td colspan="2"></td><td></td><td></td><td></td></tr>
<tr><td colspan="6">依据标准：</td></tr>
<tr><td colspan="6">检验结论：</td></tr>
<tr><td colspan="6">备 注：</td></tr>
<tr><td colspan="6">试验单位： 技术负责人： 审核： 试（检）验：</td></tr>
</table>

2. 实施要点

材料检验报告表是指为保证建筑工程质量而对用于工程的除已明确有对象的试验表式以外的材料，根据标准要求应用本表进行有关指标的测试，由试验单位出具试验证明文件。

(1) 掺合料、外加剂、砌块等材料的检验报告均可用此表式。

(2) 掺合料、外加剂、砌块等材料应有出厂合格证、试验报告。

(3) 材料检验的目的、抽样与内容：

1) 材料质量检验的目的：是通过一系列的检测手段，将所取的材料试验数据与材料质量标准相比较，借以判断材料质量的可靠性，以确认能否使用于工程。

材料质量的抽样数量和检验方法，要能反映该批材料质量的性能。重要材料或非匀质材料应酌情增加取样数量。

2) 材料质量标准是用于衡量材料质量的尺度，也是作为验收、检验材料的依据。不同材料应用不同的质量标准，应分别对照执行。受检材料必须满足相应标准质量要求。

3) 材料质量控制的内容主要有：材料的质量标准、材料的性能、材料的取样、试验方法、材料的适用范围和施工要求。

4) 进口材料、设备应会同商检局检验，如核对凭证时发现问题，应取得供方和商检人员签署的合格的商物记录。

2.4.3　水泥、石灰、粉煤灰混合料，沥青混合料试验汇总表

2.4.3.1　水泥、石灰、粉煤灰混合料试验汇总表

1. 资料表式

__________混合料试（检）验报告汇总表（通用）　　表 2.4.3.1

工程名称：

序号	混合料类型	混合料配合比	试验编号	数量	进场时间	夯筑时间	备注
填表单位：		审核：			制表：		

2. 资料要求

(1) 混合料试（检）验报告汇总表应按施工过程中依序形成的混合料试（检）验报告经核查后全部逐一汇总不得缺漏。

(2) 有见证取样试验要求的必须进行见证取样、送样试验。见证取样在备注中说明。

(3) 混合料试验报告单的试验编号必须填写。

(4) 混合料试（检）验报告中的品种、类别应齐全。

3. 实施要点

(1) 水泥、石灰、粉煤灰混合料是用以结合松散材料使其成为整体的无机材料，是具有胶结性能的无机化合物。

(2) 混合料试（检）验报告汇总表是指核查用于工程的各种混合料，通过汇总对某种乃至全部材料达到便于检查的目的。

(3) 混合料试（检）验报告的整理按工程进度为序进行。

(4) 混合料的类型、配比应满足设计要求，由核查人判定是否符合该要求。

(5) 表列子项

1) 混合料类型：指被统计汇总的混合料类型。

2) 混合料配合比：指被统计汇总的混合料的配合比。按实验室提供或以此为据调整的配合比填写。

3) 最大干密度：指被统计汇总的混合料的最大干密度。按实验室提供的最大干密度填写。

4) 数量：指被统计汇总混合料的数量。

5) 进场时间：指被统计汇总的混合料的进场时间，填写进场年、月、日。

6) 夯筑时间：指被统计汇总的混合料的夯筑时间，填写混合料的施工夯筑年、月、日。

7) 试验编号：指被统计汇总的混合料试验室提供试验报告单上的编号。

8) 备注：指被统计汇总的混合料需要说明的事宜。

2.4.3.2 沥青混合料试验汇总表

实施要点

(1) 沥青混合料是沥青与矿料或骨料按一定比例拌合而成的混合料。

(2) 沥青混合料试验汇总表式的资料表式、资料要求和实施要点均按表 2.4.3.1 混合料试（检）验报告汇总表（通用）的有关要求执行。

2.4.4　水泥、石灰、粉煤灰混合料，沥青混合料现场复试报告

2.4.4.1　水泥、石灰、粉煤灰混合料现场复试报告

1. 资料表式

道路基层混合料抗压强度试验记录　　　　表 2.4.4.1-1

委托单位		工程名称		施工部位	
混合料名称		水泥或石灰剂量			%
水泥种类及等级		石灰种类及氧化物含量			%
拌合方法		养护方法		塑性指数	
制模日期		要求龄期		要求试验日期	

试件编号	成型后试件测定				
	试件重量（g）	试件高度（mm）	湿密度（g/cm^3）	含水量（%）	干密度（g/cm^3）

试件编号	饱水前试件重（g）	饱水后测定						强度值（MPa）	
		试件重（g）	试件高（mm）	湿密度（g/cm^3）	含水量（%）	干密度（g/cm^3）	破坏时最大压力（kN）	单值	平均值

施工项目技术负责人：　　　审核：　　　计算：　　　试验

报告日期：______年____月____日

2. 资料要求

（1）道路基层混合料抗压强度试验记录必须满足设计和施工规范的有关技术要求。

（2）有见证取样试验要求的必须进行见证取样、送样试验。见证取样在备注中说明。

（3）混合料试验报告单的试验编号必须填写。

（4）混合料试（检）验报告中的品种、类别应齐全。

3. 实施要点

（1）道路基层混合料抗压强度试验是一种为保证混合料密度而进行的必须的试验项目之一，必须按规定的抽样比率进行检验。

（2）道路基层是指按路线位置和一定技术要求修筑的作为路面基础的带状构造物。

（3）混合料是骨料或矿料与结合料经拌合而成的混合材料。结合料是用以结合松散材料使其成为整体的有机或无机材料。有机结合料是具有良好的胶结性能的有机化合物，在道路工程中，主要是指沥青材料。无机结合料是具有胶结性能的无机化合物，在道路工程中，主要是指水泥、石灰等材料。水泥混凝土的混合料是水泥、骨料和水按一定比例拌合而成的混合料。

（4）道路基层混合料取样按标准规定执行。

（5）用于道路基层做混合料的水泥、石灰质量标准分别见“水泥现场复试报告”和“石灰现场复试报告”。

（6）用于道路基层做混合料的粉煤灰

1）粉煤灰的化学成分（见表 2.4.4.1-2）

粉煤灰的化学成分（%）　　表 2.4.4.1-2

SiO_2	Al_2O_3	Fe_2O_3	CaO	MgO	SO_4	烧失量
45～60	20～38	3～15	2～8	1～2	0.2～3.0	2～10

注：本表选自《钢渣石灰类道路基层施工及验收规范》(CJJ35—1990)。

2）粉煤灰的物理性质（见表 2.4.4.1-3）

粉煤灰的物理性质　　表 2.4.4.1-3

项目		指标
细度（0.080mm 方孔筛的筛余量%）不大于		50～80
质量密度		2.0～2.3
自然状态（排灰坑）	含水量（%）	40～60
	干密度（kg/m^3）	500～700
最大干密度（kg/m^3）		900～1000
最佳含水量（%）		45～50
液限含水量（%）		55～60
比表面积：透气法（cm^2/g）		2000～3500
颜　色	干　燥	灰白、浅灰
	潮　湿	灰、灰褐

注：本表选自《钢渣石灰类道路基层施工及验收规范》(CJJ35—1990)。

（7）用于道路基层做混合料的混合料

混合料的回弹模量值（MPa）见表 2.4.4.1-4 和表 2.4.4.1-5。

混合料的回弹模量值（MPa）　表 2.4.4.1-4

类别	龄期（月）			
	1	2	3	4
钢渣石灰粉煤灰	2000～3000	2500～4000	3000～4000	4000～4800
钢渣石灰土	1000～2000	1200～2200	1500～2500	3000～3500
钢渣石灰	400～800	600～2000	800～2500	1000～3000

混合料回弹模量建议值（MPa）　表 2.4.4.1-5

类别	龄期
	28d（20℃湿治）
钢渣石灰粉煤灰	500～600
钢渣石灰土	350～450
钢渣石灰	250～350

注：本表选自《钢渣石灰类道路基层施工及验收规范》（CJJ35—1990）。

（8）表列子项

1）委托单位：提请委托试验的单位，按全称填写。

2）工程名称：按施工企业和建设单位签订的施工合同的工程名称或图注的工程名称，照实际填写。

3）施工部位：按试配申请委托单上提供的使用部位填写。

4）混合料名称：指实际采用的混合料名称，照实际采用的混合料名称填写。

5）水泥或石灰剂量：指混合料中设计要求的水泥或石灰剂量。

6）水泥种类及等级：指混合料中的水泥的种类及强度等级。

7）石灰种类及氧化物含量（%）：指混合料中石灰种类及其氧化物含量。

8）拌合方法：指道路基层混合料的拌合方法。

9）养护方法：指道路基层混合料的养护方法。

10）塑性指数：指道路基层混合料中土的塑性指数。

11）制模日期：指道路基层混合料试样的实际制模成型日期。

12）要求龄期：指道路基层混合料试样的要求龄期，照实际要求的龄期填写。

13）要求试验日期：指道路基层混合料试样的要求试验日期，照实际要求的试验日期填写。

14）试件编号：由试验室按收作试件的时间依序编号或施工现场按试件制作时间依序的编号。

15）成型后试件测定：

①试件重量（g）：指混合料试件的重量，照实际混合料试件重量填写。

②试件高度（mm）：指混合料试件的高度，照实际混合料试件高度填写。

③湿密度（g/cm^3）：指混合料试件的湿密度，照实际混合料试件湿密度填写。

④含水量（%）：指混合料试件的含水量，照实际混合料试件含水量填写。

⑤干密度（g/cm^3）：指混合料试件的干密度，照实际混合料试件干密度填写。

16）试件编号：由试验室按收作试件的时间依序编号或施工现场按试件制作时间依序的编号。

17）饱水前试件重量（g）：试件成型后未经饱和处理时的重量。

18）饱水后测定：试件成型后经饱和处理后的重量。

①试件重量（g）：试件成型后经饱和处理后的试件重量。

②试件高度（mm）：试件成型后经饱和处理后的试件高度。

③湿密度（g/cm^3）：试件成型后经饱和处理后的湿密度。

④含水量（%）：试件成型后经饱和处理后的含水量。

⑤干密度（g/cm^3）：试件成型后经饱和处理后进行干密度测定的干密度值。

⑥破坏时最大压力（kN）：试件成型后经饱和处理后测试时的破坏时的最大压力。

19）强度值（MPa）：

①单值：指混合料试件实际试验的单块试件的强度值，照单块实际的试验结果填写。

②平均值：指每组混合料试件的实际试验强度的平均值，照每组实际的试验结果的平均值填写。

（9）责任制：

1）施工项目技术负责人：指负责该单位工程项目经理部级的技术负责人，签字有效。

2）审核：指承接某项试验的具有相应资质的试验单位的专业技术负责人。签字有效。

3）计算：指试验单位的试验计算人。签字有效。

4）试验：指试验单位的参与试验的人员。签字有效。

5）报告日期：指报告实际发出的日期，按年、月、日填写。

2.4.4.2　水泥混凝土、工业废料或钢渣等混合料现场复试报告

实施要点如下：

（1）水泥混凝土、钢渣等混合料现场复试报告资料表式、资料要求、实施要点按2.4.4.1中水泥、石灰、粉煤灰混合料现场复试报告表式执行。

（2）用于道路基层做混合料的钢渣

1）钢渣的化学成分（见表2.4.4.2-1）。

钢渣的化学成分　　**表2.4.4.2-1**

渣期		成分（%）								备注
		SiO_2	CaO	MgO	Al_2O_3	MnO	FeO	Fe_2O_3	P_2O_5	S	
前期渣	25～30	35～45	5～15	2～6	0～7	5～15		1～2	～0.5	转炉
前期渣	20～30	20～33	4～10	1～12	2～10	15～35	1～5	0.5～5	～0.1	平炉
后期渣	10～30	25～60	2～15	2～10	0～15	5～40	1～7	1～5	～0.2	转炉
后期渣	13～34	21～50	7～20	4～10	0.5～10	8～15	1～7	0.5～4	～0.2	平炉

注：本表选自《钢渣石灰类道路基层施工及验收规范》（CJJ35—1990）。

2）钢渣的力学性质（见表2.4.4.2-2）

钢渣的物理力学性质　　**表2.4.4.2-2**

类别	性能			
	松密度 kg/m^3	质量密度 kg/m^3	吸水率（%）	压碎值（%）
平炉混合钢渣	1500～1800	3.3～3.5	1.28～3.42	<28
转炉混合钢渣	1500～1800	3.3～3.6	0.54～3.16	<26

注：本表选自《钢渣石灰类道路基层施工及验收规范》（CJJ35—1990）。

3）渣块的冻融性能（见表 2.4.4.2-3）

钢渣的冻融性能　　**表 2.4.4.2-3**

渣类组数	每组试件数	冻融次数	融化温度	冻结温度	质量损失率（%）			崩裂情况
					平均值	其中最大	其中最小	
陈渣 3 组	5	15	20℃	−20℃	0.71	1.26	0.00	无异常变化

注：本表选自《钢渣石灰类道路基层施工及验收规范》（CJJ35—1990）。

2.4.4.3　沥青混合料现场复试报告

1. 资料表式

沥青混合料压实度（蜡封法）试验记录　　**表 2.4.4.3-1**

施工单位：

工程名称						试样类型					
试件编号	日期	桩号（部位）	试样质量（g）	试样加蜡质量（g）	试样加蜡于水中质量（g）	石蜡密度（g/cm³）	石蜡质量（g）	石蜡体积（cm³）	试样密度（g/cm³）	标准密度（g/cm³）	压实度（%）

参加人员	监理（建设）单位	施工单位			
		项目技术负责人	专职质检员	工长	记录

2. 资料要求

（1）沥青混合料压实度（蜡封法）试验记录必须满足设计和施工规范的有关技术要求。

（2）有见证取样试验要求的必须进行见证取样、送样试验。见证取样在备注中说明。

（3）混合料试验报告单的试验编号必须填写。

（4）混合料试（检）验报告中的品种、类别应齐全。

3. 实施要点

（1）蜡封称重法适用于形体不规则的块状试件测定其单位密度，对沥青混合料面层测定其压实后的实际密度，以检验碾压密度达到的程度。

（2）沥青混合料压实度取样数量按标准规定执行。

（3）沥青混凝土标准密度测定方法

(300kg/cm² 压力成型法与马歇尔稳定度仪击实成型法)

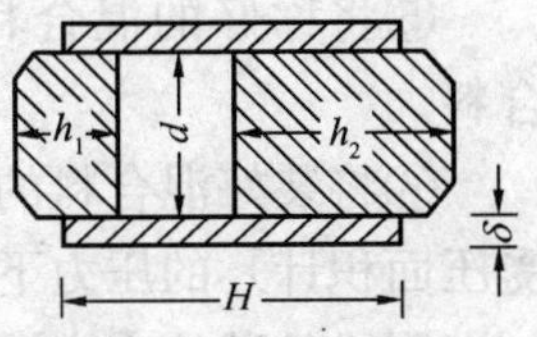

图 2.4.4.3-1 沥青混凝土试模

A 沥青混合料拌制和试件制备

1) 试验仪具

①试验室用小型沥青混合料拌合机(或用小铁锅炒拌);

②沥青混凝土试模:试模如图 2.4.4.3-1。它由一中空圆柱体,上下两压头所组成。试模尺寸,根据组成沥青混凝土混合料中骨料最大粒径尺寸规定见表 2.4.4.3-2;

③烘箱;

④压力机(或成能试验机)。

2) 试件制备方法

表 2.4.4.3-2

混合料名称	试模尺寸(mm)					试样面积 (cm²)
	d	H	h_1	h_2	δ	
砂技沥青混合料	50.5	130	40	80	10	20
细粒(或中粒)式沥青混合料	71.4	170	50	80	12	40
中粒和粗粒式沥青混合料	101.0	180	50	90	12	80

①按沥青混合料组成的设计方法所计算的配合比数据,称取各种矿质骨料倾于拌合机(或金属拌合锅)内,加热至 150～160℃(根据所用沥青筒度决定)。

同时,将已脱水的沥青加热至 140～150℃(根据沥青筒度确定)。

②将加热好的沥青按配合比中需要的沥青用量,逐渐加入不断搅拌的骨料中,待拌匀后最后洒入预先加热好的石粉。

继续拌合骨料与沥青使其均匀为止(约拌 10～15min)。

③自烘箱中取出预先擦干净、加热至 140～150℃、与骨料最大尺寸相适应的试模,将其内部及两压头涂以润滑剂,将下承压轴置于模中。为保证当模子压实时,上下承压轴能对自由移动,下承压轴应垫一垫圈,使承压头突出模底口 2～3cm。

④称取已拌合好的沥青混合料,每个试件所需混合料重可按下式计算确定:

$$q=\frac{\rho \cdot \pi \cdot d^2 \cdot h}{4}$$

式中 q——每个试件的混合料用量(g);

d——模子内径(cm);

h——试件高度(cm);

ρ——沥青混合料的质量密度(g/cm³)。

通常沥青混合料按质量密度 $\rho=2.25\text{g/cm}^3$。每个沥青混合料试件所需混合料,用量应符合表 2.4.4.3-3 的规定。

沥青混合料试件所需混合料用量 表 2.4.4.3-3

试模内径 (mm)	试件高度 (mm)	混合料质量 (g)
50.5	50	220
71.4	70	610
101.4	101	1760

⑤将称好的混合料均匀地装入试模中，用捣棒捣实，最后用上承压头轻轻挤入混合料。

⑥将装好混合料的试模装于压力机（或万能机）上，逐渐压实，在 30MPa（按试样受压面积计）的压力下保持 3min 后卸荷，用脱模机将试件推出。

制成的试件高度误差不得大于±1mm。如混合料试件高度相差过大，可用下式重新计算用量：

$$q = q_0 \cdot \frac{h}{h_0}$$

式中　q——混合料应有的用量（g）；

q_0——试制试件的混合料实际用量（g）；

h——试件的要求高度（mm）；

h_0——试制试件的实际高度（mm）。

凡试件上下两面不平行，或有缺角及其他缺陷者，均不得作为测定技术性质试验之用。

B　沥青混凝土标准密度测定

1）试验仪具：

静水力学天平。

2）试验方法：

①将标准压实下制备的试样，在制成 4h 后，即当温度将等于室温（18～20℃）时，在静水天平上称量其在空气中的质量为 m，（精确至 0.01g）；

②同一试样在温度 20℃±1℃的水中称量其质量为 m_2（须于试样在盛有水的烧杯中，停止冒出气泡以后进行）。

3）试验结果计算和精确度：

沥青混凝土的标准密度按下式计算：

$$\rho_m = \frac{m_1}{m_1 - m_2}$$

式中　ρ_m——沥青混合料标准密度；

m_1——沥青混合料试样在空气中的质量（g）；

m_2——沥青混合料试样在水中的质量（g）。

以两次平行试验测定值的平均数作为标准密度值。若两次平行试验测定值的差值，大于 0.02g/cm^3，应重新试验。

C　沥青混合料试件的制备

沥青混合料试件的制备，也可采用马歇尔稳定度仪，按照规定用击实锤击实制得。它测定沥青混合料的热稳性和抗塑性流动的性能——稳定度和流值。沥青混合料中矿料的最大粒径应不大于 25mm。

1）试验仪具

①马歇尔试验仪见图 2.4.4.3-2。

a. 加荷设备：一台。最大荷载约为 3000kg。加荷时，用马达或人工驱动，垂直变形速度为 50±5mm/min（人工操作，每秒钟转动摇把二次）。

b. 应力环：一个，安装固定在加荷设备的框架与加荷压头之间，容量约 3000kg，精确度为 10kg，下部圆柱形头将荷载传递给加荷压头；中间装有百分表。

c. 加荷压头：一副，由上下两个圆弧形压头组成，曲度半径为 50.8mm。下弧形压头固定在一圆形钢板上，并附有二根导棒；上弧形压头附有球座和两个导孔。当两个压头扣在一起时，下压头导棒恰好穿入压头的导孔内，并能使上压头圆滑地上下移动。

d. 钢球：一个，直径 16mm，试验时放置在球座上。

e. 流直计：一个，由导向套管和流值表组成，供测量试件在最大荷载时的变形。试验时导向套管安装在下压头的棒上。流值表的分度为 0.01cm。

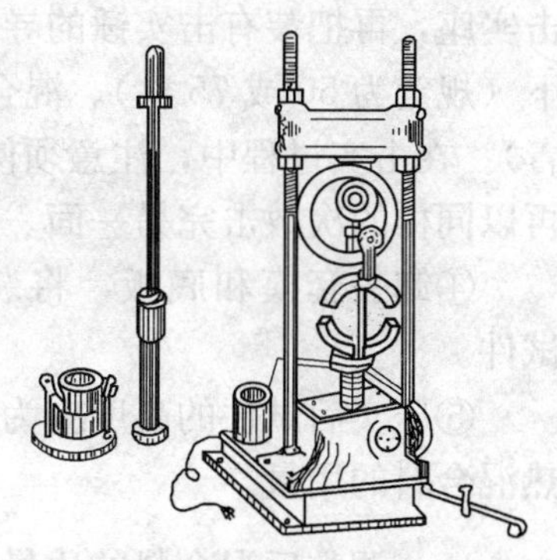

图 2.4.4.3-2　马歇尔试验仪

②试模：三组，每组包括内径 101.6mm，高 87mm 的圆筒及套环和底板各一个。

③击实锤：1～2 副，每副包括 4.53kg 锤，平圆形击实座，带扶手的导向棒各一个，金属锤须能从 45.7cm 的高度沿着导向棒自由落下。

④击实台：一架，一般用 4 根型钢把 20cm×20cm×20cm 的木墩固定在混凝土板上，木墩上面放置一块 30cm×30cm×2.5cm 的钢板，也可以用其他型式的击实台，但产生效果应一致。

⑤脱模器。

⑥电烘箱：二台，大中型各一台，附有温度调节器。

⑦拌合设备：人工拌合采用拌盘（锅或盆）和铁铲等，或采用能保温的试验室用小型拌合机。

⑧恒温水槽：一个，附有温度调节器，容积最少能同时放置一组（至少三个）试件。

⑨其他：电炉或煤气炉、沥青溶化锅，台秤（容量 5kg 以上）、筛子、温度计（200℃）、刀子、滤纸、手套、水桶、蜡笔、记录纸等。

2）试验准备

①将过筛、洗净的石料及砂和石粉等置于 105～110℃的烘箱中干燥至恒重，并测定各种矿料和沥青材料的相对密度、矿料组成。

②将沥青材料脱水、加热至 120～150℃（根据沥青的种类和标号选择），各种矿料置烘箱中加热至 140～160℃后备用。

将全套试模、击实座等置于烘箱中加热至 130～150℃后备用。

3）试件制备

①按照各种矿料在混合料中所占的配合比例，称出一组（3～4 个）或一个试件所需要的材料，置于拌盘（锅）或拌合机中。并继续加热、拌匀、摊开，然后加入需要数量的热沥青，迅速地拌合均匀，并使混合料保持在温度为 130～140℃（石油沥青）或 90～110℃（煤沥青）的范围内。

②称取拌好的混合料（以四分法取一份）约 1200g，通过铁漏斗注入垫有一张滤纸的热试模中，并用热刀沿周边插捣 15 次，中间 10 次。

③将装好混合料的试模放在击实台上，再垫上一张滤纸，加盖预热（130～150℃）的

击实座，再把装有击实锤的导向棒插入击实座内，然后将击实锤从 45.7cm 的高度自由落下（规定为 50 或 75 次）。混合料的击实温度不得低于 110℃（石油沥青）或 70℃（煤沥青）。在击实过程中，注意须使导向棒垂直于试模的底板。试件击实一面后，将试模倒置，再以同样的次数击完另一面。

④卸去套模和底板，将装有试件的试模放置在冷水中 2min 后，置脱模器上取出试件。

⑤压实后试件的高度应为 6.35±0.13cm。如试件高度不符合要求时，可按下式调整热混合料的用量。

$$\text{调整后混合料的质量}=\frac{6.35\times\text{所用混合料质量}}{\text{所得试件的高度}}$$

⑥将试件仔细地放在平滑的台面上，在室温下静置过夜后，测量其高度及质量密度。

制备渣油混合料的各项温度，参照石油沥青的要求可酌情降低。

4）试验方法

①量测试件的高度：用卡尺量取试件的高度，至少要取圆周等分 4 个点的平均值为试件的高度值，准确至 0.01cm。

②测定试件的质量密度：先在天秤上称量试件在空气中的质量，然后称其在水中的质量（如试件空隙率较大时应采用蜡封法），准确至 0.01g，并按下列两式任选用一式计算试件的重量密度。

$$\rho_{\mathrm{m}}=\frac{m}{m-m_1}\rho_w \text{ 或 } \rho_{\mathrm{m}}=\frac{m}{m_2-m_3-(\frac{m_2-m_3}{d_{\mathrm{p}}})}\rho_{\mathrm{w}}$$

式中　ρ_{m}——试件实测质量密度（g/cm^3）；

m——试件在空气中质量（g）；

m_1——试件在水中质量（g）；

m_2——蜡封后试件在空气中质量（g）；

m_3——蜡封后试件在水中质量（g）；

d_{p}——蜡的相对密度；

ρ_{w}——常温水的质量密度（$1g/cm^3$）。

③测定试件的稳定度：

a. 将测定密度后的试件置于 60±1℃（石油沥青）或 37.8±1℃（煤沥青）的恒温水槽保持最少 30min。

b. 将上下压头内面拭净，必要时在导棒上涂以少许机油，使上压头能自由滑动，从水槽中取出试件在下压头上，再盖上上压头，然后放到加荷设备上。

c. 将流值计安装在外侧导棒上，使导向套管轻轻地压往上压头，同时调整流值表对准零。

d. 在上压头的球座上放妥钢球，并对准应力环下的压头，然后调整应力环中的百分表对准零。

e. 开动加荷设备，使试件承受荷载，加荷速度为 50±5mm/s。当达到最大荷载的瞬间，读取应环中百分表的读数，并同时取下流值计，读记流值表的数值。

f. 从恒温水槽中取试件，到测出最大荷载值，不应超过 30s。

g. 测定试件浸水后的稳定度。

将测定密度后的试件置 60±1℃（石油沥青）或 37.8±1℃（煤沥青）的恒温水中保持 48h 然后测定其稳定度。

5）试验结果整理和计算

①试件的稳定度和流值

a. 根据应力环标定曲线，将应力环中百分表的读数换算为荷载值，即试件的稳定度，以 kg 计。

b. 流值计中的读数，即为试件的流值，以 0.01cm 计。

c. 如试件高度与要求高度出入较大，则稳定度须按表 2.4.4.3-4 所列修正系数加以修正。

②试件理论质量密度

试件的理论质量密度按下式计算：

$$\rho_t = \frac{100 + W_a}{\frac{W_1}{d_1} + \frac{W_2}{d_2} + \cdots\cdots \frac{W_n}{d_n} + \frac{W_a}{d_a}} \cdot \rho_w$$

式中　ρ_t——试件理论质量密度（g/cm³）；

$W_1 \cdots\cdots W_n$——各种矿料配合比（%）矿料总和为 100%；

$d_1 \cdots\cdots d_n$——各种矿料相对密度；

ρ_w——常温水的密度（g/cm³）；

W_a——沥青的用量，以干矿料的百分率计（%）；

d_a——沥青的相对密度。

试件高度修正系数表　　表 2.4.4.3-4

试件体积（cm³）	试件高度范围（cm）	修正系数
444～456	5.47～5.62	1.25
457～470	5.63～5.80	1.19
471～482	5.81～5.94	1.14
483～495	5.95～6.10	1.09
496～508	6.11～6.26	1.04
509～522	6.27～6.44	1.00
523～535	6.45～6.60	0.96
536～546	6.61～6.73	0.93
547～559	6.74～6.89	0.89
560～573	6.90～7.06	0.86
574～585	7.07～7.21	0.83
586～598	7.22～7.37	0.81

③试件中沥青的体积百分率

试件的沥青体积百分率按下式计算：

$$V_a = \frac{W_a \times \rho_m}{d_a}$$

式中　V_a——沥青体积百分率（%）；

W_a——沥青用量（%）；

d_a——沥青相对密度；

ρ_m——试件实测质量密度（g/cm³）。

④试件的空隙率

试件的空隙率按下式计算：

$$V_v = (1-\frac{\rho_m}{\rho_t}) \times 100\%$$

式中　V_v——试件空隙率（%）；

ρ_m——实测质量密度（g/cm³）；

ρ_t——理论质量密度（g/cm³）。

⑤试件中矿料的空隙率

试件矿料空隙率按下式计算：

$$V_m = V_a + V_v$$

式中　V_m——试件中矿料空隙率（%）；

V_a——试件中沥青体积百分率（%）；

V_v——试件空隙率（%）。

⑥试件的饱和度

试件饱和度按下式计算：

$$V_{fa} = \frac{V_a}{V_a + V_v} \times 100\%$$

式中　V_{fa}——试件饱和度（%）；

V_a——试件中沥青体积百分率（%）；

V_v——试件空隙率（%）。

⑦试件的马歇尔模数

试件的马歇尔模数计算

$$T = \frac{S}{P}$$

式中　T——试件的马歇尔模数$\left(N/\frac{1}{100}\text{cm}\right)$；

S——试件稳定度（N）；

P——试件流值，1/100cm。

⑧试件的残留稳定度

试件残留稳定度按下式计算：

$$S_0 = \frac{S_2}{S_1} \times 100\%$$

式中　S_0——试件残留稳定度（%）；

S_1——试件稳定度（N）；

S_2——试件浸水 48h 后稳定度（N）。

（4）蜡封法现场测定沥青混合料压实质量密度

1）仪器设备

表 2.4.4.3-5

沥青混合料稳定度试验记录

混合料种类： 沥青种类、标号： 沥青相对密度 试验日期： 年 月 日

矿料用量、相对密度 捣实温度： ℃；锤击次数：两面各 次

试件编号	沥青用量（%）	试件厚度（cm）	空中质量（g）	水中质量（g）	饱干和质面量（g）	体积（cm^3）		密度（g/cm^3）				沥青体积百分率①～⑧	空隙率	粒料间空隙率⑫－⑬（%）	饱和度⑫/⑭（%）	稳定度（N）				流值（1/100）（cm）	马歇尔模数（$N/\frac{1}{100}cm$）	备注
						③－④	⑤－④	实际密度③/⑥	饱和面干密度⑤/⑦	干体积密度③/⑦	理论密度	$d_a \times \rho_w$（%）	$〔①-\frac{⑧}{⑪}〕\times 100$（%）			测力计读数（1/100）（mm）	折算稳定度（N）	修正系数	稳定度（N）			
	①	②平均	③	④	⑤	⑥	⑦	⑧	⑨	⑩	⑪	⑫	⑬	⑭	⑮	⑯	⑰	⑱	⑲	⑳	㉑	㉒

①台秤：秤量 10kg，感量 5g；

②石蜡；

③细绳：(质轻、均匀、拉强)；

④其他：试验用的盘、刷、盛水桶、电炉等。

2）操作步骤

①将路面上打下的试件（以 15cm～20cm 正方体为宜）清除底部与基层粘连的部分，修正试件体形，用刷子细心刷去试件上分散的颗粒及尘土；

②秤出试件质量为 m；

③将石蜡加热至熔点呈液化状，用细线系住于试件浸入石蜡中，使试件表面覆盖一薄层严密的石蜡（以防止水浸入为度），如蜡模上有气泡，需用热针刺破，再用石蜡填充针孔，涂平孔口；

④待蜡试件冷却后，称质量为 m_1；

⑤将蜡封试件的细绳系于台秤一端，使其浸浮在盛水桶内，注意试件不要接触桶壁，称出蜡封试件在水中质量为 m_2；

⑥同一试件进行 2～3 次平行试验，取其算术平均值。

3）计算公式：

$$\rho=\frac{m}{\dfrac{(m_1-m_2)}{\rho_w}-\dfrac{(m_1-m)}{\rho_n}}=(\mathrm{g/cm^3,kg/m^3})$$

式中　ρ_w——试验用水的质量密度，采用 1g/cm^3；

ρ_n——试验用的石蜡的质量密度，采用 0.92g/cm^3。

4）直接称重法：

当试件表面较密实时，可用直接称重法，即不须涂覆石蜡但操作方法同上。

计算公式：

$$\rho=\frac{m}{m_1-m_2}=(\mathrm{g/cm^3,\ kg/m^3})$$

式中　m_2——不涂石蜡的试件在水中的质量。

（5）沥青面层施工质量控制

施工过程中材料质量检查的内容与要求　　表 2.4.4.3-6

材　料	检　查　项　目	检查频度：高速公路、一级公路 城市快速路、主干路	检查频度：其他公路与城市道路
粗骨料	外观（石料品种、扁平细长颗粒、含泥量等）	随时	随时
	颗粒组成	必要时	必要时
	压碎值	必要时	必要时
	磨光值	必要时	必要时
	洛杉矶磨耗值	必要时	必要时
	含水量	施工需要时	施工需要时
	松方单位重	施工需要时	施工需要时

续表

材　料	检　查　项　目	检查频度	
		高速公路、一级公路 城市快速路、主干路	其他公路与 城市道路
细骨料	颗粒组成 含水量 松方单位重	必要时 施工需要时 施工需要时	必要时 施工需要时 施工需要时
矿　粉	外观 <0.075mm 含量 含水量	随时 必要时 必要时	随时 必要时 必要时
石油沥青	针入度 软化点 延度 含蜡量	每100t　1次 每100t　1次 每100t　1次 必要时	每100t　1次 必要时 必要时 必要时
煤沥青	黏度	每50t　1次	每100t　1次
乳化沥青	黏度 沥青含量	每50t　1次 每50t　1次	每100t　1次 每100t　1次

注：1. 表列内容是在材料进场时已按“批”对材料进行了全面检查的基础上，日常施工过程中质量检查的项目与要求；

2.“必要时”是指施工企业、监理、质量监督部门、业主等各个部门对其质量发生怀疑，提出需要检查时，或是指根据需要商定的检查制定。

3. 乳化沥青是指沥青在含有乳化剂的水溶液中，经机械搅拌使沥青微粒子分散而形成的沥青乳液。

沥青面层施工过程中工程质量的控制标准　　表 2.4.4.3-7

路面类型	项　目	检查频度	质量要求或允许偏差（单点检验）		试验方法
			高速公路、一级公路 城市快速路、主干路	其他等级公路 与城市道路	
沥青表面处治及贯入式路面	外观	随时		骨料嵌挤密实，沥青撒布均匀，无花白料 接头无油包	目测
	骨料撒布量	不少于1～2次/日		符合本规范附录D的规定	按相应施工长度的实际用量计算
	沥青撒布量	不少于1～2次/日		符合本规范附录D的规定	按相应施工长度的实际用量计算
	沥青撒布温度	每车1次		符合本规范5.5.1的规定	温度计测量

续表

<table>
<tr><th rowspan="2">路面类型</th><th rowspan="2" colspan="2">项　目</th><th rowspan="2">检查频度</th><th colspan="2">质量要求或允许偏差（单点检验）</th><th rowspan="2">试验方法</th></tr>
<tr><th>高速公路、一级公路
城市快速路、主干路</th><th>其他等级公路
与城市道路</th></tr>
<tr><td rowspan="10">热拌沥青混合料路面</td><td colspan="2">外观</td><td>随时</td><td colspan="2">表面平整密度，不得有轮迹、裂缝、推挤、油丁、油包、离析、花白料现象</td><td>目测</td></tr>
<tr><td colspan="2">接缝</td><td>随时</td><td colspan="2">紧密平整、顺直、无跳车</td><td>目测、用3m直尺测量</td></tr>
<tr><td>施工温度</td><td>出厂温度
摊铺温度
碾压温度</td><td>不少于1次/车
不少于1次/车
随时</td><td colspan="2">符合本规范7.2.3的规定</td><td>温度计测量</td></tr>
<tr><td colspan="2">矿料级配：与生产设计标准级配差
方孔筛　圆孔筛
0.075mm　0.075mm
≤2.36mm　≤2.5mm
≥4.75mm　≥5.0mm</td><td>每台拌合机
1次或2次/日</td><td>±2%
±6%
±7%</td><td>±2%
±7%
±8%</td><td>拌合厂取样，用抽提后的矿料筛分，应至少检查0.075mm、2.36mm、4.75mm、最大骨料粒径及中间粒径等5个筛孔，中间粒径宜为：细、中粒式为9.5mm（圆孔10），粗粒式为13.2mm（圆孔15）</td></tr>
<tr><td colspan="2">沥青用量（油石比）</td><td>每台拌合机
1次或2次/日</td><td>±0.3%</td><td>±0.5%</td><td>拌合厂取样，离心法抽提（用射线法沥青含量测定仪随时检查）</td></tr>
<tr><td colspan="2">马歇尔试验：
稳定度
流值
密度、空隙率</td><td>每台拌合机
1次或2次/月</td><td colspan="2">符合本规范表7.3.1的规定</td><td>拌合厂取样成型试验</td></tr>
<tr><td colspan="2">浸水马歇尔试验</td><td>必要时</td><td colspan="2">符合本规范表7.3.1的规定</td><td>拌合厂取样成型试验</td></tr>
<tr><td colspan="2">压实度</td><td>每2000m² 检查1次，1次不少于钻1个孔</td><td>马歇尔试验密度的96%
试验段钻孔密度的99%</td><td>马歇尔试验密度的95%
试验段钻孔密度的99%</td><td>现场钻孔（或挖坑）试验（用核子密度仪随时检查）</td></tr>
<tr><td colspan="2">抗滑表层①
构造深度</td><td>不少于1次/日</td><td colspan="2">符合设计要求</td><td>砂铺法（手工或电动）</td></tr>
</table>

注：1. 构造深度根据设计需要决定是否检测，且只对表层测定。
2. 表中的本规范指《沥青路面施工及验收规范》(GB 50092—1996)。

沥青面层交工检查与验收质量标准（城市道路）　　表 2.4.4.3-8

路面类型	检查项目		检查频度（每一幅车行道）	质量要求或允许偏差		试验方法
				城市快速路、主干路	其他城市道路	
沥青表面处治 沥青贯入式路面	外观		全线		密度，不松散	目测
	厚度①	代表值	每 5000m² 1点		表处 −8mm	挖坑
			每 5000m² 1点		贯入 −15mm	
		极 值	每 5000m² 1点		表处 −8mm	挖坑
			每 5000m² 1点		贯入 −15mm	
	平整度	标准差	全线连续		表处 4.5mm	3m 平整度仪
			全线连续		贯入 3.5mm	
		最大间隙	每 200m 2处，各连续 10 尺		表处 10mm	3m 直尺
			每 200m 2处，各连续 10 尺		贯入 8mm	
	宽度	有侧石	每 100m 2个断面		±3cm	用尺量
		无侧石	每 100m 2个断面		不小于设计宽度	用尺量
	纵断面高程		每 100m 2个断面		±20mm	水准仪
	横坡度		每 100m 2个断面		±0.4%	水准仪
	沥青用量		每 5000m² 1点		±0.5%	抽提
	矿料用量		每 5000m² 1点		±5%	抽提后筛分
沥青混凝土 沥青碎石路面	面层总厚度①	代表值	每 4000m² 1点	−8mm	−10mm	钻孔
		极 值	每 4000m² 1点	−15mm	−15mm	钻孔
	上面层厚度①	代表值	每 4000m² 1点	−4mm		钻孔
		极 值	每 4000m² 1点	−8mm	2.6mm	3m 平整度仪
	平整度	标准差	全线连续	2.0mm	5mm	3m 直
	（最大间隙）		每 1km 10处，各连续 10 尺		±3cm	用尺量
	宽度	有侧石	每 100m 2个断面	±2cm	不小于设计宽度	用尺量
		无侧石	每 100m 2个断面		±20mm	水准仪
	纵断面高程		每 100m 5个断面	±15mm	±0.4%	水准仪
	横坡度		每 100m 5个断面	±0.3%	±0.5%	钻孔后抽提
	沥青用量		每 4000m² 1点	±0.3%	符合设计级配	抽提后筛分
	矿料级配		每 4000m² 1点	符合设计级配	94%（98%）	钻孔取样法
	压实度②	代表值	每 4000m² 1点	95%（98%）	符合设计要求	贝克曼梁
	弯沉③		全线每 20m 1点	符合设计要求	符合设计要求	自动弯沉仪
			全线每 5m 1点	符合设计要求		
	抗滑表层④				符合设计要求	
	构造深度		每 100m 2点	符合设计要求	符合设计要求	砂铺法（手工或电动）
	摩擦系数摆值		每 100m 5点	符合设计要求	符合设计要求	摆式仪
	横向力系数 μ		全线连续	符合设计要求	符合设计要求	横向力摩擦系数测定车

注：①城市快速路、主干路面层除验收总厚度外，尚须验收上面层厚度；

②表中压实度以马歇尔试验密度为标准密度，当以试验段密度为标准密度时，压实度标准采用括弧中的值；

③弯沉可选用贝克曼梁或自动弯沉仪测试，测试时间由设计规定，无规定时实测记录；

④抗滑表层的摩擦系数摆值或横向力系数根据设计需要决定是否检测，测试时间由设计规定；

⑤各项指标应按单个测值评定，有关代表值的计算应按《沥青路面施工及验收规范》(GB 50092—1996) 规范附录 F 式 F.0.3 及表 F.0.3 进行。

⑥表中的本规范指《沥青路面施工及验收规范》(GB 50092—1996)。

(6) 表列子项

1) 施工单位：指建设与施工单位合同书中的施工单位，签字有效。

2) 工程名称：按施工企业和建设单位签订的施工合同的工程名称或图注的工程名称，照实际填写。

3) 试样类型：指混合料的组成类型，如悬浮密实型混合料、骨架密实型混合料、密实型混合料等。

4) 试件编号：指在制作沥青混合料试件时的编号，照实际编写填写。

5) 日期：指试件的制作日期。

6) 桩号：指制作试件所在的桩号（部位）位置。

7) 试件质量：指试件的重量，按制作时所定的实测值填写。

8) 试样加蜡质量：指试件加蜡密封后在空气中的质量。

9) 试样加蜡于水中质量：指试件加蜡密封后在水中的质量。

10) 石蜡密度（g/cm^3）指试样实际的单位体积重量以 g/cm^3 计。

11) 石蜡质量：指试样封蜡的重量。

12) 石蜡体积：指试样封蜡的蜡的体积以 cm^3 计。

13) 试样密度（g/cm^3）：指试样实际的单位体积重量以 g/cm^3 计。

14) 标准密度（g/cm^3）：指在标准压实下制备的试件，在制成4h后，即当温度将等于室温（18～20℃）时，在静水天平上称量其在空气中的质量为 m_1；同一试样在温度20℃±1℃的水中称量其质量为 m_2（须于试样在盛有水的烧杯中，停止冒出气泡以后进行。以下式计算的结果为沥青混合料标准密度。试样标准方法试验得到的质量密度以 g/cm^3 计。

$$P_m = \frac{m_1}{m_1 - m_2}$$

15) 压实度（%）：指试样试验的实际压实度，照试验结果填写。

16) 参加人员：

①监理（建设）单位：指监理单位的专业监理工程师，签字有效。当不委托监理时由建设单位的项目负责人签字。

②施工单位：指与该工程签订施工合同的法人施工单位。

③专业技术负责人：指施工单位的项目经理部级的专业技术负责人，签字有效。

④专职质检员：负责该单位工程项目经理部级的专职质检员，签字有效。

⑤试验：指该项工程的施工试验人。

⑥工长：指该项工程的单位工程技术负责人。

2.4.5　混凝土预制构件、管材、管件、钢结构构件等试验汇总

1. 资料表式

构（管）件试（检）验报告汇总表（通用）

工程名称：

序号	名称规格品种	生 产 厂 家	进 场		合格证编 号	复试报告日 期	试验结论	主要使用部位及有关说明
			数量	时间				
填表单位：		审核：				制表：		

注：本表除有名称对象的构（管）件试（检）验报告汇总表外均用此表进行合格证、试验报告汇总。

2. 资料要求

（1）构（管）件试（检）验报告汇总表应按施工过程中依序形成的某原材料试（检）验报告按以上表式经核查后全部逐一汇总不得缺漏。

（2）各种不同材料的检验必须按相关现行标准要求进行。材料检验的试验单位必须具有相应的资质，不具备相应资质的试验室出具的材料试验报告无效。

3. 实施要点

构（管）件试（检）验报告汇总表是指核查用于工程的各种构（管）件的品种、规格、数量，通过汇总对某种乃至全部构（管）件达到检查核对的目的。

（1）本表适用于混凝土预制构件、管材、管件、钢结构构件等上述构（管）件均应进行整理汇总。

（2）构（管）件试（检）验报告的整理汇总按工程进度为序进行，如地基基础、主体工程等；

（3）某种构（管）件的品种、规格，应满足设计要求的品种、规格要求，否则为构（管）件试（检）验报告不全。由核查人判定是否符合该要求。

（4）汇总应对以下内容进行核查

1）有见证取样试验要求的必须进行见证取样、送样试验。实行见证取样和送样，试验室必须在试验报告单的适当位置注明见证取样人的单位、姓名和见证资质证号。对必须实行见证取样、送样的试验报告单上不注有见证取样人单位、姓名和见证资质证号的试验报告单，按无效试验报告单处理。

2）出厂合格证采用抄件或影印件时应加盖抄件（注明原件存放单位及钢材批量）或影印件单位章，经手人签字。抄（影）件不加盖公章和经手人不签字为不符合要求。

3）凡执行见证取样、送样的材料均必须有出厂合格证和试验报告（双试）。材料使用以复试报告为准。试验内容必须齐全且均应在使用前取得。

4）材料试验报告品种类别不全为不符合要求，材料应做不作试验为不符合要求。试验结论与使用品种、强度等级等不符为不符合要求。使用材料与规范及设计要求不符为不符合要求。

（5）表列子项

1）合格证编号：指应汇总构（管）件出厂合格证上的编号，照原合格证上的合格证编号名称填写。

2）复试报告日期：指应汇总批抽样复试的构（管）件试（检）验报告的发出时间，照原复试报告上日期填写。

3）主要使用部位及有关说明：指应汇总批构（管）件主要使用在何处及需要说明的事宜。

2.4.5.1　混凝土预制构件试验汇总表

混凝土预制构件试验汇总表按构（管）件试（检）验报告汇总表（通用）资料表式、资料要求、实施要点执行。

2.4.5.2　管材试验汇总表

管材试验汇总表按构（管）件试（检）验报告汇总表（通用）资料表式、资料要求、实施要点执行。

2.4.5.3　管件试验汇总表

管件试验汇总表按构（管）件试（检）验报告汇总表（通用）资料表式、资料要求、实施要点执行。

2.4.5.4　钢结构构件试验汇总表

钢结构构件试验汇总表按构（管）件试（检）验报告汇总表（通用）资料表式、资料要求、实施要点执行。

2.4.6 混凝土预制构件、管材、管件、钢结构构件、木构件等出厂合格证书和相应的施工技术文件

2.4.6.1 混凝土预制构件出厂合格证书和相应的施工技术文件

1. 资料表式

预制钢筋混凝土梁、板、墩、柱出厂合格证

生产厂名称					
工程名称			构件名称		
构件尺寸			构件编号		
混凝土浇筑日期		构件出厂日期		养护方法	
混凝土设计强度		构件出厂强度			
混凝土配合比	水泥	砂	石子	水	外掺剂
主筋型号、种类		直径		试验编号	
预应力筋型号、种类		标准抗拉强度		试验编号	

预应力钢筋编号	张拉方式	张拉控制应力 MPa		压力表读数 MPa		孔道累计转角	孔道长度 m	钢材弹性模量	孔道偏差系数	孔道摩阻系数	计算伸长值△L	实测伸长值
		设计	实际	A端	B端	(rad)		E	K	μ	(mm)	(mm)

张拉机具编号	A端	千斤顶		油泵		压力表	
	B端						
构件质评定等级							
备注				单位盖章			

生产单位（盖章）： 技术负责人： 质检员： 年 月 日

2. 实施要点

（1）本表适用于预制钢筋混凝土梁、板、墩、柱出厂合格证。表内相关技术质量要求应填写齐全。

（2）预制钢筋混凝土梁、板、墩、柱出厂合格证应按工程进度为序，按品种、规格分别整理。

（3）某种预制钢筋混凝土梁、板、墩、柱出厂合格证的整理，其品种、规格、数量应满足设计要求。性能质量应满足相应标准质量要求。

（4）相应的施工技术资料是指合同双方约定的厂家提供产品在施工中需执行的相关技

术要求，应按合同要求提供，不得缺漏。

（5）构件出厂合格证的数量，应与该工程的使用数量相符，不符的为不符合要求。

2.4.6.2　管材出厂合格证书和相应的施工技术文件

实施要点

（1）管材出厂合格证书和相应的施工技术资料，当提供的合格证及相关施工技术资料表式尺寸符合施工技术资料整理规定的可直接办理入卷。当提供的合格证及相关施工技术资料表式尺寸不符合施工技术资料整理规定的可按原材料合格证粘贴表（通用）表2.4.2.1的要求办理。

（2）管材出厂合格证的数量，应与该工程的使用数量相符，不符的为不符合要求。

2.4.6.3　管件出厂合格证书和相应的施工技术文件

实施要点

（1）管件出厂合格证书和相应的施工技术资料，当提供的合格证及相关施工技术资料表式尺寸符合施工技术资料整理规定的可直接办理入卷。当提供的合格证及相关施工技术资料表式尺寸不符合施工技术资料整理规定的可按原材料合格证粘贴表（通用）表2.4.2.1的要求办理。

（2）管件出厂合格证的数量，应与该工程的使用数量相符，不符的为不符合要求。

2.4.6.4　钢结构构件出厂合格证书和相应的施工技术文件

1. 资料表式

钢构件出厂合格证

工程名称：

委托单位：　　　　　　　　　　　　合格证编号：

名称（型号）	构件规格	数量	生产日期	采用图集	钢材质量			钢材规格			重要构件探伤报告编号	质量评定等级	出厂日期	备注
					屈服强度 N/mm^2	抗拉强度 N/mm^2	延伸率%	设计	实际	合格证或复试单编号				
使用及运输注意事项														

生产单位（盖章）：　　　　　　技术负责人：　　　　　　质检员：　　　　　年　　月　　日

2. 实施要点

（1）钢构件出厂合格证是指钢构件生产厂家提供的质量合格证明文件。

（2）钢构件出厂合格证应包括生产厂家、工程名称、合格证编号、合同编号、设计图纸的种类、构件类别和名称、型号、代表数量、生产日期、结构试验评定、承载力、拱度。

(3) 构件出厂合格证必须物、证相符，表列各项内容填写齐全。

(4) 成品、半成品的合格证均必须齐全，并符合设计要求。

(5) 重要构件应填写实际测试的探伤报告单编号。

(6) 物证不符和子项填写不全的为不符合要求。

(7) 钢构件应提供合格的焊接质量检查报告，重要构件应有实测的探伤报告单，报告单必须填写试验编号，否则为不符合要求。

(8) 构件出厂合格证的数量，应与该工程的使用数量相符，不符的为不符合要求。

(9) 构件合格证，需有产品生产许可证编号及许可证批准日期，否则为不符合要求。

(10) 构件进场应抽检，必要时可全数检查，先外观检察后检查合格证的有关指标，必须符合要求，否则为不合格。

(11) 表列子项

1) 采用图集：填写国、省、市及其他标图，或现制图的图号及图集号。

2) 钢材质量：分别填写屈服强度、抗拉强度、延伸率均照提供该批材料的出厂合格证或复试报告填写。

3) 钢材规格：分别按设计图纸上的规格和实际使用的规格填写并填写该批钢材的合格证或复试报告编号。

4) 质量评定等级：按生产厂家的“质量评定结果”填写（合格或不合格）。

2.4.6.5 木构件（门窗）合格证

1. 资料表式

木构件（门窗）合格证

工程名称：

委托单位：　　　　　　　　　　　　　　合格证编号：

名称（型号）	规格 宽×高	数量	生产日期	采用图集	材质等级		含水率（%）		质量评定等级	出厂日期	备注
					规定	实际	规定	实际			
使用及运输注意事项											

生产单位（盖章）：　　　　　技术负责人：　　　　　质检员：　　　　　年　　月　　日

2. 实施要点

(1) 木构件合格证

1) 木构件合格证是指木构件生产厂家提供的质量合格证明文件。

2) 木构件出厂合格证应包括生产厂家、工程名称、合格证编号、合同编号、设计图纸的种类、构件类别和名称、型号、代表数量、生产日期、结构试验评定、承载力、拱度。

3) 构件合格证必须物、证相符，表列各项内容应填写齐全。

4）成品、半成品的合格证必须齐全，符合设计要求。

5）重要构件应填写实际测试的探伤报告单，试验报告单编号。

6）物证不符和子项填写不全的为不符合要求。

7）构件出厂合格证的数量，应与该工程的使用数量相符，不符的为不符合要求。

8）构件合格证，需有产品生产许可证编号及许可证批准日期，否则为不符合要求。

9）构件进场应抽检，必要时可全数检查，先进行外观检查，然后检查合格证的有关指标，有关指标必须符合要求，否则为不合格。

（2）门窗合格证

1）门窗合格证是指由生产厂家提供的质量合格证明文件。

2）包括木门窗、铝合金、塑料门窗等。

3）门窗合格证中应包括生产厂家、工程名称、合格证编号、生产许可证编号、委托单位、质量验收、构件类别和名称、型号、代表数量、生产日期、采用的图集号、出厂日期、材质等级、木材含水率等子项，并有生产单位技术负责人、质检员签字，加盖生产公章。

4）门窗出厂必须有出厂合格证及物理性能试验报告，且合格证中的数量必须与构件进场数量相符，特种门还应有生产许可证复印件。取得生产厂家提供的合格证及相应附件，并经核实符合规定后，方可在工程上使用。

5）门窗生产厂家必须是取得资质证书的厂家。

6）门窗进场时应进行抽查检验，必要时可进行全数检查。对不符合质量要求者应经施工单位技术负责人会同有关人员及时进行处理。

（3）表列子项

1）材质等级：分别填写该批材料的规定材料质量和实际实测材料质量。

2）含水率：规定含水率按《木结构工程施工质量验收规范》（GB 50206—2002）填写，实际含水率按生产厂的实测值填写。

2.4.7　厂站工程的成套设备、预应力混凝土张拉设备、各类地下管线井室设施、产品等汇总表

1. 资料表式

厂站设备、设施、产品等汇总表（通用）

工程名称：

序号	设备或产品名称	生产厂家	进　场		合格证编　号	复试报告日　期	完好程度	有关说明
			数量	时间				
填表单位：			审核：			制表：		

注：本表除有名称对象的厂站设备、设施、产品等汇总外均用此表进行合格证、试验报告汇总。

2. 资料要求

(1) 厂站设备、设施、产品等汇总应按施工过程中依序形成的资料，经核查后全部逐一汇总不得缺漏。

(2) 各种不同厂站设备、设施、产品等汇总时，对设备、设施、产品进行检验的试验单位必须具有相应的资质，不具备相应资质的试验室出具的复试报告无效。

(3) 汇总应对以下内容进行核查

1) 有见证取样试验要求的必须进行见证取样、送样试验。对试验报告不注有见证取样人单位、姓名和见证资质证号的试验报告单，按无效试验报告单处理。

2) 出厂合格证采用抄件或影印件时应加盖抄件（注明原件存放单位）或影印件单位章，经手人签字。抄（影）件不加盖公章和经手人不签字为不符合要求。

3) 凡执行见证取样、送样的材料均必须有出厂合格证和试验报告（双试）。使用以复试报告为准。试验内容必须齐全且均应在使用前取得。

3. 实施要点

厂站设备、设施、产品等汇总是指核查用于工程的各种厂站设备、设施、产品等的品种、规格、数量，通过汇总对某种乃至全部厂站设备、设施、产品等汇总达到便于检查的目的。

(1) 本表适用于厂站设备、设施、产品等汇总，厂站设备、设施、产品等汇总按工程进度为序进行。

(2) 某种厂站设备、设施、产品等的品种、规格，应满足设计要求的品种、规格要求，否则为厂站设备、设施、产品等汇总不全。由核查人判定是否符合该要求。

(3) 表列子项

1) 合格证编号：指应汇总批的厂站设备、设施、产品等合格证上的编号，照原合格证上的合格证编号名称填写。

2) 复试报告日期：指应汇总批抽样复试的厂站设备、设施、产品等的发出时间，照原复试报告上日期填写。

3) 有关说明：指应汇总批的厂站设备、设施、产品等，主要使用在何处及需要说明的事宜。

2.4.7.1　厂站工程的成套设备汇总表

厂站工程的成套设备汇总表的资料表式、资料要求、实施要点按厂站设备、设施、产品等汇总表（通用）要求执行。

2.4.7.2　预应力混凝土张拉设备汇总表

预应力混凝土张拉设备汇总表的资料表式、资料要求、实施要点按厂站设备、设施、产品等汇总表（通用）要求执行。

2.4.7.3　各类地下管线井室设施汇总表

各类地下管线井室设施汇总表的资料表式、资料要求、实施要点按厂站设备、设施、产品等汇总表（通用）要求执行。

2.4.7.4　产品汇总表

产品汇总表的资料表式、资料要求、实施要点按厂站设备、设施、产品等汇总表（通用）要求执行。

2.4.8　厂站工程的成套设备、预应力混凝土张拉设备、各类地下管线井室设施、产品等出厂合格证书及安装使用说明

实施要点

（1）厂站工程的成套设备、预应力混凝土张拉设备、各类地下管线井室设施、产品等出厂合格证书及安装使用说明，当提供的合格证及相关施工技术资料表式尺寸符合施工技术资料整理规定的可直接依序办理入卷。当提供的合格证及相关施工技术资料表式尺寸不符合施工技术资料整理规定的可按原材料合格证粘贴表（通用）表 2.4.2.1 的要求办理。

（2）厂站工程的成套设备、预应力混凝土张拉设备、各类地下管线井室设施、产品等出厂合格证书及安装使用说明，相关技术质量要求应齐全、完整。

（3）厂站工程的成套设备、预应力混凝土张拉设备、各类地下管线井室设施、产品等出厂合格证书及安装使用说明应按工程进度为序，按品种、规格分别整理。厂站工程的成套设备、预应力混凝土张拉设备、各类地下管线井室设施、产品等出厂合格证书及安装使用说明，其品种、规格、数量应满足设计要求，性能质量应满足相应标准质量要求。

（4）出厂合格证书及安装使用说明应按合同双方约定的厂家提供产品在施工中需执行的相关技术要求，应按合同要求提供，不得缺漏。出厂合格证的数量，应与该工程的使用数量相符，不符的为不符合要求。

2.4.8.1　厂站工程的成套设备出厂合格证书及安装使用说明

厂站工程的成套设备出厂合格证书及安装使用说明的实施要点按厂站工程的成套设备、预应力混凝土张拉设备、各类地下管线井室设施、产品等出厂合格证书及安装使用说明要求执行。

2.4.8.2　预应力混凝土张拉设备出厂合格证书及安装使用说明

预应力混凝土张拉设备出厂合格证书及安装使用说明的实施要点按厂站工程的成套设备、预应力混凝土张拉设备、各类地下管线井室设施、产品等出厂合格证书及安装使用说明要求执行。

2.4.8.3　各类地下管线井室设施出厂合格证书及安装使用说明

各类地下管线井室设施出厂合格证书及安装使用说明的实施要点按厂站工程的成套设备、预应力混凝土张拉设备、各类地下管线井室设施、产品等出厂合格证书及安装使用说明要求执行。

2.4.8.4　产品出厂合格证书及安装使用说明

产品出厂合格证书及安装使用说明的实施要点按厂站工程的成套设备、预应力混凝土

张拉设备、各类地下管线井室设施、产品等出厂合格证书及安装使用说明要求执行。

2.4.9　设备开箱检验报告

1. 资料表式

设备开箱检验记录（通用）　　**表 C4-3**

<table>
<tr><td colspan="2">工程名称</td><td colspan="3"></td><td colspan="2">部位（或单位）工程</td><td></td></tr>
<tr><td colspan="2">设备名称</td><td colspan="3"></td><td colspan="2">型号、规格</td><td></td></tr>
<tr><td colspan="2">系统编号</td><td colspan="3"></td><td colspan="2">装箱单号</td><td></td></tr>
<tr><td>设备检查</td><td colspan="4">1. 包装
2. 设备外观
3. 设备零部件
4. 其他</td><td colspan="2">检查结果</td><td></td></tr>
<tr><td>技术文件检查</td><td colspan="4">1. 装箱单　份　张
2. 合格证　份　张
3. 说明书　份　张
4. 设备图　份　张
5. 其他</td><td colspan="2">检查结果</td><td></td></tr>
<tr><td>存在问题及处理意见</td><td colspan="7">检查人员：　　年　月　日</td></tr>
<tr><td rowspan="3">参加人员</td><td>监理（建设）单位</td><td>设计单位</td><td>专业单位</td><td colspan="4">施　工　单　位</td></tr>
<tr><td rowspan="2"></td><td rowspan="2"></td><td rowspan="2"></td><td colspan="2">专业技术负责人</td><td>质检员</td><td>记　录</td></tr>
<tr><td colspan="2"></td><td></td><td></td></tr>
</table>

2. 资料要求

（1）主要设备进场时应进行开箱检验并有检验记录。

（2）提供的设备出厂合格证所证明的材质和性能应符合设计和规范要求。

（3）市政基础设施用主要设备属进口设备时必须具有商检证明（国家认证委员会公布的强制性认证［CCC］产品除外）中文质量合格证明文件，规格、型号及性能检测报告以及中文版的安装，维修，使用，试验要求等技术文件。进场时应做检查验收，并经监理工程师核查确认。

3. 实施要点

（1）对设备检验的要求：设备在安装前必须开箱检验、外观检验及试验并做好记录。

（2）主要器具和设备必须有完整的安装使用说明书。在运输、保管和施工过程中，应采取有效措施防止损坏或腐蚀。

（3）设备的开箱检验

1）设备开箱检查由安装单位、供货单位或建设单位共同进行，并做好检查记录；应按照设备清单、施工图纸及设备技术资料，核对设备本体及附件、备件的规格、型号是否符合设计图纸要求；附件、备件、产品合格证件、技术文件资料、说明书是否齐全。

2）主要检查项目应包括：

①外包装检查：检查标记，箱体外包装是否牢固，起吊位置、表面保护层等外观有无损伤。

②内包装和外观检查：检查购货卡的情况，防雨防潮措施，防震措施，层间的隔离情况，主要部件、设备主体及材料的外观情况，密封有无损坏现象。

③数量检查：主要清点电梯设备、附机附件、备品备件、随机工具、图纸有关技术资料。

④品质检查：设备的品质检查应根据出厂品质试验标准，并参考国家标准。设备内部检查：电气装置及元器件、绝缘瓷件应齐全，无损伤、裂纹等缺陷；对检查出现的问题应由参加方共同研究解决。

⑤检查设备外露部分各加工面的防锈情况，是否发生明显的变形或严重锈蚀、碰伤等，如有上述情况应会同有关单位研究处理。

3）根据设备装箱清单，核对相关部位与安装如地脚螺栓孔中心距，法兰直径、方位及中心距、中心标高等的主要安装尺寸是否与设计相符。

（4）设备随机技术文件主要包括：

1）装箱单；

2）产品合格证书；

3）设备本体应附图纸及安装图；

4）安装说明书；

5）使用维修说明书；

6）电气接线图

7）安装试验说明书；

8）设备原理图及其符号说明书（设计有要求时）；

9）备品备件目录。

（5）表列子项

1）设备检查：指开箱检验设备应检查的四项内容，分别填写检查内容的检查子项。

2）检查结果：指开箱检验设备检查四项内容的检查结果。

3）技术文件检查：指开箱检验设备技术文件的应检查内容，分别填写检查内容的检查子项。

4）检查结果：指开箱检验设备检查内容的检查结果。

5）存在问题及处理意见：按检查发现的存在问题和处理意见填写。

2.5 施工试验记录

2.5.1 砂浆、混凝土试块强度、钢筋（材）焊接、机械连接、填土、路基强度试验等汇总

2.5.1.1 砂浆试块强度试验汇总表

1. 资料表式

砂浆试块强度试验汇总表

单位工程名称： 共 页 第 页

序号	试验编号	制作日期	部位名称	砂浆强度		达到设计强度（%）	备注
				设计要求	试验结果		

施工项目技术负责人： 质检员： 填表人： 年 月 日

2. 资料要求

（1）砂浆试块强度试验报告汇总表按施工过程中依序形成的砂浆试块强度试验报告表式经核查后全部汇总不得缺漏。

（2）砂浆试块强度试验汇总表按经有相应资质的试验单位出具的试验报告单并按工程进度依序统计汇总，当混凝土试块留置数量符合标准规定时为符合要求。

3. 实施要点

砂浆试块强度试验报告汇总表是指单位工程中砂浆试块试验报告的整理汇总表，以便于核查砂浆强度是否符合设计要求。

（1）合格证、试验报告的整理顺序按工程进度为序进行整理。

（2）砂浆的品种、强度等级、规格应满足设计要求的品种，否则为合格证、试验报告不全。由核查人判定是否符合要求。

（3）统计汇总时，应核查砂浆试块提供的品种、数量是否符合设计和规范规定，对不符合设计和规范要求的应予说明。

（4）表列子项

1）单位工程名称：按施工企业和建设单位签订的施工合同中的单位工程名称或图注的单位工程名称，照实际填写。

2）序号：指砂浆试块强度试验汇总表的序号。

3）试验编号：指用于砂浆的水泥、砂子、外加剂等的原试验报告编号。

4）制作日期：指砂浆的试块制作日期，应依序汇总。

5）部位名称：指汇总砂浆试件用于工程的部位，照试验报告的部位填写。

6）砂浆强度：指每组砂浆试块的平均强度。试验结果栏照原砂浆试块试验报告单上的砂浆试块的平均强度填写，设计要求按施工图设计的砂浆强度要求填写。

7）达到设计强度（%）：指实测强度与设计强度之比。

8）备注：填写需要说明的其他事宜。

9）施工项目技术负责人：指负责该单位工程项目经理部级的技术负责人，签字有效。

10）质检员和填表人：指施工单位的项目经理部级的质检员和资料员（一般为填表人），填写资料人员姓名。

2.5.1.2 混凝土试块强度评定汇总表

1. 资料表式

混凝土强度（性能）试验汇总表

工程名称： 施工单位：

工程部位及编号	设计要求强度等级（压、折、渗）	试验编号	养护条件	龄期（d）	抗压强度（N/mm^2）	抗折强度（N/mm^2）	抗渗等级	强度值偏差及处理情况

施工项目技术负责人：＿＿＿＿ 质检员：＿＿＿＿ 制表人：＿＿＿＿ 年 月 日

2. 资料要求

（1）混凝土试块强度试验报告汇总表应按施工过程中依序形成的以上表式经核查后全部汇总不得缺漏。

（2）混凝土试块强度试验报告汇总表按经有相应资质的试验单位出具的试验报告单并按工程进度依序统计汇总，当混凝土试块留置数量符合标准规定时为符合要求。

3. 实施要点

混凝土试块强度试验报告汇总表是指核查用于工程的各种品种、强度等级、数量，通过汇总达到便于检查的目的。

（1）混凝土试块强度试验报告汇总表的整理按工程进度为序进行。

（2）各种品种、强度等级、数量的混凝土试件应满足设计要求，否则为合格证、试验报告不全。由核查人判定是否符合该要求。

（3）统计汇总应进行如下核查：

1）混凝土强度按单位工程设计强度等级、龄期相同及生产工艺条件、配合比基本相同的混凝土为同一验收批，但验收批仅有一组试块时，其强度不低于 $1.15f_{cu.k}$。

2）用于检查结构构件混凝土强度的试件，应在混凝土的浇筑地点随机抽取。取样与试件留置应符合下列规定：

①每拌制 100 盘且不超过 $100m^3$ 的同配合比的混凝土，取样不得少于一次；

②每工作班拌制的同一配合比的混凝土不足 100 盘时，取样不得少于一次；

3）对有抗渗要求的混凝土结构，应在浇筑地点随机取样。同一工程、同一配合比的混凝土，取样不应少于一次，留置组数可根据实际需要确定。

4）商品混凝土，除在厂内按上述规定取样外，其混凝土运到现场后尚应按上述规定留置。

5）混凝土每组为 3 个试块，且应在同一盘混凝土中取样制作。

（4）表列子项

1）工程名称：按施工企业和建设单位签订的施工合同的工程名称或图注的工程名称，照实际填写。

2）施工单位：指建设与施工单位合同书中的施工单位，按填写施工单位名称。

3）工程部位及编号：指实际送检的混凝土试块用于工程的部位及混凝土试件的编号，照实际填写。

4）设计要求强度等级（压、折、渗）：指施工图设计标注的混凝土抗压、抗折强度及抗渗等级；

5）试验编号：指实验室收试试块时，实验室进行的试验编号。

6）养护条件：指施工过程中混凝土抗压、抗折、抗渗试件的养护条件。

7）龄期（d）：指混凝土试块试验报告标注的龄期。

8）抗压强度（N/mm^2）：指试验室试验后确认的混凝土抗压强度等级。

9）抗折强度（N/mm^2）：指试验室试验后确认的混凝土抗折强度等级。

10）抗渗等级：指试验室试验后确认的混凝土抗渗等级。

11）强度值偏差及处理情况：指每个单组试块所代表的工程部位，当强度出现偏差时的处理情况。

12）施工项目技术负责人：指负责该单位工程项目经理部级的技术负责人，签字有效。

13）质检员和填表人：指施工单位的项目经理部级的质检员和资料员（一般为填表

人），填写资料人员姓名。

2.5.1.3 钢筋（材）焊接、机械连接汇总表

1. 资料表式

焊接试（检）验报告、焊条（剂）合格证汇总表

工程名称：　　　　　　　　　　　　　　　　　　　　　　　　　　年　　月　　日

序号	报告类别	焊接类型	钢材品种和规格	出厂合格证编号	焊接试验报告			主要使用部位
					日期	编号	结论	

施工项目技术负责人：＿＿＿＿＿质检员：＿＿＿＿＿制表人：＿＿＿＿＿　　年　　月　　日

2. 实施要点

钢筋（材）焊接连接汇总表是指用于工程的各种焊接试（检）验报告、焊接材料的品种、规格、数量，通过汇总对某种乃至全部焊接试（检）验和焊接材料达到便于检查的目的。

（1）本表适用于钢筋（材）焊接连接的汇总。汇总整理按工程进度为序进行。

（2）钢筋（材）焊接连接的试（检）验报告和焊接材料的品种、规格，应满足设计要求的品种、规格要求，否则为原材料试（检）验报告不全。由核查人判定是否符合该要求。

（3）表列子项

1）合格证编号：指应汇总批焊接件出厂合格证上的编号，照原合格证上的合格证编号名称填写。

2）复试报告日期：指应汇总批抽样复试焊接件的复试报告的发出时间，照原复试报告上日期填写。

3）主要使用部位及有关说明：指应汇总批焊接件主要使用在何处及需要说明的事宜。

2.5.1.3-1 钢筋（材）焊接连接汇总表

钢筋（材）焊接汇总表按钢筋（材）焊连接汇总资料表式、实施要点执行。

2.5.1.3-2 钢筋（材）机械连接试验汇总表

钢筋（材）机械连接汇总表按钢筋（材）焊连接汇总资料表式、实施要点执行。

2.5.1.4 填土类土壤压实记录汇总表

1. 资料表式

填土类土壤压实记录汇总表

工程名称： 年 月 日

序 号	填土类别	取样位置	取样深度	压实度（%）	土壤试验报告			备 注
					日期	编号	结论	

施工项目技术负责人： 质检员： 填表人： 年 月 日

2. 实施要点

（1）本表适用于回填土类土壤压实记录汇总。汇总整理按工程进度为序进行。

（2）填土类土壤压实记录的压实度，应满足设计要求。由核查人判定是否符合要求。

（3）所汇总的填土类土壤压实记录必须具有见证取样、送样和监理工程师签批的压实记录单。

（4）表列子项

1）填土类别：指应汇总批的填土类土壤压实的填土类别。如灰土、粉煤灰等。

2）取样位置：指应汇总批的填土类土壤的分层的取样位置。

3）取样深度：指应汇总批的填土类土壤的分层的取样深度。

4）备注：指应汇总批填土类土壤的需要说明的其他事宜。

2.5.1.5 路基强度试验汇总表

1. 资料表式

路基强度试验汇总表

单位工程名称：

序号	试验编号	检测日期	检测桩号	取样位置	实测干密度	压实度（%）	备 注

施工项目技术负责人： 质检员： 制表人： 年 月 日

2. 实施要点

（1）本表适用于路基强度试验汇总。汇总整理按工程进度为序进行。

（2）路基强度试验汇总的压实度，应满足设计要求。由核查人判定是否符合要求。

（3）测试取样的检测桩号、取样位置、实测干密度、压实度（%）等汇总时应予核查。

（4）所汇总的路基强度试验汇总必须具有见证取样、送样和监理工程师签批的路基强度试验单。

（5）表列子项

1）检测桩号：指应汇总批的路基强度试验的检测桩号。

2）取样位置：指应汇总批的路基强度试验的分层的取样位置。

3）压实度：指应汇总批的路基强度试验汇总的实测的压实度。

4）备注：指应汇总批路基强度试验汇总中需要说明的其他事宜。

2.5.2　道路压实度、强度试验记录

2.5.2.1　土壤压实度试验及土质的最大干密度和最佳含水量试验报告

2.5.2.1-1　土壤压实度试验（环刀法）

1. 资料表式

土壤压实度试验记录

工程名称：________　施工单位：________

代表部位：________击实种类：________试验日期：________

取样桩号							
取样深度							
取样位置							
土样种类							
湿密度	环刀号						
	环刀+土质量（g）						
	环刀质量（g）						
	土质量（g）						
	环刀容积（cm³）						
	湿密度						
干密度	盒号						
	盒+湿土质量（g）						
	盒+干土质量（g）						
	水质量（g）						
	盒质量（g）						
	干土质量（g）						
	含水量（%）						
	平均含水量（%）						
	干密度（g/cm³）						
	最大干密度（g/cm³）						
	压实度（%）						
备注	1. 本试验经二次平行测定后，其平行差值不得大于规定。取其算术平均值。 2. 选用轻型击实或重型击实应按设计和规范要求执行。						

施工技术负责人：　　　　审核：　　　　试验：

2. 资料要求

(1) 土壤压实度试验，应有取样位置图，取点分布应符合设计和标准的规定。如干质量密度低于质量标准时，必须有补夯措施和重新进行测定的报告。

(2) 试验报告单的子目应齐全，计算数据准确，签证手续完备，鉴定结论明确。

(3) 土体试验报告单的压实度试验结果单体试件必须达到标准规定压实度的100%为合格。

(4) 有见证取样试验要求的必须进行见证取样、送样试验。见证取样在备注中说明。

(5) 回填工程没有压实度试验为不符合要求；虽经试验，但没有取样位置图或无结论，且试验结果不符合规范规定应为不符合要求。

(6) 回填工程无干土质量密度试验报告单或报告单中的实测数据不符合质量标准；土壤试验有"缺、漏、无"现象及不符合有关规定的内容和要求。该项目应定为不符合要求。

3. 实施要点

土壤击实试验报告是为保证工程质量，确定回填土的控制最小干密度，由试验单位对工程中的回填土（或其他夯实类土）的干密度指标进行击实试验后出具的质量证明文件。

(1) 压实是市政道路工程至关重要的施工工艺方法。压实是指对土或其他筑路材料施加动的或静的外力，以提高其密实度的作业。密实度是指土或其他筑路材料压实后的干密度与标准最大干密度之比，以百分率表示。压实可达到被压实材料强度大大增加、形变减少、渗透系数减少、稳定性增加的目的。

(2) 市政道路工程的压实度检查与测试采用现场实测方法进行。对企业施工现场试验条件不具备时，可由企业试验室或外协试验室协助完成。

(3) 土壤击实试验目的，是模拟工地压实条件，为确定土的最大干土质量密度及最优含水量，为工程设计提供初步的压实标准。击实试验是在一定夯击功能条件下，测定材料的含水量与干密度关系的试验。

(4) 市政道路工程取样规定

1) 路基

①路基土方：用环刀法每1000m^2，每层一组（3点）；

②路床：用环刀法每1000m^2，每层一组（3点）；

③路肩：用环刀法每100m^2点，每侧计1点。

2) 基层

①砂石基层：用灌砂法每1000m^2、1点，密度≥2.3t/m^3；

②碎石基层：用灌砂法每1000m^2、1点，密度：嵌缝时＞2.1t/m^3；不嵌缝时＞2.0t/m^3；

③贯入式碎石基层：用灌砂法每1000m^2、1点，密度：嵌缝时＞2.1t/m^3；不嵌缝时＞2.0t/m^3；

④石灰土类基层：用环刀法每1000m^2、1点，轻型击实压实度98%；重型击实压实度95%；

⑤石灰、粉煤灰类基层：用灌砂法每1000m^2、1点，轻型击实压实度98%；重型击

实压实度 95%。

(5) 路基土方含水量试验方法

土的含水量是土在 100～105℃下烘到恒重时所失去的水分质量和达恒重后干土质量的比值，以百分数表示。

本试验以烘干法为室内试验的标准方法。在野外如无烘箱设备或要求快速测定含水量时，可依土的性质和工程情况采用。

1) 仪器设备

本试验需用下列仪器设备：

①称量盒（定期调整为恒重值）；

②天平：称量 500g，感量 0.01g；

③酒精：纯度 96%以上；

④滴管、火柴、调土刀等。

2) 操作步骤

①取代表性试样（黏性土 2～5g，砂性土 20～30g）。放入称量盒内，立即盖好盒盖称量。称质量时，可在天平一端放上等质量的称量盒或盒等质量的砝码，称量结果即为湿土质量。

②用滴管将酒精注入放有试样的称量盒中，直至盒中出现自由液面为止。为使酒精在试样中充分混合均匀，可将盒底在桌面上轻轻敲击。

③点燃盒中酒精，烧至火焰熄灭。

④将试样冷却数分钟，按以上②、③步骤方法再重复燃烧两次。当第三次火焰熄灭后，盖好盒盖立即称干土质量。

⑤本试验称量应准确到 0.01g。

⑥按下式计算含水量：

$$W_0=\left(\frac{m_\omega}{m_d}-1\right)\times 100\%$$

式中　W_0——含水量（%）；

m_ω——湿土质量（g）；

m_d——干土质量（g）。

计算到 0.1%。

⑦本试验需进行二次平行测定，取其算术平均值。允许平行差值应符合表 2.5.2.1-1A 的规定。

含水量测定的平行差值　　**表 2.5.2.1-1A**

含　水　量　(%)	允许平行差值（%）
10 以下	0.5
40 以下	1
40 以上	2

⑧本试验记录格式见表 2.5.2.1-1B。

含 水 量 试 验 **表 2.5.2.1-1B**

工程名称 试验者

试验方法 计算者

试验日期 校核者

土样编号	土样说明	盒号	盒质量 (g)	盒+湿土质量 (g)	盒+干土质量 (g)	湿土质量 (g)	干土质量 (g)	含水量 (%)	平均值 (%)
12~6	粉质黏土	419				22.61	19.93	13.4	13.2
	(CI)	518				22.10	19.57	12.9	
12~7	黏　土	091				20.77	16.24	27.9	28.2
	(CH)	439				20.35	15.84	28.5	
12~8	黏　土	419				18.57	15.25	21.8	21.7
	(CH)	133				20.44	16.82	21.5	

(6) 路基土方质量密度试验方法

土的质量密度是土的单位体积质量。

本试验对一般黏质土，都应采用环刀法。如果土样易碎裂，难以切削，可用蜡封法。在现场条件下，对黏粒土，可用灌砂法和灌水法。环刀法如下：

1) 仪器设备

本试验需用下列仪器设备

①环刀：内径 6~8cm、高 2~3cm、壁厚 1.5~2mm；

②天平：称量 500g，感量 0.01g；

③其他：切土刀、钢丝锯、凡士林等。

2) 操作步骤

①按工程需要取原状土或制备所需状态的扰动土样，整平其两，将环刀内壁涂一薄层凡士林，刃口向下放在土样上。

②用切土刀（或钢丝锯）将土样削成略大于环刀直径的土柱。然后将环刀垂直下压，边压边削，至土样伸出环刀为止。将两端余土削去修平，取剩余的代表性土样测定含水量。

③擦净环刀外壁称质量。若在天平放砝码一端放一等质量环刀，可直接称出湿土质量。准确至 0.1g。

④按下式计算质量密度及干质量密度：

$$\rho_0 = \frac{M_\omega}{V} \qquad \rho_d = \frac{\rho_0}{1 + W_1}$$

式中 ρ_0——质量密度（g/cm^3）；

ρ_d——干质量密度（g/cm^3）；

M_ω——湿土质量（g）；

V——环刀容积（cm^3）；

W_1——含水量（%）。

计算至 0.01g/cm^3。

⑤本试验需进行二次平行测定，其平行差值不得大于 0.03g/cm^3，取其算术平均值。

⑥记录。本试验记录格式见表 2.5.2.1-1C。

质量密度试验（环刀法）　　**表 2.5.2.1-1C**

工程名称

编　　号　　　　　　　　　　试验者

土样说明　　　　　　　　　　计算者

试验日期　　　　　　　　　　校核者

试样编号	土样类别	环刀号	湿土质量(g)	体积(cm^3)	湿质量密度(g/cm^3)	干质量(g)	干质量密度(g/cm^3)	平均干质量密度(g/cm^3)
12～6	粉质土	106 33	92.7 93.2	64.34 64.34	1.44 1.49	81.7 82.2	1.27 1.28	1.28
12～7	黏质土	186 151	126.8 126.2	64.34 64.34		98.9 98.9	1.54 1.53	1.54
12～8	黏质土	158 85	125.6 126.7	64.34 64.34		103.2 104.0	1.61 1.62	1.62

（7）表列子项

1）工程名称：按施工企业和建设单位签订的施工合同的工程名称或图注的工程名称，照实际填写。

2）施工单位：指建设与施工单位合同书中的施工单位名称，填写施工单位名称。

3）代表部位：指土壤压实度试验试样所能代表的部位。

4）击实种类：指土壤压实度试验采取的击实方法。

5）试验日期：即实际试验日期，照实际试验日期填写。

6）取样桩号：指土壤压实度试验取样点所在桩位的编号，按实际的桩位编号填写，不得填写不定量词。

7）取样深度：指土壤压实度试验取样点的取样深度，按实际的取样深度填写。

8）取样位置：指土壤压实度试验取样点的取样位置，按实际的取样位置填写。

9）土样种类：指土壤压实度试验取样点的土样种类，按实际的土样种类填写。如粉土、粉质黏土等。

10）湿密度：

①环刀号：指土壤压实度试验试件用环刀的环刀号，该环刀号由生产厂家标定其环刀号的质量。

②环刀＋土质量（g）：指环刀质量加土质量，照实测的环刀质量加土质量填写。

③环刀质量（g）：指环刀质量，照实测的环刀质量填写。

④土质量（g）：指土质量，照实测的土质量填写。

⑤环刀容积（cm^3）：指取土环刀的体积。

⑥湿密度：指土壤压实度试验试件的湿密度。

11）干密度：指土壤压实度试验试件的干密度。

①盒号：指土壤压实度试验试件用盒的盒号，该盒号由生产厂家标定其盒号的质量。

②盒＋湿土质量（g）：指标定盒号的质量加湿土质量，照实测的盒质量加湿土质量填写。

③盒＋干土质量（g）：指盒质量加干土质量，照实测的盒质量加干土质量填写。

⑥水质量（g）：指水质量，照实测的水质量填写。

⑤盒质量（g）：指盒质量，照实测的盒质量填写。

⑥干土质量（g）：指干土质量，照实测的干土质量填写。

⑦含水量（%）：指土中的含水量，照实测值填写。

⑧平均含水量（%）：指土中的平均含水量，照实测值填写。

⑨干密度（g/cm^3）：指试件烘干的质量密度，照实际填写。

⑩最大干密度（g/cm^3）：由实验单位照实际测试结果的最大干密度值填写。

⑪压实度（%）：即土壤的压实程度。

12）备注：需要说明的事项，如土壤试验结果是否符合要求等。

2.5.2.1-2 土壤的最大干密度和最佳含水量试验报告

1. 资料表式

土壤最大干密度与最佳含水量试验报告

工程名称：________________ 取样日期：________________

取土地点：________________ 试验日期：________________

土壤种类：________________ 施工单位：________________

模筒体积（cm^3）							
试验次数		1	2	3	4	5	6
模筒＋湿土质量（g）							
模筒质量（g）							
湿土质量（g）							
土壤湿密度（g/cm^3）							
含水量之测定	铝盒号码						
	盒＋湿土质量（g）						
	盒＋干土质量（g）						
	铝盒质量（g）						
	水分质量（g）						
	干土质量（g）						
	含水量（g）						
	平均含水量（%）						
土壤干密度（g/cm^3）							

最大干密度________ g/cm^3 最佳含水量________ %

土壤干密度（g/cm^3）

含水量（%）

施工技术负责人： 审核： 试验：

2. 资料要求

（1）压实度试验的土壤最大干密度与最佳含水量试验，应有取样位置图，取点分布应符合设计和标准的规定。最大干土质量密度、最佳含水量等技术参数必须通过击实试验确定。

（2）有见证取样试验要求的必须进行见证取样、送样试验。见证取样在备注中说明。

（3）没有试验为不符合要求；虽经试验，但没有取样位置图或无结论，且试验结果不符合规范规定应为不符合要求。

（4）无干土质量密度试验报告单或报告单中的实测数据不符合质量标准；土壤试验有“缺、漏、无”现象及不符合有关规定的内容和要求。该项目应定为不符合要求。

3. 实施要点

（1）土壤的最大干密度和最佳含水量试验是击实试验必须进行的试验项目之一。击实试验是在一定夯击功能条件下，测定材料的含水量与干密度关系的试验。

（2）取样数量规定

1）石灰土类基层：用环刀法每 1000m^2、1 点，轻型击实压实度 98%；重型击实压实度 95%。

2）石灰、粉煤灰类基层：用灌砂法每 1000m^2、1 点，轻型击实压实度 98%；重型击实压实度 95%。

（3）路基土方最大干质量密度和最优含水量测定方法

该试验的目的是用规定的击实方法（轻型击实法和重型击实法），测定土的含水量与质量密度的关系，从而确定该土的最优含水量与相应的最大干密度。

击实仪的规格及主要技术性能　　**表 2.5.2.1-2A**

类别	击实仪名　称	锤底直径 cm	锤质量 kg	落高 cm	话筒尺寸			层数	每层锤击次数	击实方式	试料用量 kg	击实功 kj/m^3
					内径 cm	高 cm	容积 cm^3					
轻型	轻锤型	5.1	2.5	30.5	10.2	11.6	947	3	25	转圈	3	591.6
重型	重锤型	5.0	4.5	45	10.0	12.7	1000	5	27	转圈	3	2685.2

A. 轻型击实法

1）仪器设备

①轻型击实仪：（规格与技术性能见表 2.5.2.1-2A）

②天平：称量 200g、感量 0.01g；称量 2000g、感量 1g。

③台称：称量 10kg，感量 5g。

④筛：孔径 5mm。

⑤其他：铝盒、喷水设备、碾土器、盛土器、推土器、修土刀及保湿设备等。

2）试样准备

①将代表性的风干土或在低于 60℃温度下烘烤干的土样放在橡皮板上，用木碾碾散，过 5mm 筛拌匀备用，土量为 15～20kg。

②测定土样风干含水量，按土的塑限估计其最优含水量（一般较塑限约小 3%，对黏性土约小 6%）依次相差约 2%，即其中有两个大于和两个小于最优含水量。准备五个不同含水量的土样，所需加水量可按下式计算：

$$M_w = \frac{M_0}{(1+W_1)} \times (W_1 - W_0)$$

式中 M_w——土样所需的加水量（g）；

M_0——含水量 W_0 时土样的质量（g）；

W_0——土样已有的含水量（%）；

W_1——要求达到的含水量（%）。

③按预定含水量制备试样称取土样。每个约 2.5kg，分别平铺于一不吸水的平板上，用喷水设备往土样上均匀喷洒预定的水量，拌合均匀后，密封的盛器内（或塑料袋内）浸润备用。浸润时间对高塑性黏土（CH）不得少于一昼夜，对低塑性土（CL）可酌情缩短，也不应少于 12h。

3）操作步骤

①将击实仪放在坚实地面上，取制备好的试样 600～800g 倒入筒内，整平其表面，并用圆木板稍加压紧，然后按附表 4.1 规定的击实次数进行击实。击实时击锤应自由铅直落下，落高也按附表 2.5.2.1-2A 调试正确，锤迹必须均匀分布于土面。然后安装套环，把土面刨成毛面，重复上述步骤进行第二层及第三层的击实，击实后超出击实筒的余土高度不得大于 6mm。

②用修土刀沿套环内壁削挖后，扭动并取下套环，齐筒顶细心削平试样，拆除底板，如试样底面超出筒外亦应削平。擦净筒外壁，称质量，准确至 1g。

③用推土器推出击实筒内试样，从试样中心处取 2 个各约 15～20g 土测定其含水量。计算至 0.1%，其平行误差不得超过 1%。

④按①～③步骤进行其他不同含水量试样的击实试验。

4）计算及制图

①按下式计算击实后各点的干质量密度：

$$\rho_d = \frac{\rho_0}{1 + W_1} \quad \text{（计算至 0.01g/cm}^3\text{）}$$

式中 ρ_d——干质量密度（g/cm³）；

ρ_0——湿质量密度（g/cm³）；

W_1——含水量（%）。

②以干质量密度为纵坐标，含水量为横坐标，绘制干质量密度与含水量的关系曲线，曲线上峰值点的纵、横坐标分别表示土的最大质量干密度和最优含水量。

B. 重型击实法

1）仪器设备

①重型击实仪：（规格与技术性能见表 2.5.2.1-2A）

②天平：称量 200g、感量 0.01g；称量 2000g、感量 1g。

③台称：称量 10kg，感量 5g。

④筛：孔径 5mm。

⑤其他：铝盒、喷水设备、碾土器、盛土器、推土器、修土刀及保湿设备。

2）试样准备

与轻型击实法相同。

3）操作步骤

击实仪的锤质量为 4.5kg，落高 45cm。分五层、每层 27 锤击次数（见表 2.5.2.1-2A）。

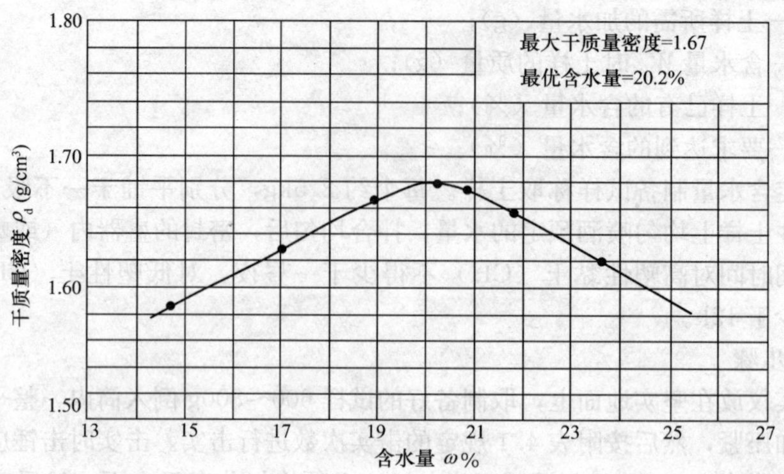

图 2.5.2.1-2A　含水量与干密度关系曲线（ρ_d-W_1）

其他操作程序均与轻型击实法相同。

4）计算与制图

与轻型击实法相同。

(4) 石灰土及石灰类混合料最大干质量密度和最优成型试验方法

石灰稳定类材料压得愈密实其强度愈高，但要碾压到要求的压实度，除应具一定的碾压机械效能外，石灰类混合料中需要有适当的含水量。过湿、过干均不能达到要求的压实度。本试验的目的是用规定的击实方法，测定石灰土及石灰类混合料的含水量与质量密度的关系，从而确定其最大干质量密度与相应的成型含水量。

本试验适用于石灰土及掺入一定比例的碎（砾）石，天然砂砾或工业废渣等石灰类混合料。并按其不同粒径选择击实仪具。

击实仪的规格及主要技术性能　　**表 2.5.2.1-2B**

<table>
<tr><th rowspan="2">击实仪名称</th><th rowspan="2">锤底直径(cm)</th><th rowspan="2">锤质量kg</th><th rowspan="2">落高cm</th><th colspan="3">试筒尺寸</th><th rowspan="2">击实分层</th><th rowspan="2">每层击实次数</th><th rowspan="2">击实方法</th><th rowspan="2">试样用料kg</th><th rowspan="2">最大粒径mm</th><th rowspan="2">击实功kJ/m³</th></tr>
<tr><th>直径cm</th><th>高cm</th><th>容积cm³</th></tr>
<tr><td rowspan="3">小型击实仪</td><td rowspan="3">7.0</td><td rowspan="3">2.5</td><td rowspan="3">30</td><td rowspan="3">5.0</td><td rowspan="3">5.0</td><td rowspan="3">100
(98.1)</td><td rowspan="3">1</td><td>砂性土
30次</td><td rowspan="3">定点
击实</td><td rowspan="3">1</td><td rowspan="3">2</td><td>2205</td></tr>
<tr><td>粉性土
35次</td><td>2512.5</td></tr>
<tr><td>黏性土
40次</td><td>2940</td></tr>
<tr><td rowspan="2">重击锤实型仪</td><td>5.0</td><td>4.5</td><td>45</td><td>10</td><td>12.7</td><td>997</td><td>5</td><td>27</td><td>转圈</td><td>3</td><td>25</td><td>2685.2</td></tr>
<tr><td>5.1</td><td>4.5</td><td>45.7</td><td>15.2</td><td>11.6</td><td>2104</td><td>5</td><td>56</td><td>转圈</td><td>5</td><td>38</td><td>2682.2</td></tr>
</table>

表中小型击实仪适用于试料最大粒径为 2mm 的石灰土。重锤型击实仪适用于石灰土及石灰类混合料。当试料中粒径大于 5mm 的颗粒含量不超过 30%；且最大允许粒径为 25mm 时采用小击实筒（容积 997cm³）。当试料中粒径大于 5mm 的颗粒含量超过 30%，且最大允许粒径为 38mm 时采用大击实筒（容积为 2104cm³）。

C. 小型击实仪击实法

1）仪器设备（见图 2.5.2.1-2B）

①容积 100cm³ 击实仪一套；（规格与技术性能见表 2.5.2.1-2B）；

②天平：称量 200g，感量 0.01g；称量 500g，感量 0.1g。

③筛：筛孔 2mm；

④其他：铝盒，喷水设备，碾土器，盛土器，推土器，修土刀及保湿设备。

2）试样准备

将土捣碎，通过 2mm 筛孔，选取 1.5～2.0kg 的土样，测其含水量，换算成干质量，按照设计的石灰剂量准确掺入熟石灰，并仔细拌匀。加入稍低于按经验估计的最优含水量（略比素土大 1%～3%），再充分拌匀备用。

3）试验步骤

将两半圆试筒 3（见图 2.5.2.1-2B）用少许煤油涂抹后，合拢起来放入底座 1 内，继将垫板 9 放入，拧紧螺丝 2，然后套上套筒 4，将折合干质量约 200g 的混合料装入套筒内，盖上活塞 5，插入：导杆 7 和夯锤 6，将锤提高到手柄下，自 30cm 高度处落下，将试

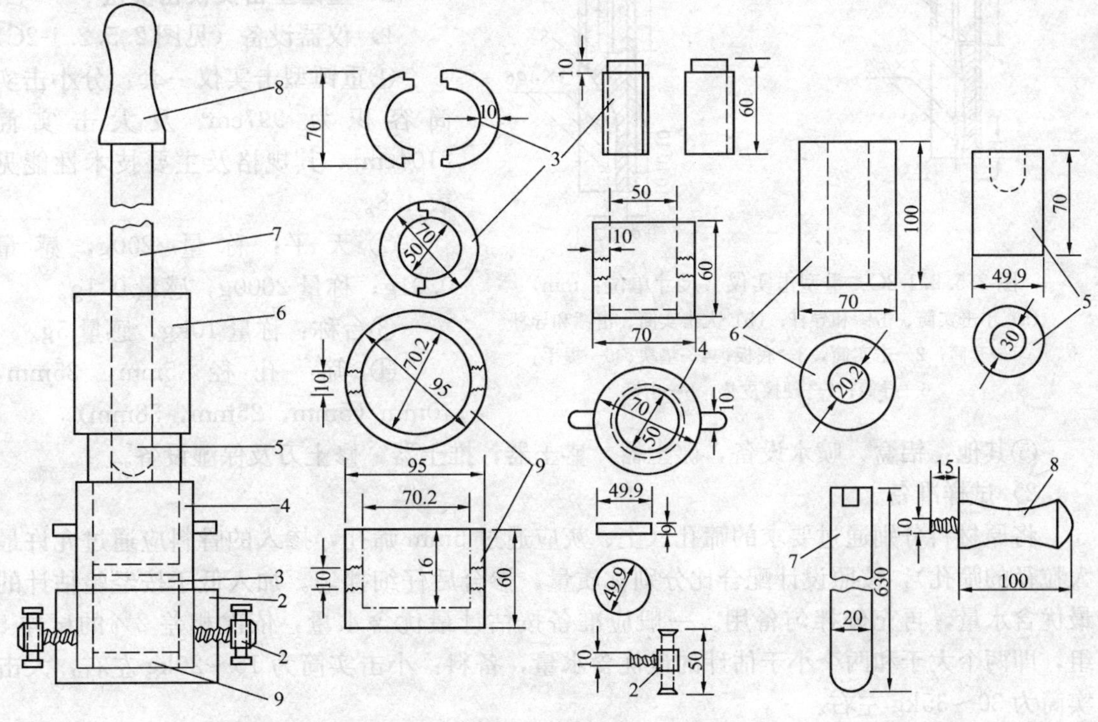

图 2.5.2.1-2B 100cm³ 击实仪

1—仪器底座；2—楔紧螺丝；3—半圆试筒；4—套筒；5—活塞；
6—25kg 夯锤；7—导杆；8—导杆柄；9—垫板

件夯实。夯实次数：（见表 2.5.2.1-2C），夯实试验应在坚实的地面（水泥混凝土或块石）上进行，松软地面会影响测定结果。

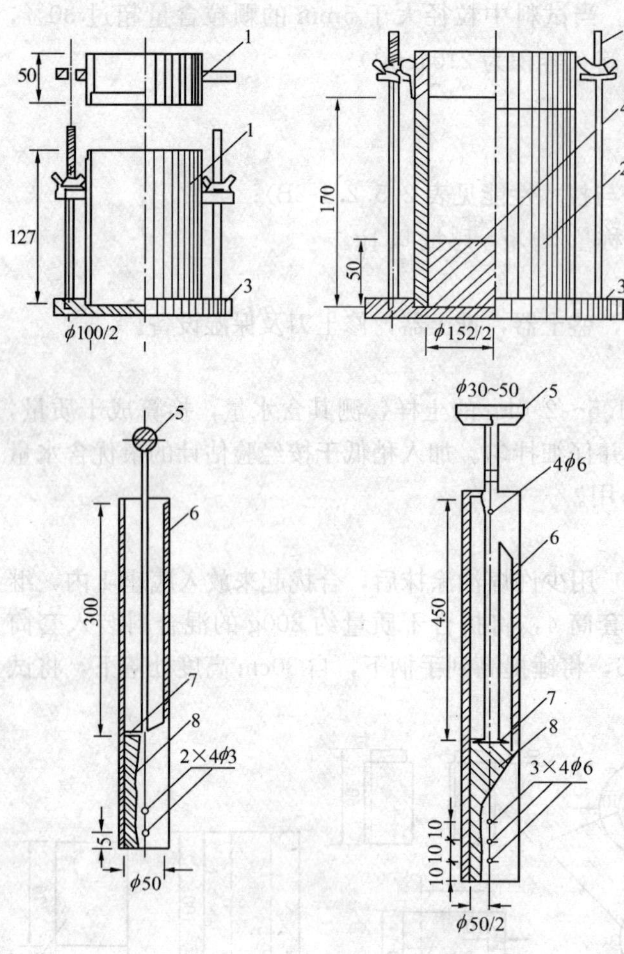

图 2.5.2.1-2C　重型击实仪（尺寸单位：mm）

(a) 小击实筒、击锤和导杆；(b) 大击实筒、击锤和导杆

1—套筒；2—击实筒，3—底板；4—垫块；5—提手；6—导筒；7—硬橡皮垫；8—击锤

试件按规定次数击实后，小心地将导杆、活塞及套筒取下，用修土刀仔细地沿圆筒边缘将试件多余部分削去，表面与圆筒齐平。拆开两半圆筒或用锤自下向上将试件轻轻顶出，称其湿质量准确至 0.1g。同时取样少许，测定其含水量。求该试件的干质量密度。如此重复数次，每次增加含水量 2%～3%（一般为五次）一直做到水分增加而试件质量密度开始降低为止，此时得到的峰值换算为干质量密度。即为求得该灰土的最大干质量密度与其相应的最优成型含水量。

4）计算及制图

同路基土方最大干质量密度和最优含水量测定方法中轻型击实法。

D. 重锤型击实仪击实法

1）仪器设备（见图 2.5.2.1-2C）

①重锤型击实仪一套：分小击实筒容积为 997cm³ 及大击实筒 2104cm³，其规格及主要技术性能见表 4.8。

②天平：称量 200g，感量 0.01g；称量 2000g，感量 0.1g。

③台称：称量 10kg，感量 5g。

④筛：孔径 5mm，25mm，40mm（5mm，25mm，38mm）。

⑤其他：铝盒，喷水设备，碾土器，盛土器，推土器，修土刀及保湿设备。

2）试样准备

将原材料分别通过要求的筛孔（土、灰应通过 5mm 筛孔，掺入的骨料应通过允许最大粒径的筛孔），按照设计配合比分别称质量，掺合后仔细拌匀。加入低于按经验估计的最优含水量，再充分拌匀备用。一般应准备按估计最优含水量，依次相差 2%的试样 5 组，即两个大于和两个小于估计的最优含水量，备料：小击实筒为 15～20kg 左右，大击实筒为 30～35kg 左右。

3）操作步骤

均与路基土方最大干质量密度和最优含水量测定方法中轻型击实法中的 3 相同，应注意大击实筒的分层与击实次数见表 2.5.2.1-2B。

4）计算与制图

同路基土方最大干质量密度和最优含水量测定方法中轻型击实法。

附：钢渣石灰类混合料最大干密度计算公式

一、钢渣石灰类混合料最大密度计算公式

（一）最大干密度计算公式

$$\gamma_0=\frac{G\cdot s_0}{(m+n)\cdot G+R\cdot s_0}\cdot\beta$$

式中 R、n、m——分别为钢渣、石灰、粉煤灰的质量百分比，以占总干重百分数计；

G——钢渣的视质量密度（即整块钢渣的干密度），kg/m³；

γ_0——钢渣石灰粉煤灰的最大干密度，kg/m³；

s_0——粉煤灰、石灰混合料的最大干密度，kg/m³；

β——折减系数，可采用0.96～0.98。

（二）公式使用条件

上式必须在$\frac{m+n}{s_0}>K\cdot R\left(\frac{1}{\gamma_n}-\frac{1}{G}\right)$的条件下$m$：$n$：$R$的配合比才允许在生产中使用。

K定名为“悬浮系数”。当$R=20\%$时，$K=1.00$；$R=80\%$时，$K=2.00$；在其他R值时，用插入法求K值。式中的γ_n为钢渣的干密度，kg/m³。

二、配合比换算、材料用量计算、加水量计算和层铺厚度计算公式

（一）质量比与体积比换算公式

$$V_{钢}:V_{灰}:V_{粉}=\frac{G_{钢}}{\gamma_{钢}}:\frac{G_{灰}}{\gamma_{灰}}:\frac{G_{粉}}{\gamma_{粉}}=\frac{G_{钢}\cdot\gamma_{灰}}{G_{灰}\cdot\gamma_{钢}}:1:\frac{G_{粉}\cdot\gamma_{灰}}{G_{灰}\cdot\gamma_{粉}}$$

式中 $V_{钢}$、$V_{灰}$、$V_{粉}$——分别为钢渣、石灰、粉煤灰的松体积；

$G_{钢}$、$G_{灰}$、$G_{粉}$——分别为钢渣、石灰、粉煤灰占混合粉干重的百分比（%）；

$\gamma_{钢}$、$\gamma_{灰}$、$\gamma_{粉}$——分别为钢渣、石灰、粉煤灰的干松密度。

（二）三种配料法的各种材料用量计算公式

1. 质量法计算公式

$$g=Q\cdot P(1+\omega)$$

式中 g——所需某种材料的湿重（kg）；

Q——一次拌合混合料的计算干重（kg）；

P——某种材料占混合料的百分比；

ω——某种材料的含水量（%）。

2. 体积法计算公式

$$\frac{P_1\cdot(1+\omega_1)}{\gamma_1}:\frac{P_2\cdot(1+\omega_2)}{\gamma_2}:\frac{P_3\cdot(1+\omega_3)}{\gamma_3}$$

式中 P_1、P_2、P_3——分别为各种材料占混合料干重百分比；

ω_1、ω_2、ω_3——分别为各种材料的含水量（%）；

γ_1、γ_2、γ_3——分别为各种材料的湿松密度（kg/m³）。

3. 层铺法计算公式

$$H=\frac{\gamma_0\cdot P\cdot h(1+\omega)}{\gamma}$$

式中 H——某种材料松铺厚度（cm）；

γ_0——混合料的最大干密度（kg/m^3）；

h——混合料基层的压实厚度（cm）；

P——某种材料占混合料的百分比；

γ——某种材料的湿松密度（kg/m^3）。

（三）加（或去）水计算公式

$$g_1=\frac{Q}{(1+\omega_1)}\cdot(\omega_0-\omega_1)$$

式中 g_1——加（或去）水重，"+"为加水重，"−"为去水重（t）；

ω_0——混合料的最佳含水量（%）；

ω_1——混合料的实际含水量（%）；

Q——混合料的湿重（t）。

（四）混合料虚铺厚度计算公式

$$H=h\cdot K$$

式中 H——混合料虚铺厚度（cm）；

h——混合料压实厚度（cm）；

K——压实系数。

（5）表列子项

1）工程名称：按施工企业和建设单位签订的施工合同的工程名称或图注的工程名称，照实际填写。

2）取样日期：指送检见证取样的材料、成品、半成品、构配件、试块、试件等的取样日期。照实际填写。

3）取土地点：指土壤最大干密度试验试件的取土地点。

4）试验日期：指砂浆配比的试验日期，按实际的试验日期填写。

5）土壤种类：按实际的土壤种类填写，土壤种类应与工程地质报告相符合。

6）施工单位：指建设与施工单位合同书中的施工单位名称，填写施工单位名称。

7）模筒体积（cm^3）：指取土模筒的体积。

8）试验次数：指土壤最大干密度试验的次数。

①模筒+湿土质量（g）：指模筒质量加湿土质量，照实测的模筒质量加湿土质量填写。

②模筒质量（g）：指模筒质量，照实测的模筒质量填写。

③湿土质量（g）：指湿土质量，照实测的湿土质量填写。

④土壤湿密度（g/cm^3）：指土壤湿密度的质量，照实测的土壤湿密度的质量填写。

9）含水量之测定：

①铝盒号码：含水量测定时使用的铝盒的号码，照实际的铝盒号码填写。

②盒+湿土质量（g）：指盒的质量加湿土质量，照实测的盒的质量加湿土质量填写。

③盒+干土质量（g）：指盒的质量加干土质量，照实测的盒的质量加干土质量填写。

④铝盒质量（g）：指铝盒的质量，照实测的铝盒质量填写。

⑤水分质量（g）：指试件内的水分质量，照实测的水分质量填写。

⑥干土质量（g）：指干土的质量，照实测的干土质量填写。

⑦含水量（g）：指单个试件内的含水量，照实测的含水量填写。

⑧平均含水量（%）：指试件的平均含水量，照实测值填写。

10）土壤干密度（g/cm³）：指根据试验次数内得到的土壤干密度。

11）最大干密度 g/cm³：指试验完成后试验室或施工现场根据试验结果填写的最大干密度。

12）最佳含水量%：指试验完成后试验室或施工现场根据试验结果填写的最佳含水量。

（6）责任制：

1）审核：指承接某项试验的具有相应资质的试验单位的专业技术负责人。签字有效。

2）计算：指试验单位的试验计算人。签字有效。

3）试验：指试验单位的参与试验的人员。签字有效。

2.5.2.2 土壤压实度（管沟类）试验记录

1. 资料表式

土壤压实度（管沟类）试验记录

工程名称：________________ 施工日期：________________

代表部位：________________ 管、沟断面尺寸：________________

施工单位：________________ 击实种类：________________

取样桩号及井号							
取　样　深　度							
取　样　位　置							
土　样　种　类							
湿密度	环刀号						
	环刀加土质量（g）						
	环刀质量（g）						
	土质量（g）						
	环刀容积（cm³）						
	湿密度（g/cm³）						
干密度	盒号						
	盒+湿土质量（g）						
	盒+干土质量（g）						
	水质量（g）						
	盒质量（g）						
	干土质量（g）						
	含水量（%）						
	平均含水量（%）						
	干密度（g/cm³）						
	最大干密度（g/cm³）						
	压实度（%）						
备注	本试验经二次平行测定后，其平行差值不得大于规定。取其算术平均值。						

施工技术负责人：　　　　审核：　　　　试验：

2. 资料要求

（1）压实度试验，应有取样位置图，取点分布应符合设计和标准的规定。如干质量密度低于质量标准时，必须有补夯措施和重新进行测定的报告。

（2）土壤试验报告单的子目应齐全，计算数据准确，签证手续完备，鉴定结论明确。

（3）有见证取样试验要求的必须进行见证取样、送样试验。见证取样在备注中说明。

（4）回填工程没有试验为不符合要求；虽经试验，但没有取样位置图或无结论，且试验结果不符合规范规定应为不符合要求。

（5）回填工程无干土质量密度试验报告单或报告单中的实测数据不符合质量标准；土壤试验有“缺、漏、无”现象及不符合有关规定的内容和要求。该项目应定为不符合要求。

3. 实施要点

（1）压实度试验是测定材料压实后的密度程度的试验。

（2）城镇燃气输配工程中管沟土壤的回填与压实

1）沟槽的回填，应先填实管底，再同时投填管道两侧，然后回填至管顶以上 0.5m 处（未经检验的接口应留出）。如沟内有积水，必须全部排尽后，再行回填。

沟槽未填部分在管道检验合格后应及时回填。

2）沟槽的支撑应在保证施工安全的情况下，按回填进度依次拆除，拆除竖板桩后，应以砂土填实缝隙。

3）管道两侧及管顶以上 0.5m 内的回填土，不得含有碎石、砖块、垃圾等杂物。不得用冻土回填。距离管顶 0.5m 以上的回填土内允许有少量直径不大于 0.1m 的石块。

4）回填土应分层夯实，每层厚度 0.2～0.3m，管道两侧及管顶以上 0.5m 内的填土必须人工夯实，当填土超出管顶 0.5m 时，可使用小型机械夯实，每层松土厚度为 0.25～0.4m。

5）回填土应分层检查密实度。沟槽各部位的密实度应符合下列要求（见图 2.5.2.2-1）：

图 2.5.2.2-1　回填土横断面

①胸腔填土（Ⅰ）95％；

②管顶以上 0.5m 范围内（Ⅱ）85％；

③管顶 0.5m 以上至地面（Ⅲ）：

a. 在城区范围内的沟槽 95％；

b. 耕地 90％。

（3）其他市政基础设施的管沟类回填土均可参照此要求办理。

（4）表列子项

1）工程名称：按施工企业和建设单位签订的施工合同的工程名称或图注的工程名称，照实际填写。

2）施工日期：指土壤压实时的施工日期，按年、月、日填写。

3）代表部位：指土壤压实度试验试样所能代表的部位。

4）管、沟断面尺寸：指土壤压实试验取样试件所代表的管、沟区段内的断面尺寸。

5）施工单位：指建设与施工单位合同书中的施工单位名称，填写施工单位名称。

6）击实种类：指土壤压实度试验采取的击实方法。照实际填写。

7）取样桩号及井号：指土壤压实度试验取样点所在桩位的编号及井号，按实际的桩位编号及井号填写，不得填写不定量词。

8）取样深度：指土壤压实度试验取样点的取样深度，按实际的取样深度填写。

9）取样位置：指土壤压实度试验取样点的取样位置，按实际的取样位置填写。

10）土样种类：指土壤压实度试验取样点的土样种类，按实际的土样种类填写。如粉土、粉质黏土等。

11）湿密度：①环刀号：指土壤压实度试验试件用环刀的环刀号。

②环刀＋土质量（g）：指环刀重量加土重量，照实测的环刀重量加土重量填写。

③环刀质量（g）：指环刀重量，照实测的环刀重量填写。

④土质量（g）：指土重量，照实测的土重量填写。

⑤环刀容积（cm^3）：指取土环刀的体积。

⑥湿密度：指土壤压实度试验试件的湿密度。

12）干密度：指土壤压实度试验试件的干密度。

①盒号：指土壤压实度试验试件用盒的盒号。

②盒＋湿土质量（g）：指盒重量加湿土重量，照实测的盒重量加湿土重量填写。

③盒＋干土质量（g）：指盒重量加干土重量，照实测的盒重量加干土重量填写。

④水质量（g）：指水重量，照实测的水重量填写。

⑤盒质量（g）：指盒重量，照实测的盒重量填写。

⑥干土质量（g）：指干土重量，照实测的干土重量填写。

⑦含水量（%）：指土中的含水量，照实测值填写。

⑧平均含水量（%）：指土中的平均含水量，照实测值填写。

⑨干密度（g/cm^3）：指试件烘干的质量密度，照实际填写。

⑩最大干密度（g/cm^3）：由实验单位照实际测试结果的最大干密度值填写。

⑪压实度（%）：即土壤的压实程度。

13）备注：需要说明的事项，如土壤试验结果是否符合要求等。

2.5.2.3　压实度(灌砂法)试验记录

1. 资料表式

压实度(灌砂法)试验记录

工程名称：　　　　　　施工单位：　　　　　　试验工序项目：

桩号										
层次及厚度(cm)										
灌砂前砂＋容器质量(g)		(1)								
灌砂后砂＋容器质量(g)		(2)								
灌砂筒下部锥体内砂质量(g)		(3)								
试坑灌入量砂的质量(g)		(4)	(1)－(2)－(3)							
量砂堆积密度(g/cm³)		(5)								
试坑体积(cm³)		(6)	(4)/(5)							
试坑中挖出的湿料质量(g)		(7)								
试样湿密度(g/cm³)		(8)	(7)/(6)							
含水量W(%)	盒　号	(9)								
	盒质量(g)	(10)								
	盒＋湿料质量(g)	(11)								
	盒＋干料质量(g)	(12)								
	水质量(g)	(13)	(11)－(12)							
	干料质量(g)	(14)	(12)－(10)							
	平均含水量(W)(%)	(15)	(13)/(14)							
干质量密度(g/cm³)		(16)	(8)/{1＋(15)}							
最大干密度(g/cm³)		(17)								
压密度(%)		(18)	(16)/(17)							

试验单位：　　　技术负责人：　　　审核：　　　试验：　　　试验日期：　　年　　月　　日

2. 资料要求

(1) 压实度试验，应有取样位置图，取点分布应符合设计和标准的规定。

(2) 有见证取样试验要求的必须进行见证取样、送样试验。见证取样在备注中说明。

(3) 没有试验为不符合要求；虽经试验，但没有取样位置图或无结论，且试验结果不符合规范规定应为不符合要求。

(4) 无干土质量密度试验报告单或报告单中的实测数据不符合质量标准；土壤试验有"缺、漏、无"现象及不符合有关规定的内容和要求。该项目应定为不符合要求。

3. 实施要点

(1) 基本说明

用于级配砂石回填或不宜用环刀法取样的土质。采用罐砂（或灌水）法取样时，取样数量应符合标准规定，取样部位应为每层压实后的全步深度。取样应由施工单位按规定在现场取样，将样品包好、编号（编号要与取样平面图上各点的标示一一对应），并按规定进行试验。如取样器具或标准砂不具备，应请试验室在现场取样进行试验。施工单位取样时，宜请监理（建设）单位参加，并签认。

(2) 取样数量规定

1) 砂石基层：用灌砂法每 $1000m^2$、1 点，密度≥$2.3t/m^3$；

2) 碎石基层：用灌砂法每 $1000m^2$、1 点，密度：嵌缝时＞$2.1t/m^3$；不嵌缝时＞$2.0t/m^3$；

3) 贯入式碎石基层：用灌砂法每 $1000m^2$、1 点，密度：嵌缝时＞$2.1t/m^3$；不嵌缝时＞$2.0t/m^3$；

4) 石灰、粉煤灰类基层：用灌砂法每 $1000m^2$、1 点，轻型击实压实度 98%；重型击实压实度 95%。

(3) 灌砂法试验

1) 仪器设备

该试验需用下列仪器设备

①灌砂法质量密度试验仪，见表 2.5.2.3-1。包括有：1. 漏斗；2. 漏斗架；3. 防风筒；4. 套环；附有三个固定器。

②台称：称量 10kg，感量 5g，或称量 50kg，感量 10g；

③量砂：粒径 0.25～0.5mm 干燥，清洁均匀砂 10～40kg；

④其他：量砂容器（有盖），直尺、铲土工具等。

2) 操作步骤（用套环）

①在试验地点，将面积约 $40cm^2 \times 40cm^2$ 的一块地面铲平。如检查填土压实密度时应将表面未压实土层清除掉，并将压实土层铲去一部分（其深度视需要而定），使试坑底能达到规定的取土深度。

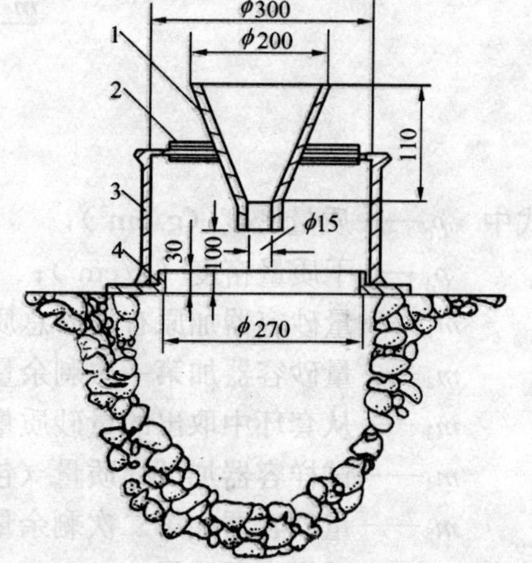

图 2.5.2.3-1 灌砂法质量密度试验仪

②称盛量砂的容器加量砂的质量，按图 2.5.2.3-1：将仪器放在整平的地面上，用固定器将套环位置固定。开漏斗阀，将量砂经漏斗灌入套环内，待套环灌满后，拿掉漏斗，漏斗架及防风筒（无风可不用防风筒），用直尺刮平套环上砂面，使与套环边缘齐平。将刮下的量砂细心倒回量砂容器，不得丢失，称量砂容器加第一次剩余量砂质量。

③将套环内的量砂取出，称其质量，倒回量砂容器内，环内量砂允许有少部分仍留在环内。

④在套环内挖试坑。其尺寸大致如表 2.5.2.3-1。

试坑尺寸与相应的最大粒径　　　　**表 2.5.2.3-1**

试样最大粒径	试坑尺寸	
	直　径　(mm)	深　度　(mm)
5～25	150	200
25～60	200	250
80	250	300

挖坑时要特别小心，将已松动的试样全部取出。放入盛试样的容器内，将盖盖好，称容器加试样质量，并取代表性试样，测定其含水量。

⑤在套环上重新装上防风筒、漏斗架及漏斗。将量砂经漏斗灌入试坑内。量砂下落速度应大致相等，直至灌满套环。

⑥取掉漏斗、漏斗架及防风筒，用直尺刮平套环上的砂面，使与套环边缘齐平。刮下的量砂全部倒回量砂容器内，不得丢失。称量砂容器加第二次剩余量砂质量。

注：1. 若量砂被浸湿或混有杂质时，应充分风干过筛后再行使用。
2. 土中有很大孔隙，量砂可能进入其孔隙时，可按天然地面或试坑外形，松弛地放一层柔软纱布，再向套环或试坑中灌入量砂。

⑦本试验称质量精度：称量小于 10kg 为 5g；大于 10kg 时为 10g。

⑧按上式计算湿质量密度及干质量密度：

$$\rho_0=\frac{(m_4-m_6)-(m_1-m_2)-m_3}{\dfrac{m_2+m_3-m_5}{\rho_N}-\dfrac{m_1-m_2}{\rho_s}}$$

$$\rho_d=\frac{\rho_0}{1+W_1}$$

式中　ρ_0——质量密度（g/cm^3）；

ρ_d——干质量密度（g/cm^3）；

m_1——量砂容器加原有量砂总质量（g）；

m_2——量砂容器加第一次剩余量砂质量（g）；

m_3——从套环中取出的量砂质量（g）；

m_4——试样容器加试样质量（包括少量遗留量砂质量）（g）；

m_5——量砂容器加第二次剩余量砂质量（g）；

m_6——试样容器质量（g）；

m_1——含水量（%）；

ρ_n——往试坑内灌砂时量砂的平均质量密度（g/cm³）；

ρ_s——挖试坑前，往套环内灌砂时量砂的平均质量密度（g/cm³）。

计算至 0.01（g/cm³）。

注：1. 因量砂质量密度随灌砂时量砂的落距及试坑尺寸而不同，故式中的量砂质量密度 ρ_s 及 ρ_n 必须采用与灌砂条件相适应的质量密度。

2. 若经量砂质量密度校验证明 ρ_s 与 ρ_n 相差很小时，式中 ρ_s 可用 ρ_n 代替。

3）操作步骤（不用套环）

①按用套环操作步骤——准备试验地点，在刮平的地面上按其操作步骤④的规定挖坑。

②称盛量砂容器加量砂总质量，在试坑上放置防风筒和漏斗，将量砂经漏斗灌入试坑内，量砂下落速度应大致相等，直至灌满套环。

③试坑灌满量砂后，去掉漏斗及防风筒，用直尺刮平量砂表面，使与原地面齐平，将多余的量砂倒回量砂容器，不足时可以补充。称量砂容器加剩余量砂质量。

④按下式计算湿质量密度及干质量密度：

$$\rho_0 = \frac{m_4 - m_6}{\dfrac{m_1 + m_7}{\rho_n}}$$

$$\rho_d = \frac{\rho_0}{1 + W_1}$$

式中 m_7——量砂容器加剩余量砂质量（g）。

计算至 0.01（g/cm³）。

⑤本试验需进行二次平行测定，取其算术平均值。

记录：

本试验记录格式见表 2.5.2.3-2 及表 2.5.2.3-3。

质量密度试验（灌砂法，用套环） **表 2.5.2.3-2**

工程名称　　　　试验者

　　　　　　　　计算者

试验日期　　　　校核者

取样地点			
土样编号			
量砂容器质量＋原有量砂质量	g	(1)	
量砂容器质量＋第一次剩余量砂质量	g	(2)	
套环内耗砂量	g	(3)	(1) − (2)
量砂质量密度 ρ_s	g/cm³	(4)	
套环体积	cm³	(5)	$\frac{(3)}{(4)}$
从套环内取出量砂质量	g	(6)	
套环内残留量砂质量	g	(7)	(3) − (6)
量砂容器质量＋第二次剩余量砂质量	g	(8)	

续表

取 样 地 点			
土 样 编 号			
试坑内及套环内耗砂质量	g	(9)	(2)＋(6)－(8)
量砂质量密度 ρ_n	g/cm^3	(10)	
试坑及套环总体积	cm^3	(11)	$\frac{(9)}{(10)}$
试坑体积	cm^3	(12)	(11)－(5)
试样容器质量＋试样质量（内包括残留之量砂）	g	(13)	
试样容器质量	g	(14)	
试样质量	g	(15)	
试样质量密度	g/cm^3	(16)	$\frac{(15)}{(12)}$
试样含水量	%	(17)	
干质量密度	g/cm^3	(18)	$\frac{(16)}{1+(17)}$
平均干质量密度	g/cm^3	(19)	

质量密度试验（灌砂法，不用套环）　**表 2.5.2.3-3**

工程名称　　试验者

　　　　　　计算者

试验日期　　校核者

取 样 地 点			
土 样 编 号			
量砂容器质量＋原有量砂质量	g	(1)	
量砂容器质量＋剩余量砂质量	g	(2)	
试坑耗砂量	g	(3)	(1)－(2)
量砂质量密度 ρ_n	g/cm^3	(4)	
试坑体积	cm^3	(5)	$\frac{(3)}{(4)}$
试样质量＋试样容器质量	g	(6)	
试样容器质量	g	(7)	
试样质量	g	(8)	(6)－(7)
试样质量密度	g/cm^3	(9)	$\frac{(8)}{(5)}$
试样含水量	%	(10)	
干质量密度	g/cm^3	(11)	$\frac{(9)}{1+(10)}$
平均干质量密度	g/cm^3	(12)	

（4）表列子项

1）取样部位：按委托单的取样部位或本次试验所取试件的实际部位填写。

2）试样种类：照实际试样种类填写。

3）试样数量：照实际抽取的试样数量填写。

4）最小干密度：即设计干密度，按《地基与基础工程施工及验收规范》的有关标准测试。

5）检验类别：分别为委托、仲裁、抽样、监督、对比，按实际。

6）取样编号：按试点布置示意图的编号依次排列。

7）取样步次：指分层夯实时应分层取样，取样步次照实际填写。

8）湿密度：指试件未烘干时的密度，照实测值填写。

9）含水率：指试件单位体积内的含水率，照实测值填写。

10）干密度：指试件烘干后的密度，按不同步次的实测干密度值填写。

11）单个结论：指单个试件强度的测试结果，照实测值填写。

12）取样位置示意图：按《地基与基础施工及验收规范》的要求布点，并绘制简图。

13）依据标准：由试验室根据试验实际应用标准的名称填写。

14）检验结论：由试验单位或施工单位队以上技术负责人按检测结果核定其符合要求或不符合要求，并填记。

2.5.2.4 石灰类、水泥类、二灰类等无机混合料中石灰剂量检验报告

1. 资料表式

石灰类无机混合料中石灰剂量检验报告

工程名称								
施工单位								
检验部位					设计剂量			
日期	取样地点桩号	检验次数	瓶号	瓶质量（g）	瓶加试样质量（g）	石灰土试样质量（g）	滴定试样消耗DETA（ml）	石灰剂量（%）
平均值								
备注：								

试验单位：　　技术负责人：　　审核：　　试（检）验：

报告日期：　　年　　月　　日

2. 资料要求

（1）必须进行石灰类无机混合料中石灰剂量检验，籍以判定石灰质量。不进行石灰类无机混合料中石灰剂量检验，为不符合要求。

（2）有见证取样试验要求的必须进行见证取样、送样试验。见证取样在备注中说明。

（3）混合料中石灰剂量检验抽检数量应符合规范要求。

3. 实施要点

（1）石灰类无机混合料中石灰剂量检验是保证基层工程质量的重要手段，应认真执行。石灰类无机混合料中石灰剂量检验必须符合设计和规范要求。

（2）石灰类、水泥类、二灰类等无机混合料中石灰、水泥、二灰等剂量的检验均用此表。

（3）石灰、水泥类无机稳定土类道路基层应有7d龄期的无侧限抗压强度试验报告。

（4）表列子项

1）工程名称：按施工企业和建设单位签订的施工合同的工程名称或图注的工程名称，照实际填写。

2）施工单位：指建设与施工单位合同书中的施工单位，签字有效。

3）检验部位：指石灰类无机混合料取样点所在位置。

4）设计剂量：指石灰类无机混合料的设计配比中的石灰的剂量值。

5）日期：指石灰类无机混合料的取样日期。

6）取样地点桩号：指石灰类无机混合料取样点所在桩位编号，按实际的桩位编号填写，不得填写不定量词。

7）检验次数：照实际的检验次数填写。

8）瓶号：指瓶的编号。

9）瓶质量：指瓶的重量。

10）瓶加试样质量：指试瓶重加试样重。

11）石灰土试样质量：指拌合料试验的质量，即石灰加其他拌合料的总质量。

12）滴定试样消耗：照实际的滴定试样消耗填写。

13）石灰剂量（%）：指石灰类无机混合料中石灰剂量所占的百分比。

14）平均值：指所取试样总数的石灰剂量的平均值。

15）备注：填写需要说明的其他事宜。

2.5.2.5 道路基层混合料强度试验记录

1. 资料表式

道路基层混合料抗压强度试验记录

委托单位		工程名称		施工部位	
混合料名称			水泥或石灰剂量		%
水泥种类及等级			石灰种类及氧化物含量		%
拌合方法		养护方法		塑性指数	
制模日期		要求龄期		要求试验日期	

试件编号	成型后试件测定				
	试件重量（g）	试件高度（mm）	湿密度（g/cm³）	含水量（%）	干密度（g/cm³）

试件编号	饱水前试件重（g）	饱水后测定						强度值（MPa）	
		试件重（g）	试件高（mm）	湿密度（g/cm³）	含水量（%）	干密度（g/cm³）	破坏时最大压力（kN）	单值	平均值

施工项目技术负责人： 审核： 计算： 试验

报告日期：＿＿＿＿年＿＿月＿＿日

2. 资料要求

(1) 压实度试验，应有取样位置图，取点分布应符合设计和标准的规定。如干质量密度低于质量标准时，必须有补夯措施和重新进行测定的报告。

(2) 土壤试验报告单的子目应齐全，计算数据准确，签证手续完备，鉴定结论明确。

(3) 填方工程的填料的最大干土质量密度、最佳含水量等技术参数必须通过击实试验确定。

(4) 有见证取样试验要求的必须进行见证取样、送样试验。见证取样在试验报告单的备注中说明。

(5) 回填工程没有试验为不符合要求；虽经试验，但没有取样位置图或无结论，且试验结果不符合规范规定应为不符合要求。

(6) 回填工程无干土质量密度试验报告单或报告单中的实测数据不符合质量标准；土壤试验有"缺、漏、无"现象及不符合有关规定的内容和要求。该项目应定为不符合要求。

3. 实施要点

(1) 路基是指按路线位置和一定技术要求修筑的作为路面基础的带状构造物。

(2) 混合料是集料或矿料与结合料经拌合而成的混合材料。结合料是用以结合松散材料使其成为整体的有机或无机材料。有机结合料是具有良好的胶结性能的有机化合物，在道路工程中，主要是指沥青材料。无机结合料是具有胶结性能的无机化合物，在道路工程中，主要是指水泥、石灰等材料。水泥混凝土的混合料是水泥、集料和水按一定比例拌合而成的混合料。

(3) 固化类混合料原材料技术要求

1) 土壤固化剂的技术性能指标应符合现行行业标准《土壤固化剂》(CJ/T 3073)的规定。

2) 固化路面基层和底基层，不得使用快硬水泥、早强水泥及受潮变质过期的水泥。

3) 石灰应采用消石灰或生石灰粉；消石灰中不得含有未消解的生石灰颗粒。

4) 石灰等级应符合现行行业标准《建筑生石灰》(JC 479) 的规定。

5) 凡能被粉碎的或原来松散的土，都可用作固化类混合料的基料。

6) 土中石料的最大粒径：基层，不应大于 30mm；底基层不应大于 40mm。

7) 基层和底基层用土，土中石料的压碎值不得大于 40%。土中有机质含量（重量比）不宜超过 10%。

8) 土的检测方法应符合现行国家标准《土工试验方法标准》(GBJ 123) 的规定。

(4) 路拌法施工的道路基层或底基层施工的摊铺、固化剂摆放和摊铺、混合料拌合、整型、碾压、成型、施工缝处理、末端缝（即工作缝）和"调头"处理等均应认真做好施工记录。

(5) 厂拌法施工，混合料运输和存放、摊铺、整型、碾压应符合规范规定的工艺要求，并应做好施工记录。

(6) 固化类基层和底基层的材料试验项目与方法。

固化类基层和底基层原材料的试验项目和方法 **表 2.5.2.5-1**

试验项目	材料名称	取　样	仪器和试验方法
含水率	土、砂砾、碎石等集料	每天使用前测 2 个样品	烘干法或含水量快速测定仪、酒精法
液限、塑限	土、级配砾石或级配碎石中 0.5mm 以下的细粒土	每种土使用前测 2 个样品，使用过程中每 2000m³ 测 2 个样品	100g 平衡锥测液限搓条法塑限
压碎值	砂砾、碎石等	使用前测 2 个样品，砂砾使用过程中每 2000m³ 测 2 个样品	压碎值仪
pH 值	土	—	—
有效钙、氧化镁的测定	石灰	做材料组成设计和生产使用时，分别测 2 个样品，以后每月测 2 个样品	—
水泥标号和终凝时间	水泥	做材料组成设计时测一个样品，料源或标号变化时重测	—
颗粒分析	砂砾、碎石等集料	每种土使用前测 2 个样品，使用过程中每 2000m³ 测 2 个样品	筛分法（含土材料用湿筛分法）
有机质含量	土	对土有怀疑时做此试验	—

（7）外形尺寸的测量频率和质量标准符合表 2.5.2.5-2 的规定。

外形管理测量频率和质量标准 **表 2.5.2.5-2**

工程种类	项　目		频　度	质量标准	
				城市快速路和城市主干路	城市次干路和支路
底基层	纵断高程（mm）		城市次干路，每 20 延米 1 点，城市快速路和城市主干路每 20 延米一个断面，每个断面 3～5 个点	+5～−15	+5～−20
	厚度（mm）	均值单个值	每 1500～2000m² 6 个点	−10 −25	−12 −30
	宽度（mm）		每 40 延米 1 处	0 以上	0 以上
	横坡度（%）		每 100 延米 3 处	±0.3	±0.5
	平整度（mm）		每 200 延米 2 处，每处连续 10 尺（3m 直尺）	15	20

续表

工程种类	项　目		频　度	质量标准	
				城市快速路和城市主干路	城市次干路和支路
基层	纵断高程（mm）		城市次干路，每20延米1点，城市快速路和城市主干路每20延米一个断面，每个断面3～5个点	+5～-10	+5～-15
	厚度（mm）	均值单个值	每1500～2000m² 6个点	-8 -10	-10 -25
	宽度（mm）		每40延米1处	0以上	0以上
	横坡度（%）		每100延米3处	±0.3	±0.5
	平整度（mm）		每200延米2处，每处连续10尺（3m直尺）	10	15

（8）施工单位应进行质量控制。质量控制的项目、频率和标准应符合表2.5.2.5-3的规定。

质量控制的项目、频率和标准　　表2.5.2.5-3

工程类别	项　目	频　度	标　准	达不到时的处理措施
固化类基层与底基层	含水率	据观察，异常时随时试验	最佳含水量-1%～+2%	含水量多时晾晒，过干时补充洒水
	级配	据观察，异常时随时试验	在规定范围内	调查原材料，按需要修正现场配合比
	均匀性	随时观察	整体颜色均匀，无粗细集料离析现象	局部添加所缺集料，补充拌合或换填新料
	压实度	每一作业段或不大于2000m，检查6次以上	30%以上填隙碎石以固体体积率表示不少于83%	继续碾压，局部含水量过大或材料不良地点，挖除并换填固化类混合料
	抗压强度	固化土每天两组，每组6个试件	符合规定要求	调查原材料配合比，按需要增加水泥或石灰用量及固化剂掺量，调整配合比，提高压实度或采用其他措施

注：含水量应在开始碾压时及碾压过程进行。在料场和施工现场，含土集料应用湿筛分法测定级配。在摊铺、拌合和整平过程中观察均匀性。压实度以灌砂法为准，每个点受压路机的作用次数力求相等，测定抗压强度时，试件密度与现场达到的密实度应相同。

（9）竣工后外形的检查数量与允许误差应符合下列规定：

1）竣工后外形的检查数量与允许误差应符合表 2.3.5.2-3D 的规定。但其中厚度算术平均值的下置信限 $\overline{x}_1$ 不应小于设计厚度减均值的允许误差（如城市快速路及城市主干路路面基层为设计厚度减 8mm）；其中宽度算术平均值的下置信限 $\overline{x}_1$ 不应小于设计宽度。

2）算术平均值的下置信限 $\overline{x}_1$ 应按下式计算：

$$x_1 = \overline{x} - \frac{s}{\sqrt{n}} \cdot t_a$$

式中 $\overline{x}$——为算术平均值；

s——为标准差；

n——检查样本的数量；

t_a——t 分布表中随自由度和保证率（或置信度 α）而变的系数。对城市快速路及城市主干路应取保证率 99%。对城市次干路及支路可取保证率 95%。

3）厚度和宽度检查后，应按下式计算其平均值 x 和标准差 s：

$$\overline{x} = \frac{x_1 + x_2 + x_n}{n}$$

$$s = \sqrt{\frac{(x_1 - x)^2 + (x_2 - x)^2 + \cdots + (x_n - x)^2}{n-1}}$$

式中 x_1，x_2，…，x_n——每次检查所得的值；

n——检查样本的数量。

竣工后外形的检查数量与允许误差 **表 2.5.2.5-4**

工程种类	项目		检查取样	合格允许误差	
				城市快速路和城市主干路的允许误差	城市次干路和支路的允许误差
底基层	高程（mm）		每 200m 取 4 点	+5～−15	+5～−20
	厚度（mm）	均值单个值	每 200m 每车道取 1 点	−10 −25	−12 −30
	宽度（mm）		每 400m 取 1 处	0 以上	0 以上
	横坡度（%）		每 200m 取 4 个断面	±0.3	±0.5
	平整度（mm）		每 200m² 设 1 处，每处连续丈量	15	20
基层	高程（mm）		每 200m 取 4 点	+5～−10	+5～−15
	厚度（mm）	均值单个值	每 200m 每车道取 1 点	−8 −15	−10 −20
	宽度（mm）		每 400m 取 4 处	0 以上	0 以上
	横坡度（%）		每 200m 取 4 个断面	±0.3	±0.5
	平整度（mm）		每 200m² 设 1 处，每处连续丈量	10	15

(10) 表列子项

1) 委托单位：提请委托试验的单位，按全称填写。

2) 工程名称：按施工企业和建设单位签订的施工合同的工程名称或图注的工程名称，照实际填写。

3) 施工部位：按试配申请委托单上提供的使用部位填写。

4) 混合料名称：指实际采用的混合料名称，照实际采用的混合料名称填写。

5) 水泥或石灰剂量：指混合料中设计要求的水泥或石灰剂量。

6) 水泥种类及等级：指混合料中的水泥的种类及强度等级。

7) 石灰种类及氧化物含量%：指混合料中石灰种类及其氧化物含量。

8) 拌合方法：指道路基层混合料的拌合方法。

9) 养护方法：指道路基层混合料的养护方法。

10) 塑性指数：指道路基层混合料中土的塑性指数。

11) 制模日期：指道路基层混合料试样的实际制模成型日期。

12) 要求龄期：指道路基层混合料试样的要求龄期，照实际要求的龄期填写。

13) 要求试验日期：指道路基层混合料试样的要求试验日期，照实际要求的试验日期填写。

14) 试件编号：由试验室按收作试件的时间依序编号或施工现场按试件制作时间依序的编号。

15) 成型后试件测定：

①试件重量 (g)：指混合料试件的重量，照实际混合料试件重量填写。

②试件高度 (mm)：指混合料试件的高度，照实际混合料试件高度填写。

③湿密度 (g/cm^3)：指混合料试件的湿密度，照实际混合料试件湿密度填写。

④含水量 (%)：指混合料试件的含水量，照实际混合料试件含水量填写。

⑤干密度 (g/cm^3)：指混合料试件的干密度，照实际混合料试件干密度填写。

16) 试件编号：由试验室按收作试件的时间依序编号或施工现场按试件制作时间依序的编号。

17) 饱水前试件重量 (g)：试件成型后未经饱和处理时的重量。

18) 饱水后测定：试件成型后经饱和处理后的重量。

①试件重量 (g)：试件成型后经饱和处理后的试件重量。

②试件高度 (mm)：试件成型后经饱和处理后的试件高度。

③湿密度 (g/cm^3)：试件成型后经饱和处理后的湿密度。

④含水量 (%)：试件成型后经饱和处理后的含水量。

⑤干密度 (g/cm^3)：试件成型后经饱和处理后进行干密度测定的干密度值。

⑥破坏时最大压力 (kN)：试件成型后经饱和处理后测试时的破坏时的最大压力。

19) 强度值 (MPa)：①单值：指混合料试件实际试验的单块试件的强度值，照单块实际的试验结果填写。

②平均值：指每组混合料试件的实际试验强度的平均值，照每组实际的试验结果的平均值填写。

2.5.3 混凝土试块强度试验记录

2.5.3.1 混凝土试配及配合比通知单

1. 资料表式

混凝土配合比申请单

施工单位：＿＿＿＿＿＿＿＿工程名称：＿＿＿＿＿＿＿＿委托部位：＿＿＿＿＿＿＿＿

设计强度等级：＿＿＿＿＿＿申请强度等级：＿＿＿＿＿＿＿要求坍落度：＿＿＿＿＿cm

其他技术要求：＿＿＿＿＿＿＿＿＿＿＿＿＿＿＿＿＿＿＿＿＿＿＿＿＿＿＿＿＿＿

搅拌方法：＿＿＿＿＿＿＿＿＿浇捣方法：＿＿＿＿＿＿＿＿＿养护方法：＿＿＿＿＿＿＿＿

水泥品种及等级：＿＿＿＿厂别及牌号：＿＿＿＿＿出厂日期：＿＿＿＿试验编号：＿＿＿＿

进场日期：＿＿＿＿

砂子产地及品种：＿＿＿细度模数：＿＿＿含泥量：＿＿＿%试验编号：＿＿＿＿

石子产地及品种：＿＿＿最大粒径：＿＿＿含泥量：＿＿＿%试验编号：＿＿＿＿

其他材料：＿＿＿＿＿＿＿＿＿＿＿＿＿＿＿＿＿＿＿＿＿＿＿＿＿＿＿＿＿＿＿＿

掺合料名称：＿＿＿＿＿＿＿＿＿＿＿＿＿＿＿外加剂名称：＿＿＿＿＿＿＿＿＿＿

申请日期：＿＿＿＿使用日期：＿＿＿＿申请负责人：＿＿＿＿联系电话：＿＿＿＿

混凝土配合比通知单

编号：＿＿＿＿＿

强度等级	水灰比	砂率（%）	水泥（kg）	水（kg）	砂（kg）	石（kg）	掺合料（kg）	外加剂（kg）	配合比	试配编号
备　注										

试验单位：　　　　技术负责人：　　　　审核：　　　　试（检）验：

报告日期：　　年　　月　　日

2. 资料要求

（1）不论混凝土工程量大小、强度等级高低，均应进行试配，并按试配单要求拌制混凝土，严禁使用经验配合比。

（2）申请试配应提供混凝土的技术要求，原材料的有关性能，混凝土的搅拌，施工方法和养护方法，设计有特殊要求的混凝土应特别予以详细说明。

（3）混凝土试配应在原材料试配试验合格后进行。

（4）不做试配为不符合要求。

（5）非省级以上行业主管部门批准的实验室出具试配报告为不符合要求。

（6）试验、审核、技术负责人签字齐全，并加盖试验公章为符合要求，否则不符合要求。

3. 实施要点

混凝土强度试配报告单是指施工单位根据设计要求的混凝土强度等级提请试验单位进行混凝土试配，根据试配结果出具的报告单。

（1）凡现浇混凝土，除极个别工程量极小由施工技术负责人根据经验配合比签批外，不同品种、不同强度等级、不同级配的混凝土均应事先送样申请试配，以保证设计要求。由试验室根据试配结果签发通知单，施工中如材料与送样有变化时应另行送样，申请修改配合比。承接试配的试验室应由省级以上行业主管部门批准资质。

（2）混凝土试配应注意以下几个问题：

①申请试配应提供混凝土的技术要求、原材料的有关性能。试配应采用工程中实际使用的材料。

②应提供混凝土施工的搅拌、生产使用方法，如振动、养护等。

③设计有特殊要求的混凝土应特别予以详尽说明。

（3）表列子项

1）施工单位：指建设与施工单位合同书中的施工单位及其代表，签字有效。

2）工程名称：按施工企业和建设单位签订的施工合同的工程名称或图注的工程名称，照实际填写。

3）委托部位：按试配申请委托单上提供的使用部位填写。

4）设计强度等级：指施工图设计的混凝土强度等级。

5）申请强度等级：指根据施工需要施工单位申请的混凝土强度等级。

6）要求坍落度（cm）：指施工单位根据工程需要提出的混凝土坍落度。

7）其他技术要求：指根据工程特点及各方需要提出的其他技术要求，照实际提出的技术要求填写。

8）搅拌方法：指混凝土施工的搅拌方法，照实际填写。

9）浇捣方法：指混凝土施工的浇灌捣固方法，照实际填写。

10）养护方法：指混凝土施工浇灌完成后采取的混凝土的养护方法，照实际填写。

11）水泥品种及等级：指送交试验单位的“送样”批的水泥品种、强度等级。

①厂别及牌号：指送交试验单位的“送样”批的水泥厂别及牌号。

②出厂日期：指送交试验单位的“送样”批的水泥的出厂日期。

③试验编号：指送交试验单位的“送样”批的水泥的试验编号。

④进场日期：指送交试验单位的“送样”批的水泥的进场时间。

12）砂子产地及品种：指送交试验单位的“送样”批的砂子的产地及品种。

①细度模数：指送交试验单位的“送样”批的砂子的细度模数。

②含泥量（%）：指送交试验单位的“送样”批的砂子的含泥量。

③试验编号：指送交试验单位的“送样”批的砂子的试验编号。

13）石子产地及品种：指送交试验单位的“送样”批的石子的产地及品种。

①最大粒径：指送交试验单位的“送样”批的石子的最大粒径。

②含泥量（%）：送交试验单位的“送样”批的石子的含泥量。

③试验编号：指送交试验单位的“送样”批的石子的试验编号。

14）其他材料：指送交试验单位的“送样”批的其他材料的名称。

15）掺合料名称：指送交试验单位的“送样”批的掺合料名称。

16）外加剂名称：指送交试验单位的“送样”批的外加剂名称。

17）申请日期：指送交试验单位申请单的日期，填写年、月、日。

18）使用日期：指送交试验单位申请单中提出的使用日期，填写年、月、日。

19）申请负责人：填写申请负责人姓名。

20）联系电话：指委托单位的联系电话，照实际填写。

21）强度等级：指试验室根据申请单提出的配合比经试配后的混凝土强度等级。

22）水灰比：指试验单位混凝土试配时根据委托要求的水灰比（水和水泥之比）。

23）砂率（%）：指试验单位混凝土试配时根据试配实际使用的含砂率。

24）水泥（kg）：指试验单位混凝土试配时根据试配实际使用的水泥品种及强度等级。

25）水（kg）：指试验单位混凝土试配时根据试配实际使用的水。

26）砂（kg）：指试验单位混凝土试配时根据试配实际使用的砂子。

27）石（kg）：指试验单位混凝土试配时根据试配实际使用的石子。

28）掺合料（kg）：指试验单位混凝土试配时根据试配实际使用的掺合料。

29）外加剂（kg）：指试验单位混凝土试配时根据试配实际使用的外加剂。

30）配合比：指试验单位混凝土试配时根据试配实际使用的配合比。

31）试配编号：指试验单位混凝土试配时，依序进行的试配编号。

32）备注：填写需要说明的其他事宜。

2.5.3.2　混凝土抗压强度试验报告

1. 资料表式

混凝土抗压强度试验报告

委托单位：＿＿＿＿＿＿　试验委托人：＿＿＿＿＿＿
工程名称：＿＿＿＿＿＿　部位：＿＿＿＿＿＿
设计强度等级：＿＿＿＿　拟配强度等级：＿＿＿＿　要求坍落度：＿＿cm　实测坍落度：＿＿cm
水泥品种及等级：＿＿＿＿　厂　别：＿＿＿＿　出厂日期：＿＿＿＿　试验编号：＿＿＿＿
砂子产地及品种：＿＿＿＿　细度模数：＿＿＿＿　含泥量：＿＿＿％　试验编号：＿＿＿＿
石子产地及品种：＿＿＿＿　最大粒径：＿＿＿＿　含泥量：＿＿＿％　试验编号：＿＿＿＿
掺合料名称：＿＿＿＿　产　地：＿＿＿＿　占水泥用量的：＿＿％
外加剂名称：＿＿＿＿　产　地：＿＿＿＿　占水泥用量的：＿＿％
施工配合比：＿＿＿＿　水灰比：＿＿＿＿　砂率：＿＿％

配合比编号	材料名称 / 用量	水泥	水	砂子	石子	掺合料	外加剂
	每立方米用量（kg）						

制模日期：＿＿＿＿　要求龄期：＿＿＿＿　要求试验日期：＿＿＿＿
试块收到日期：＿＿＿＿　试块养护条件：＿＿＿＿

试块编号	试验日期	实际龄期（d）	试块规格（mm）	受压面积（mm^2）	荷载（kN）		平均抗压强度（N/mm^2）	折合 150mm 立方体强度（N/mm^2）	达到设计强度（%）
					单块	平均			
备　注									

试验单位：　　技术负责人：　　审核：　　试（检）验：

报告日期：　　年　　月　　日

2. 资料要求

（1）凡现浇混凝土的不同品种、不同强度等级、不同级配的混凝土均应在混凝土的浇灌地点随机抽取留置试块。混凝土试块由施工单位提供。

（2）混凝土强度以标准养护龄期 28 天的试块抗压试验结果为准。设计和专业规范要求以同条件养护试块为评定混凝土强度时，应按标准要求留置同条件养护试块。非标养试块应有测温记录，应按相应标准规定评定混凝土强度等级。

（3）试验报告单子项应填写齐全。

（4）混凝土强度以单位工程按相应专业规范要求进行质量评定和验收。

注：GBJ 107—87 标准第 2.0.3 条：混凝土强度应分批进行检验评定。一个验收批应由强度等级相同、龄期相同以及生产工艺条件和配合比相同的混凝土组成。对施工现场的现浇混凝土应按单位工程验收划分的检验批构成的混凝土量、台班留置试件，按强度等级相同、龄期相同以及生产工艺条件和配合比相同原则构成检验批每个验收项目应按现行国家标准确定。

（5）必须实行见证取样，试验室应在见证取样人名单上加盖公章和经手人签字。

（6）有特殊性能要求的混凝土，应符合相应标准并满足施工规范要求。

1）混凝土试块留置数量不符合要求，代表性不足，为不符合要求。

2）部位不清、子项填写不全，应为不符合要求。

3）混凝土试块用料与设计不符的，虽强度达到设计强度等级要求仍应经企业技术负责人批准否则为不符合要求。

4）混凝土强度等级不按单位工程进行验收或验收不符合标准要求者，应为不符合要求。

5）非省级以上行业主管部门批准的实验室出具试配报告为不符合要求。

3. 实施要点

混凝土试块试验报告是为保证工程质量，由试验单位对工程中留置的混凝土试块的强度指标进行测试后出具的质量证明文件。

（1）混凝土试块的试验内容：

混凝土试块试验或称混凝土物理力学性能试验，内容有：抗压强度试验；抗拉强度试验；抗折强度试验；抗冻性试验；抗渗性能试验；干缩试验等。对混凝土的质量检验，一般只进行抗压、抗折强度试验，对设计有抗冻、抗渗等要求的混凝土尚应分别按设计有关要求进行试验。

（2）评定混凝土强度的试块，必须按《混凝土强度检验评定标准》（GBJ 107—87）的规定取样、制作、养护和试验。

1）混凝土试块取样规定

①用于检查结构构件混凝土强度的试件，应在混凝土的浇筑地点随机抽取。取样与试件留置应符合下列规定：

每拌制 100 盘且不超过 100m^3 的同配合比的混凝土，取样不得少于一次；

每工作班拌制的同一配合比的混凝土不足 100 盘时，取样不得少于一次。

②每次取样应至少留置一组标准试件（每组三个试件）；为确定结构构件的拆模、出池、出厂、吊装、张拉、放张及施工期间的临时负荷时的混凝土强度，应留置同条件养护试件。

注：预拌混凝土除应在预拌混凝土厂内按规定留置试件外，混凝土运到施工现场后，尚应按本条的规定留置试件。

③结构混凝土强度等级必须符合设计要求。

④不按规定留置标准试块和同条件养护试块的均应为存在质量问题，必须依据经法定

单位出具的检测报告进行技术处理。属于结构的处理应有设计单位提出处理方案。

⑤混凝土试件的取样应注意其随机性。

⑥当混凝土试件的留置数量大于其要求提供的数量时，在提供试验时不得只挑好的试件送试。对留置数量大于要求提供数量向实验室送试时，应由监理方按其“具有代表性”原则和施工方酌定。当双方意见不一致时，按监理方的意见办理。

2）混凝土试块的制作

①混凝土抗压试块的留置数量：以同一龄期者为一组，每组至少有3个属于同盘混凝土、在浇筑地点同时制作的混凝土试块。抗压强度试验用的试块为立方体，其尺寸按骨料的最大颗粒直径规定如表所示。

应注意，混凝土中粗骨料的最大粒径选择试件尺寸，立方体试件边长应不小于骨料最大粒径的3倍。如大型构件的混凝土中骨料直径很大而用边长为100mm的立方体试块，试验结果很难有代表性。

混凝土抗压强度棱柱体试件尺寸选择表　　**表 2.5.3.2-1**

骨料最大颗粒直径（mm）	试块尺寸（mm）
≤30	100×100×100
≤40	150×150×150
≤50	200×200×200

②试块制作方法

a. 在混凝土拌合前，应将试模擦拭干净，并在模内涂一薄层机油；

b. 用振动法捣实混凝土时，将混凝土拌合物一次装满试模，并用捣棒初步捣实，使混凝土拌合物略高出试模，放在振动台上，一手扶住试模，一手用铁抹子在混凝土表面施压，并不断来回擦抹。按混凝土稠度（工作度或坍落度）的大小确定振动时间，所确定的振动时间必须保证混凝土能振捣密实，待振捣时间即将结束时，用铁抹子刮去表面多余的混凝土，并将表面抹平。同一组的试块，每块振动时间必须完全相同，以免密度不均匀影响强度的均匀性；

注：在施工现场制作试块时，也可用平板式振捣器，振动至混凝土表面水泥浆呈现光亮状态时止。

c. 用插捣法人工捣实试块时，按下述方法进行：

——对于（单位：mm）100×100×100、150×150×150或200×200×200的立方体试块，混凝土拌合物分两层装入，其厚度约相等，每层插捣次数如表2.5.3.2-2所示。

混凝土抗压强度试件制作插捣次数表　　**表 2.5.3.2-2**

试块尺寸（mm）	每层插捣次数
100×100×100	12
150×150×150	25
200×200×200	50

——插捣时应在混凝土全面积上均匀地进行，由边缘逐渐向中心。

——插捣底层时，捣棒应达到试模底面，捣上层时捣棒应插入该层底面以下2～3cm处。

——面层插捣完毕后，再用抹力沿四边模壁插捣数下，以消除混凝土与试模接触面的气泡，并可避免蜂窝、麻面现象，然后用抹刀刮去表面多余的混凝土，将表面抹光，使混凝土稍高于试模。

——静置半小时后，对试块进行第二次抹面，将试块仔细抹光抹平，以使试块与标准尺寸的误差不超过±1mm。

3）试块的养护：

①试块成型后，用湿布覆盖表面，在室温为16～20℃下至少静放1昼夜，但不得超过2昼夜，然后进行编号及拆模工作；混凝土拆模后，要在试块上写清混凝土强度等级代表的工程部位和制作日期；

②拆去试模后，随即将试块放在标准养护室（温度20±3℃，相对湿度大于90%，应避免直接浇水）养护至试压龄期为止。

注：1. 现场施工作为检验拆模强度或吊装强度的试块，其养护条件应与构件的养护条件相同。

2. 现场作为检验依据的标准强度试块，允许埋在湿砂内进行养护，但养护温度应控制在16～20℃范围内。

3. 在标准养护室内，试块宜放在铁架或木架上养护，彼此之间的距离至少为3～5cm。

4. 试块从标准养护室内取出，经擦干后即进行抗压试验。

5. 无标准养护室时可以养护池代替，池中水温20±3℃，水的pH值不小于7，养护时间自成型时算起28d。

（3）水泥混凝土路面的混凝土拌合物

1）原材料按重量计的允许误差：水泥±1%；粗细骨料±3%；水±1%；外加剂±2%。

2）混凝土拌合物每盘的搅拌时间，应根据搅拌机的性能和拌合物的和易性确定。混凝土拌合物的最短搅拌时间，自材料全部进入搅拌鼓起，至拌合物开始出料止的连续搅拌时间，应符合表2.5.3.2-3的规定。搅拌最长时间不得超过最短时间的3倍。

混凝土搅拌的最短时间（s） **表2.5.3.2-3**

混凝土坍落度（mm）	搅拌机机型	搅拌机出料量（L）		
		<250	250～500	>500
≤30	强制式	60	90	120
	自落式	90	120	150
>30	强制式	60	60	90
	自落式	90	90	120

注：1. 采用强制式搅拌机搅拌轻骨料混凝土的加料顺序是：当轻骨料在搅拌前预湿时，先加粗、细骨料和水泥搅拌30s，再加水继续搅拌；当轻骨料在搅拌前未预湿时，先加1/2的总用水量和粗、细骨料搅拌60s，再加水泥和剩余用水量继续搅拌；

2. 当掺有外加剂时，搅拌时间应适当延长；

3. 当采用其他形式的搅拌设备时，搅拌的最短时间应按设备说明书的规定或经试验确定。

3）混凝土拌合物的摊铺，应做好施工记录并应符合下列规定：

①混凝土板的厚度不大于22cm时，可一次摊铺，大于22cm时，可分二次摊铺，下部厚度宜为总厚的五分之三；

②摊铺厚度应考虑振实预留高度；

③采用人工摊铺，应用锹反扣，严禁抛掷和耧耙，防止混凝土拌合物离析。

(4) 市政桥梁工程的水泥混凝土的原材料、配合比必须符合有关标准、规范的规定，强度必须符合设计要求。强度的检验可做抗压试验，设计有要求时，应做抗折、抗拉、劈裂、弹性模量、抗冻、抗渗等试验。

(5) 混凝土抗压强度试验

1）试验目的

测定混凝土立方体试件的抗压极限强度，以确定混凝土抗压强度。

2）试验仪器

压力机或万能试验机，其负荷能力能满足试件破型吨位要求。精确度应在±2%以内，其量程应能使试件的预期破坏荷载值不小于全量程的20%，也不大于全量程的80%。

3）试件

按混凝土碎（砾）石最大粒径和表2.5.3.2-3选择试件尺寸。试件同龄期者为一组，每组3个，同条件制作和养护。标准养护条件为：温度20±3℃，相对湿度90%以上，龄期28天。

4）试验步骤

①试件相对两面应平行，表面倾斜误差不得超过0.5mm，尺寸测量精确至1mm，并应据此计算试件的承压面积；

②将试件放置在压力机压板中心，其承压面应与成型时的顶面垂直，几何对中，接触均衡，以每秒600±400kPa的速度连续均匀加荷，当试件接近破坏而开始迅速变形时，停止调整试验机油门，直至试件损坏，记录破坏极限荷载。

5）试验结果计算

①试件的抗压强度C按下式计算：

$$C=\frac{P}{A}\ (\mathrm{MPa})$$

式中　C——试件抗压强度（MPa）；

P——试件破坏时最大负荷（N）；

A——试件受压面积（mm^2）。

②取三个试件测定值的算术平均值为该组试件的抗压强度值，如三个试件中的任一个测定值与中值差值超过中值的15%时，取中值为测定值。如有两个测定值与中值的差值均超过15%时，则该组试测结果无效；

③混凝土抗压强度是以150mm×150mm×150mm的立方体为标准试件，用其他尺寸的试件测定时，应按照表2.5.3.2-4规定加以换算。

换算系数　　　　**表2.5.3.2-4**

骨料最大粒径（mm）	试件尺寸（mm）	换算系数
30	100×100×100	0.95
40	150×150×150	1.00
60	200×200×200	1.05

(6) 表列子项

1) 委托单位：提请委托试验的单位，按全称填写。

2) 试验委托人：提请委托试验单位的试验委托人，填写委托人姓名。

3) 工程名称：按施工企业和建设单位签订的施工合同的工程名称或图注的工程名称，照实际填写。

4) 部位：按试配申请委托单上提供的使用部位填写。

5) 设计强度等级：指施工图设计的混凝土强度等级。

6) 拟配强度等级：指施工单位根据施工图设计及工程特点拟配制的混凝土强度等级。

7) 要求坍落度：指规范规定的坍落度值或根据工程确定的坍落度。

8) 实测坍落度：指施工过程中实测的坍落度值，按实测的坍落度平均值填写。

9) 水泥品种及等级：指送交试验单位的"送样"批的水泥品种、强度等级。

①厂别：指送交试验单位的"送样"批的水泥厂别。

②出厂日期：指送交试验单位的"送样"批的水泥的出厂日期。

③试验编号：指送交试验单位的"送样"批的水泥的试验编号。

10) 砂子产地及品种：指送交试验单位的"送样"批的砂子的产地及品种。

①细度模数：指送交试验单位的"送样"批的砂子的细度模数。

②含泥量(%)：指送交试验单位的"送样"批的砂子的含泥量。

③试验编号：指送交试验单位的"送样"批的砂子的试验编号。

11) 石子产地及品种：指送交试验单位的"送样"批的石子的产地及品种。

①最大粒径：指送交试验单位的"送样"批的石子的最大粒径。

②含泥量(%)：送交试验单位的"送样"批的石子的含泥量。

③试验编号：指送交试验单位的"送样"批的石子的试验编号。

12) 掺合料名称：指送交试验单位的"送样"批的掺合料名称。

①产地：指送交试验单位的"送样"批的掺合料的产地。

②占水泥用量的：指送交试验单位的"送样"批的掺合料占水泥用量的百分比。

13) 外加剂名称：指送交试验单位的"送样"批的外加剂的名称。

①产地：指送交试验单位的"送样"批的外加剂的产地。

②占水泥用量的：指送交试验单位的"送样"批的外加剂的百分比。

14) 施工配合比：指施工实际采用的配合比。

①水灰比：指施工实际采用的水灰比。

②砂率(%)：指施工实际采用的砂率。

15) 配合比编号：按试配通知单建议的施工配合比或试配单配合比编号填写，如经调整，配合比不得低于试配单的建议值。

16) 材料名称：

①水泥：指受试混凝土试件施工中采用的水泥的品种和强度等级。

②水：指受试混凝土试件施工中采用的水的质量。

③砂子：指受试混凝土试件施工中采用的砂子的品种。

④石子：指受试混凝土试件施工中采用的石子的品种。

⑤掺合料：指受试混凝土试件施工中采用的掺合料的名称。

⑥外加剂：指受试混凝土试件施工中采用的外加剂的名称。

17）用量：

①水泥：指每立方米混凝土的水泥用量（kg）。

②水：指每立方米混凝土的水的用量（kg）。

③砂子：指每立方米混凝土的砂子的用量（kg）。

④石子：指每立方米混凝土的石子的用量（kg）。

⑤掺合料：指每立方米混凝土的掺合料的用量（kg）。

⑥外加剂：指每立方米混凝土的外加剂的用量（kg）。

18）制模日期：指混凝土构件的实际制模成型日期。

19）要求龄期：指要求的混凝土拆模时间，照实际要求的龄期填写。

20）要求试验日期：指要求混凝土的试验日期，照实际要求的试验日期填写。

21）试块收到日期：指试块送交试验室的时间，照实际试块收到的日期填写。

22）试块养护条件：指自然、蒸汽，还是其他养护方法，照实际养护方法填写。

23）试块编号：指施工单位按制作的项目进行的编号。

24）试验日期：即实际试压日期。

25）实际龄期（d）：按需要分为3d、7d、28d，以28d“标准”为准，照实际龄期填写。

26）试块规格（mm）：指受试试块的实际规格。

27）受压面积（mm^2）：指受试试块的受压面积。

28）荷载（kN）：指每一单块试件的加压荷载值。

29）单块：指每一单块试件的加压荷载值。

30）平均：指每组3个单块试件的加压荷载的平均值。

31）平均抗压强度（N/mm^2）：破坏荷载除以截面面积后的值为标准强度。当试件尺寸为（cm：）20×20×20和10×10×10时，应按标准规定换算为15×15×15的强度值。

32）折合150mm立方体强度（N/mm^2）：是指采用试件尺寸为（cm：）20×20×20和10×10×10时的折合150mm立方体强度（N/mm^2）。

33）达到设计强度（%）：实测强度与设计强度之比。

34）备注：填写需要说明的其他事宜。

注：凡试块试验不合格者（指小于规定的最低值或平均强度达不到规定值者），应有处理措施及结论（如后备试块达到要求强度等级并经设计签认；经设计验算签证不需要进行处理；经法定检测单位鉴定达到要求的强度等级，出具证明，并经设计同意；按设计要求进行加固处理者以及返工重做等）。出现类似情况，应按国标《建筑工程施工质量验收统一标准》第5.0.6条确定该项目的结论。

2.5.3.3 混凝土抗折强度试验报告

1. 资料表式

混凝土抗折强度试验报告

委托单位：________ 试验委托人：________

工程名称：________ 部位：________

设计强度等级：________ 拟配强度等级：________ 坍落度：________cm

水泥品种及等级：________厂 别：________ 出厂日期：________ 试验编号：________

砂子产地及品种：________ 细度模数：________ 含 泥 量：________% 试验编号：________

石子产地及品种：________ 最大粒径：________ 含泥量：________% 试验编号：________

掺合料名称：________ 产 地：________ 占水泥用量的：________%

外加剂名称：________ 产 地：________ 占水泥用量的：________%

其他：________

施工配合比：________ 水灰比：________ 砂率：________%

配合比编号	材料名称 用 量	水泥	水	砂子	石子	掺合料	外加剂
	每立方米用量（kg）						

制模日期：________ 要求龄期：________ 要求试验日期：________

试块收到日期：________ 试块养护条件：________

试块编号	试验日期	实际龄期（d）	试块尺寸（mm）			计算跨度（mm）	破坏荷重（kN）		平均极限抗折强 度（N/mm²）	折合标准试件强 度（N/mm²）	达到设计强度（%）
			长	宽	高		单块	平均			
结论											

试验单位： 技术负责人： 审核： 试（检）验：

报告日期： 年 月 日

2. 资料要求

（1）凡现浇混凝土的不同品种、不同强度等级、不同级配的混凝土均应在混凝土的浇灌地点随机抽取留置试块。混凝土试块由施工单位提供。

（2）混凝土强度以标准养护龄期28天的试块抗压试验结果为准。设计和专业规范要求以同条件养护试块为评定混凝土强度时，应按标准要求留置同条件养护试块。非标养试块应有测温记录，应按相应标准规定评定混凝土强度等级。

（3）试验报告单子项填写齐全。

（4）混凝土强度以单位工程按相应专业规范要求进行质量评定和验收。

注：GBJ 107—87 标准第 2.0.3 条：混凝土强度应分批进行检验评定。一个验收批应由强度等级相同、龄期相同以及生产工艺条件和配合比相同的混凝土组成。对施工现场的现浇混凝土应按单位工程验收划分的检验批构成的混凝土量、台班留置试件，按强度等级相同、龄期相同以及生产工艺条件和配合比相同原则构成检验批每个验收项目应按现行国家标准确定。

（5）必须实行见证取样，试验室应在见证取样人名单上加盖公章和经手人签字。

（6）有特殊性能要求的混凝土，应符合相应标准并满足施工规范要求。

1）混凝土试块留置数量不符合要求，代表性不足，为不符合要求。

2）部位不清、子项填写不全，应为不符合要求。

3）混凝土试块用料与设计不符的，虽强度达到设计强度等级要求仍应经企业技术负责人批准否则为不符合要求。

4）混凝土强度等级不按单位工程进行验收或验收不符合标准要求者，应为不符合要求。

5）非省级以上行业主管部门批准的实验室出具试配报告为不符合要求。

3. 实施要点

（1）混凝土抗折强度检验，应以 28d 龄期的计算抗折强度为标准，采用小梁试件方法测定，也可采用圆柱劈裂强度推算小梁抗折强度。当采用钻取圆芯检验的推算强度和小梁抗折强度时，应同时符合规定的强度要求。混凝土抗折强度检验，应符合下列规定：

1）应用正在摊铺的混凝土拌合物制作试件，试件的养护条件与现场混凝土板养护相同。

2）每天或铺筑 200m^3 混凝土（机场 400m^3），应同时制作二组试件，龄期应分别为 7d 和 28d；每铺筑 1000～2000m^3 混凝土应增做一组试件，用于检查后期强度，龄期不应小于 90d。

3）当普通水泥混凝土的 7d 强度达不到 28d（换算成标准养护条件的强度）强度的 60%（矿渣水泥混凝土为 50%）时，应检查分析原因，并对混凝土的配合比作适当修正。

4）浇筑完成的混凝土板，应检验实际强度，可现场钻取圆柱试件，进行圆柱劈裂强度的试验，以圆柱劈裂强度推算小梁抗折强度。

（2）混凝土抗折棱柱体小梁试件，其尺寸选取见表 2.5.3.3-1。

混凝土抗折强度棱柱体试件尺寸选取表　　**表 2.5.3.3-1**

骨料最大粒径（mm）	试块尺寸（mm）
≤30	100×100×400
≤40	150×150×600
≤60	200×200×800

1）试块留置数量照设计要求办理。混凝土抗折试验用的试块，每组为 3 块。

2）试块的制作：

①采用机械振捣时，将混凝土拌合物一次装入试模，并稍有富余，在振动台上振动至密实为止，然后用抹刀将多余的混凝土刮去，仔细抹光表面；

②采用人工捣实时，混凝土拌合物分二次装入，每层高度约相等，每层插捣次数见表 2.5.3.3-2。

插捣时应在试块全部面积上均匀进行。

混凝土抗折强度试块制作插捣次数表 **表 2.5.3.3-2**

试块尺寸（mm）	插捣次数
100×100×400	50
150×150×600	100
200×200×800	200

3）试块养护办法：与混凝土抗压强度试验规定相同。但拆模时间可酌量延长，避免损坏。

（3）混凝土抗折和劈裂抗拉强度试验

Ⅰ 抗折强度试验

1）试验目的

测定混凝土抗折极限强度，以提供设计参数，检查混凝土施工质量。

2）试验仪器

①试验机——50～300kN 抗折试验机或万能试验机，最小读数为 200N；

②抗折试验装置——三分点加荷和二点自由支承式混凝土抗折强度试验装置，见图 2.5.3.3-1。

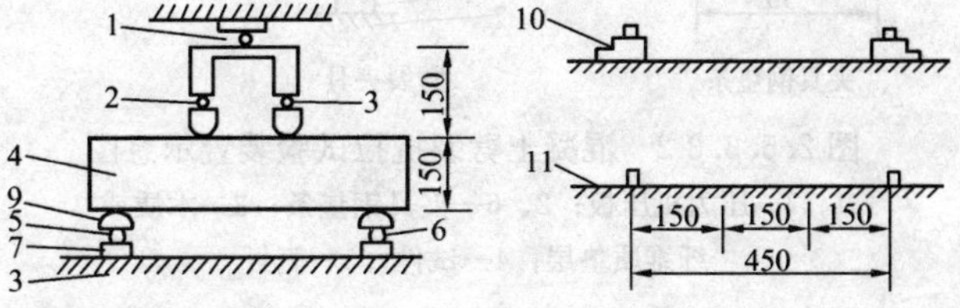

图 2.5.3.3-1 抗折试验装置图（尺寸单位：mm）

1、2、6—一个钢球；3、5—两个钢球；4—试件；7—活动支座；8—机台；9—活动船形垫块，共 4 块；10—一般压力机支座；11—简易平轴支座

3）试件

试件为 150mm × 150mm × 550mm 直角棱柱体小梁，碎（砾）石量大粒径不超过 40mm，标准养护条件同抗压强度试验。

4）试验步骤

①试验前先检查试件，如试件中部三分之一长度内有蜂窝（如大于 $\phi 7\times 2$mm），试件即作废，否则应在记录中注明；

②试件中部量出其宽度和高度，精确至±1mm；

③将试件妥放在支座上，其承压面与试件成型时顶面垂直。缓加初荷 1kN，检查调整以确保试件不扭动，接触无空隙，而后以每秒 60±40kPa 的加荷速度，均匀而连续地加荷，直至试件破坏，记录破坏极限荷载，检查并量度断面处，描述有关特征情况。

5）试验结果计算

①当断面发生在两个加荷点之间时，小梁抗折强度 σ_b 按下式计算：

$$\sigma_b = \frac{PL}{bh^2} \times 10^4 (\text{Pa})$$

式中 P——试件破坏时最大极限荷载（N）；

L——计算跨径，即两支点间距（cm）；

b——试件宽度（cm）；

h——试件高度（cm）。

②如断面发生在两个加荷点外侧，则该试件之结果无效。如同组中有两根试件之结果无效，则该组结果作废。断面位置在试件底面中轴线上量得。

③抗折强度测定值的计算及异常数据的取舍原则，同抗压强度试验。

Ⅱ　圆柱体劈裂抗拉强度试验

1）试验目的

测定混凝土的劈裂抗拉极限强度，可根据抗折强度与劈裂抗拉强度的关系式推算混凝土的抗折强度。

2）试验仪具

①压力机与抗压强度试验的规定相同；

②钻孔取样机，取样直径 $D=150$mm，长度与路面厚度相同；

③劈裂夹具和木质三合板垫层（或纤维板垫层），如图 2.5.3.3-2。木质三合板宽度为 20～25mm，厚 3mm＋0.2mm，长度不短于试件圆柱长，垫层不得重复使用。

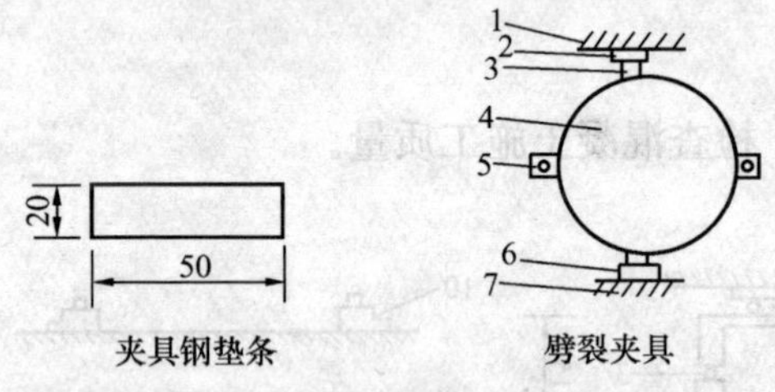

图 2.5.3.3-2　混凝土劈裂抗拉试验装置示意图
1、7—压力机压板；2、6—夹具钢垫条；3—木质或纤维质垫层；4—试件；5—侧扦

3）试件

检验路面混凝土板强度，可现场随机选取混凝土板，在板中间部位钻孔取样，试件尺寸以直径 150mm，高度与路面厚度相同，每组 3 个。试件的两端平面应与试件轴线成垂直，误差应不大于±1 度，端部平面凹凸每 100mm 不超过 5mm，承压线凹凸不应大于 0.25mm。

4）试验步骤

①试验前将试件表面擦干，量出试件尺寸，精确至 1mm；

②将劈裂夹具放在压力机上，放好下垫层，再将试件放入夹具内，放好上垫层，借助夹具两侧杆，将试件对中；

③开动压力机。当上压板与夹具垫条接近时，调整球座使接触均衡。压力加到 5kN 时，将夹具两侧杆抽出，以每秒钟 60±40N 的速度连续而均匀加荷，直至试件劈裂为止。

5）试验结果计算

①劈裂抗拉极限强度按下式计算

$$\sigma_b = 6370 - \frac{p}{dh}(\mathrm{Pa})$$

式中　σ_b——混凝土劈裂抗拉极限强度（Pa）；

P——试件破坏时最大极限荷载（N）；

d——圆柱体试件的直径（cm）；

h——圆柱体试件的高度（cm）。

②劈裂抗拉极限强度测定值的计算及异常数据的取舍原则同抗压强度试验。

6）圆柱劈裂抗拉强度与小梁抗折强度的计算关系式，各地应通过现场试验取得。当无试验数值时，可采用下列计算关系式：

石灰岩、花岗岩碎石混凝土为：

$$\sigma_b = 1.868\sigma_c^{0.371}(\text{MPa})$$

玄武岩碎石混凝土为：

$$\sigma_b = 3.035\sigma_c^{0.423}(\text{MPa})$$

式中 σ_b——混凝土小梁抗折强度（MPa）；

σ_c——混凝土钻芯圆柱劈裂抗拉强度（MPa）。

砾石混凝土强度相关性较差，各地应按上述测试方法，钻取圆柱体试件与标准小梁抗折强度试验得出强度关系式后试用。

（4）表列子项

1）委托单位：提请委托试验的单位，按全称填写。

2）试验委托人：提请委托试验单位的试验委托人，填写委托人姓名。

3）工程名称：按施工企业和建设单位签订的施工合同的工程名称或图注的工程名称，照实际填写。

4）部位：按试配申请委托单上提供的使用部位填写。

5）设计强度等级：指施工图设计的混凝土强度等级。

6）拟配强度等级：指施工单位根据施工图设计及工程特点拟配制的混凝土强度等级。

7）坍落度：指施工过程中实测的坍落度值，按实测的坍落度平均值填写。

8）水泥品种及等级：指送交试验单位的“送样”批的水泥品种、强度等级。

①厂别：指送交试验单位的“送样”批的水泥厂别。

②出厂日期：指送交试验单位的“送样”批的水泥的出厂日期。

③试验编号：指送交试验单位的“送样”批的水泥的试验编号。

9）砂子产地及品种：指送交试验单位的“送样”批的砂子的产地及品种。

①细度模数：指送交试验单位的“送样”批的砂子的细度模数。

②含泥量（%）：指送交试验单位的“送样”批的砂子的含泥量。

③试验编号：指送交试验单位的“送样”批的砂子的试验编号。

10）石子产地及品种：指送交试验单位的“送样”批的石子的产地及品种。

①最大粒径：指送交试验单位的“送样”批的石子的最大粒径。

②含泥量（%）：送交试验单位的“送样”批的石子的含泥量。

③试验编号：指送交试验单位的“送样”批的石子的试验编号。

11）掺合料名称：指送交试验单位的“送样”批的掺合料名称。

①产地：指送交试验单位的“送样”批的掺合料的产地。

②占水泥用量的：指送交试验单位的“送样”批的掺合料占水泥用量的百分比。

12）外加剂名称：指送交试验单位的“送样”批的外加剂的名称。

①产地：指送交试验单位的“送样”批的外加剂的产地。

②占水泥用量的：指送交试验单位的“送样”批的外加剂的百分比。

13）其他：完工后无法进行检查的工程；重要结构部位和有特殊要求隐蔽的工程。

14）施工配合比：指施工实际采用的配合比。

①水灰比：指施工实际采用的水灰比。

②砂率（%）：指施工实际采用的砂率。

15）配合比编号：按试配通知单建议的施工配合比或试配单配合比编号填写，如经调整，配合比不得低于试配单的建议值。

16）材料名称：

①水泥：指受试混凝土试件施工中采用的水泥品种和强度等级。

②水：指受试混凝土试件施工中采用的水的质量。

③砂子：指受试混凝土试件施工中采用的砂子的品种。

④石子：指受试混凝土试件施工中采用的石子的品种。

⑤掺合料：指受试混凝土试件施工中采用的掺合料的名称。

⑥外加剂：指受试混凝土试件施工中采用的外加剂的名称。

17）用量：

①水泥：指每立方米混凝土的水泥用量（kg）。

②水：指每立方米混凝土的水的用量（kg）。

③砂子：指每立方米混凝土的砂子的用量（kg）。

④石子：指每立方米混凝土的石子的用量（kg）。

⑤掺合料：指每立方米混凝土的掺合料的用量（kg）。

⑥外加剂：指每立方米混凝土的外加剂的用量（kg）。

18）制模日期：指混凝土构件的实际制模成型日期。

19）要求龄期：指要求的混凝土拆模时间，照实际要求的龄期填写。

20）要求试验日期：指要求混凝土的试验日期，照实际要求的试验日期填写。

21）试块收到日期：指试块送交试验室的时间，照实际试块收到的日期填写。

22）试块养护条件：指自然、蒸汽，还是其他养护方法，照实际养护方法填写。

23）试块制作人：指施工项目经理部级的专职试验员，填写试块制作人的姓名。

24）试块编号：指施工单位按制作的项目进行的编号。

25）试验日期：即实际试压日期。

26）试验日期：指抗折混凝土试块的实际试验日期。

27）实际龄期（d）：按需要分为 3d、7d、28d，以 28d“标准”为准，照实龄期填写。

28）试块尺寸（mm）：指受试试块的实际尺寸，按长、宽、高分别填写。

29）计算跨度：指抗折试块试验支点间的跨度值。

30）破坏荷重（kN）：指每一单块试件的极限荷载值。

①单块：指每一单块试件的极限荷载值。

②平均：指每组 3 个单块试件的极限荷载的平均值。

31）平均极限抗折强度（N/mm^2）：指每组 3 个单块抗折试件的极限荷载的平均值。

32）折合 150mm 立方体强度（N/mm^2）。

33）达到设计强度（%）：实测强度与设计强度之比。

34）结论：应全面、准确，核心是可用性及注意事项。

2.5.3.4　混凝土抗渗性能试验报告

1. 资料表式

混凝土抗渗性能试验报告

试验委托人：________________试块编号：________________试验编号：____________

委托单位：________________工程名称：________________部位：____________

设计强度等级：__________设计抗渗等级：__________要求坍落度：______cm 实测坍落度：______cm

水泥品种及等级：________厂　别：________出厂日期：________试验编号：________

砂子产地及品种：________细度模数：________含泥量：______% 试验编号：________

石子产地及品种：________最大粒径：________含泥量：______% 试验编号：________

外加剂名称：________厂　别：________占水泥用量的：________%

掺合料名称：________厂　别：________占水泥用量的：________%

施工配合比：________水灰比：________砂率：________%

配合比编号	材料名称 / 用　量	水泥	水	砂子	石子	外加剂	掺合料
	每立方米用量（kg）						

制模日期：________________要求龄期：________________要求试验日期：____________

试块收到日期：____________试块养护条件：____________试块制作人：____________

试块端面渗水部位：

①　②　③　④　⑤　⑥

试块解剖渗水高度（cm）：

1　2　3　4　5　6

结论：____

____

试验单位：　　　技术负责人：　　　审核　　　试（检）验：

报告日期：　　年　　月　　日

2. 资料要求

（1）不同品种、不同强度等级、不同级配的抗渗混凝土均应在混凝土浇筑地点随机留置试块，且至少有一组在标准条件下养护，试件的留置数量应符合相应标准的规定。

（2）抗渗混凝土强度以标准养护龄期 28d 的试块抗压试验结果为准，在冬施条件下养护时应增加同条件养护的试块，并有测温记录。

（3）抗渗混凝土试验报告单子项填写齐全。

（4）抗渗混凝土强度等级评定按《混凝土强度检验评定标准》（GBJ 107—87）进行质量验收。

（5）必须实行见证取样，试验室应在见证取样人名单上加盖公章和经手人签字。

（6）抗渗混凝土试块留置数量应符合规范要求，试块留置数量不足，应为不符合要求。

（7）抗渗混凝土试块用料与设计不符的，虽强度达到设计等级仍应为不符合要求。

（8）非省级以上行业主管部门批准的实验室出具试配报告为不符合要求。

3. 实施要点

混凝土抗渗性能试验报告是为保证工程质量，由试验单位对工程中留置的抗渗混凝土试块的强度指标进行测试后出具的质量证明文件。

（1）抗渗混凝土试块由施工单位提供。抗渗混凝土不仅需要满足强度要求，而且需要符合抗渗要求，均应根据需要留置试块。

（2）防水混凝土的抗压强度和抗渗压力必须符合设计要求。

（3）防水混凝土的变形缝、施工缝、后浇带、穿墙套管、埋设件等的设置和构造均应符合设计要求严禁渗漏。

（4）抗渗性能试验基本要求：

①抗渗试块的尺寸顶面直径为175mm，底面直径为185mm，高为150mm的圆台体。

②抗渗试块的组数，按每单位工程不得少于2组。同一混凝土等级、同一抗渗等级、同一配合比、同一原材料每单位工程不少于两组，每6块为一组。

③试块应在浇筑地点制作，其中至少一组试块应在标准条件下养护，其余试块应在与构件相同条件下养护。

④试样要有代表性，应在搅拌后第三盘至搅拌结束前30min之间取样。

⑤每组试样包括同条件试块、抗渗试块、强度试块的试样，必须取同一次拌制的混凝土拌和物。

⑥试件成型后24h拆模。用钢丝刷刷去两端面水泥浆膜，然后送入标养室。

⑦试件一般养护至28d龄期进行试验，如有特殊要求，可在其他龄期进行。

（5）混凝土抗渗性能试验结果评定：

①混凝土的抗渗等级以每组6个试件中4个未出现渗水时的最大水压力表示。

其计算式为：

$$P = 10H - 1$$

式中　P——抗渗等级；

H——6个试件中第三个渗水时的水压力（MPa）。

②若按委托抗渗等级 P 评定：（6个试件均无渗水现象）应试压至 $P+1$ 时的水压，方可评为 $>P$。

③如压力到1.2MPa，经过8h，渗水仍不超过2h，混凝土的抗渗等级应等于或大于P12。

（6）表列子项

1）试验委托人：提请委托试验单位的试验委托人，填写委托人姓名。

2）试块编号：指施工单位按制作的项目进行的编号。

3）试验编号：指送交试验单位的“送样”批的混凝土抗渗性能试验的试验编号。

4）委托单位：提请委托试验的单位，按全称填写。

5）工程名称：按施工企业和建设单位签订的施工合同的工程名称或图注的工程名称，照实际填写。

6）部位：按试配申请委托单上提供的使用部位填写。

7）设计强度等级：指施工图设计的混凝土强度等级。

8）设计抗渗等级：指施工图设计的抗渗混凝土的等级。

9）要求坍落度：指规范规定的坍落度值或根据工程需要确定的坍落度。

10）实测坍落度：指施工过程中实测的坍落度值，按实测的坍落度平均值填写。

11）水泥品种及等级：指送交试验单位的“送样”批的水泥品种、强度等级。

①厂别：指送交试验单位的“送样”批的水泥厂别。

②出厂日期：指送交试验单位的“送样”批的水泥的出厂日期。

③试验编号：指混凝土抗渗性能试验用水泥的原试验编号。

12）砂子产地及品种：指送交试验单位的“送样”批的砂子的产地及品种。

①细度模数：指送交试验单位的“送样”批的砂子的细度模数。

②含泥量（%）：指送交试验单位的“送样”批的砂子的含泥量。

③试验编号：指送交试验单位的“送样”批的砂子的原试验编号。

13）石子产地及品种：指送交试验单位的“送样”批的石子的产地及品种。

①最大粒径：指送交试验单位的“送样”批的石子的最大粒径。

②含泥量（%）：送交试验单位的“送样”批的石子的含泥量。

③试验编号：指送交试验单位的“送样”批的石子的原试验编号。

14）外加剂名称：指送交试验单位的“送样”批的外加剂的名称。

①厂别：指送交试验单位的“送样”批的外加剂的厂别名称。

②占水泥用量的：指送交试验单位的“送样”批的外加剂的百分比。

15）掺合料名称：指送交试验单位的“送样”批的掺合料名称。

①厂别：指送交试验单位的“送样”批的掺合料的厂别名称。

②占水泥用量的：指送交试验单位的“送样”批的掺合料占水泥用量的百分比。

16）施工配合比：指施工实际采用的配合比。

①水灰比：指施工实际采用的水灰比。

②砂率（%）：指施工实际采用的砂率。

17）配合比编号：按试配通知单建议的施工配合比或试配单配合比编号填写，如经调整，配合比不得低于试配单的建议值。

18）材料名称：

①水泥：指受试混凝土抗渗试件施工中采用的水泥品种和强度等级。

②水：指受试混凝土抗渗试件施工中采用的水的质量。

③砂子：指受试混凝土抗渗试件施工中采用的砂子的品种。

④石子：指受试混凝土抗渗试件施工中采用的石子的品种。

⑤掺合料：指受试混凝土抗渗试件施工中采用的掺合料的名称。

⑥外加剂：指受试混凝土抗渗试件施工中采用的外加剂的名称。

19）用量：

①水泥：指每立方米抗渗混凝土的水泥用量（kg）。

②水：指每立方米抗渗混凝土的水的用量（kg）。

③砂子：指每立方米抗渗混凝土的砂子的用量（kg）。

④石子：指每立方米抗渗混凝土的石子的用量（kg）。

⑤掺合料：指每立方米抗渗混凝土的掺合料的用量（kg）。

⑥外加剂：指每立方米抗渗混凝土的外加剂的用量（kg）。

20）制模日期：指混凝土试件的实际制模成型日期。

21）要求龄期：指要求的混凝土拆模时间，照实际要求的龄期填写。

22）要求试验日期：指要求混凝土的试验日期，照实际要求的试验日期填写。

23）试块收到日期：指试块送交试验室的时间，照实际试块收到的日期填写。

24）试块养护条件：指自然、蒸汽，还是其他养护方法，照实际养护方法填写。

25）试块制作人：指施工项目经理部级的专职试验员，填写试块制作人的姓名。

26）试块端面渗水部位：对 6 个抗渗混凝土试件的端面分别检查其渗水部位，照实际检查结果填写。

27）试块解剖渗水高度（cm）：指 6 个抗渗混凝土试件解剖后分别检查其渗水高度，照实际检查结果填写。

28）结论：应全面、准确，核心是可用性及注意事项。

2.5.3.5　混凝土抗冻性试验报告单

1. 资料表式

混凝土抗冻性能试验报告单　　　　**表 2.5.3.5**

委托单位：　　　　　　　　　　　　　　试验编号：

工程名称			施工部位	
混凝土强度等级			抗冻性能	
成型日期			配合比编号	
委托日期			报告日期	
冻融循环次数				
抗　冻　试　验　结　果				
试件编号	抗压强度（MPa）		试块单块重量（kg）	
1	对比试件	冻融循环次数	冻融循环以前	冻融循环以后
2				
3				
3 块平均值				
结　果	强度损失率	%	重量损失率	%
依据标准及检验结论：				
备注：				
试验单位：	技术负责人：	审核	试（检）验：	

2. 资料要求

混凝土抗冻性试验报告单资料要求按混凝土抗压强度试验报告表 2.5.3.2 表式要求执行。

3. 实施要点

(1) 不同品种、不同强度等级、不同级配的抗冻混凝土均应在混凝土浇筑地点随机留置试块，并在标准条件下养护，试件的留置数量应符合相应标准的规定。

(2) 混凝土抗冻性试验（抗冻等级）说明：

1) 抗冻等级以试块所能承受的最大反复冻融循环次数表示。如 F150 表示混凝土能够承受反复冻融循环 150 次。试块抗冻后抗压强度的下降不得超过 25%。抗冻强度换算系数见表 2.5.3.5-2。

2) 立方体试块的尺寸与抗压强度试验相同。见表 2.5.3.5-1。

不同立方体混凝土抗冻强度试件尺寸表 **表 2.5.3.5-1**

骨料最大颗粒直径（mm）	试块尺寸（mm）
≤30	100×100×100
≤40	150×150×150
≤50	200×200×200

不同立方体混凝土试块抗冻强度换算系数表 **表 2.5.3.5-2**

小梁试块（mm）	换算和系数
100×100×400	1.05
150×150×600	1.00
200×200×800	0.95

3) 受冻融检验用的试块数量选择，每次试验所需的试件组数应符合表 2.5.3.5-3 的规定，每组试件应为 3 块。

慢冻法试验所需的试件组数 **表 2.5.3.5-3**

设计抗冻标号	D25	D50	D100	D150	D200	D250	D300
检查强度时的冻融循环次数	25	50	50 及 100	100 及 150	150 及 200	200 及 250	250 及 300
鉴定 28d 强度所需试件组数	1	1	2	2	2	2	2
冻融试件组数	1	1	2	2	2	2	2
对比试件组数	1	1	2	2	2	2	2
总计试件组数	3	3	5	5	5	5	5

4) 抗冻混凝土的试块留置组数，可视结构的规模和要求确定。

5) 试块制作、养护方法和步骤，均与混凝土抗压强度试验中之规定相同，试块的养护龄期（包括试块在水中浸泡时间）为28天。

6）冻融时间规定：对于100mm×100mm×100mm及150mm×150mm×150mm的立方体试块，每次冻结时间为4h；200mm×200mm×200mm的立方体试块，每次冻结时间为6h。不同尺寸的试块在水中融化时间均不得少于4h，水池水温应保持在15～20℃，池中注水深度应超过试块高度至少2cm，在冻结过程中不得中断。

注：如果在同一冷藏（或冻箱）内，有各种不同尺寸的试块同时进行冻结试验，以其最大试块尺寸之冻结时间进行。

7）混凝土强度试验结果合格条件的评定：

①冻融试块在规定冻融循环次数之后的抗压极限强度，同检验用的相当龄期的试块抗压极限强度相比较，其降低值不超过25%时，则认为混凝土抗冻性合格。

②如果在试验过程中（未达到规定冻融循环次数以前），受冻融的试块的抗压极限强度，同检验用的相当龄期的试块的抗压极限强度相比较，其降低值已超过25%时，则认为混凝土抗冻性不合格。

8）抗冻试块留置数量，应符合表2.5.3.5-4要求。

抗冻试块留置数量表　　**表2.5.3.5-4**

设计抗冻等级	F25	F50	F100	F150	F200	F250	F300
冻融循环次数	25	50	50及100	100及150	150及200	200及250	250及300
冻融组数	1	1	1	1	1	1	1
对比试块	1	1	2	2	2	2	2
总计组数	3	3	5	5	5	5	5

当进行冬期施工时，混凝土抗压强度试块留置数量，应遵守GB 50204—2002标准要求外，还应增加两组混凝土试块，其中一组与结构同条件养护28d后用于检验受冻前的混凝土强度，另一组与结构同条件养护28d后转入标养室养护28d测抗压强度。

（3）表列子项

1）抗冻性能：指设计要求的冻融循环性能值。

2）抗冻试验结果：

①抗压强度：分别按对比试件和冻融循环次数测试的抗冻混凝土的抗压强度值填写。

②试块单块重量：分别按冻融循环以前和冻融循环以后测试的抗冻混凝土的抗压强度值填写。

3）结果：抗冻混凝土的测试结果，由试验室填写。

4）结论：抗冻混凝土的测试结论，由试验室填写。

2.5.3.6　混凝土试块强度统计、评定记录

市政基础设施工程均按下列统计方法和非统计方法进行混凝土强度统计和评定。

1. 资料表式

混凝土试块强度统计、评定记录 **表 2.5.3.6-1**

施工单位： 年 月 日

工程名称		部位		强度等级		养护方法	

试块组数	设计强度	平均值	标准差	合格判定系数	最小值	评定数据			
$n=$	$f_{cu,k}=$	$m_{fcu}=$	$s_{fcu}=$	$\lambda_1=$ $\lambda_2=$	$f_{cu,min}$ $=$	0.9 $f_{cu,k}=$ (MPa)	0.95 $f_{cu,k}=$	1.15 $f_{cu,k}=$	$m_{fcu}-\lambda_1 \cdot s_{fcu}=$ $\lambda_2 \cdot f_{cu,k}=$

每组强度值：(MPa)

评定依据：《混凝土强度检验评定标准》GBJ 107—87		
1）统计组数 $n \geqslant 10$ 组时： $m\,f_{cu}-\lambda_1 \cdot s_{fcu} \geqslant 0.9 f_{cu,k}$； $f_{cu,min} \geqslant \lambda_2 = \cdot f_{cu,min}$ 2）非统计方法： $m_{fcu} \geqslant 1.15 f_{cu,k}$； $f_{cu,min} \geqslant 0.95 f_{cu,k}$	结论	

参加人员	监理（建设）单位	施工单位			
		施工项目技术负责人	专职质检员	工长	资料员

2. 资料要求

(1) 参加统计、评定的试块必须是见证取样且具有相应资质的试验室提供的混凝土试块。

(2) 混凝土试块标养为28天强度，标养试块要有测试温度、湿度记录。非标养试块应有测温记录，超龄期混凝土应按有关规定换算为28天强度，藉以判定混凝土强度等级。

(3) 对于蒸汽养护的混凝土结构和构件，其试块应随同结构和构件养护，再转入标准条件下养护，共计28天。

(4) 抗渗、抗冻混凝土单位工程试块的留置数量应符合相应专业规范的要求。

(5) 必须实行见证取样，试验室应在见证取样人名单上加盖公章和经手人签字。

(6) 当发现有下列情况之一者，应核定为"不符合要求"：

1) 无试验室确定的混凝土配合比试配报告单和混凝土试块试验报告单；

2) 混凝土留置的试块不足，试压强度普遍超龄期，原材料状况与配合比要求不符；

3) 出现不合格的混凝土试块，又无科学鉴定和采取相应的技术措施进行处理；

4) 有抗渗设计要求的混凝土，未提供混凝土抗渗试验报告单或抗渗报告单中的部位、组数、抗渗等级达不到设计要求及有关规定；

5) 混凝土试块取样、制作、养护、试压等方法不符合规范要求，试块强度不能真正反映和代表结构或构件混凝土的真实强度。

6) 不按规定留置混凝土试块。试验报告单子项填写不全，无结论为不符合要求。

(7) 混凝土试块测试应同时具有"标养"试块、同条件养护试块，以保证混凝土强度的真实性。非"标养"试块必须提供28天日养护温度记录，作为分析测试结果时的依据。

3. 实施要点

混凝土强度评定是指单位混凝土强度进行综合核查评定用表。主要核查水泥等原材料使用是否与实际相符，混凝土强度等级、试压龄期、养护方法、试块留置的部位及组数等是否符合设计要求和有关标准规范的规定。

(1) 评定结构构件的混凝土强度应采用标准试件和同条件养护试块共同判定混凝土强度的方法。标准养护：即按标准方法制作的边长为150mm的标准尺寸的立方体试件，在温度为20±3℃、相对湿度为90%以上的环境或水中的标准条件下，养护到28天龄期时按标准试验方法测得的混凝土立方体抗压强度。

试件强度试验的方法应符合现行国家标准《普通混凝土力学性能试验方法》的规定。

注：1. 试件应采用钢模制作。

2. 对采用蒸汽法养护的混凝土结构构件，其标准试件应先随同结构构件同条件蒸汽养护，再转入标准条件下养护共28天。

(2)《混凝土强度检验评定标准》(GBJ 107—1987) 规定，混凝土的强度评定根据混凝土生产条件的稳定程度，按统计方法和非统计方法分别进行。

市政基础设施工程分别按统计方法和非统计方法进行混凝土强度检验评定。

(3) 统计方法评定：

混凝土强度应分批进行验收。同一验收批的混凝土应由强度等级相同、生产工艺和配合比基本相同的混凝土组成，对现浇混凝土结构构件，尚应按单位工程的验收项目划分验收批，每个验收项目应按现行国家标准《建筑工程施工质量验收统一标准》确定。对同一验收批的混凝土强度，应以同批内标准试件的全部强度代表值来评定。

$$m_{fcu}-\lambda_1 S_{fcu}\geqslant 0.9f_{cu,k}$$

$$f_{cu,min}\geqslant\lambda_2 f_{cu,k}$$

式中 S_{fcu}——验收批混凝土强度的标准差（N/mm^2），当 S_{fcu} 的计算值小于 $0.06f_{cu,k}$ 时，取 $S_{fcu}=0.06f_{cu,k}$；

λ_1，λ_2——合格判定系数。

验收批混凝土强度的标准差 S_{fcu} 应按下式计算：

$$S_{fcu}=\sqrt{\sum_{i=1}^{n}\frac{f_{cu,i}^2-nm^2f_{cu}}{n-1}}$$

式中 $f_{cu,i}$——验收批内第 i 组混凝土试件的强度值（N/mm^2）；

n——验收批内混凝土试件的总组数。

合格判定系数，应按表 2.5.3.6-2 取用。

合格判定系数 **表 2.5.3.6-2**

试件组数	10～14	15～24	≥25
λ_1	1.70	1.65	1.60
λ_2	0.90	0.85	

注：试件组数不足 10 组时采用标准差未知统计法检验评定混凝土强度是不正确的。

（4）非统计方法评定：

对零星生产的预制构件的混凝土或现场搅拌批量不大的混凝土（指一个验收批的试件不足 10 组时），可采用非统计法评定。此时，验收批混凝土的强度必须同时符合下列要求：

$$m_{fcu}\geqslant 1.15f_{cu,k}$$

$$f_{cu,min}\geqslant 0.95f_{cu,k}$$

（5）强度代表值的确定：

每组三个试件应在同一盘混凝土中取样制作。其强度代表值的确定，应符合下列规定：

1）取三个试件强度的算术平均值作为每组试件的强度代表值。

2）当一组试件中强度的最大值或最小值与中间值之差超过中间值的 15%时，取中间值作为该组试件的强度代表值。

3）当一组试件中强度的最大值和最小值与中间值之差超过中间值的 15%时，该组试件的强度不应作为评定的依据。

（6）混凝土试块强度评定资料核查注意事项：

1）凡钢筋混凝土工程均应事先选样进行混凝土强度试配。

2）采用商品混凝土应有出厂合格证，由搅拌站试验室按要求进行试验，试块强度以现场制作试块作为检验结构强度质量的依据。如对进场混凝土有怀疑，应会同搅拌站有关负责人到现场共同取样进行试验，并应进行外观鉴定，决定能否使用，并做好记录反映于资料中。

搅拌站试验的有关数据（原始试验单或单位工程有关试验汇总报表）应交施工单位归

入技术档案，留置数量应具有代表性，能正确反映各部位不同混凝土的试块强度。

3）现场所用材料应和试配通知单相符，单位工程全部混凝土试块强度应按工程部位的施工顺序列表，内容包括各组试块强度及达到设计标号的百分比，并注明试验报告的编号。

4）混凝土试件评定中应注意当试件尺寸为骨料粒径的3倍时，试件的试验结果不具有代表性。

5）核查要点：

①按照施工图设计要求，核查混凝土配合比及试块强度报告单中混凝土强度等级、试压龄期、养护方法、试块的留置部位及组数、试块抗压强度是否符合设计要求及有关规范、标准的规定。

②核查混凝土试块试验报告单中的水泥是否和水泥出厂合格证或水泥试验报告单中的水泥品种、强度等级、厂牌相一致。对超龄期的水泥或质量有疑义的水泥应经检验重新鉴定其强度等级，并按实际强度设计和试配混凝土配合比。

③核查混凝土试块试验报告单中，是否用《混凝土强度检验评定标准》（GBJ 107—87）来检评混凝土的强度质量。

④当混凝土验收批抗压强度不合格时，是否及时进行鉴定，并采用相应的技术措施和处理办法，处理记录是否齐全，设计单位是否签认。

⑤核验每张混凝土试块试验报告单中的试验子目是否齐全，试验编号是否填写，计算是否正确，检验结果是否明确。

⑥有抗渗设计要求的混凝土，应核查混凝土抗渗试验报告单中的部位、组数、抗渗等级是否符合要求，是否有缺漏部位或组数不全以及抗渗等级达不到设计要求等情况。

2.5.3.7　预拌（商品）混凝土

1. 资料表式

预拌（商品）混凝土出厂质量证书

订货单位：　　　　　　　　　　　　　　合同编号：

工程名称：　　　　　　　　　　　　　　　　　　　　混凝土配合比编号：

浇筑部位：　　　　　　　　　　　　　　　　　　　　供应数量：

强度等级：　　　　　　　供应日期：　　年　　月　　日至　　年　　月　　日

原材料名称						
品种与规格						
试验编号						
强度统计结果			合格评定结果			
均值 N/mm^2	标准差 N/mm^2	标准值的保证率 $P(f_{cu,i} f_{cu,k})$%	采用的评定方法	批数	合格率 %	其他指标

技术负责人：　　　　　　填表人：　　　　　　搅拌站（供方）

盖　章

年　月　日

2. 实施要点

(1) 基本说明

1) 预拌(商品)混凝土出厂质量证书是指预拌(商品)混凝土生产厂家提供的质量合格证明文件。

2) 预拌混凝土系指由水泥、骨料、水以及根据需要掺入的外加剂和掺合料等组分按一定比例,在搅拌站(厂)经计量、拌制后出售的、并采用运输车,在规定时间内运至使用地点的混凝土拌合物。

3) 预拌混凝土可分为通用品和特制品。通用品系指强度等级不超过C50、坍落度不大于180mm(25mm,50mm,80mm,100mm,120mm,150mm,180mm)、粗骨料最大粒径不大于40mm(20mm,25mm,31.5mm,40mm),无其他特殊要求的预拌混凝土。通用品应在合同中指定混凝土强度等级、坍落度及粗骨料最大粒径,主要参数选取为:强度等级不大于C50、坍落度(25~180mm)、粗骨料最大粒径(mm)不大于40mm的连续粒级或单粒级。

通用品根据需要应在合同中指定:水泥品种、强度等级;外加剂品种;掺合料品种、规格;混凝土拌合物的密度;交货时混凝土拌合物的最高温度或最低温度。

特制品系指任何一项指标超出通用品规定范围或有特殊要求的预拌混凝土。特制品根据需要应在合同中指定:水泥品种、强度等级;外加剂品种;掺合料品种、规格;混凝土拌合物的密度;交货时混凝土拌合物的最高温度或最低温度;混凝土强度的特定龄期;氯化物总含量限值;含气量;其他事项(指对预拌混凝土有耐久性、长期性能或其他物理力学性能等特殊要求的事项)。

(2) 水泥的代号

1) 硅酸盐水泥:硅酸盐水泥分两种类型,不掺加混合材料的称Ⅰ类硅酸盐水泥,代号P·Ⅰ。在硅酸盐水泥粉磨时掺加不超过水泥质量5%石灰石或粒化高炉矿渣混合材料的称Ⅱ型硅酸盐水泥,代号P·Ⅱ。

2) 普通硅酸盐水泥:代号P·O。

3) 矿渣硅酸盐水泥:代号P·S。

4) 火山灰质硅酸盐水泥:代号P·P。

5) 复合硅酸盐水泥:代号P·C。

(3) 预拌混凝土标记

1) 用于预拌混凝土标记的符号,应根据其分类及使用材料不同按下列规定选用:

①通用品用A表示,特制品用B表示;

②混凝土强度等级用C和强度等级值表示;

③坍落度用所选定以毫米为单位的混凝土坍落度值表示;

④粗骨料最大公称粒径用GD和粗骨料最大公称粒径值表示;

⑤水泥品种用其代号表示;

⑥当有抗冻、抗渗及抗折强度要求时,应分别用F及抗冻等级值、P及抗渗等级值、Z及抗折强度等级值表示。抗冻、抗渗及抗折强度直接标记在强度等级之后。

2) 预拌混凝土标记如下:

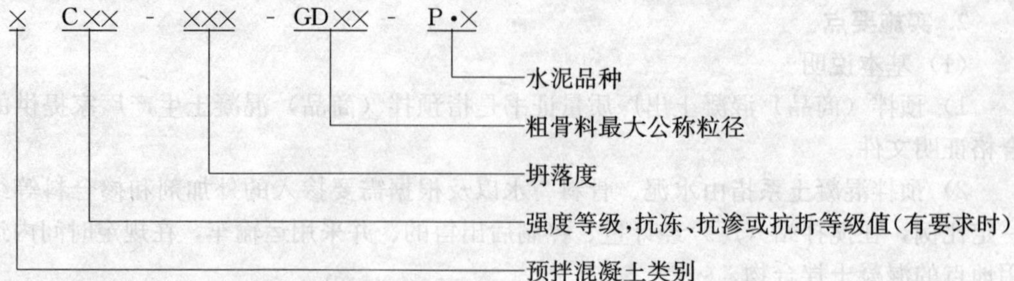

示例1：预拌混凝土的强度等级为C20，坍落度为150mm，粗骨料最大公称粒径为20mm，采用矿渣硅酸盐水泥，无其他特殊要求，其标记为：

A C20—150—GD20—P·S

示例2：预拌混凝土的强度等级为C30，坍落度为180mm，粗骨料最大公称粒径为25mm，采用普通硅酸盐水泥，抗渗要求为P8，其标记为：

B C30P8—180—GD25—P·O

（4）预拌混凝土的原材料和配合比

水泥应符合GB 50204—2002的规定；骨料应符合JGJ 52或JGJ 53及其他国家现行标准的规定；拌合用水应符合JGJ 63规定；外加剂应符合GB 8076等国家现行标准的规定；矿物掺合料（粉煤灰、粒化高炉矿渣粉、天然沸石粉）应分别符合GB 1596、GB/T 18046、JGJ 112的规定；配合比应根据合同要求由供方按JGJ 55等国家现行有关标准的规定进行。

（5）预拌混凝土的取样与组批

1）用于交货检验的混凝土试样应在交货地点采取。用于出厂检验的混凝土试样应在搅拌地点采取。

2）交货检验的混凝土试样的采取应在混凝土运送到交货地点后按GBJ80规定在20min内完成；强度试件的制作应在40min内完成。

3）每个试样应随机地从一运输车中抽取；混凝土试样应在卸料过程中卸料量的1/4～3/4之间采取。

4）每个试样量应满足混凝土质量检验项目所需用的1.5倍，且不宜少于0.02m^3。

5）预拌混凝土（商品混凝土），除应在预拌混凝土厂内按规定留置试块外，（商品）混凝土运至施工现场后，还应根据《预拌混凝土》（GB 14902—2003）的规定满足如下条件：

①用于交货检验的混凝土试样应按GB 50204的规定进行。

②用于出厂检验的混凝土试样应在搅拌地点采样，按每100盘相同配合比的混凝土取样检验不得少于一次；每一工作班相同的配合比的混凝土不足100盘时，取样亦不得少于一次。

6）对于预拌混凝土拌合物的质量，每车应目测检查。

（6）预拌混凝土质量要求

1）预拌混凝土强度试验结果必须满足《混凝土强度检验评定标准》（GBJ 107—87）的规定。

2）坍落度、含气量和氯离子总含量

①坍落度在交货地点测得的混凝土坍落度与合同规定的坍落度之差，不应超过表

2.5.3.7-1 的允许偏差。

混凝土坍落度的允许偏差（mm） 表 2.5.3.7-1

要求坍落度	允许偏差
<50	±10
50～90	±20
>90	±30

②含气量与合同规定值之差不应超过±1.5%。

③混凝土拌合物中氯离子总含量不应超过表 2.5.3.7-2 的规定。

氯离子总含量的最高限值 表 2.5.3.7-2

混凝土类型及其所处环境类型	最大氯离子含量
素混凝土	2.0
室内正常环境下的钢筋混凝土 室内潮湿环境；非严寒和非寒冷地区的露天环境、与无侵蚀性的水或土壤直接接触的环境下的钢筋混凝土	0.3
严寒和寒冷地区的露天环境、与侵蚀性的水或土壤直接接触的环境下的钢筋混凝土	0.2
使除冰盐的环境；严寒和寒冷地区冬季水位变动的环境；滨海室外环境下的钢筋混凝土	0.1
预应力混凝土构件及设计使用年限为 100 年的室内正常环境下的钢筋混凝土	0.06
注：氯离子含量系指其占所用水泥（含替代水泥量的矿物掺合料）重量的百分率。	

3）混凝土放射性核素放射性比活度应满足 GB 6566 标准的规定。

4）当需方对混凝土其他性能有要求时，应按国家现行有关标准规定进行试验，无相应标准时应按合同规定进行试验，其结果应符合标准及合同要求。

5）混凝土拌合物的坍落度取样检验频率应与混凝土强度检验的取样频率一致。

6）对有抗渗要求的混凝土进行抗渗检验的试样，用于出厂及交货检验的取样频率均应为同一工程、同一配合比的混凝土不得少于 1 次。留置组数可根据实际需要确定。

7）对有抗冻要求的混凝土进行抗冻检验的试样，用于出厂及交货检验的取样频率均应为同一工程、同一配合比的混凝土不得少于 1 次。留置组数可根据实际需要确定。

8）预拌混凝土的含气量及其他特殊要求项目的取样检验频率应按合同规定进行。

9）对强度不合格的混凝土，应按《混凝土强度检验评定标准》（GBJ 107—87）的规定进行处理。对坍落度，含气量及氯离子总含量不符合《预拌混凝土》（GB 14902—2003）标准要求的混凝土应按合同规定进行处理。

10）供方应按工程名称分混凝土等级向需方提供预拌混凝土出厂质量证明书，出厂合格证书。

（7）预拌混凝土用运输车及运送

1）运输车在运送时应能保持混凝土拌合物的均匀性，不应产生分层离析现象。

2）混凝土搅拌运输车应符合 JG/T 5094 标准的规定。翻斗车仅限用于运送坍落度小于 80mm 的混凝土拌合物，并应保证运送容器不漏浆，内壁光滑平整，具有覆盖设施。

3）严禁向运输车内的混凝土任意加水。

4）混凝土的运送时间系指从混凝土由搅拌机卸入运输车开始至该运输车开始卸料为止。运送时间应满足合同规定，当合同未作规定时，采用搅拌运输车运送的混凝土，宜在

1.5h内卸料；采用翻斗车运送的混凝土，宜在1.0h内卸料；当最高气温低于25℃时，运送时间可延长0.5h。如需延长运送时间，则应采取相应的技术措施，并应通过试验验证。

5）混凝土的运送频率，应能保证混凝土的连续性。

（8）预拌混凝土应在商定的交货地点进行坍落度检查，并应填写检查记录。

4. 预拌混凝土订货与交货

（1）购买预拌混凝土供需双方应签订合同，按合同型式明确各自的权力和义务，并应认真执行。合同中应明确使用的材料（水泥、骨料、拌合用水、外加剂、掺合料）等的品种、规格和质量要求；拌合物质量诸如：强度、坍落度、含气量、氯化物含量、其他等应符合相应规范及合同的规定。

（2）需方在与供方签订合同之前，应对供方的材料贮存设施、计量设备、搅拌机、运输车、计量、搅拌、运送、质量管理、供货量等进行考查，考查结果经需方考查人员综合权衡后认为符合需方要求时，则可以签订合同。籍以保证合同的顺利执行。

（3）合同应包括预拌混凝土订货单。

预拌混凝土订货单

合同编号：　　　　　　　　　　　　　供货起止时间：　　年　月　日～　　年　月　日

订货单位及联系人：　　　　　　　　　　　　　　　　工程名称：

施工单位及联系人：　　　　　　　　　　　　　　　　混凝土供货量：

交货地点：　　　　运　距：　　　公里　　　　　　　泵　车：用　　；不用

订货单位对混凝土的技术要求：　　　　　　　　　　　混凝土标记：

浇筑部位					
浇筑方式					
浇筑时间					
浇筑数量					
强度等级					
坍落度（mm）					
水泥品种					
骨　　料					
外 加 剂					
其他要求					
混凝土强度评定方法：					
混凝土单价（元/m³）： 运　　费（元/m³）：　　泵车费（元/m³）　　泵车管加长费： 外加剂费（元/m³）：　　总合价：					
订　货　单　位			混凝土生产单位：　　站（厂）		
代 表 人：　　电话： 现场联系人：　　电话：			代 表 人：　　电话： 技术负责人：　　电话：		

（4）交货时，供方必须向需方提供每一运输车预拌混凝土的发货单。发货单的格式如下：

预拌混凝土发货单

工程名称：　　　　　　　　　　　　　　　　　　　　　合同编号：

交货地点：　　　　　　　　　　　　　　　　　　　　　供货日期：　年　月　日

<table>
<tr><td colspan="2" rowspan="2">运　输
车　号：</td><td colspan="2">发　车：　　时　　分</td></tr>
<tr><td colspan="2">到　达：　　时　　分</td></tr>
<tr><td colspan="2">本次供应量（m³）：</td><td colspan="2">累计供应量（m³）：</td></tr>
<tr><td colspan="4">标　记：</td></tr>
<tr><td colspan="2">浇筑部位：</td><td colspan="2">强度等级：</td></tr>
<tr><td>坍落度（mm）：</td><td colspan="2">水泥：</td><td>骨　料：</td></tr>
<tr><td>收 货 人：</td><td colspan="2">发 货 人：</td><td>司　机：</td></tr>
</table>

2.5.4 砂浆试块强度试验记录

2.5.4.1 砂浆试块强度试验汇总表

1. 资料表式

砂浆试块强度试验汇总表

共　页

单位工程名称：　　　　　　　　　　　　　　　　　　　　第　页

序号	试验编号	制作日期	部位名称	砂浆强度		达到设计强度（%）	备　注
				设计要求	试验结果		

施工项目技术负责人：　　　　　　　　填表人：　　　　年　　月　　日

2. 资料要求

（1）砂浆试块强度试验报告汇总表按施工过程中依序形成的砂浆试块强度试验报告表式经核查后全部汇总不得缺漏。

（2）砂浆试块强度试验汇总表按经有相应资质的试验单位出具的试验报告单并按工程进度依序统计汇总，当混凝土试块留置数量符合标准规定时为符合要求。

3. 实施要点

砂浆试块强度试验报告汇总表是指单位工程中砂浆试块试验报告的整理汇总表，以便于核查砂浆强度是否符合设计要求

（1）合格证、试验报告的整理顺序按工程进度为序进行整理，如地基基础、主体工程等。

（2）砂浆的品种、强度等级、规格应满足设计要求的品种，否则为试验报告不全。由核查人判定是否符合要求。

（3）表列子项：

1）单位工程名称：按施工企业和建设单位签订的施工合同中的单位工程名称或图注的单位工程名称，照实际填写。

2）序号：指砂浆试块强度试验汇总表的序号。

3）试验编号：指用于砂浆的水泥、砂子、外加剂等的原试验报告编号。

4）制作日期：指砂浆的试块制作日期，应依序汇总。

5）部位名称：指汇总砂浆试件用于工程的部位，照试验报告的部位填写。

6）砂浆强度：指每组砂浆试块的平均强度。试验结果栏照原砂浆试块试验报告单上的砂浆试块的平均强度填写，设计要求按施工图设计的砂浆强度要求填写。

7）达到设计强度（%）：指实测强度与设计强度之比。

8）备注：填写需要说明的其他事宜。

9）施工项目技术负责人：指负责该单位工程项目经理部级的技术负责人，签字有效。

10）填表人：指施工单位的项目经理部级的资料员，填写资料人员姓名。

2.5.4.2　砂浆配合比通知单

1. 资料表式

砂浆配合比申请单

委托单位：＿＿＿＿＿＿＿＿＿＿＿＿试验委托人：＿＿＿＿＿＿＿＿＿＿

工程名称：＿＿＿＿＿＿＿＿＿＿＿＿部位：＿＿＿＿＿＿＿＿＿＿＿＿

砂浆种类：＿＿＿＿＿＿＿＿＿＿＿＿强度等级：＿＿＿＿＿＿＿＿＿＿＿

水泥品种：＿＿＿＿＿＿＿等级：＿＿＿＿＿＿厂别：＿＿＿＿＿＿＿＿

水泥进场日期：＿＿＿＿＿＿＿＿＿＿试验编号：＿＿＿＿＿＿＿＿＿＿

砂产地：＿＿＿＿＿＿＿＿＿＿种类：＿＿＿＿＿＿＿＿试验编号：＿＿＿＿＿＿

掺合料种类：＿＿＿＿＿＿＿＿＿＿＿外加剂种类：＿＿＿＿＿＿＿＿＿＿

申请日期：＿＿＿＿＿＿＿＿＿＿＿要求使用日期：＿＿＿＿＿＿＿＿＿＿

砂浆配合比通知单

强度等级：＿＿＿＿＿＿＿＿＿＿试验日期：＿＿＿＿＿＿＿＿配合比编号：＿＿＿＿＿＿

材料名称	配　合　比				
	水泥	砂	水	掺合料	外加剂
每 m^3 用量（kg）					
比　　例					

备注：砂浆稠度为70～100mm，白灰膏稠度为120mm

＿＿＿＿＿＿＿＿＿＿＿＿＿＿＿＿＿＿＿＿＿＿＿＿＿＿＿＿＿＿＿＿＿＿

＿＿＿＿＿＿＿＿＿＿＿＿＿＿＿＿＿＿＿＿＿＿＿＿＿＿＿＿＿＿＿＿＿＿

＿＿＿＿＿＿＿＿＿＿＿＿＿＿＿＿＿＿＿＿＿＿＿＿＿＿＿＿＿＿＿＿＿＿

试验单位：　　　　　技术负责人：　　　　　审核　　　　　试（检）验：

报告日期：　　年　　月　　日

2. 资料要求

(1) 申请试配应提供砂浆的技术要求，原材料的有关性能，砂浆的搅拌，施工方法和养护方法等，设计有特殊要求的砂浆应根据设计要求特别予以详细说明。

(2) 试验、审核、技术负责人签字齐全，并加盖试验公章。

(3) 按规范规定申请试配并由试验单位出具试配报告单为符合要求。

3. 实施要点

砂浆试配报告单是指承包单位根据设计要求的砂浆强度等级提请实验单位进行试配结果出具的报告单。

(1) 不论砂浆的工程量大小、强度等级高低，均应进行试配，并按试配单拌制砂浆，严禁使用经验配合比。

(2) 砂浆的配合比

①砂浆的配合比应采用经试验室确定的重量比，配合比应事先通过试配确定。

水泥、有机塑化剂和冬期施工中掺用的氯盐等的配料准确度应控制在±2%以内；砂、水及石灰膏、电石膏、黏土膏、粉煤灰、磨细生石灰粉等组份的配料精确度应控制在±5%范围内。砂应计入其含水量对配料的影响。

②为使砂浆具有良好的保水性，应掺入无机或有机塑化剂，不应采取增加水泥用量的方法。

③水泥砂浆的最少水泥用量不宜小于 200kg/m³。

④砌浆砂浆的分层度不应大于 30mm。

⑤石灰膏、黏土膏和电石膏的用量，宜按稠度 120±5mm 计量。现场施工时当石灰膏稠度与试配时不一致时，可参考表 2.5.4.2 换算。

石灰膏不同稠度时的换算系数 **表 2.5.4.2**

石灰膏稠度 (mm)	120	110	100	90	80	70	60	50	40	30
换算系数	1.00	0.99	0.97	0.95	0.93	0.92	0.90	0.88	0.87	0.86

(3) 当砂浆的组成材料有变更时，其配合比应重新确定。

(4) 砌筑砂浆采用重量配合比，如砂浆组成材料有变更，应重新试配砂浆配合比。砂浆所有材料需符合质量检验标准，不同品种的水泥不得混合使用。砂浆的种类、强度等级、稠度、分层度均应符合设计要求和施工规范规定。

(5) 关于稠度、分层度的检查

1)《砌筑砂浆配合比设计规程》(JGJ 98—2000) 第 4.0.3 条条文说明指出：所谓合格砂浆即是砌筑砂浆的稠度、分层度、强度必须都合格，砂浆配合比设计此三项均为必检项目。即是说试验室在进行砂浆试配中应进行此三项试验。

2) 现场拌制砂浆的质量验收应按《砌体工程施工质量验收规范》(GB 50203—2002)。

①稠度：是直接影响砂浆流动性和可操作性的测试指标。稠度小流动性大，稠度过小反而会降低砂浆强度。

②分层度：是影响砂浆保水性的测试指标。分层度在 10～30mm 时，砂浆保水性好。

分层度大于 30mm 砂浆的保水性差，分层度接近于零砂浆易产生裂逢，不宜作抹面用。

现场施工过程中为确保砌筑砂浆质量应适当进行稠度和分层度检查。

(6) 表列子项

1) 委托单位：提请委托试验的单位，按全称填写。

2) 试验委托人：提请委托试验单位的试验委托人，填写委托人姓名。

3) 工程名称：按施工企业和建设单位签订的施工合同中的工程名称或图注的工程名称，照实际填写。

4) 部位：按试配申请委托单上提供的使用部位填写。

5) 砂浆种类：按委托单上砂浆种类填写，应符合设计要求的砂浆种类。

6) 强度等级：指施工图设计的砂浆强度等级。

7) 水泥品种：指用于砂浆的水泥品种，照实际采用值填写。

①等级：指用于砂浆的水泥强度等级，照实际采用值填写。

②厂别：指送交试验单位的“送样”批的该材料或试件的厂别名称。

8) 进场日期：指送交试验单位的“送样”批该材料进场日期。

9) 试验编号：指用于砂浆的水泥、砂子、外加剂等的原试验报告编号。

10) 砂产地：指送交试验单位的“送样”批的砂子的产地。

①种类：是指砂子的品种、类别，按委托单的砂子种类填写。

②试验编号：指用于砂浆的砂子的原试验报告编号。

11) 掺合料种类：指用于砂浆的掺合料种类，照实际采用值填写。

12) 外加剂种类：指用于砂浆的外加剂种类，照实际采用值填写。

13) 申请日期：指送交试验单位申请单的日期，填写年、月、日。

14) 要求使用日期：指送交试验单位申请单中提出的使用日期，填写年、月、日。

15) 强度等级：指施工图设计的砂浆强度等级。

16) 试验日期：指砂浆配比的试验日期，按实际的试验日期填写。

17) 配合比编号：按试验单位收作砂浆配合比申请依序进行的编号。

18) 材料名称：指施工配合比中试配确定的材料名称。

19) 配合比：

①水泥：指受试砂浆试件施工中采用的水泥。

②砂：指受试砂浆试件施工中采用的砂子。

③水：指受试砂浆试件施工中采用的水。

④掺合料：指受试砂浆试件施工中采用的掺合料。

⑤外加剂：指受试砂浆试件施工中采用的外加剂。

20) 每 m^3 用量（kg）：

①水泥：指每立方米砂浆的水泥用量（kg）。

②砂子：指每立方米砂浆的砂子的用量（kg）。

③水：指每立方米砂浆的水的用量（kg）。

④掺合料：指每立方米砂浆的掺合料的用量（kg）。

⑤外加剂：指每立方米砂浆的外加剂的用量（kg）。

21) 比例：指每立方米砂浆配比中的水泥、砂子、水、掺合料、外加剂等的比例。

2.5.4.3 砂浆抗压强度试验报告

1. 资料表式

砂浆抗压强度试验报告

试验编号：______

委托单位：______ 试验委托人：______

工程名称：______ 部位：______

砂浆种类：______ 强度等级：______ 稠度：______ mm

水泥品种：______ 等级：______ 厂别：______

砂产地及种类：______ 掺合料种类：______ 外加剂种类：______

配比编号	项目	各种材料用量（kg）				
		水泥	砂	水	掺合料	外加剂
	每 m^3					
	每盘					

制模日期：______ 养护条件：______ 要求龄期：______

要求试验日期：______ 试块收到日期：______ 试块制作人：______

试块编号	试压日期	实际龄期（d）	试块规格（mm）	受压面积（mm^2）	荷载（kN）		抗压强度（N/mm^2）	达到设计强度（%）
					单块	平均		

试验单位： 技术负责人： 审核 试（检）验：

报告日期： 年 月 日

2. 资料要求

（1）砂浆强度以标准养护龄期28d的试块抗压试验结果为准，在冬施条件下养护时应增加同条件养护的试块，并有测温记录。

（2）非标养试块应有测温记录，超龄期试块按有关规定换算为28d强度进行评定。

（3）砌筑砂浆试块强度验收时其强度合格标准必须符合以下规定：

同一验收批砂浆试块抗压强度平均值必须大于或等于设计强度等级所对应的立方体抗压强度；同一验收批砂浆试块抗压强度的最小一组平均值必须大于或等于设计强度等级所对应的立方体抗压强度的85%。

（4）当施工中或验收时出现下列情况，可采用现场检验方法对砂浆和砌体强度进行原位检测或取样检测，并判定其强度：

①砂浆试块缺乏代表性或试块数量不足；

②对砂浆试块的试验结果有怀疑或有争议；

③砂浆试块的试验结果，不能满足设计要求。

（5）有特殊性能要求的砂浆，应符合设计和相应标准规定并满足施工规范要求。

（6）砂浆试块留置数量不符合要求，代表性不足，为不符合要求，但经设计部门认定合格者，可按基本符合要求评定。

（7）部位不清、子项填写不全，为不符合要求。

3. 实施要点

砂浆试块试验报告单是指承包单位根据设计要求的砂浆强度等级，由施工单位在施工现场按标准要求留置的砂浆试块，由试验单位进行的强度测试后出具的报告单。

（1）《市政桥梁工程质量检验评定标准》（CJJ 2—90）、《城市供热管网工程质量检验评定标准》（CJJ 38—90）、《市政排水管渠工程质量检验评定标准》（CJJ 3—90）规定：砂浆强度必须符合下列规定：

1）每个构筑物或每50m^3砌体中制作一组试块（6块），如砂浆配合比变更时，也应制作试块。

2）砂浆各组试块的平均强度不低于设计规定。

3）任意一组试块的强度最低值不低于设计规定的85%。

（2）核查要点

1）按照设计施工图要求，核查砂浆配合比及试块强度报告单中砂浆品种、强度等级、试块制作日期、试压龄期、养护方法、试块组数、试块强度是否符合设计要求及施工规范的规定。

2）核验每张砂浆试块抗压强度试验报告中的试验子目是否齐全，试验编号是否填写，试验数据计算是否正确。

3）核查砂浆试块抗压强度试验报告单是否和水泥出厂质量合格证或水泥试验报告单的水泥品种、强度等级、厂牌相一致。

4）主要承重砌体砂浆出现下列情况之一者，本项目应核定为不符合要求：

①无试验室确定的砂浆配合比报告单和砂浆试块试验报告。

②砂浆留置的试块组数不足，试压龄期普遍超龄期，原材料状况与配合比要求有明显差异。

③砂浆试块抗压强度不符合施工质量验收规范规定，又未提供鉴定和处理结论。

5）所用材料应与配合比通知单相符，单位工程全部砂浆试块强度应按工程部位的施工顺序列表，内容包括各组试块强度及达到设计标号的百分比，应注明试验的编号。凡强度达不到设计要求的，应有鉴定处理方案和实施记录，并经设计部门签认。否则应为不符合要求项目。

（3）试块制作。

①将内壁事先涂刷薄层机油的 7.07cm×7.07cm×7.07cm 的无底金属或塑料试模，放在预先铺有吸水性较好的湿纸的普通砖上，砖的含水率不应小于10%，也不大于20%。

②砂浆拌合后一次注满试模内，用直径 10mm、长 350mm 的钢筋捣棒（其中一端呈半球形）均匀由外向里螺旋方向插捣 25 次，然后在四侧用油漆刮刀沿试模壁插捣数次，砂浆应高出试模顶面 6～8mm。

③当砂浆表面开始出现麻斑状态时（约 15～30min），将高出部分的砂浆沿试模顶面削平。

（4）试块养护。

1）试块制作后，一般应在正温度环境中养护一昼夜（24±2h），当气温较低时，可适当延长时间，但不应超过两昼夜，然后对试块进行编号并拆模。

2）试块拆模后，应在标准养护条件或自然养护条件下继续养护至28d，然后进行试压。

3）标准养护。

①水泥混合砂浆应在湿度为20±2℃，相对湿度为60%～80%的条件下养护。

②水泥砂浆和微沫砂浆应在温度为 20±2℃，相对湿度为 95%以上的潮湿条件下养护。

4）自然养护。

①水泥混合砂浆应在正温度，相对湿度为60%～80%的条件下（如养护箱中或不通风的室内）养护。

②水泥砂浆和微沫砂浆应在正温度并保持试块表面湿润的状态下（如湿砂堆中）养护。

③养护期间必须做好温度记录。

（5）表列子项

1）委托单位：提请委托试验的单位，按全称填写。

2）试验委托人：提请委托试验单位的试验委托人，填写委托人姓名。

3）工程名称：按施工企业和建设单位签订的施工合同的工程名称或图注的工程名称，照实际填写。

4）部位：按试配申请委托单上提供的使用部位填写。

5）砂浆种类：按委托单上的设计要求的砂浆种类填写。

6）强度等级：指施工图设计的砂浆强度等级。

7）稠度：指施工中的砂浆稠度，砂浆稠度应满足规范要求。

8）水泥品种：指受试砂浆使用的水泥品种。

①等级：指受试砂浆使用的水泥的强度等级。

②厂别：指受试砂浆使用的水泥生产厂家。

9）砂产地及种类：指送交试验单位的“送样”批的砂子的产地及种类。

10）掺合料种类：指送交试验单位的“送样”批的掺合料的种类。

11）外加剂种类：指送交试验单位的“送样”批的外加剂的种类。

12）配比编号：按试验单位收作砂浆配合比申请依序进行的编号。

13）各种材料用量（kg）：

①水泥：指受试砂浆试件施工中采用的水泥。

②砂：指受试砂浆试件施工中采用的砂子。

③水：指受试砂浆试件施工中采用的水。

④掺合料：指受试砂浆试件施工中采用的掺合料。

⑤外加剂：指受试砂浆试件施工中采用的外加剂。

注：分别填写每 m^3、每盘的材料用量。

14）制模日期：指混凝土试件的实际制模成型日期。

15）养护条件：指自然还是其他养护方法，照实际养护方法填写。

16）要求龄期：指要求的砂浆拆模时间，照实际要求的龄期填写。

17）要求试验日期：指要求砂浆的试验日期，照实际要求的试验日期填写。

18）试块收到日期：指试块送交试验室的时间，照实际试块收到的日期填写。

19）试块制作人：指施工项目经理部级的专职试验员，填写试块制作人的姓名。

20）试块编号：指施工单位按制作的项目进行的编号。

21）试压日期：即实际试压日期。

22）实际龄期（d）：以 28d“标准”为准，照实际龄期填写。

23）试块规格（mm）：指受试试块的实际规格，砂浆试块的规格为 70mm×70mm×70mm。

24）受压面积（mm^2）：指受试试块的受压面积。

25）荷载（kN）：指每一单块试件的加压荷载值。

①单块：指每一单块试件的加压荷载值。

②平均：指每组 3 个单块试件的加压荷载的平均值。

26）抗压强度（N/mm^2）：破坏荷载除以截面面积后的值为标准抗压强度。

27）达到设计强度（%）：指实测强度与设计强度之比。

2.5.4.4　砂浆试块强度统计评定记录

1. 资料表式

砂浆试块强度统计评定记录 **表 2.5.4.4-1**

施工单位：________________

<table>
<tr><td colspan="2">工程名称</td><td colspan="2"></td><td>部位</td><td colspan="2"></td><td>强度等级</td><td></td><td>养护方法</td><td></td></tr>
<tr><td colspan="2">试块组数</td><td colspan="2">设计强度</td><td colspan="2">平均值</td><td colspan="2">最小值</td><td colspan="3">评定数据</td></tr>
<tr><td colspan="2">$n=$</td><td colspan="2">$f_{m,k}=$</td><td colspan="2">$m_{fcu}=$</td><td colspan="2">$f_{cu,min}=$</td><td colspan="3">$0.75f_{m,k1}=$</td></tr>
<tr><td colspan="11">每组强度值：(MPa)</td></tr>
<tr><td></td><td></td><td></td><td></td><td></td><td></td><td></td><td></td><td></td><td colspan="2"></td></tr>
<tr><td></td><td></td><td></td><td></td><td></td><td></td><td></td><td></td><td></td><td colspan="2"></td></tr>
<tr><td></td><td></td><td></td><td></td><td></td><td></td><td></td><td></td><td></td><td colspan="2"></td></tr>
<tr><td></td><td></td><td></td><td></td><td></td><td></td><td></td><td></td><td></td><td colspan="2"></td></tr>
<tr><td></td><td></td><td></td><td></td><td></td><td></td><td></td><td></td><td></td><td colspan="2"></td></tr>
<tr><td></td><td></td><td></td><td></td><td></td><td></td><td></td><td></td><td></td><td colspan="2"></td></tr>
<tr><td></td><td></td><td></td><td></td><td></td><td></td><td></td><td></td><td></td><td colspan="2"></td></tr>
<tr><td colspan="6">评定依据：《砌体工程施工质量验收规范》GBJ 50203—2002
一、同品种、同强度等级砂浆各组试块的平均值 $m_{fcu}>f_{m,k}$
二、任意一组试块强度 $f_{cu,min}\geq 0.75f_{m,k}$
三、仅有一组试块时，其强度不应低于 $f_{m,k}$</td><td>结论</td><td colspan="4"></td></tr>
<tr><td rowspan="3">参加人员</td><td colspan="2">监理（建设）单位</td><td colspan="8">施工单位</td></tr>
<tr><td colspan="2" rowspan="2"></td><td colspan="2">施工项目技术负责人</td><td colspan="2">专职质检员</td><td colspan="2">工长</td><td colspan="2">资料员</td></tr>
<tr><td colspan="2"></td><td colspan="2"></td><td colspan="2"></td><td colspan="2"></td></tr>
</table>

2. 实施要点

（1）试件的试验

1）试件的试验步骤

①试件从养护地点取出后，应尽快进行试验，以免试件内部的温湿度发生显著变化。试验前先将试件擦拭干净，测量尺寸，并检查其外观。试件尺寸测量精确至1mm，并据此计算试件的承压面积。如实测尺寸与公称尺寸之差不超过1mm，可按公称尺寸进行计算；

②将试件安放在试验机的下压板上（或下垫板上），试件的承压面应与成型时的顶面垂直，试件中心应与试验机下压板（或下垫板）中心对准。开动试验机，当上压板与试件（或上垫板）接近时，调整球座，使接触面均衡受压。承压试验应连续而均匀地加荷，加荷速度应为每秒钟0.5～1.5kN（砂浆强度5MPa及5MPa以下时，取下限为宜，砂浆强度5MPa以上时，取上限为宜），当试件接近破坏而开始迅速变形时，停止调整试验机油门，直至试件破坏，然后记录破坏荷载。

2）试件的强度计算

①砂浆立方体抗压强度应按下列公式计算：

$$f_{m,cu}=\frac{N_u}{A}$$

式中　$f_{m,cu}$——砂浆立方体抗压强度（MPa）；

N_u——立方体破坏压力（N）；

A——试件承压面积（mm^2）。

砂浆立方体抗压强度计算应精确至0.1MPa。

②以6个试件测值的算术平均值作为该组试件的抗压强度值，平均值计算精确至0.1MPa。

（2）砂浆强度检验评定

砂浆试块强度应有按规定要求的强度统计评定资料。

1）最小一组试件的强度不应低于$0.85f_{m,k}$。

2）单位工程中同品种、同强度等级仅有一组试件时，其强度不应低于$f_{m,k}$。

注：砂浆强度按单位工程内同品种、同强度等级为同一验收批评定。

因施工需要对其砌体强度做出判定时，可用同条件养护试件参照表2.5.4.4-2进行换算后确认作为需要的参考值。

用32.5级普通硅酸盐水泥拌制的砂浆强度增长表　　表2.5.4.4-2

龄期(d)	不同温度下的砂浆强度百分率（以在20℃时养护28d的强度为100%）							
	1℃	5℃	10℃	15℃	20℃	25℃	30℃	35℃
1	3	4	6	8	11	15	19	22
3	12	18	24	31	39	45	50	56
7	28	37	45	54	61	68	73	77
10	39	47	54	63	72	77	82	86
14	46	55	62	72	82	87	91	95
21	51	61	70	82	92	96	100	104
28	55	63	75	89	100	104	—	—

3）按上述检验评定不合格或留置组数不足时，可经法定检测单位鉴定，采用非破损或截取墙体检验等方法检验评定后，作出相应处理。

（3）砂浆强度评定说明

①砂浆试块，其结果评定是以六个试块（70.7mm×70.7mm×70.7mm）测值的算术平均值作为该组试块的抗压强度代表值，平均值计算精确到0.1MPa。当六个试块的最大值或最小值与平均值之差超过20％时，去掉最大和最小值，以剩余四个试块的平均值为该组试块的抗压强度代表值。

②单组砂浆试块，一般只给出达到设计强度百分率，砂浆强度试验的评定根据《市政桥梁工程质量检验评定标准》（CJJ 2—90）、《城市供热管网工程质量检验评定标准》（CJJ 38—90）、《市政排水管渠工程质量检验评定标准》（CJJ 3—90）规定，同品种、同强度等级砂浆各组平均值不小于设计强度，任意一组试块的强度代表值不小于设计强度的85％。

当单位工程中仅有一组试块时，其强度不应低于设计强度值。

（4）核查要点

1）砂浆试块强度试验资料必须同时具有砂浆试配申请单、配合比通知单和强度试验报告。

2）按照设计施工图要求，核查砂浆配合比及试块强度报告单中砂浆品种、强度等级、试块制作日期、试压龄期、养护方法、试块组数、试块强度是否符合设计要求及施工规范的规定；

3）核验每张砂浆试块抗压强度试验报告中的试验子目是否齐全，试验编号是否填写，试验数据计算是否正确；

4）核查砂浆试块抗压强度试验报告单是否和水泥出厂质量合格证或水泥试验报告单的水泥品种、强度等级、厂牌相一致。

5）主要承重砌体砂浆出现下列情况之一者，本项目应核定为不符合要求：

①无试验室确定的砂浆配合比报告单和砂浆试块试验报告。

②砂浆留置的试块组数不足，试压龄期普遍超龄期，原材料状况与配合比要求有明显差异。

③砂浆试块抗压强度不符合施工质量验收规范规定，又未提供鉴定和处理结论。

（5）所用材料应与配合比通知单相符，单位工程全部砂浆试块强度应按工程部位的施工顺序列表，内容包括各组试块强度及达到设计标号的百分比，应注明试验的编号。凡强度达不到设计要求的，应有鉴定处理方案和实施记录，并经设计部门签认。否则应为不符合要求项目。

2.5.5　钢筋（材）焊接、机械连接试验报告

2.5.5.1　钢筋（材）焊接试验报告

1. 资料表式

钢筋焊接接头试验报告

试验编号：________

委托单位：________ 试验委托人：________ 来样日期：________

工程名称：________ 部位：________

钢材种类：________ 级别及规格：________ 牌号：________

产地：________ 焊接类型：________

试件代表数量：________ 原材试验编号：________

焊条型号：________ 操作人：________ 试验日期：________

试件编号	规格	截面积（mm^2）	极限强度（N/mm^2）	断裂特征及位置（mm^2）	冷弯			备注
					弯心直径（mm）	角度	评定	

结论：________

试验单位：　　技术负责人：　　审核　　试（检）验：

报告日期：　　年　　月　　日

2. 资料要求

（1）钢筋或钢材闪光对焊、电弧焊、电渣压力焊均按有关规定执行。试验子项齐全，试验数据必须符合要求。

（2）钢筋焊接接头、按规定每批各取 3 件分别进行抗剪（点焊）、拉伸及弯曲试验，试验报告单的子项应填写齐全。对不合格焊接件应重新抽样复试，并对焊件进行补焊。

（3）钢结构构件按设计要求应分别按要求进行Ⅰ级（HPB235）、Ⅱ级（HRB335）、Ⅲ级（HRB400）焊接质量检验。一、二级焊缝，即承受拉力或压力要求与母材有同等强度的焊缝，必须有超声波检验报告，一级焊缝还应有 X 射线伤检验报告。

注：超声波探伤是一种利用超声波不能穿透任何固体、气体界面而被全部反射的特性来进行探伤的。超声波探伤器发出波长很短的超声波，射入被检锻件，并接受从锻件底面或缺陷处反射回来的超声

波，将其信号显示在示波屏上。当探头放在无缺陷部位的表面上时，示波屏上只呈现始脉冲和底脉冲。当探测到内部的小缺陷时，示波屏上就呈现始脉冲，底脉冲，当探测到大缺陷时，示波屏显示始脉冲和缺陷脉冲而无底脉冲。

(4) 受力预埋件钢筋T型接头必须做拉伸试验，且必须符合设计或规范规定。

(5) 电焊条、焊丝和焊剂的品种、牌号及规格和使用应符合设计要求和规范规定，应有出厂合格证（如包装商标上有技术指示时，也可将商标揭下存档，无技术指标时应进行复试）并应注明使用部位及设计要求的型号。质量指标包括机械性能和化学分析，低氢型碱性焊条以及在运输中受潮的酸性焊条，应烘后再用并填写烘焙记录。

(6) 不同预应力钢筋的焊接均必须符合设计或规范要求（先焊后拉）。

(7) 试验编号必须填写，此为备查试验室及试验台账，核实焊接试验数据的重要依据。

(8) 必须实行见证取样，试验室应在见证取样人名单上加盖公章和经手人签字。

(9) 钢筋闪光对焊，未做冷弯试验，拉断情况不清，子项填写不全为不符合要求。

(10) 钢筋焊接违反规定为不符合要求。

(11) 进口钢材没有按国家规定要求进行施焊者为不符合要求。

(12) 凡必试项中有未试项者均为不符合要求；预埋件焊接有试验要求的，没有试验为不符合要求；钢材连接材料需符合设计和规范要求，否则为不符合要求；有烘焙要求的焊条，不烘焙为不符合要求。

(13) 无焊工合格证的人员进行施焊，为不符合要求。

(14) 有焊接材料与焊接试验报告且试验合格，但批量、部位、焊工姓名等内容填写不完善时，可视为基本符合要求。

3. 实施要点

钢筋机械接头试验报告是指为保证建筑工程质量对用于工程的不同形式的钢材连接进行的有关指标的测试，由试验单位出具的试验证明文件。

(1) 钢材连接试验报告是指为保证建筑工程质量对用于工程的不同形式的钢材连接进行的有关指标的测试，由试验单位出具的试验证明文件。

(2) 钢筋焊接接头、按规定每批各取3件分别进行抗剪（点焊）、拉伸及弯曲试验，试验报告单的子项应填写齐全。对不合格焊接件应重新抽样复试，并对焊件进行补焊。

(3) 钢筋闪光对焊，未做冷弯试验，拉断情况不清，必须由专业技术负责人进行处理并记录。

(4) 机械连接或其他连接方式必须按设计要求进行试验，由试验室出具试验报告。

(5) 焊接试验要求：

1) 焊接钢筋骨架和焊接钢筋网片　　抗剪、拉伸试验

2) 钢筋闪光对焊接头　　拉伸、弯曲试验

3) 钢筋电弧焊接头　　拉伸试验

4) 钢筋电渣压力焊接头　　拉伸试验

5) 预埋件钢筋T形接头　　拉伸试验

6) 钢材焊接接头　　拉伸试验等

7) 钢筋气压焊　　拉伸试验

(6) 外观质量的取样数量

闪光对焊接头每批抽检10%，且不少于10个，电弧焊、电渣压力焊以及气压焊接头应逐个进行外观检查。

(7) 代表批量及取样数量

常见钢筋接头机械性能试验的代表批量及取样数量见表2.5.5.1-1。

钢筋接头机械性能试验的代表批量及取样数量　　表2.5.5.1-1

连接方法	验收批组成	每批数量	取样数量
闪光对焊	每批由同台班、同焊工、同焊接参数的组成。数量较少时可一周内累计计算	≤200个	从每批成品中随机切取拉伸、冷弯试样各3个
电弧焊	工厂焊接时，每批由同级别、同接头型式的组成。现场焊接时，每批由一至二楼层、同级别、同接头型式的组成		从每批成品中随机切取3个拉伸试样
电渣压力焊	现浇多层结构中，每批由同楼层或施工区段、同级别的组成	≤300个	从每批成品中随机切取3个拉伸试样
气压焊	每批由同一楼层的组成		随机切取3个拉伸试样，在梁板的水平连接中须另切取3个冷弯试样
钢筋焊接骨架	凡钢筋级别、直径及尺寸相同的焊接骨架应视为同一类型制品，应按一批计算	≤200件	热轧钢筋焊点抗剪试件为3件，冷拔丝焊件增加3件拉伸试件
机械连接	每批由同施工条件、同材料、同型式的组成	≤500个	在工程结构中随机切取3个拉伸试样

(8) 常见接头机械性能检验的判定方法（见表2.5.5.1-2）。

钢筋接头机械性能试验的判定方法　　表2.5.5.1-2

连接方法	判定方法
闪光对焊	3个拉伸试件中若有1个试件的抗拉强度低于钢筋原材的规定抗拉强度，或有2个试件在焊缝或热影响区发生脆断，应取6个试件进行复验。复验时若有1个试件的抗拉强度低于规定指标，或有3个试件在焊缝或热影响区脆断，则该批接头不合格。3个弯曲试件中有2个试件破裂，应取6个试件复验。复验时若有3个试件破断，则该批接头不合格
电弧焊	若有1个试件的抗拉强度低于钢筋原材的规定抗拉强度，或有1个试件断于焊缝，或有2个试件发生脆性断裂时，应取6个试件进行复验。复验时若有1个试件的抗 强度低于规定指标，或有1个试件断于焊缝，或有3个试件呈脆性断裂时，则该批接头不合格
电渣压力焊	若有1个试件的抗拉强度低于钢筋原材的规定抗拉强度，应取6个试件进行复验。复验时若有1个试件的抗拉强度低于规定指标，则该批接头不合格
气压焊	3个拉伸试件中若有1个试件的抗拉强度低于原材的规定抗拉强度或断于压焊面，应取6个试件进行复验；3个弯曲试件中若有1个试件在压焊面破断，应取6个试件进行复验。复验时若有1个试件不符合要求，则该批接头不合格
机械连接	若有1个试件的强度不符合要求，应再取6个试件进行复验。复验时若有1个试件的强度不符合要求，则该批接头不合格
钢筋焊接骨架	当有一个试件达不到要求，应取6个抗剪试件或6个拉伸试件对该试验项目进行复验。复验结果仍有1个试件达不到上述要求，为不合格品。对于不合格品，经采取补强处理后，可提交二次验收。 当模拟试件试验结果达不到规定要求，复验试件应从成品中切取，试件数量和要求应与初始试验相同

(9) 钢筋焊接接头的基本性能试验方法：包括拉伸、抗剪和弯曲试验三种；特殊性能试验方法包括冲击、疲劳、硬度和金相试验四种。

钢筋焊接接头，各种试验一般应在常温（10～36℃）下进行，如有特殊要求，亦可根据有关规定在其他温度下进行。

(10) 焊接试（检）验报告，焊条（剂）合格证核查要点

1) 凡对钢筋进行点焊、电弧焊、闪光对焊、电渣压力焊、埋弧焊接等，均应按《钢筋焊接及验收规程》(JGJ 18) 的规定进行焊接试验，并应分批进行质量检查和验收。气压焊接根据《钢筋气压焊及验收规程》进行焊接试验，焊接试验结果应符合有关"标准"、"规范"的规定方为合格。

采用某产品的标准来评价该产品的质量时，检验方法必须根据产品标准中规定的检验方法进行试验。

2) 电焊条、焊丝和焊剂，必须有足以证明其各种性能的出厂质量合格证明，包括规格、机械性能、化学成分和抗裂性。凡无合格证或对其质量有怀疑时不准使用。应根据设计要求和实际使用的母材材质及焊接形式，对照检查所选用焊条品种、规格是否符合《钢筋焊接及验收规程》(JGJ 18) 的要求。首次采用的钢种和焊接材料的钢结构必须进行焊接工艺性能和力学性能试验，符合要求后方可在工程上采用。

注：工艺：是指根据产品设计要求而确定的制造方法和程序。它是一种方法标准。包括：工艺流程、劳动组织、设备、工装和工具、操作方法、技术检查和材料供应等技术规定。工艺本身是否先进合理，决定了产品制造质量、劳动生产率、材料利用率、工人劳动定额等，对企业的生产产品质量和经济效益均有直接影响。

3) 焊接如发现断裂时，断裂实际状况应反映在试验报告单上，各级别的钢筋均应按焊接规定办理，Ⅲ级（HRB400）钢筋按Ⅱ级（HRB335）钢筋焊接不行。Ⅲ级（HRB400）钢筋试验结果达不到Ⅲ级（HRB400）钢筋的机械性能指标的，不允许按Ⅱ级（HRB335）钢筋的焊接要求进行施焊，应由企业技术负责人对此作出是否使用决定。

4) 焊接试验报告内容应写明焊工姓名、结构类型、使用部位、母材及焊条的品种、规格、代表数量、外观检查和机械性能试验结果。

5) 施焊应有取得焊工合格证的人员进行，并在报告单上注明焊接人员的姓名，无焊工合格证不得进行施焊。焊接试件应由所有施焊焊工进行的焊件随机抽取。

(11) 其他不同形式的钢材连接试验应分别符合相应专业规范的要求。

(12) 焊条焊剂烘干温度要求

焊条焊剂烘干温度 **表 2.5.5.1-3**

焊接材料	烘干温度（℃）	保温时间（h）	保存温度（℃）	说明
酸性焊条	100～150	2	80～100	
碱性焊条	300～350	2	100～150	从箱中取出 4h 以上，应重新烘干
HJ—431	250～350	2		
HJ—350	300～400	2		

（13）表列子项

1）试验编号：指试验单位收作材料、成品、半成品、构配件、试块、试件等依序进行的编号。

2）委托单位：提请委托试验的单位，按全称填写。

3）试验委托人：提请委托试验单位的试验委托人，填写委托人姓名。

4）来样日期：指钢材试件的收样日期，按实际的收样日期填写。

5）工程名称：按施工企业和建设单位签订的施工合同的工程名称或图注的工程名称，照实际填写。

6）部位：按委托单上提供的使用部位填写。

7）钢材种类：是指钢材的品种、类别，按委托单的钢材种类填写。

8）级别及规格：是指钢材品种类别中的钢材级别规格，按委托单的钢材级别规格填写。

9）牌号：是指钢材品种类别中的钢材级别规格的牌号，按委托单的钢材级别规格牌号填写。

10）产地：是指钢材的生产地，照实际填写。

11）焊接类型：按提供焊接试件的类型填写。

12）试件代表数量：指试件所能代表用于某工程的焊接件的数量。

13）原材试验编号：指被试试件用原材料的试验编号，照实际填写。

14）焊条型号：按试件实际采用的焊条型号填写。

15）操作人：指试验单位的试验操作人，填写操作人姓名。

16）试验日期：指钢材试件的试验日期，按实际的试验日期填写。

17）试件编号：由试验室按收作试件的时间依序编号。

18）规格：即焊件的实际规格尺寸，照实际规格尺寸填写。

19）截面积（mm^2）：指经试验室实测后的钢筋横截面积，由试验室照实测结果填写。

20）极限强度（N/mm^2）：指经试验室测试后的钢筋极限强度，由试验室按测试结果填写。

21）断裂特征及位置（mm^2）：指经试验室测试后的实际断裂特征及位置，由试验室照测试结果填写。

22）冷弯：必检项目之一，由试验室按冷弯的试验结果填写。

23）弯心直径（mm）：必检项目之一，由试验室按冷弯的试验结果填写。

24）角度：必检项目之一，由试验室按冷弯角度的实际试验角度填写。

25）评定：由试验室按实际试验结果填写评定结论。

26）备注：填写需要说明的其他事宜。

27）结论：应全面、准确，核心是可用性及注意事项。

2.5.5.2　钢筋（材）机械连接试验报告

1. 资料表式

钢筋机械接头试验报告

试验编号：__________

委托单位：__________试验委托人：__________来样日期：__________

工程名称：__________部位：__________

钢材种类：__________级别及规格：__________牌号：__________

产地：__________接头型式：__________接头等级：__________

代表数量：__________检验类别：__________

操作人：__________试验日期：__________

试件编号	钢筋公直径称 D (mm)	实测钢筋横截面 积 A_s^0 (mm^2)	钢筋母材屈服强度标准值 f_{yk} (N/mm^2)	钢筋母材抗拉强度标准值 f_{tk} (N/mm^2)	钢筋母材屈服强度实测值 f_{st}^0 (N/mm^2)	接头试件抗拉强度实测值 $f_{mst}^0=P/A_s^0$ (N/mm^2)	接头破坏形态
备　注	1. A级接头：$f_{mst}^0 \geqslant f_{tk}$（工艺检验时，A级接头还应满足 $f_{mst}^0 \geqslant 0.9 f_{st}^0$） B级接头：$f_{mst}^0 \geqslant 1.35 f_{yk}^0$； 2. 实测钢筋横截面面积 A_s^0 用称重法确定。						

结论：__________

试验单位：　　技术负责人：　　审核　　试（检）验：

报告日期：　　年　　月　　日

2. 资料要求

（1）试验编号必须填写，此为备查试验室及试验台账，核实焊接试验数据的重要依据。

（2）必须实行见证取样，试验室应在试验报告单上加盖公章和签记见证人姓名，随同试验报告单返送委托单位，以示实行见证取样。试验报告单后面必须有返送回的见证取样人名单，实行见证取样的试验报告单上无取、送样人员的姓名，该试验报告单为无效试报单。

（3）机械连接或其他连接方式必须按设计要求进行试验，由试验室出具试验报告。

（4）凡必试项中有未试项者均为不符合要求。

（5）钢材连接用材料需符合设计和规范要求，否则为不符合要求。

3. 实施要点

钢筋机械接头试验报告是指为保证建筑工程质量对用于工程的不同形式的钢材连接进行的有关指标的测试，由试验单位出具的试验证明文件。

(1) 钢筋机械接头试验报告是指为保证市政基础设施工程质量对用于工程的不同形式的钢材连接进行的有关指标的测试，由试验单位出具的试验证明文件。

(2) 执行标准

钢筋机械接头试验应执行《钢筋机械连接通用技术规程》(JGJ 107—2003、J 257—2003)。

(3) 钢筋连接工程开始前及施工过程中，应对每批进场钢筋进行接头工艺检验，工艺检验应符合下列要求：

1) 每种规格钢筋的接头试件不应少于3根。

2) 钢筋母材抗拉强度试件不应少于3根，且应取自接头试件的同一根钢筋。

3) 3根接头试件的抗拉强度均应符合表3.5.5.2-1的规定；对于Ⅰ级(HPB235)接头，试件抗拉强度尚应大于等于钢筋抗拉强度实测值的0.95倍；对于Ⅱ级(HRB335)接头，应大于0.90倍。

Ⅰ级(HPB235)、Ⅱ级(HRB335)、Ⅲ级(HRB400)接头的抗拉强度应符合表2.5.5.2规定。

接头的抗拉强度　　**表2.5.5.2**

接头等级	Ⅰ级	Ⅱ级	Ⅲ级
抗拉强度	$f_{mst}^{0} \geqslant f_{st}^{0}$ 或 $\geqslant 1.10 f_{uk}$	$f_{mst}^{0} \geqslant f_{uk}$	$f_{mst}^{0} \geqslant 1.35 f_{yk}$

注：f_{mst}^{0}——接头试件实际抗拉强度；
f_{st}^{0}——接头试件中钢筋抗拉强度实测值；
f_{uk}——钢筋抗拉强度标准值；
f_{yk}——钢筋屈服强度标准值。

(4) 接头的现场检验按验收批进行。同一施工条件下采用同一批材料的同等级、同型式、同规格接头，以500个为一个验收批进行检验与验收，不足500个也作为一个验收批。

(5) 对接头的每一验收批，必须在工程结构中随机截取3个接头试件作抗拉强度试验，按设计要求的接头等级进行评定。

当3个接头试件的抗拉强度均符合表2.5.5.2中相应等级的要求时，该验收批评为合格。

如有1个试件的强度不符合要求，应再取6个试件进行复检。复检中如仍有1个试件的强度不符合要求，则该验收批评为不合格。

(6) 外观质量检验的质量要求、抽样数量、检验方法、合格标准以及螺纹接头所必需的最小拧紧力矩值由各类型接头的技术规程确定。

现场截取抽样试件后，原接头位置的钢筋允许采用同等规格的钢筋进行搭接连接，或采用焊接及机械连接方法补接。

(7) 对抽检不合格的接头验收批，应由建设方会同设计等有关方面研究后提出处理方案。

(8) 其他不同形式的钢材连接试验应分别符合相应专业规范的要求。

(9) 机械连接试验，若有1个试件的强度不符合要求，应再取6个试件进行复验。复验时若有1个试件的强度不符合要求，则该批接头不合格。

当模拟试件试验结果达不到规定要求，复验试件应从成品中切取，试件数量和要求应与初始试验相同。

(10) 表列子项

1) 试验编号：指钢筋机械接头试验报告依序进行的编号。

2) 委托单位：提请委托试验的单位，按全称填写。

3) 试验委托人：提请委托试验单位的试验委托人，填写委托人姓名。

4) 工程名称：按施工企业和建设单位签订的施工合同的工程名称或图注的工程名称，照实际填写。

5) 钢材种类：是指钢材的品种、类别，按委托单的钢材种类填写。

6) 级别及规格：是指钢材品种类别中的钢材级别规格，按委托单的钢材级别规格填写。

7) 牌号：是指钢材品种类别中的钢材级别规格的牌号，按委托单的钢材级别规格牌号填写。

8) 产地：是指钢材的生产地，照实际填写。

9) 接头型式：按委托单上的接头型式填写。

10) 接头等级：按委托单上的接头等级填写。

11) 代表数量：指试件所能代表用于某工程的焊接件的数量。

12) 检验类别：分别为委托、仲裁、抽样、监督、对比，按实际检验类别填写。

13) 操作人：指试验单位的试验操作人，填写操作人姓名。

14) 试验日期：指钢筋机械接头试验报告的试验日期，按实际的试验日期填写。

15) 试件编号：由试验室按收作试件的时间依序编号。

16) 钢筋公称直径 D (mm)：指经试验室实测后的钢筋公称直径。

17) 实测钢筋横截面积 A_s^0 (mm^2)：指经试验室实测后的钢筋横截面积，由试验室照实测结果填写。

18) 钢筋母材屈服强度标准值 f_{yk} (N/mm^2)：指经试验室测试后的钢筋母材的屈服强度标准值。由试验室照标准结果填写。

19) 钢筋母材抗拉强度标准值 f_{tk} (N/mm^2)：指经试验室测试后的钢筋母材的抗拉强度标准值。由试验室照标准结果填写。

20) 钢筋母材屈服强度实测值 f_{st}^0 (N/mm^2)：指经试验室测试后的钢筋母材的屈服强度标准值。由试验室照实测结果填写。

21) 接头试件抗拉强度实测值 $f_{mst}^0=P/A_s^0$ (N/mm^2)：指经试验室测试后的钢筋母材的抗拉强度标准值。由试验室照实测结果填写。

22) 接头破坏形态：由试验室按实际试验接头的破坏形态填写。

23) 备注：核对试验结果的A级接头、B级接头应满足下列要求。

①A级接头 $f_{mst}^0 \geq f_{tk}$（工艺检验时，A级接头还应满足 $f_{mst}^0 \geq 0.9 f_{st}^0$）

B级接头：$f_{mst}^0 \geq 1.35 f_{yk}^0$；

②实测钢筋横截面面积 A_s^0 用称重法确定。

24）结论：应全面、准确，核心是可用性及注意事项。

2.5.6　钢管、钢结构安装及焊缝处理外观质量检查记录

1. 资料表式

钢管安装及焊口外观质量检查记录

施工单位：　　　　　　　　　　　　　　　　　　　　　　　　　　年　　月　　日

工程名称									
工程部位									
焊缝编号	焊工代号	对口间隙	外缝宽	外缝高	内缝宽	内缝高	接头错位	其他缺陷	焊缝等级

参加人员	监理（建设）单位	施　工　单　位		
		项目技术负责人	专职质检员	工　长

2. 资料要求

（1）钢管、钢结构安装及焊缝处理必须填写钢管、钢结构安装及焊缝处理外观质量检查记录。按表列要求记录钢管、钢结构安装及焊缝处理外观质量检查的过程。

（2）认真记录填写表内有关内容。焊缝处理外观质量检查不合格的必须进行修复并进行复检。不填写钢管、钢结构安装及焊缝处理外观质量检查记录为不符合要求。

3. 实施要点

（1）钢管、钢结构安装组装前及组装后均应分别对其进行外观质量检查。外观质量检查应在无损探伤、强度试验及严密性试验之前进行。

（2）焊缝外观质量应满足以下要求：

1）焊缝金属表面不得有裂纹、焊波均匀，不得有沿边缘或角顶的未溶合、溢流、焊穿等缺陷。一级、二级焊缝不得有表面气孔、夹渣、弧坑裂纹、电弧擦伤等缺陷。且一级焊缝不得有咬边、未焊满、根部收缩等缺陷。

2）焊成凹形的角焊缝，焊缝金属与母材间应平缓过渡；加工成凹形的角焊缝，不得在其表面留下切痕。

3）焊缝感观应达到：外形均匀、成型较好，焊道与焊道、焊道与基本金属间过渡较平滑，焊渣和飞溅物基本清除干净。

（3）表列子项

1）对口间隙：指受检对接钢管的对口间隙量，按检查结果填写。

2）外缝宽：指受检对接钢管的外圈焊缝的宽度，按检查结果填写。

3）外缝高：指受检对接钢管的外圈焊缝的高度，按检查结果填写。

4）内缝宽：指受检对接钢管的内圈焊缝的宽度，按检查结果填写。

5）内缝高：指受检对接钢管的内圈焊缝的高度，按检查结果填写。

6）接头错位：指受检对接钢管的接头错位，按检查结果填写。

2.5.6.1　焊缝射线探伤试验报告

1. 资料表式

焊缝射线探伤报告

委托单位：　　　　　　　　　　　　　　　　　　　　　　　　试验编号：

工程名称		焊接类型			报告日期		
工程编号		规　格			母材试验单编号		
设备型号		焦距		管电压			
曝光时间				管电流			
透度计型号		胶片型号		胶片尺寸		有效长度	
增感方式				冲洗方式			

焊缝全长：　　　m；　　　探伤比例：　　　%；　长度：　　m

探伤部位：

射线拍片共　　　张；其中纵缝：　　　张，环缝：　　　张，其他部位　　　张

Ⅰ级片　　　　张，占总片数　　　%

Ⅱ级片　　　　张，占总片数　　　%

Ⅲ级片　　　　张，占总片数　　　%

附：探伤位置图和探伤记录

试验单位：　　　　技术负责人：　　　　审核：　　　　试（检）验：

2. 实施要点

（1）焊缝射线探伤报告是指为保证市政基础设施工程质量对用于工程的焊接试件根据设计或规范要求而进行的焊缝射线探伤的有关指标测试，由试验单位出具的试验证明文件。

（2）焊缝射线探伤报告是指钢熔化焊对接接头（焊缝）用X射线或γ射线照相方法提供的焊缝射线探伤报告。是无损探伤焊缝试（检）验的项目之一，应按相应标准规定执行。

注：碳素结构钢应在焊缝冷却到环境温度、低合金结构钢应在完成焊接 24h 以后，方可进行焊缝探伤检验。

（3）射线探伤分级与评定

1）对接焊缝的射线探伤按《钢熔化焊对接接头射线照相和质量分级》（GB 3323）的有关规定进行（按所需要达到的底片影像质量，射线照相方法分为 A 级（普通级）、AB 级（较高级）和 B 级（高级）。选用 B 级时，焊缝余高应磨平）。

2）每个焊缝射线检验点都应作出明显的识别标记，并在焊缝边缘母材上打检测编号钢印。

3）建筑钢结构焊缝射线探伤的质量标准分两级：一级相当于 GB 3323 标准中的二级；二级相当于 GB 3323 标准中的三级。

4）射线探伤不合格的焊缝，要在其附近再选 2 个检验点进行探伤。如这 2 个检验点中又发现 1 处不合格，则该焊缝必须全部进行射线探伤。

（4）探伤报告应包括：

1）被检管线情况：管线名称、编号、材质及规格、坡口形式、焊接方法、焊条牌号。

2）探伤条件：仪器型号、增感方式、管电压、管电流、曝光时间、透照方法。

3）探伤要求：探伤比例；执行标准；合格级别。

4）探伤结果：探伤数量；通修扩探情况。

5）探伤人员姓名、资格日期、探伤时间。

注：底片存档应至少保存 5 年。

2.5.6.2 焊缝超声波探伤试验报告

1. 资料表式

焊缝超声波探伤报告

委托单位：

工程名称		焊接类型		试验编号	
工程编号		规　格		报告日期	
仪器型号		探伤方法		探测频率	
探头直径		探头 *K* 值		探头移动方式	
耦合剂		检验标准		试块	

探测灵敏度		增益		抑制		输出		粗调	

焊缝全长：　　　　m；探伤比例：　　　　%；长度：　　　　m

探伤部位：

缺陷记录：

（附探伤位置图）

试验单位：　　　　技术负责人：　　　　审核：　　　　试（检）验：

2. 实施要点

(1) 焊缝超声波探伤报告是指为保证市政基础设施工程质量对用于工程的焊接试件根据设计或规范要求而进行的焊缝超声波探伤报告的有关指标测试，由试验单位出具的试验证明文件。

(2) 焊缝超声波探伤报告是无损探伤焊缝试（检）验项目的内容之一，应按相应标准规定执行。

注：碳素结构钢应在焊缝冷却到环境温度、低合金结构钢应在完成焊接 24h 以后，方可进行焊缝探伤检验。

(3) 无损检测应在外观检查合格后进行。

(4) 设计要求全焊透的焊缝，其内部缺陷的检验应符合下列要求：

1) 一级焊缝应进行 100%的检验，其合格等级应为现行国家标准《钢焊缝手工超声波探伤方法及质量分级法》(GB 11345)B 级检验的Ⅱ级(HRB335)及Ⅱ级(HRB335)以上。

2) 二级焊缝应进行抽检，抽检比例应不小于 20%，其合格等级应为现行国家标准《钢焊缝手工超声波探伤方法及质量分级法》（GB 11345）B 检验的Ⅲ级（HRB400）以上。

3) 全焊透的三级焊缝可不进行无损检测。

(5) 下列情况之一应进行表面检测：

1) 外观检查发现裂纹时，应对该批中同类焊缝进行 100%的表面检测。

2) 外观检查怀疑有裂纹时，应对怀疑的部位进行表面探伤。

3) 设计图纸规定进行表面探伤时。

4) 检查员认为有必要时。

(6) 超声波探伤的分级和评定

1) 钢结构对接焊缝的超声波探伤，应按《钢制压力容器对接焊缝超声波探伤》(JB1152) 的有关规定进行。角焊缝及 T 形接头焊缝的探伤方法和灵敏度可按 JB1152 标准采用，其推荐操作方法见《钢制压力容器对接焊缝超声波探伤》(JB1152) 附录八。

2) 每个焊缝超声波检验点都应有明显的识别标记，并在焊缝边缘母材上打检测编号钢印。

3) 建筑钢结构焊缝（包括角焊缝和 T 形接头焊缝）超声波探伤的质量标准分两组：一级相当于 JB1152 标准中的一级；二级相当于 JB1152 标准中的二级。对于要求焊透的吊车梁上翼缘与腹板的 T 形接头焊缝，可允许单个条性缺陷长度小于 50mm，但在 1000mm 焊缝长度内条性缺陷的总和应小于 100mm。

4) 超声波探伤的每个探测区焊缝长度应不少于 300mm。对超声波探伤不合格的检验区，要在其附近再选 2 个检验区进行探伤；如这 2 个检验区中又发现 1 处不合格，则该焊缝必须全部进行超声波探伤。

2.5.6.3　焊缝磁粉探伤试验报告

1. 资料表式

焊缝磁粉探伤报告表　　**表 2.5.6.3-1**

委托单位：　　　　　　　　　　　　　　　　试验编号：

工程名称		主品名称		日　期	
工程编号		产品编号		规　格	
设备型号		材　质		壁　厚	
仪器型号		激磁方式		灵敏度	
磁粉和磁悬液体配制					
焊缝全长：　m；　探伤比例：　%；　长度，　m 探伤部位： 探伤结果： （附探伤位置图）					
试验单位：	技术负责人：		审核：	试（检）验：	

2. 实施要点

（1）焊缝磁粉探伤报告是指为保证建筑工程质量对用于工程的焊接试件进行的焊缝磁粉探伤报告的有关指标测试，由试验单位出具的试验证明文件。

（2）焊缝磁粉探伤报告是无损探伤焊缝试（检）验项目的内容之一，应按相应标准规定执行。

（3）磁粉粒度选用：用湿法探伤时，磁粉力度应不小于 200 目；用干法探伤时应为 80～120 目。

（4）磁粉探伤应优先选用交叉磁轮式旋转磁化法，也可以使用磁轮法（即电磁铁）或触头法（即局部通电法）。

（5）磁粉探伤应符合国家现行标准《焊缝磁粉检验方法和缺陷磁痕的分级》（JB/T 6061）的规定，渗透探伤应符合国家现行标准《焊缝渗透检验方法和缺陷迹痕的分级》（JB/T 6062）的规定。

（6）磁粉探伤和渗透探伤的合格标准应符合《建筑钢结构焊接技术规程》（JGJ 81—2002、J 218—2002）规范以下外观检验的有关规定：

1）所有焊缝应冷却到环境温度后进行外观检查，Ⅱ、Ⅲ类钢材的焊缝应以焊接完成 24h 后检查结果作为验收依据，Ⅳ类钢应以焊接完成 48h 后的检查结果作为验收依据。

2）外观检查一般用目测，裂纹的检查应辅以 5 倍放大镜并在合适的光照条件下进行，必要时可采用磁粉探伤或渗透探伤，尺寸的测量应用量具、卡规。

3）焊缝外观质量应符合下列规定：

①一级焊缝不得存在未焊满、根部收缩、咬边和接头不良等缺陷，一级焊缝和二级焊缝不得存在表面气孔、夹渣、裂纹和电弧擦伤等缺陷；

②二级焊缝的外观质量除应符合本条第一款的要求外，尚应满足表 2.5.6.3-2 的有关规定；

③三级焊缝的外观质量应符合表 2.5.6.3-2 的有关规定。

焊缝外观质量允许偏差　　表 2.5.6.3-2

检查项目＼焊缝质量等级	二　级	三　级
未焊满	≤0.2+0.02t 且≤1mm，每 100mm 长度焊缝内未焊满累积长度≤25mm	≤0.2+0.04t 且≤2mm，每 100mm 长度焊缝内未焊满累积长度≤25mm
根部收缩	≤0.2+0.02t 且≤1mm，长度不限	≤0.2+0.04t 且≤2mm，长度不限
咬　边	≤0.05t 且≤0.5mm，连续长度≤100mm，且焊缝两侧咬边总长≤10%焊缝全长	≤0.1t 且≤1mm，长度不限
裂　纹	不允许	允许存在长度≤5mm 的弧坑裂纹
电弧擦伤	不允许	允许存在个别电弧擦伤
接头不良	缺口深度≤0.05t 且≤0.5mm，每 1000mm 长度焊缝内不得超过 1 处	缺口深度≤0.1t 且≤1mm，每 1000mm 长度焊缝内不得超过 1 处
表面气孔	不允许	每 50mm 长度焊缝内允许存在直径＜0.4t 且≤3mm 的气孔 2 个；孔距应≥6 倍孔径
表面夹渣	不允许	深≤0.2t，长≤0.5t 且≤20mm

4）焊缝尺寸应符合下列规定：

①焊缝焊脚尺寸允许偏差应符合表 2.5.6.3-3 的规定；

②焊缝余高及错边允许偏差应符合表 2.5.6.3-4 的规定。

焊缝焊脚尺寸允许偏差　　表 2.5.6.3-3

序号	项　目	示　意　图	允许偏差（mm）	
1	一般全焊透的角接与对接组合焊缝	t　h_f	$h_f \geqslant \left(\frac{t}{4}\right)_0^{+4}$ 且≤10	
2	需经疲劳验算的全焊透角接与对接组合焊缝	t　h_f	$h_f \geqslant \left(\frac{t}{2}\right)_0^{+4}$ 且≤10	
3	角焊缝及部分焊透的角接与对接组合焊缝	h_f　C	h_f≤6 时 0～1.5	h_f＞6 时 0～3.0

注：1. h_f＞8.0mm 的角焊缝其局部焊脚尺寸允许低于设计要求值 1.0mm，但总长度不得超过焊缝长度的 10%；

2. 焊接 H 形梁腹板与翼缘板的焊缝两端在其两倍翼缘板宽度范围内，焊缝的焊脚尺寸不得低于设计要求值。

焊缝余高和错边允许偏差　　**表 2.5.6.3-4**

序号	项　目	示　意　图	允许偏差（mm）	
			一、二级	三　级
1	对接焊缝余高（C）	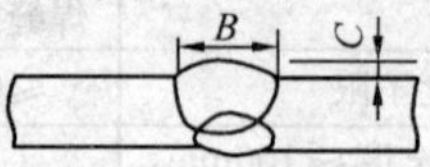	B<20 时，C 为 0～3；B≥20 时，C 为 0～4	B<20 时，C 为 0～3.5；B≥20 时，C 为 0～5
2	对接焊缝错边（d）	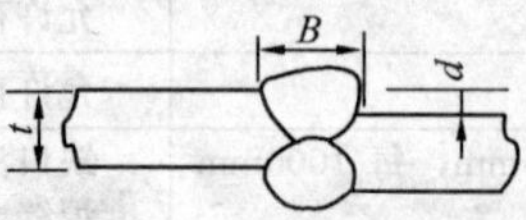	d<0.1t 且≤2.0	d<0.15t 且≤3.0
3	角焊缝余高（C）	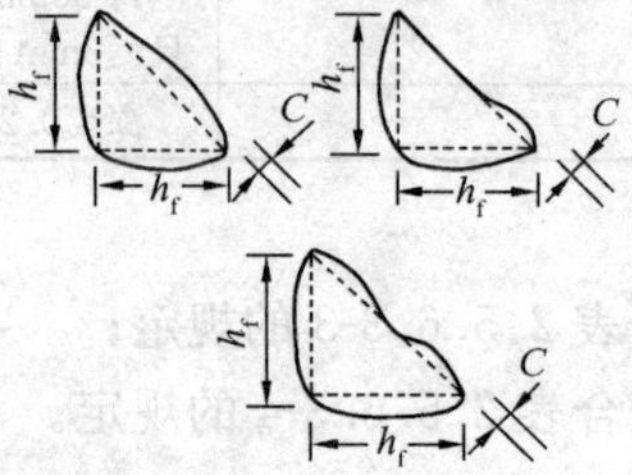	h_f≤6 时 C 为 0～1.5；h_f>6 时 C 为 0～3.0	

2.5.6.4　金相试验报告

1. 资料表式

金 相 试 验 报 告

委托编号：　　　　　　　　　　　　　　　　　　试验编号：

工程名称				试样编号	
委托单位				试验委托人	
材质及规格				试件名称	
代表数量		来样日期	年　月　日	试验日期	年　月　日
试验情况与结果：					
结论：					
试验单位：		技术负责人：		审核：	试（检）验：

2. 实施要点

（1）金相试验报告是指为保证建筑工程质量对用于工程的钢材根据设计要求进行的金相试验有关指标测试，由试验单位出具的试验证明文件。

（2）金相试验报告是无损探伤焊缝试（检）验项目的内容之一，应按相应标准规定行。

试验目的是了解接头各区域的组织差异和变化，以及检查焊接缺陷。

（3）金相检验：是通过金相显微镜，在放大 100～2000（一般为 50～1000 倍）倍下，观察和研究金属的组织和缺陷。它可以测定金属晶粒大小，显示金属的组织特征；鉴定金属夹杂物和缺陷等。

金相检验所需的试样要经过特殊制备。试样的制备过程是：先选择具有代表性的试样，经磨削、抛光后，进行腐蚀，显露出金属的显微组织，然后将试样放在金相显微镜下观察组织。一般应先用低倍来观察，了解组织的全貌后，逐渐提高放大倍数。

(4) 金相试验报告内容包括：试样的原始条件、试样的宏观组织和各区域的显微组织、放大倍数、焊接缺陷等。金相组织一般以照片表示，可能条件下附以分析性意见。

2.5.6.5 焊缝质量综合评级汇总表

1. 资料表式

焊缝质量综合评级汇总表

施工单位								
工程名称								
工程部位（桩号）					要求焊缝等级			
序号	焊缝编号	焊工代号	焊接日期	外观质量	内部质量等级		焊缝质量综合评价	备注
					射线	超声		
填表单位：			审核：			制表： 年 月 日		

2. 资料要求

(1) 对钢结构、钢构件和压力钢制管道的焊缝质量必须进行综合评级汇总。

(2) 认真按表内有关内容进行汇总统计。不进行钢结构、钢构件和压力钢制管道的焊缝质量综合评价的为不符合要求。

3. 实施要点

(1) 焊缝质量综合评级汇总表是指为保证市政基础设施工程质量对用于工程的焊接试件进行的焊缝质量综合评级，通过统计、汇总评价焊缝综合质量。

(2) 对钢结构、钢构件和压力钢制管道采用焊接连接时，必须进行焊缝质量综合评级汇总。根据相关规范要求综合评定焊缝质量。

(3) 表列子项：

1) 施工单位：指建设与施工单位合同书中的施工单位及其代表，填写合同定名的施工单位名称。

2）工程名称：按施工企业和建设单位签订的施工合同的工程名称或图注的工程名称，照实际填写。

3）工程部位（桩号）：指被检焊缝所在的工程部位。

4）要求焊缝等级：指施工图设计要求的施焊的焊缝的等级。

5）序号：指焊缝质量综合评级汇总表的序号。

6）焊缝编号：指施工图设计或施工组织设计对施焊的焊缝的编号。

7）焊工代号：指实际施焊的焊工的代号，按实际填写。

8）焊接日期：指实际施焊日期，按月日填写。

9）外观质量：指焊缝的外观质量，一般用目测方法确认。

10）内部质量等级：指射线或超声探伤后确定的质量等级。

①射线：指射线探伤后确定的质量等级。

②超声：指超声探伤后确定的质量等级。

11）焊缝质量综合评价：指质检后确认对该焊缝质量的综合评价。

12）备注：其他须说明的事宜。

13）施工项目技术负责人：指负责该单位工程项目经理部级的技术负责人，签字有效。

14）填表人：负责该单位工程项目经理部级的资料员，签字有效。

15）填表日期：按实际制表的日期填写。

2.5.7　桩基础试（检）验报告

桩的静荷载试验、动测试验报告，应根据设计和规范要求进行，桩基础试（检）验是桩施工完成后进行的必试项目。桩的检测单位应有相应资质，应用表式可按检测单位现行用表。

2.5.7.1　基桩检测报告实施说明

1. 基桩检测应制定桩基检测方案。

2. 受检桩位的确定原则：

（1）基桩的承载力检测，应首选成桩质量较差的基桩。

注：基桩即桩基础中的单桩。

（2）当采用两种或两种以上检测方法进行成桩质量检测时，确认应依据前一种试验方法的检测结果选择成桩质量较差的基桩。

（3）选择对施工质量有怀疑的桩。

（4）选择设计方认为重要的桩。

（5）选择岩土特性复杂可能影响施工质量的桩。

（6）选择代表不同施工工艺条件和不同施工单位的桩。

（7）同类型的桩宜均匀分布。

3. 基桩检测方案应包括的内容：桩基检测方法；桩基检测数量、编号及其桩位平面图。

4. 对存在质量问题桩基的处理原则：

（1）单桩承载力的最终确定以静载试验报告为准。

（2）对基桩反射波法检测结果有怀疑或争议时，可采用钻孔抽芯法、高应变动力试验或直接开挖进行验证；对超声波透射法检测结果有怀疑或争议时，可重新组织超声波透射检测，或在同一基桩加钻孔取芯验证；对钻孔抽芯检测结果有怀疑或争议时，可在同一基桩加钻孔取芯验证。

（3）当基桩承载力或成桩质量未达到设计要求时，不得仅对不合格桩进行处理即予验收。应由监理、勘察、设计、施工、检测单位及监督机构，认真分析，提出方案予以处理。

（4）对基桩检测报告有异议时，必须向质量监督机构反映，然后委托仲裁检测机构进行重新检测。

（5）对质量有怀疑或经加固补强的桩基，应有经设计部门认可的文件，并附入竣工验收资料。

2.5.7.2 基桩钻芯法试验检测报告

1. 实施要点

（1）执行标准：《建筑基桩检测技术规范》(JGJ 106—2003、J 256—2003)。

（2）钻芯法适用于检测混凝土灌注桩的桩长、桩身混凝土强度、桩底沉渣厚度和桩身完整性，判定或鉴别桩端持力层岩土性状。

（3）现场操作

1）每根受检桩的钻芯孔数和钻孔位置宜符合下列规定：

①桩径小于 1.2m 的桩钻 1 孔，桩径为 1.2～1.6m 的桩钻 2 孔，桩径大于 1.6m 的桩钻 3 孔。

②当钻芯孔为一个时，宜在距桩中心 10～15cm 的位置开孔；当钻芯孔为两个或两个以上时，开孔位置宜在距桩中心 0.15～0.25D 内均匀对称布置。

③对桩端持力层的钻探，每根受检桩不应少于一孔，且钻探深度应满足设计要求。

2）钻机设备安装必须周正、稳固、底座水平。钻机立轴中心、天轮中心（天车前沿切点）与孔口中心必须在同一铅垂线上。应确保钻机在钻芯过程中不发生倾斜、移位，钻芯孔垂直度偏差不大于 0.5%。

3）当桩顶面与钻机底座的距离较大时，应安装孔口管，孔口管应垂直且牢固。

4）钻进过程中，钻孔内循环水流不得中断，应根据回水含砂量及颜色调整钻进速度。

5）提钻卸取芯样时，应拧卸钻头和扩孔器，严禁敲打卸芯。

6）每回次进尺宜控制在 1.5m 内；钻至桩底时，宜采取适宜的钻芯方法和工艺钻取沉渣并测定沉渣厚度，并采用适宜的方法对桩端持力层岩土性状进行鉴别。

7）钻取的芯样应由上而下按回次顺序放进芯样箱中，芯样侧面上应清晰标明回次数、块号、本回次总块数，并应按表 2.5.7.2-1 的格式及时记录钻进情况和钻进异常情况，对芯样质量进行初步描述。

8）钻芯过程中，应按表 2.5.7.2-2 的格式对芯样混凝土、桩底沉渣以及桩端持力层详细编录。

9）钻芯结束后，应对芯样和标有工程名称、桩号、钻芯孔号、芯样试件采取位置、桩长、孔深、检测单位名称的标示牌的全貌进行拍照。

钻芯法检测现场操作记录表　　**表 2.5.7.2-1**

桩号			孔号		工程名称			
时间		钻进（m）			芯样编号	芯样长度（m）	残留芯样	芯样初步描述及异常情况记录
自	至	自	至	计				
检测日期					机长：	记录：	页次：	

钻芯法检测芯样编录表　　**表 2.5.7.2-2**

工程名称			日期		
桩号/钻芯孔号		桩径	混凝土设计强度等级		
项目	分段（层）深度（m）	芯样描述		取样编号 取样深度	备注
桩身混凝土		混凝土钻进深度，芯样连续性、完整性、胶结情况、表面光滑情况、断口吻合程度、混凝土芯是否为柱状、骨料大小分布情况，以及气孔、空洞、蜂窝麻面、沟槽、破碎、夹泥、松散的情况			
桩底沉渣		桩端混凝土与持力层接触情况、沉渣厚度			
持力层		持力层钻进深度，岩土名称、芯样颜色、结构构造、裂隙发育程度、坚硬及风化程度 分层岩层应分层描述		（强风化或土层时的动力触探或标贯结果）	
检测单位：		记录员：		检测人员：	

10）当单桩质量评价满足设计要求时，应使用 0.5～1.0MPa 压力，从钻芯孔孔底往上用水泥浆回灌封闭；否则应封存钻芯孔，留待处理。

（4）芯样试件截取与加工

1）截取混凝土抗压芯样试件应符合下列规定：

①当桩长为 10～30m 时，每孔截取 3 组芯样；当桩长小于 10m 时，可取 2 组，当桩长大于 30m 时，不少于 4 组。

②上部芯样位置距桩顶设计标高不宜大于 1 倍桩径或 1m，下部芯样位置距桩底不宜大于 1 倍桩径或 1m，中间芯样宜等间距截取。

③缺陷位置能取样时，应截取一组芯样进行混凝土抗压试验。

④当同一基桩的钻芯孔数大于一个，其中一孔在某深度存在缺陷时，应在其他孔的该深度处截取芯样进行混凝土抗压试验。

2）每组芯样应制作三个芯样抗压试件。芯样试件应按《建筑基桩检测技术规范》（JGJ 106—2003、J 256—2003）规范附录E进行加工和测量。

（5）芯样试件抗压强度试验

1）芯样试件制作完毕可立即进行抗压强度试验。

2）混凝土芯样试件的抗压强度试验应按现行国家标准《普通混凝土力学性能试验方法》（GB/T 50081—2002）的有关规定执行。

3）抗压强度试验后，当发现芯样试件平均值小于2倍试件内混凝土粗骨料最大粒径，且强度值异常时，该试件的强度值不得参与统计平均。

4）混凝土芯样试件抗压强度应按下列公式计算：

$$f_{cu}=\xi\cdot\frac{4P}{\pi d^2}$$

式中 f_{cu}——混凝土芯样试件抗压强度（MPa），精确至0.1MPa；

P——芯样试件抗压试验测得的破坏荷载（N）；

d——芯样试件的平均直径（mm）；

ξ——混凝土芯样试件抗压强度折算系数，应考虑芯样尺寸效应、钻芯机械对芯样扰动和混凝土成型条件的影响，通过试验统计确定；当无试验统计资料时，宜取为1.0。

5）桩底岩芯单轴抗压强度试验可按现行国家标准《建筑地基基础设计规范》（GB 5000—2002）附录J执行。

（6）检测数据的分析与判定

1）混凝土芯样试件抗压强度代表值应按一组三块试件强度值的平均值确定。同一受检桩同一深度部位有两组或两组以上混凝土芯样试件抗压强度代表值时，取其平均值为该桩该深度处混凝土芯样试件抗压强度代表值。

2）受检桩中不同深度位置的混凝土芯样试件抗压强度代表值中的最小值为该桩混凝土芯样试件抗压强度代表值。

3）桩端持力层性状应根据芯样特征、岩石芯样单轴抗压强度试验、动力触探或标准贯入试验结果，综合判定桩端持力层岩土性状。

4）桩身完整性类别应结合钻芯孔数、现场混凝土芯样特征、芯样单轴抗压强度试验结果，按表2.5.7.2C的规定和表2.5.7.2D的特征进行综合判定。

5）成桩质量评价应按单桩进行。当出现下列情况之一时，应判定该受检桩不满足设计要求：

①桩身完整性类别为Ⅳ类的桩。

②受检桩混凝土芯样试件抗压强度代表值小于混凝土设计强度等级的桩。

③桩长、桩底沉渣厚度不满足设计或规范要求的桩。

④桩端持力层岩土性状（强度）或厚度未达到设计或规范要求的桩。

6）钻芯孔偏出桩外时，仅对钻取芯样部分进行评价。

7）检测报告内容包括：

①委托方名称，工程名称、地点，建设、勘察、设计、监理和施工单位，基础、结构型式，层数，设计要求，检测目的，检测依据，检测数量，检测日期；

②地质条件描述；

③受检桩的桩号、桩位和相关施工记录；

④检测方法，检测仪器设备，检测过程叙述；

桩身完整性分类表　　表 2.5.7.2-3

桩身完整性分类	分类原则
Ⅰ	桩身完整
Ⅱ	桩身有轻微缺陷，不会影响桩身结构承载力的正常发挥
Ⅲ	桩身有明显缺陷，对桩身结构承载力有影响
Ⅳ	桩身存在严重缺陷

桩身完整性判定　　表 2.5.7.2-4

类别	特征
Ⅰ	混凝土芯样连续、完整、表面光滑、胶结好、骨料分布均匀、呈长柱状、断口吻合，芯样侧面仅见少量气孔。
Ⅱ	混凝土芯样连续、完整、胶结较好、骨料分布基本均匀、呈柱状、断口基本吻合，芯样侧面局部见蜂窝麻面、沟槽。
Ⅲ	大部分混凝土芯样胶结较好，无松散、夹泥或分层现象，但有下列情况之一： 芯样局部破碎且破碎长度不大于 10cm； 芯样骨料分布不均匀； 芯样多呈短柱状或块状； 芯样侧面蜂窝麻面、沟槽连续
Ⅳ	钻进很困难； 芯样任一段松散、夹泥或分层； 芯样局部破碎且破碎长度大于 10cm

⑤受检桩的检测数据，实测与计算分析曲线、表格和汇总结果；

⑥与检测内容相应的检测结论；

⑦钻芯设备情况；

⑧检测桩数、钻孔数量，架空、混凝土芯进尺、岩芯进尺、总进尺，混凝土试件组数、岩石试件组数、动力触探或标准贯入试验结果；

⑨按表 2.5.7.2-5 表式编制每孔的桩状图；

钻芯法检测芯样综合柱状图　　表 2.5.7.2-5

桩号/孔号		混凝土设计强度等级		桩顶标高		开孔时间	
施工桩长		设计桩径		钻孔深度		终孔时间	
层序号	层底标高（m）	层底厚度（m）	分层厚度（m）	混凝土/岩土芯柱状图（比例尺）	桩身混凝土、持力层描述	序号 芯样强度/深度（m）	备注
				□ □ □			

编制：　　　　校核：

注：□代表芯样试件取样位置。

⑩芯样单轴抗压强度试验结果；

⑪芯样彩色照片；

⑫异常情况说明。

2.5.7.3 单桩竖向抗压静载试验检测报告

1. 实施要点

（1）执行标准：《建筑基桩检测技术规范》（JGJ 106—2003、J 256—2003）。

（2）静载试验检测目的

1）静载试验检测适用于检测单桩的竖向抗压承载力。

2）当埋设有测量桩身应力、应变、桩底反力的传感器或位移杆时，可测定桩的分层侧阻力和端阻力或桩身截面的位移量。

3）为设计提供依据的试验桩，应加载至破坏；当桩的承载力以桩身强度控制时，可按设计要求的加载量进行。

（3）对工程桩抽样检测时，加载量不应小于设计要求的单桩承载力特征值的2.0倍。

（4）试桩、锚桩（压重平台支墩边）和基准桩之间的中心距离应符合表2.5.7.3规定。

试桩、锚桩（或压重平台支墩边）和基准桩之间的中心距离　表2.5.7.3

反力装置 \ 距离	试桩中心与锚桩中心（或压力重平台支墩边）	试桩中心与基准桩中心	基准桩中心与锚桩中心（或压重平台支墩边）
锚桩横梁	≥4（3）D且>2.0m	≥4（3）D且>2.0m	≥4（3）D且>2.0m
压重平台	≥4D且>2.0m	≥4（3）D且>2.0m	≥4D且>2.0m
地锚装置	≥4D且>2.0m	≥4（3）D且>2.0m	≥4D且>2.0m

注：1. D为试桩、锚桩或地锚的设计直径或边宽，取其较大者。

2. 如试桩或锚桩为扩底桩或多支盘桩时，试桩与锚桩的中心距尚不应小于2倍扩大端直径。

3. 括号内数值可用于工程桩验收检测时多排桩设计桩中心距离小于4D的情况。

4. 软土场地堆载重量较大时，宜增加支墩边与基准桩中心和试桩中心之间的距离，并在试验过程中观测基准桩的竖向位移。

（5）现场检测

1）试桩的成桩工艺和质量控制标准应与工程桩一致。

2）桩顶部宜高出试坑底面，试坑底面宜与桩承台底标高一致。混凝土桩头加固可按《建筑基桩检测技术规范》（JGJ 106—2003、J 256—2003）规范附录B执行。

3）对作为锚桩用的灌注桩和有接头的混凝土预制桩，检测前宜对其桩身完整性进行检测。

4）试验加卸载方式应符合下列规定：

①加载应分级进行，采用逐级等量加载；分级荷载宜为最大加载量或预估极限载承力的1/10，其中第一级可取分级荷载的2倍。

②卸载应分级进行，每级卸载量取加载时分级荷载的2倍，逐级等量卸载。

③加、卸载时应使荷载传递均匀、连续、无冲击，每级荷载在维持过程中的变化幅度不得超过分级荷载的±10%。

5）慢速维持荷载法试验步骤应符合下列规定：

①每级荷载施加后按第 5min、15min、30min、45min、60min 测读桩顶沉降量，以后每隔 30min 测读一次。

②试桩沉降相对稳定标准：每一小时内的桩顶沉降量不超过 0.1mm，并连续出现两次（从分级荷载施加后第 30min 开始，按 1.5h 连续三次每 30min 的沉降观测值计算）。

③当桩顶沉降速率达到相对稳定标准时，再施加下一级荷载。

④卸载时，每级荷载维持 1h，按第 15、30、60min 测读桩顶沉降量后，即可卸下一级荷载。卸载至零后，应测读桩顶残余沉降量，维持时间为 3h，测读时间为第 15、30min，以后每隔 30min 测读一次。

6）施工后的工程桩验收检测宜采用慢速维持荷载法。当有成熟的地区经验时，也可采用快速维持荷载法。

快速维持荷载法的每级荷载维持时间至少为 1h，是否延长维持荷载时间应根据桩顶沉降收敛情况确定。

7）当出现下列情况之一时，可终止加载：

①某级荷载作用下，桩顶沉降量大于前一级荷载作用下沉降量的 5 倍。

注：当桩顶沉降能相对稳定且总沉降量小于 40mm 时，宜加载至桩顶总沉降量超过 40mm。

②某级荷载作用下，桩顶沉降量大于前一级荷载作用下沉降量的 2 倍，且经 24h 尚未达到相对稳定标准。

③已达到设计要求的最大加载量。

④当工程桩作锚桩时，锚桩上拔量已达到允许值。

⑤当荷载-沉降曲线呈缓变型时，可加载至桩顶总沉降量 60～80mm；在特殊情况下，可根据具体要求加载至桩顶累计沉降量超过 80mm。

8）测试桩侧阻力和桩端阻力时，测试数据的测读时间宜符合本条 5）的规定。

（6）检测数据的分析与判定

1）检测数据的整理应符合下列规定：

①确定单桩竖向抗压承载力时，应绘制竖向荷载-沉降（Q-s）、沉降-时间对数（s-lg$t$）曲线，需要时也可绘制其他辅助分析所需曲线。

②当进行桩身应力、应变和桩底反力测定时，应整理出有关数据的记录表，并按《建筑基桩检测技术规范》（JGJ 106—2003、J 256—2003）规范附录 A 绘制桩身轴力分布图、计算不同土层的分层侧摩阻力和端阻力值。

2）单桩竖向抗压极限承载力 Qu 可按下列方法综合分析确定：

①根据沉降随荷载变化的特征确定：对于陡降型 Q-s 曲线，取其发生明显陡降的起始点对应的荷载值。

②根据沉降随时间变化的特征确定：取 s-lg$t$ 曲线尾部出现明显向下弯曲的前一级荷载值。

③出现“某级荷载作用下，桩顶沉降量大于前一级荷载作用下沉降量的 5 倍”的情况，取前一级荷载值。

④对于缓变型 Q-s 曲线可根据沉降量确定，宜取 s＝40mm 对应的荷载值；当桩长大于 40m 时，宜考虑桩身弹性压缩量；对直径大于或等于 800mm 的桩，可取 s＝0.05D（D

为桩端直径）对应的荷载值。

注：当按上述四款判定桩的竖向抗压承载力未达到极限时，桩的竖向抗压极限承载力应取最大试验荷载值。

3）单桩竖向抗压极限承载力统计值的确定应符合下列规定：

①参加统计的试桩结果，当满足其极差不超过平均值的30%时，取其平均值为单桩竖向抗压极限承载力。

②当极差超过平均值的30%时，应分析极差过大的原因，结合工程具体情况综合确定，必要时可增加试桩数量。

③对桩数为3根或3根以下的柱下承台，或工程桩抽检数量少于3根时，应取低值。

4）单位工程同一条件下的单桩竖向抗压承载力特征值R_a应按单桩竖向抗压极限承载力统计值的一半取值。

5）检测报告内容应包括：

①委托方名称，工程名称、地点，建设、勘察、设计、监理和施工单位，设计要求，检测目的，检测依据，检测数量，检测日期；

②受检桩的桩号、桩位和相关施工记录；

③检测方法，检测仪器设备，检测过程叙述；

④与检测内容相应的检测结论；

⑤受检桩桩位对应的地质柱状图；

⑥受检桩及锚桩的尺寸、材料强度、锚桩数量、配筋情况；

⑦加载反力种类，堆载法应指明堆载重量，锚桩法应有反力梁布置平面图；

⑧加卸载方法，荷载分级；

⑨本条（6）检测数据的分析与判定要求绘制的曲线及对应的数据表；与承载力判定有关的曲线及数据；

⑩承载力判定依据

⑪当进行分层摩阻力测试时，还应有传感器类型、安装位置，轴力计算方法，各级荷载下桩身轴力变化曲线，各土层的桩侧极限摩阻力和桩端阻力。

附：《建筑基桩检测技术规范》附录B 混凝土桩桩头处理

B.0.1 混凝土桩应先凿掉桩顶部的破碎层和软弱混凝土。

B.0.2 桩头顶面应平整，桩头中轴线与桩身上部的中轴线应重合。

B.0.3 桩头主筋应全部直通至桩顶混凝土保护层之下，各主筋应在同一高度上。

B.0.4 距桩顶1倍桩径范围内，宜用厚度为3～5mm的钢板围裹或距桩顶1.5倍桩径范围内设置箍筋，间距不宜大于100mm。桩顶应设置钢筋网片2～3层，间距60～100mm。

B.0.5 桩头混凝土强度等级宜比桩身混凝土提高1～2级，且不得低于C30。

B.0.6 高应变法检测的桩头测点处截面尺寸应与原桩身截面尺寸相同。

2.5.7.4 单桩竖向抗拔静载试验报告

1. 实施要点

（1）执行标准：《建筑基桩检测技术规范》（JGJ 106—2003、J256—2003）。

（2）静载试验检测目的

1）单桩竖向抗拔静载试验适用于检测单桩的竖向抗拔承载力。

2）当埋设有桩身应力、应变测量传感器时，或桩端埋设有位移测量杆时，可直接测量桩侧抗拔摩阻力，或桩端上拔量。

3）为设计提供依据的试验桩应加载至桩侧土破坏或桩身材料达到设计强度；对工程桩抽样检测时，可按设计要求确定最大加载量。

（3）现场检测

1）对混凝土灌注桩、有接头的预制桩，宜在拔桩试验前采用低应变法检测受检桩的桩身完整性。为设计提供依据的抗拔灌注桩施工时应进行成孔质量检测，发现桩身中、下部位有明显扩径的桩不宜作为抗拔试验桩；对有接头的预制桩，应验算接头强度。

2）单桩竖向抗拔静载试验宜采用慢速维持荷载法。需要时，也可采用多循环加、卸载方法。慢速维持荷载法的加卸载分级、试验方法及稳定标准应按《建筑基桩检测技术规范》（JGJ 106—2003、J 256—2003）规范第 4.3.4 条和第 4.3.6 条有关规定执行，并仔细观察桩身混凝土开裂情况。

注：4.3.4　试验加卸载方式应符合下列规定：

1. 加载应分级进行，采用逐级等量加载；分级荷载宜为最大加载量或预估极限载承力的 1/10，其中第一级可取分级荷载的 2 倍。

2. 卸载应分级进行，每级卸载量取加载时分级荷载的 2 倍，逐级等量卸载。

3. 加、卸载时应使荷载传递均匀、连续、无冲击，每级荷载在维持过程中的变化幅度不得超过分级荷载的±10%。

4.3.6　慢速维持荷载法试验步骤应符合下列规定：

1. 每级荷载施加后按第 5、15、30、45、60min 测读桩顶沉降量，以后每隔 30min 测读一次。

2. 试桩沉降相对稳定标准：每一小时内的桩顶沉降量不超过 0.1mm，并连续出现两次（从分级荷载施加后第 30min 开始，按 1.5h 连续三次每 30min 的沉降观测值计算）。

3. 当桩顶沉降速率达到相对稳定标准时，再施加下一级荷载。

4. 卸载时，每级荷载维持 1h，按第 15、30、60min 测读桩顶沉降量后，即可卸下一级荷载。卸载至零后，应测读桩顶残余沉降量，维持时间为 3h，测读时间为第 15、30min，以后每隔 30min 测读一次。

3）当出现下列情况之一时，可终止加载：

①在某级荷载作用下，桩顶上拔量大于前一级上拔荷载作用下的上拔量 5 倍。

②按桩顶上拔量控制，当累计桩顶上拔量超过 100mm 时。

③按钢筋抗拉强度控制，桩顶上拔荷载达到钢筋强度标准值的 0.9 倍。

④对于验收抽样检测的工程桩，达到设计要求的最大上拔荷载值。

4）测试桩侧抗拔摩阻力或桩端上拔位移时，测试数据的测读时间宜符合《建筑基桩检测技术规范》（JGJ 106—2003、J 256—2003）规范第 4.3.6 条的规定。

（4）检测数据的分析与判定

1）数据整理应绘制上拔荷载-桩顶上拔量（U-δ）关系曲线和桩顶上拔量-时间对数（δ-$\lg t$）关系曲线。

2）单桩竖向抗拔极限承载力可按下列方法综合判定：

①根据上拔量随荷载变化的特征确定：对陡变型 U-δ 曲线，取陡升起始点对应的荷载值；

②根据上拔量随时间变化的特征确定：取 δ-$\lg t$ 曲线斜率明显变陡或曲线尾部明显弯

曲的前一级荷载值。

③当在某级荷载下抗拔钢筋断裂时，取其前一级荷载值。

3）单桩竖向抗拔极限承载力统计值的确定应符合本条单桩竖向抗压静载试验 3）的规定。

4）当作为验收抽样检测的受检桩在最大上拔荷载作用下，未出现本条 2）情况时，可按设计要求判定。

5）单位工程同一条件下的单桩竖向抗拔承载力特征值应按单桩竖向抗拔极限承载力统计值的一半取值。

注：当工程桩不允许带裂缝工作时，取桩身开裂的前一级荷载作为单桩竖向抗拔承载力特征值，并与按极限荷载一半取值确定的承载力特征值相比取小值。

6）检测报告内容包括：

①委托方名称，工程名称、地点，建设、勘察、设计、监理和施工单位，设计要求，检测目的，检测依据，检测数量，检测日期；

②受检桩的桩号、桩位和相关施工记录；

③检测方法，检测仪器设备，检测过程叙述；

④与检测内容相应的检测结论；

⑤受检桩桩位对应的地质柱状图；

⑥受检桩尺寸（灌注桩宜标明孔径曲线）及配筋情况；

⑦加卸载方法，荷载分级；

⑧单桩竖向抗拔静载试验 1）要求数据整理应绘制上拔荷载-桩顶上拔量（U-δ）关系曲线和桩顶上拔量-时间对数（δ-lg$t$）关系曲线。单桩竖向抗拔静载试验 1）要求绘制的曲线及对应的数据表；

⑨承载力判定依据；

⑩当进行抗拔摩阻力测试时，应有传感器类型、安装位置、轴力计算方法，各级荷载下桩身轴力变化曲线，各土层中的抗拔极限摩阻力。

2.5.7.5 单桩水平静载试验检测报告

1. 实施要点

（1）执行标准：《建筑基桩检测技术规范》(JGJ 106—2003、J 256—2003)。

（2）静载试验检测目的

1）单桩水平静载试验适用于桩顶自由时的单桩水平静载试验；其他形式的水平静载试验可参照使用。

2）单桩水平静载试验方法适用于检测单桩的水平承载力，推定地基土抗力系数的比例系数。

3）当埋设有桩身应变测量传感器时，可测量相应水平荷载作用下的桩身应力，并由此计算桩身弯矩。

4）为设计提供依据的试验桩宜加载至桩顶出现较大水平位移或桩身结构破坏；对工程桩抽样检测，可按设计要求的水平位移允许值控制加载。

（3）现场检测

1）加载方法宜根据工程桩实际受力特性选用单向多循环加载法或《建筑基桩检测技术规范》（JGJ 106—2003、J 256—2003）规范第 4 章规定的慢速维持荷载法，也可按设计要求采用其他加载方法。需要测量桩身应力或应变的试桩宜采用维持荷载法。

2）试验加卸载方式和水平位移测量应符合下列规定：

单向多循环加载法的分级荷载应小于预估水平极限承载力或最大试验荷载的 1/10。每级荷载施加后，恒载 4min 后可测读水平位移，然后卸载至零，停 2min 测读残余水平位移，至此完成一个加卸载循环。如此循环 5 次，完成一级荷载的位移观测。试验不得中间停顿。

慢速维持荷载法的加卸载分级、试验方法及稳定标准应按《建筑基桩检测技术规范》（JGJ 106—2003、J 256—2003）规范第 4.3.4 条和 4.3.6 条有关规定执行。

注：4.3.4　试验加卸载方式和 4.3.6　慢速维持荷载法试验步骤见单桩竖向抗拔静载试验。

3）当出现下列情况之一时，可终止加载：

①桩身折断；

②水平位移超过 30～40mm（软土取 40mm）

③水平位移达到设计要求的水平移位允许值。

4）测量桩身应力或应变时，测试数据的测读宜与水平位移测量同步。

（4）检测数据的分析与判定

1）检测数据应按下列要求整理：

①采用单向多循环加载法时应绘制水平力-时间-作用点位移（H-t-Y_0）关系曲线和水平力-位移梯度（H-$\Delta Y_0/\Delta H$）关系曲线。

②采用慢速维持荷载法时应绘制水平力-力作用点位移（H-Y_0）关系曲线、水平力-位移梯度（H-$\Delta Y_0/\Delta H$）关系曲线、力作用点位移-时间对数（Y_0-lg$t$）关系曲线和水平力-力作用点位移双对数（lg$H$-lgY_0）关系曲线。

③绘制水平力、水平力作用点水平位移-地基土水平抗力系数的比例系数的关系曲线（H-m、Y_0-m）。

当桩顶自由且水平力作用位置位于地面处时，m 值可按下列公式确定；

$$m=\frac{(\upsilon_y\cdot H)^{\frac{5}{3}}}{b_0Y_0^{\frac{5}{3}}(EI)^{\frac{2}{3}}}$$

$$\alpha=\left(\frac{mb_0}{EI}\right)^{\frac{1}{5}}$$

式中　m——地基土水平抗力系数的比例系数（kN/m^4）；

α——桩的水平变形系数（m^{-1}）；

υ_y——桩顶水平位移系数，由式 $\alpha=\left(\frac{mb_0}{EI}\right)^{\frac{1}{5}}$ 试算 α，当 $\alpha h\geqslant 4.0$ 时（h 为桩的入土深度），$\upsilon_y=2.441$；

H——作用于地面的水平力（kN）；

Y_0——水平力作用点的水平位移（m）；

EI——桩身抗弯刚度（kN·m^2）；其中 E 为桩身材料弹性模量，I 为桩身换算截面惯性矩；

b_0——桩身计算宽度（m）；对于圆形桩：当桩径 $D\leqslant 1\text{m}$ 时，$b_0=0.9(1.5D+0.5)$；当桩 $D>1\text{m}$ 时，$b_0=0.9(D+1)$。对于矩形桩：当边宽 $B\leqslant 1\text{m}$ 时，$b_0=1.5B+0.5$；当边宽 $B>1\text{m}$ 时，$b_0=B+1$。

2）对埋设有应力或应变测量传感器的试验应绘制下列曲线，并列表给出相应的数据：

①各级水平力作用下的桩身弯矩分布图；

②水平力-最大弯矩截面钢筋拉应力（H-σ_s）曲线。

3）单桩的水平临界荷载可按下列方法综合确定：

①取单向多循环加载法时的 H-t-Y_0 曲线或慢速维持荷载法时的 H-Y_0 曲线出现拐点的前一级水平荷载值。

②取 H-$\Delta Y_0/\Delta H$ 曲线或 $\lg H$-$\lg Y_0$ 曲线上第一拐点对应的水平荷载值。

③取 H-σ_s 曲线第一拐点对应的水平荷载值。

4）单桩的水平极限承载力可按下列方法综合确定：

①取单向多循环加载法时的 H-t-Y_0 曲线产生明显陡降的前一级、或慢速维持荷载法时的 H-Y_0 曲线发生明显陡降的起始点对应的水平荷载值。

②取慢速维持荷载法时的 Y_0-$\lg t$ 曲线尾部出现明显弯曲的前一级水平荷载值。

③取 H-$\Delta Y_0/\Delta H$ 曲线或 $\lg H$-$\lg Y_0$ 曲线上第二拐点对应的水平荷载值。

④取桩身折断或受拉钢筋屈服时的前一级水平荷载值。

5）单桩水平极限承载力和水平临界荷载统计值的确定应符合《建筑基桩检测技术规范》（JGJ 106—2003、J 256—2003）规范第 4.4.3 条的规定。

6）单位工程同一条件下的单桩水平承载力特征值的确定应符合下列规定：

①当水平承载力按桩身强度控制时，取水平临界荷载统计值为单桩水平承载力特征值。

②当桩受长期水平荷载作用且桩不允许开裂时，取水平临界荷载统计值的 0.8 倍作为单桩水平承载力特征值。

7）除《建筑基桩检测技术规范》（JGJ 106—2003、J 256—2003）规范第 6.4.6 条规定外，当水平承载力按设计要求的水平允许位移控制时，可取设计要求的水平允许位移对应的水平荷载作为单桩水平承载力特征值，但应满足有关规范抗裂设计的要求。

8）检测报告内容包括：

①委托方名称，工程名称、地点，建设、勘察、设计、监理和施工单位，设计要求，检测目的，检测依据，检测数量，检测日期；

②受检桩的桩号、桩位和相关施工记录；

③检测方法，检测仪器设备，检测过程叙述；

④与检测内容相应的检测结论；

⑤受检桩桩位对应的地质柱状图；

⑥受检桩的载面尺寸及配筋情况；

⑦加卸载方法，荷载分级；

⑧第 6.4.1 条（即本节的（3）检测数据的分析与判定中的 1）检测数据应按下列要求整理）要求绘制的曲线及对应的数据表；

⑨承载力判定依据；

⑩当进行钢筋应力测试并由此计算桩身弯矩时，应有传感器类型、安装位置、内力计算方法和第 6.4.2 条要求绘制的曲线及其对应的数据表。

2.5.7.6　基桩低应变法检测报告

1. 实施要点

（1）执行标准：《建筑基桩检测技术规范》（JGJ 106—2003、J 256—2003）。

（2）基桩低应变法检测方法适用于检测混凝土桩的桩身完整性，判定桩身缺陷的程度及位置。

（3）基桩低应变法检测方法的有效检测桩长范围应通过现场试验确定。

（4）现场检测

1）受检桩应符合下列规定：

①桩身强度应符合《建筑基桩检测技术规范》（JGJ 106—2003、J 256—2003）规范第 3.2.6 条第 1 款的规定。

②桩头的材质、强度、截面尺寸应与桩身基本等同。

③桩顶面应平整、密实，并与桩轴线基本垂直。

2）测试参数设定应符合下列规定：

①时域信号记录的时间段长度应在 $2L/c$ 时刻后延续不少于 5ms；幅频信号分析的频率范围上限不应小于 2000Hz。

②设定桩长应为桩顶测点至桩底的施工桩长，设定桩身截面积应为施工截面积。

③桩身波速可根据本地区同类型的测试值初步设定。

④采样时间间隔或采样频率应根据桩长、桩身波速和频域分辨率合理选择；时域信号采样点数不宜少于 1024 点。

⑤传感器的设定值应按计量检定结果设定。

3）测量传感器安装和激振操作应符合下列规定：

①传感器安装应与桩顶面垂直；用耦合剂粘结时，应具有足够的粘结强度。

②实心桩的激振点位置应选择在桩中心，测量传感器安装位置宜为距桩中心 2/3 半径处；空心桩的激振点与测量传感器安装位置宜在同一水平面上，且与桩中心连线形成的夹角宜为 90°，激振点和测量传感器安装位置宜为桩壁厚的 1/2 处。

③激振点与测量传感器安装位置应避开钢筋笼的主筋影响。

④激振方向应沿桩轴线方向。

⑤瞬态激振应通过现场敲击试验，选择合适重量的激振力锤和锤垫，宜用宽脉冲获取桩底或桩身下部缺陷反射信号，宜用窄脉冲获取桩身上部缺陷反射信号。

⑥稳态激振应在同一个设定频率下获得稳定响应信号，并应根据桩径、桩长及桩周土约束情况调整激振力大小。

4）信号采集和筛选应符合下列规定：

①根据桩径大小，桩心对称布置 2～4 个检测点；每个检测点记录的有效信号数不宜少于 3 个。

②检查判断实测信号是否反映桩身完整性特征。

③不同检测点及多次实测时域信号一致性较差，应分析原因，增加检测点数量。

④信号不应失真和产生零漂，信号幅值不应超过测量系统的量程。

（5）检测数据的分析与判定

1）桩身波速平均值的确定应符合下列规定：

①当桩长已知、桩底反射信号明确时，在地质条件、设计桩型、成桩工艺相同的基桩中，选取不少于5根Ⅰ类桩的桩身波速值按下式计算其平均值：

$$c_m = \frac{1}{n}\sum_{i=1}^{n} c_i$$

$$c_i = \frac{2000L}{\Delta T}$$

$$c_i = 2L \cdot \Delta f$$

式中　c_m——桩身波速的平均值（m/s）；

c_i——第 i 根受检桩的桩身波速值（m/s），且 $|c_i - c_m|/c_m \leqslant 5\%$；

L——测点下桩长（m）；

ΔT——速度波第一峰与桩底反射波峰间的时间差（ms）；

Δf——幅频曲线上桩底相邻谐振峰间的频差（Hz）；

n——参加波速平均值计算的基桩数量（$n \geqslant 5$）。

②当无法按上款确定时，波速平均值可根据本地区相同桩型及成桩工艺的其他桩基工程的实测值，结合桩身混凝土的骨料品种和强度等级综合确定。

2）桩身缺陷位置应按下列公式计算：

$$x = \frac{1}{2000} \cdot \Delta t_x \cdot c$$

$$x = \frac{1}{2} \cdot \frac{c}{\Delta f'}$$

式中　x——桩身缺陷至传感器安装点的距离（m）；

Δt_x——速度波第一峰与缺陷反射波峰间的时间差（ms）；

c——受检桩的桩身波速（m/s），无法确定时间 c_m 值替代；

$\Delta f'$——幅频信号曲线上缺陷相邻谐振峰间的频差（Hz）。

3）桩身完整性类别应结合缺陷出现的深度、测试信号衰减特性以及设计桩型、成桩工艺、地质条件、施工情况，按《建筑基桩检测技术规范》（JGJ 106—2003、J 256—2003）规范表2.5.7.6-1的规定和表2.5.7.6-2所列实测时域或幅频信号特征进行综合分析判定。

注：桩身完整性检测结果评价，应给出每根受检桩的桩身完整性类别。桩身完整性分类应符合表2.5.7.6-1的规定。

桩身完整性分类表　　　　**表 2.5.7.6-1**

桩身完整性分类	分类原则
Ⅰ	桩身完整
Ⅱ	桩身有轻微缺陷，不会影响桩身结构承载力的正常发挥
Ⅲ	桩身有明显缺陷，对桩身结构承载力有影响
Ⅳ	桩身存在严重缺陷

桩身完整性判定表　　表 2.5.7.6-2

类别	时域信号特征	幅频信号特征
Ⅰ	$2L/c$ 时刻前无缺陷反射波，有桩底反射波	桩底谐振峰排列基本等间距，其相邻频差 $\Delta f=c/2L$
Ⅱ	$2L/c$ 时刻前出现轻微缺陷反射波，有桩底反射波	桩底谐振峰排列基本等间距，其相邻频差 $\Delta f=c/2L$，轻微缺陷产生的谐振峰与桩底谐振峰之间的频差 $\Delta f'>c/2L$
Ⅲ	有明显缺陷反射波，其他特征介于Ⅱ类和Ⅳ类之间	
Ⅳ	$2L/c$ 时刻前出现严重缺陷反射波或周期性反射波，无桩底反射波； 或因桩身浅部严重缺陷使波形呈现低频大振幅衰减振动，无桩底反射波	缺陷谐振峰排列基本等间距，相邻频差 $\Delta f'>c/2L$，无桩底谐振峰； 或因桩身浅部严重缺陷只出现单一谐振峰，无桩底谐振峰

注：对同一场地、地质条件相近、桩型和成桩工艺相同的基桩，因桩端部分桩身阻抗与持力层阻抗相匹配导致实测信号无桩底反射波时，可按本场地同条件下有桩底反射波的其他桩实测信号判定桩身完整性类别。

4）对于混凝土灌注桩，采用时域信号分析时应区分桩身截面渐变后恢复至原桩径并在该阻抗突变处的一次反射，或扩径突变处的二次反射，结合成桩工艺和地质条件综合分析判定受检桩的完整性类别。必要时，可采用实测曲线拟合法辅助判定桩身完整性或借助实测导纳值、动刚度的相对高低辅助判定桩身完整性。

5）对于嵌岩桩，桩底时域反射信号为单一反射波且与锤击脉冲信号同向时，应采取其他方法核验桩端嵌岩情况。

6）出现下列情况之一，桩身完整性判定宜结合其他检测方法进行：

①实测信号复杂，无规律，无法对其进行准确评价。

②桩身截面渐变或多变，且变化幅度较大的混凝土灌注桩。

7）低应变检测报告应给出桩身完整性检测的实测信号曲线。

8）检测报告除应包括《建筑基桩检测技术规范》(JGJ 106—2003、J 256—2003) 第3.5.5条内容外，还应包括下列内容：

①桩身波速取值；

②桩身完整性描述、缺陷的位置及桩身完整性类别；

③时域信号时段所对应的桩身长度标尺、指数或线性放大的范围及倍数；或幅频信号曲线分析的频率范围、桩底可桩身缺陷对应的相邻谐振峰间的频差。

2.5.7.7　基桩高应变法检测报告

1. 实施要点

(1) 执行标准：《建筑基桩检测技术规范》(JGJ 106—2003、J 256—2003)。

(2) 基桩高应变法检测方法适用于检测基桩的竖向抗压承载力和桩身完整性；监测预制桩打入时的桩身应力和锤击能量传递比，为沉桩工艺参数及桩长选择提供依据。

(3) 现场检测

1）检测前的准备工作应符合下列规定：

①预制桩承载力的时间效应应通过复打确定。

②桩顶面应平整，桩顶高度应满足锤击装置的要求，桩锤重心应与桩顶对中，锤击装置架立应垂直。

③对不能承受锤击的桩头应加固处理，混凝土桩的桩头处理按《建筑基桩检测技术规范》(JGJ 106—2003、J 256—2003) 规范附录B执行。

④传感器的安装应符合《建筑基桩检测技术规范》(JGJ 106—2003、J 256—2003) 规范附录F的规定。

⑤桩头顶部应设置桩垫，桩垫可采用10～30mm厚的木板或胶合板等材料。

2) 参数设定和计算应符合下列规定：

①采样时间间隔宜为50～200μs，信号采样点数不宜少于1024点。

②传感器的设定值应按计量检定结果设定。

③自由落锤安装加速度传感器测力时，力的设定值由加速度传感器设定值与重锤质量的乘积确定。

④测点处的桩截面尺寸应按实际测量确定，波速、质量密度和弹性模量应按实际情况设定。

⑤测点以下桩长和截面积可采用设计文件或施工记录提供的数据作为设定值。

⑥桩身材料质量密度应按表2.5.7.7-1取值。

桩身材料质量密度 (t/m^3) 表 2.5.7.7-1

钢 桩	混凝土预制桩	离心管桩	混凝土灌注桩
7.85	2.45～2.50	2.55～2.60	2.40

⑦桩身波速可结合本地经验或按同场地同类型已检桩的平均波速初步设定，现场检测完成后应按即本条的（4）"检测数据的分析与判定"中的3）进行调整。

⑧桩身材料弹性模量应按下式计算：

$$E = \rho \cdot c^2$$

式中 E——桩身材料弹性模量（kPa）；

c——桩身应力波传播速度（m/s）；

ρ——桩身材料质量密度（t/m^3）。

3) 现场检测应符合下列要求：

①交流供电的测试系统应良好接地；检测时测试系统应处于正常状态。

②采用自由落锤为锤击设备时，应重锤低击，最大锤击落距不宜大于2.5m。

③试验目的为确定预制桩打桩过程中的桩身应力、沉桩设备匹配能力和选择桩长时，应按《建筑基桩检测技术规范》(JGJ 106—2003、J 256—2003) 规范附录G执行。

④检测时应及时检查采集数据的质量；每根受检桩记录的有效锤击信号应根据桩顶最大动位移、贯入度以及桩身最大拉、压应力和缺陷程度及其发展情况综合确定。

⑤发现测试波形紊乱，应分析原因；桩身有明显缺陷或缺陷程度加剧，应停止检测。

4) 承载力检测时宜实测桩的贯入度，单击贯入度宜在2～6mm之间。

(4) 检测数据的分析与判定

1) 检测承载力时选取锤击信号，宜取锤击能量较大的击次。

2）当出现下列情况之一时，高应变锤击信号不得作为载力分析计算的依据：

①传感器安装处混凝土开裂或出现严重塑性变形使力曲线最终未归零；

②严重锤击偏心，两侧力信号幅值相差超过 1 倍；

③触变效应的影响，预制桩在多次锤击下承载力下降；

④四通道测试数据不全。

3）桩身波速可根据下行波波形起升沿的起点到上行波下降沿的起点之间的时差与已知桩长值确定（图 2.5.7.7-1）；桩底反射信号不明显时，可根据桩长、混凝土波速的合理取值范围以及邻近桩的桩身波速值综合确定。

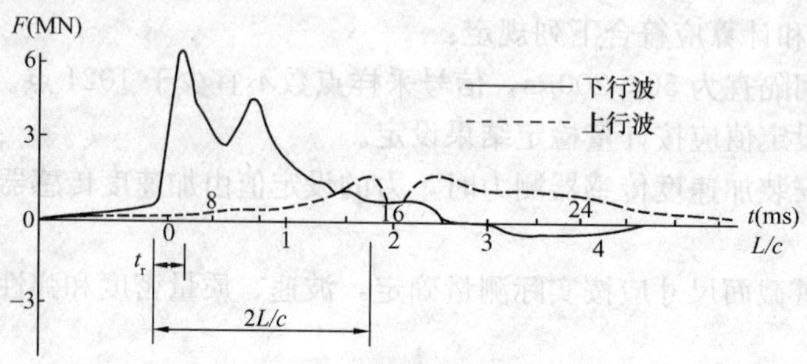

图 2.5.7.7-1　桩身波速的确定

4）当测点处原设定波速随调整后的桩身波速改变时，桩身材料弹性模量和锤击力信号幅值的调整应符合下列规定：

①桩身材料弹性模量应按《建筑基桩检测技术规范》（JGJ 106—2003、J 256—2003）规范式（9.3.2）重新计算（即本条的 2）参数设定和计算中的⑧桩身材料弹性模量的计算式）。

②当采用应变式传感器测力时，应同时对原实测力值校正。

5）高应变实测的力和速度信号第一峰起始比例失调时，不得进行比例调整。

6）承载力分析计算前，应结合地质条件、设计参数，对实测波形特征进行定性检查：

①实测曲线特征反映出的桩承载性状。

②观察桩身缺陷程度和位置，连续锤击时缺陷的扩大或逐步闭合情况。

7）以下四种情况应采用静载法进一步验证：

①桩身存在缺陷，无法判定桩的竖向承载力。

②桩身缺陷对水平承载力有影响。

③单击贯入度大，桩底同向反射强烈且反射峰较宽，侧阻力波、端阻力波反射弱，即波形表现出竖向承载性状明显与勘察报告中的地质条件不符合。

④嵌岩桩桩底同向反射强烈，且在时间 $2L/c$ 后无明显端阻力反射；也可采用钻芯法核验。

8）采用凯司法判定桩承载力，应符合下列规定：

①只限于中、小直径桩。

②桩身材质、截面应基本均匀。

③阻尼系数 Jc 宜根据同条件下静载试验结果校核，或应在已取得相近条件下可靠对比资料后，采用实测曲线拟合法确定 Jc 值，拟合计算的桩数不应少于检测总桩数的 30%，且不应少于 3 根。

④在同一场地、地质条件相近和桩型及其截面积相同情况下，Jc 的极差不宜大于平均值的 30%。

9）凯司法判定单桩承载力可按下列公式计算：

$$Rc=\frac{1}{2}(1-Jc)\cdot\left[F(t_1)+Z\cdot V(t_1)\right]+\frac{1}{2}(1+Jc)\cdot\left[F(t_1+\frac{2L}{c})-Z\cdot V\left(t_1+\frac{2L}{c}\right)\right]$$

$$Z=\frac{E\cdot A}{c}$$

式中 Rc——由凯司法判定的单桩竖向抗压承载力（kN）；

Jc——凯司法阻尼系数；

t_1——速度第一峰对应的时刻（ms）；

$F(t_1)$——t_1 时刻的锤击力（kN）；

$V(t_1)$——t_1 时刻的质点运动速度（m/s）；

Z——桩身截面力学阻抗（kN·s/m）；

A——桩身截面面积（m^2）；

L——测点下桩长（m）。

注：公式（指由凯司法判定单桩竖向抗压承载力）适用于 t_1+2L/c 时刻桩侧和桩端土阻力均已充分发挥的摩擦型桩。

对于土阻力滞后于 t_1+2L/c 时刻明显发挥或先于 t_1+2L/c 时刻发挥并造成桩中上部强烈反弹这两种情况，宜分别采用以下两种方法对 Rc 值进行提高修正：

①适当将 t_1 延时，确定 Rc 的最大值。

②考虑卸载回弹部分土阻力对 Rc 值进行修正。

10）采用实测曲线拟合法判定桩承载力，应符合下列规定：

①所采用的力学模型应明确合理，桩和土的力学模型应能分别反映桩和土的实际力学性状，模型参数的取值范围应能限定。

②拟合分析选用的参数应在岩土工程的合理范围内。

③曲线拟合时间段长度在 t_1+2L/c 时刻后延续时间不应小于 20ms 对于柴油锤打桩信号，在 t_1+2L/c 时刻后延续时间不应小于 30ms。

④各单元所选用的土的最大弹性位移值不应超过相应桩单元的最大计算位移值。

⑤拟合完成时，土阻力响应区段的计算曲线与实测曲线应吻合，其他区段的曲线应基本吻合。

⑥贯入度的计算值应与实测值接近。

11）本方法对单桩承载力的统计和单桩竖向抗压承载力特征值的确定应符合下列规定：

①参加统计的试桩结果，当满足其极差不超过平均值的 30%时，取其平均值为单桩承载力统计值。

②当极差超过 30%时，应分析极差过大的原因，结合工程具体情况综合确定。必要时可增加试桩数量。

③单位工程同一条件下的单桩竖向抗压承载力特征值 R_a 应按本方法得到的单桩承载力统计值的一半取值。

12）桩身完整性判定可采用以下方法进行：

①采用实测曲线拟合法判定时，拟合所选用的桩土参数应符合《建筑基桩检测技术规范》(JGJ 106—2003、J 256—2003）规范第 9.4.10 条第 1、2 款的规定；根据桩的成桩工艺，拟合时可采用桩身阻抗拟合或桩身裂隙（包括混凝土预制桩的接桩缝隙）拟合。

注：第 9.4.10 条　采用实测曲线拟合法判定桩承载力，应符合下列规定：

1. 所采用的力学模型应明确合理，桩和土的力学模型应能分别反映桩和土的实际力学性状，模型参数的取值范围应能限定。

2. 拟合分析选用的参数应在岩土工程的合理范围内。

②对于等截面桩，可按表 2.5.7.7A 并结合经验判定；桩身完整性系数 β 和桩身缺陷位置 x 应分别按下列公式计算：

$$\beta=\frac{[F(t_1)+Z\cdot V(t_1)]-2R_x+[F(t_x)-Z\cdot V(t_x)]}{[F(t_1)+Z\cdot V(t_1)]-[F(t_x)-Z\cdot V(t_x)]}$$

$$x=c\cdot\frac{t_x-t_1}{2000}$$

式中　β——桩身完整性系数；

t_x——缺陷反射峰对应的时刻（ms）；

x——桩身缺陷至传感器安装点的距离（m）；

R_x——缺陷以上部位土阻力的估计值，等于缺陷反射波起始点的力与速度乘以桩身截面力学阻抗之差值，取值方法见图 2.5.7.7-2。

桩身完整性判定　　**表 2.5.7.7-2**

类　别	β　值	类　别	β　值
Ⅰ	$\beta=1.0$	Ⅲ	$0.6\leqslant\beta<0.8$
Ⅱ	$0.8\leqslant\beta<1.0$	Ⅳ	$\beta<0.6$

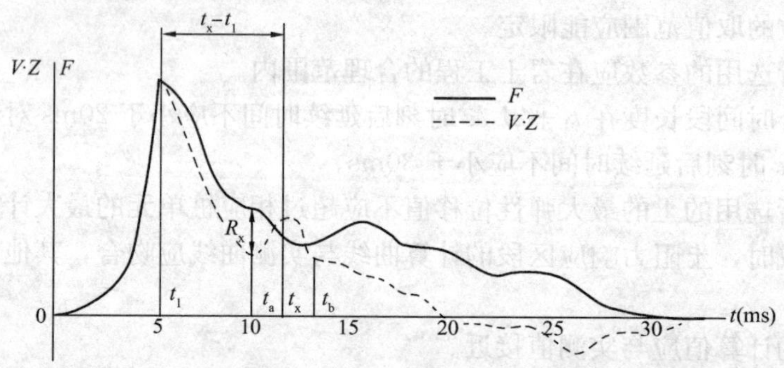

图 2.5.7.7-2　桩身完整性系数计算

13）出现下列情况之一时，桩身完整性判定宜按工程地质条件和施工工艺，结合实测曲线拟合法或其他检测方法综合进行：

①桩身有扩径的桩。

②桩身截面渐变或多变的混凝土灌注桩。

③力和速度曲线在峰值附近比例失调，桩身浅部有缺陷的桩。

④锤击力波上升缓慢，力与速度曲线比例失调的桩。

14）桩身最大锤击拉、压应力和桩锤实际传递给桩的能量应分别按本规范附录 G 相应公式计算。

15）高应变检测报告应给出实测的力与速度信号曲线。

16）检测报告内容包括：

①委托方名称，工程名称、地点，建设、勘察、设计、监理和施工单位，设计要求，检测目的，检测依据，检测数量，检测日期；

②受检桩的桩号、桩位和相关施工记录；

③检测方法，检测仪器设备，检测过程叙述；

④与检测内容相应的检测结论；

⑤计算中实际采用的桩身波速值和 J_c 值；

⑥实测曲线拟合法所选用的各单元桩土模型参数、拟合曲线、土阻力沿桩身分布图；

⑦实测贯入度；

⑧试打桩和打桩监控所采用的桩锤型号、锤垫类型，以及监测得到的锤击数、桩侧和桩端静阻力、桩身锤击拉应力和压应力、桩身完整性以及能量传递比随入土深度的变化。

附录 B　混凝土桩桩头处理见单桩竖向抗压静载试验检测

附：附录 F　高应变法传感器安装

F.0.1　检测时至少应对称安装冲击力和冲击响应（质点运动速度）测量传感器各两个（传感器安装见图 F.0.1）。冲击力和响应测量可采取以下方式：

1　在桩顶下的桩侧表面分别对称安装加速度传感器和应变式力传感器，直接测量桩身测点处的响应和应变，并将应变换算成冲击力。

2　在桩顶下的桩侧表面对称安装加速传感器直接测量响应，在自由落锤锤体 $0.5H_r$ 处（H_r 为锤体高度）对称安装加速度传感器直接测量冲击力。

F.0.2　在第 F.0.1 条第 1 款条件下，传感器宜分别对称安装在距桩顶不小于 $2D$ 的桩侧表面处（D 为试桩的直径或边宽）；对于大直径桩，传感器与桩顶之间的距离可适当减小，但不得小于 $1D$。安装面处的材质和截面尺寸应与原桩身相同，传感器不得安装在截面突变处附近。

在第 F.0.1 条第 2 款条件下，对称安装在桩侧表面的加速度传感器距桩顶的距离不得小于 $0.4H_r$ 或 $1D$，并取两者高值。

F.0.3　在第 F.0.1 条第 1 款条件下，传感器安装尚应符合下列规定：

1　应变传感器与加速度传感器的中心应位于同一水平线上；同侧的应变传感器和加速度传感器间的水平距离不宜大于 80mm。安装完毕后，传感器的中心轴应与桩中心轴保持平行。

2　各传感器的安装面的材质应均匀、密实、平整，并与桩轴线平行，否则应采用磨光机将其磨平。

3　安装螺栓的钻孔应与桩侧表面垂直；安装完毕后的传感器应紧贴桩身表面，锤击时传感器不得产生滑动。安装应变式传感器时应对其初始应变值进行监视，安装后的传感器初始应变值应能保证锤击时的可测轴向变形余量为：

1）混凝土桩应大于 $\pm 1000\mu\varepsilon$；

2）钢桩应大于 $\pm 1500\mu\varepsilon$。

F.0.4　当连续锤击监测时，应将传感器连接电缆有效固定。

附：附录G　试打桩与打桩监控

G.1　试打桩

G1.1　选择工程桩的桩型、桩长和桩端持力层进行打桩时，应符合下列规定：

1　试打桩位置的工程地质条件应具有代表性。

2　试打桩过程中，应按桩端进入的土层逐一进行测试；当持力层较厚时，应在同一土层中进行多次测试。

G.1.2　桩端持力层应根据试打桩结果的承载力与贯入度关系，结合场地岩土工程勘察报告综合判定。

G.1.3　采用试打桩判定桩的承载力时，应符合下列规定：

1　判定的承载力值应小于或等于试打桩时测得的桩侧和桩端静土阻力值之和与桩在地基土中的时间效应系数的乘积，并应进行复打校核。

2　复打至初打的休止时间应符合本规范表3.2.6的规定。

G.2　桩身锤击应力监测

G.2.1　桩身锤击应力监测应符合下列规定：

1　被监测桩的桩型、材质应与工程桩相同；施打机械的锤型、落距和垫层材料及状况应与工程桩施工时间相同。

2　应包括桩身锤击拉应力和锤击压应力两部分。

G.2.2　为测得桩身锤击应力最大值，监测时应符合下列规定：

1　桩身锤击拉应力宜在预计桩端进入软土层或桩端穿过硬土层进入软夹层时测试。

2　桩身锤击压应力宜在桩端进入硬土层或桩周土阻力较大时测试。

G.2.3　最大桩身锤击拉应力可按下式计算：

$$\sigma_t = \frac{1}{2A}\left[Z \cdot V\left(t_1 + \frac{2L}{c}\right) - F\left(t_1 + \frac{2L}{c}\right) - Z \cdot V\left(t_1 + \frac{2L-2x}{c}\right) - F\left(t_1 + \frac{2L-2x}{c}\right)\right] \tag{G.2.3}$$

式中　σ_t——最大桩身锤击拉应力（kPa）；

x——传感器安装点至计算点的距离（m）；

A——桩身截面面积（m^2）。

G.2.4　最大桩身锤击压应力可按下式计算：

$$\sigma_p = \frac{F_{max}}{A} \tag{G.2.4}$$

式中　σ_p——最大桩身锤击压应力（kPa）；

F_{max}——实测的最大锤击力（kN）。

当打桩过程中突然出现贯入度骤减甚至拒锤时，应考虑与桩端接触的硬层对桩身锤击压应力的放大作用。

G.2.5　桩身最大锤击应力控制值应符合《建筑桩基技术规范》JGJ 94—94的有关规定。

G.3　锤击能量监测

G.3.1　桩锤实际传递给桩的能量应按下式计算：

$$E_n = \int_{0_e}^{t} \cdot E \cdot V \cdot dt \tag{G.3.1}$$

式中 E_n——桩锤实际传递给桩的能量（kJ）；

t_e——采样结束的时刻（s）。

G.3.2 桩锤最大动能宜通过测定锤芯最大运动速度确定。

G.3.3 桩锤传递比应按桩锤实际传递给桩的能量与桩锤额定能量的比值确定；桩锤效率应按实测的桩锤最大动能与桩锤的额定能量的比值确定。

2.5.7.8 基桩声波透射法检测报告

1. 实施要点

（1）执行标准：《建筑基桩检测技术规范》（JGJ 106—2003、J 256—2003）。

（2）基桩声波透射法检测方法适用于已预埋声测管的混凝土灌注桩桩身完整性检测，判定桩身缺陷的程度并确定其位置。

（3）现场检测

1）声测管埋设应按《建筑基桩检测技术规范》（JGJ 106—2003、J 256—2003）规范附录 H 的规定执行。

2）现场检测前准备工作应符合下列规定：

①采用标定法确定仪器系统延迟时间。

②计算声测管及耦合水层声时修正值。

③在桩顶测量相应声测管外壁间净距离。

④将各声测管内注满清水，检查声测管畅通情况；换能器应能在全程范围内长降顺畅。

3）现场检测步骤应符合下列规定：

①将发射与接收声波换能器通过深度标志分别置于两根声测管中的测点处。

②发射与接收声波换能器以相同标高（图 2.5.7.8*a*）或保持固定高差（图 2.5.7.8*b*）同步升降，测点间距不宜大于 250mm。

③实时显示和记录接收信号的时程曲线，读取声时、首波峰值和周期值，宜同时显示频谱曲线及主频值。

④将多根声测管以两根为一个检测剖面进行全组合，分别对所有检测剖面完成检测。

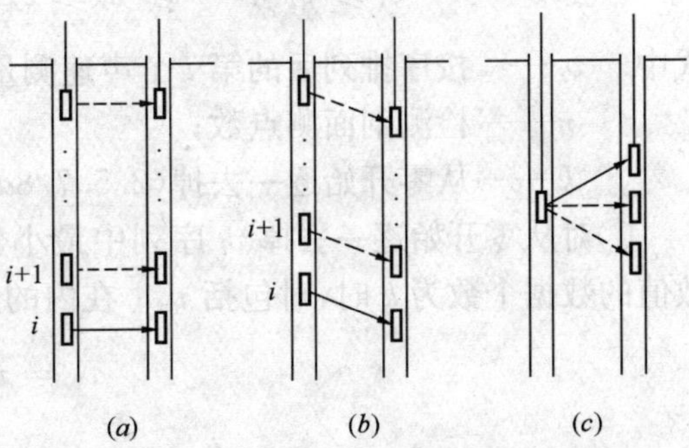

图 2.5.7.8*a* 平测、斜测和扇形扫测示意图

（*a*）平测；（*b*）斜测；（*c*）扇形扫测

⑤在桩身质量可疑的测点周围，应采用加密测点，或采用斜测（图 2.5.7.8*b*）、扇形扫测（图 2.5.7.8*c*）进行复测，进一步确定桩身缺陷的位置和范围。

⑥在同一根桩的各检测剖面的检测过程中，声波发射电压和仪器设置参数应保持不变。

（4）检测数据的分析与判定

1）各测点的声时 t_c、声速 v、波幅 A_p 及主频 f 应根据现场检测数据，按下列各式计算，并

绘制声速 - 深度（$v-z$）曲线和波幅 - 深度（A_p-z）曲线，需要时可绘制辅助的主频 - 深度（$f-z$）

$$t_{ci}=t_i-t_0-t'$$

$$v_i=\frac{l'}{t_{ci}}$$

$$A_{pi}=20\lg\frac{a_i}{a_o}$$

$$f_i=\frac{1000}{T_i}$$

式中　t_{ci}——第 i 测点声时（μs）；

t_i——第 i 测点声时测量值（μs）；

t_0——仪器系统延迟时间（μs）；

t'——声测管及耦合水层声时修正值（μs）；

l'——每检测剖面相应两声测管的外壁间净距离（mm）；

v_i——第 i 测点声速（km/s）；

A_{pi}——第 i 测点波幅值（dB）；

a_i——第 i 测点信号首波峰值（V）；

a_0——零分贝信号幅值（V）；

f_i——第 i 测点信号主频值（kHz），也可由信号频谱的主频求得；

T_i——第 i 测点信号周期（μs）。

2）声速临界值应按下列步骤计算：

①将同一检测剖面各测点的声速值 v_i 由大到小依次排序，即

$$v_1\geqslant v_2\geqslant\cdots\geqslant v_i\geqslant v_{n-k}\geqslant v_{n-1}\geqslant v_n\quad(k=0,1,2,\cdots)$$

式中　v_i——按序排列后的第 i 个声速测量值；

n——检测剖面测点数；

k——从零开始逐一去掉(2.5.7.8a)v_i 序列尾部最小数值的数据个数。

②对从零开始逐一去掉 v_i 序列中最小数值后余下的数据进行统计计算。当去掉最小数值的数据个数为 k 时，对包括 v_{n-k} 在内的余下数据 $v_1\sim v_{n-k}$ 按下列公式进行统计计算：

$$v_0=v_m-\lambda\cdot s_x$$

$$v_m=\frac{1}{n-k}\sum_{i=1}^{n-k}v_i$$

$$s_x=\sqrt{\frac{1}{n-k-1}\sum_{i=1}^{n-k}(v_i-v_m)^2}$$

式中　v_0——异常判断值；

v_m——$(n-k)$ 个数据的平均值；

s_x——$(n-k)$ 个数据的标准差；

λ—— 由表 2.5.7.8-1 查得的与$(n-k)$相对应的系数。

统计数据个数 $(n-k)$ 与对应的 λ 值 **表 2.5.7.8-1**

$n-k$	20	22	24	26	28	30	32	34	36	38
λ	1.64	1.69	1.73	1.77	1.80	1.83	1.86	1.89	1.91	1.94
$n-k$	40	42	44	46	48	50	52	54	56	58
λ	1.96	1.98	2.00	2.02	2.04	2.05	2.07	2.09	2.10	2.11
$n-k$	60	62	64	66	68	70	72	74	76	78
λ	2.13	2.14	2.15	2.17	2.18	2.19	2.20	2.21	2.22	2.23
$n-k$	80	82	84	86	88	90	92	94	96	98
λ	2.24	2.25	2.26	2.27	2.28	2.29	2.29	2.30	2.31	2.32
$n-k$	100	105	110	115	120	125	130	135	140	145
λ	2.33	2.34	2.36	2.38	2.39	2.41	2.42	2.43	2.45	2.46
$n-k$	150	160	170	180	190	200	220	240	260	280
λ	2.47	2.50	2.52	2.54	2.56	2.58	2.61	2.64	2.67	2.69

③ 将 v_{n-k} 与异常判断值 v_0 进行比较，当 $v_{n-k} \leqslant v_o$ 时，v_{n-k} 及其以后的数据均为异常，去掉 v_{n-k} 及其以后的异常数据；再用数据 $v_1 \sim v_{n-k-1}$ 并重复②公式的计算步骤，直到 v_i 序列中余下的全部数据满足：

$$v_i > v_0$$

此时，v_0 为声速的异常判断临界值 v_c。

④ 声速异常时的监界值判据为：

$$v_i \leqslant v_c$$

当声速异常时的监界值公式成立时，声速可判定为异常。

3）当检测剖面 n 个测点的声速值普遍偏低且离散性很小时，宜采用声速低限值判据：

$$v_i < v_L$$

式中 v_i—— 第 i 测点声速(km/s)；

v_l——声速低限值（km/s），由预留同条件混凝土试件的抗压强度与声速对比试验结果，结合本地区实际经验确定。

当本条公式成立时，可直接判定为声速低于低限值异常。

$$A_m = \frac{1}{n}\sum_{i=1}^{n} A_{pi}$$

$$A_{pi} < A_m - 6$$

式中 A_m—— 波幅平均值(dB)；

n—— 检测剖面测点数。

当本条公式成立时，波幅可判定为异常。

4）当采用斜率法的 PSD 值作为辅助异常点判据时，PSD 值应按下列公式计算：

$$PSD = K \cdot \Delta t$$

$$K = \frac{t_{ci} - t_{ci-1}}{z_i - z_{i-1}}$$

$$\Delta t = t_{ci} - t_{ci-1}$$

式中 t_{ci}—— 第 i 测点声时(μs)；

t_{ci-1}—— 第 $i-1$ 测点声时(μs)；

z_i—— 第 i 测点深度(m)；

z_{i-1}—— 第 $i-1$ 测点深度(m)。

根据 PSD 值在某深度处的突变，结合波幅变化情况，进行异常点判定。

5）当采用信号主频值作为辅助异常点判据时，主频-深度曲线上主频值明显降低可判定为异常。

6）桩身完整性类别应结合桩身混凝土各声学参数临界值、PSD 判据、混凝土声速低限值以及桩身质量可疑点加密测试（包括斜测或扇形扫测）后确定的缺陷范围，按基本规定中检测结果评价和检测报告中的桩身完整性分类表的规定和表 2.5.7.8-2 的特征进行综合判定。

7）检测报告内容包括：

①委托方名称，工程名称、地点，建设、勘察、设计、监理和施工单位，设计要求，检测目的，检测依据，检测数量，检测日期；

②受检桩的桩号、桩位和相关施工记录；

③检测方法，检测仪器设备，检测过程叙述；

④与检测内容相应的检测结论；

⑤声测管布置图；

⑥受检桩每个检测剖面声速-深度曲线、波幅-深度曲线，并将相应判据临界值所对应的标志线绘制于同一个座标系；

⑦当采用主频值或 PSD 值进行辅助分析判定时，绘制主频-深度曲线或 PSD 曲线；

⑧缺陷分布图示。

桩身完整性判定 **表 2.5.7.8-2**

类别	特征
Ⅰ	各检测剖面的声学参数均无异常，无声速低于低限值异常
Ⅱ	某一检测剖面个别测点的声学参数出现异常，无声速低于低限值异常
Ⅲ	某一检测剖面连续多个测点的声学参数出现异常； 两个或两个以上检测剖面在同一深度测点声学参数出现异常；局部混凝土声速出现低于低限值异常
Ⅳ	某一检测剖面连续多个测点的声学参数出现明显异常； 两个或两个以上检测剖面在同一深度测点的声学参数出现明显异常； 桩身混凝土声速出现普遍低于低限值异常或无法检测首波或声波接收信号严重畸变

附：附录 H 声测管埋设要点

H.0.1 声测管内径宜为 50～60mm。

H.0.2 声测管应下端封闭、上端加盖、管内无异物；声测管连接处应光滑过渡，管口应高出桩顶 100mm 以上，且各声测管管口高度宜一致。

H.0.3 应采取适宜方法固定声测管，使之成桩后相互平行。

H.0.4 声测管埋设数量应符合下列要求：

1 $D \leqslant 800$mm，2 根管。

2　800mm＜D≤2000mm，不少于3根管。

3　D＞2000mm，不少于4根管。

式中　D——受检桩设计桩径。

H.0.5　声测管应沿桩截面外侧呈对称形状布置，按图H.0.5所示的箭头方向顺时针旋转依次编号。

D≤800mm

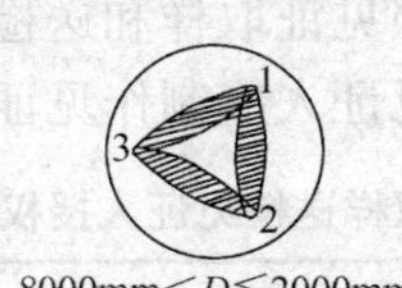

8000mm＜D≤2000mm

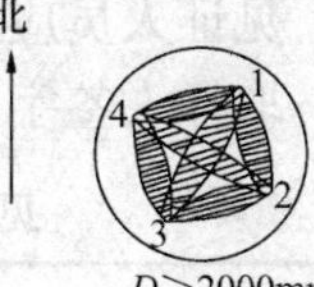

D＞2000mm

图H.0.5　声测管布置图

检测剖面编组分别为：

1-2；

1-2，1-3，2-3；

1-2，1-3，1-4，2-3，2-4，3-4。

2.5.8　工程物质选样送审记录

2.5.8.1　见证取样

为了保证建设工程质量检测工作的科学性、公证性和正确性，杜绝“仅对来样负责”而不对“工程质量负责”的不规范检测报告，建设部先后下达建监［1996］208号《关于加强工程质量检测工作的若干意见》及建监［1996］488号《建筑企业试验室管理规定》等文件要求在检测工作中执行见证取样、送样制度，全国各地建设行政主管部门也陆续发文执行建设工程质量检测执行见证取送样制度。

见证取样制度是保证工程质量记录资料科学、公证和正确的必须执行的制度，凡不执行或不认真执行见证取样制度的均应为工程质量记录资料不符合要求。对因无见证取样、送样而被评为不符合要求的工程，应根据工程实际进行抽测，抽测结果不符合要求时，应按《建筑工程施工质量验收统一标准》（GB 50300—2001）第5.0.6条和第5.0.7条办理。

1. 中华人民共和国建设部令第141号（2005年11月1日施行），《建设工程质量检测管理办法》规定，具有相应资质的检测单位，按其批准的不同资质可以进行不同的检测内容。具有相应资质的检测单位对如下内容必须实行见证取样检测：

（1）水泥物理力学性能检验；

（2）钢筋（含焊接与机械连接）力学性能检验；

（3）砂、石常规检验；

（4）混凝土、砂浆强度检验；

（5）简易土工试验；

（6）混凝土掺加剂检验；

（7）预应力钢绞线、锚夹具检验；

（8）沥青、沥青混合料检验。

2. 见证取样送检见证人授权书

见证取样送检见证人授权书以本表格式形式或当地建设行政主管部门授权部门下发的表式归存。

（1）见证人员应由建设单位或项目监理机构书面通知施工、检测单位和负责该项工程的质量监督机构。

（2）施工过程中，见证人员应按照见证取样和送检计划，对施工现场的取样和送检进行见证，并由见证人、取样人签字。见证人应制作见证记录，并归入工程档案。

见证取样送检见证人授权书　　　　**表 2.5.8.1-1**

<table>
<tr><td colspan="2">__________（质量监督机构）
经研究决定授权__________同志任__________工程见证取样和送检见证人。负责对涉及结构安全的试块、试样和材料见证取样和送检，施工单位、试验单位予以认可。</td></tr>
<tr><td>见证取样和送检印章</td><td>见证人签字手迹</td></tr>
<tr><td colspan="2">监理（建设）单位（章）
年　月　日</td></tr>
</table>

3. 见证取样相关规定

（1）涉及结构安全的试块、试件和材料见证取样和送检的比例不得低于有关技术标准中规定应取样数量的30％。

注：见证取样及送检的监督管理一般有当地建设行政主管部门委托的质量监督机构办理。

（2）见证取样必须采取相应措施以保证见证取样具有公证性、真实性，应做到：

1）严格按照建设部建建［2000］211号文确定的见证取样项目及数量执行。项目不超过该文规定，数量按规定取样数量的30％；

2）按规定确定见证人员，见证人员应为建设单位或监理单位具备建筑施工试验知识的专业技术人员担任，并通知施工、检测单位和质量监督机构；

3）见证人员应在试件或包装上做好标识、封志、标明工程名称、取样日期、样品名称、数量及见证人签名；

4）见证人应保证取样具有代表性和真实性并对其负责。见证人应作见证记录并归档；

5）检测单位应保证严格按上述要求对其试件确认无误后进行检测，其报告应科学、真实、准确，应签章齐全。

4. 见证取样试验委托单

见证取样试验委托单　　　　**表 2.5.8.1-2**

<table>
<tr><td>工程名称</td><td></td><td>使用部位</td><td></td></tr>
<tr><td>委托试验单位</td><td></td><td>委托日期</td><td></td></tr>
<tr><td>样品名称</td><td></td><td>样品数量</td><td></td></tr>
<tr><td>产地（生产厂家）</td><td></td><td>代表数量</td><td></td></tr>
<tr><td>合格证号</td><td></td><td>样品规格</td><td></td></tr>
<tr><td>试验内容及要求</td><td colspan="3"></td></tr>
<tr><td>备　注</td><td colspan="3"></td></tr>
<tr><td>取样人</td><td></td><td>见证人</td><td></td></tr>
</table>

承担见证取样检测及有关结构安全检测的单位应具有相应资质。

相应资质是指经过管理部门确认其是该项检测任务的单位，具有相应的设备及条件；人员经过培训有上岗证；有相应的管理制度，并通过计量部门认可，不一定是当地的检测中心等检测单位，应考虑就近，以减少交通费用及时间。

5. 见证取样送检记录（参考用表）

见证取样送检记录（参考用表） **表 2.5.8.1-3**

编号：____________

工程部位：____________________

取样部位：____________________

样品名称：____________ 取样数量：____________

取样地点：____________ 取样日期：____________

见证记录：

有见证取样和送检印章：

取样人签字：____________

见证人签字：____________

填制本记录日期：

6. 有见证试验汇总表

有见证试验汇总表 **表 2.5.8.1-4**

工程名称：____________________

施工单位：____________________

建设单位：____________________

监理单位：____________________

见 证 人：____________________

试验室名称：____________________

试验项目	应送试总次数	有见证试验次数	不合格次数	备　注

施工单位： 制表人：

注：此表由施工单位汇总填写，报当地质量监督总站（或站）。

2.5.9　工程物质进场验收记录

1. 资料表式

材料（设备）进场验收记录（通用）

<table>
<tr><td>收货日期
年　月　日</td><td>材料(设备)名称</td><td>单位</td><td>数量</td><td>送货单
编　号</td><td>供货单位名称</td></tr>
<tr><td></td><td></td><td></td><td></td><td></td><td></td></tr>
<tr><td>材　料
(设备)
数量及
质　量
情　况</td><td colspan="5">1. 不同品种的各自应送产品数量；
2. 不同品种的各自实收产品数量；
3. 实收质量状况。</td></tr>
<tr><td>有效
地点
及
保管
状况</td><td colspan="5">1. 露天及或仓库；
2. 能否正常保管。</td></tr>
<tr><td>备
注</td><td colspan="5">1. 运输单位名称；
2. 送货人名称；
3. 其他。</td></tr>
<tr><td colspan="6">施工单位材料员：　　　供货单位人员：　　　专职质检员：　　　专业技术负责人：</td></tr>
</table>

注：每品种、批次填表一次。

2. 实施要点

（1）材料（设备）进场检验

1）材料、构配件进场后，应由施工单位会同建设（监理）单位共同对进场物资进行检查验收，填写《材料（设备）进场验收记录》。

2）主要检验内容包括：

①物资出厂质量证明文件及检验（测）报告是否齐全。

②实际进场物资数量、规格和品种等与计划的符合性，是否满足设计和施工计划要求。

③物资外观质量是否满足设计要求或规范规定。

④按规定需进行抽检的材料、构配件是否及时抽检，检验结果和结论是否齐全。

3）按规定应进场复试的工程物资应予记列，必须在进场检查验收合格后取样复试。

（2）钢材质量进场检查举例说明

①该批进场材料不同品种、规格的出厂合格证和出厂检验报告资料必须齐全。

②该批进场材料不同品种、规格的钢材数与合格证应相一致，检查与设计的符合性。

③外观质量：a. 进场钢（材）筋必须对其断面进行检查。不论直条钢筋还是盘条供货，断面尺寸检查均应先后对两端钢筋断面进行检查，检查结果不应超过允许偏差值；b. 带肋钢筋表面不得有裂纹、结疤和折叠。钢筋表面允许有凸块，但不得超过横肋的高度，钢筋表面上其他缺陷的深度和高度不得大于所在部位尺寸的允许偏差；c. 盘条表面

不得有裂纹、折叠、结疤、耳子、分层及夹杂，允许有压痕及局部的凸块、凹坑、划痕、麻面，但其深度或高度（从实际尺寸算起）不得大于0.20mm。盘条表面氧化铁皮重量不得大于16kg/t，如工艺有保证，可不做检查。

④尺寸检查：a. 带肋钢筋内径的测量精确到0.1mm；b. 带肋钢筋肋高的测量可采用测量同一截面两侧肋高平均值的方法，即测取钢筋的最大外径，减去该处内径，所得数值的一半为该处肋高，精确到0.05mm；c. 带肋钢筋横肋间距可采用测量平均肋距的方法进行测量。即测取钢筋一面上第1个与第11个横肋的中心距离，该数值除以10即为横肋间距，精确到0.1mm。

2.6　施　工　记　录

2.6.1　施工记录（通用）

1. 资料表式

________施工记录表（通用）　　　　表 2.6.1

<table>
<tr><td>记录项目或部位</td><td colspan="2"></td><td>记录日期</td><td></td></tr>
<tr><td>施工班组人数</td><td colspan="2"></td><td>主要施工机具</td><td></td></tr>
<tr><td>技术交底时间</td><td colspan="2"></td><td>交　底　人</td><td></td></tr>
<tr><td>施工内容</td><td colspan="4"></td></tr>
<tr><td>依据标准</td><td colspan="4"></td></tr>
<tr><td>施工过程记录</td><td colspan="4"></td></tr>
<tr><td>强制性条文执行</td><td colspan="4"></td></tr>
<tr><td>质量验收与评定</td><td colspan="4"></td></tr>
<tr><td>问题记录与处理意见</td><td colspan="4"></td></tr>
<tr><td rowspan="3">参加人员</td><td>监理（建设）单位</td><td colspan="3">施　工　单　位</td></tr>
<tr><td rowspan="2"></td><td>项目技术负责人</td><td>专职质检员</td><td>工　长</td></tr>
<tr><td></td><td></td><td></td></tr>
</table>

2. 实施要点

(1) 施工记录是施工过程的记录，记录施工过程中执行设计文件、操作工艺质量标准和技术管理等的各自执行手段的实际完成情况记录。

施工记录是验收的原始记录。必须强调施工记录的真实性和准确性，且不得任意涂改。

担任施工记录的人员应具有一定的业务素质，藉以确保做好施工记录。

(2) 凡相关专业质量检验评定标准（如市政道路工程、市政桥梁工程、市政排水管渠工程等）中检查方法要求进行检查施工记录的项目均应按资料要求对该项施工过程或成品质量进行检查并填写施工记录。存在问题时应有处理建议及改正情况。

(3) 施工记录（通用）表式由项目经理部的专职质量检查员或工长实施记录由项目技术负责人审定。

(4) 施工记录的记录原则

1) 凡需要用施工过程记录证明工程的重要结构、部位的工程实际质量状况的应做施工记录。根据其工程结构和部位的重要程度确定施工记录保证质量的记录内容。

2) 对需要用施工试验和施工记录共同保证工程质量，且已经多年实践施工记录具有成熟记录表式的可只记录成熟记录表式记录内容。例如：混凝土工程根据标准要求留置混凝土试块，当混凝土试块试验结果满足设计和规范要求；根据多年的实践施工记录具有成熟记录表式如：混凝土浇灌申请书、混凝土开盘鉴定、混凝土工程施工记录、混凝土坍落度检查记录、冬期施工混凝土日报、混凝土养护测温记录等，这些成熟的记录表式根据施工过程一一如实填报，即可不再做其他的施工记录。

3) 对需要用施工试验和施工记录共同保证工程质量，但是无成熟记录表式的可采用通用施工记录表式记录应记录的施工记录内容。记录内容包括：施工工艺执行状况、操作过程实际、施工结果、质量验收等。

4) 对其工程的有关保证使用安全的结构、围护、连接、护栏等关键部位应予记录。

5) 对一些需进行专项处理的施工子项，该项需要用施工试验和施工记录共同保证工程质量的，应根据设计和规范要求予以记录。

6) 对用施工试验结果，符合设计和规范即可满足要求的可不做施工记录。对用施工质量验收结果，符合设计和规范即满足设计和规范要求的可不做施工记录。

(5) 专业规范应提送施工记录的子项

1) 市政道路工程

①石质边沟、边坡基础；边沟砂石基础；软土地基处理（砂垫层）；袋装砂井、塑料排水板；碎石桩（砂桩）；粉喷桩施工记录。

②路基排水的盲沟、截水沟施工记录。

③石灰、粉煤灰稳定砂砾（碎石）基层养生期施工记录。

④封层粒料、撒布、碾压、平整、粒料用量施工记录。

⑤井周及支管回填施工记录。

⑥砌体声屏障施工记录。

⑦隔离墩、防撞墩；预埋连接钢件及预埋件施工记录。

⑧波形梁护栏施工记录。

⑨防眩设施施工记录。

2）市政排水管渠工程

①清淤与挖土施工记录。

②检查井施工记录。

③管道回填施工记录。

（6）填写举例

【例 2.6.1-1】 以砌体工程为例，在现场对施工中用砖、砂浆、组砌方式、砌体加强措施、构造柱砌筑先进后退、尺寸等施工检查，都应进行记录，如有误也应如实记录，提出建议并改正，绝对不应放松这方面的工作。例如对砌体用砖含水率的检查，这是一项非常重要的检查，在“砌体”中砖的含水率直接影响砌体质量。砌体用砖含水率的检查，有关试验表明：

砖的含水率将直接影响砖与砂浆的粘结力。适宜的含水率对保证砂浆强度、砖与砂浆的粘结力及整体砌体质量都是十分重要的，试验研究发现：

①当砖的含水率＜8％，开始对砌体强度产生不利影响；

②当砖的含水率≥8％，砌体强度随含水率的增大而提高；

③当砖的含水率为零时，砌体抗压强度最多可降低高达 36.3％；

④当砖的含水率＞15％时，开始带来相应的质量问题，主要表现为：坠灰、砖块容易滑动、墙面不洁、灰缝不平直、墙面不平整等。

因此，规范规定：黏土砖、空心砖应提前 1～2d 浇水湿润，其相应的含水率为 10％～15％，现场检测的简易办法为砖截面四周洇水深度为 15～20mm 为符合要求。

对砖的淋水应做为一道重要工序看待。应注意淋匀、淋透，且应对砖堆采取适当的防晒措施，严禁干砖上墙。

砌体用砖应认真做好施工记录。

【例 2.6.1-2】 路基土石方压实施工记录，应记录的内容：路床验收时间、碾压时间、气候、机械设备品种规格、施工班组名称及人员数量；测量与复测时间及其结果，路基宽度、中线测值、分层数、分层厚度、碾压遍数、测试方法及抽检频率，达到设计和规范要求的状况等。

2.6.2 地基与基槽验收记录

2.6.2.1 地基钎探记录及钎探位置表

1. 资料表式

地基钎探记录及钎探位置表

工程名称：

施工单位：　　　　　　　　　　　工程数量：

检验部位：　　　　　　　　　　　　　　　　　　　　年　　月　　日

<table>
<tr><td rowspan="2">桩号或井号</td><td rowspan="2">点　号</td><td colspan="5">锤　击　数</td><td rowspan="2">应检点</td><td rowspan="2">实检点</td></tr>
<tr><td>0～30
(cm)</td><td>30～60
(cm)</td><td>60～90
(cm)</td><td>90～120
(cm)</td><td>120～150
(cm)</td></tr>
<tr><td></td><td></td><td></td><td></td><td></td><td></td><td></td><td></td><td></td></tr>
<tr><td></td><td></td><td></td><td></td><td></td><td></td><td></td><td></td><td></td></tr>
<tr><td></td><td></td><td></td><td></td><td></td><td></td><td></td><td></td><td></td></tr>
<tr><td></td><td></td><td></td><td></td><td></td><td></td><td></td><td></td><td></td></tr>
<tr><td></td><td></td><td></td><td></td><td></td><td></td><td></td><td></td><td></td></tr>
<tr><td>地基高程</td><td colspan="8"></td></tr>
<tr><td>示意图
(可另附图)</td><td colspan="8"></td></tr>
<tr><td rowspan="2">参加人员</td><td rowspan="2">监理（建设）单位</td><td colspan="7">施　工　单　位</td></tr>
<tr><td colspan="3">项目技术负责人</td><td colspan="2">专职质检员</td><td colspan="2">工　长</td></tr>
</table>

2. 资料要求

（1）钎探布点，钎探深度、方法等应按有关要求执行。

（2）钎探应有结论分析，如发现软弱层、土质不均、墓穴、枯井或其他异常情况等，应由设计提出处理意见并在钎探图中标明位置。

（3）除设计有规定外，均应进行地基钎探。

（4）没有钎探记录为不符合要求（设计有规定时除外）。

(5) 钎探记录无结论的为不符合要求。

(6) 需经处理的地基，处理方案必须经设计同意并经监理单位认可，否则为不符合要求。

3. 实施要点

地基钎探是为了探明基底下对沉降影响最大的一定深度内的土层情况而进行的记录，因此，基槽完成后，一般均应按照设计和规范要求进行钎探。

(1) 钎探点布置

1) 基槽完成后，一般均应按照设计要求进行钎探，设计无要求时可按下列规则布置。

2) 槽宽小于800mm时，在槽中心布置探点一排，间距一般为：1～1.5m，应视地层复杂情况而定。

3) 槽宽800～2000mm时，在距基槽两边200～500mm处，各布置探点一排，间距一般为：1～1.5m，应视地层复杂情况而定。

4) 槽宽2000mm以上者，应在槽中心及两槽边200～500mm处，各布置探点一排，每排探点间距一般为：1～1.5m，应视地层复杂情况而定。

5) 矩形基础：按梅花形布置，纵向和横向探点间距均为1～2m，一般为1.5m，较小基础至少应在四角及中心各布置一个探点。

注：基槽转角处应再补加一个点。

(2) 钎探记录分析

1) 钎探应绘图编号，并按编号顺序进行击打，应固定打钎人员，锤击高度离钎顶500～700mm为宜，用力均匀，垂直打入土中，记录每贯入300mm钎段的锤击次数，钎探完成后应对记录进行分析比较，锤击数过多、过少的探点应标明并检查，发现地质条件不符合设计要求时应会同设计、勘察人员确定处理方案。

2) 钎探结果，往往出现开挖后持力层的基土60cm范围内钎探击数偏低，可能与土的卸载、含水量或灵敏度有关，应做全面分析。

注：土的灵敏度是指原状土在无侧限条件下的抗压强度与该土结构完全破坏后的重塑土在无侧限条件下的抗压强度的比值。灵敏度高低反映了土的结构性的强弱，灵敏度越高的土，其结构性愈弱，即土在受扰动后强度降低得愈多。根据灵敏度的高低，土可分为三类，当土的灵敏度大于4时为高灵敏度土；当土的灵敏度小于或等于4但大于2时为中灵敏度土；当土的灵敏度小于或等于2时为低灵敏度土。对于高灵敏度的土在施工中应特别注意保护，以免使其结构受到扰动而使强度大大降低。

3) 基础验槽时，持力层基土钎探击数偏低，与地质勘察报告给定的地基容许承载力有差异。综合其原因大概为：基土卸荷、含水量高、搅动或是土的灵敏度偏高。

4) 钎探孔应用砂土罐实，钎探记录应存档。同一工程使用的钎锤规格、型号必须一致。

(3) 表列子项

1) 工程名称：按施工企业和建设单位签订的施工合同的工程名称或图注的工程名称，照实际填写。

2) 施工单位：指建设与施工单位合同书中的施工单位及其代表，填写合同定名的施工单位名称。

3）工程数量：指按地基钎探布置图确定的钎探孔的总数量。

4）检验部位：指地基钎探的深度范围，照实际填写。

5）桩号或井号：指道路工程桩的编号或井号的编号。

6）点号：

7）锤击数：指每 30cm 深度的锤击数，钎探深度一般不小于 1.5m。

8）应检点：

9）实检点：

10）地基高程：

11）示意图（可另附图）：指地基钎探的布置图，桩号或井号区间均必须绘制钎探孔布置图。

12）驻地监理：指监理单位派驻施工现场的项目监理机构的专业监理工程师或其代表人员，签字有效。

13）施工项目技术负责人：指负责该单位工程项目经理部级的技术负责人，签字有效。

14）质检员：指负责该单位工程项目经理部级的专职质检员，签字有效。

2.6.2.2 地基与基槽验收记录

1. 资料表式

地基验槽记录 **表 2.6.2.2-1**

工程名称： 施工单位：

建筑面积			项目经理	
开挖时间			项目技术负责人	
完成时间			质检员	
验收时间			记录人	
项次	项目		查验情况	附图或说明
1	土壤类别			
2	基底是否为老土层			
3	地基土的均匀、致密程度			
4	地下水情况			
5	有无坑、穴、洞、窑、墓			
6	其他			
初验结论				
复验结论				
建设单位	监理单位	设计单位	勘察单位	施工单位

2. 实施要点

（1）所有构（建）筑物均应进行施工验槽。遇到下列情况之一时，应进行专门的施工勘察。

1）工程地质条件复杂，详勘阶段难以查清时；

2）开挖基槽发现土质、土层结构与勘察资料不符时；

3）施工中边坡失稳，需查明原因，进行观察处理时；

4）施工中，地基土受扰动，需查明其性状及工程性质时；

5）为地基处理，需进一步提供勘察资料时；

6）构（建）筑物有特殊要求，或在施工时出现新的岩土工程地质问题时。

（2）施工勘察应针对需要解决的岩土工程问题布置工作量，勘察方法可根据具体条件情况选用施工验槽、钻探取样和原位测试等。

（3）天然地基基础基槽检验要点

1）基槽开挖后，应检验下列内容：

①核对基坑的位置、平面尺寸、坑底标高；

②核对基坑土质和地下水情况；

③空穴、古墓、古井、防空掩体及地下埋设物的位置、深度、性状。

2）在进行直接观察时，可用袖珍式贯入仪作为辅助手段。

3）遇到下列情况之一时，应在基坑底普遍进行轻型动力触探：

①持力层明显不均匀；

②浅部有软弱下卧层；

③有浅埋的坑穴、古墓、古井等，直接观察难以发现时；

④勘查报告或设计文件规定应进行轻型动力触探时。

4）采用轻型动力触深进行基槽检验时，检验深度及间距按表 2.6.2.2-2 执行：

轻型动力触探检验深度及间距表　　**表 2.6.2.2-2**

排列方式	基坑宽度	检验深度	检 验 间 距
中心一排	＜0.8	1.2	1.0～1.5m 视地质复杂情况
两排错开	0.8～2.0	1.5	
梅花型	＞2.0	2.1	

注：轻型动力触探对基槽进行检验的深度和检验间距本表可供参考。应注意当地对此有规定时应以地方规定为好，地方经验更具有区域性指导意义。

5）遇下列情况之一时，可不进行轻型动力触探：

①基坑不深处有承压水层，触探可造成冒水涌砂时，

②持力层为砾石或卵石层，且其厚度满足设计要求时，

（4）地基验槽的基本要求：

1）地基验槽记录必须能反映验槽的主要程序，地基的主要质量特征。且必须经土方工程质量验收合格后，方准提请有关单位进行验槽。必须提交地基质量验收资料供验槽时参考。

2）地基土的钎探已经完成并对钎探结果作出分析。钎孔必须用砂灌实。验槽时对分析结果作出判定。核查内容包括下面三点：

①按基础平面设计的钎探点平面图，检查是否满足钎探布孔和孔深的要求，孔深范围

内基土坚硬程度是否一致。

②打钎记录单上，锤重、落距、钎径是否符合规范要求，钎探日期应填写清楚、真实并有项目经理部级的工程技术负责人、打钎人签字。

③根据打钎记录分析，地基需要处理时要有处理意见，并在打钎点平面布置图上标明部位、区段、标高及处理方法（锤击数一定要描述在平面上以后再进行分析，才能从总体上发现有无问题）。

3）参加验槽的人员，必须对已开挖的基槽按顺序详细的、严肃认真的、全部的进行踏勘与分析，不可带有丝毫的随意性。观察基土的土质概况，槽壁走向、分布、基土特征；检查地基持力层是否与勘察设计资料相符，地基土的颜色是否均匀一致，是否为老土，属何种土壤类别，表层土的坚硬程度、有无局部软硬不均；检查基槽的几何尺寸、标高、挖土深度（是否满足最小埋置深度）、机械开挖施工预留高度、基土是否被扰动等。

注：机械开挖施工应注意槽底标高（基土预留厚度）。

4）如发现有文物、古迹遗址、化石等，应及时报告文物管理部门处理。对旧基础、管道、旧检查井、人防工事、古墓、坑、穴、菜窖、电缆沟道等，应在有关人员指挥下挖露出原始形状，以便及时研究处理。

5）雨季施工，开挖基槽被雨水浸后，应配合设计、勘察、质监部门专题研究，决定是否需要进行处理。

6）验槽

①初验结论：由项目经理部级的专业技术负责人会同施工人员初验后，经分析作出。

②复验结论：由参加验槽的单位和人员分析后作出，若有异常尚应另附有关资料。

7）工程地质施工结果符合工程地质报告要求的一般工业与民用建筑工程，工程地质不需要重新研究处理的工程，验槽须有设计、建设、施工、监理部门各方有关人员参加并签字，并有结论意见，质监部门监督实施。不请求质量监督部门监督地基验槽为不符合要求，需重新进行地基验槽。

重要工程、工程地质施工结果不符合工程地质报告要求、高层建筑等必须邀请工程地质勘察单位参加验槽。勘察部门参加并签字（勘察部门的地质勘察报告要求参加验槽的，不论地基基础是否需要处理，均应邀请参加），无验槽手续视基础工程为不合格，后补无效。

高层建筑地基验槽必须请勘察单位参加，对场地工程地质条件复杂地区，勘察部门除应参与施工验槽外，还必须参加工程地质处理研究和进行施工勘察。

（5）地基验槽完成后采取地基处理时：

1）地基验收时经参加验收的有关方认为确需地基处理时，地基处理方案应由设计、勘察部门提出，经监理单位同意后由施工单位实施。或由施工单位根据参加人员提出的方案整理成书面地基处理方案，经设计方签字后实施。

2）地基处理方案中原有工程名称、验收时间、钎探记录分析、实际地基与地质勘察报告是否符合，需处理的部位及地基实际情况，处理的具体方法和质量要求。

3）建设、设计、勘察、施工、监理等部门参加验收人员必须签字。

（6）当需要进行施工勘察时，施工勘察报告的主要内容

1）工程概况

2）目的和要求

3）原因分析

4）工程安全性评价

5）处理措施及建议

（7）表列子项

1）建筑面积：按施工图设计根据建筑面积计算规定计算的实际面积填写。

2）验槽内容

①土壤类别：与地质报告对照后按实际填写。如粉土、粉质黏土、黏土等。

②基底是否为老土层：基底必须是老土层，由参加验槽人员根据验槽实际确定。不是老土层时应继续开挖或进行其他处理。

③地基土的均匀密实程度：检查钎探记录，核查地质报告经分析得出，照实际填写。

④地下水情况：说明槽底在地下水位的什么位置。

⑤有无坑、穴、洞、窑：根据钎探、洛阳铲探或其他方法判定。

⑥定位检查：一般指1～5m以内下卧层的土质变化的定位检查情况。

基槽土方工程必须经过质量验收后，方准提请有关单位进行基槽检验。验槽前，施工单位应核对持力层基土与“地质报告”提供的土质是否一致，不论是否一致均应在初验结论栏内予以说明。

2.6.3　地基处理（复合地基）记录及示意图

2.6.3.1　换填垫层法

1. 综合说明

换填垫层法是将基础底面以下拟处理范围内的浅层软弱土层挖去，置换为低压缩性、稳定性强的坚硬、较粗粒径的其他材料，常用的材料有砂（中砂、粗砂）、碎石、砾砂、素土、灰土、二灰（石灰、粉煤灰）、煤渣、矸渣、经检验合格的工业废料等，性能稳定、无侵蚀性的低压缩性材料。砂、砾石类及矿渣垫层不宜用于湿陷性黄土地基，砂垫层不宜用于有振动和地下水位较高、流速较大的地基，膨胀土、冻土等因性能不稳定，一般不适于作垫层。经分层夯压密实，作为基础的持力层的一种地基处理方法。换填垫层法适用于软弱地基的浅层处理。由于垫层的强度、刚度较高，通过垫层的扩散作用，可以减小作用于垫层下天然土层的压力集度，并减小地基土体的压缩变形量。垫层的作用一般可以有以下几个方面：

（1）提高地基承载力；

（2）减少沉降量；

（3）加速软弱土层的排水固结；

（4）消除膨胀土的胀缩作用；

（5）防止季节性冻土的冻胀作用；

（6）消除湿陷性黄土的湿陷作用；

（7）用于处理暗浜和暗沟的建筑场地等。

垫层厚度应保证基础底面压力经某一厚度垫层扩散后，施加在其下的天然地基土层的自重应力与附加应力之和，小于天然土层的容许承载力。垫层的宽度一方面要满足基础压力的扩散要求，另一方面还要根据垫层侧面天然土层的允许承载力确定，要避免垫层受压侧向挤入天然土层，致使基础沉降加大。不同的垫层有其不同的适用范围，详见表 2.6.3.1-1。

垫层的适用范围 **表 2.6.3.1-1**

垫层种类		适用范围
砂（砂砾碎石）垫层		多用于中小型建筑工程的浜、塘、沟等的局部处理，适用于一般饱和、非饱和的软弱土和水下黄土地基处理，不宜用于湿陷性黄土地基，也不适宜用于大面积堆载、密集基础和动力基础的软土地基处理，砂垫层不宜用于有地下水，且流速快、流量大的地基处理，不宜采用粉细砂做垫层。
土垫层	素土垫层	适用于中小型工程及大面积回填、湿陷性黄土地基的处理。
	灰土或二灰土垫层	适用于中小型工程，尤其适用于湿陷性黄土地基的处理。
粉煤灰垫层		用于厂房、机场、港区陆域和堆场等大、中、小工程的大面积填筑，粉煤灰垫层在地下水位以下时，其强度降低幅度在 30%左右。
砂渣垫层		用于中小型建筑工程，尤其适用地坪、堆场等工程大面积的地基处理和场地平整、铁路、道路地基等。但对于受酸性或碱性废水影响的地基不得用矿渣作垫层。

2. 压实与压实参数

压实是换土垫层法最基本的工法手段，压实参数必须满足标准与规范的要求。

（1）土的压实系数 λ_c

$$\lambda_c = \frac{\rho_d}{\rho_{dmax}}$$

式中 ρ_d——现场土的实际控制干密度（g/cm^3）；

ρ_{dmax}——土的最大干密度（g/cm^3）。

（2）土的最大干密度

夯实土的干密度 ρ_{dmax} 和最优含水量一般应通过室内击实试验测得。击实试验目前有二种，标准击实试验及重型击实试验。一般建筑工程采用标准击实试验；特殊工程，需要土的密实度高时，如高速公路、重载铁路路基应用重型击实试验，对标准击实试验的最大干密度值，当无试验资料时可按下式估算：

$$\rho_{dmax} = \eta \frac{\rho_\omega d_s}{1 + 0.01\omega_{op} d_s}$$

式中 ρ_ω——水的密度（g/cm^3）；

η——经验系数，黏土取 0.95，粉质黏土取 0.96，粉土取 0.97；

d_s——土粒相对密度；

ω_{op}——最优含水量。

压实密度大小，一般根据使用要求及土的性质等确定，也可参考表 2.6.3.1-2 选用。

压实土垫层质量控制值 **表 2.6.3.1-2**

结构部位	填土部位	压实系数 λ_c	控制最优含水量 ω_{op}（%）
砌体承重结构和框架结构	在地基主要受力层范围内	>0.96	$\omega_{op}\pm2$
	在地基主要受力层以下	0.93～0.96	
简支结构和排架结构	在地基主要受力层范围内	>0.94～0.97	
	在地基主要受力层以下	0.91～0.93	

(3) 含水量

含水量的大小对于分层压实的填土至关重要，用现场填土做垫层时含水量要尽量接近最优含水量，当无试验资料时，最优含水量可按表 2.6.3.1-3 及表 2.6.3.1-4 选取，或按液限确定，粉质黏土 $\omega_{op}=0.4\omega_l+6$，对于黏性土，$\omega_{op}=0.6\omega_l-3$ 计算，也可按当地经验确定。

土的最优含水量和最大干密度参考表　　**表 2.6.3.1-3**

土的种类	变动范围	
	最优含水量（%）（重量比）	最大干密度（g/cm³）
砂　土	8～12	1.80～1.88
黏　土	19～23	1.58～1.70
粉质黏土	12～15	1.85～1.95
粉　土	16～22	1.61～1.80

土的最优含水量 ω_{op} 参考值　　**表 2.6.3.1-4**

土的塑性指数 I_p	最大干密度 ρ_{dmax}（g/cm³）	相应最优含水量（ω_{op}）（%）
<0	1.85	<13
0～14	1.75～1.85	13～15
14～17	1.70～1.75	15～17
17～20	1.65～1.70	17～19
20～22	1.60～1.65	19～21

黏性土在施工时控制含水量与最优含水量之差，使用振动碾压时可控制在－6%～＋2%范围之内。灰土垫层施工时含水量宜控制在 $\omega_{op}\pm2\%$ 的范围；粉煤灰垫层施工时控制在 $\omega_{op}\pm4\%$ 的范围内。

3. 按经验数据确定地基承载力参考值（对垫层本身强度而言）

(1) 按干质量密度确定；

①当干质量密度≥1.67g/cm³，比例界限压力≤20t/m²；

②当干质量密度≥1.70g/cm³，比例界限压力≤25t/m²。

(2) 按压实系数确定：见表 2.6.3.1-5。

填土地基干密度承载力（t/m²）　　**表 2.6.3.1-5**

压实土的类别	压实系数	承载力
碎石、卵石	0.94～0.97	20～30
砂夹石（卵石、碎石全重为 30～50%）		20～25
土夹石（卵石、碎石全重为 30～50%）		15～20
黏性土（8<I_p<14）		13～18

注：以上确定地基承载力的方法仅供参考。

2.6.3.2 垫层法施工记录表式与要求

1. 资料表式

地基施工记录表（通用） 表 2.6.3.2-1

<table>
<tr><td colspan="2">记录项目或部位</td><td colspan="2"></td><td>记录日期</td><td></td></tr>
<tr><td colspan="2">施工班组人数</td><td colspan="2"></td><td>主要施工机具</td><td></td></tr>
<tr><td colspan="2">技术交底时间</td><td colspan="2"></td><td>交 底 人</td><td></td></tr>
<tr><td colspan="2">施工内容</td><td colspan="4"></td></tr>
<tr><td colspan="2">依据标准</td><td colspan="4"></td></tr>
<tr><td colspan="2">施工过程与质量</td><td colspan="4"></td></tr>
<tr><td colspan="2">强制性条文执行</td><td colspan="4"></td></tr>
<tr><td colspan="2">测试与检验</td><td colspan="4"></td></tr>
<tr><td colspan="2">问题记录与处理意见</td><td colspan="4"></td></tr>
<tr><td rowspan="3">参加人员</td><td rowspan="1">监理（建设）单位</td><td colspan="4">施 工 单 位</td></tr>
<tr><td rowspan="2"></td><td>专业技术负责人</td><td>质检员</td><td>工 长</td><td>记 录</td></tr>
<tr><td></td><td></td><td></td><td></td></tr>
</table>

2. 实施要点

A. 灰土地基施工记录

(1) 灰土垫层与材料

1) 灰土垫层是我国一种传统地基处理方法。用灰土作为垫层，在我国已有千余年历史，全国各地都积累了丰富的经验。北京城墙的地基，苏州古塔的地基，陕西三原县清龙桥护堤的地基都是用灰土建造的。这些灰土迄今还很坚硬，强度较大。目前国内采用灰土垫层作为地基的多层建筑已高达六～七层。

灰土垫层是将基础底面下一定范围内的软弱土层挖去，用按一定体积配比的灰土在最优含水量情况下分层回填夯实或压实。它适用于处理 1～4m 厚的软弱土层。

灰土垫层可以用于处理浅层湿陷性黄土，可以消除湿陷性，其承载力标准值可达 250kPa。

2) 灰土材料

①生石灰

生石灰是一种无机的胶结材料，可分为气硬性和水硬性。它不但能在空气中硬化，而且还能在水中硬化。

灰土垫层中石灰 CaO+MgO 总量达 8%左右，和土的体积比一般以 2∶8 或 3∶7 为最佳（土料较湿时可用 3∶7 灰土，承载力要求不高时可用 1∶9 灰土）。垫层强度随含灰量的增加而提高，但当含灰量超过一定值后，灰土强度增加很慢。灰土垫层中所用的石灰宜达到国家三等石灰标准，生石灰标准见表 2.6.3.2-2。在施工现场用作灰土的熟石灰应过筛，其粒径不得大于5mm。熟石灰中不得夹有未熟化的生石灰块，也不得含有过多的水分。所谓熟石灰是指CaO加H_2O变成的Ca（OH）$_2$。石灰的贮存时间不宜超过3个月，长期存放将会使其活性降低。灰土用石灰应以生石灰消解3～4天后过筛使用。

生石灰的技术指标　　**表2.6.3.2-2**

指标 类别 / 项目 等级	钙质生石灰			镁质生石灰		
	一等	二等	三等	一等	二等	三等
有效钙加氧化镁含量不小于(%)	85	80	70	80	75	65
未消化残渣含量（5mm圆孔筛的筛孔）不大于（%）	7	11	17	10	14	20

②土料

灰土中的土不仅作为填料，而且参与化学反应，尤其是土中的粘粒（<0.005mm）或胶粒（<0.002mm）具有一定活性和胶结性，含量越多（即土的塑性指数越高），则灰土的强度也越高。

在施工现场宜采用就地基坑（槽）中挖出的黏性土（塑性指数宜大于5）拌制灰土。淤泥、耕土、冻土、膨胀土以及有机物含量超过8%的土料都不得使用。土料应予以过筛，其粒径不得大于15mm。

（2）灰土垫层施工要点

1）灰土垫层施工前必须验槽，如发现坑（槽）内有局部软弱土层或孔穴，应挖出后用素土或灰土分层夯实。

2）施工时，应将灰土拌合均匀，控制含水量，其控制标准为最优含水量$\omega_{op}\pm2\%$的范围内。如含水量过多或不足时，应晾干或洒水润湿。一般可按经验在现场直接判断，其方法是手握灰土成团，两指轻捏挤碎，这时灰土基本上接近最优含水量。

3）分段施工时，不得在墙角、桩基及承重窗间墙下接缝。上下两层灰土的接缝距离不得小于50cm，接缝处的灰土应夯实。

4）按要求掌握分层虚铺厚度。灰土最大虚铺厚度可参考表2.6.3.2-3执行，每层灰土的夯打遍数应根据设计要求的压实系数确定。

灰土最大虚铺厚度　　**表2.6.3.2-3**

夯实机具种类	夯具质量（t）	虚铺厚度（mm）	备　　注
石夯、木夯	0.04～0.08	200～250	人力送夯，落高400～500mm，一夯压半夯
轻型夯实机械	—	200～250	蛙式（柴油）打夯机
压路机	6～10	200～300	双轮

5）在地下水位以下基坑（槽）内施工时，应采取排水措施。夯实后的灰土在3天之内不得受水浸泡。

注：土垫层施工控制说明：

土垫层是指采用素土制作的垫层，在湿陷性黄土地区为了消除浅层的湿陷性，常被采用。土垫层的计算原则同砂垫层。土垫层的土料以黏性土为主。施工时应使土的含水量接近最优含水量，一般控制在$\omega_{op}\pm2\%$。土垫层应该分层填筑，每层厚度应根据夯实机具的能量决定，一般每层厚度为 200～250mm。土料应过筛，有机质含量不得超过 5%。也不得含有冻土或膨胀土。

(3) 取样与检测

1) 对素土、灰土应随施工分层（必须分层检验）用环刀法取样进行检测，测定其干密度和含水量，也可采用击实法进行测试。值得注意的是击实试验时土样是在有侧限的击实筒内，不可能发生侧向位移，力作用在有限体积的整个土体上，夯实均匀，在最优含水量状态下获得的最大干密度。而施工现场的土料，土块大小不一，含水量和铺土厚度等很难控制均匀，不利因素较多，压实土的均质性差。因此，在相应的压实功能下，施工现场所能达到的干土密度一般都低于击实试验所得到的最大干土密度。因此对现场应以压实系数 D_y 与控制含水量来进行检验。

2) 对素土、灰土和砂垫层可用贯入仪检验垫层质量，对砂垫层也可用钢筋检验。并均应通过现场试验以控制压实系数所对应的贯入度为合格标准。压实系数的检验可采用环刀法或其他方法。

3) 垫层的质量检验必须分层进行。每夯压完成一层，应检验该层的平均压实系数。当压实系数符合设计要求后，才能铺填上层。

当采用环刀法取样时，取样点应位于每层 2/3 的深度处。

4) 当采用贯入仪或钢筋检验垫层的质量时，大基坑每 50～100m² 应不少于 1 个检验点；整片垫层每 100m² 不应少于 4 点；基槽每 10～20m 应不少于 1 个点；每个单独柱基应不少于 1 个点。

5) 垫层法检测可适当多打一些钎探点，以判别地基土的均匀程度，籍以保证垫层法处理地基基土的均匀性。

(4) 几点说明

1) 基坑（槽）在铺打灰土前，基层必须先行钎探，并办完验槽的隐检手续。

2) 施工前应根据工程特点、填料种类、设计压实系数、施工条件等合理确定填料含水率控制范围、铺设厚度和夯击遍数等参数。

3) 施工前，测量放线工应作好水平高程和标志。如在基坑（槽）或沟的边坡上每隔 3m 钉上灰土上平的木橛；在室内和散水的边墙上弹上水平线或在地坪上钉好标准水平高程的木桩。

4) 地基范围内不应留有孔洞。完工后如无技术措施，不得在影响其稳定的区域内进行挖掘工程。

B. 砂和砂石地基施工记录

实施要点如下：

(1) 砂和砂石地基施工记录表式按表 2.6.3.2-1 执行。

(2) 对砂石地基用材料的要求

砂、石垫层材料，宜采用级配良好，质地坚硬的材料，其颗粒的不均匀系数最好不小于 10，以中粗砂为好，可掺入一定数量的碎（卵）石，重要的是要拌合和分布均匀。细砂也可以作为垫层材料，但施工操作不易压实，而且强度也不高，使用时宜掺入一定数量的碎（卵）石。砂垫层含泥量不宜超过 5%，也不得含有草根、垃圾等有机质杂物。如用作排水固结的砂石垫层材料，含泥量不宜超过 3%，并且不应夹有过大的石块或碎石，因为碎石过大会导致垫层本身的不均匀压缩，一般要求碎（卵）石最大粒径不宜大于 50mm。

利用当地材料是采用砂石垫层的必要条件，但有的地区，仅有特细砂或细砂，一般设计要求采用中砂或粗砂，特细砂或细砂用作垫层其强度和变形性质都不甚理想。为满足设计要求可采特细砂或细砂中掺加碎（卵）石的方法，这样砂石垫层强度提高较多、压缩模量增加，对砂石垫层的工程性能有很大改善，不失为一个好方法。

(3) 砂与石的配比与铺填

1) 砂与石的配比可采用砂：石，2：8、3：7或1：1，一般每层砂与石的虚铺厚度为200～250mm，不同施工设备的垫层每层铺填厚度及压实遍数对不具备试验条件的场合，可参照表2.6.3.2-4选用。

2) 铺填厚度及压实遍数

①垫层的每层铺填厚度及压实遍数可参照2.6.3.2-4选用。

垫层的每层铺填厚度及压实遍数 **表2.6.3.2-4**

施 工 设 备	每层铺填厚度（m）	每层压实遍数
平碾（8～12t）	0.2～0.3	6～8（矿渣10～12）
羊足碾（5～16t）	0.2～0.35	8～16
蛙式夯（200kg）	0.2～0.25	3～4
振动碾（8～15t）	0.6～1.3	6～8
插入式振动器	0.2～0.5	
平板式振动器	0.15～0.25	

②鉴于砂和砂石垫层每层铺筑厚度与最优含水量直接影响砂石垫层的施工质量，砂和砂石垫层每层铺筑厚度及最优含水量可参照表2.6.3.2-5选用。

砂和砂石垫层每层铺筑厚度及最优含水量 **表2.6.3.2-5**

项次	压实方法	每层铺筑厚度（mm）	施工时最优含水量 w（%）	施 工 说 明	备 注
1	平振法	200～250	15～20	用平板式振捣器往复振捣	
2	插振法	振捣器插入深度	饱和	1. 用插入式振捣器 2. 插入间距可根据机械振幅大小决定。 3. 不应插至下卧黏性土层 4. 插入振捣器完毕后所留的孔洞，应用砂填实	不宜使用于细砂或含泥量较大的砂所铺筑的砂垫层
3	水撼法	250	饱和	1. 注水高度应超过每次铺筑面 2. 钢叉摇撼捣实，插入点间距为100mm 3. 钢叉分四齿，齿的间距80mm，长300mm，木柄长90mm，重40N	湿陷性黄土、膨胀土地区不得使用
4	夯实法	150～200	8～12	1. 用木夯或机械夯 2. 木夯重400N落距400～500mm 3. 一夯压半夯，全面夯实	
5	碾压法	250～350	8～12	60～100kN压路机往复碾压	1. 适用于大面积砂垫层 2. 不宜用于地下水位以下的砂垫层

注：在地下水位以下的垫层其最下层的铺筑厚度可比上表增加50mm。

（4）施工方法和机具的选择

砂和砂石垫层采用什么方法和机具施工对于垫层的质量是至关重要的，除下卧层是高灵敏度的软土在铺设第一层时要注意不能采用振动能量大的机具扰动下卧土层外，在一般情况下，砂和砂石垫层首选振动法，因为振动比碾压更能使砂和砂石密实。我国目前常采用的方法有振动法，包括平振、插振；夯实法；水撼法；碾压法等。常采用的机具有：振捣器、振动压实机、平板振动器、蛙式打夯机等。

（5）垫层的压实标准和垫层承载力

1）各种垫层的压实标准可参照表2.6.3.2-6选用。

各种垫层的压实标准 **表2.6.3.2-6**

施工方法	换填材料类别	压实系数 λ_c
碾压、振密或夯实	碎石、卵石	0.94～0.97
	砂夹石（其中卵石、碎石占全重的30%～50%）	
	土夹石（其中卵石、碎石占全重的30%～50%）	
	中砂、粗砂、砾砂、角砾、圆砾、石屑	
	粉质黏土	
	灰土	0.95
	粉煤灰	0.90～0.95

注：1. 压实系数 λ_c 为土的控制干密度 ρ_d 与最大干密度 ρ_{dmax} 的比值；土的最大干密度宜采用击实试验确定，碎石或卵石的最大干密度可取2.0～2.2t/m³；
2. 当采用轻型击实试验时，压实系数 λ_c 宜取高值，采用重型击实试验时，压实系数 λ_c 可取低值；
3. 矿渣垫层的压实指标为最后二遍压实的压陷差小于2mm。

2）垫层承载力可参照表2.6.3.2-7选用。

垫层的承载力 **表2.6.3.2-7**

换填材料	承载力特征值 f_{ak}（kPa）
碎石、卵石	200～300
砂夹石（其中卵石、碎石占全重的30%～50%）	200～250
土夹石（其中卵石、碎石占全重的30%～50%）	150～200
中砂、粗砂、砾砂、圆砾、角砾	150～200
粉质黏土	130～180
石屑	120～150
灰土	200～250
粉煤灰	120～150
矿渣	200～300

注：压实系数小的垫层，承载力特征值取低值，反之取高值；原状矿渣垫层取低值，分级矿渣或混合矿渣垫层取高值。

（6）砂石垫层施工

砂或砂石垫层作为处理软弱的地基的方法之一，其成败的关键是施工质量。砂或砂石垫层施工时，由于面积大，总厚度和分层厚度铺筑不均匀以致振捣夯压不均匀是影响施工质量的关键。因此，检验砂或砂石垫层质量应适当增加测试的样本数量，以保证其施工质量达到设计要求。

1）基槽应保持无水状态。铺设砂石前应清理浮土，加固边坡，防止振捣时坍方；

2）铺设砂石垫层应按同一标高进行，如深度不同，应由深至浅。分层铺设时应在接头处做斜坡，每层接槎必须拉开 0.5～1.0m；

3）砂石材料的含泥量应在标准规定的限度内，清除砂石中的杂草、树根等有机杂质；

4）验槽合格后，分层铺设砂石，每层厚约 300mm（以不埋设振捣棒体为准。）振实压密。

用压路机碾压时，压实遍数和压路机的吨位有关，可参照有关资料经试验后确定压实遍数。

5）垫层法施工时，垫层接头处应重复振捣，垫层厚度较大，用插入式振捣棒振完所留孔洞应用砂填实，在振捣首层砂石和基槽边部时，切勿把振捣棒插入原土层，以免破坏基土的结构，同时也要避免软土混入砂石垫层而降低砂石垫层的强度（承载力）；在季节性冻结区应注意不得采用夹有冰块的砂石作垫层。

6）砂石应保持一定的含水率，这样便于振实。用振捣棒振实时，间隙一般为 400～500mm；插入振捣依次振实，直至完成。

7）级配砂石成活后，如不连续施工，应适当洒水湿润。

8）砂石垫层厚度不宜小于 100mm，冻结的天然砂石不得使用，地下水位高于基坑（槽）底面施工时，应采取排水或降低地下水位的措施，使其保持无积水状态。

（7）砂、砂石垫层的质量检验

砂垫层用容积不小于 200cm^2 的环刀取样，测定其干砂土的密度，以不小于该砂料在中密状态时的干土密度值为合格（中砂在中密状态时的干密度，一般为 1.55～1.60kN/m^3）；对于砂石或碎石垫层的质量检验，可在垫层中设置纯砂检查点或用灌砂法进行检查。用静力触探检验砂垫层质量被工程界认为是一个好方法。静力触探可沿深度贯入连续测值，方法简捷，可以获得较多的样本，能较为准确地对砂或砂石垫层的总体质量进行评价并提供依据。

垫层法还可用贯入测定法进行质量检验，用贯入仪、钢筋、钢叉等，检查时应将其表面砂刷去 3cm 左右后再进行测试，以不大于通过试验所确定的贯入度为合格。

（8）砂石垫层施工注意事项

1）由于砂、砂石垫层或砂桩均系人工所造，施工时存在人为因素，有的独立基础数量较多等原因，虽然垫层厚度相等，但基础尺寸不同且密实度往往不一致，导致在荷载作用下基础沉降不均匀；整层的接头处往往密实度较差，该处往往容易出现问题。砂石垫层地基房屋建成后，相邻新建建筑物地基用锤击桩施工时，由于受振影响，造成建筑物倾斜或开裂的例子是有的。

2）用砂石垫层处理独立基础时，应注意垫层密实度不均匀可能造成的建筑物开裂，可适当多打一些钎探点，以此判别垫层土的均匀程度，来保证垫层法处理地基土的均匀性。

3）砂和砂石地基应选用机械压实以达到设计要求的密度和承载力。

4）在软土地基上采用砂垫层时，在垫层的最下一层，宜先铺设 15～20 公分厚的松砂，用木夯仔细夯实，不得使用振捣器；用细砂作垫层材料时，不宜使用振捣法和水撼法。

5）地下水位高于基坑（槽）底，施工前应采取排水或降低地下水位的措施，使地下水位经常保持在施工面以下 50cm 左右。

6）对于湿陷性黄土地基不应选用具有透水性的砂石垫层。

C. 土工合成材料地基施工记录

实施要点如下：

（1）土工合成材料地基施工记录表式按 2.6.3.2 执行。

（2）土工合成材料的品种与性能和填料土类应根据工程特性和地基土条件，通过现场试验确定，垫层材料宜用黏性土、中砂、粗砂、砾砂、碎石等内摩阻力高的材料。如工程要求垫层排水，垫层材料应具有良好的透水性。

（3）施工前应对土工合成材料的物理性能（单位面积的质量、厚度、比重）、强度、延伸率以及土、砂石料等作检验。材料强度试验：置于夹具上做拉伸试验（结果与设计标准相比）≤5%。材料延伸率试验：置于夹具上做拉伸试验（结果与设计标准相比）≤3%。

（4）土工合成材料以 100m² 为一批；每批抽查 5%。砂石料有机质含量≤5%。

（5）施工过程中应检查清基、回填料铺设厚度（每层铺设厚度±25mm）及平整度（层面平整度≤20mm）、土工合成材料的铺设方向、接缝搭接长度（土工合成材料搭接长度≥300mm）或缝接状况、土工合成材料与结构的连接状况等。

（6）施工结束后，应进行承载力检验。其竣工后的结果（地基强度或承载力）必须达到设计要求的标准。检验数量：每单位工程应不应少于 3 点；1000m² 以上工程，每 100m² 至少应有 1 点；3000m² 以上工程，每 300m² 至少应有 1 点。每一独立基础下至少应有 1 点，基槽每 20 延米应有 1 点。

D. 粉煤灰地基施工记录

实施要点如下：

（1）粉煤灰地基施工记录表式按表 2.6.3.2-1 执行。

（2）粉煤灰地基加固工程，应在正式施工前进行试验段施工，论证设定的施工参数及加固效果。为验证加固效果所进行的载荷试验，其施加载荷应不低于设计载荷的 2 倍。

粉煤灰填筑的施工参数宜试验后确定。每摊铺一层后，先用履带式机具或轻型压路机初压 1～2 遍，然后用中、重型振动压路机振碾 3～4 遍，速度为 2.0～2.5km/h，再静碾 1～2 遍，碾压轮变应相互搭接，后轮必须超过两施工段的接缝。

（3）粉煤灰地基的施工质量检验必须分层进行。每层铺筑厚度按设计要求进行，每层铺筑厚度的允许偏差为±50mm，应在每层的压实系数符合设计要求后铺填上层土。

（4）对粉煤灰地基，其竣工后的结果（地基强度或承载力）必须达到设计要求的标准。检验数量：每单位工程应不应少于 3 点；1000m² 以上工程，每 100m² 至少应有 1 点；3000m² 以上工程，每 300m² 至少应有 1 点。每一独立基础下至少应有 1 点，基槽每 20 延米应有 1 点。

（5）施工前应检查粉煤灰材料，检验项目主要包括：粉煤灰粒径（0.001～2.0mm）、氧化铝及二氧化硅含量（≥70%）、烧失量（≤12%），并对基槽清底状况，地质条件予以检验。（粉煤灰质量的检验项目、批量和检验方法应符合国家现行标准规定。）

（6）施工过程中应检查铺筑厚度、碾压遍数、施工含水量控制（施工含水量与最优含水量比较允许偏差值为±2%）、搭接区碾压程度、压实系数等。

（7）施工结束后，应检验地基的承载力，检验结果应符合设计要求。

2.6.3.3　垫层法的质量检验

垫层法处理地基的种类很多，常用的有素土、灰土、双灰法、砂或砂石垫层等。

砂或砂石垫层作为处理软弱的地基的方法之一，其成败的关键是施工质量。砂或砂石垫层施工时，由于面积大，总厚度和分层厚度铺筑不均匀以致振捣夯压不均匀是影响施工质量的关键。因此，检验砂或砂石垫层质量应适当增加测试的样本数量，以保证其施工质量达到设计要求。

（1）对素土、灰土应随施工分层（必须分层检验）用环刀法取样进行检测，测定其干密度和含水量，也可采用击实法进行测试。值得注意的是击实试验时土样是在有侧限的击实筒内，不可能发生侧向位移，力作用在有限体积的整个土体上，夯实均匀，在最优含水量状态下获得的最大干密度。而施工现场的土料，土块大小不一，含水量和铺土厚度等很难控制均匀，不利因素较多，压实土的均质性差。因此，在相应的压实功能下，施工现场所能达到的干土密度一般都低于击实试验所得到的最大干土密度。因此对现场应以压实系数 D_y 与控制含水量来进行检验。

对素土、灰土和砂垫层可用贯入仪检验垫层质量，对砂垫层也可用钢筋检验。并均应通过现场试验以控制压实系数所对应的贯入度为合格标准。压实系数的检验可采用环刀法或其他方法。

垫层的质量检验必须分层进行。每夯压完一层，应检验该层的平均压实系数。当压实系数不符合设计要求后，才能铺填上层。

当采用环刀法取样时，取样点应位于每层 2/3 的深度处。

当采用贯入仪或钢筋检验垫层的质量时，大基坑每 50～100m^2 应不少于 1 个检验点；整片垫层每 100m^2 不应少于 4 点；基槽每 10～20m 应不少于 1 个点；每个单独柱基应不少于 1 个点。

垫层法检测可适当多打一些钎探点，以判别地基土的均匀程度，籍以保证垫层法处理地基基土的均匀性。

（2）对砂、砂石垫层的质量检验：砂垫层用容积不小于 200cm^2 的环刀取样，测定其干砂土的密度，以不小于该砂料在中密状态时的干土密度值为合格（中砂在中密状态时的干密度，一般为 1.55～1.60kN/m^3）；对于砂石或碎石垫层的质量检验，可在垫层中设置纯砂检查点或用灌砂法进行检查。用静力触探检验砂垫层质量被工程界认为是一个好方法。静力触探可沿深度贯入连续测值，方法简捷，可以获得较多的样本，能较为准确地对砂或砂石垫层的总体质量进行评价并提供依据。

（3）换土垫层法还可用贯入测定法进行质量检验，用贯入仪、钢筋、钢叉等，检查时应将其表面砂刷去 3cm 左右后再进行测试，以不大于通过试验所确定的贯入度为合格。

2.6.3.4　换填垫层法工程质量验收应提交的资料

（1）工程设计文件、设计变更文件；

（2）工程测量放线定位图；

(3) 施工组织设计；

(4) 材料检验报告；

(5) 施工记录表；

(6) 工程竣工平面图；

(7) 工程质量检测资料；

(8) 工程竣工验收报告单；

(9) 工程质量验收记录。

2.6.4 强夯法

(1) 强夯法即强力夯击法。是反复将夯锤提到高处使其自由落下，给地基以冲击和振动能量，对地基进行强力夯实，以降低压缩性，达到提高强度的一种地基加固方法。一般使用 10～40t 的重锤，从 6～25m 的高度自由落下。

(2) 强夯法加固地基的机理，国内外学者的看法很不一致。由于土的类型多，土的性质各异，加固后的效果影响因素也多，情况复杂。从土的本身来说，土的类型（饱和土、非饱和土、砂性土、黏性土）、土的结构（粒径大小、形状、级配）、构造（层理）、密实度、内聚力、渗透性等均影响加固效果。从土的外部来说，单击夯击能（锤重、落距）、单位面积夯击能、锤底面积、夯点布置、分遍、特殊措施（预打砂井、夯坑填料）等也影响加固效果，可对其从机理上做出不同的解释。

(3) 在施行强夯时，在很大冲击能的作用下，使土体内部出现排水网络，渗透性能骤然增大，孔隙水迅速排出，孔隙水压力很快消散，产生很大的瞬时沉降，使土体压密，强度大幅度地提高。

(4) 强夯法具有简单、经济、施工快的优点，不失为一种加固地基的好方法。

(5) 适用范围：可适用于处理碎石土、砂土、低饱和度的粉土与黏性土、湿陷性黄土、素填土和杂填土等地基。对于厚层的，渗透系数小于 10～5cm/s 的饱和黏性土应慎重。

2.6.4.1 强夯置换法

(1) 近年来，开发出一种强夯置换法，即先用重锤在地面上夯击成孔，然后往孔中充填碎石或大块石后，再用重锤将填入的石料强制夯入地基中，然后再充填，再夯击，直到达到设计要求为止。实际上等于是碎石桩加强夯的一种综合处理方法。

强夯置换法适用于高饱和度的粉土与软塑～流塑的黏性土等地基上对变形控制要求不严的工程。

(2) 挤密碎石桩与强夯综合处理（或称强夯置换）地基土的试验表明，地基土加固后不仅土层强度沿深度增加，不存在弱下卧层，而且可以消除局部饱和砂土的震动液化，碎石桩不仅起挤密加固作用，而且夯击时起排气排水的作用加速夯击固结，充分发挥夯击能量。综合处理施工互补了单一加固方法的不足，不失为一种施工进度快，能节约投资，缩短工期的好的地基处理方法。例如：较大厚度的自重湿陷性黄土地基的处理，在工程实践中有一定的难度。尤其是对不均匀沉降限制较严的大面积堆载结构和经常有水的车间，采用桩基桩端又无可靠的支承岩面时，可采用碎石桩挤密而后进行强夯的综合处理方案，实践证明效果良好。但是，强夯置换法也应研究确定以下事宜：

1）置换强夯施工参数的确定：置换强夯有三个重要参数——夯击能量、夯间距和夯锤直径。

①在夯击能和地质条件一定的情况下，夯锤底面积越小，对地基的楔入和贯入力越大，这是极简单的道理。

②夯间距的确定取决于被加固地基的置换率，置换率过大会造成地面隆起，过小会影响加固效果。应通过试夯来确定。

2）强夯置换的检测不可能做超大型的载荷试验。如何评检强夯置换后的复合地基承载力及沉降模量尚有待加强研究和试验。

3）置换强夯对地基土有置换、排水、挤密作用，效果明显，扩大了强夯的应用范围。

强夯置换法在设计前必须通过现场试验确定其适用性和处理效果。

2.6.4.2　强夯的技术参数

强夯法加固地基根据现场地质情况、工程的具体要求和施工条件，根据经验或通过试验选定有关技术参数。

（1）锤重：一般不宜小于 80kN（锤重一般为 80～400kN，超过 120kN 时应用钢或铸件锤）。夯锤底面积为方形或圆形（圆柱或圆台形），砂土：底面积一般为 3～4m²；黏性土：底面积不宜小于 6m²。夯锤中宜设置若干个上下贯通的气孔（气孔的直径和数量，关系到排气是否畅通，应谨慎对待）。

（2）落距：不宜小于 6m²，常用的落距为 7m、8m、11m、13m、15m、17m、18m、25m、30m、35m、40m。

（3）夯击点布置：一般按正方形或梅花形网格排列，间距 5～15m。按上述形式和间距布置的夯击点依次夯击完成为第一遍，第一遍夯击点间距要取得大些。第二遍选用已夯点间隙依次补点夯击为第二遍。以下各遍均在中间补点，最后一遍应低能满夯，锤印彼此搭接达到表面平整。

（4）夯击点的夯击数应符合下列条件之一：

①土的体积竖向压缩最大而侧向移动最小；

②最后两击的沉降量或最后两击沉降量之差小于试夯确定的数值，一般为 3～10 击。最佳击数：一般软土的控制瞬时沉降量为 5～8 击；废渣填石地基控制最后两击下沉量之差为 2～4cm。

（5）夯击遍数：一般为 2～5 遍（一般夯 3 遍加 1 遍普夯）。

（6）两遍之间的间歇时间：取决于孔隙的水压力的消散，一般为 1～4 周。对砂土、地下水位较低和地质条件较好的场地，可采用连续夯击；黏土或冲积土为 3 周左右。

（7）平均夯击能：在一般情况下砂土可取 50～100t·m/m²；黏性土可取 150～300t·m/m²。

2.6.4.3　强夯施工

1. 强夯施工的步骤

（1）清理并平整施工场地；

(2) 标出第一遍夯点位置，并测量场地高程；

(3) 起重机就位，夯锤置于夯点位置；

(4) 测量夯前锤顶高程；

(5) 将夯锤起吊到预定高度，开启脱钩装置，待夯锤脱钩自由下落后，放下吊钩，测量锤顶高程，若发现因坑底倾斜而造成夯锤歪斜时，应及时将坑底整平；

(6) 重复步骤 5，按设计规定的夯击次数及控制标准，完成一个夯点的夯击；

(7) 换夯点，重复步骤 3 至 6，完成第一遍全部夯点的夯击；

(8) 用推土机将夯坑填平，并测量场地高程；

(9) 在规定的间隔时间后，按上述步骤逐次完成全部夯击遍数，最手用低能量满夯，将场地表层松土夯实，并测量夯后场地高程。

2. 强夯置换施工的步骤

(1) 清理并平整施工场地，当表土松软时可铺设一层厚度为 1.0～2.0m 的砂石施工垫层。

(2) 标出夯点位置，并测量场地高程。

(3) 起重机就位，夯锤置于夯点位置。

(4) 测量夯前锤顶高程。

(5) 夯击并逐击记录夯坑深度。当夯坑过深而发生起锤困难时停夯，向坑内填料直至与坑顶平，记录填料数量，如此重复直至满足规定的夯击次数及控制标准完成一个墩体的夯击。当夯点周围软土挤出影响施工时，可随时清理并在夯点周围铺垫碎石，继续施工。

(6) 按由内而外，隔行跳打原则完成全部夯点的施工。

(7) 推平场地，用低能量满夯，将场地表层松土夯实，并测量夯后场地高程。

(8) 铺设垫层，并分层碾压密实。

2.6.4.4 强夯加固地基施工要点

强夯加固地基施工，必须加强施工管理。由于地质多变及强夯设计参数的经验性，甚至气象条件也可影响施工，需要调整施工工艺。因此强夯加固地基中的信息化施工非常重要。施工要点一般包括：

(1) 编制施工组织与管理计划：为此应熟悉工程概况；了解设计意图、目标、建设单位的工期要求；调查场地的工程地质条件，施工环境（包括对周围的危害及干扰）；了解砂石料来源、价格等。然后编制施工方案，施工进度计划、概预算及施工中应采取的措施。

(2) 施工机具

1) 吊车：采用单缆起吊，吊车起重量应为锤重的 3 倍以上，此法施工效率高，但需大吨位吊车，国外已设计了各种强夯专用吊车。

采用多缆起吊可使用小型吊车，但需采用自动脱钩装置，这时吊车起重量应大于锤重的 1.5 倍，为了实现小吊车大能级的强夯，许多部门还增设龙门架以支撑稳定吊臂或以缆绳稳定吊臂。

2) 夯锤：夯锤可采用铸钢（铸铁）锤、外包钢板的混凝土锤。铸钢锤可制作为组合式，以便调整锤重，其优缺点见前述材质比较。

排气孔：气孔小，下落阻力大，入坑时产生气垫，影响夯击效果，且易堵孔，清孔难，起锤困难，因此气孔不宜过小。

锤型以圆柱形较优越，山西机械施工公司设计稍带斜度的上大下小的倒圆台锤，夯击后，坑壁不易塌土，落点准确重叠性好，不偏斜，易起锤，对软弱地基增加了夯击效果。

3）自动脱钩装置。

4）辅助机械：推土机、碾压机。

（3）夯击过程的记录及数据

1）每个夯点的每击夯沉量、夯坑深度、开口大小、夯坑体积、填料量都须记录。

2）场地隆起、下沉记录，特别是邻近有建、构筑物时。

3）每遍夯后场地的夯沉量、填料量记录。

4）附近建筑物的变形监测。

5）孔隙水压力增长、消散监测，每遍或每批夯点的加固效果检测，为避免时效影响，最有效的是检验干密度，其次为静力触探，以及时了解加固效果。

6）满夯前根据设计基底标高，考虑夯沉预留量并整平场地，使满夯后接近设计标高。

（4）对每个夯点的最后一遍夯击及满夯，应控制最后二击的贯入度符合设计或试验要求值。

2.6.4.5　强夯地基的施工记录用表

A. 强夯施工现场记录表

1. 资料表式

强夯的施工现场记录用表　　**表 2.6.4.5-1**

施工单位________________________

工程名称________________________施工日期　　年　　月　　日

建筑物名称______________________夯击遍数　　第　　遍

夯击坑编号	夯击次数	落距（m）	锤顶面距地面高（cm）					时间
			一	二	三	四	平均	
备注	锤体高度：　　cm							
参加人员	监理（建设）单位		施工单位					
			项目技术负责人		专职质检员	工长	记录	

2. 强夯施工现场记录填写方法

（1）夯击遍数：按正方形或梅花形网格排列，根据夯击坑形状、孔隙水压力及建筑基础特点确定的间距，布置的夯击点依次夯击完成为第一遍，以下各遍均在中间补点，最后一遍锤印彼此搭接使表面平整。夯击遍数由设计确定，第一遍按实际填写。

（2）夯击坑编号：按强夯施工图设计的坑位编号填写。

（3）夯击次数：指每个夯击坑的夯击次数，按每夯击坑的实际夯击次数填写。

（4）落距：按施工时的实际落距填写，规范规定落距 不宜小于 6m。

（5）锤顶面距地面高：指夯锤每次夯击落地后锤顶面距地面高度，照每次实测数填写。

（6）锤体高度：指实际使用夯锤的高度。

B. 强夯地基施工记录表式

1. 资料表式

强夯地基施工记录 **表 2.6.4.5-2**

施工单位__________ 施工日期__________至__________

工程名称__________

建筑物名称__________占地面积__________ m^2

场地标高__________ m 地下水位标高__________ m

地层土质__________

起重设备__________ 夯锤规格__________ 重量__________吨

夯击遍数：第__________遍 本遍每个夯击坑击数__________击

本遍夯击坑数__________个 本遍总夯击击数__________击

本遍夯击遍数__________遍 总夯击坑数__________击

平均夯击能__________ $t \cdot m/m^2$ 总夯击击数__________个

场地平均沉降量__________ cm 累计__________ cm

建筑物基础夯击坑布置简图					
参加人员	监理（建设）单位	施　工　单　位			
		项目技术负责人	专职质检员	工　长	记　录

2. 强夯地基施工记录填写方法

（1）场地标高：指强夯施工区内未夯击前的场地标高，按实际复测的场地标高填写。

（2）地下水位标高：指强夯施工区内未夯击前的地下水位标高，按地质报告或实际复测的地下水位标高填写。

（3）地层土质：一般按工程地质报告测得的地层土质填写，并应填写强夯设计影响深度以下 5～8m 的实际地层土质。

（4）起重设备：照实际选定的起重设备填写，一般多使用起重能力为 15t、30t 和 50t 的履带式起重机或其他起重设备。也可采用专用三脚架或龙门架作为起重设备。

（5）夯锤规格：按夯锤的实际直径和高度填写。

3. 强夯实践中应注意几个问题

（1）在强夯的实践中，要充分考虑可能引起强夯效果差异性的主要因素，及时总结强夯实施中存在的问题，对指导工程实践，达到预定强夯效果具有极其重要的意义。

1）注意区域性地基土的特点；

2）及时分析夯击土击实实验结果。特别注意基土含水量，干密度等的变化；

3）对夯实土及时进行渗透性分析。由于区域性和基土的工程性质差异，压实和含水量对渗透有很大影响。因此，及时分析发现问题是至关重要的。

（2）检查强夯施工过程中的各项测试数据和施工记录，当不符合设计要求时，不应当简单的采取补夯方法，重要的是分析不符合设计要求的原因和程度，从而采取补夯或采取其他有效措施。

（3）强夯法的噪声危害：

1）振动和噪声均对环境产生恶劣影响；

2）相邻建（构）筑物受振常引起民事纠纷。软黏土中距夯点18m，砂性土中距夯点14m与地震度相当，采用3000千克的单击能量强夯，在10m远处产生的水平振动加速度达0.6m/s²。会对附近的精密设备、仪器的正常工作造成影响，人感觉很不舒服。因此，强夯只宜在远离城区的场地施工，在城区应采取挖掘隔震沟、钻设隔振孔等方法处理。

3）当强夯施工所产生的振动对邻近建筑物或设备会产生有害的影响时，应设置监测点，并采取挖隔振沟等隔振或防振措施。

（4）强夯施工中应特别注意的几个问题

1）为了使强夯后的地表达到设计基底标高，强夯常推掉一层表土在基坑内进行，这时应防止雨水流入基坑，强夯场地也应保持平整，不使雨水汇入低凹处，因为即使降雨100mm，也仅使雨过地皮湿，不影响强夯，但集中汇聚于一处，将使表层或局部地区含水量过大，引起翻浆难以解决，造成强夯施工困难，这时需挖除或填料。

2）在饱和软弱土地基上施工，应保证吊车的稳定，因此有一定厚度的砂砾石、矿渣等粗粒料垫层是必要的。这应根据需要设置，粗粒料粒径不应大于10cm，也不宜用粉细砂。在液化砂基中强夯，为防止夯坑涌砂流土，宜用碎石、卵石等填料而不宜用砂。

3）注意吊车、夯锤附近人员的安全，为防止飞石伤人，吊车驾驶室应加防护网，起锤后，人员应在10m以外并带安全帽，严禁在吊臂前站立。

C. 强夯法的质量检验

（1）强夯处理后的地基竣工验收时，承载力检验应采用原位测试和室内土工试验。强夯置换后的地基竣工验收时，承载力检验除应采用单墩载荷试验检验外，尚应采用动力触探等有效手段查明置换墩着底情况及承载力与密度随深度的变化，对饱和粉土地基允许采用单墩复合地基截荷试验代替单墩载荷试验。

（2）强夯加固地基的效果检验与测试是必须进行的项目，一般应根据工程地质和结构设计的要求，选择以下方法进行：

对于一般工程，应用两种和两种以上方法综合检验；对重要工程，应增加检验项目并须做现场大型载荷试验；对液化场地，应做标贯试验。检验深度应超过设计处理深度。

①室内常规试验；

②现场十字板试验；

③动力触探、静力触探试验；

④旁压仪试验；

⑤载荷试验；

⑥波速试验。

法国资料中报导采用室内动力固结仪，属专利范围，试验结果尚能反映夯击影响下的土性变化，应结合现场其他试验参数应用。

D. 质量检验数量

应根据场地的复杂程度和建筑物的重要程度确定。

(1) 简单场地一般建筑物，每个建筑物地基不少于 3 处；

(2) 复杂场地应根据场地变化类型，每个类型不少于 3 处。

注：强夯面积超过 $1000m^2$，每增加 $1000m^2$ 以内应增加一处。

E. 质量检验的时间

(1) 强夯检验应在场地施工完成经时效后进行。

①粒土地基：应充分使孔压消散，一般消陷时间取 1～2 周；

②饱和细粒粉土、黏性土：应在孔压消散，土触变恢复后进行，一般需 3～4 周。

由于孔压消散后，土体积变化不大，取土检验孔隙比及干密度比较准确。土触变尚未完全恢复易重受扰动，故动力触探振动易引起对探钎的握裹力，经常使检测值偏大。一般说静力触探效果较好，可作为主要的使用方法。

(2) 强夯施工验收时，应检查施工记录及各项技术参数，当对施工记录和各项技术参数有怀疑时，还应在夯击过的场地选点做试验。一般可采取标准贯入、静力触探或轻便触探测定。每个建筑物的地基不少于 3 处，检测深度和位置按原设计要求确定，符合试验确定探测定。

F. 强夯地基工程验收应提交的资料

(1) 委托任务书或合同技术要求或设计技术要求；

(2) 工程测量放线定位图；

(3) 试夯资料；

(4) 施工组织设计；

(5) 施工记录表；

(6) 工程检验资料；

(7) 竣工平面图；

(8) 竣工验收报告单；

(9) 工程质量验收记录。

2.6.5 水泥土搅拌法

2.6.5.1 综合说明

(1) 水泥土搅拌加固是旋喷方式处理地基土的一种改良方法。水泥土搅拌水泥土桩是水泥土桩的一种，水泥土桩可用机械或人工成孔拌合夯入孔中成桩。利用水泥、石灰等材料作固化剂（也称硬化剂）为主剂，通过特制的水泥土搅拌机械，在地基深处就地将原位土和固化剂（浆液或粉体）强制拌合，利用固化剂和软土之间所产生的一系列物理、化学反应，使软土硬结成具有整体性、水稳定性和一定强度的优质地基或地下挡土构筑物，水泥加固土改变了天然软土的土性，抗压、抗剪强度及变形模量可提高数十倍。形成的柱是一种介于刚性桩之间具有一定压缩性的桩。应用水泥土搅拌技术，首先应使水泥和基土的化学反应良好。水泥和基土化学反应不好不能应用这项技术。泥炭土和水泥固结有困难应当慎用。

(2) 水泥土搅拌法适用于处理淤泥、淤泥质土、粉土和含水量较高且地基承载力标准值不大于 120kPa 的黏性土等地基，当用于处理泥炭土或地下水具有侵蚀性时，宜通过试验确定其适用性。冬季施工时应注意负温对处理效果的影响。

也可用于各种建筑物基坑开挖边坡稳定，防止液化、防止摩擦等。工程地质勘察应查明填土层的厚度和组成，软土层的分布范围、含水量和有机质含量，地下水的侵蚀性质等。

采用水泥土搅拌法加固软土地基，技术上是成熟的。加固效果是好的。

水泥土搅拌法用于处理泥炭土、有机质土、塑性指数 I_p 大于 25 的黏土、地下水具有腐蚀性时以及无工程经验的地区，必须通过现场试验确定其适用性。

(3) 大量试验说明：水泥土强度随龄期的增长而增加，30d 的水泥土强度增长趋势仍不减缓，100d 后强度仍有微小增加。据此标准规定以 90d 为水泥土试验的标准龄期。30 天时水泥土强度大约为标准强度（90d 强度）的 80%，7 天时大约为标准强度的 50%。

(4) 水泥土搅拌用喷浆法处理地基时，有时会出现入浆管堵塞爆裂，多因喷浆口球阀间隙太小或水泥浆结块所致，应经常清洗管道，一般控制在制 20 根左右的桩体应清洗管道一次。当水泥浆的水灰比较小或地基土的粘性较大时，更应增加输浆管路的清洗次数。

在选择外加剂时，应注意选择和易性较好的物质，否则极易造成堵管以致输浆管爆裂。

(5) 有关试验表明：水泥土搅拌桩水泥土的水泥当掺合量一定（水泥掺加量＝15%）时，随着置换率的增加强度明显增大，置换率等于大于 14%强度的增长幅度大于置换率小于 14%时的增长幅度。当置换率一定（置换率＝23%）时强度的增长幅度，在水泥掺合量等于 10%～15%时为最大，在水泥掺合量大于 15%以后，强度增长很小。因此，在实际工程中最佳掺合量宜采用 15%。

水泥土搅拌桩的桩身质量会明显影响其承载能力，因此，搅拌桩施工应严格按照有关规范或规程进行施工。

水泥土搅拌法加固地基和边坡支护具有加固效果相对较好，加固方式灵活，可以采用不同的加固形式，不同桩长，不同置换率以满足不同的土质条件和不同的载荷要求；施工速度较快，便于流水作业，加固后即可承受载荷；施工不受气候影响；工程只需水泥，只要保护好水泥，雨天也可以施工；可充分利用原软土，如挖弃软土的问题；价格较低等特点。

2.6.5.2　水泥土的试验

水泥土搅拌设计前必须进行室内加固试验，针对现场地基土的性质，选择合适的固化剂及外掺剂，为设计提供各种配比的强度参数。加固土强度标准值宜取 90d 龄期试块的无侧限抗压强度。

(1) 水泥土室内试验的目的

1) 了解用某品种水泥加固某一工程时，水泥的可用程度、可用还是不可用或存在某些问题；

2）了解用水泥加固每一个工程中不同地基土的可能性；

3）了解加固某种基土所用水泥的掺入量、水灰比和最佳的外加剂；

4）了解水泥土强度增长的规律，求得龄期与湿度的关系。

总之，为“水泥土搅拌”法的设计计算和施工工艺提供可靠的参数。

(2) 水泥固化剂的掺入比

制备水泥土的水泥可用不同品种（普通硅酸盐水泥、矿渣水泥、粉煤灰水泥和其他水泥)、各种强度等级的水泥。水泥掺入比可根据需求选用。常用的掺入比为5%、7%、10%、15%、20%，较好掺入比一般为10%～15%。水泥掺入比不宜小于5%，掺入比小于5%时强度太低，处理效果不明显。

水泥掺入比是指水泥重量与被加固土的重量之比

$$水泥掺入比=\frac{掺加的水泥重量}{被加固的软土重量}\times 100\%$$

(3)“水泥土搅拌”用桩体材料

1）水泥土搅拌用固化材料包括水泥（主要固化材料)、水泥系固化材料。水泥系固化材料主要包括粉煤灰、高炉水碎矿渣、大山灰等。粉体喷搅可用生石灰粉。

水泥应采用32.5级或42.5级的新鲜普通水泥，根据工程需要可选用具有早强、缓凝、减水等性能的外掺剂，早强剂可选用三乙醇胺或氯化钠等，当选用三乙醇胺时，其掺入量宜取水泥重量的0.05%；减水剂可选用木质素磺酸钙，其掺入量可取水泥重量的0.2%～0.3%，以0.2%为宜；石膏兼有缓凝和增强作用，其掺入量可取水泥重量的1%～2%。

在水泥中掺入起减水作用的木质素磺酸钙对水泥土强度影响不大。

2）应用固化材料的注意事项：

①水泥土搅拌用水泥应根据不同地基土性状加以选用。需考虑水泥的强度等级、种类能否适应水泥土桩体强度的要求，是否适合于场地土质。含有硫酸盐离子、镁离子的溶液对水泥土有一定的侵蚀性。如水泥土在硫酸盐介质中的稳定性，试验表明水泥土试块在浓度为1.5%硫酸盐中浸泡，结果表明：用32.5及42.5矿碴水泥制作的各种水泥掺入比的试块，在盐液中浸泡28～50d全部开裂膨胀崩坏。

用42.5大坝水泥和42.5抗硫酸盐水泥制作的各种水泥掺入比，试块在盐液中浸泡360天均未发现任何破坏迹象。

②水泥种类应与土质相适应。在砂类土中不同种类同一强度等级的水泥其混合体强度变化不大。黏性土中，情况比较复杂。

有机质含量较多的土如淤泥等，用国产水泥（如矿碴、普通硅酸盐水泥）或进口水泥（如波特兰水泥）加固效果均不太理想。

根据土质情况，水泥、水泥系固化材料及生石灰粉的应用范围详见下图。仅供参考。

③一般情况下，当水泥土的桩体强度要求大于1.5MPa时，宜选用标号在42.5以上的水泥；桩体强度小于1.5MPa时可选用32.5水泥。当需要水泥土体有较高的早期强度时宜用普通硅酸盐水泥和波特兰水泥。

④一般情况下，无论何种土质，何种水泥，水泥土强度均随水泥强度等级的增高而增大，但增大的规律有差别。据文献介绍，水泥强度等级每提高10MPa，在同一掺入比时

水泥强度增加 20%～30%。

掺加粉煤灰可以提高混合体的强度，试验表明当水泥掺入比为 10%时，掺入占水泥重量 100%粉煤灰时，强度可以提高 10%。

⑤应用粉体喷搅作深层加固，固化材料应用石灰时，生石灰应经细磨，在搅拌过程中为防止桩中石灰聚集，石灰最大粒径应小于 0.2mm，质地应纯净无杂质，石灰中氧化钙和氧化镁的总和至少应为 85%，其中氧化钙的含量最好不低于 80%。

(4) 水泥加固土试块的制备

施工中所用的水泥和外掺剂必须通过加固土室内试验的检验方可使用。水泥浆应严格按设计的配合比制备，不得使用过期、受潮变性或含有硬结块等的劣质水泥，浆液必须搅拌均匀不得离析。

水泥加固土试块的制备和养护要求如下：

1) 将土样烘干、粉碎，按试验配方称量土、水泥、外加剂和水并放在一起用人工拌合均匀；

2) 然后在 70.7mm×70.7mm×70.7mm 的试模内装入一半试料，放在振动台上振动一分钟，紧接填入其余试料，再振动一分钟，然后刮净试块表面，盖上塑料布，1～3d 后拆模；

3) 拆模后试块放入标准养护室，进行标养和土中养护，养护室的温度控制在 20±2℃，湿度大于 90%，试块养护达到龄期时，一般进行无侧限抗压强度试验作为抗压强度的标准。

(5) 应用水泥土搅拌法作基坑支护时的注意事项：

1) 设计必须施行按《建筑地基处理技术规范》(JGJ 78—91) 第 9.2.6 条“水泥土搅拌壁状处理用于地下临时挡土结构时，可按重力或黏土墙设计”。必须进行挡土墙的抗滑移验算、抗倾覆验算。

2) 当水泥土搅拌桩兼作防水墙用途时，应采取适当措施，保证墙体不渗漏。挡土墙体渗漏会影响被支护的原地基上的沉降变形，引起相邻建筑物产生不均匀沉降。处理不当会造成严重后果。

2.6.5.3　水泥土搅拌法的施工

(1) 综合说明

1) 水泥土搅拌法施工的场地应事先平整，消除桩位处地上、地下一切障碍物（包括大块石、树根和生活垃圾等）。场地低洼时应回填黏性土料，不得回填杂填土。

基础底面以上宜预留 500mm 厚的土层，搅拌桩施工到地面，开挖基坑时，应将上部质量较差桩段挖去。

水泥土搅拌法施工的有关施工参数由试桩确定。对已经确定的施工主要参数如延米喷粉量（或喷浆量）、提升速度、压缩空气压力、下沉速度等均应严格执行，如有问题应经技术负责人签字后修正。

2) 在搅拌施工中：

①水泥土搅拌机械与桩体对位：钻头应对准设计桩位；

②下钻：即预搅下沉，开动搅拌机和空压机，按预定工艺速度旋转钻进，扰动拌合加固土体，下沉钻进应根据土质软硬，选择档次，时时注意电流的变化，及时换档；

当慢档下沉或搅拌时，电流过大，应查清原因，避免损坏转盘、变速箱或钻杆；

③钻进结束必须进行设计标高后停钻；

④提升旋转喷射：要求达到提升速度和充分拌合均匀为前提。提升速度应严格控制。提升喷粉搅拌时不能使用快挡，不论设计喷粉量的大小，均宜选择慢挡提升，保证搅拌均匀。要求每提升 15mm，搅拌轴转动不小于 1 圈；

水泥掺入比的控制主要靠搅拌机的提升速度来实现，重复搅拌时也应严格控制下降和提升速度；

⑤重复上、下搅拌：为使软土和固化剂充分搅拌均匀，可按提升要求的复搅深度进行搅拌。复搅必须进行不能以喷浆搅拌代替复搅。

⑥清洗：水泥浆为固化剂时，每根桩完成后应清洗干净全部管路中溅存的水泥浆及粘附在搅拌头上的软土。正常的管道清洗，一般每制桩 20 根左右清洗一次管道。

⑦管道堵塞是造成喷搅不匀的主要原因，诸如材料中含有杂物，材料凝湿，管道弯折多，阻力大，管道未及时流通等，应采取措施，尽量避免；

⑧送灰土应注意电子秤的显示，随时调整阀门、风压、保证送灰量的准确性。

⑨司机除保证设计成桩深度外，尚要注意地层的变化，根据电流的大小，确认持力层的深度，随时调整桩长。当施工摩擦桩时，则以设计入土深度为准。

喷粉搅拌时，司机与送灰工应集中注意力，互相配合，确保掺入比准确无误；

3）为保证桩体强度，施工应采用单桩灰量控制法，即每根桩装一次灰搅拌喷一根桩。一般情况下喷灰量应在原设计的基础上乘 1.1 的系数。为保证桩体灰量均匀，应采用全孔四次搅拌三次喷工艺。桩体施工顺序应严格按先中轴后边轴，先里排后外排的秩序组织施工。

灰浆泵一般为定量泵。由于泵的新旧程度不同，灰浆的稠度和和易性不同，输浆管的长度和高度不同，每小时的泵质量也会有不同，应予注意。

4）一般情况下地温比较稳定，除高寒地区外，水泥土桩不会产生冻害。但冬季施工时，要注意浆液的防冻。

5）软土地基水泥土搅拌加固根据国家的规范（规程）的主要要求如下：

①水泥土搅拌法设计前必须进行加固土的室内试验，针对被加固土的性质，选择合适的固化剂与外掺剂，为设计提供各种配比的强度参数。

②设计文件必须提供固化剂比重、质量标准和掺量。

③施工时必须先在槽外做工艺试桩。

④施工场地事先应予平整，必须清除地上、地下一切障碍物。最好还要铺设覆盖土，厚 500mm。

⑤施工前必须做好施工机具准备，进行机械组装和试运转，每套机具配备一个施工班，施工工程量较大的工程尚应编制施工组织设计。

⑥施工中必须有专人作统计、记录工作。

a）拌制浆液的罐数，固化剂、外掺剂的用量和泵送浆液的时间应有专人统计记录；

b）必须详细记录搅拌机每米下沉和提升时间，记录来浆与停浆的时间，记录时深度误差不得大于 5cm，时间误差不得大于 5s。

⑦对设计要求搭接成壁的桩应连续施工，相邻桩施工间隔时间不得超过 24h。

⑧搅拌机预搅下沉时尽量不用冲水下沉，凡经输浆管冲水下沉的桩，喷浆提升前必须

将喷浆管内的水排清。

⑨前台搅拌机喷浆提升的次数和速度必须符合已定施工工艺，后台供浆必须连续，一旦因故停浆，必须立即通知前台，为防止断桩和缺浆，宜将搅拌机下沉到停浆点以下半米，待恢复供浆时再喷浆提升。如因故停机超过 3h，为防止浆液硬结堵管，宜先拆卸输浆管路，妥为清洗。

⑩桩顶设计标高与施工场地地面标高接近时，应特别注意桩头的施工质量，搅拌机自地面下一米喷浆搅拌提升出地面时，宜用慢速，当喷浆口即将出地面时，宜停止提升搅拌数秒，以保证桩头均匀密实。

6）质量检查的几点说明

①施工过程中必须随时检查施工记录，并对照预定的施工工艺对每根工程桩进行质量评定。检查的重点是水泥用量，水泥浆拌制的罐数，压浆过程中有否断浆现象和喷浆搅拌提升时间以及复搅次数。对于不合格的工程桩根据其位置、数量等具体情况，征得设计单位同意分别采取补桩或加强附近工程桩等措施。

②搅拌桩的施工验收工作宜在开挖基槽时进行。验收时应检查桩位、桩数与桩头强度，如发现漏桩、桩位偏差过大与桩头强度偏低等质量事故，必须采取补救措施。

③桩头强度检验及强度偏低的处理办法：一般可用 ϕ16 长 2m 的平头钢筋，垂直放在桩顶，如用人力能压入 10cm（龄期 28d），表明桩顶施工质量有问题。对于软桩头，一般可以先挖除，再填 C8 的素混凝土或砂浆。

2.6.5.4　水泥土搅拌桩施工用表

A. 水泥土搅拌桩地基施工记录

1. 资料表式

水泥土搅拌桩施工记录表　　表 2.6.5.4-1

第　页　共　页

工程名称：　　水泥品种标号：　　水灰比：　　年　月　日

日期	序号	施工工序	每米下沉或提升时间															开始时间	终止时间	工艺时间	来浆时间	停浆时间	总喷浆时间	总施工时间	材料用量	备注
			1	2	3	4	5	6	7	8	9	10	11	12	13	14	15									
		预搅下沉																								
		喷浆提升																								
		重复下沉																								
		重复提升																								
		预搅下沉																								
		喷浆提升																								
		重复下沉																								
		重复提升																								
参加人员	监理（建设）单位												施工单位													
											专业技术负责人					质检员				试验					工长	

2. 实施要点

(1) 水泥土搅拌法分为水泥土搅拌法（湿法）和粉体搅拌法（干法）。水泥土搅拌加固是旋喷方式处理地基土的一种方法。利用水泥、石灰等材料作为固化剂（也称硬化剂）为主剂，通过特制的水泥土搅拌机械，在地基深处就地将软土和固化剂强制拌合，利用固化剂和软土之间所产生的一系列物理、化学反应，使软土硬结成具有整体性、水稳定性和一定强度的优质地基或地下挡土构筑物，形成的桩柱是一种介于刚性桩和柔性桩之间具有一定压缩性的桩。水泥土搅拌桩法适用于处理正常固结的淤泥质土、淤泥、黏性土、粉土、饱和黄土、素填土以及无流动地下水的饱和松散砂土等地基的加固。当地基土的天然含水量小于30%（黄土含水量小于25%）、大于70%或地下水的pH值小于4时不宜采用干法。冬期施工时，应注意负温对处理效果的影响。

水泥土搅拌法用于处理泥炭土、有机质土、塑性指数 I_p 大于 25 的黏土、地下水具有腐蚀性时以及无工程经验的地区，必须通过现场试验确定其适用性。

(2) 经验证明：水泥土搅拌桩与柱列桩联合使用以封闭坑壁是一种有效的支护并防水的措施。

用水泥土搅拌桩以解决坑壁稳定问题就必须有足够的宽度，以保证每一深度处的土压力小于抗滑桩的摩擦力，否则就难免出现坑壁坍塌或滑坡事故。

(3) 质量检验与测试：

1) 水泥土搅拌桩的施工质量检查与检验，重点是水泥用量、桩长、水泥浆拌制的罐数、压浆过程有无断浆现象、停浆处理方法和喷浆搅拌提升时间以及复搅次数与深度。

2) 对于不合格桩的补救措施应征得设计单位的同意。

3) 水泥土搅拌桩的施工质量检验可采用以下方法：

①成桩7d后，采用浅部开挖桩头［深度宜超过停浆（灰）面下0.5m］，目测检查搅拌的均匀性，量测成桩直径。检查量为总桩数的5%。

②成桩后3d内，可用轻型动力触探器中附带的钻头，在搅拌桩身中钻（N_{10}）检查每米桩身的均匀性。检验数量为施工总桩数的1%，且不少于3根。

4) 在下列情况下应进行桩身取样、单桩载荷试验或开挖检查：

①以触探检验对桩身强度有怀疑的桩应钻取桩身芯样，制成试块并测定桩身强度；

②场地复杂或施工有问题的桩应进行单桩载荷试验，检验其承载力；

③对相邻桩搭接要求严格的工程，应在桩养护到一定龄期时选取数根桩体进行开挖，检查桩顶部分外观质量。

5) 开挖检验：用做止水挡土的壁状水泥土搅拌桩体，必要时可挖开桩顶3～4m深度，检查其外观搭接状态。也可沿壁状加固体轴线，斜向钻孔，使钻杆通过2～4根桩身即可检查其深部相邻桩的搭接状态。

6) 水泥土搅拌成桩质量检验：

①经触探和载荷试验检验后对桩身质量有怀疑时，应在成桩28d后，用双管单动取样器钻取芯样作抗压强度检验，检验数量为施工总桩数的0.5%，且不少于3根。

②静载试验：载荷试验必须在桩身强度满足试验荷载条件时，并宜在成桩28d进行。检验数量不应少于总桩数的0.5%～1%，且每项单体工程不宜少于3点。

注：一般最大加载为设计荷载的两倍。单桩的现场载荷试验，压板直径和桩径相等。

7）竖向承载水泥土搅拌桩地基竣工验收时，承载力检验应采用复合地基载荷试验和单桩载荷试验。

8）对相邻桩搭接要求严格的工程，应在成桩15d后，选取数根桩进行开挖，检查搭接情况。

9）基槽开挖后，应检验桩位、桩数与桩顶质量，如不符合设计要求，应采取有效补强措施。

（4）施工注意事项：

1）在成桩过程中，如发生意外事故（如提升过快、搅拌不均匀、输浆管路堵塞、断浆或断电），影响桩身质量时，应在24h内采取重新搅拌或补浆等处理措施，同时，搅拌桩施工间隔时间也不得超过24h。

2）搅拌头直径尺寸的负误差不得超过40mm。

3）搅拌桩的施工属隐蔽验收工程，因此应有完整“隐验”记录。

4）施工过程中应随时检查施工记录，并对每根桩进行质量评定。对于不合格的桩应根据其位置和数量等具体情况，分别采取补桩或加强邻桩等措施。

（5）表列子项

1）水灰比：照实际水灰比填写，应与水泥土试块配方的水灰比相一致。

2）施工工序：指涂层搅拌桩施工、预搅下沉、喷浆提升、重复下沉、重复提升的操作程序。

3）每米下沉或提升时间：指水泥土搅拌施工设备施工时下沉、提升的时间，应按预搅下沉、喷浆提升、重复下沉、重复提升分别记录。

4）开始时间：指预搅下沉、喷浆提升、重复下沉、重复提升各环节开始时间分别记录。

5）终止时间：指预搅下沉、喷浆提升、重复下沉、重复提升各环节的终止时间分别记录。

6）工艺时间：指预搅下沉、喷浆提升、重复下沉、重复提升各环节实际供浆的时间。

7）来浆时间：指喷浆提升和重复提升环节的来浆时间，照实际填写。

8）停浆时间：指喷浆提升和重复提升环节的停浆时间，照实际填写。

9）总喷浆时间：指喷浆提升和重复提升喷浆的总喷浆时间。

10）总施工时间：指预搅下沉、喷浆提升、重复下沉、重复提升的施工的总施工时间。

注：1. 水泥土搅拌桩施工属于水泥土试块试验部分应由企业试验室负责进行，应用表式执行试验室现行表式。

2. 水泥土搅拌桩的供灰记录、轻便触探检验记录，可参照表2.6.5.4-3和表2.6.5.4-4进行。

B. 水泥土搅拌桩供灰记录

1. 资料表式

水泥土搅拌桩供灰记录表 **表 2.6.5.4-2**

工程名称： 第 页 共 页

日期	桩号	输浆管道走浆时间	水泥品种强度等级	拌灰罐数	每罐用量	水泥总用量（t）	外掺剂总用量（t）	开泵时间	停泵时间	总喷浆时间	泵前管内状态	泵后管内状态	备注

参加人员	监理（建设）单位	施工单位			
		专业技术负责人	质检员	试验	工长

2. 实施要点

（1）水泥土搅拌桩供灰记录是为按照供灰仪表记录的供灰数量实施的记录。

（2）表列子项

1）输浆管道走浆时间：按输浆管道走浆的供浆表的走浆时间填写。

2）水泥品种及标号：照实际使用的品种、标号填写，应与水泥土试块用水泥的配方相一致。

3）拌灰罐数：照实际的拌灰罐数填记。

4）每罐用量：照实际，核算后应和设计的供灰数量相一致。

5）水泥总用量：照实际，应不低于设计的水泥总数量或相一致。

6）外掺剂总用量：照实际，应和设计的外加剂总用量相一致。

7）总喷浆时间：指喷浆提升和重复提升喷浆的总喷浆时间。

8）泵前管内状态：指供灰泵前输浆管的畅通情况，照实际填写。

9）泵后管内状态：指供灰泵后输浆管的畅通情况，照实际填写。

C. 水泥土搅拌轻便触探检测记录

1. 资料表式

轻便触探检测记录表　　表 2.6.5.4-3

工程名称：　　　　　　　　　　　　　　　　第　　页 共　　页

序号	成桩日期	触探日期	桩身龄期	轻便触探击数 N_{10}								加固土土样描述
				0.0～0.3m	0.5～0.8m	1.0～1.3m	1.5～1.8m	2.0～2.3m	2.5～2.8m	3.0～3.3m	3.5～3.8m	

参加人员	监理（建设）单位	施　工　单　位			
		专业技术负责人	质检员	试　验	工　长

2. 实施要点

（1）水泥土搅拌桩轻便触探验测记录是为检测水泥土搅拌桩质量而进行的检测方法之一。

（2）成桩后3d内，可用轻型动力触探器中附带的钻头，在搅拌桩身中钻（N_{10}）检查每米桩身的均匀性。检验数量为施工总桩数的1%，且不少于3根。

（3）表列子项：

1）桩身龄期：指施工图设计的某桩号的桩身龄期，照实际填写。

2）轻便触探击数：指施工图设计的某桩号进行轻便触探试验时轻便触探击数，用N_{10}的轻便触探器触探，分别照0.0～0.3、0.5～0.8、1.0～1.3、1.5～1.8、2.0～2.3、2.5～2.8、3.0～3.3、3.5～3.8填写。

3）加固土土样描述：按轻便触探取出的加固土土样进行描述，照实际加固土土样进行描述。

D. 水泥土搅拌法的质量检测

1. 施工中的质量检验

水泥土搅拌桩的施工质量检验，重点是前期工作的质量控制、施工中的水泥用量、水泥浆拌制的罐数、压浆过程有无断浆现象和喷浆搅拌提升时间以及复搅次数。

(1) 水泥土桩的施工质量的前期准备工作主要是核实工程地质、水文情况，桩体材料的质量检验，如水泥应有出厂合格证和复试报告，室内配合比试验，现场工艺试验，人的素质及工作质量的保证等。

检查现场及室内试验设备是否符合标准，试验方法是否正确，强度换算有无问题，固化剂牌号，检验报告是否合乎要求等。

(2) 水泥土搅拌桩在施工中和竣工后都应认真检查施工记录，强度试验（触探、取芯等）、开挖检验等项工作。

施工记录应反映每根桩施工全过程的真实情况，应按照规定的内容填写，凡是需要了解的施工问题，几乎都能从施工记录上找到线索或答案。通过对施工记录的上述检查，大致可以判断施工桩（柱）的总体质量。

(3) 水泥土搅拌应注意对施工过程中桩的均匀性的抽检。

在成桩过程中，如发生意外事故（如提升过快、搅拌不均匀、输浆管路堵塞、断浆或断电），影响桩身质量时，应在24h内采取重新搅拌或补浆等处理措施，同时，搅拌桩施工间隔时间也不得超过24h。

搅拌头直径尺寸的负误差不得超过40mm。

搅拌桩的施工属隐蔽验收工程，因此应有完整“隐检”记录。

施工过程中应随时检查施工记录，并对每根桩进行质量评定。对于不合格的桩位应根据其位置和数量等具体情况，分别采取补桩或加强邻桩等措施。

对于不合格桩的补救措施应征得设计单位的同意。

(4) 桩位及桩体几何尺寸的检验

检验标准应视其用途而定，如隔水挡土或水泥土桩复合地基，或直接作为深基础等。

一般说来，桩直径误差不得超过±25mm，壁墙厚度误差不超过±50mm。在复合地基中桩位的要求不很严格，沿垂直于轴线方向偏差不大于80mm，沿轴线方向偏差不大于120mm。

桩的垂直度偏斜不大于1%。

桩长或墙高误差不大于±100mm。

(5) 根据《软土地基深层搅拌加固法规程》(YBJ 225—91) 规定：

1) 桩位布置偏差：不大于50mm。

2) 垂直度偏差：不超过1.5%。

3) 7d龄期的工程桩抽检数量：不少于2%（用N_{10}触探）。

4) 水泥土搅拌：水泥土以3个月龄期作为标准强度。成桩7d用轻便触探击数（N_{10}）与水泥土强度的参考数据如表2.6.5.4-4。

表 2.6.5.4-4

N_{10}（击）	15	20～25	30～35	>40
q_u（kPa）	200	300	400	>500

注：一般应采用灌白灰眼和固定木条确定其桩位。

2. 桩体质量加固效果检验

(1) 桩体强度的质量检测，一般抽查施工龄期1d、3d的桩体强度，采用轻便触探，检查桩上部3～4m内桩体连续性，1d及3d的强度约为7d强度的50%与70%。搅拌桩在成桩7d时进行质量跟踪检验。触探点位置在桩径方向1/4处，要求N_{10}贯入100mm击数不少于10击，轻便触探贯入深度不小于1m，当每贯入10mm，N_{10}>30击时可停止贯入。

抽样检验不同龄期制作的桩体水泥试块，测定其单轴抗压强度，抽样桩的数量不应少于全部桩数的2%，并不少于6根。

成桩7d内应用轻便触探器中附带的钻头，在搅拌桩身中钻孔，取出水泥土桩芯，观察其颜色是否一致，看其均匀性是否存在水泥浆富集的结核或未被搅匀的土团。根据现行轻便触探击数（N_{10}）与水泥强度对比资料，有如表2.6.5.4-6的关系，供参考。

表2.6.5.4-6

N_{10}（击）	15	20～25	30～35	>40
q_u（kPa）	200	300	400	>500

注：轻触探检验深度一般不超过4m。

(2) 在下列情况下应进行取样、单桩载荷试验或开挖检查：

1) 以触探检验对桩身强度有怀疑的桩应钻取桩身芯样，制成试块并测定桩身强度，桩身取样强度检验：试块尺寸大于50mm×50mm×50mm，钻孔直径不宜小于108mm，可在轻便触探后对有怀疑的区段取芯制成试块进行强度测定。

2) 场地复杂或施工有问题的桩应进行单桩载荷试验，检验其承载力；

3) 对相邻桩搭接要求严格的工程，应在桩养护到一定龄期时选取数根桩体进行开挖，检查桩顶部分外观质量。

(3) 开挖检验：用做止水档土的壁状水泥土搅拌桩体，必要时可挖开桩顶3～4m深度，检查其外观搭接状态。也可沿壁状加固体轴线，斜向钻孔，使钻杆通过3～4根桩身即可检查其深部相邻桩的搭接状态。

注：1. 在轻便触探贯入困难或贯入中发生问题时，也可挖开一定数量的桩，检查外观尺寸，取样作无侧限抗压强度试验。
2. 采用挖开取样试验或抽芯检验，抽样应选在薄弱区段，有疑问的区段或受力较大的部位。
3. 采用动测法检验桩体的完整性，可随机抽取总桩数2%左右的桩进行动测。
4. 水泥土搅拌桩桩身截面各点处的强度是不均匀的，中心轴点处强度最低，沿径向方向强度逐渐增加。
5. 测定现场加固体的强度，由于现场条件复杂，搅拌均匀程度不及室内试验，所以现场强度低于室内强度，一般现场抗压强度只有室内抗压强度的$\frac{1}{2}$～$\frac{2}{3}$左右。

3. 总体效果的检验

采用静载荷试验检验单桩承载力及复合地基承载力，重要的工程需要采用大载荷板作群桩复合地基检验。一般最大加载为单桩设计荷载的二倍，试验办法及承载力确定标准，按《建筑地基处理技术规范》附录执行。关于单桩承载力的标准尚有疑问，如按混凝土桩的标准，则与复合地基的标准不尽协调，需要进一步研究。

一般可用 1.0～1.2m^2 压板作静载试验，求得复合地基承载力。

载荷试验的数量一般规定为桩总数的 2%，且不少于 2 根。

4. 关于水泥土搅拌桩应用动测的说明

水泥土搅拌桩属复合地基，复合地基容许承载力的测定，目前由于费用、时间和对测桩的重视程度等原因，不少地方应用小应变动测技术进行复合地基或单桩承载力的测定。小应变动测技术是以一般弹性波理论为基础，针对刚性桩（如灌注桩或预制桩）导出的一套桩基检测技术，刚性桩测桩的基本确定是桩体是一个均匀介度。

水泥土搅拌桩是用水泥（或水泥浆）和各层地基土就地搅拌而成，属柔性桩，其桩身并作均匀介度。成桩后的桩体按照地基土的分层形成多段材料，虽然分层形成的多段材料仍然是反射界面，但搅拌桩的反射界面要比刚性桩的反射界面多，分析起来要复杂的多。

刚性桩与搅拌桩的分析、判断模式是不同的，搅拌桩的检测结果分析要复杂的多。由于多个界面的存在，分界面的反射又形成多次波干扰，如何消除和减弱多次波的影响，正确判断土层分界面在检测曲线中的位置尚有待进一步研究。

综上所述，应用小应变动测技术检测水泥土搅拌桩在理论和原理上对波速测定、模型试验，分析、判断的模式还未确认的情况下是不适宜的。

天津市建委 96 年曾下文重申，由于搅拌桩属柔性桩，小应变测试的基本测定与实际不符，暂停使用小应变对搅拌桩进行复合地基或单桩承载力的测定。

E. 水泥土搅拌桩工程验收应提交的资料

（1）工程设计文件、设计变更文件；

（2）工程测量放线定位图；

（3）施工组织设计；

（4）原材料出厂合格证和复检报告；

（5）现场室内土工试验报告；

（6）施工记录表；

（7）工程竣工图及竣工报告；

（8）工程质量检测资料；

（9）工程竣工验收报告单；

（10）工程质量验收记录。

2.6.6　桩基施工记录

2.6.6.1　桩基位置平面示意图

实施要点如下：

（1）施工组织设计编制的桩基位置平面示意图的依据是施工图设计布桩图。桩基位置平面示意图必须按施工组织设计或施工图设计布桩图执行。

（2）施工组织设计编制的桩基位置平面示意图或施工图设计布桩图必须详细说明：桩基技术要求、桩基施工要点、布桩区域和桩矩、垂直度等的允许偏差要求。

2.6.6.2　打桩记录

1. 资料表式

打　桩　记　录　　　　　　　　**表 2.6.6.2-1**

工程名称：　　　　　　　　桩号：　　　　　　　　桩机型号：

施工单位：　　　　　设计桩尖标高（m）：　　　　设计最后 50cm 贯入度（cm/次数）：

接桩型式：　　桩锤重量（t）：　　停打桩尖标高（m）：　　　桩断面尺寸及长度（cm）：

桩号	桩位	每阵锤击次数	每阵打入深度（m）	每阵平均贯入度（cm/次）	累计贯入度（cm/次）	累计次数	最后50cm锤击次数	最后50cm贯入度（cm/次）	备注

异常情况记录：

参加人员	监理（建设）单位	施工单位			
		专业技术负责人	质检员	工长	记录

注：每根桩打桩时间（分）记录于备注中。

2. 资料要求

（1）桩基工程施工应编制施工组织设计，并按此文件施工。

（2）按要求填写齐全、正确、真实的为符合要求，不按要求填写、子项不全、涂改原始记录的为不符合要求。子项不全以及后补者、应填报没有填报施工记录的为不符合要求。

（3）有试桩要求的应有试桩或试验记录。

（4）责任制签章齐全为符合要求，否则为不符合要求。

（5）现场记录的原件由施工单位保存，以备查。

3. 实施要点

钢筋混凝土预制桩施工记录是指钢筋混凝土预制桩工程施工过程中，按规范要求进行的施工过程记录。

(1) 预制桩的制作：

1) 混凝土预制桩的截面边长不应小于200mm；预应力混凝土预制桩的截面边长不宜小于350mm；预应力混凝土离心管桩的外径不宜小于300mm。

2) 预制桩的桩身配筋主筋直径不宜小于ϕ14，打入桩桩顶2～3d长度范围内箍筋应加密并设置钢筋网片；预应力混凝土预制桩宜优先采用后张法施加预应力。预应力钢筋宜选用冷拉Ⅲ级（HRB400）、Ⅳ级（HRB500）钢。

3) 预制桩的混凝土强度等级不宜低于C30，采用静压法沉桩时，可适当降低，但不宜低于C20，预应力混凝土桩的混凝土强度等级不宜低于C40，预制桩纵向钢筋的混凝土保护层厚度不宜小于30mm。

4) 预制桩的接头不宜超过两个，预应力管桩接头数量不宜超过四个。

5) 混凝土预制桩可以在工厂或施工现场预制，但预制场地必须平整、坚实。

6) 制桩模板可用木模板或钢模，必须保证平整牢靠，尺寸准确。

7) 钢筋骨架的主筋连接宜采用对焊或电弧焊，主筋接头配置在同一截面内的数量，应符合下列规定：

①当采用闪光对焊和电弧焊时，对于受拉钢筋，不得超过50%；

②相邻两根主筋接头截面的距离应大于35d_R（主筋直径），并不小于500mm。

③必须符合钢筋焊接及验收规程的要求。

8) 确定桩的单节长度时应符合下列规定：

①满足桩架的有效高度、制作场地条件、运输与装卸能力；

②应避免桩尖接近硬持力层或桩尖处于硬持力层中接桩。

9) 为防止桩顶击碎，浇筑预制桩的混凝土时，宜从桩顶开始浇筑，并应防止另一端的砂浆积聚过多。

10) 锤击预制桩，其粗骨料粒径宜为5～40mm。

11) 锤击预制桩，应在强度与龄期均达到要求后，方可锤击。

12) 重叠法制作预制桩时，应符合下列规定：

①桩与邻桩及底模之间的接触面不得粘连；

②上层桩或邻桩的浇筑，必须在下层桩或邻桩的混凝土达到设计强度的30%以后，方可进行；

③桩的重叠层数，视具体情况而定，不宜超过4层。

(2) 混凝土预制桩的起吊、运输和堆存。

1) 混凝土预制桩达到设计强度的70%方可起吊，达到100%才能运输。

2) 桩起吊时应采取相应措施，保持平稳，保护桩身质量。

3) 水平运输时，应做到桩身平稳放置，无大的振动，严禁在场地上以直接拖拉桩体方式代替装车运输。

4) 桩的堆存应符合下列规定：

①地面状况应满足平整、坚实的要求；

②垫木与吊点应保持在同一横断平面上，且各层垫木应上下对齐；

③堆放层数不宜超过四层。

（3）混凝土预制桩的接桩。

1）桩的连接方法有焊接、法兰接及硫磺胶泥锚接三种，前二种可用于各类土层；硫磺胶泥锚接适用于软土层，且对一级建筑桩基或承受拔力的桩宜慎重选用。

2）接桩材料应符合下列规定：

①焊接接桩：钢板宜用低碳钢，焊条宜用 E43；

②法兰接桩：钢板和螺栓宜用低碳钢；

③硫磺胶泥锚接桩：硫磺胶泥配合比应通过试验确定，其物理力学性能应符合表 2.6.6.2-2 的规定。

硫磺胶泥的主要物理力学性能指标　　**表 2.6.6.2-2**

物理性能	1. 热变性：60℃以内强度无明显变化；120℃变液态；140～145℃密度最大且和易性最好；170℃开始沸腾；超过 180℃开始焦化，且遇明火即燃烧。 2. 重度：2.28～2.32g/cm^3 3. 吸水率：0.12～0.24% 4. 弹性模量：5×10^{5}kPa 5. 耐酸性：常温下能耐盐酸、硫酸、磷酸、40%以下的硝酸、25%以下铬酸、中等浓度乳酸和醋酸
力学性能	1. 抗拉强度：4×10^{3}kPa 2. 抗压强度：4×10^{4}kPa 3. 握裹强度：与螺纹钢筋为 1.1×10^{4}kPa；与螺纹孔混凝土为 4×10^{3}kPa 4. 疲劳强度：对照混凝土的试验方法，当疲劳应力比值 P 为 0.38 时，疲劳修正系数 r>0.8

3）采用焊接接桩时，应先将四角点焊固定，然后对称焊接，并确保焊缝质量和设计尺寸。

4）为保证硫磺胶泥锚接桩质量，应做到：

①锚筋应刷清洁并调直；

②锚筋孔内应有完好螺纹，无积水、杂物和油污；

③接桩时接点的平面和锚筋孔内应灌满胶泥；

④灌注时间不得超过两分钟；

⑤灌注后停歇时间应符合表 2.6.6.2-3 的规定：

硫磺胶泥灌注后的停歇时间　　**表 2.6.6.2-3**

项次	桩断面（mm）	不同气温下的停歇时间（min）									
		0～10℃		11～20℃		21～30℃		31～40℃		41～50℃	
		打桩	压桩	打桩	压桩	打桩	压桩	打桩	压桩	打桩	压桩
1	400×400	6	4	8	5	10	7	13	9	17	12
2	450×450	10	6	12	7	14	9	17	11	21	14
3	500×500	13	—	15	—	18	—	21	—	24	—

⑥胶泥试块每班不得少于一组。

（4）混凝土预制桩的沉桩。

1）沉桩前必须处理架空（高压线）和地下障碍物，场地应平整，排水应畅通，并满足打桩所需的地面承载力。

2）桩锤的选用应根据地质条件、桩型、桩的密集程度、单桩竖向承载力及现有施工条件等决定，也可按表 2.6.6.2-4 执行。

锤重选择表 **表 2.6.6.2-4**

锤型			柴油锤（t）					
			20	25	35	45	60	72
锤的动力性能		冲击部分重（t）	2.0	2.5	3.5	4.5	6.0	7.2
		总重（t）	4.5	6.5	7.2	9.6	15.0	18.0
		冲击力（kN）	2000	2000～2500	2500～4000	4000～5000	5000～7000	7000～10000
		常用冲程（m）	1.8～2.3					
桩的截面尺寸		预制方桩、预应力管桩的边长或直径（cm）	25～35	35～40	40～45	45～50	50～55	55～60
		钢管桩直径（cm）	ϕ40			ϕ60	ϕ90	ϕ90～100
持力层	黏性土	一般进入深度（m）	1～2	1.5～2.5	2～3	2.5～3.5	3～4	3～5
	粉土	静力触探比贯入阻力 P 平均值（MPa）	3	4	5	＞5	＞5	＞5
持力层	砂土	一般进入深度（m）	0.5～1	0.5～1.5	1～2	1.5～2.5	2～3	2.5～3.5
		标准贯入击数 N（未修正）	15～25	20～30	30～40	40～45	40～50	50
锤的常用控制贯入度（cm/10击）			2～3			3～5	4～8	
设计单桩极限承载力（kN）			400～1200	800～1600	2500～4000	3000～5000	5000～7000	7000～10000

注：1. 本表仅供选锤用；
2. 本表适用于 20～60m 长预制钢筋混凝土桩及 40～60m 长钢管桩，且桩尖进入硬土层有一定深度。

3）桩打入时应符合下列规定：

①桩帽或送桩帽与桩周围的间隙应为 5～10mm；

②锤与桩帽，桩帽与桩之间应加设弹性衬垫，如硬木、麻袋、草垫等；

③桩锤、桩帽或送桩应和桩身在同一中心线上；

④桩插入时的垂直度偏差不得超过 0.5％。

4）打桩顺序应按下列规定执行：

①对于密集桩群，自中间向两个方向或向四周对称施打；

②当一侧毗邻建筑物时，由毗邻建筑物处向另一方面施打；

③根据基础的设计标高，宜先深后浅；

④根据桩的规格，宜先大后小，先长后短。

5）桩停止锤击的控制原则如下：

①桩端（指桩的全断面）位于一般土层时，以控制桩端设计标高为主，贯入度可作参考；

②桩端达到坚硬、硬塑的黏性土、中密以上粉土、砂土、碎石类土、风化岩时，以贯入度控制为主，桩端标高可作参考；

③贯入度已达到而桩端标高未达到时，应继续锤击 3 阵，按每阵 10 击的贯入度不大于设计规定的数值加以确认，必要时施工控制贯入度应通过试验与有关单位会商确定。

6）当遇到贯入度剧变，桩身突然发生倾斜、移位或有严重回弹，桩顶或桩身出现严重裂缝、破碎等情况时，应暂停打桩，并分析原因，采取相应措施。

7）当采用内（外）射水法沉桩时，应符合下列规定：

①水冲法打桩适用于砂土和碎石土；

②水冲至最后 1～2m 时，应停止射水，并用锤击至规定标高，停锤控制标准可按有关规定执行。

8）为避免或减小沉桩挤土效应和对邻近建筑物、地下管线等的影响，施打大面积密集桩群时，可采取下列辅助措施：

①预钻孔沉桩，孔径约比桩径（或方桩对角线）小 50～100mm，深度视桩距和土的密实度、渗透性而定，深度宜为桩长的 1/3～1/2，施工时应随钻随打；桩架宜具备钻孔锤击双重性能；

②设置袋装砂井或塑料排水板，以消除部分超孔隙水压力，减少挤土现象。袋装砂井直径一般为 70～80mm，间距 1～1.5m，深度 10～12m；塑料排水板，深度、间距与袋装砂井相同；

③设置隔离板桩或地下连续墙；

④开挖地面防震沟可消除部分地面震动，可与其他措施结合使用，沟宽 0.5～0.8m，深度按土质情况以边坡能自立为准；

⑤限制打桩速率；

⑥沉桩过程应加强邻近建筑物，地下管线等的观测、监护。

9）静力压桩适用于软弱土层，当存在厚度大于 2m 的中密以上砂夹层时，不宜采用静力压桩。静力压桩应符合下列规定：

①压桩机应根据土质情况配足额定重量；

②桩帽、桩身和送桩的中心线应重合；

③节点处理应符合桩基规范确定桩的单节长度时的有关规定及混凝土预制桩接桩的规定；

④压同一根（节）桩应缩短停顿时间。

10）为减小静力压桩的挤土效应，可按本规范选择适当措施。

11）桩位允许偏差，应符合表 2.6.6.2-5 规定。

12）按标高控制的桩，桩顶标高的允许偏差为－50～＋100mm。

13）斜桩倾斜度的偏差，不得大于倾斜角正切值的 15％。

注：倾斜角系指桩纵向中心线与铅垂线的夹角。

（5）预制桩施工必须严格按操作工艺执行。诸如桩机就位、预制桩体起吊、稳桩、桩侧或桩架标尺设置、执行打桩原则（如落距、锤重选择、打桩顺序、标高、贯入度控制等）、接桩原则（如焊接接桩、预埋件表面清理、上下节之间缝隙用铁片垫实焊牢；接桩距地面的位置、外露铁件防腐；硫磺胶泥接桩等）、送桩、中间检验、移动桩机等，应认真做好记录。具此完成施工资料的编制。

预制桩（钢桩）位置的允许偏差 **表 2.6.6.2-5**

序 号	项 目	允许偏差（mm）
1	单排或双排桩条形桩基	
	（1）垂直于条形桩基纵轴方向	100
	（2）平行于条形桩基纵轴方向	150
2	桩数为 1～3 根桩基中的桩	100
3	桩数为 4～16 根桩基中的桩	1/3 桩径或 1/3 边长
4	桩数大于 16 根桩基中的桩	
	（1）最外边的桩	1/3 桩径或 1/3 边长
	（2）中间桩	1/2 桩径或 1/2 边长

注：由于降水、基坑开挖和送桩深度超过 2m 等原因产生的位移偏差不在此表内。

（6）应提供的施工技术资料

1）预制桩：预制桩出厂合格证、材料出厂合格证和试验报告、不同桩位的测量放线定位图、施工组织设计、预制桩检查记录等资料，提供齐全的为符合要求。

2）钢管桩：钢管桩出厂合格证、材料出厂合格证和试验报告、不同桩位的测量放线定位图、施工组织设计、钢管桩检查记录等资料，提供齐全的为符合要求。

现场记录的原件由施工单位保存，以备查。

（7）表列子项

1）工程名称：按施工企业和建设单位签订的施工合同的工程名称或图注的工程名称，照实际填写。

2）桩号：指施工单位按施工图设计布置的桩位进行的桩的编号。

3）桩机型号：指沉桩采用的打桩机的型号。

4）施工单位：指建设与施工单位合同书中的施工单位，填写合同书中定名的施工单位名称。

5）设计桩尖标高（m）：指施工图设计标注的桩尖标高，以 m 计。

6）设计最后 50cm 贯入度（cm/次数）：指施工图设计规定的设计最后 50cm 贯入度，以 cm/次数计。

7）接桩型式：指长桩施工时，桩与桩的连接型式，如焊接、硫磺胶泥及其他等，照实际填写。

8）桩锤重量（t）：指沉桩采用的打桩机的桩锤重量。

9）停打桩尖标高（m）：指沉桩停止后的桩尖标高，按实际沉桩停打后的桩尖标高填写。

10）桩断面尺寸及长度（cm）：按施工图设计的桩的断面尺寸及长度填写。

11）桩号：指施工图设计图注的桩号。

12）桩位：指施工图设计图注的桩位。

13）每阵锤击次数：指预制桩施打过程中每米入土的锤击次数记录。

14）每阵打入深度（m）：

15）每阵平均贯入度（cm/次）：

16）累计贯入度（cm/次）：

17）累计次数：

18）最后 50cm 锤击次数：

19）最后 50cm 贯入度（cm/次）：

注：一般指贯入度已达到，而桩尖标高尚未达到时，应继续锤击 3 阵，其每阵实际的平均贯入度为最后贯入度。振动沉桩时，按最后 3 次振动（加压）每次 10min 或 5min，测出每分钟的平均贯入度为最后贯入度。以不大于设计规定的数据为合格。

20）参加人员：

①监理（建设）单位：指监理单位的专业监理工程师，签字有效。当不委托监理时由建设单位的项目负责人签字。

②施工单位：指与该工程签订施工合同的法人施工单位。

③专业技术负责人：指施工单位的项目经理部级的专业技术负责人，签字有效。

④质检员：负责该单位工程项目经理部级的专职质检员，签字有效。

⑤工长：指该项工程的施工工长。

⑥记录：参与打桩的记录人、填写记录人姓名。

2.6.6.3 钻孔桩记录汇总表

1. 资料表式

钻孔桩记录汇总表

工程名称：

序号	墩（台）号	设计直径（m）	终孔直径（m）	设计孔底标高（m）	终孔孔底标高（m）	灌注前孔底标高（m）	备　注（有变更的要注明）
附图：桩平面位置偏差图示　　参照设计图纸编号：（　　　　）							

施工项目技术负责人：　　　　审核：　　　　填表：　　　　年　　月　　日

2. 资料要求

(1) 钻孔桩记录汇总表应按施工过程中依序形成的钻孔桩按经核查后的全部钻孔桩逐一汇总不得缺漏。

(2) 钻孔桩记录汇总内容：钻孔桩数量、墩（台）号、桩号、设计直径、终孔直径、设计孔底标高和终孔孔底标高汇总齐全为符合要求，否则为不符合要求。

(3) 应附有桩的平面位置图，不附图的为不符合要求。

(4) 每一类型的钻孔（挖孔）桩的施工记录，汇总统计中应查阅必须同时具有：钻孔桩钻进记录；成孔质量检查记录；桩混凝土灌注记录。

3. 实施要点

(1) 钻孔桩记录汇总表是钻孔桩成孔完成并进行质量检查后进行的钻孔桩记录的汇总。应按钻孔桩施工图设计的墩（台）号和桩号按施工序列逐一进行汇总，不得缺漏。

(2) 钻孔桩记录汇总时对终孔直径和终孔孔底标高应进行严格复查，以确保桩径和桩长。汇总中发现的三类桩应经技术负责人签批确认，以保证桩体质量。

(3) 表列子项：

1) 工程名称：按施工企业和建设单位签订的施工合同中的工程名称或图注的工程名称，照实际填写。

2) 序号：指钻孔桩记录汇总表的序号。

3) 墩（台）号：按施工图设计图注的墩（台）编号填写。

4) 设计直径（m）：指钻孔桩的桩孔的设计直径。

5) 终孔直径（m）：指钻孔桩的桩孔施工成孔完成后的直径。

6) 设计孔底标高（m）：指钻孔桩的桩孔的设计孔底标高。

7) 终孔孔底标高（m）：指钻孔桩的桩孔施工成孔完成后的孔底标高。

8) 灌注前孔底标高（m）：指钻孔桩的桩孔施工成孔完成后浇筑桩体材料前实测的孔底标高。

9) 备注（有变更的要注明）：其他需要说明的事宜。

10) 附图：绘制桩的平面位置偏差图示，参照设计图纸编号。

2.6.6.4 钻孔桩钻进记录(冲击钻)

1. 资料表式

钻孔桩钻进记录(冲击钻) 表 2.6.6.4-1

工程名称： 施工单位：

墩(台)号		桩位编号		桩 径 (mm)		地面标高 (m)		设计桩尖标高 (m)	
护筒长度 (m)		护筒顶标高 (m)		护筒埋置深度 (m)		钻头型式直径 (m)		钻头质量 (kg)	

时间					共计 (h)	工作内容	冲程 (m)	冲击次数 (次/min)	钻进深度(m)		孔位偏差(mm)			孔底标高 (m)	孔内水位 (m)	备注
年 月 日	起		止						本次	累计	后	左	右			
	时	分	时	分												
钻孔中出现的问题及处理方法																

参加人员	监理(建设)单位	施工单位			
		施工项目技术负责人	专职质检员	工长	记录

2. 资料要求

(1) 钻孔桩钻进应有现场记录，原件由施工单位保存，以备查。

(2) 钻孔桩钻进的直径、桩长均应满足设计要求。

(3) 按要求填写齐全、正确为符合要求，不按要求填写、子项不全、涂改原始记录以及后补者为不符合要求。

(4) 责任制签章齐全为符合要求，否则为不符合要求。

3. 实施要点

冲击钻成孔灌注桩

(1) 冲击钻成孔施工法是采用冲击钻机或卷扬机带动一定重量的冲击钻头，在一定的高度内使钻头提升，然后突放使钻头自由降落，利用冲击功能冲挤土层或破碎岩层形成桩孔，再用淘渣筒或其他方法将钻渣岩屑排出。每次冲击之后，冲击钻头在钢钻绳转向装置带动下转动一定的角度，从而使桩孔得到规则的圆形断面。在旋转式钻机无法采用时，是惟一可行的施工机械。

(2) 冲击钻成孔适用于填土层、黏土层、粉土层、淤泥层、砂土层和碎石土层；也适用于砾卵石层、岩溶发育岩层和裂隙发育的地层施工，而后者常常是回转钻进和其他钻进方法施工困难的地层。

桩孔直径通常为600～1500mm，最大可达2500mm；钻孔深度一般为50m左右，某些情况下可超过100m。

(3) 灌注桩施工综合说明

1) 灌注桩施工应具备下列资料：

①建筑物场地工程地质资料和必要的水文地质资料；

②桩基工程施工图（包括同一单位工程中所有的桩基础）及图纸会审纪要；

③施工场地和邻近区域内的地下管线（管道、电缆）、地下构筑物、危房、精密仪器车间等的调查资料；

④主要施工机械及其配套设备的技术性能资料；

⑤桩基工程的施工组织设计或施工方案；

⑥水泥、砂、石、钢筋等原材料及其制品的质量测试报告；

⑦有关荷载、施工工艺的试验参考资料。

2) 施工组织设计的质量管理措施与内容：

①施工平面图：标明桩位、编号、施工顺序、水电线路和临时设施的位置；采用泥浆护壁成孔时，应标明泥浆制备设施及其循环系统；

②确定成孔机械、配套设备以及合理施工工艺的有关资料，泥浆护壁灌注桩必须有泥浆处理措施；

③施工作业计划和劳动力组织计划；

④机械设备、备（配）件、工具（包括质量检查工具）、材料供应计划；

⑤桩基施工时，对安全、劳动保护、防火、防雨、防台风、爆破作业、文物和环境保护等方面应按有关规定执行；

⑥保证工程质量、安全生产和季节性（冬、雨季）施工的技术措施等。

3) 成桩机械必须经鉴定合格，不合格机械不得使用。

4）施工前应组织图纸会审，会审纪要连同施工图等作为施工依据并列入工程档案。

5）桩基施工用的临时设施，如供水、供电、道路、排水、临设房屋等，必须在开工前准备就绪，施工场地应进行平整处理，以保证施工机械正常作业。

6）基桩轴线的控制点和水准基点应设在不受施工影响的地方。开工前，经复核后应妥善保护，施工中应经常复测。

7）成孔设备就位后，必须平正、稳固，确保在施工中不发生倾斜、移动。为准确控制成孔深度，在桩架或桩管上应设置控制深度的标尺，以便在施工中进行观测记录。

8）成孔的控制深度应符合下列要求：

①摩擦型桩：摩擦桩以设计桩长控制成孔深度；端承摩擦桩必须保证设计桩长及桩端进入持力层深度；当采用锤击沉管法成孔时，桩管入土深度控制以标高为主，以贯入度控制为辅；

②端承型桩：当采用钻（冲）、挖掘成孔时，必须保证桩孔进入设计持力层的深度；当采用锤击沉管法成孔时，沉管深度控制以贯入度为主，设计持力层标高对照为辅。

9）灌注桩成孔施工的允许偏差应满足表 2.6.6.4-2 的要求。

灌注桩施工允许偏差　　　　表 2.6.6.4-2

序号	成孔方法		桩径偏差（mm）	垂直度允许偏差（%）	桩位允许偏差（mm）	
					单桩、条形桩基沿垂直轴线方向和群桩基础中的边桩	条形桩基沿轴线方向和群桩基础中间桩
1	泥浆护壁冲（钻）孔桩	d≤1000mm	−0.1d 且 ≤−50	1	d/6 且不大于 100	d/4 且不大于 150
		d>1000mm	−50		100+0.01H	150+0.01H
2	锤击（振动）沉管、振动冲击沉管成孔	d≤500mm	−20	1	70	150
		d>500mm			100	150
3	螺旋钻、机动洛阳铲钻孔扩底		−20	1	70	150
4	人工挖孔桩	现浇混凝土护壁	±50	0.5	50	150
		长钢套管护壁	±20	1	100	200

注：1. 桩径允许偏差的负值是指个别断面；
2. 采用复打、反插法施工的桩径允许偏差不受本表限制；
3. H 为施工现场地面标高与桩顶设计标高的距离；d 为设计桩径。

10）钢筋笼除符合设计要求外，尚应符合下列规定：

①钢筋笼的制作允许偏差见表 2.6.6.4-3；

钢筋笼制作允许偏差　　　　表 2.6.6.4-3

项　次	项　　　目	允许偏差（mm）
1	主筋间距	±10
2	箍筋间距或螺旋筋螺距	±20
3	钢筋笼直径	±10
4	钢筋笼长度	±50

②分段制作的钢筋笼，其接头宜采用焊接；

③主筋净距必须大于混凝土粗骨料粒径3倍以上；

④加劲箍宜设在主筋外侧，主筋一般不设弯钩，根据施工工艺要求所设弯钩不得向内圆伸露，以免妨碍导管工作；

⑤钢筋笼的内径应比导管接头处外径大100mm以上；

⑥搬运和吊装时，应防止变形，安放要对准孔位，避免碰撞孔壁，就位后应立即固定；

11）粗骨料可选用卵石或碎石，其最大粒径对于沉管灌注桩不宜大于50mm，并不得大于钢筋间最小净距的1/3；对于素混凝土桩，不得大于桩径的1/4，并不宜大于70mm。

12）检查成孔质量合格后应尽快浇筑混凝土。桩身混凝土必须留有试件，直径大于1m的桩，每根桩应有1组试块，且每个浇筑台班不得少于1组，每组3件。

13）为核对地质资料、检验设备、工艺以及技术要求是否适宜，桩在施工前，宜进行“试成孔”。

（4）冲击成孔灌注桩的施工

①在钻头锥顶和提升钢丝绳之间应设置保证钻头自转向的装置，以防产生梅花孔。

②冲孔桩的孔口应设置护筒，其内径应大于钻头直径200mm，护筒应按泥浆护壁灌注桩有关规定设置。

③泥浆应按表2.6.6.4-2的有关规定执行。

④冲击成孔应符合下列规定：

a. 开孔时，应低锤密击，如表土为淤泥、细砂等软弱土层，可加黏土块夹小片石反复冲击造壁，孔内泥浆面应保持稳定。

b. 在各种不同的土层、岩层中钻进时，可按照表2.6.6.4-4进行。

冲击成孔操作要点 **表2.6.6.4-4**

项 目	操作要点	备 注
在护筒刃脚以下2m以内	小冲程1m左右，泥浆比重1.2～1.5，软弱层投入黏土块夹小片石	土层不好时提高泥浆比重或加黏土块
黏性土层	中、小冲程1～2m，泵入清水或稀泥浆，经常清除钻头上的泥块	防粘钻可投入碎砖石
粉砂或中粗砂层	中冲程2～3m，泥浆比重1.2～1.5，投入黏土块，勤冲勤掏碴	
砂卵石层	中、高冲程2～4m，泥浆比重1.3左右，勤掏碴	
软弱土层或塌孔回填重钻	小冲程反复冲击，加黏土块夹小片石，泥浆比重1.3～1.5	

c. 进入基岩后，应低锤冲击或间断冲击，如发现偏孔应回填片石至偏孔上方300mm～500mm处，然后重新冲孔。

d. 遇到孤石时，可预爆或用高低冲程交替冲击，将大孤石击碎或挤入孔壁。

e. 必须采取有效的技术措施，以防扰动孔壁造成塌孔、扩孔、卡钻和掉钻。

f. 每钻进 4～5m 深度验孔一次，在更换钻头前或容易缩孔处，均应验孔。

g. 进入基岩后，每钻进 100～500mm 应清孔取样一次（非桩端持力层为 300～500mm；桩端持力层为 100～300mm）以备终孔验收。

⑤排碴可采用泥浆循环或抽碴筒等方法，如用抽碴筒排碴应及时补给泥浆。

⑥冲孔中遇到斜孔、弯孔、梅花孔、塌孔，护筒周围冒浆等情况时，应停止施工，采取措施后再行施工。

⑦大直径桩孔可分级成孔，第一级成孔直径为设计桩径的 0.6～0.8 倍。

⑧清孔应按下列规定进行：

a. 不易坍孔的桩孔，可用空气吸泥清孔；

b. 稳定性差的孔壁应用泥浆循环或抽碴筒排碴，清孔后浇筑混凝土之前的泥浆指标应符合规定；

c. 清孔时，孔内泥浆面应符合规定；

d. 浇筑混凝土前，孔底沉碴允许厚度应按规定执行。

（5）灌注桩施工注意事项

①灌注桩施工中，应采取有效措施，防止断桩、缩颈、离析、桩斜、偏位、桩不到位或出现混凝土强度等级不足等情况发生。布桩密集时应采取措施，预防挤土效应的不利影响。

②灌注桩各工序应连续施工。钢筋笼放入泥浆后 4h 内必须灌注混凝土。

③灌注桩的实际浇筑混凝土量不得小于计算体积。

④沉管灌注桩的预制桩尖的轴线应与桩管中心重合。在测得混凝土确已流出桩管后，方能继续拔管；管内应保持不少于 2m 高的混凝土。

⑤灌注桩凿去浮浆后的桩顶混凝土强度等级必须符合设计要求。

⑥灌注桩成桩后，应按混凝土及钢筋混凝土灌注桩分项工程质量检验评定表要求进行验评，并应符合有关标准要求。

（6）桩基工程质量检查及验收

灌注桩的成桩质量检查主要包括成孔及清孔、钢筋笼制作及安放、混凝土拌制及灌注等三个工序过程的质量检查。

1）混凝土拌制应对原材料质量与计量、混凝土配合比、坍落度、混凝土强度等级等进行检查；

2）钢筋笼制作应对钢筋规格、焊条规格、品种、焊口规格、焊缝长度、焊缝外观和质量、主筋和箍筋的制作偏差等进行检查；

3）在灌注混凝土前，应严格按照灌注桩施工的有关质量要求对已成孔的中心位置、孔深、孔径、垂直度、孔底沉渣厚度、钢筋笼安放的实际位置等进行认真检查，并填写相应质量检查记录。

（7）单桩承载力检测

1）为确保实际单桩竖向极限承载力标准值达到设计要求，应根据工程重要性、地质条件、设计要求及工程施工情况进行单桩静载荷试验或可靠的动力试验。

2）下列情况之一的桩基工程，应采用静载试验对工程桩单桩竖向承载力进行检测，检测桩数“采用现场载荷载试验测桩数量”的规定执行。

①工程桩施工前未进行单桩静载试验的一级建筑桩基；

②工程桩施工前未进行单桩静载试验，且有下列情况之一者：地质条件复杂、桩的施工质量可靠性低、确定单桩竖向承载力的可靠性低、桩数多的二级建筑桩基。

3）下列情况之一的桩基工程，可采用可靠的动测法对工程桩单桩竖向承载力进行检测。

①工程桩施工前已进行单桩静载试验的一级建筑桩基；

②属于（7）单桩承载力检测 2）中的②规定范围外的二级建筑桩基；

③三级建筑桩基；

④一、二级建筑桩基静载试验检测的辅助检测。

（8）基桩及承台工程验收资料

1）当桩顶设计标高与施工场地标高相近时，桩基工程的验收应待成桩完毕后验收；当桩顶设计标高低于施工场地标高时，应待开挖到设计标高后进行验收。

2）基桩验收应包括下列资料：

①工程地质勘察报告、桩基施工图、图纸会审纪要、设计变更单及材料代用通知单等；

②经审定的施工组织设计、施工方案及执行中的变更情况；

③桩位测量放线图，包括工程桩位线复核签证单；

④成桩质量检查报告；

⑤单桩承载力检测报告；

⑥基坑挖至设计标高的基桩竣工平面图及桩顶标高图。

3）承台工程验收时应包括下列资料：

①承台钢筋、混凝土的施工与检查记录；

②桩头与承台的锚筋、边桩离承台边缘距离、承台钢筋保护层记录；

③承台厚度、长宽记录及外观情况描述等。

（9）核查要点

1）灌注桩的成孔深度必须符合设计要求，沉渣厚度应视是以摩擦力为主或是以端承力为主的桩。分别严禁大于 300mm 或 100mm，实际浇筑混凝土量严禁小于计算体积。套管成孔桩任意一段平均直径与设计直径之比严禁小于 1。

2）桩基施工完，必须提供按设计要求或规范规定的单桩静力试验或动力测试及其他检测记录。对于一级建筑物，应查验现场静荷载试验记录，在同一条件下的试桩数量不宜少于总桩数 1%且不少于 3 根。

3）经测试单桩承载力和施工质量达不到设计要求，或是在打桩过程中发现贯入度剧变、桩身突然发生倾斜位移、严重回弹、桩身严重裂缝、桩击碎或泥浆护壁成孔时发生斜孔、弯孔、缩孔和塌孔、沿护筒周围冒浆、地面沉陷等异常情况者，应有技术鉴定和采取的技术措施和补桩等处理记录，并经设计、建设、监理、施工四方复验签证。

2.6.6.5　钻孔桩钻进记录(旋转钻)

1. 资料表式

钻孔桩钻进记录(旋转钻)　　表 2.6.6.5-1

施工单位：

<table>
<tr><td colspan="3">工程名称</td><td colspan="6"></td><td colspan="3">墩(台)号</td><td colspan="3"></td><td colspan="3">桩位编号</td><td colspan="3"></td><td colspan="3"></td></tr>
<tr><td colspan="3">地面标高
(m)</td><td colspan="3"></td><td colspan="3">孔外水位
标高(m)</td><td colspan="3"></td><td colspan="2">护筒顶标高
(m)</td><td colspan="2"></td><td colspan="2">护筒底
标高(m)</td><td colspan="2"></td><td colspan="2">孔筒埋深
(m)</td><td colspan="2"></td></tr>
<tr><td colspan="4">钻机类型及编号(m)</td><td colspan="4"></td><td colspan="4">钻头类型及编号</td><td colspan="3"></td><td colspan="2">桩径(m)</td><td colspan="2"></td><td colspan="3">桩尖设计标高(m)</td><td colspan="2"></td></tr>
<tr><td rowspan="3">年　月　日</td><td colspan="5">时　间</td><td rowspan="3">工作
内容</td><td colspan="5">钻进深度(m)</td><td rowspan="3">孔底
标高
(m)</td><td rowspan="3">孔
斜
度</td><td colspan="4">孔位偏差(mm)</td><td rowspan="3">地质
情况</td><td colspan="4">泥　浆</td><td rowspan="3">其他</td></tr>
<tr><td colspan="2">起</td><td colspan="2">止</td><td rowspan="2">共计
(小时)</td><td rowspan="2">钻杆
长度</td><td rowspan="2">起钻
读数</td><td rowspan="2">停钻
读数</td><td rowspan="2">本次
进尺</td><td rowspan="2">累计
进尺</td><td rowspan="2">前</td><td rowspan="2">后</td><td rowspan="2">左</td><td rowspan="2">右</td><td colspan="2">比重</td><td colspan="2">粘度</td></tr>
<tr><td>时</td><td>分</td><td>时</td><td>分</td><td>进</td><td>出</td><td>进</td><td>出</td></tr>
<tr><td></td><td></td><td></td><td></td><td></td><td></td><td></td><td></td><td></td><td></td><td></td><td></td><td></td><td></td><td></td><td></td><td></td><td></td><td></td><td></td><td></td><td></td><td></td><td></td></tr>
<tr><td></td><td></td><td></td><td></td><td></td><td></td><td></td><td></td><td></td><td></td><td></td><td></td><td></td><td></td><td></td><td></td><td></td><td></td><td></td><td></td><td></td><td></td><td></td><td></td></tr>
<tr><td></td><td></td><td></td><td></td><td></td><td></td><td></td><td></td><td></td><td></td><td></td><td></td><td></td><td></td><td></td><td></td><td></td><td></td><td></td><td></td><td></td><td></td><td></td><td></td></tr>
<tr><td></td><td></td><td></td><td></td><td></td><td></td><td></td><td></td><td></td><td></td><td></td><td></td><td></td><td></td><td></td><td></td><td></td><td></td><td></td><td></td><td></td><td></td><td></td><td></td></tr>
<tr><td></td><td></td><td></td><td></td><td></td><td></td><td></td><td></td><td></td><td></td><td></td><td></td><td></td><td></td><td></td><td></td><td></td><td></td><td></td><td></td><td></td><td></td><td></td><td></td></tr>
<tr><td></td><td></td><td></td><td></td><td></td><td></td><td></td><td></td><td></td><td></td><td></td><td></td><td></td><td></td><td></td><td></td><td></td><td></td><td></td><td></td><td></td><td></td><td></td><td></td></tr>
<tr><td></td><td></td><td></td><td></td><td></td><td></td><td></td><td></td><td></td><td></td><td></td><td></td><td></td><td></td><td></td><td></td><td></td><td></td><td></td><td></td><td></td><td></td><td></td><td></td></tr>
<tr><td></td><td></td><td></td><td></td><td></td><td></td><td></td><td></td><td></td><td></td><td></td><td></td><td></td><td></td><td></td><td></td><td></td><td></td><td></td><td></td><td></td><td></td><td></td><td></td></tr>
<tr><td colspan="4">钻孔中出现的
问题及处理方法</td><td colspan="20"></td></tr>
<tr><td rowspan="3">参
加
人
员</td><td colspan="6">监理(建设)单位</td><td colspan="17">施　工　单　位</td></tr>
<tr><td colspan="6" rowspan="2"></td><td colspan="5">施工项目技术负责人</td><td colspan="4">专职质检员</td><td colspan="4">工　长</td><td colspan="4">记　录</td></tr>
<tr><td colspan="5"></td><td colspan="4"></td><td colspan="4"></td><td colspan="4"></td></tr>
</table>

2. 资料要求

(1) 钻孔桩钻进应有现场记录，原件由施工单位保存，以备查。

(2) 钻孔桩钻进的直径、桩长均应满足设计要求。

(3) 按要求填写齐全正确为符合要求，不按要求填写子项不全、涂改原始记录以及后补者为不符合要求。

(4) 责任制签章齐全为符合要求，否则为不符合要求。

3. 实施要点

钻孔桩钻进记录（旋转钻）是指灌注桩工程施工过程中，按规范要求进行的施工过程记录。

(1) 灌注桩施工综合说明

1) 灌注桩施工应具备下列资料：

①建筑物场地工程地质资料和必要的水文地质资料；

②桩基工程施工图（包括同一单位工程中所有的桩基础）及图纸会审纪要；

③建筑场地和邻近区域内的地下管线（管道、电缆）、地下构筑物、危房、精密仪器车间等的调查资料；

④主要施工机械及其配套设备的技术性能资料；

⑤桩基工程的施工组织设计或施工方案；

⑥水泥、砂、石、钢筋等原材料及其制品的质检报告；

⑦有关荷载、施工工艺的试验参考资料。

2) 施工组织设计的质量管理措施与内容：

①施工平面图：标明桩位、编号、施工顺序、水电线路和临时设施的位置；采用泥浆护壁成孔时，应标明泥浆制备设施及其循环系统；

②确定成孔机械、配套设备以及合理施工工艺的有关资料，泥浆护壁灌注桩必须有泥浆处理措施；

③施工作业计划和劳动力组织计划；

④机械设备、备（配）件、工具（包括质量检查工具）、材料供应计划；

⑤桩基施工时，对安全、劳动保护、防火、防雨、防台风、爆破作业、文物和环境保护等方面应按有关规定执行；

⑥保证工程质量、安全生产和季节性（冬、雨期）施工的技术措施。

3) 成桩机械必须经鉴定合格，不合格机械不得使用。

4) 施工前应组织图纸会审，会审纪要连同施工图等作为施工依据并列入工程档案。

5) 桩基施工用的临时设施，如供水、供电、道路、排水、临设房屋等，必须在开工前准备就绪，施工场地应进行平整处理，以保证施工机械正常作业。

6) 基桩轴线的控制点和水准基点应设在不受施工影响的地方。开工前，经复核后应妥善保护，施工中应经常复测。

7) 成孔设备就位后，必须平正、稳固，确保在施工中不发生倾斜、移动。为准确控制成孔深度，在桩架或桩管上应设置控制深度的标尺，以便在施工中进行观测记录。

8) 成孔的控制深度应符合下列要求：

①摩擦型桩：摩擦桩以设计桩长控制成孔深度；端承摩擦桩必须保证设计桩长及桩端

进入持力层深度；当采用锤击沉管法成孔时，桩管入土深度控制以标高为主，以贯入度控制为辅；

②端承型桩：当采用钻（冲）、挖掘成孔时，必须保证桩孔进入设计持力层的深度；当采用锤击沉管法成孔时，沉管深度控制以贯入度为主，设计持力层标高对照为辅。

9）钢筋笼除符合设计要求外，尚应符合下列规定：

①钢筋笼的制作允许偏差见表 2.6.6.5-2；

钢筋笼制作允许偏差　　**表 2.6.6.5-2**

项　次	项　　目	允许偏差（mm）
1	主筋间距	±10
2	箍筋间距或螺旋筋螺距	±20
3	钢筋笼直径	±10
4	钢筋笼长度	±50

②分段制作的钢筋笼，其接头宜采用焊接并应遵守《混凝土结构工程施工及验收规范》(GB 50204)；

③主筋净距必须大于混凝土粗骨料粒径 3 倍以上；

④加劲箍宜设在主筋外侧，主筋一般不设弯钩，根据施工工艺要求所设弯钩不得向内圆伸露，以免妨碍导管工作；

⑤钢筋笼的内径应比导管接头处外径大 100mm 以上；

⑥搬运和吊装时，应防止变形，安放要对准孔位，避免碰撞孔壁，就位后应立即固定。

10）粗骨料可选用卵石或碎石，其最大粒径对于沉管灌注桩不宜大于 50mm，并不得大于钢筋间最小净距的 1/3；对于素混凝土桩，不得大于桩径的 1/4，并不宜大于 70mm。

11）检查成孔质量合格后应尽快浇筑混凝土。桩身混凝土必须留有试件，直径大于 1m 的桩，每根桩应有 1 组试块，且每个浇筑台班不得少于 1 组，每组 3 件。

12）为核对地质资料、检验设备、工艺以及技术要求是否适宜，桩在施工前，宜进行“试成孔”。

(2) 钻孔桩钻进（旋转钻）成孔灌注桩

1）泥浆的制备和处理

①除能自行造浆的土层外，均应制备泥浆。泥浆制备应选用高塑性黏土或膨润土。拌制泥浆应根据施工机械、工艺及穿越土层进行配合比设计。膨润土泥浆可按表 2.6.6.5-3 的性能指标制备。

制备泥浆的性能指标　　**表 2.6.6.5-3**

项　次	项　目	性　能　指　标	检　验　方　法
1	比重	1.1～1.15	泥浆比重计
2	粘度	10～25s	50000/70000 漏斗法
3	含砂率	＜6%	
4	胶体率	＞95%	量杯法
5	失水量	＜30mL/30min	失水量仪
6	泥皮厚度	1～3mm/30min	失水量仪

续表

项次	项目	性能指标	检验方法
7	静切力	1min20～30mg/cm^2 10min50～100mg/cm^2	静切力计
8	稳定性	<0.03g/cm^2	
9	pH值	7～9	pH试纸

②泥浆护壁应符合下列规定：施工期间护筒内的泥浆面应高出地下水位1.0m以上，在受水位涨落影响时，泥浆面应高出最高水位1.5m以上；在清孔过程中，应不断置换泥浆，直至浇筑水下混凝土；浇筑混凝土前，孔底500mm以内的泥浆比重应小于1.25；含砂率≤8%；粘度≤28s；在容易产生泥浆渗漏的土层中应采取维持孔壁稳定的措施。

2）正反循环钻孔灌注桩的施工

①钻孔机具及工艺的选择，应根据桩型、钻孔深度、土层情况、泥浆排放及处理等条件综合确定。对孔深大于30m的端承型桩，宜采用反循环工艺成孔或清孔。

②泥浆护壁成孔时，宜采用孔口护筒，护筒应按下列规定设置：

a. 护筒有定位、保护孔口和维持液（水）位高差等重要作用，可以采用打埋或抗埋等设置方法。护筒埋设应准确、稳定，护筒中心与桩位中心的偏差不得大于50mm；

b. 护筒一般用4～8mm钢板制作，其内径应大于钻头直径100mm，其上部宜开设1～2溢浆孔；

c. 护筒的埋设深度：在黏性土中不宜小于1.0m；砂土中不宜小于1.5m；其高度尚应满足孔内泥浆面高度的要求；

d. 受水位涨落影响或水下施工的钻孔灌注桩，护筒应加高加深，必要时应打入不透水层。

③在松软土层中钻进，应根据泥浆补给情况控制钻进速度；在硬层或岩层中的钻进速度以钻机不发生跳动为准。

④为了保证钻孔的垂直度，钻机设置的导向装置应符合下列规定：

a. 潜水钻的钻头上应有不小于3倍直径长度的导向装置；

b. 利用钻杆加压的正循环回转钻机，在钻具中应加设扶正器。

⑤钻进过程中如发生斜孔、塌孔和护筒周围冒浆时，应停钻。待采取相应措施后再行钻进。

⑥钻孔达到设计深度，清孔应符合下列规定：

a. 泥浆指标参照表2.6.6.5-3执行。

b. 灌注混凝土之前，孔底沉碴厚度指标为：端承桩≤50mm；摩擦端承、端承摩擦桩≤100mm；摩擦桩≤300mm。

（3）桩基工程质量检查及验收

1）灌注桩的成桩质量检查主要包括成孔及清孔、钢筋笼制作及安放、混凝土搅制及灌注等三个工序过程的质量检查。

①混凝土搅制应对原材料质量与计量、混凝土配合比、坍落度、混凝土强度等级等进行检查；

②钢筋笼制作应对钢筋规格、焊条规格、品种、焊口规格、焊缝长度、焊缝外观和质量、主筋和箍筋的制作偏差等进行检查；

③在灌注混凝土前，应严格按照灌注桩施工的有关质量要求对已成孔的中心位置、孔深、孔径、垂直度、孔底沉渣厚度、钢筋笼安放的实际位置等进行认真检查，并填写相应质量检查记录。

2）对于一级建筑桩基和地质条件复杂或成桩质量可靠性较低的桩基工程，应进行成桩质量检测。检测方法可采用可靠的动测法，对于大直径桩还可采取钻取岩芯、预埋管超声检测法；检测数量根据具体情况由设计确定。

（4）单桩承载力检测

1）为确保实际单桩竖向极限承载力标准值达到设计要求，应根据工程重要性、地质条件、设计要求及工程施工情况进行单桩静载荷试验或可靠的动力试验。

2）下列情况之一的桩基工程，应采用静载试验对工程桩单桩竖向承载力进行检测，检测桩数"采用现场载荷载试验测桩数量"的规定执行。

①工程桩施工前未进行单桩静载试验的一级建筑桩基；

②工程桩施工前未进行单桩静载试验，且有下列情况之一者：地质条件复杂、桩的施工质量可靠性低、确定单桩竖向承载力的可靠性低、桩数多的二级建筑桩基。

3）下列情况之一的桩基工程，可采用可靠的动测法对工程桩单桩竖向承载力进行检测。

①工程桩施工前已进行单桩静载试验的一级建筑桩基；

②属于（4）单桩承载力检测 2）中的②规定范围外的二级建筑桩基；

③三级建筑桩基；

④一、二级建筑桩基静载试验检测的辅助检测。

（5）基桩及承台工程验收资料

1）当桩顶设计标高与施工场地标高相近时，桩基工程的验收应待成桩完毕后验收；当桩顶设计标高低于施工场地标高时，应待开挖到设计标高后进行验收。

2）基桩验收应包括下列资料：

①工程地质勘察报告、桩基施工图、图纸会审纪要、设计变更单及材料代用通知单等；

②经审定的施工组织设计、施工方案及执行中的变更情况；

③桩位测量放线图，包括工程桩位线复核签证单；

④成桩质量检查报告；

⑤单桩承载力检测报告；

⑥基坑挖至设计标高的基桩竣工平面图及桩顶标高图。

3）承台工程验收时应包括下列资料：

①承台钢筋、混凝土的施工与检查记录；

②桩头与承台的锚筋、边桩离承台边缘距离、承台钢筋保护层记录；

③承台厚度、长宽记录及外观情况描述等。

（6）核查要点

打（试）桩记录包括各种预制桩、灌注桩和砂桩、挤密桩等。

①记录应采用“施工规范”附表格式，要求子目填写齐全，数据准确真实，其数据应符合设计要求和规范规定，并附桩位竣工平面图。

②打桩记录应与试桩记录对照检查，同时应与分项工程质量检验评定结果相符。

③打（压）桩的标高或贯入度的停锤标准，必须符合设计要求和施工规范规定，贯入度控制值应通过试桩或会同设计单位在现场做打试桩试验确定，并做好记录。

④灌注桩的成孔深度必须符合设计要求，沉渣厚度应视是以摩擦力为主或是以端承力为主的桩，分别严禁大于 300mm 或 100mm，实际浇筑混凝土量严禁小于计算体积。套管成孔桩任意一段平均直径与设计直径之比严禁小于 1。

⑤打（压）桩的接头节点应做隐蔽工程验收记录，且符合设计要求和规范规定。

⑥桩基施工完，必须提供按设计要求或规范规定的单桩静力试验或动力测试及其他检测记录。对于一级建筑物，应查验现场静荷载试验记录，在同一条件下的试桩数量不宜少于总桩数 1%且不少于 3 根。

⑦经测试单桩承载力和施工质量达不到设计要求，或是在打桩过程中发现贯入度剧变、桩身突然发生倾斜位移、严重回弹、桩身严重裂缝、桩击碎或泥浆护壁成孔时发生斜孔、弯孔、缩孔和塌孔、沿护筒周围冒浆、地面沉陷等异常情况者，应有技术鉴定和采取的技术措施和补桩等处理记录，并经设计、建设、监理、施工四方复验签证。

2.6.6.6 钻孔桩成孔质量检查记录

1. 资料表式

钻孔桩成孔质量检查记录表 **表 2.6.6.6**

年 月 日

<table>
<tr><td>工程名称</td><td colspan="2"></td><td colspan="2">施工单位</td><td colspan="4"></td></tr>
<tr><td>墩台号</td><td></td><td>桩编号</td><td colspan="2"></td><td>孔垂直度</td><td colspan="3"></td></tr>
<tr><td>护筒顶标高（m）</td><td></td><td>设计孔底标高（m）</td><td></td><td></td><td colspan="4">孔位偏差（m）</td></tr>
<tr><td>设计直径（m）</td><td></td><td>成孔孔底标高（m）</td><td></td><td></td><td>前</td><td>后</td><td>左</td><td>右</td></tr>
<tr><td>成孔直径（m）</td><td></td><td>灌注前孔底标高（m）</td><td></td><td></td><td></td><td></td><td></td><td></td></tr>
<tr><td>钻孔中出现的问题及处理方法</td><td colspan="8"></td></tr>
<tr><td rowspan="2">钢筋骨架</td><td>骨架总长（m）</td><td colspan="2"></td><td colspan="2">骨架底面标高（m）</td><td colspan="3"></td></tr>
<tr><td>骨架每节长（m）</td><td colspan="2"></td><td colspan="2">连接方法</td><td colspan="3"></td></tr>
<tr><td>检查意见</td><td colspan="8"></td></tr>
<tr><td rowspan="3">参加人员</td><td rowspan="3">监理（建设）单位</td><td colspan="7">施工单位</td></tr>
<tr><td>项目技术负责人</td><td colspan="2">专职质检员</td><td colspan="2">工长</td><td colspan="2">记录</td></tr>
<tr><td></td><td colspan="2"></td><td colspan="2"></td><td colspan="2"></td></tr>
</table>

2. 资料要求

(1) 灌注桩施工应提供的施工技术资料：灌注桩出厂合格证、材料出厂合格证和试验报告、不同桩位的测量放线定位图、施工组织设计、不同桩位的竣工平面图、混凝土试配及试块试验报告、泥浆护壁成孔灌注桩施工记录、干作业灌注桩施工记录、套管成孔灌注桩施工记录、灌注桩检查记录、桩的施工记录、桩的动静载试验报告等资料，提供齐全的为符合要求（合理缺项除外）。

(2) 现场记录的原件由施工单位保存，以备查。

3. 实施要点

(1) 灌注桩施工

1) 灌注桩施工应具备下列资料：

①建筑物场地工程地质资料和必要的水文地质资料；

②桩基工程施工图（包括同一单位工程中所有的桩基础）及图纸会审纪要；

③建筑场地和邻近区域内的地下管线（管道、电缆）、地下构筑物、危房、精密仪器车间等的调查资料；

④主要施工机械及其配套设备的技术性能资料；

⑤桩基工程的施工组织设计或施工方案；

⑥水泥、砂、石、钢筋等原材料及其制品的质检报告；

⑦有关荷载、施工工艺的试验参考资料。

2) 施工组织设计的质量管理措施与内容：

①施工平面图：标明桩位、编号、施工顺序、水电线路和临时设施的位置；采用泥浆护壁成孔时，应标明泥浆制备设施及其循环系统；

②确定成孔机械、配套设备以及合理施工工艺的有关资料，泥浆护壁灌注桩必须有泥浆处理措施；

③施工作业计划和劳动力组织计划；

④机械设备、备（配）件、工具（包括质量检查工具）、材料供应计划；

⑤桩基施工时，对安全、劳动保护、防火、防雨、防台风、爆破作业、文物和环境保护等方面应按有关规定执行；

⑥保证工程质量、安全生产和季节性（冬、雨季）施工的技术措施。

3) 成桩机械必须经鉴定合格，不合格机械不得使用。

4) 施工前应组织图纸会审，会审纪要连同施工图等作为施工依据并列入工程档案。

5) 桩基施工用的临时设施，如供水、供电、道路、排水、临设房屋等，必须在开工前准备就绪，施工场地应进行平整处理，以保证施工机械正常作业。

6) 基桩轴线的控制点和水准基点应设在不受施工影响的地方。开工前，经复核后应妥善保护，施工中应经常复测。

7) 成孔设备就位后，必须平正、稳固，确保在施工中不发生倾斜、移动。为准确控制成孔深度，在桩架或桩管上应设置控制深度的标尺，以便在施工中进行观测记录。

8) 成孔的控制深度应符合下列要求：

①摩擦型桩：摩擦桩以设计桩长控制成孔深度；端承摩擦桩必须保证设计桩长及桩端进入持力层深度；当采用锤击沉管法成孔时，桩管入土深度控制以标高为主，以贯入度控

制为辅；

②端承型桩：当采用钻（冲）、挖掘成孔时，必须保证桩孔进入设计持力层的深度；当采用锤击沉管法成孔时，沉管深度控制以贯入度为主，设计持力层标高对照为辅。

9）灌注桩成孔施工的允许偏差应满足表 2.6.6.4-1 的要求。

10）检查成孔质量合格后应尽快浇筑混凝土。桩身混凝土必须留有试件，直径大于 1m 的桩，每根桩应有 1 组试块，且每个浇筑台班不得少于 1 组，每组 3 件。

11）为核对地质资料、检验设备、工艺以及技术要求是否适宜，桩在施工前，宜进行“试成孔”。

（2）表列子项

1）工程名称：按施工企业和建设单位签订的施工合同的工程名称或图注的工程名称，照实际填写。

2）施工单位：指建设与施工单位合同书中的施工单位名称，填写施工单位名称。

3）墩（台）号：按施工图设计图注的墩（台）编号填写。

4）桩编号：指施工图设计图注的的桩号。

5）孔垂直度：钻孔桩成孔后的孔的垂直度。

6）护筒顶标高（m）：护筒埋深按护壁成孔护筒要求的护筒顶标高，照实际护筒顶标高填写。

7）设计孔底标高（m）：按施工图设计标注的孔底标高填写。

8）孔位偏差（m）：指钻孔桩成孔后的实际孔位偏差。

①前：指钻孔桩成孔后的实际孔位与前孔的偏差。

②后：指钻孔桩成孔后的实际孔位与后孔的偏差。

③左：指钻孔桩成孔后的实际孔位与左孔的偏差。

④右：指钻孔桩成孔后的实际孔位与右孔的偏差。

9）设计直径（m）：按施工图设计标注的钻孔桩的桩孔孔径。

10）成孔孔底标高（m）：指钻孔桩成孔后实测的孔底标高。

11）成孔直径（m）：指钻孔桩成孔后实测的成孔直径。

12）灌注前孔底标高（m）：指钻孔桩的桩孔施工成孔完成后浇筑桩体材料前实测的孔底标高。

13）钻孔中出现的问题及处理方法：指钻孔成孔施工过程中出现的问题及对问题的处理方法。

14）钢筋骨架：指钻孔桩用钢筋骨架。

①骨架总长（m）：指钻孔桩用钢筋骨架的总长度。

②骨架底面标高（m）：指钻孔桩用钢筋骨架底面标高。

③骨架每节长（m）：指钻孔桩用钢筋骨架的每节长度。

④连接方法：指钻孔桩用钢筋骨架的连接方法。

15）检查意见：按实际的检查结果填写，当存在问题时对提出的建议的改正落实情况及检查意见。

2.6.6.7 钻孔桩水下混凝土灌注记录

1. 资料表式

钻孔桩水下混凝土灌注记录　　表 2.6.6.7

日期：

<table>
<tr><td>工程名称</td><td colspan="4"></td><td>施工单位</td><td colspan="5"></td></tr>
<tr><td>墩台编号</td><td colspan="2"></td><td colspan="2">桩编号</td><td></td><td>桩设计直径
(m)</td><td></td><td>设计桩底标高
(m)</td><td colspan="2"></td></tr>
<tr><td>灌注前孔底标高
(m)</td><td colspan="2"></td><td colspan="2">护筒顶标高
(m)</td><td></td><td colspan="2">钢筋骨架底标高
(m)</td><td colspan="3"></td></tr>
<tr><td>计算混凝土方量(m³)</td><td colspan="2"></td><td colspan="2">混凝土强度等级</td><td></td><td>水泥</td><td>品种等级</td><td></td><td>坍落度
(cm)</td><td></td></tr>
<tr><td rowspan="2">时　间</td><td rowspan="2">护筒顶至混凝土面深度
(m)</td><td rowspan="2">护筒顶至导管下口深度
(m)</td><td colspan="2">导管拆除数量</td><td colspan="2">实灌混凝土数量</td><td colspan="4" rowspan="2">钢筋位置情况、孔内情况、停灌原因、停灌时间、事故原因和处理情况等重要记事</td></tr>
<tr><td>节数</td><td>长度(m)</td><td>本次数量(m³)</td><td>累计数量(m³)</td></tr>
<tr><td></td><td></td><td></td><td></td><td></td><td></td><td></td><td colspan="4"></td></tr>
<tr><td></td><td></td><td></td><td></td><td></td><td></td><td></td><td colspan="4"></td></tr>
<tr><td></td><td></td><td></td><td></td><td></td><td></td><td></td><td colspan="4"></td></tr>
<tr><td></td><td></td><td></td><td></td><td></td><td></td><td></td><td colspan="4"></td></tr>
<tr><td></td><td></td><td></td><td></td><td></td><td></td><td></td><td colspan="4"></td></tr>
<tr><td></td><td></td><td></td><td></td><td></td><td></td><td></td><td colspan="4"></td></tr>
<tr><td rowspan="3">参加人员</td><td colspan="2">监理(建设)单位</td><td colspan="8">施　工　单　位</td></tr>
<tr><td colspan="2" rowspan="2"></td><td colspan="2">施工项目技术负责人</td><td colspan="2">专职质检员</td><td colspan="2">工　长</td><td colspan="2">记　录</td></tr>
<tr><td colspan="2"></td><td colspan="2"></td><td colspan="2"></td><td colspan="2"></td></tr>
</table>

2. 资料要求

(1) 钻孔桩混凝土灌注应提供的施工技术资料：材料出厂合格证和试验报告、不同桩位的测量放线定位图、施工组织设计、混凝土试配及试块试验报告、灌注桩施工记录、灌注桩检查记录等资料，提供齐全的为符合要求（合理缺项除外）。

(2) 钻孔桩混凝土灌注应有现场记录，原件由施工单位保存，以备查。

(3) 按要求填写齐全、正确为符合要求，不按要求填写、子项不全、涂改原始记录以及后补者为不符合要求。

(4) 责任制签章齐全为符合要求，否则为不符合要求。

3. 实施要点

钻孔桩混凝土灌注记录是指灌注桩混凝土工程施工过程中，按规范要求进行的施工过程记录。

混凝土的浇筑应注意以下几点：

(1) 钢筋笼吊装完毕，应进行隐蔽工程验收，合格后应立即浇筑混凝土。

(2) 混凝土的配合比应符合下列规定：

1) 混凝土必须具备良好的和易性，配合比应通过试验确定；坍落度宜为180～200mm；水泥用量不少于360kg/m^3；

2) 混凝土的含砂率宜为40%～45%，并宜选用中粗砂；粗骨料的最大粒径应<40mm，有条件时可采用二级配；

3) 为改善和易性和缓凝，混凝土宜掺外加剂。

(3) 导管的构造和使用应符合下列规定：

1) 导管壁厚不宜小于3mm，直径宜为200～250mm，直径制作偏差不应超过2mm，导管的分节长度视工艺要求确定，底管长度不宜小于4m，接头宜用法兰或双螺纹方扣快速接头。

2) 导管提升时，不得挂住钢筋笼，为此可设置防护三角形加劲钣或设置锥形法兰护罩；

3) 导管使用前应试拼装、试压，试水压力为0.6～1.0MPa。

(4) 使用的隔水栓应有良好的隔水性能，保证顺利排出。

(5) 浇筑混凝土应遵守下列规定：

1) 开始灌注混凝土时，为使隔水栓能顺利排出，导管底部至孔底的距离宜为300～500mm，桩直径小于600mm时可适当加大导管底部至孔底距离；

2) 应有足够的混凝土储备量，使导管一次埋入混凝土面以下0.8m以上；

3) 导管埋深宜为2～6m严禁导管提出混凝土面，应有专人测量导管埋深及管内外混凝土面的高差，填写混凝土浇筑记录；

4) 混凝土必须连续施工，每根桩的浇筑时间按初盘混凝土的初凝时间控制，对浇筑过程中的一切故障均应记录备案；

5) 控制最后一次灌注量，桩顶不得偏低，应凿除的泛浆高度必须保证暴露的桩顶混凝土达到强度设计值。

2.6.7 构件设备安装和调试记录

2.6.7.1 钢筋混凝土预制构件、钢结构等吊装记录

1. 资料表式

构件吊装记录（通用）

<table>
<tr><td colspan="2">工程名称</td><td colspan="7"></td></tr>
<tr><td colspan="2">施工单位</td><td colspan="7"></td></tr>
<tr><td colspan="2">吊装单位</td><td colspan="3"></td><td colspan="2">吊装日期</td><td colspan="2"></td></tr>
<tr><td colspan="2">吊装机具</td><td colspan="3"></td><td colspan="2">吊装时天气</td><td colspan="2"></td></tr>
<tr><td>构件型号
名　　称</td><td>安装位置</td><td>安装标高</td><td>就位情况</td><td>固定方法</td><td>接缝处理</td><td>安装偏差</td><td>质量情况</td><td></td></tr>
<tr><td></td><td></td><td></td><td></td><td></td><td></td><td></td><td></td><td></td></tr>
<tr><td></td><td></td><td></td><td></td><td></td><td></td><td></td><td></td><td></td></tr>
<tr><td></td><td></td><td></td><td></td><td></td><td></td><td></td><td></td><td></td></tr>
<tr><td></td><td></td><td></td><td></td><td></td><td></td><td></td><td></td><td></td></tr>
<tr><td></td><td></td><td></td><td></td><td></td><td></td><td></td><td></td><td></td></tr>
<tr><td></td><td></td><td></td><td></td><td></td><td></td><td></td><td></td><td></td></tr>
<tr><td></td><td></td><td></td><td></td><td></td><td></td><td></td><td></td><td></td></tr>
<tr><td colspan="9">附图：</td></tr>
<tr><td rowspan="3">参加人员</td><td colspan="2">监理（建设）单位</td><td colspan="6">施　工　单　位</td></tr>
<tr><td colspan="2" rowspan="2"></td><td>专业技术负责人</td><td>质检员</td><td>工　长</td><td colspan="3">记　录</td></tr>
<tr><td></td><td></td><td></td><td colspan="3"></td></tr>
</table>

2. 资料要求

（1）构件吊装记录：市政基础设施工程及其构（建）筑物均应按工程需要据实填报，数量及子项填报清楚、齐全、准确、真实、签字要齐全。

（2）无结构吊装记录（应提供而未提供）为不符合要求。

（3）子项填写不全不能反映吊装工程内在质量时为不符合要求。

（4）构件吊装记录如出现下列情况之一者，该项目应核定为不符合要求。

（5）无构件吊装记录（应提供而未提供）。

（6）吊装记录内容不齐全，重点不突出，不能反映吊装工程的内在质量，吊装的主要质量特征不能满足设计要求和施工规范的规定。

3. 实施要点

构件吊装记录是指应用起重机械、吊具（吊钩、吊索、吊环、横吊架等）或人力将构件直接安装在图纸规定的位置，该记录是对结构进行吊装实施过程的记录。

工程所用的吊装构件，必须有吊装施工记录

（1）吊装前的检查

1）对照设计施工图，核对构件吊装的检查内容及技术复核是否真实、齐全，构件的型号、部位、搁置长度、固定方法、节点处理是否符合设计要求和有关规定。复杂的、特殊的装配式构件吊装，其专门的吊装记录是否能反映吊装的主要质量特性。

2）钢结构的安装焊缝质量检验资料，高强螺栓的检查记录是否符合设计要求和质量标准。

3）构件吊装是否存在质量问题，对存在的隐患是否进行鉴定和处理，处理后是否复验，复验意见是否明确，设计单位是否签认。

（2）构件运输应符合下列规定：

1）构件运输时的混凝土强度，当设计无规定时，不应小于设计混凝土强度标准值的75％；

2）构件支承的位置和方法，应根据其受力情况确定，不得引起混凝土的超应力或损伤构件；

3）构件装运时应绑扎牢固，防止移动或倾倒；对构件边部或与链索接触处的混凝土，应采用衬垫加以保护；

4）在运输细长构件时，行车应平稳，并可根据需要对构件设置临时水平支撑。

（3）构件堆放应符合下列规定：

1）堆放构件的场地应平整坚实，并具有排水措施，堆放构件时应使构件与地面之间留有一定空隙；

2）应根据构件的刚度及受力情况，确定构件平放或立放，并应保持其稳定；

3）重叠堆放的构件，吊环应向上，标志应向外；其堆垛高度应根据构件与垫木的承载能力及堆垛的稳定性确定；各层垫木的位置应在一条垂直线上；

4）采用靠放、架立放的构件，必须对称靠放和吊运，其倾斜角度应保持大于80°，构件上部宜用木块隔开。

（4）构件安装基本要求

1）构件安装时的混凝土强度，当设计无具体要求时，不应小于设计的混凝土强度标准值的75％；预应力混凝土构件孔道灌浆的强度，不应小于15.0N/mm²。

2）构件安装前，应在构件上标注中心线。

支承结构的尺寸、标高、平面位置和承载能力均应符合设计要求；应用仪器校核支承结构和预埋件的标高及平面位置，并在支承结构上划出中心线和标高，根据需要尚应标出轴线位置，并作好记录。

3）构件起吊应符合下列规定：

①当设计无具体要求时，起吊点应根据计算确定；

②在起吊大型空间构件或薄壁构件前，应采取避免构件变形或损伤的临时加固措施；

当起吊方法与设计要求不同时，应验算构件在起吊过程中所产生的内力能否符合要求；

③构件在起吊时，绳索与构件水平面所成夹角不宜小于45°，应经过验算或采用吊架起吊。

4）构件安装就位后，应采取保证构件稳定性的临时固定措施。

5）安装就位的构件，必须经过校正后方准焊接或浇筑混凝土，根据需要焊接后可再进行一次复查。

6）结构构件的校正工作，应符合下列规定：

①应根据水准点和主轴线进行校正，并作好记录；

②吊车梁的校正，应在房屋结构校正和固定后进行。

7）构件接头的焊接，应符合国家现行标准《钢结构工程施工质量验收规范》和《建筑钢结构焊接技术规程》（JGJ 81—2002）的规定，并经检查合格后，填写记录单。

当混凝土在高温作用下易受损伤时，可采用间隔流水焊接或分层流水焊接的方法。

8）装配式结构中承受内力的接头和接缝，应采用混凝土或砂浆浇筑，其强度等级宜比构件混凝土强度等级提高二级；对不承受内力的接缝，应采用混凝土或水泥砂浆浇筑，其强度不应低于15.0N/mm²。

对接头或接缝的混凝土或砂浆宜采取快硬措施，在浇筑过程中，必须捣实。

9）承受内力的接头和接缝，当其混凝土强度未达到设计要求时，不得吊装上一层结构构件；当设计无具体要求时，应在混凝土强度不小于10.0N/mm² 或具有足够的支承时，方可吊装上一层结构构件。

10）已安装完毕的装配式结构，应在混凝土强度达到设计要求后，方可承受全部设计荷载。

（5）表列子项

1）工程名称：按施工企业和建设单位签订的施工合同的工程名称或图注的工程名称，照实际填写。

2）施工单位：指建设与施工单位合同书中的施工单位，签字有效。

3）吊装单位：填写实际施工的吊装单位名称，按全称填写。

4）吊装日期：按实际吊装日期填写。

5）吊装机具：按实际吊装机具名称填写。

6）吊装时天气：指吊装时日的天气情况，按晴、阴、雨、雾、风、雪等填写。

7）构件型号名称：指被吊装构件的名称，如吊车梁、柱等。

8）安装位置：指被吊装区构件所在施工图设计的跨、轴线、柱号的位置。

9）安装标高：指被吊装区构件所在施工图设计的跨、轴线、柱号的标高。

10）就位情况：指构件伸入支承点的实际就位情况。

11）固定方法：指构件支承节点的固定方法，如焊接固定、栓接固定等。

12）接缝处理：指构件接头的处理方法，无修改时照图注方法填写。

13）安装偏差：指被吊装区构件所在施工图设计的跨、轴线、柱号的构件安装的偏差值。

14）质量情况：指被吊装区构件所在施工图设计的跨、轴线、柱号的构件安装的质量情况。

2.6.7.2 设备安装记录

1. 资料表式

设备安装记录（通用）

<table>
<tr><td colspan="2">记录项目或部位</td><td colspan="2"></td><td>记录日期</td><td></td></tr>
<tr><td colspan="2">施工班组人数</td><td colspan="2"></td><td>主要施工机具</td><td></td></tr>
<tr><td colspan="2">技术交底时间</td><td colspan="2"></td><td>交 底 人</td><td></td></tr>
<tr><td colspan="2">记录内容</td><td colspan="4">1. 标高
2. 水平度
3. 纵横中心线
4. 墩台尺寸、位置及质量状况
5. 瞄固孔直径（或边长）、位置及深度
6. 同轴度等</td></tr>
<tr><td colspan="2">依据标准</td><td colspan="4"></td></tr>
<tr><td colspan="2">强制性条文执行</td><td colspan="4"></td></tr>
<tr><td colspan="2">问题记录与处理意见</td><td colspan="4"></td></tr>
<tr><td colspan="6">简图：</td></tr>
<tr><td rowspan="3">参加人员</td><td colspan="2">监理（建设）单位</td><td colspan="3">施 工 单 位</td></tr>
<tr><td colspan="2" rowspan="2"></td><td>项目技术负责人</td><td>专职质检员</td><td>工 长</td></tr>
<tr><td></td><td></td><td></td></tr>
</table>

2. 实施要点

设备安装记录应记录：设备安装设计文件的名称及编号，设备名称、编号、型号、安装位置、简图、连接方法、允许安装偏差及实际偏差，执行标准与规范名称，质量符合情况等。

2.6.7.3　厂（场）、站工程设备安装调试记录

1. 资料表式

______**设备调试记录**（通用）　　　**表2.6.7.3-1**

<table>
<tr><td>工程名称</td><td colspan="3"></td><td>部位工程</td><td></td></tr>
<tr><td>设备或设施名称</td><td colspan="3"></td><td>规格型号</td><td></td></tr>
<tr><td>调试时间</td><td colspan="3"></td><td>系统编号</td><td></td></tr>
<tr><td>调试内容</td><td colspan="5"></td></tr>
<tr><td>调试结果</td><td colspan="5"></td></tr>
<tr><td rowspan="3">参加人员</td><td>监理（建设）单位</td><td colspan="4">施　工　单　位</td></tr>
<tr><td rowspan="2"></td><td>项目技术负责人</td><td>专职质检员</td><td>工　长</td><td>记　录</td></tr>
<tr><td></td><td></td><td></td><td></td></tr>
</table>

2. 资料要求

（1）厂（场）、站工程设备安装调试记录应按标准规定进行，并按标准要求做好记录。

（2）厂（场）、站工程设备安装调试前应按设计或"规范"要求进行设备试运行准备，且满足设计和规范要求的为符合要求，有要求未做或试验结果不符合设计和规范要求的为不符合要求。

（3）表列子项填报齐全为符合要求，主要项目缺项为不符合要求。

3. 实施要点

（1）一般要求

1）设备调试记录表式为通用表，各专业需进行调试的系统、设备等均用此表。

2）各专业使用的设备进行的调试应按专业要求制定调试的内容、方法、措施等技术要求。以指导全部的调试过程。

3）厂（场）、站工程设备安装调试应认真做好调试过程记录，调试结果均应符合设计和规范要求。

4）每台设备在安装完毕后，安装单位应进行调试，以检验设备安装的正确性，确认安装符合设备技术文件的规定后，方可进行单体运转。

5）单机试运转一般应为：先手动、后电动；先点动（确认有转向设备试运行时）、后连续；先低速至中速、最后高速。

6）设备调试运转中必须编制试运转方案，试运转方案中必须具有专项制定的安全措施。

7）设备调试运转必须记录运转全过程，对运转中出现问题的解决方法应重点予以记录。

（2）通用机械设备安装试运转

1）设备试运转前应具备下列条件：

①设备及其附属装置，管路等均应全部施工完毕，施工记录及资料应齐全。其中：设备的精平和几何精度经检验合格；润滑、液压、冷却、水、气、汽、电气（仪器）控制等附属装置均应按系统检验，并应符合试运转的要求；

②需要的能源、介质、材料、工机具、检测仪器、安全防护设施及用具等，均应符合试运转的要求；

③对大型、复杂和精密设备，应编制试运转方案或试运转操作规程；

④参加试运转的人员。应熟悉设备的构造、性能、设备技术文件和掌握操作规程及试运转操作；

⑤设备及周围环境应清扫干净，设备附近不得进行有粉尘或噪音较大的作业。

2）设备试运转应包括下列内容和步骤：

①电气（仪器）操纵控制系统及仪表的调整试验；

②润滑、液压、气、汽、动、冷却和加热系统的检查和调整试验；

③机械和各系统联合调整试验；

④空负荷试运转，应在上述①～③项调整试验合格后方可进行。

3）电气及其操作控制系统调整试验，应符合下列要求：

①按电气原理图和安装接线图，设备内部接线和外部接线应正确无误；

②按电源的类型、等级和容量，检查或调试其断流容量、熔断器容量、过压、久压、过流保护等，均应符合其规定值；

③按设备使用说明书有关电气系统调整方法和调试要求，用模拟操作检查其工艺动作，指示、讯号和联锁装置应正确、灵敏和可靠；

④经上述①～③项检查或调整后，方可进行机械与各系统的联合调整试验。

4）润滑系统调试应符合下列要求：

①系统清洗后，其清洁度经检查应符合规定；

②按润滑油（剂）性质及供给方式，对需要润滑的部位加注润滑剂；油（剂）性能、规格和数量均应符合设备使用说明书的规定；

③干油集中润滑装置各部位的运动应均匀、平稳、无卡滞和不正常声响；给油量在5个工作循环中，每个给油孔，每次最大给油量的平均值，不得低于说明书规定的调定值；

④稀油集中润滑系统，应按说明书检查和调整下列各项目：a. 油压过载保护；b. 油压与主机启动和停机的联锁；c. 油压低压报警停机讯号；d. 油过滤器的差压讯号；e. 油冷却器工作和停止的油温整定值的调整；f. 油温过高报警信号。系统在公称压力下应无渗漏现象。

5）液压系统调试应符合下列要求：

①系统在充液前其清洁度应符合规定；

②所充液压油（液）的规格、品种及特性等均应符合使用说明书的规定，充液时应多次开启排气口把空气排除干净；

③系统应进行压力试验。系统的油（液）马达、伺服阀、比例阀、压力传感器，压力继电器和蓄能器等，均不得参与试压。试压时先缓慢升压到表 2.6.7.3-2 规定值，保持压力 10min，然后降至公称压力检查焊缝、接口和密封处等，均不得有渗漏现象。

液压试验压力　　**2.6.7.3-2**

系统公称压力 P (MPa)	≤16	>16～31.5	>31.5
试验压力	$1.5P$	$1.25P$	$1.15P$

④启动液压泵，进油（液）压力应符合说明书的规定；泵进口油温不得高于 60℃、不得低于 15℃；过滤器不得吸入空气，调整溢流阀（或调压阀）使压力逐渐升高，到工作压力为止。升压中应多次开启系统放气口将空气排除；

⑤按说明书规定调整安全阀、保压阀、压力继电器、控制阀、蓄能器和溢流阀等液压元件，其工作性能应符合规定，且动作正确，灵敏和可靠；

⑥液压系统的活塞（柱塞）、滑块、移动工作台等驱动件（装置），在规定的行程和速度范围内，不应有振动、爬行和停滞现象；换向和卸压不得有异常的冲击现象；

⑦系统的油（液）路应通畅。经上述调试后方右进行空负荷试运转。

6）气动、冷却或加热系统调试应符合下列要求：

①各系统的通路应畅通并无差错；

②系统应进行放气和排污；

③系统的阀件和机构等的动作，应进行数次试验，达到正确、灵敏和可靠；

④各系统的工作介质供给不得间断和泄漏，并应保持规定的数量、压力和温度。

7）机械和各系统联合调试应符合下列要求：

①设备及其润滑、液压、气、汽、动、冷却、加热和电气及控制等系统，均应单独调试检查符合要求；

②联合调试应按应要求进行，不宜用模拟方法代替；

③联合调试应由部件开始至组件、至单机、直至整机（成套设备），按说明书和生产操作程序进行，并应符合下列要求：

a. 各转动和移动部分，用手（或其他方式）盘动，应灵活，无卡滞现象；

b. 安全装置（安全联锁）、紧急停机和制动（大型关键设备无法进行此项试验者，可用模拟试验代替）、报警讯号等经试验均应正确、灵敏、可靠；

c. 各种手柄操作位置、按钮、控制显示和讯号等，应与实际动作及其运动方向相符；压力、温度、流量等仪表、仪器指示均应正确、灵敏、可靠；

d. 应按有关规定调整往复运动部件的行程，变速和限位；在整个行程上其运动应平稳，不应有振动、爬行和停滞现象；换向不得有不正常的声响；

e. 主运动和进给运动机构均应进行各级速度（低、中、高）的运转试验。其启动、运转和制动，在手控、半自动化控制和自动控制下，均应正确、可靠、无异常现象。

8）设备空负荷试运转应符合下列要求：

①应按本书第 7）条规定机械与各系统联合调试合格后，方可进行空负荷试运转；

②应按说明书规定的空负荷试验的工作规范和操作程序，试验各运动机构的启动，其

中大于功率机组，不得频繁启动，启动时间间隔应按有关规定执行，变速、换向、停机、制动和安全连锁等动作，均应正确、灵敏、可靠。其中连续运转时间和继续运转时间无规定时，应按各类设备安装验收规范的规定执行；

③空负荷试运转中，应进行下列各项检查，并应作实测记录：

a. 技术文件要求测量的轴承振动和轴的窜动不应超过规定；

b. 齿轮副，链条与链轮啮合应平稳，无不正常的噪声和磨损；

c. 传动皮带不应打滑，平皮带跑偏量不应超过规定；

d. 一般滑动轴承温升不应超过 35℃，最高温度不应超过 70℃。滚动轴承温升不应超过 40℃，最高温度不应超过 80℃。导轨温升不应超过 15℃，最高温度不应超过 100℃；

e. 油箱油温最高不得超过 60℃；

f. 如润滑、液压、气（汽）动等各辅助系统的工作应正常，无渗漏现象；

g. 各种仪表应工作正常；

h. 有必要和有条件时，可进行噪音测量，并应符合规定。

9）空负荷试运转结束后，应立即作下列各项工作：

①切断电源和其他动力源；

②进行必要的放气、排水或排污及必要的防锈涂油；

③对蓄能器和设备内有余压的部分进行泄压；

④按各类设备安装规范的规定，对设备几何精度进行必要的复查，各紧固部分进行复紧；

⑤设备空负荷（或负荷）试运转后，应对润滑剂的清洁度进行检查，并清洗过滤器，必要时可更换新油（剂）；

⑥拆除调试中临时的装置，装好试运转中临时拆卸的部件或附属装置；

⑦清理现场及整理试运转的各项记录。

（3）表列子项：

1）工程名称：按施工企业和建设单位签订的施工合同的工程名称或图注的工程名称，照实际填写。

2）部位工程：指被调试工程或系统所在的部位，按图注的部位工程名称填写。

3）设备或设施名称：指被调试工程的设备或设施名称，照实际填写。

4）规格型号：指被调试工程的设备或设施的规格型号，照实际填写。

5）调试时间：指被调试工程的实际调试时间，按实际调试的年、月、日填写。

6）系统编号：指被调试工程的系统的系统编号，照实际填写。

7）调试内容：各专业进行的调试应按专业要求制定出调试的内容、方法、措施等技术要求。以指导全部的调试过程。

8）调试结果：应按制定出调试的内容、方法、措施等技术要求全部实施，各项试验完成后是否满足规范要求据实确认其调试结果，照确认的调试结果填写合格或不合格。

2.6.8　混凝土施工记录

2.6.8.1　混凝土浇灌申请书

1. 资料表式

混凝土浇灌申请书

工程名称：　　　　　　　　　　　　　　　　　　　　　　　施工单位：

申请浇灌时间：			申请浇灌混凝土的部位：		
混凝土强度等级：			混凝土配合比单编号：		
材料用量	水泥	水	砂	石	掺加剂
干料用量/m^3	kg	kg	kg	kg	
每盘用量	kg	kg	kg	kg	
准备工作情　况					
批准意见	施工单位（章） 批准人：				
监理（建设）单位意见	批准人：				
申请单位：				年　月　日	

2. 实施要点

（1）凡进行混凝土施工，不论工程量大小均必须填报混凝土浇灌申请。

（2）混凝土浇灌申请由施工班组填写、申报。由监理（建设）单位批准。应按表列内容准备完毕并经批准后，方可浇灌混凝土。

（3）混凝土浇灌申请填报之前，混凝土施工的各项准备工作均应齐备，特别是混凝土用材料已满足施工要求。并已经施工单位的技术负责人签章批准，方可提出申请。

（4）表列子项

1）申请浇灌时间：填写混凝土浇灌的开始时间。

2）申请浇灌混凝土的部位：照实际填写。

3）混凝土配合比通知单编号：按试验室试配单的混凝土配合比通知单编号填写。

4）混凝土强度等级：按实际试配的混凝土强度等级填写，不得低于设计的混凝土强度等级。

5）材料用量：

①水泥：应按每立方米干料用量、每盘用量分别填写水泥的用量。

②水：应按每立方米干料用量、每盘用量分别填写水的用量。

③砂：应按每立方米干料用量、每盘用量分别填写砂的用量。

④石：应按每立方米干料用量、每盘用量分别填写石的用量。

⑤掺加剂：应按每立方米干料用量、每盘用量分别填写掺加剂的使用量。

6）准备工作情况：应按表列6项详细检查后填写，存在问题必须处理。

7）批准意见：指施工单位的技术负责人经核实混凝土浇灌申请书后，同意施工时签署的批准意见。批准人应为项目经理部的专业技术负责人。

8）监理（建设）单位意见：指项目监理机构核查混凝土浇灌申请书后，同意施工时签署的意见。批准人应为专业监理工程师。

2.6.8.2 混凝土开盘鉴定

1. 资料表式

混凝土开盘鉴定 **表 2.6.8.2-1**

工程名称： 施工单位：

<table>
<tr><td colspan="5">混凝土施工部位</td><td colspan="5">混凝土配合比编号</td></tr>
<tr><td colspan="5">混凝土设计强度</td><td colspan="5">鉴 定 日 期</td></tr>
<tr><td>混凝土配合比</td><td>水灰比</td><td>砂率</td><td>水泥（kg）</td><td>水（kg）</td><td>砂（kg）</td><td>石（kg）</td><td></td><td></td><td>坍落度（工作度）</td></tr>
<tr><td>试配配合比</td><td></td><td></td><td></td><td></td><td></td><td></td><td></td><td></td><td></td></tr>
<tr><td rowspan="2">实际使用施工配合比</td><td colspan="4">砂子含水率： %</td><td colspan="4">石子含水率： %</td><td></td></tr>
<tr><td></td><td></td><td></td><td></td><td></td><td></td><td></td><td></td><td></td></tr>
<tr><td colspan="10">鉴定结果：</td></tr>
</table>

<table>
<tr><td rowspan="2">鉴定项目</td><td colspan="3">混凝土拌合物</td><td colspan="5">原材料检验</td></tr>
<tr><td>坍落度</td><td>保水性</td><td></td><td>水泥</td><td>砂</td><td>石</td><td>掺合料</td><td>外加剂</td></tr>
<tr><td>设计</td><td></td><td></td><td></td><td></td><td></td><td></td><td></td><td></td></tr>
<tr><td>实际</td><td></td><td></td><td></td><td></td><td></td><td></td><td></td><td></td></tr>
<tr><td colspan="9">鉴定意见：</td></tr>
<tr><td colspan="9">参加开盘鉴定各单位代表签字或盖章</td></tr>
<tr><td>监理（建设）单位代表</td><td colspan="2">施工单位项目负责人</td><td colspan="3">混凝土试配单位代表</td><td colspan="3">施工单位技术负责人</td></tr>
<tr><td></td><td colspan="2"></td><td colspan="3"></td><td colspan="3"></td></tr>
</table>

2. 实施要点

（1）混凝土开盘鉴定的基本要求。

1）混凝土施工应做开盘鉴定，不同配合比的混凝土都要有开盘鉴定。

混凝土开盘鉴定应由施工单位、监理单位、搅拌单位的主管技术部门和质量检验部门参加，做试配的试验室也应派人参加鉴定，混凝土开盘鉴定一般在施工现场浇筑点进行。

2）混凝土开盘鉴定内容：

①混凝土所用原材料检验，包括水泥、砂、石、外加剂等，应与试配所用的原材料相符合。

②试配配合比换算为施工配合比。根据现场砂、石材料的实际含水率，换算出实际单方混凝土加水量，计算每罐和实际用料的称重。

实际加水量＝配合比中用水量－砂用量×砂含水率－石子用量×石子含水率

砂、石实际用量＝配合比中砂、石用量×（1＋砂、石含水率）

每罐混凝土用料量＝单方混凝土用料量×每罐混凝土的方量值

实际用料的称重值＝每罐混凝土用料量＋配料容器或车辆自重＋磅秤盖重。

③混凝土拌合物的检验，即鉴定拌合物的和易性。应用坍落度法或维勃稠度试验。

④混凝土计量、搅拌合运输的检验。水泥、砂、石、水、外加剂等的用量必须进行严格控制，每盘均必须严格计量，否则混凝土的强度波动是很大的。

3）搅拌设备应按一机二磅设置计量器具，计量器具应标注计量材料的品种，运料车辆应做好配备，并注明用量、品种，必须盘盘过磅。

（2）原材料计量允许偏差的规定

《混凝土结构工程施工质量验收规范》（GBJ 50204—2002）第 7.4.3 条规定：混凝土原材料每盘称量偏差不得超过下列规定：水泥、掺合材料±2%；粗、细骨料±3%；水、外加剂溶液±2%。

注：1. 各种衡器应定期校验，保持准确。

2. 骨料含水率应经常测定，雨天施工应增加测定次数。

3. 原材料、施工管理过程中的失误都会对混凝土强度造成不良影响。例如：

（1）用水量增大即水灰比变大，会带来混凝土强度的降低，如表 2.6.8.2-1 所示。

（2）施工中砂石称量误差也会影响混凝土强度，例如砂石总用量为 1910kg，砂骨料称量出现负误差 5%，将少称砂石 1910×5%＝95.5kg，以砂石表面密度均为 2.65g/cm^3 计，折合绝对体积 $V=95.5/2650=0.036\text{m}^3$，从而多用水泥 0.036（按第一例的水泥用量）×300＝10.8kg。砂石重量如出现正偏差 5%，则多称 95.5kg，由于砂吸水率将降低混凝土和易性，不易操作，工人也会增加用水量，从而降低混凝土强度。

保证混凝土质量，严格计量，对混凝土搅拌、运输严加控制，做好混凝土开盘鉴定，是保证混凝土质量的一项有效措施，对分析混凝土标准差会有一定的作用。

用水量增加 5%时混凝土强度降低值　　**表 2.6.8.2-2**

配合比	水泥强度等级	水泥用量（kg）	用水量（kg）	水灰比	实测强度（MPa）	混凝土强度（MPa）	强度降低值（%）
原配合比	42.5	300	190	1.58	55	26.82	
变更后的配合比	42.5	300	199.5	1.46	66	23.78	11.3%

注：1. 表内混凝土强度值为碎石的计算值。

2. 强度计算公式：$R_{28}=0.46Rc\ (C/W-0.52)$ ……（碎石）$R_{28}=0.48Rc\ (C/W-0.6)$ ……（卵石）

（3）混凝土中掺用外加剂的质量及应用技术应符合现行国家标准《混凝土外加剂》（GB 8076）、《混凝土外加剂应用技术规范》（GB 50119）等和有关环境保护的规定。

（4）预应力混凝土结构中，严禁使用含氯化物的外加剂。钢筋混凝土结构中当使用含氯化物的外加剂时，混凝土中氯化物的总含量应符合现行国家标准《混凝土质量控制标准》（GB5 0164）的规定。

（5）混凝土中氯化物和碱的总含量应符合现行国家标准《混凝土结构设计规范》（GB 50010）和设计的要求。

（6）混凝土中掺用矿物掺合料的质量应符合现行国家标准《用于水泥和混凝土中的粉煤灰》（GB 1596）等的规定。矿物掺合料的掺量应通过试验确定。

（7）混凝土搅拌的最短时间

混凝土搅拌的最短时间可按表 2.6.8.2-3 采用。

混凝土搅拌的最短时间（s） **表 2.6.8.2-3**

混凝土坍落度（mm）	搅拌机机型	搅拌机出料量（l）		
		＜250	250～500	＞500
≤30	强 制 式	60	90	120
	自 落 式	90	120	150
＞30	强 制 式	60	60	90
	自 落 式	90	90	120

注：1. 混凝土搅拌的最短时间系指自全部材料装入搅拌筒中起，到开始卸料止的时间；
2. 当掺有外加剂时，搅拌时间应适当延长；
3. 全轻混凝土宜采用强制式搅拌机搅拌，砂轻混凝土可采用自落式搅拌机搅拌，但搅拌时间应延长 60～90s；
4. 采用强制式搅拌机搅拌轻骨料混凝土的加料顺序是：当轻骨料在搅拌前预湿时，先加粗、细骨料和水泥搅拌 30s，再加水继续搅拌；当轻骨料在搅拌前未预湿时，先加 1/2 的总用水量和粗、细骨料搅拌 60s，再加水泥和剩余用水量继续搅拌；
5. 当采用其他形式的搅拌设备时，搅拌的最短时间应按设备说明书的规定或经试验确定。

（8）表列子项

1）混凝土搅拌单位：一般为承接该工程的施工单位或照实际的混凝土搅拌单位填写。

2）混凝土施工地点和部位：混凝土施工地点和部位均照实际的地点和部位填写。

3）混凝土设计强度：指施工图设计的混凝土强度等级。

4）要求坍落度或工作度：指经试验室试配要求的坍落度和工作度，施工方不得随意变更。

5）其他要求：照实际。

6）混凝土配合比编号：按经试验室试配的混凝土配合比编号填写。

7）混凝土试配的单位：指实际试配混凝土配合比的试验单位。

8）混凝土配合比：

①水灰比：水泥浆、混凝土混合料中拌合水与水泥重量的比值。实际水灰比不得大于试配的建议值。

②砂率：指砂在单位体积混凝土中所占砂石总量的百分率，按试配通知单建议的砂率或按实际砂率填写，实际砂率不得大于试配的建议值。

③水泥：指施工实际使用的水泥品种。

④水：指混凝土施工用水，一般为生活用水。

⑤砂：指混凝土施工用砂，一般采用中砂以上的细度模数。

⑥石：指混凝土施工用石子，石子应用连续粒级。

9）鉴定结果：指混凝土开盘鉴定对混凝土配比、砂率、水泥、水、砂、石用量的实际鉴定结果。

10）鉴定项目：

①拌合物和易性：应分别检查混凝土的坍落度、工作度、保水性。

②混凝土试块抗压强度：应分别按同条件养护试块的 7d、标养 28d 分别填写。

③原材料与配合比是否符合：照实际检查结果。

11）鉴定意见：根据上述检查结果判定的是否符合混凝土设计强度等级。

12）责任制：

① 监理（建设）单位代表：指项目监理机构参加开盘鉴定的人员；不委托监理时为建设单位项目技术负责人。

②施工单位项目负责人：指施工单位参加开盘鉴定的项目负责人。

③混凝土试配单位代表：指混凝土试配单位参加开盘鉴定的代表。

④施工单位技术负责人：指施工单位参加开盘鉴定的技术负责人。

2.6.8.3 混凝土浇筑记录

1. 资料表式

混凝土浇筑记录　　　　表 2.6.8.3-1

施工单位：

<table>
<tr><td colspan="3">工程名称</td><td colspan="3"></td><td colspan="2">浇筑部位</td><td></td></tr>
<tr><td colspan="3">浇筑日期</td><td></td><td colspan="2">天气情况</td><td>室外气温</td><td colspan="2">℃</td></tr>
<tr><td colspan="3">设计强度等级</td><td></td><td colspan="4">钢筋模板验收负责人</td><td></td></tr>
<tr><td rowspan="11">混凝土拌制方法</td><td rowspan="2">预拌混凝土</td><td colspan="3">供料厂名</td><td></td><td>合同号</td><td colspan="2"></td></tr>
<tr><td colspan="3">供料强度等级</td><td></td><td>试验单编号</td><td colspan="2"></td></tr>
<tr><td rowspan="9">现场拌和</td><td colspan="2">配合比通知单编号</td><td colspan="5"></td></tr>
<tr><td rowspan="8">混凝土配合比</td><td>材料名称</td><td>规格产地</td><td>每立方米用量（kg）</td><td>每盘用量（kg）</td><td>材料含水量（kg）</td><td>实际每盘用量（kg）</td></tr>
<tr><td>水　泥</td><td></td><td></td><td></td><td></td><td></td></tr>
<tr><td>石　子</td><td></td><td></td><td></td><td></td><td></td></tr>
<tr><td>砂　子</td><td></td><td></td><td></td><td></td><td></td></tr>
<tr><td>水</td><td></td><td></td><td></td><td></td><td></td></tr>
<tr><td>掺合料</td><td></td><td></td><td></td><td></td><td></td></tr>
<tr><td>外加剂</td><td></td><td></td><td></td><td></td><td></td></tr>
<tr><td></td><td></td><td></td><td></td><td></td><td></td></tr>
<tr><td colspan="3">实测坍落度（cm）</td><td></td><td colspan="2">出盘温度℃</td><td></td><td>入模温度℃</td><td></td></tr>
<tr><td colspan="3">混凝土完成数量（m³）</td><td colspan="2"></td><td colspan="2">完成时间</td><td colspan="2"></td></tr>
<tr><td colspan="3">试块留置</td><td colspan="2">数量（组）</td><td colspan="4">编　　号</td></tr>
<tr><td colspan="3">标　养</td><td colspan="2"></td><td colspan="4"></td></tr>
<tr><td colspan="3">有见证</td><td colspan="2"></td><td colspan="4"></td></tr>
<tr><td colspan="3">同条件</td><td colspan="2"></td><td colspan="4"></td></tr>
<tr><td colspan="3">混凝土浇筑中出现的问题及处理方法</td><td colspan="6"></td></tr>
<tr><td rowspan="3">参加人员</td><td colspan="3">监理（建设）单位</td><td colspan="5">施　工　单　位</td></tr>
<tr><td colspan="3" rowspan="2"></td><td colspan="2">项目技术负责人</td><td>专职质检员</td><td>工　长</td><td>记　录</td></tr>
<tr><td colspan="2"></td><td></td><td></td><td></td></tr>
</table>

注：本记录每浇筑一次混凝土，记录一张。

2. 资料要求

（1）混凝土施工必须填写混凝土浇筑记录。按表列要求记录混凝土的施工过程。

（2）记录混凝土施工应做好以下工作：

1）检查混凝土配合比，如有调整应填报调整配合比；

2）认真记录填写表内有关内容；

3）按标准规定留置好试块，分别进行同条件和标准养护。

（3）不填写混凝土浇筑记录为不符合要求。

3. 实施要点

混凝土浇筑记录是指不论混凝土浇筑工程量大小，对环境条件、混凝土配合比、浇筑部位、坍落度、试块留置结果等对混凝土施工进行的全面的真实记录，应留置按规范规定组数的试块。

（1）混凝土浇筑前的检查

1）检查混凝土用材料的品种、规格、数量等核实无误，并经试拌检查认可后发出了混凝土开工令。

2）现场安装的搅拌机、计量设备及堆放材料的场地满足混凝土阶段性浇筑量的要求；设备符合性能要求。混凝土搅拌机应有可靠的加水计时装置及降尘和沉淀排水系统。对水泥和骨材料应经过校准的衡器计量；检查各种衡器的灵活性及可用程度，不得使用失灵的衡器。

各种衡器应定期校验，应定期测定骨料的含水率，当遇雨天施工或其他原因致使含水率发生显著变化时，应增加测定次数，以便及时调整用水量和骨料用量。

3）基本检查要求

①机具准备是否齐全，搅拌运输机具以及料斗、串筒、振捣器等设备应按需要准备充足，并考虑发生故障时的应急修理或采用备用机具。

②检查模板支架、钢筋、预埋件，已办理完成隐检及预检手续。

③浇筑混凝土的架子及通道已支搭完毕并检查合格。

④应了解天气状况并考虑防雨、防寒或抽水等措施。

⑤浇筑期间水电供应及照明必须保证不应中断。

⑥已向操作者进行了技术交底。

⑦自动计量时应检查其自动计量设备的灵敏度、使用程度。

⑧检查参加混凝土施工人员：班组、人员数量，并记录班组长姓名。

（2）混凝土生产配合比、计量与投料顺序检查：

1）混凝土配合比和技术要求，应向操作人员交底；悬挂配合比标示牌，牌上应标明配合比和各种材料的每盘用量。

2）各种投料的计量应准确（允许误差：水泥、水、外加剂±2%、骨料±3%）。

3）投料顺序和搅拌时间应符合规定。投料顺序：石子→水泥→砂子→水。如有外加剂与水泥同时加入，如有添加剂应与水同时加入。400L 自落式搅拌机拌合时间通常应≥1.5min。

（3）混凝土运输和浇筑

1）混凝土运至浇筑地点，应符合浇筑时规定的坍落度，当有离析现象时，必须在浇筑前进行二次搅拌。

2）混凝土应以最少的转载次数和最短的时间，从搅拌地点运至浇筑地点。

混凝土从搅拌机中卸出到浇筑完毕的延续时间不宜超过表 2.6.8.3-2 的规定。

混凝土从搅拌机中卸出到浇筑完毕的延续时间（min） **表 2.6.8.3-2**

混凝土强度等级	气温	
	不高于 25℃	高于 25℃
不高于 C30	120	90
高　于 C30	90	60

注：1. 对掺用外加剂或采用快硬水泥拌制的混凝土，其延续时间应按试验确定；
2. 对轻骨料混凝土，其延续时间应适当缩短。

(4) 采用泵送混凝土应符合下列规定：

1）混凝土的供应，必须保证输送混凝土的泵能连续工作；

2）输送管线宜直，转弯宜缓，接头应严密，如管道向下倾斜，应防止混入空气产生阻塞；

3）泵送前应先用适量的与混凝土内成分相同的水泥浆或水泥砂浆润滑输送管内壁；预计泵送间歇时间超过 45min 或当混凝土出现离析现象时，应立即用压力水或其他方法冲洗管内残留的混凝土；

4）在泵送过程中，受料斗内应具有足够的混凝土，以防止吸入空气产生阻塞。

(5) 在地基或基土上浇筑混凝土时，应清除淤泥和杂物，并应有排水和防水措施。

对于干燥的非黏性土，应用水湿润；对未风化的岩石，应用水清洗，但其表面不得留有积水。

(6) 对模板及其支架、钢筋和预埋件必须进行检查，并作好记录，符合设计要求后方能浇筑混凝土。

(7) 在浇筑混凝土前，对模板内的杂物和钢筋上的油污等应清理干净；对模板的缝隙和孔洞应予堵严；对木模板应浇水湿润，但不得有积水。

(8) 混凝土自高处倾落的自由高度，不应超过 2m。

(9) 在浇筑竖向结构混凝土前，应先在底部填以 50～100mm 厚与混凝土内砂浆成分相同的水泥砂浆；浇筑中不得发生离析现象；当浇筑高度超过 3m 时，应采用串筒、溜管或振动溜管使混凝土下落。

(10) 混凝土浇筑层的厚度，应符合表 2.6.8.3-3 的规定。

(11) 浇筑混凝土应连续进行。当必须间歇时，其间歇时间宜缩短，并应在前层混凝土凝结之前，将次层混凝土浇筑完毕。

混凝土运输、浇筑及间歇的全部时间不得超过表 2.6.8.3-4 的规定，当超过时应留置施工缝。

(12) 采用振捣器捣实混凝土应符合下列规定：

1）每一振点的振捣延续时间，应使混凝土表面呈现浮浆和不再沉落；

2）当采用插入式振捣器时，捣实普通混凝土的移动间距，不宜大于振捣器作用半径的 1.5 倍；捣实轻骨料混凝土的移动间距，不宜大于其作用半径；振捣器与模板的距离，

混凝土浇筑层厚度（mm） 表 2.6.8.3-3

捣实混凝土的方法		浇筑层的厚度
插入式振捣		振捣器作用部分长度的 1.35 倍
表面振动		200
人工捣固	在基础、无筋混凝土或配筋稀疏的结构中	250
	在梁、墙板、柱结构中	200
	在配筋密列的结构中	150
轻骨料混凝土	插入式振捣	300
	表面振动（振动时需加荷）	200

混凝土运输、浇筑和间歇的允许时间（min） 表 2.6.8.3-4

混凝土强度等级	气温	
	不高于 25℃	高于 25℃
不高于 C30	210	180
高　于 C30	180	150

注：当混凝土中掺有促凝或缓凝型外加剂时，其允许时间应根据试验结果确定。

不应大于其作用半径的 0.5 倍，并应避免碰撞钢筋、模板、芯管、吊环、预埋件或空心胶囊等；振捣器插入下层混凝土内的深度应不小于 50mm；

3）当采用表面振动器时，其移动间距应保证振动器的平板能覆盖已振实部分的边缘；

4）当采用附着式振动器时，其设置间距应通过试验确定，并应与模板紧密连接；

5）当采用振动台振实干硬性混凝土和轻骨料混凝土时，宜采用加压振动的方法，压力为 $1 \sim 3kN/m^2$。

（13）在混凝土浇筑过程中，应经常观察模板，支架、钢筋、预埋件和预留孔洞的情况，当发现有变形、移位时，应及时采取措施进行处理。

（14）在浇筑与柱和墙连成整体的梁和板时，应在柱和墙浇筑完毕后停歇 1～1.5h，再继续浇筑。

（15）施工缝的位置应在混凝土浇筑之前确定，并宜留置在结构受剪力较小且便于施工的部位。

（16）在施工缝处继续浇筑混凝土时，应符合下列规定：

1）已浇筑的混凝土，其抗压强度不应小于 $1.2N/mm^2$；

2）在已硬化的混凝土表面上，应清除水泥薄层和松动石子以及软弱混凝土层，并加以充分湿润和冲洗干净，且不得积水；

3）在浇筑混凝土前，宜先在施工缝处铺一层水泥浆或与混凝土内成分相同的水泥砂浆；

4）混凝土应细致捣实，使新旧混凝土紧密结合。

（17）承受动力作用的设备基础，不应留置施工缝；当必须留置时，应征得设计单位同意。

（18）在设备基础的地脚螺栓范围内施工缝的留置位置，应符合下列要求：

1）水平施工缝，必须低于地脚螺栓底端，其与地脚螺栓底端的距离应大于150mm；当地脚螺栓直径小于30mm时，水平施工缝可留置在不小于地脚螺栓埋入混凝土部分总长度的四分之三处；

2）垂直施工缝，其与地脚螺栓中心线间的距离不得小于250mm，且不得小于螺栓直径的5倍。

（19）混凝土自然养护：

1）应在浇筑完毕后的12h以内对混凝土加以覆盖和浇水；

2）混凝土的浇水养护时间，对采用硅酸盐水泥、普通硅酸盐水泥或矿渣硅酸盐水泥拌制的混凝土，不得少于7d，对掺用缓凝型外加剂或有抗渗性要求的混凝土，不得少于14d；

3）浇水次数应能保持混凝土处于润湿状态；

4）混凝土的养护用水应与拌制用水相同。

注：1. 当日平均气温低于5℃时，不得浇水；

2. 当采用其他品种水泥时，混凝土的养护应根据所采用水泥的技术性能确定。

5）采用塑料布覆盖养护的混凝土，其敞露的全部表面应用塑料布覆盖严密，并应保持塑料布内有凝结水。

注：混凝土的表面不便浇水或使用塑料布养护时，宜涂刷保护层（如薄膜养生液等），防止混凝土内部水分蒸发。

对大体积混凝土的养护，应根据气候条件采取控温措施，并按需要测定浇筑后的混凝土表面和内部温度，将温差控制在设计要求的范围以内；当设计无具体要求时，温差不宜超过25℃。

（20）大体积混凝土结构的浇筑

1）大体积钢筋混凝土结构浇筑。大体积钢筋混凝土结构在工业建筑中多为设备基础，在高层建筑中多为厚大的桩基承台或基础底板等，其上有巨大的荷载，整体性要求较高，往往不允许留施工缝，要求一次连续浇完毕。另外，大体积钢筋混凝土结构浇筑后水泥的水化热量大，由于体积大，水化热聚积在内部不易散发，混凝土内部温度显著升高，而表面散热较快，这样形成较大的内外温差，内部产生压应力，而表面产生拉应力，如温差过大则易于在混凝土表面产生裂纹。在混凝土内部逐渐散热冷却 产生收缩时，由于受到基底或已浇筑的混凝土的约束，接触处将产生很大的拉应力，当拉应力超过混凝土的极限抗拉强度时，与约束接触处会产生裂缝，甚至会贯穿整个混凝土块体，由此带来严重的危害。大体积钢筋混凝土结构的浇筑，上述两种裂缝（尤其是后一种裂缝）都应设法防止。

2）要防止大体积混凝土浇筑后产生裂缝，就要降低混凝土的温度应力，这就必须减少浇筑后混凝土的内外温差（一般不宜超过25℃）。为此，应优先选用水化热低的水泥，降低水泥用量，掺入适量的粉煤灰，降低浇筑速度和减小浇筑层厚度，或采取人工降温措施。必要时，经过计算和取得设计单位同意后可留施工缝而分层浇筑，或采用后浇带分开浇筑。

3）要保证混凝土的整体性，则要保证使每一浇筑层在初凝前就被上一层混凝土覆盖并捣实成为整体。大体积钢筋混凝土结构的浇筑方案，一般分为全面分层、分段分层和斜面分层三种。全面分层法要求的混凝土浇筑强度较大。根据结构物的具体尺寸、捣实方法的混凝土供应能力，可通过计算选择浇筑方案。如用矿渣硅酸盐水泥或其他泌水性较大的水泥拌制的混凝土，浇筑完毕后，必要时应排除泌水，进行二次振捣。浇筑宜在室外气温较低时进行。混凝土最高浇筑温度不宜超过 28℃。

(21) 表列子项

1) 施工单位：指与该工程签订施工合同的法人施工单位。

2) 工程名称：按施工企业和建设单位签订的施工合同的工程名称或图注的工程名称，照实际填写。

3) 浇筑部位：浇筑部位指混凝土的实际浇筑部位所在工程的名称。

4) 浇筑日期：指混凝土的实际浇筑日期，照实际浇筑日期按年、月、日填写。

5) 天气情况：按混凝土浇筑日的最高和最低气温、混凝土浇筑施工时日的气候如晴、阴、雨、雪、雾、风及温度等。

6) 室外气温（℃）：指混凝土浇筑时的大气温度，以℃计。

7) 设计强度等级：按设计要求的混凝土强度等级填写。

8) 钢筋模板验收负责人：一般指项目经理部级的施工工长或专职质量检查员。

混凝土拌制方法如下：

9) 商品混凝土：

①供料厂名：填写商品混凝土的供料厂家的名称，按全称填写。

②合同号：填写商品混凝土的供料厂家与施工单位签订的合同的编号。

③供料强度等级：按商品混凝土厂家提供的混凝土强度等级填写，厂家提供的混凝土强度等级应符合设计要求。

④试验单编号：指商品混凝土供应厂家为该合同编号供应的混凝土的试验单位的编号，照实际填写。

10) 现场拌合：指混凝土拌合在施工现场进行时。

①配合比通知单编号：指试验室试配下达的配比编号，照实际填写。

②混凝土配合比：指施工单位按试验室试配下达的配比通知单经调整后的实际配合比。

材料名称：

a. 水泥：分别填写水泥的：规格产地；每立方米用量（kg）；每盘用量（kg）；材料含水质量（kg）；实际每盘用量（kg）。

b. 石子：分别填写石子的：规格产地；每立方米用量（kg）；每盘用量（kg）；材料含水质量（kg）；实际每盘用量（kg）。

c. 砂子：分别填写砂子的：规格产地；每立方米用量（kg）；每盘用量（kg）；材料含水质量（kg）；实际每盘用量（kg）。

d. 水：分别填写水的：规格产地；每立方米用量（kg）；每盘用量（kg）；材料含水质量（kg）；实际每盘用量（kg）。

e. 掺合料：分别填写掺合料的：规格产地；每立方米用量（kg）；每盘用量（kg）；材料含水质量（kg）；实际每盘用量（kg）。

f. 外加剂：分别填写外加剂的：规格产地；每立方米用量（kg）；每盘用量（kg）；材料含水质量（kg）；实际每盘用量（kg）。

11）实测坍落度（mm）：指施工时实际测试的混凝土坍落度，照实际测试次数的平均值填写。

12）出盘温度℃：指混凝土的出机温度，照实际测试次数的平均值填写。

13）入模温度℃：指混凝土的入模温度，照实际测试次数的平均值填写。

14）混凝土完成数量（m^3）：按当日班的混凝土实际完成量填写。

15）完成时间：按实际的完成时间填写。

16）试块留置：①标养：分别填写标养试块的留置数量（组）和编号。

②有见证：分别填写有见证标养（或同条件）混凝土试块的留置数量（组）和编号。

③同条件：分别填写同条件养护混凝土试块的留置数量（组）和编号。

17）混凝土浇筑中出现的问题及处理方法：指混凝土浇筑施工过程中出现的问题及对其问题的处理方法。

2.6.8.4　混凝土后浇带施工检查记录

实施要点如下：

（1）混凝土后浇带施工检查记录应用施工记录通用表式 2.6.8.1。

（2）混凝土后浇带施工检查是混凝土施工的过程检查。由单位工程技术负责人协同质量检查人员及班组长进行，混凝土后浇带施工检查应邀请驻地监理工程师参加。

（3）检查数量为全数检查，每施工一次做一次检查记录。

注：后浇带应设在对结构受力影响较小的部位，宽度为 700～1000mm。后浇带混凝土浇筑应在主体结构浇筑 60d 后进行较为适宜，浇筑时宜采用微膨胀混凝土。

2.6.8.5　混凝土坍落度检查记录

1. 资料表式

混凝土坍落度检查记录　　　　**表 2.6.8.5-1**

<table>
<tr><td colspan="2">混凝土强度等级</td><td colspan="2"></td><td colspan="2">搅拌方式</td><td colspan="2"></td></tr>
<tr><td colspan="2">时间(年　月　日　时)</td><td colspan="2">施工部位</td><td colspan="2">要求坍落度（mm）</td><td>坍落度（mm）</td><td>备　注</td></tr>
<tr><td colspan="2"></td><td colspan="2"></td><td colspan="2"></td><td></td><td></td></tr>
<tr><td colspan="2"></td><td colspan="2"></td><td colspan="2"></td><td></td><td></td></tr>
<tr><td colspan="2"></td><td colspan="2"></td><td colspan="2"></td><td></td><td></td></tr>
<tr><td colspan="2"></td><td colspan="2"></td><td colspan="2"></td><td></td><td></td></tr>
<tr><td colspan="2"></td><td colspan="2"></td><td colspan="2"></td><td></td><td></td></tr>
<tr><td colspan="2"></td><td colspan="2"></td><td colspan="2"></td><td></td><td></td></tr>
<tr><td rowspan="3">参加人员</td><td colspan="2" rowspan="2">监理（建设）单位</td><td colspan="5">施　工　单　位</td></tr>
<tr><td colspan="2">专业技术负责人</td><td>质检员</td><td>试　验</td><td>工　长</td></tr>
<tr><td colspan="2"></td><td colspan="2"></td><td></td><td></td><td></td></tr>
</table>

2. 实施要点

（1）坍落度试验是混凝土工作性能试验方法的一种，目前被国内施工现场测试混凝土拌合物的工作性能，划分混凝土稠度级别所广泛采用。适用于坍落度值不小于10mm的混凝土。

坍落度是按规定的试验方法测得的新拌制的水泥混凝土混合料下坍的竖直距离，以毫米或厘米计。

（2）记录混凝土坍落度施工应检查以下内容：

1）检查拌制混凝土所用材料、规格和用量，每一工作班至少应检查2次。检查混凝土配合比，如有调整应填报调整配合比；

2）检查记录表内有关内容的填写必须齐全；

3）按标准规定留置好标准养护和同条件养护试块，分别进行同条件和标准养护。

（3）浇筑混凝土应连续进行。并应定时连续根据规范要求检查坍落度（每工作班检查不少于二次）。

（4）混凝土浇筑坍落度

混凝土浇筑时的坍落度宜按表2.6.8.5-2选用。

混凝土浇筑坍落度 **表2.6.8.5-2**

结构种类	坍落度（mm）
基础或地面等的垫层，无配筋的大体积结构（挡土墙、基础等）或配筋稀疏的结构	10～30
板、梁和大型及中型截面的柱子等	30～50
配筋密列的结构（薄壁、斗仓、筒仓、细柱等）	50～70
配筋特密的结构	70～90

注：1. 本表系采用机械振捣时的混凝土坍落度，当采用人工捣实时，其值可适当增大。
2. 当需要配制大坍落度混凝土（如泵送混凝土的坍落度一般应为80～180mm）时，应掺用外加剂。
3. 曲面或斜面结构混凝土坍落度，应根据实际需要另行选定。
4. 轻骨料混凝土坍落度，宜比表中数值减少10～20mm。

（5）坍落度的测定方法

坍落度测定方法应符合《普通混凝土拌合物性能试验方法标准》（GB/T 50080—2002）规定，详见图2.6.8.5。

1）湿润坍落度筒及其他用具，并把筒放在吸水的刚性水平底板上，然后用脚踩住两边的脚踏板，使坍落度筒在装料时，保持位置固定。

2）将混凝土试样，用小铲分三层均匀地装入筒内，使捣实后每层高度约为筒高的1/3左右。每层用捣棒应沿螺旋方向在截面上由外向中心均匀插捣25次。各次插捣应在截面上均匀分布；插捣筒边混凝土时，捣棒可稍稍倾斜；插底层时，捣棒应贯穿整层深度；插捣第二层和顶层时，捣棒应插透本层至一层的表面。

浇灌顶层时，混凝土应灌到高出筒口。插捣过程中，如混凝土沉落到低于筒口，则应随时添加。顶层插捣完后，应刮去多余混凝土，并用抹刀抹平。

3）将筒边底板上混凝土清除后，垂直而平稳地上提坍落度筒，坍落度筒的提离过程

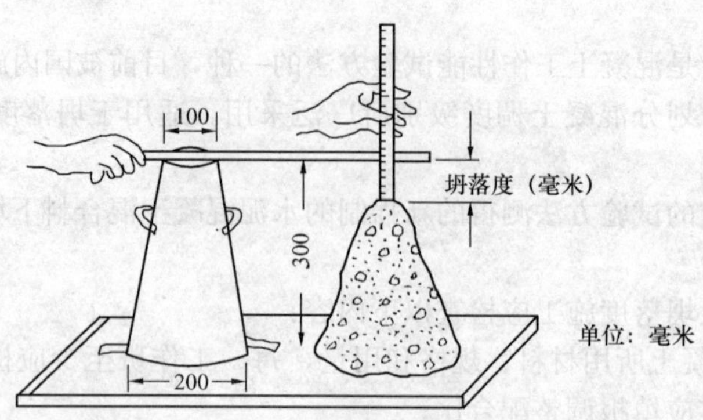

图 2.6.8.5　坍落度测定方法

应在 5～10s 内完成。

从开始装料到提起坍落度筒的全过程应连续进行，并应在 150s 内完成。

4）提起坍落度筒后，量测筒高与坍落后混凝土试体最高点之间的高度差以 mm 为单位（精确至 5mm），即为该混凝土拌合物的坍落度值。坍落度筒提离后，如混凝土发生崩坍或一边剪坏现象，则应重新取样另行测定。如第二次试验仍出现上述现象，则表示该混凝土和易性不好，应记录备查。

5）观察坍落后混凝土试体的粘聚性及保水性。

粘聚性的检查方法是：用捣棒在已坍落的混凝土锥体侧面轻轻敲打，此时，如果锥体逐渐下沉，则表示粘聚性良好；如果锥体倒塌，部分崩裂或出现离析现象，则表示粘聚性不好。

保水性是以混凝土拌合物中的稀浆析出的程度来评定。坍落度筒提起后，如有较多稀浆从底部析出，锥体部分混凝土拌合物也因失浆而骨料外露，则表明混凝土拌合物的保水性能不好。如坍落度筒提起后无稀浆或仅有少量稀浆自底部析出，则表示此混凝土拌合物保水性良好。

（6）坍落度的控制原则

1）预拌混凝土进场时，应按检验批检查入模坍落度，高层建筑应控制在 180mm 以内为宜，其他建筑应控制在 150mm 以内为宜。

2）现场搅拌混凝土的坍落度，应按施工组织设计根据试配报告确定的水灰比，严格控制。其允许偏差不应超过表 2.6.8.5-3。

混凝土实测坍落度与要求坍落度的允许偏差详表 2.6.8.6-3。

混凝土坍落度与要求坍落度之间的允许偏差（mm）　　**表 2.6.8.5-3**

要 求 坍 落 度	允 许 偏 差
＜50	±10
50～90	±20
＞90	±30

2.6.8.6 冬期施工混凝土日报

1. 资料表式

冬期施工混凝土日报 **表 2.6.8.6-1**

工程名称： 年 月 日

时：分	天气情况	积雪	风向	风速	气温（℃）			
					最高	最低	干球	湿度

时：分	原材料温度（℃）				混凝土塌落度		混凝土温度℃养护条件			
	水泥	水	砂	石	出机	入模	结构部位	混凝土数量（m^3）	养护方法	备注

参加人员	监理（建设）单位	施工单位		
		项目技术负责人	专职质检员	工长

2. 实施要点

冬施测温必须由专人负责进行。并通过培训方可上岗。

（1）冬施期初始日与终止日

当日平均气温连续稳定降低到5℃或5℃以下，或者最低气温降低到0℃或0℃以下时，即认为进入冬期施工阶段。通常按连续5天稳定低于5℃的第一天为冬期施工的初始日，取连续5天稳定低于5℃时的末日为冬期施工的终止日。

（2）冬期混凝土的配制和搅拌

配制冬期施工的混凝土，应优先用硅酸盐水泥或普通硅酸盐水泥。水泥标号不应低于425号，最小水泥用量不宜少于300kg/m³，水灰比不应大于0.6。

使用矿渣硅酸盐水泥，宜采用蒸汽养护；使用其他品种水泥，应注意其中掺合材料对混凝土抗冻、抗渗等性能的影响。

掺用防冻剂的混凝土，严禁使用高铝水泥。

原材料出入罐温度及室外温度每工作班不少于四次测温。

（3）在钢筋混凝土中掺用氯盐类防冻剂时，氯盐掺量按无水状态计算不得超过水泥重量的1%。掺用氯盐的混凝土必须振捣密实，且不宜采用蒸汽养护。在下列钢筋混凝土结构中不得掺用氯盐：

1）在高湿度空气环境中使用的结构；

2）处于水位升降部位的结构；

3）露天结构或经常受水淋的结构；

4）与镀锌钢材或与铝铁相接触部位的结构，以及有外露钢筋预埋件而无防护措施的结构；

5）与含有酸、碱或硫酸盐等侵蚀性介质相接触的结构；

6）使用过程中经常处于环境温度为60℃以上的结构；

7）使用冷拉钢筋或冷拔低碳钢丝的结构；

8）薄壁结构、中级或重级工作制吊车梁、屋架、落锤或锻锤基础等结构；

9）电解车间和直接靠近直流电源的结构；

10）直接靠近高压电源（发电站、变电所）的结构；

11）预应力混凝土结构。

（4）当采用素混凝土时，氯盐掺量不得大于水泥重量的3%。

（5）冬期拌制混凝土时应优先采用加热水的方法。水及骨料的加热温度应根据热工计算确定，但不得超过表2.6.8.6-2的规定。

水泥不得直接加热，并宜在使用前运入暖棚内存放。

（6）混凝土所用骨料必须清洁、不得含有冰、雪等冻结物及易冻裂的矿物质。在掺用含有钾、钠离子防冻剂的混凝土中，不得混有活性骨料。

（7）拌制掺用防冻剂的混凝土应符合下列规定：

1）防冻剂溶液的配制及防冻剂的掺量应符合现行国家标准的有关规定；

2）严格控制混凝土水灰比，由骨料带入的水分及防冻剂溶液中的水分均应从拌合水中扣除；

3）搅拌前，应用热水或蒸汽冲洗搅拌机，搅拌时间应取常温搅拌时间的1.5倍；

4）混凝土拌合物的出机温度不宜低于10℃，入模温度不得低于5℃。

注：1. 冬期施工前后，应密切注意天气预报，以防气温突然下降遭受寒流和霜冻袭击。

2. 试验资料表明，当温度在4～0℃时，混凝土凝结时间要比15℃时延长三倍；当温度低于0℃，特别是温度下降到混凝土冰点温度（新浇混凝土的冰点为－0.3～0.5℃）以下时，混凝土的水开始结冰，体积膨胀约9%，混凝土将有冻害可能。

拌合水及骨料最高温度（℃） **表2.6.8.6-2**

项 目	拌合水	骨料
强度等级小于42.5的普通硅酸盐水泥、矿渣硅酸盐水泥	80	60
强度等级等于及大于42.5的硅酸盐水泥、普通硅酸盐水泥	60	40

注：当骨料不加热时，水可加热到100℃，但水泥不应与80℃以上的水直接接触，投料顺序为先投入骨料和已加热的水，然后再投入水泥。

（8）掺防冻剂混凝土施工的注意事项

1）防冻剂、低温早强剂的质量和拌制成溶液后的质量（有无沉淀和杂质）及浓度；

2）拌合物的和易性借以检查配合比是否正确；

3）原材料温度、拌合物的出机温度、以及终凝前和浇灌后3天的温度情况；

4）浇灌振捣对混凝土保护层厚度的控制情况；

5）保温覆盖情况。

（9）冬期不得在强冻胀性地基土上浇筑混凝土；当混凝土受冻前其抗压强度不得低于：

1）硅酸盐水泥或普通硅酸盐水泥配制的混凝土，为设计混凝土强度标准值的30%；

2）矿渣硅酸盐水泥配制的混凝土，为设计混凝土强度标准值的40%，但不大于C10的混凝土，不得小于5.0N/mm²。在弱冻胀性地基土上浇筑混凝土时，基土不得遭冻。当在非冻胀性地基土上浇筑混凝土时。

（10）对加热养护的现浇混凝土结构，混凝土的浇筑程序和施工缝的位置，应能防止在加热养护时产生较大的温度应力，当加热温度在40℃以上时，应征得设计单位同意。

（11）当分层浇筑大体积结构时，已浇筑层的混凝土温度，在被上一层混凝土覆盖前，不得低于按热工计算的温度，且不得低于2℃。

（12）预应力混凝土的孔道灌浆，应在正温下进行，并应符合：且应养护到强度不小于15.0N/mm²。

（13）混凝土养护室外最低温度不低于－15℃时，地面以下的工程或表面系数不大于15m⁻¹的结构，应优先采用蓄热法养护。蓄热法养护热工计算可按本规范附录三进行。

混凝土蓄热法养护可掺用早强型外加剂、外部早期短时加热、采用快硬早强水泥、采用棚罩加强围护或利用未冻土热量等延长正温养护龄期和加快混凝土强度的增长措施。

对结构容易受冻的部位，应采取防止混凝土过早冷却的保温措施。

注：表面系数系指结构冷却的表面积（m²）与其全部体积（m²）的比值。

（14）整体浇筑的结构，当采用蒸汽法或电热法养护时，混凝土的升、降温速度，不得超过表 2.6.8.6-3 的规定。

(15) 蒸汽养护的混凝土，当采用普通硅酸盐水泥时，养护温度不宜超过 80℃；当采用矿渣硅酸盐水泥时，养护温度可提高到 85～95℃。

电热法养护混凝土的温度，应符合表 2.6.8.6-4 的规定。

当采用蒸汽养护混凝土时，应使用低压饱和蒸汽，加热应均匀，并须排除冷凝水和防止结冰。

加热养护混凝土的升、降温速度（℃/h）　表 2.6.8.6-3

表面系数（m^{-1}）	升温速度	降温速度
≥6	15	10
<6	10	5

注：大体积混凝土应根据实际情况确定。

电热法养护混凝土的温度（℃）　表 2.6.8.6-4

水泥强度等级	结构表面系数（m^{-1}）		
	<10	10～15	>15
425	40		35

(16) 当采用电热法养护混凝土时，电极的布置，应保证混凝土温度均匀，且混凝土仅应加热到设计的混凝土强度标准值的 50%。并尚应符合下列规定：

1) 应在混凝土的外露表面覆盖后进行；

2) 宜采用工作电压为 50～110V，在素混凝土和每立方米混凝土含钢量不大于 50kg 的结构中，可采用 120～200V；

3) 在养护过程中，应观察混凝土外露表面的湿度，当表面开始干燥时，应先停电，并浇温水湿润混凝土表面。

(17) 当采用暖棚法养护混凝土时，棚内温度不得低于 5℃，并应保持混凝土表面湿润。

(18) 模板和保温层，应在混凝土冷却到 5℃后方可拆除。当混凝土与外界温差大于 20℃时，拆模后的混凝土表面，应采取使其缓慢冷却的临时覆盖措施。

(19) 掺用防冻剂混凝土的养护应符合下列规定：

1) 在负温条件下养护，严禁浇水且外露表面必须覆盖；

2) 混凝土的初期养护温度，不得低于防冻剂的规定温度，达不到规定温度时，应立即采取保温措施；

3) 掺用防冻剂的混凝土，当温度降低到防冻剂的规定温度以下时，其强度不应小于 3.5N/mm²；

4) 当拆模后混凝土的表面温度与环境温度差大于 15℃时，应对混凝土采用保温材料覆盖养护。

(20) 混凝土养护温度的测量应符合下列规定：

1) 当采用蓄热法养护时，在养护期间至少每 6h 一次；

2) 对掺用防冻剂的混凝土，在强度未达到 3.5N/mm² 以前每 2h 测定一次，以后每

6h 测定一次；

3）当采用蒸汽法或电流加热法时，在升温、降温期间每 1h 一次，在恒温期间每 2h 一次。

室外气温及周围环境温度在每昼夜内至少应定时定点测量四次。

（21）混凝土养护温度的测量方法应符合下列规定：

1）全部测温孔均应编号，并绘制测温孔布置图；

2）测量混凝土温度时，测温表应采取措施与外界气温隔离；测温表留置在测温孔内的时间应不少于 3min；

3）测温孔的设置，当采用蓄热法养护时，应在易于散热的部位设置；当采用加热养护法时，应在离热源不同的位置分别设置；大体积结构应在表面及内部分别设置。

（22）冬期施工混凝土受冻前临界强度不低于下列值：

1）硅酸盐或普通硅酸盐水泥的临界强度为设计标号的 30%；

2）矿渣硅酸盐水泥的临界强度为设计强度的 40%；

3）C10 或 C10 以下的混凝土的临界强度为 5MPa；掺外加剂的混凝土的临界强度为 3.5MPa。（该临界强度是在混凝土的水灰比不大于 0.6 的前提下制定的，水灰比必须大于 0.6 时，需重新试验。）

注：平均气温测定以室外每天 6 时、14 时、21 时的温度为准。

（23）在冬期浇筑的混凝土，宜使用无氯盐类防冻剂、对抗冻性要求高的混凝土，宜使用引气剂或引气减水剂。

掺用防冻剂、引气剂或引气减水剂的混凝土的施工，应符合现行国家标准《混凝土外加剂应用技术规范》的规定。

（24）测温要求

1）现浇混凝土在测温时，应按测温孔的编号顺序进行，温度计插入测温孔后，堵塞住孔口，留置在测温孔内 3～5min 后进行读数，读数前应先用指甲按住酒精柱上端所指度数，然后从测温孔口取出温度计，并使其与视线成水平，仔细读出所测温度值，并将所测温度记录在记录表上，然后将测温孔封闭。

2）测温时要按项目要求按时进行，测温次数：

①大气温度、环境温度：气温测量每昼夜 8、12、20、4 点共测 4 次。其他每昼夜测 2～4 次。

②对材料和防冻剂温度每工作班不少于 3 次。

③拌合物出机温度每两小时测一次。

④混凝土入模温度每工作班不少 2～4 次。

⑤养护期间的温度测定：终凝前低温变化混凝土每 4h 测一次，负温混凝土前 3 天每 2h 测一次，以后每昼夜测两次。

⑥温度变化时应加强抽测次数。

注：1. 大体积混凝土测温应单独记录。新浇筑的大体积混凝土应进行表面保护，减少表面温度的频繁变化，防止或减少因内外温差导致混凝土开裂。

2. 备注栏须注明“现场搅拌混凝土”或“商品混凝土”。

2.6.9 预应力张拉记录

1. 资料表式

预应力张拉数据表

工程名称： 施工单位：

部位	预应力钢筋编号	预应力钢筋种类	规格			张拉方式	抗拉标准强度（MPa）	张拉控制应力（MPa）	超张控制应力（MPa）	张拉初始应力（MPa）	控制张拉力（kN）	超张张拉力（kN）	张拉初始力（kN）	孔道累计转角 θ（rad）	孔道长度 X(m)	钢材弹性模量 E	孔道摩擦系数 μ	孔道偏差系数 K	计算伸长值$\triangle L$（cm）
			直径（mm）	根数	截面积（mm^2）														

参加人员	监理（建设）单位	施工单位			
		施工项目技术负责人	专职质检员	工长	记录

2. 资料要求

(1) 预应力张拉数据表必须按预应力钢筋的种类和每根不同规格的预应力钢筋按编号逐一按实际的张拉初始实际应力等逐一填写，不得缺漏，任何缺漏均为不合格。

(2) 预应力张拉数据表应逐项填写，内容齐全，为符合要求。

3. 实施要点

(1) 预应力张拉数据表必须按预应力钢筋的种类和每根不同规格的预应力钢筋按编号逐一按实际的张拉初始实际应力等逐一填写，内容齐全，不得缺漏。

(2) 预应力张拉设备：油泵、千斤顶、压力表等应有由法定计量检测单位进行校验的报告和张拉设备配套标定的报告并绘有相应的 $P—T$ 曲线。

(3) 预应力张拉应详细记录张拉过程，作为原始数据备存。

(4) 预应力张拉值应有设计数据和理论张拉伸长值的计算资料。

(5) 表列子项

1) 构件名称和型号：照实际填写。如 24m 折线形桁架等。

2) 钢筋张拉程序：按施工组织设计程序进行，应符合设计和规范的有关要求。

3) 构件编号：一般照施工图设计的构件编号填写。

4) 钢筋张拉顺序编号：按冷拉顺序草图上的编号，应依次填写。

5) 钢筋规格：指张拉钢筋的某一根（束）的规格，照实际填写。

6) 设计：控制应力照施工图设计说明填写，张拉力照施工图设计说明填写。

7) 张拉时：千斤顶编号照实际选用。

8) 压力表编号：照实际选用压力表的编号填写。

9) 第一次：压力表读数，照第一次测得的压力表实际数值填写。

10) 拉力：照第一次测得的拉力实际数值填写。

11) 第二次：压力表读数，照第二次测得的压力表实际数值填写。

12) 拉力：照第二次测得的拉力数值填写。

13) 张拉时弹性伸长：

①计算：指张拉时弹性伸长的计算值，按实际结果填写。

②实际：指实际测得张拉时的弹性伸长。

14) 锚具内缩量：照实际检测的内缩量值填写。

15) 张拉时混凝土强度：指张拉钢筋时混凝土已达到的实际强度值。

16) 张拉时立缝处混凝土砂浆强度：指张拉钢筋时混凝土立缝处强度值。

17) 钢筋放张顺序编号：按冷拉顺序草图上的编号。分别按放松顺序依次填写。

18) 放张时：千斤顶编号照实际使用的千斤顶的编号填写；压力表编号照实际使用的压力表的编号填写。

19) 放松螺帽时：压力表读数照实际放松螺帽时测得的压力表读数填写；张拉力照实际放松螺帽时测得的村力表读数填写。

20) 混凝土强度：指放张时混凝土已达到的实际强度值。

2.6.9.1 预应力张拉记录(一)

1. 资料表式

预 应 力 张 拉 记 录 (一) 表 2.6.9.1-1

工程名称		结构部位		施工单位	
构件编号		张拉方式		张拉日期	年 月 日
预应力钢筋种类		规格		标准抗拉强度(MPa)	
张拉时混凝土强度(MPa)					

张拉机具设备编号		千斤顶		油泵		压力表		理论伸长值(mm)		计算伸长值(mm)	
	A端										
	B端							断、滑丝情况			

初始应力	(MPa)	控制应力值	(MPa)	超张拉控制应力值	(MPa)

预应力钢筋编号	预应力钢筋束长(m)	张拉初始力(kN)	初应力阶段油表读数		控制张拉力(kN)	控制应力阶段油表读数		超张控制张拉力(kN)	超张控制阶段油表读数		实测伸长值(mm)	伸长值偏差(%)
			A端	B端		A端	B端		A端	B端		

参加人员	监理(建设)单位	施工单位			
		施工项目技术负责人	专职质检员	工长	记录

2. 资料要求

(1) 预应力筋锚具、夹具和连接器应有出厂合格证，并在进场时按下列规定进行验收：

1) 外观检查：应从每批中抽取10%但不少于10套的锚具，检查其外观和尺寸。当有一套表面有裂纹或超过产品标准及设计图纸规定尺寸的允许偏差时，应另取双倍数量的锚具重做检查，如仍有一套不符合要求，则不得使用或逐套检查，合格者方可使用；

2) 硬度检查：应从每批中抽取5%但不少于5件的锚具，对其中有硬度要求的零件做硬度试验，对多孔夹片式锚具的夹片，每套至少抽5片。每个零件测试三点，其硬度应在设计要求范围内，当有一个零件不合格时，应另取双倍数量的零件重做试验，如仍有一个零件不合格，则不得使用或逐个检查，合格者方可使用；

3) 静载锚固性能试验；经上述两项试验合格后，应从同批中抽取6套锚具（夹具或连接器）组成3个预应力筋锚具（夹具、连接器）组装件，进行静载锚固性能试验，当有一个试件不符合要求时，应另取双倍数量的锚具（夹具或连接器）重做试验，如仍有一套不合格，则该批锚具（夹具或连接器）为不合格品。

注：对一般工程的锚具（夹具或连接器）进场验收，其静载锚固性能，也可由锚具生产厂提供试验报告。

(2) 现场施加预应力筋张拉记录表应逐项填写，内容齐全，为符合要求。

3. 实施要点

现场施加预应力筋张拉记录是利用千斤顶、锚、夹具等张拉设备按施工工艺要求施加预应力的施工记录。

(1) 预应力筋进场时，应按现行国家标准《预应力混凝土用钢绞线》（GB/T5224）等的规定抽取试件作力学性能检验，其质量必须符合有关标准的规定。按进场的批次和产品的抽样检验方案确定。

(2) 无粘结预应力筋的涂包质量应符合国家现行标准《钢绞线、钢丝束无粘结预应力筋》JG3006等的规定。每60t为一批，每批抽取一组试件。

(3) 预应力筋用锚具、夹具和连接器应按设计要求采用，其性能应符合现行国家标准《预应力筋用锚具、夹具和连接器》(GB/ 14370）等的规定。按进场批次和产品的抽样检验方案确定。

(4) 预应力筋张拉及放张时，混凝土强度应符合设计要求；当设计无具体要求时，不应低于设计的混凝土立方体抗压强度标准值的75%。

(5) 预应力筋的张拉顺序、张拉力应符合设计及施工技术方案的要求。

当采用应力控制方法张拉时，应校核预应力筋的伸长值。实际伸长值与设计计算伸长值的相对允许偏差为±6%。

(6) 预应力筋张拉锚固后实际建立的预应力值与工程设计规定检验值的相对允许偏差为±5%。对先张法施工，每工作班抽查预应力筋总数的1%，且不少于3根；对后张法施工，在同一检验批内，抽查预应筋总数的3%，且不少于5束。

(7) 锚固阶段张拉端预应力筋的内缩量应符合设计要求。每工作班抽查预应力筋总数的3%，且不应少于3束。

(8) 先张法预应力筋张拉后与设计位置的偏差不得大于5mm，且不得大于构件截面短边边长的4%。每工作班抽查预应力筋总数的3%，且不应少于3束。

(9) 施加预应力所用的机具设备及仪表，应定期维护和校验。

张拉设备应配套校验，以确定张拉力与仪表读数的关系曲线。压力表的精度不宜低于1.5级，校验张拉设备用的试验机或测力计精度不得低于±2%。校验时千斤顶活塞的运行方向，应与实际张拉工作状态一致。

(10) 张拉过程中应避免预应力筋断裂或滑脱；当发生断裂或滑脱时，必须符合下列规定：

1) 对后张法预应力结构构件，断裂或滑脱的数量严禁超过同一截面预应力筋总根数的3%，且每束钢丝不得超过一根；对多跨双向连续板，其同一截面应按每跨计算；

2) 对先张法预应力构件，在浇筑混凝土前发生断裂或滑脱的预应力筋必须予以更换。

(11) 安装张拉设备时，直线预应力筋，应使张拉力的作用线与孔道中心线重合：曲线预应力筋，应使张拉力的作用线与孔道中心线末端的切线重合。

(12) 当采用应力控制方法张拉时，应校核预应力筋的伸长值。如实际伸长值比计算伸长值大于10%或小于5%，应暂停张拉，在采取措施予以调整后，方可继续张拉。

(13) 预应力筋的计算伸长值Δl (mm)，可按下式计算：

$$\Delta l=\frac{F_p \cdot l}{A_p \cdot E_s}$$

式中　F_p——预应力筋的平均张拉力 (kN)，直线筋取张拉端的拉力；两端张拉的曲线筋，取张拉端的拉力与跨中扣除孔道摩阻损失后拉力的平均值；

A_p——预应力筋的截面面积 (mm^2)；

l——预应力筋的长度 (mm)；

E_s预应力筋的弹性模量 (kN/mm^2)。

预应力筋的实际伸长值，宜在初应力为张拉控制应力10%左右时开始量测，但必须加上初应力以下的推算伸长值；对后张法，尚应扣除混凝土构件在张拉过程中的弹性压缩值。

(14) 锚固阶段张拉端预应力筋的内缩量，不宜大于表2.6.9.1-2的规定。

锚固阶段张拉端预应力筋的内缩量允许值 (mm)　　**表2.6.9.1-2**

锚具类别		内缩量允许值
支承式锚具（镦头锚、带有螺丝端杆的锚具等）		1
锥塞式锚具		5
夹片式锚具	有顶压	5
	无顶压	6~8
每块后加的锚具垫板		1

注：1. 内缩量值系数指预应力筋锚固过程中，由于锚具零件之间和锚具与预应力筋之间的相对移动和局部塑性变形造成的回缩量；

2. 当设计对锚具内缩量允许值有专门规定时，可按设计规定确定。

(15) 先张法预应力施工

1) 先张法墩式台座的承力台墩，其承载能力和刚度必须满足要求，且不得倾覆和滑移，其抗倾覆和抗滑移安全系数，应符合现行国家标准《建筑地基基础设计规范》的规定。台座的构造，应适合构件生产工艺的要求；台座的台面，宜采用预应力混凝土。

2）在铺放预应力筋时，应采取防止隔离剂沾污预应力筋的措施。

3）当同时张拉多根预应力筋时，应预先调整初应力，使其相互之间的应力一致。

4）张拉后的预应力筋与设计位置的偏差不得大于5mm，且不得大于构件截面最短边长的4%。

5）放张预应力筋时，混凝土强度必须符合设计要求；当设计无专门要求时，不得低于设计的混凝土强度标准值的75%。

6）预应力筋的放张顺序，应符合设计要求；当设计无专门要求时，应符合下列规定：对承受轴心预压力的构件（如压杆、桩等），所有预应力筋应同时放张；对承受偏心预压力的构件，应先同时放张预压力较小区域的预应力筋，再同时放张预压力较大区域的预应力筋；当不能按上述规定放张时，应分阶段、对称、相互交错地放张。

7）放张后预应力筋的切断顺序，宜由放张端开始，逐次切向另一端。

（16）后张法预应力施工

1）预留孔道的尺寸与位置应正确，孔道应平顺。端部的预埋钢板应垂直于孔道中心线。

2）孔道可采用预埋波纹管、钢管抽芯、胶管抽芯等方法成形。钢管应平直光滑，胶管宜充压力水或其他措施以增强刚度，波纹管应密封良好并有一定的轴向刚度，接头应严密，不得漏浆。

因定各种成孔管道用的钢筋井字架间距：钢管不宜大于1m；波纹管不宜大于0.8mm；胶管大宜大于0.5mm，曲线孔道宜加密。

灌浆孔间距：预埋波纹管不宜大于30m；轴芯成形孔道不宜大于12m；曲线孔道的曲线波峰部位，宜设置泌水管。

3）当铺设已穿有预应力筋的波纹管或其他金属管道时，严禁电火花损伤管道内的钢丝或钢绞线。

4）孔道成形后，应立即逐孔检查，发现堵塞，应及时疏通。

5）预应力筋张拉时，结构的混凝土强度应符合设计要求，当设计无具体要求时，不应低于设计强度标准值的75%。

6）预应力筋的张拉顺序应符合设计要求，当设计无具体要求时，可采用分批、分阶段对称张拉。

采用分批张拉时，应计算分批张拉的预应力损失值，分别加到先张拉预应力筋的张拉控制应力值内，或采用同一张拉值逐根复拉补足。

7）预应力筋张拉端的设置，应符合设计要求；当设计无具体要求时，应符合下列规定：抽芯成形孔道：对曲线预应力筋和长度大于24m的直线预应力筋，应在两端张拉；对长度不大于24m的直线预应力筋，可在一端张拉；预埋波纹管孔道：对曲线预应力筋和长度大于30m的直线预应力筋，宜在两端张拉；对长度不大于30m的直线预应力筋可在一端张拉。

当同一截面中有多根一端张拉的预应力筋时，张拉端宜别设置在结构的两端。

当两端同时拉同一根预应力筋时，宜先在一端锚固，再在另一端补足张力后进行锚固。

8）平卧重叠浇筑的构件，宜先上后下逐层进行张拉。为了减少上下层之间困摩阻引起的预应力损失。可逐层加大张拉力。底层张拉力，对钢丝、钢绞线、热处理钢筋，不宜比顶层张拉力大5%；对冷拉Ⅱ、Ⅲ、Ⅳ级钢筋，不宜比顶层张拉力大9%，且不得超过第6.3.3条的规定。当隔离层效果较好时，可采用同一张拉值。

9）预应力筋锚固后的外露长度，不宜小于30mm锚具应用封端混凝土保护，当需长期外露时，应采取防止锈蚀的措施。

10）预应力筋张拉后，孔道应及时灌浆；当采用电热法时，孔道灌浆应在钢筋冷却后进行。

11）用连接器连接的多跨连续预应力筋的孔道灌浆，应张拉完一跨随即灌注一跨，不得在各跨全部张拉完毕后，一次连续灌浆。

12）孔道灌浆应采用砂浆强度等级不低于32.5普通硅酸盐水泥配制的水泥浆；对空隙大的孔道，可采用砂浆灌浆。水泥浆及砂浆强度，均不应少于20N/mm²。

13）灌浆用水泥浆的水灰比宜为0.4左右，搅拌后三小时泌水率宜控制在2%，最大不得超过3%，当需要增加孔道灌浆的密实性时，水泥浆中可掺入对预应力筋无腐蚀作用的外加剂。

注：矿渣硅酸盐水泥：按上述要求试验合格后，也可使用。

14）灌浆前孔道应湿润、洁净：灌浆顺序宜先灌注下层孔道；灌浆应缓慢均匀地进行，不得中断，并应排气通顺；在灌满孔道并封闭排气孔后，宜再继续加压至0.5～0.6MPa，稍后再封闭灌浆孔。

不掺外加剂的水泥浆，可采用二次灌浆法。

（17）表列子项

1）构件名称和型号：照实际填写。如24m折线形桁架等。

2）钢筋张拉程序：按施工组织设计程序进行，应符合设计和规范的有关要求。

3）构件编号：一般照施工图设计的构件编号填写。

4）钢筋张拉顺序编号：按冷拉顺序草图上的编号，应依次填写。

5）钢筋规格：指张拉钢筋的某一根（束）的规格，照实际填写。

6）设计：控制应力照施工图设计说明填写，张拉力照施工图设计说明填写。

7）张拉时：千斤顶编号照实际选用。

8）压力表编号：照实际选用压力表的编号填写。

9）第一次：压力表读数，照第一次测得的压力表实际数值填写。

10）拉力：照第一次测得的拉力实际数值填写。

11）第二次：压力表读数，照第二次测得的压力表实际数值填写。

12）拉力：照第二次测得的拉力数值填写。

13）张拉时弹性伸长：

①计算：指张拉时弹性伸长的计算值，按实际结果填写。

②实际：指实际测得张拉时的弹性伸长。

14）锚具内缩量：照实际检测的内缩量值填写。

15）张拉时混凝土强度：指张拉钢筋时混凝土已达到的实际强度值。

16）张拉时立缝处混凝土砂浆强度：指张拉钢筋时混凝土立缝处强度值。

17）钢筋放张顺序编号：按冷拉顺序草图上的编号。分别按放松顺序依次填写。

18）放张时：千斤顶编号照实际使用的千斤顶的编号填写；压力表编号照实际使用的压力表的编号填写。

19）放松螺帽时：压力表读数照实际放松螺帽时测得的压力表读数填写；张拉力照实际放松螺帽时测得的压力表读数填写。

20）混凝土强度：指放张时混凝土已达到的实际强度值。

2.6.9.2 预应力张拉记录（二）

1. 资料表式

预应力张拉记录（二）

工程名称：　　　　　　　　　　　　　施工单位：

构件编号		预应力束编号			张拉日期	
预应力钢筋种类		规格		标准抗拉强度（MPa）		混凝土强度（N/mm^2）
张拉控制应力 σ_k =		f_{ptk}	MPa	张拉混凝土构件龄期（d）		

张拉机具设备编号		A端 B端	千斤顶		油泵		压力表	
应力值（MPa）		初始应力阶段			控制应力阶段		超张拉应力阶段	
张拉力（kN）								
压力表读数（MPa）	A端							
	B端							
理论伸长值（cm）			计算伸长值（cm）			顶楔时压力表理论读数（MPa）		

实测伸长值						
阶段	A端			B端		
	活塞伸出量（mm）	夹片外露（mm）	油表读数（MPa）	活塞伸出量（mm）	夹片外露（mm）	油表读数（MPa）
初始应力阶段 σ_0						
相邻级别阶段 $2\sigma_0$						
倒　顶						
二次张拉						
控制应力阶段						
超张拉应力阶段						
伸出量差值（mm）	ΔL_A=	$\Delta\lambda_A$=		ΔL_B=	$\Delta\lambda_B$=	
预楔时压力表读数	A端		B端		实测伸长值（mm）	$\Sigma\Delta$=
张拉应力偏差（%）			伸长值偏差（mm）			
滑丝、断丝情况						

参加人员	监理（建设）单位	施工单位			
		专业技术负责人	质检员	工长	记录

2. 资料要求

同预应力张拉记录（一）。

3. 实施要点

（1）预应力张拉记录（二）是预应力张拉记录（一）的张拉过程记录的细化表。

（2）表列子项

1）工程名称：按施工企业和建设单位签订的施工合同的工程名称或图注的工程名称，照实际填写。

2）施工单位：指建设与施工单位合同书中的施工单位，填写合同书中定名的施工单位名称。

3）构件编号：指施工图设计标注的构件编号。

4）预应力束编号：指施工图设计标注的预应力束编号。

5）张拉日期：指预应力构件的实际的张拉日期，按年、月、日填写。

6）预应力钢筋种类：按施工图设计标注的预应力钢筋种类填写。

7）规格：指施工图设计标注的预应力钢筋的规格。

8）标准抗拉强度（MPa）：指施工图设计标注的预应力钢筋标准规定的抗拉强度。

9）混凝土强度等级（N/mm^2）：指施工图设计标注的预应力混凝土强度等级。

10）张拉控制应力 $\sigma_k = f_{ptk}$(MPa)：张拉控制应力应满足设计要求，设计无要求时应满足施工验收规范的要求。以 MPa 计。

11）张拉混凝土构件龄期（d）：张拉混凝土构件龄期应符合设计要求，当设计无要求时，不应低于设计强度标准值的75%。

12）张拉机具设备编号（A 端）：

①千斤顶：指张拉机具设备 A 端的千斤顶的编号。

②油泵：指张拉机具设备 A 端的油泵的编号。

③压力表：指张拉机具设备 A 端的压力表的编号。

13）张拉机具设备编号（B 端）：

①千斤顶：指张拉机具设备 B 端的千斤顶的编号。

②油泵：指张拉机具设备 B 端的油泵的编号。

③压力表：指张拉机具设备 B 端的压力表的编号。

14）应力值（MPa）：

①初始应力阶段：填写初始应力阶段的应力值。

②控制应力阶段：填写控制应力阶段的应力值。

③超张拉应力阶段：填写超张拉应力阶段的应力值。

15）张拉力：

①初始应力阶段：填写初始应力阶段的张拉力。

②控制应力阶段：填写控制应力阶段的张拉力。

③超张拉应力阶段：填写超张拉应力阶段的张拉力。

16）压力表读数（MPa）（A 端）：

①初始应力阶段：填写压力表 A 端初始应力阶段压力表读数（MPa）。

②控制应力阶段：填写压力表 A 端控制应力阶段压力表读数（MPa）。

③超张拉应力阶段：填写压力表 A 端超张拉应力阶段压力表读数（MPa）。
17）压力表读数（MPa）（B 端）：
①初始应力阶段：填写压力表 B 端初始应力阶段压力表读数（MPa）。
②控制应力阶段：填写压力表 B 端控制应力阶段压力表读数（MPa）。
③超张拉应力阶段：填写压力表 B 端超张拉应力阶段压力表读数（MPa）。
18）理论伸长值（cm）。
19）计算伸长值(cm)：预应力筋的计算伸长值按标准规定的计算式的计算结果填写。
20）顶楔时压力表理论读数（MPa）：按顶楔时压力表理论读数（MPa）。
21）实测伸长值：
A. 阶段（A 端）：
①初始应力阶段 σ_0：
a. 活塞伸出量（mm）：填写 A 端初始应力阶段 σ_0 活塞伸出量的实测值。
b. 夹片外露（mm）：填写 A 端初始应力阶段 σ_0 夹片外露的实测值。
c. 油表读数（MPa）：填写 A 端初始应力阶段 σ_0 油表读数的实测值。
②相邻级别阶段 $2\sigma_0$：
a. 活塞伸出量（mm）：填写 A 端相邻级别阶段 $2\sigma_0$ 活塞伸出量的实测值。
b. 夹片外露（mm）：填写 A 端相邻级别阶段 $2\sigma_0$ 夹片外露的实测值。
c. 油表读数（MPa）：填写 A 端相邻级别阶段 $2\sigma_0$ 油表读数的实测值。
③倒　顶：
a. 活塞伸出量（mm）：填写 A 端倒顶活塞伸出量的实测值。
b. 夹片外露（mm）：填写 A 端倒顶夹片外露的实测值。
c. 油表读数（MPa）：填写 A 端倒顶油表读数的实测值。
④二次张拉：
a. 活塞伸出量（mm）：填写 A 端二次张拉活塞伸出量的实测值。
b. 夹片外露（mm）：填写 A 端二次张拉夹片外露的实测值。
c. 油表读数（MPa）：填写 A 端二次张拉油表读数的实测值。
⑤控制应力阶段：
a. 活塞伸出量（mm）：填写 A 端控制应力阶段活塞伸出量的实测值。
b. 夹片外露（mm）：填写 A 端控制应力阶段夹片外露的实测值。
c. 油表读数（MPa）：填写 A 端控制应力阶段油表读数的实测值。
⑥超张拉应力阶段：
a. 活塞伸出量（mm）：填写 A 端超张拉应力阶段活塞伸出量的实测值。
b. 夹片外露（mm）：填写 A 端超张拉应力阶段夹片外露的实测值。
c. 油表读数（MPa）：填写 A 端超张拉应力阶段油表读数的实测值。
⑦伸出量差值（mm）：
a. 活塞伸出量（mm）（$\Delta L_A=$）：填写 A 端伸出量差值活塞伸出量的实测值。
b. 夹片外露（mm）（$\Delta\lambda_A=$）：填写 A 端伸出量差值夹片外露的实测值。
B. 阶段（B 端）：
①初始应力阶段 σ_0：

a. 活塞伸出量（mm）：填写B端初始应力阶段σ_0活塞伸出量的实测值。
b. 夹片外露（mm）：填写B端初始应力阶段σ_0夹片外露的实测值。
c. 油表读数（MPa）：填写B端初始应力阶段σ_0油表读数的实测值。
②相邻级别阶段$2\sigma_0$：
a. 活塞伸出量（mm）：填写B端相邻级别阶段$2\sigma_0$活塞伸出量的实测值。
b. 夹片外露（mm）：填写B端相邻级别阶段$2\sigma_0$夹片外露的实测值。
c. 油表读数（MPa）：填写B端相邻级别阶段$2\sigma_0$油表读数的实测值。
③倒　顶：
a. 活塞伸出量（mm）：填写B端倒顶活塞伸出量的实测值。
b. 夹片外露（mm）：填写B倒顶夹片外露的实测值。
c. 油表读数（MPa）：填写B端倒顶油表读数的实测值。
④二次张拉：
a. 活塞伸出量（mm）：填写B端二次张拉活塞伸出量的实测值。
b. 夹片外露（mm）：填写B端二次张拉夹片外露的实测值。
c. 油表读数（MPa）：填写B端二次张拉油表读数的实测值。
⑤控制应力阶段：
a. 活塞伸出量（mm）：填写B端控制应力阶段活塞伸出量的实测值。
b. 夹片外露（mm）：填写B端控制应力阶段夹片外露的实测值。
c. 油表读数（MPa）：填写B端控制应力阶段油表读数的实测值。
⑥超张拉应力阶段：
a. 活塞伸出量（mm）：填写B端超张拉应力阶段活塞伸出量的实测值。
b. 夹片外露（mm）：填写B端超张拉应力阶段夹片外露的实测值。
c. 油表读数（MPa）：填写B端超张拉应力阶段油表读数的实测值。
⑦伸出量差值（mm）：
a. 活塞伸出量（mm）（ΔL_A=）：填写B端伸出量差值活塞伸出量的实测值。
b. 夹片外露（mm）（$\Delta\lambda_A$=）：填写B端伸出量差值夹片外露的实测值。
⑧顶楔时压力表读数：
a. A端：填写A端顶楔时压力表读数。
b. B端：填写B端顶楔时压力表读数。
c. 实测伸长值（mm）$\Sigma\Delta$=：填写顶楔时压力表读数时的实测伸长值，以mm计。

22）张拉应力偏差（%）：张拉应力偏差是指设计张拉应力与实际张拉应力之比。照实际张拉压力偏差值填写，以%计。

23）伸长值偏差（mm）：伸长值偏差是指设计伸长值与实际张拉结果的伸长值的差值。照实际伸长偏差值填写，以mm计。

24）滑丝、断丝情况：指预应力张拉过程中滑丝、断丝的情况，照实际填写。

25）参加人员：

①监理（建设）单位：指监理单位的专业监理工程师，签字有效。当不委托监理时由建设单位的项目负责人签字。

②施工单位：指与该工程签订施工合同的法人施工单位。

③专业技术负责人：指施工单位的项目经理部级的专业技术负责人，签字有效。

④质检员：负责该单位工程项目经理部级的专职质检员，签字有效。

⑤工长：指该项工程的单位工程技术负责人。

⑥记录：参与预应力张拉的记录人、填写记录人姓名。

2.6.9.3 预应力张拉记录（后张法一端张拉）

1. 资料表式

预应力张拉记录（后张法一端张拉）

构件名称： 施工单位： 张拉日期： 年 月 日

张拉端断面号：	张拉端锚固型式：	拉伸机编号：	标定日期：
锚固端断面号：	锚固端锚固型式：	油压表编号：	标定资料编号：
钢丝（束）强度：	超张拉百分率（%）：	实际延伸量（mm）：	超张拉油压表读数：
钢丝束规格：	设计控制应力（MPa）：	理论延伸量（mm）：	安装时油表读数：
限位块凹槽深（mm）：	张拉时混凝土强度：		

钢丝束编号	初读数	二倍初读数	超张拉读数		安装读数		断丝滑丝情况	墩头检查情况	备注
	MPa/mm	MPa/mm	MPa/mm	持续时间	MPa/mm	回缩量（mm）			

编号示意图：

参加人员	监理（建设）单位	施工单位			
		项目技术负责人	专职质检员	工长	记录

2. 资料要求

同预应力张拉记录（一）。

3. 实施要点

（1）本表为预应力张拉记录后张法一端张拉用表。应按表列要求逐一按测试结果记录。

（2）预应力张拉记录后张法一端张拉有关实施见预应力张拉记录（一）。

（3）表列子项

1）构件名称：指预应力张拉构件的名称，照实际填写。

2）施工单位：指建设与施工单位合同书中的施工单位，填写合同书中定名的施工单位名称。

3）张拉日期：指预应力构件张拉的实际日期，按年、月、日填写。

4）张拉端断面号：指预应力筋张拉端的断面编号。

5）张拉端锚固型式：指预应力筋张拉端的锚固型式。锚、夹具按其构造和性能特点，大致可归纳为螺杆式、镦头式、夹片式和锥销式等几种类别。这几类锚、夹具和配套使用的张拉设备及被锚夹的预应力筋可组成相应的张拉锚固体系。

6）拉伸机编号：指预应力张拉的拉伸机的编号。

7）标定日期：指预应力张拉机的拉伸机的标定日期。

8）锚固端断面号：指预应力筋张拉端的锚固端断面编号。

9）锚固端锚固型式：指预应力筋锚固端的锚固型式。

10）油压表编号：指预应力筋张拉用油压表的编号。

11）标定资料编号。

12）钢丝（束）强度：指预应力钢丝束筋张拉。

13）超张拉百分率（%）：指预应力筋张拉时超张拉的百分率，以%率计。

14）实际延伸量：指预应力筋张拉时预应力筋的实际延伸量。

15）超张拉油压表读数：指预应力筋张拉时超张拉油压表的实际读数。

16）钢丝束规格：按实际采用的钢丝束的规格填写。

17）设计控制应力（MPa）：按施工图设计图注的设计控制应力填写。

18）理论延伸量（mm）。

19）安装时油表读数：指安装完成后油压表的读数。

20）限位块凹槽深（mm）。

21）张拉时混凝土强度：张拉时混凝土构件的强度应符合设计要求，当设计无要求时，不应低于设计强度标准值的75%。

22）钢丝束编号：指预应力构件采用的钢丝束的编号。

①初读数 MPa/mm：指预应力构件采用的钢丝束张拉时的初读数。

②二倍初读数 MPa/mm：指预应力构件采用的钢丝束张拉时的二倍初读数。

③超张拉读数：

a. MPa/mm：指预应力构件采用的钢丝束张拉超张拉时的读数。

b. 持续时间：指预应力构件采用的钢丝束张拉时达到设计值时的持续时间。

④安装读数：

a. MPa/mm：指预应力构件采用的钢丝束安装完成时的读数。

b. 回缩量：指锚固阶段张拉端预应力筋的回缩量，照实际检测的回缩量值填写。回缩量的允许值根据锚具类别不应超过规范的允许值。

⑤断丝滑丝情况：指预应力张拉过程中滑丝、断丝的情况，断丝或滑脱的数量不得超过规范的规定值，照实际填写。

⑥墩头检查情况。

⑦备注：填写需要说明的其他事宜。

23）编号示意图：指预应力张拉时钢丝束的编号示意图。

2.6.9.4 预应力张拉记录（后张法两端张拉）

1. 资料表式

预应力张拉记录（后张法两端张拉）

工程名称： 施工单位：

构件名称			张拉混凝土强度		(MPa)	张拉日期	年	月	日
千斤顶编号	标定日期	标定资料编号	油压表编号	初应力读数（MPa）	超张拉油表读数（MPa）	安装时油表读数（MPa）	顶塞油表读数（MPa）	计算伸长值（mm）	理论伸长值（mm）

钢束编号	张拉断面编号	千斤顶编号	记录项目	张拉							总延伸长度（mm）	滑、断丝情况	处理情况
				初读数（MPa）	二倍初应力时读数	第一行程	第二行程	超张拉%	回油时回缩量（mm）	安装应力（MPa）			
			油表读数（MPa）										
			尺读数（mm）										
			油表读数（MPa）										
			尺读数（mm）										
			油表读数（MPa）										
			尺读数（mm）										
			油表读数（MPa）										
			尺读数（mm）										
			油表读数（MPa）										
			尺读数（mm）										
			油表读数（MPa）										
			尺读数（mm）										
			油表读数（MPa）										
			尺读数（mm）										
			油表读数（MPa）										
			尺读数（mm）										

张拉部位及直弯束示意图：

参加人员	监理（建设）单位	施工单位			
		项目技术负责人	专职质检员	工长	记录

2. 资料要求

同预应力张拉记录（一）。

3. 实施要点

（1）本表为预应力张拉记录后张法两端张拉用表，应按表列要求逐一按测试结果记录。

（2）后张法预应力施工：

1）预留孔道的尺寸与位置应正确，孔道应平顺。端部的预埋钢板应垂直于孔道中心线。

2）孔道可采用预埋波纹管、钢管抽芯、胶管抽芯等方法成形。钢管应平直光滑，胶管宜充压力水或其他措施以增强刚度，波纹管应密封良好并有一定的轴向刚度，接头应严密，不得漏浆。

因定各种成孔管道用的钢筋井字架间距：钢管不宜大于 1m；波纹管不宜大于 0.8mm；胶管大宜大于 0.5mm，曲线孔道宜加密。

灌浆孔间距：预埋波纹管不宜大于 30m；轴芯成形孔道不宜大于 12m；曲线孔道的曲线波峰部位，宜设置泌水管。

3）当铺设已穿有预应力筋的波纹管或其他金属管道时，严禁电火花损伤管道内的钢丝或钢绞线。

4）孔道成形后，应立即逐孔检查，发现堵塞，应及时疏通。

5）预应力筋张拉时，结构的混凝土强度应符合设计要求，当设计无具体要求时，不应低于设计强度标准值的 75%。

6）预应力筋的张拉顺序应符合设计要求，当设计无具体要求时，可采用分批、分阶段对称张拉。

采用分批张拉时，应计算分批张拉的预应力损失值，分别加到先张拉预应力筋的张拉控制应力值内，或采用同一张拉值逐根复拉补足。

7）预应力筋张拉端的设置，应符合设计要求；当设计无具体要求时，应符合下列规定：抽芯成形孔道：对曲线预应力筋和长度大于 24m 的直线预应力筋，应在两端张拉；对长度不大于 24m 的直线预应力筋，可在一端张拉；预埋波纹管孔道：对曲线预应力筋和长度大于 30m 的直线预应力筋，宜在两端张拉；对长度不大于 30m 的直线预应力筋可在一端张拉。

当同一截面中有多根一端张拉的预应力筋时，张拉端宜别设置在结构的两端。

当两端同时拉同一根预应力筋时，宜先在一端锚固，再在另一端补足张力后进行锚固。

8）平卧重叠浇筑的构件，宜先上后下逐层进行张拉。为了减少上下层之间因摩阻引起的预应力损失。可逐层加大张拉力。底层张拉力，对钢丝、钢绞线、热处理钢筋，不宜比顶层张拉力大 5%；对冷拉Ⅱ、Ⅲ、Ⅳ级钢筋，不宜比顶层张拉力大 9%，且不得超过第 6.3.3 条的规定。当隔离层效果较好时，可采用同一张拉值。

9）预应力筋锚固后的外露长度，不宜小于 30mm 锚具应用封端混凝土保护，当需长期外露时，应采取防止锈蚀的措施。

10）预应力筋张拉后，孔道应及时灌浆；当采用电热法时，孔道灌浆应在钢筋冷却后进行。

11）用连接器连接的多跨连续预应力筋的孔道灌浆，应张拉完一跨随即灌注一跨，不得在各跨全部张拉完毕后，一次连续灌浆。

12）孔道灌浆应采用砂浆强度等级不低于 32.5 普通硅酸盐水泥配制的水泥浆；对空隙大的孔道，可采用砂浆灌浆。水泥浆及砂浆强度，均不应少于 $20N/mm^2$。

13）灌浆用水泥浆的水灰比宜为 0.4 左右，搅拌后三小时泌水率宜按制在 2%，最大不得超过 3%，当需要增加孔道灌浆的密实性时，水泥浆中可掺入对预应力筋无腐蚀作用的外加剂。

注：矿渣硅酸盐水泥：按上述要求试验合格后，也可使用。

14）灌浆前孔道应湿润、洁净；灌浆顺序宜先灌注下层孔道；灌浆应缓慢均匀地进行，不得中断，并应排气通顺；在灌满孔道并封闭排气孔后，宜再继续加压至 0.5～0.6MPa，稍后再封闭灌浆孔。

不掺外加剂的水泥浆，可采用二次灌浆法。

（3）表列子项：

1）工程名称：按施工企业和建设单位签订的施工合同的工程名称或图注的工程名称，照实际填写。

2）施工单位：指建设与施工单位合同书中的施工单位，填写合同书中定名的施工单位名称。

3）构件名称：指预应力张拉构件的名称，照实际填写。

4）张拉混凝土强度：张拉混凝土构件强度应符合设计要求，当设计无要求时，不应低于设计强度标准值的 75%。

5）张拉日期：指预应力构件的实际的张拉日期，按年、月、日填写。

6）千斤顶编号：指张拉机具设备之一的千斤顶的编号。

7）标定日期：指预应力千斤顶的标定日期。

8）标定资料编号：指预应力千斤顶的标定资料编号。

9）油压表编号：指张拉机具设备之一的油压表的编号。

10）初应力读数（MPa）：填写初始应力阶段的初应力读数。

11）超张拉油表读数（MPa）：填写超张拉阶段的油表读数。

12）安装时油表读数（MPa）：填写安装时的油表读数。

13）顶塞油表读数（MPa）。

14）计算伸长值（mm）：预应力筋的计算伸长值按标准规定的计算式的计算结果填写。

15）理论伸长值（mm）。

16）钢束编号：指预应力构件采用的钢丝束的编号。

17）张拉断面编号：指预应力筋张拉端的断面编号。

18）千斤顶编号：指张拉机具设备之一的千斤顶的编号。

19）记录项目：

①油表读数（MPa）：填写油表读数的实测值。

②尺读数（mm）：填写尺读数的实测值。

20）初读数（MPa）：填写预应力张拉时初读数的油表读数和尺读数。

①油表读数（MPa）：填写油表读数的实测值。

②尺读数（mm）：填写尺读数的实测值。

21）二倍初应力时读数：

①油表读数（MPa）：填写预应力张拉时二倍初应力时的油表读数。

②尺读数（mm）：填写预应力张拉时二倍初应力时的尺读数。

22）第一行程：

①油表读数（MPa）：填写预应力张拉时第一行程的油表读数。

②尺读数（mm）：填写预应力张拉时第一行程的尺读数。

23）第二行程：

①油表读数（MPa）：填写预应力张拉时第二行程的油表读数。

②尺读数（mm）：填写预应力张拉时第二行程的尺读数。

24）超张拉（%）：

①油表读数（MPa）：填写预应力张拉时超张拉的油表读数。

②尺读数（mm）：填写预应力张拉时起张拉的尺读数。

25）回油时回缩量（mm）：

①油表读数（MPa）：填写预应力张拉时回油时回缩量的油表读数。

②尺读数（mm）：填写预应力张拉时回油时回缩量的尺读数。

26）安装应力（MPa）：

①油表读数（MPa）：填写预应力张拉时安装应力的油表读数。

②尺读数（mm）：填写预应力张拉时安装应力的尺读数。

27）总延伸长度（mm）：指预应力筋张拉总的延伸长度，照实测的总延伸长度填写，以 mm 计。

28）滑、断丝情况：指预应力张拉过程中滑丝、断丝的情况，断丝或滑脱的数量不得超过规范的规定值，照实际填写。

29）处理情况：指预应力张拉过程中对出现问题的处理情况。

注：预应力张拉记录每一钢束编号分别记录两端张拉的油表读数和尺读数。

30）张拉部位及直弯束示意图：指预应力张拉时张拉部位及直弯束的示意图。

2.6.9.5 预应力张拉孔道压浆记录

1. 资料表式

预应力张拉孔道压浆记录

<table>
<tr><td colspan="3">工程名称</td><td colspan="3"></td><td colspan="2">施工单位</td><td colspan="2"></td></tr>
<tr><td colspan="2">部位(构件)编号</td><td colspan="8"></td></tr>
<tr><td>孔道编号</td><td>起止时间</td><td>压强(MPa)</td><td>水泥品种及等级</td><td>水灰比</td><td>冒浆情况</td><td>水泥浆用量</td><td>气温(℃) / 净浆温度(℃)</td><td colspan="2">28天压浆强度</td></tr>
<tr><td></td><td></td><td></td><td></td><td></td><td></td><td></td><td></td><td colspan="2"></td></tr>
<tr><td></td><td></td><td></td><td></td><td></td><td></td><td></td><td></td><td colspan="2"></td></tr>
<tr><td></td><td></td><td></td><td></td><td></td><td></td><td></td><td></td><td colspan="2"></td></tr>
<tr><td></td><td></td><td></td><td></td><td></td><td></td><td></td><td></td><td colspan="2"></td></tr>
<tr><td></td><td></td><td></td><td></td><td></td><td></td><td></td><td></td><td colspan="2"></td></tr>
<tr><td></td><td></td><td></td><td></td><td></td><td></td><td></td><td></td><td colspan="2"></td></tr>
<tr><td></td><td></td><td></td><td></td><td></td><td></td><td></td><td></td><td colspan="2"></td></tr>
<tr><td></td><td></td><td></td><td></td><td></td><td></td><td></td><td></td><td colspan="2"></td></tr>
<tr><td></td><td></td><td></td><td></td><td></td><td></td><td></td><td></td><td colspan="2"></td></tr>
<tr><td></td><td></td><td></td><td></td><td></td><td></td><td></td><td></td><td colspan="2"></td></tr>
<tr><td>示意图</td><td colspan="9"></td></tr>
<tr><td rowspan="3">参加人员</td><td colspan="3" rowspan="2">监理(建设)单位</td><td colspan="6">施工单位</td></tr>
<tr><td colspan="2">项目技术负责人</td><td>专职质检员</td><td>工长</td><td colspan="2">记录</td></tr>
<tr><td colspan="3"></td><td colspan="2"></td><td></td><td></td><td colspan="2"></td></tr>
</table>

2. 资料要求

同预应力张拉记录（一）。

3. 实施要点

（1）实施要点

1）预应力筋张拉后，孔道应及时灌浆；当采用电热法时，孔道灌浆应在钢筋冷却后进行。

2）用连接器连接的多跨连续预应力筋的孔道灌浆，应张拉完一跨随即灌注一跨，不得在各跨全部张拉完毕后，一次连续灌浆。

3）孔道灌浆应采用砂浆强度等级不低于 32.5 普通硅酸盐水泥配制的水泥浆；对空隙大的孔道，可采用砂浆灌浆。水泥浆及砂浆强度，均不应少于 $20N/mm^2$。

4）灌浆用水泥浆的水灰比宜为 0.4 左右，搅拌后三小时泌水率宜控制在 2%，最大不得超过 3%，当需要增加孔道灌浆的密实性时，水泥浆中可掺入对预应力筋无腐蚀作用的外加剂。

注：矿渣硅酸盐水泥：按上述要求试验合格后，也可使用。

5）灌浆前孔道应湿润、洁净：灌浆顺序宜先灌注下层孔道；灌浆应缓慢均匀地进行，不得中断，并应排气通顺；在灌满孔道并封闭排气孔后，宜再继续加压至 0.5～0.6MPa，稍后再封闭灌浆孔。

不掺外加剂的水泥浆，可采用二次灌浆法。

6）预应力孔道压浆每一工作班留取不少于三组 70.7mm×70.7mm×70.7mm 试件，其中一组作为标准养护 28d 的强度资料，其它两组做移运和吊装时强度参考值资料。

（2）表列子项

1）工程名称：按施工企业和建设单位签订的施工合同的工程名称或图注的工程名称，照实际填写。

2）施工单位：指建设与施工单位合同书中的施工单位，填写合同书中定名的施工单位名称。

3）部位（构件）编号：按施工图设计的部位（构件）编号。

4）孔道编号：按施工图设计的孔道编号。

5）起止时间：指预应力张拉孔道灌浆的开始和完成时间，按月、日、时起至月、日、时止。

6）压强（MPa）：指灌浆的压力强度，压强一般稳定在 4～5 个大气压左右。

7）水泥品种及等级：按实际使用的等级及品种填写。

8）水灰比：灰浆配和比应根据孔道形式、灌浆方法、材料性能及设备等条件由试验决定。水灰比应控制在 0.4～0.45 之间，搅拌后 3h 泌水率不宜大于 2%，且不应大于 3%，尽量减少灰浆的收缩性，使与构件混凝土良好结合。钢筋束与钢丝束都采用纯水泥浆灌入，不成束的预应力筋及孔道较大者，可在水泥浆内掺入一定数的细砂。

9）冒浆情况：指预应力张拉孔道压浆时的冒浆情况。

10）水泥浆用量：按施工单位根据孔道断面及长度计算得的水泥浆用量，照计算结果填写。

11）气温℃：指预应力孔道灌浆时的大气温度，按实测的大气温度填写。

12）净浆温度℃：指预应力孔道灌浆时的净浆温度，按实测的净浆温度填写。

13）28d 天压浆强度：灌浆用水泥浆的抗压强度不应小于 $30N/mm^2$。试件按标准养护 28 天，试件尺寸为边长 70.7mm 的立方体试件，每工作班留置一组试件。

14）示意图：指预应力张拉孔道压浆的示意图。

2.6.10 施工测温记录

2.6.10.1 混凝土冬施测温记录

1. 资料表式

混凝土冬施测温记录

工程名称				部位						养护方法									
测温时间			大气温度 ℃	各测孔温度（℃）												平均温度 ℃	间隔时间	成熟度(M)	
月	日	时		#	#	#	#	#	#	#	#	#	#	#	#			本次	累计

参加人员	监理(建设)单位	施工单位			
		施工项目技术负责人	专职质检员	工长	记录

2. 资料要求

(1) 混凝土施工必须填写混凝土测温记录。

(2) 不认真进行混凝土测温记录的为不符合要求。

(3) 混凝土测温记录项目技术负责人、质检员、记录人必须签字，不签字或代签为不符合要求。

3. 实施要点

混凝土测温记录是指为保证冬季施工条件下的混凝土质量而对冬季施工条件下的混凝土进行的测温、大气温度、浇筑温度等的测试记录。

(1) 基本要求

1) 室外日平均气温连续5d低于5℃时起，至室外日平均气温连续5d高于5℃冬施结束这期间浇筑养护的混凝土均需测温观察。

2) 对于采用模板工艺施工和滑模工艺施工的结构工程，由于施工工艺对拆模的要求，当大气平均温度低于15℃转入低温施工时就应开始测温。

3) 采用综合蓄热法，未掺抗冻剂的一般间隔6h测一次，若掺加抗冻剂的混凝土达到受冻临界强度之前，每隔2h测一次，达到受冻临界强度以后每隔6h测一次，若采用蒸汽养护法、干热养护则在升温、降温阶段每隔1h测一次，恒温阶段每隔2h测一次。

4) 全部测温均应在现场技术部门编号，并绘制布置图（包括位置和深度）。测温时，测温仪表应采取与外界气温隔离措施，并留置在测温孔内不少于3mm。

(2) 混凝土同条件养护测温记录是指为保证结构实体检验或因混凝土施工的拆模、出池、出厂、吊装、张拉、放张及施工期间临时负荷的混凝土强度需要留置的同条件养护试件进行的测温记录。

(3) 大体积混凝土浇筑后应测试混凝土表面和内部温度，将温差控制在设计要求的范围之内，当设计无要求时，温差应符合规范规定。新浇筑的大体积混凝土应进行表面保护，减少表面温度的频繁变化，防止或减少因内外温差过大导致混凝土开裂。

(4) 测温的时间、点数以及日次数根据不同的保温方式而不同，但均需符合规范要求。常规测温，日测温次数应为4次：晨：2点；早：8点；午：14点；晚：20点。

(5) 混凝土养护温度的测量方法应符合下列规定：

1) 全部测温孔均应编号，并绘制测温孔布置图；

2) 测量混凝土温度时，测温表应采取措施与外界气温隔离；测温表留置在测温孔内的时间应不少于3min；

3) 测温孔的设置，当采用蓄热法养护时，应在易于散热的部位设置；当采用加热养护法时，应在离热源不同的位置分别设置；大体积结构应在表面及内部分别设置。

(6) 所有各项测量及检验结果，均应填写“混凝土浇筑施工记录”和“混凝土冬期施工日报”。

(7) 测温要求

1) 现浇混凝土在测温时，应按测温孔的编号顺序进行，温度计插入测温孔后，堵塞住孔口，留置在测温孔内3～5min后进行读数，读数前应先用指甲按住酒精柱上端所指度数，然后从测温孔口取出温度计，并使与视线成水平，仔细读出所测温度值，并将所测温度记录在记录表上，然后将测温孔封闭。

2）测温时要按项目要求按时进行，测温次数：

①大气温度、环境温度：气温测量每昼夜 8、12、20、4 点共测 4 次。其他每昼夜测 2～4 次。

②对材料和防冻剂温度每工作班不少于 3 次。

③拌合物出机温度每两小时测一次。

④混凝土入模温度每工作班不少 2～4 次。

⑤养护期间的温度测定：终凝前、低温变化混凝土每 4 小时测一次，负温混凝土前 3 天每 2 小时测一次，以后每昼夜测两次。

⑥温度变化时应加强抽测次数。

（8）表列子项

1）施工单位：指建设与施工单位合同书中的施工单位，签字有效。

2）工程名称：按施工企业和建设单位签订的施工合同的工程名称或图注的工程名称，照实际填写。

3）工程部位：指实际送检的材料、成品、半成品、构配件、试块、试件等代表的用于工程的实际工程部位，照实际填写。

4）混凝土浇筑日期：照实际混凝土浇筑日期填写。

5）混凝土入模温度℃：即混凝土入模时的温度。

6）混凝土浇筑时大气温度℃：指混凝土浇筑时的气温，照测温时、分的实际测得值填写。

7）混凝土养护方法：照实际填写，如加盖草袋、白灰锯末、蒸养、暖棚等。

8）测温记录：

①测温日期：照实际的测温日期，按月、日填写。

②测温时间：照实际的测温时间，按日、时、分填写。

③测温孔温度℃：分别按不同编号的测温孔，各自的实测温度填写，以℃计。

④大气温度（℃）：指混凝土浇筑时的气温，照测温时、分的实际测得值填写。

9）测温孔布置图：按施工组织设计编制的测温孔布置附图。

2.6.10.2 混凝土养护测温记录

1. 资料表式

混凝土养护测温记录 **表 2.6.10.2-1**

工程名称： 施工单位

<table>
<tr><td>部　位</td><td colspan="2"></td><td colspan="4">养护方法</td><td colspan="4"></td><td>测试方法</td><td colspan="2"></td></tr>
<tr><td rowspan="2">测温时间</td><td rowspan="2">大气温度</td><td rowspan="2">浇筑温度</td><td colspan="8">各测孔温度（℃）</td><td rowspan="2">平均温度（℃）</td><td rowspan="2">间隔时间（s）</td><td rowspan="2">温差（℃）</td></tr>
<tr><td></td><td></td><td></td><td></td><td></td><td></td><td></td><td></td></tr>
<tr><td></td><td></td><td></td><td></td><td></td><td></td><td></td><td></td><td></td><td></td><td></td><td></td><td></td><td></td></tr>
<tr><td></td><td></td><td></td><td></td><td></td><td></td><td></td><td></td><td></td><td></td><td></td><td></td><td></td><td></td></tr>
<tr><td></td><td></td><td></td><td></td><td></td><td></td><td></td><td></td><td></td><td></td><td></td><td></td><td></td><td></td></tr>
<tr><td></td><td></td><td></td><td></td><td></td><td></td><td></td><td></td><td></td><td></td><td></td><td></td><td></td><td></td></tr>
<tr><td></td><td></td><td></td><td></td><td></td><td></td><td></td><td></td><td></td><td></td><td></td><td></td><td></td><td></td></tr>
<tr><td></td><td></td><td></td><td></td><td></td><td></td><td></td><td></td><td></td><td></td><td></td><td></td><td></td><td></td></tr>
<tr><td></td><td></td><td></td><td></td><td></td><td></td><td></td><td></td><td></td><td></td><td></td><td></td><td></td><td></td></tr>
<tr><td rowspan="3">参加人员</td><td colspan="4" rowspan="2">监理（建设）单位</td><td colspan="9">施　工　单　位</td></tr>
<tr><td colspan="3">项目技术负责人</td><td colspan="3">专职质检员</td><td colspan="2">工　长</td><td>记　录</td></tr>
<tr><td colspan="4"></td><td colspan="3"></td><td colspan="3"></td><td colspan="2"></td><td></td></tr>
</table>

2. 实施要点

（1）混凝土养护测温记录是指标准养护、大体积混凝土测温、设计要求或工程特殊需要进行混凝土测温的均用此表。

（2）基本要求如下：

1）室外日平均气温连续 5d 低于 5℃时起，至室外日平均气温连续 5d 高于 5℃冬施结束这期间浇筑养护的混凝土均需测温观察。

2）对于采用磊模板工艺施工和滑模工艺施工的结构工程，由于施工工艺对拆模的要求，当大气平均温度低于 15℃转入低温施工时就应开始测温。

3）采用综合蓄热法，未掺抗冻剂的一般间隔 6h 测一次，若掺加抗冻剂的混凝土达到受冻临界强度之前，每隔 2h 测一次，达到受冻临界强度以后每隔 6h 测一次，若采用蒸汽养护法、干热养护则在升温、降温阶段每隔 1h 测一次，恒温阶段每隔 2h 测一次。

4）全部测温均应在现场技术部门编号，并绘制布置图（包括位置和深度）。测温时，测温仪表应采取与外界气温隔离措施，并留置在测温孔内不少于 3mm。

（3）大体积混凝土浇筑后应测试混凝土表面和内部温度，将温差控制在设计要求的范围之内，当设计无要求时，温差应符合规范规定。新浇筑的大体积混凝土应进行表面保护，减少表面温度的频繁变化，防止或减少因内外温差过大导致混凝土开裂。

（4）冬期施工混凝土和大体积混凝土在浇筑时，根据规范规定设置温孔。测温应编号，并绘制测温孔布置图。大体积混凝土的测温孔应在表面及内部分别设置。

（5）测温的时间、点数以及日次数根据不同的保温方式而不同，但均需符合规范要求。

（6）采用热电偶测温时按表 2.6.10.2-2 要求记录。

热电偶测温记录　　　**表 2.6.10.2-2**

测点号	测点位置	恒温点温度（℃）	工作点		校核点			备注
			热电势（μV）	换算温度（℃）	实测温度（℃）	热电势（μV）	换算温度	
参加人员	监理（建设）单位		施工单位					
			项目技术负责人		专职质检员	工长		记录

(7) 表列子项

1) 平均温度：按不同测温点温度的加数平均值；

2) 各测孔温度：每测温一次均应按不同时、分，不同测温孔的温度分别记录；

3) 浇筑温度：系指混凝土振捣后，在混凝土 50mm～100mm 深处的温度；

4) 间隔时间：系指本次测温和上次测温的时间间隔；

5) 温差：指混凝土浇筑后内部和表面温度之差，不宜超过 25℃度。冬期混凝土施工养护测温记录可不填此项。

2.6.10.3 混凝土同条件养护测温记录

1. 资料表式

混凝土同条件养护测温记录

工程名称： 施工单位：

<table>
<tr><td>部 位</td><td colspan="2"></td><td colspan="2">养护方法</td><td colspan="2"></td><td>测试方法</td><td></td></tr>
<tr><td colspan="2" rowspan="2">测温时间</td><td colspan="4">大气温度（℃）</td><td rowspan="2">平均温度（℃）</td><td rowspan="2">间隔时间（s）</td><td rowspan="2">温差（℃）</td></tr>
<tr><td>2 点</td><td>8 点</td><td>14 点</td><td>20 点</td></tr>
<tr><td colspan="2">年 月 日</td><td></td><td></td><td></td><td></td><td></td><td></td><td></td></tr>
<tr><td colspan="2">年 月 日</td><td></td><td></td><td></td><td></td><td></td><td></td><td></td></tr>
<tr><td colspan="2">年 月 日</td><td></td><td></td><td></td><td></td><td></td><td></td><td></td></tr>
<tr><td colspan="2">……</td><td></td><td></td><td></td><td></td><td></td><td></td><td></td></tr>
<tr><td rowspan="3">参加人员</td><td rowspan="2">监理（建设）单位</td><td colspan="7">施 工 单 位</td></tr>
<tr><td colspan="2">项目技术负责人</td><td colspan="2">专职质检员</td><td colspan="2">工 长</td><td>记 录</td></tr>
<tr><td></td><td colspan="2"></td><td colspan="2"></td><td colspan="2"></td><td></td></tr>
</table>

2. 实施要点

(1) 为满足设计和施工质量验收规范要求需进行同条件混凝土养护时应记录混凝土同条件养护测温记录。

(2) 为保证同条件混凝土试件养护测温具有完整的测温记录，主体工程的测温应从基础混凝土浇筑开始至主体结构完成后一个月内逐日进行了测温。

(3) 同条件混凝土试件养护测温记录，市政基础设施工程现行质量检验评定标准尚无同条件混凝土试件养护要求，当设计或工程需要进行同条件混凝土试件养护时，可参照《混凝土结构工程施工质量验收规范》(GB 50204—2002) 应满足等效龄期 600℃/天时的规定作为同条件混土试件的强度评定依据。

混凝土试件应以见证送样方式送交试验室进行了抗压强度试验，以保证混凝土试件的真实性。

2.6.10.4　冬期施工混凝土搅拌测温记录

1. 资料表式

冬期施工混凝土搅拌测温记录　　表 2.6.10.4-1

工程名称						部位				搅拌方式	
混凝土强度等级				坍落度		cm		水泥品种强度等级			
配合比(水泥：砂：石：水)								外加剂名称及掺量			
测温时间				大气温度℃	原材料温度(℃)				出罐温度℃	入模温度℃	备注
年	月	日	时		水泥	砂	石	水			
参加人员	监理(建设)单位		施工单位								
			施工项目技术负责人			专职质检员		工长		记录	

2. 资料要求

(1) 混凝土冬期施工必须填写混凝土冬期施工日报。认真做好冬施温度记录及天气情况记录。

(2) 不认真进行混凝土冬期施工混凝土日报的为不符合要求。

(3) 冬期施工混凝土日报项目技术负责人、质检员、记录人必须签字，不签字或代签为不符合要求。

3. 实施要点

冬期施工混凝土日报是指为保证冬季施工条件下的混凝土质量而对混凝土施工、气候条件进行的测试记录。

冬施测温必须由专人负责进行，并通过培训方可上岗。

(1) 冬施期初始日与终止日

当日平均气温连续稳定降低到5℃或5℃以下，或者最低气温降低到0℃或0℃以下时，即认为进入冬期施工阶段。通常按连续5天稳定低于5℃的第一天为冬期施工的初始日，取连续5天稳定低于5℃时的末日为冬期施工的终止日。

(2) 冬期混凝土的配制和搅拌

配制冬期施工的混凝土，应优先用硅酸盐水泥或普通硅酸盐水泥。水泥标号不应低于425号，最小水泥用量不宜少于300kg/m^3，水灰比不应大于0.6。

使用矿渣硅酸盐水泥，宜采用蒸汽养护；使用其他品种水泥，应注意其中掺合材料对混凝土抗冻、抗渗等性能的影响。

掺用防冻剂的混凝土，严禁使用高铝水泥。

原材料出入罐温度及室外温度每工作班不少于四次测温。

(3) 在钢筋混凝土中掺用氯盐类防冻剂时，氯盐掺量按无水状态计算不得超过水泥重量的1%。掺用氯盐的混凝土必须振捣密实，且不宜采用蒸汽养护。在下列钢筋混凝土结构中不得掺用氯盐：

1) 在高湿度空气环境中使用的结构；

2) 处于水位升降部位的结构；

3) 露天结构或经常受水淋的结构；

4) 与镀锌钢材或与铝铁相接触部位的结构，以及有外露钢筋预埋件而无防护措施的结构；

5) 与含有酸、碱或硫酸盐等侵蚀性介质相接触的结构；

6) 使用过程中经常处于环境温度为60℃以上的结构；

7) 使用冷拉钢筋或冷拔低碳钢丝的结构；

8) 薄壁结构、中级或重级工作制吊车梁、屋架、落锤或锻锤基础等结构；

9) 电解车间和直接靠近直流电源的结构；

10) 直接靠近高压电源（发电站、变电所）的结构；

11) 预应力混凝土结构。

(4) 当采用素混凝土时，氯盐掺量不得大于水泥重量的3%。

(5) 冬期拌制混凝土时应优先采用加热水的方法。水及骨料的加热温度应根据热工计算确定，但不得超过表2.6.10.4-2的规定。

水泥不得直接加热，并宜在使用前运入暖棚内存放。

(6) 混凝土所用骨料必须清洁，不得含有冰、雪等冻结物及易冻裂的矿物质。在掺用含有钾、钠离子防冻剂的混凝土中，不得混有活性骨料。

(7) 拌制掺用防冻剂的混凝土应符合下列规定：

1) 防冻剂溶液的配制及防冻剂的掺量应符合现行国家标准的有关规定；

2) 严格控制混凝土水灰比，由骨料带入的水分及防冻剂溶液中的水分均应从拌合水中扣除；

3) 搅拌前，应用热水或蒸汽冲洗搅拌机，搅拌时间应取常温搅拌时间的1.5倍；

4) 混凝土拌合物的出机温度不宜低于10℃，入模温度不得低于5℃。

注：1. 冬期施工前后，应密切注意天气预报，以防气温突然下降遭受寒流和霜冻袭击。

2. 试验资料表明，当温度在4～0℃时，混凝土凝结时间要比15℃时延长三倍；当温度低于0℃，特别是温度下降到混凝土冰点温度（新浇混凝土的冰点为−0.3～0.5℃）以下时，混凝土的水开始结冰，体积膨胀约9%，混凝土将有冻害可能。

拌合水及骨料最高温度（℃）　　**表2.6.10.4-2**

项　　目	拌合水	骨料
强度等级小于42.5的普通硅酸盐水泥、矿渣硅酸盐水泥	80	60
强度等级等于及大于42.5的硅酸盐水泥、普通硅酸盐水泥	60	40

注：当骨料不加热时，水可加热到100℃，但水泥不应与80℃以上的水直接接触，投料顺序为先投入骨料和已加热的水，然后再投入水泥。

(8) 掺防冻剂混凝土施工的注意事项

1) 防冻剂、低温早强剂的质量和拌制成溶液后的质量（有无沉淀和杂质）及浓度；

2) 拌合物的和易性借以检查配合比是否正确；

3) 原材料温度、拌合物的出机温度、以及终凝前和浇灌后3天的温度情况；

4) 浇灌振捣对混凝土保护层厚度的控制情况；

5) 保温覆盖情况。

(9) 冬期不得在强冻胀性地基土上浇筑混凝土；当混凝土受冻前其抗压强度不得低于：

1) 硅酸盐水泥或普通硅酸盐水泥配制的混凝土，为设计混凝土强度标准值的30%；

2) 矿渣硅酸盐水泥配制的混凝土，为设计混凝土强度标准值的40%，但不大于C10的混凝土，不得小于5.0N/mm²。在弱冻胀性地基土上浇筑混凝土时，基土不得遭冻。当在非冻胀性地基土上浇筑混凝土时，可不考虑土对混凝土的冻胀影响。

(10) 对加热养护的现浇混凝土结构，混凝土的浇筑程序和施工缝的位置，应能防止在加热养护时产生较大的温度应力，当加热温度在40℃以上时，应征得设计单位同意。

(11) 当分层浇筑大体积结构时，已浇筑层的混凝土温度，在被上一层混凝土覆盖前，不得低于按热工计算的温度，且不得低于2℃。

(12) 预应力混凝土的孔道灌浆，应在正温下进行，并应符合设计和相关专业规范要求，且应养护到强度不小于15.0N/mm²。

(13) 混凝土养护室外最低温度不低于−15℃时，地面以下的工程或表面系数不大于$15m^{-1}$的结构，应优先采用蓄热法养护。

混凝土蓄热法养护可掺用早强型外加剂、外部早期短时加热、采用快硬早强水泥、采用棚罩加强围护或利用未冻土热量等延长正温养护龄期和加快混凝土强度的增长措施。

对结构容易受冻的部位，应采取防止混凝土过早冷却的保温措施。

注：表面系数系指结构冷却的表面积（m^2）与其全部体积（m^2）的比值。

（14）整体浇筑的结构，当采用蒸汽法或电热法养护时，混凝土的升、降温速度，不得超过表 2.6.10.4-3 的规定。

（15）蒸汽养护的混凝土，当采用普通硅酸盐水泥时，养护温度不宜超过 80℃；当采用矿渣硅酸盐水泥时，养护温度可提高到 85℃～95℃。

电热法养护混凝土的温度，应符合表 2.6.10.4-4 的规定。

当采用蒸汽养护混凝土时，应使用低压饱和蒸汽，加热应均匀，并须排除冷凝水和防止结冰。

加热养护混凝土的升、降温速度（℃/h） **表 2.6.10.4-3**

表面系数（m^{-1}）	升 温 速 度	降 温 速 度
≥6	15	10
＜6	10	5

注：大体积混凝土应根据实际情况确定。

电热法养护混凝土的温度（℃） **表 2.6.10.4-4**

水泥强度等级	结构表面系数（m^{-1}）		
	＜10	10～15	＞15
425	40		35

（16）当采用电热法养护混凝土时，电极的布置，应保证混凝土温度均匀，且混凝土仅应加热到设计的混凝土强度标准值的 50%。并尚应符合下列规定：

1）应在混凝土的外露表面覆盖后进行；

2）宜采用工作电压为 50～110V，在素混凝土和每立方米混凝土含钢量不大于 50kg 的结构中，可采用 120～200V；

3）在养护过程中，应观察混凝土外露表面的湿度，当表面开始干燥时，应先停电，并浇温水湿润混凝土表面。

（17）当采用暖棚法养护混凝土时，棚内温度不得低于 5℃，并应保持混凝土表面湿润。

（18）模板和保温层，应在混凝土冷却到 5℃后方可拆除。当混凝土与外界温差大于 20℃时，拆模后的混凝土表面，应采取使其缓慢冷却的临时覆盖措施。

（19）掺用防冻剂混凝土的养护应符合下列规定：

1）在负温条件下养护，严禁浇水且外露表面必须覆盖；

2）混凝土的初期养护温度，不得低于防冻剂的规定温度，达不到规定温度时，应立即采取保温措施；

3）掺用防冻剂的混凝土，当温度降低到防冻剂的规定温度以下时，其强度不应小于 3.5N/mm²；

4）当拆模后混凝土的表面温度与环境温度差大于 15℃时，应对混凝土采用保温材料覆盖养护。

(20) 混凝土养护温度的测量应符合下列规定：

1) 当采用蓄热法养护时，在养护期间至少每 6h 一次；

2) 对掺用防冻剂的混凝土，在强度未达到 3.5N/mm² 以前每 2h 测定一次，以后每 6h 测定一次；

3) 当采用蒸汽法或电流加热法时，在升温、降温期间每 1h 一次，在恒温期间每 2h 一次。

室外气温及周围环境温度在每昼夜内至少应定时定点测量四次。

(21) 混凝土养护温度的测量方法应符合下列规定：

1) 全部测温孔均应编号，并绘制测温孔布置图；

2) 测量混凝土温度时，测温表应采取措施与外界气温隔离；测温表留置在测温孔内的时间应不少于 3min；

3) 测温孔的设置，当采用蓄热法养护时，应在易于散热的部位设置；当采用加热养护法时，应在离热源不同的位置分别设置；大体积结构应在表面及内部分别设置。

(22) 所有各项测量及检验结果，均应填写“混凝土工程施工记录”和“混凝土冬期施工日报”。

(23) 冬期施工混凝土受冻前临界强度不低于下列值：

1) 硅酸盐或普通硅酸盐水泥的临界强度为设计标号的 30％；

2) 矿渣硅酸盐水泥的临界强度为设计强度的 40％；

3) C10 或 C10 以下的混凝土的临界强度为 5MPa；掺外加剂的混凝土的临界强度为 3.5MPa。(该临界强度是在混凝土的水灰比不大于 0.6 的前提下制定的，水灰比必须大于 0.6 时，需重新试验。)

(24) 冬施掺用外加剂的品种应由技术部门选定，产品必须经省级以上部门审定。

注：平均气温测定以室外每天 6 时、14 时、21 时的温度为准。

(25) 在冬期浇筑的混凝土，宜使用无氯盐类防冻剂；对抗冻性要求高的混凝土，宜使用引气剂或引气减水剂。

掺用防冻剂、引气剂或引气减水剂的混凝土的施工，应符合现行国家标准《混凝土外加剂应用技术规范》的规定。

(26) 测温要求

1) 现浇混凝土在测温时，应按测温孔的编号顺序进行，温度计插入测温孔后，堵塞住孔口，留置在测温孔内 3～5min 后进行读数，读数前应先用指甲按住酒精柱上端所指度数，然后从测温孔口取出温度计，并使与视线成水平，仔细读出所测温度值，并将所测温度记录在记录表上，然后将测温孔封闭。

2) 测温时要按项目要求按时进行，测温次数：

①大气温度、环境温度：气温测量每昼夜 8、12、20、4 点共测 4 次。其他每昼夜测 2～4 次。

②对材料和防冻剂温度每工作班不少于 3 次。

③拌合物出机温度每两小时测一次。

④混凝土入模温度每工作班不少 2～4 次。

⑤养护期间的温度测定：终凝前，低温变化混凝土每 4h 测一次，负温混凝土前 3 天每 2h 测一次，以后每昼夜测两次。

⑥温度变化时应加强抽测次数。

(27) 表列子项

1) 天气情况、积雪、风向、风速、气温均照测温时、分的实际测得值填写。

2) 原材料温度按照不同时、分对原材料的实测温度填写。

3) 混凝土温度℃养护条件项下：

①出机：即混凝土出搅拌机时的温度。

②入模：即混凝土入模时的温度。

③结构部位：指实际浇筑混凝土的结构部位。

④混凝土数量：指实际混凝土浇筑量；

⑤养护方法：照实际填写，如加盖草袋、白灰锯末、蒸养、暖棚等。

注：1. 大体和混凝土测温应单独记录。新浇筑的大体积混凝土应进行表面保护，减少表面温度的频繁变化，防止或减少因内外温差导致混凝土开裂。

2. 备注栏须注明"现场搅拌混凝土"或"商品混凝土"。

2.6.11 沥青混合料测温记录

2.6.11.1 沥青混合料到场及摊铺测温记录

1. 资料表式

沥青混合料到场及摊铺测温记录

工程名称： 部位： 施工单位：

日期	沥青混合料生产厂家	运料车号	混合料规格	到场温度（℃）	摊铺温度（℃）	备 注

<table>
<tr><td rowspan="3">参加人员</td><td rowspan="2">监理（建设）单位</td><td colspan="4">施 工 单 位</td></tr>
<tr><td>项目技术负责人</td><td>专职质检员</td><td>工 长</td><td>记 录</td></tr>
<tr><td></td><td></td><td></td><td></td><td></td></tr>
</table>

2. 资料要求

（1）沥青混合料到场及摊铺测温必须填写沥青混合料到场及摊铺测温记录。

（2）不认真进行沥青混合料到场及摊铺测温记录的为不符合要求。

（3）沥青混合料到场及摊铺测温记录测温人必须本人签字，不签字或代签为不符合要求。

3. 实施要点

（1）保证沥青混合料施工质量控温是保证其质量的关键。由于沥青混合料的到场与摊铺规范有规定的温度要求，故沥青混合料到场及摊铺必须进行沥青混合料到场及摊铺测温记录，籍以保证沥青混合料的摊铺施工质量。

（2）表列子项：

1）工程名称：按施工企业和建设单位签订的施工合同的工程名称或图注的工程名称，照实际填写。

2）部位：指沥青混和料卸料点所在桩位号的部位。

3）施工单位：指建设与施工单位合同书中的施工单位名称，填写施工单位名称。

4）日期：指沥青混合料到场的日期。

5）沥青混合料生产厂家：按实际沥青混合料生产厂家的名称填写。

6）运料车号：照实际的运料车号填写。

7）混合料规格：按混合料生产厂家运达现场的混合料规格填写，混合料规格应符合设计要求。

8）到场温度（℃）：按混合料生产厂家运达现场的混合料到场时的温度填写。

9）摊铺温度（℃）：按混合料生产厂家运达现场的混合料摊铺时的实测温度填写。

10）备注：填写需要说明的其他事宜。

2.6.11.2　沥青混合料碾压温度检测记录

1. 资料表式

沥青混合料碾压温度检测记录

工程名称：　　　　　　　　部位：　　　　　　　施工单位：

日期	沥青混合料生产厂家	碾压段落	初压（℃）	复压（℃）	终压（℃）	备　注

参加人员	监理（建设）单位	施　工　单　位			
		项目技术负责人	专职质检员	工　长	记　录

2. 资料要求

（1）沥青混合料碾压温度必须填写沥青混合料碾压温度检测记录。

（2）不认真进行沥青混合料到场及沥青混合料碾压温度检测记录的为不符合要求。

（3）沥青混合料碾压温度检测记录测温人必须本人签字，不签字或代签为不符合要求。

3. 实施要点

（1）保证沥青混合料碾压施工质量控温是保证其质量的关键。我国沥青混合料多采用热铺法，规范规定沥青混合料加热拌合后，应在规定温度下摊铺，故沥青混合料碾压必须进行沥青混合料碾压测温记录，籍以保证沥青混合料的碾压施工质量。

（2）表列子项：

1）工程名称：按施工企业和建设单位签订的施工合同的工程名称或图注的工程名称，照实际填写。

2）部位：指沥青混合料碾压区段所在桩位号的部位。

3）施工单位：指建设与施工单位合同书中的施工单位名称，填写施工单位名称。

4）日期：指沥青混合料碾压的实际日期。

5）沥青混合料生产厂家：按实际沥青混合料生产厂家的名称填写。

6）碾压段落：指沥青混合料碾压区段所在桩位号的碾压段落。

7）初压（℃）：指开始碾压时的初压温度，以℃计。

8）复压（℃）：指开始碾压时的复压温度，以℃计。

9）终压（℃）：指开始碾压时的终压温度，以℃计。

10）备注：填写需要说明的其他事宜。

2.6.12 防腐层质量检查记录

1. 资料表式

防腐层质量检查记录

工程名称：

施工单位： 检查日期： 年 月 日

<table>
<tr><td colspan="2">起止桩号
设备名称</td><td colspan="2"></td><td>管道长度（m）</td><td colspan="2"></td></tr>
<tr><td colspan="2">防腐材料</td><td colspan="2"></td><td>防腐等级</td><td colspan="2"></td></tr>
<tr><td colspan="2">执行标准</td><td colspan="2"></td><td>管道（设备）
规格（mm）</td><td colspan="2"></td></tr>
<tr><td colspan="2">设计最小厚度</td><td colspan="2">mm</td><td>设计绝缘电压</td><td colspan="2"></td></tr>
<tr><td rowspan="5">检查情况</td><td colspan="5">厚度检查（最小值）：</td><td>检查人：</td></tr>
<tr><td colspan="5">电绝缘性检查：</td><td>检查人：</td></tr>
<tr><td colspan="5">外观检查：</td><td>检查人：</td></tr>
<tr><td colspan="5">粘结力检查：</td><td>检查人：</td></tr>
<tr><td colspan="5"></td><td></td></tr>
<tr><td colspan="7">综合结论：</td></tr>
<tr><td rowspan="2">参加人员</td><td colspan="2" rowspan="2">监理（建设）单位</td><td colspan="4">施　工　单　位</td></tr>
<tr><td>项目技术负责人</td><td>专职质检员</td><td>工长</td><td>记录</td></tr>
</table>

2. 资料要求

（1）防腐层质量检查必须填写防腐层质量检查记录。

（2）不认真进行防腐层质量检查及填写记录的为不符合要求。

（3）防腐层质量检查检查人必须本人签字，不签字或代签为不符合要求。

3. 实施要点

（1）防腐涂料和油漆，必须是在有效保质期限内的合格产品。

（2）喷、涂油漆的漆膜，应均匀，无堆积、皱纹、气泡。掺杂、混色与漏涂等缺陷。

（3）各类空调设备、部件的油漆喷、涂，不得遮盖铭牌标志和影响部件的功能使用。

（4）绝热涂料作绝热层时，应分层涂抹；厚度均匀，不得有气泡和漏涂等缺陷，表面固化层应光滑，牢固无缝隙。

（5）表列子项：

1）工程名称：按施工企业和建设单位签订的施工合同的工程名称或图注的工程名称，照实际填写。

2）施工单位：指建设与施工单位合同书中的施工单位及其代表，填写合同定名的施工单位名称。

3）检查日期：填写防腐层质量的检查日期。按年、月、日填写。

4）起止桩号设备名称：指防腐层质量检查区段的起止桩号或设备名称。

5）管道长度（m）：指防腐层质量检查区段的管道长度。

6）防腐材料：指防腐层质量检查区段的管道所用防腐材料的名称。

7）防腐等级：指防腐层质量检查区段的管道的防腐等级，一般为施工图设计图注的防腐等级。

8）执行标准：指防腐层质量检查区段的管道防腐等级的执行标准，应填写执行标准名称和代号或只填写代号。

9）管道（设备）规格（mm）：指防腐层质量检查区段的管道（设备）的规格。

10）设计最小厚度 mm：指防腐层质量检查区段的管道（设备）的防腐层的最小厚度。

11）设计绝缘电压：指防腐层质量检查区段的管道（设备）的管道设计绝缘电压，一般为施工图设计图注的设计绝缘电压值。

12）检查情况：指防腐层质量检查区段的管道（设备）的质量检查情况。

①厚度检查（最小值）：指防腐层质量检查区段的管道（设备）的防腐层厚度检查的最小值。

②检查人：指防腐层质量检查区段的管道（设备）的防腐层厚度检查的检查人，填写检查人姓名。

③电绝缘性检查：指防腐层质量检查区段的管道（设备）的防腐层电绝缘性检查的情况。

④检查人：指防腐层质量检查区段的管道（设备）的防腐层电绝缘性检查的检查人，填写检查人姓名。

⑤外观检查：指防腐层质量检查区段的管道（设备）的防腐层外观检查。

⑥检查人：指防腐层质量检查区段的管道（设备）的防腐层外观检查的检查人，填写

检查人姓名。

⑦粘结力检查：指防腐层质量检查区段的管道（设备）的防腐层粘结力检查。

⑧检查人：指防腐层质量检查区段的管道（设备）的防腐层粘结力检查的检查人，填写检查人姓名。

13）综合结论：指防腐层质量检查区段的管道（设备）的防腐层检查质量的综合结论。

2.6.13 预制安装水池壁板缠绕钢丝应力测定记录

1. 资料表式

<table>
<tr><td colspan="7" align="center">预制安装水池壁板缠绕钢丝应力测定记录</td></tr>
<tr><td>工程名称</td><td colspan="3"></td><td colspan="2">施工单位</td><td></td></tr>
<tr><td>构筑物名称</td><td colspan="3"></td><td colspan="2">构筑物外径（m）</td><td></td></tr>
<tr><td>锚固肋数</td><td colspan="3"></td><td colspan="2">钢筋环数</td><td></td></tr>
<tr><td>钢筋直径（mm）</td><td colspan="3"></td><td colspan="2">每段钢筋长度（m）</td><td></td></tr>
<tr><td>日期
（年 月 日）</td><td>环号</td><td>肋号</td><td>平均应力
（N/mm²）</td><td>应力损失
（N/mm²）</td><td>应力损失率
%</td><td>备注</td></tr>
<tr><td></td><td></td><td></td><td></td><td></td><td></td><td></td></tr>
<tr><td></td><td></td><td></td><td></td><td></td><td></td><td></td></tr>
<tr><td></td><td></td><td></td><td></td><td></td><td></td><td></td></tr>
<tr><td></td><td></td><td></td><td></td><td></td><td></td><td></td></tr>
<tr><td></td><td></td><td></td><td></td><td></td><td></td><td></td></tr>
<tr><td></td><td></td><td></td><td></td><td></td><td></td><td></td></tr>
<tr><td></td><td></td><td></td><td></td><td></td><td></td><td></td></tr>
<tr><td rowspan="3">参加人员</td><td colspan="2">监理（建设）单位</td><td colspan="4">施工单位</td></tr>
<tr><td colspan="2" rowspan="2"></td><td>项目技术负责人</td><td>专职质检员</td><td>工长</td><td>测试</td></tr>
<tr><td></td><td></td><td></td><td></td></tr>
</table>

2. 资料要求

（1）预制安装水池壁板缠绕钢丝应力测定必须填写预制安装水池壁板缠绕钢丝应力测定记录。

（2）不认真进行预制安装水池壁板缠绕钢丝应力测定及填写记录的为不符合要求。

（3）预制安装水池壁板缠绕钢丝应力测定的测定人必须本人签字，不签字或代签为不符合要求。

3. 实施要点

（1）一般规定

1）水池底板与壁板采用杯槽连接时，安装杯槽模板前，应复测杯槽中心线位置。杯槽模板必须安装牢固。

2）杯槽内壁与底板的混凝土应同时浇筑，不应留置施工缝；外壁宜后浇。

3）施加预应力前，应先清除池壁外表面的混凝土浮粒、污物，壁板外侧接缝处宜采用水泥砂浆抹平压光，洒水养护。

4）浇筑壁板接缝的混凝土强度应达到设计强度的70%及以上，方可施加板壁环向预应力。

5）施加预应力前，应在池壁上标记预应力钢丝、钢筋的位置和次序号。

6）测定钢丝、钢筋预应力值的仪器应在使用前进行标定。

7）带有锚具槽的壁板数量和布置，应符合设计规定；当设计无规定，且水池直径小于或等于25m时，可采用4块，大于25m且小于或等于75m时，可采用8块。并应沿水池的周长均匀布置。

8）池壁缠丝或电热张拉钢筋前，在池壁周围，必须设置防护栏杆。

（2）构件的制作及吊装

1）预制构件的合格构件，应有证明书及合格印记。

2）构件运输及吊装的混凝土强度应符合设计规定，当设计无规定时，不应低于设计强度的70%。

3）构件的堆放，应符合下列规定：

①应按构件的安装部位配套就近堆放；

②堆放时，应按设计受力条件支垫并保持稳定；对曲梁，应采用三点支承；

③堆放构件的场地，应夯实，并有排水措施；

④构件上的标志应向外。

4）构件安装前，应经复查合格后方可使用；有裂缝的构件，应进行鉴定。

5）柱、梁及壁板等在安装前应标注中心线，并在杯槽、杯口上标出中心线。

6）壁板安装前应将不同类别的壁板按预定位置顺序编号。壁板两侧面宜凿毛，并将浮渣、松动的混凝土等冲洗干净。

7）构件应按设计位置起吊，曲梁宜采用三点吊装。吊绳与构件平面的交角不应小于45°；当小于45°时，应进行强度验算。

8）构件安装就位后，应采取临时固定措施。曲梁应在梁的跨中临时支撑，待上部二期混凝土达到设计强度的70%及以上时，方可拆除支撑。

9）安装的构件，必须在轴线位置及高程进行校正后焊接或浇筑接头混凝土。

10）装配式预应力混凝土水泥壁板的接缝施式，应符合下列规定：

①壁板接缝的内模宜一次安装到顶；外模应分段随随浇随支，分段支模高度不宜超过1.5m；

②浇筑前，接缝的壁板表面应洒水保持湿润，模内应洁净；

③接缝的混凝土强度应符合设计规定，当设计无规定时，应比壁板混凝土强度提高一级；

④浇筑时间应根据气温和混凝土温度选在壁板间缝宽较大时进行；

⑤混凝土如有离析现象，应进行二次拌合；

⑥混凝土分层浇筑厚度不宜超过250mm，并应采用机械振捣，配合人工捣固。

11）杯槽中壁板里侧和外侧的填料可在施加预应力后进行，或在施加预应力前填塞里侧柔性防水填料。

（3）壁板缠丝

1）缠绕环向预应力钢丝时，应符合下列规定：

①预应力钢丝接头应采用18～20号钢丝并密排绑扎牢固，其搭接长度不应小于250mm；

②缠绕预应力钢丝，应由池壁顶向下进行，第一圈距池顶的距离应按设计规定或依缠丝机设备确定，并不宜大于500mm；

③池壁两端不能用浇丝机缠绕的部位，应在顶端和底端附近局部加密或改用电热张拉；

④已缠绕的钢丝，不得用尖硬或重物撞击。

2）施加预应力时，每缠一盘钢丝应测定一次钢丝应力，并应作记录。

（4）表列子项：

1）工程名称：按施工企业和建设单位签订的施工合同的工程名称或图注的工程名称，照实际填写。

2）施工单位：指建设与施工单位合同书中的施工单位名称，填写施工单位名称。

3）构筑物名称：指预制安装水池的名称，照施工图设计图注的构筑物名称填写。

4）构筑物外径：指预制安装水池的外径尺寸，照施工图设计图注的构筑物外径尺寸填写。

5）锚固肋数：照施工图设计图注的预制安装水池壁板的锚固肋的数量填写。

6）钢筋环数：照施工图设计图注的预制安装水池壁板的钢筋环数的数量填写。

7）钢筋直径：照施工图设计图注的预制安装水池壁板的钢筋直径填写。

8）每段钢筋长度：按施工组织设计根据水池直径编制的每段钢筋长度填写。

9）日期（年、月、日）：分别指水池壁板缠绕钢丝应力的测定日期。

10）环号：分别指预制安装水池施工图设计标注的环号填写。

11）肋号：分别指预制安装水池施工图设计标注的肋号填写。

12）平均应力（N/mm^2）：指水池壁板缠绕钢丝测定的平均应力，以N/mm^2计。

13）应力损失（N/mm^2）：指水池壁板缠绕钢丝测定的应力损失，以N/mm^2计。

14）应力损失率（%）：指平均应力与应力损失之比，按计算的应力损失率填写，以%计。

15）备注：填写需要说明的其他事宜。

2.6.14 顶管、箱涵等工程项目顶进记录

2.6.14.1 顶管工程顶进记录

1. 资料表式

顶管工程顶进记录 **表 2.6.14.1-1**

工程名称：________________ 顶管工作坑位置：________________井

顶进方向：自________井至________井 管径：________ 管材种类：________接口形式：________

年 月日	班次 时间	土质情况	顶进长度(m) 本次	顶进长度(m) 累计	测量记录 坡度	测量记录 坡度增减(±)	测量记录 后视读数	测量记录 前视应读数	测量记录 前视管端实读数	高程偏差 高(+)	高程偏差 低(−)	中心偏差 左	中心偏差 右	管土前长掏度(cm)	表压(MPa)	使用镐数T/台	备注
1	2	3	4	5	6	7	8	9=7+8	10	11	12	13	14	15	16	17	18

参加人员	监理(建设)单位	施工单位			
		施工项目技术负责人	专职质检员	工长	记录

注：1. 表中 7～14 栏单位为毫米。2. 表中 5×6=7 向下游坡度记(+)，向上游坡度记(−)。在工作坑内要有一个固定坡度起点。3. 后视坑内水准点的高程一般应为坡度起点的管内底设计标高。4. 9−10若得正值记入 11，9−10 若得负值记入 12。5. 每测一次记录一行，各栏均需认真填写。6. 各注栏内可填写纠偏情况。

接班： 测量人：

交班：

2. 资料要求

(1) 管道等工程项目顶进施工应提供的施工技术资料：材料出厂合格证和试验报告、施工组织设计，管道工程项目顶进施工记录、管道工程项目顶进检查记录、工程质量检验评定、质量事故处理报告等，提供齐全的为符合要求（合理缺项除外）。

现场记录的原件由施工单位保存，以备查。

(2) 管道工程项目顶进施工记录应有专项设计，并按设计要求办理。

(3) 应认真填写管道工程项目顶进施工记录，表式齐全、正确为符合要求，不按要求填写、子项不全、涂改原始记录以及后补者均为不符合要求。

(4) 责任制签章齐全为符合要求，否则为不符合要求。

3. 实施要点

(1) 顶管施工基本要求

1) 顶管的施工设计应包括以下主要内容：

①施工现场平面布置图；

②顶进方法的选用顶管段单元长度的确定；

③工作坑位置的选择及其结构类型设计；

④顶管机头型及各类设备的规格、型号及数量；

⑤顶力计算和后背设计；

⑥洞口的封门设计；

⑦测量、纠偏的方法；

⑧垂直运输和水平运输布置；下管、挖土、运土或泥水排除的方法；

⑨减阻措施；

⑩控制地面隆起、沉降的措施；

⑪地下水排除方法；

⑫注浆加固措施；

⑬安全技术措施。

2) 管道顶进方法的选择，应根据管道所处土层性质、管径、地下水位、附近土上与地下建筑物、构筑物和各种设施等因素，经技术经济后确定，并应符合下列规定：

①在黏性土或砂性土层，且无地下水影响时，宜采用手掘式或机械挖掘式顶管法；当土质为砂砾土时，可采用具有支撑的工具管或注浆加固土层的措施；

②在软土层且无障碍物的条件下，管顶以上土层较厚时，宜采用挤压式或格式顶管法；

③在黏性土层中必须控制地面隆陷时，宜采用土压平衡顶管法；

④在粉砂土层中且需要控制地面隆陷时，宜采用加泥式土压平衡或泥水平衡顶管法；

⑤在顶进长度较短、管径小的金属管时，宜采用一次顶进的挤密土层顶管法。

⑥顶管施工中的测量，应建立地面与地下测量控制系统，控制点应设在不易扰动、视线清楚、方便校核、易于保护处。

(2) 工作坑

1) 顶管工作坑的位置应按下列条件选择：

①管道井室的位置；

②可利用坑壁土体作后背；

③便于排水、出土和运输；

④对地上与地下建筑物、构筑物易于采取保护和安全施工的措施；

⑤距电源和水源较近，交通方便；

⑥单向顶进时宜设在下游一侧。

2）采用装配式后背墙时应符合下列规定：

①装配式后背墙宜采用方木、型钢或钢板等组装，组装后的后背墙应有足够的强度和刚度；

②后背土体壁面应平整，并与管道顶进方向垂直；

③装配式后背墙的底端宜在工作坑底以下，不宜小于 50cm；

④后背土体壁面应与后背墙贴紧，有孔隙时应采用砂石料填塞密实；

⑤组装后背墙的构件在同层内的规格应一致，各层这间的接触应紧贴，并层层固定。

3）顶管工作坑及装配式后背墙的墙面应与管道轴线垂直，其施工允许偏差应符合表 2.6.14.1-2 的规定。

工作坑及装配式后背墙的施工允许偏差（mm）　**表 2.6.14.1-2**

项目		允许偏差
工作坑每侧	宽　度	不小于施工设计规定
	长　度	
装配式后背墙	垂直度	0.1%H
	水平扭转度	0.1%L

注：1. H 为装配式后背墙的高度（mm）；
　　2. L 为装配式后背墙的长度（mm）。

4）利用已顶进完毕的管道作后背时，应符合下列规定：

①待顶管道的顶力应小于已顶管道的顶力；

②后背钢板与管口之间应衬垫缓冲材料；

③采取措施保护已顶入管道的接口不受损伤。

5）当顶管工作坑采用地下连续墙时，应符合现行国家标准《地基与基础工程施工及验收规范》的规定，并应编制施工设计施工设计应包括以下主要内容；

①工作坑施工平面布置及竖向布置；

②槽段开挖土方及泥浆处理；

③墙体混凝土的连接形式及防渗措施；

④预留顶管洞口设计；

⑤预留管、件及其与内部结构连接的措施；

⑥开挖工作坑支护及封底措施；

⑦墙体内面的修整、护衬及顶管后背的设计；

⑧必须的试验研究内容。

6）地下连续墙墙段间宜采用接头箱法连接，且其接缝位置应与井室内部结构相接处错开。

7）槽段开挖成形允许偏差应符合表 2.6.14.1-3 的规定。

槽段开挖成形允许偏差（mm）　　**表 2.6.14.1-3**

项　　目	允 许 偏 差
轴线位置	30
成槽垂直度	<H/300
成槽深度	清孔后不小于设计规定

注：1. 轴线位置指成槽轴线与设计轴位置之差；
2. H 为成槽深度（mm）。

8）采用钢管作预埋顶管洞口时，钢管外宜加焊止水环，且周围应采用钢制框架，按设计位置与钢筋骨架的主筋焊接牢固；钢管内宜采用具有凝结强度的轻质胶凝材料封堵；钢筋骨架与井室结构或顶管后背的连接筋、螺栓、连接挡板锚筋，应位置准确，连接牢固。

9）槽段混凝土浇筑的技术要求应符合表 2.6.14.1-4 的规定。

槽段混凝土浇筑的技术要求表　　**2.6.14.1-4**

项　　目		技术要求指标
混凝土配合比	水灰比	≤0.08
	灰砂比	1：2～1：2.5
	水泥用量	≥370kg/m³
	坍落度	20±2cm
混凝土浇筑	拼接导管检漏压力	>0.3MPa
	钢筋骨架就位后到浇筑开始	<4h
	导管间距	≤3m
	导管距槽端距离	≤1.50m
	导管埋置深度	>1.00m，<6.00m
	混凝土面上升速度	<4.00m/h
	导管间混凝土面高差	<0.50m

注：1. 工作坑兼做管道构筑物时，其混凝土施工尚应满足结构要求；
2. 导管埋置深度系指开浇后正常浇筑时，混凝土面距导管底口的距离；
3. 导管间距系指当导管管径为 200～300mm 时，导管中心至中心的距离。

10）地下连续墙施工允许偏差应符合表 2.6.14.1-5 的规定。

地下连续墙施工允许偏差（mm）　　**表 2.6.14.1-5**

项　　目		允 许 偏 差
轴线位置		100mm
墙面平整度	黏土层	100mm
	砂土层	200mm
预埋管	中心位置	符合设计要求
混凝土抗渗、抗冻及弹性模量		符合设计要求

注：墙面平整度允许偏差值系指允许凸出设计墙面的数值。

11）矩形工作坑的底部宜符合下列公式要求：

$$B=D_1+S$$

$$L=L_1+L_2+L_3+L_4+L_5$$

式中 B——矩形工作坑的底部宽度（m）；

D_1——管道外径（m）；

S——操作宽度（m），可取2.4～3.2m；

L——矩形工作坑的底部长度（m）；

L_1——工具管长度（m）。当采用管道第一节管作为工具管时，钢筋混凝土管不宜小于0.3m；钢管不宜小于0.6m；

L_2——管节长度（m）；

L_3——运土工作间长度（m）；

L_4——千斤顶长度（m）；

L_5——后背墙的厚度（m）。

12）工作坑深度应符合下列公式要求：

$$H_1=h_1+h_2+h_3$$

$$H_2=h_1+h_3$$

式中 H_1——顶进坑地面至坑底的深度（m）；

H_2——接受坑地面至坑底的深度（m）；

h_1——地面至管道底部外缘的深度（m）；

h_2——管道外缘底部至导轨底面的高度（m）；

h_3——基础及其垫层的厚度。但不应小于该处井室的基础及垫层厚度（m）。

13）顶管完成后的工作坑应及时进行下步工序，经检验后及时回填。

（3）设备安装

1）导轨应选用钢质材料制作，其安装应符合下列规定：

①两导轨应顺直、平行、等高，其纵坡应与管道设计坡度一致；

②导轨安装的允许偏差应为：

轴线位置：3mm

顶面高程：0～+3mm

两轨内距：±2mm

2）千斤顶的安装应符合下列规定：

①千斤顶宜固定在支架上，并与管道中心的垂线对称，其合力的作用点应在管道中心的垂直线上；

②当千斤顶多于一台时，宜取偶数，且其规格宜相同；当规格不同时，其行程应同步，并应将同规格的千斤顶对称布置；

③千斤顶的油路应并联，每台千斤顶应有进油、退油的控制系统。

3）油泵安装和运转应符合下列规定：

①油泵宜设置在千斤顶附近，油管应顺直、转角少；

②油泵应与千斤顶相匹配，并应有备用油泵；油泵安装完毕，应进行试运转；

③顶进开始时，应缓慢进行，待各接触部位密合后，再按正常顶进速度顶进；

④顶进中若发现油压突然增高，应立即停止顶进，检查原因并经处理后方可继续顶进；

⑤千斤顶活塞退回时，油压不得过大，速度不得过快。

4）分块拼装式顶铁的质量应符合下列规定：

①顶铁应有足够的刚度；

②顶铁宜采用铸钢整体浇铸或采用型钢焊接成型，当采用焊接成型时，焊缝不得高出表面，且不得脱焊；

③顶铁的相邻面应互相垂直；

④同种规格的顶铁尺寸应相同；

⑤顶铁上应有锁定装置；

⑥顶铁单块放置时应能保持稳定。

5）顶铁的安装和使用应符合下列规定：

①安装后的顶铁轴线应与管道轴线平行、对称，顶铁与导轨和顶铁之间的接触面不得有泥土、油污；

②更换顶铁时，应先使用长度大的顶铁；顶铁拼装后应锁定；

③顶铁的允许联接长度，应根据顶铁的截面尺寸确定，当采用截面为20cm×30cm顶铁时，单行顺向使用的长度不得大于1.5m；双行使用的长度不得大于2.5m，且应在中间加横向顶铁相联；

④顶铁与管口之间应采用缓冲材料衬垫，当顶力接近管节材料的允许抗压强度时，管端应增加U形或环形顶铁；

⑤顶进时，工作人员不得在顶铁上方及侧面停留，并应随时观察顶铁有无异常迹象。

6）采用起重设备下管时应符合下列规定：

①正式作业前应试吊，吊离地面10cm左右时，检查重物捆扎情况和制动性能，确认安全后方可起吊；

②下管时工作坑内严禁站人，当管节距导轨小于50cm时，操作人员方可近前工作；

③严禁超负荷吊装。

（4）顶进

1）开始顶进前应检查下列内容，确认条件具备时方可开始顶进。

①全部设备经过检查并经过试运转；

②工具管在导轨上的中心线、坡度和高程应符合（3）设备安装相关条款的规定；

③防止流动性土或地下水由洞口进入工作坑的措施；

④开启封门的措施。

2）拆除封门时应符合下列规定：

①采用钢板桩支撑时，可拨起或切割钢板桩露出洞口，并采取措施防止洞口上方的钢板桩下落；

②采用沉井时，应先拆除内侧的临时封门，再拆除井壁外侧的封板或其他封填措施；

③在不稳定土层中顶管时，封门拆除后应将工具管立即顶入土层。

3）工具管开始顶进5～10mm的范围内，允许偏差应为：轴线位置3mm，高程0～+3mm。当超过允许偏差时，应采取措施纠正。

在软土层中顶进混凝土管时，为防止管节飘移，可将前 3～5 节管与工具管联成一体。

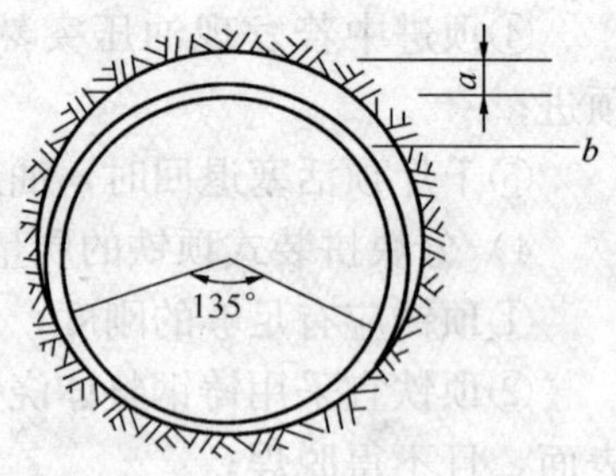

图 2.6.14.1　超挖示意
a—最大超挖量；b—允许超挖范围

4）采用手工掘进顶管法时，应符合下列规定（图 2.6.14.1）：

①工具管接触或切入土层后，应自上而下分层开挖；工具管迎面的超挖量应根据土质条件确定；

②在允许超挖的稳定土层中正常顶进时，管下部 135°范围内不得超挖；管顶以上超挖量不得大于 1.5cm；管前超挖应根据具体情况确定，并制定安全保护措施；

③在对顶施工中，当两管管端接近时，可在两端中心先推小洞通视调整偏差量。

5）采用网格式水冲法顶管时，应符合下列规定：

①网格应全部切入土层后方可冲碎土块；

②进水应采用清水；

③在地下水位以下的粉砂层中的进水压力宜为 0.4～0.6MPa；在黏性土层中，进水压力宜为 0.7～0.9MPa；

④工具管内的泥浆应通过筛网排出管外。

6）采用挤压式顶管时，应符合下列规定：

①喇叭口的形状及其收缩量应根据土层情况确定，且应与其形心的垂线左右对称；

②每次顶进的长度，应根据车斗的容积、起吊能力和迎面运输条件综合确定；

③顶管开始顶进和接近顶完时，应采用手工挖土缓慢顶进；

④顶进时，应防止工具管转动；

⑤临时停止顶进时，应将喇叭全部切入土层。

7）采用挤密土层法顶管时，应符合下列规定：

①管前应安装管尖或管帽。当采用管尖时，其中心角宜为：砂性土层，不宜大于 60°；粉质黏土，不宜大于 50°；黏土，不宜大于 40°；

②为防止相邻管道损坏及地面隆起，应根据施工设计控制与相邻管道间的净距及距地面的深度。

8）顶管的顶力可按下式计算，亦可采用当地的经验公式确定：

$$P=frD_1\left[2H+(2H+D_1)\mathrm{tg}_2\left(45°-\frac{\Phi}{2}\right)+\frac{\omega}{rD_1}\right]L+P_F$$

式中　P——计算的总顶力（kN）；

r——管道所处土层的重力密度（kN/m³）；

D_1——管道的外径（m）；

H——管道顶部以上覆盖土层的厚度（m）；

Φ——管道所处土层的内摩擦角（°）；

ω——管道单位长度的自重（kN/m）；

L——管道的计算顶进长度（m）；

f——顶进时，管道表面与其周围土层之间的摩擦系数，其取值可按表 2.6.14.1-6 所列数据选用；

P_F——顶进时，工具管的迎面阻力（kN），其取值，宜按不同顶进方法由表2.6.14.1-7所列公式计算。

顶进管道与周围土层的摩擦系数 **表 2.6.14.1-6**

土 类	湿	干
黏土、粉质黏土	0.2～0.3	0.4～0.5
砂土、砂质粉土	0.3～0.4	0.5～0.6

9）顶进钢管采用钢丝网水泥砂浆和肋板保护层时，焊接后应补做焊口处的外防腐层。

10）采用钢筋混凝土管时，其接口处理应符合下列规定：

①管节未进入土层前，接口外侧应垫麻丝、油毡或木垫板，管口内侧应留有10～20mm的空隙；顶紧后两管间的孔隙宜为10～15mm；

顶进工具管迎面阻力（P_F）的计算公式 **表 2.6.14.1-7**

顶进方法		顶进时，工具管迎面阻力（P_F）的计算公式（kN）
手工掘进	工具管顶部及两侧允许超挖	0
	工具管顶部及两侧不允许超挖	$\pi \cdot D_{av} \cdot t \cdot R$
挤压法		$\pi \cdot D_{av} \cdot t \cdot R$
网格挤压法		$\alpha \cdot \frac{\pi}{4} \cdot D_1^2 \cdot R$

注：D_{av}—工具管刃脚或挤压喇叭的平均直径（m）；

t—工具管刃脚厚度或挤压喇叭的平均直径（m）；

R—手工掘进顶管法的工具管迎面阻力，或挤压、网格挤压顶管法的挤压阻力，前者可采用（kN/m²）；

α—网格截面参数，可取0.6～1.0。

②管节入土后，管节相邻接口处安装内胀圈时，应使管节接口位于内胀圈的中部，并将内胀圈与管道之间的缝隙用木楔塞紧。

11）采用T形钢套环橡胶圈防水接口时，应符合下列规定。

①混凝土管节表面应光洁、平整，无砂眼、气泡；接口尺寸符合规定；

②橡胶圈的外观和断面组织应致密、均匀，无裂缝、孔隙或凹痕等缺陷；安装前应保持清洁，无油污，且不得在阳光下直晒；

③钢套环接口无疵点，焊接接缝平整，肋部与钢板面垂直，且应按设计规定进行防腐处理；

④木衬垫的厚度应与设计顶力相适应。

12）采用橡胶圈密封的企口或防水接口时，应符合下列规定：

①粘结木衬垫时凹凸口应对中，环向间隙应均匀；

②插入前，滑动面可涂润滑剂；插入时，外力应均匀；

③安装后，发现橡胶圈出现位移、扭转或露出管外，应拔出重插。

13）顶管结束后，管节接口的内侧间隙应按设计规定处理；设计无规定时，可采用石棉水泥、弹性密封膏或水泥砂浆密封。填塞物应抹平，不得凸入管内。

14）工具管进入土层后的管端处理应符合下列规定：

①进入接收坑的工具管和管端下部应设枕垫；

②管道两端露在工作坑中的长度不得小于 0.5m，且不得有接口；

③钢筋混凝土管道端部应及时浇筑混凝土基础。

15）在管道顶进的全部过程中，应控制工具管前进的方向，并应根据测量结果分析偏差产生的原因和发展趋势，确定纠偏的措施。

16）管道顶进过程中，工具管的中心和高程测量应符合下列规定：

①采用手工掘进时，工具管进入土层过程中，每顶进 30cm，测量不应少于一次；管道进入土层后正常顶进时，每顶进 100cm，测量不应少于一次，纠偏时应增加测量次数；

②全段顶完后，应在每个管节接口处测量其轴线位置和高程；有错口时，应测出相对高差。

17）纠偏时应符合下列规定；

①应在顶进中纠偏；

②应采用小角度逐渐纠偏；

③纠正工具管旋转时，宜采用挖土方法进行调整或采用改变切削刀盘的转动方向，或在管内相对于机头旋转的反向增加配重。

18）顶管穿越铁路或公路时，除应遵守本规范外，并应符合铁路或公路有关技术安全规定。

19）管道顶进应连续作业。管道顶进过程中，遇下列情况时应暂停顶进，并应及时处理：

①工具管前方遇到障碍；

②后背墙变形严重；

③顶铁发生扭曲现象；

④管位偏差过大且校正无效；

⑤顶力超过管端的允许顶力；

⑥油泵、油路发生异常现象；

⑦接缝中漏泥浆。

20）当管道停止顶进时，应采取防止管前塌方的措施。

21）顶进管道的施工质量应符合下列规定：

①管内清洁，管节无破损；

②允许偏差应符合表 2.6.14.1-8 的规定；

顶进管道允许偏差（mm）　　**表 2.6.14.1-8**

项　目		允许偏差
轴线位置		50
管道内底高程	$D<1500$	+30　−40
	$D\geqslant1500$	+40　−50
相邻管间错口	钢管道	≤2
	钢筋混凝土管道	15%壁厚且不大于 20
对顶时两端错口		50

注：D 为管道内径（mm）。

③严密性要求的管道应按《建筑给水排水及采暖工程施工质量验收规范》（GB 50242—2002）及《给水排水管道工程施工验收规范》（GB 50268—97）规范的有关规定进行检验；

④钢筋混凝土管道的接口应填料饱满、密实，且与管节接口内侧表面齐平，接口套环对正管缝、贴紧，不脱落；

⑤顶管时地面沉降或隆起的允许量应符合施工设计的规定。

22）采用中继间时应符合下列规定：

①中继间千斤顶的数量应根据该段单元长度的计算顶力确定，并应有安全贮备；

②中继间的外壳在伸缩时，滑动部分应具有止水性能；

③中继间安装前应检查各部件，确认正常后方可安装；安装完毕应通过试运转检验后方可使用；

④中继间启动和拆除应由前向后依次进行；

⑤拆除中继间时，应具有对接接头的措施；中继间外壳若不拆除时，应在安装前进行防腐处理。

（5）触变泥浆及注浆

1）采用触变泥浆减阻措施时，应编制施工设计，并应包括以下内容：

①泥浆配合比压浆数量及压力的确定；

②制备和输送泥浆的设备及其安装规定；

③注浆工艺、注浆系统及注浆孔的布置；

④顶进洞口封闭泥浆的措施；

⑤泥浆的置换。

2）触变泥浆的压浆泵，宜采用活塞泵或螺杆泵。管路接头宜选用拆卸方便、密封可靠的活接头。

3）注浆孔的布置宜符合下列规定：

①注浆孔的布置宜按管道直径的大小确定，每个断面可设置3～5个，并具备排气功能；

②相邻断面上的注浆孔可平行布置或交错布置。

4）触变泥浆的配合比，应按管道周围土层的类别、膨润土的性质以及触变泥浆的技术指标确定。

5）触变泥浆的注浆量，宜按管道与其周围土层之间环形间隙的1～2倍估算。

6）触变泥浆的灌注应符合下列规定：

①搅拌均匀的泥浆应静置一定时间后方可灌注；

②注浆前，应通过注水检查注浆设备，确认设备正常后方可灌注；

③注浆压力可按不大于0.1MPa开始加压，在注浆过程中的注浆流量、压力等施工参数，应按减阻及控制地面变形的量测资料调整。

④每个注浆孔宜安装阀门，注浆遇有机械故障、管路堵塞、接头渗漏等情况时，经处理后方可继续顶进。

7）触变泥浆的置换应符合下列规定：

①可采用水泥砂浆或粉煤灰水泥砂浆置换触变泥浆；

②拆除注浆管路后，应将管道上的注浆孔封闭严密；

③注浆及置换触变泥浆后，应将全部注浆设备清洗干净。

8）在不稳定土层中顶管采用注浆加固法时，应通过技术经济比较确定加固方案。

2.6.14.2　箱涵顶（推）进记录

1. 资料表式

箱涵顶（推）进记录

<table>
<tr><td colspan="3">工程名称</td><td colspan="5"></td><td colspan="2">箱涵断面</td><td colspan="4">m×　　　m</td></tr>
<tr><td colspan="3">箱体重量</td><td colspan="5">t</td><td colspan="2">顶（推）进方式</td><td colspan="4"></td></tr>
<tr><td colspan="3">设计最大顶（推）力</td><td colspan="5">t</td><td colspan="2">千斤顶配备</td><td colspan="4"></td></tr>
<tr><td colspan="2" rowspan="3">日期（班次）</td><td rowspan="3">进尺（cm）</td><td colspan="6">高程</td><td colspan="2">中线</td><td rowspan="3">顶（推）力（t）</td><td rowspan="3">土质情况</td><td rowspan="3">备注</td></tr>
<tr><td colspan="2">前</td><td colspan="2">中</td><td colspan="2">后</td><td rowspan="2">左</td><td rowspan="2">右</td></tr>
<tr><td>设计</td><td>实际</td><td>设计</td><td>实际</td><td>设计</td><td>实际</td></tr>
<tr><td rowspan="3">日</td><td>早</td><td></td><td></td><td></td><td></td><td></td><td></td><td></td><td></td><td></td><td></td><td></td><td></td></tr>
<tr><td>午</td><td></td><td></td><td></td><td></td><td></td><td></td><td></td><td></td><td></td><td></td><td></td><td></td></tr>
<tr><td>晚</td><td></td><td></td><td></td><td></td><td></td><td></td><td></td><td></td><td></td><td></td><td></td><td></td></tr>
<tr><td rowspan="3">日</td><td>早</td><td></td><td></td><td></td><td></td><td></td><td></td><td></td><td></td><td></td><td></td><td></td><td></td></tr>
<tr><td>午</td><td></td><td></td><td></td><td></td><td></td><td></td><td></td><td></td><td></td><td></td><td></td><td></td></tr>
<tr><td>晚</td><td></td><td></td><td></td><td></td><td></td><td></td><td></td><td></td><td></td><td></td><td></td><td></td></tr>
<tr><td rowspan="3">日</td><td>早</td><td></td><td></td><td></td><td></td><td></td><td></td><td></td><td></td><td></td><td></td><td></td><td></td></tr>
<tr><td>午</td><td></td><td></td><td></td><td></td><td></td><td></td><td></td><td></td><td></td><td></td><td></td><td></td></tr>
<tr><td>晚</td><td></td><td></td><td></td><td></td><td></td><td></td><td></td><td></td><td></td><td></td><td></td><td></td></tr>
<tr><td rowspan="3">参加人员</td><td colspan="4" rowspan="2">监理（建设）单位</td><td colspan="9">施　工　单　位</td></tr>
<tr><td colspan="3">项目技术负责人</td><td colspan="2">专职质检员</td><td colspan="2">工　长</td><td colspan="2">记　录</td></tr>
<tr><td colspan="4"></td><td colspan="3"></td><td colspan="2"></td><td colspan="2"></td><td colspan="2"></td></tr>
</table>

2. 资料要求

(1) 箱涵工程项目顶进施工应提供的施工技术资料：材料出厂合格证和试验报告、施工组织设计，箱涵等工程项目顶进施工记录、管道、箱涵等工程项目顶进检查记录、工程质量检验评定、质量事故处理报告等，提供齐全的为符合要求（合理缺项除外）。

现场记录的原件由施工单位保存，以备查。

(2) 箱涵等工程项目顶进施工记录应有专项设计，并按设计要求办理。

(3) 应认真填写箱涵等工程项目顶进施工记录，表式齐全、正确为符合要求，不按要求填写、子项不全、涂改原始记录以及后补者均为不符合要求。

（4）责任制签章齐全为符合要求，否则为不符合要求。

3. 实施要点

（1）箱涵顶进可采用一次顶入法、中继间法、顶拉法或半顶拉法或多个单体桥顶进法。

（2）箱涵顶进在施工范围内，应保持干槽施工，作好降水、排水工作。

（3）工作坑应根据线路情况，现场地形、地物及施工需要，在保证排水和安全情况下，选择在施工场地宽敞、供料方便和顶进距离短的铁路一侧为好。工作坑的尺寸应根据桥体长度、宽度、后背尺寸和操作空间确定。

（4）顶进设备应包括液压系统和顶力传递部分。应按最大顶力的顶程确定所需规格和数量。高压油泵宜选用柱塞泵，其工作压力可选择在额定压力的60%～70%。千斤顶的工作顶力可按额定顶力的70%进行计算。并按最大顶力和纠偏顶力综合确定配备数量。

（5）顶进施工中施工放线、施工排水与降水、工作坑开挖、滑板施工、润滑隔离层施工、后背施工、桥体预制、顶进设备安装、顶进作业、测量监控等均必须按经批准的施工组织设计施工，不得随意改动。更改施工工艺需经批准后方可实施。

（6）表列子项

1）工程名称：按施工企业和建设单位签订的施工合同的工程名称或图注的工程名称，照实际填写。

2）箱涵断面（m×m）：指箱涵的设计断面积，按__ m×__ m，照实际填写。

3）箱体重量：按施工图设计标注的箱体重量，或根据箱体尺寸及箱体材料质量计算的箱体重量，照实际的箱体重量填写。

4）顶（推）进方式：按施工组织设计选定的顶（推）进方式填写。

5）设计最大顶（推）力（t）：按施工图设计标注的设计最大顶（推）力填写，以t计。

6）千斤顶配备：按施工组织设计选定的推进方式选定的顶（推）进设备选定的千斤顶的配备方式填写。

7）日期（班次）：指箱涵顶进的时日，按早、午、晚分别填写。

①早：分别填写箱涵顶进时日早的进尺、高程、中线、顶（推）力、土质情况和备注。高程按箱涵尺寸的前、中、后的设计和实际分别填写；中线按箱涵的左右分别填写。

②午：分别填写箱涵顶进时日午的进尺、高程、中线、顶（推）力、土质情况和备注。高程按箱涵尺寸的前、中、后的设计和实际分别填写；中线按箱涵的左右分别填写。

③晚：分别填写箱涵顶进时日晚的进尺、高程、中线、顶（推）力、土质情况和备注。高程按箱涵尺寸的前、中、后的设计和实际分别填写；中线按箱涵的左右分别填写。

8）备注：填写需要说明的其他事宜。

2.6.15　沉井工程下沉观测记录

1. 资料表式

沉井工程下沉观测记录

工程名称										
施工单位										
沉井尺寸					预制日期					
下沉前混凝土强度					设计刃脚标高（m）					
日期	测点编号	测点标高（m）	推算刃脚标高（m）	高差		位移		地质情况	水位标高（m）	停歇原因及时间
				横向（mm）	纵向（mm）	横向（cm）	纵向（cm）			
参加人员	监理（建设）单位			设计单位		施工单位				
						专业技术负责人		质检员		工长

2. 资料要求

（1）沉井、沉箱施工应提供的施工技术资料：材料出厂合格证和试验报告、施工组织设计，沉井下沉施工记录、沉井、沉箱下沉完毕检查记录、工程质量检验评定、质量事故处理报告等，提供齐全的为符合要求（合理缺项除外）。

现场记录的原件由施工单位保存，以备查。

(2) 沉井下沉施工记录表施工应有专项设计，并按设计要求办理。

(3) 沉井下沉施工应认真填写沉井下沉施工记录表施工记录，表式齐全、正确为符合要求，不按要求填写、子项不全以及后补者均为不符合要求。

(4) 按要求填写齐全正确为符合要求，不按要求填写子项不全、涂改原始记录以及后补者为不符合要求。

(5) 责任制签章齐全为符合要求，否则为不符合要求。

3. 实施要点

沉井下沉施工记录表是施工过程中，按规范要求进行的施工过程记录。

(1) 沉井工程的地质勘察资料，是制定施工方案，编制施工组织设计的依据。因此除应有完整的工程地质报告及施工图设计之外，尚应符合下列规定：

①面积在 200m^2 以下的沉井，不得少于一个钻孔；

②面积在 200^2 以上的沉井，应在四角（圆形为相互垂直两直径与圆周的交点）附近各取一个钻孔；

③沉井面积较大或地质条件复杂时，应根据具体情况增加钻孔数。

(2) 每座沉井至少应有一个钻孔提供土的各项物理力学指标，其余钻孔应能鉴别土层变化情况。

(3) 沉井刃脚的形状和构造，应与下沉处的土质条件相适应。在软土层下沉的沉井，为防止突然下沉或减少突然下沉的幅度，其底部结构应符合下列规定：

①沉井平面布置应分孔（格）、圆形沉井亦应设置底梁予以分格。每孔（格）的净空面积可根据地质和施工条件确定；

②隔墙及底梁应具有足够的强度和刚度；

③隔墙及底梁的底面，宜高于刃脚踏面 0.5～1.0m；

④刃脚踏面宜适当加宽，斜面水平倾角不宜大于 60°。

(4) 沉井制作应在场地和中轴线验收以后进行。刃脚支设可视沉井重量、施工荷载和地基承载力情况，采用垫架、半垫架、砖垫座或土底模。沉井接高的各节竖向中心线应与前一节的中心线重合或平行。沉井外壁应平滑，如用砖砌筑，应在外壁表面抹一层水泥砂浆。

沉井分节制作的高度，应保证其稳定性并能使其顺利下沉。如采用分节制作一次下沉的方法时，制作总高度不宜超过沉井短边或直径的长度，亦不应超过 12m；总高度超过时，必须有可靠的计算依据和采取确保稳定的措施。

分节制作的沉井，在第一节混凝土达到设计强度的 70%后，方可浇筑其上一节混凝土。冬期制作沉井时，第一节混凝土或砌筑砂浆未达到设计强度，其余各节未达到设计强度的 70%前，不应受冻。

(5) 沉井若需浮运时，应在混凝土达到设计规定的强度后下（入）水。沉井浮运前，应与航运、气象和水文等部门联系，确定浮运和沉放时间，沉放时应在沉放地点的上游和周围设立明显标志，或用驳船及其公共漂浮设备防护、并应有能满足承载和稳定要求的水下基床。当基床坡度大于 3%时，应预先整平，其范围应较沉井外壁尺寸放宽 2m。

(6) 沉井下沉有排水下沉和不排水下沉两种方法。排水下沉常用明沟集水井排水、井点排水或井点与明沟排水相结合的方法。不排水下沉的方法有：抓斗在水中取土；水力冲刷器冲刷土；空气吸泥机或水力吸泥机吸水中的泥土。沉井工程施工应编制沉井工程施工组织设计，并进行分阶段下沉系数的计算，作为确定下沉施工方法和采取技术措施的依据。沉井第一节的混凝土或砌筑砂浆，达到设计强度以后，其余各节达到设计强度的70%后，方可下沉。挖土下沉时，应分层、均匀、对称地进行，使其能均匀竖直下沉，不得有过大的倾斜。由数个井孔组成的沉井，为使其下沉均匀，挖土时各井孔土面高差不应超过1m。采用泥浆润滑套减阻下沉的沉井，应设置套井，顶面宜高出地面300～500mm，其外围应回填黏土并分层夯实。沉井外壁设置台阶形泥浆槽，宽度宜为100～200mm，距刃脚踏面的高度宜大于3m。

沉井下沉时，槽内应充满泥浆，其液面应接近自然地面，并储备一定数量泥浆，以供下沉时及时补浆。泥浆的性能指标可按地下连续墙泥浆性能指标选用。

沉井下沉过程中，每班至少测量两次，如有倾斜、位移应及时纠正，并应做好记录。

沉井下沉至设计标高，应进行沉降观测，在8h内下沉量不大于10mm时，方可封底。

(7) 干封底时，应符合下列规定：

①沉井基底土面应全部挖至设计标高；

②井内积水应尽量排干；

③混凝土凿毛处应洗刷干净；

④浇筑时，应防止沉井不均匀下沉，在软土层中封底宜分格对称进行；

⑤在封底和底板混凝土未达到设计强度以前，应从封底以下的集水井中不间断地抽水。停止抽水时，应考虑沉井的抗浮稳定性，并采取相应的措施。

(8) 采用导管法进行水下混凝土封底，应符合下列规定：

①基底为软土层时，应尽可能将井底浮泥清除干净，并铺碎石垫层；

②基底为岩基时，岩面处沉积物及风化岩碎块等应尽量清除干净；

③混凝土凿毛处应洗刷干净；

④水下封底混凝土应在沉井全部底面积上连续浇筑。当井内有间隔墙、底梁或混凝土供应量受到限制时，应预先隔断分格浇筑；

⑤导管应采用直径为200～300mm的钢管制作，内壁表面应光滑并有足够的强度和刚度，管段的接头应密封良好和便于装拆。每根导管上端应装有数节1m的短管；

⑥导管的数量由计算确定，布置时应使各导管的浇筑面积相互覆盖，导管的有效作用半径一般可取3～4m；

⑦水下混凝土面平均上升速度不应小于0.25m/h，坡度不应大于1∶5；

⑧浇筑前，导管中应设置球、塞等以隔水；浇筑时，导管插入混凝土的深度不宜小于1m；

⑨水下混凝土达到设计强度后，方可从井内抽水，如提前抽水，必须采取确保质量和安全的措施。

(9) 配制水下封底用的混凝土，应符合下列规定：

①配合比应根据试验确定，在选择施工配合比时，混凝土的试配强度提高10%～15%；

②水灰比不宜大于0.6；

③有良好的和易性，在规定的浇筑期间内，坍落度应为16～22cm；在灌注初期，为使导管下端形成混凝土堆，坍落度宜为14～16cm；

④水泥用量一般为350～400kg/m^3；

⑤粗骨料可选用卵石或碎石粒径，以5～40mm为宜；

⑥细骨料宜采用中、粗砂，砂率一般为45%～50%；

⑦可根据需要掺用外加剂。

（10）对下列各分项工程，应进行中间验收并填写隐蔽工程验收记录：

①沉井的制作场地和筑岛；

②浮运的沉井水下基床；

③沉井（每节）应在下沉或浮运前进行中间验收；

④沉井下沉完毕后位置、偏差和基底的验收应在封底前进行。用不排水法施工的沉井基底，可用触探及潜水检查，必要时可用钻孔方法检查。沉井、沉箱下沉完毕后应做好记录。

1）出土量：指沉井下沉时挖出的土量。

2）含泥量：指不排水下沉挖土时，应用水力吸泥机或空气吸泥机等取土时泥浆中的含泥量，按实测结果填写。

3）平均标高：指测量刃脚底面对称的四个点的算术平均值。

4）下沉量：指测量对应于刃脚底面对称的四个点的下沉量。

5）平均值：指测量对应于刃脚底面对称的四个点的算术平均值。

6）土的类别：指沉井下沉阶段不同深度范围内实际取样土的类别。

7）机械设备管路等情况：指挖土机械、供排水管路、井点系统，空压机、高压水泵等运转情况，可据实记录。

8）刃脚掏空情况：指刃脚处1～1.5m的范围内，一般每隔2～3m向刃脚方向逐层全面、对称、均匀的削落土层，每次削5～10cm的情况，可据实记录。

9）井内各孔土面标高及锅底情况：井内各孔的土面标高指沉井由多个井孔组成对、各井孔内的土面高差宜不大于0.5m；锅底情况指井底中间的除挖部分，一般锅底应比刃脚底低1～1.5m，照实际测量结果填写。

10）倾斜及水平位移情况：指沉井下沉完成后的倾斜及水平位移情况，按上述实测结果评定后简记。

（11）表列子项：

1）工程名称：按施工企业和建设单位签订的施工合同的工程名称或图注的工程名称，照实际填写。

2）施工单位：指建设与施工单位合同书中的施工单位，填写合同书中定名的施工单位名称。

3）沉井尺寸：指设计施工图设计标注的沉井尺寸，按图注尺寸填写。

4）预制日期：指沉井预制的时间，应按　月　日至　月　日填写。

5）下沉前混凝土强度：指沉井预制完成后下沉前实测的混凝土强度。

6）设计刃脚标高（m）：指施工图标注的刃脚标高，按图注的标高尺寸填写。

7）日期：指沉井下沉的日期，应逐日填写至下沉完毕。

8）测点编号：指沉井下沉时沉井底面对称的四个点的编号。

9）测点标高（m）：指沉井下沉时沉井底面对称的四个点的标高。

10）推算刃脚标高（m）：指沉井下沉时，根据土工条件推算的沉井的刃脚标高。

注：沉井下沉完成后，测量刃脚底面对称的四个点，从而检查沉井下沉偏移情况。还应指出，沉井下沉时，每班至少检测一次。一般下沉一节均应测量1～2次刃脚标高，以便及时调整沉井下

沉的偏移，实测结果应与推算刃脚标高对照。

11）高差：指沉井下沉时，底面对称四个点的高度差异，分别按横向、纵向填写。

①横向（mm）：指沉井下沉时，底面对称四个点横向的高度差异。

②纵向（mm）：指沉井下沉时，底面对称四个点纵向的高度差异。

12）位移：指沉井下沉时，沉井设计平面尺寸与实际平面尺寸的位移，分别按横向、纵向填写。

①横向（cm）：指沉井下沉时，沉井设计平面位置尺寸与实际平面位置尺寸的横向位移填写。

②纵向（cm）：指沉井下沉时，沉井设计平面位置尺寸与实际平面位置尺寸的纵向位移填写。

13）地质情况：指沉井平面位置尺寸范围内外，沉井下沉区段内的地质情况。土的各项物理力学指标应满足沉井下沉的需要。

14）水位标高（m）：指沉井下沉时的实际的地下水位标高，照实际测定的地下水位标高填写。

15）停歇原因及时间：指沉井下沉时，由于沉井下沉的需要或沉井下沉遇到地质、机械等方面的原因，需要停歇时的原因及停歇时间，照实际填写。

2.6.16　明排水施工记录

1. 资料表式

明排水施工记录

工程名称：　　　　　　　　　　　　　　施工单位：

构筑物名称：

排水井号	1	2	3	4	5
井深（地面至井底）(m)					
基坑底高程（m）					
封底面高程（m）					
封底与基坑底高程（m）					
封底材料					
井身结构					
设置水泵型号及数量					
建成使用日期（年　月　日）					
终止抽水日期（年　月　日）					
回填完成日期（年　月　日）					
井身回填材料					
记　事					
参加人员	监理（建设）单位	施工单位			
		项目技术负责人	专职质检员	工长	记录

注：附排水沟及排水井的结构图与平布布置图。

2. 实施要点

(1) 施工排水应编制施工设计并应包括以下主要内容：

1) 排水量的计算；

2) 施工排水的方法选定；

3) 排水系统的平面布置和竖向布置以及抽水机械的选型和数量；

4) 排水井的构造，井点系统的构造，排放管渠的构造，断面和坡度。

(2) 施工排水系统排出的水，应输送至抽水影响半径范围以外，且不得破坏道路、河坡及其它构筑物，不得损害农田和影响交通。

(3) 采取明排水施工时，应保证基坑边坡的稳定和地基不被扰动。排水井宜布置在构筑物基础范围以外，且不得影响基坑的开挖及构筑物施工。当基坑面积较大或基坑底部呈倒锥形时，可在基础范围内设置，但应采取使集水井筒与基础紧密连结，并在终止排水时便于封堵的措施。

(4) 排水井应在地下水位以下的土方开挖以前建成。

(5) 排水井的井壁宜加支护；当土层稳定、井深不大于1.2m时，可不加支护。

(6) 排水井处于细砂、粉砂或轻亚黏土等土层时，应采取过滤或封闭措施，封底后的井底高程，应低于基坑底，且不宜小于1.2m。

(7) 配合基坑的开挖，排水沟应及时开挖及降低深度。排水沟的深度不宜小于0.3m。

(8) 基坑开挖至设计高程后排水沟的处理，宜符合下列规定：

1) 渗水量较少时，宜采用盲沟排水；

2) 渗水量较大、盲沟排水不能满足要求时，宜在排水沟内埋设直径150～200mm的排水管，排水管接口处留缝或排水管留滤水孔，管两侧和上部应采用卵石或碎石回填。

2.6.17 沥青路面热拌碾压及施工缝留设施工记录

1. 资料表式

沥青路面热拌碾压及施工缝留设施工记录表式按表2.6.1施工记录（通用）的表式执行。

2. 实施要点

(1) 沥青混合料的压实应按初压、复压、终压（包括成型）三个阶段进行。压路机应以慢而均匀的速度碾压，压路机的碾压速度应符合表2.6.17的规定。

压路机碾压速度（km/h） **表2.6.17**

压路机类型	初压		复压		终压	
	适宜	最大	适宜	最大	适宜	最大
钢筒式压路机	1.5～2	3	2.5～3.5	8	2.5～3.5	5
轮胎压路机	—	—	3.5～4.5	8	4～6	8
振动压路机	1.5～2 （静压）	5 （静压）	4～5 （振动）	4～5 （振动）	4～5 （静压）	5 （静压）

(2) 沥青混合料的初压应符合下列要求：

1) 初压应在混合料摊铺后较高温度下进行，并不得产生推移、发裂，压实温度应根据沥青稠度、压路机类型、气温、铺筑层厚度、混合料类型经试铺试压确定，并应符合

《沥青路面施工及验收规范》（GB 50092—96）规范热拌沥青混合料的施工温度（℃）表 7.2.4 的要求。

2）压路机应从外侧向中心碾压。相邻碾压带应重叠 1/3～1/2 轮宽，最后碾压路中心部分，压完全幅为一遍。当边缘有挡板、路缘石、路肩等支挡时，应紧靠支挡碾压。当边缘无支挡时，可用耙子将边缘的混合料稍稍耙高，然后将压路机的外侧轮伸出边缘 10cm 以上碾压。也可在边缘先空出宽 30～40cm，待压完第一遍后，将压路机大部分重量位于已压实过的混合料面上再压边缘，减少边缘向外推移。

3）应采用轻型钢筒式压路机或关闭振动装置的振动压路机碾压 2 遍，其线压力不宜小于 350N/cm。初压后应检查平整度、路拱，必要时应修整。

4）碾压时应将驱动轮面向摊铺机，如图 2.6.17-1。碾压路线及碾压方向不应突然改变而导致混合料产生推移。压路机起动、停止应减速缓慢进行。

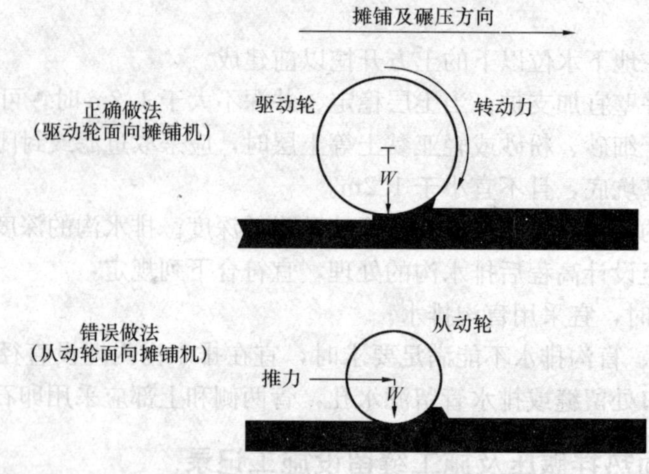

图 2.6.17-1　压路机的碾压方向

（3）复压应紧接在初压后进行，并应符合下列要求：

1）复压宜采用重型的轮胎压路机，也可采用振动压路机或钢筒式压路机。碾压遍数应经试压确定，并不宜少于 4～6 遍。复压后路面达到要求的压实度，并无显著轮迹。

2）当采用轮胎压路机时，总质量不宜小于 15t。碾压厚层沥青混合料，总质量不宜小于 22t。轮胎充气压力不小于 0.5MPa，相邻碾压带应重叠 1/3～1/2 的碾压轮宽度。

3）当采用三轮钢筒式压路机时，总质量不宜小于 12t，相邻碾压带应重叠后轮的 1/2 宽度。

4）当采用振动压路机时，振动频率宜为 35～50Hz，振幅宜为 0.3～0.8mm，并应根据混合料种类、温度和层厚选用。层厚较大时应选用较大的频率和振幅。相邻碾压带重叠宽度宜为 10～20cm。振动压路机倒车时应先停止振动，并在向另一方向运动后再开始振动，并应避免混合料形成鼓包。

（4）终压应紧接在复压后进行。终压可选用双轮钢筒式压路机或关闭振动的振动压路机碾压，终压不宜少于 2 遍，路面应无轮迹。路面压实成型的终了温度应符合《沥青路面施工及验收规范》（GB 50092—96）规范热拌沥青混合料的施工温度（℃）表 7.2.4 的要求。

（5）沥青路面施工接缝

1）在施工缝及构造物两端的连接处操作应仔细，接缝应紧密、平顺。

2）纵向接缝部位的施工应符合下列要求：

①摊铺时采用梯队作业的纵缝应采用热接缝。施工时应将已铺混合料部分留下 10～20cm 宽暂不碾压，作为后摊铺部分的高程基准面，在最后作跨缝碾压。

②当半幅施工不能采用热接缝时，宜加设挡板或采用切刀切齐。在铺另半幅前应将缝边缘清扫干净，并应涂洒少量粘层沥青。摊铺时应重叠在已铺层上 5～10cm，摊铺后用人工将摊铺在前半幅上面的混合料铲走。碾压时应先在已压实路面上行走，碾压新铺层的 10～15cm，然后压实新铺部分，再伸过已压实路面 10～15cm，接缝应压实紧密，如图 2.6.17-2。上下层的纵缝应错开 15cm 以上，表层的纵缝应顺直，且宜留在车道区画线位置上。

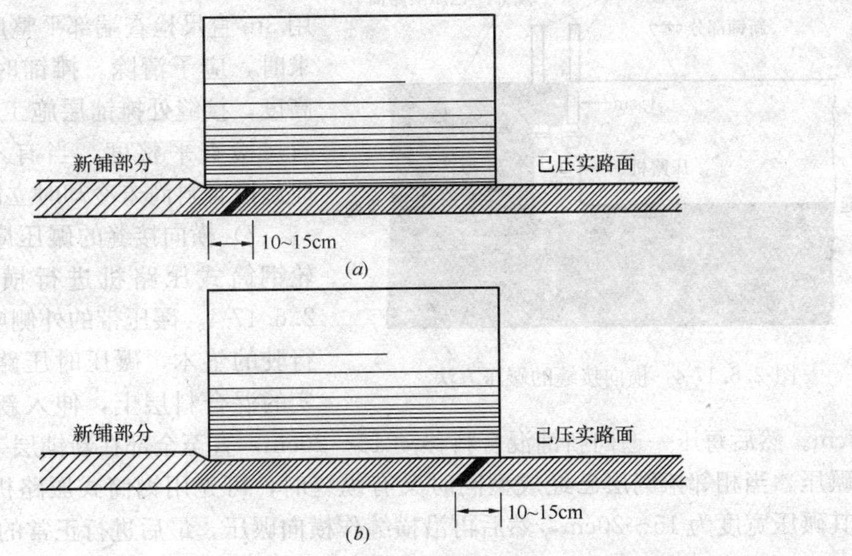

图 2.6.17-2 纵缝冷接缝的碾压

3）相邻两幅及上下层的横向接缝均应错位 1m 以上。对高速公路、一级公路和城市快速路、主干路，中下层的横向接缝可采用斜接缝，上面层应采用垂直的平接缝，如图 2.6.17-3。其他道路的各层均可采用斜接缝。铺筑接缝时，可在已压实部分上面铺设一些热混合料，并应使接缝预热软化。碾压前应将预热用的混合料铲除。

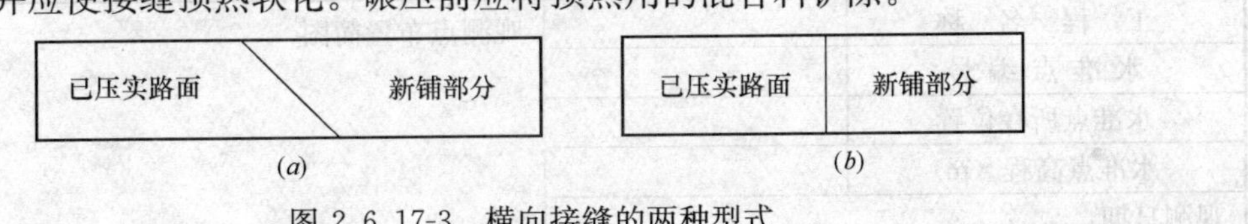

图 2.6.17-3 横向接缝的两种型式

（a）斜接缝；（b）平接缝

4）斜接缝的搭接长度宜为 0.4～0.8m。搭接处应清扫干净并洒粘层油。当搭接处混合料中的粗集料颗粒超过压实层厚度时应予剔除，并应补上细混合料，斜接缝应充分压实并搭接平整。

5）平接缝应粘结紧密，压实充分，连接平顺。可采用下列方法施工：

①在施工结束时，摊铺机在接近端部前约 1m 处将熨平板稍稍抬起驶离现场，用人工将端部混合料铲齐后再碾压。然后用 3m 直尺检查平整度，趁尚未冷透时垂直刨除端部层厚不足的部分，使下次施工时成直角连接。

②在预定的摊铺段的末端选撒一薄层砂带，摊铺混合料后趁热在摊铺层上挖出一道缝隙，缝隙应位于撒砂与未撒交界处，在缝中嵌入一块与压实层厚度相等的木板或型钢，待压实后铲除撒砂的部分，扫尽砂子，撤去木板或型钢，并在端部洒粘层沥青接着摊铺。

③在预定摊铺段的末端先铺上一层麻袋或牛皮纸，摊铺碾压成斜坡，下次施工时将铺有麻袋或牛皮纸的部分用人工刨除，在端部洒粘层沥青接着摊铺。

④在预定摊铺段的末端先撒一薄层砂带，再摊铺混合料，待混合料稍冷却后将散砂的部分用切割机切割整齐后取走，用干拖布吸走多余的冷却水，待完全干燥后在端部洒粘层沥青接着摊铺，在接头有水或潮湿时不得铺筑混合料。

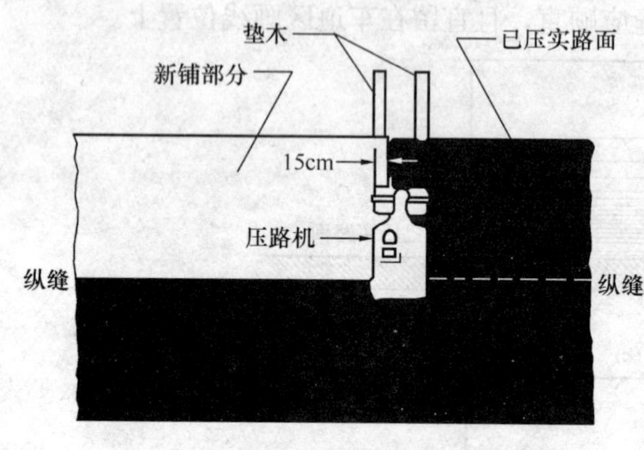

图 2.6.17-4　横向接缝的碾压方法

6）从接缝处起继续摊铺混合料前应用 3m 直尺检查端部平整度，当不符合要求时，应予清除。摊铺时应调整好预留高度，接缝处摊铺层施工结束后再用 3m 直尺检查平整度，当有不符合要求者，应趁混合料尚未冷却时立即处理。

7）横向接缝的碾压应先用双轮或三轮钢筒式压路机进行横向碾压，如图 2.6.17-4。碾压带的外侧应放置供压路机行驶的垫木，碾压时压路机应位于已压实的混合料层上，伸入新铺层的宽度宜为 15cm。然后每压一遍向新铺混合料移动 15～20cm，直至全部在新铺层上为止，再改为纵向碾压。当相邻摊铺层已经成型同时又有纵缝时，可先用钢筒式压路机洞纵缝碾压一遍，其碾压宽度为 15～20cm，然后再沿横缝作横向碾压，最后进行正常的纵向碾压。

2.6.18　构（建）筑物沉降观测记录

1. 资料表式

沉　降　观　测　记　录　　　　**表 2.6.18**

施工单位：　　　　　　　　　　　　编号：

<table>
<tr><td colspan="3">工　程　名　称</td><td colspan="2"></td><td colspan="3" rowspan="6">观测点布置简图</td></tr>
<tr><td colspan="3">水准点编号</td><td colspan="2"></td></tr>
<tr><td colspan="3">水准点所在位置</td><td colspan="2"></td></tr>
<tr><td colspan="3">水准点高程（m）</td><td colspan="2"></td></tr>
<tr><td colspan="5">观测日期：</td></tr>
<tr><td colspan="5">自　　年　　月　　日起
至　　年　　月　　日止</td></tr>
<tr><td rowspan="2">观 测 点</td><td colspan="3">观测时间</td><td rowspan="2">实测标高
（m）</td><td rowspan="2">本期沉降量
（mm）</td><td rowspan="2">总沉降量
（mm）</td><td rowspan="2">说　明</td></tr>
<tr><td>月</td><td>日</td><td>时</td></tr>
<tr><td></td><td></td><td></td><td></td><td></td><td></td><td></td><td></td></tr>
<tr><td></td><td></td><td></td><td></td><td></td><td></td><td></td><td></td></tr>
<tr><td></td><td></td><td></td><td></td><td></td><td></td><td></td><td></td></tr>
<tr><td></td><td></td><td></td><td></td><td></td><td></td><td></td><td></td></tr>
</table>

复核：　　　　　　　　计算：　　　　　　　　测量：

2. 资料要求

(1) 设计图纸有要求的按设计要求，无要求的按有关规定办。子项填写齐全。

(2) 沉降观测点按设计要求或有关规定执行。

(3) 要求填写齐全、正确为符合要求，不按要求填写、子项不全、涂改原始测量记录以及后补者均为不符合要求。

(4) 设计或规范规定应进行沉降观测的，没有进行沉降观测资料，为不符合要求。

(5) 沉降观测的各项记录，必须注明观测时的气象情况和荷载变化情况。

(6) 沉降观测资料应绘制：沉降量、地基荷载与连续时间三者关系曲线图及沉降量分布曲线图；计算出构（建）筑物、构筑物的平均沉降量、相对弯曲和相对倾斜；水准点平面布置图和构造图。

3. 实施要点

为保证构（建）筑物质量满足设计对构（建）筑物使用年限的要求而对该构（建）筑物进行的沉降观测，以保证构（建）筑物的正常使用。

(1) 水准基点的设置

1) 水准基点应引自城市固定水准点。基点的设置以保证其稳定、可靠、方便观测为原则。对于安全等级为一级的构（建）筑物，宜设置在基岩上。安全等级为二级的构（建）筑物，可设在压缩性较低的土层上。

2) 水准基点的位置应靠近观测对象，但必须在构（建）筑物的地基变形影响范围以外，并避免交通车辆等因素对水准基点的影响。在一个观测区内，水准基点一般不少于三个。水准标石的构造可参照图 2.6.18-1、图 2.6.18-2。

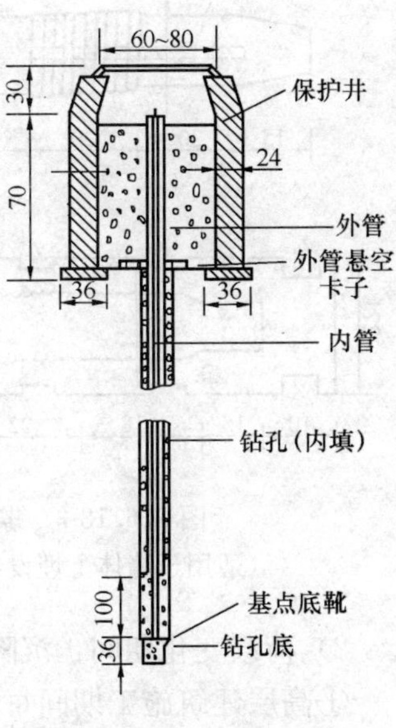

图 2.6.18-1 深埋钢管水准基点标石

3) 确定水准点离观测构（建）筑物的最近距离，可按下列经验公式估算：

$$L = 10\sqrt{s_{\infty}}$$

式中 L——水准点离观测构（建）筑物的最近距离（m）；

s_{∞}——观测建筑物最终沉降量的理论计算值（cm）。

4) 观测水准点是沉降观测的基本依据，应设置在沉降或振动影响范围之外，并符合工程测量规范的规定。

5) 沉降点的布设应根据构（建）筑物的体型、结构、工程地质条件、沉降规律等因素综合考虑，要求便于观测和不易遭到损坏，标志应稳固、明显、结构合理，不影响构（建）筑物和构筑物的美观和使用。沉降点一般可设在下列各处：

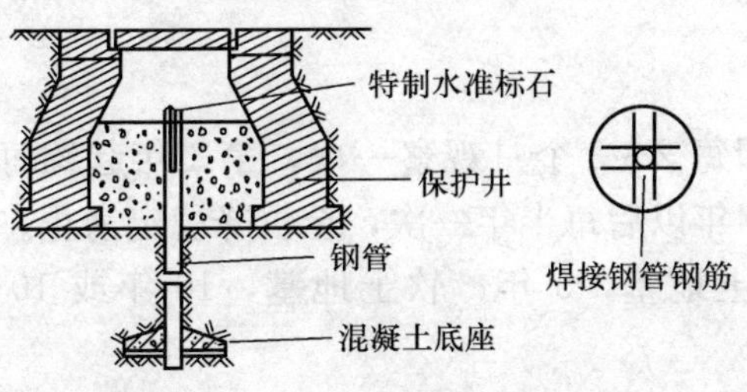

图 2.6.18-2 浅埋钢管水准标石

①构（建）筑物的角点、中点及沿周边每隔 6～12m 设一点；构（建）筑物宽度大于 15m 的内部承重墙（柱）上；圆形、多边形的

构（建）筑物宜沿纵横轴线对称布点；

②基础类型、埋深和荷载有明显不同处及沉降缝、新老构（建）筑物连接处的两侧，伸缩缝的任一侧；

③工业厂房各轴线的独立柱基上；

④箱形基础底板，除四角外还宜在中部设点；

⑤基础下有暗浜或地基局部加固处；

⑥重型设备基础和动力基础的四角。

注：单座建筑的端部及建筑平面变化处，观测点宜适当加密。

⑦观测点的位置应避开障碍物，便于观测和长期保存。

6）观测点可设置在地面以上或地面以下。对于要求长期观测的构（建）筑物，观测点宜设在室外地面以下，以便于长期观测和保护。观测点的埋设高度应方便观测，也应考虑沉降对观测点的影响。观测点应采取保护措施，避免在施工和使用期间受到破坏。观测点的构造可参照图 2.6.18-3。

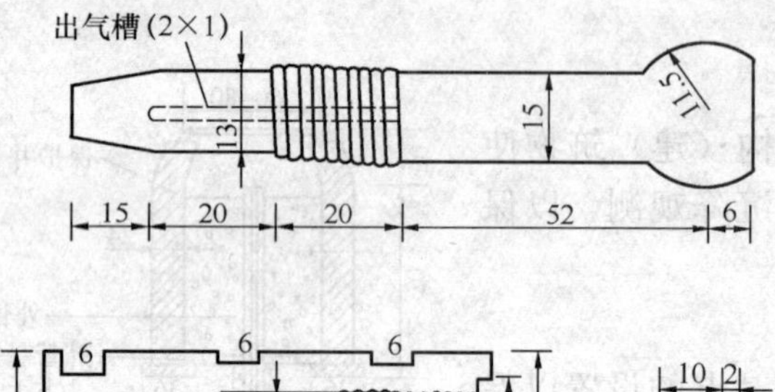

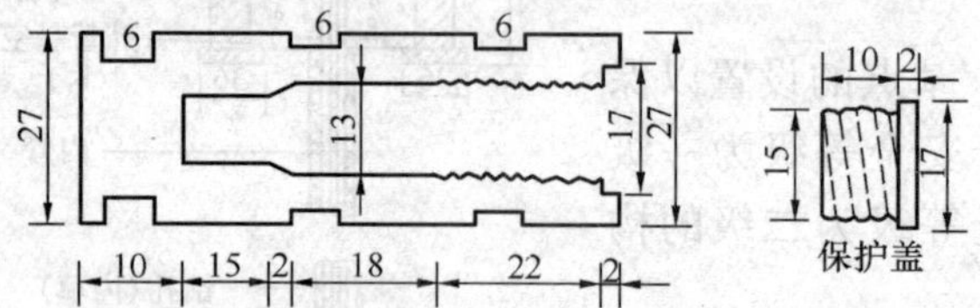

图 2.6.18-3　螺栓式标志
（适用于墙体上埋设，单位：mm）

（2）观测的时间和次数，应按设计规定并符合下列要求：

1）施工期观测：基槽开挖时，可用临时测点作为起始读数，基础完成后换成永久性测点。

2）荷载变化期间：沉降观测周期应符合不列要求：

①高层建筑施工期间每增加 1～2 层，电视塔、烟囱等每增高 10～15m 应观测一次；工业建筑应在不同荷载阶段分别进行观测，整个施工期间的观测不应少于 4 次。

②基础混凝土浇筑，回填土及结构安装等增加较大荷载前后应进行观测。

③基础周围大量积水、挖方、降水及暴雨前后应观测。

④出现不均匀沉降时，根据情况应增加观测次数。

⑤施工期间因故暂停施工，超过三个月，应在停工时及复工前进行观测。

3）结构封顶至工程竣工，沉降观测周期应符合下列要求：

①均匀沉降且连续三个月平均沉降量不超过 1mm 时，每三个月观测一次。

②连续二次每三个月平均沉降量不超过 2mm 时，每六个月观测一次。

③外界发生剧烈变化应及时观测。

④交工前观测一次。

4）使用期一般第一年至少观测 5～6 次，即每 2～3 个月观察一次，第二年起约每季度观测一次，即每隔 4 个月左右观察一次，第四年以后每半年一次，至沉降稳定为止。

观测期限一般为：砂土地基，2 年；黏性土地基，5 年；软土地基，10 年或 10 年以上。

5）当建筑物发生过大沉降或产生裂缝时，应增加观测的次数，必要时应进行裂缝观测。

6）沉降稳定标准可采用半年沉降量不超过2mm。当工程有特殊要求时，应根据要求进行观测。

（3）一般需进行沉降观测的构（建）筑物

1）高耸构筑物；重要的工业与民用构（建）筑物；造型复杂的14层以上的高层建筑；

2）湿陷性黄土地基上建筑物、构筑物；对地基变形有特殊要求的构（建）筑物；

3）地下水位较高处建筑物、构筑物；

4）三类土地基上较重要建筑物、构筑物；

5）不允许沉降的特殊设备基础；

6）在不均匀或软弱地基上的较重要的建筑物；

7）因地基变形或局部失稳使结构产生裂缝或损坏而需要研究处理的建筑物；

8）建设单位要求进行沉降观测的构（建）筑物；

9）采用天然基础的构（建）筑物；

10）单桩承受荷载在400kN以上的构（建）筑物；

11）使用灌注桩基础设计与施工人员经验不足的构（建）筑物；

12）因施工、使用或科研要求进行的沉降观测的构（建）筑物；

13）沉降观测记录说明栏可填写：构（建）筑物的荷载变化；气象情况与施工条件变化；

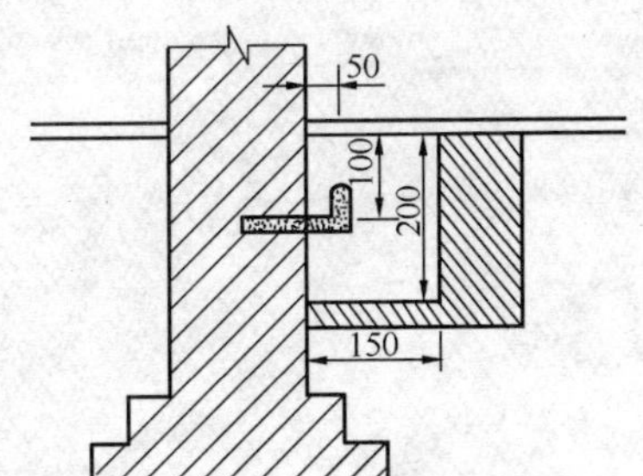

图2.6.18-4 窨井式标志
［适用于构（建）筑物内部埋设，单位：mm］

（4）沉降观测资料应及时整理和妥善保存，并应附有下列各项资料：

1）根据水准点测量得出的每个观测点高程和其逐次沉降量；

2）根据建筑物和构筑物的平面图绘制的观测点的位置图，根据沉降观测结果绘制的沉降量，地基荷载与连续时间三者的关系曲线图及沉降量分布曲线图；

3）计算出的建筑物和构筑物的平均沉降量、相对弯曲和相对倾斜值；

4）水准点的平面布置图和构造图，测量沉降的全部原始资料。

（5）沉降观测网应布设符合或闭合路线。

（6）表列子项

1）施工单位：指建设与施工单位合同书中的施工单位，签字有效。

2）编号：指施工单位承建的该工程的施工技术文件编号。

3）工程名称：按施工企业和建设单位签订的施工合同的工程名称或图注的工程名称，照实际填写。

4）水准点编号：指所在位置、水准点高程等，按城建部门提供的资料填写。

5）水准点所在位置：照实际水准点所在的位置填写。

6）水准点高程（m）：指水准点所在位置的高程，按城建部门提供的资料填写。

7）观测日期：应按自 年 月 日起至 年 月 日填写。

8）观测点布置简图。

9）观测点：按平面图上标注的测点编号依序填写。

10）观测时间：指沉降观测的实际观测时日，按月、日、时填写。

11）实测标高（m）：按沉降观测时日的每一测点的实测数据填写。

12）本期沉降量（mm）：本期各点实测标高分别减去前期实测标高，及控制水准点标高后的数值。

13）总沉降量（mm）：前期累计沉降量加本期的沉降量之和。

14）说明：填写沉降观测记录中需要说明的事宜。

2.7 预检记录

2.7.1 预检工程检查记录

1. 资料表式

预检工程检查记录（通用）

<table>
<tr><td>工程名称</td><td colspan="2"></td><td>施工单位</td><td colspan="2"></td></tr>
<tr><td>检查项目</td><td colspan="2"></td><td>预检部位</td><td colspan="2"></td></tr>
<tr><td>预检内容</td><td colspan="5"></td></tr>
<tr><td>检查情况</td><td colspan="5"></td></tr>
<tr><td>处理意见</td><td colspan="5"></td></tr>
<tr><td rowspan="3">参加人员</td><td>监理（建设）单位</td><td colspan="4">施　工　单　位</td></tr>
<tr><td rowspan="2"></td><td colspan="2">项目技术负责人</td><td>专职质检员</td><td>测量员</td></tr>
<tr><td colspan="2"></td><td></td><td></td></tr>
</table>

2. 资料要求

（1）构（建）筑物位置线：红线、坐标、构（建）筑物控制桩、轴线桩、标高、标准水准控制桩（工业厂房、±0 水准桩），并附有平面示意图。重点工程附测量原始记录。

（2）基础尺寸线：包括基础轴线，断面尺寸、标高（槽底标高、垫层标高）等。

（3）模板：包括几何尺寸、轴线标高、预埋件位置、预留孔洞位置、模板牢固性、模板清理等。

（4）墙体：包括各层墙身轴线，门、窗洞口位置线，皮数杆及 50 水平线。

（5）翻样检查。

（6）设备基础：位置、轴线、标高、尺寸、预留孔、预埋件等。

（7）按要求检查内容进行预检，签章齐全为正确。

（8）无记录或后补记录为不正确。

3. 实施要点

预检工程记录是指该工程项目的部位、工序工程在未施工前对施工准备工作或前一道工序进行的预先检查，籍以确保工程质量。

（1）及时办理预检是保证工程质量，防止重大质量事故的重要环节，预检工作由单位工程负责人组织，专职质检员核定，必要时邀请设计、建设单位的代表参加。未经预检的项目或预检不合格的项目不得进行下道施工工序。

（2）预检是在自检的基础上由质量检查员、专业工长对分项工程进行把关的检查，把工作中的偏差检查记录下来，并做以认真解决，预检合格后方可进行下道工序，未经预检的项目或预检不合格的项目不得进行下道施工工序。

（3）需要预检的分项工程项目完成后，班组填写自检表格，专业工长核定后填写预检工程检查记录单，项目技术负责人组织，由监理、质量检查员、专业工长及班组长参加验收（其中建筑物位置线、标准水准点、标准轴线桩由上级单位组织）。

（4）预检记录中有关测量放线和构件安装的测量记录及附图作为预检附件归档。

（5）预检项目包括的内容：

1）道路、桥梁、构（建）筑物位置线，现场标准水准点（包括标准轴线桩平面示意图）。重点工程应附测量原始记录。

2）道路、桥梁、构（建）筑物基础尺寸线，包括基础轴线、断面尺寸、标高槽底标记、垫层标高。

3）桩基定位：根据龙门板的轴线或控制网的控制点，对桩位点进行复核。

4）主要结构的模板：包括几何尺寸、轴线、标高、预埋件、预留孔位置、模板牢固性和模板清理、清理口留置、脱模剂涂刷等检查情况。

5）墙体包括各层墙体轴线、门窗洞口位置和皮数杆。

6）放样尺寸检查。楼层 50cm 水平线检查。

7）预制构件吊装包括轴线位置、构件型号、构件支点的搭接长度、标高、垂直偏差以及构件裂缝、操作处理等。

8）设备基础包括设备基础的位置、标高、几何尺寸、预留孔洞、预埋件等。

9）补偿器预拉情况、补偿器安装情况。非隐蔽管道工程的安装检查情况。

10）主要管道、沟的标高和坡度。支（吊）架的位置、各部位的连接方式等检查情况。

11）油漆工程。

（6）预检后必须及时办理预检签证手续，列入工程管理技术档案，对预检中提出的不符合质量要求的问题要认真进行处理，处理后进行复检并说明处理情况。

（7）表列子项

1）工程名称：按施工企业和建设单位签订的施工合同的工程名称或图注的工程名称，照实际填写。

2）施工单位：指建设与施工单位合同书中的施工单位及其代表，签字有效。

3）预检内容：按实际预检工程所在的部位名称填写。需要时应填写预检说明。必须将该预检部位的施工依据填写清楚、齐全、检明。

4）检查情况：按检查后的实际情况填写。

5）处理意见：指预检后有问题需要复查时，由委托单位提出。应写明二次复检的检查意见。一次通过可不填此栏。

2.7.2 模板预检记录

实施要点

资料表式、资料要求、实施要点按预检工程检查记录（通用）要求办理。

2.7.3 大型构件和设备安装前预检记录

实施要点

资料表式、资料要求、实施要点按预检工程检查记录（通用）要求办理。

2.7.4 设备安装位置检查记录

实施要点

资料表式、资料要求、实施要点按预检工程检查记录（通用）要求办理。

2.7.5 管道安装检查记录

实施要点

资料表式、资料要求、实施要点按预检工程检查记录（通用）要求办理。

2.7.6 补偿器冷拉及安装情况记录

2.7.6.1 补偿器安装记录

1. 资料表式

补 偿 器 安 装 记 录

工程名称：________________

<table>
<tr><td colspan="2">施工单位</td><td colspan="5"></td></tr>
<tr><td colspan="2">设计压力（MPa）</td><td colspan="2"></td><td>补偿器部位</td><td colspan="2"></td></tr>
<tr><td colspan="2">补偿器规格型号</td><td colspan="2"></td><td>补偿器材质</td><td colspan="2"></td></tr>
<tr><td colspan="2">固定支架间距（m）</td><td colspan="2"></td><td>管内介质温度</td><td colspan="2"></td></tr>
<tr><td colspan="2">设计预拉值（mm）</td><td colspan="2"></td><td>实际预拉值（mm）</td><td colspan="2"></td></tr>
<tr><td colspan="7">补偿器安装及预拉示意图与说明</td></tr>
<tr><td>检查结果</td><td colspan="6"></td></tr>
<tr><td rowspan="3">参加人员</td><td>监理（建设）单位</td><td colspan="5">施 工 单 位</td></tr>
<tr><td rowspan="2"></td><td colspan="2">项目技术负责人</td><td>专职质检员</td><td>工 长</td><td>记 录</td></tr>
<tr><td colspan="2"></td><td></td><td></td><td></td></tr>
</table>

2. 资料要求

补偿器安装记录必须填写补偿器安装记录。

（1）不认真进行补偿器安装记录的为不符合要求。

（2）补偿器安装记录人必须签字，不签字或代签为不符合要求。

3. 实施要点

（1）补偿器安装应对照设计图纸，全数检查预拉伸记录，记录必须符合设计要求和施工规范规定。

（2）表列子项

1）工程名称：按施工企业和建设单位签订的施工合同的工程名称或图注的工程名称，照实际填写。

2）施工单位：指建设与施工单位合同书中的施工单位，签字有效。

3）设计压力（MPa）：指该采暖、热力系统的设计压力，以 MPa 计。

4）补偿器部位：指设计或施工根据工程需要设定的补偿器部位，按实际设计或施工设定的补偿器的部位填写。

5）补偿器规格型号：按施工图设计确定的补偿器的规格型号填写。

6）补偿器材质：按施工图设计确定的补偿器的材质填写。

7）固定支架间距（m）：指施工图设计确定的补偿器的固定支架间距，以 m 计。

8）管内介质温度：指施工图设计确定的补偿器的管内介质温度。

9）设计预拉值（mm）：指施工图设计标注的补偿器的设计预拉值，以 mm 计。

10）实际预拉值（mm）：指施工单位按设计标注的补偿器预拉伸要求预拉得到的实际预拉值，以 mm 计。

11）补偿器安装及预拉示意图与说明：按施工组织设计确定的补偿器安装及预拉伸要求绘制的示意图附图及说明。

12）检查结果：按实际补偿器安装的检查结果填写。

2.7.6.2　补偿器冷拉记录

1. 资料表式

补 偿 器 冷 拉 记 录　　　　表 2.7.6.2-1

施工单位：

<table>
<tr><td colspan="2">工程名称</td><td colspan="4"></td></tr>
<tr><td colspan="2">部位工程名称</td><td colspan="4"></td></tr>
<tr><td colspan="2">补偿器编号</td><td></td><td colspan="2">补偿器所在图号</td><td></td></tr>
<tr><td colspan="2">管段长度（m）</td><td></td><td colspan="2">直　径</td><td></td></tr>
<tr><td colspan="2">设计冷拉值（mm）</td><td></td><td colspan="2">实际冷拉值（mm）</td><td></td></tr>
<tr><td colspan="2">冷拉时间</td><td></td><td colspan="2">冷拉时气温（℃）</td><td></td></tr>
<tr><td colspan="6">冷拉示意图</td></tr>
<tr><td>备注</td><td colspan="5"></td></tr>
<tr><td rowspan="3">参加人员</td><td>监理（建设）单位</td><td colspan="4">施　工　单　位</td></tr>
<tr><td rowspan="2"></td><td>项目技术负责人</td><td>专职质检员</td><td>工　长</td><td>记　录</td></tr>
<tr><td></td><td></td><td></td><td></td></tr>
</table>

2. 资料要求

补偿器冷拉必须填写补偿器冷拉记录。

(1) 不认真进行补偿器冷拉记录的为不符合要求。

(2) 补偿器冷拉记录监理（建设）单位、施工单位必须签字，不签字或代签为不符合要求。

3. 实施要点

(1) 伸缩器安装预拉伸应对照设计图纸，全数检查预拉伸记录，记录必须符合设计要求和施工规范规定，如设计无要求：

1) 管道预拉伸（或压缩）前应具备的条件：

①预拉伸区域内固定支架间所有焊缝（预拉口除外）已焊接完毕，需热处理的焊缝已作热处理，并经检验合格；

②预拉伸区域支、吊架已安装完毕，管子与固定支架已固定。预拉口附近的支、吊架已预留足够的调整裕量，支、吊架弹簧已按设计值压缩，并临时固定，不使弹簧承受管道载荷；

③预拉伸区域内的所有连接螺栓已拧紧。

2) 当预拉伸管道的焊缝需热处理时，应在热处理完毕后，方可拆除在预拉伸时安装的临时卡具。

3) 套管补偿器预拉伸

①填料式补偿器又名套管伸缩器，只有在管道中心线与伸缩器中心线一致时，方能正常工作。故不适用悬吊式支架上安装。

②靠近伸缩器两侧，必须各设一个导向支座，使其运行时，不致偏离中心线。

③安装时必须作好预拉伸，如设计无明确要求时，按表 2.7.6.2-2 规定进行。

套管伸缩器预拉伸表 **表 2.7.6.2-2**

项目	套管补偿器预拉伸长度											
补偿器规格（mm）	15	20	25	32	40	50	65	75	80	100	125	150
拉出长度（mm）	20	20	30	30	40	40	50	50	50	55	60	63

④安装长度应考虑气温变化，留有剩余的伸缩量，其值按下式计算。

$$\Delta = \Delta_1 \frac{t_1 - t_0}{t_2 - t_0}$$

式中 Δ——芯子与外套挡圈间的安装剩余伸缩量；

Δ_1——伸缩器最大伸缩量；

t_1——安装伸缩器的气温；

t_2——介质的最高计算温度；

t_0——室外最低计算温度。

安装前先将芯子全部拔出来，量出剩余伸缩量值并做出标志，然后退回芯子至标志处。

4) 方型补偿器的预拉伸

①在方型补偿器安装前，先将两端的固定支座焊死、焊牢。补偿器两端的直管端与连接管端分别预留 1/4 的设计补偿量的间隙。

②补偿器的预拉伸是为设计补偿量的 1/2 长度，但在安装时要考虑到实际安装温度，补偿器运行时的介质最高温度以及设计计算温度的差别，故在实际安装时预拉伸量要进行修正，其计算公式如下式：

$$\Delta L' = \Delta L \frac{t_0 - t_a}{t_2 - t_1}$$

式中　$\Delta L'$——补偿器实际安装温度下的预拉伸量（m）；

ΔL——管段计算的热伸长度（m）；

t_1——设计计算安装温度（℃）；

t_2——管段介质工作温度（℃）；

t_a——实际安装的温度（℃）；

t_0——零点温度，即补偿器不需预拉伸温度（℃）。

$$t_0 = \frac{t_1 + t_2}{2}$$

③方型补偿器两侧的第一个导向支架，宜设在补偿器弯曲起点 0.5～1.0m 处。采用吊架时其靠近补偿器两侧的吊架应倾斜安装，其倾斜方向与管路的热胀方向相反，而倾斜距离等于该吊架管路热胀量的一半。

5）波纹管（波型）补偿器的预拉伸

①安装波纹管（波型）补偿器时，应按设计管道最高温度和最低温度，找出其波动范围的中间值，作为零点温度，并依此温度按表 2.7.6.2-3 对补偿器进行预拉伸或压缩。

波纹管补偿器的预拉伸或预压缩量　　表 2.7.6.2-3

安装时的环境温度与补偿零点温度之差（℃）	预拉伸量（mm）	预压缩量（mm）
−40	$0.5\Delta L$	
−30	$0.375\Delta L$	
−20	$0.25\Delta L$	
−10	$0.125\Delta L$	
0	0	0
+10		$0.125\Delta L$
+20		$0.25\Delta L$
+30		$0.375\Delta L$
+40		$0.5\Delta L$

注：ΔL 为补偿器的全补偿能力。

②安装波纹管（波型）补偿器时要注意介质流动方向，必须使补偿器的内衬套筒与外壳焊接的一端迎着介质流向，对垂直管道应置于上方。

③为保证补偿器只发生轴向伸缩，补偿器应安装在两端固定的直线管段上，且应尽量设在两固定点的中间位置上。

(2) PVC塑料管材的管道补偿胀缩措施

1）在安装长距离水平管道时可采用Ω形管或伸缩节的方法来补偿管热胀冷缩的影响。

2）长距离的水平敷设必须有一定数量的固定支承点及滑动支承点。在与支管接通的三通接头处必须安有固定支承点，以免使支管受到横向膨胀力。

3）如嵌装在墙内做暗管使用时，应考虑管道在墙内的热膨胀，墙壁暗槽应加深10mm以上，或在管道外加塑料波纹保护套管或泡沫保温保护套管。

4）管道伸缩长度可按下式确定：

$$\Delta L = \Delta T \cdot L \cdot \alpha$$

式中 ΔL——管道伸缩长度（mm）；

ΔT——计算温差（℃）；

L——管道长度（m）；

α——线膨胀系数（m/m℃C）一般可取 1.5×10^4。

5）管道宜采用分水器，尽量避免过多使用三通，亦可弥补管道的热胀冷缩。使用分水器时应先将管道埋在砂浆地面内或地板夹层内，最后再连接分水器。

(3) 表列子项：

1）施工单位：指建设与施工单位合同书中的施工单位，签字有效。

2）工程名称：按施工企业和建设单位签订的施工合同的工程名称或图注的工程名称，照实际填写。

3）部位工程名称：指补偿器冷拉施工段所在部位的工程名称，按实际部位工程名称填写。

4）补偿器编号：指施工图设计标注的补偿器的编号。

5）补偿器所在图号：指施工图设计标注的补偿器所在的图号，按实际补偿器所在的施工图的图号填写。

6）管段长度（m）：指补偿器伸缩范围内的管段长度，以m计。

7）直径：指补偿器伸缩范围内的管段的直径。

8）设计冷拉值（mm）：指施工图设计标注的设计冷拉值，以mm计。

9）实际冷拉值（mm）：指施工的实际预拉伸结果填写，以mm计。

10）冷拉时间：指施工的实际冷拉时间填写，冷拉时间应符合规范的要求。

11）冷拉时气温（℃）：指施工的实际冷拉时的大气温度填写，以℃计。

12）冷拉示意图：按施工组织设计确定的补偿器冷拉的预拉伸要求绘制的示意图附图。

13）备注：填写需要说明的其他事宜。

2.7.7　支（吊）架位置、各部位连接方式等检查记录

实施要点

资料表式、资料要求、实施要点按预检工程检查记录（通用）要求办理。

2.7.8　供水、供热、供气管道检查记录

实施要点

资料表式、资料要求、实施要点按预检工程检查记录（通用）要求办理。

2.7.9　保湿、防腐、油漆等施工检查记录

实施要点

资料表式、资料要求、实施要点按预检工程检查记录（通用）要求办理。

2.8 隐蔽工程检查（验收）记录

2.8.1 隐蔽工程验收记录表

1. 资料表式

隐蔽工程检查验收记录（通用） 表 2.8.1

年 月 日

<table>
<tr><td colspan="2">工程名称</td><td colspan="2"></td><td>施工单位</td><td></td></tr>
<tr><td colspan="2">隐检项目</td><td colspan="2"></td><td>隐检范围</td><td></td></tr>
<tr><td>隐检内容及</td><td>检查情况</td><td colspan="4"></td></tr>
<tr><td colspan="2">验收意见</td><td colspan="4"></td></tr>
<tr><td colspan="2">处理情况及结论</td><td colspan="4">复查人： 年 月 日</td></tr>
<tr><td rowspan="3">参加人员</td><td rowspan="3" colspan="2">监理(建设)单位</td><td colspan="3">施 工 单 位</td></tr>
<tr><td>项目技术负责人</td><td>专职质检员</td><td>工 长   记 录</td></tr>
<tr><td></td><td></td><td></td></tr>
</table>

2. 资料要求

(1) 隐蔽工程验收项目：道路、桥梁、排水管渠、供热管网、土建、水暖、电气、通风与空调等专业均需进行隐蔽工程验收，并按表列内容填写隐蔽工程验收记录。

(2) 隐蔽工程验收需按相应专业规范规定执行，隐蔽内容应符合设计图纸及规范要求。

(3) 隐蔽验收单内容填写齐全，问题记录清楚、具体，结论准确，为符合要求。

(4) 按部位不同，分别由有关部门及时验收、签证，并签字加盖公章，为符合要求，隐蔽日期和其他资料有矛盾与实际不符为不符合要求。

(5) 有关测试资料填写齐全为符合要求，测试资料不全为不符合要求。

3. 实施要点

凡本工序操作完毕，将被下道工序所掩盖、包裹再也无从检查的工程项目均称为隐蔽工程项目。在隐蔽前必须进行隐蔽工程验收。

(1) 隐蔽验收项目是指为下道工序所隐蔽的工程项目，关系到结构性能和使用功能的重要部位或项目的隐蔽检查，在隐蔽前必须进行隐蔽工程验收。隐蔽工程验收由项目经理部的技术负责人提出，向项目监理机构提请报验，报验手续应及时办理，不得后补。需要进行处理的隐蔽工程项目必须进行复验，提出复验日期，复验后应做出结论。隐蔽验收的部位要复查材质化验单编号、设计变更、材料代用的文件编号等。隐蔽工程检查验收的报验应在隐验前两天，向项目监理机构提出隐蔽工程的名称、部位和数量。

(2) 隐蔽验收项目包括：

土建工程需进行隐蔽工程验收记录的部位及内容

1) 定位抄测放线记录：一般应包括道路、桥梁、构（建）筑物、给水、排水、燃气等的工程定位检测记录，要注明构（建）筑物与构（建）筑物红线及原有相邻构（建）筑物的关系，并标量±0.00的绝对标高值；土方开挖检测记录；基础施工检测记录；预制柱杯口底标高检测记录；每层平口检测放线记录（砖平口或混凝土板安装完）；地面标高检测记录；柱子检测放线记录；牛腿标高检测记录等。

2) 土方工程：基坑（槽）或管沟开挖；排水盲沟设置情况；填方土料、冻土块含量及填土压实试验记录。

3) 地基基础：基坑（槽）底的土质情况；基槽几何尺寸、标高；钎探、地基容许承载力复查及对不良地基的处理情况；检查地基夯实施工记录；预制桩基础的混凝土试块制作、编号及强度报告；预制桩的出厂合格证。打桩施工记录及桩位竣工图；基础钢筋的品种、规格、数量、接头位置及除锈、代用情况；防潮层做法、标高；砖石基础的组砌方法、砌体强度。

4) 砖石工程：主体结构砌体的组砌方法、砌体强度、砌体配筋情况；沉降缝、伸缩缝、防震缝的构造做法。

5) 钢筋混凝土工程：纵向、横向及箍筋钢筋的品种、规格、形状尺寸、数量及位置；钢筋连接方式的数量、接头百分率情况；钢筋除锈情况；预埋件数量及其位置；材料代用情况；绑扎及保护层情况；墙板销子铁、阳台尾部处理等；板缝灌注及胡子筋处理。

预应力筋的品种、规格、数量、位置等；预应力的锚具和连接器的品种、规格、数量、位置等；预留孔道的规格、数量、位置、形状和灌浆孔、排气管、泌水管等；锚固区局部加强构造等。

6）焊接工程：焊接强度试验报告，焊条型号、规格，焊缝长度、厚度，外观清渣按“级别”进行外观检查；超声波、X光射线检查的主要部位是墙板、梁柱、阳台、楼板、屋面板、楼梯、钢结构等结构的焊接部位。

7）屋面工程：保温隔热层、找平层、防水层的施工记录。

8）防水工程：卷材防水层及沥青胶结材料防水层的基层、防水材料配比、防水构造情况、防水细部等；防水层被土、水、砌体等掩盖的部位；管道设备穿过防水层的封固处；外墙板空腔立缝、平缝、十字缝接头、阳台雨篷接缝等。

9）地面工程：地面下的基土；各种防护层以及经过防腐处理的结构或连接件。

10）装饰工程：各类装饰工程基层、暗龙骨吊顶与防腐、吊顶内填充吸声材料及铺设厚度、轻质隔墙的材料防腐、预埋拉结、玻璃砖隔墙的埋设与拉结等。

11）其他工程：预埋件（木砖、固定片、脚胀螺栓等）数量、位置、埋设方式；门窗框与墙体之间缝隙；饱满度填嵌；门窗框、副框和扇的固定点、间距和固定点距窗角、中横框、中竖框的距离（150～200mm）等；

12）其他：完工后无法进行检查的工程；重要结构部位和有特殊要求隐蔽的工程。

(3）道路、桥梁、构（建）筑物、给水、排水、燃气等的隐蔽验收

1）采暖卫生与煤气工程必须实行隐蔽工程验收，隐蔽工程验收应符合施工规范规定，按表列内容认真填报为符合要求，不进行隐蔽工程验收或不填报隐蔽工程验收记录为不符合要求。

2）污、雨水部分。

①污水铺设用水试验后需隐蔽部分应进行隐蔽验收

②污水、雨水隐蔽部分隐蔽前应检查试验记录。

3）冷、热水部分。

①冷水管道铺设水压试验后需隐蔽部分应进行隐蔽验收。

②冷、热水地沟干管水压试验后需隐蔽部分应进行隐蔽验收。

③冷、热水暗装干、支管水压试验后需隐蔽部分应进行隐蔽验收。

④隐蔽前检查有关冷、热水的试验记录。

4）暖气部分。

①暖气地沟干管水压试验后需隐蔽部分应进行隐蔽验收。

②暖气暗装干立支管水压试验后需隐蔽部分应进行隐蔽验收。

③暖气系统试压后需隐蔽部分应进行系统隐蔽验收。

④隐蔽前检查有关暖气工程和试验记录。

5）煤气部分。

①煤气强度试压后需隐蔽部分应进行隐蔽验收。

②煤气密封试压后需隐蔽部分应进行隐蔽验收。

③隐蔽前检查有关煤气工程的试验记录。

6）其他部分。

①消防部分试压，包括喷洒部分试验后需隐蔽部分应进行隐蔽验收。

②外线上水、暖气、煤气试压后需隐蔽部分应进行隐蔽验收。

③各种工业管道试压后需隐蔽部分应进行隐蔽验收。

④锅炉房各项记录，应按锅炉安装工艺标准要求进行试验需进行隐蔽验收的项目。

注：1. 给水、采暖、热水、煤气等需隐蔽的项目在隐蔽前进行隐蔽和严密性试验。

2. 凡直埋、暗敷的及需保温的各类管道、阀门、设备等均应进行隐蔽验收。

3. 对隐蔽工程验收除规范规定确需设计部门参加外如还要请设计部门参加检验时应由建设单位向设计部门提出邀请。

（4）电气工程需进行隐蔽验收的项目

1）电气工程暗配线应进行分层分段分部位隐蔽检查验收，包括埋地、墙内、板孔内、密封桥架内、板缝内及混凝土内等。其内容包括：隐蔽内部线路走向与位置，规格、标高、弯度接头及焊接地线，防腐，管盒固定，管口处理。

2）利用结构钢筋做避雷引下线、暗敷避雷引下线及屋面暗设接闪器。应办理隐检手续，还应附图（平、剖面）及文字说明。内容包括：材质、规格、型号、焊接情况及相对位置。

3）接地体的埋设与焊接。工程或设备均应检查搭接长度、焊面、焊接质量、防腐及其材料种类、遍数以及埋设位置、埋深、材质、规格、土壤处理等，还应附图说明。

4）不能进入吊顶内的管路敷设，在封顶前做好隐检，应检查位置、标高、材质、规格、固定方法及上、下层保护情况等。

5）地基基础阶段隐检。主要包括：暗引电缆的钢管埋设、地线引入、利用基础钢筋接地极的钢筋与引线焊接等。

（5）表列子项

1）工程名称：按施工企业和建设单位签订的施工合同的工程名称或图注的工程名称，照实际填写。

2）施工单位：指建设与施工单位合同书中的施工单位及其代表，填写合同定名的施工单位名称。

3）隐检项目：指实际检查的隐蔽检查项目，照实际填写。

4）隐检范围：指实际检查的隐蔽检查项目所在工程部位的区段范围，照实际填写。

5）隐检内容及检查情况：指实际检查的隐蔽检查项目的内容，照实际填写。同时填写检查情况。

6）验收意见：按实际的检查验收结果填写。

7）处理情况及结论：指当存在问题时对提出的建议的改正落实情况及结论意见。

8）复查人：填写复查人的实际姓名。签字有效。

2.8.2　垫层法地基处理隐蔽工程验收记录表

实施要点

垫层法地基处理隐蔽工程验收记录表按2.8.1隐蔽工程验收记录资料表式、资料要求和实施要点的相关部分执行。

2.8.3 钢筋隐蔽工程验收记录

1. 资料表式

钢筋隐蔽工程验收记录表 **表 2.8.3**

<table>
<tr><td colspan="2">单位工程名称</td><td></td><td colspan="3">施工单位</td><td colspan="3"></td></tr>
<tr><td colspan="2">隐蔽项目部位</td><td></td><td colspan="3">要求隐蔽日期</td><td colspan="3">年　月　日</td></tr>
<tr><td colspan="2">图　号</td><td></td><td colspan="3">检验日期</td><td colspan="3">年　月　日</td></tr>
<tr><td rowspan="7">隐
检
内
容</td><td colspan="2">钢筋品种、规格、数量</td><td colspan="3"></td><td colspan="3" rowspan="7">图示：</td></tr>
<tr><td colspan="2">钢筋接头位置和形式</td><td colspan="3"></td></tr>
<tr><td colspan="2">除锈和油污</td><td colspan="3"></td></tr>
<tr><td colspan="2">钢筋代用</td><td colspan="3"></td></tr>
<tr><td colspan="2">胡子筋</td><td colspan="3"></td></tr>
<tr><td colspan="2"></td><td colspan="3"></td></tr>
<tr><td colspan="2">其　他</td><td colspan="3"></td></tr>
<tr><td rowspan="3">强制性条文验收与执行</td><td colspan="3" rowspan="3"></td><td rowspan="8">钢材试验单或焊件编号</td><td>直径</td><td colspan="2">出厂合格证编号</td><td>复试编号</td></tr>
<tr><td></td><td colspan="2"></td><td></td></tr>
<tr><td></td><td colspan="2"></td><td></td></tr>
<tr><td rowspan="3">施工单位检查验收意见</td><td colspan="3" rowspan="3"></td><td></td><td colspan="2"></td><td></td></tr>
<tr><td></td><td colspan="2"></td><td></td></tr>
<tr><td></td><td colspan="2"></td><td></td></tr>
<tr><td rowspan="2">建设单位的验收意见</td><td colspan="3" rowspan="2"></td><td></td><td colspan="2"></td><td></td></tr>
<tr><td></td><td colspan="2"></td><td></td></tr>
<tr><td>监理单位的验收意见</td><td colspan="3"></td><td rowspan="3">施工单位</td><td colspan="2">单位工程技术负责人</td><td colspan="2"></td></tr>
<tr><td rowspan="2">设计单位的验收意见</td><td colspan="3" rowspan="2"></td><td colspan="2">工　长</td><td colspan="2"></td></tr>
<tr><td colspan="2">专职质量检查员</td><td colspan="2"></td></tr>
</table>

注：重要的隐蔽工程验收设计单位应参加并签章。一般工程设计单位应审查施工单位提供的隐蔽验收记录，核定其可否隐蔽。

2. 实施要点

（1）钢筋隐蔽验收应按国家现行标准《钢筋机械连接通用技术规程》（JGJ 107—2003）、《钢筋焊接及验收规程》（JGJ 18—2003）的规定对钢筋机械连接接头、焊接接头试件的力学性能检验、外观质量检查结果进行复查，其质量应符合有关规程的规定。

(2) 凡钢筋工程均应对：纵向、横向及箍筋钢筋的品种、规格、形状尺寸、数量及位置；钢筋连接方式的数量、接头百分率情况；钢筋除锈情况；预埋件数量及其位置；材料代用情况；绑扎及保护层情况；墙板销子铁、阳台尾部处理等；板缝灌注及胡子筋处理。

预应力筋的品种、规格、数量、位置等；预应力的锚具和连接器的品种、规格、数量、位置等；预留孔道的规格、数量、位置、形状和灌浆孔、排气管、泌水管等；锚固区局部加强构造等进行隐蔽工程验收。

(3) 凡钢筋混凝土工程中的焊接工程均应对：焊接强度试验报告，焊条型号、规格，焊缝长度、厚度，外观清渣按“级别”进行外观检查；超声波、X光射线检查的主要部位是墙板、梁柱、阳台、楼板、屋面板、楼梯、钢结构等结构的钢筋焊接部位进行隐蔽工程验收。

(4) 表列子项

1) 图示：指需要时钢筋隐蔽验收需绘制的隐检简图。

2) 隐检内容：应分别按表列项目（钢筋品种、规格、数量，钢筋接头位置和形式，除锈和油污，钢筋代用，胡子筋，其他）及其需要增加项目的内容，逐一填写。

3) 钢材试验单或焊件编号：指隐验钢筋的出厂合格证、复试报告、焊接试验报告等的原试验资料。

2.8.4 预应力钢筋隐蔽工程验收记录

实施要点

(1) 预应力钢筋隐蔽工程验收记录按 2.8.3 钢筋隐蔽工程验收记录资料表式、资料要求和实施要点的相关部分执行。

(2) 预应力钢筋隐蔽工程验收记录是指承包单位根据规范要求提请监理、建设、设计等相关单位对预应力钢筋隐蔽工程进行验收，籍以保证工程质量。

(3) 检查验收预应力筋的品种、级别、规格、数量，且必须符合设计要求。

(4) 检查验收先张法预应力施工选用的非油质类模板隔离剂，应避免沾污预应力筋。

(5) 施工过程中电火花不应损伤预应力筋；受损伤的预应力筋应予以更换。

(6) 检查验收后张法有粘结预应力筋的预留孔道规格、数量、位置和形状，且应符合设计要求。

(7) 检查验收预应力筋束形控制点的竖向位置偏差，应符合（GB 50204—2002）的规定。

(8) 检查验收浇筑混凝土前穿入孔道的后张有粘结预应力筋防止锈蚀的措施。

(9) 张拉属隐验内容的可在其空格内逐项填写隐验结果。

2.8.5 钢结构焊接隐蔽工程验收记录

实施要点

(1) 钢结构焊接隐蔽工程验收记录按 2.8.3 钢筋隐蔽工程验收记录资料表式、资料要求和实施要点的相关部分执行。

(2) 凡钢结构焊接工程均应对：焊接强度试验报告，焊条型号、规格，焊缝长度、厚度，外观清渣按“级别”进行外观检查；超声波、X光射线检查的主要部位是墙板、梁柱、阳台、楼板、屋面板、楼梯、钢结构等结构的焊接部位进行核查与隐蔽工程验收。

2.8.6 防水转角处、变形缝、后浇带、埋设件、施工缝留槎位置、止水环与主管或翼环与套管等细部做法隐蔽工程验收记录

实施要点

(1) 防水转角处、变形缝、后浇带、埋设件、施工缝留槎位置、止水环与主管或翼环与套管等细部做法隐蔽工程验收记录按2.8.1隐蔽工程验收记录（通用）资料表式、资料要求和实施要点的相关部分执行。

(2) 防水的转角处、变形缝、穿墙管道、后浇带、埋设件、施工缝留槎位置等细部做法隐蔽工程验收记录是指承包单位根据规范要求提请监理、建设、设计等相关单位对地下防水转角处、变形缝、穿墙管道、后浇带、埋设件、施工缝留槎位置等细部做法隐蔽工程验收，籍以保证工程质量。

穿墙管止水环与主管或翼环与套管隐蔽工程验收记录是指承包单位根据规范要求提请监理、建设、设计等相关单位对穿墙管止水环与主管或翼环与套管隐蔽工程验收，籍以保证工程质量。

(3) 变形缝：检查验收变形缝防水止水带宽度和材质的物理性能，均应符合设计要求，接头应采用热接，不得叠接，不得有裂口和脱胶现象；中埋式止水带中心线应和变形缝中心线重合，止水带不得穿孔或用铁钉固定；变形缝处增设的卷材或涂料防水层，应按设计要求施工。

(4) 施工缝：检查验收施工缝防水的水平施工缝、垂直施工缝表面清理程度、涂刷混凝土界面处理剂情况以及采用遇水膨胀橡胶腻子止水条时是否牢固置于缝表面预留槽内，确保止水带位置准确、固定牢靠。

(5) 后浇带：检查验收后浇带防水两侧混凝土龄期是否达到42d后再施工；后浇带采用的补偿收缩混凝土强度等级不得低于两侧混凝土的强度等级。

(6) 埋设件：检查验收埋设件的防水端部或预留孔（槽）底部的混凝土厚度不得小于250mm；预留地坑、孔洞、沟槽内的防水层，应与孔（槽）外的结构防水层保持连续；固定模板用的螺栓必须穿过混凝土结构时，螺栓或套管应满焊止水环或翼环；采用工具式螺栓或螺栓加堵头做法，拆模后应采取加强防水措施将留下的凹槽封堵密实。

(7) 穿墙管：检查验收穿墙管止水环与主管或翼环与套管的连续满焊及防腐处理情况；穿墙管处防水层施工前套管内表面应清理干净；套管内的管道安装完毕后两管间嵌入内衬填料、端部密封材料填缝情况。柔性套管穿墙时，穿墙内侧用的法兰是否压紧；穿墙管外侧防水层是否铺设严密，不留接槎；增铺附加层时，必须按设计要求施工。

2.8.7 盾构法隧道管片拼装接缝隐蔽工程验收记录

实施要点

(1) 盾构法隧道管片拼装接缝隐蔽工程验收记录按2.8.1隐蔽工程验收记录（通用）资料表式、资料要求和实施要点的相关部分执行。

(2) 管片拼装接缝防水应符合设计要求。按施工图设计进行隐蔽工程验收。

2.8.8　渗排水、盲沟排水、复合式衬砌缓冲排水层隐蔽工程验收记录

实施要点

（1）渗排水、盲沟排水、复合式衬砌缓冲排水层隐蔽工程验收记录按2.8.1隐蔽工程验收记录（通用）资料表式、资料要求和实施要点的相关部分执行。

（2）渗排水水层的构造应符合设计要求。

（3）渗排水水层的铺设应分层、铺平、拍实。

（4）盲沟的构造应符合设计要求。

（5）复合式衬砌缓冲排水层应铺设平整、均匀、连续，不得有扭曲、折皱和重叠现象。

2.8.9　注浆工程的注浆孔、注浆控制压力、钻孔埋管等隐蔽工程验收记录

实施要点

（1）注浆工程的注浆孔、注浆控制压力、钻孔埋管等隐蔽工程验收记录按2.8.1隐蔽工程验收记录（通用）资料表式、资料要求和实施要点的相关部分执行。

（2）裂缝注浆所选用水泥的细度应符合2.8.9的规定。

裂缝注浆水泥的细度　　表2.8.9

项　目	普通硅酸盐水泥	磨细水泥	湿磨细水泥
平均粒径（D_{50}，μm）	20～25	8	6
比表面（cm^2/g）	3250	6300	8200

（3）衬砌裂缝注浆采用低压低速注浆，化学注浆压力宜为0.2～0.4MPa，水泥浆灌浆压力宜为0.4～0.8MPa。

（4）衬砌裂缝注浆的施工质量检验数量，应按裂缝条数的10%抽查，每条裂缝为1处，且不得少于3处。

（5）注浆效果必须符合设计要求。渗漏水量测，必要时采用钻孔取芯、压水（或空气）等方法检查。

（6）钻孔埋管的孔径和孔距应符合设计要求。

（7）注浆的控制压力和进浆量应符合设计要求。

2.8.10　卷材防水、涂膜防水、刚性防水的防水层基层；密封防水处理部位；防水层的搭接宽度和附加层；刚性保护层与卷材、涂膜防水层之间设置的隔离层等的隐蔽工程验收记录

实施要点

（1）卷材防水、涂膜防水、刚性防水的防水层基层；密封防水处理部位；防水层的搭接宽度和附加层；刚性保护层与卷材、涂膜防水层之间设置的隔离层等的隐蔽工程验收记录按2.8.1隐蔽工程验收记录（通用）资料表式、资料要求和实施要点的相关部分执行。

（2）屋面天沟、檐口、檐沟、水落口、泛水、变形缝和伸出屋面管道等的防水构造隐蔽工程验收记录是指承包单位根据规范要求提请监理、建设、设计等相关单位对屋面天沟、檐口、檐沟、水落口、泛水、变形缝和伸出屋面管道的防水构造隐蔽工程验收，籍以保证工程质量。

（3）核查用于细部构造处理的防水卷材、防水涂料和密封材料的质量，检查防水材料的出厂合格证及复试报告，均应符合《屋面工程质量验收规范》（GB 50207—2002）有关规定的要求。

（4）附加层：检查验收天沟、檐沟与屋面交接处、泛水、阴阳角等部位的卷材或涂膜附加层。天沟、檐沟的沟内附加层在天沟、檐沟与屋面交接处宜空铺，空铺的宽度不应小于 200mm；卷材防水层应由沟底翻上至沟外檐顶部，卷材收头应用水泥钉固定，并用密封材料封严；涂膜收头应用防水涂料多遍涂刷或用密封材料封严；在天沟、檐沟与细石混凝土防水层的交接处，应留凹槽并用密封材料嵌填严密。

（5）檐口防水构造：检查验收檐口的防水构造，铺贴檐口 800mm 范围内的卷材应采取满粘法。卷材收头应压人凹槽，采用金属压条钉压，并用密封材料封口。涂膜收头应用防水涂料多遍涂刷或用密封材料封严。檐口下端应抹出鹰嘴和滴水槽。

（6）女儿墙泛水：检查验收女儿墙泛水的防水构造，铺贴泛水处的卷材应采取满粘法。砖墙上的卷材收头可直接铺压在女儿墙压顶下，压顶应做防水处理；也可压入砖墙凹槽内固定密封，凹槽距屋面找平层不应小于 250mm，凹槽上部的墙体应做防水处理。涂膜防水层应直接涂刷至女儿墙的压顶下，收头处理应用防水涂料多遍涂刷封严，压顶应做防水处理。混凝土墙上的卷材收头应采用金属压条钉压，并用密封材料封严。

（7）水落口的防水构造：检查验收水落口的防水构造，水落口杯上口的标高应设置在沟底的最低处。防水层贴入水落口杯内不应小于 50mm。水落口四周围直径 500mm 范围内坡度不应小于 5%，并采用防水涂料或密封材料涂封，其厚度不应小于 2mm。水落口杯与基层接触处应留宽 20mm，深 20mm 凹槽，并嵌填密封材料。

（8）变形缝的防水构造：检查验收变形缝的防水构造，变形缝的泛水高度不应小于 250mm。防水层应铺贴到变形缝两侧砌体的上部。变形缝内应填充聚苯乙烯泡沫塑料，上部填放衬垫材料，并用卷材封盖。变形缝顶部应加扣混凝土或金属盖板，混凝土盖板的接缝应用密封材料嵌填。

（9）伸出屋面管道的防水构造：检查验收伸出屋面管道的防水构造，管道根部直径 500mm 范围内，找平层应抹出高度不小于 30mm 的圆台。管道周围与找平层或细石混凝土防水层之间，应预留 20mm×20mm 的凹槽，并用密封材料嵌填严密。管道根部四周应增设附加层，宽度和高度均不应小于 300mm。管道上的防水层收头处应用金属箍紧固，并用密封材料封严。

（10）排水坡度：天沟、檐沟的排水坡度，必须符合设计要求。

2.8.11 抹灰工程隐蔽工程验收记录

实施要点

（1）抹灰工程隐蔽工程验收记录按 2.8.1 隐蔽工程验收记录（通用）资料表式、资料要求和实施要点的相关部分执行。

(2) 抹灰工程隐蔽工程验收记录是指承包单位根据规范要求提请监理、建设、设计等相关单位对抹灰工程隐蔽工程验收，籍以保证工程质量。

(3) 核查抹灰所用材料的品种和性能，检查防水材料的出厂合格证及复试报告，均应符合《建筑装饰装修工程质量验收规范》(GB 50210—2001) 有关规定的要求。砂浆的配合比均应符合设计要求。

(4) 抹灰工程应分层进行，应分层隐蔽验收。当抹灰总厚度大于或等于 35mm 时，应采取加强措施。不同材料基体交接处表面的抹灰，应采取防止开裂的加强措施，当采用加强网时，加强网与各基体的措接宽度不应小于 100mm。

(5) 有排水要求的部位应做滴水线（槽）。滴水线（槽）应整齐顺直，滴水线应内高外低，滴水槽的宽度和深度均不应小于 10mm。

2.9 功能性试验记录

2.9.1 道路工程的弯沉试验记录

1. 资料表式

______回 弹 弯 沉 试 验 记 录 **表 2.9.1**

工程名称：____________________：____________________

试验位置：____________起止桩号：____________试验时间：____________

设计弯沉值：____________试验车型：____________后轴重：____________

序号	桩号	轮位	行车道（ ）			行车道（ ）			行车道（ ）		
			百分表读数		回弹值	百分表读数		回弹值	百分表读数		回弹值
			D1	D2	1/100 (mm)	D1	D2	1/100 (mm)	D1	D2	1/100 (mm)
结论：											
参加人员	监理（建设）单位		施工单位								
			项目技术负责人			专职质检员		工长		测试	

2. 资料要求

弯沉试验内容应齐全，试验结果符合规范规定的为符合要求。没有试验为不符合要求；虽经试验但试验内容不全且试验结果不符合规范规定的应为不符合要求，当试验结果符合要求时，可视具体情况定为基本符合要求或不符合要求。

3. 实施要点

（1）弯沉试验是用弯沉仪测定路基或路面强度的试验。回弹弯沉是路基或路面在规定荷载作用下产生垂直变形，卸载后能恢复的第一部分变形称为回弹弯沉值。

容许（回弹）弯沉是根据道路等级、路面类型及累积当量轴载等确定的回弹弯沉值。是柔性路面设计的主要指标。

路面弯沉是反映路面整体强度的一个综合指标。路面的弯沉值不仅能反映路面的强度，同时也能在某种程度上反映道路整体结构的耐久性。对一定的道路结构而言，弯沉值越小，抵抗重复荷载作用的次数就越多，道路的寿命也就越长。

弯沉试验方法应按设计和施工规范要求分别执行“贝克曼梁测定路基路面回弹弯沉试验方法（T 0951—95）、自动弯沉仪测定路面弯沉试验方法（T 0952—95）、落锤式弯沉仪测定路面弯沉试验方法（T 0953—95）”，见附录 1-7。

（2）沥青混凝土路面、黑色碎（砾）石路面、沥青置入式路面工程完成后应进行回弹弯沉值的测试和检验。强度与质量标准与路基要求相同。

（3）路基需进行弯沉值检验，频度为每一评定段（不超过 1）80～100 个测点，质量标准为 96％或 97％概率上波动界限不大于计算得的容许值。

注：对于水泥稳定土，常采用 28d 龄期强度作为设计依据；对于石灰稳定土和石灰工业废渣则宜采用 90d 龄期作为设计依据。

（4）无结合料底基层、基层均需进行弯沉值检验。检验强度与质量标准与路基同。

注：对于未用水泥或石灰作结合料的基层和底基层，碾压完成即可进行弯沉值测量。

（5）回弹弯沉试验的方法与要求详见附录 1-7。

（6）表列子项

1）试验位置：指回弹弯沉测试的试验位置，应说明在起止桩号的位置。

2）起止桩号：指回弹弯沉测试的起止桩号。

3）试验时间：指回弹弯沉测试的试验时间。

4）设计弯沉值：指回弹弯沉测试的设计弯沉值。

5）试验车型：指回弹弯沉测试试验用的车型。

6）后轴重：指回弹弯沉测试试验用的车型的后重。

7）序号：指回弹弯沉测试次数的序号。

8）桩号：指回弹弯沉测试所在的桩号位置。

9）轮位：指回弹弯沉测试试验用车的轮位。

10）行车道：指回弹弯沉测试所处的行车道位置。

百分表读数：D_1 为当百分表随路面变形的增加而持续向前转动时，百分表指针转动到最大值时迅速读取的初读数；D_2 为当汽车继续前进，百分表指针反向回转汽车驶出弯沉影响半径后汽车停止，百分表指针回转稳定时的终读数。1/100 为回弹弯沉值的计量单位。

11）结论：指回弹弯沉测试结果符合要求与否的结论意见。

2.9.2　桥梁工程的动、静载试验记录

1. 实施要点

（1）应根据施工图设计和相关专业规范要求进行动、静载试验。

（2）承担动、静载试验的试验单位必须具有相应资质。不具有相应资质的试验单位提供的动、静载试验报告为无效试验报告。

（3）动、静载试验报告单必须满足设计和规范对动、静载试验的要求。

（4）桥梁工程的试验，当采用动载试验时一般应有当地成熟的动、静对比试验资料，

无当地成熟的动、静对比试验资料时，动载试验资料应经专家技术专题论证后方可采用。

2.9.3 无压力管道的严密性试验记录

1. 资料表式

无压力管道严密性试验记录 表 2.9.3-1

<table>
<tr><td colspan="2">工程名称</td><td colspan="4"></td><td>试验日期</td><td colspan="2">年 月 日</td></tr>
<tr><td colspan="2">施工单位</td><td colspan="7"></td></tr>
<tr><td colspan="2">起止井号</td><td colspan="7">____号井至____号井段，带____号井，井型号____</td></tr>
<tr><td colspan="2">管道内径（mm）</td><td colspan="3">管材种类</td><td colspan="2">接口种类</td><td colspan="2">试验段长度（m）</td></tr>
<tr><td colspan="2"></td><td colspan="3"></td><td colspan="2"></td><td colspan="2"></td></tr>
<tr><td colspan="2">试验段上游设计水头（m）</td><td colspan="4">试验水头（m）（高于上游管内顶）</td><td colspan="3">允许渗水量（m^3/（24h·km））</td></tr>
<tr><td colspan="2"></td><td colspan="4"></td><td colspan="3"></td></tr>
<tr><td rowspan="5">渗水量测定记录</td><td>次数</td><td>观测起始时间 T_1</td><td>观测结束时间 T_2</td><td>恒压时间 T（min）</td><td colspan="2">恒压时间内补入的水量 W（L）</td><td colspan="2">实测渗水量 q（L/（min·m））</td></tr>
<tr><td>1</td><td></td><td></td><td></td><td colspan="2"></td><td colspan="2"></td></tr>
<tr><td>2</td><td></td><td></td><td></td><td colspan="2"></td><td colspan="2"></td></tr>
<tr><td>3</td><td></td><td></td><td></td><td colspan="2"></td><td colspan="2"></td></tr>
<tr><td colspan="8">折合平均实测渗水量 （m^3/（24h·km））</td></tr>
<tr><td colspan="2">外观记录</td><td colspan="7"></td></tr>
<tr><td colspan="2">鉴定意见</td><td colspan="7"></td></tr>
<tr><td rowspan="3">参加人员</td><td colspan="3">监理（建设）单位</td><td colspan="5">施 工 单 位</td></tr>
<tr><td colspan="3" rowspan="2"></td><td>项目技术负责人</td><td colspan="2">专职质检员</td><td>工 长</td><td>测 试</td></tr>
<tr><td></td><td colspan="2"></td><td></td><td></td></tr>
</table>

2. 资料要求

（1）管道设备在安装完成后应按设计要求进行无压力管道严密性试验。无压力管道严密性试验应按不同管径分别进行试验。

（2）管道设备的无压力试验项目和内容应符合有关标准的规定，测试结果应真实、可信。

（3）试验范围必须齐全，渗漏量应符合规范规定，试验结果符合规范规定，记录齐全为符合要求，否则为不符合要求。

3. 实施要点

无压力管道严密性试验记录是对埋地或暗敷公称压力小于 0.1MPa 的该管道工程施工完成后，规范规定必须进行的测试项目内容。闭水试验的目的是检验排水管道的严密性。

(1) 污水、雨污水合流、倒虹吸管道、湿陷土、膨胀土地区的雨水管道以及设计要求进行严密性试验的其他排水管道，回填土前（需井点降水，在井点拆除以前）应采用闭水法进行严密性试验。

(2) 试验管段应按井距分隔，长度不宜大于 1km，带井试验。

(3) 管道闭水试验时，试验管段应符合下列规定：

1) 管道及检查井外观质量已验收合格；

2) 管道未回填土且沟槽内无积水；

3) 全部预留孔应封堵，不得渗水；

4) 管道两端堵板承载力经核算应大于水压力的合力；除预留进出水管外，应封堵坚固，不得渗水。

(4) 管道闭水试验应符合下列规定：

1) 当试验段上游设计水头不超过管顶内壁时，试验水头应以试验段上游管顶内壁加 2m 计；

2) 当试验段上游设计水头超过管顶内壁时，试验水头应以试验段上游设计水头加 2m 计；

3) 当计算出的试验水头小于 10m，但已超过上游检查井井口时，试验水头应以上游检查井井口高度为准；

(5) 管道严密性试验时，应进行外观检查，不得有漏水现象、且符合下列规定时，管道严密性试验为合格。

1) 实测渗水量小于或等于表 2.9.3-2 规定的允许渗水量；

2) 管道内径大于下表规定的管径时，实测渗水量应小于或等于按下式计算的允许渗水量；

无压力管道严密性试验允许渗水量　　　　表 2.9.3-2

管　材	管道内径（mm）	允许渗水量［m^3/（4h·km）］
混凝土、钢筋混凝土管、陶管及管渠	200	17.60
	300	21.62
	400	25.00
	500	27.95
	600	30.60
	700	33.00
	800	35.35
	900	37.50
	1000	39.52

续表

管 材	管道内径（mm）	允许渗水量［m^3/（4h·km）］
混凝土、钢筋混凝土管、陶管及管渠	1100	41.45
	1200	43.30
	1300	45.00
	1400	46.70
	1500	48.40
	1600	50.00
	1700	51.50
	1800	53.00
	1900	54.48
	2000	55.90

$$Q=1.25\sqrt{D}$$

式中 Q——允许渗水量［m^3/（4h·km）］；

D——管道内径（mm）。

3）异形截面管道的允许渗水量可按周长折算为圆形道计。

（6）在水源缺乏的地区，当管道内径大于700mm时，可按段数量抽验1/3。

（7）管道工程的位置和高程施工时必须满足设计和使用要求。

（8）闭水试验应按下列程序进行：

1）试验管段灌满水后浸泡时间不应少于24h；

2）试验水头应按（4）管道闭水试验的规定确定；

3）当试验水头达规定水头时开始计时，观测管道的渗水量，直至观测结束时，应不断地向试验管段内补水，保持试验水头恒定。渗水量的观测时间不得小于30min；

4）实测渗水量应按下式计算：

$$q=\frac{W}{T\cdot L}$$

式中 q——实测渗水量［L/（min·m）］；

W——补水量（L）；

T——实测渗水量观测时间（min）；

L——试验管段的长度（m）。

（9）表列子项

1）工程名称：按施工企业和建设单位签订的施工合同的工程名称或图注的工程名称，照实际填写。

2）试验日期：照实际试验日期填写。

3）施工单位：指建设与施工单位合同书中的施工单位，填写合同书中定名的施工单位名称。

4）起止井号：指无压力管道严密性试验的起止井号。

5）管道内径：指无压力管道严密性试验段的管道的内径。

6）管材种类：指无压力管道严密性试验段的管道的管材种类。

7）接口种类：指无压力管道严密性试验段的管道的管道接口种类。
8）试验段长度：指无压力管道严密性试验段的管道的长度。
9）试验段上游设计水头：指无压力管道严密性试验区段上游的设计水头。
10）试验水头：指无压力管道严密性试验区段的试验水头。
11）允许渗水量：指无压力管道严密性试验区段标准规定的允许渗水量。
12）渗水量测定记录：指无压力管道严密性试验区段渗水量测定的过程记录。
13）观测起始时间 T_1：指无压力管道严密性试验的观测起始时间。
14）观测结束时间 T_2：指无压力管道严密性试验的观测结束时间。
15）恒压时间 T：指无压力管道严密性试验的观测恒压时间。
16）恒压时间内补入的水量 W：指无压力管道严密性试验的恒压时间内补入水量。
17）实测渗水量 q：指无压力管道严密性试验的实测渗水量。
18）外观记录：指无压力管道严密性试验过程的外观记录。
19）鉴定意见：指无压力管道严密性试验的鉴定意见，应填写确认合格或不合格。

4. 渠道闭水试验记录

实施要点如下：

（1）污水渠道、雨污水合流渠道应做闭水试验。

（2）渠道闭水试验允许渗水量按设计要求参照表 2.9.3-3 执行。

排水管道闭水试验允许渗水量　　**表 2.9.3-3**

管径（mm）	允许渗水量			
	陶土管		混凝土管、钢筋混凝土管和石棉水泥管	
	m^3/（d·km）	L/（h·m）	m^3/（d·km）	L/（h·m）
150以下	7	0.3	7	0.3
200	12	0.5	20	0.8
250	15	0.6	24	1.0
300	18	0.7	28	1.1
350	20	0.8	30	1.2
400	21	0.9	32	1.3
450	22	0.9	34	1.4
500	23	1.0	36	1.5
600	24	1.0	40	1.7
700	—	—	44	1.8
800	—	—	48	2.0
900	—	—	53	2.2
1000	—	—	58	2.4
1100	—	—	64	2.7
1200	—	—	70	2.9
1300	—	—	77	3.2
1400	—	—	85	3.5
1500	—	—	93	3.9
1600	—	—	102	4.3
1700	—	—	112	4.7
1800	—	—	123	5.1
1900	—	—	135	5.6
2000	—	—	148	6.2
2100	—	—	163	6.8
2200	—	—	179	7.5
2300	—	—	197	8.2
2400	—	—	217	9.0

2.9.4 压力管道的强度试验、严密性试验、通球试验等记录

2.9.4.1 压力管道的强度、严密性试验记录

1. 资料表式

压力管道的强度、严密性试验记录 表 2.9.4.1

施工单位： 试验日期： 年 月 日

<table>
<tr><td colspan="2">工程名称</td><td colspan="6"></td></tr>
<tr><td colspan="2">桩号及地段</td><td colspan="6"></td></tr>
<tr><td colspan="2">管径（mm）</td><td colspan="2">管　材</td><td></td><td>接口种类</td><td></td><td>试验段长度（m）</td></tr>
<tr><td colspan="2"></td><td colspan="2"></td><td colspan="2"></td><td colspan="2"></td></tr>
<tr><td colspan="2">工作压力(MPa)</td><td colspan="2">试验压力(MPa)</td><td colspan="3">10 分钟降压值(MPa)</td><td>允许渗水量 L/(min・km)</td></tr>
<tr><td colspan="2"></td><td colspan="2"></td><td colspan="3"></td><td></td></tr>
<tr><td rowspan="10">试验方法</td><td rowspan="5">注水法</td><td>次数</td><td>达到试验压力的时间 t_1</td><td>恒压结束时间 t_2</td><td colspan="2">恒压时间内注入的水量 W(L)</td><td>渗水量 q (L/min)</td></tr>
<tr><td>1</td><td></td><td></td><td colspan="2"></td><td></td></tr>
<tr><td>2</td><td></td><td></td><td colspan="2"></td><td></td></tr>
<tr><td>3</td><td></td><td></td><td colspan="2"></td><td></td></tr>
<tr><td colspan="6">折合平均渗水量　　L/(min・km)</td></tr>
<tr><td rowspan="5">放水法</td><td>次数</td><td>由试验压力降压 0.1MPa 的时间 t_1(min)</td><td>由试验压力放水下降 0.1MPa 的时间 t_2(min)</td><td colspan="2">由试验压力，放水下降 0.1MPa 的放水量 W(L)</td><td>渗水量 q (L/min)</td></tr>
<tr><td>1</td><td></td><td></td><td colspan="2"></td><td></td></tr>
<tr><td>2</td><td></td><td></td><td colspan="2"></td><td></td></tr>
<tr><td>3</td><td></td><td></td><td colspan="2"></td><td></td></tr>
<tr><td colspan="6">折合平均渗水量　　L/（min・km）</td></tr>
<tr><td colspan="2">外　观</td><td colspan="6"></td></tr>
<tr><td colspan="2">评　语</td><td colspan="2">强度试验</td><td></td><td>严密性试验</td><td colspan="2"></td></tr>
<tr><td rowspan="2">参加人员</td><td colspan="2">监理（建设）单位</td><td colspan="5">施　工　单　位</td></tr>
<tr><td colspan="2"></td><td colspan="2">项目技术负责人</td><td>专职质检员</td><td>工　长</td><td>测　试</td></tr>
</table>

2. 资料要求

压力管道的强度试验记录内容应齐全，试验结果符合规范规定的为符合要求。没有试验为不符合要求；虽经试验但试验内容不全且试验结果不符合规范规定应为不符合要求，

当试验结果符合要求时，可视具体情况定为基本符合要求或不符合要求。

3. 实施要点

（1）管道工程的位置和高程施工时必须满足设计和使用要求。

（2）消防管道试压可分层分段进行，上水时最高点要有排气装置，高低点各装设一块压力表，上满水后检查管路有无渗漏，如有法兰、阀门等部位渗漏，应在加压前紧固，升压后再出现渗漏时做好标记，卸压后处理。必要时泄水处理。冬期试压环境温度不得低于+5℃，夏季试压最好不要直接用外线上水防止结露。试压合格后及时办理验收手续。

（3）喷洒系统试压：封吊顶前进行系统试压，为了不影响吊顶装修进度，可分层分段试压，试压完成后冲洗管道，合格后可封闭吊顶。

注：喷洒头安装可在吊顶材料的管箍口处开一个30mm的孔，把预留口露出，吊顶装修完后把丝堵卸下安装喷洒头。

（4）管道压力试验：管道内的气体确认已排尽后方可进行水压试验。凡有如下三种情况即说明气体未排尽。

1）管道已充满水，当升压时，水泵不断向管道内充水，但升压很慢。

2）当用水泵向管道内充水时，随首手压泵柄上下摇动，表振动幅度较大且读数不稳定。

3）当水压升至80%试验压力时停止升压，然后打开连通放水节门，放水时水柱中有“突突”声响并喷出气泡。

（5）放水法试验应按下列程序进行：

1）将水压升至试验压力，关闭水泵进水节门，记录降压0.1MPa所需的时间T_1。打开水泵进水节门，再将管道压力升至试验压力后，关闭水泵进水节门。

2）打开连通管道的放水节门，记录降压0.1MPa的时间T_2，并测量在T_2时间内，从管道放出的水量W。

3）实测渗水量应按下式计算：

$$q=\frac{W}{(T_1-T_2)L}$$

式中　q——实测渗水量（L/min·m）；

T_1——从试验压力降压0.1MPa所经过的时间（min）；

T_2——放水时，从试验压力降压0.1MPa所经过的时间（min）；

W——T_2时间内放出的水量（L）；

L——试验管段的长度（m）。

（6）注水法试验应按下列程序进行：

1）水压升至试验压力后开始记时。每当压力下降，应及时向管道内补水，但降压不得大于0.03MPa，使管道试验压力始终保持恒定，延续时间不得少于2h，并计量恒压时间内补入试验管段内的水量。

2）实测渗水量应按下列计算：

$$q=\frac{W}{T\cdot L}$$

式中 q——实测渗水量（L/min·m）；

W——恒压时间内补入管道的水量（L）；

T——从开始计时至保持恒压结束的时间（min）；

L——试验管段的长度（m）。

（7）表列子项

1）施工单位：指建设与施工单位合同书中的施工单位，填写合同书中定名的施工单位名称。

2）试验日期：指供水管道水压试验的试验日期，按年、月、日填写。

3）工程名称：按施工企业和建设单位签订的施工合同的工程名称或图注的工程名称，照实际填写。

4）桩号及地段：指供水管道水压试验的所在桩号及地段，照实际填写。

5）管径（mm）：指供水管道水压试验段的管道的管径，照实际填写。

6）管材：指供水管道水压试验段的管道的管材，照实际填写。

7）接口种类：指供水管道水压试验段的管道的管道接口种类，照实际填写。

8）试验段长度（m）：指供水管道水压试验段的管道的长度，按 m 计，照实际填写。

9）工作压力（MPa）：指供水管道设计的工作压力，照实际填写。

10）试验压力（MPa）：指供水管道水压试验的试验压力，照实际填写。

11）10 分钟降压值（MPa）：指供水管道水压试验时 10 分钟内的降压值，照实际填写。

12）允许渗水量 L/(min)·(km)：指供水管道水压试验区段标准规定的允许渗水量。

13）试验方法：

①注水法：

a. 次数：指注水的次数。

b. 达到试验压力的时间 t_1：指每次注水后达到试验压力的时间，照实际填写。

c. 恒压结束时间 t_2：指每次注水后至恒压结束的时间，照实际填写。

d. 恒压时间内注入的水量 W（L）：指每次恒压时间内注入的水量，照实际填写。

e. 渗水量 q（L/min）：按实际渗水量填写。

f. 折合平均渗水量 L/(min)·(km)：按实际计算的折合平均渗水量填写。

②放水法：

a. 次数：指放水的次数。

b. 由试验压力降压 0.1MPa 的时间 t_1（min）：指每次放水后由试验压力降压 0.1MPa 的时间，照实际填写。

c. 由试验压力放水下降 0.1MPa 的时间 t_2（min）：指每次由试验压力放水下降 0.1MPa 的时间，照实际填写。

d. 由试验压力放水下降 0.1MPa 的放水量 W（L）：指每次由试验压力，放水下降 0.1MPa 的放水量，照实际放水量填写。

e. 渗水量 q（L/min）：按实际渗水量填写。

f. 折合平均渗水量 L/(min)·(km)：按实际计算的折合平均渗水量填写。

14）外观：指供水管道水压试验完成后，对管道外观质量的评价。

15）评语

①强度试验：指对供水管道强度试验结果的评语。

②严密性试验：指对供水管道严密性试验结果的评语。

2.9.4.2　供热管道水压试验记录

1. 资料表式

供热管道水压试验记录　　表 2.9.4.2-1

施工单位：

<table>
<tr><td colspan="2">工程名称</td><td colspan="2"></td><td>试验日期</td><td colspan="2"></td></tr>
<tr><td colspan="2">试压范围(起止桩号)</td><td colspan="2"></td><td>管　径</td><td colspan="2"></td></tr>
<tr><td colspan="2">试压总长度（m）</td><td colspan="5"></td></tr>
<tr><td colspan="2">试验压力（MPa）</td><td colspan="2"></td><td>稳压时间（min）</td><td colspan="2"></td></tr>
<tr><td colspan="2">允许压力降（MPa）</td><td colspan="5"></td></tr>
<tr><td colspan="2">实际压力降（MPa）</td><td colspan="5"></td></tr>
<tr><td colspan="2">试验结果</td><td colspan="5"></td></tr>
<tr><td colspan="2">试验情况</td><td colspan="5"></td></tr>
<tr><td rowspan="3">参加人员</td><td rowspan="2">监理（建设）单位</td><td colspan="5">施　工　单　位</td></tr>
<tr><td colspan="2">项目技术负责人</td><td>专职质检员</td><td>工　长</td><td>测　试</td></tr>
<tr><td></td><td colspan="2"></td><td></td><td></td><td></td></tr>
</table>

2. 资料要求

严密性试验记录内容应齐全，试验结果符合规范规定的为符合要求。没有试验为不符合要求；虽经试验但试验内容不全且试验结果不符合规范规定应为不符合要求，当试验结果符合要求时，可视具体情况定为基本符合要求或不符合要求。

3. 实施要点

（1）水压试验

1）供热管道工程的分段试压（强度试验）应在管道保温前进行。

2）供热管道工程的全段试压（总试压）应在管道、设备及附件等均已安装完毕后进行。

3）试压中发现渗漏，应将渗漏部位作出明显标记，待泄压后进行修补处理，不得带压修补，修补后应重行试压。

4）试压前应先校对试压用的弹簧压力表，以保证试验的压力准确和安全。

5）水压试验质量标准应符合表2.9.4.2-2的规定。

水压试验质量标准 **表2.9.4.2-2**

<table>
<tr><th rowspan="2">序号</th><th rowspan="2" colspan="2">项　目</th><th rowspan="2">质量标准</th><th colspan="2">检验频率</th><th rowspan="2">检验方法</th></tr>
<tr><th>范围</th><th>点数</th></tr>
<tr><td>1</td><td rowspan="2">分段试压</td><td>Δ1.5倍工作压力</td><td>10min不渗不漏</td><td rowspan="2">每个试验段</td><td rowspan="3">每10m计1点</td><td>外观检查</td></tr>
<tr><td>2</td><td>Δ工作压力</td><td>30min不渗不漏，压力降不超过0.02MPa（0.2kgf/cm²）</td><td>用1kg重手锤敲打焊缝附近做外观检查；用压力表检查压力降</td></tr>
<tr><td>3</td><td>全段试压</td><td>Δ1.25倍工作压力并不小于0.9MPa（9kgf/cm²）</td><td>60min压力降不超过0.05MPa（0.5kgf/cm²）</td><td>全段</td><td>用压力表检查压力降</td></tr>
</table>

（2）管道工程的位置和高程施工时必须满足设计和使用要求

（3）表列子项

1）工程名称：按施工企业和建设单位签订的施工合同的工程名称或图注的工程名称，照实际填写。

2）试验日期：指供热管道水压试验的试验日期，按年、月、日填写。

3）试压范围（起止桩号）：指供热管道水压试验起止桩号范围内的区段。

4）管径：指供热管道水压试验起止桩号范围内该区段的管道直径。

5）试压总长度：指供热管道水压试验起止桩号范围内该区段的总长度，以米(m)计。

6）试验压力：指供热管道水压试验起止桩号范围内该区段的试验压力，该试验压力应满足规范规定的试验压力值。

7）稳压时间：指供热管道水压试验达到规范要求的试验压力后，按规定进行的稳压时间。该稳压时间应满足规范规定的稳压时间规定。

8）允许压力降：指供热管道水压试验达到规范要求的试验压力后，按规定进行稳压且满足时间要求后，规范规定的允许压力降。试验结果允许压力降应满足规范的规定。

9）实际压力降：指供热管道水压试验达到规范要求的试验压力后，按规定进行稳压且满足时间要求后的实际压力降。试验结果实际压力降不应超过允许压力降。

10）试验结果：指供热管道水压试验的结果。

11）试验情况：指供热管道水压试验的过程试验情况，应对试验压力、稳压时间、允许压力降、实际压力降、试验结果进行综合性说明。

12）参加人员：

①监理（建设）单位：指监理单位的专业监理工程师，签字有效。当不委托监理时由建设单位的项目负责人签字。

②施工单位：指与该工程签订施工合同的法人施工单位。

③项目技术负责人：指施工单位的项目经理部级的专业技术负责人，签字有效。

④专职质检员：负责该单位工程项目经理部级的专职质检员，签字有效。

⑤工长：指该项工程的单位工程技术负责人。

⑥测试：参与该项试验的人、填写测试人姓名。

2.9.4.3　排水管道通球试验记录

1. 资料表式

排水管道通球试验记录　　　　**表 2.9.4.3-1**

<table>
<tr><td>工程名称</td><td colspan="3"></td><td>管径、球径</td><td colspan="2"></td></tr>
<tr><td>试验部位</td><td></td><td>管道编号</td><td></td><td>试验日期</td><td colspan="2">年　月　日</td></tr>
<tr><td colspan="7">试验要求：</td></tr>
<tr><td colspan="7">试验情况：</td></tr>
<tr><td colspan="7">试验结论：</td></tr>
<tr><td rowspan="3">参加人员</td><td rowspan="2">监理（建设）单位</td><td colspan="5">施　工　单　位</td></tr>
<tr><td colspan="2">项目技术负责人</td><td>专职质检员</td><td>工　长</td><td>测　试</td></tr>
<tr><td></td><td colspan="2"></td><td></td><td></td><td></td></tr>
</table>

2. 资料要求

通球试验记录内容应齐全，试验结果符合规范规定的为符合要求。没有试验为不符合要求；虽经试验但试验内容不全且试验结果不符合规范规定应为不符合要求，当试验结果符合要求时，可视具体情况定为基本符合要求或不符合要求。

3. 实施要点

为了防止室内排水管道和室内雨水管道堵塞，确保使用功能，对室内排水管道和室内雨水管道必须作通球试验。室内排水干、立管，应根据有关规定进行100%通球试验。

(1) 通球试验基本要求

1) 通球前必须做通水试验，试验程序由上至下进行，以不漏、不堵为合格；

2) 通球用的皮球（也可以用木球）直径为排水管道管径的3/4；

3) 通球试验时，皮球（木球）应从排水管道顶端投下，并注入一定水量于管内，使球顺利流入与该排水管道相应的检查井内为合格；

4）通球试验时，如遇堵塞，应查明位置进行疏通，无效时应返工重做；

5）通球试验完毕应做好试验记录，并归入工程技术资料内以备查；

锅炉试运行时，如对炉管或省煤器弯管安装有怀疑，必要时可用通球试验的方法检查水管锅炉是否通畅，通球直径按表 2.9.4.3-2 选用。内部检查合格后，装好人孔和手孔盖。

通球直径表 **表 2.9.4.3-2**

管子弯曲半径	$R \leqslant 3.6D$外	$3.5D$外$>R\geqslant 1.8D$外	$R<1.8D$外
通球直径	$0.75D$内	$0.7D$内	$0.55D$内

6）单位工程竣工检验时，对室内排水管道进行通球试验抽查，若有一处堵塞，则该分项工程质量为不合格，并应改正至疏通为止。

2.9.5 阀门强度、严密性试验记录

1. 资料表式

阀 门 试 验 记 录 **表 2.9.5-1**

工程名称：________ 部位：________

年 月 日

试验时间	阀门型号	规格	阀门编号（位置）	试验介质	强度试验		严密试验 MPa	试验结果	备 注
					压力 MPa	停压时间			

参加人员	监理（建设）单位	施 工 单 位			
		施工项目技术负责人	专职质检员	工 长	测 试

注：强度试验为阀门公称压力的 1.5 倍，严密性试验为阀门公称压力。

2. 资料要求

阀门强度严密性试验记录内容应齐全，试验结果符合规范规定的为符合要求。没有试验为不符合要求；虽经试验但试验内容不全且试验结果不符合规范规定应为不符合要求，当试验结果符合要求时，可视具体情况定为基本符合要求或不符合要求。

3. 实施要点

（1）阀门安装前，应作强度和严密性试验。试验应在每批（同牌号、同型号、同规格）数量中抽查10%，且不少于一个。对于安装在主干管上起切断作用的闭路阀门，应逐个作强度和严密性试验。

（2）阀门的强度和严密性试验，应符合以下规定：阀门的强度试验压力为公称压力的1.5倍；严密性试验压力为公称压力的1.1倍；试验压力在试验持续时间内应保持不变，且壳体填料及阀瓣密封面无渗漏。阀门试压的试验持续时间应不少于表2.9.5-2的规定。

阀门试验持续时间　　**表2.9.5-2**

公称直径DN (mm)	最短试验持续时间（s）		
	严密性试验		强度试验
	金属密封	非金属密封	
≤50	15	15	15
65～200	30	15	60
250～450	60	30	180

（3）阀门的外观检查

1）阀体及法兰表面应光滑、无裂纹、气泡及毛刺等缺陷。

2）打开阀门法兰或压盖，检查填料材质及密实情况，压紧填料拧紧法兰或压盖。手扳检查阀门开启和关闭是否灵活，开启、关闭是否到位。

（4）把阀门卡固在试验台或卡具上，以手压泵进行水压试验。

（5）强度试验合格后，将阀门关闭，介质从通路一端引入，在另一端检查其严密性，将试验压力降至工作压力的1.25倍，使压力稳定后，持续观察2h以上，以不渗漏为气密性试验合格。

（6）试压后阀体内要冲洗干净，阀门要关严密，防止阀底部积存污物而导致阀门关闭不到位，不能完全关断管路。

试验记录，每项试验记录内容，包括试验管路、设备及阀门的类别、规格、材质、项目部位、压力表设置层数、试验压力、试压日期及起止时间、试验介质，检查渗漏情况、位置及返修情况等。

2.9.6　水池满水试验记录

1. 资料表式

水池满水试验记录表

<table>
<tr><td>工程名称</td><td colspan="3"></td></tr>
<tr><td>水池名称</td><td></td><td>施工单位</td><td></td></tr>
<tr><td>水池结构</td><td></td><td>允许渗水量（$L/m^2\cdot d$）</td><td></td></tr>
<tr><td>水池平面尺寸（m×m）</td><td></td><td>水面面积 A_1（m^2）</td><td></td></tr>
<tr><td>水　深（m）</td><td></td><td>湿润面积 A_2（m^2）</td><td></td></tr>
<tr><td>测读记录</td><td>初 读 数</td><td>末 读 数</td><td>两次读数差</td></tr>
<tr><td>测读时间
（年、月、日、时、分）</td><td></td><td></td><td></td></tr>
<tr><td>水池水位 E（mm）</td><td></td><td></td><td></td></tr>
<tr><td>蒸发水箱水位 e（mm）</td><td></td><td></td><td></td></tr>
<tr><td>大气温度（℃）</td><td></td><td></td><td></td></tr>
<tr><td>水　温（℃）</td><td></td><td></td><td></td></tr>
<tr><td rowspan="2">实际渗水量</td><td>m^3/d</td><td>$L/m^2\cdot d$</td><td>占允许量的百分率%</td></tr>
<tr><td></td><td></td><td></td></tr>
</table>

<table>
<tr><td rowspan="3">参加人员</td><td>监理（建设）单位</td><td colspan="4">施　工　单　位</td></tr>
<tr><td rowspan="2"></td><td>项目技术负责人</td><td>专职质检员</td><td>工　长</td><td>测　试</td></tr>
<tr><td></td><td></td><td></td><td></td></tr>
</table>

2. 资料要求

水池满水试验记录内容应齐全，试验结果符合规范规定的为符合要求。没有试验为不符合要求；虽经试验但试验内容不全且试验结果不符合规范规定应为不符合要求，当试验结果符合要求时，可视具体情况定为基本符合要求或不符合要求。

3. 实施要点

水池满水试验记录是水池施工完毕后，按规范规定必须进行的测试项目和内容。

（1）水池施工完毕必须进行满水试验，在满水试验中并应进行外观检查，不得有漏水现象。水池渗水量按池壁和池底的浸湿总面积计算，钢筋混凝土水池不得超过 $2L/(m^2\cdot d)$；砖石砌体水池不得超过 $3L/(m^2\cdot d)$；试验方法应符合（7）水池满水试验的规定。

（2）水池满水试验应在下列条件下进行：

1）池体的混凝土或砖石砌体的砂浆已达到设计强度；

2）现浇钢筋混凝土水池的防水层，防腐层施工以及回填土以前；

3）装配式预应力混凝土水池施工加预应力以后，保护层喷涂以前；

4）砖砌水池防水层施工以后，石砌水池勾缝以后；

5）砖石水池满水试验与填土工序的先后安排符合设计规定。

（3）水池满水试验前，应做好下列准备工作：

1）将池内清理干净，修补池内外的缺陷，临时封堵预留孔洞、预埋管口及进出水口等。并检查充水及排水闸门，不得渗漏；

2）设置水位观测标尺；

3）标定水位测针；

4）准备现场测定蒸发量的设备；

5）充水的水源应采用清水并做好充水和放水系统的设施。

（4）水池满水试验应填写试验记录。

（5）满水试验合格后，应及时进行池壁外的各项工序及回填土方，池预亦应及时均匀对称地回填。

（6）水池在满水试验过程中，需要了解水池沉降量时，应编制测定沉降量的施工设计，并应根据施工设计测定水池的沉降量。

（7）水池满水试验：

1）充水

①向水池内充水宜分三次进行：第一次充水为设计水深的 1/3；第二次充水为设计水深的 2/3；第三次充水至设计水深。

对大、中型水池，可先充水至池壁底部的施工缝以上，检查底板的抗渗质量，当无明显渗漏时，再继续充水至第一次充水深度。

②充水时的水位上升速度不宜超过 2m/d。相邻两次充水的间隔时间，不应小于 24h。

③每次充水宜测读 24h 的水位下降值，计算渗水量，在充水过程中和充水以后，应对水池作外观检查。当发现渗水量过大时，应停止充水。待作出处理后方可继续充水。

④当设计单位有特殊要求时，应按设计要求执行。

2）水位观测

①充水时的水位可用水位标尺测定。

②充水至设计水深进行渗水量测定时，应采用水位测针测定水位。水位测针的读数精度应达 1/10mm。

③充水至设计水深后至开始进行渗水量测定的间隔时间，应不少于 24h。

④测读水位的初读数与末读数之间的间隔时间，应为 24h。

⑤连续测定的时间可依实际情况而定，如第一天测定的渗水量符合标准，应再测定一天；如第一天测定的渗水量超过允许标准，而以后的渗水量逐渐减少，可继续延长观测。

3）蒸发量测定

①现场测定蒸发量的设备，可采用直径约为 50cm，同约 30cm 的敞口钢板水箱，并设有测定水位的测针。水箱应检验，不得渗漏。

②水箱应固定在水池中，水箱中充水深度可在 20cm 左右。

③测定水池中不位的同时，测定水箱中的水位。

4）水池的渗水量按下式计算：

$$q=\frac{A_1}{A_2}[(E_1-E_2)-(e_1-e_2)]$$

式中　q——渗水量（$L/m^2.d$）；

A_1——水池的水面面积（m^2）；

A_2——水池的浸湿总面积（m^2）；

E_1——水池中水位测针的初读数，即初读数（mm）；

E_2——测读 E_1 后 24h 水池中水位测针末的读数，即末读数（mm）；

e_1——测读 E_1 时水箱中水位测针的读数（mm）；

e_2——测读 E_2 时水箱中水位测针的读数（mm）。

注：1. 当连续观测时，前次的 E_2、e_2，即为下次的。E_1 及 e_1。

2. 雨天时，不做满水试验渗水量的测定。

3. 按上式计算结果，渗水量如超过规定标准，应经检查，处理后重新进行测定。

（8）表列子项：

1）工程名称：按施工企业和建设单位签订的施工合同的工程名称或图注的工程名称，照实际填写。

2）水池名称：按施工图设计定名的水池名称填写。

3）施工单位：指建设与施工单位合同书中的施工单位，填写合同书中定名的施工单位名称。

4）水池结构：指施工图设计的水池的构造做法，如钢筋混凝土水池、砖砌水池等。

5）允许渗水量：指水池满水试验时规范规定的允许渗水量。

6）水池平面尺寸：按施工图设计图注的水池平面尺寸填写。

7）水面面积：按施工图设计图注的水池平面尺寸减去池壁厚度后经计算的水面面积。

8）水深：按水池的实际水深填写。

9）浸润面积：指注水后池壁若干个洇水面积的总和，按平方米计。

10）测读记录：

①测读时间(年、月、日、时、分)：按测读时间分别填写初读数、末读数、两次读数差。

②水池水位：按水池水位分别填写初读数、末读数、两次读数差。

③蒸发水箱水位：按蒸发水箱水位分别填写初读数、末读数、两次读数差。

④大气温度：按测读时间时的大气温度分别填写初读数、末读数、两次读数差。

⑤水温：按测读时间时的水温分别填写初读数、末读数、两次读数差。

11）实际渗水量：指水池满水试验时的实际渗水量，分别按 m^3/d、$L/(m^2 \cdot d)$、占允许量的百分率%填写。

2.9.7 消化池气密性试验记录

1. 资料表式

污泥消化池气密性试验记录

日期：　　年　　月　　日

<table>
<tr><td colspan="2">工程名称</td><td colspan="2"></td><td>建设单位</td><td colspan="2"></td></tr>
<tr><td colspan="2">池　　号</td><td colspan="2"></td><td>施工单位</td><td colspan="2"></td></tr>
<tr><td colspan="3">气室顶面直径（m）</td><td></td><td>顶面面积（m^2）</td><td colspan="2"></td></tr>
<tr><td colspan="3">气室底面直径（mm）</td><td></td><td>底面面积（m^2）</td><td colspan="2"></td></tr>
<tr><td colspan="3">气室高度（m）</td><td></td><td>气室体积面积（m^3）</td><td colspan="2"></td></tr>
<tr><td colspan="3">测读记录</td><td>初读数</td><td>末读数</td><td colspan="2">两次读数差</td></tr>
<tr><td colspan="3">测读时间　年　月　日　时　分</td><td></td><td></td><td colspan="2"></td></tr>
<tr><td colspan="3">池内气压（Pa）</td><td></td><td></td><td colspan="2"></td></tr>
<tr><td colspan="3">大气压力（Pa）</td><td></td><td></td><td colspan="2"></td></tr>
<tr><td colspan="3">池内气温 t（℃）</td><td></td><td></td><td colspan="2"></td></tr>
<tr><td colspan="3">池内水位 E（mm）</td><td></td><td></td><td colspan="2"></td></tr>
<tr><td colspan="3">压力降　ΔP</td><td colspan="4"></td></tr>
<tr><td colspan="3">压力降占试验压力（%）</td><td colspan="4"></td></tr>
<tr><td colspan="7">备注：</td></tr>
<tr><td rowspan="3">参加人员</td><td colspan="2">监理（建设）单位</td><td colspan="4">施　工　单　位</td></tr>
<tr><td colspan="2" rowspan="2"></td><td>项目技术负责人</td><td>专职质检员</td><td>工　长</td><td>测　试</td></tr>
<tr><td></td><td></td><td></td><td></td></tr>
</table>

2. 资料要求

消化池气密性试验记录内容应齐全，试验结果符合规范规定的为符合要求。没有试验为不符合要求；虽经试验但试验内容不全且试验结果不符合规范规定应为不符合要求，当试验结果符合要求时，可视具体情况定为基本符合要求或不符合要求。

3. 实施要点

(1) 消化池应密封，并能承受污泥气的工作压力，固定盖式消化池应有防止池内产生负压的措施。

(2) 消化池宜设有测定气量、气压、泥量、泥温、泥位、pH 值等的仪表和设施。

(3) 消化池溢流管出口不得放在室内，并必须有水封。消化池和污泥气贮罐的出气管上均应设回火防止器。

(4) 主要试验设备。

1) 压力计：可采用 U 形管水压计或其他类型的压力计，该度精确至 mm 水柱，用于测量消化池内的气压。

2) 温度计：用以测量消化池内的气温，刻度精确至 1℃。

3) 大气压力计：用以测量大气压力，刻度粗精确至 daPa (10Pa)。

4) 空气压缩机一台。

(5) 测读气压。

1) 池内充气至试验压力并稳定后，测读池内气压值，即初读数，间隔 24h，测读末读数。

2) 在测读池内气压的同时，测读池内气温和大气压力，并将大气压力换算为与池内气压相同的单位。

(6) 池内气压降可按下试计算：

$$\Delta P=(P_{d1}+P_{a1})-(P_{d2}+P_{a2})\frac{273+t_1}{273+t_2}$$

式中　ΔP—— 池内气压降 daPa)；

P_{d1}—— 池内气压初读数(daPa)；

P_{d2}—— 池内气压末读数(daPa)；

P_{a1}—— 测量 P_{d1} 时的相应大气压力(daPa)；

P_{a2}—— 测量 P_{d2} 时的相应大气压力(daPa)；

t_1—— 测量 P_{d1} 时的相应池内气温(℃)；

t_2—— 测量 P_{d2} 时的相应池内气温(℃)。

(7) 表列子项。

1) 工程名称：按施工企业和建设单位签订的施工合同的工程名称或图注的工程名称，照实际填写。

2) 建设单位：按建设与施工单位签订的合同书中的建设单位名称，填写合同书中建设单位名称全称。

3) 池号：按施工图设计的水池编号填写。

4）施工单位：指建设与施工单位合同书中的施工单位，填写合同书中定名的施工单位名称。

5）气室顶面直径（m）：按施工图设计图注的消化池气室顶面直径填写，单位：m 。

6）顶面面积（m^2）：按施工图设计图注的消化池气室顶面直径计算得到的顶面面积填写。

7）气室底面直径（m）：按施工图设计图注的消化池气室底面直径填写，单位：m 。

8）底面面积（m^2）：按施工图设计图注的消化池气室底面直径计算得到的底面面积填写。

9）气室高度（m）：按施工图设计图注的消化池气室的实际高度填写。

10）气室体积（m^3）：按施工图设计图注的消化池气室底面直径和高度计算得到的气室体积填写。

11）测读记录：

①测读时间：指消化池气密性试验的测读时间，按年、月、日、时、分填写，分别测记初读数、末读数、两次读数差。

②池内气压 Pa：指消化池气密性试验的池内气压，分别测记初读数、末读数、两次读数差的池内气压值。

③大气压力 Pa：指消化池气密性试验的大气压力，分别测记初读数、末读数、两次读数差的大气压力值。

④池内气温 t（℃）：指消化池气密性试验的池内气温，分别测记初读数、末读数、两次读数差的池内气温值。

⑤池内水位 E（mm）：指消化池气密性试验的池内水位，分别测记初读数、末读数、两次读数差的池内水位值。

⑥压力降 ΔP：指消化池气密性试验的压力降，分别测记初读数、末读数、两次读数差的池内压力降值。

⑦压力降占试验压力（%）：指消化池气密性试验的压力降与试验压力之比，以百分比计。

12）备注：填记消化池气密性试验过程需要说明的事宜。

13）参加人员：

①监理（建设）单位：指监理单位的专业监理工程师，签字有效。当不委托监理时由建设单位的项目负责人签字。

②施工单位：指与该工程签订施工合同的法人施工单位。

③项目技术负责人：指施工单位的项目经理部级的专业技术负责人，签字有效。

④专职质检员：负责该单位工程项目经理部级的专职质检员，签字有效。

⑤工长：指该项工程的单位工程技术负责人。

⑥测试：参与该项试验的记录人、填写记录人姓名。

2.9.8　电气绝缘电阻、接地电阻测试记录

2.9.8.1　电气绝缘电阻测试记录

1. 资料表式

电气绝缘电阻测试记录

工程名称					施工单位				
计量单位	MΩ（兆欧姆）				测试日期	年	月	日	
仪表型号		电压	V		天气情况		气温	℃	
试验内容	相间			相对零			相对地		零对地
	L_1-L_2	L_2-L_3	L_3-L_1	L_1-N	L_2-N	L_3-N	L_1-PE	L_2-PE	L_3-PE	N－PE
层段·路别·名称·编号										
测试结论										
参加人员	监理（建设）单位	施工单位			
		项目技术负责人	专职质检员	工长	测试

注：1. 本表适用于单相、单相三线、三相四线制、三相五线制的照明、动力线路及电缆线路，电机等绝缘电阻的测试。

2. 表中 L_1 代表第一相、L_2 代表第二相、L_3 代表第三相、N 代表零线（中性线）、PE 代表保护接地线。

3. 参加人员第一栏凡是委托监理的工程均由监理代表签字。

2. 资料要求

（1）绝缘电阻测试记录。主要包括：设备绝缘电阻测试、线路导线对地间的测试记录；焊接或搭接接头的电阻测定及系统绝缘的电阻测试要求；测试后按图纸、按系统、按回路进行逐项测试，测试结果应填入表内。

（2）试调项目和内容符合有关标准规定，内容真实、准确为符合要求。

（3）有试运转检验、调整要求的项目，有齐全的过程记录者为符合要求。

可针对设计及系统情况符合以上三条时为符合要求。试调内容基本齐全，设备已能正常运转评为基本符合要求。发现试调记录不真实或缺主要试调项目，实验试调单位资质不符合要求的，为不符合要求。

（4）测试记录不缺项、不缺部位，符合有关标准的规定，测试项目和手续齐全，内容具体、真实、有结论意见为符合要求。缺项、缺部位、测试项目不全、测试电阻超值为不符合要求。

3. 实施要点

绝缘电阻测试记录是指建筑电气工程安装完成后，按规范要求必须进行的测试项目。

（1）绝缘摇测。

照明线路的绝缘摇测一般选用500V，量程为0～500MΩ的兆欧表。测量线路绝缘电阻时：兆欧表上有三个分别标有“接地”（E）、“线路”（L）、“保护环”（G）的端或。可将被测两端分别接于E和L两个端钮上（见图2.9.8.1-1）。

一般照明绝缘线路绝缘摇测有以下两种情况：

①电气器具未安装前进行线路绝缘摇测时，首先将灯头盒内导线分开，开关盒内导线连通。摇测应将干线和支线分开，一人摇测，一人应及时读数并记录。摇动速度应保持在120r/min左右，读数应采用一分钟后的读数为宜。

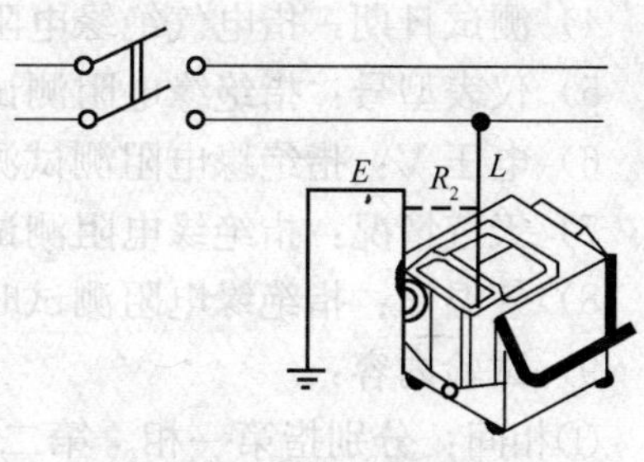

图2.9.8.1-1 绝缘测量与兆欧表接线示意图

②电气器具全部安装完，在送电前进行摇测时，应先将线路上的开关、刀闸、仪表、设备等用电开关全部置于断开位置，摇测方法同上所述，确认绝缘摇测无误后再进行送电试运行。

（2）柜（盘）试验绝缘摇测：用500V摇表在端子板处测试每条回路的电阻，电阻必须大于0.5MΩ。

（3）配电箱（盘）绝缘摇测：配电箱（盘）全部电器安装完毕后，用500V兆欧表对线路进行绝缘摇测。摇测项目包括相线与相线，相线与零线，相线与地线，零线与地线，零线与地线。两人进行摇测，同时做好记录，作为技术资料存档。

（4）绝缘电阻值规定。

绝缘、接地电阻的测试规定：

1）对配管及管内穿线分项工程、瓷夹、瓷柱（珠）及瓷瓶配线分项工程、护套配线分项工程、槽板配线分项工程等规定：导线间和导线对地间（相线与相线、相线对地、零线对地间）的绝缘电阻值必须大于0.5MΩ，并提供绝缘电阻测试记录。

2）凡需做耐压试验的电力电缆，均应先测试绝缘电阻。电力电缆：其绝缘电阻值不作规定；电压在1kV以下的低压电缆，一般可按电力线路的测试要求，绝缘电阻值必须大于0.5MΩ。

3）滑接线和移动式软电线安装的相间或各相对地间的绝缘电阻值必须符合施工规范规定，并提供绝缘电阻测试记录，绝缘电阻值必须大于0.5MΩ。

4）低压电器安装绝缘测量和绝缘电阻值必须符合施工规范规定。测量绝缘电阻时应符合以下要求：

①绝缘电阻值不小于0.5MΩ；

②测量电力线路绝缘电阻时，应将断路器、用电设备、电器和仪表等断开。

5）蓄电池安装的地组母线对地的绝缘电阻值必须符合下列规定：

①110V的蓄电池组不小于0.1MΩ。

②220V的蓄电池组不小于0.2MΩ。

测量完毕后，提供绝缘电阻测试记录。

（5）表列子项

1）工程名称：按施工企业和建设单位签订的施工合同的工程名称或图注的工程名称，照实际填写。

2）施工单位：指建设与施工单位合同书中的施工单位，填写合同书中定名的施工单位名称。

3）计量单位MΩ（兆欧姆）：指绝缘电阻测试的计量单位，以MΩ（兆欧姆）计。

4）测试日期：指电气绝缘电阻测试的实际日期，按年、月、日填写。

5）仪表型号：指绝缘电阻测试应用的仪表型号。

6）电压V：指绝缘电阻测试测试的电压值。

7）天气情况：指绝缘电阻测试时的天气情况。

8）气温℃：指绝缘电阻测试时的温度，以℃计。

9）试验内容：

①相间：分别指第一相、第二相相间的测试结果（L_1-L_2）；第二相、第三相相间的测试结果（L_2-L_3）；第三相、第一相相间的测试结果（L_3-L_1），按实际测试结果填写。

②相对零：分别指第一相、零线相对零的测试结果（L_1-N）；第二相、零线相对零的测试结果（L_2-N）；第三相、零线相对零的测试结果（L_3-N），按实际测试结果填写。

③相对地：分别指第一相、保持接地线相对地的测试结果（L_1-PE）；第二相、保持接地线相对地的测试结果（L_2-PE）；第三相、保持接地线相对地的测试结果（L_3-PE），按实际测试结果填写。

④零对地：指零线、保持接地线零对地的测试结果（$N-PE$），按实际测试结果填写。

注：可分别按其层段、路别、名称或编号进行测试。

测试结论：按表列各项试验完成后是否满足规范要求确认其试验结论。

10）参加人员：

①监理（建设）单位：指监理单位的专业监理工程师，签字有效。当不委托监理时由建设单位的项目负责人签字。

②施工单位：指与该工程签订施工合同的法人施工单位。

③项目技术负责人：指施工单位的项目经理部级的专业技术负责人，签字有效。

④专职质检员：负责该单位工程项目经理部级的专职质检员，签字有效。

⑤工长：指该项工程的单位工程技术负责人。

⑥测试：参与该项试验的人、填写测试人姓名。

2.9.8.2 电气接地电阻测试记录

1. 资料表式

电气接地电阻测试记录 **表 2.9.8.2-1**

工程名称				施工单位		
仪表型号				测试日期		年 月 日
计量单位		Ω （欧姆）		天气情况		气温 ℃
接地类型		防雷接地	保护接地	重复接地	接地	接地
组别及实测数据	1					
	2					
	3					
	4					
	5					
	6					
	7					
	8					
	9					
	10					
设计要求		≤ Ω	≤ Ω	≤ Ω	≤ Ω	≤ Ω
测试结论						
参加人员	监理（建设）单位		施工单位			
			项目技术负责人	专职质检员	工长	测试

注：1. 本表适用于各种类型接地电阻的测试。

2. 非重点及设计无特殊要求的工程，设计单位可不参加签字。

3. 参加人员第一栏凡是委托监理的工程均由监理代表签字。

2. 资料要求

（1）接地电阻测试记录主要包括：设备系统的保护接地装置（分类、分系统进行的）测试记录、避雷系统及其他地极的测试记录。

（2）试验项目和内容符合有关标准规定，内容真实、准确为符合要求。

（3）接地电阻测试的项目，有齐全的过程记录者为符合要求。

（4）测试记录不缺项、不缺部检，符合有关标准的规定，测试项目和手续齐全，内容具体、真实、有结论意见为符合要求。缺项，缺部位、测试项目不全、测试电阻超值为不符合要求。

3. 实施要点

电气接地电阻测试记录是指建筑电气工程安装完成后，按规范要求必须进行的测试项目。

（1）接地装置的接地电阻值必须符合设计要求。

接地电阻值测试主要内容包括设备、系统的保护接地装置（分类、分系统进行）的测试记录，变压器工作接地装置的接地电阻，以及其他专用设备接地装置的接地电阻测试记录，避雷系统及其他装置的接地电阻的测试记录。接地装置应逐条进行测试，并认真记录。

接地电阻标准：

1）系统防雷接地电阻一般 $R \leqslant 10\Omega$；

2）一、二类建筑物冲击接地电阻 $R \leqslant 10\Omega$，当建筑物为高层或处于雷电活动强烈地区时，$R < 5\Omega$；

3）三类建筑物冲击接地电阻 $R \leqslant 30\Omega$；

4）保护接地和工作接地电阻 $R \leqslant 4\Omega$；

5）防静电接地电阻 $R = 0.5 \sim 2\Omega$；

6）低压电气（1000V 以下）设备接地装置的接地电阻应符合表 2.9.8.2-2 的要求。

低压电器设备接地装置接地电阻　　　　**表 2.9.8.2-2**

序　号	装 置 的 特 性	任何季节、接地装置的接地电阻不大于下列数值（Ω）
1	中性点直接接地的电气设备	
	（1）发电机和变压器	4
	（2）容量为 100kVA 及以下的发电机和变压器	10
	（3）发电机或变压器并联运行时，其容量不超过 100kVA	10
	（4）零线的每一重复接地装置	10
	（5）在变压器和发电机的接地电阻允许达到 10Ω 的电网中，零线的每一重复接地装置（不少于 3 处）	30
2	中性点不接地的电气设备	
	（1）接地装置	4
	（2）发电机和变压器容量为 100kVA 及以下的接地装置	10
	（3）发电机或变压器并联运行时，其容量不超过 100kVA 时的接地装置	10

（2）几点说明：

1）仪表应放在水平位置；

2）接地线路要与被保护设备断开，以保证测量结果的准确性；

3）下雨后和土壤吸收水分太多的时候，以及气候、温度、压力等急剧变化时不能测量；

4）被测地极附近不能有杂散电流和已极化土壤；

5）探测针应远离地下水管、电缆、铁路等较大金属体，其中电流极应远离 100mm 以上。电压极应远离 50m 以上，如上述金属体与接地网没有连接时，可缩短距离1/2～1/3；

6）注意电流极插入土壤的位置，使接地律处于零电位的状态；

7）连接线应使用绝缘良好的导线，以免有漏电现象；

8）注意现场不能有电解物质和腐烂尸体，以免造成错觉；

9）宜选择土壤电阻率大的时候试验，如初冬或夏季干燥气候时进行；

10）随时检查仪表的准确性；

11）当检流计的灵敏度过高时，可将电位探针电压极插入土壤中浅一些，当检流计灵敏度不够时，可沿探针注水使其湿润。

(3) 电气设备、器具的非带电金属部件，电缆及其支、托架的保护管，金属电线保护管、盒（箱）及支架，母线支架及其他非带电金属部件等的接地（接零），避雷针（网）及接地装置的接地等，其接地电阻值必须符合设计要求。如设计无要求时，在土电阻率不大于 100Ω·m 的地区，其接地电阻不宜超过 10Ω，这个阻值包括接地体和接地线的阻值在内。

(4) 接地电阻测试季节系数（见表 2.9.8.2-3）。

接地电阻测试季节系数参考表 **表 2.9.8.2-3**

月　份	1	2	3	4	5	6	7	8	9	10	11	12
系节性系数	1.05	1.05	1	1.6	1.9	2.0	2.2	2.55	1.6	1.55	1.55	1.35

(5) 表列子项。

1）工程名称：按施工企业和建设单位签订的施工合同的工程名称或图注的工程名称，照实际填写。

2）施工单位：指建设与施工单位合同书中的施工单位，填写合同书中定名的施工单位名称。

3）仪表型号：按测验电阻的仪表型号填写。

4）测试日期：按实际测验日期填写。

5）计量单位Ω（欧姆）：指电气接地电阻测试的计量单位，以Ω计。

6）天气情况：指接地电阻测试时的天气情况。

7）气温℃：指接地电阻测试时的温度，以℃计。

8）接地类型：

①防雷接地：应在防雷接地栏下按组别及其实测的数据填写防雷接地电阻值。

②保护接地：应在保护接地栏下按组别及其实测的数据填写保护接地电阻值。

③重复接地：应在重复接地栏下按组别及其实测的数据填写重复接地电阻值。

④____接地：应在____接地栏下按组别及其实测的数据填写____接地电阻值。

注：组别及实测数据：是指电器接地电阻按施工组织设计划定的组别及其实测的数据。

9）设计要求（Ω）：按设计要求的接地电阻值填写，以Ω计。

10）测试结论：按表列各项试验完成后是否满足规范要求确认其试验结论。

2.9.9　电气动力试运行记录

2.9.9.1　电气照明全负荷试运行记录

1. 资料表式

电气照明全负荷试运行记录

工程名称									
部位工程									
施工单位									
试运行时间	自　年　月　日　时　分开始，至　年　月　日　时　分结束								
填写日期	年　月　日								
序号	回路名称	设计容量（kW）	试运行时间	运行电压（V）			运行电流（A）		
				L_1-N (L_1-L_2)	L_2-N (L_1-L_2)	L_3-N (L_1-L_2)	L_1 相	L_2 相	L_3 相
试运行情况记录及运行结论：									
参加人员	监理（建设）单位	施　工　单　位							
		项目技术负责人	专职质检员	工　长	测　试				

2. 资料要求

（1）照明全负荷试验记录主要包括：照明系统的保护接地装置（分类、分系统进行的）测试记录、避雷系统及其他地极的测试记录。

（2）试验项目和内容符合有关标准规定，内容真实、准确为符合要求。

（3）照明全负荷试验记录项目，有齐全的过程记录者为符合要求。

（4）测试记录不缺项、不缺部检，符合有关标准的规定，测试项目和手续齐全，内容具体、真实、有结论意见为符合要求。缺项，缺部位、测试项目不全、测试电阻超值为不符合要求。

3. 实施要点

电气照明全负荷试运行记录是指建筑电气工程安装完成后，按规范要求必须进行的测试项目。

(1) 照明全负荷试验记录是根据“工程建设标准强制性条文”按不同建筑物规定的进行照明全负荷试验记录的记录检测，以满足设计要求。

(2) 现场测试项目必须是在测试现场进行。由施工单位的专业技术负责人牵头，专职质量检查员详细记录，建设单位代表和项目监理机构的专业监理工程师参加。

现场原始记录须经施工单位的技术负责人和专职质量检查员签字、建设监理单位的参加人员签字后方有效并归存，作为整理资料的依据以备查。

(3) 资料内必须附图，附图应简单易懂，且能全面反映附图质量。

(4) 灯具、吊扇、配电箱（盘）安装完毕，且各条支路的绝缘电组摇测合格后，方允许通电全负荷试验。通电后应仔细检查和巡视，检查灯具的控制是否灵活，准确；开关与灯具控制顺序相对应，吊扇的转向及调速开关是否正常，如果发现问题必须先断电，然后查找原因进行修复。

(5) 表列子项。

1) 工程名称：按施工企业和建设单位签订的施工合同的工程名称或图注的工程名称，照实际填写。

2) 部位工程：指电气照明全负荷试运行测试按施工组织设计划定的部位。

3) 施工单位：指建设与施工单位合同书中的施工单位，填写合同书中定名的施工单位名称。

4) 试运行时间：指电气照明全负荷试运行试验的实际时间，按自____年____月____日____时____分开始，至____年____月____日____时____分结束填写。

5) 填写日期：指电气照明全负荷试运行测试的填表日期，按年、月、日填写。

6) 序号：指该表的序列编号，按 1、2、3……依序进行填写。

7) 回路名称：按施工图设计的回路名称填写。

8) 设计容量（kW)：按施工图设计的设计容量填写，以 kW 计。

9) 试运行时间：指该回路的试运行时间，按月、日、时、分填写。

10) 运行电压（V)：

①L_1-N（L_1-L_2)：指电气照明全负荷试运行该回路的第一相、零线（或第一相—第二相）的试运行电压值，照实际运行时的电压值填写。

②L_2-N（L_1-L_2)：指电气照明全负荷试运行该回路的第二相、零线（或第二相—第三相）的试运行电压值，照实际运行时的电压值填写。

③L_3-N（L_1-L_2)：指电气照明全负荷试运行该回路的第三相、零线（或第三相—第一相）的试运行电压值，照实际运行时的电压值填写。

11) 运行电流（A)：

①L_1 相：指电气照明全负荷试运行该回路的第一相试运行的电流值（A)，照实际运行时的电流值填写。

②L_2 相：指电气照明全负荷试运行该回路的第二相试运行的电流值（A)，照实际运行时的电流值填写。

③L_3 相：指电气照明全负荷试运行该回路的第三相试运行的电流值（A)，照实际运行时的电流值填写。

12) 试运行情况记录及运行结论：按表列各项试验的试运行情况及其是否满足规范要

求确认填写其试运行结论。

13）参加人员：

①监理（建设）单位：指监理单位的专业监理工程师，签字有效。当不委托监理时由建设单位的项目负责人签字。

②施工单位：指与该工程签订施工合同的法人施工单位。

③项目技术负责人：指施工单位的项目经理部级的专业技术负责人，签字有效。

④专职质检员：负责该单位工程项目经理部级的专职质检员，签字有效。

⑤工长：指该项工程的单位工程技术负责人。

⑥测试：指参加电气照明全负荷试运行的测试人员，签字有效。

2.9.9.2　电机试运行记录

1. 资料表式

电机试运行记录

工程名称					
施工单位					
设备名称			安装位置		
施工图号		电机型号		设备位号	
电机额定数据				环境温度	
试运行时间	自　年　月　日　时　分开始，至　年　月　日　时　分结束				
序号	试验项目	试验状态	试验结果	备　注	
1	电源电压	□空载　□负载	V		
2	电机电流	□空载　□负载	A		
3	电机转速	□空载　□负载	r/min		
4	定子绕组温度	□空载　□负载	℃		
5	外壳温度	□空载　□负载	℃		
6	轴承温度	□前　□后	℃		
7	起动时间		S		
8	振动值（双倍振幅值）				
9	噪声				
10	碳刷与换向器或滑环	工作状态			
11	冷却系统	工作状态			
12	润滑系统	工作状态			
13	控制柜继电保护	工作状态			
14	控制柜控制系统	工作状态			
15	控制柜调速系统	工作状态			
16	控制柜测量仪表	工作状态			
17	控制柜信号指示	工作状态			
试验结论					
参加人员	监理（建设）单位	施　工　单　位			
		项目技术负责人	专职质检员	工　长	测　试

2. 资料要求

（1）电机试运行记录主要包括：照明系统的保护接地装置（分类、分系统进行的）测试记录、避雷系统及其他地极的测试记录。

（2）试验项目和内容符合有关标准规定，内容真实、准确为符合要求。

（3）电机试运行记录项目，有齐全的过程记录者为符合要求。

（4）测试记录不缺项、不缺部检，符合有关标准的规定，测试项目和手续齐全，内容具体、真实、有结论意见为符合要求。缺项，缺部位、测试项目不全、测试电阻超值为不符合要求。

3. 实施要点

（1）电刷的刷架、刷握及电刷的安装：

1）同一组刷握应均匀排列在同一直线上；

2）刷握的排列一般应使相邻不同极性的一对刷架彼此错开，以使换向器均匀的磨损；

3）各组电刷应调整在换向器的电气中性线上；

4）带有倾斜角的电刷，其锐角尖应与转动方向相反；

5）电刷与铜编带的连接及铜编带与刷架的连接应良好。

（2）电机外壳接地（接零）线敷设应符合下列规定：

1）连接紧密、牢固，接地（接零）线截面选用正确，需防腐的部分涂漆均匀无遗漏。

2）线路走向合理，色标准确，涂刷后不污染设备和建筑物。

（3）试运行前的检查：

1）土建工程全部结束，现场清扫整理完毕。

2）电机本体安装检查结束。

3）冷却、调速、润滑等附属系统安装完毕，验收合格，分部试运行情况良好。

4）电机的保护、控制、测量、信号、励磁等回路的调试完毕动作正常。

5）电动机应做下列试验：

①测定绝缘电阻：a. 1kV 以下电动机使用 1kV 摇表摇测，绝缘电阻值不低于 1MΩ；b. 1kV 及以上电动机，使用 2.5kV 摇表摇测绝缘电阻值在 75℃时，定子绕组不低于每千伏 1MΩ，转子绕组不低于每千伏 0.5MΩ，并做吸收比试验。

②1kV 以上电动机应作交流耐压试验。

③500kW 及以上交流电动机的定子绕组应作直流耐压及泄漏试验。

6）电刷与换向器或滑环的接触应良好。

7）盘动电机转子应转动灵活，无碰卡现象。

8）电机引出线应相位正确，固定牢固，连接紧密。

9）电机外壳油漆完整，保护接地良好。

10）照明、通信、消防装置应齐全。

（4）试运行及验收：

1）电动机试运行一般应在空载的情况下进行，空载运行时间为 2h，并做好电动机空载电流电压记录。

2）电机试运行接通电源后，如发现电动机不能启动和启动时转速很低或声音不正常等现象，应立即切断电源检查原因。

3）起动多台电动机时，应按容量从大到小逐台启动，不能同时启动。

4）电机试运行中应进行下列检查：

①电机的旋转方向符合要求，声音正常；

②换向器、滑环及电刷的工作情况正常；

③电动机的温度不应有过热现象；

④滑动轴承温升不应超过 45℃，滚动轴承温升不应超过 60℃；

⑤电动机的振动应符合规范要求。

5）交流电动机带负荷起动次数应尽量减少，如产品无规定时按在冷态时可连续启动 2 次；在热态时，可连续起动 1 次。

6）电机验收时，应提交下列资料和文件。

①设计变更或洽商记录；

②产品说明书、试验记录、合格证等技术文件；

③安装记录（包括电机抽芯检查记录、电机干燥记录等）；

④调整试验记录。

（5）表列子项：

1）工程名称：按施工企业和建设单位签订的施工合同的工程名称或图注的工程名称，照实际填写。

2）施工单位：指建设与施工单位合同书中的施工单位，填写合同书中定名的施工单位名称。

3）设备名称：指电机铭牌上的设备名称。

4）安装位置：照实际，应说明所在的纵横轴位置或其他。

5）施工图号：指施工图设计图纸上标注电机部分的施工图号。

6）电机型号：用于该工程电机的电机型号，应与铭牌上的标注的电机型号相符。

7）设备位号：指该设备在施工图设计上排列的位号。

8）电机额定数据：电机额定数据照电机铭牌上标注的数据填写。

9）环境温度：指电机试运行时的环境温度。

10）试运行时间：指电机的实际试运行时间，应按自____年____月____日____时____分开始至____年____月____日____时____分结束。

11）序号：指电机试运行的试验项目的序号。

12）试验项目：共 17 子项，应试项目应____（合理缺项除外）。

①电源电压（空载、负载 V）：应分别填写电源电压在空载、负载状态下的试验结果，以 V 计。

②电机电流（空载、负载 V）：应分别填写电机电流在空载、负载状态下的试验结果，以 A 计。

③电机转速（空载、负载 r/min）：应分别填写电机转速在空载、负载状态下的试验结果，以 r/min 计。

④定子绕组温度（空载、负载℃）：应分别填写定子绕组温度在空载、负载状态下的试验结果，以℃计。

⑤外壳温度（空载、负载℃）：应分别填写外壳温度在空载、负载状态下的试验结果，以℃计。

⑥轴承温度（前、后℃）：应分别填写电机启动前的轴承温度和启动后转入常规运转后的轴承温度，以℃计。

⑦起动时间（s）：指电机的启动时间，以 s 计。

⑧振动值（双倍振幅值）：按试运行的实测振动值（双倍振幅值）填写。

⑨噪声：按试运行的实测噪声值填写，以 dB 计。

⑩碳刷与换向器或滑环（工作状态）：指电机试运行时碳刷与换向器或滑环在工作状态下的试验结果。

⑪冷却系统（工作状态）：指电机试运行时冷却系统在工作状态下的试验结果。

⑫润滑系统（工作状态）：指电机试运行时冷却系统在工作状态下的试验结果。

⑬控制柜继电保护（工作状态）：指电机试运行时控制柜继电保护在工作状态下的试验结果。

⑭控制柜控制系统（工作状态）：指电机试运行时控制柜控制系统在工作状态下的试验结果。

⑮控制柜调速系统（工作状态）：指电机试运行时控制柜调速系统在工作状态下的试验结果。

⑯控制柜测量仪表（工作状态）：指电机试运行时控制柜测量仪表在工作状态下的试验结果。

⑰控制柜信号指示（工作状态）：指电机试运行时控制柜信号指示在工作状态下的试验结果。

13）备注：填写需要说明的其他事宜。

14）试验结论：按表列各项试验完成后是否满足规范要求确认其试验结论，照确认的试验结论填写。

15）参加人员：

①监理（建设）单位：指监理单位的专业监理工程师，签字有效。当不委托监理时由建设单位的项目负责人签字。

②施工单位：指与该工程签订施工合同的法人施工单位。

③项目技术负责人：指施工单位的项目经理部级的专业技术负责人，签字有效。

④专职质检员：负责该单位工程项目经理部级的专职质检员，签字有效。

⑤工长：指该项工程的单位工程技术负责人。

⑥测试：指参加电机试运行的测试人员，签字有效。

2.9.10 调试记录

1. 资料表式

调 试 记 录

<table>
<tr><td colspan="2">工程名称</td><td colspan="2"></td><td>分部工程</td><td></td></tr>
<tr><td colspan="2">设备或
设施名称</td><td colspan="2"></td><td>规格型号</td><td></td></tr>
<tr><td colspan="2">调试时间</td><td colspan="2"></td><td>系统编号</td><td></td></tr>
<tr><td colspan="2">调试内容</td><td colspan="4"></td></tr>
<tr><td colspan="2">调试结果</td><td colspan="4"></td></tr>
<tr><td rowspan="3">参加人员</td><td>监理（建设）单位</td><td colspan="4">施　工　单　位</td></tr>
<tr><td rowspan="2"></td><td>项目技术负责人</td><td>专职质检员</td><td>工　长</td><td>测　试</td></tr>
<tr><td></td><td></td><td></td><td></td></tr>
</table>

2. 资料要求

（1）调试试验项目和内容符合有关标准规定，内容真实、准确为符合要求。调试试验记录项目，有齐全的过程记录者为符合要求。

（2）调试记录不缺项、不缺部位，符合有关标准的规定，测试项目和手续齐全，内容具体、真实、有结论意见为符合要求。缺项，缺部位、测试项目不全、测试电阻超值为不符合要求。

3. 实施要点

(1) 调试记录表式为通用表，各专业需进行调试的系统、设备等均用此表。

(2) 各专业进行的调试应按专业要求制定出调试的内容、方法、措施等技术要求。以指导全部的调试过程。

(3) 一般要求：

1) 设备调试记录表式为通用表，各专业需进行调试的系统、设备等均用此表。

2) 各专业使用的设备进行的调试应按专业要求制定调试的内容、方法、措施等技术要求。以指导全部的调试过程。

3) 厂（场)、站工程设备安装调试应认真做好调试过程记录，调试结果均应符合设计和规范要求。

4) 每台设备在安装完毕后，安装单位应进行调试，以检验设备安装的正确性，确认安装符合设备技术文件的规定后，方可进行单体运转。

5) 单机试运转一般应为：先手动、后电动；先点动（确认有转向设备试运行时)、后连续；先低速至中速、最后高速。

6) 设备调试运转中必须编制试运转方案，试运转方案中必须具有专项制定的安全措施。

7) 设备调试运转必须记录运转全过程，对运转中出现问题的解决方法应重点予以记录。

(4) 表列子项：

1) 工程名称：按施工企业和建设单位签订的施工合同的工程名称或图注的工程名称，照实际填写。

2) 分部工程：指被调试工程或系统所在的分部，按图注的分部工程名称填写。

3) 设备或设施名称：指被调试工程的设备或设施名称，照实际填写。

4) 规格型号：指被调试工程的设备或设施的规格型号，照实际填写。

5) 调试时间：指被调试工程的实际调试时间，按实际调试的年、月、日填写。

6) 系统编号：指被调试工程的系统的系统编号，照实际填写。

7) 调试内容：各专业进行的调试应按专业要求制定出调试的内容、方法、措施等技术要求。以指导全部的调试过程。

8) 调试结果：应按制定出调试的内容、方法、措施等技术要求全部实施，各项试验完成后是否满足规范要求据实确认其调试结果，照确认的调试结果填写合格或不合格。

9) 参加人员：

①监理（建设）单位：指监理单位的专业监理工程师，签字有效。当不委托监理时由建设单位的项目负责人签字。

②施工单位：指与该工程签订施工合同的法人施工单位。

③项目技术负责人：指施工单位的项目经理部级的专业技术负责人，签字有效。

④专职质检员：负责该单位工程项目经理部级的专职质检员，签字有效。

⑤工长：指该项工程的单位工程技术负责人。

⑥测试：参与该项测试人、填写测试人姓名。

2.9.11　运转设备试运行记录

2.9.11.1　运转设备试运行记录（通用）

1. 资料表式

运转设备试运行记录　　　　表 2.9.11.1-1

工程名称		设备名称	
施工单位		规格型号	
试验单位		额定数据	
设备所在系统		台　数	
试运行时间	自　　年　月　日　时　　分开始，至　　年　月　日　时　　分结束		
试运行性质	□空负荷试运行；　　□负荷试运行		

序号	重点检查项目	主要技术要求	试验结论
1	盘车检查	转动灵活，无异常现象	
2	有无异常音响	无异常噪音、声响	
3	轴承温度	1. 滑动轴承及往复运动部件的温升不得超过 35℃，最高温度不得超过 65℃ 2. 滚动轴承的温升不得超过 40℃ 3. 填料函或机械密封的温度应符合技术文件的规定	
4	其他主要部位的温度及各系统的压力参数	在规定范围内	
5	振动值	不超过规定值	
6	驱动电机的电压、电流及温升	不超过规定值	
7	机器各部位的紧固情况	无松动现象	
8			

综合结论：

□合格

□不合格

参加人员	监理（建设）单位	施　工　单　位		
		项目技术负责人	专职质检员	工　长　　测　试

2. 资料要求

（1）运转设备试运行记录的试验项目和内容符合有关标准规定，内容真实、准确为符合要求。

（2）运转设备试运行记录的试验项目，有齐全的过程记录者为符合要求。

（3）运转设备试运行不缺项、不缺部检，符合有关标准规定，测试项目和手续齐全，内容具体、真实、有结论意见为符合要求。缺项，缺部位、测试项目不全、测试电阻超值为不符合要求。

3. 实施要点

（1）起重机械设备

1）起重机械设备安装前应按以下要求进行检查：

①设备技术文件应齐全；

②按设备装箱清单检查设备、材料及附件的型号、规格和数量且应符合设计和设备技术文件的要求，并应有出厂合格证书及必要的出厂试验记录；

③机、电设备应无变形、损伤和锈蚀，其中钢丝绳不得有锈蚀、损伤、弯折、打环、扭结、裂嘴和松散现象；

④起重机地面轨道基础、吊车梁和安装预埋件等的坐标位置、标高、跨度和表面的平面度均应符合设计和安装的要求。

2）起重设备由于出厂时，一般不作整机试验，故起重设备安装后必须进行空负荷、静负荷和动负荷试验，证实其起重机械的上拱度、下挠度、静刚度满足允许范围；对其超标准规定者即认定其不能正常使用。

注：静负荷和动负荷试运转一般由建设单位负责进行，安装施工单位负责解决因安装原因造成的质量问题。

3）起重机械设备试运转前应按以下要求进行检查：

①电气系统、安全联锁装置、制动器、控制器、照明和信号系统等安装应符合要求，其动作应灵敏和准确；

②钢丝绳端的固定及其在吊钩、取物装置、滑轮组和卷筒上的缠绕应正确、可靠；

③各润滑点和减速器所加的油、脂的性能、规格和数量应符合设备技术文件的规定；

④盘动各运动机构的制动轮，均应使转动系统中最后一根轴（车轮轴、卷筒轴、立柱方轴、加料杆等）旋转一周不应有阻滞现象。

4）起重机的空负荷试运转，应符合下列要求：

①操纵机构的操作方向应与起重机的各机构运转方向相符；

②分别开动各机构的电动开关，其运转应正常，大车和小车支行时不应卡轨；各制动器能准确及时地动作，各限位开关及安全装置动作应准确、可靠；

③当吊钩下放到最低位置时，卷筒上钢丝绳的圈数不应少于 2 圈（固定圈除外）；

④用电缆导电时，放缆和收缆的速度应与相应的机构速度协调，并应能满足工作极限位置的要求；

⑤通用门式起重机和装卸桥的夹轨器、制动器、防风抗滑的锚定装置和大车防偏斜运行装置的动作应准确、可靠；起重机防撞装置、缓冲器等装置应能可靠的工作；

⑥除第五项可做 1～2 次试验外，其余各项试验均应不少于五次，且动作应准确无误。

5）起重机的静负荷试验应符合下列要求：

①起重机应停在厂房柱子处；

②有多个起升机构的起重机，应先对各起升机构分别进行静负荷试验；对有要求的，再作起升机构联合起吊的静负荷试验；其起升重量应符合设备技术文件的规定；

③静负荷试验应按下列程序和要求进行：

a. 先开动起升机构，进行空负荷升降操作，并使泪画在全行程上往返运行，此项空载试运转不应少于三次，应无异常现象。

b. 将小车停在桥式类型起重机的跨中或悬臂起重机的最大有效悬臂处，逐渐的加负荷作起升试运转，直至加到额定负荷后，使小车在桥架或悬臂全行程上往返运行数次，各部分应无异常现象，卸去负荷后桥架结构应无异常现象。

c. 将小车停在桥式类型起重机的跨中或悬臂起重机的最大有效悬臂处，无冲击地起升额定起重量的 1.25 倍的负荷，在离地面高度为 100～200mm 处，悬吊停留时间应不少于 10min，并应无失稳现象。然后卸去负荷将小车开到跨端或支腿处，检查起重机桥架金属结构，且应无裂纹、焊缝开裂、油漆脱落及其他影响安全的损坏或松动等缺陷。

d. 第 3 项试验不得超过三次，第三次应无永久变形。测量主梁的实际上拱度或悬臂的上翘度，其中，通用桥式起重机、冶金起重机、通用门式起重机和装卸桥的上拱度应大于 0.7S/1000mm；悬臂起重机的上翘度应大于 0.7L_0/350mm。

e. 检查起重机的静刚度（主梁或悬臂下挠度）时，应将小车开至桥架跨中或悬臂最大有效处，起升额定起重量的负荷离地面 200mm，待起重机及负荷静止后，测出其上拱值或上翘值；此值此第 4 项结果之差即为起重机的静刚度。起重机的静刚度允许值应符合设备技术文件或表 2.9.11.1-2 的规定。

起重机静刚度允许值　　　　**表 2.9.11.1-2**

起重机类别		测量部位	允许值（mm）
通用桥式起重机	A_1～A_3	主梁跨中	$\frac{1}{700}S$
	A_4～A_6	主梁跨中	$\frac{1}{800}S$
	A_7～A_8	主梁跨中	$\frac{1}{1000}S$
通用门式起重机和装卸桥		主梁跨中	$\frac{1}{1000}S$
		悬臂端部	$\frac{1}{350}L_0$
冶金起重机		主梁跨中	$\frac{1}{1000}S$
电动葫芦单、双梁起重机		主梁跨中	$\frac{1}{800}S$
电动单梁悬挂起重机		主梁跨中	$\frac{1}{700}S$
手动单、双梁起重机		主梁跨中	$\frac{1}{400}S$
壁上起重机和悬臂起重机		悬臂端部	$\frac{1}{350}L_0$

注：1. A_1～A_8 为起重机的工作级别；2. 起重机的静刚度，应在主梁跨度中部 $S/10$ 的范围内测量；3. L_0 为最大有效悬臂的长度（mm），在最大有效悬臂处测量；4. S 为起重机跨度（mm）。

6）起重机的动负荷试运转应符合下列要求：

①各机构的动负荷试运转应分别进行。当有联合动作试运转要求时，应按设备技术文

件的规定进行；

注：各机构的动负荷试运转应分别进行，是指起重机有多个起升机构，在作动负荷试运转时，各个起升机构应单独进行动负荷试运转，而不许联合进行。但是有的起重机有联合动负荷试运转要求的，则必须按设备技术文件规定的程序和方法进行试验。否则将给起重机带来不良的后果。

②各机构的动负荷试运转应在全行程上进行、起重量应为额定起重量的1.1倍；累计起动及运行时间，对电动的起重机不应少于1h；对手动的起重机不应少于10min；各机构的动作应灵敏、平稳、可靠，安全保护、联锁装置和限位开关的动作应准确、可靠；

③通用门式起重机大车运行时，载荷应在跨中；

④有安全过载保护装置的的冶金起重机，经动负荷试运转合格后，应按设备技术文件的规定，进行安全过载保护装置的试验，其性能应安全、可靠；

⑤脱锭起重机顶出机构的顶出力，可用应力应变仪或液压装置测量，顶出力的大小应符合设备技术文件的规定。

（2）连续输送设备

1）连续输送设备安装工程施工前的检查应符合下列要求

①设计和设备技术文件应齐全；

②按设备装箱清单，检查设备、材料的型号、规格和数量应符合设计和产品标准的要求，并应具有产品合格证书；

③机电设备应无变形、损伤和锈蚀，包装应良好，钢丝绳不得有锈蚀、损伤、弯折、打环、扭结、裂嘴和松散现象；

④钢结构构件应有规定的焊缝检查记录和预装检查记录等质量合格证明文件；

⑤站房、基础、预埋件、预埋螺栓的尺寸和位置的允许偏差，除应符合国家现行标准《机械设备安装工程施工及验收通用规范》的有关规定外，尚应符合表2.9.11.1-3的规定。

钢筋混凝土站房、基础、预埋件、预埋螺栓的尺寸和位置的允许偏差　　表2.9.11.1-3

项	目	允许偏差（mm）
站房、连续输送主要设备基础纵向中心线与设计中心线的	偏　移	20
	偏斜每1000mm测量长度上	1
站房、站口、连续输送主要设备基础横向中心线与设计中心线的偏移		20
分离基础或支架之间	中心线间的距离	$L/1000$ 且不得大于10
	高低差	
站房横梁下弦安装处的标高		+10
站房楼板顶板安装处的标高		−10
预埋件	中心线位移	10
	标高	−10
预埋螺栓组中心线对设计中心线的偏移		5
同组预埋螺栓之间的距离	无调整穴	±2
	有调整穴	±5
预埋螺栓顶端标高	顶端朝下时	−20
	顶端朝上时	+20
站房地面标高		+10 −30

注：表中 L 为相邻跨距中的较小的跨距。

2）连续输送设备试运转前的检查应符合下列要求：

①各润滑点和减速器内所加油、脂的牌号和数量应符合设备技术文件的规定；

②连续输送设备的输送沿线及通道，应无影响试运转的障碍物；

③所有紧固件应无松动现象；

④电气系统、安全联锁装置、制动装置、操作控制系统和信号系统均应经模拟或操作检查，其工作性能应灵敏、正确、可靠；

⑤盘动各运动机构，使传动系统的输入、输出轴旋转一周，不应有卡阻现象；电动机的转动方向与输送机运转方向应相符合。

3）连续输送设备试运转除应按国家现行标准《机械设备安装工程施工及验收通用规范》的规定执行外，尚应符合本规范的规定。试运转一般应由部件至组件，由组件至单机，由单机至全输送线；且应先手动后机动，从低速至高速，由空负荷逐渐增加负荷至额定负荷按步骤进行。

4）空负荷试运转应符合下列要求：

①驱动装置运行应平稳；

②链条传动的链轮与链条应啮合良好，运行平稳，无卡阻现象；

③所有滚轮和行走轮在轨道上应接触良好，运行平稳；

④运动部分与壳体不应有摩擦和撞击现象；

⑤减速器油温和轴承温升均不应超过设备技术文件的规定，润滑和密封应良好；

⑥空负荷试运转的时间不应少于 1h，且不应少于 2 个循环；可变速的连续输送设备，其最高速空负荷试运转时间不应少于全部试运转时间的 60%。

5）负荷试运转应符合下列要求：

①空负荷试运转合格后，方可进行负荷试运转；

②当数台输送机联合运转时，应按物料输送反方向顺序启动设备；

③负荷应按设备技术文件规定的程序和方法逐渐增加，直到额定负荷为止；额定负荷下连续运转时间不应少于 1h，且不应少于一个工作循环；

④各运动部分的运行应平稳，无晃动和异常现象；

⑤润滑油温和轴承温度均不应超过设备技术文件的规定；

⑥安全联锁保护装置和操作及控制系统应灵敏、正确和可靠；

⑦输送量应符合设计规定；

⑧停车前应先停止加料，待输送机卸料口无物料卸出后，方可停车；当数台输送机联合运转时，其停车顺序与启动顺序方向相反。

（3）风机

1）离心通风机：

①离心通风机试运转前应符合下列要求：

a. 轴承箱应清洗并应在检查合格后，方可按规定加注润滑油；

b. 电机的转向应与风机的转向相符；

c. 盘动转子，不得有碰刮现象；

d. 轴承的油位和供油应正常；

e. 各连接部位不得松动；

f. 冷却水系统供水应正常；

g. 应关闭进气调节门。

②离心通风机试运转应符合下列要求：

a. 点动电动机，各部位应无异常现象和摩擦声响方可进行运转；

b. 风机起动达到正常转速后，应首先在调节门开度在0°～5°之间的小负荷运转，待达到轴承温升稳定后连续运转时间不应少于20min；

c. 小负荷运转正常后，应逐渐开大调节门，但电动机电流不得超过额定值，直到规定的负荷为止，连续运转时间不应少于2h；

d. 具有滑动轴承的大型通风机，负荷试运转2h后应停机检查轴承，轴承应无异常，当轴承合金表面有局部研伤时，应进行修整，其后再连续运转不应少于6h；

e. 高温离心通风机当进行高温试运转时，其升温速率不应小于50℃/H；当进行冷态试运转时，其电机不得超负荷运转；

f. 试运转中，滚动轴承温升不得超过环境温度40℃；滑动轴承温度不得超过65℃；轴承部位的振动速度有效值（均方根速度值）不应大于6.3mm/s，其振动速度有效值的测量方法应符合附录一的要求。

2）轴流通风机：

①轴流通风机试运转前应符合下列要求：

a. 电动机转向应正确；油位、叶片数量、叶片安装角、叶顶间隙、叶片调节装置功能、调节范围均应符合设备技术文件的规定；风机管道内不得留有任何污杂物；

b. 叶片角度可调的风机，应将可调叶片调节到设备技术文件规定的起动角度；

c. 盘车应无卡阻现象，开关闭所有人孔门；

d. 应起动供油装置，并运转2h，其油温和油压均应符合设备技术文件的规定。

②轴流通风机试运转应符合下列要求：

a. 起动时，各部位应无异常现象，当有异常现象时应立即停机检查，查明原因并应消除；

b. 起动后调节叶片时，其电流不得大于电动机的额定电流值；

c. 运行时，风机严禁停留于喘振工况内；

d. 滚动轴承正常工作温度不应大于70℃，瞬时最高温度不应大于95℃，温升不应超过55℃；滑动轴承的正常工作温度不应大于75℃；

e. 风机轴承的振动速度有效值不应大于6.3mm/s，轴承箱安装在机壳内的风机，其振动值可在机壳上测量；

f. 主轴承温升稳定后，连续试运转时间不应少于6h，停机后应检查管道的密封性和叶顶间隙。

3）罗茨式和叶氏鼓风机：

①罗茨式和叶氏鼓风机试运转前应符合下列要求：

a. 加注润滑油的规格、数量应符合设计的规定；

b. 接通冷却系统的冷却水；

c. 全开鼓风机进气和排气阀门；

d. 盘动转子，应无异常声响；

e. 电动机转 向应与风机转向相符。

②罗茨式和叶氏鼓风机试运转应符合下列要求：

a. 进气和排气口阀门应在全开的条件下进行空负荷试运转，运转时间不得少于 30min；

b. 空负荷运转正常后，应逐步缓慢地关闭排气阀，直至排气压力调节到设计升压值时，电动机的电流不得超过其额定电流定值；

c. 负荷试运转中，不得完全关闭进气、排气口的阀门；不应超负荷运转，并应在逐步卸荷后停机，不得在满负荷下突然停机；

d. 负荷试运转中，轴承温度不应超过 95℃，润滑油温度不应超过 65℃，振动速度有效值不应大于 13mm/s；

e. 当轴承温升，在半小时内的温度变化不大于 3℃时，应连续负荷试运转，其时间不应少于 2h。

（4）表列子项：

1）工程名称：按施工企业和建设单位签订的施工合同的工程名称或图注的工程名称，照实际填写。

2）设备名称：指被试运转设备的设备名称。

3）施工单位：指建设与施工单位合同书中的施工单位，填写合同书中定名的施工单位名称。

4）规格型号：指被试运转设备的规格型号。

5）试验单位：指主持运转设备试运行的试验单位，填写试验单位名称。

6）额定数据：指被试运转设备铭牌上标定的额定数据，照实际填写。

7）设备所在系统：指被试运转设备所在的系统，按施工图设计上标注的该设备所在的系统。

8）台数：指被试运转设备的台数，应按施工图设计上标注的设备台数填写。

9）试运行时间：指运转设备的实际试运行时间，应按自　年　月　日　时　分开始至　年　月　日　时　分结束。

10）试运行性质（空负荷试运行、负荷试运行）：是指运转设备的试运行试验，当进行某种试验时在表内的方框内打勾（空负荷试运行或负荷试运行）。

11）序号：指重点检查项目的序号。

12）重点检查项目：

①盘车检查（转动灵活，无异常现象）：应在满足主要技术要求转动灵活，无异常现象的情况下填写试验结论。

②有无异常音响（无异常噪音、声响）：应在满足主要技术要求无异常噪音、声响的情况下填写试验结论。

③轴承温度：应满足主要技术条件：a. 滑动轴承及往复运动部件的温升不得超过 35℃，最高温度不得超过 65℃；b. 滚动轴承的温升不得超过 40℃；c. 填料函或机械密封的温度应符合技术文件的规定的情况下填写试验结论。

④其他主要部位的温度及各系统的压力参数（在规定范围内）：应在满足主要技术要求在规定范围内的情况下填写试验结论。

⑤振动值（不超过规定值）：应在满足主要技术要求不超过规定值的情况下填写试验结论。

⑥驱动电机的电压、电流及温升（不超过规定值）：应在满足主要技术要求不超过规定值的情况下填写试验结论。

⑦机器各部位的紧固情况（无松动现象）：应在满足主要技术要求无松动现象的情况下填写试验结论。

13）综合结论（合格、不合格）：按表列各项试验完成后是否满足规范要求确认其试验结论，照确认的试验结论填写合格或不合格。

14）参加人员：

①监理（建设）单位：指监理单位的专业监理工程师，签字有效。当不委托监理时由建设单位的项目负责人签字。

②施工单位：指与该工程签订施工合同的法人施工单位。

③项目技术负责人：指施工单位的项目经理部级的专业技术负责人，签字有效。

④专职质检员：负责该单位工程项目经理部级的专职质检员，签字有效。

⑤工长：指该项工程的单位工程技术负责人。

⑥测试：参与该项测试人、填写测试人姓名。

2.9.11.2 水泵试运行记录

1. 实施要点

（1）水泵试运行记录表式按运转设备试运行记录表 2.9.11.1 执行。

（2）水泵试运转前应对水泵进行检查并做如下记录。

1）水泵型号及主要性能参数是否符合设计要求（型号及主要性能参数可在设备技术文件或设备铭牌上摘录）。

2）各固定连接部位是否有松动。

3）压力表应灵敏、准确、可靠。

4）润滑油的规格和数量应符合技术文件的规定。

5）盘车应灵活、无异常现象。

6）电机绕组对地绝缘电阻应符合要求。

7）电动机转向应与泵的转向相符。

（3）水泵试运转，应无异常振动和声响，其电机运行电流、电压应符合设备技术文件的规定。连续运转 2h 后，水泵轴承外壳最高温度——滑动轴承不得超过 70℃，滚动轴承不得超过 80℃；电机轴承最高温度——滑动轴承不应超过 80℃，滚动轴承不应超过 95℃。

（4）记录中应表达连续试运转时间及试运转时的环境温度。

2.9.12 设备联动试运行记录

1. 资料表式

设备联动试运行记录　　表 2.9.12-1

<table>
<tr><td colspan="2">工程名称</td><td colspan="4"></td></tr>
<tr><td colspan="2">施工单位</td><td colspan="4"></td></tr>
<tr><td colspan="2">试验系统</td><td colspan="4"></td></tr>
<tr><td colspan="2">试运行时间</td><td colspan="4">自　年　月　日　时起至　年　月　日　时止</td></tr>
<tr><td colspan="6">试运行内容：</td></tr>
<tr><td colspan="6">试运行情况：</td></tr>
<tr><td colspan="6">说明：</td></tr>
<tr><td colspan="6">综合结论：
□合格
□不合格</td></tr>
<tr><td rowspan="2">参加人员</td><td>监理（建设）单位</td><td colspan="4">施　工　单　位</td></tr>
<tr><td></td><td>项目技术负责人</td><td>专职质检员</td><td>工　长</td><td>测　试</td></tr>
</table>

2. 资料要求

（1）运转设备试运行试验项目和内容符合有关标准规定，内容真实、准确为符合要求。运转设备试运行的试验项目，有齐全的过程记录者为符合要求。

（2）运转设备试运行不缺项、不缺部位，符合有关标准的规定，测试项目和手续齐全，内容具体、真实、有结论意见为符合要求。缺项，缺部位、测试项目不全、测试电阻超值为不符合要求。

3. 实施要点

（1）通用机械设备安装试运转

1）设备试运转前应具备下列条件：

①设备及其附属装置，管路等均应全部施工完毕，施工记录及资料应齐全。其中：设备的精平和几何精度经检验合格；润滑、液压、冷却、水、气、汽、电气（仪器）控制等附属装置均应按系统检验，并应符合试运转的要求；

②需要的能源、介质、材料、工机具、检测仪器、安全防护设施及用具等，均应符合试运转的要求；

③对大型、复杂和精密设备，应编制试运转方案或试运转操作规程；

④参加试运转的人员。应熟悉设备的构造、性能、设备技术文件和掌握操作规程及试运转操作；

⑤设备及周围环境应清扫干净，设备附近不得进行有粉尘或噪音较大的作业。

2）设备试运转应包括下列内容和步骤：

①电气（仪器）操纵控制系统及仪表的调整试验；

②润滑、液压、气、汽、动、冷却和加热系统的检查和调整试验；

③机械和各系统联合调整试验；

④空负荷试运转，应在上述①～③项调整试验合格后方可进行。

3）电气及其操作控制系统调整试验，应符合下列要求：

①按电气原理图和安装接线图，设备内部接线和外部接线应正确无误；

②按电源的类型、等级和容量，检查或调试其断流容量、熔断器容量、过压、久压、过流保护等，均应符合其规定值；

③按设备使用说明书有关电气系统调整方法和调试要求，用模拟操作检查其工艺动作，指示、讯号和联锁装置应正确、灵敏和可靠；

④经上述①～③项检查或调整后，方可进行机械与各系统的联合调整试验。

4）润滑系统调试应符合下列要求：

①系统清洗后，其清洁度经检查应符合规定；

②按润滑油（剂）性质及供给方式，对需要润滑的部位加注润滑剂；油（剂）性能、规格和数量均应符合设备使用说明书的规定；

③干油集中润滑装置各部位的运动应均匀、平稳、无卡滞和不正常声响；给油量在5个工作循环中，每个给油孔，每次最大给油量的平均值，不得低于说明书规定的调定值；

④稀油集中润滑系统，应按说明书检查和调整下列各项目：a. 油压过载保护；b. 油压与主机启动和停机的联锁；c. 油压低压报警停机讯号；d. 油过滤器的差压讯号；e. 油冷却器工作和停止的油温整定值的调整；f. 油温过高报警信号。系统在公称压力下应无渗漏现象。

5）液压系统调试应符合下列要求：

①系统在充液前其清洁度应符合规定；

②所充液压油（液）的规格、品种及特性等均应符合使用说明书的规定，充液时应多次开启排气口把空气排除干净；

③系统应进行压力试验。系统的油（液）马达、伺服阀、比例阀、压力传感器，压力继电器和蓄能器等，均不得参与试压。试压时先缓慢升压到表5）的规定值，保持压力10min，然后降至公称压力检查焊缝、接口和密封处等，均不得有渗漏现象；

液压试验压力　　表 2.9.12-2

系统公称压力 P (MPa)	≤16	>16～31.5	>31.5
试验压力	$1.5P$	$1.25P$	$1.15P$

④启动液压泵，进油（液）压力应符合说明书的规定；泵进口油温不得高于60℃、不得低于15℃；过滤器不得吸入空气，调整溢流阀（或调压阀）使压力逐渐升高，到工作压力为止。升压中应多次开启系统放气口将空气排除；

⑤按说明书规定调整，安全阀、保压阀、压力继电器、控制阀、蓄能器和溢流阀等液压元件，其工作性能应符合规定，且动作正确，灵敏和可靠；

⑥液压系统的活塞（柱塞）、滑块、移动工作台等驱动件（装置），在规定的行程和速度范围内，不应有振动、爬行和停滞现象；换向和卸压不得有异常的冲击现象；

⑦系统的油（液）路应通畅。经上述调试后方可进行空负荷试运转。

6）气动、冷却或加热系统调试应符合下列要求：

①各系统的通路应畅通并无差错；

②系统应进行放气和排污；

③系统的阀件和机构等的动作，应进行数次试验，达到正确、灵敏和可靠；

④各系统的工作介质供给不得间断的泄漏，并应保持规定的数量、压力和温度。

7）机械和各系统联合调试应符合下列要求：

①设备及其润滑、液压、气、汽、动、冷却、加热和电气及控制等系统，均应单独调试检查符合要求；

②联合调试应按要求进行，不宜用模拟方法代替；

③联合调试应由部件开始至组件、至单机、直至整机（成套设备），按说明书和生产操作程序进行，并应符合下列要求：

a. 各转动和移动部分，用手（或其他方式）盘动，应灵活，无卡滞现象；

b. 安全装置（安全联锁）、紧急停机和制动（大型关键设备无法进行此项试验者，可用模拟试验代替）、报警讯号等经试验均应正确、灵敏、可靠；

c. 各种手柄操作位置、按钮、控制显示和讯号等，应与实际动作及其运动方向相符；压力、温度、流量等仪表、仪器指示均应正确、灵敏、可靠；

d. 应按有关规定调整往复运动部件的行程，变速和限位；在整个行程上其运动应平稳，不应有振动、爬行和停滞现象；换向不得有不正常的声响；

e. 主运动和进给运动机构均应进行各级速度（低、中、高）的运转试验。其启动、运转、和制动，在手控、半自动化控制和自动控制下，均应正确、可靠、无异常现象。

8）设备空负荷试运转应符合下列要求：

①应按第7）款机械与各系统联合调试合格后，方可进行空负荷试运转；

②应按说明书规定的空负荷试验的工作规范和操作程序，试验各运动机构的启动，其中大功率机组不得频繁启动，启动时间间隔应按有关规定执行，变速、换向、停机、制动和安全连锁等动作，均应正确、灵敏、可靠。其中连续运转时间和继续运转时间无规定时，应按各类设备安装验收规范的规定执行；

③空负荷试运转中，应进行下列各项检查，并应作实测记录：

a. 技术文件要求测量的轴承振动和轴的窜动不应超过规定；

b. 齿轮副，链条与链轮啮合应平稳，无不正常的噪声和磨损；

c. 传动皮带不应打滑，平皮带跑偏量不应超过规定；

d. 一般滑动轴承温升不应超过35℃，最高温度不应超过70℃，滚动轴承温升不应超过40℃，最高温度不应超过80℃。导轨温升不应超过15℃，最高温度不应超过100℃；

e. 油箱油温最高不得超过60℃；

f. 如润滑、液压、气（汽）动等各辅助系统的工作应正常，无渗漏现象；

g. 各种仪表应工作正常；

h. 有必要和有条件时，可进行噪音测量，并应符合规定。

9）空负荷试运转结束后，应立即作下列各项工作：

①切断电源和其他动来源；

②进行必要的放气、排水或排污及必要的防锈涂油；

③对蓄能器和设备内有余压的部分进行泄压；

④按各类设备安装规范的规定，对设备几何精度进行必要的复查，各紧固部分进行复紧；

⑤设备空负荷（或负荷）试运转后，应对润滑剂的清洁度进行检查，并清洗过滤器，必要时可更换新油（剂）；

⑥拆除调试中临时的装置，装好试运转中临时拆卸的部件或附属装置；

⑦清理现场及整理试运转的各项记录。

（2）表列子项：

1）工程名称：按施工企业和建设单位签订的施工合同的工程名称或图注的工程名称，照实际填写。

2）施工单位：指建设与施工单位合同书中的施工单位，填写合同书中定名的施工单位名称。

3）试验系统

4）试运行时间：指电机的实际试运行时间，应按自____年____月____日____时____分开始至____年____月____日____时____分结束。

5）试运行内容：设备负荷联动试运行应按专业要求制定出试运行的内容、方法、措施等技术要求。按此进行试运行以指导全部的试运行过程。

6）试运行情况：按制定的试验内容、方法与措施进行各项试验的试运行情况，看其是否满足规范要求，对满足规范要求或不满足规范要求的情况予以说明。

7）说明：填写设备负荷联动试运行中需要说明的事宜。

8）综合结论（合格、不合格）：应按制定出的试运行的内容、方法、措施等技术要求全部实施，各项试运行完成后是否满足规范要求据实确认其试运行结果，照确认的试运行结果填写合格或不合格。

2.9.13 供热管网、燃气管网等管网试运行记录

2.9.13.1 供热管网（场站）热运行记录

1. 资料表式

供热管网（场站）热运行记录

施工单位：

<table>
<tr><td colspan="2">工程名称</td><td colspan="4"></td></tr>
<tr><td colspan="2">热运行范围</td><td colspan="4"></td></tr>
<tr><td colspan="2">热运行时间</td><td colspan="4">从　　月　　日　　时　　分起至　　月　　日　　时　　分止。</td></tr>
<tr><td colspan="2">热运行温度℃</td><td colspan="2"></td><td>热运行压力</td><td>MPa</td></tr>
<tr><td colspan="2">是否连续运行</td><td colspan="2"></td><td>热运行累计时间</td><td>小时</td></tr>
<tr><td colspan="6">热运行情况：</td></tr>
<tr><td colspan="6">处理意见：</td></tr>
<tr><td rowspan="3">参加人员</td><td rowspan="2">监理（建设）单位</td><td colspan="4">施　　工　　单　　位</td></tr>
<tr><td>项目技术负责人</td><td>专职质检员</td><td>工　长</td><td>测　试</td></tr>
<tr><td></td><td></td><td></td><td></td><td></td></tr>
</table>

2. 资料要求

（1）供热管网（场站）热运行的试验项目和内容符合有关标准规定，内容真实、准确为符合要求。供热管网（场站）热运行的试验项目，有齐全的过程记录者为符合要求。

（2）供热管网（场站）热运行不缺项、不缺部检，符合有关标准的规定，测试项目和手续齐全，内容具体、真实、有结论意见为符合要求。缺项、缺部位、测试项目不全、测试电阻超值为不符合要求。

3. 实施要点

（1）试运行应在供热管网工程的各单项工程全部竣工并经验收合格，管网总试压合格，管网清洗，热源工程已具备供热运行条件后进行。

（2）试运行前，应制定试运行方案，对试运行各个阶段的任务、方法、步骤、各方面的协调配合以及应急措施等均应作细致安排。在初寒期和严寒期进行试运，尚应拟定可靠的防冻措施。

（3）投入试运行的各类设备、仪表等，应遵守它们各自的安全运行技术规程。

（4）供热管网的试运行应有完善、灵敏、可靠的通信系统。

（5）供热站与中继泵站的水泵，在试运行前应进行试运转，泵的试运转应符合下列要求：

1）水泵试运转前，应做下列检查：

①各紧固连接部位不应松动；

②润滑油的质量、数量应符合设备技术文件的规定；

③安全、保护装置灵敏、可靠；

④盘车应灵活、正常；

⑤起动前，泵的吸口阀门全开，出口阀门全闭。

2）泵在设计负荷下连续运转时间不应少于2h，并应符合下列要求：

①水泵在启动前应与管网水连通，使水泵充满水并排净空气；

②在水泵出口阀门关闭的状态下起动水泵，水泵出口阀门前压力表显示的压力应符合水泵的最高扬程，水泵和电机应无异常情况；

③逐渐开启水泵出口阀门，在流量表显示的流量符合设计规定的流量时，记录水泵的扬程并与设计选定的扬程相比较，两者应当接近或相等。

④在两小时的运转期间内：

a. 运转中不应有不正常的声音；

b. 各静密封部位不应泄漏；

c. 各紧固连接部位不应松动；

d. 滚动轴承的温度不应高于75℃；

e. 填料升温正常，普通软填料宜有少量的泄漏（每分钟10～20滴）；

f. 电动机的电流不超过额定值；

g. 振动应符合设备技术文件的规定，如设备文件无规定时，用手提式振动仪测量泵的径向振幅（双向）应不超过表2.3.9.13-1的规定；

h. 泵的安全保护装置灵敏、可靠。

3）试运转结束后，关闭外网阀门，记录水泵出口阀门的开启程度。

（6）水泵试运转合格后，供热管网即可进行热运行。热运行必须缓慢地升温，在低温热运行期间，应对管网进行全面检查，支架的工作状况应作重点检查。在低温热运行正常以后，可再缓慢升温到设计参数运行。热运行期间，应详细观察管网和设备的工作状态是否正常，完成应当检验和考核的各项工作，作好热运行数据的记录。

（7）供热管网在设计参数下热运行的时间为连续运行72h。

（8）热运行期间发现的施工质量问题，属于不影响热运行安全的，可待热运行结束后处理。属于必须当即解决的，应停止热运行的局部或全部立即处理。热运行的时间，应从恢复到正常热运行状态的时间起，重新计算。

（9）符合设计参数的热运行宜选择在供暖期前进行，热运行合格后，可直接转入正常的供热运行。不需要继续运行的，应采取停行措施并妥加保护。

（10）蒸汽管网的试运行应符合下列要求：

1）暖管时开启阀门的动作应缓慢，开启量逐渐加大。对于有旁通管的阀门，可先利用旁通管阀门进行暖管。暖管后的恒温时间应不少于1h。在此期间应观察蒸汽管道的固定支架、滑动支架和补偿器等设备的工作是否正常；疏水器有无堵塞或疏水不畅的现象，发现问题应及时处理，需要停汽处理的，应停汽进行处理。

2）在暖管合格后，略开大汽门缓慢提高蒸汽管的压力，待管道内蒸汽压力和温度达到设计规定的参数后，对管道、支架及凝结水疏水系统进行全面检查。

3）在确认管网的各部位均符合要求后，对用户的用汽系统进行暖管和各部位的检查，确认热用户用汽系统的各部位均符合要求后，再缓慢地提高供汽压力并进行适当的调整，供汽参数达到设计要求后即可转入正常的供汽运行。

（11）供热管网试运行合格后，应填写供热管网试运行记录。

（12）管道工程的位置和高程施工时必须满足设计和使用要求。

（13）表列子项：

1）施工单位：指建设与施工单位合同书中的施工单位，填写合同书中定名的施工单位名称。

2）工程名称：按施工企业和建设单位签订的施工合同的工程名称或图注的工程名称，照实际填写。

3）热运行范围：指供热管网（场站）热运行的区段范围。

4）热运行时间：指供热管网（场站）热运行的时间，按开始的月、日、时、分起至月、日、时、分止。

5）热运行温度：指供热管网（场站）热运行的实际温度。

6）热运行压力：指供热管网（场站）热运行的实际压力。

7）是否连续运行：指供热管网（场站）热运行时是否连续运行，照实际运行情况填写。

8）热运行累计时间：指供热管网（场站）热运行时，自开始热运行的月、日、时、分起至月、日、时、分止的累计时间。

9）热运行情况：指供热管网（场站）热运行的过程运行情况，应对热运行范围、热运行时间、热运行温度、热运行压力进行综合性说明。

10）处理意见：指供热管网（场站）热运行过程中出现故障或问题的处理情况及意见。

11）参加人员：

①监理（建设）单位：指监理单位的专业监理工程师，签字有效。当不委托监理时由建设单位的项目负责人签字。

②施工单位：指与该工程签订施工合同的法人施工单位。

③项目技术负责人：指施工单位的项目经理部级的专业技术负责人，签字有效。

④专职质检员：负责该单位工程项目经理部级的专职质检员，签字有效。

⑤工　长：指该项工程的单位工程技术负责人。

⑥测　试：参与该项测试人、填写测试人姓名。

2.9.13.2　燃气管网等管网试运行记录

实施要点如下：

（1）燃气管网等管网试运行记录按供热管网（场站）热运行记录表 2.9.13.1 执行。

（2）场站内的燃气管道安装完毕后必须进行吹扫和压力试验，并应符合下列规定：

1）场站内管道的吹扫和强度试验应符合《城镇燃气输配工程施工及验收规范》（CJJ 33—2005、J404—2005）第 12 章的规定；

2）埋地管道的严密性试验应符合《城镇燃气输配工程施工及验收规范》（CJJ 33—

2005、J404—2005）第12章的规定；

3）地上管道进行严密性试验时，试验压力应为设计压力，且不得小于0.3MPa；试验时压力应缓慢上升到规定值，采用发泡剂进行检查，无渗漏为合格。其他要求应符合《城镇燃气输配工程施工及验收规范》（CJJ 33—2005、J404—2005）第12.4节的规定。

（3）试验室所发现的缺陷，必须待试验压力降至大气压后进行处理，处理合格后应重新试验。

2.9.14 燃气管道强度、严密性试验记录

2.9.14.1 燃气管道严密性试验记录（一）

1. 资料表式

燃气管道严密性试验记录（一） **表 2.9.14.1-1**

工程名称							
施工单位							
压力级制及管径	压 Φ			压力计种类	U型压力计		
起止桩号及长度	m			管道材质			
充气时间	年 月 日 时			记录开始时间	年 月 日 时		
稳压时间	时			记录结束时间	年 月 日 时		
时间	上读数	下读数	土壤温度℃	时间	上读数	下读数	土壤温度℃
参加人员	监理（建设）单位		施工单位				
			项目技术负责人	专职质检员	工长	测试	

2. 资料要求

(1) 燃气管道严密性试验记录的试验项目和内容符合有关标准规定,内容真实、准确为符合要求。燃气管道严密性试验记录的试验项目齐全,且有齐全的过程记录者为符合要求。

(2) 燃气管道严密性试验记录不缺项、不缺部位，符合有关标准的规定，测试项目和手续齐全，内容具体、真实、有结论意见为符合要求。缺项，缺部位、测试项目不全、测试电阻超值为不符合要求。

3. 实施要点

(1) 一般规定

1) 管道安装完毕后应依次进行管道吹扫、强度试验和严密性试验。

2) 燃气管道穿（跨）越大中型河流、铁路、二级以上公路、高速公路时，应单独进行试压。

3) 管道吹扫、强度试验及中高压管道严密性试验前应编制施工方案，制定安全措施，确保施工人员及附近民众与设施的安全。

4) 试验时应设巡视人员，无关人员不得进入。在试验的连续升压过程中和强度试验的稳压结束前，所有人员不得靠近试验区。人员离试验管道的安全间距可按表 2.9.14.1-2 确定。

安　全　间　距　　　　**表 2.9.14.1-2**

管道设计压力（MPa）	安全间距（m）
＞0.4	6
0.4～1.6	10
2.5～4.0	20

5) 管道上的所有堵头必须加固牢靠，试验时堵头端严禁人员靠近。

6) 吹扫和待试验管道应与无关系统采取隔离措施，与已运行的燃气系统之间必须加装盲板且有明显标志。

7) 试验前应按设计图检查管道的所有阀门，试验段必须全部开启。

8) 在对聚乙烯管道或钢骨架聚乙烯复合管道吹扫及试验时，进气口应采取油水分离及冷却等措施，确保管道进气口气体干燥，且其温度不得高于 40℃；排气口应采取防静电措施。

9) 试验时所发现的缺陷，必须待试验压力降至大气压后进行处理，处理合格后应重新试验。

(2) 严密性试验

1) 严密性试验应在强度试验合格、管线全线回填后进行。

2) 试验用的压力计应在校验有效期内，其量程应为试验压力的 1.5～2 倍，其精度等级、最小分格值及表盘直径应满足表 2.9.14.1-3 的要求。

3) 严密性试验介质宜采用空气，试验压力应满足下列要求：

①设计压力小于 5kPa 时，试验压力应为 20kPa。

②设计压力大于或等于 5kPa 时，试验压力应为设计压力的 1.15 倍，且不得小于 0.1MPa。

试压用压力表选择要求 **表 2.9.14.1-3**

量程（MPa）	精度等级	最小表盘直径（mm）	最小分格值（MPa）
0～0.1	0.4	150	0.0005
0～1.0	0.4	150	0.005
0～1.6	0.4	150	0.01
0～2.5	0.25	200	0.01
0～4.0	0.25	200	0.01
0～6.0	0.16	250	0.01
0～10	0.16	250	0.02

4）试压时的升压速度不宜过快。对设计压力大于 0.8MPa 的管道试压，压力缓慢上升至 30%min，并检查系统有无异常情况，如无异常情况继续升压。管内压力升至严密性试验压力后，待温度、压力稳定后开始记录。

5）严密性试验稳压的持续时间应为 24h，每小时记录不应少于 1 次，当修正压力降小于 133Pa 为合格。修正压力降应按下式确定：

$$\Delta P' = (H_1 + B_1) - (H_2 + B_2)\frac{273 + t_1}{273 + t_2}$$

式中 $\Delta P'$——修正压力降（Pa）；

H_1、H_2——试验开始和结束时的压力计读数（Pa）；

B_1、B_2——试验开始和结束时的气压计读数（Pa）；

t_1、t_2——试验开始和结束时的管内介质温度（℃）。

6）所有未参加严密性试验的设备、仪表、管件，应在严密性试验合格后进行复位，然后按设计压力对系统升压，应采用发泡剂检查设备、仪表、管件及其与管道的连接处，不漏为合格。

（3）管道工程的位置和高程施工时必须满足设计和使用要求。

（4）表列子项

1）工程名称：按施工企业和建设单位签订的施工合同的工程名称或图注的工程名称，照实际填写。

2）施工单位：指建设与施工单位合同书中的施工单位，填写合同书中定名的施工单位名称。

3）压力级制及管径：指燃气管道严密性试验的压力级制及燃气管道的管径，按施工图设计的压力级制及燃气管道的管径填写。

4）压力计种类：指燃气管道严密性试验采用的压力计种类（U 型压力计）。

5）起止桩号及长度（m）：指燃气管道严密性试验所在的桩号及长度，以 m 计，照实际填写。

6）管道材质：指燃气管道严密性试验段的管道的材质质量。

7）充气时间：指燃气管道严密性试验段的充气时间。按年、月、日、时填写。

8）记录开始时间：指燃气管道严密性试验段试验后开始记录的时间。按年、月、日、时填写。

9）稳压时间：指燃气管道严密性试验段试验压力满足设计要求和规范规定的压力值后的稳定时间，以小时计。

10）记录结束时间：指燃气管道严密性试验段试验后结束记录的时间。按年、月、日、时填写。

11）时间：指被试桩号间不同管段的测试时间，照实际填写。

12）上读数：指管道试验用压力计及温度记录仪进入口的仪表读数，照实际填写。

13）下读数：指管道试验用压力计及温度记录仪出口的仪表读数，照实际填写。

14）土温度（℃）：指被试桩号间埋管段的土壤温度，可采用入、出口段的平均值，照实际填写。

15）参加人员：

①监理（建设）单位：指监理单位的专业监理工程师，签字有效。当不委托监理时由建设单位的项目负责人签字。

②施工单位：指与该工程签订施工合同的法人施工单位。

③项目技术负责人：指施工单位的项目经理部级的专业技术负责人，签字有效。

④专职质检员：负责该单位工程项目经理部级的专职质检员，签字有效。

⑤工长：指该项工程的单位工程技术负责人。

⑥测试：参与该项测试人、填写测试人姓名。

2.9.14.2　燃气管道严密性试验记录（二）

1. 资料表式

燃气管道严密性试验记录（二）　　**表 2.9.14.2**

工程名称					
施工单位					
压力计种类		压力计精度等级		压力单位	
压力级制		管道材质			
公称直径	mm	充气时间	年　月　日　时		
起止桩号及长度		记录开始时间	年　月　日　时		
稳压时间	h	记录结束时间	年　月　日　时		
时间	压力	时间	压力	时间	压力
其他说明：					
参加人员	监理（建设）单位	施工单位			
		项目技术负责人	专职质检员	工长	测试

2. 资料要求与实施要点

（1）资料要求与实施要点按表 2.9.14.1-1 执行。

（2）表列子项

1）工程名称：按施工企业和建设单位签订的施工合同的工程名称或图注的工程名称，照实际填写。

2）施工单位：指建设与施工单位合同书中的施工单位，填写合同书中定名的施工单位名称。

3）压力计种类：指燃气管道严密性试验采用的压力计种类。

4）压力计精度等级：指燃气管道严密性试验采用的压力计的精度等级，该压力计的精度等级应满足设计要求。

5）压力单位：按 MPa 或 KPa 计。

6）压力级制：指燃气管道严密性试验的压力级制，按施工图设计的压力级制填写。

7）管道材质：指燃气管道严密性试验段的管道的材质质量。

8）公称直径：指燃气管道严密性试验段的燃气管道的公称直径。

9）充气时间：指燃气管道严密性试验段的充气时间。按年、月、日、时填写。

10）起止桩号及长度：

11）记录开始时间：指燃气管道严密性试验段试验后开始记录的时间。按年、月、日、时填写。

12）稳压时间 h：指燃气管道严密性试验段试验压力满足设计要求和规范规定的压力值后的稳定时间，以小时计。

13）记录结束时间：指燃气管道严密性试验段试验后结束记录的时间。按年、月、日、时填写。

14）时间：指某试验段试验的开始至终止时间。

15）压力：指某试验段试验的开始至终止压力。

16）其他说明：指燃气管道严密性试验过程记录中尚需说明的其他事宜。

2.9.14.3 燃气管道严密性试验验收单

1. 资料表式

燃气管道严密性试验验收单

工程名称：　　　　　　　　　　　　　　　　　　　　　试验日期：　　年　　月　　日

<table>
<tr><td colspan="2">起止桩号</td><td colspan="2"></td><td>压力级别及管径</td><td>____压 Φ____</td></tr>
<tr><td colspan="2">接口作法</td><td colspan="2"></td><td>试验次数</td><td>第　次共　次</td></tr>
<tr><td colspan="2">试验压力</td><td colspan="2"></td><td>允许压力降</td><td></td></tr>
<tr><td colspan="2">实际压力降</td><td colspan="2"></td><td>施工单位</td><td></td></tr>
<tr><td colspan="2">试验介质</td><td colspan="2"></td><td>长度（m）</td><td></td></tr>
<tr><td>试验结果</td><td colspan="5"></td></tr>
<tr><td>处理意见</td><td colspan="5"></td></tr>
<tr><td>备注</td><td colspan="5"></td></tr>
<tr><td rowspan="3">参加人员</td><td>监理（建设）单位</td><td colspan="4">施　工　单　位</td></tr>
<tr><td rowspan="2"></td><td>项目技术负责人</td><td>专职质检员</td><td>工　长</td><td>测　试</td></tr>
<tr><td></td><td></td><td></td><td></td></tr>
</table>

2. 资料要求

(1) 燃气管道严密性试验验收单必须经建设、监理、设计和施工单位经验收合格后填写的验收单。

(2) 验收单必须责任制填写齐全。

3. 实施要点

(1) 燃气管道的气密性试验验收单是在燃气管道系统全部安装完毕后，经过管道系统的严密性试验，试验结果符合要求后由建设、监理、设计和施工单位经验收合格后填写的验收单。

(2) 管道工程的位置和高程施工时必须满足设计和使用要求。

(3) 表列子项

1) 工程名称：按施工企业和建设单位签订的施工合同的工程名称或图注的工程名称，照实际填写。

2) 试验日期：指燃气管道严密性试验验收试验的日期，按年、月、日填写。

3) 起止桩号：指燃气管道严密性试验验收段的起止桩号。

4) 压力级别及管径（压 Φ)：指燃气管道严密性试验验收段的压力级制及燃气管道的管径，按施工图设计的压力级制及燃气管道的管径填写。

5) 接口作法：指燃气管道严密性试验验收段管道的接口作法。

6) 试验次数（第　次共　次)：指该燃气管道严密性试验验收段的试验次数。应分别填写第　次和共　次。

7) 试验压力：指燃气管道严密性试验验收段管道的试验压力。

8) 允许压力降：指燃气管道严密性试验验收段规范规定的管道的允许压力降。

9) 实际压力降：指燃气管道严密性试验验收段验收时实测的管道实际压力降。

10) 施工单位：指建设与施工单位合同书中的施工单位，填写合同书中定名的施工单位名称。

11) 试验介质：一般应为气体，照实际采用的气体介质填写。

12) 长度（m)：指燃气管道严密性试验段的管道长度，以 m 计，照实际填写。

13) 试验结果：指燃气管道严密性试验验收的试验结果。

14) 处理意见：指燃气管道严密性试验验收过程中出现故障或问题的处理情况及意见。

15) 备注：填写需要说明的其他事宜。

2.9.14.4 燃气管道强度试验记录

1. 资料表式

燃气管道强度试验记录 **表 2.9.14.4-1**

工程名称： 试验日期： 年 月 日

<table>
<tr><td>起止桩号</td><td colspan="2"></td><td>管　　径</td><td colspan="2">Φ</td></tr>
<tr><td>接口作法</td><td colspan="2"></td><td>管道材质</td><td colspan="2"></td></tr>
<tr><td>试验压力</td><td colspan="2">MPa</td><td>施工单位</td><td colspan="2"></td></tr>
<tr><td>试验介质</td><td colspan="5"></td></tr>
<tr><td colspan="6">试验结果：</td></tr>
<tr><td rowspan="3">参加人员</td><td rowspan="3">监理（建设）单位</td><td colspan="4">施　　工　　单　　位</td></tr>
<tr><td>项目技术负责人</td><td>专职质检员</td><td>工　长</td><td>测　试</td></tr>
<tr><td></td><td></td><td></td><td></td></tr>
</table>

2. 资料要求

（1）燃气管道强度试验记录的试验项目和内容符合有关标准规定，内容真实、准确为符合要求。燃气管道强度试验记录的试验项目齐全，且有齐全的过程记录者为符合要求。

（2）燃气管道强度试验记录不缺项、不缺部位，符合有关标准的规定，测试项目和手续齐全，内容具体、真实、有结论意见为符合要求。缺项，缺部位、测试项目不全、测试电阻超值为不符合要求。

3. 实施要点

（1）燃气管道的强度试验是为检查管道强度，对燃气管道本身进行的压力试验。

（2）强度试验

1）强度试验前应具备下列条件：

①试验用的压力计及温度记录仪应在校验有效期内。

②试验方案已经批准，有可靠的通信系统和安全保障措施，已进行了技术交底。

③管道焊接检验、清扫合格。

④埋地管道回填土宜回填至管上方 0.5m 以上，并留出焊接口。

2）管道应分段进行压力试验，试验管道分段最大长度宜按表 2.9.14.4-2 执行。

管道试压分段最大长度 **表 2.9.14.4-2**

设计压力 *PN*（MPa）	试验管段最大长度（m）
$PN \leqslant 0.4$	1000
$0.4 < PN \leqslant 1.6$	5000
$1.6 < PN \leqslant 4.0$	10000

3）管道试验用压力计及温度记录仪表均不应少于两块，并应分别安装在试验管道的两端。

4）试验用压力计的量程应为试验压力的1.5～2倍，其精度不得低于1.5级。

5）强度试验压力和介质应符合表2.9.14.4-3的规定。

强度试验压力和介质　　　　**表2.9.14.4-3**

管道类型	设计压力 *PN*（MPa）	试验介质	试验压力（MPa）
钢　管	*PN*>0.8	清洁水	1.5*PN*
	PN≤0.8	压缩空气	1.5*PN* 且≮0.4
球墨铸铁管	*PN*		1.5*PN* 且≮0.4
钢骨架聚乙烯复合管	*PN*		1.5*PN* 且≮0.4
聚乙烯管	*PN*（*SDR*11）		1.5*PN* 且≮0.4
	PN（*SDR*17.6）		1.5*PN* 且≮0.2

6）水压试验时，试验管段任何位置的管道环向应力不得大于管材标准屈服强度的90%。架空管道采用水压试验前，应核算管道及其支撑结构的强度，必要时应临时加固。试压宜在环境温度5℃以上进行，否则应采取防冻措施。

7）水压试验应符合现行国家标准《液体石油管道压力试验》GB/T 16805的有关规定。

8）进行强度试验时，压力应逐步缓升，首先至试验压力的50%，应进行初检，如无泄漏、异常，继续升压至试验压力，然后宜稳压1h后，观察压力计不应少于30min，无压力降为合格。

9）水压试验合格后，应及时将管道中的水放（抽）净，并按本规范第（2）款的要求进行吹扫。

10）经分段试压合格的管段相互连接的焊缝，经射线照相检验合格后，可不再进行强度试验。

（3）管道工程的位置和高程施工时必须满足设计和使用要求。

（4）表列子项

1）工程名称：按施工企业和建设单位签订的施工合同的工程名称或图注的工程名称，照实际填写。

2）试验日期：指燃气管道强度试验的日期，按年、月、日填写。

3）起止桩号：指燃气管道强度试验段的起止桩号。

4）管径（Φ）：指燃气管道强度试验管道的管径，按施工图设计的燃气管道的管径填写。

5）接口作法：指燃气管道强度试验段管道的接口作法。

6）管道材质：指燃气管道强度试验段的管道的材质质量。

7）试验压力：指燃气管道强度试验段管道的试验压力。

8）施工单位：指建设与施工单位合同书中的施工单位，填写合同书中定名的施工单位名称。

9）试验介质：一般应为气体，照实际采用的气体介质填写。

10）试验结果：指燃气管道强度试验的试验结果。

2.9.14.5 户内燃气设施强度/严密性试验记录

1. 资料表式

户内燃气设施强度/严密性试验记录

工程名称					
施工单位					
试验项目	□强度　□严密性		试验日期	年　月　日	
试验压力	kPa		允许压力降	kPa	
试验范围	楼　号				
	户数（户）				
	主立管（数量）				
	引入口（个）				
	燃气表（台）				
	燃气灶（台）				
	热水器（台）				
强度试验	试验压力（kPa）				
	检漏结果				
严密性试验	试验压力（kPa）				
	保压时间（min）				
	最大压力降(kPa)				
试验结论：					
参加人员	监理（建设）单位	施　工・单　位			
		项目技术负责人	专职质检员	工　长	测　试

2. 资料要求

（1）户内燃气设施强度/严密性试验记录的试验项目和内容符合有关标准规定，内容真实、准确为符合要求。户内燃气设施强度/严密性试验记录的试验项目齐全，且有齐全的过程记录者为符合要求。

(2) 户内燃气设施强度/严密性试验记录不缺项、不缺部位，符合有关标准的规定，测试项目和手续齐全，内容具体、真实、有结论意见为符合要求。缺项，缺部位、测试项目不全、测试电阻超值为不符合要求。

3. 实施要点

(1) 户内燃气设施强度/严密性试验见燃气管道强度、严密性试验验收记录 2.9.14.4 的相关说明。

(2) 表列子项

1) 工程名称：按施工企业和建设单位签订的施工合同的工程名称或图注的工程名称，照实际填写。

2) 施工单位：指建设与施工单位合同书中的施工单位，填写合同书中定名的施工单位名称。

3) 试验项目（强度、严密性）：是指强度试验或严密性试验，进行某种试验时在表内的方框内打勾。

4) 试验日期（年、月、日）：指户内燃气设施强度/严密性试验的日期，按年、月、日填写。

5) 试验压力（kPa）：指户内燃气设施强度/严密性试验的试验压力。

6) 允许压力降（kPa）：指户内燃气设施强度/严密性试验段规范规定的管道的允许压力降。

7) 试验范围

①楼号：按施工图设计图注的楼号填写。

②户数（户）：指施工组织设计燃气管道强度严密性试验划分的户数。

③主立管（数量）：指燃气管道强度严密性试验范围内主立管的数量。

④引入口（个）：指燃气管道强度严密性试验的引入口，引入口数量按施工组织设计。

⑤燃气表（台）：指燃气管道强度严密性试验范围内户数的累计燃气表数量。

⑥燃气灶（台）：指燃气管道强度严密性试验范围内户数的累计燃气灶数量。

⑦热水器（台）：指燃气管道强度严密性试验范围内户数的累计热水器数量。

8) 强度试验

①试验压力（kPa）：指燃气管道强度试验的实际试验压力，试验压力应满足规范规定的要求。

②检漏结果：指燃气管道强度试验完成后进行的检漏检查，按检查结果填写。

9) 严密性试验

①试验压力（kPa）：指燃气管道严密性试验的实际试验压力，试验压力应满足规范规定的要求。

②保压时间（min）：指燃气管道严密性试验压力达到规范规定后的保持压力的持续时间，保压时间应满足规范规定的要求。

③最大压力降（kPa）：指燃气管道严密性试验段压力达到规范规定后，保持压力的持续时间完成后测试的管道最大压力降。

10）试验结论：按表列各项试验完成后是否满足规范要求确认其试验结论，照确认的试验结论填写。

2.9.14.6 燃气管道通球试验记录

1. 资料表式

燃气管道通球试验记录

工程名称： 试验日期： 年 月 日

<table>
<tr><td colspan="2">管道规格</td><td colspan="2"></td><td colspan="2">起止桩号</td><td></td></tr>
<tr><td colspan="2">试验单位</td><td colspan="5"></td></tr>
<tr><td colspan="2">发球时间</td><td colspan="2"></td><td colspan="2">发球时间</td><td></td></tr>
<tr><td colspan="7">试验情况：</td></tr>
<tr><td colspan="7">试验结果：</td></tr>
<tr><td rowspan="3">参加人员</td><td>监理（建设）单位</td><td colspan="5">施　工　单　位</td></tr>
<tr><td rowspan="2"></td><td>项目技术负责人</td><td colspan="2">专职质检员</td><td>工　长</td><td>测　试</td></tr>
<tr><td></td><td colspan="2"></td><td></td><td></td></tr>
</table>

2. 资料要求

（1）通球试验后必须填写“通球试验记录”。

（2）通球试验表式的内容应详细填写，必须详细填写试验要求和试验结论。

（3）通球试验抽检必须全部畅通。如试验过程中发现堵塞，应有详细记录，并应对返工重做情况加以记录与说明。

（4）凡需进行通球试验而进行试验的，该分项工程为符合要求。

（5）凡需进行通球试验而未进行试验的，该分项工程为符合要求。

3. 实施要点

室内排水管道通球试验记录是在室内排水系统和卫生器具全部安装完成后通水试验合格后进行的试验项目。

为了防止室内排水管道和室内雨水管道堵塞，确保使用功能，对室内排水管道和室内雨水管道必须作通球试验。室内排水干、立管，应根据有关规定进行100%通球试验。

（1）通球前必须做通水试验，试验程序由上至下进行，以不漏、不堵为合格；

（2）通球用的皮球（也可以用木球）直径为排水管道管径的3/4；

（3）通球试验时，皮球（木球）应从排水管道顶端投下，并注入一定水量于管内，使球顺利流入与该排水管道相应的检查井内为合格；

（4）通球试验时，如遇堵塞，应查明位置进行疏通，无效时应返工重做；

（5）通球试验完毕应做好试验记录，并归入工程技术资料内以备查；

（6）单位工程竣工检验时，对室内排水管道进行通球试验抽查，若有一处堵塞，则该分项工程质量为不合格，并应改正至疏通为止。

（7）表列子项

1）管径、球径：管径指排水管道，管径，球径指作通球试验用球的直径，照实际填写。

2）试验要求：指对通球试验的要求。如：对通球球径的要求、通球试验的方法要求、遇有堵塞的要求，通球试验：施工记录要求等。

3）试验情况：指通球试验过程中所遇的情况如选用球径、操作情况，是否堵塞、堵塞部位和数量等。

4）评定意见：按实际试验结果，经与参试人员评议后填写。

2.9.14.7　燃气储罐总体试验记录

1. 资料表式

燃气储罐总体试验记录

年　月　日

<table>
<tr><td colspan="2">工程名称</td><td colspan="2"></td><td colspan="2">部位或工序
工程名称</td><td></td></tr>
<tr><td colspan="2">规　格</td><td colspan="2"></td><td colspan="2">位　号</td><td></td></tr>
<tr><td colspan="2">材　质</td><td colspan="5"></td></tr>
<tr><td colspan="2">项　目</td><td colspan="3">试验方法</td><td colspan="2">结　果</td></tr>
<tr><td>罐　底</td><td>严密性试验</td><td colspan="3"></td><td colspan="2"></td></tr>
<tr><td>罐　壁</td><td>严密性试验和强度试验</td><td colspan="3"></td><td colspan="2"></td></tr>
<tr><td rowspan="2">固定顶</td><td>严密性试验和强度试验</td><td colspan="3"></td><td colspan="2"></td></tr>
<tr><td>稳定性试验</td><td colspan="3"></td><td colspan="2"></td></tr>
<tr><td rowspan="3">浮顶或
内浮顶</td><td>单盘板、内浮盘板
严密性试验</td><td colspan="3"></td><td colspan="2"></td></tr>
<tr><td>焊缝试漏检查
船舱严密性试验</td><td colspan="3"></td><td colspan="2"></td></tr>
<tr><td>升降试验</td><td colspan="3"></td><td colspan="2"></td></tr>
<tr><td colspan="7">说明：</td></tr>
<tr><td rowspan="3">参加人员</td><td rowspan="2" colspan="2">监理（建设）单位</td><td colspan="4">施　工　单　位</td></tr>
<tr><td>项目技术负责人</td><td>专职质检员</td><td>工　长</td><td>测　试</td></tr>
<tr><td colspan="2"></td><td></td><td></td><td></td><td></td></tr>
</table>

2. 资料要求

(1) 燃气储罐总体试验的试验项目和内容符合有关标准规定，内容真实、准确为符合要求。燃气储罐总体试验的试验项目，有齐全的过程记录者为符合要求。

(2) 燃气储罐总体试验不缺项、不缺部检，符合有关标准的规定，测试项目和手续齐全，内容具体、真实、有结论意见为符合要求。缺项，缺部位、测试项目不全、测试电阻超值为不符合要求。

3. 实施要点

(1) 燃气储罐总体试验应对其管道及设备的焊接质量进行检查，其质量应符合以下要求：

1) 所有焊缝应进行外观检查；管道对接焊缝内部质量应采用射线照相探伤，抽检个数为对接焊缝总数的25%，并应符合国家现行标准《压力容器无损检测》JB4730中的Ⅱ级质量要求；

2) 管道与设备、阀门、仪表等连接的角焊缝应进行磁粉或液体渗透检验，抽检个数应为角焊缝总数的50%，并应符合国家现行标准《压力容器无损检测》JB4730中的Ⅱ级质量要求。

(2) 试验及验收应符合下列要求：

1) 储罐的水压试验压力应为设计压力的1.25倍，安全阀、液位计不应参与试验。试验时压力缓慢上升，达到规定压力后保持半小时，无泄漏、无可见变形、无异常声响为合格。

2) 储罐水压试验合格后，装上安全阀、液位计进行严密性试验。

(3) 表列子项

1) 工程名称：按施工企业和建设单位签订的施工合同的工程名称或图注的工程名称，照实际填写。

2) 部位或工序工程名称：指燃气储罐所在的分部分项的工程名称，照实际填写。

3) 规格：指燃气储罐的规格。

4) 位号：指燃气储罐施工图设计的编位号。

5) 材质：指燃气储罐的材料质量。

6) 项目：

①罐底严密性试验：应分别在试验方法栏下和试验结果栏下填写，罐底严密性试验按选定的试验方法的试验结果，照实际填写。

②罐壁严密性试验和强度试验：应分别在试验方法栏下和试验结果栏下填写，罐壁严密性试验和强度试验按选定的试验方法的试验结果，照实际填写。

③固定顶：

a. 严密性试验和强度试验：应分别在试验方法栏下和试验结果栏下填写，固定顶严密性试验和强度试验按选定的试验方法的试验结果，照实际填写。

b. 稳定性试验：应分别在试验方法栏下和试验结果栏下填写，固定顶稳定性试验按选定的试验方法的试验结果，照实际填写。

7) 浮顶或内浮顶：

①单盘板、内浮盘板严密性试验：应分别在试验方法栏下和试验结果栏下填写，浮顶

或内浮顶的单盘板、内浮盘板严密性试验按选定的试验方法的试验结果，照实际填写。

②焊缝试漏检查：应分别在试验方法栏下和试验结果栏下填写，浮顶或内浮顶的焊缝试漏检查按选定的试验方法的试验结果，照实际填写。

③船舱严密性试验：应分别在试验方法栏下和试验结果栏下填写，浮顶或内浮顶的船舱严密性试验按选定的试验方法的试验结果，照实际填写。

④升降试验：应分别在试验方法栏下和试验结果栏下填写，浮顶或内浮顶的升降试验按选定的试验方法的试验结果，照实际填写。

注：试验方法包括罐内充水、充气、真空氨气渗漏、煤油渗透法等。

8）说明：指燃气储罐总体试验中罐底、罐壁、固定顶、浮顶及内浮顶等的严密性试验、强度试验、稳定性试验、升降试验等的试验过程需要说明的事宜。

2.9.15　供水、消防、供热管网等冲洗记录

1. 资料表式

供水、消防、供热管网冲洗记录　　　　**表 2.9.15-1**

施工单位：

工程名称			日期		
冲洗范围（桩号）					
冲洗长度					
冲洗介质					
冲洗方法					
冲洗情况及结果					
备　注					
参加人员	监理（建设）单位	施　工　单　位			
		项目技术负责人	专职质检员	工　长	测　试

2. 资料要求

供水、消防、供热管网冲洗必须填写供水、消防、供热管网冲洗记录。

（1）不认真填写供水、供热管网冲洗记录的为不符合要求。

（2）供水、消防、供热管网冲洗记录建设单位、监理单位、设计单位、施工单位必须签字，不签字或代签为不符合要求。

3. 实施要点

(1) 供水、消防、供热管网在竣工后，必须对管道进行冲洗，饮用水管道还要在冲洗后进行消毒，满足饮用水卫生要求。观察冲洗水的浊度，查看有关部门提供的检验报告。

(2) 水冲洗

1) 冲洗管道应使用洁净水，冲洗奥氏体不锈钢管道时，水中氯离子含量不得超过25×10^{-6} (25ppm)。

2) 冲洗时，宜采用最大流量，流速不得低于 1.5m/s。

3) 排放水应引入可靠的排水井或沟中，排放管的截面积不得小于被冲洗管截面积的60%。排水时，不得形成负压。

4) 管道的排水支管应全部冲洗。

5) 水冲洗应连续进行，以排出口的水色和透明度与入口水目测一致为合格。

6) 管道经水冲洗合格后暂不运行时，应将水排净，并应及时吹干。

(3) 供水管道吹洗试验

1) 吹洗条件：供水、消防、供热管网的吹洗条件见管道吹（冲）洗记录实施要点。

2) 消毒冲洗的管道不应与其他正常供水的干线或支线连接，严防污水进入正常送水的管道内。

3) 管道消毒用水、用氯数量参见表 2.9.15-2。

100mm 管道消毒用水、用氯数量 **表 2.9.15-2**

管径（mm）	50	75	100	150	200	250	300	350	400	450	500	600
用水量（m³）	1～4	6	8	14	22	32	42	56	75	93	116	168
漂白粉量（kg）	0.09	0.11	0.14	0.24	0.38	0.55	0.93	0.97	1.31	1.61	2.02	2.9

4) 吹洗试验方法

管道及设备安装前应清理污垢，系统安装完后，供水、消防管道应分系统在使用前进行冲洗，并作好记录。燃气系统完工后应有压缩空气或氮气的吹洗试验记录。

①供水管道及供热、消防管道在交付使用前须进行冲洗，冲洗应以系统最大设计流量或不小于 1.5m/s 的流速进行，直到各出水口的水色透明度与进水目测一致为合格。

②设计及工艺有要求的其他介质管道还应按设计要求相应有关国家规定标准做脱脂处理（如氧气管）。

(4) 热力网系统冲洗

1) 热水管的冲洗：对供水及回水总干管先分别进行冲洗，先利用 0.3～0.4MPa 压力的自来水进行管道冲洗，当接入下水道的出口流出洁净水时，认为合格。然后再以 1～1.5m/s 的流速进行循环冲洗，延续 20min 以上，直至从回水总干管出口流出的水色为透明为止。

2) 蒸汽管道的冲洗：在冲洗段末端与管道垂直升高处设冲洗口。冲洗口是钢管焊接在蒸汽管道下侧，并装设阀门。

①拆除管道中的流量孔板、温度计、滤网及止回阀、疏水器等。

②缓缓开启总阀门，切勿使蒸汽流量和压力增加过快。

③冲洗时先将各冲洗口的阀门打开，再开大总进汽阀，增大蒸汽量进行冲洗，延续20至30min，直至蒸汽完全清洁时为止。

④最后拆除洗管及排汽管，将水放尽。

（5）表列子项

1）施工单位：指建设与施工单位合同书中的施工单位，签字有效。

2）工程名称：按施工企业和建设单位签订的施工合同的工程名称或图注的工程名称，照实际填写。

3）日期：指图纸会审的年、月、日，按实际填写。

4）冲洗范围(桩号)：指实际冲洗所在桩号的区段范围，按实际冲洗范围(桩号)填写。

5）冲洗长度：指实际冲洗所在桩号区段范围内的长度，按实际冲洗范围（桩号）的长度填写。

6）冲洗介质：指冲洗所用的介质，如水、空气等，分别按实际系统清洗吹扫时应用的介质填写。

7）冲洗方法：指冲洗所用的方法，如水冲洗、蒸气吹扫等，照实际的冲洗方法填写。

8）冲洗情况及结果：指冲洗过程的基本状况及其冲洗结果，填写冲洗过程情况及实际冲洗结果。

9）备注：填写需要说明的其他事宜。

2.9.16　管道系统吹洗（脱脂）记录

1. 资料表式

管道系统吹洗（脱脂）记录　　　　**表 2.9.16-1**

单位工程名称：________________

分部分项工程名称：________________　　　　年　　月　　日

管道号	材　质	工作介质	吹　洗					脱　脂	
			介　质	压　力	流　速	洗吹次数	鉴　定	介　质	鉴　定

参加人员	监理(建设)单位	施　工　单　位			
		施工项目技术负责人	专职质检员	工　长	测　试

2. 资料要求

（1）管道设备在安装后应按设计要求进行除污、清洗，并分别填报记录。

（2）供水和供热系统使用前应进行除污、清洗，并分别填报记录。

（3）煤气系统安装完毕后必须进行除污、吹洗，并分别填报记录。

（4）设计与规范有要求的必须有清洗、吹洗、脱脂记录。按要求施工为符合要求，有要求未做为不符合要求。

（5）记录部位准确，内容齐全，签章手续齐全的为符合要求。

3. 实施要点

管道系统吹洗（脱脂）检验记录是市政基础设施工程的管道、设备压力试验完成后，必须进行的测试项目。

（1）工作条件

1）管道试压经验收均已合格。

2）水、电源均已具备。

（2）一般规定

1）管道在压力试验合格后，建设单位应负责组织吹扫或清洗（简称吹洗）工作，并应在吹洗前编制吹洗方案。

2）吹洗方法应根据对管道的使用要求、工作介质及管道内表面的脏污程度确定。公称直径大于或等于 600mm 的液体或气体管道，宜采用人工清理；公称直径小于 600mm 的液体管道宜采用水冲洗；公称直径小于 600mm 的气体管道宜采用空气吹扫；蒸汽管道应以蒸汽吹扫；非热力管道不得用蒸汽吹扫。

对有特殊要求的管道，应按设计文件规定采用相应的吹洗方法。

3）不允许吹洗的设备及管道应与吹洗系统隔离。

4）管道吹洗前，不应安装孔板、法兰连接的调节阀、重要阀门、节流阀、安全阀、仪表等，对于焊接的上述阀门和仪表，应采取流经旁路或卸掉阀间及阀座加保护套等保护措施。

5）吹洗的顺序应按主管、支管、疏排管依次进行，吹洗出的脏物，不得进入已合格的管道。

6）吹洗前应检验管道支、吊架的牢固程度，必要时应予以加固。

7）清洗排放的脏液不得污染环境，严禁随地排放。

8）吹扫时应设置禁区。

9）蒸汽吹扫时，管道上及其附近不得放置易燃物。

10）管道吹洗合格并复位后，不得再进行影响管内清洁的其他作业。

11）管道复位时，应由施工单位会同建设单位共同检查，并应按规定的格式填写“管道系统吹扫及清洗记录”及“隐蔽工程（封闭）记录”。

（3）冲洗消毒

1）管道水压试验后，竣工验收前应按设计和规范要求进行冲洗或消毒。

2）冲洗时应避开用水高峰，以流速不小于 1.0m/s 的冲洗水连续冲，直至出水口处浊度、色度与入水口处冲洗水浊度、色度相同为止。

3）冲洗时应保证排水管路畅通安全。

4）管道应采用含量不低于 20mg/L 氯离子浓度的清洁水涨泡 24h，再次冲洗，直至水质管理部门取样化验合格为止。

（4）空气吹扫

1）空气吹扫利用生产装置的大型压缩机，也可利用装置中的大型容器蓄气，进行间断性的吹扫。吹扫压力不得超过容器和管道的设计压力，流速不宜小于 20m/s。

2）吹扫忌油管道时，气体中不得含油。

3）空气吹扫过程中，当目测排气无烟尘时，应在排气口设置贴白布或涂白漆的木制靶板检验，5min 内靶板上无铁锈、尘土、水分及其他杂物，应为合格。

（5）蒸汽吹扫

1）为蒸汽吹扫安设的临时管道应按蒸汽管道的技术要求安装，安装质量应符合 GB 50235—97 规范的规定。

2）蒸汽管道应以大流量蒸汽进行吹扫，流速不应低于 30m/s。

3）蒸汽吹扫前，应先行暖管、及时排水，并应检查管道热位移。

4）蒸汽吹扫应按加热—冷却—再加热的顺序，循环进行。吹扫时宜采取每次吹扫一根，轮流吹扫的方法。

5）通往汽轮机或设计文件有规定的蒸汽管道，经蒸汽吹扫后应检验靶片。当设计文件无规定时，其质量应符合表 2.9.16-2 的规定。

吹扫质量标准　　**表 2.9.16-2**

项　目	质量标准
靶片上痕迹大小	Φ0.6mm 以下
痕　深	＜0.5mm
粒　数	1 个/cm^2
时　间	15min（两次皆合格）

注：靶片宜采用厚度 5mm，宽度不小于排汽管道内径的 8%，长度略大于管道内径的铝板制成。

6）蒸汽管道检验还可用刨光木板检验，吹扫后，木板上无铁锈、脏物时，应为合格。

（6）化学清洗

1）需要化学清洗的管道，其范围和质量要求应符合设计文件的规定。

2）管道进行化学清洗时，必须与无关设备隔离。

3）化学清洗液的配方必须经过鉴定，并曾在生产装置中使用过，经实践证明是有效和可靠的。

4）化学清洗时，操作人员应着专用防护服装，并应根据不同清洗液对人体的危害佩带护目镜、防毒面具等防护用具。

5）化学清洗合格的管道，当不能及时投入运行时，应进行封闭或充氮保护。

6）化学清洗后的废液处理和排放应符合环境保护的规定

（7）油清洗

1）润滑、密封及控制油管道，应在机械及管道酸洗合格后、系统试运转前进行油清洗。不锈钢管道，宜用蒸汽吹净后进行油清洗。

2）油清洗应以油循环的方式进行，循环过程中每 8h 应在 40～70℃的范围内反复升降油温 2～3 次，并应及时清洗或更换滤芯。

3）当设计文件或制造厂无要求时，管道油清洗后应采用滤网检验，合格标准应符合表2.9.16-3的规定。

管道油清洗合格标准 表2.9.16-3

机械转速（r/min）	滤网规格（目）	合格标准
≥6000	200	目测滤网，无硬颗粒及粘稠物；每平方百米范围内，软杂物不多于3个
＜6000	100	

4）油清洗应采用适合于被清洗机械的合格油，清洗合格的管道，就采取有效的保护措施。试运转前应采用具有合格证的工作用油。

（8）表列子项

1）管道编号：按管道系统被清洗的管道类别的编号。

2）工作介质：指吹洗所用的介质如水、空气等，分别按原系统清洗吹扫应用的介质填写。

3）吹洗：项下包括介质、压力、流速、吹洗次数、鉴定项下逐一照实际检验结果填写。

4）评定意见：按管道系统清洗完成后的质量检验结果的评定意见。

2.9.17 煤气管网的吹扫试验记录

实施要点

（1）煤气管网的吹扫试验记录按管道吹（冲）洗记录表2.9.16-1执行。

（2）煤气管网及其调压装置吹扫说明

1）煤气、压缩空气管道系统安装完毕后应做吹冲试验。

2）管网竣工或交付使用前，必须根据设计要求进行吹扫。如设计无明确要求，应按下列要求进行吹扫：

①管道的吹扫应在管道试压后进行。介质先采用压缩空气，把水分及污物清除干净，再用煤气进行吹扫。

②吹扫的压力不少于0.6MPa。每次吹扫的管道长度，应根据吹扫介质、压力和气量确定，一般不宜超过3km。

③钢管管道的吹扫口应设在开扩地段，并加固牢靠，吹扫段内的阀门全部打开，吹扫段终端拧紧阀门或加焊堵板。

④调压装置的吹扫不得与管道同时进行，应分别分段进行。

3）吹（冲）洗试验记录，应分段、分系统进行分别填表。应填写冲（吹）洗情况及效果，日期及有关人员的签字应齐全。

（3）管道吹扫

1）管道吹扫应按下列要求选择气体吹扫或清管球清扫：

①球墨铸铁管道、聚乙烯管道、钢骨架聚乙烯复合管道和公称直径小于100mm或长度小于100m的钢质管道，可采用气体吹扫。

②公称直径大于或等于100mm的钢质管道，宜采用清管球进行清扫。

2）管道吹扫应符合下列要求：

①吹扫范围内的管道安装工程除补口、涂漆外，已按设计图纸全部完成。

②管道安装检验合格后，应由施工单位负责组织吹扫工作，并应在吹扫前编制吹扫方案。

③应按主管、支管、庭院管的顺序进行吹扫，吹扫出的脏物不得进入已合格的管道。

④吹扫管段内的调压器、阀门、孔板、过滤网、燃气表等设备不应参与吹扫，待吹扫合格后再安装复位。

⑤吹扫口应设在开阔地段并加固，吹扫时应设安全区域，吹扫出口前严禁站人。

⑥吹扫压力不得大于管道的设计压力，且不应大于0.3MPa。

⑦吹扫介质宜采用压缩空气，严禁采用氧气和可燃性气体。

⑧吹扫合格设备复位后，不得再进行影响管内清洁的其他作业。

3）气体吹扫应符合下列要求：

①吹扫气体流速不宜小于20m/s。

②吹扫口与地面的夹角应在30°～45°之间，吹扫口管段与被吹扫管段必须采取平缓过渡对焊，吹扫口直径应符合表2.9.17的规定。

吹　扫　口　直　径　　　　**表2.9.17**

末端管道公称直径DN	DN<150	150≤DN≤300	DN≥350
吹扫口公称直径	与管道同径	150	250

③每次吹扫管道的长度不宜超过500m；当管道长度超过500m时，宜分段吹扫。

④当管道长度在200m以上，且无其他管段或储气容器可利用时，应在适当部位安装吹扫阀，采取分段储气，轮换吹扫；当管道长度不足200m，可采用管道自身储气放散的方式吹扫，打压点与放散点应分别设在管道的两端。

⑤当目测排气无烟尘时，应在排气口设置白布或涂白漆木靶板检验，5min内靶上无铁锈、尘土等其他杂物为合格。

4）管道通球清扫应符合下列要求：

①管道直径必须是同一规格，不同管径的管道应断开分别进行清扫。

②对影响清管球通过的管件、设施，在清管前应采取必要措施。

③清管球清扫完成后，应按本规范第3）条第⑤款进行检验，发不合格可采用气体再清扫至合格。

2.10 质量事故及处理记录

2.10.1 工程质量事故报告

1. 资料表式

工程质量事故报告

工程名称：

事 故 部 位			报 告 日 期		
事 故 性 质	设 计 错 误		交 底 不 清	违反操作规程	
事故发生日期					
事 故 等 级					
直接责任者		职　务		损失金额	
故事经过和原因分析：					
事故处理意见：					
施工企业负责人：		施工企业技术负责人：		项目经理：	

2. 资料要求

（1）工程质量事故的内容及处理建议应填写具体、清楚，注明日期（质量事故日期、处理日期）。

（2）有当事人及有关领导的签字及附件资料。参加调查人员、陪同调（勘）查人员必须逐一填写清楚。

（3）事故经过及原因分析应实事求是、尊重科学。调（勘）查记录应真实、科学、详细，实事求是，物证、照片、事故证据资料提供齐全。

（4）按规定日期及内容及时上报者为符合要求，否则为不符合要求。

（5）被调查人员必须签字。

3. 实施要点

凡因工程质量不符合规定的质量标准、影响使用功能或设计要求的，都叫质量事故。造成质量事故的原因主要包括设计错误、施工错误、材料设备不合格、指挥不当等。

（1）事故产生的原因可分为指导责任事故和操作责任事故。事故按其情节性质分为一般事故、重大事故。

（2）质量事故的技术处理必须遵守的原则

1）工程（产品）质量事故的部位，原因必须查清，必要时应委托法定工程质量检测单位进行质量鉴定或请专家论证；

2）技术处理方案，必须依据充分、可靠、可行，确保结构安全和使用功能；技术处理方案应委托原设计单位提出，由其他单位提供技术方案的，需经原设计单位同意并签认。设计单位在提供处理方案时应征求建设单位意见。

3）施工单位必须依据技术处理方案的要求，制定可行的技术处理施工措施，并做好原始记录。

4）技术处理过程中关键部位的工序，应会同建设单位（设计单位）进行检查认可，技术处理完工，应组织验收，并将有关单位的签证、处理过程中的各项施工记录、试验报告、原材料试验单等相关资料应完整配套归档。

（3）关于《工程建设重大事故报告和调查程序规定》有关问题说明：

1）该“规定”系指工程建设过程中发生的重大质量事故；

2）由于勘察设计、施工等过失造成工程质量低劣，而在交付使用后发生的重大质量事故；

3）因工程质量达不到合格标准，而需加固补强、返工或报废、且经济损失额达到重大质量事故级别的。

（4）事故发生后，事故发生单位应当在24小时内写出书面的事故报告，逐级上报，书面报告应包括以下内容：

1）事故发生的时间、地点、工程项目、企业名称；

2）事故发生的简要经过、伤亡人数和直接经济损失的初步估计；

3）事故发生原因的初步判断；

4）事故发生后采取的措施及事故控制的情况；

5）事故报告单位。

（5）属于特别重大事故者，其报告、调查程序、执行国务院发布的《特别重大事故调查程序暂行规定》及有关规定。

（6）工程质量事故处理方案应由原设计单位出具或签认，并经建设、监理单位审查同意后方可实施。

（7）工程质量事故报告和事故处理方案及记录，要妥善保存，任何人不得随意抽撤或毁损。

（8）一般事故每月集中汇总上报一次。

（9）表列子项

1）事故经过和原因分析：简述事故原因分析，应经项目经理部级以上主管技术负责人主持会议讨论定论后的原因分析。

凡需要修补或做技术处理的事故，均需填写事故经过及原因分析。

2）事故处理意见：处理措施和复查意见等内容，均需有单位工程技术负责人和质检员签字，对于重要部位的质量事故，此项内容需经施工企业和设计单位同意（附有关手续）。

2.10.2 工程质量事故处理记录

1. 资料表式

建设工程质量事故调（勘）查处理记录

工程名称： 施工单位：

<table>
<tr><td>工程名称</td><td colspan="4"></td></tr>
<tr><td>调（勘）查时间</td><td colspan="4"></td></tr>
<tr><td>调（勘）查地点</td><td colspan="4"></td></tr>
<tr><td rowspan="4">参加人员</td><td>单　位</td><td>姓　名</td><td>职　务</td><td>电　话</td></tr>
<tr><td></td><td></td><td></td><td></td></tr>
<tr><td></td><td></td><td></td><td></td></tr>
<tr><td></td><td></td><td></td><td></td></tr>
<tr><td>陪同调(勘)查人员</td><td colspan="4"></td></tr>
<tr><td>调（勘）查记录</td><td colspan="4"></td></tr>
<tr><td>现场证物照片</td><td colspan="4"></td></tr>
<tr><td>事故证据资料</td><td colspan="4"></td></tr>
<tr><td>被调查人签字</td><td colspan="4"></td></tr>
<tr><td>处理意见</td><td colspan="4"></td></tr>
<tr><td colspan="5">施工企业技术负责人：　　　　项目经理：　　　　专职质检员：</td></tr>
</table>

2. 实施要点

(1) 调查记录应详细、实事求是。记录内容包括事故调查的：事故的发生时间、地点、部位、性质、人证、物证、照片及有关的数据资料。

(2) 调查方式可视事故的轻重由施工单位自行进行调查或组织有关部门联合调查做出处理方案。

(3) 工程质量事故调查、事故处理资料应在事故处理完毕后随同工程质量事故报告一并存档。

(4) 设计单位应当参与建设工程质量事故的分析，并对因设计造成的质量事故提出技术处理方案。

注：质量事故处理一般有以下几种：事故已经排除，可以继续施工；隐患已经消除，结构安全可靠；经修补处理后，安全满足使用要求；基本满足使用要求，但附有限制条件；虽经修补但对耐久性有一定影响，并提出影响程度的结论；虽经修补但对外观质量有一定影响，并提出外观质量影响程度的结论。

2.10.3 工程质量事故技术处理方案

实施要点

工程质量事故技术处理方案按设计或施工单位根据事故特点提供并经监理单位同意的工程质量事故技术处理方案作为施工技术文件依序提供。

2.11　竣工测量资料

竣工测量是指工程竣工后，为编制工程竣工文件，对实际完成的各项工程进行的一次全面量测的作业。

2.11.1　建筑物、构筑物竣工测量记录及测量示意图

建筑物、构筑物必须进行竣工测量，填写建筑物、构筑物竣工测量记录及测量示意图。必须分别按合同书中计列的已竣工的建筑物、构筑物分别进行竣工测量，不得缺项。

2.11.2　地下管线工程竣工测量记录

地下管线工程必须进行竣工测量，填写地下管线工程竣工测量记录。必须按合同书中计列的已竣工的地下管线工程分别进行竣工测量，不得缺项。

2.12　工程质量保修书

（封页）

市政基础设施工程质量保修书

×××建设厅制

工程质量保修书

工程项目名称：________________________________

发包方（全称）：________________________________

承包方（全称）：________________________________

为保护建设单位、施工单位、市政基础设施管理单位的合法权益，维护公共安全和公众利益，根据《中华人民共和国建筑法》、《建设工程质量管理条例》及其他有关法律、法规，并参照《房屋建筑工程质量保修办法》，遵循平等、自愿、公平的原则，承担工程质量保修责任。

一、工程质量保修范围、保修期限

在正常使用条件下，市政基础设施工程质量保修期限承诺如下：

其他项目保修期限双方约定如下：

____

____

____

____

承包方质量保修期，从工程竣工验收合格之日起计算。按单位工程竣工验收的，保修期从各单位工程竣工验收合格之日起分别计算。

二、质量保修责任

1. 施工单位承诺和双方约定保修的项目和内容，应在接到发包方保修通知后7日内派人保修。承包方不在约定期限内派人保修的，发包方可委托其他人员维修，维修费用从质量保修金内扣除。

2. 因保修不及时，造成新的人身、财产损害，由造成拖延的责任方承担赔偿责任。

3. 发生需紧急抢修事故，承包方接到事故通知后，应立即到达事故现场抢修。非施工质量引起的事故，抢修费用由发包方或造成事故者承担。

4. 在国家规定的工程合理使用期限内，承包方应确保地基基础和主体结构工程的质量。因承包方原因致使工程在合理使用期限内造成人身和财产损害的，承包方应承担损害赔偿责任。

5. 下列情况下不属于质量保修范围：

(1) 因使用不当或第三方造成的质量缺陷；

(2) 因不可抗力造成的质量缺陷；

(3) 因设施管理单位自行改动的结构、设施、设备等项目。

三、保修费用由质量缺陷责任方承担

四、双方约定的其他工程质量事项

____

____

____

____

五、本保修书未尽事项，按国家现行法律、法规规定执行。

本保修书一式五份。

发包方（公章）：　　　　　　　　　　　　承包方（公章）：

法定代表人（签字）：　　　　　　　　　　法定代表人（签字）：

年　　月　　日　　　　　　　　　　　　年　　月　　日

2.13 财务文件

2.13.1 工程施工图预算书

由建设单位委托承接工程的施工总包单位编制的预算资料。以此文件直接归存。

2.13.2 工程决算书

以承接工程的施工单位提出的经有资质的造价审查单位核准的工程决算归存。

2.14 声像、缩微、电子档案

指工程开工、施工、竣工过程中录音、录像、照片等资料。按声像、缩微、电子档案（光盘、磁盘）整理归类存档。

3 市政基础设施工程竣工图

竣工图是指建筑工程完成后，由建设单位组织设计、施工单位按照建筑工程竣工的实貌编制的工程图纸。

3.1　竣工图的编制

3.1.1　竣工图的基本要求

1）竣工图均按单位工程进行整理。

2）竣工图由建设单位组织施工、设计、监理单位在施工过程中及时编制。凡竣工图不准确、不完整的不能交工验收。

3）竣工图的编制必须认真负责，一丝不苟。室外管网的竣工图施工中修改较多，一旦隐蔽后查找极为困难，因此竣工图必须严格根据修改变更情况认真绘制。

4）竣工图由施工单位在新编制的竣工图上加盖“竣工图”标志。竣工图图签包括有：编制单位名称、制图人、审核人、技术负责人和编制日期等基本内容。

编制单位、制图人、审核人、技术负责人对竣工图负责。竣工图图签如表3.1.1。

竣工图图签　　**表3.1.1**

竣　工　图			
施工单位			
编制人		审核人	
技术负责人		编制日期	
监理单位			
总　监		现场监理	
20	20	20	20
80			

3.1.2　竣工图的编制方法

1）凡按图施工注有变动的，由施工单位（包括分包施工单位）在原施工图上加盖“竣工图”标志后，即可作为竣工图。

2）虽有一般性设计变更，但能在原施工图上加以修改补充作为施工图的，可不重新绘制竣工图，由施工单位负责在原施工图上注明修改的部分，并附加设计变更或洽商记录的复印本及施工说明，加盖“竣工图”标志后作为竣工图。

3）凡结构形式改变、工艺改变、平面布置改变、项目改变以及其他重大改变超过40%，应重新绘制改变后的竣工图。由施工单位负责在新图上加盖“竣工图”标志后作为竣工图。

4）专业竣工图应包括各部位、各专业深化（二次）设计的相关内容，不得缺漏项、重复。

5）编制竣工图，必须采用不褪色的黑色绘图墨水。

6）编制竣工图的改绘要求

具体的改绘方法可视图面、改动范围和位置、繁简程度等实际情况而定。

①当需要取消时：可用杠改法或叉改法。即在施工蓝图上将被修改的地方用“×”或“—”将其划掉，在其侧注明“见×年×月×日洽商×条”。

②当需要部分增改、改绘时：a. 可在原图的空白处，按绘图的要求从新绘制；b. 原蓝图无空白处时，可把应绘部位按绘图要求绘制在另一张硫酸纸上晒成蓝图。

③当需重新绘制竣工图时：应按国家制图标准绘制竣工图规定绘图，重新绘制时，要求原图内容完整无误，修改的内容也能准确、真实地反映在竣工图上。绘制竣工图要按建筑制图规定和要求进行，必须参照原施工图和该专业的统一图示，并在底图的下角绘制竣工图图签。

④在二底图上修改的要求：a. 在二底图上修改，要求在图纸上作一修改备考表，以做到修改的内容与洽商变更的内容相对照。可将修改内容简要地注明在此备考表中，应做到不看洽商原件即知修改的部位和基本内容；b. 修改的部位用语言描述不清楚时，也可用细实线在图上画出修改范围；c. 以修改后的二底图或蓝图做为竣工图，要在二底图或蓝图上加盖竣工图章。没有改动的二底图转做竣工图也要加盖竣工图章；d. 如果二底图修改次数较多，个别图面可能出现模糊不清等技术问题，必须进行技术处理或重新绘制，以期达到图面整洁、字迹清楚等质量要求。

⑤加写必须的说明

凡设计变更、洽商的内容应当在竣工图上修改的，均应用绘图方法改绘在蓝图上，一律不再加写说明。如果修改后的图纸仍然有些内容没有表示清楚，可用精炼的语言适当加以说明。

a. 一张图上某一种设备、门窗等型号的改变，涉及到多处，修改时要对所有涉及到的地方全部加以改绘，其修改依据可标注在一个修改处，但需在此处加以简单说明；b. 钢筋的代换，混凝土强度等级改变，墙、板、内外装修材料的变化，由建设单位自理的部分等在图上修改难以用作图方法表达清楚时，可加注或用索引的形式加以说明；c. 凡涉及到说明类型的洽商，应在相应的图纸上使用设计规范用语反映洽商内容。

7）修改时应注意的问题

①原施工图纸目录必须加盖竣工图章，作为竣工图归档，凡有作废的图纸、补充的图纸、增加的图纸、修改的图纸，均要在原施工图目录上标注清楚。即作废的图纸在目录上扛掉，补充的图纸在目录上列出图名、图号。

②按施工图施工而没有任何变更的图纸，在原施工图上加盖竣工图章，做为竣工图。

③如某一张施工图由于改变大，设计单位重新绘制了修改图的，应以修改图代替原图，原图不再归档。

④凡是洽商图做为竣工图，必须进行必要的制做。

如洽商图是按正规设计图纸要求进行绘制的可直接做为竣工图，但需统一编写图名图号，并加盖竣工图章，做为补图。并在说明中注明此图是哪张图哪个部位的修改图，还要在原图修改部位标注修改范围，并标明见补图的图号。

如洽商图未按正规设计要求绘制，均应按制图规定另行绘制竣工图，其余要求同上。

⑤某一条洽商可难涉及到二张或二张以上图纸，某一局部变化可能引起系统变化……凡涉及到的图纸和部位均应按规定修改，不能只改其一，不改其二。

⑥不允许将洽商的附图原封不动的贴在或附在竣工图上做为修改，也不允许洽商的内容抄在蓝图上做为修改。凡修改的内容均应改绘在蓝图上或用做补图的办法附在本专业图纸之后。

⑦某一张图纸，根据规定的要求，需要重新绘制竣工图时，应按绘制竣工图的要求制图。

8）竣工图章（签）

①所有竣工图均应加盖竣工图章，用不易褪色的红印泥加盖；

②竣工图章（签）的位置。

用蓝图改绘的竣工图竣工图章加盖在原图签右上方，如有内容，找一内容比较少的位置加盖。

用二底图修改的竣工图，在图中空白处做一修改备参表，注明变更洽商编号（或时间）和修改内容。

重新绘制的竣工图，应绘制竣工图图签，图签位置在图纸右下角。

③竣工图章（签）是竣工图的标志和依据，要按规定填写图章（签）上各项内容。加盖竣工图章（签）后，原施工图转化为竣工图，编制单位、制图人、审核人、技术负责人要对本竣工图负责。

④原施工蓝图的封面、图纸目录也要加盖竣工图章，做为竣工图归档，并置于各专业图纸之前。但重新绘制的竣工图的封面、图纸目录，可不绘制竣工图签。

9）应用CAD软件绘制竣工图

CAD是计算机辅助设计系统的简称。CAD软件是近年来引进的二维或三维绘图技术的新的软件系统。其操作可根据图层管理思路和线宽设置思路自行设置。CAD软件系统所提供的具有精确绘制功能以及开放性的设计平台，已能满足绝大多数用户的需要。为建筑设计、机械设计等各个学科的发展提供了一个广阔的舞台。近年来CAD软件系统已进入全面开发应用阶段。应用CAD软件系统可省去大量的繁锁步骤，是一个可靠的软件系统，是一个快速的绘图工具。

CAD软件绘制竣工图具有绘制精确、方便、迅速、保证质量的特点。有条件的单位应优先选用CAD软件系统绘制竣工图。

3.2　竣工图的内容

竣工图包括以下内容：

1. 道路工程
2. 桥梁工程
3. 广场工程
4. 隧道工程
5. 铁路、公路、航空、水运等交通工程
6. 地下铁道等轨道交通工程

7. 地下人防工程

8. 水利防灾工程

9. 排水工程

10. 供水、供热、供气、电力、电信等地下管线工程

11. 高压架空输电线工程

12. 污水处理、垃圾处理处置工程

13. 场、厂、站工程

注：1. 竣工图应按专业、系统进行整理。

2. 工程总体布置图、位置图，地形复杂者应附竖向布置图。

3.3 竣工图的折叠

竣工图的折叠，不同幅面的竣工图纸应按《技术制图复制图的折叠方法》（GB/T 10609.3—1989），统一折成 A4 幅面（297mm×210mm），图标栏露在外面。

4 市政基础设施工程管理技术文件

4.1 工程开工报审表

1. 资料表式

工程开工报审表

表 4.1

工程名称： 编号：

<table>
<tr><td>致________________________________（监理单位）
我方承担的________________________准备工作已完成。
一、施工许可证已获政府主管部门批准；□
二、征地拆迁工作能满足工程进度的需要；□
三、施工组织设计已获总监理工程师批准；□
四、现场管理人员已到位，机具、施工人员已进场，主要工程材料已落实；□
五、进场道路及水、电、通信等已满足开工要求；□
六、质量管理、技术管理和质量保证的组织机构已建立；□
七、质量管理、技术管理制度已制定；□
八、专职管理人员和特种作业人员已取得资格证、上岗证。特此申请，请核查并签发开工指令。□
承包单位（章）：____________
项目经理：________日期：________</td></tr>
<tr><td>审查意见：
项目监理机构（章）：____________
总监理工程师：________日期：________</td></tr>
</table>

2. 资料要求

（1）承包单位提请开工报审时，提供的附件：应满足实施要点中（3）条中的1）～7）款的要求，表列内容的证明文件必须齐全真实，对任何形式的不符合开工报审条件的工程项目，承包单位不得提请报审，监理单位不得签发报审表。

（2）承包单位提请开工报审时，应加盖法人承包单位章，项目经理签字不盖章。

（3）工程开工报审除监理合同规定须经建设部门批准外，以总监理工程师最终签发有效，项目监理机构盖章总监理工程师签字。

（4）开工报审必须在开工前完成报审，否则为不符合要求。

（5）表列项目应逐项填写，不得缺项，缺项为不符合开工条件。

3. 实施要点

工程开工报审表是项目监理机构对承包单位施工的工程经自查已满足开工条件后提出申请开工且已经项目监理机构审核确已具备开工条件后的批复文件。

（1）本表由施工单位填报，满足表列条件后，项目监理机构填写审查意见并批复；

（2）审查开工报告时，承包单位的施工准备工作必须确已完成且具备开工条件时方可提请报审；

(3) 项目监理机构应对以下内容进行审查：

1) 施工许可证已获政府主管部门批准，并已签发《建设工程施工许可证》；

2) 征地拆迁工作能够满足工程施工进度的需要；

3) 施工图纸及有关设计文件已齐备；

4) 施工组织设计（施工方案）已经项目监理机构审定，总监理工程师已经批准；

5) 施工现场的场地、道路、水、电、通信和临时设施已满足开工要求，地下障碍物已清除或查明（不影响正常施工）；

6) 测量控制桩已经项目监理机构复验合格；

7) 施工、管理人员已按计划到位，相应的组织机构和制度已经建立，施工设备、料具已按需要到场，主要材料供应已落实。

(4) 对监理单位审查承包单位现场项目管理机构的要求

1) 现场项目管理机构的质量管理体系、技术管理体系和质量保证体系的确认，必须在确能保证工程项目施工质量时，由总监理工程师负责审查完成。

2) 现场项目管理机构的质量管理体系、技术管理体系和质量保证体系的确认，必须在确能保证工程项目施工质量时，应在工程项目开工前完成。

3) 对承包单位的现场项目管理机构的质量管理体系、技术管理体系和质量保证体系，应审查下列内容：质量管理、技术管理和质量保证的组织机构；质量管理、技术管理和制度；专职管理人员和特种作业人员的资格证、上岗证。

4) 应当深刻的认识监理工作必须是在承包单位建立健全质量管理体系、技术管理体系和质量保证体系的基础上才能完成的，如果承包单位不建立质量管理体系、技术管理体系和质量保证体系，是难以保证施工合同履行的。

(5) 经专业监理工程师核查，具备开工条件时报项目总监理工程师签发《工程开工报审表》，并报建设单位备案，委托合同规定工程开工报审需经建设单位批准时，项目总监理工程师审核后应报建设单位，由建设单位批准。工期自批准之日起计算。

(6) 整个项目一次开工，只填报一次，如工程项目中涉及较多单位工程，且开工时间不同时，则每个单位工程开工都应填报一次。

(7) 填表说明

1) 致__________________监理单位：指建设单位与签订合同的监理单位名称，按全称填写。

2) 审查意见：总监理工程师应指定专业监理工程师应对承包单位的准备工作情况，一至八项等内容进行审查，除所报内容外，还应对施工图纸及有关设计文件是否齐备；施工现场的临时设施是否满足开工要求；地下障碍物是否清除或查明；测量控制桩是否已经监理机构复验合格等情况进行审查，专业监理工程师根据所报资料及现场检查情况，如资料是否齐全，有无缺项或开工准备工作是否满足开工要求等情况逐一落实，具备开工条件时，向总监理工程师报告并填写“该工程各项开工准备工作符合要求，同意某年某月某日开工”。

3) 承包单位按表列内容逐一落实后，自查符合要求可在该项“□”内划“√”。并需将《施工现场质量管理检查记录》及其要求的有关证件；《建筑工程许可证》；现场专职管理人员资格证、上岗证；现场管理人员、机具、施工人员进场情况；工程主要材料落实情况等资料用为复件同时报送。

4.2　施工组织设计（施工方案）

1. 资料要求

（1）施工组织设计或施工方案内容应齐全，步骤清楚，层次分明，反映工程特点，有保证工程质量的技术措施。编制及时，必须在工程开工前编制并报审完成。

（2）按要求及时编制单位工程施工组织设计，且先有施工组织设计后施工为符合要求。

（3）没有或不及时编制单位工程施工组织设计，为不符合要求。

（4）参与编制人员应在“会签表”上签字，交项目经理签署意见并在会签表上签字，经报审同意后执行并进行下发交底。

2. 实施要点

（1）施工组织设计的分类

施工组织设计，一般按建设规模的大小、施工工艺的简繁、施工项目的重要性等情况分类：

1）大中型建设项目编制施工组织总设计；

2）施工组织设计在绝大多数情况下按照两段设计，即扩大初步设计和施工图设计；当设计复杂或新的工艺过程尚未成熟掌握的工业企业，或者设计特别复杂并对建筑艺术有特殊要求的房屋和构筑物才按三段进行设计，即初步设计、技术设计和施工图设计。当按三段设计时：

①施工组织条件设计（或称施工组织设计基本概况），以工程的技术可行性与经济合理性进行分析与规划。这是包括在初步设计中的；

②施工组织总设计，以整个建设项目或民用建筑群为对象，对整个工程施工进行通盘考虑，全面规划，用以指导全场性的施工准备和有计划地运用施工力量，开展施工活动。这是包括在技术设计中的；

③单位工程施工组织设计，以单项或单位工程为对象编制，用以具体指导施工的活动，并作为建筑安装企业编制月旬作业计划的基础。

（2）编制施工组织设计应遵循的基本原则

1）认真贯彻党和国家的方针、政策，严格执行建设程序和施工程序。

2）施工单位、建设单位和设计单位密切配合，做好调查研究，掌握编制施工组织设计的依据资料。

3）保证重点，统筹安排，遵守承包合同的承诺。

4）合理地安排施工程序

①及时完成有关准备工作；

②条件具备时先进行全场性工程（指平整场地、铺设管网、修筑道路等）；

③单个房屋和构筑物施工顺序要考虑空间顺序、工种间顺序；

④先建造可供施工期间使用的永久性建筑（如道路、各种管网、仓库、宿舍、土场、

办公房、饭厅等）。

5）坚持“质量第一”，认真制订保证质量和安全的措施，确保工程质量和安全施工。

6）用流水作业法和网络计划技术安排进度计划。

7）恰当安排冬雨季施工项目，提高施工的连续性和均衡性。

8）充分利用机械设备提高机械化程度，减轻劳动强度，提高劳动生产率。

9）采用先进的施工技术，合理地选择施工方案，应用科学的计划方法，确保进度快、成本低、质量好。

10）减少暂设工程和临时性设施，减少物资运输量，合理布置施工平面图，节约施工用地。

注：土建、水、暖、电、通风、空调、煤气等均应分别编制。

（3）施工组织总设计的内容与表式

施工组织设计的内容应具有规模性和控制性，其深度是根据施工中的要素决定的。应视其性质、规模、复杂程度、工期要求、地区的自然和经济条件。一般内容有：工程概况；施工准备工作计划；施工方法与相应的技术组织措施，即施工方案；施工总进度计划；施工现场平面布置图；劳动力、机械设备、材料和构件等供应计划；建筑工地施工业务的组织规划；质量保证措施与安全技术措施；主要技术经济指标。

1）工程概况相当于一个总说明。主要说明建设地点、工程性质、规模、建筑面积、投资、建设期限、建设地区特征，如工程地质、地形、地下水位及水质情况；工程项目及结构类型与特征；施工的力量与条件；主要机具配备及可能协作的力量和劳动力的情况等。主要表式详见表4.2-1、表4.2-2、表4.2-3所示。

建筑安装工程项目一览表 **表4.2-1**

序号	工程名称	建筑面积（m^2）	建安工作量（万元）		吊装和安装工程量（吨或件）		建筑结构
			土建	安装	吊装	安装	

注：建筑结构栏填以砖木、混合、钢、钢筋混凝土结构及层数等。

主要建筑物和构筑物一览表 **表4.2-2**

序号	工程名称	建筑结构件特征或其示意图	建筑面积（m^2）	占地面积（m^2）	建筑体积（m^3）	备注

注：建筑结构特征栏说明其基础、柱、墙、屋盖的结构构造，如附示意图应注以主要尺寸。

工 程 量 总 表 **表 4.2-3**

序号	工程量名称	单位	合计	生产车间			仓库运输			管网				生活福利		大型暂设		备注
				××车间	……	……	仓库	铁路	公路	供电	供水	供气	供热	宿舍	文化福利	生产	生活	

注：生产车间栏按主要生产车间、辅助生产车间、动力车间次序填列。

2）施工准备工作计划。

施工准备工作计划。是根据施工部署和施工方案的要求及施工总进度计划的安排编制的。主要内容为：按照建筑总平面图做好现场测量控制网；进行土地征用，居民迁移和障碍物拆除；了解和掌握施工图出图计划、设计意图和拟采用的新结构、新材料、新技术、并组织进行试制和试验工作；编制施工组织设计和研究有关施工技术措施；进行有关大型临时设施工程，施工用水、用电和铁道、道路、码头以及场地平整工作的安排；进行技术培训工作；材料、构件、加工品、半成品和机具的申请和准备工作。

主要施工准备工作计划见表 4.2-7。

3）施工方案法与相应的技术组织措施

施工方法与相应的技术措施即全局性的施工总设想。主要包括施工任务的组织分工与安排，重点单位工程的施工方案，主要施工方法，现场的“三通一平”规划建设，工地大型临时设施的设置与布置。对全局性的问题应做出原则性的考虑。哪些实行工厂化施工，哪些实行机械化施工，那些构件现场浇筑，哪些构件预制；构件吊装采用什么机械；采用什么新工艺、新技术等。

编制预制构件加工品分工计划详见表 4.2-4。

预制构件加工品分工计划 **表 4.2-4**

序号	工程名称	混凝土构件(m^3)			大型板材(m^2)			砌块(m^3)			钢结构(t)			木门窗(m^2)			钢门窗(m^2)			铁件(t)		
		合计	××加工厂	现场	合计	××加工厂	现场	合计	××加工厂	现场	合计	××加工厂	现场	合计	××加工厂	现场	合计	××加工厂	现场	合计	××加工厂	现场

施工总进度计划 **表 4.2-5**

序号	工程名称	建筑指标		设备安装指标(t)	造价（千元）			进度计划					
								第一年				第二年	第三年
		单位	数量		合计	建筑工程	设备安装	Ⅰ	Ⅱ	Ⅲ	Ⅳ		

注：1. 工程名称的顺序应按生产、辅助、动力车间、生活福利和管网等次序填列。
2. 进度线的表达应按土建工程、设备安装和试运转用不同线条表示。

4）施工总进度计划（总控制网络计划）

施工总进度计划是根据施工部署和施工方案合理定出各主要建筑物的施工期限，和各建筑物之间的搭接时间，编制要点为：

①计算所有项目的工程量；

②确定建设总工期和单位工程工期；

③根据使用要求和施工可能明确主要施工项目的开竣工时间；

④做到均衡施工。

注：工业建设项目的施工日期定额，可参照建设部、冶金部、电力部等单位根据各自行业的建设特点制定有施工工期定额。

一般工业与民用建设项目施工工期定额仍执行《全国统一 2001 建筑安装工程工期定额》（建标［2000］38 号），该工期定额按工程类别（厂房、住宅、旅馆、医疗、教学、构筑物等）、结构类型、建筑层数、工程和地区进行分类，分别计算其额定工期。

施工总进度计划、主要分部（项）工程流水施工进度计划见表 4.2-5、表 4.2-6。

主要分部（项）工程流水施工进度计划 **表 4.2-6**

序号	单位工程和分部分项工程名称	工程量		机械			劳动力			施工延续天数	施工进度计划 ____年											
		单位	数量	机械名称	台班数量	机械数量	工程名称	总工日数	平均人数		月	月	月	月	月	月	月	月	月	月	月	月

注：单位工程按主要工程项目填列，较小项目分类合并。分部分项工程只填主要的，如土方包括竖向布置，并区分挖与填。砌筑包括砌砖砌石。现浇混凝土与钢筋混凝土包括基础、框架、地面垫层混凝土。吊装包括装配式板材、梁、柱、屋架、砌块和钢结构。抹灰包括室内外装修、屋面以及水、电、暖、卫和设备安装。

主要施工准备工作计划 **表 4.2-7**

序号	项目	施工准备工作内容	负责单位	涉及单位	要求完成日期	备注

5）各项资源需要量计划（如劳动力、材料、机具需用量主地划）

劳动力计划需要量：根据工种工程的工程量、概（预）算定额及施工经验列出，应提出解决劳动力不足的有关措施，是组织劳力进场和计算布置房屋时的依据，见表 4.2-8；主要材料、构件和半成品需要量计划：根据工程的工程量及预算定额列出，是材料部门及有关加工单位及时落实货源、组织供应依据见表 4.2-9、表 4.2-10；主要施工机具、设备需用量计划：根据施工部署和主要建筑物的施工方案和技术措施，考虑施工总进度计划要求所提出的主要施工机具、设备数量、进场日期等的计划，是选择变压器，计算施工用电的依据，见表 4.2-12；大型临时设施计划；按照施工部署、施工方案和各种物资需用量计划编制，详见表 4.2-13。

运输工具的选用和运输量的计算，可参照建筑工地运输的相关内容，进行编制主要材料、预制加工品运输量计划（见表 4.2-11）。

劳动力需要量计划　　表 4.2-8

序号	工种名称	施工高峰需用人数	19　年				19　年				现有人数	多余（+）或不足（−）
			一季	二季	三季	四季	一季	二季	三季	四季		

注：1. 工程名称除生产工人外，应包括附属辅助用工（如机修、运输、构件加工、材料保管等）以及服务和管理用工。

2. 表下应附以分季度的劳动力动态曲线（以纵轴表示所需人数，横轴表示时间）。

主要材料需要量计划　　表 4.2-9

材料名称 / 单位 / 工程名称	主　要　材　料																			

注：1. 主要材料可按型钢、钢板、钢筋、管材、水泥、木材、砖、石、砂、石灰、油毡等填列。

2. 木材按成材计算。

3. 主要材料、预制加工品按运输量计划。

主要材料、预制加工品需要量计划　　表 4.2-10

序号	材料或预制加工品名称	规格	单位	需用量				需用量进度计划							
				合计	正式工程	大型临时设施	施工措施	19　年					19　年	19　年	19　年
								合计	一季	二季	三季	四季			

注：材料或预制加工名称应与其他表一致，并应列出详细规格。

主要材料、预制加工品运输量计划　　表 4.2-11

序号	材料或预制加工品名称	单位	数量	折合吨数	运距（km）			运输量（t·km）	分类运输量（t·km）			备注
					装货点	卸货点	距离		公路	铁路	航运	

注：材料和预制加工品所需运输总量应另加入8%～10%的不可预见系数，垃圾运输量按实计算，生活日用品运输量按每人年1.2～1.5t计算。

主要施工机具、设备需要量计划　表 4.2-12

序号	机具设备名称	规格型号	电动机功率	数量				购置价值（千元）	使用时间	备注
				单位	需用	现有	不足			

注：机具设备名称可按土石方机械、钢筋混凝土机械、起重设备、金属加工设备、运输设备、木工加工设备、动力设备、测试设备、脚手工具等类分别填列。

劳动力需要量计划：按照施工设备工作计划、施工总进度计划和主要分部（项）工程进度计划套用概算定额，或经验资料计算所需的劳动力人数，并编制劳动力需要量计划；同时要提出解决劳动力不足的有关措施，如开展技术革新，加强技术培训，加强调度管理等。

大型临时设施计划　表 4.2-13

序号	项目名称	需用量		利用现有建筑	利用拟建永久工程	新建	单位（元/m²）	造价（万元）	占地（m²）	修建时间	备注
		单位	数量								

注：项目名称栏包括一切属于大型临时设施的生产、生活用房，临时道路，临时供水、供电和供热系统等。

6）施工总平面图

施工总平面图是把建设区域内地下、地上的建筑物、构筑物（准备建和已有的）以及施工时的材料仓库、运输线路、附属生产企业、给水、排水、供电、临时建筑物取其重点及需要的测量基准点、座标网等，分别绘制在建筑总平面图上的规划和布置图。

7）主要技术组织措施

根据建设工程特点和条件，结合有关规范、规程、施工工期等要求提出：

①保证施工质量、安全、进度措施；

②冬雨季施工措施；

③降低成本、节约措施；

④施工总平面图管理措施。

8）主要技术经济指标

①施工周期：指从主要项目开工时到全部项目投产使用止，其中：

a. 施工准备期：从施工准备开始到主要项目开工止；

b. 部分投产期：从主要项目开工到第一批项目投产使用止。

②全员劳动生产率：

$$\text{全员劳动生产率}=\frac{\text{计划期自行完成的建安工作量(万元)}}{\text{计划期全部职工平均人数(万人)}}[\text{元/(每人·年)}]$$

$$\text{劳动力不平衡系数}=\frac{\text{施工期高峰人数}}{\text{施工期平均人数}}$$

③工程质量：

$$单位工程合格品率=\frac{合格品单位工程个数（或面积数）}{验收鉴定的单位工程个数（或面积数）}\times 100\%$$

$$单位工程优良品率=\frac{优良品率单位工程个数（或面积数）}{验收鉴定的单位工程个数（或面积数）}\times 100\%$$

④降低成本：

$$降低成本=\frac{全部成本降低额}{工程预算成本}\times 100\%$$

⑤安全：

$$负伤事故频率=\frac{一定时期内发生的负伤事故人数}{一定时期内平均在职人数}\times 100\%$$

⑥施工机械：

$$机械设备完好率=\frac{机械完好台日数}{日历台日数-例级节日台日数}\times 100\%$$

$$机械设备利用率=\frac{机械工作台日数}{日历台日数-例级节日台日数}\times 100\%$$

⑦三材节约率：

$$某种材料节约率=\frac{（该种材料计划消耗量）-（该种材料实际消耗量）}{该种材料计划消耗量}\times 100\%$$

（4）单位工程施工组织设计的内容与表式

1）施工组织设计或施工方案由施工机构在施工前编制。当工程项目应用新材料、新结构、新工艺、新技术或有特殊要求时，设计应提出技术要求和注意事项，设计、施工单位密切配合，使之满足设计意图。施工组织设计的编制程序详见图 4.2-1。

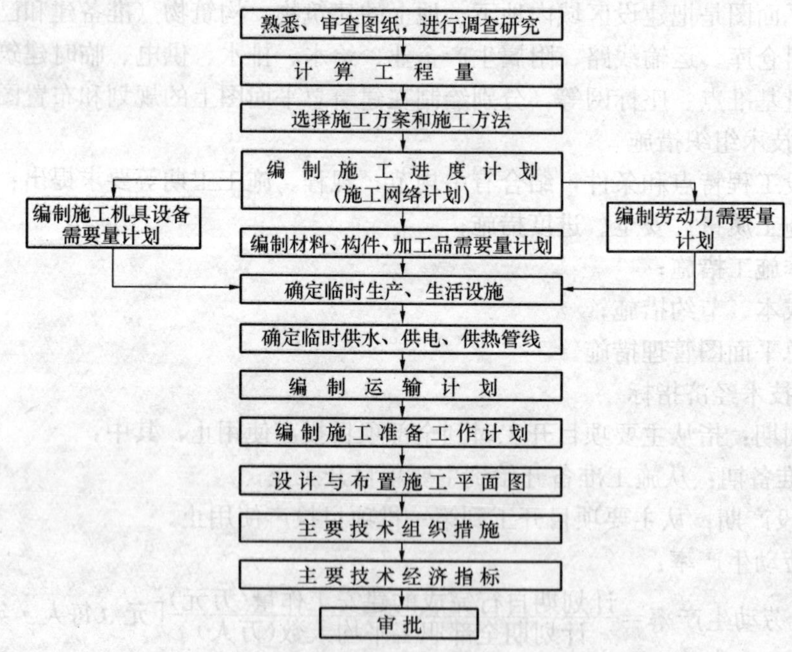

图 4.2-1　单位工程施工组织设计编制程序

2）施工组织设计是进行基本建设和指导建筑施工的必要文件，是实现科学管理的重要环节，切实做好施工组织设计的编制与实施，建立起正常的施工秩序，实现施工管理科学化，是在建筑施工中实现多快好省要求的具体措施。

施工过程是一项十分复杂的生产活动，正确处理好人与物、空间与时间、天时与地利、工艺与设备、使用与维修、专业与协作、供应与消耗、生产与储备等各种矛盾就必须要有严密的组织与计划，以最少的消耗取得最大的效果，要求建设施工人员必须严肃对待，认真执行。

3）建筑工程在开工之前，施工单位必须在了解工程规模特点和建设时期，调查和分析建设地区的自然经济条件的基础上，编制施工组织设计大、中型建设项目，应根据已批准的初步设计（或扩大初步设计）编制施工组织大纲（或称施工组织总设计）；单位工程应根据施工组织大纲及经过会审的施工图编制施工组织设计；规模较小，结构简单的工业、民用建筑，也应编制单位工程施工方案。

4）施工组织设计的主要内容一般应包括：工程概况和工程特点、全部工程的施工顺序、施工力量部署、关键性工程的施工方法（流水段划分、主要项目施工工艺）；施工技术组织措施和建筑安装施工综合进度计划；场内外交通运输，临时便道、水、电供应、场内排水和降低地下水位等方面的规划；材料、预制加工品，施工机械设备和劳动力需要量计划，以及社会生产力的利用方案；建设单位的正始工程项目的利用和施工基地，暂设工程的修建计划；施工准备工作计划；施工总平面图；施工管理措施和八大经济技术指标（八大经济技术指标包括：产量、质量、总产量、燃料、动力消耗、劳动生产率、产品成本、流动奖金、利润）。

①工程概况和工程特点

包括建筑物的平面组合、建筑面积、结构特征类型、高度、层数、工作量主要分项工程量和交付生产、使用的期限等；建设地点的特征，如位置、地形、工程地质、不同深度的土壤分析、冻结期与冻层厚度、地下水位、水质、气温、冬雨季时间，主导风向风力和地震烈度等；施工条件，如五通一平情况，材料、预制加工品的供应情况，以及施工单位的机械、运输、劳动力和企业管理情况等。

②施工方案及施工方法。

施工方案和施工方法的拟定，要根据工期要求，材料、构件、机具和劳动力的供应情况，以及协作单位的施工配合条件和其他现场条件进行周密考虑。主要内容与编制要求如下：

a. 确定总的施工程序：按基建程序办事，做好施工准备，完成三通一平以及材料、机具、构件、劳动力的准备才能开工；地基已经处理并经验收合格，才能进行基础施工；一般应遵守“先地下，后地上”，“先土建，后设备”，“先主体，后围护”，“先结构，后装修”的施工原则。

b. 确定施工总流向：就是要解决建筑物在平面上和分层施工上的合理施工顺序。确定时应考虑以下几个方面：生产使用的先后；适应施工组织的分区分段；与材料、构件运输不相冲突；适应主导工程的合理施工顺序及平面上各部分施工的繁简程序等。

c. 确定各主要分部分设工程的施工方法：决定土石方工程挖、填、运是采用机械还是人工进行；确定基槽、基坑开挖的施工方法和放坡要求；石方爆破方法及所需机具与材料；地下水、地表水的排除方法，以及沟渠、集水井和井点的布置和所需的设备；大量土石方的平衡调配，编制土石方工程平衡调配表；对混凝土和钢筋混凝土工程，重点决定模板类型和支模方法，隔离剂选用，钢筋加工和安装方法，混凝土搅拌合运输方法，混凝土的浇筑顺序，施工缝位置，分层高度，振捣方法和养护制度等；对结构吊装工程，应着重选择吊装机械型号和数量，确定吊装方法，安排吊装顺序，布置机械的行驶路线，考虑构件的制作、拼装场地，以及构件运输、装卸、堆放方法等；对装修工程，主要是确定工艺流程、制定操作要点和组织流水施工，采用新结构、新材料、新工程、新技术；高耸、大跨和重型构件，以及水下、深基和软弱地基等的工艺流程、施工方法、劳动组织、施工措施应单独编制。确定质量、安全、技术措施和降低成本技术措施。

大量土石方的平衡调配，需以图表表示，其分区挖、填、运数量汇总后编制土石方平衡调配表，见表 4.2-14。

土方平衡调配表 **表 4.2-14**

分区编号	工程项目	挖方量（m^3）	填方量（包括场地平整）（m^3）	分区平衡（m^3）		土方来源或去向及数量
				余	缺	

现场垂直、水平运输，确定标准层垂直运输量（如砖、砌砖或砌块、砂浆、模板、钢筋、混凝土、各种预制构件、门窗和各种装修用料、水电材料及工具脚手等），并编制垂直运输量计划表，见表 4.2-15。

垂直运输量计划 **表 4.2-15**

序号	项目	单位	数　量		需要吊量
			工程量	每吊工程量	

③施工总进度计划。

施工总进度计划是在既定施工方案的基础上，根据规定工期要求，对整个建筑物各个工序的施工顺序、开始及结束时间，及其相互衔接或穿插配合情况做出安排。其编制步骤为：确定施工顺序，划分施工项目，划分流水施工段，计算工程量，计算劳动量和机械台班量；确定各施工项目（或工序）的作业时间，组织各施工项目（或工序）间的搭接关系；编制进度指示图表；检查和调整施工进度计划。

④施工准备工作计划。

a. 根据施工具体需要和要求编制施工准备工作计划，其主要内容为：技术准备，如熟悉和会审图纸。编制和审定施工组织设计、编制施工预算各种加工半成品技术资料的准备和计划申请新技术项目的试验和试制；现场准备，如测量放线，拆除障碍物，场地平整，临时道路和临时供水、供电、供热消防等管线的敷设，有关生产、生活临时设施的搭设水平和垂直运输设备的搭设等；劳动力、机具、材料、构件和加工半成品的准备，如调整劳动组织，进行计划、技术交底，协调组织施工机具、材料、构件和加工半成品的租赁与进场；以及与专业施工单位的联系和落实工作等。

b. 单位工程施工前，可以根据施工具体需要和要求，编制施工准备工作计划（见表4.2-16）。

施工准备工作计划表 **表 4.2-16**

序号	施工准备工作项目	工程量		负责队组或人	进度													
					月							月						
		单位	数量		1	2	3	4	5	6	……	1	2	3	4	5	6	……

⑤各项资源需用量计划。

内容包括：根据工程预算、预算定额和施工进度计划编制材料需用量计划，是备料、供料和确定仓库、堆场面积及组织运输的依据；根据工程预算、劳动定额（或预算定额）和施工进度计划编制的劳动力用量计划，是劳动力平衡、调配和衡量劳动力耗用指标的依据；根据施工图、标准图及施工进度计划进行编制，构件和加工的半成品需用量计划，是落实加工单位、定出需用时间、组织加工和货源进场的依据；根据施工方案、施工方法和施工进度计划编制的施工机具需用量计划，用于落实机具来源，组织机具进场；根据材料、构件、加工半成品、机具计划、货源地点和施工进度计划编制的运输计划，用于组织运输力量，保证货源按时进场。

a. 工程材料需要量计划根据工程预算、预算定额和施工进度计划进行编制，见表4.2-17。

××工程材料需要量计划 **表 4.2-17**

序号	材料名称	规格	需要量		需要时间												备注
					月			月			月			月			
			单位	数量	上	中	下	上	中	下	上	中	下	上	中	下	

b. 劳动力需要量计划作为安排劳动力的平衡、调配和衡量劳动力耗用指标的依据，内容见表 4.2-18，可根据工程预算、劳动定额和施工进度计划编制。

×××工程劳动力需要量计划 表 4.2-18

序号	工程名称	需用总工日数	需要人数及时间												备注
			月			月			月			月			
			上	中	下	上	中	下	上	中	下	上	中	下	

c. 构件和加工半成品需要量计划用于落实加工单位，并按所需规格、数量和需要时间，组织加工和货源进场，其内容见表 4.2-19，可根据施工图（包括定型图、标准图）及施工进度计划编制。

××工程××构件和加工半成品需要量计划 表 4.2-19

序号	构件、加工半成品名称	图号和型号	规格尺寸（mm）	单位	数量	要求供应起止日期	备 注

d. 施工机具、设备需要量计划包括机具型号、规格，用以落实机具来源、组织机具进场，内容可见表 4.2-20，根据施工方案、施工方法和进度编制。

××工程施工机具设备需要量计划 表 4.2-20

序号	机具名称	规格	单位	需要数量	使用起止时间	备 注

e. 运输计划用于组织运输力量，保证货源按时进场，其内容见表 4.2-21，可根据材料、构件和加工品、半成品、机具计划、货源地点和施工进度计划编制。

××工程运输计划 表 4.2-21

序号	需运项目	单位	数量	货源	运距（km）	运输量（t·km）	所需运输工具			需用起止时间
							名称	吨位	台班	

f. 绘制施工平面图应首先进行现场踏勘，以获取建设地区或工地各种自然条件和技术经济条件的有关资料。施工平面图是施工组织设计的主要组成部分，是具体解决有关施工机械、搅拌站和加工场、材料半成品及构件、运输道路、水电管线及其他临时设施等的布置问题，是根据建筑总图、施工图、现场地形地物、现有水电源、道路、四周可利用的空地、可利用的房屋的调研资料，以及施工组织总设计及各项临时设施的计算资料绘制的。工期较长的大型建筑物，可按施工阶段绘制各阶段的施工总图。在各阶段施工平面图中，对整个施工时期一直使用的主要道路、水电管、道和临时房屋等，应尽可能不作变动。较小的建筑物，可按主体结构施工阶段的要求绘制施工平面图，应同时考虑到其他施工阶段的施工场地周转、使用问题。绘制施工频图的一般步骤是：确定起重机的数量及其位置；布置搅拌站、加工场、材料仓库及露天堆场；布置道路；布置其他临时建筑物及水电管线。

g. 主要技术组织措施：内容要求与施工组织设计相同。

h. 技术经济指标。

技术经济指标是编制单位工程施工组织设计的最后效果，应在编制相应的技术组织措施的基础上进行计算，主要有以下几项指标。

①工期指标；

②劳动生产率指标；

③质量、安全指标；

④降低成本率；

⑤主要工程机械化施工程度；

⑥三大材料节约指标。

4.3　施工组织设计（施工方案）实施小结

基本要求

（1）施工组织设计的实施过程中应按分部工程（如基础、主体分部等）、新工艺、新材料实施情况进行小结，内容包括工程进度、工程质量、材料消耗、机械使用及成本费用等，将施工组织设计与实际执行结合起来，为发现问题及分析原因提供依据。

（2）当发现施工组织设计不能有效地指导施工或某项工艺发生变化时，应及时对施工组织设计的有关部分逐项进行调整，拟定改进措施方案，变更方案由原编制单位编制，报原审批人签认后方可生效。

附　施工组织设计编审参考资料

1. 建筑材料有关数据

常用建筑材料的密度和质量　**F-1**

名　称	表观或堆积密度（kg/m³）	名　称	表观或堆积密度（kg/m³）
砂子（干、粗砂）	1700	水泥石灰焦渣砂浆	1400
砂子（干、细砂）	1400	石灰焦渣砂浆	1300
卵石（干）	1600～1800	水泥蛭石砂浆	500～800
黏土夹卵石（干）	1700～1800	膨胀珍珠岩砂浆	700～1500
砂夹卵石（干）	1500～1700	素混凝土	2200～2400
砂夹卵石（湿）	1800～1920	矿渣混凝土	2000
碎　石	1400～1500	焦渣混凝土	1600～1700
毛　石	1700	铁屑混凝土	2800～6500
浮石（干）	600～800	沥青混凝土	2000
黏　土	1350～1800	水玻璃耐酸混凝土	2000～2350
砂土（干、松）	1220	浮石混凝土	900～1400
灰土（3：7）、三合土	1750	陶粒混凝土	400～1800
石灰锯末（1：3）	340	粉煤灰陶粒混凝土	1950
生石灰粉	1200	碎砖混凝土	1850
生石灰块	1100	无砂大孔混凝土	1600～1900
熟石灰膏	1350	加气混凝土	550～750
石膏粉	900	泡沫混凝土	600～800
普通硅酸盐水泥	1200～1300	膨胀珍珠岩混凝土	600～1200
矿渣水泥	1450	硅酸盐砌块	1600～1700
水泥砂浆	2000	钢丝网水泥	2500
白灰水泥混合砂浆	1700	聚苯乙烯泡沫塑料	50
石棉水泥浆	1900	聚氯乙烯板	1350～1600
石膏砂浆	1200	石棉板	1300
红　松	600	乳化沥青	980～1150
白　松	500	汽　油	709～788
硬杂木	700	煤　油	800～840
杉　杆	600	柴　油	830～920
铝	2700	机　油	930～960
铝合金	2800	润滑油	740
铸　铁	7250	纯酒精	785
生　铁	6600～7400	工业酒精	660
钢　材	7850	水（4℃时）	1000
石油沥青	900～1050	海　水	1027
玛𤧛脂	1280	木丝板	400～500
煤沥青	1340	刨花板	600

续表

名 称	重 量	名 称	重 量
灰板条 （2000×45×6）mm	0.35kg/根	黏土脊瓦 （380×240×20）mm	3.5kg/gm 块
挂瓦条 （2000×20×30）mm	0.94kg/根	水泥瓦 （380×235×15）mm	3.25kg/块
人造板 （900×900×10）mm	8.4kg/块	水泥脊瓦 （455×165×15）mm	4.4kg/块
胶合三合板（杨木）	1.9kg/m²	小青瓦	
胶合三合板（椴木）	2.2kg/m²	（190～175×165×8）mm	0.375kg/块
胶合三合板（水曲柳）	2.8kg/m²	小波石棉瓦	
胶合五合板（椴木）	3.4kg/m²	（1820×720×6）mm	22kg/块
胶合五合板（水曲柳）	3.9kg/m²	（2800×9400×8）mm	48kg/块
胶合五合板（杨木）	3.0kg/m²	石棉水泥脊瓦	
黏土瓦 （380×240×20）mm	3.0kg/块	780×（180×2）×8	4kg/块

胶合板规格及每立方米折合张数 F-2

规格		三层			五层	说明
（mm）	（ft）	厚 3.0mm	厚 3.5mm	厚 4.0mm	厚 6.5mm	
915×610	3×2	597 张	512 张	448 张	276 张	胶合板折材积（指胶合板材积，不是厚木体积）： $1m^3$ 胶合板材积的张数$=\frac{1}{厚\times长\times宽}$ 例：$1m^3$ 厚 3mm、宽 915mm、长 1830mm、的胶合板的张数 $=\frac{1}{0.003\times0.915\times1.830}$ =199.2（林业部规定为 200 张）
915×915	3×3	399 张	341 张	299 张	184 张	
915×1220	3×4	299 张	256 张	224 张	138 张	
915×1525	3×5	239 张	205 张	180 张	110 张	
915×1830	3×6	200 张	171 张	149 张	92 张	

木门材积（毛截面体积）参考表（m^3/m^2） F-3

地区	类别					
	夹板门	镶纤维板门	镶木板门	半截玻璃门	弹簧门	拼板门
华北	0.0296	0.0353	0.0466	0.0379	0.0453	0.0520
华东	0.0287	0.0344	0.0452	0.0368	0.0439	0.0512
东北	0.0285	0.0341	0.0450	0.0366	0.0437	0.0510
中南	0.0302	0.0360	0.0475	0.0387	0.0462	0.0539
西北	0.0258	0.0307	0.0405	0.0330	0.0394	0.0459
西南	0.0265	0.0316	0.0417	0.0340	0.0406	0.0473

注：1. 本表按无纱门考虑。

2. 本表以华北地区木门窗标准图的平均数为基础，其他地区按断面大小折算。

3. 本表数据仅供参考。

木窗材积参考表（m^3/m^2） F-4

地　区	类　别				
	单层玻璃窗	一玻一纱窗	双层玻璃面	中悬窗	百叶窗
华北	0.0291	0.0405	0.0513	0.0285	0.0431
华东	0.0400	0.0553	—	0.0311	0.0471
东北	0.0337	—	0.0638	0.0309	0.0467
中南	0.0390	0.0578	—	0.0303	0.0459
西北	0.0369	0.0492	—	0.0287	0.0434
西南	0.0360	0.0485	—	0.0281	0.0425

注：1. 本表以华北地区木门窗标准图为基础，其他地区按断面大小折算。
2. 本表数据仅供参考。

圆钢规格重量表 F-5

规格（mm）	截面面积（mm^2）	重量（kg/m）	规格（mm）	截面面积（mm^2）	重量（kg/m）
3.5	9.62	0.075	14	153.90	1.21
4	12.57	0.098	15	176.70	1.39
5	19.63	0.154	16	201.10	1.58
5.5	23.76	0.187	17	227.00	1.78
5.6	24.63	0.193	18	254.50	2.00
6	28.27	0.222	19	283.50	2.23
6.3	31.17	0.245	20	314.20	2.47
6.5	33.18	0.260	21	346.40	2.72
7	38.48	0.302	22	380.10	2.98
7.5	44.18	0.347	24	452.40	3.55
8	50.27	0.395	25	490.90	3.85
9	63.63	0.499	26	530.90	4.17
10	78.54	0.617	28	615.80	4.83
11	95.03	0.746	30	706.90	5.55
12	113.10	0.888	32	804.20	6.31
13	132.70	1.04	34	907.90	7.13

工字钢规格重量表 F-6

工字钢型号	尺　寸（mm）			截面面积（cm^2）	重　量（kg/m）
	高	腿　宽	腹　厚		
10	100	68	4.5	14.3	11.2
12	120	74	5.0	17.8	14.0
14	140	80	5.5	21.5	16.9
16	160	88	6.0	26.1	20.5
18	180	94	6.5	30.6	24.1
20A	200	100	7.0	35.5	27.9
20B	200	102	9.0	39.5	31.1
22A	220	110	7.5	42.0	33.0
22B	220	112	9.5	46.4	36.4
24A	240	116	8.0	47.7	37.4
24B	240	118	10.0	52.6	41.2
27A	270	122	8.5	54.6	42.8
27B	270	124	10.5	60.0	47.1
30A	300	126	9.0	61.2	48.0
30B	300	128	11.0	67.2	52.7
30C	300	130	13.0	73.4	57.4
36A	360	136	10.0	76.3	59.9
36B	360	138	12.0	83.5	65.6
36C	360	140	14.0	90.7	71.2
40A	400	142	10.5	86.1	67.6
40B	400	144	12.5	94.1	73.8
40C	400	146	14.5	102	80.1

槽钢规格重量表 F-7

槽钢型号	尺寸 (mm)			截面面积 (cm²)	重量 (kg/m)
	高	腿长	腰厚		
5	50	37	4.5	6.93	5.44
6.5	65	40	4.8	8.54	6.70
8	80	43	5.0	10.24	8.04
10	100	48	5.3	12.74	10.00
12	120	53	5.5	15.36	12.06
14A	140	58	6.0	18.51	14.53
14B	140	60	8.0	21.31	16.73
16A	160	63	6.5	21.95	17.23
16B	160	65	8.5	25.15	19.74
20A	200	73	7.0	28.83	22.63
20B	200	75	9.0	32.83	25.77
30A	300	85	7.5	43.89	34.45
30B	300	87	9.5	49.59	36.16
30C	300	89	11.5	55.89	43.81

2. 气象及环境保护数据

风 级 标 准 F-8

风力名称		海岸及陆地面征象标准		相当风速 (m/s)
风级	概况	陆地	海岸	
0	无风	静，烟直上		0～0.2
1	软风	烟能表示方向，但风向标不能转动	渔船不动	0.3～1.5
2	轻风	人面感觉有风，树叶微响，寻常的风向标转动	渔船张帆时，可随风移动	1.6～3.3
3	微风	树叶及微枝摇动不息，旌旗展开	渔船渐觉簸动	3.4～5.4
4	和风	能吹起地面灰尖和纸张，树的小枝摇动	渔船满帆时，倾于一方	5.5～7.9
5	清风	小树摇摆	水面起波	8.0～10.7
6	强风	大树枝摇动，电线呼呼有声，举伞有困难	渔船加倍缩帆，捕鱼须注意危险	10.8～13.8
7	疾风	大树摇动，迎风步行感觉不便	渔船停息港中，去海外的下锚	13.9～17.1
8	大风	树枝折断，迎风行走感觉阻力很大	近港海船均停留不出	17.2～20.7
9	烈风	烟囱及平房屋顶受到损坏（烟囱顶部及平顶摇动）	汽船航行困难	20.8～24.4
10	狂风	陆上少见，可拔树毁屋	汽船航行颇危险	24.5～28.4
11	暴风	陆上很少见，有则必受重大损毁	汽船遇之极危险	28.5～32.6
12	飓风	陆上绝少，其摧毁力极大	海浪滔天	32.6 以上

降 雨 等 级 F-9

降雨等级	现象描述	降雨量 (mm)	
		一天内总量	半天内总量
小雨	雨能使地面潮湿，但不泥泞	1～10	0.2～5.0
中雨	雨降到屋顶上有淅淅声，凹地积水	10～25	5.1～15
大雨	降雨如倾盆，落地四溅，平地积水	25～50	15.1～30
暴雨	降雨比大雨还猛，能造成山洪暴发	50～100	30.1～70
大暴雨	降雨比暴雨还大，或时间长，造成洪涝灾害	100～200	70.1～140
特大暴雨	降雨比大暴雨还大，能造成洪涝灾害	>200	>140

我国城市区域环境噪声标准［单位：等效声级，dB（A）］　F-10

适用区域	昼间	夜间	备　注
特殊住宅区 居民、文教区 一类混合区 商业中心区、二类混合区 工业集中区 交通干线道路两侧	45 50 55 60 65 70	35 40 45 50 55 55	1. 本表摘自《城市区域环境噪声标准》（GB3096—82） 2. 特殊住宅区是指特别需要安静的住宅区； 居民、文教区是指纯居民区和文教、机关区； 一类混合区是指一般商业与居民混合区； 二类混合区是指工业、商业、少量交通与居民混合区； 商业中心区是指商业集中的繁华地区； 工业集中区指在一个城市或区域内规划明确确定的工业区； 交通干线道路两侧是指车流量每小时100辆以上的道路两侧

注：A为声级，记作分贝（A）或dB（A）。声级有别于声压级。声级表示经过频率计权后的声压级，配有A、B、C计权网络的声学仪器，它的读数称为声级，单位也是分贝。近年来，人们在噪声测量中，往往就用A网络测得的声压级代表噪声的响度大小叫A声级。

新建、改建、扩建企业噪声标准　F-11

每个工作日接触噪声时间（h）	允许噪声［分贝(A)］	备注
8 4 2 1	85 88 91 94	本表摘自《工业企业噪声卫生标准》 （试行草案）
最高不得超过115		

施工现场主要施工机械噪声平均A级　F-12

机械名称	噪声级（dB）	机械名称	噪声级（dB）
推土机	78～96	挖土机	80～93
搅拌机	75～88	运土卡车	85～94
汽锤、风钻	82～98	打桩机	95～105
混凝土破碎机	85	空气压缩机	75～88
卷扬机	75～83	钻机	87

注：表中所列皆为距离噪声源约15m处测得的数据。现场操作人员所承受的噪声还要大10～20分贝（dB）。

3. 建筑工地临时设施数据

临时加工厂所需面积参考指标　F-13

序号	加工厂名称	年产量		单位产量所需建筑面积 m^2/m^3	占地总面积（m^2）	备　注
		单位	数量			
1	混凝土搅拌站	m^3 m^3 m^3	3200 4800 6400	0.022（m^2/m^3） 0.021（m^2/m^3） 0.020（m^2/m^3）	按砂石堆 场考虑	400L搅拌机2台 400L搅拌机3台 400L搅拌机4台
2	临时性混凝土预制厂	m^3 m^3 m^3 m^3	1000 2000 3000 5000	0.25（m^2/m^3） 0.20（m^2/m^3） 0.15（m^2/m^3） 0.125（m^2/m^3）	2000 3000 4000 小于6000	生产屋面板和中小型梁柱板等，配有蒸养设施
3	半永久性混凝土预制厂	m^3 m^3 m^3	3000 5000 10000	0.6（m^2/m^3） 0.4（m^2/m^3） 0.3（m^2/m^3）	9000～12000 12000～15000 15000～20000	
4	木材加工厂	m^3 m^3 m^3	15000 24000 30000	0.0244（m^2/m^3） 0.0199（m^2/m^3） 0.0181（m^2/m^3）	1800～3600 2200～4800 3000～5500	进行原木、大方加工

临时加工厂所需面积参考指标 续表

序号	加工厂名称	年产量 单位	年产量 数量	单位产量所需建筑面积 (m^2/m^3)	占地总面积 (m^2)	备注
4	综合木工加工厂	m^3	200	0.30	100	加工门窗、模板、地板、屋架等
		m^3	500	0.25	200	
		m^3	1000	0.20	300	
		m^3	2000	0.15	420	
	粗木加工厂	m^3	5000	0.12	1350	加工屋架、模板
		m^3	10000	0.10	2500	
		m^3	15000	0.09	3750	
		m^3	20000	0.08	4800	
	细木加工厂	万 m^2	5	0.0140	7000	加工门窗、地板
		万 m^2	10	0.0114	10000	
		万 m^2	15	0.0106	14300	
	钢筋加工厂	t	200	0.35m^2/t	280～560	加工、成型、焊接
		t	500	0.25m^2/t	380～750	
		t	1000	0.20m^2/t	400～800	
		t	2000	0.15m^2/t	450～900	
5	现场钢筋调直或冷拉	所需场地（长×宽）				包括材料及成品堆放 3～5t 电动卷扬机一台包括材料及成品堆放包括材料及成品堆放
	拉直场	70～80×3～4（m）				
	卷扬机棚	15～20（m^2）				
	冷拉场	40～60×3～4（m）				
	时效场	30～40×6～8（m）				
	钢筋对焊	所需场地（长×宽）				包括材料及成品堆放寒冷地区应适当增加
	对焊场地	30～40×4～5（m）				
	对焊棚	15～24（m^2）				
	钢筋冷加工	所需场地（m^2/台）				
	冷拔、冷轧机	40～50				
	剪断机	30～50				
	弯曲机 ϕ12 以下	50～60				
	弯曲机 ϕ40 以下	60～70				
6	金属结构加工（包括一般铁件）	所需场地（m^2/t） 年产 500t 为 10 年产 1000t 为 8 年产 2000t 为 6 年产 3000t 为 5				按一批加工数量计算
7	贮灰池	5×3＝15（m^2）				每二个贮灰池配一套淋灰池和淋灰槽，每 600kg 石灰可消化 1m^2 石灰膏
	石灰消化淋灰池	4×3＝12（m^2）				
	淋灰槽	3×2＝6（m^2）				
8	沥青锅场地	20～40（m^2）				台班产量 1～1.5t/台

注：资料来源为中国建筑科学研究院调查报告、原华东工业建筑设计院资料及其他调查资料。

现场作业棚所需面积参考指标　　F-14

序号	名　称	单位	面积（m^2）	备　注
1	木工作业棚	m^2/人	2	占地为建筑面积的2～3倍
2	电锯房	m^2	80	34～36in圆锯1台
	电锯房	m^2	40	小圆锯1台
3	钢筋作业棚	m^2/人	3	占地为建筑面积的3～4倍
4	搅拌棚	m^2/台	10～18	
5	卷扬机棚	m^2/台	6～12	
6	烘炉房	m^2	30～40	
7	焊工房	m^2	20～40	
8	电工房	m^2	15	
9	白铁工房	m^2	20	
10	油漆工房	m^2	20	
11	机、钳工修理房	m^2	20	
12	立式锅炉房	m^2/台	5～10	
13	发电机房	m^2/kW	0.2～0.3	
14	水泵房	m^2/台	3～8	
15	空压机房（移动式）	m^2/台	18～30	
	空压机房（固定式）	m^2/台	9～15	

注：资料来源为铁道部编《临时工程手册》、原华东工业建筑设计院资料及其他调查资料。

场机运钻、机修间、停放场所需面积参考指标　　F-15

序号	施工机械名称	所需场地（m^2/台）	存放方式	检修间所需建筑面积	
				内　容	数量（m^2）
	一、起重、土方机械类				
1	塔式起重机	200～300	露天	10～20台设1个检修台位（每增加20台增设1个检修台位）	200（增150）
2	履带式起重机	100～125	露天		
3	履带式正铲或反铲，拖式铲运机，轮胎式起重机	75～100	露天		
4	推土机、拖拉机 压路机	25～35	露天		
5	汽车式起重起机	20～30	露天或室内		
	二、运输机械类				
6	汽车（室内） （室外）	20～30 40～60	般情况下室内不小于10%	每20台设1个检查台位（每增加1个检修台位）	170（增160）
7	平板拖车	100～150			
	三、其他机械类				
8	搅拌机、卷扬机、电焊机、电动机 水泵、空压机、油泵、少先吊等	4～6	一般情况下室内占30% 露天占70%	每50台设1个检修台位 （每增加1个检修台位）	50（增50）

注：1. 露天或室内存放视气候条件而定，寒冷地区应适当增加室内存放。

2. 所需场地包括道路、通道和回转场地。

3. 资料来源同表F-14。

仓库面积计算用参考数据 **F-16**

序号	材料名称	单位	储备天数（d）	每平方米储存量	堆置高度（m）	仓库类型
1	钢材	t	40～50	1.5	1.0	
	工槽钢	t	40～50	0.8～0.9	0.5	露天
	角钢	t	40～50	1.2～1.8	1.2	露天
	钢筋（直筋）	t	40～50	1.8～2.4	1.2	露天
	钢筋（盘筋）	t	40～50	0.8～1.2	1.0	棚或库约占 20%
	钢板	t	40～50	2.4～2.7	1.0	露天
	钢管 ϕ200 以上	t	40～50	0.5～0.6	1.2	露天
	钢管 ϕ200 以下	t	40～50	0.7～1.0	2.0	露天
	钢轨	t	20～30	2.3	1.0	露天
	铁皮	t	40～50	2.4	1.0	库或棚
2	生铁	t	40～50	5	1.4	露天
3	铸铁管	t	20～30	0.6～0.8	1.2	露天
4	暖气片	t	40～50	0.5	1.5	露天或棚
5	水暖零件	t	20～30	0.7	1.4	库或棚
6	五金	t	20～30	1.0	2.2	库
7	钢丝绳	t	40～50	0.7	1.0	库
8	电线电缆	t	40～50	0.3	2.0	库或棚
9	木材	m^3	40～50	0.8	2.0	露天
	原木	m^3	30～40	0.9	2.0	露天
	成材	m^3	20～30	0.7	3.0	露天
	枕木	m^3	20～30	1.0	2.0	露天
	灰板条	千根	30～40	5	3.0	棚
10	水泥	t	20～30	1.4	1.5	库
11	生石灰（块）	t	10～20	1～1.5	1.5	棚
	生石灰（袋装）	t	10～20	1～1.3	1.5	棚
	石膏	t	10～30	1.2～1.7	2.0	棚
12	砂、石子（人工堆置）	m^3	10～30	1.2	1.5	露天
	砂、石子（机械堆置）	m^3	10～20	2.4	3.0	露天
13	块石	m^3	10～30	1.0	1.2	露天
14	红砖	千块	20～30	0.5	1.5	露天
15	耐火砖	t	10～30	2.5	1.8	棚
16	黏土瓦、水泥瓦	千块	10～30	0.25	1.5	露天
17	石棉瓦	张	20～30	25	1.0	露天
18	水泥管、陶土管	t	20～30	0.5	1.5	露天
19	玻璃	箱	20～30	6～10	0.8	棚或库
20	卷材	卷	20～30	15～24	2.0	库
21	沥青	t	20～30	0.8	1.2	露天
22	液体燃料润滑油	t	20～30	0.3	0.9	库

续表

序号	材料名称	单位	储备天数（d）	每平方米储存量	堆置高度（m）	仓库类型
23	电石	t	20～30	0.3	1.2	库
24	炸药	t	10～30	0.7	1.0	库
25	雷管	t	10～30	0.7	1.0	库
26	煤	t	10～30	1.4	1.5	露天
27	炉渣	m^3	10～30	1.2	1.5	露天
28	钢筋混凝土构件	m^3				
	板	m^3	3～7	0.14～0.24	2.0	露天
	梁、柱	m^3	3～7	0.12～0.48	1.2	露天
29	钢筋骨架	t	3～7	0.12～0.18	—	露天
30	金属结构	t	3～7	0.16～0.24	—	露天
31	铁件	t	10～20	0.9～1.5	1.5	露天或棚
32	钢门窗	t	10～20	0.65	2	棚
33	木门窗	m^2	3～7	30	2	棚
34	木屋架	m^3	3～7	0.3	—	露天
35	模板	m^3	3～7	0.7	—	露天
36	大型砌块	m^3	3～7	0.9	1.5	露天
37	轻质混凝土制品	m^3	3～7	1.1	2	露天
38	水、电及卫生设备	t	20～30	0.35	1	棚、库各约占1/4
39	工艺设备	t	30～40	0.6～0.8	—	露天约占1/2
40	多种劳保用品	件		250	2	库

注：1. 当采用散装水泥时设水泥罐，其容积按水泥周转量计算，不再设集中水泥库。

2. 块石、砖、水泥管等以在建筑物附近堆放为原则，一般不设集中堆场。

临时性行政、生活福利建筑参考指标　　F-17

临时房屋名称	指标使用方法	参考指标（m^2/人）	备　注
办公室	按干部人数	3～4	1. 本表根据全国收集到的有代表性的企业、地区的资料综合
宿舍	按高峰年（季）平均职工人数	2.5～3.5	
单层通铺	（扣除不在工地住宿人数）	2.5～3	
双层床		2.0～2.5	2. 工区以上设置的会议室已包括在办公室指标内
单层床		3.5～4.0	
家属宿舍		16～25m^2/户	
食堂	按高峰年平均职工人数	0.5～0.8	3. 家属宿舍应以施工期长短和离基地情况而定，一般按高峰年职工平均人数的10%～30%考虑
食堂兼礼堂	按高峰年平均职工人数	0.6～0.9	
其他合计	按高峰年平均职工人数	0.5～0.6	
医务室	按高峰年平均职工人数	0.05～0.07	
浴室	按高峰年平均职工人数	0.07～0.1	
理发	按高峰年平均职工人数	0.01～0.03	

续表

临时房屋名称	指标使用方法	参考指标（m^2/人）	备注
浴室兼理发	按高峰年平均职工人数	0.08～0.1	4. 食堂包括厨房、库房、应考虑在工地就餐人数和几次进餐
俱乐部	按高峰年平均职工人数	0.1	
小卖店	按高峰年平均职工人数	0.03	
招待所	按高峰年平均职工人数	0.06	
托儿所	按高峰年平均职工人数	0.03～0.06	
子弟小学	按高峰年平均职工人数	0.06～0.08	
其他公用	按高峰年平均职工人数	0.05～0.10	
现场小型设施			
开水房	按高峰年平均职工人数	10～40	
厕所	按高峰年平均职工人数	0.02～0.07	
工人休息室	按高峰年平均职工人数	0.15	

施工生产用水参考定额 **F-18**

用水对象	单位	耗水量	备注
浇筑混凝土全部用水	L/m^3	1700～2400	
搅拌普通混凝土	L/m^3	250	
搅拌轻质混凝土	L/m^3	300～350	
搅拌泡沫混凝土	L/m^3	300～400	
搅拌耐热混凝土	L/m^3	300～350	
混凝土养护（自然养护）	L/m^3	200～400	
混凝土养护（蒸汽养护）	L/m^3	500～700	
冲洗模板	L/m^3	5	
搅拌机清洗	L/台班	600	
人工冲洗石子	L/m^3	1000	当含泥量大于2%小于3%时
机械冲洗石子	L/m^3	600	
洗砂	L/m^3	1000	
砌砖工程全部用水	L/m^3	150～250	
砌石工程全部用水	L/m^3	50～80	
抹灰工程全部用水	L/m^2	30	
耐火砖砌体工程	L/m^3	100～150	包括砂浆搅拌
浇砖	L/千块	200～250	
浇硅酸盐砌块	L/m^3	300～350	不包括调制用水
抹面	L/m^2	4～6	主要是找平层
楼地面	L/m^2	190	
搅拌砂浆	L/m^3	300	
石灰消化	L/t	3000	
上水管道工程	L/m	98	
下水管道工程	L/m	1130	
工业管道工程	L/m	35	

施工机械用水量参考定额　F-19

用水机械名称	单位	耗水量（L）	备　注
内燃挖土机	m^3·台班	200～300	以斗容量 m^3 计
内燃起重机	t·台班	15～18	以起重量吨数计
蒸汽打桩机	t·台班	1000～1200	以锤重吨数计
内燃压路机	t·台班	12～15	以压路机吨数计
蒸汽压路机	t·台班	100～150	以压路机吨数计
拖拉机	台·昼夜	200～300	
汽车	台·昼夜	400～700	
标准轨蒸汽机车	台·昼夜	10000～20000	
空压机	(m^3/min)·台班	40～80	以空压机单位容量计
内燃机动力装置（直流水）	马力·台班	120～300	
内燃机动力装置（循环水）	马力·台班	25～40	
锅炉	t·h	1050	以小时蒸发量计
点焊机 25 型	台·h	100	
50 型	台·h	150～200	
75 型	台·h	250～300	
对焊机	台·h	300	
冷拔机	台·h	300	
凿岩机 01—30 / 01—38 型	台·min	3～8	
YQ—100 型	台·min	8～12	
木工场	台班	20～25	
锻工房	炉·台班	40～50	以烘炉数计

现场生活用水量参考定额　F-20

用　水　对　象	单　位	耗水量
生活用水（　洗、饮用）	(L/人·日)	20～40
食堂	L/(人·次)	10～20
浴室（淋浴）	(L/人·次)	40～60
淋浴带大池	L/(人·次)	50～60
洗衣房	L/kg 干衣	40～60
理发室	L/(人·次)	10～25
学校	L/(学生·日)	10～30
幼儿园托儿所	L/(儿童·日)	75～100
病院	L/(病床·日)	100～150

现场消防用水量参考定额　F-21

用水名称	火灾同时发生次数	单　位	用水量
居民区消防用水：			
5000 人以内	一次	L/s	10
10000 人以内	二次	L/s	10～15
25000 人以内	一次	L/s	15～20
施工现场消防用水：			
施工现场在 25hm^2 内	一次	L/s	10～15
每增加 25hm^2	一次	L/s	5

混凝土拌合水质量标准 F-22

项目	标准		
	预应力混凝土	钢筋混凝土	素混凝土
pH值	>4	>4	>4
不溶物含量（mg/L）	<2000	<2000	<5000
可溶物含量（mg/L）	<2000	<5000	<10000
氯化物（以 Cl^- 计）（mg/L）	<500①	<1200	<3500
硫酸盐（以 SO_4^{2-} 计）（mg/L）	<600	<2700	<2700
硫化物（以 S^{2-} 计）（mg/L）	<100	—	—

注：用钢丝或经热处理钢筋的预应力混凝土中氯化物含量不得超过 350mg/L。

临时水管经济流速参考表 F-23

管径	流速（m/s）	
	正常时间	消防时间
1. $D<0.1$m	0.5～1.2	—
2. $D=0.1$～0.3m	1.0～1.6	2.5～3.0
3. $D>0.3$m	1.5～2.5	2.5～3.0

临时给水铸铁管管径计算 F-24

流量（L/s）	管径（mm）									
	75		100		150		200		250	
	i	*v*	*i*	*v*	*i*	*v*	*i*	*v*	*i*	*v*
2	7.98	0.46	1.94	0.26						
4	28.4	0.93	6.69	0.52						
6	61.5	1.39	14	0.78	1.87	0.34				
8	109	1.86	23.9	1.04	3.14	0.46	0.765	0.26		
10	171	2.33	36.5	1.30	4.69	0.57	1.13	0.32		
12	246	2.76	52.6	1.56	6.55	0.69	1.58	0.39	0.529	0.25
14			71.6	1.82	8.71	0.80	2.08	0.45	0.695	0.29
16			93.5	2.08	11.1	0.92	2.64	0.51	0.886	0.33
18			118	2.34	13.9	1.03	3.28	0.58	1.09	0.37
20			146	2.60	16.9	1.15	3.97	0.64	1.32	0.41
22			177	2.86	20.2	1.26	4.73	0.71	1.57	0.45
24					24.1	1.38	5.56	0.77	1.83	0.49
26					28.3	1.49	6.64	0.84	2.12	0.53
28					32.8	1.61	7.38	0.90	2.42	0.57
30					37.7	1.72	8.4	0.96	2.75	0.62
32					42.8	1.84	9.46	1.03	3.09	0.66
34					84.4	1.95	10.6	1.09	3.45	0.70
36					54.2	2.06	11.8	1.16	3.83	0.74
38					60.4	2.18	13.0	1.22	4.23	0.78

注：*v*—流速（m/s）；*i*—压力损失（m/km，或 mm/m）。

临时给水钢管管径计算　F-25

流量 (L/s)	管径 (mm) 25		40		50		70		80	
	i	*v*	*i*	*v*	*i*	*v*	*i*	*v*	*i*	*v*
0.1										
0.2	21.3	0.38								
0.4	74.8	0.75	8.98	0.32						
0.6	159	1.13	18.4	0.48						
0.8	279	1.51	31.4	0.64						
1.0	437	1.88	47.3	0.8	12.9	0.47	3.76	0.28	1.61	0.2
1.2	629	2.26	66.3	0.95	18	0.56	5.18	0.34	2.27	0.24
1.4	856	2.64	88.4	1.11	23.7	0.66	6.83	0.4	2.97	0.28
1.6	1118	3.01	114	1.27	30.4	0.75	8.7	0.45	3.96	0.32
1.8			144	1.43	37.8	0.85	10.7	0.51	4.66	0.36
2.0			178	1.59	46	0.94	13	0.57	5.62	0.40
2.6			301	2.07	74.9	1.22	21	0.74	9.03	0.52
3.0			400	2.39	99.8	1.41	27.4	0.85	11.7	0.60
3.6			577	2.86	144	1.69	38.4	1.02	16.3	0.72
4.0					177	1.88	46.8	1.13	19.8	0.81
4.6					235	2.17	61.2	1.3	25.7	0.93
5.0					277	2.35	72.3	1.42	30	1.01
5.6					348	2.64	90.7	1.59	37	1.13
6.0					399	2.82	104	1.7	42.1	1.21

水泵型号明细表　F-26

名称	型号	型号举列	符号说明
单级单吸悬臂式离心水泵	B BA BL BZ 源江	4B35A B12—15 3BA—13A 100B90/30 2BL—6A 100BZ34 源江 48I—28IA	4，3，2，48—泵的吸入口径（in） 100—泵的吸入口径（mm） B，BA—单级单吸悬臂式离心清水泵 L，Z—直联式（原体与电机直接联结） 源江—大型立式单级单吸离心水泵 35，15，30，34—泵设计点扬程（m） 13，6，28—泵的比转数 1/10 左右 12，90—泵流量 I—泵的结构经一次改造
单级双吸中开式离心水泵	S SA Sh SLA	150S50A 10SA—6A 8Sh—9A 20SLA—22A 湘江 56—23A	150—泵的吸入口径（mm） 10，8，20，56—泵的吸入口径（in） S，SA 湘江—单级双吸中开式离心清水泵 SLA—单级双开立式中开离心清水泵 Sh—单级双开卧式离心清水泵 50—原设计点扬程 6，9，22，23—泵的比转数 1/10 左右 A—泵叶轮径切割

续表

名称	型号	型号举列	符号说明
多级离心水泵	D D1 DA AD1 DK DL TSW	D12—25×2 150D35×7 4DA—8×7 DA1—100×11 DK400—22 5DK—9×2A 50DLG×3 80DL30×6 DL46—20×12 200D1—43×4 2DL9×5 75TSW×6	12，400，46—流量（m^3/h） 23，7，11，6，12—叶轮个数 150，50，80，75—泵吸入口径（mm） 4.5—泵吸入口径（in） 8.9—泵比转数 1/10 左右 100—泵排出口径（mm） D，DA—单吸，多级分段式离心清水泵 DK—单吸，多级中开式离心清水泵 DL—单吸，多级立式离心清水泵 G—派生系列 A—叶轮经切割 T—透平式 S—单吸 W—低温（低于 80℃）
离心式井泵	J JD JDS JQ JQB JQC NQ JB QJ QX QY	8J35×10 6JD36×7 250JQC140×5 200QJ50—17/1 8NQ50—18 QY—25	8，6—泵适用的最小口径（in） 200，250—泵适用的最小口径（mm） J—井泵 D—多级 Q—电机潜入水中 N—农 Y—电机绕组充油 35，36，140，50—泵设计点流量（m^3/h） 10，7，5，1—泵叶轮个数 17，18，25—扬程 9m）
轴流泵	ZLB ZLQ ZGB ZL CJ	36ZCB—70 2.8CJ—70 122GB36	36—排出水口径（in） Z—轴流泵 L—立式结构 B—半调式叶片 CJ—长江牌 70—比转数 1/10 左右 2.8—泵叶轮直径（m） 12—叶轮直径的 10 倍 G—贯流式 35—扬程的 10 倍
混流泵	HB 丰 闽农 FB HL HLB HL，WF	12HBC₂—40 1.6HL—40 20FB—35 10″丰 24	12，1.6，20.10—泵吸入，排出口径（in） HB—单级单吸悬臂式混流泵 C_2—泵经第二次改造 HL—立式混流泵 FB—丰田牌泵 丰—丰田片泵 40，35，24—泵比转数的 1/10 左右

水泵快速选型参考表 **F-27**

流量 (L/s)	扬程 (m)											
	3～5	5～7	7～10	10～15	15～20	20～25	25～30	30～40	40～50	50～70	70～100	100～140
10	(4BA-18) 1450	(4BA-12A) 1450	3BA-13B	3BA-13A	3BA-13	3BA-9A	3BA-9	3BA-9	3BA-6A	4BA-6		
15	(4BA-18) 1450	(4BA-12) 1450	(4BA-8A) 1450	4BA-25A	4BA-25		3BA-9	3BA-6A	3BA-6	3BA-6		
20	4BA-25A2200	(4BA-25)2200	4BA-25A	4BA-25	4BA-18A	4BA-18	4BA-12A	4BA-12	4BA-8A	4BA-8	4BA-6 4BA-6A	
25			4BA-25	4BA-18A	4BA-18		4BA-12A	4BA-12	4BA-8A	4BA-8	4BA-6 4BA-6A	
30			4BA-25	6BA-18A	4BA-18	6BA-12A 6BA-8A	4BA-12 6BA-8A	4BA-8A	4BA-8	4BA-6A	4BA-6	
35			6BA-18A	6BA-18	6BA-12A	6BA-8B	4BA-12 6BA-8A	6BA-8	6Sh-9A	4BA-6A 6Sh-6A	4BA-6 6Sh-6	
40			6BA-18A	6BA-12A	6BA-8B	6BA-12	6BA-8A	6BA-8	6Sh-9A	6Sh-6A	6Sh-6	
45		8″混	6BA-18A	6BA-12A 6BA-18	6BA-8B 6BA-12	6BA-8A	6BA-8	6BA-8 6Sh-9A	6Sh-9	6Sh-6A	6Sh-6	
50	8″混	8″混	8″混	6BA-12A 6BA-18	6BA-8B 6BA-12	6BA-8A	6BA-8	6BA-8 6Sh-9A	6Sh-9	6Sh-9A	6Sh-6	
55	8″混	8″混	6BA-18	8BA-25A	6BA-12 8BA-18A	6BA-8A	8BA-12A 6BA-8	6Sh-9	6Sh-9 8Sh-13A	8Sh-9A	6Sh-6	
60	8″混	8″混	8BA-25A	8BA-18A 8BA-25	8BA-18	8BA-12A	8BA-12	8BA-12 6Sh-8	8Sh-13A 8Sh-13	8Sh-9A	8Sh-9	
65	8″混	8″混	8BA-25A	8BA-18A 8BA-25	8BA-18	8BA-12A		8Sh-13A	8Sh-13A 8Sh-13	8Sh-9A	8Sh-9	
70	8″混	8″混	8BA-25A	8BA-18A 8BA-25	8BA-18	BA-18A		8Sh-13A	8Sh-13	8Sh-9A	8Sh-9	
75	8″混		8BA-25A	8BA-25	8BA-18	8BA-12	8BA-12	8Sh-13A	8Sh-13	8Sh-9A	8Sh-9	
80	8″混		8BA-25A	8BA-18A	8BA-18	8BA-12A	8BA-12	8Sh-13A	8Sh-9A 8Sh-13	8Sh-9		
85		10″混	10″混	8BA-18A 8BA-25	8BA-18	8BA-12A	8BA-12	8Sh-13A	8Sh-9A	8Sh-9		
90		10″混	8BA-25	8BA-18 10Sh-19A	10Sh-19A	8BA-12	8BA-12	8Sh-13 10Sh-9A	8Sh-9A	8Sh-9		
95		10″混	10″混	8BA-18 10Sh-19A	10Sh-19	8BA-12 10Sh-13A	10Sh-13A	8Sh-13 10Sh-9A		8Sh-9 10Sh-6A		
100	10″混	10″混	10″混	8BA-18 10Sh-19A	10Sh-19	10Sh-13A	10Sh-13	10Sh-9 10Sh-9A		10Sh-6A 10Sh-6		
110	10″混			10Sh-19A	10Sh-19	10Sh-13A	10Sh-13	10Sh-9 10Sh-9A		10Sh-6A 10Sh-6		
130	10″混		10Sh-19A	10Sh-19	10Sh-13A	10Sh-13		10Sh-9 10Sh-9A	12Sh-9B	10Sh-6A 10Sh-6		
150			10Sh-19A	10Sh-19 12Sh-28A	12Sh-19A		10Sh-9A	10Sh-9A 12Sh-13A	12Sh-9B	10Sh-6A 10Sh-6	12Sh-6A 12Sh-6B9	
170				10Sh-19 12Sh-28	12Sh-19A	12Sh-19	10Sh-9A	10Sh-9 12Sh-13	12Sh-9B	10Sh-6 12Sh-9	12Sh-6 12Sh-3A 12Sh-6B	
200			12Sh-28A 12Sh-28	12Sh-28 12Sh-19A	12Sh-19A 12Sh-19	12Sh-19 12Sh-13A	12Sh-13A	12Sh-13 12Sh-9B	12Sh-9B 14Sh-13A	12Sh-9 12Sh-6B 14Sh-9B	12Sh-6 12Sh-6A 14Sh-6B	14Sh-6A

续表

流量（L/s）	扬程（m）											
	3～5	5～7	7～10	10～15	15～20	20～25	25～30	30～40	40～50	50～70	70～100	100～140
225	12″混	12″混						12Sh-13		12Sh-9 12Sh-6B	12Sh-6 12Sh-6A	14Sh-6
250			12Sh-28	12Sh-19A	12Sh-19		14Sh-19A 12Sh-13	12Sh-9B	14Sh-13A	14Sh-9A 14Sh-9B 12Sh-6B	14Sh-6B 12Sh-6 12Sh-6A	14Sh-6A 14Sh-6
275		12″混			14Sh-28	14Sh-19A		14Sh-19 14Sh-13A	14Sh-13 12Sh-9	14Sh-9A 14Sh-9B	14Sh-9 14Sh-6B	14Sh-6A 14Sh-6
300					14Sh-28	14Sh-19A	14Sh-19	14Sh-13A	14Sh-13	14Sh-9A 14Sh-9B	14Sh-9 14Sh-6B	14Sh-6A 14Sh-6

注：可套用相应新型号水泵。

施工机械用电参考定额 **F-28**

机械名称	型号	功率（kW）
蛙式夯土机	HW-20	1.5
	HW-60	2.8
振动夯土机	HZ-380A	4
振动沉桩机	北京 580 型	45
	北京 601 型	45
	广东 10t	28
	CH20	55
	DZ-4000 型（拔桩）	90
	CZ-8000 型（沉桩）	90
螺旋钻机	LZ 型长螺旋钻	30
	BZ-1 短螺旋钻	40
	ZK2250	22
螺旋式钻扩孔机	ZK120-1	13
冲击式钻机	YKC-20C	20
	YKC-22M	20
	YKC-30M	40
塔式起重机	红旗Ⅱ-16（整体拖运）	19.5
	QT40（TQ2-6）	48
	TQ60/80	55.5
	TQ90（自升式）	58
	QT100（自升式）	63.37
	法国 POTALN 厂产 H5-56B5P（225t·m）	150

续表

机械名称	型　号	功率（kW）
塔式起重机	法国 POTAIN 厂产 H5-56B（235t·m）	137
	法国 POTAIN 厂产 TOPKITFO/25（132t·m）	60
	法国 B. P. R 厂产 GTA91-83（450t·m）	160
	德国 PEINE 厂产 SK280-055（307，314T·M）	150
	德国 PEINE 厂产 SK560-05（675t·m）	170
	德国 PEINER Crane 厂产 TN112（155t·m）	90
卷扬机	JJK0. 5	3
	JJK-0. 5B	2. 8
	JJK-1A	7
	JJK-5	40
	JJZ-1	7. 5
	JJ2K-1	7
	JJ2K-3	28
	JJ2K-5	40
	JJM-0. 5	3
	JJM-3	7. 5
	JJM-5	11
	JJM-10	22
自落式混凝土搅拌机	J_1-250（移动式）	5. 5
	J_2-250（移动式）	5. 5
	J_1-400（移动式）	7. 5
	J-400A（移动式）	7. 5
	J_1-800（固定式）	17
强制式混凝土搅拌机	J_4-375（移动式）	10
	J_4-1500（固定式）	55
混凝土搅拌站、楼	HZ-15	38. 5
混凝土输送泵	HB-15	32. 2
混凝土喷射机（回转式）	HPH6	7. 5
混凝土喷射机（罐式）	HPG4	3
插入式振动器	HZ_6X-30（行星式）	1. 1
	HZ_6X-35（行星式）	1. 1
	HZ_6X-50（行星式）	1. 1～1. 5
	HZ_6X-60（行星式）	1. 1
	HZ_6P-70A（偏心块式）	2. 2
平板式振动器	PZ-501	0. 5
	N-7	0. 4

续表

机械名称	型　　号	功率（kW）
附着式振动器	HZ_2-4	0.5
	HZ_2-5	1.1
	HZ_2-7	1.5
	HZ_2-10	1.0
	HZ_2-20	2.2
混凝土振动台	HZ_9-1×2	7.5
	HZ_9-1.5×6	30
	HZ_9-2.4×6.2	55
真空吸水机	HZJ-40	4
	HZJ-60	4
	改型泵Ⅰ号	5.5
	改型泵Ⅱ号	5.5
预应力拉伸机油泵	ZB_4/500 型	3
	58M_4 型卧式又缸	1.7
	LYB-44 型立式	2.2
	ZB10/500	10
钢筋调直机	GJ_4-14/4（TQ_4-14）	2×4.5
	GJ_8-8/4（TQ-8）	5.5
	北京人民机器厂	5.5
	数控钢筋调直切断机	2×2.2
钢筋切断机	GJ_5-40（QJ40）	7
	QJ_5-40-1（QJ40-1）	5.5
	GJ_{5r}-32（Q32-1）	3
钢筋弯曲机	GJ-45（WJ40-1）	2.8
	北京人民机器厂	2.21
	四头弯筋机	3
交流电焊机	BX_3-120-1	9①
	BX_3-300-2	23.4①
交流电焊机	BX_3-500-2	38.6①
	BX_2-1000（BC-1000）	76①
直流电焊机	AX_1-165（AB-165）	6
	AX_4-300-1（AG-300）	10
	AX-320（AT-320）	14
	AX_5-500	26
	AX_3-500（AG-500）	26

续表

机械名称	型　　号	功率（kW）
纸筋麻刀搅拌机	ZMB-10	3
灰浆泵	UB_3	4
挤压式灰浆泵	UBJ_2	2.2
灰气联合泵	UB-76-1	5.5
粉碎淋灰机	FL-16	4
单盘水磨石机	HM_4	2.2
双盘水磨石机	HM_4-1	3
侧式磨光机	CM_2-1	1
立面水磨石机	MQ-1	1.65
墙围水磨石机	YM200-1	0.55
地面磨光机	DM-60	0.4
套丝切管机	TQ-3	1
电动液压弯管机	WYQ	1.1
电动弹涂机	DT120A	8
液压升降台	YSF25-50	3
泥浆泵	红星-30	30
泥浆泵	红星-75	60
液压控制台	YKT-36	7.5
自动控制自动调平液压控制台	YZKT-56	11
静电触探车	ZTYY-2	10
混凝土沥青切割机	BC-D1	5.5
小型砌块成型机	G-1	6.7
载货电梯	JH5	7.5
建筑施工外用电梯	上海 76-Ⅱ（单）	11
木工电刨	MIB_2-80/1	0.7
木压刨板机	MB1043	3
木工圆锯	MJ104	3
木工圆锯	MJ106	5.5
木工圆锯	MJ114	3
脚踏截锯机	MJ217	7
单面木工压刨床	MB103	3
单面木工压刨床	MB103A	4
单面木工压刨床	MB106	7.5
单面木工压刨床	MB104A	4

续表

机械名称	型号	功率（kW）
双面木工刨床	MB206A	4
木工平刨床	MB503A	3
木工平刨床	MB504A	3
普通木工车床	MCD616B	3
单头直榫开榫机	MX2112	9.8
灰浆搅拌机	UJ325	3
灰浆搅拌机	UJ100	2.2

注：为各持续率时功率的额定持续率（kVA）。

室内照明用电参考定额 **F-29**

用电定额	容量（W/m^2）	用电定额	容量（W/m^2）
混凝土及灰浆搅拌站	5	锅炉房	3
钢筋室外加工	10	仓库及棚仓库	2
钢筋室外加工	8	办公楼、试验室	6
木材加工锯木及细木作	5～7	浴室，　洗室、厕所	3
木材加工模板	8	理发室	10
混凝土预制构件厂	6	宿舍	3
金属结构及机电修配	12	食堂或俱乐部	5
空气压缩机及泵房	7	诊疗所	6
卫生技术管道加工厂	8	托儿所	9
设备安装加工厂	8	学校	5
发电站及变电所	10	其他文化福利	6
汽车库或机车库	5		

室外照明参考用电量 **F-30**

用电名称	容量（W/m^2）	用电名称	容量
人工挖土工程	0.8	卸车场	1.0W/m^2
机械挖土工程	1.0	设备堆放、砂石、木材、钢筋、半成品堆放	0.8W/m^2
混凝土浇筑工程	1.0	车辆行人主要干道	2000W/km
砖石工程	1.2	车辆行人非主要干道	1000W/km
打桩工程	0.6	夜间运料（夜间不运料）	0.8（0.5）W/m^2
安装及铆焊工程	2.0	警卫照明	1000W/km

常用电力变压器性能表

F-31

型　　号	额定容量 (kVA)	额定电压（kV）		损耗（W）		总重 (kg)
		高　压	低　压	空载	短路	
SL7-30/10	30	6；6.3；10	0.4	150	800	317
SL7-50/10	50	6；6.3；10	0.4	190	1150	430
SL7-63/10	63	6；6.3；10	0.4	220	1400	525
SL7-80/10	80	6；6.3；10	0.4	270	1650	590
SL7-100/10	100	6；6.3；10	0.4	320	2000	685
SL7-125/10	125	6；6.3；10	0.4	370	2450	790
SL7-160/10	160	6；6.3；10	0.4	460	2850	945
SL7-200/10	200	6；6.3；10	0.4	540	3400	1070
SL7-250/10	250	6；6.3；10	0.4	640	4000	1235
SL7-315/10	315	6；6.3；10	0.4	760	4800	1470
SL7-400/10	400	6；6.3；10	0.4	920	5800	1790
SL7-500/10	500	6；6.3；10	0.4	1080	6900	2050
SL7-630/10	630	6；6.3；10	0.4	1300	8100	2760
SL7-50/35	50	35	0.4	265	1250	830
SL7-100/35	100	35	0.4	370	2250	1090
SL7-125/35	125	35	0.4	420	2650	1300
SL7-160/35	160	35	0.4	470	3150	1465
SL7-200/35	200	35	0.4	550	3700	1695
SL7-250/35	250	35	0.4	640	4400	1890
SL7-315/35	315	35	0.4	760	5300	2185
SL7-400/35	400	35	0.4	920	6400	2510
SL7-500/35	500	35	0.4	1080	7700	2810
SL7-630/35	630	35	0.4	1300	9200	3225
SZL7-200/10	200	10	0.4	540	3400	1260
SZL7-250/10	250	10	0.4	640	4000	1450
SZL7-315/10	315	10	0.4	760	4800	1695
SZL7-400/10	400	10	0.4	920	5800	1975
SZL7-500/10	500	10	0.4	1080	6900	2200
SZL7-630/10	630	10	0.4	1400	8500	3140
S6-10/10	10	11	0.4	60	270	245
S6-30/10	30	11	0.433	125	600	140
S6-50/10	50	11	0.4 0.433	175	870	540
S6-80/10	80	6～10	0.4	250	1240	685
S6-100/10	100	6～10	0.4	300	1470	740
S6-125/10	125	6～10	0.4	360	1720	855
S6-160/10	160	6～10	0.4	430	2100	990
S6-200/10	200	6～11	0.4	500	2500	1240
S6-250/10	250	6～10	0.4	600	2900	1330
S6-315/10	315	6～10	0.4	720	3400	1495
S6-400/10	400	6～10	0.4	870	4200	1750
S6-500/10	500	6～10.5	0.4	1030	4950	2330
S6-630/10	630	6～10	0.4	1250	5800	3080

按机械强度允许值确定的导线最小截面 **F-32**

导线用途	导线最小截面（mm^2）	
	铜线	铝线
照明装置用导线：户内用	0.5	2.5
户外用	1.0	2.5
双芯软电线：用于吊灯	0.35	—
用于移动式生产用电设备	0.5	—
多芯软电线及软电缆：用于移动式生产用电设备	1.0	
绝缘导线：固定架设在户内绝缘支持件上。其间距为	1.0	2.5
2m及以下	2.5	4
6m及以下25m及以下	4	10
裸导线：户内用	2.5	4
户外用	6	16
绝缘导线：穿在管内	1.0	2.5
设在木槽板内	1.0	2.5
绝缘导线：户外沿墙敷设	2.5	4
户外其他方式敷设	4	10

4. 建筑机械台班产量

土方机械台班产量 **F-33**

序号	机械名称	型号	主要性能				理论生产率		常用台班产量	
							单位	数量	单位	数量
1	单斗挖掘机		斗容量（m^3）	反铲时最大挖深（m）						
	蟹斗式		0.2							
	履带式	W-301	0.3	2.6（基坑），4（沟）			m^3/h	72	m^3	80～120
	轮胎式	W_3-30	0.3	4			m^3/h	63		150～250
	履带式	W_1-50	0.5	5.56			m^3/h	120		200～300
	履带式	W_1-60	0.6	5.2			m^3/h	120		300～400
	履带式	W_2-100	1	5.0			m^3/h	240		400～600
	履带式	W_1-100	1	6.5			m^3/h	180		350～550
2	多斗挖掘机	东方红200		挖沟上宽1.2m，下宽0.8m，深2m			m^3/h	376		
3	拖式铲运机		斗容量	铲土宽（m）	铲土深（cm）	铺土厚（cm）				运距200～300m时
		2.25	2.25	1.86	15	20			m^3	80～120
		C6-2.5	2.5	1.9	15	20	m^3/h	22～28	m^3	100～150
		C_5-6	6	2.6	15	38	m^3/h	（运距100m）	m^3	250～350
		6-8	6	2.6	30	38	m^3/h		m^3	300～400
		C_4-7	7	2.7	30	40	m^3/h		m^3	250～350

续表

序号	机械名称	型号	主要性能	理论生产率 单位	理论生产率 数量	常用台班产量 单位	常用台班产量 数量
4	推土机		马力；铲刀宽(m)；铲刀高(cm)；切土深(cm)		(运距 50m)		(运距 15～25m)
		T_1-54	54；2.28；78；15	m^3/h	28	m^3	150～250
		T_2-60	75；2.28；78；29	m^3/h		m^3	200～300
		东方红-75	75；2.28；78；26.8	m^3/h	60～65	m^3	250～400
		T_1-100	90；3.03；110；18	m^3/h	45	m^3	300～500
		移山 80	90；3.10；110；18	m^3/h	40～80	m^3	300～500
		移山 80（湿地）	90；3.69；96；可在水深 40～80cm 处推土				
		T_2-100	90；3.80；86；65	m^3/h	75～80	m^3	300～500
		T_2-120	120；3.76；100；30	m^3/h	80	m^3	400～600
5	夯土机		夯板面积(m^2)；夯击次数(次/min)；前进速度(m/min)				
	蛙式夯	HW-20	0.045；140～150；8～10	m^3/班	100		
	蛙式夯	HW-60	0.078；140～150；8～13	m^3/班	200		
	内燃夯	HN-80	0.042；60				
	内燃夯	HN-60	0.083	m^3/班	64		

钢筋混凝土机械台班产量 F-34

序号	机械名称	型号	主要性能	理论生产率 单位	理论生产率 数量	常用台班产量 单位	常用台班产量 数量
1	混凝土搅拌机	J_1-250	装料容量 0.25m^3	m^3/h	3～5	m^3	15～25
		J_1-400	装料容量 0.4m^3	m^3/h	6～12	m^3	25～50
		J_4-375	装料容量 0.375m^3	m^3/h	12.5		
		J_4-1500	装料容量 1.5m^3	m^3/h	30		
2	混凝土搅拌机组	HL_1-20	0.75m^3 双锥式搅拌机组	m^3/h	20		
		HL_1-90	1.6m^3 双锥式搅拌机 3 台	m^3/h	72～90		
3	混凝土喷射机		最大骨料径(mm)；最大水平运距(m)；最大垂直运距(m)				
	混凝土输送泵	HP_1-4	25；200；40	m^3/h	4		
		HP_1-5	25；240	m^3/h	4～5		
		ZH05	50；250；40	m^3/h	6～8		
		HB8 型	40；200；30	m^3/h	8		
4	筛砂机	锥型旋转式	外型尺寸：6.5m×1.8m×2.8m	m^3/h	20		
		链斗式	外型尺寸：3.0m×1.0m×2.2m	m^3/h	6		
5	钢筋调直机	4-14	加工范围 ϕ4～14			t	1.5～2.5
6	冷拔机		加工范围 ϕ5～9			t	4～7
7	卷扬机式冷拉 3t	JJM-3	加工范围 ϕ6～12			t	4～7
	卷扬机式冷拉 5t	JJM-5	加工范围 ϕ14～32			t	3～5
8	钢筋切断机	GJ5-40	加工范围 ϕ6～40			t	2～4
9	钢筋弯曲机	WJ40-1	加工范围 ϕ6～40			t	12～20
10	点焊机	DN-75	焊件厚 8～10mm				4～8
11	对焊机	UN_1-75	最大焊件截面 600mm^2	点/h	3000	网片	600～800
	对焊机	UN_1-100	最大焊件截面 1000mm	次/h	75	根	60～80
12	电弧焊机		加工范围 ϕ8～40	次/h	20～30	根	30～40
						m	10～20

起重机械台班产量 **F-35**

序号	机械名称	工作内容	常用台班产量 单位	数量
1	履带式起重机	构件综合吊装，按每吨起重能力计	t	5～10
2	轮胎式起重机	构件综合吊装，按每吨起重能力计	t	7～14
3	汽车式起重机	构件综合吊装，按每吨起重能力计	t	8～18
4	塔式起重机	构件综合吊装	吊次	80～120
5	少先式起重机	构件吊装	t	15～20
6	平台式起重机	构件提升	t	15～20
7	卷扬机	构件提升，按每吨牵引力计	t	30～50
		构件提升，按提升次数计（四、五层楼）	次	60～100
8	履带式、轮胎式或塔式起重机	钢柱安装，柱重2～10t	根	25～35
		钢柱安装，柱重11～20t	根	8～20
		钢柱安装，柱重21～30t	根	3～8
		钢屋架安装于钢柱上，9～18m跨	榀	10～15
		钢屋架安装于钢柱上，24～36m跨	榀	6～10
		钢屋架安装于钢筋混凝土柱上		
		9～18m跨	榀	15～20
		24～36m跨	榀	10～15
		钢吊车梁安装于钢柱上		
		梁重6t以下	根	20～30
		8～15t	根	10～18
		钢吊车梁安装于钢筋混凝土柱上		
		梁重6t以下	根	25～35
		8～15t	根	12～25
		钢筋混凝土柱安装		
		单层厂房，柱重10t以下	根	18～24
		柱重11～20t	根	10～16
		柱重21～30t	根	4～8
		多层厂房，柱重2～6t	根	10～16
		钢筋混凝土屋架安装		
		12～18m跨	榀	10～16
		24～30m跨	榀	6～10
		钢筋混凝土基础梁安装，梁重6t以下	根	60～80
		钢筋混凝土吊车梁、连系梁、过梁安装		
		梁重4t以下	根	40～50
		4～8t	根	30～40
		8t以上	根	20～30
		钢筋混凝土托架安装		
		托架重9t以下	榀	20～26
		9t以上	榀	14～18

续表

序号	机械名称	工作内容	常用台班产量	
			单位	数 量
8	履带式、轮胎式或塔式起重机	大型屋面板安装		
		板重1.5t以下	块	90～120
		1.5t以上	块	60～90
		钢筋混凝土檩条安装		
		2根-吊	根	70～100
		1根-吊	根	40～60
		钢筋混凝土楼板安装		
		2～3层，板重1.5t以下	块	110～170
		1.5t以上	块	70～100
		4～6层，板重1.5t以下	块	100～150
		1.5t以上	块	50～90
		钢筋混凝土楼梯段安装		
		每段重3t以下	段	18～24
		3t以上	段	10～16

5. 施工平面图布置参考数据

简易公路技术要求 F-36

指标名称	单 位	技 术 标 准
设计车速	km/h	≤20
路基宽度	m	双车道6～6.5；单车道4.4～5；困难地段3.5
路面宽度	m	双车道5～5.5；单车道3～3.5
平面曲线最小半径	m	平原、丘陵地区20；山区15；回头弯道12
最大纵坡	%	平原地区6；丘陵地区8；山区9
纵坡最短长度	m	平原地区100；山区50
桥面宽度	m	木桥4～4.5
桥涵载重等级	t	木桥涵7.8～10.4（汽-6～汽-8）

各类车辆要求的路面最小曲线半径 F-37

车 辆 类 型	路面内侧最小曲线半径（m）			备 注
	无拖车	有一辆拖 车	有两辆拖 车	
小客车，三轮汽车	6	—	—	
一般二轴载重汽车：单车道	9	12	15	
双车道	7	—	—	
三轴载重汽车、重型载重汽车、公共汽车	12	15	18	
超重型载重汽车	15	18	21	

各种临时设施防火最小间距（m） **F-38**

序号	项目	临时宿舍及生活用房			临时生产设施		正式建筑物			铁路（中心线）		公路（路边）			电力线
		单栋砖木	单栋钢木	成组内的单栋	砖木	钢木	一二级	三级	四级	厂外	厂内	厂外	厂内主要	厂内次要	
1	临时宿舍及生活用房：														
	单栋：砖木	8	10	10	14	16	12	14	16						
	全钢木	10	12	12	16	18	14	16	18						
	成组内的单栋	10	12	3.5											
2	临时生产设施：														
	砖木	14	16	16	14	16	12	14	16						
	全钢木	16	18	18	16	18	14	16	18						
3	易燃品：														电杆高度的1.5倍
	仓库	30	30		20	25	15	20	25	40	30	20	10	5	
	贮罐	20	25		20	25	15	20	25	35	25	20	15	10	
	材料堆场	25	25		20	25	15	20	25	30	20	15	10	5	
4	锅炉房、变电所、发电机房、铁工房、厨房、家属区	10～15													

注：1. 本表摘自1987年颁布的《建筑设计防火规范》（此规范已更新为2001版，但新规范中无这部分内容，因此照旧规范列于此，以供参考）和国务院《关于工棚临时宿舍防火和卫生设施的暂行规定》。

2. 易燃品储存量均按 200m³ 以内，木材堆场为 1000m³ 以内。

3. 贮罐间的防火距离，地上为D，半地下为0.75D，地下为0.5D（D为贮罐直径）。

4. 当地形限制达不到防火距离时，可设防火墙直到屋顶。

临时房屋和爆破点的安全距离 **F-39**

序号	爆破方法	安全距离（m）
1	裸露药包法	不小于400
2	炮眼法	不小于200
3	药壶法	不小于200
4	深眼法（包括深眼药壶法）	按设计定，但任何情况下不小于200
5	峒室药包法	按设计定，但任何情况下不小于200

炸药库与邻近建筑的安全距离 **F-40**

序号	邻近对象	单位	如下炸药量（kg）时的安全距离（m）					
			250	500	2000	8000	16000	32000
1	有爆炸危险的工厂	m	200	250	300	400	500	600
2	一般生产、生活用房	m	200	250	300	400	450	500
3	铁路	m	50	100	150	200	250	300
4	公路	m	40	60	80	100	120	150

道路与建筑物的最小间距 **F-41**

序号	道路与建、构筑物等的关系	最小间距（m）	序号	道路与建、构筑物等的关系	最小间距（m）
1	距建、构筑物外墙		4	距围墙	
	(1)靠路无出入口	1.5		(1)在有汽车出入口附近	6
	(2)靠路有人力车、电瓶车出入口	3		(2)在无汽车出入口附近，有电线杆时	2
	(3)靠路有汽车出入口	8		无电线杆时	1.5
2	距标准轨铁路中心线	3.75	5	距树木(1)乔木	0.75～1.0
3	距窄轨铁路中心线	3.00		(2)灌木	0.5

6. 工程施工常用数据

(1) 土方工程

深度在5m以内的基坑（槽）、管沟边坡的最陡坡度 **F-42**

（不加支撑）

土的类别	边坡坡度（高：宽）		
	坡顶无荷载	坡顶有静荷	坡顶有动荷
中密的砂土	1：1.00	1：1.25	1：0.50
中密的碎石类土（充填砂土）	1：0.75	1：1.00	1：1.25
硬塑的轻亚黏土	1：0.67	1：0.75	1：1.00
中密的碎石类土（充填黏性土）	1：0.50	1：0.67	1：0.75
硬塑的亚黏土、黏土	1：0.33	1：0.50	1：0.67
老黄土	1：0.10	1：0.25	1：0.33
软土（经井点降水后）	1：1.00	—	—

注：1. 静载指堆土或材料等，动载指机械挖土或运输作业等。

2. 静载或动载距挖方边缘的距离应大于0.8m，静载填置高度不宜超过1.5m。

3. 有成熟施工经验时，可不受本表限制。

填土的压实系数 λ_c（密实度） **F-43**

结构类型	填土部位	压实系数 λ_c
砌体承重结构和框架结构	在地基主要持力层范围内	＞0.96
	在地基主要持力层范围以下	0.93～0.96
简支结构和排架结构	在地基主要持力层范围内	0.94～0.97
	在地基主要持力层范围以下	0.91～0.93
一般工程	基础四周或两侧一般回填土	0.90
	室内地坪、管道地沟回填土	0.90
	一般堆放物件场地回填土	0.85

注：压实系数 λ_c 为土的控制干密度 ρd 与最大干密度 ρ_{dmax} 的比值。控制含水量为 $W_{op}\pm2$。

土的最优含水率和最大干密度 **F-44**

项次	土的种类	变动范围	
		最优含水量%（重量比）	最大干密度（g/cm³）
1	砂土	8～12	1.80～1.38
2	黏土	19～23	1.58～1.70
3	粉质黏土	12～15	1.85～1.95
4	粉土	16～22	1.61～1.80

填方每层的铺土厚度和压实遍数 **F-45**

压 实 机 具	每层铺土厚度（mm）	每层压实遍数（遍）
平碾	200～300	6～8
羊足碾	200～350	8～16
蛙式打夯机	200～250	3～4
推土机	200～300	6～8
拖拉机	200～300	8～16
人工打夯	<200	3～4

注：人工打夯，土的粒径不应大于 5cm。

基坑（槽）排水沟常用截面 **F-46**

图 示	基坑面积（m^2）	截面符号	粉质黏土			黏 土		
			地下水位以下深度（m）					
			4	4～8	8～12	4	4～8	8～12
	<5000	a	0.5	0.7	0.9	0.4	0.5	0.6
		b	0.5	0.7	0.9	0.4	0.5	0.6
		c	0.3	0.3	0.3	0.2	0.3	0.3
c, a（图）	5000～10000	a	0.8	1.0	1.2	0.5	0.7	0.9
		b	0.8	1.0	1.2	0.5	0.7	0.9
		c	0.3	0.4	0.4	0.3	0.3	0.3
	>10000	a	1.0	1.2	1.5	0.6	0.8	1.0
		b	1.0	1.2	1.5	0.6	0.8	1.0
		c	0.4	0.4	0.5	0.3	0.3	0.4

（2）打桩机械

国产振动沉桩机技术性能 **F-47**

	北京 580 型	北京 601 型	广东 7t 型	广东 10t 型	通化 601 型	成都 C-2 型	中-160 型
振动力（kN）	175	250	75	112	235	80	1030～1600
偏心力矩（N-m）	302	370	76.4	114.5	347	70	3520
振动频率（1/min）	720	720	939	931	720	730	404～1010
振幅（mm）	12.2	14.8	5.7	5.7	14	13	
电动机：功率（kW）	45	45	20	28	50	22	155
转速（r/min）	960	960	980	1460	860	1470	735
振动箱规格							
（mm）：长	1010	1010	1180	1095	1010	1460	1630
宽	875	875	840	744	875	781	1200
高	1650	1650	1400	1157	1650	2364	3100
振动锤直（t）	2.5	2.5	1.5	2.0	2.5	1.5	11.4
桩架高度（m）	17.5	17.5	24	24	13	13.6	

注：中-160 型可并联下沉大型管桩。

导杆式柴油打桩机技术性能　**F-48**

项　目	桩锤型号 D_1-600	D_1-1200	D_1-1800
锤击部分重量（kg）	600	1200	1800
锤击部分最大行程（mm）	1870	1800	2100
锤击次数（次/min）	50～70	55～60	45～50
最大锤击能量（kN·m）	11.2	21.8	37.3
气缸直径（mm）	200	250	290
耗油量（L/h）	3.1	5.5	6.9
燃油箱容量（L）	11	11.5	22
桩的最大长度（m）	8	9	12
桩的最大直径（mm）	300	350	400
卷扬机：起重能力（kN）	15	15	30
电机型号	JZ21～65	JZ21-6	JZ22-6
电机功率（kW）	915	5	7.5
电机转速（r/min）		915	920
外形尺寸（m）：长×宽×高	4.34×3.90×11.40	5.4×4.2×12.45	7.5×5.6×17.5
全机总重（t）	0.7	7.5	13.9

（3）脚手架工程

多立杆式外脚手架构造要求（m）　**F-49**

项目：名称	砌筑脚手架 单排	砌筑脚手架 双排	装修脚手架 单排	装修脚手架 双排
双排脚手架里立杆离墙面的距离	—	0.35～0.50	—	0.35～0.50
小横杆里端离墙面的距离或插入墙体的长度	0.30～0.50	0.10～0.15	0.30～0.50	0.15～0.20
小横杆外端伸出大横杆外的长度	＞0.15			
双排脚手架内外立杆横距单排脚手架立杆与墙面距离	1.35～1.80	1.00～1.50	1.15～1.50	0.8～1.20
立杆纵距 单立杆	1.00～2.00			
立杆纵距 双立杆	1.50～2.00			
大横杆间距（步高）	≯1.50		≯1.80	
第一步架步高	一般为1.60～1.80，且≯2.00			
小横杆间距	≯1.00		≯1.50	
15～18m高度段内铺板层和作业层的限制	铺板不多于六层，作业不超过两层			
不铺板时，小横杆的部分拆除	每步保留，相间抽拆，上下两步错开，抽拆后的距离：砌筑架子≯1.50，装修架子≯3.00			
剪刀撑	沿脚手架纵向两端和转角处起，每隔10m左右设一组，斜杆与地面夹角为45°～60°，并沿全高度布置			
与结构拉结（联墙杆）	每层设置，垂直距离≯4.0水平距离≯6.0，且在高度段的分界面上必须设置			
水平斜拉杆	设置在与联墙杆相同的水平面上		视需要	
护身栏杆和挡脚板	设置在作业层，栏杆高1.00；挡脚板高0.40			
杆件对接或搭接位置	上下或左右错开，设置在不同的（步架和纵向）网格内			

竹木脚手架构造参数（m） **F-50**

用途	脚手架构造形式		里立杆离墙面的距离	立杆间距		操作层小横杆间距	大横杆步距	小横杆挑向墙面的悬臂
				横向	纵向			
砌筑	木脚手架	单排	—	1.2～1.5	1.5～1.8	≤1.0	1.2～1.4	—
		双排	0.5	1.0～1.5	1.5～1.8	≤1.0	1.2～1.4	0.4～0.45
	竹脚手架	双排	0.5	1.0～1.3	1.3～1.5	≤0.75	1.2	0.4～0.45
装修	木脚手架	单排	-	1.2～1.5	2.0	1.0	1.6～1.8	-
		双排	0.5	1.0～1.5	2.0	1.0	1.6～1.8	0.35～0.45
	竹脚手架	双排	0.5	1.0～1.3	1.8	≤1.0	1.6～1.8	0.35～0.45

注：1. 大横杆的最下一步均可放大到1.8m。

2. 单排脚手架立杆横向间距即指立杆离墙面的距离。

单立杆扣件式钢管脚手架搭设高度 **F-51**

铺脚手板层数	作业层数，荷载为		h (m)	a (m)	类别	H_{max}当b为（m）				
	轴心	偏心				0.8	1.0	1.2	1.4	1.6
2	0	1	1.6	1.6	砌筑	76	72	68	63	58
					装修	79	76	71	67	63
				2.0	砌筑	69	64	58	—	—
					装修	71	67	52	57	—
			1.8	1.6	砌筑	80	76	71	66	61
					装修	82	78	74	70	66
				2.0	砌筑	71	66	61	—	—
					装修	74	70	65	60	—
4	0 (2)	2 (0)	1.6	1.6	砌筑	60 (74)	51 (70)	43 (66)	34 (62)	25 (58)
					装修	65 (79)	57 (74)	50 (69)	42 (65)	34 (61)

单立杆扣件式钢管脚手架的材料用量 **F-52**

步距 h m	类别	每1m² 脚手架的钢管用量（kg），当立杆纵距a为（m）					扣件 个/m²
		1.2	1.4	1.6	1.8	2.00	
1.2	单排	14.40	13.37	12.64	12.01	11.51	2.09
	双排	20.80	18.74	17.28	16.02	15.02	4.17
1.4	单排	12.31	11.38	10.64	10.11	9.65	1.79
	双排	18.74	16.87	15.39	14.34	13.41	3.57
1.6	单排	10.85	10.00	9.34	8.83	8.37	1.57
	双排	17.20	15.49	14.18	13.16	12.24	3.13
1.8	单排	9.78	8.93	8.35	7.84	7.44	1.25
	双排	16.00	14.30	13.14	12.12	11.31	2.50

注：以上用量为立杆、大横杆和小横杆用量、剪刀撑、斜拉杆、栏杆等另计。

脚手板用量参考表　　F-53

<table>
<tr><th rowspan="2">立杆横距 b
(m)</th><th colspan="5">每 100m 长作业面的脚手板用量（块），当 a 为（m）：
（脚手板长 4.0m，宽 0.2～0.25m）</th></tr>
<tr><th>1.2</th><th>1.4</th><th>1.6</th><th>1.8</th><th>2.0</th></tr>
<tr><td>0.8</td><td>84</td><td>87</td><td>93</td><td>84</td><td>87</td></tr>
<tr><td>1.0</td><td>112</td><td>116</td><td>124</td><td>112</td><td>116</td></tr>
<tr><td>1.2</td><td>112</td><td>116</td><td>124</td><td>112</td><td>116</td></tr>
<tr><td>1.4</td><td>140</td><td>145</td><td>155</td><td>140</td><td>145</td></tr>
<tr><td>1.6</td><td>168</td><td>174</td><td>186</td><td>168</td><td>174</td></tr>
</table>

（4）混凝土工程

组合钢模板规格(mm)　　F-54

<table>
<tr><th colspan="2">名　称</th><th>宽　度</th><th>长　度</th><th>肋高</th></tr>
<tr><td colspan="2">平面模板</td><td>300、250、200、150、100</td><td rowspan="9">1500、1200、900、750、600、450</td><td rowspan="4">55</td></tr>
<tr><td colspan="2">阴角模板</td><td>150×150、100×150</td></tr>
<tr><td colspan="2">阳角模板</td><td>100×100、50×50</td></tr>
<tr><td colspan="2">连接角模</td><td>50×50</td></tr>
<tr><td rowspan="2">倒棱模板</td><td>角棱模板</td><td>17、45</td><td rowspan="4">55</td></tr>
<tr><td>圆棱模板</td><td>R20、R35</td></tr>
<tr><td colspan="2">梁腋模板</td><td>50×150、50×100</td></tr>
<tr><td colspan="2">柔性模板</td><td>100</td></tr>
<tr><td colspan="2">搭接模板</td><td>75</td><td rowspan="7"></td></tr>
<tr><td colspan="2">双曲可调模板</td><td>300、200</td><td rowspan="2">1500、900、600</td></tr>
<tr><td colspan="2">变角可调模板</td><td>200、160</td></tr>
<tr><td rowspan="4">嵌补模板</td><td>平面嵌板</td><td>200、150、100</td><td rowspan="4">300、200、150</td></tr>
<tr><td>阴角嵌板</td><td>150×150、100×150</td></tr>
<tr><td>阳角嵌板</td><td>100×100、50×50</td></tr>
<tr><td>连接角模</td><td>50×50</td></tr>
</table>

连接件规格　　F-55

<table>
<tr><th colspan="2">名　称</th><th>规　格　(mm)</th></tr>
<tr><td colspan="2">U 形卡</td><td>φ12</td></tr>
<tr><td colspan="2">L 形插销</td><td>φ12、l=345</td></tr>
<tr><td colspan="2">钩头螺栓</td><td>φ12、l=205、180</td></tr>
<tr><td colspan="2">紧固螺栓</td><td>φ12、l=180</td></tr>
<tr><td colspan="2">对拉螺栓</td><td>M12、M14、M16</td></tr>
<tr><td rowspan="2">扣　件</td><td>3 形扣件</td><td>26 型、12 型</td></tr>
<tr><td>碟形扣件</td><td>26 型、18 型</td></tr>
</table>

支 承 件 规 格 F-56

名 称		规 格 (mm)
钢楞	圆钢管型	Φ48×3.5
	矩形钢管型	□80×40×2.0，□100×50×3.0
	轻型槽钢型	[80×40×3.0，[100×50×3.0
	内卷边槽钢型	80×40×15×3.0，100×50×20×3.0
	轧制槽钢型	[80×43×5.0
柱箍	角钢型	∠75×50×5
	槽钢型	[80×43×5，[100×48×5.3
	圆钢管型	Φ48×3.5
钢支柱	C-18 型	l=1812～3112
	C-22 型	l=2212～3512
	C-27 型	l=2712～4012
四管支柱	GH-125 型	l=1250
	GH-150 型	l=1500
	GH-175 型	l=1750
	GH-200 型	l=2000
	GH-300 型	l=3000
平面可调桁架		330×1990
曲面可变桁架		247×2000 247×3000 247×4000 247×5000
钢管支架		Φ48×3.5，l=2000～6000
梁卡具	YJ 型	断面小于 600×500
	圆钢管型	断面小于 700×500
门式支架		宽度 b=1200，900

滑模装置各种构件的允许偏差 F-57

名 称	内 容	允许偏差 (mm)
钢模板	表面平整度	1
	长 度	2
	宽 度	−2
	侧面平直度	2
	连接孔位置	0.5
围圈	长度	−5
	弯曲 长度≤3m	2
	弯曲 长度>3m	4
	连接孔位置	0.5

续表

名　称	内　容	允许偏差（mm）
提升架	高度 宽度 围圈支托位置 连接孔位置	3 3 2 0.5
支承杆	弯曲 直径 丝扣接头中心	小于（2/1000）L −0.5 0.25

注：L 为支承杆加工长度。

滑升模板组装允许偏差　　**F-58**

项　目		允许偏差（mm）	备　注
模板中心线与相应位置结构中心线的偏移		3	尺检
提升架横梁水平度	平面内	2	尺检
	平面外	1	
提升架立柱垂直度	平面内	3	2m 靠尺检查
	平面外	2	
模板位置	上口	−1	尺检
	下口	+2	
千斤顶安装位置		5	尺检
相邻模板板面平整		2	尺检
操作平台水平度		20	尺检
圆模直径及方模边长偏差		5	尺检
围圈位置偏差	水平方向	3	尺检
	垂直方向	3	

4.4 施工现场质量管理检查记录

1. 资料表式

施工现场质量管理检查记录　　表 4.4

开工日期：

工程名称			施工许可证（开工证）	
建设单位			建设单位项目负责人	
设计单位			设计单位项目负责人	
监理单位			总监理工程师	
施工单位		项目经理		项目技术负责人

序号	项　　目	内　　容
1	现场质量管理制度	
2	质量责任制	
3	主要专业工种操作上岗证书	
4	分包方资质与对分包单位的管理制度	
5	施工图审查情况	
6	地质勘察资料	
7	施工组织设计、施工方案及审批	
8	施工技术标准	
9	工程质量检验制度	
10	搅拌站及计量设置	
11	现场材料、设备存放与管理	
12		
检查结论： 总监理工程师 （建设单位项目负责人）　　年　月　日		

2. 实施要点

(1) 施工现场质量管理检查记录在开工前由施工单位填写。

(2) 项目总监理工程师进行检查并做出检查结论。检查不合格不准开工，检查不合格应改正后重审直至合格。检查资料审完后签字退回施工单位。

(3) 应附有表列有关附件资料。表列内容栏应填写附件资料名称及数量。

(4) 为了控制和保证不断提高施工过程中记录整理资料的完整性，施工单位必须建立必要的质量管理体系和质量责任制度，推行生产控制和合格控制的全过程。质量控制有健全的生产控制和合格控制的质量管理体系，包括材料控制、工艺流程控制、施工操作控制、每道工序质量检查、各道相关工序和它的交接检验、专业工种之间等中间交接环节的质量管理和控制、施工图设计和功能要求的抽检制度，工程实施中的质量通病或在实施中难以保证工程质量符合设计和有关规范要求时提出的措施、方法等。

(5) 工程开工施工单位应填报《施工现场质量管理检查记录》，经项目监理机构总监理工程师或建设单位项目负责人核查属实签字后填写检查结论。详见表4.4。

(6) 表列检查项目。

应填写各项检查项目文件的名称或编号，并将文件（复印件或原件）附在表的后面供检查，检查后应将文件归还。

1）现场质量管理制度栏。主要是图纸会审、设计交底、技术交底、施工组织设计编制审批程序、工序交接、质量检查评定制度，质量好的奖励及达不到质量要求处罚办法，以及质量例会制度及质量问题处理制度等。

2）质量责任制栏，质量负责人的分工，各项质量责任的落实规定，定期检查及有关人员奖罚制度等。

3）主要专业工种操作上岗证书栏。测量工、起重、塔吊等垂直运输司机，钢筋、混凝土、机械、焊接、瓦工、防水工等建筑结构工种。

电工、管道等安装工种的上岗证，以当地建设行政主管部门的规定为准。

4）分包方资质与对分包单位的管理制度栏。专业承包单位的资质应在其承包业务的范围内承建工程，超出范围的应办理特许证书，否则不能承包工程。在有分包的情况下，总承包单位应有管理分包单位的制度，主要是质量、技术的管理制度等。

5）施工图审查情况栏，重点是看建设行政主管部门出具的施工图审查批准书及审查机构出具的审查报告。如果图纸是分批交出的话，施工图审查可分段进行。

6）地质勘察资料栏：有勘察资质的单位出具的正式地质勘察报告，地下部分施工方案制定和施工组织总平面图编制时参考等。

7）施工组织设计、施工方案及审批栏。施工单位编写施工组织设计、施工方案，经项目行政机构审批，应检查编写内容、有针对性的具体措施，编制程序、内容，有编制单位、审核单位、批准单位，并有贯彻执行的措施。

8）施工技术标准栏。是操作的依据和保证工程质量的基础，承建企业应编制不低于国家质量验收规范的操作规程等企业标准。要有批准程序，由企业的总工程师、技术委员会负责人审查批准，有批准日期、执行日期、企业标准编号及标准名称。企业应建立技术标准档案。施工现场应有的施工技术标准都有。可作培训工人、技术交底和施工操作的主要依据，也是质量检查评定的标准。

9）工程质量检验制度栏。包括三个方面的检验，一是原材料、设备进场检验制度；二是施工过程的试验报告；三是竣工后的抽查检测，应专门制订抽测项目、抽测时间、抽测单位等计划，使监理、建设单位等都做到心中有数。可以单独搞一个计划，也可在施工组织设计中作为一项内容。

10）搅拌站及计量设置栏。主要是说明设置在工地搅拌站的计量设施的精确度、管理制度等内容。预拌混凝土或安装专业就没有这项内容。

11）现场材料、设备存放与管理栏。这是为保持材料、设备质量必须有的措施。要根据材料、设备性能制定管理制度，建立相应的库房等。

（7）表列子项

1）施工许可证（开工证）：填写当地建设行政主管部门批准发给的施工许可证（开工证）的编号。

2）表头部分可统一填写，不需具体人员签名，只是明确了负责人的地位。

4.5　材料（设备）进场验收记录（通用）

1. 资料表式

材料（设备）进场验收记录（通用）　　**表 4.5**

<table>
<tr><td>收货日期
年　月　日</td><td>材料(设备)名称</td><td>单位</td><td>数量</td><td>送货单
编　号</td><td>供货单位名称</td></tr>
<tr><td></td><td></td><td></td><td></td><td></td><td></td></tr>
<tr><td>材　料
(设备)
数量及
质　量
情　况</td><td colspan="5">1. 不同品种的各自应送产品数量；
2. 不同品种的各自实收产品数量；
3. 实收质量状况。</td></tr>
<tr><td>存放
地点
及
保管
状况</td><td colspan="5">1. 露天或仓库；
2. 能否正常保管。</td></tr>
<tr><td>备
注</td><td colspan="5">1. 运输单位名称；
2. 送货人名称；
3. 其他。</td></tr>
<tr><td colspan="6">施工单位材料员：　　　供货单位人员：　　　专职质检员：　　　专业技术负责人：</td></tr>
</table>

注：1. 每品种、批次填表一次。

2. 进场验收记录为管理资料，不作为归存资料。

2. 实施要点

（1）材料、构配件进场后，应由施工单位会同建设（监理）单位共同对进场物资进行检查验收，填写《材料（设备）进场验收记录》。

（2）主要检验内容包括：

①物资出厂质量证明文件及检验（测）报告是否齐全。

②实际进场物资数量、规格和品种等与计划的符合性，是否满足设计和施工计划要求。

③物资外观质量是否满足设计要求或规范规定。

④按规定需进行抽检的材料、构配件是否及时抽检，检验结果和结论是否齐全。

（3）按规定应进场复试的工程物资，必须在进场检查验收合格后取样复试。

（4）钢材质量进场检查举例说明

①核查进场钢材的出厂质量合格证明文件和出厂检验报告的齐全及其符合性。

②核查进场钢材的数量、品种、规格的符合性及与设计的对应性。

③外观质量：a. 进场钢（材）筋必须对其断面进行检查。不论直条钢筋还是盘条供

货，断面尺寸检查均应先后对两端钢筋断面进行检查，检查结果不应超过允许偏差值；b. 带肋钢筋表面不得有裂纹、结疤和折叠。钢筋表面允许有凸块，但不得超过横肋的高度，钢筋表面上其他缺陷的深度和高度不得大于所在部位尺寸的允许偏差；c. 盘条表面不得有裂纹、折叠、结疤、耳子、分层及夹杂，允许有压痕及局部的凸块、凹坑、划痕、麻面，但其深度或高度（从实际尺寸算起）不得大于0.20mm。盘条表面氧化铁皮重量不得大于16kg/t，如工艺有保证，可不做检查。

④尺寸检查：a. 带肋钢筋内径的测量精确到0.1mm；b. 带肋钢筋肋高的测量可采用测量同一截面两侧肋高平均值的方法，即测取钢筋的最大外径，减去该处内径，所得数值的一半为该处肋高，精确到0.05mm；c. 带肋钢筋横肋间距可采用测量平均肋距的方法进行测量，即测取钢筋一面上第1个与第11个横肋的中心距离，该数值除以10即为横肋间距，精确到0.1mm。

4.6 见 证 取 样

为了保证建设工程质量检测工作的科学性、公正性和正确性，杜绝“仅对来样负责”而不对“工程质量负责”的不规范检测报告，建设部先后下达建监［1996］208号《关于加强工程质量检测工作的若干意见》及建监［1996］488号《建筑企业试验室管理规定》等文件要求在检测工作中执行见证取样、送样制度，全国各地建设行政主管部门也陆续发文执行建设工程质量检测执行见证取送样制度。

见证取样制度是保证工程质量记录资料科学、公正和正确的必须执行的制度，凡不执行或不认真执行见证取样制度的均应为工程质量记录资料不符合要求。对因无见证取样、送样而被评为不符合要求的工程，应根据工程实际进行抽测，抽测结果不符合要求时，应按第5.0.6条和5.0.7条办理。

1. 见证取样的内容

中华人民共和国建设部令第141号（2005年11月1日施行）《建设工程质量检测管理办法》规定，具有相应资质的检测单位，按其批准的不同资质可以进行不同的检测内容。具有相应资质的检测单位对如下内容必须实行见证取样检测：

（1）水泥物理力学性能检验；

（2）钢筋（含焊接与机械连接）力学性能检验；

（3）砂、石常规检验；

（4）混凝土、砂浆强度检验；

（5）简易土工试验；

（6）混凝土外加剂检验；

（7）预应力钢绞线、锚夹具检验；

（8）沥青、沥青混合料检验。

2. 见证取样送检见证人授权书

见证取样送检见证人授权书以本表格式形式或当地建设行政主管部门授权部门下发的表式归存。

（1）见证人员应由建设单位或项目监理机构书面通知施工、检测单位和负责该项工程的质量监督机构。

（2）施工过程中，见证人员应按照见证取样和送检计划，对施工现场的取样和送检进行见证，并由见证人、取样人签字。见证人应制作见证记录，并归入工程档案。

见证取样送检见证人授权书

<table>
<tr><td colspan="2">____________________（质量监督机构）
经研究决定授权______________同志任______________________工程见证取样和送检见证人。负责对涉及结构安全的试块、试样和材料见证取样和送检，施工单位、试验单位予以认可。</td></tr>
<tr><td>见证取样和送检印章</td><td>见证人签字手迹</td></tr>
<tr><td></td><td>监理（建设）单位（章）
年　月　日</td></tr>
</table>

3. 见证取样相关规定

（1）涉及结构安全的试块、试件和材料见证取样和送检的比例不得低于有关技术标准中规定应取样数量的30%。

注：见证取样及送检的监督管理一般由当地建设行政主管部门委托的质量监督机构办理。

（2）见证取样必须采取相应措施以保证见证取样具有公证性、真实性，应做到：

1）严格按照建设部建建［2000］211号文确定的见证取样项目及数量执行。项目不超过该文规定，数量按规定取样数量的30%；

2）按规定确定见证人员，见证人员应为建设单位或监理单位具备建筑施工试验知识的专业技术人员担任，并通知施工、检测单位和质量监督机构；

3）见证人员应在试件或包装上做好标识、封志、标明工程名称、取样日期、样品名称、数量及见证人签名；

4）见证人应保证取样具有代表性和真实性并对其负责。见证人应作见证记录并归档；

5）检测单位应保证严格按上述要求对其试件确认无误后进行检测，其报告应科学、真实、准确，应签章齐全。

4. 见证取样试验委托单

见证取样试验委托单

工程名称		使用部位	
委托试验单位		委托日期	
样品名称		样品数量	
产地（生产厂家）		代表数量	
合格证号		样品规格	
试验内容及要求			
备　注			
取样人		见证人	

承担见证取样检测及有关结构安全检测的单位应具有相应资质。

相应资质是指经过管理部门确认其是该项检测任务的单位，具有相应的设备及条件，人员经过培训有上岗证；有相应的管理制度，并通过计量部门认可，不一定是当地的检测中心等检测单位，应考虑就近，以减少交通费用及时间。

5. 见证取样送检记录（参考用表）

见证取样送检记录（参考用表）

编号：________

工程部位：________

取样部位：________

样品名称：________ 取样数量：________

取样地点：________ 取样日期：________

见证记录：

有见证取样和送检印章：

取样人签字：________

见证人签字：________

填制本记录日期：

6. 有见证试验汇总表

有见证试验汇总表

工程名称：________

施工单位：________

建设单位：________

监理单位：________

见 证 人：________

试验室名称：________

试验项目	应送试总次数	有见证试验次数	不合格次数	备注

施工单位：　　　　　　　　　　　　　　　　制表人：

注：此表由施工单位汇总填写，报当地质量监督总站（或站）。

4.7 施工安全措施

实施要点

(1) 对高(架)空作业量大、大型基坑开挖、负标高地下作业、悬索工程、桥梁工程、隧道工程等有特殊安全要求的工程,需单独编制施工安全措施报审。凡需单独报审的施工安全措施,必须经签订合同的法人单位的技术负责人审批通过,签订合同的法人单位签章。

对一般工程施工安全措施可在施工组织设计中作为技术管理内容进行编制并实施。

(2) 必须强调安全生产涉及人身生命安全,安全生产重于泰山。安全措施应具体,付诸实施应认真。

4.8　施工环保措施

实施要点

（1）对市政基础设施工程施工中可能造成重大环保影响的施工项目，需单独编制施工环保措施报审。凡需单独报审的施工环保措施，必须经签订合同的法人单位的技术负责人审批通过，签订合同的法人单位签章。

对一般工程施工环保措施可在施工组织设计中作为技术管理内容进行编制并实施。

（2）必须强调施工环保措施具体，付诸实施认真。

4.9 技术交底

1. 资料表式

技术交底记录 表 4.9

工程名称		交底部位	
工程编号		日　期	
交底内容			
技术负责人：		交底人：	接交人：

2. 资料要求

(1) 按设计图纸要求，严格执行施工质量验收规范要求。

(2) 结合本工程的实际情况及特点，提出切实可行的工艺、施工方法等，交底清楚明确。

(3) 签章齐全，责任制明确。没有各级相关人员签章为无效。

(4) 技术交底书符合要求，及时交底为正确。

(5) 技术交底资料内容基本齐全、及时交底为基本正确。没有技术交底资料或后补为不正确。

3. 实施要点

(1) 技术交底是施工企业技术管理的一项重要环节和制度，是把设计要求、施工措施贯彻到基层以至工人的有效办法。有关技术人员认真审阅、熟悉施工图纸，在图纸会审中解决存在的问题，全面明确设计意图后进行技术交底。

技术交底应根据工程性质、类别和技术复杂程度分级进行，要结合本单位的实际技术状况采用不同的方法进行。

重点工程、大型工程、技术复杂的工程，应由企业技术负责人组织有关科室、项目经理部有关施工部门进行交底；工程技术负责人负责对项目经理部进行技术交底；项目经理部技术负责人向专业工长、班组长交底；工长负责向班组长按工种进行分部、分项工程技术交底。

(2) 技术交底的制定必须符合施工组织设计和施工方案在各个方面的要求，是施工组织设计和施工方案的具体化，具有很强有可操作性。

(3) 施工单位从进场开始交底，包括临建现场布置，水电临时线路敷设及各分项、分部工程。

交底时应注意关键项目、重点部位、新技术、新材料项目，要结合操作要求、技术规定及注意事项细致、反复交待清楚，以真正了解设计、施工意图为原则。交底的方法宜采用书面交底，也可采用会议交底，样板交底和岗位交底，要交任务、交操作规程、交施工方法、交质量安全、交定额；定人、定时、定质、定量、定责任，做到任务明确、质量到人。

(4) 技术交底的主要内容为：

技术交底内容一般应包括：①施工准备：诸如材料、作业条件等；②操作工艺：以混凝土为例，诸如混凝土搅拌、混凝土运输、混凝土浇灌与振捣、施工缝位置及接缝形式、混凝土养护、混凝土冬期施工和成品保护等，均应详尽交底，以保证施工正确执行操作工艺和施工图设计；③图纸交底：按作业对象的施工图设计进行；④质量标准：按相应质量检验评定标准的质量标准要求进行；⑤安全施工及其注意事项：按作业对象的安全施工要求及施工过程中安全施工应注意的事项进行交底；⑥成品保护等。

(5) 施工组织设计交底

要将施工组织设计的全部内容向施工人员交待。主要包括：工程特点、施工部署、施工方法、操作规程、施工顺序及进度、任务划分、劳动力安排、平面布置、工序搭接、施工工期、各项管理措施等。

(6) 设计变更和洽商交底

将设计变更的结果向施工人员和管理人员做统一说明，便于统一口径，避免差错。

(7) 分项工程技术交底

是各级技术交底的关键，应在各分项工程开始之前进行。主要包括：施工准备、操作工艺、技术安全措施、质量标准、成品保护、消灭和预防质量通病措施、新工艺、新材料、新技术工程的特殊要求以及应注意的质量问题等，劳动定额、材料消耗定额、机具、工具等。

技术交底工作必须在正式施工之前认真做好。在施工过程中，应反复检查技术交底的落实情况，加强施工监督，确保施工质量。

(8) 安全技术交底

施工作业安全、施工设施（设备）安全、施工现场（通行、停留）安全、消防安全、作业环境专项安全以及其他意外情况下的安全技术交底。

(9) 技术交底只有当签字齐全后方可生效，并发至施工班组。

(10) 技术交底注意事项

1) 技术交底必须在该交底对应项目施工前进行，并应为施工留出足够的准备时间。技术交底不得后补。

2) 技术交底应以书面形式进行，并辅以口头讲解。交底人和被交底人应履行交接签字手续。技术交底及时归档。

3) 技术交底应根据施工过程的变化，及时补充新内容。施工方案、方法改变时也要及时进行重新交底。

4) 分包单位应负责其分包范围内技术交底资料的收集整理，并应在规定时间内向总包单位移交。总包单位负责对各分包单位技术交底工作进行监督检查。

注：应按交接时间及时签字，无本人签字时为无效技术交底资料。

4.10 技术交底小结

基本要求

(1) 技术交底接收人应针对每一份交底在实施完成后做出总结，注意实施过程及施工过程中发现的问题，要求改进的建议等。

(2) 技术交底小结应反馈至技术交底人，小结日期应及时，不得晚于实施完成后2日。

4.11　施　工　日　志

1. 资料表式

施　工　日　志　　　　　　　　　　　　　　　　**表 4.11**

工程名称：

日　期	年　月　日	气象		风力		温度	
工程部位							
施工队组							
主要施工、生产、质量、安全、技术、管理活动							
审核：				记录：			

2. 资料要求

(1) 按实施要求对单位工程从开工到竣工的整个施工阶段进行全面记录，要求内容完整、能全面反映工程进展情况。

(2) 施工记录、混凝土浇灌记录、模板拆除等，应单独记录，分别列报。

(3) 按要求及时记录，内容齐全为正确。

(4) 施工日记的记录内容不齐全，没有记录为不正确。

3. 实施要点

施工日志是施工过程中由项目经理部级的有关人员对有关技术管理和质量管理活动及其效果逐日做的连续完整的记录，其主要内容如下：

(1) 工程准备工作的记录。包括现场准备、施工组织设计学习、各级技术交底要求、熟悉图纸中的重要问题、关键部位和应抓好的措施，向班、组长的交底日期、人员及其主要内容，及有关计划安排。

(2) 进入施工以后对班组抽检活动的开展情况及其效果，组织互检和交接检的情况及效果，施工组织设计及技术交底的执行情况及效果的记录和分析。

(3) 工序工程质量验收、质量检查、隐蔽工程验收、预检及上级组织的检查等技术活动的日期、结果、存在问题及处理情况记录。

(4) 原材料检验结果、施工检验结果的记录包括日期、内容、达到的效果及未达到要求等问题和处理情况及结论。

(5) 质量、安全、机械事故的记录包括原因、调查分析、责任者、研究情况、处理结论等，对人事、经济损失等的记录应清楚。

(6) 有关洽商、变更情况，交待的方法、对象、结果的记录。

(7) 有关归档资料的转交时间、对象及主要内容的记录。

（8）有关新工艺、新材料的推广使用情况，以及小改、小革、小窍门的活动记录，包括项目、数量、效果及有关人员。桩基应单独记录并上报核查。

（9）工程的开、竣工日期以及主要分部、分项工程的施工起止日期，技术资料供应情况。

（10）重要工程的特殊质量要求和施工方法。

（11）有关领导或部门对工程所做的书面或检查生产、技术方面的决定或建议。

（12）气候、气温、地质以及其他特殊情况（如停电、停水、停工待料）的记录等。

（13）在紧急情况下采取特殊措施的施工方法，施工记录由单位工程负责人填写。

（14）混凝土试块、砂浆试块的留置组数、时间，以及28天的强度试验报告结果，有无问题及分析。

4.12　自检互检记录

1. 资料表式

自检互检记录单　　　　**表 4.12**

编号

<table>
<tr><td>工程名称</td><td colspan="2"></td><td>自、互检部位</td><td></td></tr>
<tr><td>自、互检内容</td><td colspan="4"></td></tr>
<tr><td>检查意见</td><td colspan="4"></td></tr>
<tr><td>填表人</td><td>签　名</td><td colspan="3">要求检查时间　　年　　月　　日</td></tr>
<tr><td>自互检人</td><td>签　名</td><td colspan="3">检查时间　　年　　月　　日</td></tr>
<tr><td>备　注</td><td colspan="4"></td></tr>
</table>

2. 实施要点

自、互检制度是操作自身对质量负责的重要体现，也是工程质量管理的基础工作和重要环节。是建立在充分相信和依靠工人的基础上的一种群众性的质量检验方式，是自检、互检、专职检验相结合制度的一个组成部分。

(1) 自检：自检是生产工人在施工过程中，按照质量标准的有关技术文件的要求，对自己生产的产品或完成的生产任务按照规定的时间和数量进行自我检验，可在工序段操作中严格监督、层层把关，保持工序能力一直满足质量要求。能把不合格品自己主动改正，防止流入下道工序。

群众性自检主要适用于工序检验，可利用一般检测工具即可完成的检测过程。

自检应填写自检记录。班组长应签字。就是操作者自我把关，来保证操作质量符合质量标准的措施之一，交付符合质量标准的产品。也就是操作者知道干什么、怎么干、照什么标准干、合格标准是什么。自检工作是建立在加强管理、认真交底、真正发动和依靠群众基础上的，应有一套完整的管理办法，建立质量管理小组，实行质量控制，才能真正把好自检关。

(2) 互检：是互相督促、互相检查、共同提高的有利手段，也是保证质量的有效措施。由班组长或单位技术负责人组织，在人与人之间、组与组之间进行。通过互检肯定成绩、交流经验、找出差距、采取措施、改进提高。互检工作的好坏是能否保证质量持续提高的关键。

1）同一班组内相同工序的工人相互之间进行的产品检验；

2）班组质检员对本组工人生产的产品质量进行抽检；

3）下道工序工人对上道工序转来的产品进行检验；

4）班组之间对各自承担的作业进行检验。互检完成后应填写互检记录，责任人签字。

4.13　工序交接单

1. 资料表式

工序交接单　**表 4.13**

编号

单位工程名称		交接日期					
交接项目		部　位					
自检结果：							
交接检查意见：							
单位工程技术负责人		检查员		接班组		移交组	

2. 实施要点

(1) 工序是指一个或一组工人，在一个工作地上对一个（或 n 个）劳动对象连续进行加工的生产活动，是生产过程的一个环节，是一个基本的作业单元。在质量管理中，工序就是人、机器、材料、方法和环境对产品质量综合起作用的过程。简单地说，就是产品加工中的一个步骤。产品质量就是工序中各质量因素所起作用的综合表现。

(2) 交接检是指前后工序之间进行的交接检查。应由单位工程技术负责人或项目经理组织进行。其基本原则是“既保证本工序质量，又为下道工序创造顺利施工条件”。交接检查工作是促进上道工序自我严格把关的重要手段。

交接检完成后应填写交接检记录并经责任人签字。

4.14 工程竣工施工总结

施工总结的主要内容

（1）工程概况；

（2）技术档案和施工管理资料情况；

（3）建筑设备安装调试情况；

（4）工程质量验收情况等。

4.15　工程质量保修书

封页

市政基础设施工程质量保修书

××× 建设厅制

工程质量保修书

工程项目名称：______

发包方（全称）：______

承包方（全称）：______

为保护建设单位、施工单位、市政基础设施管理单位的合法权益，维护公共安全和公众利益，根据《中华人民共和国建筑法》、《建设工程质量管理条例》及其他有关法律、法规，并参照《房屋建筑工程质量保修办法》，遵循平等、自愿、公平的原则，承担工程质量保修责任。

一、工程质量保修范围、保修期限

在正常使用条件下，市政基础设施工程质量保修期限承诺如下：

其他项目保修期限双方约定如下：

____

____

承包方质量保修期，从工程竣工验收合格之日起计算。按单位工程竣工验收的，保修期从各单位工程竣工验收合格之日起分别计算。

二、质量保修责任

1. 施工单位承诺和双方约定保修的项目和内容，应在接到发包方保修通知后7日内派人保修。承包方不在约定期限内派人保修的，发包方可委托其他人员维修，维修费用从质量保修金内扣除。

2. 因保修不及时，造成新的人身、财产损害，由造成拖延的责任方承担赔偿责任。

3. 发生需紧急抢修事故，承包方接到事故通知后，应立即到达事故现场抢修。非施工质量引起的事故，抢修费用由发包方或造成事故者承担。

4. 在国家规定的工程合理使用期限内，承包方确保地基基础和主体结构工程的质量。因承包方原因致使工程在合理使用期限内造成人身和财产损害的，承包方应承担损害赔偿责任。

5. 下列情况下不属于质量保修范围：

(1) 因使用不当或第三方造成的质量缺陷；

(2) 因不可抗力造成的质量缺陷；

(3) 因设施管理单位自行改动的结构、设施、设备等项目。

三、保修费用由质量缺陷责任方承担

四、双方约定的其他工程质量事项

____

____

____

____

五、本保修书未尽事项，按国家现行法律、法规规定执行。

本保修书一式五份。

发包方（公章）： 承包方（公章）：

法定代表人（签字）： 法定代表人（签字）：

年 月 日 年 月 日

4.16　工程竣工报告

工程竣工验收由建设单位负责组织实施。工程竣工验收前应进行验收准备工作，准备工作完成后才可以进行工程竣工验收。多数建设单位，由于对基本建设程序与管理缺乏必需的竣工验收基本知识，工程竣工验收时有一定困难，由于委托了工程监理，故一般情况下该项工作多由监理单位协助建设单位完成。

5 施工技术文件的组卷与验收移交

5.1　施工技术文件序列组排

5.1.1　序列组排设想

施工技术文件形成过程中的检查、搜集和整理的数量及内容要求，标准、规范对施工技术文件编报均提出了相关要求。作者根据这一思路提出了市政基础设施工程施工技术文件序列组排目录，同时提出了施工技术文件编制与核查的一些建议，其基本设想是：

（1）为了提高施工技术文件的编制与核查质量，作者建议单位工程质量保证资料按本书中的目录组排表序列进行编制与报送。对于组排目录表中没有名称及表式，而标准、规范或设计文件要求必报的技术文件，报送时可将应报资料排在各专业技术文件目录的后面，接着编号。

（2）单位工程施工技术文件的编制与核查是一项严肃、认真细致的工作，核查工作对施工企业的技术管理有一定的促进作用。编制与核查均需按标准的要求进行。

（3）施工技术文件的核查，主要是为了确保市政基础设施工程及构筑物的强度、刚度、稳定性和使用功能，满足设计和规范的有关要求，工程质量验收资料、工程质量保证技术资料、工程质量管理资料均应同时核查，然后根据规定分别归档保存。

5.1.2　市政基础设施工程施工技术文件排序

市政基础设施工程施工技术文件组成的排序：

1. 第一卷为工程质量验收技术文件

工程质量验收技术文件（第一卷）包括：

（1）单位工程内按各专业规范要求进行的工序质量验收记录；

（2）单位工程内各专业规范要求进行的部位工程质量验收记录；

（3）单位工程质量竣工验收记录。

注：工程质量验收技术文件（第一卷），单位工程质量验收序列必须按以上顺序依序进行，单位工程报送资料按逆向依序编整。

2. 第二卷为工程质量保证技术文件：

工程质量保证技术文件（第二卷）包括：

工程质量保证技术文件是施工过程中形成的各个环节质量状况的基本数据和原始记录。这些资料是在建造过程中随着工程进度，根据工程需要，按照设计、规范要求进行的测试和检验，这些资料在形成过程中，经过施工、检测部门、监理、建设等环节的检审，有的通过见证取样、送样形成的，只要从事这些环节的管理人员认真负责，形成的上述技术文件应当是真实的。这些资料是说明工程质量的一个重要组成部分，是工程技术资料的核心。由于工程质量保证技术文件数量较多，可分卷装订。

（1）第二卷第一分卷：原材料、成品、半成品、构配件、设备出厂质量合格证及试验报告；

（2）第二卷第二分卷：施工试验记录、功能性试验记录；

(3) 第二卷第三分卷：施工记录、预检记录、隐蔽工程验收记录；

(4) 第二卷第四分卷：工程质量保证技术资料其他资料。

3. 第三卷为竣工图

竣工图（第三卷）包括：

竣工图反映了市政基础设施工程在施工过程中和工程完成后，由建设单位组织设计、施工单位，在监理单位协助下，按照市政基础设施工程完成的各专业的实貌编制的工程施工图纸。其排序为：

(1) 道路工程；

(2) 桥梁工程；

(3) 广场工程；

(4) 隧道工程；

(5) 铁路、公路、航空、水运等交通工程；

(6) 地下铁道等轨道交通工程；

(7) 地下人防工程；

(8) 水利防灾工程；

(9) 排水工程；

(10) 供水、供热、供气、电力、电讯等地下管线工程；

(11) 高压架空输电线工程；

(12) 污水处理、垃圾处理处置工程；

(13) 场、厂、站工程。

注：1. 竣工图应按专业、系统进行整理。
2. 工程总体布置图、位置图，地形复杂者应附竖向布置图。
3. 合理缺项除外。

4. 第四卷为市政基础设施工程施工技术管理文件

市政基础设施工程施工技术管理资料反映了施工企业在施工过程的管理中，从施工准备到工程交付使用的全过程中，为保证和提高工程质量所进行的各项组织与管理工作，在实施中制定和实施中形成的有关资料。诸如：工程开工报审、施工组织设计、技术交底、施工日志、施工现场质量管理检查等。

5.2　市政基础设施工程文件归档范围和保管期限表

序号	归档文件	保存单位和保管期限				
		建设单位	施工单位	设计单位	监理单位	城建档案馆
一	市政基础设施工程					
(一)	施工技术准备					
1	施工组织设计	短期	短期			
2	技术交底	长期	长期			
3	图纸会审记录	长期	长期			
4	施工预算的编制和审查	短期	短期			
(二)	施工现场准备					
1	工程定位测量资料	长期	长期			
2	工程定位测量复核记录	长期	长期			
3	导线点、水准点测量复核记录	长期	长期			
4	工程轴线、定位桩、高程测量复核记录	长期	长期			
5	施工安全措施	短期	短期			
6	施工环保措施	短期	短期			
(三)	设计变更、洽商记录					
1	设计变更通知单	长期	长期			
2	洽商记录	长期	长期			
(四)	原材料、成品、半成品、构配件、设备出厂质量合格证及试验报告					
1	砂、石、砌块、水泥、钢筋（材）、石灰、沥青、涂料、混凝土外加剂、防水材料、粘接材料、防腐保温材料、焊接材料等试验汇总表	长期			✓	
2	砂、石、砌块、水泥、钢筋（材）、石灰、沥青、涂料、混凝土外加剂、防水材料、粘接材料、防腐保温材料、焊接材料等质量合格证书和出厂检（试）验报告及现场复试报告	长期			✓	
3	水泥、石灰、粉煤灰混合料；沥青混合料、商品混凝土等试验汇总表	长期			✓	
4	水泥、石灰、粉煤灰混合料；沥青混合料、商品混凝土等出厂合格证和试验报告、现场复试报告	长期			✓	
5	混凝土预制构件、管材、管件、钢结构构件等试验汇总表	长期			✓	
6	混凝土预制构件、管材、管件、钢结构构件等出厂合格证书和相应的施工技术资料	长期			✓	

续表

序号	归档文件	保存单位和保管期限				
		建设单位	施工单位	设计单位	监理单位	城建档案馆
7	厂站工程的成套设备、预应力混凝土张拉设备、各类地下管线井室设施、产品等汇总表	长期			✓	
8	厂站工程的成套设备、预应力混凝土张拉设备、各类地下管线井室设施、产品等出厂合格证书及安装使用说明	长期			✓	
9	设备开箱报告	短期				
（五）	施工试验记录					
1	砂浆、混凝土试块强度、钢筋（材）焊连接、填土、路基强度试验等汇总表	长期			✓	
2	道路压实度、强度试验记录					
①	回填土、路床压实度试验及土质的最大干密度和最佳含水量试验报告	长期			✓	
②	石灰类、水泥类、二灰类无机混合料基层的标准击实试验报告	长期			✓	
③	道路基层混合料强度试验记录	长期			✓	
④	道路面层压实度试验记录	长期			✓	
3	混凝土试块强度试验记录					
①	混凝土配合比通知单	短期				
②	混凝土试块强度试验报告	长期			✓	
③	混凝土试块抗渗、抗冻试验报告	长期			✓	
④	混凝土试块强度统计、评定记录	长期			✓	
4	砂浆试块强度试验记录					
①	砂浆配合比通知单	短期				
②	砂浆试块强度试验报告	长期			✓	
③	砂浆试块强度统计评定记录	长期			✓	
5	钢筋（材）焊、连接试验报告	长期			✓	
6	钢管、钢结构安装及焊缝处理外观质量检查记录	长期			✓	
7	桩基础试（检）验报告	长期			✓	
8	工程物质选样送审记录	短期				
9	进场物质批次汇总记录	短期				
10	工程物质进场报验记录	短期				
（六）	施工记录					
1	地基与基槽验收记录					
①	地基钎探记录及钎探位置图	长期			✓	
②	地基与基槽验收记录	长期			✓	
③	地基处理记录及示意图	长期			✓	
2	桩基施工记录					
①	桩基位置平面示意图		长期			✓
②	打桩记录		长期		✓	

续表

序号	归 档 文 件	保存单位和保管期限				
		建设单位	施工单位	设计单位	监理单位	城建档案馆
③	钻孔桩钻进记录及成孔质量检查记录	长期			✓	
④	钻孔（挖孔）桩混凝土浇灌记录	长期			✓	
3	构件设备安装和调试记录					
①	钢筋混凝土大型预制构件、钢结构等吊装记录	长期			✓	
②	厂（场）、站工程大型设备安装调试记录	长期			✓	
4	预应力张拉记录					
①	预应力张拉记录表	长期			✓	
②	预应力张拉孔压浆记录	长期			✓	
③	孔位示意图	长期			✓	
5	沉井工程下沉观测记录	长期			✓	
6	混凝土浇灌记录	长期			✓	
7	管道、箱涵等工程项目推进记录	长期			✓	
8	构筑物沉降观测记录	长期			✓	
9	施工测温记录	长期			✓	
10	预制安装水池壁板缠绕钢丝应力测定记录	长期			✓	
（七）	预检记录					
1	模板预检记录					
2	大型构件和设备安装前预检记录	短期				
3	设备安装位置检查记录	短期				
4	管道安装检查记录	短期				
5	补偿器冷拉及安装情况记录	短期				
6	支（吊）架位置、各部位连接方式等检查记录	短期				
7	供水、供热、供气管道吹（冲）洗记录	短期				
8	保湿、防腐、油漆等施工检查记录	短期				
（八）	隐蔽工程检查（验收）记录	长期	长期		✓	
（九）	工程质量检查验收评定记录					
1	工序工程质量评定记录	长期	长期			
2	部位工程质量评定记录	长期	长期			
3	分部工程质量评定记录	长期	长期		✓	
（十）	功能性试验记录					
1	道路工程的弯沉试验记录	长期			✓	
2	桥梁工程的动、静载试验记录	长期			✓	
3	无压力管道的严密性试验记录	长期			✓	
4	压力管道的强度试验、严密性试验、通球试验等记录	长期			✓	
5	水池满水试验	长期			✓	
6	消化池气密性试验	长期			✓	
7	电气绝缘电阻、接地电阻测试记录	长期			✓	
8	电气照明、动力试运行记录	长期			✓	
9	供热管网、燃气管网等管网试运行记录	长期			✓	
10	燃气储罐总体试验记录	长期			✓	

续表

序号	归档文件	保存单位和保管期限				
		建设单位	施工单位	设计单位	监理单位	城建档案馆
11	电讯、宽带网等试运行记录	长期			✓	
(十一)	质量事故及处理记录					
1	工程质量事故报告	永久	长期		✓	
2	工程质量事故处理记录	永久	长期		✓	
(十二)	竣工测量资料					
1	建筑物、构筑物竣工测量记录及测量示意图	永久	长期		✓	
2	地下管线工程竣工测量记录	永久	长期		✓	
二	**市政基础设施工程竣工图**					
1	道路工程	永久	长期		✓	
2	桥梁工程	永久	长期		✓	
3	广场工程	永久	长期		✓	
4	隧道工程	永久	长期		✓	
5	铁路、公路、航空、水运等交通工程	永久	长期		✓	
6	地下铁道等轨道交通工程	永久	长期		✓	
7	地下人防工程	永久	长期		✓	
8	水利防灾工程	永久	长期		✓	
9	排水工程	永久	长期		✓	
10	供水、供热、供气、电力、电讯等地下管线工程	永久	长期		✓	
11	高压架空输电线工程	永久	长期		✓	
12	污水处理、垃圾处理处置工程	永久	长期		✓	
13	场、厂、站工程	永久	长期		✓	
三	**市政基础设施工程质量竣工验收文件**					
1	单位工程质量评定表及报验单	永久	长期		✓	
2	竣工验收证明书	永久	长期		✓	
3	竣工验收报告	永久	长期		✓	
4	竣工验收备案表（包括各专项验收认可文件）	永久	长期		✓	
5	工程质量保修书	永久	长期		✓	
四	**财务文件**					
1	决算文件	永久			✓	
2	交付使用财产总表和财产明细表	永久	长期		✓	
五	**声像、缩微、电子档案**					
1	声像					
①	工程照片	永久			✓	
②	录音、录像材料	永久			✓	
2	缩微品	永久			✓	
3	电子档案					
①	光盘	永久			✓	
②	磁盘	永久			✓	

注："✓"表示应向城建档案馆移交。

5.3　市政基础设施工程施工技术文件分卷报送组排目录

5.3.1　市政道路工程施工技术文件的分卷报送组排目录

序号	资　料　名　称	序列与编号	说　明
	第一卷　质量验收技术文件		
	道路工程质量检验评定		
1	封页		
2	目录		
3	单位工程质量检验评定		
(1)	单位工程质量检验评定表	ZB№：1（道路）—	
(2)	市政道路工程全项目外观评分表	ZB№：1（道路）—	
(3)	市政道路工程全项目实测实量评分表	ZB№：1（道路）—	
(4)	市政道路工程质量保证资料评分表	ZB№：1（道路）—	
4	部位工程质量评定表	ZB№：2（道路）—	
5	工序工程质量评定表	ZB№：3（道路）—	
(1)	路基——土方	表 CJJ1—90—1	
(2)	路基——石方	表 CJJ1—90—2	
(3)	路基——路床	表 CJJ1—90—3	
(4)	路基——路肩	表 CJJ1—90—4	
(5)	路基——边沟、边坡	表 CJJ1—90—5	
(6)	基层——砂石基层	表 CJJ1—90—6	
(7)	基层——碎石基层	表 CJJ1—90—7	
(8)	基层——沥青贯入式碎石基层	表 CJJ1—90—8	
(9)	基层——石灰土类基层	表 CJJ1—90—9	
(10)	基层——块石基层	表 CJJ1—90—10	
(11)	基层——石灰、粉煤灰类混合料基层	表 CJJ1—90—11	
(12)	面层——水泥混凝土面层	表 CJJ1—90—12	
(13)	面层——沥青混凝土面层	表 CJJ1—90—13	
(14)	面层——黑色碎（砾）石面层	表 CJJ1—90—14	
(15)	面层——沥青贯入式面层	表 CJJ1—90—15	
(16)	面层——沥青表面处治面层	表 CJJ1—90—16	
(17)	面层——泥结碎石面层	表 CJJ1—90—17	
(18)	面层——级配砾石面层	表 CJJ1—90—18	
(19)	附属构筑物——侧石、缘石	表 CJJ1—90—19	
(20)	附属构筑物——预制块人行道	表 CJJ1—90—20	
(21)	附属构筑物——现浇水泥混凝土人行道	表 CJJ1—90—21	
(22)	附属构筑物——沥青类人行道	表 CJJ1—90—22	

续表

序号	资料名称	序列与编号	说明
(23)	附属构筑物——涵洞、倒虹管	表 CJJ1—90—23	
(24)	附属构筑物——收水井、支管	表 CJJ1—90—24	
(25)	附属构筑物——护底、护坡、重力式挡土墙	表 CJJ1—90—25	
(26)	道路半成品——预制侧石、缘石	表 CJJ1—90—26	
(27)	道路半成品——预制道板（大方砖、小方砖）	表 CJJ1—90—27	
(28)	测　量	表 CJJ1—90—28	
	第二卷　质量保证技术文件		
6	封页		
7	目录		
	第一分卷　施工准备		
8	施工技术准备		
(1)	施工图设计文件会审记录	ZB№：4（道路）—	
(2)	施工预算	ZB№：4（道路）—	
9	施工现场准备		
(1)	导线点复测记录（含交接桩及施工测设与复测）	ZB№：4（道路）—	
(2)	水准点测设与复测记录（含交接桩及施工测设与复测）	ZB№：4（道路）—	
(3)	工程定位测量与复测记录（含交接桩及施工测设与复测）	ZB№：4（道路）—	
10	设计变更、洽商记录		
(1)	设计变更通知单	ZB№：4（道路）—	
(2)	洽商记录	ZB№：4（道路）—	
	第二分卷　原材料、成品、半成品、构配件、设备出厂质量合格证及试验报告		
11	原材料、成品、半成品、构配件、设备出厂质量合格证及试验报告		
(1)	砂、石、砌块、水泥、钢筋（材）、石灰、沥青、涂料、混凝土外加剂、防水材料、粘接材料、防腐保温材料等试验汇总表		
1)	原材料试（检）验报告汇总表（通用）	ZB№：4（道路）—	
2)	钢筋（材）焊接试（检）验报告、焊条（剂）合格证汇总表	ZB№：4（道路）—	
(2)	砂、石、砌块、水泥、钢筋（材）、石灰、沥青、涂料、混凝土外加剂、防水材料、粘接材料、防腐保温材料、焊接材料等质量合格证书和出厂检（试）验报告及现场复试报告		
Ⅰ	**质量合格证书及出厂检（试）验报告**		
1)	原材料合格证粘贴表（通用）	ZB№：4（道路）—	
Ⅱ	**材料现场复试报告**		
2)	砂现场复试报告	ZB№：4（道路）—	
3)	石现场复试报告	ZB№：4（道路）—	
4)	砖现场复试报告	ZB№：4（道路）—	
5)	砌块现场复试报告	ZB№：4（道路）—	
6)	水泥现场复试报告	ZB№：4（道路）—	
7)	混凝土外加剂现场复试报告	ZB№：4（道路）—	

续表

序号	资 料 名 称	序列与编号	说 明
8)	掺合料现场复试报告	ZB№：4（道路）—	
9)	石灰现场复试报告	ZB№：4（道路）—	
10)	沥青现场复试报告	ZB№：4（道路）—	
11)	沥青胶结材料现场复试报告	ZB№：4（道路）—	
12)	防水卷材现场复试报告	ZB№：4（道路）—	
13)	防水涂料现场复试报告	ZB№：4（道路）—	
14)	环氧煤沥青涂料性能试验记录	ZB№：4（道路）—	
15)	混凝土拌合用水水质试验报告（有要求时）	ZB№：4（道路）—	
16)	其他材料现场复试报告	ZB№：4（道路）—	
(3)	混凝土预制构件、管材、管件等试验汇总		
1)	混凝土预制构件试验汇总表	ZB№：4（道路）—	
2)	管材试验汇总表	ZB№：4（道路）—	
3)	管件试验汇总表	ZB№：4（道路）—	
(4)	混凝土预制构件、管材、管件等出厂合格证书和相应的施工技术文件		
1)	混凝土预制构件出厂合格证书和相应的施工技术文件	ZB№：4（道路）—	
2)	管材出厂合格证书和相应的施工技术文件	ZB№：4（道路）—	
3)	管件出厂合格证书和相应的施工技术文件	ZB№：4（道路）—	
	第三分卷　施工试验记录、功能性试验记录		
(5)	砂浆、混凝土试块强度、填土、路基强度试验等汇总表		
1)	砂浆试块强度试验汇总表	ZB№：4（道路）—	
2)	混凝土试块强度评定汇总表	ZB№：4（道路）—	
3)	填土类土壤压实记录汇总表	ZB№：4（道路）—	
4)	路基强度试验汇总表	ZB№：4（道路）—	
(6)	回填土、路床压实度试验及土质的最大干密度和最佳含水量试验报告		
1)	土壤压实度试验记录（环刀法）	ZB№：4（道路）—	
2)	土壤的最大干密度和最佳含水量试验报告	ZB№：4（道路）—	
3)	石灰类、水泥类、二灰类无机混合料基层的标准击实试验报告	ZB№：4（道路）—	
4)	土壤压实度（管沟类）试验记录	ZB№：4（道路）—	
5)	沥青混合料压实度（蜡封法）试验记录	ZB№：4（道路）—	
6)	压实度（灌砂法）试验记录	ZB№：4（道路）—	
7)	道路基层混合料强度试验记录	ZB№：4（道路）—	
8)	道路面层压实度试验记录	ZB№：4（道路）—	
9)	石灰类无机混合料中石灰剂量检验报告	ZB№：4（道路）—	
(7)	混凝土试块强度试验记录		
1)	混凝土试配及配合比通知单	ZB№：4（道路）—	
2)	混凝土抗压强度试验报告（含预拌混凝土试件）	ZB№：4（道路）—	
3)	混凝土抗折强度试验报告（含预拌混凝土试件）	ZB№：4（道路）—	
4)	混凝土抗渗性能试验报告（设计有要求时；同上）	ZB№：4（道路）—	

续表

序号	资料名称	序列与编号	说明
5)	混凝土抗冻性试验报告单（设计有要求时；同上）	ZB№：4（道路）—	
6)	混凝土试块强度统计、评定记录	ZB№：4（道路）—	
7)	预拌（商品）混凝土	ZB№：4（道路）—	
①	预拌（商品）混凝土出厂质量证书	ZB№：4（道路）—	
②	预拌混凝土订货与交货	ZB№：4（道路）—	
(8)	砂浆试块强度试验记录		
1)	砂浆配合比通知单	ZB№：4（道路）—	
2)	砂浆抗压强度试验报告	ZB№：4（道路）—	
3)	砂浆试块强度统计评定记录	ZB№：4（道路）—	
12	功能性试验记录		
(1)	道路工程的弯沉试验记录（路基及路面）	ZB№：4（道路）—	
	第四分卷　施工记录、预检记录、隐蔽工程验收记录		
13	施工记录		
(1)	施工记录（通用）	ZB№：4（道路）—	
1)	混凝土施工记录		
①	混凝土浇灌申请书	ZB№：4（道路）—	
②	混凝土开盘鉴定	ZB№：4（道路）—	
③	混凝土浇筑记录	ZB№：4（道路）—	
④	混凝土后浇带施工检查记录	ZB№：4（道路）—	
⑤	混凝土坍落度检查记录	ZB№：4（道路）—	
⑥	泵送混凝土施工检查记录	ZB№：4（道路）—	
(2)	沥青路面热拌碾压及施工缝留设施工记录	ZB№：4（道路）—	
(3)	施工测温记录		
1)	混凝土养护及测温记录		
①	混凝土冬期测温记录	ZB№：4（道路）—	
②	________混凝土养护测温记录	ZB№：4（道路）—	
③	混凝土同条件养护测温记录	ZB№：4（道路）—	
④	混凝土搅拌测温记录（冬施或设计有要求时）	ZB№：4（道路）—	
⑤	混凝土养护情况记录	ZB№：4（道路）—	
(4)	沥青混合料施工测温记录		
1)	沥青混合料到场及摊铺测温记录	ZB№：4（道路）—	
2)	沥青混合料碾压温度检测记录	ZB№：4（道路）—	
14	预检记录		
(1)	预检工程检查记录	ZB№：4（道路）—	
(2)	模板预检记录	ZB№：4（道路）—	
15	隐蔽工程检查（验收）记录		
(1)	隐蔽工程验收记录	ZB№：4（道路）—	
(2)	道路基层隐蔽工程验收记录（各层的基层）	ZB№：4（道路）—	

续表

序号	资　料　名　称	序列与编号	说　明
	第五分卷　其他资料		
16	质量事故及处理记录		
(1)	工程质量事故报告	ZB№：4（道路）—	
(2)	工程质量事故处理记录	ZB№：4（道路）—	
(3)	工程质量事故技术处理方案	ZB№：4（道路）—	
17	财务文件		
(1)	工程施工图预算书	ZB№：4（道路）—	
(2)	工程决算书	ZB№：4（道路）—	
18	声像、缩微、电子档案		
	第三卷　市政基础设施工程竣工图		
19	封页		
20	目录		
21	道路工程		
22	竣工测量资料		
(1)	地下管线工程竣工测量记录	ZB№：5（道路）—	
	第四卷　市政基础设施工程管理技术文件		
23	封页		
24	目录		
25	工程开工报审表	ZG№：6（道路）—	
26	施工组织设计（施工方案）	ZG№：6（道路）—	
27	施工组织设计（施工方案）实施小结	ZG№：6（道路）—	
28	施工现场质量管理检查记录	ZG№：6（道路）—	
29	材料（设备）进场验收记录（通用）	ZG№：6（道路）—	
30	见证取样	ZG№：6（道路）—	
31	施工安全措施	ZG№：6（道路）—	
32	施工环保措施	ZG№：6（道路）—	
33	技术交底	ZG№：6（道路）—	
34	技术交底小结	ZG№：6（道路）—	
35	施工日志	ZG№：6（道路）—	
36	自检互检记录	ZG№：6（道路）—	
37	工序交接单	ZG№：6（道路）—	
38	工程竣工施工总结	ZG№：6（道路）—	
39	工程质量保修书	ZG№：6（道路）—	
40	工程竣工报告	ZG№：6（道路）—	

注：1. 合理缺项除外。

2. 对设计有要求进行的试验项目应据实增加。

3. 对子项资料按报送序列依序组排。

5.3.2　市政桥梁工程施工技术文件的分卷报送组排目录

序号	资　料　名　称	序列与编号	说　明
	第一卷　质量验收技术文件		
	市政桥梁工程质量检验评定		
1	封页		
2	目录		
3	单位工程质量检验评定		
(1)	单位工程质量检验评定表	ZB№：1（桥梁）—	
(2)	市政桥梁工程全项目外观评分表	ZB№：1（桥梁）—	
(3)	市政桥梁工程全项目实测实量评分表	ZB№：1（桥梁）—	
(4)	市政桥梁工程质量保证资料评分表	ZB№：1（桥梁）—	
4	部位工程质量评定表	ZB№：2（桥梁）—	
5	工序工程质量评定表	ZB№：3（桥梁）—	
(1)	土、石方——基坑开挖	表 CJJ2—90—1	
(2)	土、石方——基坑填土	表 CJJ2—90—2	
(3)	基础——沉入桩—1	表 CJJ2—90—3	
(4)	基础——沉入桩（钢管桩）—2	表 CJJ2—90—4	
(5)	基础——灌筑桩	表 CJJ2—90—5	
(6)	基础——沉井基础	表 CJJ2—90—6	
(7)	基础——垫层	表 CJJ2—90—7	
(8)	砌体——浆、干砌块石	表 CJJ2—90—8	
(9)	砌体——浆砌料石、砖、砖块	表 CJJ2—90—9	
(10)	模板——整体式—1	表 CJJ2—90—10	
(11)	模板——装配式—2	表 CJJ2—90—11	
(12)	模板——小型预制构件—3	表 CJJ2—90—12	
(13)	钢筋加工	表 CJJ2—90—13	
(14)	钢筋焊接——闪光对焊	表 CJJ2—90—14	
(15)	钢筋焊接——电弧焊	表 CJJ2—90—15	
(16)	钢筋焊接——电阻点焊	表 CJJ2—90—16	
(17)	钢筋焊接——T形接头	表 CJJ2—90—17	
(18)	成型与安装——网片或骨架成型	表 CJJ2—90—18	
(19)	成型与安装——钢筋成型与安装	表 CJJ2—90—19	
(20)	预应力筋制作	表 CJJ2—90—20	
(21)	预应力钢筋张拉	表 CJJ2—90—21	
(22)	水泥混凝土预制构件—1	表 CJJ2—90—22	
(23)	水泥混凝土预制构件—2	表 CJJ2—90—23	
(24)	孔道压浆	表 CJJ2—90—24	

续表

序号	资　料　名　称	序列与编号	说　明
(25)	预埋件、预留孔洞和预应力筋孔道	表 CJJ2—90—25	
(26)	水泥混凝土构件安装——梁、板	表 CJJ2—90—26	
(27)	水泥混凝土构件安装——悬臂拼装块体	表 CJJ2—90—27	
(28)	水泥混凝土构件安装——拱肋、拱桁、拱波	表 CJJ2—90—28	
(29)	水泥混凝土构件安装——墩、柱	表 CJJ2—90—29	
(30)	水泥混凝土构件安装——栏杆、灯柱、人行道板	表 CJJ2—90—30	
(31)	水泥混凝土构件安装——地道桥顶进	表 CJJ2—90—31	
(32)	钢结构——矫正、弯曲和边缘加工	表 CJJ2—90—32	
(33)	钢结构——栓焊梁（板梁）刨（铣）范围及允许偏差	表 CJJ2—90—33	
(34)	钢结构组装	表 CJJ2—90—34	
(35)	钢结构——焊接——焊缝质量检查级别	表 CJJ2—90—35	
(36)	钢结构——焊接——焊缝外观检验	表 CJJ2—90—36	
(37)	钢结构——焊接——对接焊缝外形尺寸允许偏差	表 CJJ2—90—37	
(38)	钢结构——焊接——贴角焊缝外形尺寸允许偏差	表 CJJ2—90—38	
(39)	钢结构——焊接——T 形接头焊缝外形尺寸允许偏差	表 CJJ2—90—39	
(40)	钢结构——焊接——X 射线检验质量标准	表 CJJ2—90—40	
(41)	钢结构——焊接——焊接后的杆件允许偏差	表 CJJ2—90—41	
(42)	钢结构——制孔——精制螺栓孔	表 CJJ2—90—42	
(43)	钢结构——制孔——高强度螺栓孔	表 CJJ2—90—43	
(44)	钢结构——制孔——工地孔、冲孔	表 CJJ2—90—44	
(45)	钢结构——制孔——孔距	表 CJJ2—90—45	
(46)	钢结构——端部铣平允许偏差	表 CJJ2—90—46	
(47)	钢结构防护	表 CJJ2—90—47	
(48)	钢结构构件验收——钢柱允许偏差	表 CJJ2—90—48	
(49)	钢结构构件验收——板梁允许偏差	表 CJJ2—90—49	
(50)	钢结构构件验收——联结系构件允许偏差	表 CJJ2—90—50	
(51)	钢结构构件验收——钢平台和钢梯允许偏差	表 CJJ2—90—51	
(52)	钢结构构件验收——桁梁杆件基本尺寸允许偏差	表 CJJ2—90—52	
(53)	钢结构构件安装——支承面、支座和地脚螺栓允许偏差	表 CJJ2—90—53	
(54)	钢结构构件安装——钢柱安装允许偏差	表 CJJ2—90—54	
(55)	钢结构构件安装——钢梁和支座允许偏差	表 CJJ2—90—55	
(56)	装饰——普通抹灰	表 CJJ2—90—56	
(57)	装饰——装饰抹灰	表 CJJ2—90—57	
(58)	装饰——饰面	表 CJJ2—90—58	
(59)	装饰——涂层	表 CJJ2—90—59	
(60)	变形装置	表 CJJ2—90—60	

续表

序号	资料名称	序列与编号	说明
(61)	桥台、挡土墙泄水孔	表 CJJ2—90—61	
(62)	测　量	表 CJJ2—90—62	
	第二卷　质量保证技术文件		
	第一分卷　施工准备		
6	施工技术准备		
(1)	施工图设计文件会审记录	ZB№：4（桥梁）—	
(2)	施工预算	ZB№：4（桥梁）—	
7	施工现场准备		
(1)	导线点复测记录	ZB№：4（桥梁）—	
(2)	水准点测设与复测记录	ZB№：4（桥梁）—	
(3)	工程定位测量与复测记录	ZB№：4（桥梁）—	
8	设计变更、洽商记录		
(1)	设计变更通知单	ZB№：4（桥梁）—	
(2)	洽商记录	ZB№：4（桥梁）—	
	第二分卷　原材料、成品、半成品、构配件、设备出厂质量合格证及试验报告		
9	原材料、成品、半成品、构配件、设备出厂质量合格证及试验报告		
(1)	砂、石、砌块、水泥、钢筋（材）、石灰、沥青、涂料、混凝土外加剂、防水材料、粘接材料、防腐保温材料等试验汇总表		
1)	原材料试（检）验报告汇总表（通用）	ZB№：4（桥梁）—	
2)	钢筋（材）焊接试（检）验报告、焊条（剂）合格证汇总表	ZB№：4（桥梁）—	
(2)	砂、石、砌块、水泥、钢筋（材）、石灰、沥青、涂料、混凝土外加剂、防水材料、粘接材料、防腐保温材料、焊接材料等质量合格证书和出厂检（试）验报告及现场复试报告		
Ⅰ	**质量合格证书及出厂检（试）验报告**		
1)	原材料合格证粘贴表（通用）	ZB№：4（桥梁）—	
Ⅱ	**材料现场复试报告**		
2)	砂现场复试报告	ZB№：4（桥梁）—	
3)	石现场复试报告	ZB№：4（桥梁）—	
4)	砖现场复试报告	ZB№：4（桥梁）—	
5)	砌块现场复试报告	ZB№：4（桥梁）—	
6)	水泥现场复试报告	ZB№：4（桥梁）—	
7)	混凝土外加剂现场复试报告	ZB№：4（桥梁）—	
8)	掺合料现场复试报告	ZB№：4（桥梁）—	
9)	钢筋（材）、预应力钢筋（钢绞线）等现场复试报告	ZB№：4（桥梁）—	
10)	预应力锚具、夹具和连接器合格证、出厂检验报告	ZB№：4（桥梁）—	
11)	预应力锚具、夹具和连接器静载荷性能复试报告	ZB№：4（桥梁）—	

续表

序号	资料名称	序列与编号	说明
12)	金属螺旋管复试报告	ZB№：4（桥梁）—	
13)	沥青现场复试报告	ZB№：4（桥梁）—	
14)	防水卷材现场复试报告	ZB№：4（桥梁）—	
15)	防水涂料现场复试报告	ZB№：4（桥梁）—	
16)	粘接材料现场复试报告	ZB№：4（桥梁）—	
17)	防腐保温材料现场复试报告	ZB№：4（桥梁）—	
18)	混凝土拌和用水水质试验报告（有要求时）	ZB№：4（桥梁）—	
19)	其他材料现场复试报告	ZB№：4（桥梁）—	
(3)	混凝土预制构件、管材、管件、钢结构构件等试验汇总		
1)	混凝土预制构件试验汇总表	ZB№：4（桥梁）—	
2)	管材试验汇总表	ZB№：4（桥梁）—	
3)	管件试验汇总表	ZB№：4（桥梁）—	
4)	钢结构构件试验汇总表	ZB№：4（桥梁）—	
(4)	混凝土预制构件、管材、管件、钢结构构件等出厂合格证书和相应的施工技术文件		
1)	混凝土预制构件出厂合格证书和相应的施工技术文件	ZB№：4（桥梁）—	
2)	管材出厂合格证书和相应的施工技术文件	ZB№：4（桥梁）—	
3)	管件出厂合格证书和相应的施工技术文件	ZB№：4（桥梁）—	
4)	钢结构构件出厂合格证书和相应的施工技术文件	ZB№：4（桥梁）—	
5)	木构件（门窗）合格证	ZB№：4（桥梁）—	
(5)	厂站工程的成套设备、预应力混凝土张拉设备、各类地下管线井室设施、产品等汇总表		
1)	预应力混凝土张拉设备汇总表	ZB№：4（桥梁）—	
2)	各类地下管线井室设施汇总表	ZB№：4（桥梁）—	
3)	产品等汇总表	ZB№：4（桥梁）—	
(6)	厂站工程的成套设备、预应力混凝土张拉设备、各类地下管线井室设施、产品等出厂合格证书及安装使用说明		
1)	预应力混凝土张拉设备出厂合格证书及安装使用说明	ZB№：4（桥梁）—	
2)	各类地下管线井室设施出厂合格证书及安装使用说明	ZB№：4（桥梁）—	
3)	产品等出厂合格证书及安装使用说明	ZB№：4（桥梁）—	
	第三分卷　施工试验记录、功能性试验记录		
(7)	砂浆、混凝土试块强度、钢筋（材）焊接连接、机械连接、填土、路基强度试验等汇总表		
1)	砂浆试块强度试验汇总表	ZB№：4（桥梁）—	
2)	混凝土试块强度评定汇总表	ZB№：4（桥梁）—	
3)	钢筋（材）焊接、机械连接汇总表	ZB№：4（桥梁）—	
①	钢筋（材）焊接连接试验汇总表	ZB№：4（桥梁）—	

续表

序号	资 料 名 称	序列与编号	说 明
②	钢筋（材）机械连接试验汇总表	ZB№：4（桥梁）—	
4)	填土类土壤压实记录汇总表	ZB№：4（桥梁）—	
5)	压实度试验及土质的最大干密度和最佳含水量试验报告	ZB№：4（桥梁）—	
①	土壤压实度试验记录（环刀法）	ZB№：4（桥梁）—	
②	土壤的最大干密度和最佳含水量试验报告	ZB№：4（桥梁）—	
(8)	混凝土试块强度试验记录		
1)	混凝土试配及配合比通知单	ZB№：4（桥梁）—	
2)	混凝土抗压强度试验报告	ZB№：4（桥梁）—	
3)	混凝土抗折强度试验报告	ZB№：4（桥梁）—	
4)	混凝土抗渗性能试验报告	ZB№：4（桥梁）—	
5)	混凝土抗冻性试验报告单	ZB№：4（桥梁）—	
6)	混凝土试块强度统计、评定记录	ZB№：4（桥梁）—	
7)	预拌（商品）混凝土	ZB№：4（桥梁）—	
①	预拌（商品）混凝土出厂质量证书	ZB№：4（桥梁）—	
②	预拌混凝土订货与交货	ZB№：4（桥梁）—	
(9)	砂浆试块强度试验记录		
1)	砂浆配合比通知单	ZB№：4（桥梁）—	
2)	砂浆抗压强度试验报告	ZB№：4（桥梁）—	
3)	砂浆试块强度统计评定记录	ZB№：4（桥梁）—	
(10)	钢筋（材）焊接、机械连接试验报告		
1)	钢筋（材）焊接试验报告	ZB№：4（桥梁）—	
2)	钢筋（材）机械连接试验报告	ZB№：4（桥梁）—	
(11)	钢管、钢结构安装及焊缝处理外观质量检查记录		
1)	焊缝射线探伤试验报告	ZB№：4（桥梁）—	
2)	焊缝超声波探伤试验报告	ZB№：4（桥梁）—	
3)	焊缝磁粉探伤试验报告	ZB№：4（桥梁）—	
4)	金相试验报告	ZB№：4（桥梁）—	
5)	焊缝质量综合评级汇总表	ZB№：4（桥梁）—	
(12)	桩基础试（检）验报告		
1)	基桩钻芯法试验检测报告	ZB№：4（桥梁）—	
2)	单桩竖向抗压静载试验检测报告	ZB№：4（桥梁）—	
3)	单桩竖向抗拔静载试验	ZB№：4（桥梁）—	
4)	单桩水平静载试验检测报告	ZB№：4（桥梁）—	
5)	基桩低应变法检测报告	ZB№：4（桥梁）—	
6)	基桩高应变法检测报告	ZB№：4（桥梁）—	
7)	基桩声波透射法检测报告	ZB№：4（桥梁）—	

续表

序号	资　料　名　称	序列与编号	说　明
(13)	功能性试验记录		
1)	桥梁工程的动、静载试验记录	ZB№：4（桥梁）—	
	第四分卷　施工记录、预检记录、隐蔽工程验收记录		
10	施工记录		
(1)	地基与基槽验收记录		
1)	地基钎探记录及钎探位置图	ZB№：4（桥梁）—	
2)	地基与基槽验收记录	ZB№：4（桥梁）—	
(2)	地基处理（复合地基）记录及示意图		
1)	换填垫层法	ZB№：4（桥梁）—	
2)	垫层法施工记录表式与要求	ZB№：4（桥梁）—	
①	灰土地基施工记录	ZB№：4（桥梁）—	
②	砂和砂石地基施工记录	ZB№：4（桥梁）—	
③	土工合成材料地基施工记录	ZB№：4（桥梁）—	
④	粉煤灰地基施工记录	ZB№：4（桥梁）—	
3)	垫层法的质量检验报告	ZB№：4（桥梁）—	
(3)	强夯法		
1)	强夯地基的施工记录用表	ZB№：4（桥梁）—	
①	强夯施工现场记录表	ZB№：4（桥梁）—	
②	强夯地基施工记录表式	ZB№：4（桥梁）—	
③	强夯法的质量检验报告	ZB№：4（桥梁）—	
(4)	水泥土搅拌法		
1)	水泥土搅拌桩施工用表	ZB№：4（桥梁）—	
①	水泥土搅拌桩地基施工记录	ZB№：4（桥梁）—	
②	水泥土搅拌桩供灰记录	ZB№：4（桥梁）—	
③	水泥土搅拌轻便触探检测记录	ZB№：4（桥梁）—	
④	水泥土搅拌法的质量检测报告	ZB№：4（桥梁）—	
(5)	桩基施工记录		
1)	桩基位置平面示意图	ZB№：4（桥梁）—	
2)	打桩记录	ZB№：4（桥梁）—	
3)	钻孔桩记录汇总表	ZB№：4（桥梁）—	
4)	钻孔桩钻进记录（冲击钻）	ZB№：4（桥梁）—	
5)	钻孔桩钻进记录（旋转钻）	ZB№：4（桥梁）—	
6)	钻孔桩成孔质量检查记录	ZB№：4（桥梁）—	
7)	钻孔桩混凝土灌筑记录	ZB№：4（桥梁）—	
(6)	构件设备安装和调试记录		
1)	钢筋混凝土预制构件、钢结构等吊装记录	ZB№：4（桥梁）—	

续表

序号	资 料 名 称	序列与编号	说 明
(7)	混凝土施工记录		
1)	混凝土浇灌申请书	ZB№：4（桥梁）—	
2)	混凝土开盘鉴定	ZB№：4（桥梁）—	
3)	混凝土浇筑记录	ZB№：4（桥梁）—	
4)	混凝土后浇带施工检查记录	ZB№：4（桥梁）—	
5)	混凝土坍落度检查记录	ZB№：4（桥梁）—	
6)	泵送混凝土施工检查记录	ZB№：4（桥梁）—	
(8)	预应力张拉记录		
1)	预应力张拉记录（一）	ZB№：4（桥梁）—	
2)	预应力张拉记录（二）	ZB№：4（桥梁）—	
3)	预应力张拉记录（后张法一端张拉）	ZB№：4（桥梁）—	
4)	预应力张拉记录（后张法两端张拉）	ZB№：4（桥梁）—	
5)	预应力张拉孔道压浆记录	ZB№：4（桥梁）—	
(9)	施工测温记录		
1)	混凝土冬期测温记录	ZB№：4（桥梁）—	
2)	______混凝土养护测温记录	ZB№：4（桥梁）—	
3)	混凝土同条件养护测温记录	ZB№：4（桥梁）—	
4)	冬施混凝土搅拌测温记录	ZB№：4（桥梁）—	
(10)	防腐层质量检查记录	ZB№：4（桥梁）—	
(11)	箱涵顶（推）进记录	ZB№：4（桥梁）—	
(12)	沉井工程下沉观测记录	ZB№：4（桥梁）—	
(13)	构（建）筑物沉降观测记录	ZB№：4（桥梁）—	
11	预检记录		
(1)	预检工程检查记录	ZB№：4（桥梁）—	
(2)	模板预检记录	ZB№：4（桥梁）—	
12	隐蔽工程检查（验收）记录		
(1)	隐蔽工程验收记录表	ZB№：4（桥梁）—	
(2)	垫层法地基处理隐蔽工程验收记录表	ZB№：4（桥梁）—	
(3)	钢筋隐蔽工程验收记录	ZB№：4（桥梁）—	
(4)	预应力钢筋隐蔽工程验收记录	ZB№：4（桥梁）—	
(5)	钢结构焊接隐蔽工程验收记录	ZB№：4（桥梁）—	
(6)	防水转角处、变形缝、后浇带、埋设件、施工缝留槎位置、止水环与主管或翼环与套管等细部做法隐蔽工程验收记录	ZB№：4（桥梁）—	
(7)	盾构法隧道管片拼装接缝隐蔽工程验收记录	ZB№：4（桥梁）—	
(8)	卷材防水、涂膜防水、刚性防水的防水层基层；密封防水处理部位；防水层的搭接宽度和附加层；刚性保护层与卷材、涂膜防水层之间设置的隔离层等的隐蔽工程验收记录	ZB№：4（桥梁）—	

续表

序号	资料名称	序列与编号	说明
(9)	抹灰工程隐蔽工程验收记录	ZB№：4（桥梁）—	
	第五分卷　其他资料		
13	质量事故及处理记录		
(1)	工程质量事故报告	ZB№：4（桥梁）—	
(2)	工程质量事故处理记录	ZB№：4（桥梁）—	
(3)	工程质量事故技术处理方案	ZB№：4（桥梁）—	
(4)	财务文件		
1)	工程施工图预算书	ZB№：4（桥梁）—	
2)	工程决算书	ZB№：4（桥梁）—	
(5)	声像、缩微、电子档案		
	第三卷　市政基础设施工程竣工图		
14	桥梁工程		
15	竣工测量资料		
(1)	建筑物、构筑物竣工测量记录及测量示意图		
(2)	地下管线工程竣工测量记录		
	第四卷　市政基础设施工程管理技术文件		
16	工程开工报审表	ZB№：6（桥梁）—	
17	施工组织设计（施工方案）	ZB№：6（桥梁）—	
18	施工组织设计（施工方案）实施小结	ZB№：6（桥梁）—	
19	施工现场质量管理检查记录	ZB№：6（桥梁）—	
20	材料（设备）进场验收记录（通用）	ZB№：6（桥梁）—	
21	见证取样	ZB№：6（桥梁）—	
22	施工安全措施	ZB№：6（桥梁）—	
23	施工环保措施	ZB№：6（桥梁）—	
24	技术交底	ZB№：6（桥梁）—	
25	技术交底小结	ZB№：6（桥梁）—	
26	施工日志	ZB№：6（桥梁）—	
27	自检互检记录	ZB№：6（桥梁）—	
28	工序交接单	ZB№：6（桥梁）—	
29	工程竣工施工总结	ZB№：6（桥梁）—	
30	工程质量保修书	ZB№：6（桥梁）—	
31	工程竣工报告	ZB№：6（桥梁）—	

注：1. 合理缺项除外。

2. 对设计有要求进行的试验项目应据实增加。

3. 对子项资料按报送序列依序组排。

5.3.3 市政排水管渠工程施工技术文件的分卷报送组排目录

序号	资料名称	序列与编号	说明
	第一卷 质量验收技术文件		
	市政排水管渠工程质量检验评定		
1	封页		
2	目录		
3	单位工程质量检验评定		
(1)	单位工程质量检验评定表	ZB№:1(排水管渠)一	
(2)	市政排水管渠工程全项目外观评分表	ZB№:1(排水管渠)一	
(3)	市政排水管渠工程全项目实测实量评分表	ZB№:1(排水管渠)一	
(4)	市政排水管渠工程质量保证资料评分表	ZB№:1(排水管渠)一	
4	部位工程质量评定表	ZB№:2(排水管渠)一	
5	工序工程质量评定表	ZB№:3(排水管渠)一	
(1)	管道——沟槽	表CJJ3—90—1	
(2)	管道——平基、管座	表CJJ3—90—2	
(3)	管道——安装	表CJJ3—90—3	
(4)	管道——接口	表CJJ3—90—4	
(5)	管道——顶管	表CJJ3—90—5	
(6)	管道——检查井	表CJJ3—90—6	
(7)	管道——闭水	表CJJ3—90—7	
(8)	管道——回填	表CJJ3—90—8	
(9)	沟渠——土渠	表CJJ3—90—9	
(10)	沟渠——基础、垫层	表CJJ3—90—10	
(11)	沟渠——水泥混凝土及钢筋混凝土渠	表CJJ3—90—11	
(12)	沟渠——石渠	表CJJ3—90—12	
(13)	沟渠——砖渠	表CJJ3—90—13	
(14)	排水泵站——基坑开挖	表CJJ3—90—14	
(15)	排水泵站——回填	表CJJ3—90—15	
(16)	排水泵站——泵站沉井	表CJJ3—90—16	
(17)	排水泵站——模板(整体式)	表CJJ3—90—17	
(18)	排水泵站——模板(小型预制构件)	表CJJ3—90—18	
(19)	排水泵站——钢筋—1、钢筋加工	表CJJ3—90—19	
(20)	排水泵站——钢筋—2、用电弧焊接钢筋接头的缺陷和尺寸	表CJJ3—90—20	
(21)	排水泵站——钢筋—3、钢筋网片和骨架成型	表CJJ3—90—21	
(22)	排水泵站——钢筋—4、钢筋安装	表CJJ3—90—22	
(23)	排水泵站——混凝土结构(现场浇筑)	表CJJ3—90—23	
(24)	排水泵站——砖砌结构	表CJJ3—90—24	

续表

序号	资　料　名　称	序列与编号	说　明
(25)	排水泵站——构件安装	表 CJJ3－90－25	
(26)	排水泵站——水泵安装	表 CJJ3－90－26	
(27)	排水泵站——铸铁管安装	表 CJJ3－90－27	
(28)	排水泵站——钢管安装	表 CJJ3－90－28	
(29)	排水泵站——护底、护坡、挡土墙	表 CJJ3－90－29	
(30)	排水泵站——测量——直接丈量测距	表 CJJ3－90－30	
	第二卷　质量保证技术文件		
6	封页		
7	目录		
	第一分卷　施工准备		
8	施工技术准备		
(1)	施工图设计文件会审记录	ZB№:4(排水管渠)－	
(2)	施工预算	ZB№:4(排水管渠)－	
9	施工现场准备		
(1)	导线点复测记录	ZB№:4(排水管渠)－	
(2)	水准点测设与复测记录	ZB№:4(排水管渠)－	
(3)	工程定位测量与复测记录	ZB№:4(排水管渠)－	
10	设计变更、洽商记录		
(1)	设计变更通知单	ZB№:4(排水管渠)－	
(2)	洽商记录	ZB№:4(排水管渠)－	
	第二分卷　原材料、成品、半成品、构配件、设备出厂质量合格证及试验报告		
11	原材料、成品、半成品、构配件、设备出厂质量合格证及试验报告		
(1)	砂、石、砌块、水泥、钢筋(材)、石灰、沥青、涂料、混凝土外加剂、防水材料、粘接材料、防腐保温材料等试验汇总表		
1)	原材料试(检)验报告汇总表(通用)	ZB№:4(排水管渠)－	
2)	钢筋(材)焊接试(检)验报告、焊条(剂)合格证汇总表	ZB№:4(排水管渠)－	
(2)	砂、石、砌块、水泥、钢筋(材)、石灰、沥青、涂料、混凝土外加剂、防水材料、粘接材料、防腐保温材料、焊接材料等质量合格证书和出厂检(试)验报告及现场复试报告		
Ⅰ	**质量合格证书及出厂检(试)验报告**		
1)	原材料合格证粘贴表(通用)	ZB№:4(排水管渠)－	
Ⅱ	材料现场复试报告		
2)	砂现场复试报告	ZB№:4(排水管渠)－	
3)	石现场复试报告	ZB№:4(排水管渠)－	
4)	砖现场复试报告	ZB№:4(排水管渠)－	

续表

序号	资 料 名 称	序列与编号	说 明
5)	水泥现场复试报告	ZB№:4(排水管渠)—	
6)	混凝土外加剂现场复试报告	ZB№:4(排水管渠)—	
7)	掺合料现场复试报告	ZB№:4(排水管渠)—	
8)	钢筋(材)现场复试报告	ZB№:4(排水管渠)—	
9)	石灰现场复试报告	ZB№:4(排水管渠)—	
10)	沥青现场复试报告	ZB№:4(排水管渠)—	
11)	防水卷材现场复试报告	ZB№:4(排水管渠)—	
12)	防水涂料现场复试报告	ZB№:4(排水管渠)—	
13)	粘接材料现场复试报告	ZB№:4(排水管渠)—	
14)	防腐保温材料现场复试报告	ZB№:4(排水管渠)—	
15)	混凝土拌和用水水质试验报告(有要求时)	ZB№:4(排水管渠)—	
16)	其他材料现场复试报告	ZB№:4(排水管渠)—	
(3)	混凝土预制构件、管材、管件等试验汇总		
1)	混凝土预制构件试验汇总表	ZB№:4(排水管渠)—	
2)	管材试验汇总表	ZB№:4(排水管渠)—	
3)	管件试验汇总表	ZB№:4(排水管渠)—	
(4)	混凝土预制构件、管材、管件等出厂合格证书和相应的施工技术文件		
1)	混凝土预制构件出厂合格证书和相应的施工技术文件	ZB№:4(排水管渠)—	
2)	管材出厂合格证书和相应的施工技术文件	ZB№:4(排水管渠)—	
3)	管件出厂合格证书和相应的施工技术文件	ZB№:4(排水管渠)—	
(5)	设备开箱报告	ZB№:4(排水管渠)—	
	第三分卷 施工试验记录、功能性试验记录		
(6)	砂浆、混凝土试块强度、钢筋(材)焊接连接、填土等汇总表		
1)	砂浆试块强度试验汇总表	ZB№:4(排水管渠)—	
2)	混凝土试块强度评定汇总表	ZB№:4(排水管渠)—	
3)	钢筋(材)焊接、机械连接汇总表	ZB№:4(排水管渠)—	
①	钢筋(材)焊接连接试验汇总表	ZB№:4(排水管渠)—	
②	钢筋(材)机械连接试验汇总表	ZB№:4(排水管渠)—	
4)	填土类土壤压实记录汇总表	ZB№:4(排水管渠)—	
5)	压实度试验及土质的最大干密度和最佳含水量试验报告		
①	土壤压实度试验记录(环刀法)	ZB№:4(排水管渠)—	
②	土壤的最大干密度和最佳含水量试验报告	ZB№:4(排水管渠)—	
(7)	混凝土试块强度试验记录		
1)	混凝土试配及配合比通知单		
2)	混凝土抗压强度试验报告	ZB№:4(排水管渠)—	
3)	混凝土抗折强度试验报告	ZB№:4(排水管渠)—	
4)	混凝土抗渗性能试验报告	ZB№:4(排水管渠)—	

续表

序号	资料名称	序列与编号	说明
5)	混凝土抗冻性试验报告单	ZB№:4(排水管渠)—	
6)	混凝土试块强度统计、评定记录	ZB№:4(排水管渠)—	
7)	预拌(商品)混凝土	ZB№:4(排水管渠)—	
①	预拌(商品)混凝土出厂质量证书	ZB№:4(排水管渠)—	
②	预拌混凝土订货与交货	ZB№:4(排水管渠)—	
(8)	砂浆试块强度试验记录		
1)	砂浆配合比通知单	ZB№:4(排水管渠)—	
2)	砂浆抗压强度试验报告	ZB№:4(排水管渠)—	
3)	砂浆试块强度统计评定记录	ZB№:4(排水管渠)—	
(9)	钢筋(材)焊接连接试验报告	ZB№:4(排水管渠)—	
(10)	钢管及焊缝处理外观质量检查记录		
1)	焊缝射线探伤试验报告	ZB№:4(排水管渠)—	
2)	焊缝超声波探伤试验报告	ZB№:4(排水管渠)—	
3)	焊缝磁粉探伤试验报告	ZB№:4(排水管渠)—	
4)	焊缝质量综合评级汇总表	ZB№:4(排水管渠)—	
12	功能性试验记录	ZB№:4(排水管渠)—	
(1)	无压力管道的严密性试验记录		
(2)	压力管道的强度试验、严密性试验、通球试验等记录	ZB№:4(排水管渠)—	
(3)	阀门强度严密性试验	ZB№:4(排水管渠)—	
(4)	电气绝缘电阻、接地电阻测试记录		
1)	电气绝缘电阻测试记录	ZB№:4(排水管渠)—	
2)	电气接地电阻测试记录	ZB№:4(排水管渠)—	
(5)	电气动力试运行记录		
1)	电气照明全负荷试运行记录	ZB№:4(排水管渠)—	
2)	电机试运行记录	ZB№:4(排水管渠)—	
(6)	调试记录	ZB№:4(排水管渠)—	
(7)	水泵试运行记录	ZB№:4(排水管渠)—	
	第四分卷　施工记录、预检记录、隐蔽工程验收记录		
13	施工记录		
(1)	地基与基槽验收记录		
1)	地基钎探记录及钎探位置图	ZB№:4(排水管渠)—	
2)	地基与基槽验收记录	ZB№:4(排水管渠)—	
(2)	地基处理(复合地基)记录及示意图		
1)	换填垫层法	ZB№:4(排水管渠)—	
①	灰土地基施工记录	ZB№:4(排水管渠)—	
②	砂和砂石地基施工记录	ZB№:4(排水管渠)—	
③	粉煤灰地基施工记录	ZB№:4(排水管渠)—	

续表

序号	资　料　名　称	序列与编号	说明
④	垫层法的质量检验报告	ZB№.4(排水管渠)—	
2)	强夯法		
①	强夯施工现场记录表	ZB№.4(排水管渠)—	
②	强夯地基施工记录表式	ZB№.4(排水管渠)—	
③	强夯法的质量检验报告	ZB№.4(排水管渠)—	
3)	水泥土搅拌法		
①	水泥土搅拌桩地基施工记录	ZB№.4(排水管渠)—	
②	水泥土搅拌桩供灰记录	ZB№.4(排水管渠)—	
③	水泥土搅拌轻便触探检测记录	ZB№.4(排水管渠)—	
④	水泥土搅拌法的质量检测报告	ZB№.4(排水管渠)—	
(3)	构件设备安装和调试记录		
1)	钢筋混凝土预制构件吊装记录	ZB№.4(排水管渠)—	
2)	设备安装及调试记录	ZB№.4(排水管渠)—	
(4)	混凝土施工记录		
1)	混凝土浇灌申请书	ZB№.4(排水管渠)—	
2)	混凝土开盘鉴定	ZB№.4(排水管渠)—	
3)	混凝土浇筑记录	ZB№.4(排水管渠)—	
4)	混凝土后浇带施工检查记录	ZB№.4(排水管渠)—	
5)	混凝土坍落度检查记录	ZB№.4(排水管渠)—	
6)	泵送混凝土施工检查记录	ZB№.4(排水管渠)—	
(5)	施工测温记录		
1)	混凝土冬期测温记录	ZB№.4(排水管渠)—	
2)	______混凝土养护测温记录	ZB№.4(排水管渠)—	
3)	混凝土同条件养护测温记录	ZB№.4(排水管渠)—	
4)	冬施混凝土搅拌测温记录	ZB№.4(排水管渠)—	
(6)	明排水施工记录	ZB№.4(排水管渠)—	
(7)	水泵安装施工记录	ZB№.4(排水管渠)—	
(8)	管道工程项目顶(推)进记录	ZB№.4(排水管渠)—	
(9)	盾构施工记录	ZB№.4(排水管渠)—	
(10)	沉井工程下沉观测记录	ZB№.4(排水管渠)—	
(11)	构筑物沉降观测记录	ZB№.4(排水管渠)—	
14	预检记录		
(1)	预检工程检查记录	ZB№.4(排水管渠)—	
(2)	模板预检记录	ZB№.4(排水管渠)—	
(3)	设备安装位置检查记录	ZB№.4(排水管渠)—	
(4)	管道安装检查记录	ZB№.4(排水管渠)—	

续表

序号	资　料　名　称	序列与编号	说　明
(5)	支(吊)架位置、各部位连接方式等检查记录	ZB№:4(排水管渠)—	
15	隐蔽工程检查(验收)记录		
(1)	隐蔽工程验收记录表	ZB№:4(排水管渠)—	
(2)	垫层法地基处理隐蔽工程验收记录表	ZB№:4(排水管渠)—	
(3)	钢筋隐蔽工程验收记录	ZB№:4(排水管渠)—	
(4)	防水转角处、变形缝、后浇带、埋设件、施工缝留槎位置、止水环与主管或翼环与套管等细部做法隐蔽工程验收记录	ZB№:4(排水管渠)—	
(5)	卷材防水、涂膜防水、刚性防水的防水层基层；密封防水处理部位；防水层的搭接宽度和附加层；刚性保护层与卷材、涂膜防水层之间设置的隔离层等的隐蔽工程验收记录	ZB№:4(排水管渠)—	
	第五分卷　其他资料		
16	质量事故及处理记录		
(1)	工程质量事故报告	ZB№:4(排水管渠)—	
(2)	工程质量事故处理记录	ZB№:4(排水管渠)—	
(3)	工程质量事故技术处理方案	ZB№:4(排水管渠)—	
17	财务文件		
(1)	工程施工图预算书	ZB№:4(排水管渠)—	
(2)	工程决算书	ZB№:4(排水管渠)—	
18	声像、缩微、电子档案		
	第三卷　市政基础设施工程竣工图		
19	排水管渠工程		
20	竣工测量资料		
(1)	建筑物、构筑物竣工测量记录及测量示意图		
(2)	地下管线工程竣工测量记录		
	第四卷　市政基础设施工程管理技术文件		
21	工程开工报审表	ZB№:6(排水管渠)—	
22	施工组织设计(施工方案)	ZB№:6(排水管渠)—	
23	施工组织设计(施工方案)实施小结	ZB№:6(排水管渠)—	
24	施工现场质量管理检查记录	ZB№:6(排水管渠)—	
25	材料(设备)进场验收记录(通用)	ZB№:6(排水管渠)—	
26	见证取样	ZB№:6(排水管渠)—	
27	施工安全措施	ZB№:6(排水管渠)—	
28	施工环保措施	ZB№:6(排水管渠)—	
29	技术交底	ZB№:6(排水管渠)—	
30	技术交底小结	ZB№:6(排水管渠)—	
31	施工日志	ZB№:6(排水管渠)—	

续表

序号	资 料 名 称	序列与编号	说 明
32	自检互检记录	ZB№:6(排水管渠)—	
33	工序交接单	ZB№:6(排水管渠)—	
34	工程竣工施工总结	ZB№:6(排水管渠)—	
35	工程质量保修书	ZB№:6(排水管渠)—	
36	工程竣工报告	ZB№:6(排水管渠)—	

注：1. 合理缺项除外。

2. 对设计有要求进行的试验项目应据实增加。

3. 对子项资料按报送序列依序组排。

附　录

附录1　公路路基路面现场测试

附录1-1　路面取样方法（T 0901—95）

1　目的和适用范围

1.1　本方法适用于用路面取芯钻机或路面切割机在现场钻取或切割路面的代表性试样。

1.2　本方法适用于对水泥混凝土面层、沥青混合料面层或水泥、石灰、粉煤灰等无机结合料稳定基层取样，以测定其密度或其他物理力学性质。

1.3　本方法钻孔采取芯样的直径宜不小于最大集料粒径的3倍。

2　仪具与材料

本方法需要下列仪具与材料：

（1）路面取芯钻机：牵引式（可用手推）或车载式，钻机由发动机或电力驱动。钻头直径根据需要决定，宜采用直径ϕ100mm的金刚石钻头，对无机结合料稳定基层取样也可采用ϕ150mm钻头，均有淋水冷却装置。

（2）路面切割机：手推式或牵引式，由发动机或电力驱动，也可利用汽车动力由液压泵驱动，附金刚石锯片，有淋水冷却装置。

（3）台秤。

（4）盛样器（袋）或铁盘等。

（5）干冰（固体CO_2）。

（6）试样标签。

（7）其他：镐、铁锹、量尺（绳）、毛刷、硬纸、棉纱等。

3　方法与步骤

3.1　准备工作

（1）确定路段。可以是一个作业段、一天完成的路段，或按规定选取一定长度的检查路段。

（2）按《公路路基路面现场测试随机选点方法》（T 0991—95）规程，决定区间、测定断面、测点取样的位置。

（3）将取样位置清扫干净。

3.2　采样步骤

（1）在选取采样地点的路面上，先用粉笔对钻孔位置作出标记或划出切割路面的大致面积，切割路面的面积根据目的和需要确定。

（2）钻机牢固安放在取样地点，垂直对准路面放下钻头。

（3）开放冷却水，启动马达，徐徐压下钻杆，钻取芯样，但不得使劲下压钻头。待钻透全厚后，上抬钻杆，拔出钻头，停止转动，不使芯样损坏，取出芯样。沥青混合料芯样及水泥混凝土芯样可用清水漂洗干净备用。

注：当试验需要不能用水冷却时，应采用干钻孔，此时为保护钻头，可先用干冰约3kg放在取样位

置上冷却路面约 1h，钻孔时通以低温 CO_2 等冷却气体以代替冷却水。

(4) 用切割机切割时将锯片对准切割位置，开放冷却水，启动马达，徐徐压下锯片到要求深度（厚度），仔细向前推进，到需要长度后抬起锯片，四面全部锯毕后用镐或铁锹仔细取出试样。取得的路面试块应保持边角完整，颗粒不得散失。

(5) 采取的路面混合料试样应整层取样，试样不得破碎。

(6) 将钻取的芯样或切割的试块，妥善盛放于盛样器中，必要时用塑料袋封装。

(7) 填写样品标签，一式两份，一份粘贴在试样上，另一份作为记录备查。试样标签的示例如附图 1-1。

(8) 对取样的钻孔或被切割的路面坑洞，应采用同类型材料填补压实，但取样时留下的水分应用棉纱等吸走，待干燥后再补坑。

试样编号：……………………………………
路线或工程名：………………………………
路面层位：……………………………………
材料品种：……………………………………
施工日期：……………………………………
取样日期：……………………………………
取样位置：桩号……中心线左……m 右……m
取样人：………………………………………
试样保管人：…………………………………
备注：…………………………………………
(注明试样用途或试验结果等)

图 1-1　试样标签示例

附录 1-2　路基路面几何尺寸测试方法（T 0911—95）

1　目的与适用范围

本方法适用于路基路面各部分的宽度、高程、横坡及中线偏位等几何尺寸的检测，以供道路施工过程、路面交工验收及旧路调查使用。

2　仪具与材料

本方法使用下列仪具与材料：

(1) 长度量具：钢尺。

(2) 经纬仪，全站仪，精密水准仪，塔尺。

(3) 其他：粉笔等。

3　方法与步骤

3.1　准备工作

(1) 在路基或路面上准确恢复桩号。

(2) 根据有关施工规范或工程质量检验评定标准的要求，按《公路路基路面现场测试随机选点方法》（T 0991—95）随机取样的方法，在一个检测路段内选取测定的断面位置及里程桩号，在测定断面作上标记。通常将路面宽度、横坡、高程及中线偏位选取在同一断面位置，且宜在整数桩号上测定。

(3) 根据道路设计的要求，确定路基路面各部分的设计宽度的边界位置，在测定位置上用粉笔作上记号。

(4) 根据道路设计的要求，确定设计高程的纵断面位置，在测定位置上用粉笔作上记号。

(5) 根据道路设计的要求，在与中线垂直的横断面上确定成型后路面的实际中心线位置。

(6) 根据道路设计的路拱形状，确定曲线与直线部分的交界位置及路面与路肩（或硬路肩）的交界处，作为横坡检验的基准；当有路缘石或中央分隔带时，以两侧路缘石边缘为横坡测定的基准点，用粉笔作上记号。

3.2 路基路面各部分的宽度及总宽度测定应按下列步骤执行：

用钢尺沿中心线垂直方向上水平量取路基路面各部分的宽度，以 m 表示，对高速公路及一级公路，准确至 0.005m；对其他等级公路，准确至 0.01m。测量时量尺应保持水平，不得将尺紧贴路面量取，也不得使用皮尺。

3.3 纵断面高程测定应按下列步骤执行：

(1) 将精密水平仪架设在路面平顺处调平，将塔尺竖立在中线的测定位置上，以路线附近的水准点高程作为基准，测记测定点的高程读数，以 m 表示，准确至 0.001m。

(2) 连续测定全部测点，并于水准点闭合。

3.4 路面横坡测定应按下列步骤执行：

(1) 对设有中央分隔带的路面：将精密水准仪架设在路面平顺处调平，将塔尺分别竖立在路面与中央分隔带分界的路缘带边缘 d_1 及路面与路肩交界处（或外侧路缘石边缘）的标记 d_2 处，d_1 与 d_2 两测点必须在同一横断面上，测量 d_1 与 d_2 处的高程，记录高程读数，以 m 表示，准确至 0.001m。

(2) 对无中央分隔带的路面：将精密水平仪架设在路面平顺处调平，将塔尺分别竖立在路拱曲线与直线部分的交界位置 d_1，及路面与路肩（或硬路肩）的交界位置 d_2 处，d_1 与 d_2 两测点必须在同一横断面上，测量 d_1 与 d_2 处的高程，记录高程读数，以 m 表示，准确至 0.001m。

(3) 用钢尺测量两测点的水平距离，以 m 表示，对高速公路及一级公路，准确至 0.005m；对其他等级公路，准确至 0.01m。

3.5 测量实际路面中心线与设计路面中心线的距离作为中心偏位 Δ_{cL}，以 cm 表示，对高速公路及一级公路，准确至 0.5cm；对其他等级公路，准确至 1.0cm。

4 计算

4.1 按式（附 1-2-1）计算各个断面的实测宽度 B_{1i} 与设计宽度 B_{0i} 之差。总宽度为路基路面各部分宽度之和：

$$\Delta B_i = B_{1i} - B_{0i} \qquad (附 1-2-1)$$

式中 B_{1i}——各断面的实测宽度(m)；

B_{0i}——各断面的设计宽度(m)；

ΔB_i——各断面的宽度和设计宽度的差值（m）。

4.2　按式（附 1-2-2）计算各个断面的实测高程 h_{1i} 与设计高程 h_{0i} 之差。

$$\Delta h_i = h_{1i} - h_{0i} \tag{附 1-2-2}$$

式中　h_{1i}——各个断面的纵断面实测高程（m）；

h_{0i}——各个断面的纵断面设计高程(m)；

Δh_i——各个断面的纵断面高程和设计高程的差值（m）。

4.3　各测定断面的路面横坡按式（附 1-2-3）计算，准确至一位小数。按式（附 1-2-4）计算实测横坡 i_{1i} 与设计横坡 i_{0i} 之差。

$$i_{1i} = \frac{d_{1i} - d_{2i}}{B_{1i}} \tag{附 1-2-3}$$

$$\Delta i_i = i_{1i} - i_{0i} \tag{附 1-2-4}$$

式中　i_{1i}——各测定断面的横坡(%)；

d_{1i} 及 d_{2i}——4.4 所述各断面测点 d_1 及 d_2 处的高程读数(m)；

B_{1i}——各断面测点 d_1 与 d_2 之间的水平距离(m)；

i_{0i}——各断面的设计横坡(%)；

Δi_i——各断面的横坡和设计横坡的差值（%）。

4.4　根据本书附录 1-14 检测路段数据整理的方法计算一个评定路段内各测定断面的宽度、高程、横坡以及中线偏位的平均值、标准差、变异系数，但加宽及超高部分的测定值不参加计算。

5　报告

5.1　以评定路段为单位列出桩号及宽度、高程、横坡以及中线偏位测定的记录表，记录平均值、标准差、变异系数，注明不符合规范要求的断面。

5.2　纵断面高程测试报告中应报告实测高程与设计高程的差值，低于设计高程为负，高于设计高程为正。

5.3　路面横坡测试报告中应报告实测横坡与设计横坡的差值，小于设计横坡为负，大于设计横坡为正。

附录 1-3　路面厚度测试方法（T 0912—95）

1　目的与适用范围

本方法适用于路面各层施工完成后的厚度检验及工程交工验收检查使用。

2　仪具与材料

本方法根据需要选用下列仪具和材料：

(1) 挖坑用镐、铲、凿子、锤子、小铲、毛刷。

(2) 取样用路面取芯钻机及钻头、冷却水。钻头的标准直径为 φ100mm，如芯样仅供测量厚度，不作其他试验时，对沥青面层与水泥混凝土板也可用直径 φ50mm 的钻头，对基层材料有可能损坏试件时，也可用直径 φ150mm 的钻头，但钻孔深度均必须达到层厚。

(3) 量尺：钢板尺、钢卷尺、卡尺。

(4) 补坑材料：与检查层位的材料相同。

(5) 补坑用具：夯、热夯、水等。

(6) 其他：搪瓷盘、棉纱等。

3　方法与步骤

3.1　基层或砂石路面的厚度可用挖坑法测定，沥青面层及水泥混凝土路面板的厚度应用钻孔法测定。

3.2　用挖坑法测定厚度应按下列步骤执行：

(1) 根据现行规范的要求，按《公路路基路面现场测试随机选点方法》(T 0991—95)的方法，随机取样决定挖坑检查的位置。如为旧路，该点有坑洞等显著缺陷或接缝时，可在其旁边检测。

(2) 选一块约 40cm×40cm 的平坦表面作为试验地点，用毛刷将其清扫干净。

(3) 根据材料坚硬程度，选择镐、铲、凿子等适当的工具，开挖这一层材料，直至层位底面。在便于开挖的前提下，开挖面积应尽量缩小，坑洞大体呈圆形，边开挖边将材料铲出，置搪瓷盘中。

(4) 用毛刷将坑底清扫，确认为下一层的顶面。

(5) 将钢板尺平放横跨于坑的两边，用另一把钢尺或卡尺等量具在坑的中部位置垂直伸至坑底，测量坑底至钢板尺的距离，即为检查层的厚度，以 cm 计，准确至 0.1cm。

3.3　用钻孔取样法测定厚度应按下列步骤执行：

(1) 根据现行规范的要求，按《公路路基路面现场测试随机选点方法》(T 0991—95)方法，随机取样决定钻孔检查的位置。如为旧路，该点有坑洞等显著缺陷或接缝时，可在其旁边检测。

(2) 按本书附录 1-1 路面取样方法（T 0901—95）的方法用路面取芯钻机钻孔，芯样的直径应符合本节 2 仪器与材料的（2）款要求，钻孔深度必须达到层厚。

(3) 仔细取出芯样，清除底面灰土，找出与下层的分界面。

(4) 用钢板尺或卡尺沿圆周对称的十字方向四处量取表面至上下层界面的高度，取其平均值，即为该层的厚度，准确至 0.1cm。

3.4　在施工过程中，当沥青混合料尚未冷却时，可根据需要，随机选择测点，用大改锥插入量取或挖坑量取沥青层的厚度(必要时用小锤轻轻敲打)，但不得使用铁镐等扰动四周的沥青层。挖坑后清扫坑边，架上钢板尺，用另一钢板尺量取层厚，或用改锥插入坑内量取深度后用尺读数，即为层厚，以 cm 计，准确至 0.1cm。

3.5　按下列步骤用取样层的相同材料填补试坑或钻孔：

(1) 适当清理坑中残留物，钻孔时留下的积水应用棉纱吸干。

(2) 对无机结合料稳定层及水泥混凝土路面板，应按相同配比用新拌的材料分层填补并用小锤压实。水泥混凝土中宜掺加少量快凝早强的外掺剂。

(3) 对无结合料粒料基层，可用挖坑时取出的材料，适当加水拌和后分层填补，并用小锤压实。

(4) 对正在施工的沥青路面，用相同级配的热拌沥青混合料分层填补并用加热的铁锤或热夯压实。旧路钻孔也可用乳化沥青混合料修补。

(5) 所有补坑结束时，宜比原面层略鼓出少许，用重锤或压路机压实平整。

注：补坑工序如有疏忽、遗留或补的不好，易成为隐患而导致开裂，因此，所有挖坑、钻孔均应仔细做好。

4　计算

4.1　按式（附 1-3）计算实测厚度 T_{1i} 与设计厚度 T_{0i} 之差。

$$\Delta T_i = T_{1i} - T_{0i} \tag{附 1-3}$$

式中 T_{1i}——路面的实测厚度(cm);

T_{0i}——路面的设计厚度(cm);

ΔT_i——路面实测厚度与设计厚度的差值(cm)。

4.2 按本书附录1-14检测路段数据整理的方法计算一个评定路段检测的厚度的平均值、标准差、变异系数，并计算代表厚度。

4.3 当为检查路面总厚度时，则将各层平均厚度相加即为路面总厚度。

5 报告

路面厚度检测报告应列表填写，并记录与设计厚度之差，不足设计厚度为负，大于设计厚度为正。

附录1-4 压实度

附录1-4-1 挖坑灌砂法测定压实度试验方法（T 0921－95）

1 目的和适用范围

1.1 本试验法适用于在现场测定基层(或底基层)、砂石路面及路基土的各种材料压实层的密度和压实度，也适用于沥青表面处治、沥青贯入式路面层的密度和压实度检测，但不适用于填石路堤等有大孔洞或大孔隙材料的压实度检测。

1.2 用挖坑灌砂法测定密度和压实度时，应符合下列规定：

(1) 当集料的最大粒径小于15mm、测定层的厚度不超过150mm时，宜采用ϕ100mm的小型灌砂筒测试。

(2) 当集料的最大粒径等于或大于15mm，但不大于40mm，测定层的厚度超过150mm，但不超过200mm时，应用ϕ150mm的大型灌砂筒测试。

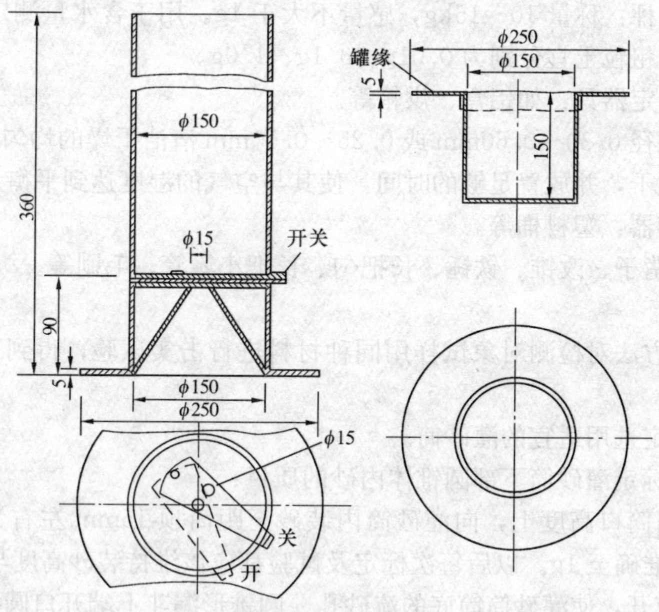

附图1-4-1 灌砂筒和标定罐(尺寸单位:mm)

2 仪具与材料

本试验需要下列仪具与材料：

(1) 灌砂筒：有大小两种，根据需要采用。型式和主要尺寸见附图 1-4-1 及附表 1-4-1。当尺寸与表中不一致，但不影响使用时，亦可使用。储砂筒筒底中心有一个圆孔，下部装一倒置的圆锥形漏斗，漏斗上端开口，直径与储砂筒的圆孔相同。漏斗焊接在一块铁板上，铁板中心有一圆孔与漏斗上开口相接。在储砂筒筒底与漏斗顶端铁板之间设有开关。开关为一薄铁板，一端与筒底及漏斗铁板铰接在一起，另一端伸出筒身外。开关铁板上也有一个相同直径的圆孔。

灌砂仪的主要尺寸 **附表 1-4-1**

结构			小型灌砂筒	大型灌砂筒
储砂筒	直径	(mm)	100	150
	容积	(cm^3)	2120	4600
流砂孔	直径	(mm)	10	15
金属标定罐	内径	(mm)	100	150
	外径	(mm)	150	200
金属方盘基板	边长	(mm)	350	400
	深	(mm)	40	50
	中孔直径	(mm)	100	150

注：如集料的最大粒径超过 40mm，则应相应地增大灌砂筒和标定罐的尺寸。如集料的最大粒径超过 60mm，灌砂筒和现场试洞的直径应为 200mm。

(2) 金属标定罐：用薄铁板制作的金属罐，上端周围有一罐缘。

(3) 基板：用薄铁板制作的金属方盘，盘的中心有一圆孔。

(4) 玻璃板：边长约 500～600mm 的方形板。

(5) 试样盘：小筒挖出的试样可用饭盒存放，大筒挖出的试样可用 300mm×500mm×40mm 的搪瓷盘存放。

(6) 天平或台秤：称量 10～15kg，感量不大于 1g。用于含水量测定的天平精度，对细粒土、中粒土、粗粒土宜分别为 0.01g、0.1g、1.0g。

(7) 含水量测定器具：如铝盒、烘箱等。

(8) 量砂：粒径 0.30～0.60mm 或 0.25～0.50mm 清洁干燥的均匀砂，约 20～40kg，使用前须洗净、烘干，并放置足够的时间，使其与空气的湿度达到平衡。

(9) 盛砂的容器：塑料桶等。

(10) 其他：凿子、改锥、铁锤、长把勺、长把小簸箕、毛刷等。

3 方法与步骤

3.1 按现行试验方法对检测对象试样用同种材料进行击实试验，得到最大干密度(ρ_c)及最佳含水量。

3.2 按 1.2 的规定选用适宜的灌砂筒。

3.3 按下列步骤标定灌砂筒下部圆锥体内砂的质量：

(1) 在灌砂筒筒口高度上，向灌砂筒内装砂至距筒顶 15mm 左右为止。称取装入筒内砂的质量 m_1，准确至 1g。以后每次标定及试验都应该维持装砂高度与质量不变。

(2) 将开关打开，使灌砂筒筒底的流砂孔、圆锥形漏斗上端开口圆孔及开关铁板中心的圆孔上下对准，让砂自由流出，并使流出砂的体积与工地所挖试坑内的体积相当(或等于标定罐的容积)，然后关上开关。

(3) 不晃动储砂筒的砂，轻轻地将罐砂筒移至玻璃板上，将开关打开，让砂流出，直到筒内砂不再下流时，将开关关上，并细心地取走灌砂筒。

(4) 收集并称量留在玻璃板上的砂或称量筒内的砂，准确至1g，玻璃板上的砂就是填满筒下部圆锥体的砂(m_2)。

(5) 重复上述测量三次，取其平均值。

3.4　按下列步骤标定量砂的单位质量 γ_s(g/cm^3)：

(1) 用水确定标定罐的容积 V，准确至1mL。

(2) 在储砂筒中装入质量为 m_1 的砂，并将灌砂筒放在标定罐上，将开关打开，让砂流出。在整个流砂过程中，不要碰动灌砂筒，直到储砂筒内的砂不再下流时，将开关关闭。取下灌砂筒，称取筒内剩余砂的质量(m_3)，准确至1g。

(3) 按式(附1-4-1-1)计算填满标定罐所需砂的质量 m_a(g)：

$$m_a = m_1 - m_2 - m_3 \tag{附1-4-1-1}$$

式中　m_a——标定罐中砂的质量(g)；

m_1——装入灌砂筒内的砂的总质量(g)；

m_2——灌砂筒下部圆锥体内砂的质量(g)；

m_3——灌砂入标定罐后，筒内剩余砂的质量(g)。

(4) 重复上述测量三次，取其平均值。

(5) 按式(附1-4-1-2)计算量砂的单位质量 γ_S：

$$\gamma_S = \frac{m_a}{V} \tag{附1-4-1-2}$$

式中　γ_S——量砂的单位质量(g/cm^3)；

V——标定罐的体积(cm^3)。

3.5　试验步骤

(1) 在试验地点，选一块平坦表面，并将其清扫干净，其面积不得小于基板面积。

(2) 将基板放在平坦表面上。当表面的粗糙度较大时，则将盛有量砂(m_5)的灌砂筒放在基板中间的圆孔上，将灌砂筒的开关打开，让砂流入基板的中孔内，直到储砂筒内的砂不再下流时关闭开关。取下灌砂筒，并称量筒内砂的质量(m_6)，准确至1g。

注：当需要检测厚度时，应先测量厚度后再进行这一步骤。

(3) 取走基板，并将留在试验地点的量砂收回，重新将表面清扫干净。

(4) 将基板放回清扫干净的表面上(尽量放在原处)，沿基板中孔凿洞(洞的直径与灌砂筒一致)。在凿洞过程中，应注意不使凿出的材料丢失，并随时将凿松的材料取出装入塑料袋中，不使水分蒸发。也可放在大试样盒内。试洞的深度应等于测定层厚度，但不得有下层材料混入，最后将洞内的全部凿松材料取出。对土基或基层，为防止试样盘内材料的水分蒸发，可分几次称取材料的质量。全部取出材料的总质量为 m_w，准确至1g。

(5) 从挖出的全部材料中取有代表性的样品，放在铝盒或洁净的搪瓷盘中，测定其含水量［w,以百分数(%)计］。样品的数量如下：用小灌砂筒测定时，对于细粒土，不少于100g；对于各种中粒土，不少于500g。用大灌砂筒测定时，对于细粒土，不少于200g；对于各种中粒土，不少于1 000g；对于粗粒土或水泥、石灰、粉煤灰等无机结合料稳定材料，宜将取出的全部材料烘干，且不少于2 000g，称其质量(m_d)，准确至1g。

注：当为沥青表面处治或沥青贯入式结构类材料时，则省去测定含水量步骤。

(6) 将基板安放在试坑上，将灌砂筒安放在基板中间(储砂筒内放满砂到要求质量 m_1)，使灌砂筒的下口对准基板的中孔及试洞，打开灌砂筒的开关，让砂流入试坑内。在此期间，应注意勿碰动灌砂筒。直到储砂筒内的砂不再下流时，关闭开关。仔细取走灌砂筒，并称量筒内剩余砂的质量(m_4)，准确至 1g。

(7) 如清扫干净的平坦表面的粗糙度不大，也可省去(2)和(3)的操作。在试洞挖好后，将灌砂筒直接对准放在试坑上，中间不需要放基板。打开筒的开关，让砂流入试坑内。在此期间，应注意勿碰动灌砂筒。直到储砂筒内的砂不再下流时，关闭开关。仔细取走灌砂筒，并称量剩余砂的质量(m'_4)，准确至 1g。

(8) 仔细取出试筒内的量砂，以备下次试验时再用。若量砂的湿度已发生变化或量砂中混有杂质，则应该重新烘干、过筛，并放置一段时间，使其与空气的湿度达到平衡后再用。

4　计算

4.1　按式(附 1-4-1-3)或式(附 1-4-1-4)计算填满试坑所用的砂的质量 m_b(g)：

灌砂时，试坑上放有基板时：

$$m_b = m_1 - m_4 - (m_5 - m_6) \qquad \text{(附 1-4-1-3)}$$

灌砂时，试坑上不放基板时：

$$m_b = m_1 - m'_4 - m_2 \qquad \text{(附 1-4-1-4)}$$

式中　m_b——填满试坑的砂的质量(g)；

m_1——灌砂前灌砂筒内砂的质量(g)；

m_2——灌砂筒下部圆锥体内砂的质量(g)；

m_4、m'_4——灌砂后，灌砂筒内剩余砂的质量(g)；

$(m_5 - m_6)$——灌砂筒下部圆锥体内及基板和粗糙表面间砂的合计质量(g)。

4.2　按式(附 1-4-1-5)计算试坑材料的湿密度 ρ_w(g/cm^3)：

$$\rho_w = \frac{m_w}{m_b} \times \gamma_s \qquad \text{(附 1-4-1-5)}$$

式中　m_w——试坑中取出的全部材料的质量(g)；

γ_s——量砂的单位质量(g/cm^3)。

4.3　按式(附 1-4-1-6)计算试坑材料的干密度 ρ_d(g/cm^3)：

$$\rho_d = \frac{\rho_w}{1 + 0.01w} \qquad \text{(附 1-4-1-6)}$$

式中　w——试坑材料的含水量(%)。

4.4　当为水泥、石灰、粉煤灰等无机结构料稳定土的场合，可按式(附 1-4-1-7)计算干密度 ρ_d(g/cm^3)：

$$\rho_d = \frac{m_d}{m_b} \times \gamma_s \qquad \text{(附 1-4-1-7)}$$

式中　m_d——试坑中取出的稳定土的烘干质量(g)。

4.5　按式(附 1-4-1-8)计算施工压实度：

$$K = \frac{\rho_d}{\rho_c} \times 100 \qquad \text{(附 1-4-1-8)}$$

式中　K——测试地点的施工压实度(%)；

ρ_d——试样的干密度（g/cm³）；

ρ_c——由击实试验得到的试样的最大干密度（g/cm³）。

注：当试坑材料组成与击实试验的材料有较大差异时，可以对试坑材料作标准击实，求取实际的最大干密度。

5　报告

各种材料的干密度均应准确至 0.01g/cm³。

附录 1-4-2　核子仪测定压实度试验方法（T 0922—95）

1　目的和适用范围

1.1　本方法适用于现场用核子密度湿度仪以散射法或直接透射法测定路基或路面材料的密度和含水量，并计算施工压实度。

1.2　本方法适用于施工质量的现场快速评定，不宜用作仲裁试验或评定验收的依据。

2　仪具与材料

本试验需要下列仪具与材料：

（1）核子密度湿度仪：符合国家规定的关于健康保护和安全使用标准，密度的测定范围为 1.12～2.73g/cm³，测定误差不大于±0.03g/cm³。含水率测量范围为 0～0.64g/cm³，测定误差不大于±0.015g/cm³。它主要包括下列部件：

① γ 射线源：双层密封的同位素放射源，如铯—137、钴—60 或镭—226 等。

② 中子源：如镅（241）—铍等。

③ 探测器：γ 射线探测器，如 G—M 计数管、氦—3 管、闪烁晶体或热中子探测器等。

④ 读数显示设备：如液晶显示器、脉冲计数器、数率表或直接读数表。

⑤ 标准板：提供检验仪器操作和散射计数参考标准用。

⑥ 安全防护设备：符合国家规定要求的设备。

⑦ 刮平板、钻杆、接线等。

（2）细砂：0.15～0.3mm。

（3）天平或台秤。

（4）其他：毛刷等。

3　方法与步骤

3.1　本方法用于测定沥青混合料面层的压实密度时，在表面用散射法测定，所测定沥青面层的层厚不大于根据仪器性能决定的最大厚度。用于测定土基或基层材料的压实密度及含水量时，打洞后用直接透射法测定，测定层的厚度不宜大于 20cm。

3.2　准备工作

（1）每天使用前按下列步骤用标准板测定仪器的标准值：

① 接通电源，按照仪器使用说明书建议的预热时间，预热测定仪。

② 在测定前，应检查仪器性能是否正常。在标准板上取 3～4 个读数的平均值建立原始标准值，并与使用说明书提供的标准值核对，如标准读数超过仪器使用说明书规定的限界时，应重复此项标准的测量；若第二次标准计数仍超出规定的限界时，需视作故障并进行仪器检查。

（2）在进行沥青混合料压实层密度测定前，应用核子仪对钻孔取样的试件进行标定；测定其他材料密度时，宜与挖坑灌砂法的结果进行标定。标定的步骤如下：

① 选择压实的路表面，按要求的测定步骤用核子仪测定密度，读数；

② 在测定的同一位置用钻机钻孔法或挖坑灌砂法取样，量测厚度，按规定的标准方法测定材料的密度；

③ 对同一种路面厚度及材料类型，在使用前至少测定 15 处，求取两种不同方法测定的密度的相关关系，其相关系数应不小于 0.9。

(3) 测试位置的选择

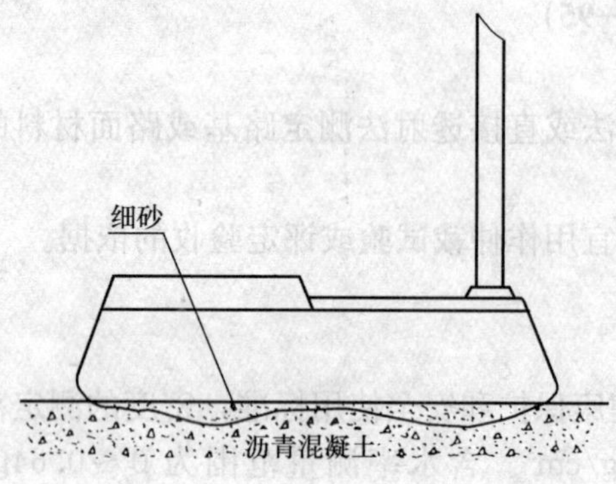

附图 1-4-2-1　用细砂填平测试位置的方法

① 按照随机取样的方法确定测试位置，但与距路面边缘或其他物体的最小距离不得小于 30cm。核子仪距其他的射线源不得少于 10m；

② 当用散射法测定时，应按附图 1-4-2-1 的方法用细砂填平测试位置路表结构凸凹不平的空隙，使路表面平整，能与仪器紧密接触；

③ 当使用直接透射法测定时，应按附图 1-4-2-2 的方法在表面上用钻钎打孔，孔深略深于要求测定的深度，孔应竖直圆滑并稍大于射线源探头。

(4) 按照规定的时间，预热仪器。

3.3　测定步骤

(1) 如用散射法测定时，应按按附图 1-4-2-3 的方法将核子仪平稳地置于测试位置上。

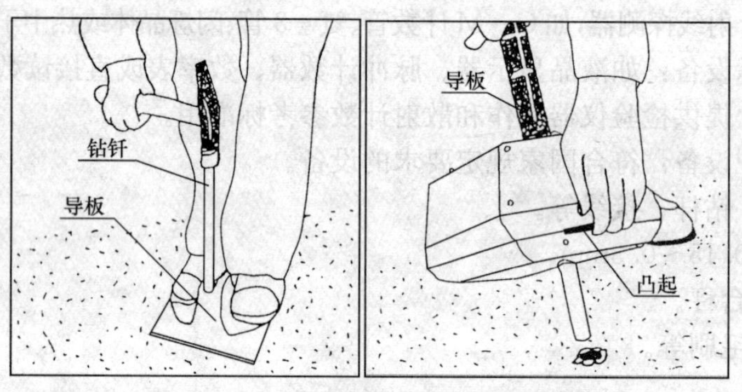

附图 1-4-2-2　在路表面上打孔的方法

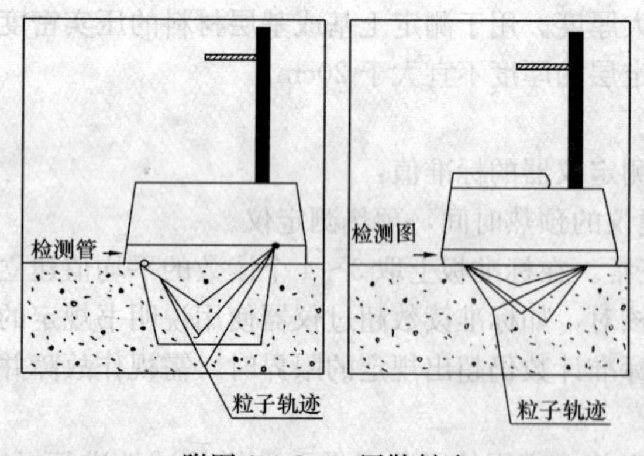

附图 1-4-2-3　用散射法测定的方法

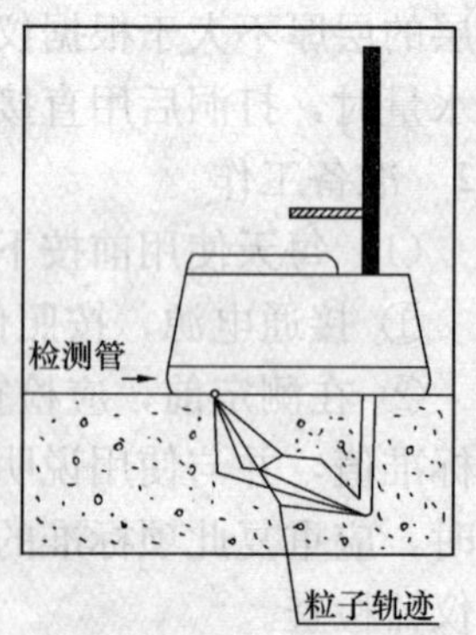

附图 1-4-2-4　用直接透射法测定的方法

（2）如用直接透射法测定时，应按附图 1-4-2-4 的方法将放射源棒放下插入已预先打好的孔内。

（3）打开仪器，测试员退出仪器 2m 以外，按照选定的测定时间进行测量，到达测定时间后，读取显示的各项数值，并迅速关机。

注：有关各种型号的仪器在具体操作步骤上略有不同，可按照仪器使用说明书进行。

4　计算

按式(附 1-4-2-1)、(附 1-4-2-2)计算施工干密度及压实度：

$$\rho_d=\frac{\rho_w}{1+w} \qquad \text{(附 1-4-2-1)}$$

$$K=\frac{\rho_d}{\rho_c}\times 100 \qquad \text{(附 1-4-2-2)}$$

式中　K——测试地点的施工压实度(%)；

w——含水量，以小数表示；

ρ_w——试样的湿密度(g/cm^3)；

ρ_d——试样的干密度(g/cm^3)；

ρ_0——由击实试验得到的试样的最大干密度(g/cm^3)。

5　报告

测定路面密度及压实度的同时，应记录气温、路面的结构深度、沥青混合料类型、面层结构及测定厚度等数据和资料。

6　使用安全注意事项

6.1　仪器工作时，所有人员均应退至距离仪器 2m 以外的地方。

6.2　仪器不使用时，应将手柄置于安全位置，仪器应装入专用的仪器箱内，放置在符合核辐射安全规定的地方。

6.3　仪器应由经有关部门审查合格的专人保管，专人使用。对从事仪器保管及使用的人员，应遵照有关核辐射检测的规定，不符合核防护规定的人员，不宜从事此项工作。

附录 1-4-3　环刀法测定压实度试验方法（T 0923—95）

1　目的和适用范围

1.1　本方法规定在公路工程现场用环刀法测定土基及路面材料的密度及压实度。

1.2　本方法适用于细粒土及无机结合料稳定细粒土的密度。但对无机结合料稳定细粒土，其龄期不宜超过 2d，且宜用于施工过程中的压实度检验。

2　仪具与材料

本试验需要下列仪具与材料：

（1）人工取土器：见附图 1-4-3-1，包括环刀、环盖、定向筒和击实锤系统（导杆、落锤、手柄）。环刀内径 6～8cm，高 2～3cm，壁厚 1.5～2mm。

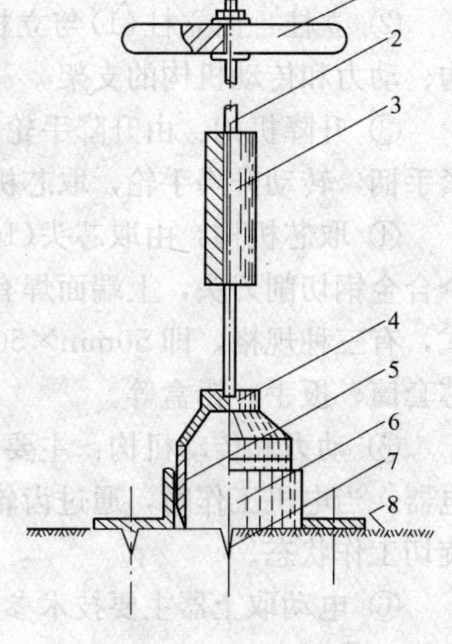

附图 1-4-3-1　取土器

1—手柄；2—导杆；3—落锤；4—环盖；5—环刀；6—定向筒；7—定向筒齿钉；8—试验地面

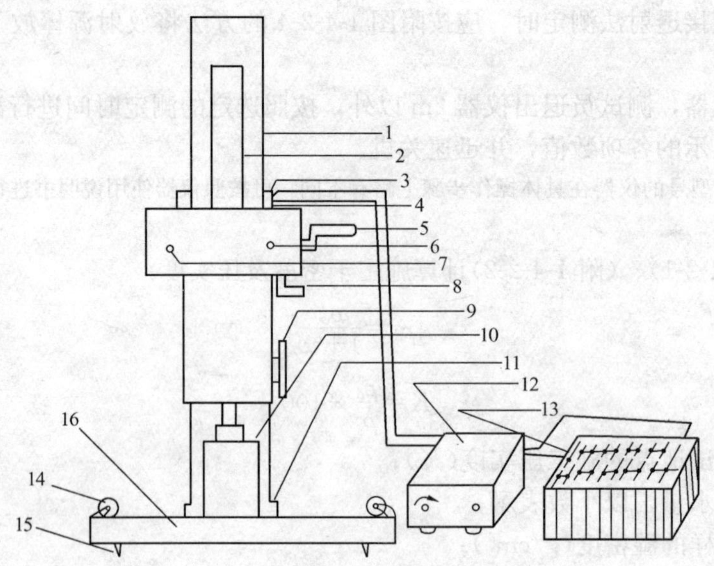

附图 1-4-3-2　电动取土器

1—立柱；2—升降轴；3—电源输入；4—直流电机；5—升降手柄；6、7—电源指示；8—锁紧手柄；9—升降手轮；10—取芯头；11—立柱套；12—调速器；13—电瓶；14—行走轮；15—定位销；16—底座平台

(2) 电动取土器：如附图 1-4-3-2 所示。由底座、行走轮、立柱、齿轮箱、升降机构、取芯头等组成。

① 底座：由底座平台(16)、定位销(15)、行走轮(14)组成。平台是整个仪器的支撑基础；定位销供操作时仪器定位用；行走轮供换点取芯时仪器近距离移动用，当定位时四只轮子可扳起离开地表。

② 立柱：由立柱(1)与立柱套(11)组成，装在底座平台上，作为升降机构、取芯机构、动力和传动机构的支架。

③ 升降机构：由升降手轮(9)、锁紧手柄(8)组成，供调整取芯机构高低用。松开锁紧手柄，转动升降手轮，取芯机构即可升降，到所需位置时拧紧手柄定位。

④ 取芯机构：由取芯头(10)、升降轴(2)组成，取芯头为金属圆筒，下口对称焊接两个合金钢切削刀头，上端面焊有平盖，其上焊螺母，靠螺旋接于升降轴上。取芯头为可换式，有三种规格，即 50mm×50mm、70mm×70mm、100mm×100mm，另配有相应的取芯套筒、扳手、铝盒等。

⑤ 动力和传动机构：主要由直流电机(4)、调速器(12)、齿轮箱组成。另配电瓶和充电器。当电机工作时，通过齿轮箱的齿轮将动力传给取芯机构，升降轴旋转，取芯头进入旋切工作状态。

⑥ 电动取土器主要技术参数为：

工作电压 DC24V(36A·h)；

转速 50～70r/min，无级调速；

整机质量约 35kg。

(3) 天平：感量 0.1g(用于取芯头内径小于 70mm 样品的称量)，或 1.0g(用于取芯头内径100mm样品的称量)。

(4) 其他：镐、小铁锹、修土刀、毛刷、直尺、钢丝锯、凡士林、木板及测定含水量设备等。

3 方法与步骤

3.1 按有关试验方法对检测试样用同种材料进行击实试验，得到最大干密度(ρ_c)及最佳含水量。

3.2 用人工取土器测定黏性土及无机结合料稳定细粒土密度的步骤：

(1) 擦净环刀，称取环刀质量M_2，准确至0.1g。

(2) 在试验地点，将面积约30cm×30cm的地面清扫干净，并将压实层铲去表面浮动及不平整的部分，达一定深度，使环刀打下后，能达到要求的取土深度，但不得将下层扰动。

(3) 将定向筒齿钉固定于铲平的地面上，顺次将环刀、环盖放入定向筒内与地面垂直。

(4) 将导杆保持垂直状态，用取土器落锤将环刀打入压实层中，至环盖顶面与定向筒上口齐平为止。

(5) 去掉击实锤和定向筒，用镐将环刀及试样挖出。

(6) 轻轻取下环盖，用修土刀自边至中削去环刀两端余土，用直尺检测直至修平为止。

(7) 擦净环刀外壁，用天平称取出环刀及试样合计质量M_1，准确至0.1g。

(8) 自环刀中取出试样，取具有代表性的试样，测定其含水量(w)。

3.3 用人工取土器测定砂性土或砂层密度时的步骤：

(1) 如为湿润的砂土，试验时不需要使用击实锤和定向筒。在铲平的地面上，细心挖出一个直径较环刀外径略大的砂土柱，将环刀刃口向下，平置于砂土柱上，用两手平稳地将环刀垂直压下，直至砂土柱突出环刀上端约2cm时为止。

(2) 削掉环刀口上的多余砂土，并用直尺刮平。

(3) 在环刀上口盖一块平滑的木板，一手按住木板，另一手用小铁锹将试样从环切底部切断，然后将装满试样的环刀反转过来，削去环刀刃口上部的多余砂土，并用直尺刮平。

(4) 擦净环刀外壁，称环刀与试样合计质量(M_1)，准确至0.1g。

(5) 自环刀中取具有代表性的试样测定其含水量。

(6) 干燥的砂土不能挖成砂土柱时，可直接将环刀压入或打入土中。

3.4 用电动取土器测定无机结构料细粒土和硬塑土密度的步骤：

(1) 装上所需规格的取芯头。在施工现场取芯前，选择一块平整的路段，将四只行走轮打起，四根定位销钉采用人工加压的方法，压入路基土层中。松开锁紧手柄，旋动升降手轮，使取芯头刚好与土层接触，锁紧手柄。

(2) 将电瓶与调速器接通，调速器的输出端接入取芯机电源插口。指示灯亮，显示电路已通；启动开关，电动机工作，带动取芯机构转动。根据土层含水量调节转速，操作升降手柄，上提取芯机构，停机，移开机器。由于取芯头圆筒外表有几条螺旋状突起，切下的土屑排在筒外顺螺纹上旋抛出地表，因此，将取芯套筒套在切削好的土芯立柱上，摇动即可取出样品。

(3) 取出样品，立即按取芯套筒长度用修土刀或钢丝锯修平两端，制成所需规格土芯，如拟进行其他试验项目，装入铅盒，送试验室备用。

(4) 用天平称量土芯带套筒质量 M_1，从土芯中心部分取试样测定含水量。

3.5 本试验须进行两次平行测定，其平行差值不得大于 0.03g/cm³。求其算术平均值。

4 计算

4.1 按式(附 1-4-3-1)、式(附 1-4-3-2)计算试样的湿密度及干密度：

$$\rho=\frac{4\times(M_1-M_2)}{\pi\cdot d^2\cdot h} \quad (附 1\text{-}4\text{-}3\text{-}1)$$

$$\rho_d=\frac{\rho}{1+0.01w} \quad (附 1\text{-}4\text{-}3\text{-}2)$$

式中 ρ——试样的湿密度(g/cm³)；

ρ_d——试样的干密度(g/cm³)；

M_1——环刀或取芯套筒与试样合计质量(g)；

M_2——环刀或取芯套筒质量(g)；

d——环刀或取芯套筒直径(cm)；

h——环刀或取芯套筒高度(cm)；

W——试样的含水量(%)。

4.2 按式(附 1-4-3-3)计算施工压实度：

$$K=\frac{\rho_d}{\rho_c}\times 100 \quad (附 1\text{-}4\text{-}3\text{-}3)$$

式中 K——测试地点的施工压实度(%)；

ρ_d——试样的干密度(g/cm³)；

ρ_c——由击实试验得到的试样的最大干密度(g/cm³)。

5 报告

试验应报告土的鉴别分类、土的含水量、湿密度、干密度、最大干密度、压实度等。

附录 1-4-4 钻芯法测定沥青面层压实度试验方法（T 0924—95）

1 目的和适用范围

1.1 压实沥青混合料面层的施工压实度是指按规定方法采取的混合料试样的毛体积密度与标准密度之比，以百分率表示。

1.2 本方法适用于检验从压实的沥青路面上钻取的沥青混合料芯样试件的密度，以评定沥青面层的施工压实度。

2 仪具与材料

本试验需要下列仪具与材料：

(1) 路面取芯钻机。

(2) 天平：感量不大于 0.1g。

(3) 溢流水槽。

(4) 吊篮。

(5) 石蜡。

(6) 其他：卡尺、毛刷、小勺、取样袋(容器)、电风扇。

3　方法与步骤

3.1　钻取芯样

按本书附录1《路面取样方法》（T 0901—95）中“路面钻孔及切割取样方法”钻取路面芯样，芯样直径不宜小于ϕ100mm。当一次钻孔取得的芯样包含有不同层位的沥青混合料时，应根据结构组合情况用切割机将芯样沿各层结合面锯开分层进行测定。

3.2　测定试件密度

（1）将钻取的试件在水中用毛刷轻轻刷净粘附的粉尘。如试件边角有浮松颗粒，应仔细清除。

（2）将试件晾干或用电风扇吹干不少于24h，直至恒重。

（3）按现行《公路工程沥青及沥青混合料试验规程(JTJ 052—93)》（注：已出新标准JTJ 052—2000《公路工程沥青及沥青混合料试验规程》）的沥青混合料试件密度试验方法测定试件的视密度或毛体积密度ρ_s。当试件的吸水率小于2%时，采用水中重法或表干法测定；当吸水率大于2%时，用蜡封法测定；对空隙率很大的透水性混合料及开级配混合料用体积法测定。

3.3　根据现行的《公路沥青路面施工技术规范》(JTJ 032—94)（注：已出新标准JTG F40—2004《公路沥青路面施工技术规范》）的规定，确定计算压实度的标准密度。

4　计算

4.1　当计算压实度的沥青混合料的标准密度采用马歇尔击实试件成型密度或试验路段钻孔取样密度时，沥青面层的压实度按式(附1-4-4-1)计算：

$$K=\frac{\rho_s}{\rho_0}\times 100 \qquad \text{(附 1-4-4-1)}$$

式中　K——沥青面层的压实度(%)；

ρ_s——沥青混合料芯样试件的视密度或毛体积密度(g/cm³)；

ρ_0——沥青混合料的标准密度(g/cm³)。

4.2　由沥青混合料实测最大密度计算压实度时，应按式(附1-4-4-2)进行空隙率折算，作为标准密度，再按式(附1-4-4-1)计算压实度：

$$\rho_0=\rho_t\times\left(\frac{100-VV}{100}\right) \qquad \text{(附 1-4-4-2)}$$

式中　ρ_t——沥青混合料的实测最大密度(g/cm³)；

ρ_0——沥青混合料的标准密度(g/cm³)；

VV——试样的空隙率(%)。

4.3　按本书附录1-14检测路段数据整理的方法，计算一个评定路段检测的压实度的平均值、标准差、变异系数，并计算代表压实度。

5　报告

压实度试验报告应记载压实度检查的标准密度及依据，并列表表示各测点的试验结果。

附录1-5　平整度（T 0901—95）

附录1-5-1　3m直尺测定平整度试验方法（T 0931—95）

1　目的和适用范围

1.1 本方法规定用 3m 直尺测定距离路表面的最大间隙表示路基路面的平整度，以 mm 计。

1.2 本方法适用于测定压实成型的路面各层表面的平整度，以评定路面的施工质量及使用质量，也可用于路基表面成型后的施工平整度检测。

2　仪具与材料

本试验需要下列仪具与材料：

(1) 3m 直尺：硬木或铝合金钢制，底面平面，长 3m。

(2) 楔形塞尺：木或金属制的三角形塞尺，有手柄。塞尺的长度与高度之比不小于 10，宽度不大于 15mm，边部有高度标记，刻度精度不小于 0.2mm，也可使用其他类型的量尺。

(3) 其他：皮尺或钢尺、粉笔等。

3　方法与步骤

3.1　准备工作

(1) 按有关规范规定选择测试路段。

(2) 在测试路段路面上选择测试地点：当为施工过程中质量检测需要时，测试地点根据需要确定，可以单杆检测；当为路基路面工程质量检查验收或进行路况评定需要时，应连续测量 10 尺。除特殊需要者外，应以行车道一侧车轮轮迹(距车道线 80～100cm)作为连续测定的标准位置。对旧路已形成车辙的路面，应取车辙中间位置为测定位置，用粉笔在路面上作好标记。

(3) 清扫路面测定位置处的污物。

3.2　测试步骤

(1) 在施工过程中检测时，按根据需要确定的方向，将 3m 直尺摆在测试地点的路面上。

(2) 目测 3m 直尺底面与路面之间的间隙情况，确定间隙为最大的位置。

(3) 用有高度标线的塞尺塞进间隙处，量记其最大间隙的高度(mm)，准确至 0.2mm。

(4) 施工结束后检测时，按现行《公路工程质量检验评定标准》(JTJ 071—94)（注：已出新标准 JTG F80/1—2004《公路工程质量检验评定标准》）的规定，每 1 处连续检测 10 尺，按上述(1)～(3)的步骤测记 10 个最大间隙。

4　计算

4.1　单杆检测路面的平整度计算，以 3m 直尺与路面的最大间隙为测定结果。连续测定 10 尺时，判断每个测定值是否合格，根据要求计算合格百分率，并计算 10 个最大间隙的平均值。

5　报告

单杆检测的结果应随时记录测试位置及检测结果。连续测定 10 尺时，应报告平均值、不合格尺数、合格率。

附录 1-5-2　连续式平整度仪测定平整度试验方法（T 0932—95）

1　目的和适用范围

1.1　本方法规定用连续式平整度仪量测路面的不平整度的标准差(σ)，以表示路面的平整度，以 mm 计。

1.2　本方法适用于测定路表面的平整度，评定路面的施工质量和使用质量，但不适用于在已有较多坑槽、破损严重的路面上测定。

2　仪具

本试验需要下列仪具：

(1) 连续式平整度仪：构造如示意图附 1-5-2。除特殊情况外，连续式平整度仪的标准长度为 3m，其质量应符合仪器标准的要求。中间为一个 3m 长的机架，机架可缩短或折叠，前后各有 4 个行走轮，前后两组轮的轴间距离为 3m。机架中间有一个能起落的测定轮。机架上装有蓄电池电源及可拆卸的检测箱，检测箱可采用显示、记录、打印或绘图等方式输出测试结果。测定轮上装有位移传感器、距离传感器等检测器，自动采集位移数据时，测定间距为 10cm，每一计算区间的长度为 100m，输出一次结果。当为人工检测、无自动采集数据及计算功能时，应能记录测试曲线。机架头装有一牵引钩及手拉柄，可用人力或汽车牵引。

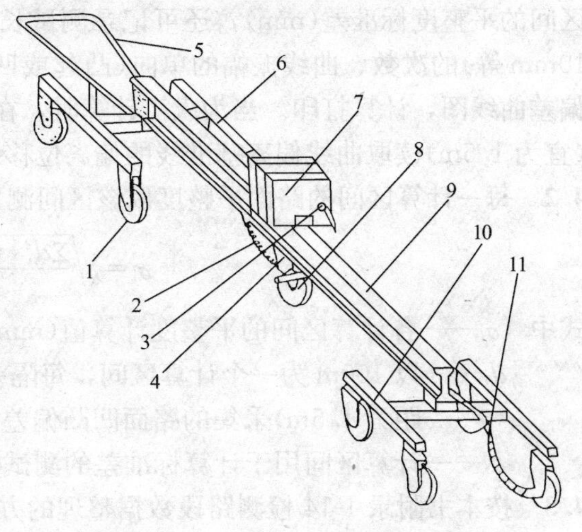

附图 1-5-2　连续式平整度仪示意图

1—脚轮；2—拉簧；3—离合器；4—测量架；5—牵引架；6—前架；7—记录计；8—测定轮；9—纵梁；10—后架；11—软轴

(2) 牵引车：小面包车或其他小型牵引汽车。

(3) 皮尺或测绳。

3　试验步骤

3.1　准备工作

(1) 选择测试路段。

(2) 当为施工过程中质量检测需要时，测试地点根据需要决定；当为路面工程质量检查验收或进行路况评定需要时，通常以行车道一侧车轮轮迹带作为连续测定的标准位置。对旧路已形成车辙的路面，取一侧车辙中间位置为测定位置。按 1.2 的规定在测试路段路面上确定测试位置，当以内侧轮迹带（IWP）或外侧轮迹带（OWP）作为测定位时，测定位置距车道标线 80～100cm。

(3) 清扫路面测定位置处的脏物。

(4) 检查仪器检测箱各部分是否完好、灵敏，并将各连接线接妥，安装记录设备。

3.2　试验步骤

(1) 将连续式平整度测定仪置于测试路段路面起点上。

(2) 在牵引汽车的后部，将平整度仪的挂钩挂上后，放下测定轮，启动检测器及记录仪，随即启动汽车，沿道路纵向行驶，横向位置保持稳定，并检查平整度检测仪表上测定数字显示、打印、记录的情况。如遇检测设备中某项仪表发生故障，即须停止检测。牵引平整度仪的速度应保持匀速，速度宜为 5km/h，最大不得超过 12km/h。

在测试路段较短时，亦可用人力拖拉平整度仪测定路面的平整度，但拖拉时应保持匀速前进。

4 计算

4.1 连续式平整度测定仪测定后，可按每 10cm 间距采集的位移值自动计算每 100m 计算区间的平整度标准差(mm)，还可记录测试长度(m)、曲线振幅大于某一定值(如 3、5、8、10mm 等)的次数、曲线振幅的单向(凸起或凹下)累计值及以 3m 机架为基准的中点路面偏差曲线图，计算打印。当为人工计算时，在记录曲线上任意设一基准线，每隔一定距离(宜为 1.5m)读取曲线偏离基准线的偏离位移值 d_i。

4.2 每一计算区间的路面平整度以该区间测定结果的标准差表示，按式(附 1-5-2)计算：

$$\sigma_i=\sqrt{\frac{\sum d_i^2-(\sum d_i)^2/N}{N-1}} \qquad \text{(附 1-5-2)}$$

式中 σ_i——各计算区间的平整度计算值(mm)；

d_i——以 100m 为一个计算区间，每隔一定距离(自动采集间距为 10cm，人工采集间距为 1.5m)采集的路面凹凸偏差位移值(mm)；

N——计算区间用于计算标准差的测试数据个数。

4.3 按本书附录 1-14 检测路段数据整理的方法计算一个评定路段内各区间平整度标准差的平均值、标准差、变异系数。

5 报告

试验应列表报告每一个评定路段内各测定区间的平整度标准差、各评定路段平整度的平均值、标准差、变异系数以及不合格区间数。

附录 1-5-3 车载式颠簸累积仪测定平整度试验方法（T 0933—95）

1 目的和适用范围

1.1 本方法规定用车载式颠簸累积仪测量车辆在路面上通行时后轴与车厢之间的单向位移累积值 VBI，表示路面的平整度，以 cm/km 计。

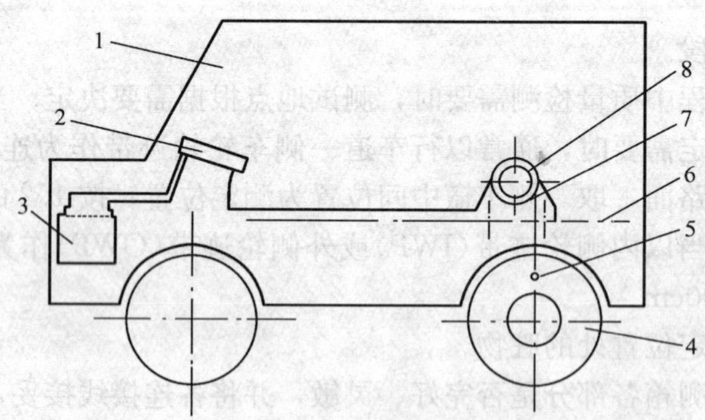

附图 1-5-3 车载试验颠簸累积仪安装示意图

1—测试车；2—数据处理器；3—电瓶；4—后桥；5—挂钩；6—底板；7—钢丝绳；8—颠簸累积仪传感器

1.2　本方法适于测定路面表面的平整度，以评定路面的施工质量和使用期的舒适性。但不适用于在已有较多坑槽、破损严重的路面上测定。

2　仪具

本试验需要下列仪具：

（1）车载式颠簸累积仪：由机械传感器、数据处理器及微型打印机组成，传感器固定安装在测试车的底板上，如附图1-5-3所示。仪器的主要技术性能指标如下：

① 测试速度：可在30～50km/h范围内选定；

② 最小读数：1cm；

③ 最大测试幅值：±30cm；

④ 最大显示值：9 999cm；

⑤ 系统最高反应频率：5kHz；

⑥ 使用环境温度：0～50℃；

⑦ 使用环境相对湿度：＜85％；

⑧ 稳定性：连续开机8h漂移＜±1cm；

⑨ 使用电源：12V DC，1A；

⑩ 测试路段计算长度选择：100m、200m、300m、400m、500m、600m、700m、800m、900m、1km等10种，试验时选择其中之一种；

⑪ 数据显示及输出：可显示数据及打印输出测试路段计算长度内的单向位移颠簸累积值。

（2）测试车：旅行车、越野车或小轿车。

3　准备工作

3.1　仪器安装

（1）车载式颠簸累积仪的机械传感器应对准测试车的后桥差速器上方，用螺栓固定在车厢底板上，如图3.1所示。

（2）在机械传感器的定量位移轮线槽引出钢丝绳下方的车辆底板上，打一个直径约为2.5cm的孔洞。将仪器的钢丝绳穿过此孔洞同后桥差速器盒联接，但钢丝绳不能与孔洞边缘摩擦或接触。

（3）将后桥差速器盒盖螺丝卸下，加装一个用ϕ3mm铁丝或2mm厚钢板做成的小挂钩再装回拧紧，以备挂测量钢丝绳之用。

（4）机械传感器在挂钢丝绳之前，定量位移轮应预先按箭头方向沿其中轴旋转2～3圈，使内部发条具有一定的紧度，钢丝绳则绕其线槽2～3圈后引出，穿过车厢底板所打的ϕ2.5mm的孔洞至差速器新装的挂钩上挂住，钢丝绳应张紧，这时仪器即处于测量准备状态。

注：在不测量时应松开挂钩，收回钢丝绳置于车厢内。

（5）数据处理器及打印机安置于车上任何便于操作的位置或座位上。

3.2　仪器检查及准备

（1）检查装载车，轮胎气压应符合所使用测试汽车的规定值；轮胎应清洁，不得粘附有沥青块等杂物；车上人员及载重应与仪器标定时相符；汽车底盘悬挂没有松动或异常响声。

(2) 按 3.1 要求挂好的钢丝绳在线槽上应没有重叠，张力良好。

(3) 联接电源，用 12V 直流电源供电，也可使用汽车蓄电池，或加装一插头接于汽车点烟器插座处供电。电源线红色为正极，白色为负极，电源极性不得接错。

(4) 接妥机械传感器、打印机及数据处理器的联接线插头。

(5) 打开打印机边上的电源开关，试验开关置于空白处。

(6) 设定测试路段计算区间的长度，标准的计算区间长为 100m，根据要求也可为 200m、500m 或 1000m。

4　测量步骤

(1) 汽车停在测量起点前约 300～500m 处，打开数据处理器的电源，打印机打印出“VBI”等字头，在数码管上显示“P”字样，表示仪器已准备好。

(2) 在键盘上输入测试年、月、日，然后按“D”键，打印机打出测试日期。

(3) 在键盘上输入测试路段编码后按“C”键，路段编码即被打出，如“C 0102”。

(4) 在键盘上输入测试起点公里桩号及百米桩号，然后按“A”键，起点桩号即被打出，如“A：0048＋100km”。

注：“F”键为改错键，当输入数据出错时，按“F”键后重新输入正确的数字。

(5) 发动汽车向被测路段驶去，逐渐加速，保证在到达测试起点前稳定在选定的测试速度范围内，但必须与标定时的速度相同，然后控制测试速度的误差不超过±3km/h。除特殊要求外，标准的测试速度为 32km/h。

(6) 到达测试起点时，按下开始测量键“B”，仪器即开始自动累积被测路面的单向颠簸值。

(7) 当到达预定测试路段终点时，按所选的测试路段计算区间长度相对应的数字键(例如数字键“1”代表长度为 100m，“2”为 200m，“5”为 500m，“0”为1000m等)，将测试路段的颠簸累积值换算成以公里计的颠簸累积值打印出来，单位为“cm/km”。

(8) 连续测试。以每段长度 100m 为例，到达第一段终点后按“1”键，车辆继续稳速前进，到达第二段终点时，按数字键“1”，依此类推。在测试中被测路段长度可以变化，仪器除能把不足 1km 的路段长度测试结果换算成以公里计的测试结果 VBI 外，还可把测过的路段长度自动累加后连同测试结果一起打印出来。

注：“E”键为暂停键，测试过程中按此键将使所显示数值在 3s 内保持不变，供测试者详细观察或记录测试数字，但内部计数器仍在继续累积计数，过 3s 后数码管重新显示新的数据，暂停期间不会中断或丢失所测数据。

(9) 测试结果。常规路面调查一般可取一次测量结果，如属重要路面评价测试或与前次测量结果有较大差别时，应重复测试 2～3 次，取其平均值作为测试结果。

(10) 测试完毕，关闭仪器电源，把挂在差速器外壳的钢丝绳摘开，钢丝绳由车厢底板下拉上来放好，以备下次测试。注意松钢丝绳时要缓慢放松，因机械传感器的定量位移轮内部有张紧的发条，松绳过快容易损坏仪器，甚至会被钢丝绳划伤。

注：装好仪器(挂好钢丝绳)的汽车不测量时不要长途驾驶。

5　试验结果与国际平整度指数等其他平整度指标建立相关关系

5.1　用车载式颠簸累积仪测定的 VBI 值需要与其他平整度指标〔如连续式平整度仪测出的标准差、国际平整度指数(IRI)等〕进行换算时，应将车载式颠簸累积仪的测试结果进行标定，即与相关的平整度仪测量结果建立相关关系，相关系数均不得小于 0.90。

5.2　为与其他平整度指标建立相关关系，选择的标定路段应符合下列要求：

（1）有 5～6 段不同平整度的现有道路，从好到坏不同程度的都应各有一段。

（2）每段路长宜为 250～300m。

（3）每一段中的平整度应均匀，段内应无太大差别。

（4）标定路段应选纵坡变化较小的平坦、直线地段。

（5）选择交通量小或可以疏导的路段，减少标定时车辆的干扰。

标定路段起讫点用油漆作好标记，并每隔一定距离作中间标记，标定宜选择在行车道的正常轮迹上进行。

5.3　仪器安装及装载车的检查应符合 3 的要求。

5.4　用连续式平整度仪进行标定的步骤：

（1）用于标定的仪器应使用按规定进行校准后能准确测定路面平整度的连续式平整度仪。

（2）按现行操作规程用连续式平整度仪沿选择的每个路段全程连续测量平整度 3～5 次，取其平均值作为该路段的测试结果(以标准差表示)。

（3）按 5 的步骤，用车载式颠簸累积仪沿各个路段进行测量，重复 3～5 次后，取其各次颠簸累积值的平均值作为该路段的测试结果，与平整度仪的各段测试结果相对应。标定时的测试车速应在 30～50km/h 范围内选用一种或两种稳定的车速分别进行，记录车速及搭载量，以后测试时的情况应与标定时的相同。

（4）整理相关关系

将连续式平整度仪测出的标准差 σ 及车载式颠簸累积仪测出的颠簸累积值 VBI_V 绘制出曲线并进行回归分析，建立式(附 1-5-3-1)的相关关系：

$$\sigma = a + b \cdot VBI_V \quad (附\ 1\text{-}5\text{-}3\text{-}1)$$

式中　σ——用连续式平整度仪测定的以标准差表示的平整度(mm)；

VBI_V——测试速度为 V(km/h)时用颠簸累积仪测得的累积值 VBI(cm/km)；

a、b——回归系数。

5.5　将车载式颠簸累积仪测定结果换算成国际平整度指数的标定方法：

（1）将选择的标定路段在标记上每隔 0.25m 作出补充标记。

（2）在每个路段上用经过校准的精密水平仪分别测出每隔 0.25m 标点上的标高，按有关方法计算国际平整度指数 IRI(m/km)。

（3）按 5.4 的方法用车载式颠簸累积仪测试得到各个路段的测试结果。

（4）将各个路段的国际平整度指数 IRI 与颠簸累积值 VBI_V 绘制出曲线并进行回归分析，建立式(附 1-5-3-2)的相关关系：

$$HRI = a + b \cdot VBI_V \quad (附\ 1\text{-}5\text{-}3\text{-}2)$$

式中　HRI——国际平整度指数(m/km)；

VBI_V——测试速度为 V(km/h)时用颠簸累积仪测得的颠簸累积值(cm/km)；

a、b——回归系数。

6　报告

6.1　应列表报告每一个评定路段内各测定区间的颠簸累积值，各评定路段颠簸累积值的平均值、标准差、变异系数。

6.2　测试速度。

6.3　试验结果与国际平整度指数等其他平整度指标建立的相关关系式、参数值、相关系数。

附录 1-6　强度和模量

附录 1-6-1　土基现场 CBR 值测试方法（T 0941—95）

1　目的和适用范围

1.1　本方法适用于在公路现场测定各种土基材料的现场 CBR 值。

1.2　本方法所用试样的最大集料粒径宜小于 25mm，最大不得超过 40mm。

2　仪具与材料

本试验采用下列仪具与材料：

（1）荷重装置：装载有铁块或集料等重物的载重汽车，后轴重不小于 60kN，在汽车大梁的后轴之后设有一加劲横梁作反力架用。

（2）现场测试装置：如附图 1-6-1-1 所示，由千斤顶(机械或液压)、测力计(测力环或压力表)及球座组成。千斤顶可使贯入杆的贯入速度调节成 1mm/min。测力计的容量不小于土基强度，测定精度不小于测力计量程的 1/100。

（3）贯入杆：直径 ϕ50mm，长约 200mm 的金属圆柱体。

（4）承载板：每块 1.25kg，直径 ϕ150mm，中心孔眼直径 ϕ52mm，不小于 4 块，并沿直径分别为两个半圆块。

（5）贯入量测定装置：由附图 1-6-1-1 中所示的平台及百分表组成，百分表量程 20mm，精度 0.01mm，数量 2 个，对称固定于贯入杆上，端部与平台接触。平台跨度不小于 50cm。

注：此设备也可用两台贝克曼梁弯沉仪代替。

（6）细砂：洁净干燥的细干砂，粒径 0.3～0.6mm。

（7）其他：铁铲、盘、直尺、毛刷、天平等。

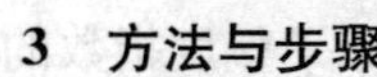

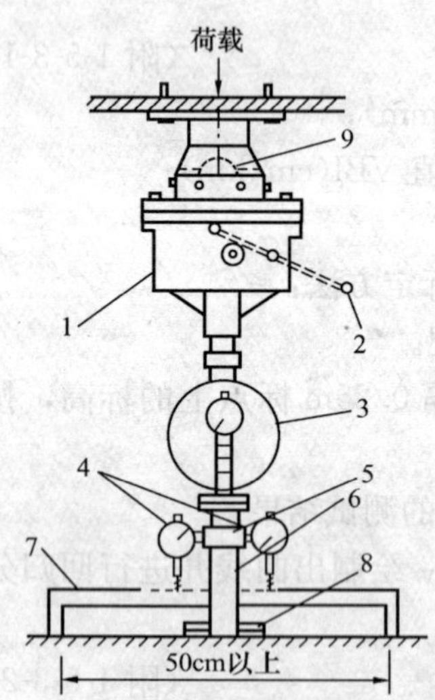

附图 1-6-1-1　CBR 现场测试装置

1—加载千斤顶；2—手柄；3—测力计；4—贯入量测定装置（百分表）；5—百分表夹持具；6—贯入杆；7—平台；8—承载板；9—球座

3　方法与步骤

3.1　准备工作

（1）将试验地点约直径 ϕ30mm 范围的表面找平，用毛刷刷净浮土，如表面为粗粒土时，应撒布少许洁净的干砂填平，但不能覆盖全部土基避免形成一层。

（2）装置测试设备，按附图 1-6-1-1 设置贯入杆及千斤顶，千斤顶顶在汽车后轴上且调节至高度适中。贯入杆应与土基表面紧密接触。

（3）安装贯入量测定装置，将支架平台、百分表(或两台贝克曼梁弯沉仪)按附图 1-6-1-1 安装好。

3.2　测试步骤

（1）在贯入杆位置安放 4 块 1.25kg 的分开成半圆的承载板(共 5kg)。

（2）调节测力计及贯入量百分表，调零，记录初始读数。

（3）起动千斤顶，使贯入杆以1mm/min的速度压入土基，当相应于贯入量为0.5、1.0、1.5、2.0、2.5、3.0、4.0、5.0、7.5、10.0及12.5mm时，分别读取测力计读数。根据情况，也可在贯入量达7.5mm时结束试验。

注：用千斤顶连续加载，两个贯入量百分表及测力计均应在同一时刻读数，当两个百分表读数不超过平均值的30%时，以其平均值作为贯入量，当两个表读数差值超过平均值的30%时，应停止试验。

（4）卸除荷载，移去测定装置。

（5）在试验点下取样，测定材料含水量。取样数量如下：

最大粒径不大于5mm，试样数量约120g；

最大粒径不大于25mm，试样数量约250g；

最大粒径不大于40mm，试样数量约500g。

（6）在紧靠试验点旁边的适当位置，用灌砂法或环刀法等测定土基的密度。

4　计算

4.1　将贯入试验得到的等级荷重数除以贯入断面积（19.625cm^2），得到各级压强（MPa），绘制荷载压强—贯入量曲线，如附图1-6-1-2所示。当图中曲线如2所示有明显下凹的情况下，应在曲线的拐弯处作切线延长作贯入量修正，以与坐标轴相交的点O'作原点，得到修正后的压强—贯入量曲线。

4.2　从压强—贯入量曲线上读取贯入量为2.5mm及5.0mm时的荷载压强P_1，按式（附1-6-1）计算现场CBR值。CBR一般以贯入量2.5mm时的测定值为准，当贯入量5.0mm时的CBR大于2.5mm时的CBR时，应重新试验，如重新试验仍然如此时，则以贯入量5.0mm时的CBR为准。

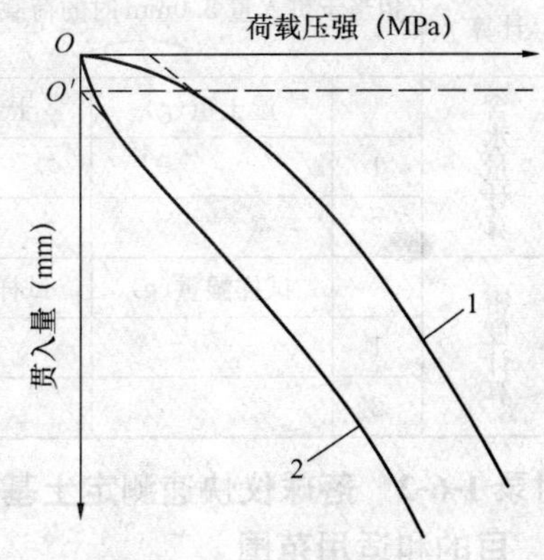

附图1-6-1-2　荷载压强—贯入量关系曲线

$$现场CBR=\frac{P_1}{P_0}\times 100(\%) \qquad (附1\text{-}6\text{-}1)$$

式中　P_1——荷载压强（MPa）；

P_0——标准压强，当贯入量为2.5mm时为7MPa，当贯入量为5.0mm时为10.5MPa。

5　报告

5.1　本试验采用的记录格式如表5-1。

5.2　试验报告应包括下列结果：

（1）土基含水量（%）；

（2）测点的干密度（g/cm^3）；

（3）现场CBR值及相应的贯入量。

现场 CBR 值测定记录表　　表 5-1

路线和编号：　　路面结构：

测定层位：

承载板直径(mm)：　　测定日期：　年　月　日

	预定贯入量(mm)	贯入量百分表读数(0.01mm)			测力计读数	压强(MPa)
		1	2	平均		
加载记录	0					
	0.5					
	1.0					
	1.5					
	2.0					
	2.5					
	3.0					
	4.0					
现场CBR计算	贯入断面面积：　cm² 相当于贯入量 2.5mm 时的荷载压强：标准压强＝7MPa　$CBR_{2.5}$＝　(%) 相当于贯入量 5.0mm 时的荷载压强：标准压强＝10.5MPa　CBR_5＝　(%) 试验结果现场 CBR＝　(%)					

		湿土重(g)	干土重(g)	水重(g)	含水量(%)	平均含水量(%)
含水量计算	1					
	2					
		试样湿重(g)	试样干重(g)	体积(cm³)	干密度(g/cm³)	平均干密度(g/cm³)
密度计算	1					
	2					

附录 1-6-2　落球仪快速测定土基现场 CBR 值试验方法（T 0942—95）

1　目的和适用范围

本方法适用于细粒土用落球仪在现场快速测定土基的现场 CBR 值。

2　仪具与材料

本试验需要下列仪具与材料：

（1）落球仪：结构与形状如附图 1-6-2 所示，它包括底座、落球支架、导杆及落球、导杆卡口开关、刻度标尺、仪器平整气泡、100mm 内径的底座套板。落球及导杆的总质量为 4.5±0.01kg，其落高为 600±0.5mm，落球半径 47±0.1mm。

（2）卡尺或钢板尺。

（3）刮刀。

（4）水平尺。

（5）其他：记录纸、塑料纸、复写纸。

3　试验步骤

3.1　准备工作

（1）利用当地材料进行试验，建立现场 CBR 值与用落球仪测定的陷痕直径 D 的相关关系，确定有效系数 C，测点数宜不少于 15 个，相关系数应不小于 0.90。

（2）用刮刀将路基上表面刮平，用水平尺检查地表面是否保持水平。

3.2　测试步骤

（1）将落球仪底座置于路基土表面已刮平的测点处，将导杆提高至落高就位卡口位置，按卡口开关，球体自由落下，在刻度标尺上读出落球陷痕直径 D 值，再用卡尺或钢板尺量测落球陷痕直径 D 值的准确值，予以记录。

（2）在室内击实土样的试筒上测定时，可采用 100mm、150mm 两种试筒。当采用处置 150mm 试筒时，应用 100mm 底座套板、仪器底座套在试筒顶部。其余操作同上。

（3）当测定粗砂类土路基球体陷痕不清晰时，可在刮平土基表面依次铺上记录纸、复写纸、塑料纸。球体下落在地表记录纸上，即可从纸上量读印痕直径 D 值，并与刻度标尺读数进行核对。

（4）各测点两侧平行测定 D 值后取平均值。

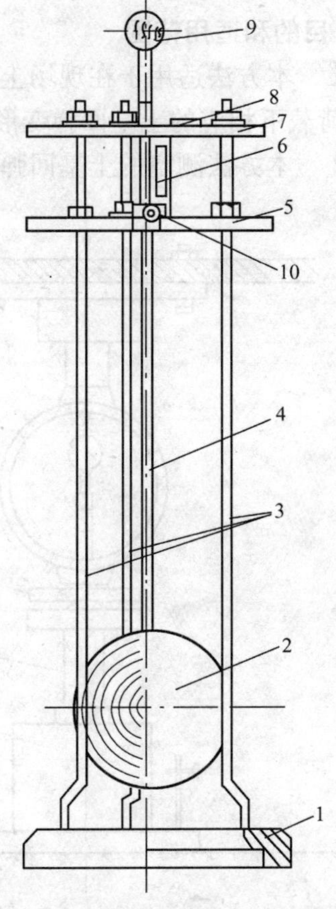

附图 1-6-2　落球仪的结构与形状

1—底座；2—球体；3—立柱；4—导杆；5—下顶板；6—刻度标尺；7—上顶板；8—调平气泡；9—提手；10—卡口开关

4　结果整理

由量测的落球陷痕直径 D 值，按式（附 1-6-2-1）计算现场 CBR 值。

$$\text{现场 CBR}=C\cdot\alpha \qquad \text{（附 1-6-2-1）}$$

式中　C——有效系数，通过建立的相关关系确定，当无此条件时，黏性土类可取 0.35，砂性土类可取 0.45；

α——仪器系数，按式（附 1-6-2-2）计算，亦可由附表 1-6-2 查得：

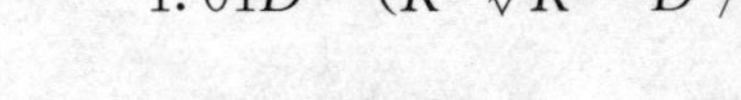

$$\alpha=\frac{(H+R-\sqrt{R^2-D^2/4})W}{1.01D^{1.39}(R-\sqrt{R^2-D^2/4})^{1.62}} \qquad \text{（附 1-6-2-2）}$$

式中　D——落球陷痕直径（cm）；

W——导杆与落球重量，等于 4.5kg；

H——球体落高，等于 60cm；

R——球体半径，等于 4.7cm。

落球仪的仪器系数 α 表　　附表 1-6-2

D	α	D	α	D	α	D	α
2.5	1332.33	3.7	209.85	4.9	54.28	6.1	18.25
2.6	1108.39	3.8	184.79	5.0	49.16	6.2	15.47
2.7	928.82	3.9	163.24	5.1	44.62	6.3	15.47
2.8	782.97	4.0	144.63	5.2	40.50	6.4	14.26
2.9	664.01	4.1	128.52	5.3	36.95	6.5	13.16
3.0	565.95	4.2	114.63	5.4	33.65	6.6	12.15
3.1	485.29	4.3	102.23	5.5	30.72	6.7	11.23
3.2	417.56	4.4	91.49	5.6	28.09	6.8	10.39
3.3	361.16	4.5	82.08	5.7	25.69	6.9	9.61
3.4	313.58	4.6	73.82	5.8	23.56	7.0	8.90
3.5	273.33	4.7	66.49	5.9	21.62	7.1	8.24
3.6	239.07	4.8	60.01	6.0	19.85	7.2	7.64

附录 1-6-3 承载板测定土基回弹模量试验方法（T 0943—95）

1 目的和适用范围

1.1 本方法适用于在现场土基表面，通过承载板对土基逐级加载、卸载的方法，测出每级荷载下相应的土基回弹变形值，经过计算求得土基回弹模量。

1.2 本方法测定的土基回弹模量可作为路面设计参数使用。

2 仪具与材料

本试验需要下列仪具与材料：

(1) 加载设施：载有铁块或集料等重物、后轴重不小于 60kN 的载重汽车一辆，作为加载设备。在汽车大梁的后轴之后约 80cm 处，附设加劲小梁一根作反力架。汽车轮胎充气压力 0.50MPa。

(2) 现场测试装置，如附图 1-6-3-1 所示，由千斤顶、测力计（测力环或压力表）及球座组成。

(3) 刚性承载板一块，板厚 20mm，直径为 ϕ30cm，直径两端设有立柱和可以调整高度的支座，供安放弯沉仪测头，承载板安放在土基表面上。

(4) 路面弯沉仪两台，由贝克曼梁、百分表及其支架组成。

(5) 液压千斤顶一台，80～100kN，装有经过标定的压力表或测力环，其容量不小于土基强度，测定精度不小于测力计量程的1/100。

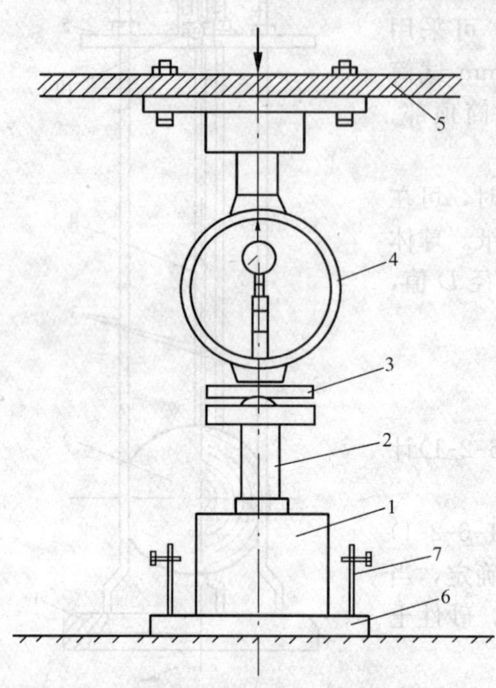

附图 1-6-3-1 承载板试验现场测试装置

1—加载千斤顶；2—钢圆筒；3—钢板及球座；4—测力计；5—加劲横梁；6—承载板；7—立柱及支座

(6) 秒表。

(7) 水平尺。

(8) 其他：细砂、毛刷、垂球、镐、铁锹、铲等。

3 方法与步骤

3.1 准备工作

(1) 根据需要选择有代表性的测点，测点应位于水平的路基上，土质均匀，不含杂物；

(2) 仔细平整土基表面，撒干燥洁净的细砂填平土基凹处，砂子不可覆盖全部土基表面避免形成一层。

(3) 安置承载板，并用水平尺进行校正，使承载板置水平状态。

(4) 将试验车置于测点上，在加劲小梁中部悬挂垂球测试，使之恰好对准承载板中心，然后收起垂球。

(5) 在承载板上安放千斤顶，上面衬垫钢圆筒、钢板，并将球座置于顶部与加劲横梁接触，如用测力环时，应将测力环置于千斤顶与横梁中间，千斤顶及衬垫物必须保持垂直，以免加压时千斤顶倾倒发生事故并影响测试数据的准确性。

(6) 安放弯沉仪，将两台弯沉仪的测头分别置于承载板立的支座上，百分表对零或其他合适的初始位置上。

3.2　测试步骤

(1) 用千斤顶开始加载，注视测力环或压力表，至预压 0.05MPa，稳压 1min，使承载板与土基紧密接触，同时检查百分表的工作情况是否正常，然后放松千斤顶油门卸载，稳压 1min 后，将指针对零或记录初始读数。

(2) 测定土基的压力—变形曲线。用千斤顶加载，采用逐级加载卸载法，用压力表或测力环控制加载量，荷载小于 0.1MPa 时，每级增加 0.02MPa，以后每级增加 0.04MPa 左右。为了使加载和计算方便，加载数值可适当调整为整数。每次加载至预定荷载（P）后，稳定 1min，立即读记两台弯沉仪百分表数值，然后轻轻放开千斤顶油门卸载至 0，待卸载稳定 1min 后，再次读数，每次卸载后百分表不再对零。当两台弯沉仪百分表读数之差小于平均值的 30%时，取平均值。如超过 30%，则应重测。当回弹变形值超过 1mm 时，即可停止加载。

(3) 各级荷载的回弹变形和总变形，按以下方法计算：

回弹变形(L)＝(加载后读数平均值－卸载后读数平均值)×弯沉仪杠杆比

总变形(L')＝(加载后读数平均值－加载初始前读数平均值)×弯沉仪杠杆比

(4) 测定总影响量 a。最后一次加载卸载循环结束后，取走千斤顶，重新读取百分表初读数，然后将汽车开出 10m 以外，读取终读数，两只百分表的初、终读数差之平均值即为总影响量 a。

(5) 在试验点下取样，测定材料含水量。取样数量如下：

最大粒径不大于 5mm，试样数量约 120g；

最大粒径不大于 25mm，试样数量约 250g；

最大粒径不大于 40mm，试样数量约 500g。

(6) 在紧靠试验点旁边的适当位置，用灌砂法或环刀法等测定土基的密度。

(7) 本试验的各项数值可记录于表 5-1 的记录表上。

4　计算

4.1　各级压力的回弹变形值加上该级的影响量后，则为计算回弹变形值。附表 1-6-3-1 是以后轴重 60kN 的标准车为测试车的各级荷载影响量的计算值。当使用其他类型测试车时，各级压力下的影响量 a_i 按式（附 1-6-3-1）计算：

$$a_i=\frac{(T_1+T_2)\ \pi D^2 P_i}{4T_1 Q}\cdot a \qquad (附 1\text{-}6\text{-}3\text{-}1)$$

式中　T_1——测试车前后轴距（m）；

T_2——加劲小梁距后轴距离（m）；

D——承载板直径（m）；

Q——测试车后轴重（N）；

P_i——该级承载板压力（Pa）；

a——总影响量（0.01mm）；

a_i——该级压力的分级影响量（0.01mm）。

各级荷载影响量（后轴 60kN 车） 附表 1-6-3-1

承载板压力（MPa）	0.05	0.10	0.15	0.20	0.30	0.40	0.50
影响量	0.06a	0.12a	0.18a	0.24a	0.36a	0.48a	0.60a

4.2 将各级计算回弹变形值点绘于标准计算纸上，排除显著偏离的异常点并绘出顺滑的 $P\sim L$ 曲线，如曲线起始部分出现反弯，应按附图 1-6-3-2 所示修正原点 O，O' 则是修正后的原点。

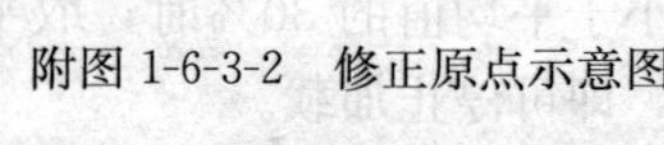

附图 1-6-3-2 修正原点示意图

4.3 按式（附 1-6-3-2）计算相应于各级荷载下的土基回弹模量 E_i 值：

$$E_i=\frac{\pi D}{4}\cdot\frac{p_i}{L_i}(1-\mu_0^2) \quad \text{（附 1-6-3-2）}$$

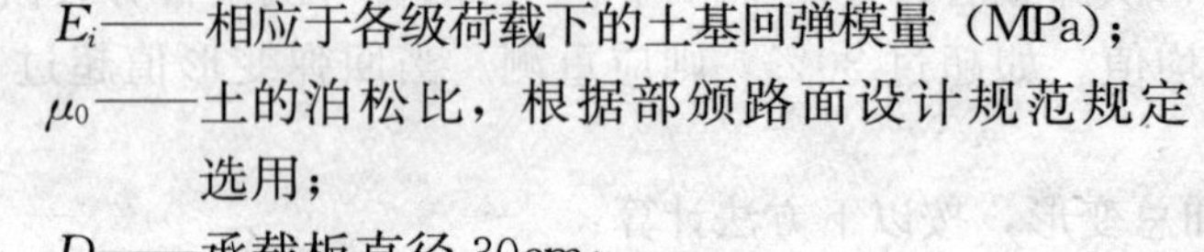

式中 E_i——相应于各级荷载下的土基回弹模量（MPa）；

μ_0——土的泊松比，根据部颁路面设计规范规定选用；

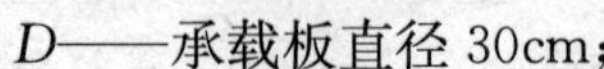

D——承载板直径 30cm；

p_i——承载板压力（MPa）；

L_i——相对于荷载 p_i 时的回弹变形（cm）。

4.4 取结束试验前的各回弹变形值按线性回归方法由式(附 1-6-3-3)计算土基回弹模量 E_0 值：

$$E_0=\frac{\pi D}{4}\cdot\frac{\Sigma p_i}{\Sigma L_i}(1-\mu_0^2) \quad \text{（附 1-6-3-3）}$$

式中 E_0——土基回弹模量（MPa）；

μ_0——土的泊松比，根据部颁设计规范规定取用；

L_i——结束试验前的各级实测回弹变形值；

p_i——对应于 L_i 的各级压力值。

5 报告

5.1 本试验采用的记录格式如附表 1-6-3-2。

承载板测定记录表 附表 1-6-3-2

路线和编号： 路面结构：

测定层位： 测定用汽车型号：

承载板直径（cm）： 测定日期： 年 月 日

千斤顶读数	荷载 P（kN）	承载板压力 p（MPa）	百分表读数（0.01mm）			总变形（0.01mm）	回弹变形（0.01mm）	分级影响量（0.01mm）	计算回弹变形（0.01mm）	E_i（MPa）
			加载前	加载后	卸载后					

总影响量 a

土基回弹模量 E_0 值（MPa）

5.2 试验报告应记录下列结果：

（1）试验时所采用的汽车。

（2）近期天气状况。

（3）试验时土基的含水量（%）。

（4）土基密度和压实度。

（5）相应于各级荷载下的土基回弹模量 E_i 值。

（6）土基回弹模量 E_0 值（MPa）。

附录1-6-4 贝克曼梁测定路基路面回弹模量试验方法（T 0944—95）

1 目的和适用范围

本方法适用于在土基、厚度不小于1m的粒料整层表面，用弯沉仪测试各测点的回弹弯沉值，通过计算求得该材料的回弹模量值的试验；也适用于在旧路表面测定路基路面的综合回弹模量。

2 仪器和仪具

本试验需要下列仪具：

（1）标准车：按《公路路基路面现场测试规程》（JTJ 059—95）规程T 0951（贝克曼梁测定路基路面回弹模量试验方法 T 0944—95）的规定选用。

（2）路面弯沉仪：由贝克曼梁、百分表及表架组成。贝克曼梁由合金铝制成，上有水准泡，其前臂（接触路面）与后臂（装百分表）长度比为2∶1，标准弯沉仪前后臂分别为240mm和120mm，加长弯沉仪分别为360mm和180mm。弯沉采用百分表量得。

（3）路表温度计：分度不大于1℃。

（4）接长杆：直径 ϕ16mm，长500mm。

（5）其他：皮尺、口哨、粉笔、指挥旗等。

3 方法与步骤

3.1 准备工作

（1）选择洁净的路基路面表面作为测点，在测点处作好标记并编号。

（2）无结合料粒料基层的整层试验段（试槽）应符合下列要求：

①整层试槽可修筑在行车带范围内或路肩及其他合适处，也可在室内修筑，但均应适于用汽车测定弯沉。

②试槽应选择在干燥或中湿路段处，不得铺筑在软土基上。

③试槽面积不小于3m×2m，厚度不宜小于1m。铺筑时，先挖3m×2m×1m（长×宽×深）的坑，然后用欲测定的同一种路面材料按有关施工规范规定的压实层厚度分层铺筑并压实，直至顶面，使其达到要求的压实度标准。同时应严格控制材料组成，配比均匀一致，符合施工质量要求。

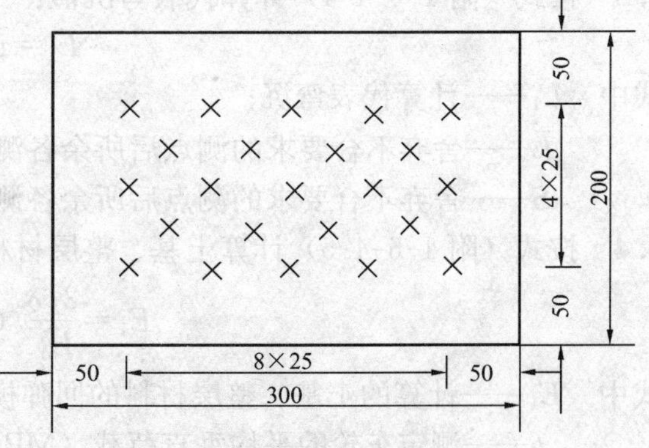

附图1-6-4 试槽表面的测点布置（单位：cm）

④试槽表面的测点间距可按附图1-6-4布置在中间2m×1m的范围内，可测定23点。

3.2 测试步骤

按《公路路基路面现场测试规程》(JTJ 059—95) 规程 T 0951 (贝克曼梁测定路基路面回弹模量试验方法 T 0944—95) 的规定选择适当的标准车，实测各测点处的路面回弹弯沉值 L_i。如在旧沥青面层上测定时，应读取温度，并按《公路路基路面现场测试规程》(JTJ 059—95) 规程 T 0951 (贝克曼梁测定路基路面回弹模量试验方法 T 0944—95) 的规定的方法进行测定弯沉值的温度修正，得到标准温度 20℃时的弯沉值。

4 计算

4.1 按式 (附 1-6-4-1)、(附 1-6-4-2)、(附 1-6-4-3) 计算全部测定值的算术平均值 ($\overline{L}$)、单次测量的标准差 (S) 和自然误差 (r_0):

$$\overline{L}=\frac{\Sigma L_i}{N} \qquad (附 1\text{-}6\text{-}4\text{-}1)$$

$$S=\frac{\sqrt{(\Sigma L_i-\overline{L})^2}}{N-1} \qquad (附 1\text{-}6\text{-}4\text{-}2)$$

$$r_0=0.675\times S \qquad (附 1\text{-}6\text{-}4\text{-}3)$$

式中 $\overline{L}$——回弹弯沉的平均值 (0.01mm);

S——回弹弯沉测定值的标准差 (0.01mm);

r_0——回弹弯沉测定值的自然误差 (0.01mm);

L_i——各测点的回弹弯沉值 (0.01mm);

N——测点总数。

4.2 计算各测点的测定值与算术平均值的偏差值 $d_i=L_i-\overline{L}$，并计算较大的偏差与自然误差之比 d_i/r_0。当某个测点观测值的 d_i/r_0 值大于表 4-1 中的 d/r 极限值时则应舍弃该测点，然后重复 4.1 的步骤计算所余各测点的算术平均值 ($\overline{L}$) 及标准差 (S)。

相应于不同观测次数的 *d/r* 极限值 **附表 1-6-4**

N	5	10	15	20	50
d/r	2.5	2.9	3.2	3.3	3.8

4.3 按式 (附 1-6-4-4) 计算代表弯沉值:

$$L_1=\overline{L}+S \qquad (附 1\text{-}6\text{-}4\text{-}4)$$

式中 L_1——计算代表弯沉;

$\overline{L}$——舍弃不合要求的测点后所余各测点弯沉的算术平均值;

S——舍弃不合要求的测点后所余各测点弯沉的标准差。

4.4 按式 (附 1-6-4-5) 计算土基、整层材料的回弹模量 (E_1) 或旧路的综合回弹模量:

$$E_1=\frac{2p\delta}{L_1}\ (1-\mu^2)\ \alpha \qquad (附 1\text{-}6\text{-}4\text{-}5)$$

式中 E_1——计算的土基、整层材料的回弹模量或旧路的综合回弹模量 (MPa);

p——测定车轮的平均垂直荷载 (MPa);

δ——测定用标准车双圆荷载单轮传压面当量圆的半径 (cm);

μ——测定层材料的泊松比，根据部颁路面设计规范的规定取用;

α——弯沉系数，为 0.712。

5 报告

报告应包括弯沉测定表、计算的代表弯沉、采用的泊松比及计算得到的材料回弹模量

E_1 等，对沥青路面应报告测试时的路面温度。

附录 1-7　承载能力

附录 1-7-1　贝克曼梁测定路基路面回弹弯沉试验方法（T 0951—95）

1　目的和适用范围

1.1　本方法适用于测定各类路基路面的回弹弯沉，用以评定其整体承载能力，可供路面结构设计使用。

1.2　沥青路面的弯沉以路表温度20℃时为准，在其他温度测试时，对厚度大于 5cm 的沥青路面，弯沉值应予温度修正。

2　仪具与材料

本试验需要下列仪具与材料：

（1）标准车：双轴、后轴双侧 4 轮的载重车，其标准轴荷载、轮胎尺寸、轮胎间隙及轮胎气压等主要参数应符合附表 1-7-1 的要求。测试车可根据需要按公路等级选择，高速公路、一级及二级公路应采用后轴 10t 的 BZZ—100 标准车；其他等级公路可采用后轴 6t 的 BZZ—60 标准车。

测定弯沉用的标准车参数　　**附表 1-7-1**

标准轴载等级	BZZ—100	BZZ—60
后轴标准轴载 P　(kN)	100±1	60±1
一侧双轮荷载　(kN)	50±0.5	30±0.5
轮胎充气压力　(MPa)	0.70±0.05	0.50±0.05
单轮传压面当量圆直径　(cm)	21.30±0.5	19.50±0.5
轮隙宽度	应满足能自由插入弯沉仪测头的测试要求	

（2）路面弯沉仪：由贝克曼梁、百分表及表架组成，贝克曼梁由合金铝制成，上有水准泡，其前臂（接触路面）与后臂（装百分表）长度比为 2∶1。弯沉仪长度有两种：一种长 3.6m，前后臂分别为 2.4m 和 1.2m；另一种加长的弯沉仪长 5.4m，前后臂分别为 3.6m 和 1.8m。当在半刚性基层沥青路面或水泥混凝土路面上测定时，宜采用长度为 5.4m 的贝克曼梁弯沉仪，并采用 BZZ—100 标准车。弯沉采用百分表量得，也可用自动记录装置进行测量。

（3）接触式路表温度计：端部为平头，分度不大于 1℃。

（4）其他：皮尺、口哨、白油漆或粉笔、指挥旗等。

3　试验方法

3.1　准备工作

（1）检查并保持测定用标准车的车况及刹车性能良好，轮胎内胎符合规定充气压力。

（2）向汽车车槽中装载（铁块或集料），并用地中衡称量后轴总质量，符合要求的轴重规定，汽车行驶及测定过程中，轴重不得变化。

（3）测定轮胎接地面积：在平整光滑的硬质路面上用千斤顶将汽车后轴顶起，在轮胎下方铺一张新的复写纸，轻轻落下千斤顶，即在方格纸上印上轮胎印痕，用求积仪或数方格的方法测算轮胎接地面积，准确至 $0.1cm^2$。

（4）检查弯沉仪百分表测量灵敏情况。

(5) 当在沥青路面上测定时，用路表温度计测定试验时气温及路表温度（一天中气温不断变化，应随时测定），并通过气象台了解前5d的平均气温（日最高气温与最低气温的平均值）。

(6) 记录沥青路面修建或改建时材料、结构、厚度、施工及养护等情况。

3.2　路基路面回弹弯沉测试步骤

(1) 在测试路段布置测点，其距离随测试需要而定。测点应在路面行车车道的轮迹带上，并用白油漆或粉笔划上标记。

(2) 将试验车后轮轮隙对准测点后约3～5cm处的位置上。

(3) 将弯沉仪插入汽车后轮之间的缝隙处，与汽车方向一致，梁臂不得碰到轮胎，弯沉仪测头置于测点上（轮隙中心前方3～5cm处），并安装百分表于弯沉仪的测定杆上，百分表调零，用手指轻轻叩打弯沉仪，检查百分表是否稳定回零。

弯沉仪可以是单侧测定，也可以是双侧同时测定。

(4) 测定者吹哨发令指挥汽车缓缓前进，百分表随路面变形的增加而持续向前转动。当表针转动到最大值时，迅速读取初读数 L_1。汽车仍在继续前进，表针反向回转，待汽车驶出弯沉影响半径（约3m以上）后，吹口哨或挥动指挥红旗，汽车停止。待表针回转稳定后，再次读取终读数 L_2。汽车前进的速度宜为5km/h左右。

3.3　弯沉仪的支点变形修正

(1) 当采用长度为3.6m的弯沉仪对半刚性基层沥青路面、水泥混凝土路面等进行弯沉测定时，有可能引起弯沉仪支座处变形，因此测定时检验支点有无变形。此时应用另一台检验用的弯沉仪安装在测定用弯沉仪的后方，其测点架于测定用弯沉仪的支点旁。当汽车开出时，同时测定两台弯沉仪的弯沉读数，如检验用弯沉仪百分表有读数，即应该记录并进行支点变形修正。当在同一结构层上测定时，可在不同位置测定5次，求取平均值，以后每次测定时以此作为修正值。支点变形修正的原理如附图1-7-1-1所示。

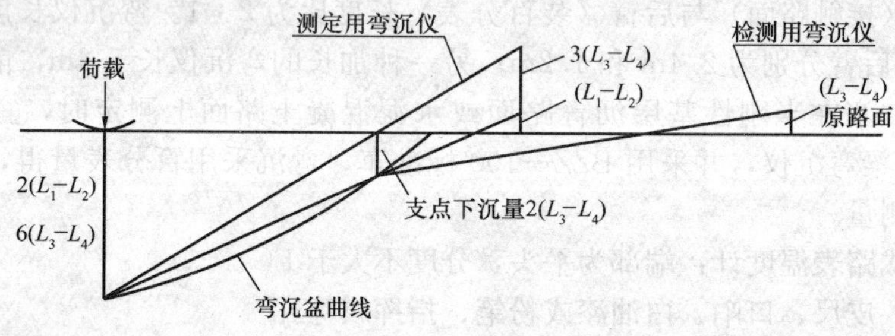

附图1-7-1-1　弯沉仪支点变形修正原理

(2) 当采用长度为5.4m的弯沉仪测定时，可不进行支点变形修正。

4　结果计算及温度修正

4.1　路面测点的回弹弯沉值依式（附1-7-1-1）计算：

$$L_T = (L_1 - L_2) \times 2 \qquad (附1\text{-}7\text{-}1\text{-}1)$$

式中　L_T——在路面温度 T 时的回弹弯沉值（0.01mm）；

L_1——车轮中心临近弯沉仪测头时百分表的最大读数（0.01mm）；

L_2——汽车驶出弯沉影响半径后百分表的终读数（0.01mm）。

4.2　当需要进行弯沉仪支点变形修正时，路面测点的回弹弯沉值按式(附1-7-1-2)计算。

$$L_T = (L_1 - L_2) \times 2 + (L_3 - L_4) \times 6 \quad \text{(附 1-7-1-2)}$$

式中　L_1——车轮中心临近弯沉仪测头时测定用弯沉仪的最大读数（0.01mm）；

L_2——汽车驶出弯沉影响半径后测定用弯沉仪的最终读数（0.01mm）；

L_3——车轮中心临近弯沉仪测头时检验用弯沉仪的最大读数（0.01mm）；

L_4——汽车驶出弯沉影响半径后检验用弯沉仪的终读数（0.01mm）。

注：此式适用于测定用弯沉仪支座处有变形，但百分表架处路面已无变形的情况。

4.3　沥青面层厚度大于5cm的沥青路面，回弹弯沉值应进行温度修正，温度修正及回弹弯沉的计算宜按下列步骤进行。

（1）测定时的沥青层平均温度按式（附1-7-1-3）计算：

$$T = (T_{25} + T_m + T_e)/3 \quad \text{(附 1-7-1-3)}$$

式中　T——测定时沥青层平均温度（℃）；

T_{25}——根据 T_0 由附图1-7-1-2决定的路表下25mm处的温度（℃）；

T_m——根据 T_0 由附图1-7-1-2决定的沥青层中间深度的温度（℃）；

T_e——根据 T_0 由附图1-7-1-2决定的沥青层底面处的温度（℃）。

附图1-7-1-2中 T_0 为测定时路表温度与测定前5d日平均气温的平均值之和（℃），日平均气温为日最高气温与最低气温的平均值。

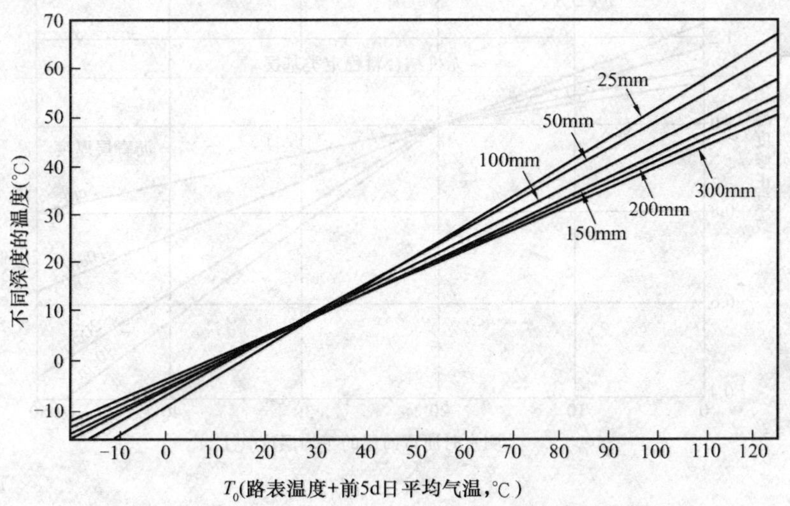

附图1-7-1-2　沥青层平均温度的决定

注：线上的数字为从路表下的不同深度（mm）。

（2）采用不同基层的沥青路面弯沉值的温度修正系数 K，根据沥青层平均温度 T 及沥青层厚度，分别由附图1-7-1-3及附图1-7-1-4求取。

（3）沥青路面回弹弯沉按式（附1-7-1-4）计算：

$$L_{20} = L_T \times K \quad \text{(附 1-7-1-4)}$$

式中　K——温度修正系数；

L_{20}——换算为20℃的沥青路面回弹弯沉值（0.01mm）；

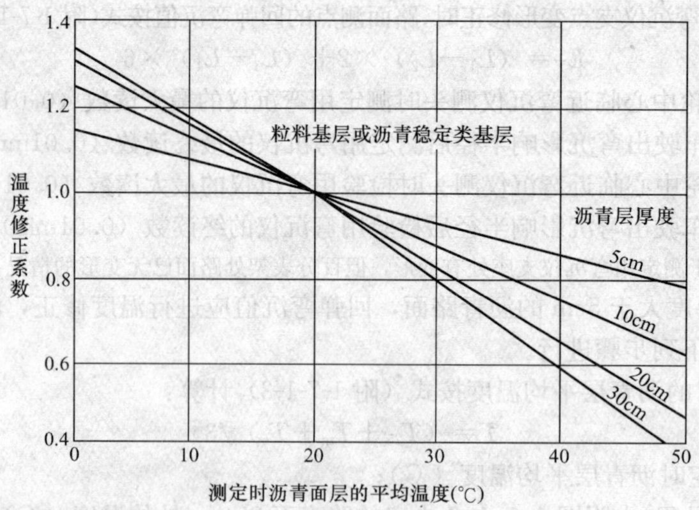

附图 1-7-1-3 路面弯沉温度修正系数曲线

（适用于粒料基层及沥青稳定基层）

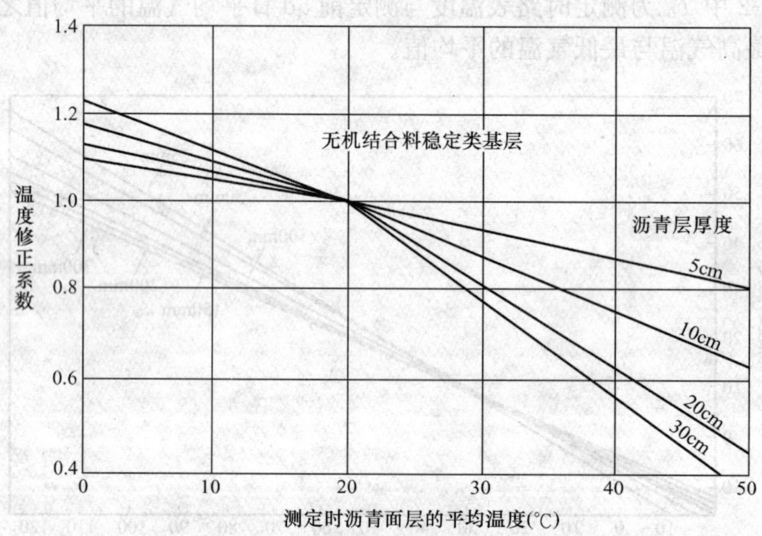

附图 1-7-1-4 路面弯沉温度修正系数曲线

（适用于无机结合料稳定的半刚性基层）

L_T——测定时沥青面层内平均温度为 T 时的回弹弯沉值（0.01mm）。

4.4 按式（附 1-7-1-5）计算每一个评定路段的代表弯沉：

$$L_r = \overline{L} + Z_a S \quad \text{（附 1-7-1-5）}$$

式中 L_r——一个评定路段的代表弯沉（0.01mm）；

$\overline{L}$——一个评定路段内经各项修正后的各测点弯沉的平均值（0.01mm）；

S——一个评定路段内经各项修正后的全部测点弯沉的标准差（0.01mm）；

Z_a——与保证率有关的系数，采用下列数值：

高速公路、一级公路 $Z_a = 2.0$

二级公路　　　　　　　　Z_a＝1.645

二级以下公路　　　　　　Z_a＝1.5

5　报告

报告应包括下列内容：

（1）弯沉测定表、支点变形修正值、测试时的路面温度及温度修正值。

（2）每一个评定路段的各测点弯沉的平均值、标准差及代表弯沉。

附录 1-7-2　自动弯沉仪测定路面弯沉试验方法（T 0952—95）

1　目的和适用范围

1.1　本方法适用于自动弯沉仪在标准条件下每隔一定距离连续测试路面的总弯沉，及测定路段的总弯沉值的平均值。

1.2　本方法适用于尚无坑洞等严重破坏的道路验收检查及旧路面强度评价，可为路面养护管理系统提供数据，经过与贝克曼梁测定值进行换算后，也可用于路面结构设计。

2　仪具与材料

本方法需要下列仪具与材料：

自动弯沉仪测定车：洛克鲁瓦型，由测试汽车、测量机构、数据采集处理系统三部分组成。测量机构如附图 1-7-2 所示，它安装在测试车底盘下面，测臂夹在后轴轮隙中间。汽车运行时测量机构提起，离开路面。

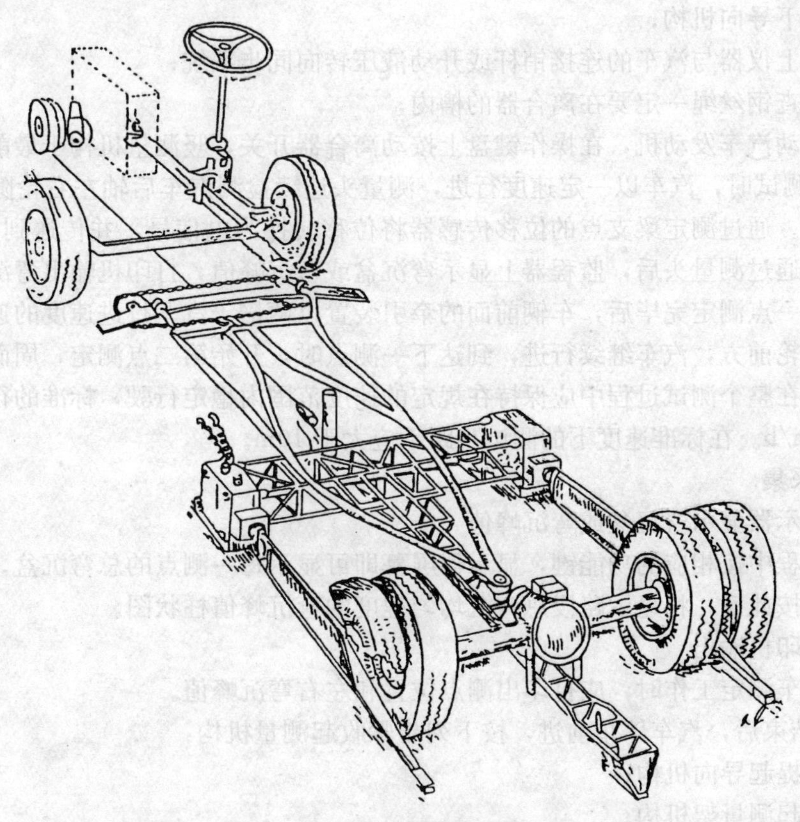

附图 1-7-2　自动弯沉仪的测量机构

自动弯沉仪测定车的主要技术参数如下：

测试车轴距 6.75m；

测臂长度 1.75～2.40m；

后轴荷载 100kN；

测定轮对路面的压强 0.7MPa；

最小测试步距 4～10m；

测试精度 0.01mm；

测试速度 1.5～4.0km/h。

3 方法与步骤

3.1 将自动弯沉仪测定车开到检测路段的测定车道（一般为行车道）上，测点应在路面行车车道的轮迹带上。

3.2 汽车到达测试地点第一个测点位置后，按下列步骤放下测量机构：

（1）关闭汽车发动机；

（2）松开离合器转盘；

（3）放下测量头，测量头位于测定梁（后轴）前方的一定距离上；

（4）放下后支点，勾好手把；

（5）放下测量架，销好把手；

（6）放下导向机构；

（7）插上仪器与汽车的连接销杆或开动液压转向同步系统；

（8）检查钢丝绳一定要在离合器的槽内；

（9）启动汽车发动机，在操作键盘上按动离合器开关，竖测量机构于最前端。

3.3 开始测试时，汽车以一定速度行进，测量头连续检测汽车后轴左右轮隙下产生的路面瞬间弯沉。通过测定梁支点的位移传感器将位移转换为电信号，并传送到数据记录器，待汽车后轮通过测量头后，监程器上显示弯沉盆或弯沉峰值，打印机输出弯沉峰值及测定距离。当第一点测定完毕后，车辆前面的牵引装置以两倍于汽车行进速度的速度把测量机构拉到测定轮前方，汽车继续行进，到达下一测点时，开始第二点测定，周而复始地向前测定。汽车在整个测试过程中应保持在规定的速度范围内稳定行驶，标准的行车速度应为3.0～3.5km/h。在标准速度下的测试步距不应大于10m。

3.4 数据采集

（1）显示器显示弯沉盆或弯沉峰值

测定过程中按相应的功能键，显示器屏幕即可显示每一测点的总弯沉盆。当测定一段距离后，再按此键，将显示路段总弯沉均匀程度的弯沉峰值柱状图。

（2）打印机输出

在测定车测定工作时，应打印出测点位置和左右弯沉峰值。

3.5 测定结束后，汽车停止前进，按下列步骤收起测量机构：

（1）先提起导向机构；

（2）提起测量架机构；

（3）提起后支点；

（4）最后挂起测头。

4 数据处理

4.1 测定结果应按计算区间输出计算结果，计算区间长度可根据公路等级和测试要求确定，标准的计算区间为100m。

4.2 在测定时，随着打印机输出的同时，应将数据用文件方式同时记录在磁带或硬盘上，长期保存。通过计算机输出计算结果，包括每一个计算区间的平均总弯沉值、标准差、代表总弯沉值，示例如附表1-7-2。其中代表总弯沉值按式（附1-7-1-5）计算。如已进行过自动弯沉仪总弯沉与贝克曼梁回弹弯沉对比试验，则可据此计算出相应的回弹弯沉值。

按计算区间列出的总弯沉测定示例表 **附表1-7-2**

记录号	路线号	公里桩	百米桩	平均总弯沉值（0.01mm）	标准差（0.01mm）	代表总弯沉（0.01mm）
1	107	1376	100	41	19256	79
2	107	1376	200	45	9.916	65
3	107	1376	300	55	18.442	92
4	107	1376	400	57	12.739	82
5	107	1376	500	42	9.096	60

注：本表计算区间为100m，代表总弯沉按平均总弯沉加2倍标准差计算。

4.3 按本书附录1-14检测路段数据整理的方法计算一个评定路段的平均值、标准差、变异系数、代表总弯沉值。

5 自动弯沉仪与贝克曼梁弯沉对比试验步骤

5.1 针对不同地区选择某种路面结构的代表性路段，进行两种测定方法的对比试验，以便将自动弯沉仪测定的总弯沉换算成贝克曼梁测定的回弹弯沉值。测定路段的长度为300～500m，并应使测定的弯沉值有一定的变化幅度。

5.2 对比试验步骤：

（1）采用同一辆自动弯沉仪测定车，使测定车型、荷载大小和轮胎作用面积完全相同；

（2）用油漆标记对比路段起点位置；

（3）用自动弯沉仪按自动弯沉仪测定弯沉试验的方法进行测定，同时仔细用油漆标出每一测点的位置；

（4）在每一标记位置用贝克曼梁定点测定回弹弯沉，测点范围准确至10cm^{2}以内；

（5）逐点对应计算两者的相关关系，得出回归方程式$L_B=a+bL_A$，式中L_B、L_A分别为贝克曼梁和自动弯沉仪测定的弯沉值。相关系数不得小于0.90。

注：由于不同路面结构和材料、路基状况、温度、水文条件、路面使用状况不同，对比关系也有所不同，为了提高数据的准确性，应分别情况作此项对比试验。

6 报告

6.1 报告应包括下列内容：

（1）按一个计算区间列出总弯沉测定表及弯沉峰值柱状图。

（2）每一个评定路段的全部测点总弯沉的平均值、标准差、变异系数及代表弯沉。

6.2 如与贝克曼梁弯沉仪进行了对比试验，尚应报告相关关系式、相关系数及换算的回弹弯沉。

附录 1-7-3　落锤式弯沉仪测定路面弯沉试验方法（T 0953—95）

1　目的与适用范围

本方法适用于在落锤式弯沉仪（FWD）标准质量的重锤落下一定高度发生的冲击荷载的作用下，测定路基或路面表面所产生的瞬时变形，即测定在动态荷载作用下产生的动态弯沉及弯沉盆，并可由此反算路基路面各层材料的动态弹性模量，作为设计参数使用。所测结果也可用于评定道路承载能力，调查水泥混凝土路面的接缝的传力效果，探查路面板下的空洞等。

2　仪器设备

本方法需要下列仪器设备：

落锤式弯沉仪，简称 FWD，由荷载发生装置、弯沉检测装置、运算控制系统与车辆牵引系统等组成。其结构示意图如附图 1-7-3-1 所示。

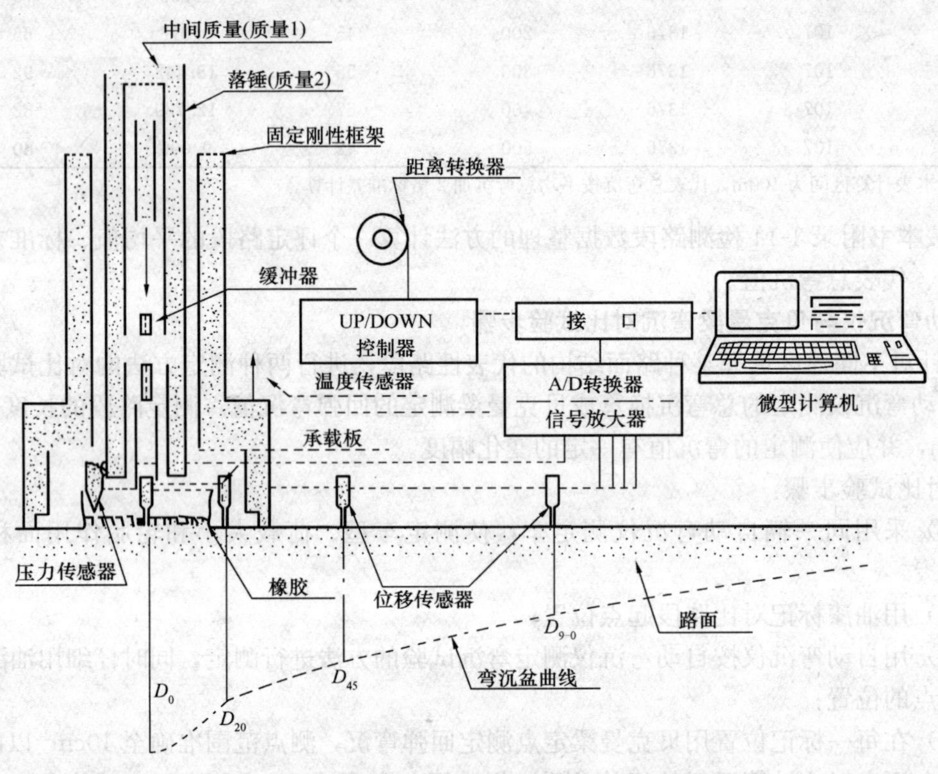

附图 1-7-3-1　落锤式弯沉仪测量系统示意图

①荷载发生装置：重锤的质量及落高根据使用目的与道路等级选择，荷载由传感器测定，如无特殊需要，重锤的质量为 200±10kg，可采用产生 50±2.5kN 的冲击荷载。承载板宜为十字对称分开成 4 部分且底部固定有橡胶片的承载板。承载板的直径为 300mm。

②弯沉检测装置：由一组高精度位移传感器组成，如附图 1-7-3-2 所示，传感器可为差动变压器式位移计（LVDT）。自中心开始，承载板沿道路纵向设置，隔开一定距离布设一组传感器，传感器总数可为 5～7 个，根据需要及设备性能决定。

③运算及控制装置：能在冲击荷载作用的瞬间内，记录冲击荷载及各个传感器所在位置测点的动态变形。

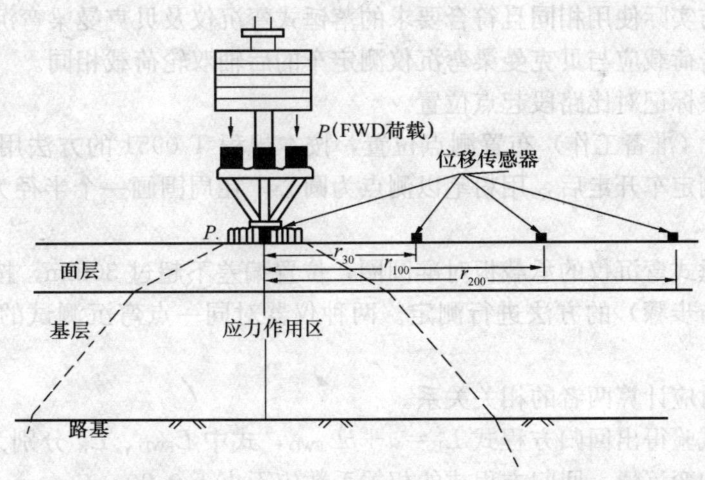

附图 1-7-3-2　落锤式弯沉仪传感器布置及应力作用状态示例

④牵引装置：牵引 FWD 并安装运算及控制装置的车辆。

3　评定道路承载能力的方法与步骤

3.1　准备工作

(1) 调整重锤的质量及落高，使重锤的质量及产生的冲击荷载符合 2（仪器设备）的要求。

(2) 在测试路段的路基或路面各层表面布置测点，其位置或距离随测试需要而定。当在路面表面测定时，测点宜布置在行车车道的轮迹带上。测试时，还可利用距离传感器定位。

(3) 检查 FWD 的车况及使用性能，用手动操作检查，各项指标符合仪器规定要求。

(4) 将 FWD 牵引至测定地点，将仪器打开，进入工作状态。牵引 FWD 行驶的速度不宜超过 50km/h。

(5) 对位移传感器按仪器使用说明书进行标定，使之达到规定的精度要求。

3.2　测定方法

(1) 承载板中心位置对准测点，承载板自动落下，放下弯沉装置的各个传感器。

(2) 启动落锤装置，落锤瞬即自由落下，冲击力作用于承载板上，又立即自动提升至原来位置固定。同时，各个传感器检测结构层表面变形，记录系统将位移信号输入计算机，并得到峰值，即路面弯沉，同时得到弯沉盆。每一测点重复测定应不少于 3 次，除去第一个测定值，取以后几次测定值的平均值作为计算依据。

(3) 提起传感器及承载板，牵引车向前移动至下一个测点，重复上述步骤，进行测定。

4　落锤式弯沉仪与贝克曼梁弯沉仪对比试验步骤

4.1　路段选择。选择结构类型完全相同的路段，针对不同地区选择某种路面结构的代表性路段，进行两种测定方法的对比试验，以便将落锤式弯沉仪测定的动弯沉换算成贝克曼梁测定的回弹弯沉值。选择的对比路段长度 300～500m，弯沉值应有一定的变化幅度。

4.2　对比试验步骤

（1）采用与实际使用相同且符合要求的落锤式弯沉仪及贝克曼梁弯沉仪测定车。落锤式弯沉仪的冲击荷载应与贝克曼梁弯沉仪测定车的后轴双轮荷载相同。

（2）用油漆标记对比路段起点位置。

（3）按3.1（准备工作）布置测点位置，按本规程T 0951的方法用贝克曼梁定点测定回弹弯沉。测定车开走后，用粉笔以测点为圆心，在周围画一个半径为15cm的圆，标明测点位置。

（4）将落锤式弯沉仪的承载板对准圆圈，位置偏差不超过30mm，按3（评定道路承载能力的方法与步骤）的方法进行测定。两种仪器对同一点弯沉测试的时间间隔不应超过10min。

（5）逐点对应计算两者的相关关系。

通过对比试验得出回归方程式 $L_B = a + bL_{FWD}$，式中 L_{FWD}、L_B 分别为落锤式弯沉仪、贝克曼梁测定的弯沉值。回归方程式的相关系数应不小于0.90。

注：由于不同路面结构的材料、路基状况、温度、水文条件、路面使用状况不同，对比关系也有所不同，为了提高数据的准确性，应分别情况作此项对比试验。

5　水泥混凝土路面板调查的方法与步骤

5.1　在测试路段的水泥混凝土路面板表面布置测点，当为调查水泥混凝土路面的接缝的传力效果时，测点布置在接缝的一侧，位移传感器分开在接缝两边布置。当为探查路面板下的空洞时，测点布置位置随测试需要而定，应在不同位置测定。

5.2　按3（评定道路承载能力的方法与步骤）的方法进行测定。

6　计算

6.1　按桩号记录各测点的弯沉测定及弯沉盆数据，按本书附录1-14检测路段数据整理的方法计算一个评定路段的平均值、标准差、变异系数。

6.2　当为调查水泥混凝土路面接缝的传力效果时，利用分开在接缝两边布置的位移传感器测定值的差异及弯沉盆的形状，进行判断。

6.3　当为探查路面板下的空洞时，利用在不同位置测定的测定值差异及弯沉盆的形状，进行判断。

7　报告

7.1　报告应包括下列内容：

（1）各测点的最大弯沉及弯沉盆测定数据。

（2）每一个评定路段全部测点弯沉的平均值、标准差、变异系数及代表弯沉。

7.2　如与贝克曼梁弯沉仪进行了对比试验，尚应报告相关关系式、相关系数和换算的回弹弯沉。

附录1-8　水泥混凝土的强度

附录1-8-1　回弹仪检测水泥混凝土强度试验方法（T 0954—95）

1　目的与适用范围

1.1　本方法适用于在现场对水泥混凝土路面及其他构筑物的普通混凝土抗压强度的快速评定，所试验的水泥混凝土厚度不得小于100mm，温度应不低于10℃。

1.2　回弹法试验可作为试块强度的参考，不得用于代替混凝土的强度评定，不适于作为仲裁试验或工程验收的最终依据。

2　仪具与材料

本方法需用下列仪具和材料：

（1）混凝土回弹仪：指针直读式的混凝土回弹仪，构造和主要零件名称见附图1-8-1，也可采用数字显示式或自记录式的回弹仪。回弹仪应符合下列标准：

①水平弹击时，在弹击锤脱钩的瞬间，回弹仪的标称动能应为2.207J。

②弹击锤与弹击杆碰撞的瞬间，弹击拉簧处于自由状态，此时弹击锤起点应位于刻度尺的零点处。

③在洛氏硬度为HRC60±2的钢砧上，回弹仪的率定值应为80±2。

（2）酚酞酒精溶液，浓度为1%。

（3）手提式砂轮。

（4）钢砧：洛氏硬度HRC60±2。

（5）其他：卷尺、钢尺、凿子、锤、毛刷等。

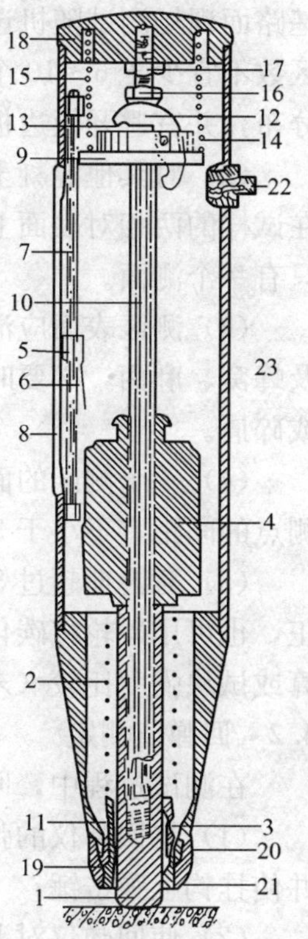

附图1-8-1　混凝土回弹仪的结构

1—弹击杆；2—弹击拉簧；3—拉簧座；4—弹击重锤；5—指针块；6—指针片；7—指针轴；8—刻度尺；9—导向法兰；10—中心导杆；11—缓冲压簧；12—挂钩；13—挂钩压簧；14—挂钩销子；15—压簧；16—调零螺丝；17—紧固螺母；18—尾盖；19—盖帽；20—卡环；21—密封毡圈；22—按钮；23—外壳

3　方法与步骤

3.1　回弹仪检定与保养

（1）回弹仪有下列情况之一时，应送检定单位校检。检验合格的回弹仪应具有检定合格证，其有效期为一年。

①累计弹击次数超过6000次；

②弹击拉簧座、弹击杆、缓冲压簧、中心导杆、导向法兰、弹击锤、指针轴、指针片、指针块、挂钩及调零螺丝等主要零件之一经更换后；

③弹击拉簧前端不在拉簧座原孔位或调零螺丝松动；

④遭受严重撞击或其他损害。

（2）回弹仪有下列情况之一时，应在钢砧上进行率定试验：

①进行构件测试前后，如连续数天测试，可在每天测试完毕后率定一次；

②测定过程中对回弹值有怀疑时。

如率定试验结果不在规定的80±2范围内，应对回弹仪进行常规保养后再进行率定，如再次率定仍不合格，应送检定单位检验。

（3）回弹仪率定步骤

回弹仪率定试验宜在室温为20±5℃的条件下进行。率定时，钢砧应稳固地平放在刚度大的混凝土地坪上，回弹仪向下弹击时，弹击杆应分4次旋转，每次旋转约90°，弹击3～5次，取其中最后连续3次且读数稳定的回弹值进行平均作为率定值。

4　测定步骤

4.1　测区和测点布置

（1）当为水泥混凝土路面时，将一块混凝土板作为一个试样，试样的选择按《公路路基路面现场测试随机选点方法》（T 0991—95）规程的随机取样方法决定。每个试样的测区数不宜少于 6～10 个，相邻两测区的间距宜大于 2m；测区宜在试样的可测表面上均匀分布，并宜避开板边板角。

（2）对其他混凝土构造物，测区应避开位于混凝土内保护层附近设置的钢筋，测区宜在试样的两相对表面上有两个基本对称的测试面，如不能满足这一要求时，一个测区允许只有一个测面。

（3）测区表面应清洁、干燥、平整，不应有接缝、饰面层、粉刷层、浮浆、油垢等以及蜂窝、麻面，必要时可用砂轮清除表面的杂物和不平整处，磨光的表面不应有残留粉尘或碎屑。

（4）一个测区的面积宜不少于 200mm×200mm，每一测区宜测定 16 个测点，相邻两测点的间距宜不小于 3cm。测点距路面边缘或接缝的距离应不小于 5cm。

（5）对龄期超过 3 个月的硬化混凝土，应测定混凝土表层的碳化深度进行回弹值修正，也可用砂轮将碳化层打磨掉以后进行测定，但经打磨的与未经打磨的不得混在一起计算或试块强度比较（未打磨）。

4.2　回弹值测定

在测试过程中，回弹仪的轴线应始终垂直于混凝土路面，具体操作应符合下列要求：

（1）将回弹仪的弹击杆顶住混凝土表面，轻压仪器，使按钮松开，弹击杆徐徐伸出，并使挂钩上弹击锤；

（2）使回弹仪对混凝土表面缓慢均匀施压，待弹击锤脱钩，冲击弹击杆后，弹击锤即带动指针向后移动直至到达一定位置时，指针块的刻度线即在刻度尺上指示某一回弹值；

（3）使回弹仪继续顶住混凝土表面，进行读数并记录回弹值，如条件不利于读数，可按下按钮，锁住机芯，将回弹仪移至它处读数，准确至 1 个单位。

（4）逐渐对回弹仪减压，使弹击杆自机壳内伸出，挂钩挂上弹击锤，待下一次使用。

4.3　碳化深度测定

（1）对龄期超过 3 个月的混凝土，回弹值测量完毕后，可在每个测区上选择一处测量混凝土的碳化深度值。当相邻测区的混凝土土质或回弹值与它基本相同时，则该测区测得的碳化深度值也可代表相邻测区的碳化深度值。

（2）测量碳化深度时，可用合适的工具在测区表面形成直径约为 15mm 的孔洞（其深度略大于混凝土的碳化深度），然后用毛刷除去孔洞中的粉末和碎屑（不得用液体冲洗），并立即用浓度为 1%酚酞酒精溶液洒在孔洞内壁的边缘处，再用钢尺测量自混凝土表面至深部不变色（未碳化部分变成紫红色）、有代表性交界处的垂直距离 1～2 次，该距离即为混凝土的碳化深度值，每次测读至 0.5mm。

5　计算

5.1　将一个测区的 16 个测点的回弹值，去掉 3 个较大值及 3 个较小值，将其余 10 个回弹值按式（附 1-8-1-1）计算测区平均回弹值：

$$\overline{N}_a=\frac{\Sigma N_i}{10} \qquad \text{(附 1-8-1-1)}$$

式中　$\overline{N}_a$——测区平均回弹值，准确至 0.1；

N_i——第 i 个测点的回弹值。

5.2　当回弹仪非水平方向测试混凝土浇筑侧面时，应根据回弹仪轴线与水平方向的角度将测得的数据按式（附 1-8-1-2）进行修正，计算非水平方向测定的修正回弹值。当测定水泥混凝土路面为向下垂直方向时，测试角度为－90°，回弹修正值 ΔN 如附表1-8-1-1所示。

$$\overline{N}=\overline{N}_a+\Delta N \qquad (附 1\text{-}8\text{-}1\text{-}2)$$

式中　$\overline{N}$——经非水平测定修正的测区平均回弹值；

$\overline{N}_a$——回弹仪实测的测区平均回弹值；

ΔN——非水平测量的回弹值修正值，由附表 1-8-1-1 或内插法求得，准确至 0.1。

非水平方向测定的修正回弹值　**附表 1-8-1-1**

$\overline{N}_a$	与水平方向所成的角度							
	+90°	+60°	+45°	+30°	−30°	−45°	−60°	−90°
20	−6.0	−5.0	−4.0	−3.0	+2.5	+3.0	+3.5	+4.0
30	−5.0	−4.0	−3.5	−2.5	+2.0	+2.5	+3.0	+3.5
40	−4.0	−3.5	−3.0	−2.0	+1.5	+2.0	+2.5	+3.0
50	−3.5	−3.0	−2.5	−1.5	+1.0	+1.5	+2.0	+2.5

注：表中未列入的 $\overline{N}_a$，可用内插法求得。

5.3　碳化深度按式（附 1-8-1-3）计算：

$$L=\frac{1}{n}\sum_{i=1}^{n}L_i \qquad (附 1\text{-}8\text{-}1\text{-}3)$$

式中　L——碳化深度（mm）；

L_i——第 i 测点碳化深度（mm）；

n——测点数。

如平均碳化深度值 $\overline{L}$ 小于或等于 0.4mm 时，按无碳化处理（即平均碳化深度为 0）；如等于或大于 6.0mm 时，取 6.0mm；对新浇混凝土龄期不超过 3 个月者，可视为无碳化。

5.4　混凝土强度推算

(1) 当需要将回弹值换算为混凝土强度时，宜采用下列方法：

①有试验条件时，宜通过试验建立实际的测强曲线，但测强曲线仅适用于材料质量、成型、养护和龄期等条件基本相同的混凝土。混凝土标准试块为 15cm×15cm×15cm，采用 1.5、1.75、2.0、2.25、2.50 五个灰水比，以便得到不少于 30 对数据。试件与被测对象有相同的养护条件，到达龄期后，将试块用压力机加压至 30～50kN 稳住，用回弹仪在两侧面分别测定 8 个测点，按式（附 1-8-1-1）计算平均回弹值，然后进行抗压强度试验，用最小二乘法建立二者相关关系的推定式，推定式可为直线式或其他适当的型式，但相关系数不得小于 0.90。然后根据测区平均回弹值利用测强曲线推定混凝土抗压强度。

②当无足够的试验数据或相关关系的推定式不够满意时，可按式（附 1-8-1-4）推算混凝土抗压强度：

$$R_n=0.025\,\overline{N}^{\,2} \qquad (附 1\text{-}8\text{-}1\text{-}4)$$

式中　R_n——水泥混凝土的抗压强度（MPa）；

$\overline{N}$——测区混凝土平均回弹值。

（2）在没有条件通过试验建立实际的测强曲线时，每个测区混凝土的抗压强度值 R_{ni} 可按平均回弹值 $\overline{N}$ 及平均碳化深度值 $\overline{L}$ 根据附表 1-8-1-2 查出。

测区混凝土抗压强度值换算表　　附表 1-8-1-2

平均回弹值 $\overline{N}$	测区混凝土抗压强度值 R_{ni}（MPa）												
	平均碳化深度值 $\overline{L}$（mm）												
	0	0.5	1.0	1.5	2.0	2.5	3.0	3.5	4.0	4.5	5.0	5.5	6.0
20	10.3	9.9											
21	11.4	10.0	10.5	10.1									
22	12.5	12.0	11.5	11.0	10.6	10.2	9.8						
23	13.7	13.1	12.6	12.1	11.6	11.1	10.7	10.2	9.8				
24	14.9	14.3	13.7	13.2	12.6	12.1	11.6	11.2	10.7	10.3	9.8		
25	16.2	15.5	14.9	14.3	13.7	13.1	12.6	12.1	11.6	11.1	10.7	10.3	9.9
26	17.5	16.8	16.1	15.4	14.8	14.2	13.7	13.1	12.6	12.1	11.6	11.1	10.7
27	18.9	18.1	17.4	16.7	16.0	15.8	14.7	14.1	13.6	13.0	12.5	12.0	11.5
28	20.3	19.5	18.7	17.9	17.2	16.5	15.8	15.2	14.6	14.0	13.4	12.9	12.4
29	21.8	20.9	20.1	19.2	18.5	17.7	17.0	16.3	15.7	15.0	14.4	13.8	13.3
30	23.3	22.4	21.5	20.6	19.8	19.0	18.2	17.5	16.8	16.1	15.4	14.8	14.2
31	23.9	23.9	22.9	22.0	21.1	20.3	19.4	18.7	17.9	17.2	16.5	15.8	15.2
32	26.5	25.5	24.4	23.5	22.5	21.6	20.7	19.9	19.1	18.3	17.6	16.9	16.2
33	28.2	27.1	26.0	25.0	23.9	23.0	22.0	21.2	20.3	19.5	18.7	17.9	17.2
34	30.0	28.8	27.6	26.5	25.4	24.4	23.4	22.5	21.6	20.7	19.9	19.1	18.3
35	31.8	30.5	29.8	28.1	27.0	25.9	24.9	23.8	22.9	21.9	21.0	20.2	19.4
36	33.6	32.3	31.0	29.7	28.5	27.4	26.3	25.2	24.2	23.2	22.3	21.4	20.5
37	35.5	34.1	32.7	31.4	30.1	28.9	27.8	26.6	25.6	24.5	23.5	22.6	21.7
38	37.5	36.0	34.5	33.1	31.8	30.0	29.3	28.1	27.0	25.9	24.8	23.8	22.9
39	39.5	37.9	36.4	34.9	33.5	32.2	30.9	29.6	28.4	27.8	26.2	25.1	24.1
40	41.6	39.9	38.3	36.7	35.3	33.8	32.5	31.2	29.9	28.7	27.5	26.4	25.4
41	43.7	41.9	40.2	38.6	37.0	35.6	34.1	32.7	31.4	30.1	28.9	27.8	26.6
42	45.9	44.0	42.2	40.5	38.9	37.8	35.8	34.4	33.0	31.6	30.4	29.1	28.0
43	48.1	46.1	44.3	42.5	40.8	39.1	37.5	36.0	34.6	33.2	31.8	30.6	29.3
44		48.3	46.4	44.5	42.7	41.1	39.5	37.9	36.4	34.9	33.3	32.0	30.7
45			48.5	46.6	44.7	42.9	41.1	39.5	37.9	36.4	34.9	33.5	32.1
46				48.7	46.7	44.8	43.0	41.3	39.6	38.0	36.5	35.9	33.6
47					48.8	46.8	44.9	43.1	41.3	39.7	38.1	36.5	35.1
48						48.8	46.8	44.9	43.1	41.4	39.7	38.1	36.6
49							48.8	46.9	45.0	43.1	41.4	39.7	38.1
50								48.8	46.8	44.9	43.1	41.4	39.7
51									48.7	46.8	44.9	43.1	41.8
52										48.6	46.7	44.8	43.0
53											48.5	46.5	44.6
54												48.3	46.4
55													48.1

注：表中未列入的 $\overline{N}$，可用内插法求得。

（3）按本书附录 1-14 检测路段数据整理的方法计算测定对象全部测区的推定混凝土抗压强度的平均值、标准差、变异系数。

6　报告

（1）测区混凝土平均回弹值；

（2）测强曲线，回弹值与抗压强度的相关关系式，相关系数；

（3）各测区的抗压强度推定结果；

（4）推定的混凝土抗压强度的平均值、标准差、变异系数。

附录 1-8-2　超声回弹法检测路面水泥混凝土抗弯强度试验方法（T 0955—95）

1　目的与适用范围

1.1　水泥混凝土路面的混凝土抗弯强度是指标准条件下的梁式试件龄期 28d 时的抗弯强度。本方法适用于回弹仪、低频超声仪在现场对水泥混凝土路面按综合法快速检测，并利用测强曲线方程推算混凝土的抗弯强度。

1.2　本方法适用于视密度为 1.9～2.5t/m^3、板厚大于 10cm、龄期大于 14d、强度已达到设计抗压强度 80％以上的水泥混凝土。

1.3　本方法不适用于下列情况的水泥混凝土：

（1）隐蔽或外露局部缺陷区；

（2）裂缝或微裂区（包括路面伸缩缝和工作缝）；

（3）路面角隅钢筋和边缘钢筋处，特别是超声波与钢筋方向相同时；

（4）距路面边缘小于 10cm 的部位。

1.4　现场用超声回弹法测定不能代替试验室标准条件下的抗弯强度测定，本试验不适用于作为仲裁试验或工程验收的最终依据。

2　仪具与材料

本方法需用下列仪具与材料

（1）超声波检测仪：有良好的稳定性，仪器具有示波屏显示及手动游标测读功能。显示应清晰稳定，其声时范围应为 0.5～9999μs，测试精度为 0.1μs；声时显示调节在 20～30μs 范围内时，2h 内声时显示的漂移不得大于±0.2μs。超声波在空气中传播的计算声速与实测声速值相比，误差不大于±0.5％。

（2）换能器：为厚度振动形式压电材料，其频率在 50～100kHz 范围内，实测频率与标称频率相差不大于±10％。

（3）耦合剂：采用易于变形、有较大的声阻、有较好黏性且不流淌的材料，通常采用黄蜡油，也可使用凡士林、蜡泥型料等。

（4）回弹仪：回弹仪的构造和主要零件名称见图 2-1，仪器应符合下列要求：

①水平弹击时，在弹击锤脱钩的瞬间，回弹仪的标称动能应为 2.207J。

②弹击锤与弹击杆碰撞的瞬间，弹击拉簧处于自由状态，此时弹击锤起点应位于刻度尺的零点处。

③在洛氏硬度为 HRC60±2 的钢砧上，回弹仪的率定值应为 80±2。

（5）手持砂轮。

（6）其他：油污清洗剂，毛刷，抹布等。

3　方法与步骤

3.1　回弹仪率定试验：在每天测定前，均应在钢砧上进行率定。率定时，钢砧应稳固地平放在刚度大的混凝土地坪上，回弹仪向下弹击时，弹击杆分 4 次旋转，每次旋转约 90°，弹击3～5次，取其中最后连续3次且读数稳定的回弹值进行平均作为率定值。如率定结果不在规定的80±2范围内，应对回弹仪有关零件用清洗剂清洗保养后再进行标定，如仍不合格，则应送检定单位检验后使用。

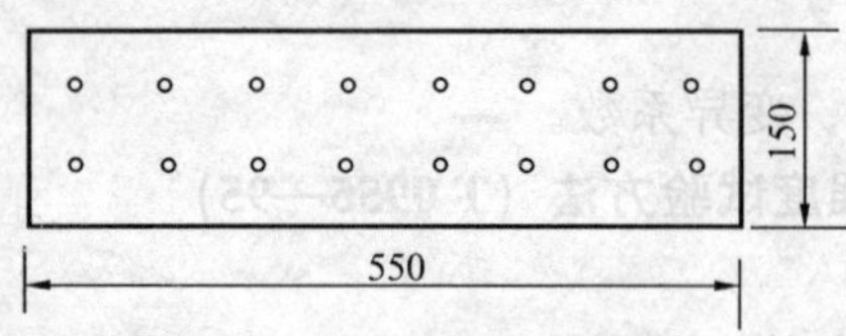

附图 1-8-2-1 回弹值测点分布图(单位:mm)

3.2 测区和测点布置

(1) 按《公路路基路面现场测试随机选点方法》(T 0991—95) 规程的随机选点方法选择测定的水泥混凝土板，将每一块水泥混凝土路面板作为一个试样，均匀布置10个测区，每个测区不宜小于150mm×550mm（如附图1-8-2-1）。测试面应清洁、干燥、平整，不得有蜂窝、麻面，对浮浆和油垢以及粗糙处应清洗或用砂轮片磨平，并擦净残留粉尘。

(2) 每个测区的测点宜在测区范围内均匀分布，但不得布置在气孔或外露石子上，相邻两测点的距离不宜小于30mm。

3.3 回弹值测定按本规程T 0948的方法用回弹仪对每个测区的16个测点进行回弹值测定。

3.4 超声声时值测量

(1) 在进行回弹值测试的同一测区内布置三条测轴线（附图1-8-2-2），作为换能器布置区。

(2) 在换能器放置处抹上耦合剂。

注：测量超声声时时，耦合剂应与建立测强曲线时所用的耦合剂相同。

(3) 将换能器分别放置轴线Ⅰ的1点及2点处，换能器与路面混凝土应充分接触，耦合良好，发射和接收两换能器直径与测轴线重合，边缘与测距线相切。超声波仪振幅应调到规定振幅（2.5～3.0cm）。测读声时为t_{11}，准确至0.1μs。

(4) 放置在1点处的换能器不动，将放置在2点处的换能器移置3点处，再测读声时为t_{12}，准确至0.1μs。

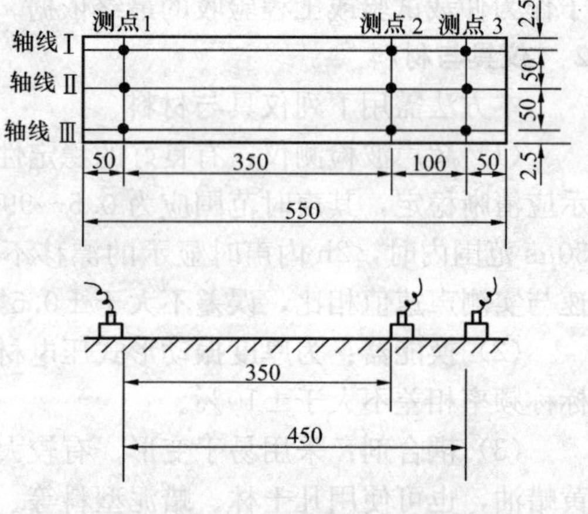

附图 1-8-2-2 换能器布置图（单位：mm）

(5) 按上述方法测量测轴线Ⅱ、Ⅲ，分别得声时为t_{21}、t_{22}、t_{31}、t_{32}。

3.5 碳化深度测定

对龄期超过3个月的水泥混凝土路面，在测区内或与测区内混凝土各种条件相同的测区附近路面上按《回弹仪检测水泥混凝土强度试验方法》（T 0954—95）的方法进行混凝土表面碳化深度的测定。

4 计算

4.1 按式(附1-8-2-1)、(附1-8-2-2)、(附1-8-2-3)、(附1-8-2-4)计算测区的超声波声速，计算结果准确至0.01km/s：

$$V_{i1}=\frac{350}{t_{i1}} \tag{附 1-8-2-1}$$

$$V_{i2}=\frac{450}{t_{i2}} \tag{附 1-8-2-2}$$

$$V_i=\frac{1}{2}\ (V_{i1}+V_{i2}) \tag{附 1-8-2-3}$$

$$V=\frac{V_1+V_2+V_3}{3} \tag{附 1-8-2-4}$$

式中　V_{i1}——第 i 条测轴线 1 点与 2 点 350mm 测距声速（km/s），$i=1\sim3$；

V_{i2}——第 i 条测轴线 1 点与 3 点 450mm 测距声速（km/s），$i=1\sim3$；

V_i——第 i 条测轴线平均声速（km/s），$i=1\sim3$；

V——测区平均声速（km/s）；

t_{i1}——第 i 条测轴线 350mm 测距声时（μs）；

t_{i2}——第 i 条测轴线 450mm 测距声时（μs）。

注：当三条测轴线平均声速（V_i）中有两条测轴线平均声速与测区的平均声速（V）之差都超过测区平均声速的 15%时，该测区检测结果无效。

4.2　碳化深度按本规程 T 0954 的方法计算。

4.3　回弹值按本规程 T 0954 的方法计算，并按式（附 1-8-2-5）对实测回弹值进行碳化深度修正计算：

$$N'=0.8795N-1.4443L+4.48 \tag{附 1-8-2-5}$$

式中　N'——修正后的测区回弹值，当 $L=0$ 时，$N'=N$；

N——实测的测区平均回弹值；

L——碳化深度（mm）。

4.4　混凝土抗弯强度推算

（1）测强曲线方程的确定

建立专用测强曲线方程。取用与路面混凝土相同的原材料，设计几种不同水灰比的混凝土配合比（一般设计 4 种配合比，其中包括路面施工时的配合比），对每种配合比制成 150mm×150mm×550mm 的梁式试件（不少于 6 个），在标准条件下养护 28d 后，按上述方法进行超声及回弹检测，并按水泥混凝土试验规程进行抗弯强度试验，再用二元非线性方程按式（附 1-8-2-6）回归，确定回归系数，得出测强曲线方程，相对标准误差 e_r 应不大于 12%。

$$R_f=aV^be^{cN} \tag{附 1-8-2-6}$$

式中　R_f——混凝土抗弯强度（MPa）；

V——超声声速（km/s）；

N——修正后的回弹值；

a、b、c——回归系数；

e_r——相对标准误差（%），按式（附 1-8-2-7）计算：

$$e_r=\sqrt{\frac{\Sigma\ (R'_{fi}/R_{fi}-1)^2}{n-1}}\times100 \tag{附 1-8-2-7}$$

式中　R'_{fi}——第 i 块试件实测抗弯强度（MPa）；

R_{fi}——第 i 块试件由超声、回弹推算的抗弯强度（MPa）；

n——试件数（按单块计）。

（2）混凝土路面抗弯强度推定

①每一段（或子段）中每一幅为一个单位作为抗弯强度评定对象。

②评定抗弯强度第一条件和第二条件值按式（附 1-8-2-8）、（附 1-8-2-9）计算：

$$R_{n1}=1.18\ (\overline{R}_n-m\cdot S_n) \quad \text{（附 1-8-2-8）}$$

$$R_{n2}=1.18\ (R_{fi})\ \min \quad \text{（附 1-8-2-9）}$$

式中　R_{n1}——抗弯强度第一条件值（MPa），准确至 0.1MPa；

R_{n2}——抗弯强度第二条件值（MPa），准确至 0.1MPa；

S_n——抗弯强度标准差（MPa），按式（附 1-8-2-10）计算，准确至 0.1MPa；

$$S_n=\sqrt{\frac{\sum\ (R_{fi})^2-n\ (\overline{R}_n)^2}{n-1}} \quad \text{（附 1-8-2-10）}$$

式中　$\overline{R}_n$——抗弯强度平均值（MPa），按式（附 1-8-2-11）计算，准确至 0.1MPa；

$$\overline{R}_n=\frac{1}{n}\sum R_{fi} \quad \text{（附 1-8-2-11）}$$

R_{fi}——第 i 测区推算的抗弯强度（MPa）；

$(R_{fi})_{\min}$——所有推算的抗弯强度中的最小值（MPa）；

n——测区数；

m——合格判定系数值，当 $n=10\sim14$ 时，$m=1.70$；$n=15\sim24$ 时，$m=1.65$；$n\geqslant25$ 时，$m=1.60$。

（3）按式（附 1-8-2-12）以第一条件值及第二条件值中的小者作为混凝土抗弯强度评定值 R_N。

$$R_N=\min\{R_{n1},R_{n2}\} \quad \text{（附 1-8-2-12）}$$

5　报告

5.1　水泥混凝土路面抗弯强度检测结果记录可采用附表 1-8-2-1 的格式。

水泥混凝土路面抗弯强度检测记录表　　**附表 1-8-2-1**

施工单位：________　施工日期：________　工程名称：________

检测单位：________　检测日期：________　第____页　共____页

项目桩号	回弹值 N_i	实测回弹值	碳化深度（mm）	平均碳化深度	修正后回弹值 N（mm）	测距声时	v_{i1}（km/s）	v_{i2}（km/s）	v_j（km/s）	v（km/s）	折算抗弯强度 R_f（MPa）

检测者：　　　　记录者：　　　　计算者：　　　　复核者：

5.2 水泥混凝土路面抗弯强度评定结果报告可采用附表附 1-8-2-2 的格式。

水泥混凝土路面抗弯强度评定结果报告表 附表 1-8-2-2

施工单位：＿＿＿＿ 施工日期：＿＿＿＿ 工程名称：＿＿＿＿
检测单位：＿＿＿＿ 检测日期：＿＿＿＿ 第＿＿页 共＿＿页

序号	起讫桩号	设计抗弯强度（MPa）	测区数量	平均抗弯强度（MPa）	标准差	合格判定系数	第一抗弯强度条件值（MPa）	第二抗弯强度条件值（MPa）	抗弯强度评定值（MPa）

检测者： 记录者： 计算者： 复核者：

附录 1-8-3 射钉法快速检验水泥混凝土强度的试验方法（T 0956—95）

1 目的和适用范围

1.1 本方法采用发射枪使射钉射入混凝土，以射钉外露长度代表贯入阻力，通过相关关系快速评定水泥混凝土的硬化强度。可用于快速评定新浇混凝土的硬化强度，以检测现场混凝土的匀质性，了解质量低劣的部位或范围。它不适用于施工质量的评定验收与仲裁。

1.2 本方法适用于抗压强度不大于 50MPa，且厚度不小于 15cm 的水泥混凝土。

2 仪具与材料

本方法需要下列仪器和材料：

（1）发射枪：经国家有关部门批准许可的专门用于向混凝土发射射钉，并保证射钉能嵌入混凝土中的发射设备。发射能量应能使射钉嵌入混凝土中的深度和外露长度均不小于 10mm，不大于 70mm。

（2）子弹：经国家有关部门批准许可的发射枪专用的配套子弹。

（3）射钉：用淬火的合金钢制成，尖端锋利，顶端平整，应便于测定外露长度和拔出回收。射钉长度均匀一致，长度误差在±0.5%范围内。

（4）游标卡尺：准确至 0.05mm。

（5）定位装置：为对准射击点而放在混凝土表面的一种装置。

3 方法与步骤

3.1 准备工作

（1）操作前应首先检查发射枪是否装有保险装置，如未安装保护罩时，不得发射。

（2）根据不同混凝土强度选用不同型号的射钉与子弹，当射钉全部射入混凝土内时，可选用能量较低的子弹。测试时的子弹型号必须与标定时的型号相同。

（3）发射枪安装射钉和子弹后，应将管口朝下，防止发生意外。射钉和子弹应妥善保管，不得靠近火源或受潮。使用射钉枪的试验人员必须是经专用训练并经许可的人员。

（4）混凝土表面如不平整，射钉枪保护罩不能贴紧表面时，应先将表面处理平整之后进行试验。

（5）布置射钉之间的距离不小于 140mm，射钉与混凝土表面的边缘相距不得小于 100mm。在试验点放置定位装置。

3.2　标定方法

(1) 必须对每一支枪及每一批子弹针对工程实际情况进行标定试验，建立射钉外露长度与混凝土强度的相关关系，相关系数必须经数理统计检验为高度显著，且不得小于0.90。变异系数不宜超过15%。

(2) 对于同一工程，标定用的混凝土强度宜采用钻芯强度，也可采用标准尺寸的试件，与现场相同条件养护，湿养护和干养护应分别建立相关关系，采用湿养护时在试验前24h将试件搬到大气中养护。强度范围应包括抗压强度5～50MPa（或抗折强度1.5～7.0MPa），试验组数以10～30为宜。

(3) 按3.3的步骤分别测定射钉外露长度，并按有关规范规定测定钻芯或试件强度，按式（附1-8-3）建立现场推定混凝土强度的回归方程式：

$$R=a+bL-S \tag{附 1-8-3}$$

式中　R——推定的现场混凝土抗压或抗弯强度（MPa）；

a、b——回归系数；

L——射钉外露长度（mm）；

S——推定式的剩余标准差（MPa）。

3.3　试验步骤

(1) 试验应由专人用同一支发射枪及同一批射钉与子弹进行。

(2) 从发射枪口装入射钉，用送钉器将射钉推至发射管最深位置。

(3) 拉出送弹器，装上子弹，推回原位。用定位装置或在画定位置对准混凝土表面射击点，垂直混凝土表面进行射击，把射钉射入混凝土中。

(4) 在外露的射钉上套入一块中间有孔的标准厚度的金属片，套进射钉稳定的放于混凝土表面，以金属片为基准，用卡尺测量射钉外露长度，计算时将金属片厚度计入，并作记录。测量外露长度之前应检查射钉嵌入是否牢固，嵌入不牢固的射钉不能作为试验结果，外露长度不宜小于10mm，也不宜大于70mm，否则该试验值应予废弃。

(5) 每次测定发射3枚射钉，射钉的间距宜为20cm，取3枚射钉外露长度的平均值作为本次试验结果。

4　强度的推定

由测定的射钉外露长度（L）按式（附1-8-3）计算硬化混凝土的推定强度。

5　报告

报告应包括以下内容：

(1) 所用发射枪和子弹的型号与规格。

(2) 射钉型号、规格和尺寸。

(3) 测定的混凝土结构和测试部位的说明（必要时绘图说明）。

(4) 混凝土材料、配合比、龄期、养护条件等情况。

(5) 试验部位混凝土的厚度。

(6) 每个射钉的外露长度，每次试验的平均值、极差、标准差和变异系数，包括舍弃射钉的结果。

(7) 必要时将试验结果列出射钉外露长度与强度的相关关系、剩余标准差和回归变异系数。

6　精确度与容许差

专人操作者用同一支发射枪对同一种混凝土进行测定时，每组3个测值的最大值与最小值的差（极差）应不超过附表1-8-3规定。若3个测值的极差超出此规定时，应发射第4个射钉，去掉与4个测值平均值相差最大的数据。若其余3个测值仍不能满足规定的要求，可再发射第5个射钉按上述方法进行处理。如果仍不能满足要求时，应把发射枪移到不同部位重新测试。

射钉测值的容许差　　**附表1-8-3**

材　　料	3个测值的容许差（mm）
水泥砂浆	6
集料最大粒径＜20mm的混凝土	8
集料最大粒径＜40mm的混凝土	11

附录1-9　抗滑性能

附录1-9-1　手工铺砂法测定路面构造深度试验方法（T 0961—95）

1　目的与适用范围

本方法适用于测定沥青路面及水泥混凝土路面表面构造深度，用以评定路面表面的宏观粗糙度、路面表面的排水性能及抗滑性能。

2　仪具与材料

本试验需用下列仪具与材料：

（1）人工铺砂仪：由圆筒、推平板组成。

①量砂筒：形状尺寸如附图1-9-1-1所示，一端是封闭的，容积为25±0.15mL，可通过称量砂筒中水的质量以确定其容积V，并调整其高度，使其容积符合规定要求。带一专门的刮尺将筒口量砂刮平。

②推平板：形状尺寸如附图1-9-1-2所示，推平板应为木制或铝制，直径50mm，底面粘一层厚1.5mm的橡胶片，上面有一圆柱把手。

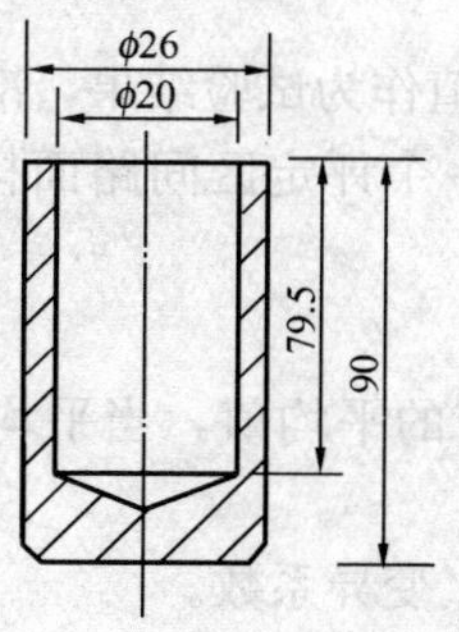

附图1-9-1-1　量砂筒（单位：mm）

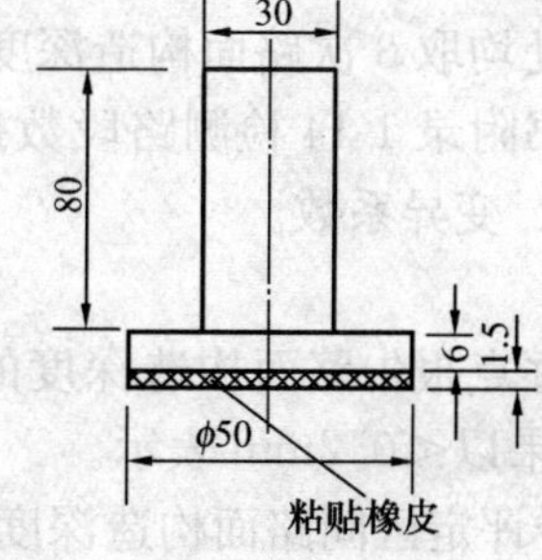

附图1-9-1-2　推平板（单位：mm）

③刮平尺：可用30cm钢板尺代替。

（2）量砂：足够数量的干燥洁净的匀质砂，粒径0.15～0.3mm。

（3）量尺：钢板尺、钢卷尺，或采用已将直径换算成构造深度作为刻度单位的专用的构造深度尺。

(4) 其他：装砂容器（小铲）、扫帚或毛刷、挡风板等。

3 方法与步骤

3.1 准备工作：

(1) 量砂准备：取洁净的细砂晾干、过筛，取 0.15～0.3mm 的砂置适当的容器中备用。量砂只能在路面上使用一次，不宜重复使用。回收砂必须经干燥、过筛处理后方可使用。

(2) 按《公路路基路面现场测试随机选点方法》（T 0991—95）规程的方法，对测试路段按随机取样选点的方法，决定测点所在横断面位置。测点应选在行车道的轮迹带上，距路面边缘不应小于 1m。

3.2 试验步骤

(1) 用扫帚或毛刷子将测点附近的路面清扫干净，面积不小于 30cm×30cm。

(2) 用小铲装砂沿筒向圆筒中注满砂，手提圆筒上方，在硬质路表面上轻轻地叩打 3 次，使砂密实，补足砂面用钢尺一次刮平。

注：不可直接用量砂筒装砂，以免影响量砂密度的均匀性。

(3) 将砂倒在路面上，用底面粘有橡胶片的推平板，由里向外重复做摊铺运动，稍稍用力将砂细心地尽可能的向外摊开，使砂填入凹凸不平的路表面的空隙中，尽可能将砂摊成圆形，并不得在表面上留有浮动余砂。注意摊铺时不可用力过大或向外推挤。

(4) 用钢板尺测量所构成圆的两个垂直方向的直径，取其平均值，准确至 5mm。

(5) 按以上方法，同一处平行测定不少于 3 次，3 个测点均位于轮迹带上，测点间距 3～5m。该处的测定位置以中间测点的位置表示。

4 计算

4.1 路面表面构造深度测定结果按式（附 1-9-1）计算：

$$\mathrm{TD}=\frac{1000V}{\pi D^2/4}=\frac{31831}{D^2} \quad \text{（附 1-9-1）}$$

式中 TD——路面表面构造深度（mm）；

V——砂的体积（$25\mathrm{cm}^3$）；

D——摊平砂的平均直径（mm）。

4.2 每一处均取 3 次路面构造深度的测定结果的平均值作为试验结果，准确至 0.1mm。

4.3 按本书附录 1-14 检测路段数据整理的方法计算一个评定区间路面构造深度的平均值、标准差、变异系数。

5 报告

5.1 列表逐点报告路面构造深度的测定值及 3 次测定的平均值，当平均值小于 0.2mm 时，试验结果以<0.2mm 表示。

5.2 每一个评定区间路面构造深度的平均值、标准差、变异系数。

附录 1-9-2 电动铺砂仪测定路面构造深度试验方法（T 0962—95）

1 目的和适用范围

本方法适用于测定沥青路面及水泥混凝土路面表面构造深度，用以评定路面表面的宏观粗糙度及路面表面的排水性能和抗滑性能。

2 仪具与材料

本试验采用下列仪具与材料：

（1）电动铺砂仪：利用可充电的直流电源将量砂通过砂漏铺设成宽度 5cm、厚度均匀一致的器具，如附图 1-9-2-1 所示。

（2）量砂：足够数量的干燥洁净的匀质砂，粒径为 0.15～0.3mm。

（3）标准量筒：容积 50mL。

（4）玻璃板：面积大于铺砂器，厚 5mm。

（5）其他：直尺、扫帚、毛刷等。

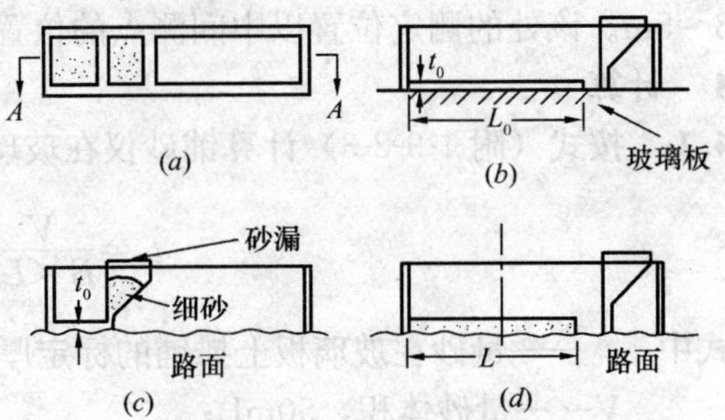

附图 1-9-2-1　电动铺砂仪

(a) 平面图；(b) A—A 断面；(c) 标定；(d) 测定

3　方法与步骤

3.1　准备工作

（1）量砂准备：取洁净的细砂，晾干，过筛，取 0.15～0.3mm 的砂置适当的容器中备用。已在路面上使用过的砂如回收重复使用时应重新过筛并晾干。

（2）按《公路路基路面现场测试随机选点方法》（T 0991—95）规程的方法，对测试路段按随机取样选点的方法，决定测点所在横断面的位置。测点应选在行车道的轮迹带上，距路面边缘不应小于 1m。

3.2　电动铺砂器标定

（1）将铺砂器平放在玻璃板上，将砂漏移至铺砂器端部。

（2）将灌砂漏斗口和量筒口大致齐平。通过漏斗向量筒中缓缓注入准备好的量砂至高出量筒成尖顶状，用直尺沿筒口一次刮平，其容积为 50mL。

（3）将漏斗口与铺砂器砂漏上口大致齐平。将砂通过漏斗均匀倒入砂漏，漏斗前后移动，使砂的表面大致齐平，但不得用任何其他工具刮动砂。

（4）开动电动马达，使砂漏向另一端缓缓运动，量砂沿砂漏底部铺成附图 1-9-2-2 所示的宽 5cm 的带状，待砂全部漏完后停止。

（5）按附图 1-9-2-2，依式（附 1-9-2-1）由 L_1 及 L_2 的平均值决定量砂的摊铺长度 L_0，准确至 1mm；

$$L_0 = (L_1 + L_2)/2 \tag{附 1-9-2-1}$$

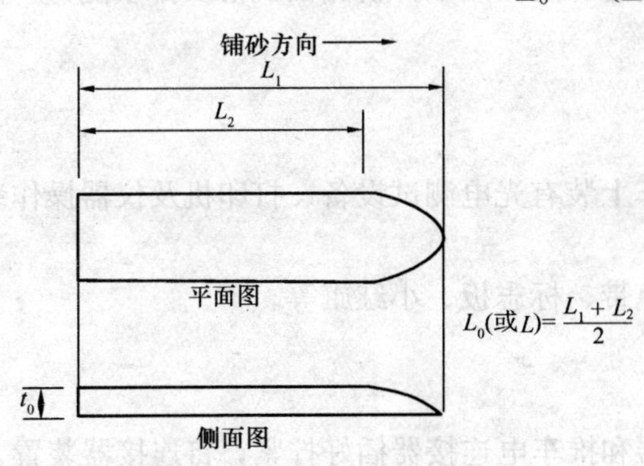

附图 1-9-2-2　决定 L_0 及 L 的方法

（6）重复标定 3 次，取平均值决定 L_2，准确至 1mm。

注：标定应在每次测试前进行，用同一种量砂，由承担测试的同一试验员进行。

3.3　测试步骤

（1）将测试地点用毛刷刷净，面积大于铺砂仪。

（2）将铺砂仪沿道路纵向平稳地放在路面上，将砂漏移至端部。

（3）按 3.2 之（2）至（5）相同的步骤，在测试地点摊铺 50mL 量砂，按图 1-9-2-2的方法量取摊铺长度 L_1 及 L_2，由式（附 1-9-2-2）计算 L，准确至 1mm。

$$L=(L_1+L_2)/2 \quad (附 1\text{-}9\text{-}2\text{-}2)$$

(4) 按以上方法，同一处平行测定不少于 3 次，3 个测点均位于轮迹带上，测点间距 3～5m。该处的测定位置以中间测点的位置表示。

4 计算

4.1 按式（附 1-9-2-3）计算铺砂仪在玻璃板上摊铺的量砂厚度 t_0。

$$t_0=\frac{V}{B\times L_0}\times 100=\frac{1000}{L_0} \quad (附 1\text{-}9\text{-}2\text{-}3)$$

式中 t_0——量砂在玻璃板上摊铺的标定厚度（mm）；

V——量砂体积，50mL；

B——铺砂仪铺砂宽度，50mm；

L_0——玻璃板上 50mL 量砂摊铺的长度（mm）。

4.2 按式（附 1-9-2-4）计算路面构造深度 TD：

$$TD=\frac{L_0-L}{L}\times t_0=\frac{L_0-L}{L\times L_0}\times 1000 \quad (附 1\text{-}9\text{-}2\text{-}4)$$

式中 TD——路面的构造深度（mm）；

L——路面上 50mL 量砂摊铺的长度（mm）。

4.3 每一处均取 3 次路面构造深度的测定结果的平均值作为试验结果，准确至 0.1mm。

4.4 按本书附录 1-14 检测路段数据整理的方法计算一个评定区间路面构造深度的平均值、标准差、变异系数。

5 报告

5.1 列表逐点报告路面构造深度的测定值及 3 次测定的平均值，当平均值小于 0.2mm 时，试验结果以<0.2mm 表示。

5.2 每一个评定区间路面构造深度的平均值、标准差、变异系数。

附录 1-9-3 激光构造深度仪测定沥青路面构造深度试验方法（T 0963—95）

1 目的和适用范围

本方法适用于测定沥青路面干燥表面的构造深度，用以评价路面抗滑及排水能力，测试温度不低于 0℃。

2 仪具与材料

本方法需要下列仪具与材料：

(1) 激光构造深度仪：在两轮的手推小车上装有光电测试设备、打印机及仪器操作装置。最大测量范围为 20mm，精度 0.01mm。

(2) 扫帚、打气筒、充电器、打印纸、色带、标志板、小红旗等。

3 方法与步骤

3.1 准备工作

(1) 检查仪器是否正常。将手柄电连接器和推车电连接器插好拧紧，将连接器装置上的合金套环用手拧紧。

(2) 打开手柄钥匙开关，检查电池电压，如不充足应予充电，充电时间宜为 12～15h。

(3) 检查轮胎压力，应符合在0.07±0.01MPa的要求。保持轮胎顶面的清洁，无沥青及泥块等粘附物。

(4) 安装打印机纸带及色带。

(5) 选择测定路段，测定位置位于行车带轮迹上。

(6) 将所测定的路段用扫帚清扫干净，标出起终点标记。

(7) 打开手柄的钥匙开关，接通电路，操作控制器和指示器开始工作。仪器将自动打出程序目录并进行自检，正常仪器在检验后即打印显示"READY"（准备好）字样，然后根据程序目录，选择程序进行下一步工作。如果仪器连续显示"FAILED"（失败）字样，应参照仪器说明书进行维修。

3.2　试验步骤

(1) 将激光构造深度仪处于待测工作状态（READY），仪器备有下列四档程序：

①校准程序（CALIBRATION）或厂家调试程序。

②大孔隙或粗糙度大的路面测量程序（TEXTURE HRA）。

③一般路面测量程序（TEXTURE）。

④传感器校核程序（SENSOR CHECK）。

正式测量时应首先使用传感器校核程序在待测路面上进行传感器检测校核，其峰值数（百分数）应分布在112～144范围内。如果峰值分布显著过高或过低，则表示轮胎气压不正常、已严重磨损或粘满了沥青材料。

(2) 根据被测路面状况，选择一般路面测量程序或大孔隙粗糙度大的路面测量程序进行测量。

(3) 以稳定的速度推车行驶进行测定，仪器按每一个计算区间打印出该段构造深度的平均值。标准的计算区间长度为100m，根据需要也可为10m或50m。激光构造深度仪的行驶速度不得小于3km/h，也不得大于10km/h，适宜的行驶速度为3～5km/h。

4　报告

将仪器测试时按计算区间打印出的数据纸带注上路名及公里桩号标记作为原始记录，并报告每一个评定路段的平均构造深度、标准差、变异系数。

5　精密度与允许差

同一个计算区间两次测定进行校核的重复性误差不大于±0.02mm。

附录1-9-4　摆式仪测定路面抗滑值试验方法（T 0964—95）

1　目的和适用范围

本方法适用于以摆式摩擦系数测定仪（摆式仪）测定沥青路面及水泥混凝土路面的抗滑值，用以评定路面在潮湿状态下的抗滑能力。

2　仪具与材料

本试验需要下列仪具及材料：

(1) 摆式仪：形状及结构如附图1-9-4所示，摆及摆的连接部分总质量为1500±30g，摆动中心至摆的重心距离为410±5mm，测定时摆在路面上滑动长度为126±1mm，摆上橡胶片端部距摆动中心的距离为508mm，橡胶片对路面的正向静压力为22.2±0.5N。

(2) 橡胶片：当用于测定路面抗滑值时的尺寸为6.35mm×25.4mm×76.2mm，橡胶质量应符合附表1-9-4-1的要求。当橡胶片使用后，端部在长度方向上磨耗超过1.6mm或边缘在宽度方向上磨耗超过 3.2mm，或有油类污染时，即应更换新橡胶片。新橡胶片应先在干燥路面上测试 10 次后再用于测试。橡胶片的有效使用期为 1 年。

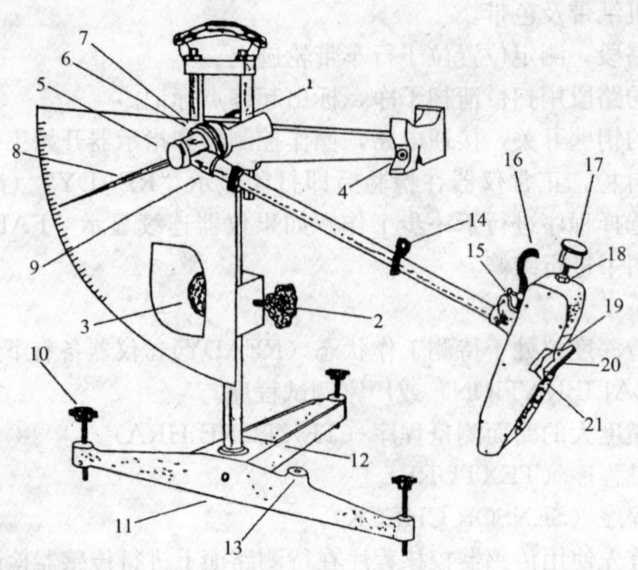

附图 1-9-4 摆式仪结构图

1、2—紧固把手；3—升降把手；4—释放开关；5—转向节螺盖；6—调节螺母；7—针簧片或毡垫；8—指针；9—连接螺母；10—调平螺栓；11—底座；12—垫块；13—水准泡；14—卡环；15—定位螺丝；16—举升柄；17—平衡锤；18—并紧螺母；19—滑溜块；20—橡胶片；21—止滑螺丝

橡胶物理性质技术要求 **附表 1-9-4-1**

性质指标	温度（℃）				
	0	10	20	30	40
弹性（%）	43～49	58～65	66～73	71～77	74～79
硬　度	55±5				

(3) 标准量尺：长 126mm。

(4) 洒水壶。

(5) 橡胶刮板。

(6) 路面温度计：分度不大于 1℃。

(7) 其他：皮尺或钢卷尺、扫帚、粉笔等。

3 方法与步骤

3.1 准备工作

(1) 检查摆式仪的调零灵敏情况，并定期进行仪器的标定。当用于路面工程检查验收时，仪器必须重新标定。

(2) 按《公路路基路面现场测试随机选点方法》（T 0991—95）规程的方法，对测试路段按随机取样选点的方法，决定测点所在横断面位置。测点应选在行车车道的轮迹带上，距路面边缘不应小于 1m，并用粉笔作出标记。测点位置宜紧靠铺砂法测定构造深度的测点位置，一一对应。

3.2 试验步骤

(1) 仪器调平

①将仪器置于路面测点上，并使摆的摆动方向与行车方向一致。

②转动底座上的调平螺栓，使水准泡居中。

(2) 调零

①放松上、下两个紧固把手，转动升降把手，使摆升高并能自由摆动，然后旋紧紧固把手。

②将摆向右运动，按下安装于悬臂上的释放开关，使摆上的卡环进入开关槽，放开释放开关，摆即处于水平释放位置，并把指针抬至与摆杆平行处。

③按下释放开关，使摆向左带动指针摆动，当摆达到最高位置后下落时，用左手将摆杆接住，此时指针应指零。若不指零时，可稍旋紧或放松摆的调节螺母，重复本项操作，直至指针指零。调零允许误差为±1BPN。

(3) 校核滑动长度

①用扫帚扫净路面表面，并用橡胶刮板清除摆动范围内路面上的松散粒料。

②让摆自由悬挂，提起摆头上的举升柄，将底座上垫块置于定位螺丝下面，使摆头上的滑溜块升高。放松紧固把手，转动立柱上升降把手，使摆缓缓下降。当滑溜块上的橡胶片刚刚接触路面时，即将紧固把手旋紧，使摆头固定。

③提起举升柄，取下垫块，使摆向右运动。然后，手提举升柄使摆慢慢向左运动，直至橡胶片的边缘刚刚接触路面。在橡胶片的外边摆动方向设置标准量尺，尺的一端正对该点。再用手提起举升柄，使滑溜块向上抬起，并使摆继续运动至左边，使橡胶片返回落下再一次接触路面，橡胶片两次同路面接触点的距离应在126mm（即滑动长度）左右。若滑动长度不符标准时，则升高或降低仪器底正面的调平螺丝来校正，但需调平水准泡，重复此项校核直至使滑动长度符合要求。而后，将摆和指针置于水平释放位置。

注：校核滑动长度时，应以橡胶片长边刚刚接触路面为准，不可借摆力量向前滑动，以免标定的滑动长度过长。

(4) 用喷壶的水浇洒试测路面，并用橡胶刮板刮除表面泥浆。

(5) 再次洒水，并按下释放开关，使摆在路面滑过，指针即可指示出路面的摆值。但第一次测定，不做记录。当摆杆回落时，用左手接住摆，右手提起举升柄使滑溜块升高，将摆向右运动，并使摆杆和指针重新置于水平释放位置。

(6) 重复（5）的操作测定5次，并读记每次测定的摆值，即BPN，5次数值中最大值与最小值的差值不得大于3BPN。如差数大于3BPN时，应检查产生的原因，并再次重复上述各项操作，至符合规定为止。取5次测定的平均值作为每个测点路面的抗滑值（即摆值 F_B），取整数，以BPN表示。

(7) 在测点位置上用路表温度计测记潮湿路面的温度，准确至1℃。

(8) 按以上方法，同一处平行测定不少于3次，3个测点均位于轮迹带上，测点间距3～5m。该处的测定位置以中间测点的位置表示。每一处均取3次测定结果的平均值作为试验结果，准确至1BPN。

4 抗滑值的温度修正

当路面温度为 T（℃）时测得的摆值为 F_{BT}，必须按式（附1-9-4）换算成标准温度

20℃的摆值 F_{B20}：

$$F_{B20}=F_{BT}+\Delta F \tag{附 1-9-4}$$

式中 F_{B20}——换算成标准温度 20℃时的摆值（BPN）；

F_{BT}——路面温度 T 时测得的摆值（BPN）；

T——测定的路表潮湿状态下的温度（℃）；

ΔF——温度修正值，按附表 1-9-4-2 采用。

温 度 修 正 值　　**附表 1-9-4-2**

温度 T（℃）	0	5	10	15	20	25	30	35	40
温度修正值 ΔF	−6	−4	−3	−1	0	+2	+3	+5	+7

5　报告

5.1　测试日期、测点位置、天气情况、洒水后潮湿路面的温度，并描述路面类型、外观、结构类型等。

5.2　列表逐点报告路面抗滑值的测定值 F_{BT}、经温度修正后的 F_{B20} 及 3 次测定的平均值。

5.3　每一个评定路段路面抗滑值的平均值、标准差、变异系数。

6　精密度与允许差

同一个测点，重复 5 次测定的差值应不大于 3BPN。

附录 1-9-5　摩擦系数测定车测定路面横向力系数试验方法（T 0965—95）

1　目的与适用范围

本方法适用于以标准的摩擦系数测定车测定沥青路面或水泥混凝土路面的横向力系数，测试结果可作为竣工验收或使用期评定路面抗滑能力的依据。

2　仪具与材料

本试验需要下列仪器设备：

(1) 摩擦系数测定车：SCRIM 型，主要组成如附图 1-9-5 所示，由车辆底盘、测量机构、供水系统、荷载传感器、仪表及操作记录系统、标定装置等组成。测定车应符合下列要求：

①测量机构：可以为单侧或双侧各安装一套，测试轮与车辆行驶方向成 20°角，作用于测试轮上的静态标准荷载为 2kN。测试轮胎应为 3.00—20 的光面轮胎，其标准气压为

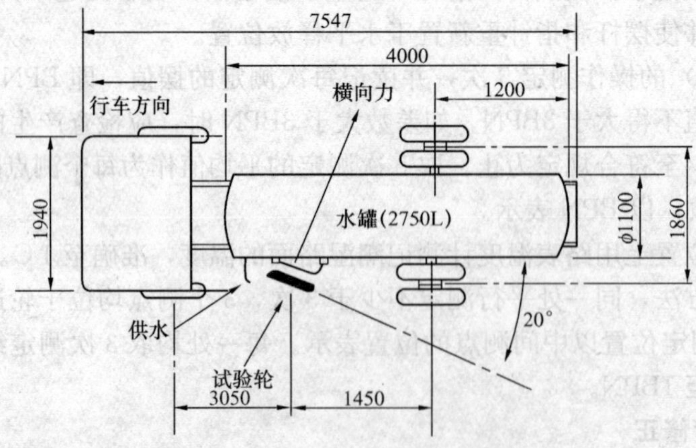

附图 1-9-5　横向摩擦系数测定车机构示意图（单位：mm）

0.35±0.01MPa。当轮胎直径减少达6mm时（每个测试轮约测350～400km需要换），需要换新轮胎。

②测定车辆轮胎气压应符合所使用汽车规定的标准气压范围。

③能控制洒水量，使路面水膜厚度不得小于1mm。通常测量速度为50km/h时，水阀开启量宜为50%，测量速度为70km/h时，宜为70%，余类推。

（2）备用轮胎等备件。

3 测定方法与步骤

3.1 准备工作

（1）按照仪器设备技术手册或使用说明书对测定系统进行标定。仪器设备进行标定、检查时，必须在关闭发动机的情况下进行。标定按SFC值10、20、30…100的不同档次进行，满量程为100时的示数误差不得超过±2。

（2）检查横向摩擦系数测定车系统的各项参数是否符合2-1的要求，检查外部警告标志是否正常。

（3）贮水罐灌水。

（4）将测试轮安装紧固且保持在升起的位置上。

（5）将记录装置处于正常使用状态，安装足够的打印纸。打开记录系统预热不少于10min。

（6）根据需要确定采用连续测定或断续测定，以及每公里测定的长度。选择并设定“计算区间”，即输出一个测定数据的长度。标准的计算区间为20m，根据要求也可选择为5m或10m。

（7）根据要求设定为单轮测试或双轮测试。

（8）输入所需的说明性预设数据，如测试日期、路段编号、里程桩号等。

（9）发动车辆驶向测试地段。

3.2 测定步骤

（1）在测试路段起点前约500m处停住，开机预热不少于10min。

（2）降下测试轮，打开水阀检查水流情况是否正常及水流是否符合需要，检查仪表各项指数是否正常，然后升起测试轮。

（3）将车辆驶向测试路段，提前100～200m处降下测试轮。测定车的车速可根据公路等级的需要选择。除特殊情况下，标准车速为50km/h，测试过程中必须保持匀速。

（4）进入测试段后，按开始键，开始测试。在显示器上监视测试运行变化情况，检查速度、距离有无反常波动，当需要标明特征（如桥位、路面变化等）时，操作功能键插入到数据流中，整公里里程桩上也应做相应的记录。

4 测试数据处理

测定的摩擦系数数据存贮在磁盘或磁带中，摩擦系数测定车SCRIM系统配有专门数据处理程序软件，可计算和打印出每一个计算区间的摩擦系数值、行程距离、行驶速度、统计个数、平均值及标准差，同时还可打印出摩擦系数的变化图。根据要求将摩擦系数在0～100范围内分成若干区间，作出各区间的路段长度占总测试里程百分比的统计表。

5 报告

5.1 测试路段名称及桩号、公路等级、测试日期、天气情况，路面在潮湿状态下的路表温度，描述路面结构类型及外观等。

5.2 测试过程中交叉口、转弯等特殊路段及里程桩号的记录。

5.3 数据处理打印结果，包括各测点路面摩擦系数值、行程距离、行驶速度，每一个评定路段路面摩擦系数值统计个数、平均值、标准差、变异系数。

5.4 公路沿线摩擦系数的变化图，不同摩擦系数区间的路段长度占总测试里程百分比的统计表。

附录 1-10 沥青路面渗水试验方法（T 0971—95）

1 目的和适用范围

本方法适用于用路面渗水仪测定沥青路面的渗水系数。

2 仪具与材料

本试验需要下列仪具与材料：

（1）路面渗水仪：形状及尺寸如附图 1-10 所示，上部盛水量筒由透明有机玻璃制成，容积 600mL，上有刻度，在 100mL 及 500mL 处有粗标线，下方通过 ϕ10mm 的细管与底座相接，中间有一开关。量筒通过支架联结，底座下方开口内径 ϕ150mm，外径 ϕ165mm，仪器附压重铁圈两个，每个质量约 5kg，内径 160mm。

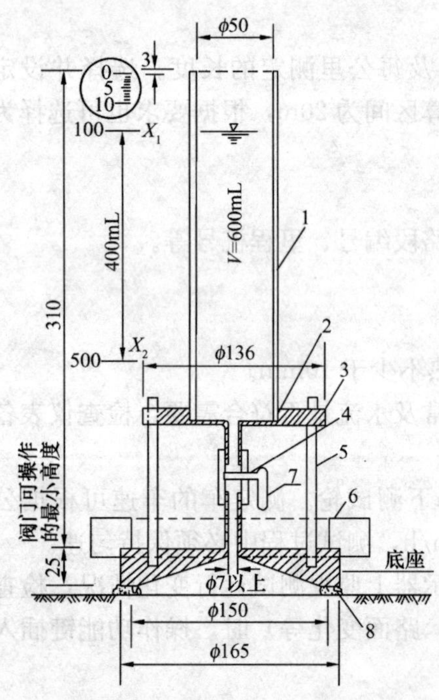

附图 1-10 渗水仪结构图（单位：mm）

1—透明有机玻璃筒；2—螺纹连接；3—顶板；4—阀；5—立柱支架；6—压重铁圈；7—把手；8—密封材料

（2）水筒及大漏斗。

（3）秒表。

（4）密封材料：玻璃腻子、油灰或橡皮泥。

（5）其他：水、红墨水、粉笔、扫帚等。

3 方法与步骤

3.1 准备工作

（1）在测试路段的行车道路面上，按《公路路基路面现场测试随机选点方法》（T 0991—95）规程的随机取样方法选择测试位置，每一个检测路段应测定 5 个测点，用扫帚清扫表面，并用粉笔划上测试标记。

（2）在洁净的水桶内滴入几点红墨水，使水成淡红色。

（3）装妥路面渗水仪。

3.2 试验步骤

（1）将清扫后的路面用粉笔按测试仪器底座大小划好圆圈记号。

（2）在路面上沿底座圆圈抹一薄层密封材料，边涂边用手压紧，使密封材料嵌满缝隙且牢固地粘结在路面上，密封料圈的内径与底座内径相同，约 150mm，将组合好的渗水试验仪底座用力压在路面密封材料圈上，再加上压重铁圈压住仪器底座，以防压力水从底座与路面间流出。

（3）关闭细管下方的开关，向仪器的上方量筒中注入淡红色的水至满，总量为 600mL。

（4）迅速将开关全部打开，水开始从细管下部流出，待水面下降 100mL 时，立即开动秒表，每间隔 60s，读记仪器管的刻度一次，至水面下降 500mL 时为止。测试过程中，如水从底座与密封材料间渗出，说明底座与路面密封不好，应移至附近干燥路面处重新操作。如水面下降速度很慢，从水面下降至 100mL 开始，测得 3min 的渗水量即可停止。若试验时水面下降至一定程度后基本保持不动，说明路面基本不透水或根本不透水，则在报告中注明。

（5）按以上步骤在同 1 个检测路段选择 5 个测点测定渗水系数，取其平均值，作为检测结果。

4　计算

沥青路面的渗水系数按式（附 1-10）计算，计算时以水面从 100mL 下降至 500mL 所需的时间为标准，若渗水时间过长，亦可采用 3min 通过的水量计算：

$$C_w = \frac{V_2 - V_1}{t_2 - t_1} \times 60 \tag{附 1-10}$$

式中　C_w——路面渗水系数（mL/min）；

V_1——第一次读数时的水量（mL），通常为 100mL；

V_2——第二次读数时的水量（mL），通常为 500mL；

t_1——第一次读数时的时间（s）；

t_2——第二次读数时的时间（s）。

5　报告

列表逐点报告每个检测路段各个测点的渗水系数，及 5 个测点的平均值、标准差、变异系数。若路面不透水，则在报告中注明为 0。

附录 1-11　路面错台测试方法（T 0972—95）

1　目的与适用范围

本方法适用于测定路面在人工构造物端部接头、水泥混凝土路面或桥梁的伸缩缝以及沥青路面裂缝两侧由于沉降所造成的错台（台阶）高度，以评价路面行车舒适性能（跳车情况），并作为计算维修工作量的依据。

2　仪具与材料

本试验需要下列仪具与材料：

（1）皮尺；

（2）水准仪；

（3）3m 直尺；

（4）钢板尺或钢卷尺；

（5）粉笔。

3　方法与步骤

3.1　非经注明，错台的测定位置以行车车道错台最大处纵断面为准，根据需要也可以其他代表性纵断面为测定位置。

3.2　选择需要测定的断面，记录位置及桩号，描述发生错台的原因。

3.3　构造物端部由于沉降造成的接头错台的测定步骤

(1) 将精密水准仪架在距构造物端部不远的路面平顺处调平。

(2) 从构造物端部无沉降或鼓包的断面位置起，沿路线纵向用皮尺量取一定距离，作为测点，在该处立起塔尺，测量高程。再向前量取一定距离，作为测点，测量高程。如此重复，直至无明显沉降的断面为止。无特殊需要，从构造物端部起的 2m 内应每隔 0.2m 量测一次，2～5m 宜每隔 0.5m 量测一次，5m 以上可每隔 1m 量测一次，由此得出沉降纵断面及最大沉降值，即最大错台高度（D_m），准确至 1mm。

3.4　测定由水泥混凝土路面或桥梁的伸缩缝或路面横向开裂造成的接缝错台、裂缝错台时，可按 3.3 的方法用水准仪测定接缝或裂缝两侧一定范围内的道路纵断面，确定最大错台位置及高度（D_m），准确至 1mm。

3.5　当发生错台变形的范围不足 3m 时，可在错台最大位置沿路线纵向用 3m 直尺架在路面上，其一端位于错台高出的一侧，另一端位于无明显沉降变形处，作为基准线。用钢板尺或钢卷尺每隔 0.2m 量取路面与基准线之间高度（D），同时测记最大错台高度（D_m），准确至 1mm。

4　资料整理

以测定的错台读数 D 与各测点的距离绘成纵断面图作为测定结果，图中应标明相应断面的设计纵断面高程，最大错台的位置与高度 D_m，准确至 0.001m。

5　报告

测试报告应记录如下事项：

(1) 路线名，测定日期，天气情况。

(2) 测定地点，桩号，路面及构造物概况。

(3) 道路交通情况及造成错台的原因初步分析。

(4) 最大错台高度 D_m 及错台纵断面图。

附录 1-12　其他测试

附录 1-12-1　热拌沥青混合料施工温度检测方法（T 0981—95）

1　目的和适用范围

本方法适用于检测热拌热铺沥青混合料的施工温度，包括拌和厂沥青混合料的出厂温度、施工现场的摊铺温度、压实开始及终了温度等，供施工质量检验和控制使用。

2　仪具与材料

本试验需要下列仪具与材料：

(1) 温度计：常温～300℃，最小读数 1℃，宜采用有数字显示或度盘指针显示的金属杆插入式热电偶温度计，测杆的长度不小于 300mm，并有读数留置功能。

(2) 其他：棉丝、软布、改锥等。

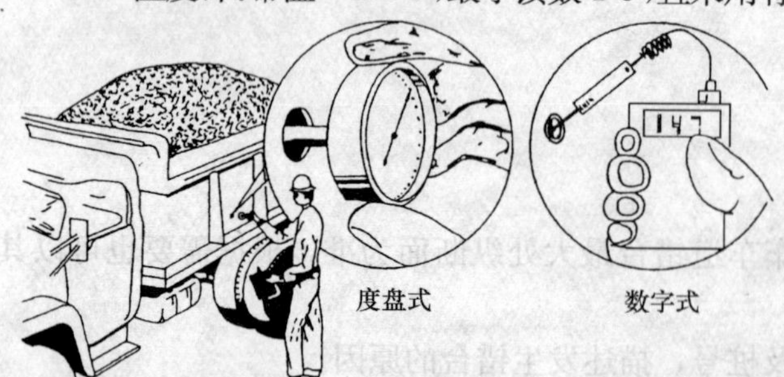

附图 1-12-1　在运料车上测试沥青混合料温度的方法

3　测试方法

3.1　在运料卡车上测试

(1) 混合料出厂温度或运输至现场温度应在运料卡车上测试，每车检测一次。当运料卡车的侧面中部有专用的温度检测孔（距底板高约300mm）时，可采用附图1-12-1所示的方法，用插入式温度计直接插入测试孔内的混合料中测试；当运料卡车无专用的温度检测孔时，可在运料车的混合料堆上部侧面测试，在拌和厂检测的为混合料出厂温度，在运输至现场后检测的为到达现场温度。

（2）测试时，温度计插入深度不小于150mm，注视温度变化直至不再继续上升为止，读记温度，准确至1℃，温度计有留置键时，可将温度计拔出后读数。

3.2　在摊铺现场检测

（1）混合料摊铺温度宜在摊铺机的一侧拨料器的前方混合料堆上测试。

（2）在测试位置插入温度计150mm以上，并跟着向前走，如料堆向前滚，拔出后重新插入，注视温度变化直至不再继续上升为止，读记温度，准确至1℃。

（3）摊铺温度应每车检测一次。

3.3　在沥青混合料压实层中测定压实温度

（1）根据需要，随时选择初压开始、复压或终压成形等各个阶段的测点，供测试碾压温度及压实终了温度用。

（2）将温度计仔细插入路面混合料压实层一半深度，轻轻压紧温度计旁被松动的混合料，当温度上升停止后，立即拔出并再次插入旁边的混合料层中测量，当测杆插入路面较困难时，可用改锥先插一孔后再插入温度计。注视温度变化至不再继续上升为止，读记温度，准确至1℃。当温度较低且混合料较硬时，不宜用玻璃温度计或玻璃触头的半导体点温计测定。

（3）压实温度一次检测不得少于3个测点，取平均值作为测试温度。

4　报告

4.1　每年沥青混合料的出厂温度、到达现场温度、摊铺温度。

4.2　压实温度，取3次以上测定值的平均值。

4.3　气候状况、测定时间、层位、测定位置等。

附录1-12-2　沥青喷洒法施工沥青用量测试方法（T 0982—95）

1　目的和适用范围

本方法适用于检测沥青表面处治、沥青贯入式、透层、粘层等采用喷洒法施工的沥青材料喷洒数量，供施工质量检验和控制使用。

2　仪具

本试验需要下列仪具与材料：

（1）天平或磅秤，感量不大于10g。

（2）受样盘：浅搪瓷盘或自制铁皮盘，面积不小于1000cm^2，也可用硬质牛皮纸代替。

（3）钢卷尺或皮尺。

（4）地中衡（地磅）。

3　测试步骤

3.1　用钢卷尺测量受样盘开口面积或牛皮纸的面积，计算准确至0.1cm^2，并称取受样盘或牛皮纸的质量（m_1），准确至1g。

3.2　根据沥青洒布车的沥青用量预计洒布的路段长度，在距两端1/3长度附近的洒布宽度的任意位置上，放置2个搪瓷盘或硬质牛皮纸，但应躲开车轮轨迹。

3.3　沥青洒布车按正常施工速度和洒布方法喷洒沥青。

3.4　将已接受有沥青的搪瓷盘或牛皮纸仔细取走，称取总质量（m_2），准确至1g。当采用牛皮纸时，应待沥青稍凝固并将四角稍稍抬起，以防沥青流失。

3.5　搪瓷盘或牛皮纸取走后的空白处，应用适当方式补洒沥青。

3.6　沥青洒布车喷洒的沥青用量亦可用洒布车喷洒沥青的总质量及洒布总面积相除求得。此时洒布车喷洒前后的质量应由地中衡称重正确测定，洒布总面积由皮尺测量求得。

4　计算

4.1　洒布的沥青用量按式（附1-12-2）计算：

$$Q=\frac{m_2-m_1}{F} \tag{附 1-12-2}$$

式中　Q——沥青洒布车洒布的沥青用量（kg/m^2）；

m_1——搪瓷盘或牛皮纸质量（kg）；

m_2——搪瓷盘或牛皮纸与沥青的合计质量（kg）；

F——搪瓷盘或牛皮纸面积（m^2）。

4.2　计算所放置的各搪瓷盘或牛皮纸的测定值的平均值，当两处测定的误差不超过平均值的10%时，取两个数据的平均值作为沥青用量的报告值。

5　报告

（1）试验时洒布车的车速、档数等数据。

（2）施工路段（桩号）、沥青用量的逐次测定值及平均值。

附录1-13　公路路基路面现场测试随机选点方法（T 0991—95）

1　目的与适用范围

1.1　随机取样选点的方法是按数理统计原理在路基路面现场测定时决定测定区间、测定断面、测点位置的方法。

1.2　本方法适于公路路基路面各个层次及各种现场测定时，为采取代表性试验数据而决定测定区间、测定断面、测定位置时使用。

2　仪具及材料

本方法需要下列仪具及材料：

（1）量尺：钢尺，皮尺等。

（2）硬纸片：编号从1～28共28块，每块大小2.5cm×2.5cm，装在一个布袋中。

（3）骰子，2个。

（4）其他：毛刷、粉笔等。

3　测定区间或断面决定方法

3.1　路段确定，根据路面施工或验收、质量评定方法等有关规范决定需检测的路段。它可以是一个作业段、一天完成的路段或路线全程，在路基路面工程检查验收时，通常以1km为一个检测路段，此时，检测路段的确定也按本方法的步骤进行。

3.2　将确定的测试路段划分为一定长度的区间或按桩号间距（一般为20m）划分若干个断面，将其编号为第n个区间或第n个断面，其总的区间数或断面数为T。

3.3　从布袋中随机摸出一块硬纸片，硬纸片上的号数即表3-1上的栏号，从1～28栏中选出该栏号的一栏。

3.4　按照测定区间数、断面数的频度要求（总的取样数 n，当 $n>30$ 时应分次进行），依次找出与A列中01、02…n 对应的B列中的值，共 n 对对应的 A、B 值。

3.5　将 n 个 B 值与总的区间数或断面数 T 相乘，四舍五入成整数，即得到 n 个断面的编号，与A样的1、2、……、n 对应。

例如：按照有关规范规定，拟从 $K36+000 \sim K37+000$ 的1km检测路段中选择20个断面测定路面宽度、高程、横坡等外形尺寸，断面决定方法如下：

（1）1km总长的断面数 $T=1000/20=50$ 个，编号1，2……50。

（2）从布袋中摸出一块硬纸片，其编号为14，即使用附表1-13-1的第14栏。

（3）从第14栏A列中挑出小于20所对应的B列数值，将B与T相乘，四舍五入得到20个编号，并得到20个断面的桩号，如附表1-13-2所列。

4　测点位置确定方法

4.1　从布袋中任意取出一块硬纸片，纸片上的号数即为附表1-13-1的栏号。从1～28栏中选出该栏号的一栏。

4.2　按照测点数的频度要求（总的取样为 n）依次找出栏号的取样位置数，每个栏号均有A、B、C三列。根据检验数量 n（当 n 大于30时应分次进行），在所定栏号的 A 列找出等于所需取样位置数的全部数，如01、02…n。

4.3　确定取样位置的纵向距离，找出与 A 列中相对应的 B 列中数值，以此数乘以检测区间的总长度，并加上该段的起点桩号，即得出取样位置距该段起点的距离或桩号。

4.4　确定取样位置的横向距离，找出与 A 列中相对应的 C 列中的数值，以此数乘以检查路面的宽度，再减去宽度的一半，即得出取样位置离路面中心线的距离。如差值是正值（+），表示在中心线的右侧；如差值是负值（—），表示在中心线的左侧。

一般取样的随机数　　**附表1-13-1**

栏号1			栏号2			栏号3			栏号4			栏号5		
A	*B*	*C*	*A*	*B*	*C*	*A*	*B*	*C*	*A*	*B*	*C*	*A*	*B*	*C*
15	0.033	0.578	05	0.048	0.879	21	0.013	0.220	18	0.089	0.716	17	0.024	0.863
21	0.101	0.300	17	0.074	0.156	30	0.036	0.853	10	0.102	0.330	24	0.060	0.032
23	0.129	0.916	18	0.102	0.191	10	0.052	0.746	14	0.111	0.925	26	0.074	0.639
30	0.158	0.434	06	0.105	0.257	25	0.061	0.954	28	0.127	0.840	07	0.167	0.512
24	0.177	0.397	28	0.179	0.447	29	0.062	0.507	24	0.132	0.271	28	0.194	0.776
11	0.202	0.271	26	0.187	0.844	18	0.087	0.887	19	0.285	0.899	03	0.219	0.166
16	0.204	0.012	04	0.188	0.482	24	0.105	0.849	01	0.326	0.037	29	0.264	0.284
08	0.208	0.418	02	0.028	0.577	07	0.319	0.159	30	0.334	0.938	11	0.282	0.262
19	0.211	0.798	03	0.214	0.402	01	0.175	0.641	22	0.405	0.295	14	0.379	0.994
29	0.233	0.070	07	0.245	0.080	23	0.196	0.873	05	0.421	0.282	13	0.394	0.405
07	0.260	0.073	15	0.248	0.831	26	0.240	0.981	13	0.451	0.212	06	0.410	0.157
17	0.262	0.308	29	0.261	0.037	14	0.255	0.374	02	0.461	0.023	15	0.438	0.700
25	0.271	0.180	30	0.302	0.883	06	0.310	0.063	06	0.487	0.539	22	0.453	0.635
06	0.302	0.672	21	0.318	0.088	11	0.316	0.653	08	0.497	0.396	21	0.472	0.824
01	0.409	0.406	11	0.376	0.936	13	0.324	0.585	25	0.503	0.893	05	0.488	0.118
13	0.507	0.693	14	0.430	0.814	12	0.351	0.275	15	0.594	0.603	01	0.525	0.222
02	0.575	0.654	27	0.438	0.676	20	0.371	0.535	27	0.620	0.894	12	0.561	0.980
18	0.591	0.318	08	0.467	0.205	08	0.409	0.495	21	0.629	0.841	08	0.652	0.508
20	0.610	0.821	09	0.474	0.138	16	0.445	0.740	17	0.691	0.583	18	0.668	0.271
12	0.631	0.597	10	0.492	0.474	03	0.494	0.929	09	0.708	0.689	30	0.736	0.634

续表

栏号 1			栏号 2			栏号 3			栏号 4			栏号 5		
A	*B*	*C*	*A*	*B*	*C*	*A*	*B*	*C*	*A*	*B*	*C*	*A*	*B*	*C*
27	0.651	0.281	13	0.498	0.892	27	0.543	0.387	07	0.709	0.012	02	0.763	0.253
04	0.661	0.953	19	0.511	0.520	17	0.625	0.171	11	0.714	0.049	23	0.804	0.140
22	0.692	0.089	23	0.591	0.770	02	0.699	0.073	23	0.720	0.695	25	0.828	0.425
05	0.779	0.346	20	0.604	0.730	19	0.702	0.934	03	0.748	0.413	10	0.843	0.627
09	0.787	0.173	24	0.654	0.330	22	0.816	0.802	20	0.781	0.603	16	0.858	0.849
10	0.818	0.837	12	0.728	0.523	04	0.838	0.166	26	0.830	0.384	04	0.903	0.327
14	0.905	0.631	16	0.753	0.344	15	0.904	0.116	04	0.843	0.002	09	0.912	0.382
26	0.912	0.376	01	0.806	0.134	28	0.969	0.742	12	0.884	0.582	27	0.935	0.162
28	0.920	0.163	22	0.878	0.884	09	0.974	0.046	29	0.926	0.700	20	0.970	0.582
03	0.945	0.140	25	0.939	0.162	05	0.977	0.494	16	0.951	0.601	19	0.975	0.327

栏号 6			栏号 7			栏号 8			栏号 9			栏号 10		
A	*B*	*C*	*A*	*B*	*C*	*A*	*B*	*C*	*A*	*B*	*C*	*A*	*B*	*C*
30	0.030	0.901	12	0.029	0.386	09	0.042	0.071	14	0.061	0.935	26	0.038	0.023
21	0.096	0.198	18	0.112	0.284	17	0.141	0.411	02	0.065	0.097	30	0.066	0.371
10	0.100	0.161	20	0.114	0.848	02	0.143	0.221	03	0.094	0.228	27	0.073	0.876
29	0.133	0.388	03	0.121	0.656	05	0.162	0.899	16	0.122	0.945	09	0.095	0.568
24	0.138	0.062	13	0.178	0.040	03	0.285	0.016	18	0.156	0.430	05	0.180	0.741
20	0.168	0.564	22	0.209	0.421	28	0.291	0.034	25	0.193	0.469	12	0.200	0.851
22	0.232	0.953	16	0.221	0.311	08	0.369	0.557	24	0.224	0.672	13	0.259	0.327
14	0.259	0.217	29	0.235	0.356	01	0.436	0.386	10	0.225	0.223	21	0.264	0.681
01	0.275	0.195	28	0.254	0.941	20	0.450	0.289	09	0.233	0.338	17	0.283	0.645
06	0.277	0.475	11	0.287	0.199	18	0.455	0.789	20	0.290	0.120	23	0.363	0.063
02	0.296	0.497	02	0.336	0.992	23	0.488	0.715	01	0.297	0.242	20	0.364	0.366
27	0.311	0.144	15	0.393	0.488	14	0.498	0.276	11	0.337	0.760	16	0.395	0.363
05	0.351	0.141	19	0.437	0.656	15	0.503	0.342	19	0.389	0.064	02	0.423	0.540
17	0.370	0.811	24	0.466	0.773	04	0.515	0.693	13	0.411	0.474	08	0.432	0.736
09	0.388	0.484	14	0.531	0.014	16	0.532	0.112	30	0.447	0.893	10	0.475	0.468
04	0.410	0.073	09	0.562	0.678	22	0.557	0.357	22	0.478	0.321	03	0.508	0.774
25	0.471	0.530	06	0.601	0.675	11	0.559	0.620	29	0.481	0.993	01	0.601	0.417
13	0.486	0.779	10	0.612	0.859	12	0.650	0.216	27	0.562	0.403	22	0.687	0.917
15	0.515	0.867	26	0.673	0.112	21	0.672	0.320	04	0.566	0.179	29	0.697	0.862
23	0.567	0.798	23	0.738	0.770	13	0.709	0.273	08	0.603	0.758	11	0.701	0.605
11	0.618	0.502	21	0.753	0.614	07	0.745	0.687	15	0.632	0.927	07	0.728	0.498
28	0.636	0.148	30	0.758	0.851	30	0.780	0.285	06	0.707	0.107	14	0.745	0.679
26	0.650	0.741	27	0.765	0.563	19	0.845	0.097	28	0.737	0.016	24	0.819	0.444
16	0.711	0.568	07	0.780	0.534	26	0.846	0.366	17	0.846	0.130	15	0.840	0.823
19	0.778	0.812	04	0.818	0.187	29	0.861	0.307	07	0.874	0.491	25	0.863	0.568
07	0.804	0.675	170	0.837	0.353	25	0.906	0.874	05	0.880	0.828	06	0.878	0.215
08	0.806	0.952	05	0.854	0.818	24	0.919	0.809	23	0.931	0.659	18	0.930	0.601
18	0.841	0.414	01	0.867	0.133	10	0.952	0.555	26	0.960	0.365	04	0.954	0.827
12	0.918	0.114	08	0.915	0.538	06	0.961	0.504	21	0.978	0.194	28	0.963	0.004
03	0.992	0.399	25	0.975	0.584	27	0.969	0.811	12	0.982	0.183	19	0.988	0.620

续表

栏号 11			栏号 12			栏号 13			栏号 14			栏号 15		
A	*B*	*C*	*A*	*B*	*C*	*A*	*B*	*C*	*A*	*B*	*C*	*A*	*B*	*C*
27	0.074	0.779	16	0.078	0.987	03	0.033	0.091	26	0.035	0.175	15	0.023	0.979
06	0.084	0.396	23	0.087	0.056	07	0.047	0.391	17	0.089	0.363	11	0.118	0.465
24	0.098	0.524	17	0.096	0.076	28	0.064	0.113	10	0.149	0.681	07	0.134	0.172
10	0.133	0.919	04	0.153	0.163	12	0.066	0.360	28	0.238	0.075	01	0.139	0.230
15	0.187	0.079	10	0.254	0.834	26	0.076	0.552	13	0.244	0.767	16	0.145	0.122
17	0.227	0.767	06	0.284	0.628	30	0.087	0.101	24	0.262	0.366	20	0.165	0.520
20	0.236	0.571	12	0.305	0.616	02	0.127	0.187	08	0.264	0.651	06	0.185	0.481
01	0.245	0.988	25	0.319	0.901	06	0.144	0.068	18	0.285	0.311	09	0.211	0.316
04	0.317	0.291	01	0.320	0.212	25	0.202	0.674	02	0.340	0.131	14	0.248	0.348
29	0.350	0.911	08	0.416	0.372	01	0.247	0.025	29	0.353	0.478	25	0.249	0.890
26	0.380	0.104	13	0.432	0.556	23	0.253	0.323	06	0.359	0.279	13	0.252	0.577
28	0.425	0.864	02	0.489	0.827	24	0.320	0.651	30	0.387	0.248	30	0.273	0.088
22	0.487	0.526	29	0.503	0.787	10	0.328	0.365	14	0.392	0.694	18	0.277	0.689
05	0.552	0.571	15	0.518	0.717	27	0.338	0.412	03	0.408	0.077	22	0.372	0.958
14	0.564	0.357	28	0.524	0.998	13	0.356	0.991	27	0.440	0.280	10	0.461	0.075
11	0.572	0.306	03	0.542	0.352	16	0.401	0.792	22	0.461	0.830	28	0.519	0.536
21	0.594	0.197	19	0.585	0.462	17	0.423	0.117	16	0.527	0.003	17	0.520	0.090
09	0.607	0.524	05	0.695	0.111	21	0.481	0.838	20	0.531	0.486	03	0.523	0.519
19	0.650	0.572	07	0.733	0.838	08	0.560	0.401	25	0.678	0.360	26	0.573	0.502
18	0.664	0.101	11	0.744	0.948	19	0.564	0.190	21	0.725	0.014	19	0.634	0.206
25	0.674	0.428	18	0.793	0.748	05	0.571	0.054	05	0.787	0.595	24	0.635	0.810
02	0.697	0.674	27	0.802	0.967	18	0.587	0.584	15	0.801	0.927	21	0.679	0.841
03	0.767	0.928	21	0.826	0.487	15	0.604	0.145	12	0.836	0.294	27	0.712	0.368
16	0.809	0.529	24	0.835	0.832	11	0.641	0.298	04	0.854	0.982	05	0.780	0.497
30	0.838	0.294	26	0.855	0.142	22	0.672	0.156	11	0.884	0.928	23	0.861	0.106
13	0.845	0.470	14	0.861	0.462	20	0.674	0.887	19	0.886	0.832	12	0.865	0.377
08	0.855	0.524	20	0.874	0.625	14	0.752	0.881	07	0.929	0.932	29	0.882	0.635
07	0.867	0.718	30	0.929	0.056	09	0.774	0.560	09	0.932	0.206	08	0.902	0.020
12	0.881	0.722	09	0.935	0.582	29	0.921	0.752	01	0.970	0.692	04	0.951	0.482
23	0.937	0.872	22	0.947	0.797	04	0.959	0.099	23	0.973	0.082	02	0.977	0.172

栏号 16			栏号 17			栏号 18			栏号 19			栏号 20		
A	*B*	*C*	*A*	*B*	*C*	*A*	*B*	*C*	*A*	*B*	*C*	*A*	*B*	*C*
19	0.062	0.588	13	0.045	0.004	25	0.027	0.290	12	0.052	0.075	20	0.030	0.881
25	0.080	0.218	18	0.086	0.878	06	0.057	0.571	30	0.075	0.493	12	0.034	0.291
09	0.131	0.295	26	0.126	0.990	26	0.059	0.026	28	0.120	0.341	22	0.043	0.893
18	0.136	0.381	12	0.128	0.661	07	0.105	0.176	27	0.145	0.689	28	0.143	0.073
05	0.147	0.864	30	0.146	0.337	18	0.107	0.358	02	0.209	0.957	03	0.150	0.937
12	0.158	0.365	05	0.169	0.470	22	0.128	0.827	26	0.272	0.818	04	0.154	0.867
28	0.214	0.184	21	0.244	0.433	23	0.156	0.440	22	0.299	0.317	19	0.158	0.359
14	0.215	0.757	23	0.270	0.849	15	0.171	0.157	18	0.306	0.475	29	0.304	0.615
13	0.224	0.846	25	0.274	0.407	08	0.220	0.097	20	0.311	0.653	06	0.369	0.633
15	0.227	0.809	10	0.290	0.925	20	0.252	0.066	15	0.348	0.156	18	0.390	0.536

续表

栏号 16			栏号 17			栏号 18			栏号 19			栏号 20		
A	*B*	*C*	*A*	*B*	*C*	*A*	*B*	*C*	*A*	*B*	*C*	*A*	*B*	*C*
11	0.280	0.898	01	0.323	0.490	04	0.268	0.576	16	0.381	0.710	17	0.403	0.392
01	0.331	0.925	24	0.352	0.291	14	0.275	0.302	01	0.411	0.607	23	0.404	0.182
10	0.399	0.992	15	0.361	0.155	11	0.297	0.589	13	0.417	0.715	01	0.415	0.457
30	0.417	0.787	29	0.374	0.882	01	0.358	0.305	21	0.472	0.484	07	0.437	0.696
08	0.439	0.921	08	0.432	0.139	09	0.412	0.089	04	0.478	0.885	24	0.446	0.546
20	0.472	0.484	04	0.467	0.266	16	0.429	0.834	25	0.479	0.080	26	0.485	0.768
24	0.498	0.712	22	0.508	0.880	10	0.491	0.203	11	0.566	0.104	15	0.511	0.313
04	0.516	0.396	27	0.632	0.191	28	0.542	0.306	10	0.576	0.859	10	0.517	0.290
03	0.548	0.688	16	0.661	0.836	12	0.563	0.091	29	0.665	0.397	30	0.556	0.853
23	0.597	0.508	19	0.675	0.629	02	0.593	0.321	19	0.739	0.298	25	0.561	0.837
21	0.681	0.114	14	0.680	0.890	30	0.692	0.198	14	0.748	0.759	09	0.574	0.699
02	0.739	0.298	28	0.714	0.508	19	0.705	0.445	08	0.758	0.919	13	0.613	0.762
29	0.792	0.038	06	0.719	0.441	24	0.709	0.717	07	0.798	0.183	11	0.698	0.783
22	0.829	0.324	09	0.735	0.040	13	0.820	0.739	23	0.834	0.647	14	0.715	0.179
17	0.834	0.647	17	0.741	0.906	05	0.848	0.866	06	0.837	0.978	16	0.770	0.128
16	0.909	0.608	11	0.747	0.205	27	0.867	0.633	03	0.849	0.964	08	0.815	0.385
06	0.914	0.420	20	0.850	0.047	03	0.883	0.333	24	0.851	0.109	05	0.872	0.490
27	0.958	0.356	02	0.859	0.356	17	0.900	0.443	05	0.859	0.835	21	0.885	0.999
26	0.981	0.976	07	0.870	0.612	21	0.914	0.483	17	0.863	0.220	02	0.958	0.177
07	0.983	0.624	03	0.916	0.463	29	0.950	0.753	09	0.883	0.147	27	0.961	0.980

栏号 21			栏号 22			栏号 23			栏号 24		
A	*B*	*C*	*A*	*B*	*C*	*A*	*B*	*C*	*A*	*B*	*C*
01	0.010	0.946	12	0.051	0.032	26	0.051	0.187	08	0.015	0.521
10	0.014	0.939	11	0.068	0.980	03	0.53	0.256	16	0.068	0.994
09	0.032	0.346	17	0.089	0.309	29	0.100	0.159	11	0.118	0.400
06	0.093	0.180	01	0.091	0.371	13	0.102	0.465	21	0.124	0.565
15	0.151	0.012	10	0.100	0.709	24	0.110	0.316	18	0.153	0.158
16	0.185	0.455	30	0.121	0.744	18	0.114	0.300	17	0.190	0.159
07	0.227	0.277	02	0.166	0.056	11	0.123	0.208	26	0.192	0.676
02	0.304	0.400	23	0.179	0.529	09	0.138	0.182	01	0.237	0.030
30	0.316	0.074	21	0.187	0.051	06	0.194	0.115	12	0.283	0.077
18	0.328	0.799	22	0.205	0.543	22	0.234	0.480	03	0.286	0.318
20	0.352	0.288	28	0.230	0.688	20	0.274	0.107	10	0.317	0.734
26	0.371	0.216	19	0.243	0.001	21	0.331	0.292	05	0.337	0.844
19	0.448	0.754	27	0.267	0.990	08	0.346	0.085	25	0.441	0.336
13	0.487	0.598	15	0.283	0.440	27	0.382	0.979	27	0.469	0.786
12	0.546	0.640	16	0.352	0.089	07	0.387	0.865	24	0.473	0.237
24	0.550	0.038	03	0.377	0.648	28	0.411	0.776	20	0.475	0.761
03	0.604	0.780	06	0.397	0.769	16	0.444	0.999	06	0.557	0.001
22	0.621	0.930	09	0.409	0.428	04	0.515	0.993	07	0.610	0.238
21	0.629	0.154	14	0.465	0.406	17	0.518	0.826	09	0.617	0.041
11	0.634	0.908	13	0.499	0.651	05	0.539	0.620	13	0.641	0.648
05	0.696	0.459	04	0.539	0.972	02	0.623	0.271	22	0.664	0.291
23	0.710	0.078	18	0.560	0.747	30	0.637	0.374	04	0.668	0.856
29	0.726	0.585	26	0.575	0.892	14	0.714	0.364	19	0.717	0.232
17	0.749	0.916	29	0.756	0.712	15	0.730	0.107	02	0.776	0.504
04	0.802	0.186	20	0.760	0.920	19	0.771	0.552	29	0.797	0.548
14	0.835	0.319	05	0.847	0.925	23	0.780	0.662	14	0.823	0.223
08	0.870	0.546	25	0.872	0.891	10	0.924	0.888	23	0.848	0.264
28	0.871	0.539	24	0.874	0.135	12	0.929	0.204	30	0.892	0.817
25	0.971	0.369	08	0.911	0.215	01	0.937	0.714	28	0.943	0.190
27	0.984	0.252	07	0.946	0.065	25	0.974	0.398	15	0.975	0.962

续表

栏号 25			栏号 26			栏号 27			栏号 28		
A	*B*	*C*	*A*	*B*	*C*	*A*	*B*	*C*	*A*	*B*	*C*
02	0.039	0.005	16	0.026	0.102	21	0.050	0.952	29	0.042	0.039
16	0.061	0.599	01	0.033	0.886	17	0.085	0.403	07	0.105	0.293
26	0.068	0.054	04	0.088	0.686	10	0.141	0.624	25	0.115	0.420
11	0.073	0.812	22	0.090	0.602	05	0.154	0.157	09	0.126	0.612
07	0.123	0.649	13	0.114	0.614	06	0.164	0.841	10	0.205	0.144
05	0.126	0.685	20	0.136	0.576	07	0.197	0.013	03	0.210	0.054
14	0.161	0.189	05	0.158	0.228	16	0.215	0.363	23	0.234	0.533
18	0.166	0.040	10	0.216	0.565	08	0.222	0.520	13	0.266	0.799
28	0.248	0.171	02	0.233	0.610	13	0.269	0.477	20	0.305	0.603
06	0.255	0.117	07	0.278	0.357	02	0.288	0.012	05	0.372	0.223
15	0.261	0.928	30	0.405	0.273	25	0.333	0.633	26	0.385	0.111
10	0.301	0.811	06	0.421	0.807	28	0.348	0.710	30	0.422	0.315
24	0.363	0.025	12	0.426	0.583	20	0.362	0.961	17	0.453	0.783
22	0.378	0.792	08	0.471	0.708	14	0.511	0.989	02	0.460	0.916
27	0.389	0.959	18	0.473	0.738	26	0.540	0.903	27	0.467	0.841
19	0.420	0.557	19	0.510	0.207	27	0.587	0.643	14	0.483	0.095
21	0.467	0.943	03	0.512	0.329	12	0.603	0.745	12	0.507	0.375
17	0.494	0.225	15	0.640	0.329	29	0.619	0.895	28	0.509	0.748
09	0.620	0.081	09	0.665	0.354	23	0.623	0.333	21	0.583	0.804
30	0.623	0.106	14	0.680	0.884	22	0.629	0.076	22	0.587	0.993
03	0.625	0.777	26	0.703	0.622	18	0.670	0.904	16	0.698	0.339
08	0.651	0.790	29	0.739	0.394	11	0.711	0.253	06	0.727	0.298
12	0.715	0.599	25	0.759	0.386	01	0.790	0.392	04	0.731	0.814
23	0.782	0.093	24	0.803	0.602	04	0.813	0.611	08	0.807	0.983
20	0.810	0.371	27	0.842	0.491	19	0.843	0.732	15	0.833	0.757
01	0.841	0.726	21	0.870	0.435	03	0.844	0.511	19	0.896	0.464
29	0.862	0.009	28	0.906	0.367	30	0.858	0.289	18	0.916	0.384
25	0.891	0.873	23	0.948	0.367	09	0.929	0.199	01	0.948	0.610
04	0.917	0.264	11	0.956	0.142	24	0.931	0.263	11	0.976	0.799
13	0.958	0.990	17	0.993	0.989	15	0.939	0.949	24	0.978	0.633

路面宽度、高程、横坡检测断面随机选点计算表　　**附表 1-13-2**

断面编号	14栏 *A* 列	*B* 列	*B*×*T*	断面号	桩　号
1	17	0.089	4.45	4	*K*36+080
2	10	0.149	7.45	7	*K*36+140
3	13	0.244	12.2	12	*K*36+240
4	08	0.264	13.2	13	*K*36+260
5	18	0.285	14.25	14	*K*36+280
6	06	0.340	17.05	17	*K*36+340
7	06	0.359	17.95	18	*K*36+360
8	20	0.387	19.35	19	*K*36+380
9	14	0.392	19.60	20	*K*36+400
10	03	0.408	20.40	20	*K*36+420

续表

断面编号	14栏 A 列	B 列	B×T	断面号	桩 号
11	16	0.527	26.35	26	K36+520
12	05	0.797	39.85	40	K36+800
13	15	0.801	40.05	40	K36+820
14	12	0.836	41.8	42	K36+840
15	04	0.854	42.7	43	K36+860
16	11	0.884	44.2	44	K36+880
17	19	0.886	44.3	44	K36+900
18	07	0.929	46.45	46	K36+920
19	09	0.932	46.6	47	K36+940
20	01	0.970	45.8	49	K36+980

例如：按照有关规范规定，检查验收时拟在 K36＋000～K37＋000 的 1km 检测路段中选择 6 个测点进行钻孔取样检验压实度、沥青用量和矿料级配等，钻孔位置决定方法如下：

(1) 选定的随机数栏为栏号 3。

(2) 栏号中从上至下的数为：01、06、03、02、04 及 05。

(3) 附表 1-13-1 的 B 列中与这 6 个数相应的 6 个小数为 0.175、0.310、0.494、0.699、0.838 及 0.977。

(4) 取样路段长度 1000m，计算得出 6 个乘积（取样位置与该段起点的距离）分别为 175m、310m、494m、699m、838m、977m。

(5) 附表 1-13-1 的 C 列中与 B 列数值相应的数为 0.641、0.063、0.929、0.073、0.166 及 0.494。

(6) 路面宽度为 10m，计算得 6 个乘积分别是 6.41、0.63、9.29、0.73、1.66 及 4.94m。因此，6 个取样的横向位置分别是右 1.41m、左 4.37m、右 4.29m、左 4.27m、左 3.34m 及左 0.06m。

上述计算结果可采用附表 1-13-3 的方式表示。

钻孔位置随机取样选点计算表 **附表 1-13-3**

栏号 3		取样路段长 1000m			路面宽度 10m		测点数 6 个
测点编号	A 列	B 列	距起点距离 (m)	桩 号	C 列	距路边缘距离 (m)	距中线位置 (m)
No.1	01	0.175	175	K36+175	0.641	6.41	右 1.41
No.2	06	0.310	310	K36+310	0.063	0.63	左 4.37
No.3	03	0.494	494	K36+494	0.929	9.29	右 4.29
No.4	02	0.699	699	K36+699	0.073	0.73	左 4.27
No.5	04	0.838	838	K36+838	0.166	1.66	左 3.34
No.6	05	0.977	977	K36+977	0.494	4.94	左 0.06

附录 1-14 检测路段数据整理方法（T 0992—95）

1 目的与适用范围

1.1 根据相关规范的规定计算一个评定路段内测定值的平均值、标准差、变异系数，计算测定值与设计值之差，按照数理统计原理计算一个评定路段内测定值的代表值。

1.2　计算代表值所使用的保证率，根据相关规范的规定采用。

2　计算

2.1　按式（附 1-14-1）计算实测值 X_i 与设计值 X_0 之差：

$$\Delta X_i = X_i - X_0 \quad \text{（附 1-14-1）}$$

式中　X_i——各个测点的测定值；

X_0——设计值；

ΔX_i——实测值 X_i 与设计值 X_0 之差。

2.2　测定值的平均值、标准差、变异系数、绝对误差、精度性质等按式（附 1-14-2）、（附 1-14-3）、（附 1-14-4）、（附 1-14-5）、（附 1-14-6）计算：

$$\overline{X} = \frac{\Sigma X_i}{N} \quad \text{（附 1-14-2）}$$

$$S = \sqrt{\frac{(X_i - \overline{X})^2}{(N-1)}} \quad \text{（附 1-14-3）}$$

$$C_v = \frac{S}{\overline{X}} \cdot 100 \quad \text{（附 1-14-4）}$$

$$m_x = \frac{S}{\sqrt{N}} \quad \text{（附 1-14-5）}$$

$$p_x = \frac{m_x}{\overline{X}} \cdot 100 \quad \text{（附 1-14-6）}$$

式中　X_i——各个测点的测定值；

N——一个评定路段内的测点数；

$\overline{X}$——一个评定路段内测定值的平均值；

C_v——一个评定路段内测定值的变异系数（%）；

m_x——一个评定路段内测定值的绝对误差；

p_x——一个评定路段内测定值的试验精度（%）。

2.3　计算一个评定路段内测定值的代表值时，对单侧检验的指标，按式（附 1-14-7）计算；对双侧检验的指标，按式（附 1-14-8）计算：

$$X' = \overline{X} \pm S \frac{t_\alpha}{\sqrt{N}} \quad \text{（附 1-14-7）}$$

$$X' = \overline{X} \pm S \frac{t_{\alpha/2}}{\sqrt{N}} \quad \text{（附 1-14-8）}$$

式中　X'——一个评定路段内测定值的代表值；

t_α 或 $t_{\alpha/2}$——t 分布表中随自由度（N-1）和置信水平 α（保证率）而变化的系数，见附表 1-14。

3　报告

3.1　根据工程需要及现行规范规定，列出一个评定路段内测定值的记录表，记录平均值、标准差、变异系数及代表值，注明不符合规范要求的测点。

3.2　当无特殊规定时，可疑数据的舍弃宜按照 k 倍标准差作为舍弃标准，即在资料分析中，舍弃那些在 $\overline{X} \pm kS$ 范围以外的测定值，然后再重新计算整理。当试验数据 N 为 3、4、5、6 个时，k 值分别为 1.15、1.46、1.67、1.82，N 等于或大于 7 时，k 值宜采用 3。

$\frac{t_{\alpha/2}}{\sqrt{N}}$和$\frac{t_{\alpha}}{\sqrt{N}}$的值 附表 1-14

测定数 N	双边置信水平的 $t_{\alpha/2}/\sqrt{N}$		单边置信水平的 $t_{\alpha}/\sqrt{N}$	
	保证率 95%	保证率 90%	保证率 95%	保证率 90%
	$\alpha/2$	$\alpha/2$	α	α
2	8.985	4.465	4.465	2.176
3	2.484	1.686	1.686	1.089
4	1.591	1.177	1.177	0.189
5	1.242	0.953	0.953	0.686
6	1.049	0.823	0.823	0.603
7	0.925	0.734	0.734	0.544
8	0.836	0.670	0.670	0.500
9	0.769	0.620	0.620	0.466
10	0.715	0.580	0.580	0.437
11	0.672	0.546	0.546	0.414
12	0.635	0.518	0.518	0.939
13	0.604	0.494	0.494	0.376
14	0.577	0.473	0.473	0.361
15	0.554	0.455	0.455	0.347
16	0.533	0.438	0.348	0.335
17	0.514	0.423	0.423	0.324
18	0.497	0.410	0.410	0.314
19	0.482	0.398	0.398	0.305
20	0.468	0.387	0.387	0.297
21	0.446	0.376	0.376	0.289
22	0.443	0.367	0.367	0.282
23	0.432	0.358	0.358	0.275
24	0.442	0.350	0.350	0.269
25	0.413	0.342	0.342	0.264
26	0.404	0.335	0.335	0.258
27	0.396	0.328	0.328	0.253
28	0.388	0.322	0.322	0.248
29	0.380	0.316	0.316	0.244
30	0.373	0.310	0.310	0.239
40	0.320	0.266	0.266	0.206
50	0.284	0.237	0.237	0.184
60	0.258	0.216	0.216	0.167
70	0.238	0.199	0.199	0.155
80	0.223	0.186	0.186	0.145
90	0.209	0.277	0.175	0.136
100	0.198	0.166	0.166	0.129

附录 2　钢结构防火涂料涂层厚度测定方法

1　测针

测针（厚度测量仪），由针杆和可滑动的圆盘组成，圆盘始终保持与针杆垂直，并在其上装有固定装置，圆盘直径不大于 30mm，以保证完全接触被测试件的表面。如果厚度测量仪不易插入被插材料中，也可使用其他适宜的方法测试。

测试时，将测厚探针（见附图 2-1）垂直插入防火涂层直至钢基材表面上，记录标尺读数。

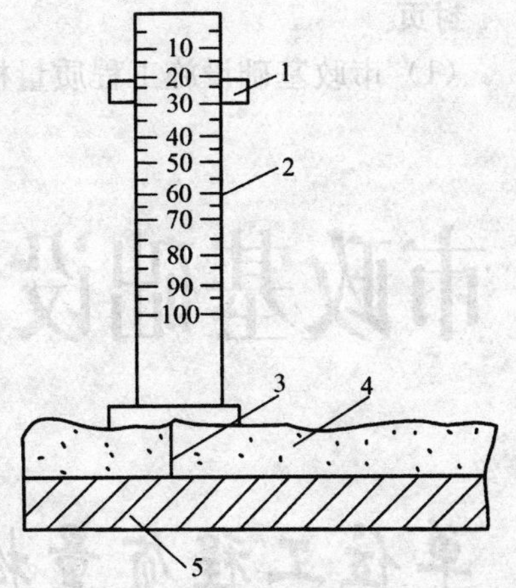

附图 2-1　测厚度示意图

1—标尺；2—刻度；3—测针；4—防火涂层；5—钢基材

2　测点选定

（1）楼板和防火墙的防火涂层厚度测定，可选两相邻纵、横轴线相交中的面积为一个单元，在其对角线上，按每米长度选一点进行测试。

（2）全钢框架结构的梁和柱的防火涂层厚度测定，在构件长度内每隔 3m 取一截面，按附图 2-2 所示位置测试。

（3）桁架结构，上弦和下弦按第 2 款的规定每隔 3m 取一截面检测，其他腹杆每根取一截面检测。

3　测量结果

对于楼板和墙面，在所选择的面积中，至少测出 5 个点：对于梁和柱在所选择的位置中，分别测出 6 个和 8 个点。分别计算出它们的平均值，精确到 0.5mm。

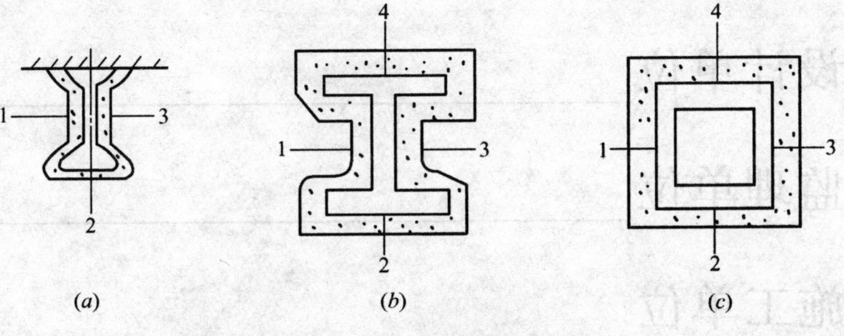

附图 2-2　测点示意图

（a）工字梁；（b）工型柱；（c）方形柱

附录3 施工技术文件封页与目录

1 封页

(1) 市政基础设施工程质量检验评定（验收）技术文件

市政基础设施工程施工技术文件

单位工程质量检验评定（验收）技术文件

工程名称＿＿＿＿＿＿＿＿＿＿＿＿＿＿＿＿

建设单位＿＿＿＿＿＿＿＿＿＿＿＿＿＿＿＿

设计单位＿＿＿＿＿＿＿＿＿＿＿＿＿＿＿＿

监理单位＿＿＿＿＿＿＿＿＿＿＿＿＿＿＿＿

施工单位＿＿＿＿＿＿＿＿＿＿＿＿＿＿＿＿

年 月 日

（2）市政基础设施工程质量保证技术文件

市政基础设施工程施工技术文件

单位工程质量保证技术文件

工程名称＿＿＿＿＿＿＿＿＿＿＿＿＿＿＿＿

建设单位＿＿＿＿＿＿＿＿＿＿＿＿＿＿＿＿

设计单位＿＿＿＿＿＿＿＿＿＿＿＿＿＿＿＿

监理单位＿＿＿＿＿＿＿＿＿＿＿＿＿＿＿＿

施工单位＿＿＿＿＿＿＿＿＿＿＿＿＿＿＿＿

年　月　日

(3) 市政基础设施工程管理技术文件

市政基础设施工程施工技术文件

单位工程施工管理技术文件

工程名称________________

建设单位________________

设计单位________________

监理单位________________

施工单位________________

年 月 日

2　资料目录

____________资料目录

序号	资料名称	数量	说明